SV

Peter Weingart
Jürgen Kroll
Kurt Bayertz

Rasse, Blut und Gene

Geschichte der
Eugenik und Rassenhygiene
in Deutschland

Suhrkamp Verlag

Wissenschaftsforschung
Beratung: Wolfgang Krohn, Wolf Lepenies, Peter Weingart

Erste Auflage 1988

Druck: MZ-Verlagsdruckerei GmbH, 8940 Memmingen
Printed in Germany

CIP-Titelaufnahme der Deutschen Bibliothek
Weingart, Peter:
Rasse, Blut und Gene : Geschichte d. Eugenik u. Rassenhygiene in Deutschland /
Peter Weingart ; Jürgen Kroll ; Kurt Bayertz. –
1. Aufl. – Frankfurt am Main : Suhrkamp, 1988
ISBN 3-518-57887-1 kart.
ISBN 3-518-57886-3 Gewebe
NE: Kroll, Jürgen:; Bayertz, Kurt:

Inhalt

Vorwort

Der Dank an all diejenigen, die an der mehrjährigen Entstehungsgeschichte dieses Buches beteiligt waren, erfordert auch einige Bemerkungen zu dieser Geschichte selbst. An ihrem Anfang stand die überraschende Erkenntnis, daß es im Gegensatz zu den zahlreichen Arbeiten über die Eugenik in den angelsächsischen Ländern so gut wie nichts über sie bzw. die Rassenhygiene in Deutschland gab, wahrscheinlich trotz oder gerade wegen ihrer Rolle im ›Dritten Reich‹. Professor Rolf Winau ist für die Ermunterung zu danken, das Projekt in Angriff zu nehmen – ungeachtet des zugleich abschreckenden Hinweises auf eine ganze Reihe bereits fortgeschrittener Forschungsarbeiten.
Fortan beförderten glückliche Umstände und die Hilfe von vielen Freunden und Kollegen die Arbeit. Zu den außerordentlich glücklichen Umständen zählt die Einladung Peter Weingarts 1983/84 an das Wissenschaftskolleg zu Berlin. Hier konnte dank effizienter Zuarbeit der Bibliothekare, für die stellvertretend Gesine Bottomley genannt sei, ein wesentlicher Teil der Materialien gesammelt werden.
Der Aufenthalt in Berlin ermöglichte außerdem das geruhsame Arbeiten in zwei wichtigen Archiven: dem Document Center und dem Archiv der Max-Planck-Gesellschaft. Wir danken beiden Archiven und ihren Mitarbeitern für die Hilfestellungen bei der Suche nach den einschlägigen Dokumenten, und insbesondere Marion Kazemi vom Archiv der MPG. An dieser Stelle ist den anderen Archiven für die Bereitstellung von Material zu danken: dem Bundesarchiv in Koblenz, der Staatsbibliothek in Berlin, der Lilly Library mit dem Muller-Nachlaß in Bloomington und dem Archiv der Rockefeller Foundation. Dem Staatsarchiv in Potsdam können wir nicht danken: Wiederholte Versuche, eine Erlaubnis für den Besuch zu erhalten, blieben leider unbeantwortet.
Auf das Konto des Wissenschaftskollegs geht des weiteren ein Kontakt, der für die Entstehung des Buches zur Voraussetzung wurde. Friedrich Vogel hat dem Projekt einen großen Vertrauensvorschuß gegeben, es von Anfang an auf vielfache Weise gefördert und es sodann bis zum endgültigen Manuskript mit offener und konstruktiver Kritik begleitet. Für all diese Hilfestellun-

gen gebührt ihm unser besonderer Dank. Das Wissenschaftskolleg schuf schließlich auch die Verbindung zu Hans Mommsen, für dessen kritische Durchsicht des Teils über die Rassenhygiene im ›Dritten Reich‹ wir ihm herzlich danken. Somit hat sich das Wissenschaftskolleg in unserem Fall als ein Ort erwiesen, an dem nicht nur Bücher zu Ende geschrieben werden, sondern auch eines begonnen wurde.

Nach dem Aufenthalt am Wissenschaftskolleg verbrachte Peter Weingart einen von der Stiftung Volkswagenwerk finanzierten Forschungsaufenthalt am Department of the History of Science der Harvard University, wo erste Teile des Manuskripts entstanden. Hier bot sich die Gelegenheit zu vielen eingehenden Diskussionen über die Grundlagen der Eugenik sowie über Aspekte der Kontinuität der eugenischen Tradition. Der Dank, diesen für das Buch so wichtigen Aufenthalt ermöglicht zu haben, geht an die Stiftung, das Department sowie an Erwin Hiebert und Everett Mendelsohn. Besonderer Dank gilt neben den vielen Kollegen, die unerwähnt bleiben, Richard Lewontin, Diane Paul, Loren Graham, Barbara Rosenkrantz sowie Peter Buck.

Die Stiftung Volkswagenwerk übernahm schließlich auch die zweijährige Förderung des Projekts und ermöglichte damit, daß der früh gefaßte Plan, die Geschichte der Eugenik und Rassenhygiene in Deutschland nicht auf das ›Dritte Reich‹ zu beschränken, in einer angemessenen Zeit als kooperatives Forschungsprojekt bewältigt werden konnte. Der Stiftung sei nochmals dafür gedankt, insbesondere aber auch Axel Horstmann für seine Geduld bei zahlreichen Änderungswünschen an der Mittelbewilligung. Auf diese Weise wurde es möglich, Harald Kranz in das Projekt hineinzunehmen, in dem er wichtige Arbeiten am Abschnitt über die Rassenhygiene im ›Dritten Reich‹ leistete. Wolfgang Walter nahm nicht nur als Gesprächspartner an den Projektdiskussionen teil, sondern machte sich auch, ebenso wie Regina Mahlmann, um die Bibliographie verdient.

Ungefähr zur Halbzeit regten auf einer Arbeitstagung in Bielefeld Gerhard Baader, Michael Hubenstorf, Widukind Lenz, Horst Seidler und Paul Weindling mit ihrer Kritik Kurskorrekturen an und gaben neue Anstöße. Hilfreiche Kommentare verdanken wir auch Ernst W. Caspari und Ernst Mayr.

Als die Arbeit ihrem Ende zuging, Termine längst überschritten

waren und folglich die Hektik zunahm, waren – wie immer – diejenigen davon betroffen, die mit der technischen Herstellung des Manuskripts betraut waren: Anne Strothmann, Heidi Batthi-Küppers und Edeltraut Franke, denen für diese ›doppelte‹ Leistung auch an dieser Stelle gedankt sei. Michael Spehr gebührt der Dank, den Gesamttext zu einer standardgerechten Druckvorlage umgearbeitet zu haben.
Das ›vorläufig endgültige‹ Manuskript oder Teile desselben versahen Helmut Baitsch, Wolfgang van den Daele, Ute Frevert, Jonathan Harwood, Widukind Lenz, Hans Mommsen, Peter Propping und Friedrich Vogel mit ihren Detailkritiken. Ihnen allen sei für ihre außerordentliche Mühe gedankt, Seite für Seite auf sachliche Fehler, vorschnelle Urteile und schlechte Formulierungen geprüft zu haben. Nur ganz wenige Vorschläge sind unberücksichtigt geblieben. Wenn dennoch Fehler unterlaufen sind, tragen selbstverständlich nicht sie, sondern die Autoren dafür die Verantwortung.
Diese ist – entsprechend den je besonderen Bedingungen gemeinsamer Arbeit – nicht vollends gleich verteilt. Sehr vereinfacht gesagt: Kurt Bayertz verfaßte den Abschnitt über die Vorlaufentwicklungen der Eugenik, Jürgen Kroll die Entwicklung der Eugenik/Rassenhygiene bis zum Ende der Weimarer Republik und Peter Weingart die übrigen Kapitel. Er übernahm auch die Endredaktion des Textes, während Jürgen Kroll am Bildschirm die undankbare Aufgabe der technischen Endredaktion besorgte.

I. Die Rationalisierung des Geschlechtslebens – Ursprünge und Entwicklungsbedingungen einer Wissenschaft der menschlichen Fortpflanzung

Die Faszination der Menschen, Erfahrungen und Gesetze der Tierzüchtung auf die eigene Art zu übertragen, also Menschen zu züchten, hat eine lange Geschichte. Heute, Ende des 20. Jahrhunderts, mehr als zwei Jahrtausende nach der Formulierung der ersten menschlichen Züchtungsutopie, scheinen sich diese Träume zu erfüllen. Die Anwendung der Methoden der Tierzucht auf den Menschen, insbesondere die am lebenden Individuum ansetzende rigorose Auswahl, stieß immer auf ethische Schranken. Erstmals in der Menschheitsgeschichte stehen jetzt aber Techniken zur Verfügung, die die Züchtung von Menschen im Prinzip und unter Umgehung der ethischen Schranken zu erlauben scheinen. Neue Techniken neutralisieren alte moralische Einwände oder ermöglichen es, sie als irrationalen Widerstand abzutun. Die Verbesserung der menschlichen Art rückt in den Bereich des Machbaren und in die Nähe des Vertretbaren. Diese Perspektiven erhalten angesichts der rasanten Fortschritte der neuen Fortpflanzungstechniken und der Genetik eine bislang unbekannte gesellschaftliche Brisanz.

Die Biologen versuchen, die Befürchtungen, ihre Forschungen liefen auf eine Art von Menschenzüchtung hinaus, zu beschwichtigen. Wahrscheinlich ist sich aber weder die Mehrzahl unter ihnen noch die interessierte Öffentlichkeit bewußt, daß die Vorgeschichte der Menschenzüchtung nicht nur als Idee bis weit in die Antike zurückreicht, sondern seit dem Ende des vorigen Jahrhunderts auch bereits Konturen einer gesellschaftlichen Praxis angenommen hat, als mit der Darwinschen Theorie der Entwicklung durch natürliche Zuchtwahl die Möglichkeit gegeben zu sein schien, die Menschenzüchtung von einer bloßen Phantasie in eine wissenschaftlich begründete operative Strategie zu übersetzen.

Die folgende Darstellung hat die Geschichte der wissenschaftlichen Strategien der Menschenzüchtung und ihrer politischen Indienstnahme zum Thema. Im Zentrum der Analyse steht die sog.

Eugenik, die ›Wissenschaft vom guten Erbe‹, die in Deutschland vorwiegend als ›Rassenhygiene‹ bezeichnet wurde und die Vorläuferin der modernen Humangenetik war. Die Eugenik nahm als Wissenschaft für sich in Anspruch, bestimmen zu können, was als ›gutes Erbgut‹ zu gelten hat. Als ›positive Eugenik‹ – d.h. die Verbesserung des Erbguts durch züchterische Maßnahmen – zielt sie auf Werte wie höhere Intelligenz, bessere körperliche Konstitution, Schönheit oder rassische Reinheit. Als ›negative Eugenik‹ verfolgt sie die Beseitigung schlechten Erbguts aus dem Genpool einer Bevölkerung zugunsten zukünftiger Generationen. Mit ihrer Orientierung am Genpool relativiert die Eugenik den Wert der selbstbestimmten und unveräußerlichen Individualität. Die Entwicklung dieser Wissenschaft ist deshalb ein herausragendes Beispiel für die inhärente Verschränkung von Wissen und Werten. Die erst mit der neuzeitlichen Wissenschaft vollzogene Unterscheidung zwischen wertfreiem Erkenntnisgewinn und ethischer wie politischer Bewertung hat diese Verschränkung verschüttet und die Illusion vom objektiven, ›gesicherten Wissen‹ geschaffen. Die Geschichte der Eugenik hilft uns wiederzuentdecken, daß Wissenschaft selbst wertbestimmt ist, Werte erodiert und auch selbst Werte setzt.
Die Entwicklung der Eugenik läßt sich einem übergeordneten Rationalisierungsprozeß zurechnen, dessen Besonderheit in der Verwissenschaftlichung menschlicher Handlungsbereiche – hier der Fortpflanzung – besteht. Rationalisierung als Verwissenschaftlichung bezeichnet den Prozeß der Ausdifferenzierung von Handlungsbereichen und ihre Kategorisierung zu Wissensfeldern. Diese werden zum Gegenstand systematischer Erkenntnisproduktion, die fortan das Handeln orientiert. Der Prozeß ist folgenreich, weil die Definitionsmacht sowohl für die Identifikation von Handlungsproblemen als auch für deren Lösungen an die institutionalisierte Wissenschaft übergeht. So ›schließt‹ sich der jeweilige Diskurs in einer je besonderen Weise. Zwar eröffnet die Wissenschaft immer auch neue Handlungsmöglichkeiten, aber sie schließt andere aus. Diejenigen, die sie selbst eröffnet, gelten als rational, während eine Berufung auf Ethik ihnen gegenüber durchweg schwierig wird. Daß aber auch in neuen wissenschaftlichen Erkenntnissen Wertsetzungen enthalten sind, bleibt meist unentdeckt. Angesichts dessen bedeutet Rationalisierung als Verwissenschaftlichung demnach nicht etwa Ent-

wicklung zu ›höherer‹ und ›mehr‹ Rationalität, sondern lediglich die Disziplinierung von Handlungsmöglichkeiten und die Systematisierung des Handelns. Max Weber hat mit seiner Metapher vom ›stahlharten Gehäuse‹ auf diese Ambivalenz der Rationalisierung verwiesen.

Etwa in der Mitte des 18. Jahrhunderts etabliert sich die Bevölkerungspolitik. Im Kontext merkantilistischen und kameralistischen Denkens wird die ›Bevölkerung‹ zu einer ökonomisch bedeutsamen Ressource, und damit wird die Bevölkerungsbewegung zum Objekt systematischer Beobachtung. Mit der Erklärung und Beurteilung der Geburten- und Sterblichkeitsrate entsteht die Demographie als ein neues Gebiet systematischen Wissens, das zur Grundlage der steuernden Interventionen des Staatsapparates wird.[1] In dieses Wissensfeld ordnet sich die Eugenik gut hundert Jahre später ein, als Disziplin zur Steuerung und Kontrolle der menschlichen Erbgesundheit.

Die Verwissenschaftlichung der menschlichen Fortpflanzung vollzieht sich auf zwei Ebenen: auf der Ebene von Werten und auf der Ebene der Wahl von Handlungsmitteln und der Bewältigung von Folgeproblemen. Die Verwissenschaftlichung von Werten verfolgen wir von der Zeit an, da Darwins Evolutionstheorie die Funktion eines Weltbildes erlangt. Diese Theorie verändert die Wahrnehmung der Realität grundlegend, die nunmehr durch die Kategorien eines wissenschaftlich begründeten, biologischen Naturgesetzes geprägt ist. Die von ihr angenommene Gesetzmäßigkeit suggeriert die kontinuierliche Höherentwicklung der menschlichen Art, ebenso wie sie die Außerkraftsetzung von natürlichen Auslesemechanismen durch die Zivilisation als eine Gefahr für die menschliche Evolution erscheinen läßt. Hier hat die Zivilisationskritik ihren Ausgangspunkt und erhält einen spezifischen Fokus: die These von der zivilisatorisch verursachten ›Entartung‹ bzw. Degeneration. Krankheiten, die in der medizinischen Praxis unter dem Gesichtspunkt des durch sie erzeugten Leids und ihrer Heilungschancen behandelt werden, erhalten vor dem Hintergrund der Darwinschen Evolutionstheorie das Gewicht von Degenerationssymptomen. Die an der Erbmasse einer Bevölkerung (später dem ›Genpool‹) orientierte Selektionsthese läßt – noch vor der Aufklärung der Ver-

1 Vgl. Michel Foucault, *Sexualität und Wahrheit*, Frankfurt/Main 1977.

erbungsgesetze – viel radikalere Eingriffe nötig erscheinen als die Heilung einer individuellen Krankheit: nämlich die Veränderung antiselektorisch wirkender Institutionen und den Ausschluß ganzer Bevölkerungsgruppen von der Fortpflanzung.
Evolutions- und Selektionstheorie im allgemeinen und die Eugenik im besonderen sind zugleich prototypisch für den ungezügelten Szientismus der Zeit; sie stehen für die Überzeugung, daß Wertsetzungen und die in ihrem Rahmen erfolgenden Handlungen sich wissenschaftlich herleiten ließen. In Verbindung mit utilitaristischen Prinzipien findet der expansive Szientismus seinen Niederschlag in der Verschiebung der Werte. Der Primat des Individuums wird abgelöst, und die ›Gattung‹ tritt an seine Stelle. Erst als die Erblehre die Abstraktion vom Individuum auf dessen biologisch-materiale Erbmasse vollzogen hat, werden auch diejenigen Kalküle wissenschaftlich untermauert, politisch vertretbar und praktisch operabel, deren Bezugspunkt die Spezies oder die »Rasse« ist. Die Eugeniker belassen es nicht bei abstrakten Deduktionen, sondern propagieren politische Maximen: die Interessen der gegenwärtig lebenden Generationen hätten hinter denen aller künftigen zurückzustehen. Sie stellen die biologistischen Lösungen der eugenischen Bevölkerungspolitik gegen die sozial- und gesellschaftspolitischen Lösungen der ›Sozialen Frage‹, und sie geben schließlich konkrete Handlungsanweisungen für das Fortpflanzungsverhalten in Gestalt der ›evolutionären‹ bzw. generativen Ethiken. Die aus der Evolutions- und Selektionstheorie gewonnenen ›Ethiken‹ eugenischen Verhaltens richten sich explizit gegen die christliche Individualethik und den Gleichheitsgrundsatz der Aufklärung. Die Stoßrichtung der frühen Eugenik zielt somit bis weit in den Bereich gesellschaftlicher Werte und Normen hinein, ein charakteristisches Merkmal insbesondere der biologischen Disziplinen.[2]
Die Selektionstheorie wird zum politischen Deutungsmuster, indem sie auf die zentralen, durch die Industrialisierung entstandenen gesellschaftlichen Probleme des ausgehenden 19. Jahrhunderts angewandt wird. Die Pauperisierung der Massen, Kriminalität und Alkoholismus werden als Folgen der Degeneration des Erbguts interpretiert. Die seit den siebziger Jahren des 19.

2 Vgl. Loren Graham, *Between Science and Values*, New York 1981, Kap. 8: »Eugenics: Weimar Germany and Soviet Russia«.

Jahrhunderts erkennbar werdende ›differentielle Geburtenrate‹ zwischen den Ober- und Mittelschichten einerseits und den armen Unterschichten andererseits unterstreicht noch den Eindruck eines dramatischen Degenerationsprozesses. Hatte der Malthusianismus das Bewußtsein um die quantitative Beeinflußbarkeit der Bevölkerung geweckt, so wirft die selektionstheoretische Eugenik die Frage nach der qualitativen Zusammensetzung der Bevölkerung auf.

Die Weltbildfunktion der Evolutions- und Selektionstheorie wird nicht zuletzt auch daran erkennbar, daß sie zur Legitimationsbasis neuer sozialer und politischer Bewegungen wird oder bestehende Gruppierungen und politische Parteien sich auf sie berufen. Dabei erlaubt ihre ideologische Ambivalenz gleichermaßen einen Fortschrittsoptimismus der Höherentwicklung wie eine kulturpessimistische Dramatisierung der Degenerationsgefahr. Die Theorie trifft keine klare Unterscheidung zwischen Handlungsregeln zur Höherzüchtung der Art, also ›positiv‹ eugenischen Maßnahmen, und der Verhinderung der Degeneration, der ›negativen‹ Eugenik. Wo immer die Eugeniker selbst diese Trennung vollziehen, erfolgt sie aus politisch-pragmatischen, nicht aus wissenschaftlichen Gründen.

Nordische, völkische und rassenmythologisierende Gruppen berufen sich ebenso auf darwinistische und eugenische Theorieelemente wie eine Zeitlang die sozialistische Linke. Historisch betrachtet, wird die Eugenik jedoch zu einer Wissenschaft der politischen Rechten. Die Nordische Bewegung, die das Zuchtziel einer ›reinen arischen Rasse‹ anstrebt, findet ihre Gefolgschaft in konservativen bis reaktionären Kreisen. Ihre Verbindung zur Eugenik besteht vor allem über die Rassenanthropologie, die in der deutschen Eugenik – der Rassenhygiene – von Anbeginn großen Einfluß hat. In Gestalt des Arierkults, eines ›nach außen gewandten Rassismus‹, stellt sie nur das etwas kurzlebige Spiegelbild des nach ›innen gewandten Rassismus‹ mit seiner Ausgrenzung von Minderheiten, konkret: des Antisemitismus dar. Beide Spielarten des Rassismus können bis zu ihrem Niedergang am Ende des ›Dritten Reichs‹ einen Teil der programmatisch diffusen, als Wissenschaft bis dahin nicht erfolgreich ausdifferenzierten Rassenhygiene besetzt halten. Zu den Orientierungen der politisch moderateren Eugeniker stehen sie nur in einem graduellen Gegensatz; denen geht es primär um die ›Ausmerze‹ der noch von keinem präzisen Vererbungskonzept eingeengten und deshalb jedem Vorurteil zugänglichen Eigenschaften und ihrer Träger: ›Asoziale‹, Kriminelle, Schwachsinnige; die Grenzen sind selbst zum ›Proletariat‹ fließend. Die sozialdarwinistischen Kerngehalte entsprechen den technokratischen Eugenikern eher. Das begründet ihre politische Nähe zur reaktionären Rechten und schließlich die Komplizenschaft der großen Mehrheit der Eugeniker mit dem Faschismus. Die Pogrammatik weist die Eugenik, die in ihrem Selbstverständnis eine angewandte und notwendig wertbezogene Wissenschaft ist, zugleich als eine eminent politisierte Wissenschaft aus: Sie wird im gleichen Maß, wie sie – entsprechend dem Selektionsprinzip – Ansprüche auf die Neugestaltung der Gesellschaft erhebt, zum Lieferanten ideologischer Versatzstücke für gesellschaftliche Kräfte.

Weder die Weltbildfunktion der Darwinschen Theorie noch deren Usurpation durch die politische Rechte wird durch die innerwissenschaftliche Entwicklung korrigiert oder verhindert. Die Entwicklung der Vererbungsforschung und der Genetik bleibt vielmehr für eine Zeitlang eng an eugenische Zielsetzungen geknüpft. (Ganz von ihnen entkoppelt ist sie bis heute nicht, insofern selbst die moderne Humangenetik noch immer zu eugenischen Schlußfolgerungen Anlaß gibt.) Der weitere Verlauf ihrer Entwicklung läßt sich zwar als die fortschreitende ›Disziplinierung‹ der Vererbungswissenschaft, ihrer Anwendung auf den Menschen und der mit ihr verbundenen Deutungsansprüche beschreiben. In dem Maße, in dem das System wissenschaftlicher Aussagen an Komplexität zunimmt, werden diese Deutungsansprüche präzisiert und eingeschränkt. Daß dies aber nicht notwendig zu einer Ausgrenzung von Wertungen führt, zeigt die Renaissance eugenischer Utopien auf der Basis der biochemischen Genetik zu Beginn der sechziger Jahre. Obgleich die Genetik Grundlage der Kritik und Disziplinierung der Eugenik wird, läßt sie selbst wiederum weitreichende eugenische Visionen zu.

Der Prozeß der ›Disziplinierung‹ der Eugenik durch die ›menschliche Erblehre‹, wie die Humangenetik zunächst genannt wird, führt – entgegen dem oberflächlichen Eindruck – zur Erringung des Deutungsmonopols durch die wissenschaftliche Profession. In den frühen Jahren der Eugenik haben neben Biologen und Anthropologen noch Literaten und Philosophen

Anteil an der Interpretation der Evolutions- und Degenerationsphänomene. Ihr Einfluß wird jedoch sukzessive zurückgedrängt. Mit der systematischen Suche nach den Erbgesetzen, der Aufklärung von Kausalzusammenhängen und der Ermöglichung von Prognosen erfolgt die allmähliche Präzisierung der Degenerationsgefahren und der gleichzeitig angebotenen Lösungsmöglichkeiten; für beide erringen die Vererbungswissenschaftler damit die Definitionsmacht.

Damit ist der Prozeß der Verwissenschaftlichung auf der Handlungsebene bezeichnet: im Kern ist es der über die Entstehung einer Profession. Dem expansionistischen Charakter der Eugenik auf der Wertebene entspricht der Ausdehnungsdrang der sich professionalisierenden Eugeniker auf der Handlungsebene. Weitgehend vergeblich und folgenlos, aber symbolträchtig ist etwa der Versuch, ihr Gebiet zur Leitdisziplin der Humanwissenschaften zu erklären. Die zahlreichen Schemata, die das Verhältnis der Eugenik zu den anderen Disziplinen begründen sollen, sind eindeutige Indizien für den Versuch, Kontrolle über das wissenschaftliche Umfeld zu erlangen. Erfolgreicher und folgenschwerer ist die Strategie im gesellschaftspolitischen Feld. Während die eugenischen ›Ethiken‹ noch bloße Programmatik bleiben, gelingt den Eugenikern zuerst mit der erbkartographischen Erfassung der Bevölkerung zumindest teilweise der wissenschaftliche Zugriff auf die gesundheitspolitische Praxis. Die ›Erbkataster‹ sind Symbol für den professionellen Expansionismus, für die buchstäbliche Umwandlung der ›Gesellschaft zum Labor‹. Die Eugenik erlangt für den Bereich der Erbgesundheit nicht nur das Deutungs-, sondern auch das Handlungsmonopol, indem Forschungsmethoden und eugenische Praxis, Kontrolle des Erkenntnisgegenstands und seine Veränderung zu einer Einheit werden. (Daran ändert auch der Umstand nichts, daß das Ziel einer vollständigen Erfassung der Bevölkerung nie erreicht wird.)

Für die Entwicklung der Eugenik von einer sozialen Bewegung zu einer professionalisierten Wissenschaft kommt ihr ein Umstand zu Hilfe, der prinzipiell über die Breitenwirkung eines sich institutionalisierenden Wissenssystems entscheidet: Sie erhält die eher zufällige Unterstützung von Bewegungen und Gruppierungen mit verwandten Zielen und Inhalten. Die Eugeniker suchen und finden Anschlußmöglichkeiten im politischen und gesellschaftlichen Umfeld. Sie entdecken und verfestigen Interessenkoalitionen bei einer breiten Gruppe von Organisationen im Bereich der Sozial-, Wohlfahrts-, Bevölkerungs- und Gesundheitspolitik. Das öffentliche Gesundheitswesen, die Wohlfahrtsverbände, die Psychiatrie mit ihrem Anstaltsystem, Bevölkerungspolitiker und reformistische Strömungen sind trotz aller Detailinteressen allesamt damit befaßt, die staatliche Vorsorge im Bereich der Gesundheit und Reproduktion der Bevölkerung zu organisieren. Die Eugeniker können sich in die bereits eröffnete, im weitesten Sinne bevölkerungspolitische Arena hineindefinieren und brauchen dem bereits etablierten Zielkanon lediglich eine neue Facette hinzuzufügen: die der qualitativen Bevölkerungspolitik.

Der zumindest zeitweilige Erfolg der Eugeniker, der nirgendwo sonst so stark wird wie in Deutschland, ist allerdings durch die expansive Dynamik der Profession allein ebensowenig erklärt wie durch ihre politischen Koalitionen. Letztlich ist es die Anpassung, Eingrenzung und Präzisierung des Programms auf politisch umsetzbare Ziele im Zusammenhang mit einer besonderen Situation, die den Erfolg bedingt: Die Waagschale politischer Zustimmung senkt sich zugunsten der ›negativen‹ Eugenik, speziell der Sterilisation, als diese aufgrund der Finanzkrise des öffentlichen Gesundheitssystems zur kostengünstigeren Option wird.

Die jeweiligen Beziehungen zwischen professionalisierter Wissenschaft und ihrer politisch-sozialen Umwelt sind historisch spezifisch, der Zusammenhang selbst ist jedoch generalisierbar. Die enge Verbindung der Eugenik zum Nationalsozialismus ist insofern nur ein besonders krasser Fall, vergleicht man die Entwicklungen der Eugenik in Ländern wie England, den USA oder Skandinavien. Die gängige Fixierung auf die kurze gemeinsame Geschichte von Rassenhygiene und dem ›Dritten Reich‹ führt zu irrigen Schlußfolgerungen der Art, daß die enge Verflechtung zwischen der Wissenschaft und dem politischen Kontext ausschließlich für diesen Zeitraum gilt. Demgegenüber läßt sich zeigen, daß die Entwicklung der Eugenik ein Prozeß ist, in dem sich wissenschaftliche Paradigmen (im weiteren Sinne) und politische Werte gemeinsam entwickeln. Die politisch sanktionierten Werte und die gesellschaftlichen Institutionen, in denen sie zu dauerhafteren Erwartungsmustern gerinnen, haben ausgren-

zende und verstärkende Wirkung auf die Wert- und Handlungsangebote wissenschaftlicher Theorien. Diese können ihrerseits herrschende Werte unterhöhlen, neue Wertentscheidungen erzwingen und institutionellen Wandel erzeugen.
Gerade weil die Verflechtung der Eugenik mit der Politik nicht zeitlich auf die Zeit des Nationalsozialismus begrenzt ist, wird die Darstellung auch darüber hinausgeführt. Es stellt sich die Frage nach dem ›Schicksal‹ der Eugenik unter den veränderten politischen Bedingungen der Nachkriegszeit, nach dem Fortgang des Verwissenschaftlichungsprozesses. Noch ehe das Experiment gelingt, ehe ein ›Übermensch‹ geboren oder eine ›Herrenrasse‹ gezüchtet werden kann, werden die Versuche abgebrochen. Es hatte sich gezeigt, daß die Wissenschaftler, die die Menschenzüchtung zu ihrer Aufgabe gemacht hatten, sich als idealistische Eiferer erwiesen, die ihre weitreichenden Versprechungen (noch) gar nicht erfüllen konnten. Überdies waren ihre Versprechungen allzu deutlich mit eigennützigen Interessen verbunden, und ihre politischen und moralischen Urteile waren ebenso vorurteilsbeladen wie die ihrer Zeitgenossen. Mehr noch: Welt- und Menschenverbesserungseifer, gepaart mit professionellem Eigeninteresse und elitärer Gesinnung, ließen die Wissenschaftler – nicht nur gegen ihren Willen – zu Handlungsgehilfen selbst der nationalsozialistischen Rassenpolitik werden. Sie denunzierten damit ebendiejenigen Ideale von wertfreier, rationaler und objektiver Wissenschaft und also den aufklärerischen Zusammenhang von Wissenschaft und Humanität, den sie selbst beschworen hatten.
Zum Verständnis der weiteren Entwicklung ist es wichtig, sich zu vergegenwärtigen, daß in der Eugenik nahezu von ihren Anfängen an zwei Paradigmen nebeneinander bestehen: ein humangenetisch-klinisches, an Erbkrankheiten orientiertes und ein darwinistisch-populationsgenetisches. Die Eugeniker verfolgen zunächst mehrheitlich eine selektionistisch begründete, sozialtechnologische Strategie, die dem zweiten Paradigma entspricht. Das Ziel einer umfassenden Verbesserung des Erbguts (Verhinderung seiner Verschlechterung) wird durch Veränderung gesellschaftlicher Institutionen und durch zwangsweise Manipulation des individuellen Fortpflanzungsverhaltens zu erreichen versucht. Damit ist die Eugenik in dieser Phase auf eine starke, autoritäre Staatsgewalt verwiesen. Ihre Affinität zum National-

sozialismus ist sowohl ideologisch als auch und vor allem durch die Hoffnung auf die Durchsetzung der eigenen Ziele und die Erreichung professionspolitischer Vorteile bestimmt.

Die entscheidende Wende nach dem Zweiten Weltkrieg vollzieht sich, indem die populationsgenetische Bezugsgröße, der ›Volkskörper‹ oder – wie man heute sagen würde – der ›Genpool‹, ihre Legitimation verliert. Das beginnt damit, daß die Rassenhygiene mit den Verbrechen des NS-Staates identifiziert wird. Erst zwei Jahrzehnte nach Kriegsende ist jedoch die selektionistische Vorstellung einer möglichen Reinigung und Verbesserung des ›Genpools‹ überwunden, und es setzt sich das medizinische Paradigma der Analyse und Verhinderung von Erbkrankheiten am Individuum und in der Familie durch. Erst als der molekularbiologischen Forschung die kausale Aufklärung der Vererbungsvorgänge gelingt, wird die sozialtechnologische Strategie der Eugenik aufgegeben, deren Legitimationsanforderungen sich in demokratisch verfaßten Gesellschaften nicht realisieren lassen. An ihre Stelle rückt die auf das individuelle, rationale Kalkül der Leidensvermeidung abgestellte Strategie. Damit geht die Eugenik in die moderne klinische Humangenetik über; sie ordnet sich in den institutionellen Rahmen der Medizin ein und differenziert sich als wissenschaftliche Disziplin aus. Nun befindet sie sich, zumindest vorläufig, in Übereinstimmung mit dem Wertekanon demokratischer Gesellschaften, die auf die Rechte des Individuums verpflichtet sind.

Die wechselvolle Entwicklung, die die Eugenik seit der Weimarer Republik vollzogen hat, findet ihren vorläufigen Abschluß in einer ›Re-Moralisierung‹ von Handlungsbereichen, die die wissenschaftliche Profession bereits erobert und besetzt gehalten hatte: Die menschliche Fortpflanzung ist einer staatlichen und wissenschaftlich-expertokratischen Kontrolle wieder entzogen und, ebenso wie die Erbgesundheit, aufs neue der individuellen Entscheidung überantwortet. Kollektive Interventionsstrategien sind allenfalls dort geduldet, wo sie sich in das Schema präventiver Medizin einfügen lassen, und selbst dort ist die ethische Sensibilität hoch. Strategien, die sich auf die Gesundheit des ›Genpools‹ richten, sind ethisch tabuisiert. Die Diskussion um die ethischen Implikationen etwa der genetischen Beratung ist der wissenschaftlichen Profession ›von außen‹ aufgezwungen worden: Sie erfolgt aufgrund des tiefgreifenden Legitimationsverlusts, den sie wegen ihrer Rolle im Nationalsozialismus erfahren hat, und aufgrund der fortdauernden Wirkung dieser Erfahrung im politischen Bewußtsein.

Es erscheint nur auf den ersten Blick paradox, daß gerade das auf Professionalisierung gerichtete Interesse die Wissenschaft eng an ihre gesellschaftliche und politische Umwelt bindet. Üblicherweise wird davon ausgegangen, daß die Postulate von Objektivität und Wertfreiheit, die doch als Voraussetzungen der Produktion von ›Wahrheit‹ gelten, zugleich auch die Autonomie der Wissenschaft als eigenständiges Kommunikationssystem legitimieren und gewährleisten. Die historische Erfahrung zeigt ein anderes Bild. Weil die Professionalisierung nicht gegen, sondern nur *mit* bzw. *in* der gesellschaftlichen und politischen Umwelt zu erreichen ist, muß Wissenschaft ihre Legitimationsmuster den herrschenden Wertvorstellungen anpassen. In extremen Fällen bleibt es nicht einmal dabei: Bestimmte Forschungsfragen sind tabuisiert, Forschungsmethoden gelten als ethisch fragwürdig, die Anwendung von Erkenntnissen wird gesetzlich eingeschränkt und unter bestimmte Vorbehalte gestellt.

Seit der Aufklärung bestand für die Wissenschaft eine Verbindung zwischen einem moralischen Pathos von Humanität und der Verpflichtung auf Wahrheit. Diese Verbindung ist auseinandergebrochen. In Gesellschaftssystemen, in denen Wahrheit und Aufklärung als hochrangige Werte Geltung besitzen und wissenschaftliche Deutungsmonopole sich nur schwer oder gar nicht im politischen Bereich etablieren können, besteht der oberflächliche Eindruck der Koinzidenz dieser Werte fort. Erst in autoritären Systemen, in denen wissenschaftliche Deutungsmonopole an politische Interessen gekoppelt sind bzw. durch sie funktionalisiert werden können, wird deutlich erkennbar, daß die dem Imperativ der Professionalisierung gehorchende Wissenschaft amoralisch ist. Das gilt es zu bedenken, wenn und wo immer Wissenschaftler es unternehmen, die Verbesserung der Welt – oder wie in unserer folgenden Geschichte gar der menschlichen Art – unter Verweis auf Wahrheit zu versprechen.

Das (vorläufige) Scheitern des wissenschaftlichen Menschenzüchtungsprogramms hat der Gesellschaft eine Denkpause verschafft. Einige Jahrzehnte schien der szientistische Fortschrittsoptimismus, der Glaube an die Segnungen wissenschaftlicher Erkenntnis, fast übermächtig zu werden. Nun schafft das eher überraschende Erstarken der Ethik die Gelegenheit, die Zielsetzung dieses wissenschaftlichen Programms noch einmal zu überdenken. Sollte aber ausschließlich den Wissenschaftlern – ohne Rücksicht auf ethische Einwände oder politisch-juristische Normen – der Zugriff auf diesen Bereich überlassen werden, dann ist damit zu rechnen, daß das genetische Experiment gelingt. Sein Erfolg bestünde – wenn in nichts anderem – darin, die unabhängigen Alternativen aus dem Weg geräumt zu haben, die ehedem noch eine Kritik der in dem Programm enthaltenen offenen und versteckten Wertungen erlaubten.

II. Utopien der Menschenzüchtung und Dystopien der Degeneration – die Genese der wissenschaftlichen Steuerung menschlicher Fortpflanzung

1. ›Degeneration‹ – die Konstruktion einer Bedrohung

Die Kontinuität eugenischer Utopien

Der Traum einer Vervollkommnung der eigenen Art reicht weit in die Geschichte der zivilisierten Menschheit zurück, und die Utopien der Menschenzüchtung sind tiefer verwurzelt, als es das literarische Genre für sich genommen vermuten läßt. Diese epochenunabhängige Kontinuität der Vorstellung der Selbstzüchtung des Menschen verleiht ihr gewiß eine andere Qualität, als es die konkreten Ideen vermögen, wie die Züchtung im einzelnen zu bewerkstelligen ist. Die konkreten Utopien sind zeitgebunden, und mit ihnen werden neben der Zeitanalyse und -kritik auch deren idealisierte Extrapolationen transportiert. Die Utopien der Menschenzüchtung bzw. der eugenischen Organisation von Gesellschaften nehmen in den großen Gesellschaftsentwürfen die zentrale Rolle ein, in der die menschliche Fortpflanzung und zugleich die Notwendigkeit ihrer rationalen Steuerung gesehen wird. Die Kontrolle der menschlichen Sexualität und die Steuerung der Fortpflanzung sind das durchgängige Thema. Die Lösungen werden demgegenüber nach dem Stand des gesellschaftlichen und später des wissenschaftlichen Wissens variiert. Die ›vorwissenschaftlichen‹ eugenischen Utopien müssen als Ausdruck eines unspezifischen Strebens nach Höherentwicklung gewertet werden. Es ist nicht erkennbar, daß sich ganze Gesellschaften auf mehr als nur partielle eugenische Maßnahmen eingelassen hätten, wie die immer wieder zitierten Auslesemaßnahmen der Spartaner oder die Geschwisterheiraten der ägyptischen Dynastien. In dem Augenblick, in dem die Utopien ihre ersten wissenschaftlichen Grundlegungen erhalten und zugleich ihren Status als Utopien verlieren, ›degenerieren‹ sie zu Programmen der Wissenschaft. Im Übergang von den ›verwissenschaftlichten‹ Utopien zu den Utopien der (Vererbungs-) Wissenschaft mit ihren Wertbezügen, Zielvorstellungen und Handlungsansprüchen erhalten diese die Funktion, das gesamte Szenario der Disziplin zu entwerfen, von der Definition und Abgrenzung des Gegenstandsbereichs bis hin zu den Anwendungsmöglichkeiten und -versprechungen, den sozialen und politischen Zielen. Solange die utopischen Programme noch explizit sind, lassen sie in erstaunlicher Offenheit und Präzision die antizipierten Widerstände gegen die gesellschaftliche Realisierung der wissenschaftlichen Ziele erkennen: die Umgestaltung der ethischen Werte und sozialen Institutionen, vor allem der Familie und der Verhaltensmuster im Zusammenhang mit der Wahl des Ehepartners, der Fortpflanzung und der Sexualität. In dem kurzen Zeitabschnitt, in dem die Eugeniker, die sich selbst erst auf dem Weg zur etablierten Wissenschaft befanden, ihre eugenischen Utopien formulierten, entwarfen sie die ›Blaupausen‹ einer im Sinne ›ihrer‹ Wissenschaft rationalisierten, d.h. verwissenschaftlichten Gesellschaftsordnung.[1] Wenn die Disziplin hingegen die Phase der professionellen, routinisierten Aktivität erreicht, werden die Utopien in den Hintergrund der programmatischen Vergangenheit der Gebiete abgedrängt und die mit ihnen offengelegten Wertbezüge verdeckt. Sie bleiben fortan implizit, aber keineswegs unwirksam, es sei denn, neue Entdekkungen und dramatische ›Durchbrüche‹ treiben abermals utopische Programmatiken hervor. Wir werden später zeigen, daß genau das der Fall war, als die Molekulargenetik, so wie vordem die Darwinsche Entwicklungslehre und die Vererbungstheorien, eine neuerliche Verfeinerung eugenischer Gesellschaftsplanung zu ermöglichen versprach.

Die wohl älteste ausformulierte eugenische Utopie findet sich in Platons *Staat*. Anleihen von der in Sparta geübten eugenischen Praxis können unterstellt werden. Schon bei Platon trifft man auf eine große Zahl der institutionellen Vorkehrungen zur Sicherung einer eugenischen Fortpflanzung, die fortan in allen Utopien zu finden sind und schließlich in die konkreten Vorschläge der Eu-

1 S. Peter Weingart, »Eugenic Utopias – Blueprints for the Rationalization of Human Evolution«, Everett Mendelsohn/ Helga Nowotny (eds.), *Nineteen Eighty-Four: Science Between Utopia and Dystopia*, Sociology of the Sciences Yearbook VIII, Dordrecht 1984, 173-188. Zu den Menschenzüchtungsutopien vgl. Hedwig Conrad-Martius, *Utopien der Menschenzüchtung*, München 1955.

geniker eingehen. Platon wollte die eugenischen Maßnahmen auf die herrschende Wissensaristokratie beschränkt sehen, die Ehe als Fortpflanzungs- und Erziehungsgemeinschaft sollte abgeschafft werden. Statt dessen würden staatliche Behörden Männer und Frauen ›guter Eigenschaften‹ zusammenführen und dabei nicht nur die Qualität der Nachkommen, sondern über die Häufigkeit der ›Hochzeiten‹ auch deren Quantität bestimmen. Die geborenen Kinder unterlägen ebenfalls einer behördlichen Kontrolle im Hinblick auf ihre Erbeigenschaften.

Rund zwei Jahrtausende später formulierte Thomas Morus seine *Utopia*, die der Literaturgattung ihren Namen gab. In Morus' idealem Staat wird die monogame Ehe beibehalten. Vor der Vermählung findet jedoch eine gegenseitige Prüfung der Brautleute auf ihren körperlichen Bau und ihre Schönheit statt, die durch gegenseitige Vorstellung in völliger Nacktheit erfolgt.[2] Morus' *Utopia* findet rund hundert Jahre später eine Nachahmung in Thomas Campanellas *Sonnenstaat*. Unter der obersten Regentschaft des ›Großmetaphysikers‹ haben hier die Liebe (neben der Weisheit und der Macht) und spezielle Ehestiftung und Fortpflanzung ein eigenes Ressort. Ihm obliegt die menschliche, tierische und pflanzliche Zuchtwahl und Veredelung.

Wie vor ihm Platon und Morus forderte Thomas Campanella eine eugenische Politik für seinen idealen Staat und bekundete sein Erstaunen darüber, daß die Menschen überall große Sorgfalt auf die Auswahl und Zucht ihrer Tiere verwenden, ihrer eigenen Fortpflanzung gegenüber jedoch sorglos erscheinen. Die vorherige Inspektion der zur Zeugung zusammenzuführenden Frauen und Männer obliegt Amtspersonen, die ihr Urteil über die bei gymnastischen Spielen und Übungen auf dem Ringplatz anwesenden nackten jungen Leute fällen können. Ist die Auswahl nach Gesichtspunkten der besten zu erwartenden Nachkommenschaft getroffen, bestimmen der Arzt und der Astrologe den Zeitpunkt des Beischlafs. Auch die Trennung von Sexualität und Fortpflanzung, die später in den Begründungen der Eugeniker eine so wichtige Rolle einnehmen wird, ist im Sonnenstaat vorgesehen: Für diejenigen, die stärkere geschlechtliche Bedürfnisse haben und größeren Anfechtungen ausgesetzt sind, stehen »von

2 Thomas Morus, *Utopia*, Berlin 1922.

der Obrigkeit beauftragte Matronen und ältere Männer« bereit, die ihnen den Geschlechtsverkehr ermöglichen.[3]
Das sind nur die wichtigsten vordarwinschen eugenischen Utopien. Es sind jedoch bei weitem nicht alle, in denen eugenische Institutionen vorgesehen sind. Sie finden sich z. B. auch bei Denis Varaisse, bei Rétif de la Brétonne und vielen anderen, weniger bedeutenden Autoren dieser Literaturgattung.[4] Gemeinsam ist ihnen allen, daß sie in Staats- bzw. Gesellschaftsutopien eingebettet sind. Neben der von Frank und Fritzie Manuel geäußerten Vermutung, daß mit den zum Teil ausführlichen Schilderungen der Organisation des Geschlechtsverkehrs in den idealen Gesellschaften oder auch den Phantasien der Polygamie und der allgemeinen Verfügbarkeit der Frauen nicht selten ein Stück Pornographie transportiert wurde, ist doch auch das durchgängige Motiv einer sich gerade auf Sexualität und Fortpflanzung richtenden Rationalisierung der Lebensführung klar erkennbar. Allen genannten Autoren fehlt noch eine ausformulierte Vererbungstheorie, die eugenischen Institutionen und Strategien sind an den Erfahrungsregeln der Tierzucht gewonnen, und: die Rationalisierung des Fortpflanzungsverhaltens wird über entsprechende soziale Organisationen erreicht. Aus leicht nachvollziehbaren Gründen blieb die Kontinuität der eugenischen Utopien in genau diesem Sinn zunächst auch nach Darwins Formulierung der Evolutions- und Selektionstheorien erhalten. Mit ihnen war der Vererbungsmechanismus selbst noch nicht aufgeklärt. Dennoch wurde der in den Utopien sich widerspiegelnde Erwartungshorizont plötzlich zu einer wissenschaftlich begründeten Handlungsperspektive. Die weltbildverändernde Wirkung der Darwinschen Theorie war längst nicht auf den wissenschaftlichen Diskurs beschränkt. Für die Entstehung der Eugenik als Wissenschaft und ihre spätere Verbreitung ist der Umstand wichtig, daß mit dieser Theorie der ›natürlichen Zuchtwahl‹ endlich die konkrete Perspektive eröffnet wurde, die Zuchtwahl auch auf den Menschen anzuwenden. Sie begründete die syste-

3 Thomas Campanella, *Der Sonnenstaat*, Berlin 1955, 51ff.
4 Zwischen der antiken ›Protoeugenik‹ und der der Renaissance besteht eine Verbindung, die bis in die Aufklärung reicht. Vgl. Victor Hilts, »Enlightenment views on the genetic perfectibility of man«, Everett Mendelsohn (ed.), *Transformation and Tradition in the Sciences*, Cambridge 1986, 255-271.

matische Suche nach den Vererbungsmechanismen und der auf sie gestützten Realisierung der eugenischen Utopien.
Freilich darf der in den Utopien erkennbare Erwartungshorizont in seiner Wirkung nicht überbewertet werden. Die Utopien sind eher Indiz als Ursache. Die vor allem in Deutschland, aber auch in den übrigen europäischen angehenden Industrieländern und in den USA erfolgende Breitenwirkung und ähnlich verlaufende Rezeption des Darwinismus geht auf andere, konkretere Ursachen zurück. Die Bedeutung der Darwinschen Theorie ist in zwei Funktionen zu sehen, die sie in den Rang einer wissenschaftlichen Theorie mit Weltbildcharakter erheben: Sie erlaubt die neuartige Deutung einer Reihe von bedrückenden gesellschaftlichen Problemen bzw. führt auch zur Formulierung neuer Probleme, und sie eröffnet damit bis dahin unbekannte Handlungsspielräume. Anders gesagt: Die Theorie Darwins bedeutet eine grundlegende Veränderung der Wahrnehmung der Realität, und zwar in den Kategorien eines wissenschaftlichen biologischen Naturgesetzes.[5] Damit tritt sie in Konkurrenz zu einer alternativen und ebenfalls revolutionären Weltsicht, nämlich der sozialwissenschaftlichen Theorie Marx'.
Diejenigen Probleme, die einer Deutung harren, stellen sich mit der Industrialisierung ein: Pauperisierung der Massen, Urbanisierung und ihre Nebenfolgen wie katastrophale Arbeitsbedingungen, unzureichende Ernährung und schlechter Gesundheitszustand der ärmeren Bevölkerung, schlechte hygienische Verhältnisse und entsprechende epidemische Ausbreitung von Krankheiten u. ä. m. Aber diese im Zusammenhang mit der Industrialisierung auftretenden Probleme werden in der Dimension der Bevölkerungsentwicklung gedeutet. Seit den siebziger

5 Haeckel kennzeichnet die Evolutionstheorie als eine Lehre, die »einesteils ein ganzes, großes wissenschaftliches Lehrgebäude, das sich Jahrhunderte lang fast allgemeiner Anerkennung erfreute... in seinen Grundlagen zu erschüttern droht, anderenteils aber in die persönlichen, wissenschaftlichen und sozialen Ansichten jedes einzelnen auf das Tiefste einzugreifen scheint«, und als »eine die ganze Weltanschauung modifizierende Erkenntnis...« Ernst Haeckel, »Über die Entwicklungstheorie Darwins«, Vortrag gehalten am 19. September 1863, 38. Versammlung Deutscher Naturforscher und Ärzte zu Stettin, Heinrich Schmidt (Hg.), *Gemeinverständliche Werke*, Bd. 5, Berlin 1924, 3-32, 4.

Jahren des 19. Jahrhunderts wurde eine differentielle Geburtenrate erkennbar und in den Kategorien eines drohenden Ungleichgewichts der Erbqualitäten sowie als Bestätigung der bis dahin eher diffusen Degenerationsangst gedeutet. Zu dem durch Malthus ins allgemeine Bewußtsein gebrachten Gedanken einer Beeinflußbarkeit der Quantität der Bevölkerung trat als revolutionäre Neuerung die Frage ihrer qualitativen Zusammensetzung hinzu. Dieses Neuarrangement von Deutungen war nur auf der Basis der neuen wissenschaftlichen Theorien denkbar. Die frühen Propagandisten der Eugenik schlossen nicht zufällig an die in ihren Händen freilich verkümmerte, literarische Form der Utopie an, um dieser Perspektive Glaubwürdigkeit und zugleich Faszination zu verleihen. Die Trivialisierung der Utopien geht mit ihrer prinzipiellen Realisierbarkeit einher. Die eugenische Utopie wird für kurze Zeit geradezu zum Topos der entstehenden Wissenschaft, die durch sie ihre noch ungezügelten Reformvisionen und Handlungsansprüche formuliert.

Von Francis Galton, dem Begründer der Eugenik, ist das Fragment einer eugenischen Utopie erhalten, die er in ein Land ›Kantsaywhere‹ verlegte. Unübersehbar wurden die wissenschaftlichen Erkenntnisse Galtons in die nur oberflächlich literarisierte Geschichte eingebunden und gleichzeitig die ›klassischen‹ Elemente der eugenischen Utopien übernommen: ein ›College‹ übernimmt die zentralen eugenischen Funktionen der Diplomierung der vererbbaren physischen und geistigen Eigenschaften nach einem auf Galtons biometrischer Methode beruhenden Punktesystem. Die Prüfungen des ›College‹ kulminieren in einem Zeugnis mit der Bezeichnung ›Passed in Genetics‹ – P. G. (in Genetik bestanden), das sich nicht etwa auf die Kenntnisse in Genetik, sondern auf die Qualität des Erbmaterials bezieht. Den ›unklassifizierten‹ Eltern und ihren Kindern wurde alle Fürsorge zuteil, solange sie sich an das Gebot hielten, keine Nachkommen zu zeugen, andernfalls sich diese Güte in ›scharfe Strenge‹ wandelte. In einer späteren Passage präzisierte Galton das Schicksal derer, die die eugenische Prüfung nicht bestanden: sie wurden zur Emigration aus »Kantsaywhere« aufgefordert. Nur die Geisteskranken erhielten eine Unterbringung, die sie für die Dauer ihres Lebens von den übrigen Bürgern absonderte. Die Zeugung von Nachkommen durch ›Ungeeignete‹ (»unfit«) wurde in jedem Fall als ein Verbrechen betrachtet. Die Prognose ihres Status als ›erblich ungeeignet‹ erfolge, so Galton, mit statistischer Gewißheit.[6] Der mit der Wissenschaft gesetzte Rationalisierungsanspruch wurde von Galton an anderer Stelle in aller Eindeutigkeit formuliert: »What Nature does blindly, slowly and ruthlessly, man may do providently, quickly, and kindly. As it lies within his power, so it becomes his duty to work in that direction.«[7]

Auch der Begründer der deutschen Eugenik, Alfred Ploetz (1860-1940), der für die neue Wissenschaft den Terminus ›Rassenhygiene‹ prägte, griff auf die Utopie zurück. Er warnte seine Leser allerdings schon vor dem ›komischen‹ und ›grausamen Äußeren‹ dieser Utopie, die lediglich eine bis in die letzten Konsequenzen verfolgte Darstellung der Darwinschen Theorie sei. Hier wird die Zeugung »nicht irgend einem Zufall, einer angeheiterten Stunde überlassen, sondern geregelt nach den Grundsätzen, die die Wissenschaft für Zeit und sonstige Bedingungen aufgestellt hat«. In den Fällen, in denen dieses wissenschaftlich angeleitete Reproduktionsverhalten dennoch die Geburt eines mißgebildeten Kindes nicht hat verhindern können, wird diesem »von dem Ärzte-Collegium, das über den Bürgerbrief der Gesellschaft entscheidet, ein sanfter Tod bereitet, sagen wir durch eine kleine Dose Morphium«. Die Ärzte, denen hier die zentrale Funktion der Entscheidung über Leben und Tod nach Gesichtspunkten des ›Erbwerts‹ zugesprochen wird, erteilen den Neugeborenen, wie schon bei Galton, auch entsprechende Zensuren, nach denen sich ihr weiteres Fortpflanzungsrecht bemißt.[8]

Zu den ›verwissenschaftlichten‹ Utopien, die im Grunde gesellschaftsreformerische Extrapolationen der eugenischen Programmatik waren, kamen die eher obskuren Züchtungsutopien zu Beginn dieses Jahrhunderts hinzu. Christian von Ehrenfels, Philosoph und Mitbegründer der Gestaltpsychologie, war nicht primär an der Eugenik interessiert, sondern an einer Reform der Sexualmoral. Genau dieses Interesse verband aber die progressiven Sexualreformer der Jahrhundertwende mit den Eugenikern,

6 Karl Pearson, *The Life, Letters, and Labours of Francis Galton*, vol. III A, Cambridge 1930, 414-424.

7 Francis Galton, »Eugenics, Its Definition, Scope, and Aims«, *Sociological Papers*, 1905, *1*: 45-50, 45.

8 Alfred Ploetz, *Die Tüchtigkeit unserer Rasse und der Schutz der Schwachen*, Berlin 1895, 144f.

denn eine Änderung der Sexualmoral war eine der wichtigsten Vorbedingungen für die Realisierung eugenischer Ziele, wenn auch die Vorstellungen über Details auseinandergehen mochten. Ehrenfels stellte sich eine polygyne Gesellschaftsordnung vor: Männer weilen in Frauenverbänden nur so lange als Gäste, wie es den betreffenden Paaren gefällt. Auf diese Weise können einige wenige, rassisch wertvolle Männer zur Vervollkommnung der Rasse dadurch beitragen, daß sie Väter von Tausenden von Kindern werden. Da Ehrenfels dieses Ziel nicht ohne die Einführung einer »Herrenmoral« für realisierbar hielt, griff er auf eine technische Lösung, die künstliche Befruchtung, zurück, die im Prinzip den gleichen Zweck erfüllen würde, während das »sexuale Genußleben« seine »eigenen Pfade wandeln könnte«.[9]
Während Ehrenfels' Züchtungsutopie immerhin selbst noch die Aufmerksamkeit und zum Teil positive Kritik eines anderen Eugenikers der ersten Stunde, Wilhelm Schallmayer, fand, traf die ganz ähnlich konzipierte Utopie Willibald Hentschels auf dessen herbe Kritik. Hentschels Programm, *Mittgart – Ein Weg zur Erneuerung der germanischen Rasse*, zählt zum Ideenkreis der Nordischen Bewegung und war, wie auch Lanz von Liebenfels' ›Ostara-Gesellschaft‹ und verwandte Bünde, auf die Züchtung einer Rasse von Blonden und Blauäugigen gerichtet. Hentschel sah ländliche Zuchtgemeinschaften von 1000 Frauen und 100 Männern vor, in denen die Monogamie durch eine polygyne Ordnung ersetzt wird und Männer und Frauen sich nur jeweils bis zur Schwangerschaft zusammenfinden.[10]
Bei dem letzten Vertreter eugenischer Utopien war die Utopie hinter den Fortgang der Wissenschaft zurückgefallen und zur lächerlichen Skurrilität verkommen. R. Walter Darré, ebenfalls Anhänger der Nordischen Idee und unter Adolf Hitler Reichsbauernführer und Landwirtschaftsminister, war mit seiner Idee der »Hegehöfe«, auf denen ein »Neuadel aus Blut und Boden« gezüchtet werden sollte, vollkommen der Tierzucht als Vorbild verhaftet. Sein Vorschlag, statt der Bezeichnung ›Eugeniker‹ das deutsche Wort ›Zuchtwart‹ einzuführen und diesen in einem

9 Christian von Ehrenfels, »Die konstitutive Verderblichkeit der Monogamie«, *ARGB*, 1907, 4: 615-651, 803-830, 813, 817.

10 Mittgartbund (Verfasser: Willibald Hentschel), *Mittgart. Ein Weg zur Erneuerung der germanischen Rasse*, 2. Aufl., Dresden 1911 (1. Aufl. 1907).

OSTARA

Nr. 47

Die Kunst, schön zu lieben u. glücklich zu heiraten; ein rassenhygienisches Brevier für Liebesleute

Von J. Lanz-Liebenfels

Als Handschrift in 3. Auflage gedruckt Wien 1928
Copyright by J. Lanz v. Liebenfels, Wien 1911

OSTARA

Nr. 1

Die Ostara und das Reich der Blonden

Von J. Lanz-Liebenfels

Als Handschrift gedruckt in 2. Auflage, Wien 1930
Copyright by J. Lanz v. Liebenfels, Wien 1922

staatlich besoldeten Stand zu etablieren, entlarvte die Herkunft einer sozialtechnologisch konzipierten Eugenik: seit der Klassik war die auf die Tierzucht verwendete Rationalität das Vorbild für die Menschenzüchtungsutopien, wurde sie mit der vermeintlichen ›Irrationalität‹ der menschlichen Fortpflanzung kontrastiert, um auch diese letzte Grenze der Rationalisierung öffnen zu können.[11] Darrés germanenschwärmerische Züchtungsvorstellung markiert in Deutschland zugleich den Übergang zu dem Versuch, sie auch in die Realität umzusetzen. Die Wissenschaft bedurfte nicht mehr der utopischen Entwürfe, um Glaubhaftigkeit und Verheißung ihrer eugenischen Theorien zu vermitteln.

Die Anfänge der deutschen Eugenik

Als der eigentliche Begründer der Eugenik gilt Francis Galton (1822-1911), der in den 1860er Jahren damit begann, die Vererbung intellektueller Fähigkeiten des Menschen zu studieren. In dem 1865 erschienenen Aufsatz *Hereditary Talent and Character* legte er erstmals die Grundzüge seiner Ansichten dar, die er in seinen zahlreichen späteren Arbeiten weiterentwickelte.[12] Galton glaubte, auf der Basis umfangreicher biographisch-genealogischer Untersuchungen über herausragende Persönlichkeiten des viktorianischen England nachweisen zu können, daß geistige Fähigkeiten, insbesondere Intelligenz, ebenso erblich seien wie beliebige körperliche Eigenschaften. Es ging ihm um die Begründung und Verbreitung einer Strategie der »Verbesserung der menschlichen Rasse« durch die Vermehrung dieser erblichen Begabungen. Als ein begeisterter Anhänger der Evolutionstheorie – er selbst hat die Lektüre des *Origin of Species* seines Vetters Charles Darwin als ein Schlüsselerlebnis geschildert – formulierte Galton den Gedanken einer praktischen Anwendung des Darwinschen Selektionsprinzips: durch geschickte Ausnutzung der Gesetzmäßigkeiten der natürlichen Auslese sollten die Menschen die Kontrolle über ihre eigene Evolution gewinnen und sie in Richtung auf eine biologische Verbesserung lenken. Seine

11 Richard Walter Darré, *Neuadel aus Blut und Boden*, München 1930.

12 Francis Galton, »Hereditary Talent and Character«, *Macmillan's Magazine*, 1865, *12*: 157-166, 318-327.

praktischen Vorschläge, für die er im Jahre 1883 den Begriff »Eugenik« einführte, zielten vor allem darauf ab, die geistige Elite Englands durch staatliche Förderung zu früher Heirat und zur Zeugung möglichst vieler Kinder zu ermuntern, um auf diese Weise die Zahl der geistig (und natürlich auch körperlich) hervorragenden Individuen von Generation zu Generation zu vermehren.[13] Derartige Maßnahmen erschienen Galton und seinen späteren Anhängern vor dem Hintergrund der von ihnen beobachteten differentiellen Fruchtbarkeit der verschiedenen sozialen Klassen notwendig. Wenn ein positiver Zusammenhang zwischen Talent und sozialem Rang bestand, so folgte daraus, daß die am meisten befähigten Individuen die wenigsten Nachkommen, die am wenigsten befähigten Individuen aber die meisten Nachkommen haben. Durch die Stiftung einer Galton-Professur und die Einrichtung eines Galton-Instituts für Eugenik in London schuf Galton bereits zu seinen Lebzeiten zugleich die institutionellen Voraussetzungen für eine organisierte und systematisch betriebene Weiterentwicklung des eugenischen Forschungsprogramms über seinen Tod hinaus sowie für die Popularisierung der eugenischen Idee in der britischen Bevölkerung.

Obgleich die eugenische Idee in England also schon in den sechziger Jahren formuliert und in den folgenden Jahrzehnten wissenschaftlich entwickelt worden war, ist eine zeitgenössische Rezeption der Arbeiten Galtons und seiner Schule in Deutschland nicht nachweisbar. Eugenische Gedanken traten in Deutschland unabhängig von der Entwicklung in England und mit einer beträchtlichen zeitlichen Verzögerung erst in den neunziger Jahren auf. Als erste einschlägige Publikation ist Wil-

13 S. Francis Galton, *Inquiries into Human Faculty and Its Development*, London 1883, 24f. Hier wird auch auf den griechischen Ursprung der Prägung hingewiesen: »eugenes« bedeute »good in stock, hereditarily endowed with noble qualities«. Derek William Forrest, *Francis Galton: The Life and Work of a Victorian Genius*, New York 1974. – Zur Geschichte der Eugenik in England vgl. folgende Arbeiten: Lyndsay A. Farrall, *The Origins and Growth of the English Eugenics Movement 1865-1925*, Diss. Indiana 1970 (University Microfilms 70-14964). Geoffrey Russell Searle, *Eugenics and Politics in Britain 1900-1914*, Leyden 1976. Donald MacKenzie, *Statistics in Britain 1865-1890*, Edinburgh 1981.

helm Schallmayers (1857-1919) Broschüre *Über die drohende körperliche Entartung der Kulturmenschheit* aus dem Jahre 1891 anzusehen.[14] Zwar blieb diese Schrift ohne größere Resonanz, doch sie enthielt schon die meisten wesentlichen Gedanken des späteren eugenischen Programms. Schallmayer begann mit einem Hymnus auf die Darwinsche Theorie, deren Geltung sich nicht nur auf die Vergangenheit, sondern auch auf die Gegenwart erstrecke. Deshalb stellte sich die Frage, »ob sich die körperliche Entwicklung der Menschheit, von welcher ein stetiges Fortschreiten der Kultur abhängig ist, gegenwärtig in aufsteigender oder in niedergehender Richtung bewegt«. Diese Frage sei um so berechtigter, als die »menschliche Zuchtwahl« sich durch kulturelle Einflüsse von der natürlichen Zuchtwahl in wichtigen Punkten unterscheide. Jede höhere Gattung von Organismen, darunter auch der Mensch, habe ihre »gegenwärtige Vollkommenheit« dadurch erreicht und bewahrt, daß im Naturzustand die jeweils begünstigteren Individuen in relativ größerem Maße zur Produktion der Nachkommenschaft beitrügen als »die mangelhafteren Organismen derselben Gattung«. Bereits als angehender Student der Medizin, so Schallmayer, habe er den Verdacht geschöpft, daß dieser Mechanismus der natürlichen Auslese durch die Leistungen der Medizin geschwächt werde, »so oft es derselben gelingt, mangelhaft organisierten oder allgemein schwächlichen Menschen, z. B. den Tuberkulösen, das Leben zu verlängern; denn sie gibt ihnen hierdurch die Möglichkeit zur Erzeugung einer zahlreicheren Nachkommenschaft, als es unter dem bloßen Walten der Natur der Fall gewesen wäre«. Die zwin-

14 »Der jüngst verstorbene englische Gelehrte Francis Galton war der erste Autor, der dies (die Notwendigkeit einer Ergänzung der Personenhygiene und Rassehygiene; d. V.) erkannte und der dem Ausbau und der Verbreitung dieser Erkenntnis sein Leben widmete. Ohne von der Existenz der Galtonschen Schriften Kenntnis zu haben, veröffentlichte ich sodann 1891 meine erste rassehygienische Schrift ›Über die drohende körperliche Entartung der Kulturmenschheit‹, nachdem ich fünf Jahre lang keinen Verleger für sie hatte finden können.« Wilhelm Schallmayer, »Soziale Maßnahmen zur Besserung der Fortpflanzungsauslese«, Max Mosse/Gustav Tugendreich (Hg.), *Krankheit und soziale Lage*, München 1913, 841-859, 846 (FN). Schallmayers Erstlingswerk wird im folgenden zit. n. seiner zweiten Auflage, die unter dem Titel *Die drohende physische Entartung der Culturvölker* in Berlin/Neuwied o. J. erschien.

gende Schlußfolgerung daraus war, daß die therapeutischen Erfolge der Medizin zwar den kranken Individuen, »nicht aber der menschlichen Gattung zum Heile gereichen werden«. Auf der anderen Seite biete die Medizin auch Mittel zur Bekämpfung des von ihr (mit)verursachten Übels, da sie nicht nur zur Wiederherstellung erkrankter Individuen, sondern auch zur Vorbeugung von Krankheiten eingesetzt werden könne. Der Hygiene (»die bessere Hälfte der medicinischen Wissenschaft«) wies Schallmayer infolgedessen die Aufgabe zu, »auf die menschliche Zuchtwahl bessernd einzuwirken«.[15]

Im Unterschied zu der von Galton geprägten englischen Eugenik war für Schallmayer die Medizin der entscheidende Ausgangspunkt seines Denkens. Das bereits im Titel seiner Broschüre angesprochene Schlüsselproblem war die »drohende körperliche Entartung« der zivilisierten Menschheit, und dies war in doppelter Weise mit der Medizin verbunden: zum einen durch die Befürchtung einer kontraproduktiven Wirkung der therapeutischen Medizin auf die Erbqualität der jeweils nachfolgenden Generation mit der Folge einer kontinuierlichen Degeneration der Menschheit; zum anderen durch die Zuversicht, daß eine prophylaktisch orientierte Medizin eine aussichtsreiche Strategie zur Eindämmung, vielleicht sogar zur Umkehrung dieser Entartungstendenz darstelle. Zwar hatte auch Galton Medizin studiert, doch spielte dies für die Entwicklung seiner Konzeption von Eugenik nur eine untergeordnete Rolle; in der englischen eugenischen Bewegung spielten Ärzte keine maßgebende Rolle, hatten vielmehr Statistiker, Soziologen und Biologen ein deutliches Übergewicht. Für Galton war die Idee einer Verbesserung der Menschheit Ausdruck und Inbegriff einer Weltanschauung; mehr noch: die Eugenik konnte für ihn explizit Rang und Funktion einer Religion einnehmen.[16] Für Schallmayer hingegen ging es um die Ausdehnung und Weiterentwicklung der Hygiene als einer medizinischen Teildisziplin. War es Galton vor allem um eine Verbesserung der nachfolgenden Generationen zu tun, d. h. um eine positive Eugenik durch die Vermehrung der Nachkommenschaft von Personen mit (angeblich) hohen Erbqualitäten, so ging es Schallmayer in erster Linie um eine Bekämpfung der De-

15 Schallmayer, *Entartung*, 3, 6, 7, 9.
16 Galton, *Eugenics*, 50.

generation, d.h. um eine negative Eugenik durch die Verringerung der Nachkommenschaft von Personen mit (angeblich) unterdurchschnittlichen Erbqualitäten. Ging es Galton vor allem um die geistigen Eigenschaften der Menschen, so stand bei Schallmayer die körperliche Entartung im Vordergrund.
Diese vorwiegend medizinische Ausrichtung der deutschen Eugenik wurde durch die drei Jahre später erschienene Schrift Alfred Hegars, *Der Geschlechtstrieb*, bestätigt. In seiner »socialmedicinischen Studie« diskutierte der Freiburger Gynäkologe neben einer Vielzahl anderer Themen zunächst vor allem die quantitative Problematik der Bevölkerungsentwicklung, um dann in einem abschließenden Kapitel auf die Frage der Qualität überzuleiten. Mit dem Verweis auf die sowohl quantitative als auch qualitative »Beschränkung« der Fortpflanzung machte Hegar deutlich, daß es ihm um die Etablierung einer negativen Eugenik ging, um »wenigstens den grössten Schäden des heutigen Zustandes ein Ende zu machen, und die Entstehung gebrechlicher elender Menschen zu beschränken«.[17]
Wichtiger als diese Arbeit Hegars und auch als Schallmayers frühe Broschüre sollte das 1895 erschienene Buch von Alfred Ploetz, *Die Tüchtigkeit unserer Rasse und der Schutz der Schwachen*, werden, in dem dieser einleitend wieder die medizinische Perspektive betonte: Aus »den Bedürfnissen des Arztes« sei seine Arbeit entsprungen, nämlich aus der Erkenntnis, daß die »Schwächen und Krankheiten nicht nur in ihrer directen nosologischen Verursachung, sondern auch in ihren Abhängigkeiten von angeborenen Anlagen und von socialen und wirthschaftlichen Zuständen« zu begreifen seien, und man müsse andrerseits mit Sorge auf die Gefahren blicken, »mit denen der wachsende Schutz der Schwachen die Tüchtigkeit unserer Rasse bedroht«. Auch Ploetz ging es um das Problem der Degeneration: um eine exakte Diagnose des generativen Niedergangs der Menschheit und seiner Ursachen im »Schutz der Schwachen«, vor allem freilich auch um eine Therapie, die diesen Niedergang abwenden und die »Tüchtigkeit unserer Rasse« bewahren helfen sollte.[18]

17 Alfred Hegar, *Der Geschlechtstrieb. Eine social-medicinische Studie*, Stuttgart 1894, 107, 144.

18 Alfred Ploetz, *Tüchtigkeit*, V, VI. – Gerade im Falle Ploetzens enthält die Betonung der ärztlichen Perspektive ein gutes Stück der Selbststili-

Ähnlich wie vor ihm Schallmayer stellte Ploetz die von ihm vorgeschlagenen praktischen Maßnahmen in den Zusammenhang der Hygiene als medizinischer Teildisziplin, die aber nicht als individuelle, sondern als eine auf den menschlichen Fortpflanzungsprozeß bezogene Hygiene interpretiert wurde. Zur genaueren Kennzeichnung führte Ploetz dann jenen Begriff ein, der für die deutsche Eugenik weithin charakteristisch werden und ihr inhaltliches Schicksal mitbestimmen sollte: »Rassenhygiene«. Allerdings ist zu beachten, daß Ploetz den Rassenbegriff »einfach als Bezeichnung einer durch Generationen lebenden Gesamtheit von Menschen im Hinblick auf ihre körperlichen und geistigen Eigenschaften«[19] benutzte, also weitgehend im Sinne des heutigen biologischen Artbegriffs. Aufgrund dieser Begriffsprägung ebenso wie aufgrund der in diesem Buch geleisteten konzeptionellen Vorarbeit galt Ploetz später vielen Anhängern der Eugenik/Rassenhygiene als der Begründer der deutschen Rassenhygiene.

Die Konzeption einer ›Hygiene‹ der menschlichen Art enthielt den medizinischen Zugriff und transzendierte ihn zugleich, indem dem therapeutischen Bezugsrahmen eine prophylaktische Strategie entgegengesetzt wurde. Diese paßte sich nicht in das Schema einer am Menschen orientierten ›traditionellen‹ Medizin ein, sondern stellte auf zukünftige Generationen, auf die »Rasse« ab, der gegenüber einzelne Menschen nur mehr die Träger des Erbgutes darstellen, das es zu pflegen gilt. Daraus ergab sich die Notwendigkeit erbbiologischer Forschung, die Schallmayer schon 1891 forderte.[20] Zugleich erhielt die ›Rassenhygiene‹ eine

sierung. Ploetz hatte nach dem Studium der Nationalökonomie das Zweitstudium der Medizin aufgenommen, um seine damals bereits ansatzweise gewonnenen eugenischen Überzeugungen mit einschlägigem Fachwissen zu unterfüttern. So berichtet der mit Ploetz von Jugend an befreundete Gerhart Hauptmann von der Gründung eines pangermanischen Geheimbundes durch Ploetz, Gerhart Hauptmann und dessen Bruder Carl gegen Ende der siebziger Jahre, in dessen Satzungen sich alle Mitglieder verpflichteten, »dereinst nur ein blondes blauäugiges Mädchen zu heiraten«. Gerhart Hauptmann, »Das Abenteuer meiner Jugend«. *Sämtliche Werke*, hg. von Hans-Egon Hass, Bd. 7, Frankfurt/Berlin 1962, 451-1082, 868.

19 Ploetz, *Tüchtigkeit*, 2.

20 Schallmayer, *Entartung*, 11f. Ploetz, *Tüchtigkeit*, 22.

›sozial-medizinische‹ Orientierung, die zu jener Zeit unter dem Einfluß des Sozialdarwinismus starke sozialbiologische Einschläge hatte.

Degeneration – Vorgeschichte des Begriffs

Die Fokussierung und Verstärkung, die das Problem der Degeneration durch die Eugenik in Deutschland erfuhr, war die Folge der Verwissenschaftlichung eines Problems, das als eine ›gesellschaftliche Stimmungslage‹ schon im 18. Jahrhundert um sich griff. In dem berühmten Kapitel »De la dégénération des animaux« des 1766 erschienenen Bandes seiner *Histoire naturelle* vertrat Georges Buffon die Auffassung, daß durch die Veränderung der äußeren Lebensumstände wie Klima oder Ernährung Variationen der Tierarten hervorgerufen werden. Im Kontext seiner Erörterung der Idee der Deszendenz – die er sich allerdings nicht zu eigen machte – nahm die Degeneration eine wichtige Stellung ein: Degeneration war das Synonym für »absteigende« Deszendenz.[21]

Der Degenerationsbegriff wurde aber schon in dieser Zeit nicht ausschließlich als biologischer Terminus technicus gebraucht, sondern als ein politischer bzw. gesellschaftskritischer Begriff. So stellte etwa der dreizehnte Band der Diderot/d'Alembertschen Enzyklopädie unter dem von d'Amilaville verfaßten Stichwort ›Population‹ einen engen Zusammenhang zwischen Armut und Bevölkerungsentwicklung her und gab auf die Frage, welche Wesen unter den Bedingungen des öffentlichen Elends geboren werden, folgende Antwort: »Schwache und gebrechliche Kinder, die nicht heranwachsen; denn die Konstitution derer, die sowohl die schlechte Körperbeschaffenheit als auch die weitverbreiteten Krankheiten überwinden, wird durch die schlechte Nahrung, die sie erhalten, endgültig untergraben. Diese Geschöpfe, die sozusagen schon erloschen sind, ehe sie gelebt haben, sind wohl kaum der Fortpflanzung fähig. So entartet und verkommt die Gattung dort, wo die Völker elend sind; aber wo

21 S. Ernst Mayr, *Die Entwicklung der biologischen Gedankenwelt. Vielfalt, Evolution und Vererbung*, Berlin et al. 1984, 265.

allgemeiner Überfluß herrscht, da nimmt sie an Kraft und Zahl zu.«[22]

Mit dieser Rückführung der »Entartung« auf den Einfluß ungünstiger sozialer Lebensbedingungen und dem gleichzeitigen Verweis darauf, daß unter günstigen Bedingungen eine aufsteigende Entwicklung der Gattung möglich ist, bewegte sich d'Amilaville im Rahmen der aufklärerischen Gesellschaftskritik, die den Weg zu einer Verbesserung der Verhältnisse eröffnen wollte.

In seinem 1755 erstmals erschienenen *Discours sur l'inégalité* grenzte sich Jean-Jacques Rousseau von dieser prinzipiell geschichtsoptimistischen Position ab und führte eine Verwendungsweise des Degenerationsbegriffs ein, die Elemente seiner späteren eugenischen Verwendung vorwegnahm. Zwar spielte der Ausdruck »dégénération« bei Rousseau keine zentrale Rolle, doch kam er gelegentlich vor, öfter noch unter dem Begriff »dépravation«. Vor allem aber spielte er der Sache nach eine zentrale Rolle in der Anthropologie und Sozialphilosophie Rousseaus. Ihr zufolge befindet sich der Mensch im Naturzustand noch in einem nahezu vollkommenen Gleichgewicht sowohl mit der äußeren Natur als auch mit seiner eigenen: er hat nur wenige Bedürfnisse, ist aber mit allen Voraussetzungen und Fähigkeiten ausgestattet, um diese zu befriedigen. Dies ändert sich mit dem Eintritt in die Zivilisation. Die Erweiterung der Bedürfnisse, der Müßiggang und die verfeinerte Ernährung der Reichen, die Überarbeitung und schlechte Ernährung der Armen, die Erschöpfung des Geistes und die Exzesse jeglicher Art bewirken eine beständige Schwächung der ursprünglich robusten menschlichen Natur. Degeneration ist daher die zwangsläufige Folge der Zivilisation. Die in freier Wildbahn lebenden Tiere haben nach Rousseau einen höheren Wuchs, eine robustere Verfassung, mehr Kraft, Stärke und Mut als ihre domestizierten Verwandten; indem sie domestiziert werden, büßen sie die Hälfte dieser Vorzüge ein, und unsere Sorge, diese Tiere gut zu behandeln und zu ernähren, führt nur zu ihrer Entartung. »Ebenso steht es mit dem Menschen selbst: Indem er soziabel und Sklave wird, wird er schwach, ängstlich, kriecherisch; und seine weich-

22 d'Amilaville, »Bevölkerung«, Artikel aus der von Diderot und d'Alembert herausgegebenen *Enzyklopädie*, Frankfurt/Main 1985, 687.

liche und weibische Lebensweise vollendet schließlich die Schwächung seiner Stärke und seines Mutes zugleich.« Indem der Mensch also seinen Naturzustand verläßt und in die Zivilisation eintritt, unterliegt er einer moralischen wie auch physischen »Depravation«, so daß sich gerade die von den Aufklärern zum menschlichen Wesensmerkmal erhobene Vervollkommnung als die Quelle all seines Unglücks erweist.[23]

Rousseaus Kultur- und Geschichtsphilosophie war der zentrale philosophische Bezugspunkt der kultur- und zivilisationskritischen Strömung, die ihren Ausgang im 18. Jahrhundert nahm und auch in dem so fortschrittsorientierten 19. Jahrhundert kaum an Wirkung verlor. Ein eindrucksvolles Beispiel für den Einfluß Rousseauscher Gedanken und für die Verbreitung des Degenerationsgedankens ist ein Gespräch, das Johann Wolfgang Goethe am 12. März 1828 mit seinem Sekretär Johann Peter Eckermann führte und in dem er sagte: »Es geht uns alten Europäern übrigens mehr oder weniger allen herzlich schlecht; unsere Zustände sind viel zu künstlich und kompliziert, unsere Nahrung und Lebensweise ist ohne die rechte Natur und unser geselliger Verkehr ohne eigentliche Liebe und Wohlwollen ... Man sollte oft wünschen, auf einer der Südseeinseln als sogenannter Wilder geboren zu sein, um nur einmal das menschliche Dasein ohne falschen Beigeschmack, durchaus rein zu genießen. Denkt man sich, bei deprimierter Stimmung, recht tief in das Elend unserer Zeit hinein, so kommt es einem oft vor, als wäre die Welt nach und nach zum Jüngsten Tage reif. – Und das Übel häuft sich von Generation zu Generation! – Denn nicht genug, daß wir an den Sünden unserer Väter zu leiden haben, sondern wir überliefern auch diese geerbten Gebrechen, mit unseren eigenen vermehrt, unsern Nachkommen.«[24]

Bereits zu Beginn des 19. Jahrhunderts waren drei inhaltliche Komponenten des Degenerationsbegriffs ausgebildet, die für die spätere Eugenik maßgebliche Bedeutung erhalten sollten. Im Unterschied zu anderen Autoren spielt in Rousseaus Niedergangsdiagnose nicht nur die moralische Depravation des Menschen durch die Zivilisation eine Rolle, sondern auch seine kör-

23 Jean-Jacques Rousseau, *Diskurs über die Ungleichheit. Discours sur l'inégalité*. Kritische Ausgabe, Paderborn et al. 1984, 93, 105.

24 Johann Peter Eckermann, *Gespräche mit Goethe in den letzten Lebensjahren*, München 1976, 685.

perliche Degeneration. Gewiß stand bei Rousseau noch die politische Dimension der Domestikation im Vordergrund, d.h. die Unterwerfung des ursprünglich freien Individuums unter die Knechtschaft des Privateigentums, schloß jedoch ausdrücklich die konstitutionellen Folgen der Zivilisation ein. Der von ihm gezogene Vergleich des zivilisierten Menschen mit domestizierten Tieren sollte später ein beliebter Topos in der eugenischen Degenerationstheorie werden.[25]

Die zweite Komponente des Degenerationsbegriffs beinhaltete die Betrachtung des Menschen als eines Naturwesens, die bei Rousseau und seinen Zeitgenossen zunächst als eine philosophische Überzeugung formuliert und im 19. Jahrhundert dann auf der Basis der Darwinschen Theorie wissenschaftlich untermauert wurde. Der Mensch galt nicht mehr als ein Geschöpf, das sich der besonderen Obhut und Fürsorge Gottes erfreut, sondern als ein aus der Natur hervorgegangenes und ihren Gesetzen unterworfenes Wesen. War Rousseau davon ausgegangen, daß der Mensch im Naturzustand optimal an die Natur angepaßt war und diese Anpassung durch den Übergang zur Zivilisation eingebüßt hat, so verlagerten die Eugeniker ihre Argumentation vom Anpassungs- auf den Selektionsbegriff. Nach Schallmayer etwa ist die von ihm konstatierte Entartungstendenz »auf Störungen der natürlichen Zuchtwahl durch unsere kulturellen Einrichtungen« zurückzuführen: Störungen, die es »unter dem blossen Walten der Natur« nicht geben würde.[26] Dabei wurde zwar ausdrücklich konzediert, daß dieses Walten der Natur grausam gegenüber dem Individuum (gewesen) sei, zugleich aber die wohl-

25 Rousseau, *Diskurs*, 173ff. In einem 1929 gehaltenen Vortrag des Wiener Gesundheitspolitikers Julius Tandler hieß es: »Die Domestikation ist antiselektionistisch, denn jede Art der Domestikation schützt Minderwertige. Auch die Domestikation des Menschen ist auslesefeindlich. Der Mensch verdankt der Domestikation alles Menschenwürdige und Lebenswerte, die Zivilisation, die Kultur, alle Errungenschaften des Geistes und des Gefühles, er verdankt ihr aber auch die Gefahr der Entartung, den drohenden Sieg der Minderwertigkeit, die Quelle seines Unterganges. Des Menschen Aufgabe ist es, die Gefahr zu erkennen und sich zu wehren.« Julius Tandler, *Gefahren der Minderwertigkeit*. Sonderdruck aus dem *Jahrbuch 1928 des Wiener Jugendhilfewerks*, Wien 1928, 7.

26 Schallmayer, *Entartung*, 21, 6.

tätigen Folgen dieser Grausamkeit für die menschliche Art, Gattung oder Rasse betont: nur der unbarmherzigen Auslese seien die Entstehung und »Vervollkommnung« des Menschen zu verdanken. Gewiß unterscheidet sich Rousseaus Menschenbild und Naturbegriff in vieler Hinsicht von dem der Eugeniker. Übereinstimmung besteht aber darin, daß beide einem positiven Bild der Natur ein negatives Bild der Zivilisation, der Gesellschaft, der Kultur gegenüberstellen. Besonders drastisch kommt die eugenische Tendenz zur Kulturfeindlichkeit in der Behauptung einer biologischen Gesetzmäßigkeit des Untergangs der Kulturvölker zum Ausdruck: »Die letzte, tiefste Ursache der Degeneration aller Kulturvölker ist nun allerdings unsere ›Kultur‹ an sich. Man kann darum folgern: also weg damit, kehren wir zum Naturzustand zurück! Diese schon oft aufgestellte, aber nicht verwirklichte und überhaupt nicht erfüllbare Forderung ist in gewissem Sinne und mehr, als die meisten Menschen wohl denken, auch biologisch begründbar.«[27]
Obgleich Rousseaus Degenerationskonzept, wie im übrigen die Degenerationsvorstellungen des gesamten 19. Jahrhunderts, von der Vererbbarkeit erworbener Eigenschaften ausgeht, wird das Problem der erblichen Weitergabe von Defekten von ihm nicht thematisiert. Die zitierte Äußerung Goethes ist daher insofern von besonderem Interesse, als sie zeigt, daß die Bedeutung der Vererbung in den zwanziger Jahren des 19. Jahrhunderts bereits zum intellektuellen Allgemeingut gehörte. Erst mit der Idee einer Weitergabe degenerativer Merkmale von Generation zu Generation wird ja die Idee einer fortschreitenden Akkumulation von Krankheiten und Defekten plausibel und verständlich. Das ist die dritte Komponente des Begriffs. Ein dergestalt dynamisierter Degenerationsbegriff sollte um die Jahrhundertmitte im Rahmen der Psychiatrie entstehen.

27 Erwin Baur, »Der Untergang der Kulturvölker im Lichte der Biologie«, *Deutschlands Erneuerung*, 1922, *6*: 1-12, 9. Vgl. auch Wilhelm Schallmayer, *Vererbung und Auslese im Lebenslauf der Völker. Eine staatswissenschaftliche Studie auf Grund der neueren Biologie*, Jena 1903, 100.

Das Problem der Vererbung psychischer Krankheiten und Anomalien spielte vor allem in der französischen Psychiatrie seit dem späten 18. Jahrhundert eine entscheidende Rolle. Auch der Begriff »dégénérescence« war in der psychiatrischen und medizinischen ebenso wie in der biologischen Literatur bereits gebräuchlich, als im Jahre 1857 das Buch des in Wien geborenen französischen Psychiaters Benedict Augustin Morel, *Traité des dégénérescences physiques, intellectuelles et morales de l'epèce humaine et de ses causes qui produisent ces variétés maladives*, erschien. Dieses einflußreiche Werk war – dem Titel entsprechend – ganz dem Problem der Degeneration gewidmet und formulierte eine umfassende Theorie des Ursprungs der krankhaften Varietäten der menschlichen Art. Nach Morel konnte die Degeneration durch folgende Faktoren entstehen: Vergiftung (v.a. durch Alkohol), soziales Milieu, krankhaftes Temperament, moralische Erkrankung, angeborene oder erworbene Schäden, Erblichkeit. Obgleich Morel sich über die Beziehung von Umweltfaktoren und erblichen Dispositionen nicht klar war, wies er den letzteren eine zentrale Bedeutung zu, die vor allem durch das »Gesetz der Progressivität« zum Ausdruck gebracht wird: Jedes krankhafte Merkmal konstituierte nach Morel den Beginn einer ganzen Serie pathologischer Erscheinungen, die sich von Generation zu Generation verschlimmern und schließlich zum unweigerlichen Untergang führen. Morels Definition der Degeneration lautete daher: »Die Degenerationen sind krankhafte Abweichungen vom normalen menschlichen Typ, sind erblich übertragbar und entwickeln sich progressiv bis zum Untergang.«[28] Dabei bezog Morel sein Degenerationskonzept nicht nur auf einzelne Familien und deren Geschichte, sondern auch auf Rassen, vor allem aber auf die ganze moderne Gesellschaft. In dieser nämlich häufen sich angeblich die pathologischen Erscheinungen und krankhaften Familien, und dies führt schließlich zum unausweichlichen Niedergang der Zivilisation. Die später unter der Bezeich-

28 Zitiert nach Erwin Ackerknecht, *Kurze Geschichte der Psychiatrie*, 3. Aufl., Stuttgart 1985, 54f. Zu Morels Degenerationsbegriff und seinem (geistes)geschichtlichen Hintergrund vgl. Peter Burgener, *Die Einflüsse des zeitgenössischen Denkens in Morels Begriff der »dégénérescence«*, Diss. Zürich 1964.

nung »Morelsches Gesetz« bekanntgewordene These des Fortschritts der Degeneration hatte auf die Psychiatrie der zweiten Jahrhunderthälfte eine tiefe Wirkung, auch wenn das religiöse Fundament seiner Degenerationskonzeption bei den Nachfolgern Morels keine Sympathien fand. So distanzierte sich der nach Morel bedeutendste französische Entartungstheoretiker Valentin Magnan vor dem Hintergrund einer Rezeption der Darwinschen Theorie von Morels Konzept eines »type primitif« mit dem evolutionistischen Argument, ein vollendeter Typ könne niemals am Anfang der menschlichen Entwicklung stehen, sondern nur an ihrem Ende, als Ergebnis eines aufsteigenden Entwicklungsprozesses; für Magnan war die Degeneration nicht mehr die Abweichung von einem ursprünglich vollkommenen Typus, sondern eine Entwicklungshemmung.[29]
In Deutschland wurde die Tradition der französischen Psychiatrie aufgegriffen und gewann großen Einfluß auf die Theorien Heinrich Schüles und Richard von Krafft-Ebings, wobei nicht nur an der These von der entscheidenden Bedeutung der Erblichkeit für die Entstehung von Geisteskrankheiten festgehalten wurde, sondern auch am »Morelschen Gesetz« der progressiven Vererbung. Auch für jene Psychiater, die – wie Emil Kraepelin – dem Morelschen Gesetz kritisch gegenüberstanden, stand die Tatsache der Entartung selbst sowie ihre Erblichkeit außer Zweifel: Die gesamte Problematik der Psychopathologie ist in der zweiten Jahrhunderthälfte untrennbar mit der Degenerationsfrage verbunden. In der Bestimmung der Ursachen der Degeneration verschoben sich allerdings die Akzente mehr und mehr. Zum einen erhielt die direkte Keimschädigung durch Krankheiten (vor allem: Geschlechtskrankheiten) und Gifte ein wachsendes Gewicht. Eine besondere Rolle spielte dabei unter den Giften der Alkohol. Gegen mancherlei Einwände hielt August Forel die Erblichkeit alkoholbedingter Schädigungen auch über die unmittelbar nachfolgende Generation hinaus für gesichert. Für ihn war Alkoholismus das zentrale Übel, gegen das er seinen Lebenskampf richtete, eine Auffassung, mit der er Alfred Ploetz

29 Vgl. Werner Leibbrandt/Annemarie Wettley, *Der Wahnsinn. Geschichte der abendländischen Psychopathologie* (Orbis Academicus II/12), Freiburg/München 1961, 528 ff. Sowie auch Burgener, *Einflüsse*, 41 ff.

stark beeinflußte.[30] Auch Schallmayer berief sich auf Forels These, daß der Alkoholismus »eine Hauptquelle, wahrscheinlich sogar die Hauptquelle der fortschreitenden Entartungserscheinungen unserer Tage« sei.[31] Zum anderen wurde den allgemeinen Lebensbedingungen der Menschen im Zustand der Zivilisation eine wachsende Bedeutung zugemessen. Kraepelin machte vor allem drei große Ursachenkomplexe für die Entartungserscheinungen verantwortlich: den sich in industriellen Gesellschaften verschärfenden Lebenskampf als eine Quelle der Überbeanspruchung und Erschöpfung; an die Stelle freier Willenstätigkeit sei die Dressur getreten; Angstzustände, Zweifel- und Grübelsucht seien die Folge; sodann die »einseitige Züchtung seelischer Anlagen«, die mit einer Vernachlässigung des Körpers zusammenhänge; als wichtigste Ursache schließlich galt ihm die im Zuge der kulturellen Entwicklung stattfindende Domestikation des Menschen: Die Abkehr von der Natur führe zu einer »Abschwächung der natürlichen lebens- und arterhaltenden Triebe« und damit zur Verweichlichung, zur Zunahme von Selbstmord und Onanie, zur Abtötung des weiblichen Muttertriebes.[32]

Allein aufgrund der Verbreitung der psychiatrischen Degenerationskonzepte weit über die engeren Fachkreise hinaus muß ein direkter Einfluß auf die Eugenik angenommen werden. Darüber hinaus läßt sich aber auch für die meisten Vertreter eugenischer Gedanken eine Bekanntschaft mit diesen Theorien nachweisen. Bei Schallmayer muß dies allein aufgrund seiner ärztlichen Tätigkeit in der Münchener psychiatrischen Universitätsklinik vorausgesetzt werden; in seiner Schrift von 1891 ebenso wie in seinem späteren Buch über *Vererbung und Auslese im Lebenslauf der Völker* spielte dementsprechend das Problem der Geistes-

30 Gerhart Hauptmann, der zusammen mit Ploetz während seiner Züricher Zeit intensive Beziehungen zu Forel, dem Leiter der Psychiatrischen Anstalt Burghölzli und einem der renommiertesten Vertreter der damaligen Psychiatrie und Sexualwissenschaft unterhielt, charakterisiert dessen Überzeugung so: »Eine Welt ohne Wein, Bier und Schnaps, so schien es ihm, müsse gesund werden.« Unter Forels Einfluß erlebte der bis dahin durchaus trinkfreudige Ploetz eine Konversion zum Temperenzler. Hauptmann, *Abenteuer*, 1057ff.

31 Wilhelm Schallmayer, *Vererbung*, 154.

32 Zitiert nach Leibbrandt/Wettley, *Wahnsinn*, 540-545.

krankheiten eine besondere Rolle.[33] In mehrfacher Hinsicht konnten die Eugeniker an die psychiatrischen Degenerationskonzepte ihrer Zeit unmittelbar anknüpfen. Mit diesen war die Erblichkeit degenerativer Merkmale in den Mittelpunkt gerückt und die eugenische Orientierung auf die generative Verursachung von Krankheiten vorbereitet. Die Eugeniker gingen noch einen Schritt weiter, indem sie die These der Erblichkeit nicht nur zur Basis der Diagnose und Ätiologie von Krankheiten machten, sondern auch zum Ansatzpunkt ihrer »therapeutischen« Strategie. Die zeitgenössische Psychiatrie hatte mit der These der Erblichkeit zugleich die der Progressivität der Entartung eingeführt und damit die Problematik um Größenordnungen verschärft: Wenn degenerative Merkmale erblich sind, dann gehen sie nicht mit ihrem Träger unter, sondern werden von Generation zu Generation weitergegeben und akkumulieren sich bis zum biologischen Kollaps eines ganzen Volkes. Schließlich hatten die Psychiater seit Morel einen engen Zusammenhang der Degeneration mit der modernen Gesellschaft und Kultur hervorgehoben und damit die Aufmerksamkeit auf die äußeren Bedingungen der Krankheitsentstehung gelenkt, wie sie sich insbesondere aus dem – in Deutschland besonders rasch erfolgenden – Übergang zur industriellen Gesellschaft ergaben.

Sozialer Strukturwandel im 19. Jahrhundert

Tatsächlich kann die Entstehung und weite Verbreitung von Theorien der Degeneration im 19. Jahrhundert nur vor dem Hintergrund der tiefgreifenden gesellschaftlichen Veränderungen begriffen werden. Die Entstehung der modernen industriellen Gesellschaft führte zu einer Vielzahl von ökonomischen, sozialen und politischen Umwälzungen der bis dahin bestehenden Verhältnisse. Diese Strukturveränderungen und der durch sie

33 Schallmayer, *Entartung*, 12ff. Hier heißt es u.a.: »Die Irren bilden eine große Last für den Staat. Die Pflege derselben und die Schaffung ihres Unterhaltes nimmt Tausende von Händen in Anspruch. Die Irrenanstalten müssen fortwährend vermehrt und erweitert werden.« In *Vererbung*, 62 bezieht Schallmayer sich mit dem Verweis auf die »auffällige Erscheinung der progressiven Entartung psychopathisch belasteter Familien« auf das Morelsche Gesetz.

bedingte Wandel in der Lebensweise aller gesellschaftlichen Klassen und Schichten mußte eine Vielzahl von »Verwerfungen« hervorbringen, die sich wiederum im Bewußtsein der Zeitgenossen und den Stimmungen, Weltanschauungen und Theorien niederschlugen. Die wissenschaftlichen Theorien der Degeneration müssen in diesem Zusammenhang gesehen werden. Die von Morel und seinen psychiatrischen Anhängern diagnostizierte »progressive Entartung« war ein Produkt zeitgenössischer Wahrnehmung dieses Strukturwandels ebenso wie die von Schallmayer und den Eugenikern beschworene »drohende körperliche Entartung der Kulturmenschheit« oder die Kultur der Dekadenz. Der Eindruck eines durchgängigen psychischen und physischen Niederganges war weit verbreitet.[34] Er stützte sich auf ein ganzes Bündel Faktoren, von denen drei eine besondere Bedeutung einnahmen.

An erster Stelle ist die Urbanisierung zu nennen. Im Verlauf des 19. Jahrhunderts veränderte sich das Verhältnis von Stadt und Land grundlegend: Während die ländliche Bevölkerung sowohl relativ wie absolut abnahm, wuchs die städtische Bevölkerung stark an. Gleichzeitig und parallel änderte sich der relative Beitrag von Landwirtschaft, Industrie und tertiärem Sektor zum Nationaleinkommen: Ende der achtziger Jahre hatte die industrielle Wertschöpfung die agrarische überrundet. Besonders rasch vermehrte sich die Bevölkerung der Städte mit mehr als 100000 Einwohnern: 1871 lebten im Deutschen Reich 1,9 Millionen Menschen (= 4,8 %) in Großstädten; 1910 waren es 13,8 Millionen (= 21,3 %).[35] Dieser Prozeß provozierte eine heftige kulturelle und ideologische Reaktion; große Partien der reaktionären und antimodernistischen Strömungen und politischen Gruppierungen der zweiten Jahrhunderthälfte waren von einer

34 Jürgen Kuczynski, *Geschichte des Alltags des deutschen Volkes*, Bd. 4 (1871-1918), Köln 1982; vgl. auch Ute Frevert, *Krankheit als politisches Problem 1770-1880. Soziale Unterschichten in Preußen zwischen medizinischer Polizei und staatlicher Sozialversicherung*, Göttingen 1984; Jacques Attali, *Die Kannibalische Ordnung. Von der Magie zur Computertechnik*, Frankfurt/New York 1981, 169ff.

35 Gerd Hohorst/Jürgen Kocka/Gerhard A. Ritter, *Sozialgeschichtliches Arbeitsbuch. Materialien zur Statistik des Kaiserreichs 1870-1914*, München 1975, 52f.

tief verwurzelten Großstadtfeindschaft getragen.[36] Soweit diese sich nicht aus purem Ressentiment speiste und überhaupt Begründungen vorbrachte, stützte sie sich in erster Linie auf die negativen gesundheitlichen Auswirkungen des Großstadtlebens. Tatsächlich war die Kindersterblichkeit bis nach der Jahrhundertwende in den Großstädten hoch und übertraf die der ländlichen Gegenden bei weitem: Zwischen 1876 und 1880 beispielsweise starben in Preußen von tausend ehelichen lebendgeborenen Kindern in der Stadt 211, auf dem Lande 183 im Säuglingsalter; bei unehelichen betrugen die entsprechenden Zahlen 403 und 312.[37]

Ursache dafür waren zunächst die schlechten Wohnverhältnisse der unteren Klassen. Besonders berüchtigt war die Situation in Berlin, die bis in die ersten Jahrzehnte unseres Jahrhunderts andauerte; noch in den Jahren 1901-1920 belegte die Wohnungs-

36 Vgl. Klaus Bergmann, *Agrarromantik und Großstadtfeindlichkeit*, Meisenheim/Glan 1970.

37 Hohorst/Kocka/Ritter, *Arbeitsbuch*, 36. Wie wenig der damals aus dieser Ungleichverteilung häufig gezogene Schluß, auf dem Lande sei der bessere und tüchtigere »Menschenschlag« anzutreffen, berechtigt ist, geht schon allein aus der Tatsache hervor, daß sich am Beginn des 20. Jahrhunderts die entsprechenden Verhältnisse umkehrten: 1907 starben in der Stadt 154 von 1000 ehelichen Lebendgeborenen, auf dem Land hingegen 162; die Zahlen für das Jahr 1914 lauten 147 in der Stadt und 159 auf dem Land. Vor allem ist zu bedenken, daß die Gegenüberstellung von Stadt und Land nichts über die *Ursachen* der Säuglingssterblichkeit aussagt. Während die Eugeniker stets zu einer biologischen Erklärung neigten, kam Tugendreich bereits 1913 in Auswertung einer umfangreichen Literatur und auf der Basis eigener Untersuchungen zu dem Ergebnis, daß konstitutionelle Faktoren nur eine untergeordnete Rolle spielen, während die Ernährungslage (Stillen oder »künstliche« Ernährung) und die soziale Lage als die entscheidenden Ursachen anzusehen seien. Gustav Tugendreich, »Der Einfluß der sozialen Lage auf Krankheit und Sterblichkeit des Kindes«, Max Mosse/Gustav Tugendreich, *Krankheit*, 266-307. Für neuere Untersuchungen vgl. auch Reinhard Spree, »Die Entwicklung der differentiellen Säuglingssterblichkeit in Deutschland seit der Mitte des 19. Jahrhunderts. (Ein Versuch zur Mentalitäts-Geschichte)«, Arthur E. Imhof (Hg.), *Mensch und Gesundheit in der Geschichte* (Abhandlungen zur Geschichte der Medizin und der Naturwissenschaften 39), Husum 1980, 251-278. Sowie Reinhard Spree, *Soziale Ungleichheit vor Krankheit und Tod*, Göttingen 1981.

enquete einer großen Berliner Krankenkasse den Zusammenhang zwischen Krankheit und Wohnsituation: »Wie die Enquete immer aufs neue bestätigt, waren alte wie neue Behausungen häufig in desolatem Zustand: dunkel, feucht und stickig, manchmal ohne Heizung, ohne Licht und Lüftung, ohne fließendes Wasser; voll Ungeziefer, Pilzbefall und übler Gerüche; mit Abort auf dem Treppenpodest oder auf dem Hof, benutzt von mehreren Parteien, zuweilen bis zu 45 Personen. In den beengten Verhältnissen mußte ein Raum oft ganz verschiedenen Zwecken dienen: Als Aufenthaltsraum, in dem auch gekocht, gewaschen oder Heimarbeit verrichtet wurde, und darüber hinaus häufig noch als Krankenzimmer oder Schlafraum. Die Nacht mußten oft fünf, sechs oder mehr Personen in einem Raum zubringen, nicht selten zu dritt in einem Bett, zusammen mit Schlafgängern und Kranken.«[38] Derartige Wohn- und Lebensbedingungen hatten einschneidende Auswirkungen auf die Gesundheit der Betroffenen. Nahezu sprichwörtlich geworden sind die Folgen des Lichtmangels (vor allem: Rachitis) bei den in den Berliner Hinterhöfen aufgewachsenen Kindern.

Die schädlichen Einflüsse der großstädtischen Lebensbedingungen wurden durch die Armut und die aus ihr resultierende unzureichende Ernährung der unteren Klassen noch verstärkt. Der Übergang zur städtischen Lebensweise war gleichzeitig verbunden mit einem Wechsel von der Selbstversorgung mit Lebensmitteln zu einer Versorgung über den Markt, die durch die verfügbare Kaufkraft reguliert wurde.[39] Unter diesen Bedingungen reduzierte sich die Nahrung des städtischen Proletariats weitgehend auf Brot und Kartoffeln; hochwertige proteinreiche Nahrungsmittel waren für diese Schichten unerschwinglich. Der Fleischkonsum betrug 1870 27,6 kg pro Kopf der Bevölkerung, 1884 35 kg und 1900 bereits 47 kg.[40] Dabei ist jedoch die soziale

38 Jochen Boberg/Tilman Fichter/Eckhart Gillen (Hg.), *Exerzierfeld der Moderne. Industriekultur in Berlin im 19. Jahrhundert*, München 1984, 262.

39 Gerd Göckenjan, *Kurieren und Staat machen. Gesundheit und Medizin in der bürgerlichen Welt*, Frankfurt/Main 1985, 27-41.

40 Hohorst/Kocka/Ritter, *Arbeitsbuch*, 120; vgl. Felix Hirschfeld, »Die Ernährung und ihr Einfluss auf Krankheit und Sterblichkeit«, Max Mosse/Gustav Tugendreich (Hg.), *Krankheit und soziale Lage*, 121-153.

Liegnitzer Straße 9, Quergebäude parterre (1910); Raummaße: 3,80 m lang, 1,85 m breit, 3,80 m hoch.

Aus: Jochen Boberg/Tilman Fichter/Eckhart Gillen (Hrsg.), Exerzierfeld der Moderne. Industriekultur in Berlin im 19. Jahrhundert. München (C. H. Beck Verlag) 1984. S. 261.

Ungleichverteilung in Rechnung zu stellen, die in diese Globalzahlen nicht eingeht; hinzu kommt, daß dieser Zuwachs durch die sich parallel vollziehende Intensivierung der Arbeit wieder aufgewogen wurde. Diese Ernährungssituation war eine Hauptursache für die Anfälligkeit gegenüber Infektionskrankheiten (z.B. Diarrhoe, Masern und Tuberkulose). Besonders gravierend sind dabei die Konsequenzen für Kinder und Säuglinge, so daß zwischen Unterernährung und Kindersterblichkeit eine starke Korrelation angenommen werden muß.[41]

Schließlich sind die industriellen Arbeitsbedingungen zu nennen, vor allem die langen Arbeitszeiten von 14 und nicht selten auch 16 Stunden und die schlechten Arbeitsbedingungen (Lärm, Hitze, Staub, körperliche Anstrengung etc.). Selbst als die Tendenz zur ständigen Verlängerung der Arbeitszeit im Verlauf des Jahrhunderts gestoppt und schließlich umgekehrt wurde, setzte keine grundlegende gesundheitliche Entlastung ein, da die übrigen Arbeitsbedingungen nicht verbessert wurden. Die Arbeitsintensität nahm während des gesamten Jahrhunderts sogar zu. Besondere Bedeutung wurde schon von den Zeitgenossen der Kinderarbeit beigemessen.[42] Bereits in den zwanziger Jahren

41 Vgl. Thomas MacKeown, *Die Bedeutung der Medizin. Traum, Trugbild oder Nemesis*, Frankfurt 1982, 96ff. Derartige soziale Ursachen von Krankheit und Tod wurden von den Eugenikern zwar nicht völlig geleugnet, wohl aber heruntergespielt. Generell neigten sie zu der Unterstellung einer biologischen Ursache für *jede* Krankheit. So rechneten sie beispielsweise auch die Tuberkulose, deren infektiöse Verursachung Robert Koch bereits 1882 nachgewiesen hatte, unter die Erbkrankheiten: Nach Schallmayer etwa ist die Erblichkeit einer Disposition »sicher erwiesen durch ein ungeheuer großes Erfahrungsmaterial«, *Vererbung*, 91. Demgegenüber sprach Mosse von einer »sozialen Disposition zur Tuberkulose« und folgerte: »Die Tuberkulose als sozial bedingte Krankheit kann erfolgreich nur durch soziale Massnahmen bekämpft werden.« Max Mosse, »Einfluss der sozialen Lage auf die Tuberkulose«, Max Mosse/Gustav Tugendreich (Hg.), *Krankheit*, 551-607, 551, 603. Zur medizinischen Diskussion über die Tuberkulose im 19. Jahrhundert vgl. auch Göckenjan, *Kurieren*, 49-58.

42 Zur Kinderarbeit vgl. Moritz Fürst, »Der Einfluss der sozialen Lage auf die Schultauglichkeit«, Max Mosse/Gustav Tugendreich (Hg.), *Krankheit*, 308-341, 335ff; Alfons Fischer, »Einfluss der sozialen Gesetzgebung auf Verhütung, Erkennung und Verlauf der Krankheiten«, Max Mosse/Gustav Tugendreich, *Krankheit*, 787-840, 799ff; Margarete

hatte die Preußische Militärverwaltung Klage über die mangelnde Militärdienstfähigkeit von Kindern aus Fabrikgegenden geführt. Ein im Jahre 1839 erlassenes Gesetz über die Beschränkung der Kinderarbeit war weitgehend wirkungslos geblieben. Erst 1891 erfolgte in Deutschland ein wirksames Verbot der Beschäftigung schulpflichtiger Kinder und eine Begrenzung der Arbeitszeit von Kindern unter 14 Jahren auf 6, der 14-16jährigen auf 10 (sic!) Stunden täglich. Vor dem Hintergrund solcher Zustände hatte Friedrich Albert Lange in seinem einflußreichen Buch über *Die Arbeiterfrage* die Gefahr beschworen, »daß die Arbeiter der Industrie unter der Herrschaft des Kapitals zu einer physisch geistig untergeordneten Rasse herabsinken« könnten, daß »ohne den mutigen Widerstand zahlreicher Ärzte, Staatsmänner und Menschenfreunde aller Stände hier in der Tat eine bleibende Degeneration der Menschenrasse hätte erzeugt werden müssen, aus dem einfachen Grunde, weil die Existenzbedingungen der Baumwollspinnerei für degenerierte Wesen relativ günstiger sind, als für voll und gesund entwickelte Menschen«.[43] Im Vergleich zu den vorindustriellen Verhältnissen kann von einer das 19. Jahrhundert prägenden Tendenz zur Verschlechterung des Gesundheitszustandes der Bevölkerung keine Rede sein. Tatsächlich trat sogar eine säkulare Verbesserung ein. Die Wahrnehmung von Medizinern und Eugenikern, geschärft durch Fortschritte in der ärztlichen Wissenschaft, der sozialhygienischen Beobachtung und der entwicklungstheoretischen Theoreme, konzentrierte sich jedoch auf den Teil der Bevölkerung, der von den genannten Strukturveränderungen und ihren gesundheitlichen Folgen fast ausschließlich betroffen war: das Proletariat. Die bürgerlichen Schichten hatten ihm gegenüber einen besseren Zugang zur medizinischen Versorgung und waren den gesundheitsschädlichen Lebensbedingungen in weit geringerem Maße ausgesetzt.[44] Bei Ploetz findet sich diese Einsicht in die soziale Ungleichheit vor Krankheit und Tod explizit:

Flecken, *Arbeiterkinder im 19. Jahrhundert. Eine sozialgeschichtliche Untersuchung ihrer Lebenswelt*, Weinheim/Basel 1981, 89-116.

43 Friedrich Albert Lange, *Die Arbeiterfrage. Ihre Bedeutung für Gegenwart und Zukunft*, 6. Aufl., Winterthur 1909, 58 f. Vgl. für weitere zeitgenössische Quellen: Karl Marx, *Das Kapital. Kritik der politischen Ökonomie*, Bd. 1, Berlin/DDR 1966, 260, 272 f. (FN), 311, 419.

44 Vgl. Frevert, *Krankheit*, 125 ff., 220 ff.

»Man hört so oft von der Gesundheit reden, die dem Armen als Lohn für seine einfache Lebensweise zu Theil wird, demgegenüber der Kranklichkeit des Wohlhabenden in Folge üppiger Lebensweise, und tritt auch wohl manchmal mit dieser Behauptung allzu unzufriedenen Elementen entgegen. Allein die Statistik lehrt doch etwas ganz Anderes ... Im übrigen aber steht Morbidität und Mortalität unter sonst gleichen Umständen im umgekehrten Verhältnis zum Einkommen.«[45]
Wenn demnach dieses sozialspezifische Phänomen zu einer allgemeinen Degenerationsthese und der mit ihr erzeugten Furcht verallgemeinert wurde, ist dafür die biologische Interpretation sozialer Bedingungen verantwortlich zu machen. Sie wurde getragen von einer bürgerlich-akademischen Schicht, die ihren Lebensraum, die Großstädte, durch ebendiese Entwicklung bedroht sah und dieser Bedrohung auch nicht entkommen konnte. Erst unter Berücksichtigung dieser Bedingungen wird die spezifische, kontrafaktische Wahrnehmung der gesellschaftlichen Strukturveränderungen der allgemeinen Degeneration verständlich, die im übrigen kurze Zeit später ihr Pendant in der genauso motivierten Generalisierung der ›differentiellen Geburtenrate‹ erhalten sollte, wo aus der – kurzfristig – höheren Kinderzahl der ›minderwertigen‹ Familien die Bedrohung der höherwertigen Schichten wurde. Kurz vor der Jahrhundertwende gab Max Nordau dem durch den Modernisierungsprozeß geprägten Zeitgefühl in Bildern der Entwicklungstheorie Ausdruck. »Die ge-

45 Ploetz, *Tüchtigkeit*, 157. Aufschlußreich ist auch die Ploetzsche Statistik über die Lebenserwartung von Wohlhabenden und Armen (*Tüchtigkeit*, 159). Nach dieser Aufstellung leben von 1000 zu gleicher Zeit Geborenen nach

	Wohlhab.	Arme
5 Jahren noch	943	655
10 » »	938	598
20 » »	866	566
30 » »	796	486
40 » »	695	396
50 » »	557	238
60 » »	398	172
70 » »	235	65
80 » »	57	9

sittete Menschheit wurde von ihren neuen Erfindungen und Fortschritten überrumpelt. Es blieb ihr keine Zeit, sich ihren geänderten Daseinsbedingungen anzupassen. Wir wissen, daß unsere Organe durch Uebung immer größere Leistungsfähigkeit erlangen, sich durch ihre eigene Thätigkeit entwickeln und nahezu jeder Anforderung entsprechen können, die an sie gestellt wird; aber nur unter einer Bedingung: daß dies allmälig geschieht, daß ihnen Zeit gelassen wird; sollen sie ohne Übergang das Vielfache des Gewohnten leisten, so versagen sie rasch vollständig. Unseren Vätern ist keine Zeit gelassen worden. Gleichsam von einem Tag auf den anderen, ohne Vorbereitung, mit mörderischer Plötzlichkeit mußten sie den behaglichen Schleichschritt des frühern Daseins mit dem Sturmlauf des modernen Lebens vertauschen und das hielten ihr Herz und ihre Lunge nicht aus. Die Stärksten konnten allerdings mitkommen und sie verlieren jetzt auch in der raschesten Gangart den Athem nicht mehr, die minder Tüchtigen aber fielen bald rechts und links aus und füllen die Straßengräben der Fortschrittsbahn.«[46]

Degeneration und Dekadenz in der europäischen Kultur

Der französische Begriff »décadence« bezeichnet im Sprachgebrauch des 18. und frühen 19. Jahrhunderts vor allem den fortschreitenden Verfall großer Bauwerke oder den Niedergang großer Reiche. Charakteristisch dafür ist der Titel von Montesquieus Buch *Considérations sur les causes de la grandeur des Romains et de leur décadence*. Zunächst noch vorwiegend retrospektiv gewandt, wurde der Begriff während des ersten Viertels des 19. Jahrhunderts mehr und mehr zur Charakterisierung von Erscheinungen des gegenwärtigen Frankreich gebraucht, so zum Beispiel in dem 1850 erschienenen Werk von Claude Marie Raudot *De la Décadence de la France*. Mit der Anwendung des Dekadenzbegriffs auf zeitgenössische Zustände ging eine weitere Bedeutungsverschiebung einher, die für den vorliegenden Zusammenhang von besonderer Bedeutung ist: décadence bezeichnete nun nicht mehr allein den politischen Niedergang großer Reiche, sondern auch den physischen Verfall von Völkern oder

46 Max Nordau, *Entartung*, 3. Aufl., Berlin 1896, 73.

Individuen. Raudot führte diesen Niedergang charakteristischerweise auf die Auswirkungen des beginnenden Industriezeitalters zurück: auf das Wachstum der Städte, die immense Entwicklung des Industriesystems; schwere Arbeit und frühzeitiges Laster hätten »die Rasse« derart verschlechtert, daß kaum genügend gesunde Männer für den Militärdienst gefunden werden könnten.[47]

Die industrielle Revolution mit ihren zerstörerischen Auswirkungen auf das Leben und die Gesundheit großer Teile der Bevölkerung bildete während des gesamten 19. Jahrhunderts den Nährboden für Verfalls- und Untergangsstimmungen. Während sich jedoch im zeitgenössischen sozialkritischen Schrifttum ebenso wie in der Belletristik (man denke an die Romane Émile Zolas) für die Bezeichnung physischer Verfallsprozesse der Begriff der Degeneration mehr und mehr durchsetzte, vollzog der Dekadenzbegriff um die Jahrhundertmitte eine weitere Bedeutungsverschiebung: »Dekadenz« wurde zu einem literarischen, ästhetischen, kulturellen Begriff.[48] Lyriker wie Baudelaire und Verlaine charakterisierten damit eine literarische Bewegung, die sich vehement gegen die Normen und Werte der bürgerlichen Welt, gegen ihren Kult der Nützlichkeit und des Erwerbes wandte und statt dessen das Raffinement des Genusses und seine rauschhaft gesteigerte Sensitivität kultivierte. Mit der von Anatole Baju herausgegebenen Zeitschrift *Le Décadent* (1886-89) schuf sich diese ästhetizistische Bewegung ihr Organ und gab zugleich einer ganzen Strömung der europäischen Kultur in der zweiten Jahrhunderthälfte ihren Namen. Einen Höhepunkt dieser Literatur stellte der 1884 erstmals erschienene Roman *A. rebours* von Joris-Karl Huysmans dar, der nicht zu Unrecht als der klassische Dekadenz-Roman bezeichnet worden ist. Bereits auf den ersten Seiten wird uns die aristokratische Zentralfigur des Romans, der Herzog Des Esseintes, unmißverständlich als der

47 Zit. n. Wolfgang Drost, »»Du Progrès et Rebours‹. Fortschrittsglaube und Dekadenzbewußtsein im 19. Jahrhundert: Das Beispiel Frankreich«, Wolfgang Drost (Hg.), *Fortschrittsglaube und Dekadenzbewußtsein im Europa des 19. Jahrhunderts. Literatur –Kunst – Kunstgeschichte*, Heidelberg 1986, 13-29, 207.

48 Vgl. Ernst Robert Curtius, »Entstehung und Wandlungen des Dekadenzproblems in Frankreich«, *Internationale Monatsschrift für Wissenschaft, Kunst und Technik*, 1921, *15*: 147-166.

degenerierte Sproß eines alten Adelsgeschlechtes dargestellt. »Der Verfall dieses alten Hauses hatte zweifellos seinen regelmäßigen Lauf genommen; die Männer waren immer ausgesprochen weibischer geworden; und wie um das Werk der Zeit zu krönen, vermählten die Des Esseintes zwei Jahrhunderte hindurch ihre Kinder untereinander und verbrauchten so den Rest ihrer Kraft in Verbindungen gleichen Blutes.«[49]

Das Schicksal dieser Familie ist nur ein Symbol für das Schicksal der ganzen Menschheit; in der auf Inzucht gegründeten Degeneration dieses Adelsgeschlechtes erscheint die Verfallsgeschichte der Menschheit nur in besonders komprimierter Form. Eine Schlüsselrolle in diesem Prozeß wird der Vererbung zugeschrieben. Krankheit, Verbrechen und Degeneration werden aus dem sozialen Milieu ins Innere des Menschen verlagert; die Folgen der industriellen Revolution und der kapitalistischen Ausbeutung werden auf die Rolle auslösender Faktoren reduziert, die nur ein im Inneren der Individuen lauerndes Unheil zur Entfaltung bringen. Die Vererbung gilt nicht nur als Mechanismus der Weitergabe solcher Unheilsfaktoren, sondern zugleich auch als Mechanismus ihrer Vermehrung und Verschärfung: Sie wird in die Rolle einer schicksalhaften Macht gedrängt, die die physische Konstitution der Menschen ebenso dem Niedergang anheimgibt wie die psychische. Vor allem in der naturalistischen Literatur wurde diese »Macht der Vererbung« zu einem Schlüsselmotiv. Émile Zola z.B. beschloß seinen monumentalen Rougon-Macquart-Zyklus mit dem Roman *Doktor Pascal*, dessen Titelfigur als Privatgelehrter über Jahrzehnte hinweg über das Problem der Vererbung forscht und dabei die eigene Familie als paradigmatisches Studienobjekt nimmt. Der folgende, geradezu hymnische Passus bringt den Enthusiasmus zum Ausdruck, den die Vererbungsfrage nicht nur in der Romanfigur Pascal, sondern sicher auch in ihrem Autor und darüber hinaus in der gesamten naturalistischen Literatur weckte: »Welch ungeheure Freske ist noch zu malen, welch kolossale menschliche Komödie und Tragödie zu schreiben! Der Stoff, den die Vererbung uns liefert, nimmt kein Ende. Sie ist recht eigentlich die Schöpfungsgeschichte der Familien, der Völker, der ganzen Welt!«

49 Joris-Karl Huysmans, *Gegen den Strich*, Zürich 1981, 54.

Vor dem Hintergrund der naturalistischen Vorliebe für die düsteren Seiten des gesellschaftlichen Lebens und bestärkt durch zeitgenössische Theorien wie die vom »geborenen Verbrecher« (Cesare Lombroso), erscheint den Naturalisten die Vererbung als eine vor allem depravierende Macht: Sie stellt ein Individuum unausweichlich unter das Schicksal des Verbrechens, der Prostitution, des Alkoholismus oder auch des Genies (ebenfalls Lombroso). In Zolas *Doktor Pascal* wird die gesamte Familiengeschichte der Rougon-Macquart als ein unter dem Diktum der Vererbung stehender schicksalhafter Ablauf geschildert. Über einen von ihnen heißt es zum Beispiel: »Jacques trug das Verbrechen, den Makel der Vererbung in sich, der bei ihm die Form instinktiver Blutgier annahm; es musste junges, frisches Blut sein, das aus der aufgeschlitzten Brust einer Frau strömte, der ersten besten, die zufällig an ihm vorüberging – eine furchtbare Krankheit, gegen die er ankämpfte und die ihn im Lauf seiner Liebe zu Severine, der Fügsamen, Sinnlichen, die selbst in das Grauen einer tragischen Mordgeschichte verstrickt war, wieder überkam. Er erstach sie eines Abends, als ihn beim Anblick ihrer weissen Brust die Raserei erfasste; und diese ganze Bestialität raste mit den grossen Expresszügen, im Stampfen seiner Lokomotive, der geliebten Lokomotive, die ihn eines Tages zermalmte und dann führerlos der unbekannten Katastrophe am Horizont entgegendonnerte.«[50]
Dieselben Topoi finden sich auch im deutschen Naturalismus. In Gerhart Hauptmanns frühem Drama *Vor Sonnenaufgang* (1889) spielt die Vererbungsproblematik eine Schlüsselrolle und wird hier, mit der Alkoholismusproblematik verknüpft, zum entscheidenden Faktor, der den dramatischen Konflikt auf den Höhepunkt treibt. Der Sozialist und Antialkoholiker Loth besucht die schlesischen Kohlefelder, um eine Studie über die dortigen sozialen Verhältnisse anzufertigen. Im Hause des neureichen Bauern Krause trifft er dessen Tochter Helene, und es entwickelt sich eine starke gegenseitige Zuneigung zwischen ihnen. Als Loth aber von der Trunksucht ihres Vaters erfährt, verläßt er – eine erbliche Belastung seiner Kinder fürchtend – Helene, die sich daraufhin umbringt. Entscheidend vorbereitet wird die Entscheidung Loths durch ein Gespräch mit dem Hausarzt der Fa-

50 Émile Zola, *Doktor Pascal*, Zürich 1970, 196, 206f.

milie Krause, der zufällig ein früherer Studienfreund Loths ist.[51]

LOTH. Ich möchte die hiesigen Verhältnisse studieren.
DR. SCHIMMELPFENNIG, *mit gedämpfter Stimme.* Idee! *Noch leiser.* Da kannst du bei mir auch Material bekommen.
LOTH. Freilich, du mußt ja sehr unterrichtet sein über die Zustände hier. Wie sieht es denn in den Familien aus?
DR. SCHIMMELPFENNIG. Elend!... durchgängig... Suff! Völlerei, Inzucht, infolge davon – Degenerationen auf der ganzen Linie.
LOTH. Mit Ausnahmen doch!?
DR. SCHIMMELPFENNIG. Kaum!

Hauptmann stand in direkter Verbindung zu den Eugenikern. Als ein Freund Alfred Ploetz' porträtierte er in der Figur des Loth gewisse Züge seines Freundes: Wie Loth hatte auch Ploetz zunächst Volkswirtschaft studiert und sich dann der Medizin zugewandt, wie Loth hatte auch Ploetz ein starkes Interesse an dem Problem der Vererbung, und wie Loth war auch Ploetz Antialkoholiker. Hauptmanns *Vor Sonnenaufgang* kann damit als ein literarisches Zeugnis aus der Frühgeschichte der Eugenik angesehen werden.[52]
Ungeachtet aller literarisch-ästhetischen Gegensätze konvergieren Naturalismus und Dekadenz in der Verfallsdiagnose: Für beide ist die Gegenwart vor allem eine Zeit des Niedergangs, der physischen und moralischen Erschlaffung, die durch Vererbung weitergegeben und über Generationen hinweg vertieft wird. Während die Naturalisten allerdings die von ihnen dargestellten Degenerationsphänomene kritisch beleuchten wollen, gefällt sich die Dekadenz im Kokettieren mit dem Niedergang und be-

51 Gerhart Hauptmann, »Vor Sonnenaufgang«, *Sämtliche Werke*, hg. von Hans-Eugen Hass, Bd. 1, Frankfurt/Main, Berlin 1966, 9-98.

52 Das Urteil Schallmayers fiel allerdings nicht allzu günstig aus: »Auch unsere Dichter pflegen es mehr mit den Trinkern als mit den Nüchternen zu halten. Eine seltene Ausnahme bildet G. Hauptmanns Drama ›Vor Sonnenaufgang‹ mit seiner entschieden antialkoholischen und generativ-idealistischen Tendenz, der es aber, infolge ganz unglaubhafter Begründung, leider an Überzeugungskraft gebricht.« Schallmayer, *Vererbung*, 346.

zieht das komfortable »Grandhotel Abgrund«. Die traditionelle Wertung von Gesundheit und Krankheit, an der die Naturalisten festhalten, wird umgekehrt: Die Krankheit ist für die Dekadenz nicht ein Übel, das bekämpft werden muß, sondern der Preis für die – wenn nicht gar das Mittel zur – Steigerung der ästhetischen Sensibilität, und der Verfall gilt ihnen als der Weg, der den Zugang zu den raffiniertesten Genüssen eröffnet. Das wohl eindrucksvollste Beispiel für diese Tendenz ist Thomas Manns 1901 erschienener Roman *Die Buddenbrooks*. Über vier Generationen hinweg wird der Verfall einer Familie geschildert, der sich schließlich in Hanno Buddenbrook, der mit allen Attributen des »décadent« versehen ist, vollendet.[53]

Mit dieser Huldigung des durch physische Degeneration erworbenen ästhetischen Raffinements grenzt sich die décadence nicht nur vom Naturalismus ab, sondern auch von anderen kulturellen Strömungen, die zwar zu denselben Niedergangsdiagnosen kamen, diese aber überwinden wollten. Derselbe Richard Wagner, dessen Musik für Hanno Buddenbrook zum vollendeten Ausdruck seines dekadenten Lebensgefühls wird, strebte das genaue Gegenteil einer solchen Verklärung des Niedergangs an. Die in den siebziger Jahren im Kreis um Wagner entstandene »Weltanschauung von Bayreuth« konstatierte zwar einen fortschreitenden Niedergang der Menschheit, postulierte aber eine Regeneration der Menschheit im Sinne ihrer physischen wie moralischen Wiedergeburt. Wagners Vorstellung der »Regeneration« bestand in der Annahme eines ursprünglich gesunden Naturzustandes, in welchem zwischen dem Ganzen und seinen Teilen kein Antagonismus bestand, d.h. in welchem die freie Entwicklung des Individuellen vom Allgemeinen befördert wurde und diesem zugute kam. Er nahm ferner den Verfall aus diesem Zustand und eine progressive Entartung an und gründete schließlich darauf die Lehre, daß einzig und allein in einer Rückkehr zu jenem Zustande des Ewig-Natürlichen und Rein-Menschlichen, d.h. zur Natur, das Heil zu erhoffen sei.[54] Als Indizien oder

53 So die spätere Charakterisierung durch den Autor. Vgl. Thomas Mann, »Zu einem Kapitel aus ›Buddenbrooks‹«, *Gesammelte Werke*, Bd. XI, Frankfurt/Main 1974, 552-556, 556.

54 Zit. n. Winfried Schüler, *Der Bayreuther Kreis von seiner Entstehung bis zum Ausgang der Wilhelminischen Ära. Wagnerkult und Kulturreform im Geiste völkischer Weltanschauung*, Münster 1971, 182.

Ursachen des Menschheitsverfalls erschienen das herrschende Parteienwesen, der technische Fortschritt, das kapitalistische Wirtschaftssystem, die industrielle Großstadt, die Vivisektion, der sinnlose Luxus, das Taubenschießen, der Alkoholismus, die Schutzimpfung und vieles andere mehr: kurzum alles, was einem konservativen Zeitbewußtsein suspekt war. Außerdem wurden biologische Ursachen einbezogen, die Wagner selbst in »einem Verderbe des Blutes« identifizierte: Unter Berufung auf die Rassenlehre des Grafen Gobineau leitete Wagner die physische Entartung »von der Vermischung der Rassen her, durch welche die edelsten derselben mehr verloren als die unedleren gewannen«.[55]

Richard Wagner wiederum bildete den Anknüpfungspunkt für Friedrich Nietzsches Auseinandersetzung mit dem Problem der décadence. Nietzsche war es auch, der den Begriff in seiner 1888 erschienenen Schrift »Der Fall Wagner« in den deutschen Sprachraum einführte. In dieser Abrechnung mit Wagner stand zwar die ästhetisch-literarisch-kulturelle Bedeutung des Dekadenzbegriffs noch im Vordergrund; zugleich wurde aber schon hier deutlich, daß diese nur Teil einer sehr viel allgemeineren Konzeption von ›décadence‹ war, für die Wagner nur als ein paradigmatischer Fall genommen wurde – nicht umsonst lautet der Titel der Broschüre »Der Fall Wagner«. So häuften sich denn auch in den »Nachgelassenen Fragmenten« des Jahres 1888 in auffallender Weise die Notizen zum Thema ›décadence‹, aus denen hervorgeht, daß Nietzsche mit diesem Begriff die Charakterisierung eines Grundzuges seiner Zeit im Sinn hatte: Es ging ihm um »das niedersinkende Leben im jetzigen Europa«. Die Dekadenz galt ihm als der Inbegriff für eine Vielzahl von sozialen, politischen und kulturellen Phänomenen, die vom Alkohol und Anarchismus über die Demokratie und die Frauenemanzipation, den Pessimismus und die Schauspielerei bis zur Toleranz und zur »Tyrannei des Milieus« reichte.[56] Alle diese Erscheinungen wurden in einen engen Zusammenhang mit der biologisch-physiologischen Degeneration gebracht; Nietzsche behauptete einen Pri-

55 Zit. n. Schüler, *Bayreuther Kreis*, 187.

56 Friedrich Nietzsche, »Nachgelassene Fragmente. Herbst 1885 bis Anfang Januar 1889«, *Sämtliche Werke*. Kritische Studienausgabe in 15 Bänden, hg. von Giogio Colli/Mazzino Montinari, Bd. 13, München/Berlin/New York 1980, 238, 428.

mat des physiologischen Verfalls, der in den kulturellen Niedergangserscheinungen, die er am Beispiel Wagners, Baudelaires oder Leopardis anprangerte, bloß seinen sichtbaren Ausdruck fand. In zahlreichen Notizen wurden der physiologische und der kulturelle Niedergang in eine solch enge Beziehung zueinander gesetzt, daß die Begriffe »décadence« und »dégénérescence« austauschbar wurden.

Nietzsche entwickelte keine kohärente Theorie der Ursachen von Dekadenz und Degeneration, griff in seinen Schriften aber die verschiedenen zeitgenössisch kursierenden Topoi auf. In der *Genealogie der Moral* führte er die Niedergangserscheinungen auf ein »physiologisches Hemmungsgefühl« zurück, das von Zeit zu Zeit die Menschen an bestimmten Stellen der Erde überfalle und das er etwa auf die Kreuzung von zu fremdartigen Rassen oder auch auf eine »fehlerhafte Emigration« einer Rasse in ein ungünstiges Klima, auf die »Nachwirkung von Alter und Ermüdung der Rasse« (Pariser Pessimismus von 1850 an), auf eine »falsche Diät« oder auf »Blutverderbnis, Malaria, Syphilis und dergleichen« zurückführte.[57]

Nietzsche folgte mit dieser buntscheckigen Liste offensichtlich den Vorstellungen über die Ursachen von Degeneration, wie sie von der Anthropologie des 18. Jahrhunderts angedeutet und im 19. Jahrhundert von Theoretikern wie Gobineau aufgegriffen, weiterentwickelt und zu Gemeinplätzen des zeitgenössischen Niedergangsbewußtseins trivialisiert worden waren. Er griff auch die weitverbreitete Ansicht auf, »daß die Civilisation den physiologischen Niedergang einer Rasse nach sich zieht«.[58] Die entscheidende Ursache der Degeneration sah er jedoch in der Moral. Gemeinsam mit der Religion, insbesondere dem Christentum, dem Humanismus und dem »asketischen Ideal« bildete die Moral den Knotenpunkt, an dem die verschiedenen Denkfäden Nietzsches zusammenlaufen. In der *Genealogie der Moral* wurde dieser Komplex für die Degeneration verantwortlich gemacht: »In's Grosse gerechnet, so hat sich das asketische Ideal und sein sublim-moralischer Cultus, diese geistreichste, unbedenklichste und gefährlichste Systematisierung aller Mittel der

57 Friedrich Nietzsche, *Genealogie der Moral. Sämtliche Werke*. Kritische Studienausgabe in 15 Bänden, hg. von Giogio Colli/Mazzino Montinari, Bd. 5, München/Berlin/New York 1980, 378.

58 Nietzsche, »Fragmente«, 432.

Gefühls-Ausschweifung unter dem Schutz heiliger Absichten auf eine furchtbare und unvergessliche Weise in die ganze Geschichte des Menschen eingeschrieben; und leider nicht nur in seine Geschichte... Ich wüsste kaum noch etwas Anderes geltend zu machen, was dermassen zerstörerisch der Gesundheit und Rassen Kräftigkeit, namentlich der Europäer, zugesetzt hat als dies Ideal; man darf es ohne alle Übertreibung das eigentliche Verhängniss in der Gesundheitsgeschichte der europäischen Menschen nennen.«[59]

Mit seiner Konzeption von Dekadenz und Degeneration gehörte Nietzsche bereits in den Kontext der unmittelbaren Vorgeschichte der Eugenik: Die Idee eines physiologischen Niederganges der europäischen Menschheit wurde durch seine Schriften, die seit den neunziger Jahren eine wachsende Popularität in der literarisch-kulturellen Intelligenz Deutschlands gewannen, zwar nicht aufgebracht, aber doch erheblich bestärkt und verbreitet. Nietzsche war *der* Theoretiker des Verfalls, und seine Bedeutung für die Vorbereitung eugenischer Gedanken besteht darin, daß er das vermittelnde Glied zwischen dem ästhetischen Begriff der Dekadenz und dem biologischen Begriff der Degeneration schuf. Einerseits lieferte er damit der endemischen Niedergangsdiagnose ein kulturelles Fundament, eine »Philosophie«, andererseits erteilte er dem biologistischen Denken in der literarischen Intelligenz zugleich den philosophischen Segen. Es wird sich erweisen, daß sich die Bedeutung Nietzsches nicht auf die Verknüpfung der Kultur der Dekadenz mit dem biologistischen Degenerationsgedanken reduziert.

2. Die Verwissenschaftlichung des Degenerationsproblems – die Eugenik als Theorie und Programm

Das 19. Jahrhundert war keineswegs nur die Epoche eines ungebrochenen Fortschrittsglaubens. Neben dem »offiziellen« Geschichtsoptimismus dieses Jahrhunderts existierte ein sich aus kulturkritischen, pessimistischen, irrationalistischen und bisweilen einfach skurrilen Ideen, Lehren und Theorien speisendes Niedergangsbewußtsein, dessen Einfluß auf die weltanschauli-

59 Nietzsche, *Genealogie*, 392.

che und ideologische Orientierung von Teilen des »gebildeten« und kulturell interessierten Bürgertums kaum zu unterschätzen ist. Das sich in der zweiten Jahrhunderthälfte über ganz Europa ausbreitende Degenerationsbewußtsein, das im »fin de siècle« seinen Höhepunkt fand, war alles andere als »unzeitgemäß«: Es knüpfte nicht nur an eine lange Tradition von Niedergangstheorien an, sondern befand sich gleichzeitig im Einklang mit einer einflußreichen Strömung des zeitgenössischen Bewußtseins. In dieser Verankerung der Degenerationsangst sowohl in der Geistesgeschichte als auch im »Zeitgeist« kann eine entscheidende Voraussetzung für die Resonanz gesehen werden, die eugenische Gedanken fanden.

Die Eugenik unterscheidet sich von der Mehrzahl der im 19. Jahrhundert gängigen Niedergangskonzeptionen durch ihren Anspruch auf Wissenschaftlichkeit. Die vielfältigen geschichtsphilosophischen und kulturtheoretischen Vorstellungen von Dekadenz oder das rassentheoretische Degenerationskonzept des Grafen Gobineau galten den Eugenikern bestenfalls als Vorarbeiten, die den Schritt zu einer eigentlich wissenschaftlichen Analyse noch nicht vollzogen hatten. Tatsächlich hatte Gobineau bei der Arbeit an seinem Hauptwerk den für die Eugeniker entscheidenden Fortschritt der biologischen Wissenschaften im 19. Jahrhundert, die Darwinsche Theorie, noch nicht zur Kenntnis genommen und später sogar verworfen.[60] Darwins Theorie aber galt den Eugenikern als die Voraussetzung einer wirklich wissenschaftlichen Analyse des Degenerationsproblems. Charakteristisch dafür ist das Vorwort, das Schallmayer seinem preisgekrönten Werk über *Vererbung und Auslese* voranstellte: »Das 19. Jahrhundert ist durch einen besonders großen Reichtum an wissenschaftlichen Fortschritten ausgezeichnet: Ein Teil von ihnen hat einen mächtigen Einfluß auf die Gestaltung unseres äußeren Lebens ausgeübt. Aber das bedeutendste Ereignis war doch die Geburt und der Siegeslauf der Darwinschen Descendenztheorie. Sie führte nicht nur zu einer Umwälzung der Anschauungen auf den verschiedenen Gebieten der organischen Naturwissenschaften, denen sie neue Bahnen wies, sondern auch die sogenannten Geisteswissenschaften erhielten durch den Dar-

60 Vgl. Michael D. Biddiss, *Father of Racist Ideology. The Social and Political Thought of Count Gobineau*, London 1970, 247f; Annette Smith, *Gobineau et l'Histoire naturelle*, Genf 1984, 206ff.

winschen Entwicklungs- und Selektionsgedanken überraschendes Licht.«[61]

Der Entwicklungs- und Selektionsgedanke war für die Eugeniker nicht nur die Grundlage für die theoretische Deutung der angenommenen Degeneration. Kennzeichen der Niedergangsprophetien war vielmehr, daß sie kein unabänderliches Schicksal feststellten, sondern einen Ausweg aus der verhängnisvollen Entwicklung aufzeigen wollten; die Diagnose des Niedergangs galt als Basis einer Therapie.[62] Durch gezielte Züchtungsmaßnahmen sollte eine praktische Lösung des »Menschheitsproblems« der Degeneration gegeben werden. Auf diese Weise gewann die utopisch abstrakte Idee der Menschenzucht unmittelbare Aktualität. Dem Gedanken einer Verbesserung der Menschheit, wie er in den eugenischen Utopien formuliert worden war, haftete allzuviel Phantastik an, als daß er gesellschaftlich wirksam hätte werden können. Nicht nur waren die Mittel zu seiner Realisierung außer Reichweite, es fehlte ihm auch an konkreter Motivation, solange über die Realisierung eines »Perikleischen Zeitalters« hinaus keine gesellschaftliche Notwendigkeit für die Durchführung der erforderlichen einschneidenden Maßnahmen angegeben werden konnte. Eine solche Notwendigkeit war erst vor dem Hintergrund der Degenerationsangst der zweiten Hälfte des 19. Jahrhunderts plausibel zu machen.

Soziale und kulturelle Erneuerung

Tatsächlich häuften sich im 19. Jahrhundert die Ideen, Konzepte und Theorien, die sich als Strategien gegen die physiologische Niedergangstendenz anboten. Neben den wissenschaftlichen Angeboten – etwa in Gestalt der oben skizzierten psychiatrischen Theorien – entstanden eine Vielzahl von sozialen und kulturellen Erneuerungsbewegungen, die unter dem in den neunziger Jahren aufkommenden Begriff der »Lebensreform« zusammengefaßt werden können. Eine schlagkräftige ›Bewegung‹ stellte die »Lebensreform« allerdings nie dar; zu sehr differierten

61 Wilhelm Schallmayer, *Vererbung und Auslese*, IX.

62 Vgl. Paul Widmer, »Niedergangskonzeptionen zwischen Erfahrung und Erwartung«, Reinhard Koselleck/Paul Widmer (Hg.), *Niedergang. Studien zu einem geschichtlichen Thema*, Stuttgart 1980, 12-30.

die Ideen ihrer Anhänger über Maßnahmen zur Behebung der Schäden, die ihrer Meinung nach Industrialisierung und Urbanisierung angerichtet hatten. Eine Palette von Reformvorschlägen wurde unter dem Etikett »Lebensreform« propagiert. Naturheilkundler, Anhänger der Freikörperkultur und Verfechter einer gezielteren Leibeserziehung fanden sich neben der zahlenmäßig größten Gruppe der Ernährungsreformer, die sich aus Vegetariern, Abstinenzlern und Reformhausbefürwortern rekrutierten. Am bekanntesten wurden die Versuche der Siedlungsreformer, die mit ihren Vorschlägen und Modellen zu Bodenreformertum, Gartenstädten und Schrebergärten neue Ansätze zur quantitativen und qualitativen Lösung der Wohnungsfrage lieferten. Daß der ›Bewegung‹ die Idee der Landerziehungsheime, das Jugendherbergswesen, die Naturschutzbewegung und eine Anzahl von freireligiösen Gemeinden wie die Anthroposophen, die Spiritisten und die Mazdaznan-Anhänger entstammen, ist meist in Vergessenheit geraten.

Diese weltanschaulich-religiös, sozialpolitisch und vor allem medizinisch-hygienisch motivierten Reformvorschläge fanden allerdings ihren gemeinsamen Nenner in Vorstellungen einer notwendigen »Gesundung« der Gesellschaft, die weit mehr als bloße »Gesundheit« implizierte; die »Harmonisierung von Körper, Geist und Seele« schwebte als Ideal eines »neuen Menschen« vor. Den einschneidenden Veränderungen, die Kapitalismus, Industrialisierung und Urbanisierung bewirkt hatten, sollte ein ebenso radikales Menschenbild entgegengesetzt werden. In dieser Radikalität schwangen zunächst keine parteipolitischen Untertöne mit; sie war politisch ambivalent: In der Siedlungsbewegung z. B. fanden sich fortschrittlich-liberale Vorstellungen neben neugermanisch-rassischen Projekten. Allerdings tendierte die ›Bewegung‹ langfristig zu volkstümlerisch-nationalistischen Attitüden, die sowohl antikapitalistische wie antikommunistische Züge trugen.[63]

63 Vgl. Wolfgang R. Krabbe, *Gesellschaftsveränderung durch Lebensreform. Strukturmerkmale einer sozialreformerischen Bewegung im Deutschland der Industrialisierungsperiode*, Göttingen 1974; Janos Frecot/Johann Friedrich Geist/Diethart Kerbs, *Fidus 1868-1948. Zur ästhetischen Praxis bürgerlicher Fluchtbewegungen*, München 1972; Christoph Conti, *Abschied vom Bürgertum. Alternative Bewegungen in Deutschland von 1890 bis heute*, Reinbek 1984, 66-86.

Es dürfte weniger diese politische Orientierung gewesen sein, die die Nähe der Rassenhygiene zur Lebensreform ausmachte, als die verschiedenen Konzepte einer »Gesundung« des Volkskörpers und -geistes. Waren die Vorstellungen davon auch noch keineswegs medizinisch, so eröffneten sie doch Perspektiven einer sozialhygienischen Reform und Sanierung der Gesellschaft. Die lebensreformerischen Vorschläge vermieden allerdings radikale Lösungen, die nur über staatliche Regulative hätten realisiert werden können. Lebensreform bedeutete vielmehr vor allem Selbstreform. Die eigene Person sollte reformiert werden und als Vorbild für spätere, umfassendere Reformen auf Gesellschaftsebene dienen. Die rassenhygienische Bewegung folgte in ihrer Entwicklungsphase genau diesem Muster.[64]

Nietzsche als philosophischer Vorläufer der Eugenik

Der erste deutsche Theoretiker, der die Anwendung der Selektionstheorie nicht nur zur Erklärung, sondern auch zur praktischen Lösung des Degenerationsproblems vollzog, ist nicht etwa unter den damaligen Biologen oder Ärzten zu finden, sondern unter den Philosophen. Trotz der von ihm selbst immer wieder bekundeten Ablehnung der Darwinschen Theorie war es Friedrich Nietzsche, der schon früh ihren Kerngedanken aufgriff und ein strategisches Konzept für den Kampf gegen die Degeneration auf ihn gründete. Bereits 1880 – also mehr als ein Jahrzehnt vor den ersten Schriften von Schallmayer und Ploetz – notierte Nietzsche die Forderung: »Absterbenmachen der Kläglichen Verbildeten Entarteten muß die Tendenz sein.« Er entwickelte in diesem Zusammenhang Ideen, die zumindest zwei der zentralen Punkte des späteren eugenischen Programms vorwegnahmen: zum einen die Idee einer strengen Auswahl derjenigen In-

64 Die Beziehungen zwischen Eugenik und Lebensreformbewegung sind äußerst vielfältig; sie werden vor allem sichtbar an der Siedlungsfrage. Vgl. z.B. die »Vorschläge zum Siedlungswesen«, Erwin Baur/Eugen Fischer/Fritz Lenz, *Grundriß der menschlichen Erblichkeitslehre und Rassenhygiene*, Bd. 2: *Menschliche Auslese und Rassenhygiene*, 1. Aufl., München 1921, 157-162. – Vor allem in den eugenischen Utopien à la Willibald Hentschel geht der Gedanke der Menschenzüchtung mit dem der Siedlungsidee eine enge Verbindung ein.

dividuen, die zur Fortpflanzung zugelassen werden; zum anderen die einer strikten Trennung von Fortpflanzung und Sexualität: »Man soll die Befriedigung des Triebes nicht zu einer Praxis machen, bei der die Rasse leidet, d.h. gar keine Auswahl mehr stattfindet, sondern alles sich paart und Kinder zeugt. Das Aussterben vieler Arten von Menschen ist ebenso wünschenwerth als irgend eine Fortpflanzung... . Vielmehr: nur heirathen 1) zum Zwecke höherer Entwicklung 2) um Früchte eines solchen Menschenthums zu hinterlassen. – Für alle übrigen genügt Concubinat, mit Verhinderung der Empfängnis. – Wir müssen dieser plumpen Leichtfertigkeit ein Ende machen. Diese Gänse sollen nicht heirathen! Die Ehen sollen viel seltener werden! Geht durch die Städte und fragt euch, ob dies Volk sich fortpflanzen soll! Mögen sie zu ihren Huren gehen! – «[65]

Acht Jahre später bekräftigte Nietzsche noch einmal seine Forderung nach einer Verhinderung der Zeugung (nicht: der Sexualität) »in allen Fällen, wo ein Kind ein Verbrechen sein würde«, und entwickelte dann einen sehr konkreten Maßnahmenkatalog[66]:

- »eine Steuer-Mehrbelastung bei Erbschaften usw. auch Kriegsdienst-Mehrbelastung der Junggesellen von einem bestimmten Alter an und anwachsend;
- Vorteile aller Art für Väter, welche reichlich Knaben in die Welt setzen...
- ein ärztliches Protokoll, jeder Ehe vorangehend und von den Gemeinde-Vorständen unterzeichnet: worin mehrere bestimmte Fragen seitens der Verlobten und der Ärzte beantwortet sein müssen...
- als Gegenmittel gegen die Prostitution (oder als deren Veredelung): Ehen auf Frist, legalisirt (auf Jahre, auf Monate, auf Tage), mit Garantie für die Kinder
- jede Ehe verantwortet und befürwortet durch eine bestimmte Zahl Vertrauens-Männer einer Gemeinde: als Gemeinde-Angelegenheit.«

Die Konkretheit dieser Vorschläge und ihr technokratischer

65 Friedrich Nietzsche, »Nachgelassene Fragmente Anfang 1880 bis Sommer 1882 «, *Sämtliche Werke. Kritische Studienausgabe in 15 Bänden* , hg. von Giogio Colli/Mazzino Montinari, Bd. 9, München/Berlin/New York 1980, 250, 189.

66 Friedrich Nietzsche, »Fragmente«, Bd. 13, 401, 495.

»Realismus« legen die Vermutung nahe, daß Nietzsche sie nicht selbst ersonnen, sondern von anderen Autoren übernommen hat. Tatsächlich läßt sich belegen, daß Nietzsche einzelne Arbeiten Francis Galtons gekannt hat.[67] Ob seine Ideen aus dieser Quelle stammen oder ob er etwa an die eugenischen Utopien angeschlossen hat, ist unbekannt. Fest steht, daß Nietzsche auf der Basis des Selektionsgedankens in Deutschland die Wende zu einem antidegenerativen Aktivismus herbeigeführt hat: »In und mit Nietzsche wird ein Umschlag deutlich. Der bewußte Eingriff in die Natur, über die von selbst wirkende Naturgesetzlichkeit hinaus wird gewagt, bewußte Menschenzucht in scheinbarer Freiheit gefordert.«[68] Hier ist also ein zweiter Punkt, an dem Nietzsche das spätere eugenische Programm vorgedacht und vorbereitet hat. Tatsächlich haben sich viele Eugeniker auf Nietzsche als ihren philosophischen Vorläufer berufen und ihn als Kronzeugen für ihre Ansichten und Forderungen angeführt.[69]

67 Curt Paul Jantz, *Friedrich Nietzsche. Biographie*, Bd. II, München 1981, 275, 268.

68 Gunter Mann, »Biologie und der ›Neue Mensch‹. Denkstufen und Pläne zur Menschenzucht im Zweiten Kaiserreich«, Gunter Mann/Rolf Winau (Hg.), *Medizin, Naturwissenschaften, Technik und das Zweite Kaiserreich* (Vorträge eines Kongresses vom 6. bis 11. September 1973 in Bad Nauheim), Göttingen 1977, 172-188, 174. Zur philosophischen Interpretation von Nietzsches Züchtungsidee vgl. Walter Kaufmann, *Nietzsche. Philosoph – Psychologe –Antichrist*, Darmstadt 1982.

69 Vgl. Schallmayer, *Vererbung*, 1, 152, 182, 194, 223, 226, 231, 243, 244, 323. Alfred Ploetz, »Die Begriffe Rasse und Gesellschaft und einige damit zusammenhängende Probleme«, *Schriften der deutschen Gesellschaft für Soziologie*, Bd. 1, Tübingen 1911, 111-136, 113 und 135. – Bei allen Übereinstimmungen dürfen allerdings auch die Differenzen zwischen der Philosophie Nietzsches und dem Projekt der Eugenik nicht übersehen werden: Die Züchtungsidee blieb für Nietzsche ein genuin philosophisches Projekt, während die Eugeniker ein szientistisch begründetes Programm sozialtechnologischer Reformen vertraten. Außerdem unterscheidet sich Nietzsche durch seinen – von Schallmayer (*Vererbung*, 243) als »hyperaristokratisch« charakterisierten – Individualismus von dem eugenischen Ziel einer Züchtung ganzer Populationen.

Die Schwierigkeiten der Degenerationsdiagnose und ihre deduktive Begründung

Die Bedeutung der Darwinschen Theorie für die Eugenik als Theorie und Programm zeigt sich zunächst an ihrer konstitutiven Rolle für die Diagnose des Entartungsprozesses. Wenngleich die Eugenik von der Degeneration als einem Faktum ausging, stieß sie doch auf erhebliche Schwierigkeiten bei dem Versuch, dieses »Faktum« empirisch zu untermauern. Ploetz widmet dieser Frage einen ganzen Unterabschnitt seines Buches, in dem er die Frage stellte, ob die Kulturvölker »sich in der letzten Zeit vervollkommnet haben, oder ob sie zurückgeschritten sind«. Er unterschied zwischen der Frage nach einer langfristigen Vervollkommnung während der letzten zweitausend Jahre und der Frage nach der Vervollkommnung während der jüngeren Vergangenheit, also seit etwa 50 bis 100 Jahren. Im Hinblick auf die erste Frage kam er zu dem Ergebnis, daß sie unentschieden gelassen werden müsse, da die empirischen Belege nicht ausreichten, sie eindeutig zu beantworten. Nicht anders fiel seine Antwort auf die zweite Frage aus: »Für eine exactere Entscheidung« der Frage seien somit keine ausreichenden Grundlagen vorhanden, er wolle jedoch nicht verhehlen, »dass wir zum Glauben an eine leichte Entartung geneigt sind, besonders bei Völkern wie den Franzosen, die durch Verminderung ihrer Geburtenrate den Socialkampf zu sehr abgestumpft haben«.[70] Obgleich also eine empirische Bestätigung der Degenerationsthese, immerhin ein Kernpunkt der Eugenik als Wissenschaft, nicht gelungen war, hielt Ploetz unbeeindruckt an ihr fest. Sie wurde damit – wie er selbst treffend schrieb – zu einem »Glauben«.
Andere Eugeniker kamen mit ihren Bemühungen um eine empirische Bestätigung der Degenerationsthese auch nicht weiter als Ploetz und ließen sich in ihrem »Glauben« an sie ebensowenig erschüttern. In einem Abschnitt über »Entartungssymptome bei den westlichen Kulturvölkern der Gegenwart« schrieb Schallmayer: »Wenn es auch ... kaum noch als zweifelhaft erscheinen kann, daß sich die erbliche Qualität der Kulturvölker in Hinsicht auf Widerstandsfähigkeit gegen lebensfeindliche Einflüsse, sowie insbesondere gerade hinsichtlich jener geistigen und sittli-

70 Alfred Ploetz, *Tüchtigkeit*, Berlin 1895, 117, 128.

chen Anlagen, die unter den gegebenen Kulturverhältnissen als Vorzüge geschätzt werden, schon seit langer Zeit in absteigender Richtung bewegt, so ist es doch schwierig, dafür ziffermäßige Belege zu bringen. Und doch erscheint dies nicht überflüssig, da es auch von wissenschaftlicher Seite noch öfter bestritten als zugegeben wird, daß eine merkliche Entartung stattgefunden habe oder stattfinde.«[71] Verschiedene Eugeniker haben viel Fleiß und Mühe darauf verwandt, solche »ziffermäßige[n] Belege« für ihre Degenerationsthese beizubringen. Dabei wurde eine Fülle von Symptomen angeführt, darunter die steigende Zahl der Geisteskrankheiten, der Selbstmorde, der Kurzsichtigen, die Verschlechterung des Gebisses, der geistigen Anlagen und der Moral. Eine besondere Rolle als empirischer Beleg spielte dabei der in einer Flut von Büchern, Broschüren und Artikeln diskutierte Rückgang der Militärdiensttauglichkeit. Seit Mitte des Jahrhunderts wurden immer wieder Statistiken veröffentlicht, in denen die wachsende Zahl von untauglichen Rekruten in verschiedenen europäischen Ländern belegt wurde. Das Interesse der Eugeniker an diesen Untersuchungen war um so größer, als sie gleichzeitig große Unterschiede in der durchschnittlichen Tauglichkeit zwischen Stadt und Land zu zeigen schienen: In städtischen Bezirken war die Zahl der als untauglich Zurückgewiesenen bedeutend höher als in ländlichen Bezirken. Allerdings zeigten sich schon sehr bald beträchtliche methodische Unzulänglichkeiten der entsprechenden Erhebungen, die sie unzuverlässig, zumindest aber unvergleichbar machte. Von Kritikern wurde darauf hingewiesen, daß der Rückgang der »Tauglichen« nicht notwendig durch sinkende Gesundheit bedingt sei, sondern durch eine schärfere Auslese, die den Rekrutierungskommissionen durch die infolge des Bevölkerungswachstums wachsende Zahl der Gestellungspflichtigen möglich werde.[72] Dieser Einwand zwang Schallmayer, der 1891 noch die Ergebnisse der militärischen Aushebungen mit einem allmählichen Niedergang in Zusam-

71 Schallmayer, *Vererbung*, 187.

72 Julius Wolf, *Der Geburtenrückgang. Die Rationalisierung des Sexuallebens in unserer Zeit*, Jena 1912, 24ff. Richard Sorer, »Militärtauglichkeit nach Stadt und Land«, *Wiener Arbeiten aus dem Gebiet der sozialen Medizin, 1910, 1*: 149-185. Sowie vor allem Walter Oettinger, *Die Rassenhygiene und ihre wissenschaftlichen Grundlagen*, Berlin 1914.

menhang gebracht hatte, später zu einem vorsichtigeren Urteil.[73] Um so sicherer war er sich jedoch im Hinblick auf einen anderen statistischen Beleg der Degenerationshypothese: den (angeblichen) Rückgang der »leichten Gebärfähigkeit und des Stillungsvermögens der Frauen«, die er für »unzweifelhafte Entartungserscheinungen« hielt.[74] Allerdings erwiesen sich auch hier die methodischen Schwierigkeiten bei der statistischen Untermauerung dieser These als groß. Wie sollte etwa die »leichte Gebärfähigkeit« exakt bestimmt und ihre Abnahme zuverlässig gemessen werden? Nur scheinbar waren diese Probleme hinsichtlich der Stillfähigkeit geringer, denn statistisch ließ sich nur ein Nachlassen der Stilltätigkeit nachweisen, und es blieb über Jahre hinweg kontrovers, ob aus dieser Tatsache auf ein Absinken der physiologischen Stillfähigkeit geschlossen werden könne.

Die Bedeutung der Darwinschen Theorie für die Eugeniker wird in ihrem vollen Umfang erst vor dem Hintergrund dieser Situation deutlich. Von der Realität des degenerativen Prozesses fest überzeugt, aus methodischen Gründen aber unfähig, den ersehnten statistischen Beweis für diese Überzeugung beibringen zu können, lieferte das Selektionsprinzip Darwins das theoretische Schlüsselargument für die Erhärtung des Degenerationsgedankens. Das Spezifikum der Darwinschen Theorie ist bekanntlich nicht die Annahme einer evolutionären Entwicklung der Organismen, sondern die Behauptung, daß die Triebkraft dieser Evolution in der Konkurrenz um knappe Ressourcen zu suchen sei, die – zumindest auf lange Sicht – den am besten an die jeweiligen Umweltbedingungen angepaßten Lebewesen eine höhere Fortpflanzungsrate gestatte. Dabei wurde dieser Prozeß von sehr vielen Theoretikern des 19. Jahrhunderts nicht als eine

73 Wilhelm Schallmayer, *Drohende physische Entartung*, 19. Sowie Schallmayer, *Vererbung, 190f.*

74 Schallmayer, *Vererbung*, 193. Baur/Fischer/ Lenz, *Grundriß* (1921), Bd. 2, 13-15. Vgl. auch die in mehreren Auflagen erschienene Broschüre von Gustav Bunge, *Die zunehmende Unfähigkeit der Frauen, ihre Kinder zu stillen. Die Ursachen dieser Unfähigkeit, die Mittel zur Verhütung*, 6. Aufl., München 1909. Sowie die Diskussion im Anschluß an den Aufsatz von Agnes Bluhm, »Familiärer Alkoholismus und Stillfähigkeit«, *ARGB* 1908, *5*: 635-655; die Antwort von Bunge im selben Band, 656-659; die Replik von Bluhm in: ARGB, 1909, *6*: 86-88; und die erneute Antwort Bunges im selben Band, 88.

»opportunistische« Anpassung an die jeweilige Umwelt interpretiert, sondern – dem theoretischen Kern der Darwinschen Theorie widersprechend – als ein Vervollkommnungsprozeß gedeutet: Evolution galt als gleichbedeutend mit Fortschritt.[75] Daß diese heimliche Teleologisierung der Evolutionstheorie bei der Entstehung der Eugenik eine zentrale Rolle spielte, wird deutlich, wenn die Frage nach dem Versagen des selektiven Mechanismus gestellt wird. Ausgehend von der Voraussetzung, daß die natürliche Selektion Fortschritt erzeugt, liegt der Schluß nahe, daß jedes Ausbleiben der natürlichen Selektion Rückschritt und Degeneration erzeugen muß.

Wie naheliegend und auch unter Fachleuten weit verbreitet dieser Umkehrschluß aus dem Selektionsprinzip wirklich war, zeigt sich daran, daß Darwin selbst ihn in seinem Buch über *Die Abstammung des Menschen* zog: »Unter den Wilden werden die an Körper und Geist Schwachen bald eliminiert; die Überlebenden sind gewöhnlich von kräftigster Gesundheit. Wir zivilisierten Menschen dagegen tun alles mögliche, um diese Ausscheidung zu verhindern. Infolgedessen können auch die schwachen Individuen der zivilisierten Völker ihre Art fortpflanzen. Niemand, der etwas von der Zucht von Haustieren kennt, wird daran zweifeln, daß dies äußerst nachteilig für die Rasse ist. Es ist überraschend, wie bald Mangel an Sorgfalt, oder auch übel angebrachte Sorgfalt, zur Degeneration einer domestizierten Rasse führt; ausgenommen im Falle der Menschen selbst wird auch niemand so töricht sein, seinen schlechtesten Tieren die Fortpflanzung zu gestatten.«[76] In Deutschland wurde die Idee, daß eine Ausschaltung der natürlichen Selektion zu degenerativen Erscheinungen führen müsse, von Ernst Haeckel aufgegriffen und popularisiert, der in seiner *Natürlichen Schöpfungsgeschichte* die Medizin seiner Zeit kontraselektorischer Wirkungen bezichtigte und diese Art der »medicinischen Züchtung der von den Spartanern betrie-

75 Ploetz, *Tüchtigkeit*, 91 ff; Schallmayer, *Vererbung*, 13.

76 Charles Darwin, *Die Abstammung des Menschen*, übers. von Heinrich Schmidt, 4. Aufl., Stuttgart 1982, 171 f. Als Darwin dies im Jahre 1871 erstmals schrieb, konnte er sich bereits auf eine beträchtliche Zahl von Autoren berufen, die sich in diesem Sinne geäußert hatten. Er selbst nannte W. Greg, den Mitentdecker des Selektionsprinzips A. R. Wallace und seinen Vetter F. Galton.

benen künstlichen Züchtung gegenüberstellte«.[77] Allerdings entwickelten weder Haeckel noch jene anderen Autoren, die bereits in den siebziger und achtziger Jahren auf die Frage der Veränderung des selektiven Prozesses unter dem Einfluß der modernen Zivilisation zu sprechen kamen, diese Gedanken in einer mit Galtons Theorie vergleichbaren systematischen Weise.[78] Vor allem vollzog keiner von ihnen die entscheidende Wende von der bloßen Diagnose degenerativer Tendenzen zu einer therapeutischen Programmatik. Dieser Schritt blieb Autoren wie Schallmayer und Ploetz vorbehalten, die bei ihrem Auftreten in den neunziger Jahren alle entscheidenden theoretischen Elemente vorfanden, aus denen sie ihre eugenische Theorie und Programmatik entwickelten.

Angesichts der skizzierten Schwierigkeiten der empirisch-statistischen Erhärtung der Degenerationshypothese gewannen theoretische Argumente ein um so größeres Gewicht, und diese theoretischen Argumente entnahmen die Eugeniker der Darwinschen Evolutionstheorie. Mit ihr verfügten sie über eine in der zeitgenössischen Biologie anerkannte Theorie, die ihnen in Gestalt des Selektionsprinzips die quasi-nomologische Prämisse für einen deduktiven Schluß bereitstellte, durch den die Degenerationshypothese »bewiesen« werden sollte. Dieser Deduktionsschluß kann in folgender Weise rekonstruiert werden:

- Quasi-nomologische Prämisse: Natürliche Selektion führt zur organischen Höherentwicklung.
- Empirische Randbedingung: In zivilisierten Gesellschaften ist die Wirksamkeit der natürlichen Selektion eingeschränkt.
- Konklusion: In zivilisierten Gesellschaften findet keine Höherentwicklung statt, sondern ihr Gegenteil: Degeneration.

Vor dem Hintergrund der These, daß in zivilisierten Gesellschaften die »generative Auslese« tendenziell eingeschränkt werde, konnte Schallmayer daher schreiben: »Diese Abweichung unserer jetzigen menschlichen Zuchtwahl von der natürlichen macht es a priori schon wahrscheinlich, daß sie schlechter

77 Ernst Haeckel, *Natürliche Schöpfungsgeschichte. Gemeinverständliche wissenschaftliche Vorträge über die Entwicklungs-Lehre*, 2 Bde., 9. Aufl., Berlin 1898, 154.

78 Vgl. z.B. H. Fick, »Über den Einfluss der Naturwissenschaft auf das Recht«, *Jahrbücher für Nationalökonomie und Statistik*, 1872, *18*: 248-277.

ist als die natürliche, und daß sie demgemäß zum generativen Niedergang, zur Entartung führt...«[79] Die Überzeugungskraft der eugenischen Degenerationsthese beruhte auf der Kombination eines in der zeitgenössischen Kultur tief verankerten Vorurteils mit einem deduktiven Argument, das seine Plausibilität einer damals weitverbreiteten Interpretation der Darwinschen Selektionstheorie verdankte.[80]

Von einzelnen Eugenikern wurde diese deduktive Argumentationsstruktur als unbefriedigend empfunden. So plädierte Alfred Grotjahn im Interesse einer »Verselbständigung« der Fortpflanzungshygiene dafür, »die Deszendenztheorie bei der Erörterung eugenischer Fragen ein wenig mehr als bisher in den Hintergrund treten zu lassen«. Die Tatsache, daß die Begründer der Eugenik, Francis Galton in England und Wilhelm Schallmayer und Alfred Ploetz in Deutschland, begeisterte Darwinianer waren und ihre Theorien direkt aus der Darwins ableiteten, ändere nichts an der Notwendigkeit, »die Fortpflanzungshygiene allmählich dieses deduktiven Gängelbandes zu entwöhnen, sie auf eigene induktive Grundlagen zu stellen und als Sonderfach der allgemeinen Hygiene zu verselbständigen...«[81] Trotz vereinzel-

79 Schallmayer, *Vererbung*, 107.

80 Das generelle Niedergangsbewußtsein des Fin des siècle spielt hier eine Schlüsselrolle. Fritz Lenz beispielsweise wurde in seiner Jugend tief beeindruckt durch die Lektüre Schopenhauers; die dadurch gewonnene pessimistische Weltsicht wurde durch eine frühe Rezeption Darwins verstärkt; auch von Nietzsche hat er vieles aufgenommen. – (Mündliche Mitteilung von Widukind Lenz.)

81 Alfred Grotjahn, *Die Hygiene der menschlichen Fortpflanzung. Versuch einer praktischen Eugenik*, Berlin/Wien 1926, 12. – Grotjahn gibt an derselben Stelle weiter zu bedenken: »Bewegt sich die Eugenik dauernd im Banne darwinistischer Gedankengänge, so läuft sie Gefahr, zu einem Ableger der von den Soziologen mit Recht abgelehnten Kulturzoologie mit ihren irreführenden Analogieschlüssen von der Tierwelt auf die Kulturwelt der Menschen herabzusinken. Das Zurückdämmen der darwinistischen Ausdrucksweise hat also keineswegs nur einen äußerlichen, auf die Terminologie bezüglichen Wert, sondern auch einen wichtigeren methodologischen. Denn dadurch wird die Neigung zur Deduktion von übergeordneten hypothetischen Vorstellungen herab, der Mißbrauch von Analogieschlüssen von Pflanze und Tier auf den geschichtlichen Menschen und die Mißachtung der kulturellen, sozialen und politischen Einflüsse unterdrückt. Aber beide Richtungen, die rein

ter Versuche, dieser Forderung nach einer Stärkung der empirischen Beweismittel nachzukommen, blieb die deduktiv-theoretische Begründung das zentrale Argument zugunsten der Degenerationsthese: Noch 1962 mußte der englische Eugeniker Julian Huxley auf dem berühmt-berüchtigten Ciba-Symposion einräumen, daß der »Beweis« für den genetischen Abstieg der Menschheit »hauptsächlich deduktiv geführt« werde.[82]

Die Kontinuität des Keimplasmas – Weismanns Theorie und ihre Bedeutung für die Eugenik

Dieser nichtempirische Charakter der eugenischen Degenerationsdiagnose und ihre Abhängigkeit von theoretischen Voraussetzungen wird auch in den einschlägigen Ausführungen von Alfred Ploetz deutlich. Ausgehend von der weithin geteilten Ansicht, daß der evolutionäre Prozeß seinem Wesen nach progressiv ist, d.h. »vollkommenere« und »stärkere« Varianten desselben Typus hervorbringe, wies Ploetz aber auch auf die Möglichkeit rückläufiger Entwicklungen hin, für die der Olm ein gutes Beispiel gebe. Der in unterirdischen Gewässern lebende Olm besitzt nur mehr Rudimente der bei seinen Vorfahren noch voll ausgebildeten Augen. Den »darwinistischen Mechanismus solcher Rückbildung« sah Ploetz darin, daß mit dem Übergang zu

darwinistisch orientierte und die vom Verfasser vertretene *empirische* Eugenik unterscheiden sich wesentlich voneinander nur in der Art, wie sie die allgemeinen Gesichtspunkte anordnen und ihnen die Tatsachen eingliedern, nicht aber im Ausgangspunkt und nicht in der Zielsetzung. Jene ist bei beiden Richtungen ... die Erkenntnis der bedenklichen Entwicklung der menschlichen Fortpflanzung und diese das Bestreben, der als verhängnisvoll erkannten Entwicklung eine günstige Wendung zu geben.« *Die Hygiene*, 12f.

82 Julian Huxley in einem Diskussionsbeitrag in: *Das umstrittene Experiment: der Mensch. Siebenundzwanzig Wissenschaftler diskutieren die Elemente einer biologischen Revolution*, München/Wien/Basel 1969, 316. – Die heutige Humangenetik hat die Degenerationsthese zwar niemals schlüssig widerlegen können; nach übereinstimmender Überzeugung gibt es andererseits aber auch keine Indizien für ihre Richtigkeit. Vgl. z.B. Friedrich Vogel/Arno G. Motulsky, *Human Genetics. Problems and Approaches*, 2. Aufl., Berlin/Heidelberg/New York 1982, 423ff., 544ff.

einer unterirdischen Lebensweise die Augen ihre selektive Bedeutung verloren, so daß die Besitzer schlechter Augen nicht mehr durch den Kampf ums Dasein ausgemerzt wurden und somit dieselben Überlebenschancen hatten wie die Besitzer guter Augen. Dies bedeute nun, daß beide Varianten sich untereinander kreuzen (= Panmixie), so daß die nachfolgende Generation nicht nur die Anlagen für gute Augen erbe, sondern auch die für schlechte Augen. Auf diese Weise nehme daher – solange die Umweltbedingungen konstant blieben – die Durchschnittsqualität der Augen der nachfolgenden Generationen ständig ab. Für Ploetz war dies ein Beleg, daß »die Vereinfachung der Umgebung oder, was dasselbe ist, die Aufhebung des Kampfes um's Dasein« die fortschreitende Entartung von Organen bewirken könne. Eine »vollständige Aufhebung des Kampfes um's Dasein« hätte einen »Niedergang beinahe der gesammten Constitutionskraft« zur Folge.[83]

Der hier von Ploetz am Beispiel der Olme dargestellte Mechanismus der Entartung setzt sich offenbar aus zwei Teilmechanismen zusammen. Der erste Teilmechanismus besteht in der natürlichen Selektion, genauer: ihrem Ausbleiben. Die Erklärung degenerativer Tendenzen über diesen Mechanismus war bereits vor den Eugenikern von Autoren wie Wallace, Darwin und Haeckel versucht worden. Die Eugeniker konnten sich in diesem Punkt daher schon auf eine gewisse »Tradition« stützen, die sie allerdings nicht nur einfach fortsetzten, sondern vor allem im Hinblick auf die Frage nach der uneingeschränkten Gültigkeit dieses Mechanismus auch für die menschliche Gesellschaft verschärften. Bei Darwin selbst etwa war die Übertragung des Selektionsprinzips auf die menschliche Gesellschaft stets mit gewissen Vorbehalten verbunden gewesen: Bei hochzivilisierten Völkern, so schrieb er, »hängt der beständige Fortschritt nur in beschränktem Maße von natürlicher Zuchtwahl ab«.[84] Wallace und Haeckel hatten sich über derartige Relativierungen jedoch hinweggesetzt und die uneingeschränkte Gültigkeit des Selektionsprinzips für die menschliche Gesellschaft behauptet, und die Sozialdarwinisten hatten dieses Prinzip zum Eckpfeiler ihrer Gesellschaftstheorie erklärt und die Selektion damit zum zentralen Element

83 Ploetz, *Tüchtigkeit*, 102.
84 Darwin, *Abstammung*, 184.

jeder an Darwin anknüpfenden sozialbiologischen Theorie gemacht. Die Eugeniker schlossen in diesem Punkt an den sozialdarwinistischen Selektionismus an, und Schallmayer bemängelte ausdrücklich, daß Darwin selbst die Tragweite seiner Theorie hinsichtlich der menschlichen Gesellschaft nicht voll erkannt habe.[85]

Mit dem zweiten Teilmechanismus brachten die Eugeniker ein Argument ins Spiel, das sich auf die jüngsten Errungenschaften der zeitgenössischen Evolutionsbiologie und Vererbungsforschung stützte und das Darwin selbst daher noch nicht zur Verfügung gestanden hatte. Zur Erläuterung dieses Mechanismus ist noch einmal auf Ploetz' Olme zurückzukommen: Es stellt sich ja die Frage, warum ein einmal ausgebildetes Organ sich zurückbildet, wenn es seinen selektiven Wert verloren hat. Es ist nach der Darwinschen Theorie zwar vollkommen klar, daß die natürliche Selektion jeden Mangel bestraft; es ergibt sich aus ihr aber keineswegs, ob und warum sie auch auf überflüssige Organe wirkt. Ein Raubvogel z. B., dem es an Sehschärfe mangelt, muß in Darwinschen Termini untergehen, weil er seinen Konkurrenten in der Jagd unterlegen ist; die Selektion prämiiert also Sehschärfe und sanktioniert ihren Mangel. Ein Olm jedoch, der ausgezeichnete Augen besitzt, ist dadurch gegenüber seinen Konkurrenten zwar nicht überlegen, aber auch nicht unterlegen; da es in unterirdischen Höhlen gleichgültig ist, ob man über gute, schlechte oder gar keine Augen verfügt, kann die natürliche Selektion auf dieses Merkmal weder positiv noch negativ wirken. In Termini der Selektionstheorie allein bleibt unverständlich, warum sich Organe zurückbilden. Der oben rekonstruierte Deduktionsschluß weist eine Lücke auf: Aus der genannten Prämisse und der Randbedingung folgt nicht, daß der Mensch unter den Bedingungen der Zivilisation degeneriert; es folgt lediglich, daß keine Höherentwicklung stattfindet. Die Darwinsche Theorie reicht daher allein nicht aus, um die für die Eugeniker so wichtigen degenerativen Tendenzen zu erklären.

Es war August Weismann, der in seinem 1886 gehaltenen und im selben Jahr veröffentlichten Vortrag »Über den Rückschritt in der Natur« ein biologisches Erklärungsmodell für die Rückbildung von Organen eingeführt und sich dabei bereits des Beispiels

85 Schallmayer, *Vererbung*, 96.

der Olme bedient hatte. Wenn in einer Population zwei Variationen existieren, die ein bestimmtes Merkmal in unterschiedlicher Ausprägung besitzen, so werden sich die Individuen beider Varianten – sofern das betreffende Merkmal keinen Selektionswert besitzt – untereinander kreuzen, so daß die Nachkommenschaft dieses Merkmal in einem mittleren Ausbildungsgrad besitzen wird: Olme mit guten Augen und Olme mit schlechten Augen werden Olme mit mittelguten (bzw. mittelschlechten) Augen erzeugen. Da dieser Vorgang sich in den nachfolgenden Generationen wiederholt, wird die mittlere Qualität des Merkmals immer weiter absinken, bis es schließlich vollkommen zurückgebildet ist. »Man kann den Vorgang, der die Rückbildung eines überflüssigen Organs zu Stande bringt, vielleicht ganz passend mit dem griechischen Wort ›Panmixie‹ oder ›Allgemein-Kreuzung‹ bezeichnen, weil sein Wesen eben darin besteht, daß nicht nur diejenigen Individuen zur Fortpflanzung gelangen, welche das betreffende Organ in grösster Vollkommenheit besitzen, sondern alle, ganz unabhängig davon, ob dasselbe besser oder schlechter bei ihnen beschaffen ist.« Ausdrücklich kommt Weismann in diesem Zusammenhang auch auf den Menschen zu sprechen, indem er hervorhebt, daß in »mancherlei Beziehung die körperliche Beschaffenheit des civilisierten Menschen durch die Civilisation selbst verschlechtert worden ist und wohl auch noch weiter verschlechtert werden wird. Denken wir nur an die Zähne, bei welchen die Kunst der ›Zahntechniker‹ es beinahe schon so weit gebracht hat, dass man die künstlichen Zähne den natürlichen vorziehen möchte. Jedenfalls braucht heute Niemand mehr an ungenügender Ernährung in Folge schlechter Zähne zu Grunde zu gehen, und die allerschlechteste Zahn-Anlage kann sich ungehindert auf eine beliebige Nachkommenzahl übertragen.«

Zu bedenken ist in diesem Zusammenhang allerdings zweierlei. Zum einen ist die Identifizierung von »Rückbildung« mit »Rückschritt« insofern irreführend, als ein Olm durch den Verlust seiner Augen ja ebensowenig biologisch benachteiligt ist wie der Mensch mit schlechten Zähnen. Von einem echten »Rückschritt« kann also nur dann die Rede sein, wenn man als Bewertungsmaßstab die »Vollkommenheit« eines Organes im Sinne seiner Komplexität und absoluten Leistungsfähigkeit zugrunde legt. Dies ist aber – und Weismann selbst hat das gesehen – ein außerbiologisches Fortschritts- bzw. Rückschrittskriterium. Hinzu kommt, daß ein Organ nur selten vollständig verschwindet, da in der Regel auf einer bestimmten Stufe der Rückbildung die natürliche Selektion wieder zu greifen beginnt und eine Panmixie unterbindet. Auch darauf hat Weismann selbst aufmerksam gemacht; wir brauchen, so beruhigt er seine Leser, »wohl nicht zu fürchten, daß das Menschengeschlecht durch die Civilisation gänzlich entarten werde. Das Correctiv dagegen liegt in demselben Prozess, der das Herabsinken eines Organs von seiner ursprünglichen Höhe bewirkt, denn offenbar kann dies Herabsinken nur so lange andauern, als es die Existenzfähigkeit des Einzelnen noch nicht schädigt, sobald aber dieser Punkt erreicht ist, greift Naturzüchtung ein und verhindert ein weiteres Sinken.«[86] Von solchen Einschränkungen wollten die Eugeniker allerdings nichts wissen. Ploetz, der Weismanns Ausführungen über die Olme (ohne diesen allerdings zu nennen) ausführlich referierte, gab nicht zu erkennen, daß die Rede von »Rückschritt« und »Entartung« einen außerbiologischen Bewertungsmaßstab unterstellt, und erwähnte auch das von Weismann angeführte »Korrektiv« nicht. Wenn ein Merkmal nicht mehr der natürlichen Selektion unterliegt, haben jene Varianten, die dieses Merkmal nur unvollkommen besitzen, dieselben Überlebens- und Fortpflanzungschancen wie jene, bei denen das Merkmal voll ausgebildet ist. Zwischen beide Varianten tritt damit die »Panmixie«, d.h., sie kreuzen sich ungeachtet des jeweiligen Ausbildungsgrades des betreffenden Merkmals. In den nachfolgenden Generationen wird sich die Ausprägung des Merkmals damit einem Mittelwert nähern, der, verglichen mit den voll ausgeprägten Varianten der vorangehenden Generation, eine Rückbildung darstellt.

Bereits das Konzept der Panmixie macht verständlich, daß Weismanns Theorie den Eugenikern hochwillkommen sein mußte und ohne Zögern zum zweiten Eckpfeiler ihres Degenerationskonzeptes gemacht wurde. Diese Theorie reduzierte sich aber nicht auf das Konzept der Panmixie, sondern schloß die für die gesamte Vererbungswissenschaft grundlegende »Keimplasma-

86 August Weismann, *Über den Rückschritt in der Natur*, Freiburg 1886, 21, 22, 29f., 22.

theorie« ein.[87] Für den vorliegenden Zusammenhang ist wichtig, daß diese bahnbrechende Theorie eine strikte Trennung zwischen den Geschlechtszellen eines Organismus und dessen Körperzellen einführte; nach Weismann gehen zwar die Körperzellen aus den Keimzellen hervor, wirken aber nicht auf diese ein, so daß Veränderungen in der somatischen Struktur eines Organismus ohne Rückwirkung auf dessen Erbgut bleiben. Eine Vererbung erworbener Eigenschaften, wie sie nach Lamarck in der Biologie des 19. Jahrhunderts nahezu unumstritten angenommen wurde, war damit ausgeschlossen.[88] Während Darwin und Autoren wie Haeckel und Spencer sich nie von dieser lamarckistischen Vorstellung hatten lösen können, erkannten die Eugeniker in der Weismannschen These von der »Kontinuität des Keimplasmas« sofort eine mächtige Stütze ihrer Ansichten. Aus dieser These resultiert zwingend eine erhebliche Zuspitzung des Selektionsprinzips. Wenn es keine Vererbung erworbener Eigenschaften gab, blieb die natürliche Selektion als einziger Mechanismus der Evolution bestehen. Weismanns gegen den Spencerschen Lamarckismus gerichtetes Diktum von der »Allmacht der Naturzüchtung« brachte diese Verschärfung des Selektionsgedankens deutlich zum Ausdruck.[89]

Es geht nicht primär um das (quantitative) Gewicht des Selektionsprinzips; vielmehr ergab sich aus der neuen Perspektive eine für das gesamte eugenische Konzept zentrale Konsequenz. Wenn es eine Vererbung erworbener Eigenschaften gäbe, dann könnte der befürchteten Degeneration der Menschheit durch entsprechende Trainingsprogramme wirksam entgegengearbeitet werden: Durch sportliche Übungen wäre die körperliche Konstitution der jeweils lebenden Generation zu verbessern und

87 August Weismann, *Das Keimplasma. Eine Theorie der Vererbung*, Jena 1892.

88 Bereits in den sebziger Jahren hatte Francis Galton die »Pangenesis-Hypothese« seines Vetters Darwin experimentell widerlegt und damit die Vererbung erworbener Eigenschaften in Frage gestellt; vgl. Ernst Mayr, *Entwicklung*, 556f. Obwohl Alfred Russel Wallace die Galtonschen Experimente ausdrücklich würdigte, blieb die zeitgenössische Wirkung seiner Vererbungstheorie beschränkt. Vgl. »Menschheitsfortschritt«, *Die Zukunft*, 1894, *8*: 145-158.

89 August Weismann, *Die Allmacht der Naturzüchtung. Eine Erwiderung an Herbert Spencer*, Jena 1893.

durch Erziehung und Bildung ihre geistigen Fähigkeiten zu erweitern; da diese »erworbenen Eigenschaften« an die Nachkommen weitergegeben werden, würde nicht nur der Niedergang von Gesundheit und Intelligenz gestoppt – es könnte sogar über Generationen hinweg eine stetige Verbesserung erreicht werden. Die Ziele der Eugeniker wären auf einem Wege realisierbar, der überhaupt keine Züchtungsmaßnahmen (die immer selektiver Natur sind) mehr voraussetzt.[90]

Zwar hing die eugenische Idee keineswegs allein von der Durchsetzung »harter« Vererbungstheorien wie der Weismanns ab. Schallmayer hatte seine eugenischen Überzeugungen zunächst noch im Rahmen lamarckistischer Vorstellungen entwickelt.[91] Doch ließen sich aus den Theorien Weismanns und (nach 1900) Mendels bedeutsame Argumente zugunsten der Eugenik ableiten. Zum einen überbrückte das Weismannsche Panmixie-Konzept eine Lücke in der deduktiven Begründung des Degenerationsgedankens und stellte damit einen wichtigen Beitrag zur wissenschaftlichen Erhärtung der Degeneration dar. Noch wichtiger aber war, daß die Zurückweisung des Lamarckismus das biologische und soziale Problem der Degeneration entscheidend verschärfte, indem es der Hoffnung auf eine wirksame Bekämpfung der »Entartung« durch phänotypische Verbesserungen - sportliche Übungen, medizinische Hilfe, soziale Reformen etc. - den Boden entzog. Im Gegenteil: Die sozialen Errungenschaften der Zivilisation waren aus eugenischer Sicht gerade als Ursache der degenerativen Tendenzen anzusehen, da sie den

90 »... Was gäbe es hoffnungsvolleres für die Entwicklung der Menschheit, als wenn wir durch richtige Uebung der Hirnfunctionen und Verbung der Uebungsresultate die Vervollkommnung unmittelbar beeinflussen und rascher als durch natürliche Zuchtwahl höheren Stufen entgegen führen könnten? Der Kampf ums Dasein mit all' seinem Jammer wäre im Princip entbehrlich geworden, die Verbesserung der Devarianten, die Verstärkung der Regulations-Anlagen der Kinder würde ja ganz unmittelbar durch Uebung der elterlichen Anlagen zu Stande kommen. Darwinianer, die eine Vererbbarkeit erworbener Eigenschaften annehmen, wie Haeckel und Spencer, können schon aus diesem Grunde keinen principiellen Gegensatz zwischen den nonselectorischen Forderungen und den aus der darwinistischen Entwickelungstheorie ableitbaren rassenhygienischen Forderungen aufstellen.« Ploetz, *Tüchtigkeit*, 213f. Ähnlich auch Schallmayer, *Vererbung*, 171.

91 Schallmayer, *Entartung*, 17.

Aus: Zeitschrift für Volksaufartung und Erbkunde. Band 1 (1926). S. 16.

Mechanismus der natürlichen Selektion außer Kraft setzten oder zumindest in seiner Wirksamkeit einschränkten. Eine der zentralen Botschaften der Eugenik war daher die Behauptung, daß medizinische Pflege und Therapie, Sozialversicherung, Armenfürsorge, Wohnungsbau etc., das heißt also der gesamte »traditionelle«, humanistische Weg des Kampfes gegen die Degenerationssymptome das Problem nicht lösen würde, sondern verschlimmern mußte.

Künstliche Züchtung – von der Theorie zur Technologie

Diese Reformulierung des Degenerationsgedankens in den Termini der Darwinschen und Weismannschen Theorie war für die Eugeniker aber nur der Ausgangspunkt ihrer Überlegungen und Anstrengungen. Man hatte auf diese Weise zwar die historischen Theorien der Dekadenz und die psychiatrischen Theorien der Degeneration auf feste theoretische Füße gestellt und darüber hinaus auch das diffuse Niedergangsbewußtsein des Fin de siècle »verwissenschaftlicht«, doch es blieben noch zahlreiche Fragen offen. Bereits in seiner Broschüre von 1891 hatte Schallmayer den Mangel an sicherem Wissen über die Erblichkeit beklagt: »Aber diese Erblichkeitsgesetze, welche wir a priori als vorhanden annehmen müssen, kennen wir noch nicht; wir besitzen statt ihrer nur einige Hypothesen und Vermutungen. Bezüglich der Frage nach der Vererblichkeit von Krankheitsanlagen ist das bisherige Beobachtungsmaterial so mangelhaft, dass bei vielen Krankheiten nicht einmal das feststeht, ob bei ihrer Ätiologie die Erblichkeit eine Rolle spielt oder nicht...« Er forderte daher, »dass die Erblichkeitsfrage zum Gegenstande ausgedehntester Beobachtung gemacht wird, um Material zur Ausbildung einer wissenschaftlichen Erblichkeitslehre zu schaffen«.[92]
Diese Klage über den Mangel an genauen empirischen Kenntnissen und das Fehlen gesicherter Theorien über die Vererbung insbesondere von pathologischen Eigenschaften – bei gleichzeitiger Bekräftigung, daß solche Eigenschaften als erblich angenommen werden müssen – zog sich ebenso durch das gesamte eugenische Schrifttum wie die Forderung nach einer Intensivierung der For-

92 Schallmayer, *Entartung*, 12, 23.

schung auf diesem Gebiet.[93] Die Eugenik war daher von Beginn an als ein »Forschungsprogramm« konzipiert worden, das von den vorliegenden biologischen Theorien, insbesondere der Darwinschen Selektionstheorie und der Weismannschen Vererbungstheorie ausgehen, diese auf den Menschen anwenden und in zwei Richtungen weiterentwickeln sollte.[94] Es ging um die empirische und theoretische Erforschung einerseits der Vererbung beim Menschen (vererbungsbiologische Dimension) und andererseits der Einflüsse aller möglichen sozialen Strukturen und Institutionen auf die biologische Konstitution des Menschen im allgemeinen und seines Erbgutes im besonderen (sozialbiologische Dimension). Beispielhaft für die Vielzahl und Vielgestaltigkeit der eugenischen Fragestellungen ist der Aufriß, den Ploetz im Jahre 1911 von seinem »rassenhygienischen« Forschungsprogramm gab: »Die Rassenhygiene hat zu untersuchen, was im einzelnen unter maximaler Erhaltung und optimaler Entwicklung zu verstehen ist; worin die zu vermehrenden Reservekräfte der Rasse bestehen (auch das Individuum verfügt bekanntlich über Reservekräfte); welche Richtung der Entwicklung am meisten der maximalen Erhaltung entspricht; ob die menschlichen Ideale innerhalb dieser Richtung liegen oder nicht; ferner im speziellen wie Vererbung und Variabilität optimal verlaufen, d.h. unter welchen Bedingungen die tüchtigsten Nachkommen erzeugt werden (Fortpflanzungshygiene oder Eugenik); wie der Wettbewerb der Individuen innerhalb der Rasse (der innere Kampf ums Dasein) optimal verläuft, und zwar sowohl der Wettbewerb um Fortpflanzung wie um sonstige Lebensbedingungen; ob Unter- oder Mischrassen, und welche, im Kampf ums Dasein begünstigt werden sollten; unter welchen optimalen Formen die Rasse selbst ihren Wettbewerb mit anderen Rassen zu gestalten hat (der äußere Kampf ums Dasein) usw.«[95]
Dieses Forschungsprogramm war nicht allein und nicht einmal primär durch theoretische Erkenntnisinteressen motiviert, son-

93 Vgl. z.B. Ploetz, *Tüchtigkeit*, 22; Julius Tandler, *Gefahren*, 7.

94 Ploetz benutzte diesen Begriff mehrfach in seinem Vortrag auf dem Frankfurter Soziologentag 1910; vgl. Alfred Ploetz, »Die Begriffe Rasse und Gesellschaft und einige damit zusammenhängende Probleme«, *Schriften der deutschen Gesellschaft für Soziologie*, Bd. 1, Tübingen 1911, 111-136, 136, 159ff.

95 Ploetz, »Rasse und Gesellschaft«, 121f.

dern durch praktische Ziele. Wenn die Eugeniker sich intensiv mit den Fragen der Erblichkeit von Krankheiten und Defekten beschäftigten, wenn sie die biologischen Auswirkungen gesellschaftlicher Verhältnisse studierten, so geschah dies mit dem nachdrücklichen Anspruch, auf diese Weise die Degenerationserscheinungen nicht nur besser theoretisch erklären, sondern vor allem besser praktisch bekämpfen zu können. In diesem Punkt unterschied sich die Eugenik grundsätzlich von der pessimistischen Geschichtsphilosophie Gobineaus, die sich mit der Konstatierung der Tatsache der Degeneration und ihrer biologistischen Interpretation begnügte. Hatte Gobineau sich in der Rolle eines Arztes gesehen, der seinem Patienten sagen muß, daß er an einer unheilbaren Krankheit leidet und daß er an ihr sterben wird, so verstanden sich die Eugeniker als Ärzte, die ihren Patienten heilen konnten, die zumindest über das Rezept verfügten, das eine Heilung möglich machte, wenn der Patient sich daran hielt.[96] Große Dinge versprach daher nach Schallmayer »die noch nicht zur Wirklichkeit gewordene Möglichkeit einer wissenschaftlichen Erforschung und praktischen Anwendung der bisherigen und künftigen Erfahrungen über Vererbung körperlicher und geistiger Eigenschaften. Durch Schaffung einer wissenschaftlichen Erblichkeitslehre kann wohl die Zuchtwahl der Menschheit im Kulturzustande nicht nur bis zu gleicher Leistungsfähigkeit mit der vorkulturellen Zuchtwahl, sondern sogar sehr wohl auch zu einer höheren emporgehoben werden. Selbst diejenigen, denen es etwa zweifelhaft scheint, ob die physische Beschaffenheit der Kulturvölker sich im Niedergange befindet, werden nicht in Abrede stellen, dass eine Besserung der menschlichen Zuchtwahl in jedem Falle erstrebenswert ist.«[97]
Mit diesem praktischen Anspruch gingen die Eugeniker über jene Theoretiker hinaus, die auf der Basis der Darwinschen Theorie zur (deduktiven) Feststellung degenerativer Tendenzen in den zivilisierten Gesellschaften gekommen waren, deren Auswirkungen aber optimistischer beurteilten und auch noch keine Überlegungen zu einer Gegenstrategie angestellt hatten: z. B. Darwin, Spencer und Haeckel. Haeckels Interesse etwa war rein theoretischer Art. Er führte die spartanische Menschenzüchtung

96 Smith, *Gobineau*, 41.
97 Schallmayer, *Entartung*, 22f.

als ein Beispiel für die Wirksamkeit des Selektionsprinzips in der menschlichen Gesellschaft an. Den so naheliegenden, sich aufdrängenden Schritt von der Theorie zur Praxis ging er nicht; obwohl er auf die kontraselektorischen Wirkungen der Zivilisation verwies, kam ihm nicht die Idee, die spartanische Menschenzüchtung als ein nachahmenswertes Vorbild zu nehmen, dem es auf der Basis und mit den Mitteln der modernen Selektionstheorie nachzueifern gelte.[98]

Die Eugenik vollzog den Schritt von der Theorie zur Praxis. Sie unterschied sich von den vorhergehenden Ansätzen durch ihren entschieden aktivistischen Zug. Vorher hatte in England bereits Francis Galton den Übergang vom theoretischen Verstehen des evolutionären Prozesses zu seiner praktischen Steuerung proklamiert und damit die Theorie seines Vetters zur Basis einer Programmatik bewußter Menschenzucht gemacht, die damit nicht einfach nur das im Rahmen der seit Jahrtausenden praktizierten Tier- und Pflanzenzucht gewonnene Wissen auf den Menschen übertrug, sondern auf dem von Darwin im ersten Kapitel seines *Origin of Species* entwickelten Prinzip der künstlichen Selektion aufbaute. Dieses von Darwin theoretisch formulierte und von Haeckel auch in der menschlichen Gesellschaft als gültig behauptete Prinzip wollten die Eugeniker anwenden.

Mit dem Anspruch, über die schlüssige theoretische Erklärung des Degenerationsphänomens hinaus auch einen Weg seiner praktischen Lösung angeben zu können, verstand sich die Eugenik als Technologie. In der organischen Evolution sahen die Eugeniker einen nach biologischen Gesetzen ablaufenden Prozeß, der genauso erkannt und durch technische Eingriffe beherrscht werden konnte wie ein beliebiges mechanisches System. Es ist daher kein Zufall, wenn Alfred Ploetz in der Schlußpassage seines Buches über *Die Tüchtigkeit unserer Rasse* die Identität der methodischen Verfahrensweise der von ihm vorgeschlagenen künftigen »Hygiene der Fortpflanzung« mit der der Naturwissenschaften betonte und seinen Lesern die herrlichsten Aussichten auf die technische Beherrschung der menschlichen Evolution und damit auf die Beseitigung von Elend und Not eröffnete.[99]

98 Haeckel, *Schöpfungsgeschichte*, 153.

99 »Die Methoden unterscheiden sich in nichts von denen der Naturwissenschaft überhaupt, so dass wir nicht daran zweifeln dürfen, die Gesetze der Variabilität so weit unter unsere Herrschaft zu zwingen, dass

Die Aussicht auf eine technische Kontrolle des generativen Prozesses versprach die Lösung des Widerspruchs zwischen Degenerationsfurcht und Fortschrittsoptimismus. Sosehr die Eugenik einerseits die pessimistischen Aussichten auf einen fortschreitenden physischen Niedergang der »Kulturmenschheit« bekräftigte und theoretisch untermauerte, eröffnete sie auf der anderen Seite zugleich die Perspektive einer Wende zum Guten. Die wissenschaftliche Einsicht in den Mechanismus der Degeneration sollte die Voraussetzungen für eine Umkehr des Trends, möglicherweise sogar für eine generative Höherentwicklung schaffen. »Das 20. Jahrhundert dürfte dazu berufen sein, aus der Descendenztheorie die Nutzanwendung für das praktische Leben zu ziehen«, schrieb Schallmayer und erklärte, die große Bedeutung der Darwinschen Theorie bestehe darin, daß sie den kausalen Mechanismus des evolutionären Prozesses durchsichtig – und damit zugleich auch beherrschbar mache.[100]

Die völkische Verbindung – Rassenhygiene und Rassentheorien

Ploetz hatte der von ihm konzipierten neuen Wissenschaft im Untertitel seines Buches von 1895 die Bezeichnung »Rassenhygiene« gegeben und damit den Rassenbegriff als eine Grundkategorie der Eugenik eingeführt. Er grenzte die Bestimmung von Rasse unter der Bezeichnung »Vitalrasse« ausdrücklich ab von dem Begriff der »Systemrasse oder Varietät, die lediglich einen engen morphologischen Formenkreis innerhalb einer systematischen Spezies bezeichnet«.[101] Vor dem Hintergrund dieser Definition zielte das Programm einer »Rassenhygiene« auf die Abwehr degenerativer Tendenzen in ganzen Populationen und auf die Hebung des durchschnittlichen generativen Niveaus ganzer Völker, nicht etwa auf die eugenische Förderung eines bestimmten morphologischen Typus, d.h. nicht auf die Erhaltung oder Höherzüchtung einer spezifischen (arischen, weißen etc.) »Rasse«.

Bereits die Ploetzsche Position war jedoch in dieser Frage zwei-

Noth und Elend unter den Menschen bis auf geringe Reste verschwinden können.« Ploetz, *Tüchtigkeit*, 239.

100 Schallmayer, *Vererbung*, X, 94.

101 Ploetz, »Rasse und Gesellschaft«, 114.

deutig. So konnte er es sich nicht versagen, den verschiedenen Rassen immer wieder unterschiedliche »Culturwerte« zuzuordnen, wobei ihm die »Westarier« als »die thatsächlichen Beherrscher fast der ganzen Erde« galten: sie »documentiren sich dadurch so deutlich als die hervorragendste Culturrasse unserer Zeit, dass man darüber keine Worte weiter zu verlieren braucht«. Zum »Beweis« für die Überlegenheit der germanischen Rasse galt ihm der Prozentsatz der Analphabeten in verschiedenen Ländern, der in Schweden bei 0,39 und im Deutschen Reich bei 1,59 liege, in Ungarn hingegen bei 50,8 und in Rumänien gar bei 79,6.[102] Ploetz bediente sich darüber hinaus nahezu beliebiger Kriterien für die Definition der verschiedenen Rassen und wechselte willkürlich zwischen dem hin und her, was er selbst später als »Vital-« bzw. als »Systemrasse« begrifflich voneinander trennen wollte. Einmal charakterisierte er »Franzosen« und »Yankees« als Rassen, dann wiederum hob er die »Germanen« (Skandinavier, Deutsche und Angelsachsen) unter den verschiedenen »arischen Rassen« hervor, wobei er sich in beiden Fällen sozialer Abgrenzungskriterien bediente: im einen Falle der Nationalität, im anderen der Verschiedenheit der Sprachen.[103] Diese Unklarheiten und Widersprüche in der Begriffsdefinition waren keineswegs zufällig; sie waren Ausdruck des Vorurteilscharakters des Rassenbegriffs.

Schallmayers Kritik an der rassentheoretischen Begrifflichkeit und Ploetz' Ambivalenz zwischen wissenschaftlicher Ausgrenzung der Wertkonnotationen des Rassenbegriffs und einer sorgloseren Verwendung sind Indizien für die wissenschaftliche und politische Kontroverse um den Rassenbegriff schon zu jener Zeit. Die engen Beziehungen, die die Rassenhygiene zu den Rassentheorien des ausgehenden 19. Jahrhunderts hatte, zu ihren wissenschaftlichen Vertretern vor allem in der Rassenanthropologie sowie zu politischen Gruppen und Strömungen, haben die politischen und sozialen Wertungen der eugenischen Wissenschaft nachhaltig geprägt und ihren politischen Standort bestimmt.

Das deutlichste Anzeichen dafür sind die vielfältigen Auseinandersetzungen um die Bezeichnung der Disziplin selbst: Ploetz' folgenschwerer Vorschlag wurde von Schallmayer dahingehend

102 Ploetz, *Tüchtigkeit*, 131, 134. 103 Ploetz, *Tüchtigkeit*, 81.

zu korrigieren versucht, daß er auf dem neutraleren Begriff der »Rassehygiene« bestand. Schallmayer hatte sich scharf gegen die am Ende des 19. Jahrhunderts im Zusammenhang mit der Gobineau-Rezeption in Mode gekommene typologische Verwendung des Rassenbegriffs gewandt, die in den folgenden Jahrzehnten immer stärker an Einfluß gewinnen und später dann vor allem für die nationalsozialistische Verwendung des Rassenbegriffs grundlegend werden sollte; mit der von ihm konzipierten »Erblichkeitshygiene« sollte daher nicht eine bestimmte Menschenrasse, sondern eine jeweilige Population – im Sinne von Staatsvolk – vor der Degeneration bewahrt und in einzelnen Eigenschaften vielleicht auch verbessert werden.[104] Er schlug daher auch die Bezeichnung »Nationalbiologie« vor. Die Auseinandersetzungen sollten bis weit in die zwanziger Jahre hinein andauern. Bis dahin konnten sich jedoch die von den Gegnern der völkischen Rassentheorien im Gefolge der Gobineau-Rezeption ausgesprochenen Warnungen vor den möglichen Mißverständnissen nicht einmal auf der Ebene der Disziplinenbezeichnung durchsetzen. Der Grund war, daß die Mehrheit der Rassenhygieniker selbst den Rassentheorien politisch nahestanden, daß die Trennungslinie zwischen wissenschaftlichen und pseudowissenschaftlichen Rassentheorien noch nicht eindeutig gezogen war.
Das politische Engagement der Rassenhygieniker im völkischen Umfeld, dem die Rassentheorien Gobineaus den Orientierungsrahmen verliehen, läßt sich exemplarisch an Ploetz exemplifizieren. 1907 hatte er die Gründung einer Geheimorganisation »Ring der Norda« betrieben.[105] 1910 konstituierte sich unter der Leitung Ploetz' in München ein »Geheimer nordischer Ring«, aus dem später der »Bogenclub München« wurde: Er war eine Vereinigung, »die Erbgesundheit auf sportlicher Basis« pflegen wollte und in die nur ausgesuchte Menschen aufgenommen wurden; Ploetz sah in ihr »einen Keim rassenhygienischer Betätigung« und ein »Sich-Wiederbesinnen auf die weit entlegene schwellende Jugendzeit unseres Stammes, auf altgermanische, ja altindogermanische Zeiten«.[106]

104 Schallmayer, *Vererbung*, 79f.

105 Werner Doeleke, *Alfred Ploetz (1860-1940). Sozialdarwinist und Gesellschaftsbiologe*, Diss. Frankfurt 1975, 18.

106 Brief A. Ploetz an G. Hauptmann vom 24. 12. 1913, in: Staatsbibliothek

Die Germanenschwärmerei war maßgeblich von den Theorien des Joseph Arthur Comte de Gobineau (1816-1882) geprägt, der die bis dahin kursierenden Rassentheorien, wie sie seit Linné zum Gegenstand eines wissenschaftlichen Diskurses geworden waren, in eher literarischer Form zusammenfaßte. Gobineaus These, wonach die Arier die Grundrasse der Weißen sind, und die auf der These der Rassenmischung als Ursache des Niedergangs der Kulturvölker aufbauende Geschichtserklärung verbanden sein Werk mit der Degenerationsdiskussion. In seinem weit ausgefächerten Schema der Rassen und Rassenmischungen kam Gobineau zu dem Ergebnis, daß Kulturvölker wie die Perser, die Griechen und die Römer trotz ihrer ursprünglich arischen Rassengrundlage durch Rassenmischung vor allem mit den Semiten und den Slaven und Finnen dem Untergang preisgegeben waren. Die letzten verbleibenden arischen Rassenkerne sah er in England und in Norddeutschland.[107]

Die wirksamste Rezeption Gobineaus erfolgte in Deutschland, wo seine Ideen auf einen seit der Napoleonischen Besetzung zunehmend auf die Kategorie des Volkes und die Identifizierung der Deutschen mit den Germanen fokussierten Nationalismus trafen. Der Boden für diese rassistische Spielart des Nationalismus war schon lange von Autoren wie Ernst Moritz Arndt (1769-1860) und Friedrich Ludwig (»Turnvater«) Jahn (1798-1852) vorbereitet. Aufgenommen und propagandistisch verbreitet wurde er sodann durch Ludwig Schemann (1852-1938), der zum Kreis Wagners und des Hauses Wahnfried in Bayreuth gehörte. Wagner und Gobineau lernten sich selbst noch kennen und befreundeten sich. Wagner und sein Bayreuther Kreis trugen entscheidend zur Verbreitung der Gobineauschen Schrift und ihrer völkisch-rassistischen Botschaft bei. Schemann leistete Interpretationen, die die Rezeption erleichterten, wie etwa die Identifikation der Deutschen mit den Germanen, die bei Gobineau so eindeutig nicht war. Im Unterschied zu Gobineau gab Schemann seinen Interpretationen auch eine antisemitische Richtung.

Preußischer Kulturbesitz, Nachlaß Gerhart Hauptmann, Blatt 161/162.

107 J. A. Comte de Gobineau, *Essai sur l'inégalité des races humaines*, Paris 1853-55.

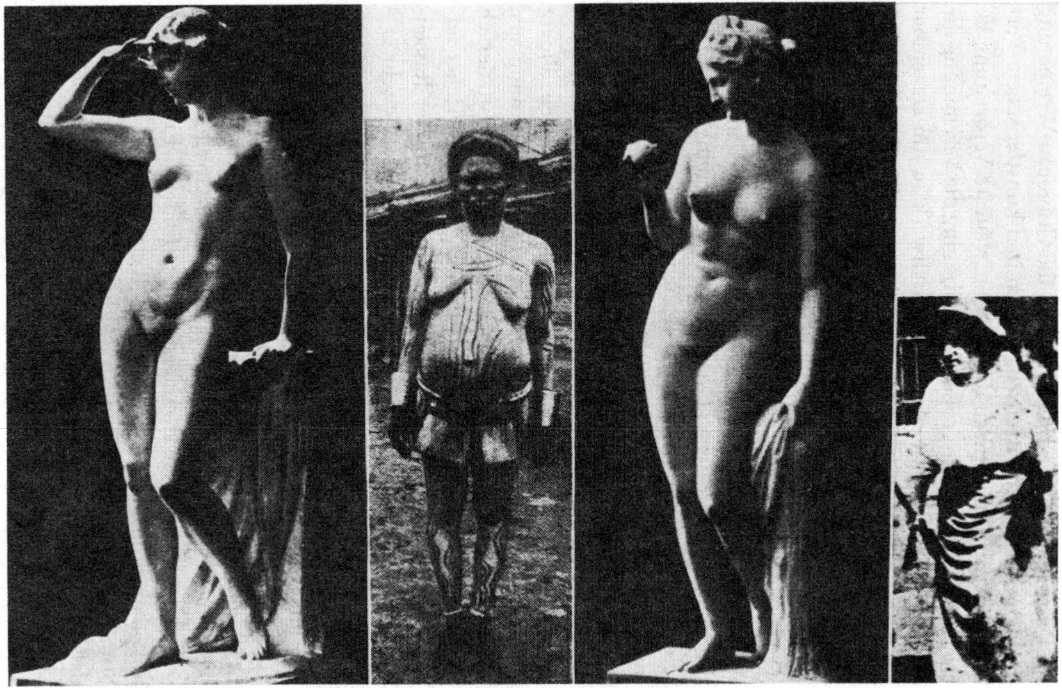

Beweis für die Ungleichheit der menschlichen Rassen. Von links nach rechts: Arierin, Sanganegerin, Arierin, die Jüdin Rosa Luxemburg mit dem zwergartigen Wuchs der jüdischen Urrasse. Darstellung im gleichen Maßstab nach Kopfhöhen.
Aus: Karl Weinländer, Rassenkunde, Rassenpädagogik und Rassenpolitik. Der naturgesetzliche Weg zu Deutschlands Aufstieg. Weißenburg (Orion Verlag) 1933. S. 351.

Im Februar 1894 gründete Schemann die Gobineau-Vereinigung mit dem Ziel, »den wissenschaftlichen und künstlerischen Werken des Grafen Gobineau die denkbar weiteste Verbreitung zu erwirken«.[108] Als erste größere Aufgabe ging die Vereinigung die Veröffentlichung von Gobineaus Rassenwerk an. Im Dezember 1897 gelangte der erste, im Mai 1901 der vierte Band in deutscher Sprache zur Ausgabe. Im Laufe der Jahre kamen von dieser Schrift rund 1000 Exemplare in die Öffentlichkeit, allein 100 davon an den Alldeutschen Verband. Diese Aktivität diente einem der Hauptanliegen der Vereinigung, nämlich »gegenüber allen Anfechtungen und Anzweiflungen den Rassengedanken zu festigen«. Im germanischen Gedanken wurde auch die Brücke gesehen, über die man »herzlichste Beziehungen« zur Gesellschaft für Rassenhygiene, dem Deutschbund und, unter anderem, dem Bund für Heimatschutz herstellte.[109] Zwischen Schemann und den führenden Rassenhygienikern der ersten Stunde bestanden offenbar auch freundschaftlich-kollegiale Beziehungen. Ploetz sprach im Januar 1912 Schemann gegenüber die Hoffnung aus, »dass Sie mit dem Fortgang Ihrer Gobineau-Gesellschaft, der ich reichen Erfolg wünsche, zufrieden sind ...« Eugen Fischer unterrichtete Schemann mehrfach über den Fortgang der Rassenhygiene-Vereine und strich ihm gegenüber heraus, wie sehr er – Fischer – dem Rassestandpunkt nahe sei und die Aktivitäten Schemanns gutheiße: »Die Hauptsache ist mir, dass die Gedanken und vor allem die Folgerungen & Forderungen, die Sie so beredt darstellen, in recht weiten Kreisen Fuss fassen.« Fritz Lenz schließlich versicherte Schemann, er sei erfreut darüber, »dass meine gelegentlichen Äusserungen über Gobineau die Zustimmung des besten Gobineaukenners finden«. Er teilte ihm mit, daß er in seinem Kolleg über Rassenhygiene zwei volle Stunden Gobineaus Rassenlehre widme, und vertrat die Ansicht, daß »die wirklich unbefangenen Forscher fast mit Notwendigkeit zum Ideale Gobineaus kommen müssen«.[110] Ludwig Sche-

108 »Bestimmungen Herbst 1906«, Ludwig Schemann, *Die Gobineau-Sammlung der Kaiserlichen Universitäts- und Landesbibliothek zu Strassburg*, Straßburg 1907, 1.

109 Ludwig Schemann, *Fünfundzwanzig Jahre Gobineau-Vereinigung. 1894 – 12. Februar – 1919*, Straßburg/Berlin 1919, 6, 63, 32.

110 Universitätsbibliothek Freiburg, Nachlaß Ludwig Schemann, Brief A.

mann seinerseits wurde als »Direktor des Gobineau-Archivs« in der Mitgliederliste der Freiburger Rassenhygiene-Ortsgruppe geführt. Offiziell blieb die Nähe der beiden Vereinigungen von seiten der Rassenhygieniker allerdings unerwähnt: Dem Gobineau-Bund wurde im *Archiv für Rassen- und Gesellschafts-Biologie* nie eine Würdigung zuteil.

Die Bedeutung Schemanns bestand wohl weniger in seiner intellektuellen Leistung – er galt als großer Kompilator und Interpret Gobineaus, ohne selbst eine eigene Rassentheorie zu entwickeln – als in seiner organisatorischen Rolle, die ihn mit seiner Gobineau-Gesellschaft eine Schlüsselfunktion in der völkisch-rassistischen Bewegung einnehmen ließ. Seine Verbindung zu den Rassenhygienikern erhält zusätzliche Bedeutung, wenn man sich vergegenwärtigt, daß die Gobineau-Gesellschaft über korporative Mitgliedschaften die meisten größeren Verbände dieser Bewegung vereinigte: neben dem deutschnationalen Handlungsgehilfenverband, dem Deutschen Schulverein und Alldeutschen Verband vor allem den Deutschbund, der 1894 von dem Journalisten Friedrich Lange gegründet worden war, wie ähnliche Organisationen dieses Genres ein nationaler Orden mit hierarchisch-autoritärer Struktur.[111]

Der Deutschbund stand wiederum in Verbindung zum Alldeutschen Verband. Neben personellen Beziehungen war sie inhaltlich dadurch gegeben, daß der frühere Deutschbündler und spätere Verbandsführer der Alldeutschen, Heinrich Claß, die antijüdische und vor allem rassenanthropologische Marschrichtung des Deutschbundes bei den Alldeutschen einführte. In der Bamberger Erklärung vom 31. August 1919 wurde die Forderung nach »planmässige(r) rassische(r) Höherentwicklung des deutschen Volkes durch Auslese und Förderung aller im Sinne guter deutscher Art hervorragend Begabten« erhoben.[112] Claß war nach eigenen Angaben von den Schriften Otto Ammons,

Ploetz vom 18. 1. 1912; Postkarte E. Fischers vom 7. 3. 1922; Briefe F. Lenz vom 19. 11. 1916, 1. 12. 1919 und 15. 12. 1916.

111 Vgl. Uwe Lohalm, *Völkischer Radikalismus. Die Geschichte des Deutschvölkischen Schutz- und Trutz-Bundes 1919-1923*, Hamburg 1970, 341f.

112 Alfred Kruck, *Geschichte des Alldeutschen Verbandes 1890-1939*, Wiesbaden 1954, 130.

Ludwig Wilsers und Ludwig Schemanns beeinflußt.[113] Bis zum Ersten Weltkrieg war der Deutschbund in der Propagierung rassentheoretischer oder -hygienischer Vorstellungen jedoch wesentlich aktiver als der Alldeutsche Verband. Neben Vorschlägen zur Rassenpolitik waren es vor allem rassenhygienische Forderungen, die das Interesse der Rassenhygieniker weckten. Als praktische Maßnahmen rassischer Politik stand die Abwehr von Rassenmischung, die Stärkung des germanischen Rassenbestandteils sowie die Bekämpfung der Vermischung mit Nichtariern im Vordergrund des Deutschbund-Programms. Der Plan sah u.a. die Förderung der Rassenforschung und Veröffentlichung der Ergebnisse sowie die Umsetzung in praktische rassenpolitische Maßnahmen vor. Das *Archiv* druckte den Arbeitsplan vollständig, aber ohne jeden Kommentar ab.

Die genannten Gesellschaften stellen nur einen kleinen Ausschnitt aus der Fülle der sozialdarwinistisch verortbaren Gruppierungen jener Zeit dar; zusätzlich sind der Thule-Bund, die Ostara-Gesellschaft für das Herrentum der Blonden, der Deutsche Orden, der Artamanenbund, der Nordische Bund, der Paul-de-Lagarde-Verein, die Germanische Gesellschaft Edda, der Verein für Menschenzüchtung, der All-Arierbund, der Kampfbund für deutsche Kultur, der Werkbund für deutsche Volks- und Rassenforschung, der Deutsche Bund für rassische Siedlungen, der Germanen-Orden oder der (Reichs-)Hammerbund als die bekanntesten zu nennen.[114]

Die Verbindungen zwischen Rassenhygiene und völkischer Bewegung lassen sich im Detail kaum mehr rekonstruieren. Allzu geradlinige Identifikationen der einen mit der anderen sind kaum belegbar und verdecken nur die interessanteren Unterschiede.[115]

113 Lohalm, *Völkischer Radikalismus*, 36.

114 Vgl. auch Alfred Roth, »Verzeichnis deutschvölkischer Vereine, Bünde und Orden«, Georg Fritz (Hg.), *Deutschvölkisches Jahrbuch 1920*, Weimar 1920, 232-241.

115 Julius Schaxel behauptete schon 1938, das *Archiv* habe bereits 1904 die »Rassenlehre« gepflegt und seine Autoren seien dem Beispiel des Herausgebers der *Politisch-Anthropologischen Revue*, Ludwig Woltmann, gefolgt. Vgl. Julius Schaxel, »Faschistische Verfälschung der Biologie«, Emil Julius Gumbel (Hg.), *Freie Wissenschaft*, Straßburg 1938, 229-245, 236/237. Neuerlich vertreten die These, das *Archiv* sei das »Sprachrohr des Rassengedankens« gewesen: Hans Georg Güse/Norbert

Die Reaktion des *Archivs*, der führenden Zeitschrift der Rassenhygiene, auf die genannten Vereinigungen war unterschiedlich und zumeist reserviert. Hentschels Mittgart-Bund und seine Zuchtgemeinschaftsidee stießen in der sich als wissenschaftliches Organ verstehenden Zeitschrift auf herbe Kritik. Die Deutschbund-Vorstellungen wurden kommentarlos vorgestellt, die Gobineau-Vereinigung oder der Alldeutsche Verband blieben gänzlich unerwähnt. Alle diese Gesellschaften hingen dem wissenschaftlich umstrittenen Systemrassenbegriff an. Die Rassenhygieniker und zumal ihr wissenschaftliches Organ konnten sich (schon) nicht mehr ohne weiteres auf die Seite der populären und politisch eindeutigen Rassentheorien schlagen. Als wissenschaftlich ausdifferenzierter Diskurs standen Rassentheorie und Rassenanthropologie dennoch der populär-literarischen und der politisch-nationalistischen Rassendiskussion in der Folge Gobineaus so nahe, daß persönliche Neigungen und politische Wertungen eine große Rolle spielten. Symptomatisch dafür mag Eugen Fischers Beteuerung gegenüber Schemann sein, er verstehe sich als Vorkämpfer des arisch-germanischen Rassegedankens: »Ich bringe in meinen beiden Vorlesungen den Rassestandpunkt scharf heraus – ich spreche daneben abfällig gelegentlich von Rasseschwärmern, auch Gobineau ist das zum Teil (historisch verständlich) – ich muß gerade der studentischen Jugend gegenüber vorsichtig sein – aber, wie gesagt, ich stehe auf dem Rassestandpunkt ...«[116]

Diese Charakterisierung der persönlichen und organisatorischen Beziehungen der Rassenhygiene zu den völkischen Rassenlehren kann als Spiegelbild der inhaltlichen Beziehungen gesehen werden. Maßgeblich für den nachhaltigen und dauerhaften Einfluß, den die Rassentheorien in der deutschen Rassenhygiene haben sollten und der ihre politisch-ideologische Funktion für das ›Dritte Reich‹ begründete, war der Umstand, daß zwischen wissenschaftlicher Rassenanthropologie und den populären Rassentheorien Gobineaus, Schemanns und Houston Stewart Chamberlains, die in Deutschland der ideologische Bezugsrahmen des Nationalismus und Antisemitismus wurden, keine ausreichen-

Schmacke, *Psychiatrie zwischen bürgerlicher Revolution und Faschismus*, 2 Bde., Bd. 2, Frankfurt/Main 1976, 389.

116 Universitätsarchiv Freiburg, Nachlaß Ludwig Schemann, Brief Eugen Fischers v. 16. 1. 1910.

den Differenzen bestanden, die es vor allem der Wissenschaft erlaubt hätten, sich von den politischen Bewegungen erfolgreich abzugrenzen.

Das ständige Überqueren der Grenze zwischen Wissenschaft und Ideologie, das in Ploetz' Abgrenzungsversuchen der Vitalrasse und seinen willkürlichen Wertungen verschiedener Rassen (und Völker) exemplifiziert wird, war typisch und nicht etwa eine Eigenart, und es sollte noch ein halbes Jahrhundert dauern, bis z. B. der Rassenbegriff wissenschaftlich hinreichend konsensuell gefaßt und das beherrschende Rassenmischungsproblem als Scheinproblem beigelegt werden würde. Zunächst stellten die Bemühungen um eine wissenschaftliche Präzisierung der Rassenkategorisierungen und vor allem der Frage der Folgen der Rassenmischung für das Degenerationsproblem noch den Überschneidungsbereich zwischen Rassenhygiene und Rassenanthropologie dar. Die damit verbundenen sozialen und politischen Wertungen wurden in beide wissenschaftlichen Disziplinen hineingetragen.

Die direkte Verbindung zwischen beiden Wissenschaftsgebieten, die ein Spezifikum der deutschen Rassenhygiene wurde, hatte ihren Ursprung in der 1913 veröffentlichten Studie über *Die Rehoboter Bastards*, ein Mischlingsvolk aus Buren und Hottentotten in Deutsch-Südwestafrika, mit der der Freiburger Anthropologe Eugen Fischer seinen Ruf als führender Vertreter der wissenschaftlich fundierten Rassenanthropologie begründete. Im Vorwort dieses Buches wies Fischer zunächst auf die Fülle von Fragen im Hinblick auf die Mischung verschiedener Menschenrassen hin, die bislang unbeantwortet seien. Die Anthropologie sei zwar bei der Bildung reiner »Typen« und der Bestimmung ihrer Mittelwerte und Variationsbreiten gut vorangekommen, detaillierte Untersuchungen über die Konstanz und Veränderlichkeit einzelner Rassenmerkmale, ihren Wert und ihre Bedeutung lägen aber kaum vor. Es gelang Fischer, für eine Reihe von Merkmalen – insbesondere für Haarform und -farbe, Augen- und Hautfarbe, sowie für einige weitere metrische Merkmale – den erstmaligen Nachweis ihrer Vererbung nach Mendelschen Regeln zu führen.[117] Da er bei keinem Merkmal

117 Eugen Fischer, *Die Rehobother Bastards und das Bastardisierungsproblem beim Menschen. Anthropologische und ethnographische Studien*

Anhaltspunkte für die Bildung nichtspaltender Mischlinge – »intermediäre Vererbung« – gefunden hatte, glaubte er den erstmals durch empirische Untersuchungen gesicherten Schluß vertreten zu können, »daß menschliche Rassen sich nach Mendelschen Regeln kreuzen, genau wie zahllose Pflanzen- und Tierrassen«.[118] Ein weiteres Ergebnis der Studie war der Nachweis, daß es eine »präpotente« Vererbung, d.h. einen größeren Einfluß einer der beiden Stammrassen nicht gab und daß das Ergebnis einer solchen Kreuzung nicht eine neue Rasse, sondern eine nach Mendelschen Regeln kombinierte Mischbevölkerung darstellt.

Es ging Fischer jedoch nicht allein um den Nachweis Mendelscher Erbgänge bei menschlichen Rassenmerkmalen, sein Hauptinteresse galt dem Problem der Rassenmischung, und diese Frage wiederum beschäftigte die Eugeniker, unter denen die Auffassungen über die Gefahren der Rassenmischung allerdings auseinandergingen. Schallmayer hatte 1891 die »Begünstigung der Rassenmischung durch die moderne Verkehrserleichterung« noch zu den wenigen günstigen Auswirkungen der modernen Kultur auf die menschliche Zuchtwahl gerechnet, und auch Ploetz hatte die Rassenmischung positiv beurteilt.[119] Anders hingegen Fischer. Nach seinen Beobachtungen waren die »Bastards« wirtschaftlich, intellektuell und in jeder anderen Hinsicht um so leistungsfähiger, je größer ihr europäisch-weißer Anteil war, woraus er schloß, daß die farbigen Völker »kulturell, nach geistiger Leistungsfähigkeit gegen die reinen Weißen minderwertig« seien. Immerhin, so konzedierte Fischer, boten die »Bastards« ein »nicht unerfreuliches« Bild, da sie aufgrund ihres weißen Erbteils der farbigen Stammrasse »meistens überlegen« seien; doch »selbständige Weiterbildung der ihnen überkommenen Kultur wird den Bastards versagt sein, sie brauchen dauernde weiße Führung«.[120]

Vor diesem Hintergrund behauptete Fischer in der Schlußpassage des Buches die grundsätzliche Schädlichkeit von Rassenmischungen, ungeachtet dessen, daß er in dem vorhergehenden Text keinerlei empirischen Beleg für diese These beizubringen ver-

am Rehobother Bastardvolk in Deutsch-Südwestafrika, Jena 1913, repr. Graz 1961, 142ff.

118 Fischer, *Die Rehobother Bastards*, 171.

119 Schallmayer, *Entartung*, 22. Ploetz, *Tüchtigkeit*, 142.

120 Fischer, *Die Rehobother Bastards*, 299, 298.

mocht hatte. In der rassistischen Literatur der kommenden Jahrzehnte wurde dann immer wieder auf Fischers Studie als einer autoritativen Quelle Bezug genommen, in der die Schädlichkeit von Rassenmischungen »nachgewiesen« worden sei. Die These der Schädlichkeit von Rassenmischung galt fortan als ein Grunddogma der Rassenhygiene. Nach Fritz Lenz beispielsweise führte »die Rassenkreuzung offenbar (!) häufig zu disharmonischen (?) Kombinationen«.[121] Ausgehend von der These, daß jede Rasse an eine bestimmte Umwelt angepaßt sei, behauptet er an anderer Stelle, bei der Vermischung von Rassen und Umwelten entstünden »viele Kombinationen von Erbeinheiten, die minder erhaltungsgemäß sind«; Rassenkreuzung sei daher »im ganzen überwiegend ungünstig«, und für das deutsche Volk im besonderen sei »eine weitere Rassenmischung auf keinen Fall erwünscht«.[122]

In Abgrenzung von all diesen Versuchen zu einer Verwissenschaftlichung und Empirisierung der Rassenidee hatte Fritz Lenz eine vollkommen andere Linie der Argumentation verfolgt. Er verzichtete von vornherein sowohl auf das Vorhaben einer exakten biologischen Abgrenzbarkeit der Rassen gegeneinander und verwarf darüber hinaus auch die Idee einer wissenschaftlichen Rassendefinition. Lenz ging davon aus, daß die üblichen morphologischen Unterscheidungsmerkmale – Körper- und Schädelgröße, Hautfarbe, Blutzusammensetzung – für die Bildung des Rassenbegriffs nicht hinreichen: »Wenn es nur körperliche Rassenunterschiede gäbe, so wäre ja die ganze Rassenfrage ohne besondere Bedeutung.«[123] Entscheidend seien vielmehr die geistig-seelischen Rassenmerkmale. Noch in der vierten Auflage des Standardwerkes, des sogenannten Baur-Fischer-Lenz, verwies Lenz auf die Tatsache, daß »das Seelische nicht mit dem Zirkel meßbar« sei, daß für die Erfassung der geistigen Rassenunterschiede vielmehr ein gewisser Sinn für das Typische

121 Fritz Lenz, »Rassen-Hygiene«, *Studentische Monatshefte vom Oberrhein*, 1911, H. 8: 3-8, 4.

122 Fritz Lenz, »Die Bedeutung der Rassenhygiene für das deutsche Volk«, Walther Jaensch (Hg.), *Konstitutions- und Erbbiologie in der Praxis der Medizin*, Leipzig 1934, 52-64, 59f.

123 Erwin Baur/Eugen Fischer/Fritz Lenz, *Grundriß der menschlichen Erblichkeitslehre und Rassenhygiene*, Bd. 1: *Menschliche Erblichkeitslehre*, 1. Aufl., München 1921, 268-298, 286.

notwendig sei. Die wissenschaftliche Begründung rassischer Differenzen bleibe daher »immer bis zu einem gewissen Grade willkürlich«.[124] Diese Position war nicht neu. Chamberlain hatte z. B. geschrieben: »Was sollen uns die weitläufigen wissenschaftlichen Untersuchungen, ob es unterschiedliche Rassen gebe? ob Rasse einen Wert habe? wie das möglich sei und so weiter? Wir kehren den Spiess um und sagen: dass es welche gibt ist evident; dass die Qualität der Rasse entscheidende Wichtigkeit besitzt, ist eine Tatsache der unmittelbaren Erfahrung; Euch kommt nur zu, das Wie und das Warum zu erforschen, nicht Eurer Unwissenheit zuliebe die Tatsachen selbst abzuleugnen.«[125] Lenz griff diese Position erstmals 1917 auf, als er die Erhaltung und Verbesserung der Rasse zum obersten Ideal verklärte, für dessen Geltung es aber keinen objektiven Beweis gäbe.[126] Die Entscheidung für die »Rasse als Wertprinzip« war für ihn daher unabhängig von allen Bestrebungen einer wissenschaftlichen Deutung des Rassengedankens, wie sie etwa im Rahmen der Anthropologie unternommen wurden. Der irrationale Charakter des Rassenkonzepts wird hier ebenso unübersehbar wie seine beliebige Verfügbarkeit in der Grauzone zwischen Wissenschaft und Ideologie.

3. Eugenik als Politik

Unter theoretischen Gesichtspunkten war die Eugenik zunächst die im Zusammenhang mit der breiten Darwin-Rezeption des 19. Jahrhunderts naheliegende Anwendung des Selektionsgedankens auf die Erklärung des Degenerationsproblems und dessen »Lösung« durch die Übertragung des Prinzips der künstlichen Zuchtwahl auf die menschliche Gesellschaft. Als eine wissenschaftliche Bewegung setzte sich die Eugenik vor allem für

124 Erwin Baur/Eugen Fischer/Fritz Lenz, *Grundriß der menschlichen Erblichkeitslehre und Rassenhygiene*, Bd. 1: *Menschliche Erblehre*, 4. Aufl., München 1936, 713, 714.

125 Houston Steward Chamberlain, *Die Grundlagen des neunzehnten Jahrhunderts*. Jubiläums-Ausgabe der 25. Aufl., München 1940, 320-322.

126 Fritz Lenz, »Zur Erneuerung der Ethik«, *Deutschlands Erneuerung«*, 1917, *1*: 35-56.

die Förderung der Biologie des Menschen ein, und viele ihrer führenden Vertreter waren aktive Wissenschaftler in den entsprechenden Disziplinen. Dabei ging es insbesondere um die Erarbeitung eines effektiven Forschungsprogramms auf dem Gebiet der Erbbiologie des Menschen und um die Grundlegung einer darwinistisch inspirierten Sozialbiologie als Weiterentwicklung des zeitgenössischen gesellschaftstheoretischen Biologismus. Die Eugeniker begnügten sich jedoch nicht mit diesem wissenschaftlichen Programm. Ihr Anspruch zielte darüber hinaus auf die Entwicklung einer angewandten Wissenschaft zur praktischen Lösung des Degenerationsproblems und fügte sich damit in die Tradition der medizinisch-hygienischen Reformbestrebungen des 19. Jahrhunderts ein. Schließlich radikalisierte die Eugenik diese gesundheitspolitischen Ansätze zu einem Programm mehr oder weniger weitreichender Reformen der politischen Institutionen und sozialen Strukturen und verbündete sich mit gleichgerichteten außerwissenschaftlichen Kräften. In diesem Sinn war die Eugenik nicht nur eine wissenschaftliche, sondern auch eine soziale Bewegung.

Die politische Stoßrichtung und der soziale Inhalt dieser Bewegung waren durchaus nicht von vornherein festgelegt. Der darwinistische Hintergrund mit der Betonung des Selektionsprinzips gab zwar den theoretischen Rahmen ab, innerhalb dessen sich das eugenische Denken bewegte; doch dieser Rahmen konnte mit sehr unterschiedlichen, ja gegensätzlichen ideologischen Inhalten gefüllt werden. Vor dem Hintergrund der rassenhygienischen Praxis des Nazi-Regimes erscheint die Geschichte der deutschen Eugenik leicht als eine geradlinige Entwicklung, deren brutales Ende angeblich bereits in den frühesten Konzepten von Schallmayer oder Ploetz unausweichlich vorgezeichnet war. Eine solche Sichtweise ist zumindest einseitig; sie zeichnet ein allzu »stromlinienförmiges« Bild des historischen Prozesses, der keineswegs widerspruchsfrei verlief, sondern vielmehr von politischen Auseinandersetzungen innerhalb und außerhalb der eugenischen Bewegung und von Debatten um ideologische Deutungen und die Bewertung möglicher Konsequenzen der gemeinsamen theoretischen Überzeugungen geprägt war.

Die Eugenik war von Beginn an sowohl in theoretisch-wissenschaftlicher als auch in politisch-sozialer Hinsicht widersprüchlich. Eugeniker konnte man aus unterschiedlichen Gründen und Motiven sein. Eugenische Gedanken lassen sich infolgedessen in den verschiedensten politischen Lagern nachweisen. Das Spektrum der Positionen reicht von »ariomanischen« Rassisten, die die nordische Rasse bedroht sahen, über medizinische Technokraten, die mit Hilfe des neuen Typus von sozialer Hygiene die Kosten des Gesundheitswesens senken und die Nation stärken wollten, bis hin zu evolutionären Idealisten, die von einer biologischen Höherentwicklung des Menschen träumten.[127] Bis in die neuere historische Literatur hinein wird die Eugenik vielfach umstandslos mit dem Sozialdarwinismus identifiziert und als eindeutig reaktionäre oder imperialistische Ideologie eingeordnet. Dabei wird aber nicht nur übersehen, daß es eine Rezeption eugenischer Ideen auch im liberalen Lager sowie auf der politischen Linken gab, sondern auch, daß zumindest ein Teil der führenden Eugeniker, darunter vor allem Wilhelm Schallmayer, Alfred Ploetz und Alfred Grotjahn, mit sozialistischen Ideen sympathisierte.[128]

Dies kommt zunächst in der zum Teil recht scharfen Kritik zum Ausdruck, die diese Autoren in ihren verschiedenen Schriften an der bestehenden kapitalistischen Gesellschaftsordnung übten. Es waren vor allem die ruinösen Folgen der industriellen Arbeits- und großstädtischen Lebensbedingungen für die Gesundheit der proletarischen Klassen, gegen die sich diese Kritik wandte. In nahezu allen eugenischen Schriften fanden sich Anklagen gegen die zeitgenössischen ökonomischen Verhältnisse mit ihren schlimmen Auswirkungen auf den generativen Prozeß; und nicht selten liebäugelten die Autoren mehr oder minder offen mit sozialistischem Gedankengut. Schallmayer hielt die in der kapitalistischen Ära vom Privatbesitz ausgehenden ›Störun-

127 Ernst Mayr, Brief vom 1. Januar 1987.

128 So beispielsweise in dem Beitrag von P. Schneck, »Die Entwicklung der Eugenik als soziale Bewegung in der Epoche des Imperialismus«, *Eugenik. Entstehung und gesellschaftliche Bedingtheit*, Autorenkollektiv unter der Leitung von Hans-Martin Dietl, Jena 1984 (Medizin und Gesellschaft 22), 24-58.

gen der menschlichen Zuchtwahl‹ für besonders nachteilig und glaubte, daß bei einer Verstaatlichung des Kapitals – »die kühne socialistische Idee« – für Eheschließungen das Zuchtwahlprinzip wenn nicht unbeschränkt, so doch besser zur Geltung käme.[129] Später nahm Schallmayer die Sozialisten vor zahlreichen bürgerlichen Standardvorwürfen in Schutz – etwa vor der von Herbert Spencer formulierten Prognose, die Realisierung des sozialistischen Zukunftsstaates müsse unweigerlich zur Verschlechterung der Rasse führen – und bescheinigte ihnen, sich »durch ihre Kritik der bisherigen Wirtschaftsordnung unbestreitbare Verdienste erworben« zu haben.[130]

Ähnlich kritische Einschätzungen des zeitgenössischen Kapitalismus finden sich auch bei Alfred Ploetz, der sich nicht scheute, sich auf die Schriften von Karl Marx und Friedrich Engels zu berufen und sich gleichzeitig von Sozialdarwinisten wie Otto Ammon zu distanzieren. Es könne überhaupt keine Rede davon sein, widersprach er Ammon, daß von Armut und Krankheit ausschließlich die ohnehin »minderwertigen« Individuen betroffen seien; ein sehr beträchtlicher Teil der Armut sei vielmehr die Folge »nonselectorischer Einwirkungen wie Krisen und andere Erscheinungen des capitalistischen Systems ... Das heutige capitalistische System ist also durchaus nicht mit den reinen rassenhygienischen Forderungen in Übereinstimmung, wie uns so manche Darwinianer glauben machen wollen.«[131] Noch in den zwanziger Jahren folgten Rassenhygieniker wie Fritz Lenz dieser Linie der Kritik an der bestehenden Gesellschaft.[132]

Die überraschenden Parallelen zwischen der eugenischen Anklage gegen den zeitgenössischen Kapitalismus und der sozialistischen Gesellschaftskritik scheinen ergänzt und bestätigt zu werden durch die von Ploetz und auch von Schallmayer vertretene Überzeugung von der Notwendigkeit des Übergangs zu einer sozialistischen Ordnung. Schallmayer gab in seiner frühen Broschüre ein zwar inhaltlich vages, durch seine Plazierung am

129 Wilhelm Schallmayer, *Entartung*, 18.

130 Wilhelm Schallmayer, *Vererbung und Auslese*, 325, 375.

131 Alfred Ploetz, *Tüchtigkeit*, 181, 183.

132 »Der Individualkapitalismus richtet die Rassentüchtigkeit zugrunde. Das ist das stärkste Argument gegen ihn, obwohl es unter den Anklagen der Sozialisten zu fehlen pflegt.« Baur/Fischer/Lenz, *Grundriß* (1921), Bd. 2, 165 f.

Schluß dafür aber um so deutlicheres Bekenntnis zu der philanthropisch-sozialistischen Zukunftsvision des amerikanischen Romanautors Edward Bellamy ab: »In dem von Bellamy so schön geträumten Zukunftsstaat ist die Wirksamkeit der natürlichen Zuchtwahl unbeschränkt. Wie viel und was von diesem herrlichen Traume in Erfüllung gehen wird, wer weiss es?«[133] Sein Buch von 1903 enthielt eine relativ ausführliche Stellungnahme zum Sozialismus und zu dessen Vorstellungen über eine Neuordnung der Gesellschaft. Trotz mancher Vorbehalte erachtete Schallmayer Eugenik und Sozialismus für nicht prinzipiell unvereinbar. Er sah in Sozialismus und Demokratie Bewegungen, deren Einfluß auf die Wirtschaftsordnung für die absehbare Zeit unaufhaltsam seien.[134]

In ähnlicher Weise, wenn auch wesentlich bestimmter, hatte sich zuvor Alfred Ploetz geäußert. Er ließ keinen Zweifel daran, daß die Auseinandersetzung mit dem Sozialismus eine Schlüsselrolle für die Entstehung und Ausprägung seiner eugenischen Ideen spielte. Bereits im Untertitel seines Buches wird dies deutlich: »Ein Versuch über Rassenhygiene und ihr Verhältnis zu den humanen Idealen, besonders zum Socialismus«. Für Ploetz stand fest, daß »der Capitalismus ... die unzweifelhafte Tendenz hat, auf der Höhe seiner Entwickelung in mehr socialistische Productionsweisen überzugehen« – eine Diagnose, die er durch einen Verweis auf Marx' *Kapital* und Engels' *Anti-Dühring* zu erhärten suchte.[135]

Vor dem Hintergrund solcher Äußerungen kann es nicht mehr verwundern, daß Schallmayer und Ploetz in der Folgezeit vielfach als Sympathisanten des Sozialismus galten und daß beispielsweise auch Alfred Grotjahn seine Aufforderung an die Arbeiterbewegung, die Tatsachen der Bevölkerungsstatistik und die Erfahrungen der Eugenik unbefangen zur Kenntnis zu nehmen, mit der Bemerkung ergänzte: »Erleichtern dürfte dieses die Erinnerung daran, daß die Bahnbrecher der Eugenik in Deutschland, Schallmayer und Ploetz, ihren Ausgangspunkt von der sozialistischen Gedankenwelt genommen haben, zu der sich auch der Verfasser dieses Buches bekennt. Eine an der wissenschaftlichen Eugenik orientierte sozialistische Bevölkerungspolitik

133 Schallmayer, *Entartung*, 35.
134 Schallmayer, *Vererbung*, 325, 375.
135 Ploetz, *Tüchtigkeit*, 195.

könnte auch wesentlich dazu beitragen, den deutschen Sozialismus ganz allgemein mit jenem starken nationalen Verantwortungsgefühl zu sättigen, das die führenden Mehrheitssozialisten bei Kriegsbeginn, beim Zusammenbruch und namentlich in den Nachkriegsjahren geleitet und ihnen die Erhaltung des Reiches ermöglicht hat.«[136] Der Verweis auf das nationale Verantwortungsgefühl der Mehrheitssozialisten signalisierte, daß der Begriff »Sozialismus« bei Grotjahn auf eine bestimmte Strömung innerhalb der Arbeiterbewegung gemünzt war, und es wird noch zu zeigen sein, daß er auch in dieser eingeschränkten Bedeutung nicht umstandslos auf die Ansichten von Ploetz und Schallmayer angewandt werden kann. Dennoch ist bemerkenswert, daß die ideologischen Frontlinien zwischen Sozialismus und Eugenik – zumindest im Selbstverständnis der historischen Akteure – ursprünglich keineswegs so eindeutig verliefen, wie dies später erschien. Vielleicht wollte man sich in beiden Lagern für die Assimilation von Elementen der anderen Seite offenhalten. Gegenseitige Kritik war dadurch nicht ausgeschlossen, und auf beiden Seiten war eine Übernahme von Elementen der jeweils anderen meist mit deren Modifikation und Anpassung an die eigene Lehre verbunden. Immerhin aber fand ein Transfer von Ideen statt, der sich auch an der Rezeption eugenischer Ideen in der sozialistischen Arbeiterbewegung aufzeigen läßt.

Sozialistische Eugenik

Der zentrale Anknüpfungspunkt zwischen Eugenik und Sozialismus war das Degenerationsproblem. Daß die europäischen Gesellschaften des späten 19. Jahrhunderts von einem mächtigen Niedergangsprozeß ergriffen seien, war nicht nur die Überzeugung konservativer Kulturkritiker und dekadenter Künstler, sondern wurde auch von der politischen Linken vertreten. Hier wurden die Niedergangstendenzen allerdings spezifischer interpretiert: als Ausdruck und Folge der bestehenden kapitalistischen Produktions- und Eigentumsverhältnisse. Karl Marx hatte sich bereits im Zusammenhang mit der rücksichtslosen Ausbeutung der Arbeiter »die Aussicht auf zukünftige Verfaulung der

136 Alfred Grotjahn, *Hygiene der menschlichen Fortpflanzung*, 291.

Menschheit« eröffnet. Im *Kapital* wies er eindringlich darauf hin, wie rasch und tief die kapitalistische Produktion die »Volkskraft an der Lebenswurzel« ergriffen habe und die »Degeneration der industriellen Bevölkerung nur durch beständige Absorption naturwüchsiger Lebenselemente vom Lande verlangsamt« werde.[137]

In der wohl ersten Stellungnahme zur Eugenik von sozialistischer Seite, die Karl Kautsky 1892 in Form einer Besprechung der Broschüre Schallmayers gab, ging er von der körperlichen Entartung der Kulturmenschheit als einer wohlbekannten Tatsache aus, die »früher schon von den verschiedensten Seiten, nicht blos von den Sozialisten aufgeführt worden« sei und die Schallmayer in seiner Schrift bekräftigt und um eine weitere, bisher unbeachtet gebliebene Ursache (Medizin und Hygiene) bereichert habe. Schallmayer wurde als ein »Mann der Wissenschaft« vorgestellt, der sich ein Urteil über die sozialen Probleme gebildet habe und dem Sozialismus sehr sympathisch gegenüberstehe.[138]

Blieb diese Stellungnahme Kautskys zunächst noch vereinzelt, so nahm nach der Jahrhundertwende auch in der Sozialdemokratie die Auseinandersetzung mit Eugenik und Rassenhygiene an Bedeutung zu. Im Jahre 1906 erschienen Bemerkungen über Rassenhygiene und Sozialismus von Oda Olberg, die sich wiederum vornehmlich auf Schallmayer bezogen.[139] Drei Jahre später veröffentlichte Eduard David, einer der führenden Köpfe des sozialdemokratischen Revisionismus, einen Aufsatz, in dem Schallmayer das Verdienst bescheinigt wurde, auf die Störungen der natürlichen Auslese und auf die »Verkümmerung des organischen Bestands des Volkskörpers« hingewiesen zu haben.[140]

137 Karl Marx, *Das Kapital*, Bd. 1, 285.

138 Karl Kautsky, »Medizinisches«, *Die neue Zeit*, 1892, *10,1*: 644-651, 644f.

139 Oda Olberg, »Bemerkungen über Rassenhygiene und Sozialismus«, *Die neue Zeit*, 1906, *24,2*: 725-733. Nachdem Schallmayer auf die kritischen Bemerkungen Olbergs geantwortet hatte (Wilhelm Schallmayer, »Rassenhygiene und Sozialismus«, *Die Neue Zeit*, 1907, *25,1*: 731-740), publizierte sie im selben Jahrgang (*Die Neue Zeit*, 1907, *25,1*: 882-887) eine Replik unter dem Titel »Rassenhygiene und Sozialismus«.

140 Eduard David, »Darwinismus und soziale Entwicklung«, Max Apel (Hg.), *Darwin. Seine Bedeutung im Ringen um Weltanschauung und*

1910 bekräftigte Kautsky, der als »orthodoxer« Marxist dem anderen Flügel der Sozialdemokratie angehörte, seine Auffassung, daß die körperliche Entartung der Menschheit in der heutigen Gesellschaft »rasche und beängstigende Fortschritte« mache. Die Naturwissenschaft, so fügte Kautsky dann aber beruhigend hinzu, habe diese Gefahr erkannt und stelle das Mittel bereit, »das sie innerhalb der menschlichen Gesellschaft allein bannen kann: die Ersetzung der natürlichen Zuchtwahl, die der Kampf ums Dasein bewirkt, durch eine künstliche Zuchtwahl in der Weise, daß alle kränklichen Individuen, die kranke Kinder zeugen können, auf die Fortpflanzung verzichten, was bei dem heutigen Stande der medizinischen Technik, wie wir schon wissen, nicht mehr den Verzicht auf die Ehe in sich zu schließen braucht.«[141] Das Vertrauen auf die in der Wissenschaft verkörperte Rationalität war auf seiten der Sozialisten ebenso ausgeprägt wie unter den Eugenikern.

Trotz der Gemeinsamkeiten im Grundsatz rückten die sozialistischen Autoren in einzelnen Punkten allerdings auch von der bürgerlichen Eugenik ab. Zum einen stellten sie die spezifisch gesellschaftlichen Ursachen der Degeneration stärker in den Vordergrund, als selbst noch Schallmayer dies tat. Eduard David nahm eine – politisch bedeutsame – Akzentverschiebung vor, indem er vor allem die Ungleichheit der Vermögensverhältnisse für die »Durchkreuzung der natürlichen Auslese in der heutigen Gesellschaft« verantwortlich machte und darauf hinwies, daß gerade die »antisozialen Begabungen im wirtschaftlichen Kampf ums Dasein, der auf das Prinzip der kapitalistischen Konkurrenz gestellt ist, sich als nützliche Eigenschaften bewähren und darum immer mehr gezüchtet werden«.[142] Desgleichen hatte auch Oda Olberg den kapitalistischen Hintergrund der Degeneration hervorgehoben. Der Verelendungsprozeß habe jeglichen positiven Selektionswert verloren, weil die individuelle Widerstandskraft so stark herabgesetzt sei und schon geringe Schädlichkeiten überwältigend und zermalmend wirkten.[143]

Lebenswert (Moderne Philosophie 4), Berlin-Schöneberg 1909, 45-65, 48, 52, 61.

141 Karl Kautsky, *Vermehrung und Entwicklung in Natur und Gesellschaft*, Stuttgart 1910, 264, 266.

142 David, »Darwinismus«, 50, 52.

143 Olberg, »Bemerkungen«, 730.

Auch im Hinblick auf die Strategie der Bekämpfung der Degeneration unterschieden sich die Vorstellungen der Sozialisten von denen der Eugeniker insbesondere im Hinblick auf die eugenischen Maßnahmen, da deren Adressaten unweigerlich ein großer Teil der Arbeiterschaft waren. Die sozialistischen Autoren betonten daher die Bedeutung sozialer Verbesserungen der Arbeits- und Lebensbedingungen stärker als die Eugeniker. Für Eduard David etwa waren Körperkultur, öffentliche Gesundheitspflege und sonstige sozialpolitische Maßnahmen wichtiger als die eugenisch-biologischen Maßnahmen wie z. B. Heiratsverbote gegen die Degeneration.[144] Diese Linie der Argumentation hatte sich schon in der ausführlichen Besprechung der Schallmayerschen Broschüre angedeutet, in der Karl Kautsky 1892 Einwände gegen die Idee eines Ausschlusses »untauglicher« Individuen von der Fortpflanzung erhob. »Der Plan (Schallmayers; d. V.) sieht sehr rationell aus, wenn man die einzelnen Fälle in Betracht zieht; aber wohin gelangen wir, wenn wir die Entartung als Massenerscheinung betrachten? Dann heißt der Vorschlag nichts anderes, als die Bevölkerung ganzer Stadtviertel, ganzer Fabriksdistrikte, ja unter Umständen ganzer Provinzen, mit wenigen Ausnahmen zum Zölibat verurtheilen ...«[145] Damit hatte Kautsky einen problematischen Aspekt des eugenischen Programms identifiziert; denn ein Ausschluß derart großer Teile der Bevölkerung von der Reproduktion war kaum durch einen freiwilligen Verzicht zu erreichen. In einer späteren Stellungnahme machte Kautsky dies zu einem zentralen Punkt seiner Kritik an Schallmayer, indem er sich gegen alle Vorschläge zur Einführung von Zwangsmaßnahmen und gegen Pläne für eine staatliche Regulierung der Fortpflanzung wandte. Unter kapitalistischen Verhältnissen müsse das Projekt einer künstlichen Zuchtwahl unweigerlich scheitern; erst in einer sozialistischen Gesellschaft könnten alle Hindernisse beseitigt werden, die der Rassenhygiene heute noch sowohl unter den Angehörigen der besitzenden wie der unteren Klassen entgegenstünden. Dann aber könne eine »Sozialeugenik« etabliert werden, die keines Zwanges, keiner staatlichen Bevormundung bedürfe. Die öffentliche Meinung und das Gewissen der Eltern würden vor der

144 David, »Darwinismus«, 61.
145 Kautsky, »Medizinisches«, 645 f.

Eheschließung das Einholen sachkundigen Rats darüber gebieten, ob die Fortpflanzung ratsam sei. Die Zeugung eines kranken Kindes werde dann mit ähnlichen Augen betrachtet werden wie etwa derzeit noch die eines unehelichen Kindes.[146]
Einen prinzipiellen Gegensatz zwischen den Forderungen der Eugenik/Rassenhygiene und ihren eigenen Zielen vermochten die sozialistischen Autoren jedoch nicht zu erkennen. Im Gegenteil. Olberg ging so weit zu schreiben: »Glaubte ich, daß das Ideal der Sozialeugenik, das Streben nach einer in Tüchtigkeit, Gleichmaß und Lebensfreude entfalteten und sich fortzeugenden Menschheit nicht im Sozialismus eingeschlossen läge, so wäre ich nicht Sozialist... Nicht weil ich ›orthodoxer Parteisozialist‹ bin, glaube ich, daß die Forderungen der Rassenhygiene in der sozialistischen Bewegung ihren wirksamsten Bahnbrecher haben, sondern ich bin Sozialist, weil ich das glaube.«[147] Soweit an der eugenischen Programmatik überhaupt Kritik geübt wurde, galt diese dem bürgerlichen politischen Hintergrund ihrer führenden Vertreter, nicht aber der Sache selbst. Noch 1928 veröffentlichte Max Levien in der in Moskau erscheinenden Zeitschrift *Unter dem Banner des Marxismus* einen Beitrag, in dem er die Eugenik als eine bürgerlich geprägte Wissenschaft charakterisierte, die erst in der sozialistischen Gesellschaft ihre volle Wirksamkeit entfalten könne. Innerhalb des Kapitalismus werde sie von der Arbeiterklasse als ein Instrument zur Aufrechterhaltung von Klassenprivilegien und zur Verteidigung nationaler Unterdrückung verworfen. In der sozialistischen Gesellschaft aber werde die Rassenhygiene zu »einer auf dem Boden der Fortschritte der Wissenschaft sich entwickelnden Menschheitshygiene«.[148] Wenn Levien von einer sozialistischen Eugenik die »Entwicklung höherer Menschenschläge« erwartete, so knüpfte

146 Kautsky, *Vermehrung*, 266.

147 Olberg, »Rassenhygiene und Sozialismus«, 883. –Diese Überzeugung setzte voraus, daß der von den Eugenikern behauptete Widerspruch zwischen Natur und Kultur, biologischer Konstitution und Gesellschaft kein prinzipieller Antagonismus war, sondern das Resultat gesellschaftlicher Interessengegensätze. Genau das betonte Olberg ausdrücklich. Olberg, »Bemerkungen«, 727.

148 Max Levien, »Stimmen aus dem teutschen Urwalde. (Zwei neue Apostel des Rassenhasses)«, *Unter dem Banner des Marxismus*, 1928, 4: 150-195, 162.

er damit an die bereits von Kautsky geäußerte Prophezeiung an, daß der Sozialismus den Menschen nicht nur materielles Wohlleben und Muße bringen werde, sondern auch Gesundheit und Kraft: »Ein neues Geschlecht wird entstehen, stark und schön und lebensfreudig, wie die Helden der griechischen Heroenzeit, wie die germanischen Recken der Völkerwanderung, die wir uns als ähnliche Kraftnaturen vorstellen dürfen, wie etwa heute noch die Bewohner Montenegros.«[149]

Auch die sozialistische Bewegung konnte sich der Suggestivität von zumindest zwei Annahmen der Eugenik nicht entziehen. Mit ihrer Erwartung künftiger sozialistischer »Kraftnaturen« befand sie sich im Sog eines evolutionistischen Optimismus, der den Fortschritt der Menschheit nicht auf ihre sozialen Verhältnisse beschränkt sah, sondern auch für ihre biologische Natur erwartete. Außerdem unterlag sie der Autorität der Naturwissenschaften, indem sie – trotz gelegentlicher Kritik an den bürgerlichen Vorurteilen der Naturwissenschaftler – diese als eine objektive Basis normativer Verhaltensorientierungen akzeptierte.[150] Während der linke Flügel der eugenischen Bewegung in der Sowjetunion und in den angelsächsischen Ländern relativ großen Einfluß gewinnen konnte, blieb er in Deutschland nahezu bedeutungslos.[151] Ihm fehlten bedeutende Repräsentanten, die über eine ähnliche wissenschaftliche Reputation verfügten wie Herman Muller in den USA, J. B. S. Haldane in England oder A. S. Serebrovskij in der Sowjetunion; darüber hinaus war das generelle politische Klima in Deutschland von Beginn an günstiger für die antisozialistischen und antidemokratischen Va-

149 Kautsky, *Vermehrung*, 267.

150 Zur Rezeption der Naturwissenschaften in der deutschen Arbeiterbewegung generell, insbesondere zur Akzeptanz der »Autorität der Naturwissenschaften« vgl. Kurt Bayertz, »Naturwissenschaft und Sozialismus: Tendenzen der Naturwissenschaftsrezeption in der deutschen Arbeiterbewegung des 19. Jahrhunderts«, *Social Studies of Science*, 1983, *13*: 355-394.

151 Über die Eugenik in der Sowjetunion I. T. Frolov/S. A. Pastusny, »Die Evolution der russischen Eugenik – Kritik der Neoeugenik«, Hans-Martin Dietl (Hg.), *Eugenik. Entstehung und gesellschaftspolitische Bedingtheit*, Jena 1984, 59-78. Loren Graham, *Between Science and Values*, New York 1981, 217-256. Zur angelsächsischen Eugenik und ihrer Rezeption durch die Linke vgl. Diane Paul, »Eugenics and the Left«, *Journal of the History of Ideas*, 1984, *45*: 567-590.

rianten der Eugenik. Ernst Mayrs Charakterisierung des politischen Schicksals der Eugenik gilt daher für die deutsche Entwicklung in besonderem Maße: »Zunächst war kein politisches Vorurteil mit der Eugenik verbunden, und die Unterstützung dieses Gedankens kam aus allen Meinungsquadranten, von der extremen Linken bis zur extremen Rechten. Doch das dauerte nicht lange. Binnen kurzem wurde die Eugenik zu einem Werkzeug von Rassisten und Reaktionären. Statt streng auf das Populationsdenken angewandt zu werden, wurde sie typologisch interpretiert, und bald wurden ganze Menschenrassen ohne das geringste Anzeichen eines Beweises als überlegen oder minderwertig abgestempelt. Im Endergebnis führte sie zu den Schrekken von Hitlers Holocaust.«[152]

Sozialdarwinismus und ›soziale Frage‹

Der wohl entscheidende ideologische Faktor, der diesen Sog nach rechts bewirkte, war der nahezu zeitgleich mit der Eugenik entstandene Sozialdarwinismus, der die bis dahin als eine fortschrittsorientierte, als demokratisch und als »links« geltende Evolutionstheorie in ihrer politischen Stoßrichtung umkehrte.[153] Bei aller Kritik am Sozialdarwinismus, wie sie etwa von Ploetz geübt worden war, hatte die Eugenik wichtige Berührungspunkte mit ihm. Dies gilt in erster Linie für die gemeinsame theoretische Basis: die Darwinsche Theorie und ihre Anwendung auf die menschliche Gesellschaft.

Die politische und gesellschaftstheoretische Rezeption der Darwinschen Theorie begann in Deutschland in der ersten Hälfte der sechziger Jahre zunächst durch Ernst Haeckel, kurze Zeit darauf gefolgt von Autoren wie Ludwig Büchner und Friedrich Albert Lange. Bei allen Unterschieden im Detail ist diesen Autoren eine bürgerlich-demokratische, oppositionelle Haltung gegenüber den in Deutschland vorherrschenden feudalen politischen Machtstrukturen gemeinsam, ebenso wie die Überzeugung, im Darwinismus über ein theoretisches Instrument zu verfügen, das hilfreich im Hinblick auf die Kritik der bestehenden Verhältnisse

152 Ernst Mayr, *Entwicklung*, 501.

153 Vgl. Alfred Kelly, *The Descent of Darwin. The Popularization of Darwinism in Germany. 1860-1914*, Chapel Hill 1981.

und ihre angestrebte Reform sei. In dieser Überzeugung waren sich die Vertreter der bürgerlichen Demokratie im Prinzip mit denen der Arbeiterbewegung einig. Friedrich A. Lange kann als Repräsentant dieser Einigkeit gesehen werden: Seiner Herkunft nach bürgerlich, seiner Weltanschauung nach kein Sozialist, stand er doch der Arbeiterbewegung nahe. In seiner 1865 erschienenen einflußreichen Schrift *Die Arbeiterfrage* legte er die erste systematisch entfaltete Gesellschaftstheorie auf darwinistischer Grundlage vor.

Als sozialistische Autoren in den siebziger Jahren begannen, die Evolutionstheorie mehr und mehr für ihre theoretischen und praktischen Ziele in Anspruch zu nehmen, konnten sie daher auf eine rund zehnjährige »Tradition« progressiv-demokratischer Darwin-Rezeption zurückblicken, und dies vor dem Hintergrund eines gewachsenen innenpolitischen Gewichts der Arbeiterbewegung. Vor allem in Deutschland befand sich die Arbeiterbewegung in einem anhaltenden Aufschwung, der nicht nur in der organisatorischen Vereinigung der beiden bis dahin unabhängig voneinander agierenden Arbeiterparteien zum Ausdruck kam, sondern vor allem auch in dem ungeheuren Zuwachs an Wählerstimmen seit Beginn der siebziger Jahre.[154] Selbst unter den erschwerten Bedingungen des »Sozialistengesetzes« (1878-1890) konnte die Partei ihren politischen Einfluß kontinuierlich ausbauen.

Die »Soziale Frage« nahm nun für das Bürgertum einen vollkommen anderen Charakter an. War mit diesem Begriff zunächst ein durch die Folgen der Industrialisierung hervorgerufenes sozialpolitisches Problem gemeint, ein Feld humanitärer Besorgnis und Wohltätigkeit, so wurde sie jetzt zu einem Problem, das die bestehende gesellschaftliche Ordnung zu erschüttern drohte. Das Proletariat war nicht mehr länger nur Opfer und Objekt der kapitalistischen Verhältnisse seiner Zeit, sondern hatte sich zu einem politischen Subjekt entwickelt, das in den gesellschaftlichen Prozeß einzugreifen begann. An vielfältigen Zeugnissen bürgerlichen Denkens dieser Zeit – in Gesellschafts-

154 In den Jahren von 1871 bis 1912 verdreißigfachte sich die Zahl der sozialdemokratischen Wähler bei den Reichstagswahlen von 124655 auf 4250399 Stimmen. Vgl. Dieter Fricke, *Die deutsche Arbeiterbewegung 1869 bis 1914. Ein Handbuch über ihre Organisation und Tätigkeit im Klassenkampf*, Berlin 1976, 526.

theorie, Philosophie oder Literatur – läßt sich ein Wandel in der Sichtweise des Proletariats nachweisen: sein zahlenmäßiges Wachstum, seine Zusammenballung in den Großbetrieben der Industriereviere und in den Arbeitervierteln der Städte, seine Organisation in Gewerkschaften und Parteien, ja seine bloße Existenz wurde als eine Gefahr empfunden.[155] Selbst die wohlgesonnenen Teile des Bürgertums beschlich angesichts des quantitativen Anwachsens und der selbstbewußter werdenden Interessenwahrnehmung des Industrieproletariats ein tiefes Gefühl der Bedrohung, das die Arbeiter als wilde Tiere erscheinen ließ.

Vor diesem Hintergrund setzte in den siebziger Jahren eine Uminterpretation der Darwinschen Theorie ein. Ideologisch führte sie zu einem radikalen Richtungswechsel von einer progressiv-demokratischen zu einer reaktionär-»aristokratischen« Deutung des politischen Inhalts der Darwinschen Theorie durch eine Akzentverlagerung vom Prinzip der Evolution auf den Mechanismus der Selektion. Für Büchner oder Lange war der Darwinismus vor allem eine Theorie, die die Unaufhaltsamkeit des Fortschritts in der Natur und auch in der menschlichen Gesellschaft bewies; die Selektion galt ihnen als ein Mechanismus, der diesen Fortschritt erzeugt, dessen grausame Folgen jedoch durch bewußte menschliche Einwirkung abgemildert werden können, so daß die »rohe Natur« durch menschliche Vernunft in humane Bahnen gelenkt wird. Für die Sozialdarwinisten war dies Humanitätsduselei: Wenn der Mensch aus der Natur hervorgegangen und die menschliche Geschichte denselben Naturgesetzen unterworfen ist wie jede andere biologische Spezies; wenn darüber hinaus der geschichtliche Fortschritt ein Resultat des »Kampfes ums Dasein« ist, dann kann und darf die natürliche Selektion

155 In einem Roman des Naturalisten Conrad Alberti hieß es über einen sozialdemokratischen Streikführer: »Ihm gegenüber saß ein älterer Maurer mit einem von Narben zerrissenen Gesicht, unordentlichem, rothem, schon etwas ins Graue spielendem Haar und stechendem, falschen Blick. Er stopfte die Fleischfetzen mit den Fingern in den Mund und zermalmte die Knochen, daß sie knackten.« Diese Passage ist um so bemerkenswerter, als die Naturalisten mit ihrer Literatur für die arbeitenden Klassen Stellung nahmen und zur Verbesserung ihres Loses beitragen wollten; zit. n. Klaus-Michael Bogdal, *Schaurige Bilder: der Arbeiter im Blick des Bürgers am Beispiel des Naturalismus*, Frankfurt/Main 1973, 63.

nicht abgemildert oder gar außer Kraft gesetzt werden. Im Gegenteil, das Naturgesetz der Selektion macht den Untergang des »Untüchtigen« ebenso notwendig wie gerecht.[156]
Der zentrale Gedanke des Sozialdarwinismus kann daher auf eine einfache Formel gebracht werden. In der biologischen Evolution ist alle Entwicklung auf das Überleben und die Durchsetzung des »fittest« zurückzuführen; und umgekehrt: wer überlebt, hat damit – zumindest im statistischen Durchschnitt – zugleich auch seine »fitness« unter Beweis gestellt. Da auch in der Gesellschaft das Grundgesetz der Selektion gilt, muß auch hier davon ausgegangen werden, daß die Sieger im sozialen Daseinskampf, also diejenigen, die die oberen Ränge der gesellschaftlichen Hierarchie einnehmen, eo ipso die »Tüchtigsten« und »Tauglichsten« sein müssen. Dasselbe gilt für die Unterlegenen im Daseinskampf: Die Tatsache ihres Unterliegens ist bereits der Beweis dafür, daß sie weniger »tüchtig«, weniger »tauglich« sind. Wie anders wäre ihr sozialer Abstieg zu erklären?
Der Prozeß dieser Uminterpretation begann mit der Haeckel-Virchow-Debatte des Jahres 1877. Auf der 50. Versammlung deutscher Naturforscher und Ärzte in München hatte Haeckel die Überzeugung vertreten, daß die Darwinsche Theorie die Grundlage jeder zeitgemäßen Weltanschauung, inklusive einer »neuen Sittenlehre«, darzustellen habe, und die Forderung bekräftigt, daß diese Theorie auch für den Unterricht an den Schulen »massgebend und leitend sein« müsse. Virchow wandte sich in scharfen Worten gegen die Forderung Haeckels. Der Versuch, eine nicht bewiesene Theorie in den Unterricht einzuführen und die Lehre der Kirche durch »eine Deszendenzreligion« zu ersetzen, sei zum Scheitern verurteilt und müsse »in seinem Scheitern

156 Die damals übliche, falsche Übersetzung des Darwinschen Terminus der »fitness« (= Angepaßtheit) mit den wertenden deutschen Ausdrükken »Tüchtigkeit« oder »Tauglichkeit« kann bereits als Ausdruck eines sozialdarwinistischen Vorurteils gedeutet werden.
Charakteristisch für den Sozialdarwinismus ist, daß er das Selektionsprinzip nicht nur als einen universellen sozialwissenschaftlichen Erklärungsschlüssel benutzt, sondern als ein Legitimationsprinzip. Otto Ammon wandte sich gegen die Ansicht, daß ein Widerspruch zwischen dem »Kampf ums Dasein« und dem Gerechtigkeitsempfinden bestehe. Otto Ammon, *Die Gesellschaftsordnung und ihre natürlichen Grundlagen*, Jena 1896, 15.

zugleich die höchsten Gefahren für die Stellung der Wissenschaft überhaupt mit sich bringen«. Zur Begründung seiner Prognose führte Virchow, der selbst Gegner der politischen Reaktion war, das Auftreten der Arbeiterbewegung sowie die Tatsache an, daß diese sich auf die Darwinsche Theorie berief.[157] In seiner noch im gleichen Jahr veröffentlichten Antwort auf den Angriff Virchows wehrte sich Haeckel gegen die »absichtliche Verkuppelung« von Darwinismus und Sozialismus und vollzog eine ebenso drastische wie überraschende Wende selbst in seiner eigenen Darwin-Interpretation: Die Selektionstheorie sei alles andere als sozialistisch oder auch nur demokratisch, sondern »aristokratisch«.[158]

Mit der Kontroverse über das Verhältnis von Darwinismus und Sozialismus, an der sich zahlreiche prominente Autoren aus Wissenschaft, Politik und Publizistik beteiligten, entstand der deutsche Sozialdarwinismus, repräsentiert durch Autoren wie Otto Ammon und Alexander Tille. Eine der ersten Buchveröffentlichungen Ammons trug den Titel *Der Darwinismus gegen die Sozialdemokratie*, und Tille hob in seinem 1893 (anonym) erschienenen Buch *Volksdienst* gleich auf den ersten Seiten hervor, »daß die Gefahr einer experimentweisen Verwirklichung der sozialistischen Ideen immer näher rückt«. Ihrer politischen Intention nach war die gesamte Argumentation Tilles, wie die der Sozialdarwinisten überhaupt, der Versuch, der Arbeiterbewegung und ihrer Programmatik ein politisches Alternativprogramm entgegenzusetzen, das auf eine der sozialistischen Theorie mindestens ebenbürtige wissenschaftliche Absicherung verweisen konnte. Die sozialdemokratische Bewegung, so schrieb Tille, beginne »nach und nach gefährlich zu werden, und wenn nicht bald ein dem ihren ebenbürtiges oder vielmehr überlegenes soziales Reformprogramm auf den Plan tritt, so ersteht allen Ernstes die Gefahr, daß ein Teil ihrer Pläne in die Wirklichkeit

157 Rudolf Virchow, »Die Freiheit der Wissenschaft im modernen Staatsleben«, Karl Sudhoff (Hg.), *Rudolf Virchow und die Deutschen Naturforscherversammlungen*, Leipzig 1922, 183-212, 191.

158 Ernst Haeckel, »Freie Wissenschaft und freie Lehre«, *Gemeinverständliche Werke*, 5 Bde., Bd. 5, Leipzig/Berlin 1924, 196-290, 270. Zu Einzelheiten der Debatte vgl. Kurt Bayertz, »Darwinismus und Freiheit der Wissenschaft. Politische Aspekte der Darwinismus-Rezeption in Deutschland 1863-1878«, *Scientia*, 1983, *118*: 267-281.

umgesetzt werden könnte«.[159] Ein solches Reformprogramm wollte der Sozialdarwinismus vorlegen. Im Selektionsprinzip der Darwinschen Theorie glaubte man das Fundament gefunden zu haben, das eine antisozialistische und antidemokratische Sozialwissenschaft und politische Programmatik naturwissenschaftlich absichern konnte.

Daß diese Frontstellung gegen die »sozialistische Gefahr« auch eine Ausgangsposition der Eugenik war, läßt sich an den Ausführungen Alfred Hegars zeigen. Man erwartet in einer »socialmedizinischen Studie« (so der Untertitel) eines Gynäkologieprofessors nicht unbedingt eine Auseinandersetzung mit den Werken eines sozialistischen Parteiführers. Hegar zog jedoch gegen die »falschen und überaus schädlichen Ansichten und Lehren« zu Felde, die er insbesondere in Bebels *Die Frau und der Sozialismus* gefunden hatte.[160] Ploetz bezog zwar nicht derart pointiert Position, bemerkte aber, daß »das politische Vordringen der Socialdemokratie« den eugenischen Ideen in den neunziger Jahren die Aufmerksamkeit der gesellschaftlichen Elite sichere. Zwar habe die vom Christentum und der modernen Demokratie propagierte Gleichheitslehre in den Massen den »Sinn für Rasse« abgeschwächt, aber »in dem kleinen Kreise der Führer und Forscher ist durch Darwin's Auftreten und das politische Vordringen der Socialdemokratie das Rasseninteresse wieder sehr lebendig geworden, und die Schwerthiebe großer und kleiner Ritter vom Geist rasseln fröhlich durch die Frühlingslüfte der modernen Wissenschaft«.[161]

Das »politische Vordringen der Socialdemokratie« blieb für Ploetz – ebenso wie für seine eugenischen Mitstreiter – nicht nur der Anlaß für die Ausarbeitung seiner Theorie, sondern prägte diese auch inhaltlich tief. Ungeachtet ihrer eugenisch motivierten Kritik und bedingt durch die Ambivalenz selektionstheoretischer Interpretationen, standen die Eugeniker in derselben Abwehrhaltung gegenüber dem Industrieproletariat und der Arbeiterbe-

159 Alexander Tille, *Volksdienst. Von einem Sozialaristokraten*, Berlin/Leipzig 1893, 2, 77, 5, 78.

160 Alfred Hegar, *Geschlechtstrieb*, III. Die Auseinandersetzung mit Bebels Buch zieht sich durch die gesamten Ausführungen Hegars: 3, 7, 8, 13, 23, 25, 32f., 42, 47 usw. Die Kritik an Bebels »Zukunftsstaat« findet sich 86ff.

161 Alfred Ploetz, *Tüchtigkeit*, 8.

wegung wie die Sozialdarwinisten. Wenn Ploetz gegen die Verteidigung des Kapitalismus durch Otto Ammon polemisierte, so geschah dies nicht, weil er dessen selektionistischen Standpunkt prinzipiell ablehnte, sondern weil er in Ammon einen inkonsequenten Vertreter dieses Standpunktes sah. Der Sozialdarwinismus übersah aus der Sicht Ploetz' die Tatsache, daß von Armut und Krankheit auch Individuen betroffen sind, die eigentlich biologisch »tüchtig« waren; daß daher »die Armuth in ihrer Gesammtheit nicht die Folge des wirthschaftlichen Kampfes um's Dasein allein ist, sondern ausserdem giebt es ja noch die Armuth durch die nonselectorischen Einflüsse der Krisen, der Einführung von Maschinen etc. und des blossen Umstandes der Geburt in Familien, die durch solche nonselectorischen Momente arm geworden sind«. Diese Einsicht war für Ploetz jedoch kein Grund, das selektionistische Dogma grundsätzlich zu verwerfen. Vielmehr legte er Wert auf die Feststellung, daß die Armut »eine Ausjäte-Erscheinung« sei, der die Schwächsten am ehesten zum Opfer fallen: »Jedenfalls besitzen wir in dem oekonomischen Kampf um's Dasein eine ausserordentlich wirksame Art der natürlichen Auslese.«[162]

Mit der Differenzierung zwischen einer »selectorischen« und einer »nonselectorischen« Auslese wurde das sozialdarwinistische Selektionskonzept daher nicht revidiert, sondern durch eine analytische Verfeinerung bekräftigt. Es ist daher nur konsequent, wenn Ploetz sich in einer späteren Äußerung unumwunden zu der genuin sozialdarwinistischen Formel bekannte, nach der die (sozial) Schwachen eo ipso auch die (biologisch) Untauglichen sind: »In den ärmeren Klassen befindet sich eine große Zahl von Menschen, die durch gewisse Defekte in diese Klasse hineingedrängt worden sind ... Deshalb ist das Geborenwerden in diesen tieferen Schichten nicht rein eine Sache, die nichts zu tun hat mit den angeborenen Anlagen, sondern, da in diesen ärmeren Schichten bereits ein großer Teil der aus biologischen Gründen Herabgesunkenen lebt, so bringt auch das bloße Geborenwerden darin zum Teil ererbte Defekte mit sich, d.h. die Defekte, die bei den Eltern oder weiteren Voreltern die Veranlassung zum Herabsinken gegeben hatten.«[163]

162 Ploetz, *Tüchtigkeit*, 154, 151.
163 Ploetz, »Rasse und Gesellschaft«, 160.

Der Sozialdarwinismus erhielt dadurch eine konstitutive Bedeutung für die theoretische und ideologische Ausrichtung des eugenischen Programms, daß dessen zentrale »Formel« auf das Konzept der Degeneration angewandt wurde.

Die Biologisierung der Degeneration

Obgleich von dem Massenelend in den Großstädten und Industrierevieren mit seinen katastrophalen gesundheitlichen Folgen in erster Linie die Arbeiterschaft betroffen war, war die wechselseitige Zuordnung von Proletariat und »Degeneration« nicht zwangsläufig. Dies wird deutlich, wenn wir einen Blick zurück auf die Kultur der Dekadenz werfen. Die literarische und ästhetische Dekadenz stimmte mit der Eugenik zwar in der Diagnose der Degeneration überein, neigte aber zu einer völlig gegenteiligen Bewertung dieser Degeneration: Für sie war der körperliche Verfall die Voraussetzung und das Mittel für die angestrebte ästhetische Verfeinerung, für das Raffinement der Sinne und die Steigerung der Genußfähigkeit.[164] Aus dieser Perspektive waren »Gesundheit« und »Krankheit« eindeutig auf die verschiedenen sozialen Schichten und Klassen der Gesellschaft verteilt: Für die Kultur der Dekadenz sind körperliche Hinfälligkeit und gesundheitliche Schwäche Insignien geistigen Adels und als solche das Vorrecht der oberen Klassen.

Die unteren Klassen erschienen folgerichtig als das genaue Gegenteil des Ideals der Dekadenz. Von ihren Ahnen war keine konstitutionelle Kränklichkeit auf sie gekommen, sie waren auf eine primitive Art gesund, und sie kultivierten ihre körperliche

164 Noch 1949 betonte Thomas Mann im Rückblick auf die Entstehung seiner Buddenbrooks die kulturell progressive Bedeutung des biologischen Niedergangs: »Ohne den décadent, den kleinen Hanno, wären Menschheit und Gesellschaft seit diluvianischen Zeiten um keinen Schritt vorwärtsgekommen. Es ist die Lebensuntauglichkeit, welche das Leben steigert, denn sie ist dem Geist verbunden.« Thomas Mann, »Zu einem Kapitel«, 552-556, 556. Charakteristischerweise ordnet auch Max Nordau den Faible für die dekadente Literatur und Ästhetik den oberen Klassen zu: »Die große Mehrheit der mittleren und unteren Klassen ist natürlich nicht ›fin de siècle‹.« Max Nordau, *Entartung*, 3. Aufl., Berlin 1896, 13.

Schwäche nicht. Desgleichen verwiesen im übrigen auch sozialistische Autoren auf die Degeneration der oberen Klassen. Zwar unterliege auch das Proletariat einer progressiven Entartung unter dem Druck seiner Lebensverhältnisse, in erster Linie aber seien die herrschenden Klassen von ihr betroffen.[165]

Die Eugenik kehrte diese soziale Zuordnung der Degeneration um. Für sie sind es vor allem die unteren Klassen, die degenerieren. Entscheidend dafür waren nicht primär empirische Gründe, sondern ideologische. Die Argumentation vieler Sozialisten, daß die natürliche Selektion in den oberen Klassen der Gesellschaft in größerem Umfang außer Kraft gesetzt ist als in den unteren und daß daher die oberen auch stärker dem degenerativen Trend unterworfen sind als die unteren, erscheint unter der allgemeinen Voraussetzung plausibel, daß Degeneration eintreten muß, wenn die natürliche Selektion eingeschränkt oder aufgehoben wird. Erst die sozialdarwinistische Fehldeutung der sozialen als biologische Auslese machte die gegenteilige Behauptung der Eugeniker möglich. Wird die soziale Hierarchie der Gesellschaft als das Resultat eines »Kampfes um das Dasein« betrachtet, so müssen per definitionem die Angehörigen der oberen Klassen als die »Tüchtigen« und die Angehörigen der unteren Klassen als die »weniger Tüchtigen« erscheinen.

Indem die Eugeniker diesen sozialdarwinistischen Gedankengang auf das Degenerationsproblem übertrugen, ergab sich eine ähnliche Schlußfolgerung: Es können nur die unteren Klassen sein, die degenerieren, da deren Mitglieder sich mehrheitlich ebendadurch, daß sie diesen Klassen angehören, als erblich minderwertig erwiesen haben. So wie die Sozialdarwinisten die soziale Hierarchie der Gesellschaft biologisierten, so deuteten die Eugeniker die soziale Ungleichverteilung von Krankheit und Gesundheit biologisch. Die Konsequenz war – gewollt oder ungewollt – eine Verschleierung der gesellschaftlichen Ursachen sozialer Probleme und damit die Apologetik der bestehenden gesellschaftlichen Verhältnisse. Ein ebenso drastisches wie typisches Beispiel dafür bieten die Ausführungen Alfred Hegars über die Ursachen der Kindersterblichkeit, die er in »der angeborenen Beschaffenheit der Kinder«, in »Krankheiten, Gebrechen,

165 »Die Fortpflanzung wird in diesen Kreisen ebenso wie die Ehe den Interessen des Familienbesitzes dienstbar gemacht, nicht der Verbesserung der Rasse.« Kautsky, *Vermehrung*, 265.

Trunksucht der Erzeuger« aufspürte. Ernährung und Pflege des Neugeborenen waren demgegenüber von geringerer Bedeutung. Selbst die wichtige Rolle der Stillfähigkeit der Mütter führte er auf die »schlechte und mangelhafte Beschaffenheit ihrer Brustdrüsen und Warzen« zurück, die zudem häufig »nicht etwa erworben, sondern angeboren« sei.[166]

Mit dieser biologistischen Deutung der Kindersterblichkeit in den unteren Klassen stand Hegar nicht allein. Auch Schallmayer maß im Hinblick auf die individuelle Lebensdauer des Menschen der Erblichkeit die größere Bedeutung zu als den Umwelteinflüssen und sah in der besseren Säuglingspflege vor allem einen die »Güte unserer Rasse« gefährdenden Faktor.[167] Gerade Schallmayer ist jedoch Beleg dafür, daß diese Art Biologismus kein zeitbedingt-unausweichliches Deutungsmuster war, daß es zumindest auch gegenteilige Auffassungen gab. Im Jahre 1913 zählte Schallmayer zu den Autoren eines nahezu 900 Seiten starken Sammelbandes zum Thema Krankheit und soziale Lage, dessen Beiträge die gesellschaftlichen Ursachen einer Vielzahl von Krankheiten analysierten. Die Ergebnisse der verschiedenen Beiträge zusammenfassend, betonten die Herausgeber des Bandes die gemeinsame Wirkung innerer und äußerer Faktoren für Entstehung und Verlauf von Krankheiten; die Bedeutung der »Rasse« wird konzediert, doch bleibe es eine noch ungelöste Aufgabe, den jeweiligen graduellen Anteil von sozialen und erblichen Faktoren an der Entstehung und dem Verlauf von Krankheiten festzustellen. Die selektionistische Deutung des sozialen Elends war ihrer Auffassung nach unhaltbar.[168] Schallmayer insi-

166 Alfred Hegar, *Geschlechtstrieb*, 65, 68.

167 Schallmayer, *Vererbung*, 93f., 150.

168 »In einer unendlich grossen Zahl von Fällen beruht Minderwertigkeit nicht auf ursprünglicher Minderwertigkeit der Keimstoffe, sondern ausschließlich auf der Ungunst der äusseren Verhältnisse. Der grösste Teil aller Menschen kommt gesund auf die Welt, das proletarische Neugeborene unterscheidet sich nicht vom reichen, und ebensowenig der proletarische Säugling, solange er die natürliche Nahrung an der Mutterbrust geniesst. Der Unterschied beginnt mit dem Augenblick, wo die Kultur anfängt einzuwirken...« Max Mosse/Gustav Tugendreich, »Einleitung«, Max Mosse/Gustav Tugendreich (Hg.), *Krankheit und soziale Lage*, München 1913, 19f. Vgl. dort die Hinweise auf die im 17. Jahrhundert entstehende Einsicht in die Zusammenhänge zwischen Be-

stierte hingegen auf der Bedeutung individueller »Unterschiede in der Widerstandsfähigkeit der Konstitutionen gegen gesundheitsgefährdende Einflüsse«, die »in erster Linie und hauptsächlich Verschiedenheiten der ererbten Anlagen« seien. Aus individuellen Unterschieden wurden so ohne jeden Übergang Verschiedenheiten des »Vererbungs- oder Rassewertes der Individuen«. Der sozialdarwinistische Charakter der Schallmayerschen Argumentation wird vollends offensichtlich, wenn vor allem sozialpolitische Maßnahmen zugunsten der »unteren Stände« für die degenerativen Tendenzen verantwortlich gemacht wurden. Dem entsprach das zentrale eugenische Credo, wonach unter selektionistischen Gesichtspunkten die Hygiene nicht rassehygienisch wirke, sondern als Personenhygiene der Rassehygiene sogar hemmend gegenüberstehe.[169] Diese Stoßrichtung gegen die unteren Klassen zeigte sich auch dort, wo neben die biologistische Deutung der Degeneration noch eine zweite, moralisierende Argumentationslinie trat, nach der es nicht nur die mangelnde erbliche »Tüchtigkeit« war, die die Degeneration verursachte, sondern auch die moralisch bedenkliche Lebensführung der Massen. Bestimmte Formen des Sexualverhaltens wurden in diesem Zusammenhang immer wieder zur Ursache degenerativer Tendenzen erklärt, so vor allem die Prostitution, die von Schallmayer ausdrücklich zu jenen Faktoren gerechnet wurde, die zu einer »Verschlechterung der Auslese« beitrügen. Die Prostitution galt als eine Ursache, zumindest aber als ein Multiplikator der Geschlechtskrankheiten, und vor dem Hintergrund der Überzeugung der Erblichkeit von Geschlechtskrankheiten mußten diese daher als ein generativ höchst verderblicher Faktor angesehen werden. Eine nahezu ebenso wichtige Rolle nahm in der Argumentation der Eugeniker der Alkohol ein. Schallmayer folgte hier Forel, der im Alkohol »eine Hauptquelle, sehr wahrscheinlich sogar die Hauptquelle der fortschreitenden Entartungserscheinungen unserer Tage« gesehen hatte.[170]

Die Eugeniker knüpften damit an eine weitverbreitete Betrach-

ruf und Mortalität sowie die Ansätze zur Entstehung einer Sozialmedizin in Deutschland während der Revolution von 1848 durch Rudolf Virchow, R. Leubuscher und Salomon Neumann.

169 Schallmayer, »Soziale Massnahmen«, 841, 844.

170 Schallmayer, *Vererbung*, 140ff., 154.

tungsweise der »sozialen Frage« an. Aus bürgerlicher Sicht bestand der Hauptfehler des Proletariats – und damit auch zugleich die Hauptursache für seine niedrige soziale Stellung – in seinem Mangel an Kultur, Selbstzucht, Strebsamkeit etc. Indem ihm diese bürgerlichen Tugenden abgingen, waren sein niedriger Rang in der sozialen Hierarchie, seine Armut und sein Elend selbstverschuldet. Die Degeneration wurde so zu einem Problem der »Einstellung«, zu einer Konsequenz mangelnder Moral.[171] Nicht so sehr Industriearbeit, mangelhafte Ernährung und ärmliche Wohnverhältnisse waren für den schlechten Gesundheitszustand und die hohe Sterblichkeit des Industrieproletariats verantwortlich; vielmehr setzte dieses sich aus physisch und moralisch schlechtem »Menschenmaterial« zusammen. Ursache der Degeneration waren nicht die sozialen Verhältnisse, sondern die Degeneriertheit der Betroffenen war Ursache ihrer Lebensbedingungen. Ihrem politischen Inhalt nach war die eugenische Degenerationsanalyse daher, aller Kritik am zeitgenössischen Kapitalismus unbeschadet, dessen Apologetik: die Individuen selbst sind verantwortlich zu machen für die degenerativen Tendenzen, von denen sie betroffen sind. Indem diese degenerativen Tendenzen nahezu ausschließlich den unteren Klassen, dem Industrieproletariat, zugeschrieben wurden, konnte die eugenische Degenerationsanalyse auch zu einer ideologischen und politischen Waffe gegen die unterprivilegierten Schichten werden.

Selektion und ›Sozialismus‹

Nicht die sozialdarwinistische Deutung des Degenerationsproblems allein brachte den eugenischen Antikapitalismus bei allem verbalen Flirt mit sozialistischen Ideen schon sehr frühzeitig in eine Frontstellung zur Arbeiterbewegung. Aus der Perspektive einer selektionistischen Gesellschaftstheorie mußte der sozialdemokratische Zukunftsstaat und darüber hinaus auch jede sozialpolitische Reformprogrammatik, jede Bemühung um die Demokratisierung der Gesellschaft als äußerst bedenklich erscheinen, da alle diese Veränderungen auf eine Lockerung der biologisch-

171 Zur Prostitution als einer Frage der Charakterstärke vgl. z. B. Hegar, *Geschlechtstrieb*, 63.

sozialen Auslese zielten und damit von vornherein in einem eklatanten Gegensatz zu der eugenischen Forderung nach einer Verschärfung der Selektion standen. Wieder war es Ploetz, der das Problem auf den Punkt brachte. Dem Wirtschaftssystem seiner Zeit kritisch gegenüberstehend und von der Annahme eines unaufhaltsamen Vordringens des Sozialismus überzeugt, sah er darin zugleich eine große Gefahr für die »Tüchtigkeit der Rasse«. Zwar habe auch der Kapitalismus seine sozialbiologisch bedenkliche Seite, doch die sozialistische und humanitäre Bewegung »scheint durch Aufhebung des Kampfes um's Dasein eine viel grössere Gefahr für die Tüchtigkeit unserer Rasse einzuschliessen. Wir haben deshalb unsere Aufmerksamkeit auf diejenigen Systeme zu concentriren, deren beabsichtigte oder unbeabsichtigte Wirkungen eine Einschränkung oder völlige Abschaffung des Kampfes um's Dasein hervorrufen würden. Hierher muss man die malthusianischen, alle socialistischen, seien sie staatssocialistisch, christlich-social oder socialdemokratisch, sowie die gemischten Systeme rechnen, soweit deren Versicherungs- und sonstige Schutzmaassregeln in den natürlichen Gang des Wettbewerbs eingreifen.«[172]

Christlicher Sozialismus, Sozialdemokratie oder gar Malthusianismus: jede dieser Strömungen wurde umstandslos dazugenommen, da sie alle – auf die eine oder andere Weise – »durch Versicherungs- und Schutzmaassregeln in den natürlichen Gang des Wettbewerbs eingreifen«. Der Begriff »Sozialismus« diente als eine Art Sammelbezeichnung für alle politischen Positionen und Programme, die Teil jener breiten Bewegung der Neuzeit

172 Ploetz, *Tüchtigkeit*, 198. – Karl Kautsky hat das hier formulierte Problem durchaus gesehen. »Eine sozialistische Gesellschaft wird sicher den einen Faktor der Entartung der Menschheit beseitigen, Überarbeit, schlechte Nahrung und Wohnung, Nachtarbeit und Nachtleben, Prostitution und Geschlechtskrankheiten. Aber sie wird gleichzeitig den anderen Faktor der Entartung zunächst verstärken, gerade dadurch, daß sie den Menschen das Leben erleichtert, die Anforderungen an sie herabsetzt, den Siechen und Krüppeln die größte Sorgfalt angedeihen läßt.« Kautsky, *Vermehrung*, 263. Seine Zuversicht, durch eine auf Einsicht und Freiwilligkeit beruhende künstliche Zuchtwahl dieser Entartung entgegenwirken zu können, mochten die Rassenhygieniker nicht ohne weiteres teilen. Im Gegenteil: Gerade das von Kautsky benannte Problem wurde zu einer Schlüsselfrage für die Haltung insbesondere von Ploetz und Schallmayer zum Sozialismus.

waren, deren politische und soziale Ziele mit Begriffen wie Menschenrechte oder Demokratie, Gleichheit oder Solidarität verbunden waren. Ploetz kündigte im Untertitel seines Buches eine Klärung des Verhältnisses der Rassenhygiene »zu den humanen Idealen, insbesondere zum Socialismus« an: Der Sozialismus galt den Eugenikern nur als eine besonders einflußreiche und auch besonders gefährliche Ausprägung des abendländischen Humanismus mit seiner Wertschätzung des Individuums. Aus eugenischer Sicht drohte die Gefahr nicht allein vom Sozialismus als einer bestimmten politischen Bewegung, sondern von einer säkularen Entwicklung, die Ploetz als den »Schutz der Schwachen« umschrieb.[173]

Die zentralen Angriffspunkte in der Programmatik des »Sozialismus« waren für die Eugeniker bezeichnenderweise nicht deren revolutionäre Forderungen wie die Vergesellschaftung der Produktionsmittel und die politische Herrschaft der Arbeiterklasse, sondern die reformistischen Forderungen, die sich aus dem Gleichheitsgrundsatz ergaben. Gerade die von Ploetz umschriebenen sozialpolitischen Reformziele wie Kranken-, Unfall- und Altersversicherung usw. mußten den Eugenikern als verhängnisvoll für die Güte der Rasse erscheinen, da sie unmittelbar eine Abschwächung der Selektion implizierten.

Die weite und je nach Kontext changierende Bedeutung des Begriffs »Sozialismus« machte es den Eugenikern paradoxerweise möglich, bei aller Kritik gleichzeitig doch eine grundsätzliche Vereinbarkeit von Sozialismus und Eugenik zu behaupten. Die sozialistische Konzentration auf die Individualhygiene stand zwar in einem scharfen Konflikt zu der aus dem Darwinismus abzuleitenden Rassenhygiene; doch unter der Voraussetzung, daß es auch in einer sozialistischen Gesellschaft noch Auslesefaktoren geben würde, war der Konflikt im Prinzip aufhebbar.[174] Auf ähnliche Weise argumentierte auch Schallmayer. Als die ent-

173 Zu den Maßnahmen zum ›Schutz der Schwachen‹, gegen die sich Ploetz aussprach, s. Ploetz, *Tüchtigkeit*, 211f. Nahezu identisch argumentierte später Lenz, der den Sozialismus für unfähig hielt, die Rassetüchtigkeit zu erhalten. »Das liegt allerdings nicht im Wesen des Sozialismus als der Lehre von der Vergesellschaftung der Produktionsmittel begründet, sondern in seiner Verquickung mit der Lehre von der Gleichheit aller Menschen.« Baur/Fischer/Lenz, *Grundriß* (1921), Bd. 2, 166.

174 Baur/Fischer/Lenz, *Grundriß* (1921), Bd. 2: 238.

scheidende Voraussetzung der Vereinbarkeit von Sozialismus und Eugenik galt ihm der Verzicht auf die Forderung nach einer für alle Individuen gleichen Einkommensverteilung. Der Gerechtigkeitsbegriff, der einer ›Entlohnung nach jeweiliger Tüchtigkeit‹ entgegenstehe, war seiner Auffassung nach ›widernatürlich‹. Politische »Wahngebilde« könnten, bei Strafe des Untergangs, nicht über die Natur gestellt werden.

Im Grunde war den Eugenikern die politische Struktur der Gesellschaft letztlich gleichgültig, solange der »Kampf um's Dasein« nicht beeinträchtigt wurde. Wenn Schallmayer daher prognostizierte, »auch in der von den Sozialdemokraten erstrebten Gesellschaft würde es ganz unvermeidlich Klassen geben«, so war dies auch normativ gemeint und bedeutete: Gegen den Sozialismus ist so lange nichts einzuwenden, wie er eine auf dem Konkurrenzprinzip aufbauende Klassengesellschaft bleibt.[175]

Das eugenische Interesse galt der »Erhaltung der Rassentüchtigkeit«, und diese erschien aus sozialbiologischer Sicht in erster Linie durch die »Lehre von der Gleichheit aller Menschen« bedroht. Für die Eugeniker ging es daher allein um die Alternative: Individualhygiene oder Rassenhygiene. Ihrem Selbstverständnis nach waren sie nicht Vertreter einer bestimmten Wirtschaftsordnung, sondern Anwälte der menschlichen Gattung oder der »Rasse«; kein bestimmter politischer Standpunkt sollte der Maßstab des Handelns sein, sondern »die Erhaltung des gesunden, kräftigen, blühenden Lebens«. Gewiß: Die Rassenhygiene mußte nach Lenz durchaus auch Politik sein; allerdings keine Politik im Sinne einer einzelnen Partei, da »der rassenhygienische Gedanke hoch über aller Parteipolitik steht«.[176]

Das Bemühen um einen Standpunkt »über« den Parteien unter Berufung auf wissenschaftliche Theorien läßt erkennen, daß sich in der Eugenik die Wahrnehmungen und Befürchtungen einer sozialen Schicht artikulierten, die unter dem Druck des historischen Prozesses sozialstrukturell marginalisiert zu werden drohte.[177] Die Eugeniker rekrutierten sich mit ihrem hohen An-

175 Schallmayer, *Vererbung*, 323, 373. – Der hier avisierte Typus von »Sozialismus« sollte sich bei seiner Realisierung durch die National-»Sozialisten« dann als das genaue Gegenteil von dem erweisen, was die Arbeiterbewegung angestrebt hatte.

176 Baur/Fischer/Lenz, *Grundriß* (1921), Bd. 2, 165.

177 Ploetz sprach bereits von einer »langsamen Zerbröckelung des Mittel-

teil an Ärzten und Akademikern überwiegend aus den bürgerlichen Mittelschichten, insbesondere den ›Professionen‹, die sich der Gefahr ausgesetzt sahen, vom ökonomischen Konzentrationsprozeß zerrieben zu werden, und deren Legitimationsressource keine der politischen Ideologien sein konnte, sondern eine technokratisch gewendete Wissenschaft.

Die ›Bedrohung‹ durch die differentielle Geburtenrate – Eugenik und Bevölkerungspolitik

Derselbe Zusammenhang zwischen der gesellschaftlichen Stellung der professionellen und akademischen Mittelschichten und ihrer Problemwahrnehmung wird in einem Politikbereich offensichtlich, den die Eugenik direkt berührte: der Bevölkerungspolitik.

Die sozialstrukturellen Umwälzungen in der Folge der Industrialisierung blieben nicht ohne Auswirkungen auf die Bevölkerungsbewegung. Die durch sie verursachten säkularen Veränderungen (zuerst der Reproduktionsrate) stellten die Gesellschaft, für die die Bevölkerung spätestens mit Beginn des 19. Jahrhunderts zu einer machtpolitischen Ressource geworden war, vor ein deutungsbedürftiges Problem. Derselbe Perspektivenwechsel, den die ›soziale Frage‹ durch die Eugenik erfahren hatte, schlug auch auf diesen Politikbereich durch. Sowohl die Wahrnehmung und Definitionen des Problems als auch die Vorschläge zu seiner Lösung wurden von den Eugenikern maßgeblich beeinflußt. Die Bevölkerungspolitik war die wichtigste politische Arena, in die sich die Eugeniker nur hineinbegeben mußten, ohne sie erst schaffen zu müssen.

In ungefähr vierzig Jahren nach der Reichsgründung verkehrten sich die Vorzeichen, unter denen die bevölkerungspolitische Frage diskutiert wurde, vollkommen. Obgleich der Geburtenzuwachs im Deutschen Reich zu Beginn des letzten Viertels des Jahrhunderts seinen Zenit überschritten hatte, galt die Sorge

standes durch nonselectorische wirthschaftliche Factoren«. Ploetz, *Tüchtigkeit*, 182. - Die soziale Herkunft der meisten Eugeniker aus bürgerlichen Mittelschichten ist ganz ähnlich für die englische Eugenik festgestellt worden. Vgl. Donald MacKenzie, *Statistics in Britain 1865-1930*, Edinburgh 1981.

noch der Überbevölkerung. Autoren wie Gustav Rümelin oder Karl Kautsky sahen angesichts einer Flut von ländlichen Emigranten in die Städte Arbeitslosigkeit und Bettelei auf das deutsche Volk zukommen; Rümelin vermutete in den Besitz- und Bildungsschichten ein Zurückweichen gegenüber der Arbeiterschaft, da diese soviel Kinder wie möglich produziere, jene hingegen sich kalkulierend um den Nachwuchs sorge. Er forderte deshalb die Aufklärung der Massen, koloniale Auswanderung und rechtliche Handhaben des Staates zur Einschränkung der Verehelichungsfreiheit. Kautsky mochte dieser bürgerlichen Sichtweise nicht folgen. Unter Berufung auf Malthus – die bisherige Ablehnung der Malthusschen Lehre im Sozialismus wollte Kautsky aufgegeben wissen – befürwortete er deshalb den gezielten Einsatz von Präventivmitteln. Die Auffassung, der zufolge die große Bevölkerung die Ursache der in manchen Berufen beklagten Konkurrenz sei, war in der Öffentlichkeit weit verbreitet.[178] Die Furcht vor einer Überbevölkerung Deutschlands erschien – statistisch gesehen –gerechtfertigt: Die Bevölkerungszahl im Deutschen Reich stieg kontinuierlich an – von 45 Millionen 1880 auf 67 Millionen im Ersten Weltkrieg –, eine Entwicklung, die sich erst in den Jahren 1918 bzw. 1919 umkehrte. Die auf Malthussche Annahmen sich berufende Bewegung des »Neomalthusianismus« war insofern über Jahre hinweg bevölkerungsstatistisch legitimiert. Nachdem in den sechziger Jahren einer ähnlichen Initiative wenig Erfolg beschieden war, hatte sich 1878 in London die »Malthusian League« gegründet, die sich allerdings von dem Malthusianischen Maßnahmenkatalog distanzierte: Sie propagierte nicht mehr Zölibat, späte Eheschließung oder Enthaltsamkeit, sondern bevorzugte die Techniken der »klugen Vorsicht nach der Eheschließung«. Wenngleich sich diese neue Bewegung als »Wissenschaft« betrachtete, war ihr Gründer, C. R. Drysdale, ein nationalökonomischer Laie und, wie die meisten deutschen Vertreter der neuen Lehre wie F. Goldstein, H. Rohleder, J. Marcuse, G. Stille oder auch J. Ruttgers in Holland und A. Forel in der Schweiz, von Beruf Arzt. Aus ihrer ärztlichen Praxis erklärt sich ihre Motivation, das auf allzu großen Kinderreichtum zurückzuführende Elend vieler Familien verhindern zu wollen.[179]

178 So Eugen Würzburger, »Der Geburtenrückgang und seine Statistik«, *Schmollers Jahrbuch*, 1914, *38/3*: 147-175, 147.

179 Die internationale Entwicklung der neuen Liga vollzog sich ab 1880

1889 wurde in Stuttgart ein wenig zugkräftiger »Sozialharmonischer Verein« gegründet, nach 1900 eine ebenso erfolglose »Gesellschaft zur Bekämpfung der Überbevölkerung Deutschlands«. Breitenwirksamer erwiesen sich schon der im Januar 1905 ins Leben gerufene »Bund für Mutterschutz« sowie die 1911 entstandene »Internationale Vereinigung für Mutterschutz und Sexualreform«, deren Erfolg aber hauptsächlich auf ihre Nähe zur deutschen Frauenbewegung zurückging und weniger auf ihre malthusianische Programmatik.

In den folgenden Jahren wurde es immer schwerer, Anhänger für die Ziele dieser Organisationen zu finden. 1901 war mit 2032313 Lebendgeborenen der Höchststand an Geburten zu verzeichnen; danach sank der Überschuß der Geborenen über die Gestorbenen von 1,51% an der Gesamtbevölkerung auf bald 1,36% und erreichte im Jahre 1911 einen vorläufigen Tiefstand von 1,13%. Absolut betrug nun der Geburtenüberschuß im Jahre 1914 lediglich 527286; im ersten Kriegsjahr überwogen die Gestorbenenziffern gar die Anzahl der Geburten, wobei letztere inzwischen auf knapp 900000 abgesunken waren.[180] Angesichts dieser Entwicklung konnte eine Bewegung, die eine Senkung der Geburtenzahlen mittels Präventivtechniken propagierte, kaum auf breite Unterstützung hoffen. Obwohl sie kaum Befürworter in Regierung und Verwaltung gefunden und ihre Zielgruppe, die Arbeiterschaft, praktisch nicht erreicht hatte, schob man den Neomalthusianern schließlich sogar die propagandistische Schuld an dem nun eingetretenen Geburtenrückgang in die Schuhe. Das war ungerechtfertigt, wie Alfred Grotjahn auch zu bedenken gab. Vielmehr seien die Entwicklung der Gesundheitstechnik, des Handels, der Medizin und kulturelle wie sexuelle Veränderungen dafür als Ursachen zu veranschlagen.[181]

erstaunlich rasch, so daß 1905 der erste internationale Kongreß veranstaltet und 1910 eine Dachorganisation gegründet werden konnte. Ulrich Linse, »Arbeiterschaft und Geburtenentwicklung im Kaiserreich von 1871«, *Archiv für Sozialgeschichte*, 1972, *12*: 205-271, 231. In Deutschland erfolgte die Institutionalisierung des Neomalthusianismus langsamer als in England und blieb wenig öffentlichkeitswirksam.

180 Statistisches Bundesamt Wiesbaden (Hg.), *Bevölkerung und Wirtschaft 1872-1972*, Stuttgart/Mainz 1972, 102.

181 Alfred Grotjahn, *Geburtenrückgang und Geburtenregelung im Lichte*

Der rassenhygienische Angriff gegen den Neomalthusianismus – qualitative Bevölkerungspolitik und »differentielle Geburtenrate«

Trotz ihrer offenkundigen Wirkungslosigkeit wurden die Neomalthusianer zur Zielscheibe der Rassenhygieniker, denen sie als Urheber und Protagonisten einer verfehlten Bevölkerungspolitik galten. Die Stoßrichtung der Angriffe ergab sich aus dem eugenischen Bezugsrahmen. Schallmayer definierte das Problem: Aus rassenhygienischer Perspektive war zu befürchten, daß die neomalthusianische »Propaganda der Fruchtbarkeitsbeschränkung wohl bei den tüchtigeren, wertvolleren Elementen der unteren Stände erfolgreich wäre, nicht aber bei den minderwertigen«. Sie mußte also eine »Verschlechterung der Fortpflanzungsauslese« bewirken.[182] Auf dem Eugenik-Kongreß 1912 in London sprach Ploetz davon, daß sich die Folgen »zu einem Fluch des (malthusianisch; d. V.) befallenen Landes auszuwachsen« drohten. So wie die höheren Schichten davon eher betroffen seien als die niederen, so gerieten die kulturell höheren Völker eher ins Hintertreffen als die Zurückgebliebenen. »Die Franzosen und Yankees nehmen ab, England, Holland, Skandinavien und Deutschland verkleinern ihre Geburtenziffern von Jahr zu Jahr. Polen, Ungarn, Russen, Südslawen dagegen, die Länder mit starken asiatischen Einschlägen, haben eine außerordentlich hohe Geburtenziffer, so daß sie überall mit Erfolg nach Westen drängen. Die Erhaltung der nordischen Rasse wird dadurch ernstlich bedroht.« Der Malthusianismus störe die Auslesevorgänge und beschwöre eine furchtbare Gefahr herauf. So gelte es »zuvörderst, der Agitation des Neomalthusianismus energisch gegenüberzutreten. Er kommt auch ohne diese nur allzu rasch

der individuellen und sozialen Hygiene, Berlin 1914, 280; ähnlich argumentierte auch Julius Wolf, *Der Geburtenrückgang*, Jena 1912, 167.

182 Wilhelm Schallmayer, »Erwiderung auf vorstehende Bemerkungen des Herrn Dr. Rutgers«, *ARGB*, 1909, *6*: 532-536, 534. Zwei Jahre später bezeichneten Max von Gruber und Ernst Rüdin im Rassenhygiene-Führer durch die Hygiene-Ausstellung 1911 den Neomalthusianismus aus denselben Erwägungen als »die nächste und größte Sorge der Rassenhygiene«. Max von Gruber/Ernst Rüdin, *Fortpflanzung. Vererbung. Rassenhygiene*, München 1911, 171.

vorwärts.«[183] Grotjahn (und nicht Julius Wolf) wies 1914, wenige Wochen vor Kriegsausbruch, auf »das wichtige nationale Erfordernis einer ausgiebigen Bevölkerungsvermehrung« hin und bemerkte mit bangem Blick nach Osten, daß der sich ankündigende Geburtenrückgang »bei den germanischen Völkern« die Gefahr der Überflügelung und der inneren Aushöhlung durch das »andringende, sich stark vermehrende Slaventum« in greifbare Nähe rücke.[184]

Die Gleichsetzung ›höherer sozialer Schichten‹ mit den ›kulturell höheren Völkern‹ oder gar der ›nordischen Rasse‹ einerseits und der niederen mit den Völkern ›asiatischen Einschlags‹ verdankte sich der rassistischen Deutung des ohnehin schon imperialistisch beeinflußten bevölkerungspolitischen Kalküls, das sich, kurz vor dem Ersten Weltkrieg, zuspitzte. Typisch für die Stoßrichtung der rassenhygienischen Argumentation war jedoch ein anderes Moment. Während die herrschende Bevölkerungspolitik (darunter auch der Neomalthusianismus) sich lediglich auf die Zahl, also die reine Quantität der Bevölkerung bzw. die Geburten- und Sterberaten konzentrierte, hatte das Bevölkerungsproblem für die Rassenhygieniker, deren Blick auf die Erbqualität gerichtet war, auch eine qualitative Seite. In den Augen der Rassenhygieniker wurde der qualitative Aspekt der Bevölkerungsfrage, der den zentralen Punkt rassenhygienischer Argumentation ausmachte, von den Neomalthusianern völlig unterschätzt. Eine Verminderung der Quantität einer Bevölkerung bei gleichen Verhältnissen mußte nach Auffassung der Rassenhygieniker auch eine Verschlechterung der Qualität mit sich führen.[185] Würde die Anzahl der Kinder unabhängig von ihrer »Wertigkeit« verringert, so mußte das für den Volksbestand gefährlich sein. Grotjahns Begründung ist exemplarisch: Höhere Schichten – die in der Regel als tüchtiger denn untere Schichten gälten – hätten statistisch nachweislich weniger Kinder als jene. Gerade die besten Familien verschwänden und müßten im Laufe der Zeit durch die Nachkommen der sozial zurückgebliebenen

183 Alfred Ploetz, »Neomalthusianismus und Rassenhygiene«, *ARGB*, 1913, *10*: 166-172, 169, 171, 172; vgl. auch dieselbe Argumentation in den Leitsätzen der Deutschen Gesellschaft zur Geburtenfrage, *ARGB*, 1914-15, *11*: 135.

184 Grotjahn, *Geburten-Rückgang*, 22/23, 18, 254.

185 Grotjahn, *Geburten-Rückgang*, 186.

Schichten ersetzt werden. Grotjahn sah nur einen Ausweg aus dieser Misere, daß nämlich die Produktion zahlreicher und ›minderwertiger‹ Kinder verhindert, aber zugleich eine den Bevölkerungsauftrieb sichernde Anzahl ›gut qualifizierter‹ Kinder gewährleistet wird.[186]

Anlaß dieser Argumentation war die inzwischen statistisch offenbarte differentielle Geburtenrate, d.h. das Absinken der Geburtenzahlen in den höheren sozialen Schichten, das vor dem Hintergrund des sozialbiologistischen Denkens, das sozialen Status mit Erbqualität gleichsetzte, als Bedrohung erscheinen mußte. Die säkulare Wende von der Familie mit zahlreichen Kindern – bei gleichzeitig hoher Kindersterblichkeit – zur kleineren Familie hatte zuerst in den ökonomisch bessergestellten Schichten eingesetzt. Dieses Übergangsphänomen wurde in allen Industrieländern von den Eugenikern extrapoliert und dramatisiert. Gezielte Aufzuchtsplanung, d.h. staatlich gelenkte Bevölkerungspolitik, wurde aufgrund dessen zu dem spezifischen Programmpunkt, in dem sich die Rassenhygiene von quantitativen Ansätzen unterschied. Schallmayer, der die Geburtenbeschränkung bzw. ihre Folge, die differentielle Geburtenrate, »in allen von Weißen besiedelten Ländern mit rasender Schnelligkeit« überhand nehmen sah, dramatisierte sie zur »Selbstausmerzung der Begabteren und besonders der Hochbegabten«.[187] Für Grotjahn war das ›Problem‹ Anlaß, sorgenvoll auf die ›Unterfrüchtigkeit‹ der Beamten und Intellektuellen, auf Ehelosigkeit und späte Heirat zu blicken.[188] Der Bevölkerungs-

186 Grotjahn, *Geburten-Rückgang*, 186, 188, 365.

187 Schallmayer, *Vererbung*, 235.

188 S. Grotjahn, *Fortpflanzungshygiene*, 119. Die ›differentielle Geburtenrate‹ mußte selbst dann noch als Bedrohung herhalten, als sie sich schon als ein Übergangsphänomen erwiesen hatte. Lenz teilte die Sorge seiner eugenischen Vorgänger und Zeitgenossen voll und ganz, was insofern bemerkenswert war, als er sich schon auf demographische Untersuchungsergebnisse berief, die ein Vordringen der Geburtenbeschränkung in den unteren sozialen Schichten nachwiesen und damit nicht nur die zeitliche Begrenztheit des Phänomens aufdeckten, sondern auch das gesamte Argumentationsgebäude hinsichtlich der geistigen Verarmung der Bevölkerung zum Einsturz hätten bringen müssen. Der Statistiker Lotze hatte 1928 für Stuttgart nur noch eine geringe negative Korrelation zwischen Schulleistung und Geschwisterzahl gefunden. Baur/Fischer/Lenz, *Grundriß* (1921), Bd. 2: 149, 205, 206.

wissenschaftler Julius Wolf hatte die »Rationalisierung des Sexuallebens« als Ursache des Geburtenrückgangs verantwortlich gemacht. Er sah sie jedoch als moralische Entscheidung jedes einzelnen an, die der Staatsmoral entgegenstehe. Keineswegs sollten daher politische Instanzen ›rationalistische‹ Geburtenpolitik betreiben.[189] Der Eugeniker Grotjahn trat demgegenüber als Verfechter einer gelenkten und zielgerichteten Bevölkerungspolitik auf, wenn er forderte, daß der »menschliche Artprozeß durch die Ausbildung einer Theorie und Praxis der Eugenik soweit rationell beeinflußt werden muß, daß die Erzeugung und Fortpflanzung von konstitutionell Minderwertigen zuverlässig verhindert wird«. Nicht nur die »streuende« quantitative Politik sollte demnach regulativ wirken, sondern auch eine spezifizierende – weil auslesende und »qualifizierende« – Politik.[190]
Für Schallmayer war es bereits völlig unzweifelhaft, daß der Staat ausführendes Organ einer weiterreichenden Bevölkerungspolitik sein müsse; dies schon deshalb, weil der Staat als Sachwalter des öffentlichen Wohles aus einer zielbewußten Bevölkerungspolitik den für den Nationalwohlstand größten Gewinn ziehen könnte, da er im Besitz der vielfältigsten und mächtigsten Mittel zur Beeinflussung des Rasseprozesses sei. Für Schallmayer und die Rassenhygiene in seiner Folge erhielten staatliche bevölkerungspolitische Maßnahmen einen absoluten Vorrang, insofern die dauerhafte Sicherung der Lebensfähigkeit der Nation zum »Wertmaßstab« aller »Unternehmungen der inneren und äußeren Politik« werden mußte.[191]
Schallmayer hatte mit seiner »manageriell-technokratischen Logik« einer rassenhygienisch untermauerten Bevölkerungsplanung im Dienst »rationaler Effizienz« eine Perspektive eröffnet, die, wenn auch mit einiger zeitlicher Verzögerung, Früchte tragen sollte.[192] Er schuf die Grundlage für eine Erweiterung und Differenzierung der Bevölkerungspolitik nach Qualitätsge-

189 Wolf, *Der Geburtenrückgang*, 165, 202.

190 Grotjahn, *Geburten-Rückgang*, 143/144, 366.

191 Wilhelm Schallmayer, *Vererbung und Auslese. Grundriß der Gesellschaftsbiologie und der Lehre vom Rassedienst*, 3. Aufl., Jena 1918, 506, 501, 503, 323.

192 Sheila Faith Weiss, *Race Hygiene and the Rational Management of National Efficiency: Wilhelm Schallmayer and the Origins of German Eugenics. 1890-1920*, Baltimore/Maryland 1983, 316.

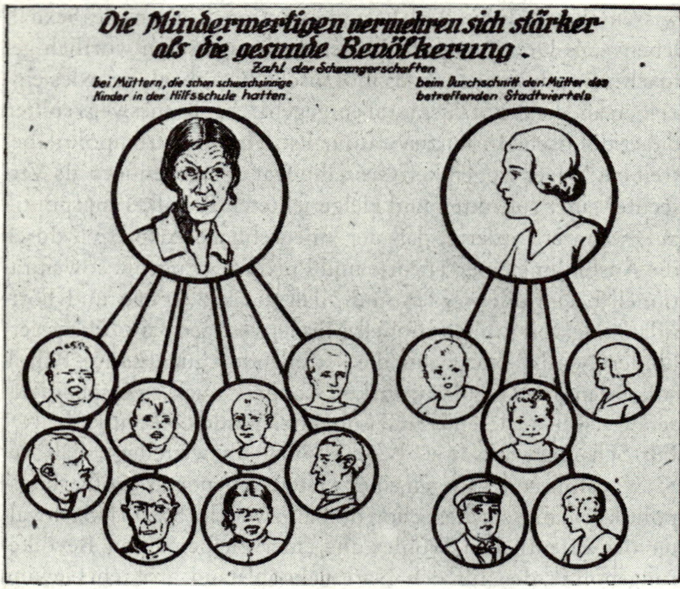

Aus: Zeitschrift für Volksaufartung und Erbkunde. Band 1 (1926). S. 15.

sichtspunkten. Nach dem Stand der Wissenschaft konnten das als erblich betrachtete soziale Eigenschaften sein, deren verstärkte Fortpflanzung oder Ausmerzung aus dem »Volkskörper« erwünscht war. Da es sich vermeintlich um wissenschaftlich begründete Bewertung handelte, mußte eine solcherart qualitative Bevölkerungspolitik als überlegen erscheinen. Die Bevölkerung war in den Status einer essentiellen nationalen Ressource aufgerückt, deren Steuerung und Verwaltung infolgedessen auch Sache des Staates, der Ministerialbürokratie und der gesetzgebenden Instanzen sein mußte. Die Verstaatlichung der Fortpflanzung, der direkte staatliche Zugriff auf das Geschlechtsleben, auf die zentralen Institutionen von Ehe und Familie, erschien nunmehr als eine wissenschaftlich begründete und praktisch mögliche Konsequenz dieses Modells, und damit die Ablösung der dafür traditionell zuständigen Institutionen, der Kirche und der von ihr getragenen christlich-ethischen Regulative. Die von Julius Wolf noch deskriptiv benutzte Floskel von der Rationalisierung des Geschlechtslebens wurde mit diesem Schritt normativ gewendet: Rationalisierung im Sinne einer verwissenschaftlichten, staatlichen Steuerung des bevölkerungspolitisch relevanten Geschlechtslebens.

Kosmos, Gesellschaft der Naturfreunde

Aus: E. Teichmann, Die Vererbung als erhaltene Macht, Kosmos. Gesellschaft der Naturfreunde 1906.

III. Eugenik als Sozialtechnologie

Die szientistische Strategie – ›generative Ethiken‹ und die Verwissenschaftlichung menschlicher Fortpflanzung

»Dass durch unser sexuelles Verhalten auch die erbbiologische Stammesentwicklung beeinflusst wird, diese uns so naheliegende Erkenntnis lag gar nicht im Gesichtskreis der vordarwinschen Zeit.«[1] Die Darwinsche Evolutionstheorie hatte die menschliche Sexualität, so mußte es scheinen, ein weiteres Mal ihrer Natürlichkeit beraubt. Kaum hatte das Bürgertum mit der Aufklärung die individuelle Freiheit der Liebe und der Wahl des Ehepartners errungen, wurde sie von der Wissenschaft schon wieder in Frage gestellt. Nun galt es, auch die Erbqualität zukünftiger Generationen im Auge zu behalten. Das Problem, die Erhaltung der Qualität des Erbgutes, war ja kein Problem des Alltagshandelns, sondern eins der Wissenschaft. Die neue Wissenschaft der Eugenik bzw. Rassenhygiene erklärte die menschliche Reproduktion und deren Steuerung zu ihrem Gegenstand und bot sich als Lösungsstrategie für eine Problematik an, die sie selbst geschaffen hatte.

Die Trennung von Sexualität und Zeugung als das zentrale Thema des eugenischen Diskurses erhielt, wie Schallmayer suggerierte, durch die Darwinsche Theorie eine wissenschaftlich begründete Dringlichkeit. Der Sexualität sollte freier Lauf gegeben werden, sofern die Reproduktion dadurch nicht gefährdet würde. Die Zeugung dürfe »nicht irgendeinem Zufall, einer angeheiterten Stunde überlassen, sondern ... (sollte) nach den Grundsätzen, die die Wissenschaft für Zeit und sonstige Bedingungen aufgestellt hat«, geregelt werden.[2] Wenn auch nicht notwendig die Sexualität – obwohl die mögliche Trennung noch medizinische Utopie war –, so war die Reproduktion nach den aus der Entwicklungslehre abgeleiteten eugenischen Prinzipien nicht länger als Privatsache anzusehen. Sie konnte oder mußte Gegenstand des staatlichen Interesses sein, wenn als letztes Ziel jeder staatlichen Politik, wie Schallmayer betonte, die Kräftigung des staatlich organisierten Volkes zum Bestehen des Da-

1 Wilhelm Schallmayer, »Generative Ethik«, *ARGB*, 1909, *6*: 199-231, 211.

2 Ploetz, *Tüchtigkeit*, 144.

seinskampfes und die Sicherung des dauernden Lebens zu betrachten sei. Unter dieser Prämisse war es eine Frage der jeweiligen politischen Überzeugungen, ob die »Beeinflussung des sozialgenerativen Verhaltens« mittels »staatlicher Gebote und Verbote in bezug auf Ehe und Fortpflanzung oder mittels anderer unmittelbarer staatlicher Eingriffe in die Fortpflanzungsverhältnisse« erfolgen sollte oder vielmehr »durch Beeinflussungen der öffentlichen Meinung... mit allen Mitteln, die dem Staat zur Verfügung stehen«.[3]

Die Steuerung der Reproduktion mit allen Mitteln, die dem Staat zur Verfügung stehen: in diesem Programm ging es um die Bewirkung von Verhaltensveränderungen im Bereich des menschlichen Sexuallebens nach Maßgabe des wissenschaftlich postulierten Ziels – Erbgesundheit – und mit den Mitteln der direkten oder indirekten gesellschaftspolitischen Einflußnahme. Bevor noch die Programmatik der Eugenik im Detail ausgearbeitet war, erhoben die Eugeniker schon den Anspruch darauf, daß ihre neue Wissenschaft mehr war als nur ein Unternehmen zur Sammlung von Fakten. Francis Galton hatte den szientistischen Anspruch der von ihm entworfenen Wissenschaft erstmals und beispielhaft formuliert: Sie habe »einen starken Anspruch darauf, einmal ein orthodoxer religiöser Glaubenssatz der Zukunft zu werden, denn die Eugenik arbeitet mit dem Wirken der Natur zusammen, indem sie sicherstellt, daß die Menschheit durch die tüchtigsten Rassen vertreten wird«.[4] Die Idee, daß die Wissenschaft zur Grundlage einer neuen Ethik werden müsse, teilten auffälligerweise auch die deutschen Begründer der Rassenhygiene. Tatsächlich begleiteten sie die Veröffentlichung ihrer frühen programmatischen Schriften mit einer ganzen Anzahl von Traktaten, in denen ebendiese Überzeugung vertreten wurde.

Die expliziten Wertungen, die in diesen Schriften gesetzt waren, verweisen noch auf die wissenschaftlichen Deutungsansprüche und die ›politischen‹ Gestaltungsansprüche der neuen Wissenschaft, die im Konflikt zu herrschenden moralischen Werten standen. Die Autoren gingen davon aus, daß ohne eine Übernahme der neuen ›wissenschaftlichen‹ Wertordnung und ohne

3 Schallmayer, *Vererbung*, 1918, Vf.

4 Francis Galton, »Eugenics: Its Definition, Scope, and Aims«, *Sociological Papers*, 1905, *1*: 45-50.

den Nachweis ihrer Überlegenheit über die herkömmliche ethische Ordnung die wissenschaftlichen eugenischen Ideen kaum auf eine breitere Zustimmung würden hoffen können. Theoretisch aber mußte die Deszendenztheorie in ihren Augen zu der »Forderung einer Fortbildung der Ethik im Sinn der Entwicklungsethik« hinführen.[5] »Entwicklungsethik« oder ›evolutionäre Ethik‹ waren die Schlagworte, unter denen diese eugenisch-sozialdarwinistische Spielart des Szientismus auftrat. »... wie Humanität und Sozialismus versucht haben, aus der Gleichberechtigung aller Menschen Normen für das individuelle Handeln abzuleiten, so wird eine Ethik, die völlig auf dem Boden der Entwicklungslehre steht, das Gleiche mit ihrem Ideal der Rassenzukunft zu thun versuchen«, schrieb der Sozialdarwinist Alexander Tille. Sittliches Ideal sei das »Ziel der Entwicklung«, die »Hebung und Herrlichergestaltung der menschlichen Rasse«.[6] Schallmayer war etwas zurückhaltender und wollte unter »generativer Ethik«, wie er sie nannte, »die wissenschaftliche und erzieherische Weiterbildung der herrschenden Ethik durch Aufnahme von Pflichten zugunsten der Rasse (d.h. zugunsten der Erbqualitäten späterer Generationen unseres Gemeinwesens)« verstehen. Ein Einfügen in den Rahmen der bisherigen Ethik würde aber wohl »nicht ohne einige Gewalt« vonstatten gehen, das sah auch Schallmayer. Und wenn es zur objektiven Abwägung bestehender oder beabsichtigter »Regelungen des Gemeinschaftslebens und insbesondere des Sexuallebens« kommen sollte, müsse deren Wert in »erster Linie nach ihrer generativen Gedeihlichkeit ... in zweiter Linie nach ihrem sozialdienstlichen Nutzen für die Gegenwart und die nächste Zukunft ... und in dritter Linie nach ihrer Anpassung an das individualistische Verlangen nach Vermeidung von Unlustgefühlen und Bewirkung von Lustgefühlen« bemessen werden.[7] Ploetz glaubte, die Objektivierung der Ethik lasse sich dadurch erreichen, daß die »Gesellschaft selbst ... und damit die Ethik, den Sinn ihrer Erhaltungs-Notwendigkeit von dem letzten und höchsten Begriff

5 Wilhelm Schallmayer, *Vererbung und Auslese im Lebenslauf der Völker. Eine staatswissenschaftliche Studie auf Grund der neueren Biologie*, Jena 1903, 242f.

6 Alexander Tille, *Von Darwin bis Nietzsche. Ein Buch Entwicklungsethik*, Leipzig 1895, 22f.

7 Wilhelm Schallmayer, »Generative Ethik«, 215f.

des Lebens empfängt, von der Rasse als der Erhaltungs- und Entwicklungseinheit des dauernden Lebens...«. Im Grunde reduzierten sich die ethischen Forderungen Ploetz' auf eine ›Fortpflanzungshygiene‹ zur Vermeidung der Geburt der »Schwachen«.[8] Die sozialdarwinistischen Entwicklungsethiken, die um die Jahrhundertwende von den Rassenhygienikern angeboten wurden, waren vor allem auf die mit der eugenischen Programmatik implizierten Veränderungen individueller Verhaltensmuster gerichtet, und zwar dort, wo die zu erwartenden Widerstände am größten waren: im Bereich des Fortpflanzungsverhaltens und der dieses steuernden Werte von Individualität und Privatheit. Folgerte man wie Schallmayer aus der Weismannschen Vererbungstheorie, daß das »Naturgesetz, die völlige Unterordnung des individuellen Interesses unter das der Gattung«, auch für die menschliche Entwicklung Gültigkeit haben müsse, so mußte man notwendig den Wert des Individuums zugunsten der Spezies relativieren, wenn nicht gar völlig aufheben.[9] Für die Praxis bedeutete das, daß die Interessen der gegenwärtig lebenden Generation hinter denen aller künftigen zurückzustehen hätten.

Die Entwürfe der ›generativen Ethiken‹ waren Ausdruck einer szientistischen und technokratischen Emphase der Verwissenschaftlichung der zentralen (und letzten noch unerschlossenen) institutionellen Bereiche der Gesellschaft: Sexualität und Fortpflanzung, Ehe und Familie. In ihnen wird noch der wertbezogene und normative Charakter der Eugenik offenkundig. In der Konstruktion der eugenischen Sozialtechnologie treten die Wertbezüge jedoch immer weiter zurück, verdeckt von einer technokratischen Scheinobjektivität.

Die technokratische Strategie – das selektionstheoretische Paradigma

Die ›generativen Ethiken‹ richteten sich, wenngleich (zunächst) faktisch erfolglos, auf die direkte Verhaltensänderung über eine Veränderung der Werteordnung. Im Grunde handelte es sich

8 Alfred Ploetz, »Ableitung einer Gesellschaftshygiene und ihrer Beziehungen zur Ethik«, *ARGB*, 1906, *3*: 253-259, 253, 259.

9 Schallmayer, *Vererbung* (1903), 242f.

mehr um eine Explikation der Konsequenzen der wissenschaftlichen Theorien für das herrschende Wertsystem und der Deutungsansprüche der Eugenik als um den systematischen Versuch einer Veränderung des Wertsystems, also der herrschenden Ethik.

Demgegenüber entwickelte die Eugenik eine auf die für notwendig erachteten Verhaltensänderungen gerichtete technokratische Strategie in Gestalt der wissenschaftlich begründeten, aber ebenso wertbezogenen Gesellschaftsdiagnosen und Maßnahmenkataloge. Der Kern dessen, was die Eugenik zunächst zu einer *Sozialtechnologie* werden ließ, leitete sich ebenfalls aus Darwins Theorie her: Zwar wurden über das vererbungstheoretische und eugenische Deutungsmuster *soziale* Probleme wie die gesundheitlichen Folgen der Industrialisierung und Verstädterung *biologisiert* und damit der Einwirkung direkter sozialer Lösungsstrategien entzogen, aber gemäß den Postulaten der Darwinschen Selektionstheorie sollte die Eugenik die biologisierten Probleme mit sozialpolitischen Mitteln lösen. Eugenik als Sozialtechnologie bedeutete die Steuerung des Fortpflanzungsverhaltens über die Veränderung sozialer Institutionen und/oder die Reform von Institutionen unter dem Gesichtspunkt ihrer für die Erbqualität relevanten Auslesefunktionen. Der zu jener Zeit gebräuchliche Terminus ›Gesellschaftsbiologie‹ trifft genau diesen Sachverhalt.

In der folgenden Entwicklung der Eugenik während der ersten vier Jahrzehnte unseres Jahrhunderts war der Unterschied zwischen der direkten (Gebote und Verbote, staatlicher Zwang) und der indirekten (Erziehung, Rechtsreform etc.) Verhaltensbeeinflussung Gegenstand der professionellen und öffentlichen Diskussion. Realisiert wurden aber letztlich beide Formen, von denen sich einige bis in unsere Tage erhalten haben, bis es schließlich zur Abkehr von der sozialtechnologischen Orientierung der Eugenik kam. Das heißt, daß fortan die Biologisierung sozialer Probleme zumindest weitgehend revidiert und auf die Steuerung des Fortpflanzungsverhaltens über institutionelle Reformen verzichtet wurde. An ihre Stelle traten medizinische und genetische Techniken, deren Einsatz zur Reproduktionssteuerung nicht mehr über den Imperativ einer staatlich postulierten Erbgesundheit des Volkes erfolgt, sondern sich über die individuelle Nachfrage nach Kriterien der internalisierten Vorstellungen von Gesundheit und Krankheit regelt.[10] Dieser Prozeß resultiert aus den sich verändernden Konstellationen zwischen der wissenschaftlichen Entwicklung im Bereich der menschlichen Erblehre bzw. Humangenetik sowie in den benachbarten Gebieten einschließlich der medizinischen Technologie und der politischen Entwicklung. Bevor die Analyse der Beziehung von wissenschaftlichem Wissen und gesellschaftlichen Werten aus der im vorangegangenen Abschnitt dargelegten »Ausgangssituation« herausgeführt und im einzelnen weiterverfolgt werden soll, geht es darum, die Charakteristika der sozial-technologischen Eugenik bzw. Rassenhygiene zu bestimmen, die sowohl für ihren anfänglichen Erfolg als schließlich auch für ihr Scheitern verantwortlich sind, sowie um den Aufweis der Verbindung zwischen wissenschaftlicher und professionspolitischer Strategie.

Die Beziehung zwischen der Genese und Entfaltung des neuen Wissenssystems – den Selektions- und Vererbungstheorien – und ihrer eugenischen Umsetzung einerseits sowie andererseits des gesellschaftlichen Wertsystems, das teils für die neue Wissenschaft konstitutiv ist, teils durch sie erodiert wird, erschließt sich nur dann, wenn man den wertekonstituierenden Charakter der Wissenschaft selbst mitveranschlagt. Von Anfang an war die Eugenik durch zwei Paradigmen der strategischen Verhaltenssteuerung gekennzeichnet: das selektionstheoretische, das auf die Veränderung gesellschaftlicher Institutionen nach Maßgabe ihrer eugenischen bzw. dysgenischen Funktionen abzielte, und das medizinisch-genetische, das an einem Begriff von Erbkrankheit und auf deren »Ausmerzung« orientiert war. Beide Paradigmen hatten gemeinsame Schnittflächen und differenzierten sich erst allmählich aus. Dennoch sind sie nicht nur als unterschiedlich zu identifizieren, sondern sie lassen sich auch in eine chronologische Abfolge zueinander setzen. Das selektionistische oder auch sozialdarwinistische Paradigma hatte ein Übergewicht in der Entwicklung der Rassenhygiene bis in die vierziger Jahre. Mit ihm verbindet sich eine sozialpolitische bzw. sozialtechnologische Handlungsstrategie der Rassenhygieniker, deren Fixpunkt die »Gesundung« bzw. »Verbesserung« des »Erbmaterials« des gesamten »Volkskörpers« oder in heutiger Terminologie: des »Genpools« war. Das medizinisch-genetische Paradigma erhielt,

10 S. dazu Kapitel VII und VIII.

in Deutschland später als anderswo, ab dem Zeitpunkt ein Übergewicht, als das selektionistische politisch gescheitert und moralisch delegitimiert war. Die damit einhergehende Abkehr vom sozialtechnologischen Zugriff auf den »Genpool« zu einer Orientierung auf die medizinische Strategie der individuellen Krankheitsprävention wurde wissenschaftlich gestützt und politisch legitimiert.

Hier geht es zunächst nur um den ersten Abschnitt der Chronologie. Vier maßgebliche Rassenhygieniker können exemplarisch das Spektrum der Positionen und ihre Entwicklung repräsentieren, das in diesem Zeitabschnitt die Rassenhygiene in Deutschland ausmachte: die selektionstheoretisch orientierten Alfred Ploetz (als ein früher) und Fritz Lenz (als der spätere Repräsentant) sowie Wilhelm Schallmayer, der eine Zwischenstellung einnahm, und schließlich Alfred Grotjahn, der eine vorwiegend medizinische Position bezog.

Von der Rassetüchtigkeit zu den guten Erbanlagen – Wertbezüge der Eugenik

Die Konzipierung der Eugenik als Sozialtechnologie beruhte auf einer zentralen Wertannahme: der Voraussetzung einer spezifischen Qualität des Erbguts bzw. der notwendigen und unausweichlichen Bewertung von »vererbten« Merkmalen als »gut« oder »schlecht«. Der »wertexpansionistische« (Graham) Charakter der Eugenik folgt aus der Definition des Wissenschaftsgebietes selbst: Die Vererbbarkeit von Merkmalen markiert die Grenzen von Erklärung und Deutung durch die Eugenik; die Bewertung der Merkmale ist Voraussetzung für die wissenschaftliche Begründung von Handlungsanweisungen. Solange hinsichtlich der Vererbbarkeit der Merkmale die Spekulation noch nicht durch gesichertes Wissen eingegrenzt wird, gelangen alle möglichen sozial relevanten Eigenschaften in das Einzugsfeld, wird »Soziales« biologisiert, und gerade dieses weite Feld sozialer Eigenschaften liefert auch deren soziale Bewertungen gleich mit. Über die Biologisierung der Eigenschaften erhalten deren Bewertungen den Anschein wissenschaftlicher Objektivität.

Der »theoretische Überschuß« der Selektionstheorie ermög-

Verlag von **Max Spohr** in **Leipzig.**

Fakultative Sterilität

I. Teil.

Beleuchtet vom

prophylaktischen und hygieinischen Standpunkt.

II. Teil (Supplement)

Das

Pessarium occlusivum u. dessen Applikation.

(Mit Abbildungen.)

Von

Dr. med. Mensinga-Hasse.

Sechste vermehrte und verbesserte Auflage.

Preis 4 Mark.

Die beiden Teile sind auch einzeln à 2 Mark käuflich.

Bis in die 80er Jahre hatte in Deutschland die Kinderbeschränkungsfrage hauptsächlich aus den von Malthus geltend gemachten volkswirtschaftlichen Gesichtspunkten heraus eine nur doktrinäre Erörterung gefunden, da trat der menschenfreundliche Arzt, Dr. Mensinga in Flensburg, ausdrücklich zum Zwecke der Abwehr der Ehenot als Apostel für die künstliche Unfruchtbarkeit oder „Fakultative Sterilität" mit obigem Buche auf. Er veranschaulichte nicht nur die dringend benötigte Hilfeleistung für die bis zur Erschöpfung fort und fort gebärenden Ehefrauen, unter Anführung ergreifender Einzelfälle, mit klar beredter Sprache, sondern er stellte auch für diesen Zweck der Empfängnisverhütung ein besonderes Vorbeugungsmittel in der Gestalt eines Pessars für die in Ehenot lebenden Frauen zur Verfügung.

Es ist erklärlich, dass diese Schrift enormes Aufsehen erregte und anfänglich gleichviel Anfeindungen wie wahrhaft enthusiastischen Lobeserhebungen begegnete; heute dürfte wohl, mit Ausschluss der Geistlichkeit, jeder wahrhaft Gebildete zu der Ansicht gelangt sein, dass Dr. Mensinga durch obige Schrift ein Wohlthäter der Menschheit wurde und dass da, wo das Leben, die Gesundheit und die Wohlfahrt der Mutter durch fernere Schwangerschaft, gleichviel welche Nebenumstände dies bedingen, irgendwie gefährdet erscheint, es Pflicht des Menschenfreundes ist, die Empfängnis zu verbieten, fakultative Sterilität, also gewollte Kinderlosigkeit eintreten zu lassen.

Verlag von **Max Spohr** in **Leipzig.**

Physiologie und Hygiene

des

Ehelebens.

Medizinische und naturgeschichtliche Darstellung

von

Mann und Weib in der Ehe,

nebst einer Hygiene der schwangeren Frau und des Neugeborenen.

Nach der 140. Auflage des französischen Originals ins Deutsche übertragen. 354 Seiten.

Von A. Debay.

Preis 3 Mark.

Zu denjenigen Wissensgebieten, welche man der grossen Masse der Gesellschaft löblicher Weise zugänglich gemacht hat, von welchen man also wünscht, dass ein jedes Individuum wenigstens ein gewisses Minimum als sicheren geistigen Besitz in sich trage, gehört auch die Anatomie und Physiologie der Lebewesen, insbesondere aber die des menschlichen Organismus.

Es sind denn auch auf diesem Gebiete eine Anzahl vorzüglicher populärer Werke erschienen, alle zeigen jedoch eine hervorzuhebende Eigenschaft: Man hat aus Gründen, die hier auf ihren Wert oder Unwert nicht geprüft werden können, die Besprechung eines sehr wichtigen Teils der menschlichen Organe und ihrer Funktionen nicht aufgenommen, nämlich der Geschlechtsorgane.

Das vorliegende Buch ist nun von der Art, dass es sich speziell mit diesem Gegenstand und dem damit in Verbindung stehenden, beschäftigt. Auch über Gebräuche, wie sie noch heute bei weniger zivilisierten Völkerschaften bestehen oder wie sie bei manchen Völkern bestanden haben, und zwar hinsichtlich des in diesem Buche behandelten Gebietes, gab der Verfasser interessante ethnographische und kulturhistorische Belehrungen.

In Frankreich erschienen von diesem reichhaltigen Werke bereits 140 Auflagen.

Oben und rechts: Aus: James von Wilpert, Die Ehe der Zukunft. Leipzig (Verlag Max Spohr) 1898. (Verlagsanzeigen)

Verlag von **Max Spohr** in Leipzig.

Handbuch der Kallipädie.

Neue Theorie
der
menschlichen Fortpflanzung.

Mit besonderer Berücksichtigung
der Vererbung und der kallipädischen Zeugung,
sowie
der neueren Anschauungen über die willkürliche Bestimmung der Geschlechter.
Nebst einem orthopädischen Anhang
über die Kunst, die Missbildung des Körpers bei Kindern zu verhindern.

Deutsche Ausgabe der **„Venus fecunda et callipédique.“**
272 Seiten.
Von A. Debay.
Preis 3 Mark.

Physiologische Beschreibung
der
30 Schönheiten des Weibes.

274 Seiten.
Von A. Debay.
Preis 3 Mark.

Ein Buch, eigenartig in seiner Weise, das eine geistreiche Zergliederung des weiblichen Wesens nach Seele und Charakter in sich schliesst. Es befleissigt sich eines weisen Abwägens der geistigen und physischen Wechselbeziehungen zwischen Weib und Mann und bildet ferner ein Schatzkästlein des guten Rates in kosmetischer und hygienischer Beziehung, sowie eine Diätetik der Seele und einen Führer durch das Reich der Harmonie und Grazie.

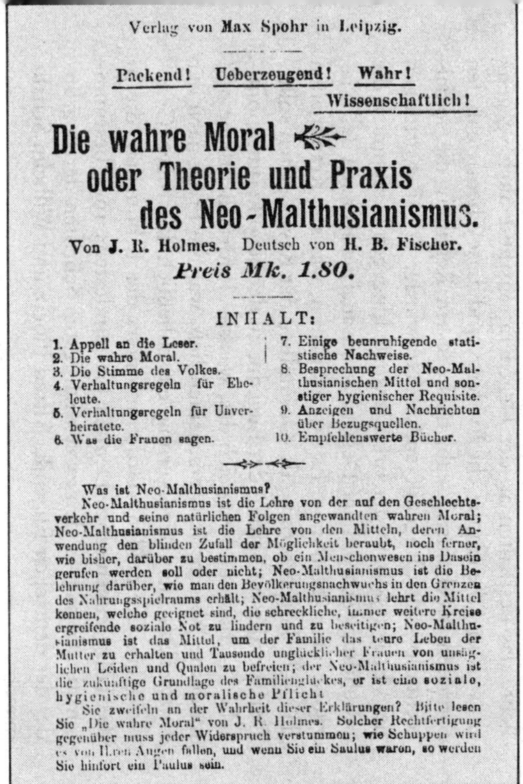

Verlag von **Max Spohr** in Leipzig.

Packend! Ueberzeugend! Wahr! Wissenschaftlich!

Die wahre Moral oder Theorie und Praxis des Neo-Malthusianismus.

Von J. R. Holmes. Deutsch von **H. B. Fischer.**
Preis Mk. 1.80.

INHALT:

1. **Appell an die Leser.**
2. Die wahre Moral.
3. Die Stimme des Volkes.
4. Verhaltungsregeln für Eheleute.
5. Verhaltungsregeln für Unverheiratete.
6. Was die Frauen sagen.
7. Einige beunruhigende statistische Nachweise.
8. Besprechung der Neo-Malthusianischen Mittel und sonstiger hygienischer Requisite.
9. Anzeigen und Nachrichten über Bezugsquellen.
10. Empfehlenswerte Bücher.

Was ist Neo-Malthusianismus?
Neo-Malthusianismus ist die Lehre von der auf den Geschlechtsverkehr und seine natürlichen Folgen angewandten wahren Moral; Neo-Malthusianismus ist die Lehre von den Mitteln, deren Anwendung den blinden Zufall der Möglichkeit beraubt, noch ferner, wie bisher, darüber zu bestimmen, ob ein Menschenwesen ins Dasein gerufen werden soll oder nicht; Neo-Malthusianismus ist die Belehrung darüber, wie man den Bevölkerungsnachwuchs in den Grenzen des Nahrungsspielraums erhält; Neo-Malthusianismus lehrt die Mittel kennen, welche geeignet sind, die schreckliche, immer weitere Kreise ergreifende soziale Not zu lindern und zu beseitigen; Neo-Malthusianismus ist das Mittel, um der Familie das teure Leben der Mutter zu erhalten und Tausende unglücklicher Frauen von unsäglichen Leiden und Qualen zu befreien; der Neo-Malthusianismus ist die zukünftige Grundlage des Familienglückes, er ist eine soziale, hygienische und moralische Pflicht.

Sie zweifeln an der Wahrheit dieser Erklärungen? Bitte lesen Sie „Die wahre Moral“ von J. R. Holmes. Solcher Rechtfertigung gegenüber muss jeder Widerspruch verstummen; wie Schuppen wird es von Ihren Augen fallen, und wenn Sie ein Saulus waren, so werden Sie hinfort ein Paulus sein.

lichte das Festhalten an der Degenerationsthese auch »gegen« (bzw. ohne) die empirische Evidenz, und diese Theorie gab den formalen Mechanismus ab, nach dessen Regulativ die sozialtechnologische Eugenik entwickelt wurde. Die Bewertungen des »Erbguts« bzw. der Erbmerkmale hingegen bestimmten die »Richtung« sowohl der Degenerationsanalyse als auch der Diagnose ihrer »Heilung«. Es war zu klären, was als ›Krankheiten des Volkskörpers‹ bzw. als ›Gesundheit der Rasse‹ gelten sollte. Der spezifische Beitrag der Eugenik zu der bevölkerungspolitischen Debatte und zugleich das, was sie als fortschrittliche und moderne Wissenschaft erscheinen ließ, war die Frage nach der *Erbqualität* der Bevölkerung einschließlich künftiger Generationen. Die beiden »Urdefinitionen« der Erbqualität, die in der Folge eugenisches Denken bis mindestens 1945 bestimmten, finden sich in den zwei wichtigsten Schriften der Begründer der deutschen Eugenik, Alfred Ploetz und Wilhelm Schallmayer.

Ploetz sprach von der ›Vervollkommnung des Typus‹, worunter er die »vielseitigere und feinere Functionierung und die damit verbundene differenziertere Struktur« verstand, oder wie er es auch nannte, die »Gesamt-Constitutionskraft in Bezug auf den Extral- und Socialkampf«.[11] Ploetz hing noch den Befunden der Craniometrie an und der von ihr aufgestellten Rangordnung von Rassen nach Gehirngewicht und -umfang, die bekanntlich den Gorilla als unteren Bezugspunkt annahm, die Neger als die nächsthöhere Stufe einordnete und die Weißen als die höchstentwickelte Rasse sah. Die Eigenschaften, die der Rasse zugeschrieben wurden, waren diejenigen, auf deren Förderung es ankam: die Gehirnanlagen, der Altruismus und in eingeschränkter Weise auch der Schönheitssinn.[12] Übereinstimmend mit Ploetz hielt Schallmayer, der sich im übrigen über den Kult um die nordische Rasse lustig machte und vor den rassen-theoretischen Mitläufern der Rassenhygiene warnte, die geistigen Anlagen für die wichtigsten Hilfsmittel »zur Erhaltung des Daseins und zur Erlangung von Überlegenheit in den intra- und intersozialen Kämpfen«. Die Eugenik als »auslesende Beeinflussung der Fruchtbarkeitsverhältnisse« mußte auf die ›gute Kombination

11 Ploetz, *Tüchtigkeit*, 94, 118.
12 Ploetz, *Tüchtigkeit*, 13, III.

von Erbanlagen‹ als Züchtungsziel gerichtet sein, auf die »Vereinigung leiblicher mit geistiger Rassetüchtigkeit«. Damit wandte sich Schallmayer gegen einseitige Auffassungen wie etwa die Ferdinand Tönnies', der nur die Züchtung einer Klasse von Eigenschaften auf Kosten der anderen für möglich hielt. Er konnte dabei auf die unabhängige Vererbung von ›Anlagevarianten‹ verweisen, das Phänomen der Genkombinationen, wie sie die von ihm in der dritten Auflage seines Buches rezipierte »Mendelforschung« aufgezeigt hatte.[13]

Es ist instruktiv für den sozialdarwinistischen »Überschuß«, also die der wissenschaftlichen Fundierung voraneilende Orientierung der Eugenik an politischer Praxis, daß Schallmayer es trotz seiner Vorsicht für erforderlich hielt, die eugenische Beeinflussung bis zur Erstellung erbbiologischer Personalbogen auf einen anderen Maßstab zu beziehen. Einstweilen konnte der »Rassewert« von Personen und Personenkategorien nur nach dem ›Phänotypus‹, d.h. nach den ›persönlichen Entwicklungsergebnissen‹, und nach ›Leistungen‹ beurteilt werden. Die Unvollkommenheit dieses Maßstabs erlaube daher auch nicht die unmittelbare, allenfalls die mittelbare Beeinflussung der Fortpflanzungsverhältnisse menschlicher Gesellschaften. Das Ziel war schlicht, die Fortpflanzungsrate der verschiedenen Bevölkerungsgruppen »ihrem sozialen Wert« anzupassen. Noch einen Schritt näher an der Praxis bedeutete das, den Rassewert der Kinder, solange die Abstammung der Väter und Mütter nicht sicher beurteilt werden könne, nach dem sozialen Wert des Vaters zu bemessen, der sich aus dessen Einreihung in eine Leistungsklasse ergab.[14] Selbst die vergleichsweise wissenschaftlich gut fundierte Eugenik Schallmayers war achtzehn Jahre nach der Begründung der modernen Genetik also noch der Logik des Sozialdarwinismus und ihrer spezifischen Vorurteilsstruktur verpflichtet, der gemäß das sozial Höherwertige auch als biologisch höherwertig galt. Sie war biologistische Sozialwissenschaft bzw. »Gesellschaftsbiologie«, als die Schallmayer seinen Beitrag verstanden wissen wollte.

Sowohl Ploetz als auch Schallmayer verfolgten mit ihren Vorstellungen einer ›Vervollkommnung der Anlagen‹ eine Konzep-

13 Schallmayer, *Vererbung* (1918), 381, 370, 56, 64. *Vererbung* (1903), 101.

14 Schallmayer, *Vererbung* (1918), 428, 460.

tion *positiver* Eugenik, deren Wertbeladenheit von vornherein größer ist als die der *negativen* Eugenik. Es geht um Züchtung von Eigenschaften, nicht um die Verhinderung der Vererbung von negativen Merkmalen oder Krankheiten. Bezugspunkt dieser Strategie ist fast notwendig die Gesellschaft, nicht das Individuum. Folglich sah Schallmayer in der ›Leistungsfähigkeit‹ ein solches Züchtungsziel, und ›Intelligenz‹ und ›Moral‹ hielt er sogar für wissenschaftlich beweisbare Ziele. Der Wertcharakter wird, wenn er es nicht schon ohnehin ist, an dem Streit der Eugeniker untereinander offensichtlich, oder auch an der Idee der eugenischen Züchtung von Vaterlandsliebe.[15]

Alfred Grotjahn, der seine *Hygiene der menschlichen Fortpflanzung* 1926 veröffentlichte und in dessen eugenischen Vorstellungen sich seine politische Nähe zur Sozialdemokratie widerspiegelt, repräsentierte den moderaten Flügel der deutschen Eugenik. Für ihn bestand die Aufgabe der Eugenik darin, die körperlich und geistig »Minderwertigen abzugrenzen und dann dafür zu sorgen, daß diese beiden Gruppen weniger zur Produktion der kommenden Generationen beitragen als die Durchschnittlichen oder gar Höherwertigen«. Er schlug sich mit dem Normbegriff herum, lehnte dabei das darwinistische Konzept der besten Angepaßtheit ab (»Auf's beste angepaßt ist auch der feiste, alkohol- und nikotingewöhnte, von moralischen Skrupeln nicht beschwerte, pfiffige Großverdiener...«) und kam zu dem Schluß, daß angesichts der Unmöglichkeit einer exakten Bestimmung der Norm im körperlichen und zumal im geistigen Bereich die praktische Eugenik auch damit auszukommen habe, die »Breite des Vollwertigen auf Grund der täglichen Erfahrung« anzuerkennen und das, »was deutlich aus dieser Breite herausfällt, entweder zum Minderwertigen oder zum Höherwertigen« zu stempeln. Die darauf sich gründende »zwanglose« Unterscheidung der Menschen in Begabte, Durchschnittliche und Belastete geriet ihm weniger willkürlich, als es nach dieser phänomenologischen

15 Schallmayer, *Vererbung* (1903), 101, 104. Kossmann hielt die Vaterlandsliebe für einen angeborenen Trieb oder Instinkt, räumte allerdings ein, daß eine »vollständig durchgeführte technische Züchtung des Patriotismus« wohl nicht möglich sei. Gleichwohl sollten die Kinder von Patrioten bis zu ihrem 30. Lebensjahr eine Pension beziehen. Robby Kossmann, *Züchtungspolitik*, Schmargendorf 1905, 211, 214, 215f.

Vorgehensweise den Anschein haben könnte. Grotjahn wollte die Eugenik auf die Belastungen ausrichten.[16]

Grotjahn unterschied deshalb »deutliche« und »verschleierte« Belastungen, und innerhalb dieser jeweils unwesentliche und wesentliche. Entscheidend bei alledem ist, daß er die Eugenik an den Katalog der bekannten Erbkrankheiten rückband und als eine Form der Sozialhygiene konzipierte. Indem er der Logik der Vererbungsforschung folgte – die Rassenhygiene lehnte er aus den gleichen Gründen ab wie Schallmayer –, traten die sozialdarwinistischen Deduktionen mit ihren politisch radikalen Konsequenzen in den Hintergrund. Die solcherart »verwissenschaftlichte« Eugenik hatte demgegenüber sowohl weiterreichende als auch einschränkende Implikationen. Der Stand der Erbpathologie ließ erwarten, daß die meisten und wichtigsten Erbkrankheiten des Menschen dem rezessiven Erbgang folgen, woraus sich der Schluß ergab, daß auch die Mitglieder einer Sippschaft als vermutliche Träger der Krankheit von der Fortpflanzung auszuschließen seien. Diese weitreichende Folgerung, die Grotjahn für öffentlich noch nicht durchsetzbar hielt – und die im übrigen auch auf medizinisch unüberwindbare Hindernisse gestoßen wäre –, fand dennoch Eingang in den Sterilisationsgesetzentwurf des Ministers für Volkswohlfahrt von 1932, wurde dann aber nicht in das nationalsozialistische Gesetz von 1934 aufgenommen.

Grotjahn glaubte, daß sich die Eugenik auf die »negative«, d.h. die Erbkrankheiten ausschaltende Funktion beschränken sollte, da die Vererbungswissenschaft weit entfernt davon sei, »Licht in das dunkle Gebiet der Entstehung der Talente und Genies« zu bringen und damit »positiv« die Begabung in der Bevölkerung zu steigern. Die von ihm verfolgte Verpflichtung der Eugenik auf die Vererbungsforschung und die von ihr erfaßten Erbkrankheiten war vor ihm schon von Lenz und Hermann W. Siemens, auf die er sich selbst berief, eingeleitet worden. Dennoch ist es instruktiv, den von Lenz in der 3. Auflage von 1931 des berühmten ›Baur-Fischer-Lenz‹, dem maßgeblichen Lehrbuch zur Rassenhygiene/Eugenik, vertretenen Forschungsstand zu betrachten. Lenz war zu jener Zeit einer der hervorragenden Erbforscher in

16 Alfred Grotjahn, *Hygiene der menschlichen Fortpflanzung. Versuch einer praktischen Eugenik*, Berlin/Wien 1926, 182, 166.

Deutschland, stand aber zugleich politisch rechts und hatte keine Bedenken, mit dem Nationalsozialismus zu kollaborieren, wenn er damit seine rassenhygienischen Ideen verwirklichen konnte.

Die ambivalente Stellung Lenz' kommt in seiner Konzeption von Rassenhygiene (er gab diesem Begriff den Vorzug vor dem der Eugenik) zum Ausdruck. Rassenhygiene war ihm zufolge auf die Verhütung der Schädigung der Erbmasse sowie auf die Erhaltung der tüchtigen Erbanlagen bezogen. Soweit es der Rassenhygiene auch um die Ertüchtigung der Menschen gehen sollte, kam es Lenz ganz besonders auf die Anlagen zu geistiger Begabung an, die für die kulturellen Leistungen eines Volkes entscheidend seien. Die Erhaltung der höheren Begabungen sei, gerade weil sie noch mehr bedroht schienen als die Durchschnittsanlagen, noch wichtiger als die Unterschiede zwischen gesunden und krankhaften Erbanlagen.[17] In Lenz' Hervorhebung der Unterschiede im Bereich der normalen Anlagen – gegenüber Grotjahns eindeutiger Orientierung an den Erbkrankheiten – kommt auch seine sozialdarwinistische Perspektive zum Tragen. Ohne eine Definition der Rassenhygiene zu geben, entwickelte er deren Aufgabenstellung aus einer Analyse der Auslesebedingungen. Zu Recht betonte er, daß die Bezeichnung der Auslese als Gegenauslese (Ploetz) ein Werturteil impliziere. Dieses Werturteil schob Lenz nach. Er beklagte, »daß gerade die hauptsächlichen Träger der modernen Kultur und solche Menschen, die ihrer ganzen Veranlagung nach am besten dem dauernden Gedeihen der Rasse dienen könnten, eine geringere Nachkommenzahl zu hinterlassen pflegen als der Durchschnitt der Bevölkerung«.[18]

Lenz unterschied die biologische Auslese von der sozialen. Unter ersterer verstand er »Tüchtigkeit« als die Widerstandsfähigkeit gegenüber erblichen und nichterblichen Krankheiten, aber auch gegenüber Alkoholismus und Kriegseinwirkungen. In sei-

17 Fritz Lenz, *Menschliche Auslese und Rassenhygiene (Eugenik)*, München 1931, 251. Dabei handelt es sich um Band 2 des Gesamtwerks: Erwin Baur/Eugen Fischer/Fritz Lenz, *Grundriß der menschlichen Erblichkeitslehre und Rassenhygiene*, 2 Bde., 3. Aufl., München 1931. Band 1 erschien unter dem Titel ›Menschliche Erblehre‹; Verfasser waren alle drei Autoren.

18 Lenz, *Menschliche Auslese*, 11.

ner Vorstellung von sozialer Auslese entwickelte er eine sozialdarwinistische Konzeption von Tüchtigkeit, insofern exemplarisch die Berufsauslese Anhaltspunkte für die Einschätzung der biologisch bedingten Anpassung zu geben vermochte. Die Auslese für bestimmte Berufe erfolgte Lenz zufolge »nicht nur nach den Anlagen der einzelnen Individuen, sondern zum Teil auch nach denen der Familien im Laufe der Generationen«. Es kann kaum überraschen, daß Lenz auch die Klassenunterschiede »zum großen Teil« als Ergebnis der sozialen Auslese, d.h. durch biologische Anlagen bestimmt, sah.[19]

Eugenische Gesellschaftsdiagnose – die sozialen Ursachen der biologischen Entartung

Der zweite zentrale Bezugspunkt eugenischer Konzeptionen neben der Definition der Erbqualität war die Diagnose ihres Zustands und ihrer Veränderungen. Sie war biologische Diagnose. Allerdings verdankte die entstehende eugenische Bewegung ihre Dynamik, ihr politisches Sendungsbewußtsein und ihre missionarische Aktivität nicht nur der Einsicht in und der Warnung vor der Gefahr der biologischen Entartung der Bevölkerung, sondern vor allem der beanspruchten Fähigkeit, sie aufhalten und den Degenerationsprozeß sogar in eine »Aufartung« umkehren zu können. Man muß sich an dieser Stelle nochmals daran erinnern, daß die Diagnose der Entartung gar nicht exakt empirisch belegt werden konnte, sondern aus der Selektionstheorie deduziert wurde. In derselben Weise stützte diese Theorie auch das Vertrauen in die Fähigkeit, die Degeneration aufzuhalten – durch die Beseitigung der postulierten Ursachen. Die Eugenik als neue angewandte Wissenschaft konstituierte sich auf dem harten Amalgam eines gegen Einwände immunisierten deduktiven Systems und des sich darauf stützenden Weltverbesserungsenthusiasmus wissenschaftlich-professioneller Prägung.
Die begriffliche Unschärfe des Entartungsbegriffs sowie der Einschluß von Werturteilen hinsichtlich der betrachteten Erbqualitäten war zumindest Schallmayer schon bewußt. In Zusammenhang mit dem methodischen Problem, ›wie‹ eine wissenschaftlich

19 Lenz, *Menschliche Auslese*, 94, 97.

›objektive‹ Bestimmung der Entartung zu erreichen sei, entschied er sich für zwei wichtige Einschränkungen. Die Einheit, für die die Entartung zu diagnostizieren war, konnte nur eine Zeugungsgruppe sein, und die Diagnose war nur im Vergleich zur vorausgegangenen Generation zu treffen. Die Präzisierung der Entartungsdiagnose läßt sich schon an Schallmayers eigenem Werk zeigen. In der ersten Auflage der *Vererbung* von 1903 folgte er noch vorbehaltlos der (sozial-) darwinistischen These, daß kulturelle Höherentwicklung zur Verschlechterung der Auslese führt. In der dritten Auflage von 1918 hielt er diesen Zusammenhang nicht mehr für zwingend.[20]

Lenz war sich des methodischen Problems ebenfalls bewußt und unterschied explizit zwischen einem wertfreien Entartungsbegriff, der die Neuentstehung und Ausbreitung krankhafter Erbanlagen beschrieb, und einem wertenden Entartungsbegriff, der die Ausbreitung »sonst unerwünschter« Anlagen – »wie etwa mangelnde Kulturbegabung« – bezeichnete. Ursachen der Entartung sah er in Mutationen und der Einschränkung der Auslese. Dieser Punkt in der Entwicklung der Entartungsanalyse ist bedeutsam, weil die Grenzlinie zwischen der genetischen und der sozialbiologischen Erklärungsform deutlich erkennbar ist und von Lenz auch thematisiert wird. Zu diesem Zeitpunkt überwogen jedoch noch die weitreichenden Erklärungsschemata, die sozialbiologische Perspektive blieb beherrschend. Über die eindeutigen körperlichen und geistigen Krankheiten hinaus konnte infolgedessen auch eine Vielzahl von Varianten abweichenden Sozialverhaltens unter die Kategorie der degenerativen Erscheinungen subsumiert werden, darunter, um nur die wichtigsten zu nennen, Kriminalität, Prostitution und Alkoholismus. Als Terminus technicus für die Gesamtheit dieser unerwünschten Erscheinungen bürgerte sich bald der beliebig dehnbare Begriff der »Minderwertigkeit« ein. Unter diese Kategorie der »Minderwertigen« konnten fortan alle Individuen eingeordnet werden, die unter Erbkrankheiten oder für erblich gehaltenen Krankheiten litten, die durch mißliebige Verhaltensweisen oder durch sonstige Abweichungen von den sozialen und rassischen Normen auffielen, die den jeweils zugrunde gelegten Standards körperlicher

20 Schallmayer, *Vererbung* (1903), 100; *Vererbung* (1918), 260.

»Tüchtigkeit« oder geistiger Leistungsfähigkeit nicht genügten.[21] Obwohl also die Differenzierung schon angelegt war, behielt das Minderwertigkeitskonzept noch seine Geltung. Bei entsprechend extensiver Auslegung konnte es zu einer Art Denunziationskategorie werden, eine Entwicklung, die im Nationalsozialismus tatsächlich stattfand.

Grotjahn rückte den Entartungsbegriff sehr viel näher an den Begriff der Erbkrankheiten heran. Entartung hieß für ihn »eine auf Erbanlagen beruhende körperliche oder geistige Verschlechterung der Nachkommen im Vergleich zu den als fehlerfrei oder doch wenigstens als nach dem Durchschnitt gemessen im wesentlichen fehlerfrei vorgestellten Vorfahren. Jede körperliche oder geistige Minderwertigkeit, die auf vererbbare fehlerhafte Anlagen zurückzuführen ist, stellt das Symptom einer Entartung (Degeneration) dar. Jedes damit behaftete Individuum ist ein entartetes (degeneriertes).«[22]

Die Eingrenzung des Begriffs war durch seinen Versuch begründet, den Begriff der Auslese (Selektion) aus dem darwinistischen Kontext zu lösen und zwischen natürlicher Auslese, sozialer Siebung und eugenischer Auswahl zu unterscheiden. Die natürliche Auslese war danach aufgrund ihrer Unmenschlichkeit auf den gehobeneren Kulturstufen ausgeschaltet, die soziale Siebung war ständig wirksam, konnte aber dysgenische Wirkung haben, und die eugenische Auswahl schließlich stellte die Möglichkeit der planmäßigen Abschwächung dysgenischer Wirkungen der natürlichen Auslese und der sozialen Siebung dar.

Grotjahns Begriffsbestimmungen, insbesondere die der ›Entar-

21 Zur Kriminalität vgl. Lenz, *Menschliche Auslese*, 59-61; zu Prostitution und Alkoholismus s. Schallmayer, *Vererbung*, 140-146, 153-156. Bei einer entsprechend großzügigen Auslegung des Begriffs der Minderwertigkeit ergab sich leicht das Bild einer überbordenden Masse von Degenerierten, gegen die sich der »gesunde« Teil des Volkes, der Rasse zur Wehr setzen mußte. »Uns droht eine Sintflut der Minderwertigen ... Wo Schwerverbrecher, Sexualverbrecher, Idioten, schwere Epileptiker die menschliche Gesellschaft mit den Produkten ihres Leibes zu gefährden beginnen, dort ist für Belehrung kein Raum, dort sind Taten erforderlich. Sterilisation, unter Umständen Kastration werden Gebot der Notwehr.« Julius Tandler, *Gefahren der Minderwertigkeit*, Sonderdruck aus: *Jahrbuch 1928 des Wiener Jugendhilfewerks*, Wien 1928, 11, 14.

22 Grotjahn, *Hygiene*, 14.

tung‹, stellten einen wichtigen Schritt in der Entwicklung der Eugenik in Richtung auf deren »Medikalisierung« dar. Eine ›Mäßigung‹ im Hinblick auf die politischen Implikationen war jedoch keineswegs die notwendige Folge. Vielmehr implizierte dieser Schritt Moderierung und Radikalisierung zugleich. Indem er die Entartung auf krankhafte Erbanlagen zurückführte, begann Grotjahn, die Eugenik von den umfassenden selektionstheoretischen Begründungen zu lösen. Damit wurde der spekulative Charakter dieser Begriffsbildung zurückgenommen zugunsten einer empirischen Orientierung. Zugleich war die Radikalisierung in der Fassung des Entartungsbegriffs als Begriff der noch nicht präzisierten fehlerhaften Erbanlagen impliziert: Grotjahn hielt die Zahl derer, »die konstitutionell nicht als vollkommen rüstig anzusehen sind«, für sehr groß, führte als Beispiel Sehfehler an und kam zu dem Schluß, daß bei Einbeziehung anderer geringfügiger Schwächezustände »ungefähr ein volles Drittel der gesamten Bevölkerung schon von seinen ihr erblich überkommenen Anlagen aus nicht den Ansprüchen genügt, die wir an fehlerfreie, voll rüstige und gesunde Individuen stellen müssen«.[23] Zwar wollte er noch nicht von einer allgemeinen Entartung der Kulturmenschheit sprechen, aber auch er hielt sie für das unabänderliche Ergebnis, wenn die Fortpflanzung weiterhin sich selbst überlassen bliebe. Ob die Zahl der Belasteten zu- oder abnimmt, war unklar.

Eine Beschreibung der Entartungsphänomene trägt nichts zu ihrer Verhinderung bei, wenn nicht gleichzeitig die Ursachen der Entartung geklärt werden. Von der Identifikation der Ursachen hängt es ab, ob und ggf. welche eugenischen Maßnahmen als erfolgversprechend gelten. Wie bei den Entartungsdiagnosen selbst läßt sich für die Analyse der Ursachen der Entartung eine zunehmende Präzisierung beobachten. Interessant ist dabei nur, inwieweit der Fortschritt der Vererbungstheorie zu dieser Präzisierung führte oder die weltanschaulichen Positionen der Eugeniker sie prägten.

Ploetz' Diagnose der Entartungsursachen muß vor dem Hintergrund zweier wichtiger Voraussetzungen gesehen werden: Er hielt die Frage der Vererbbarkeit erworbener Eigenschaften für ungeklärt und konnte noch nicht auf eine genauere Kenntnis der

23 Grotjahn, *Hygiene*, 15.

Alfred Grotjahn †

Aus: Eugenik. Erblehre, Erbpflege Heft 2/1932. S. 43.

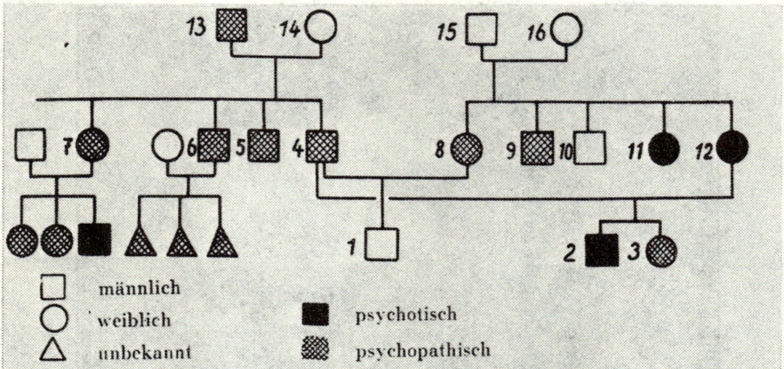

1. Alfred Grotjahn.
2. Halbbruder. Jurist. Sehr begabt, sehr musikalisch. Suicid im Beginn einer schizophrenen Psychose im dritten Lebensjahrzehnt.
3. Halbschwester. Hochstehender intellektueller Typ mit depressiven Zügen. Eine der ersten akademisch gebildeten Frauen.
4. Vater. Arzt. Außerordentlich tüchtig und beliebt. Jahrzehntelang Morphinist. Jähzornig, langdauernde Erregungszustände. 6 Monate Anstalt.
5. Vater-Bruder. Hochgradiger, in sich verschlossener Sonderling. Heimlicher Dichter.
6. Vater-Bruder. Original; erfolgloser Erfinder. Erzeugt mit gesunder Frau 3 neurotische, stotternde Kinder und 1 haltlosen, vagabundierenden Trinker.
7. Vater-Schwester. Früh verstorben. Ein epileptischer Sohn. Zwei extrem hysterische Töchter (Anfälle, Lähmungen).
8. Mutter. Früh gestorben. Sarkom. In der Jugend hypomanisch, später schwer depressiv, gehemmt. Jahrelanges, krankhaftes Heimweh.
9. Mutter-Bruder. Abenteurer, haltlos, starb in Afrika.
10. Mutter-Bruder. Kinderloser Junggeselle, unauffällig.
11. Mutter-Schwester. Melancholie (manisch-depressive Psychose, ohne deutliche Manie). Suicid †.
12. Mutter-Schwester. 2. Frau von Vater Grotjahn, Nr. 4. Stiefmutter des Probanden. Sehr musikalisch, sehr intelligent. Typische manisch-depressive Psychose, wiederholte Suicidversuche. Jahrzehntelanger Anstaltsaufenthalt.

Aus: Eugenik. Erblehre, Erbpflege Heft 2/1932. S. 195.

Vererbungsgesetze zurückgreifen, und er vertrat einen sozialdarwinistischen Auslesebegriff, neben dem der natürlichen Auslese im Sinne Darwins. Sein Hauptaugenmerk galt daher den gesellschaftlichen Auslesebedingungen. Die Zeugungsbedingungen selbst waren für Ploetz in einem umfassenden Sinn bedeutsam – »Krethi und Plethi heiratet lustig drauf los« –, angefangen von dem seiner Auffassung nach zu niedrigen Heiratsalter der Mütter, das zu lebensschwächeren Kindern führen müßte, zur Zeugung im Rausch oder unter starkem Nikotingenuß, die Abkehr vom Stillen (die zur Vererbung der flachen Brüste führen sollte) und dem Einschnüren der Körper; aber auch die ärztliche Abwendung von Kinderkrankheiten wurde von Ploetz zusammen mit dem Erbrecht zu den contraselektorischen Faktoren gerechnet.[24]
An der Einschätzung der selektorischen Funktionen des Wirtschaftssystems wird die relative Beliebigkeit der Zuordnung vermeintlicher biologischer Folgen zu gesellschaftlichen Institutionen sinnfällig. Die selektorischen Folgen der Armut richteten sich Ploetz zufolge eindeutig gegen die Schwächeren, aber sie standen einer Vielzahl non-selektorischer Konsequenzen gegenüber. Die beobachtete Beziehung zwischen Wohlhabenheit und niedriger Kinderzahl stellte eine gegenteilige Beziehung dar. In der Abneigung der Reichen gegenüber großen Kinderzahlen und ihrer Fähigkeit zur Geburtenbeschränkung, darin ging Ploetz mit den meisten Eugenikern einig, mußte eine negative selektive Wirkung des Wohlstandes gesehen werden, der zumindest in bezug auf die Zahl der Nachkommen, nicht auch auf deren Qualität, den Armen einen Auslesevorteil bot.
Ein vor allem die frühen Eugeniker beunruhigendes Phänomen stellte die Urbanisierung dar. Bis in die dreißiger Jahre hinein wurde die Verstädterung als die Verarmung des Landes von »Intelligenz und Unternehmungsgeist« verstanden, die sich dann in den Städten konzentrieren, nur um dort durch größere Sterblichkeit und eine nicht entsprechende Zunahme der Geburten zerrieben zu werden.[25] Die contraselektorische Funktion der Verstädterung blieb über Jahrzehnte ein eugenisches Thema. Hier war ein Anknüpfungspunkt zu den ›Lebensreform‹-Pro-

24 Vgl. Ploetz, *Tüchtigkeit*, 149f.
25 Ploetz, *Tüchtigkeit*, 183.

grammen, und sie erklärt auch die Faszination der Eugeniker an Siedlungskonzepten und der Erhaltung agrarischer Lebensweisen, ebenso wie sie verständlich macht, daß sich im Umkreis der eugenischen Bewegungen Utopien von agrarisch organisierten Zuchtgemeinschaften entwickelten.

Ein dritter Komplex von Degenerationsursachen wurde in der medizinischen Versorgung der Kranken gesehen, schon für Ploetz eine der Hauptformen einer mit der Kultur einhergehenden Schwächung der Auslese. Mit Blick auf den Konflikt zwischen Rassen- und Individualhygiene bzw. zwischen Darwinismus und Sozialismus kennzeichnete er auf der Linie des Sozialdarwinismus alle Maßnahmen, die auf den »Schutz der Schwachen« gerichtet waren, als Formen der Contraselektion.

Die zunächst noch vage Sammlung von Ursachen der Degeneration auf der Folie der Selektionstheorie wurde zuerst von Schallmayer zu einer systematischen, am Auslesebegriff orientierten Analyse präzisiert, die die gesellschaftlichen Institutionen nach dem Gesichtspunkt der eugenischen bzw. dysgenischen Funktionen bewertete. Er deklinierte, wie andere Eugeniker nach ihm, die gesellschaftlichen Einflüsse auf die Auslesebedingungen im Detail durch. Das Strafrecht schien ihm eher geeignet, die Kriminellen zu schützen als die Gesellschaft vor den Kriminellen. Die Wirtschaftsordnung mit ihrer zunehmenden Arbeitsteilung bewirkte, daß der einzelne nicht mehr auf körperliche Gewandtheit, Sinnenschärfe und Intelligenz angewiesen ist, um seine Familie zu ernähren. Die kulturellen Wandlungen der Ernährungsweise verursachten eine Rückbildung des Gebisses oder auch die Rückbildung der weiblichen Milchdrüsen. Die ärztliche Heilkunde und die Hygiene hätten zwar die Kindersterblichkeit gesenkt, durch die Ausschaltung der natürlichen Auslesebedingungen aber die Widerstandskraft der überlebenden Säuglinge in vielen Fällen geschwächt. Die Auslesefunktion der Infektionskrankheiten war durch die immunisierenden Stoffe aufgehoben.[26]

Lenz hielt am Auslesebegriff fest und führte die selektionistische

26 Schallmayer, *Vererbung* (1918), 161, 196f.,202f., 215. Die Geschlechtskrankheiten, obschon sie keinen Einfluß auf die Erbsubstanz hätten, wirkten dennoch contraselektorisch, da sie nicht gleichmäßig in allen Gesellschaftsschichten verbreitet seien. Aufgrund von Schätzungen Blaschkos erkrankten jährlich 25 % der Studenten in Berlin an Go-

Konzeption durch die Unterscheidung zwischen biologischer und sozialer Auslese auf eine neue Stufe der Komplexität. Mit Bezug auf die biologische Auslese klangen bei ihm die bekannten kulturpessimistischen Töne an, die sich aus der Ansicht einer vermeintlich reinen Auslese unter primitiven Lebensbedingungen ergaben. Die Probleme ergaben sich diesem Modell zufolge aus dem Auseinanderklaffen von natürlicher und sozialer Auslese. So konnte etwa die Gonorrhoe zur Kinderarmut und über sie zum sozialen Aufstieg führen, und der soziale Aufstieg würde seinerseits zum Beweggrund, die Familie klein zu halten. Auf diese Weise würde »die soziale Auslese unter den modernen Lebensverhältnissen die Ursache einer biologischen Gegenauslese größten Stils«.[27] Gerade Lenz ist ein Beispiel dafür, daß der gesellschaftsbiologische Selektionismus trotz aller Verfeinerung der Argumentation nicht der zirkulären Konstruktion des Auslesemechanismus entrann. Infolgedessen gab es keine ›interne‹ Grenzlinie, die Lenz davon hätte abhalten können, sich mit ›rassenbiologischen‹ Spekulationen auf das Feld der »Verschiebungen im Bestand der großen Rassen« zu begeben und das Schicksal der Hellenen, Chinesen, der nordischen Rasse und der Juden in den Kategorien der biologischen Auslese zu deuten. Hier fand er sich in der Gesellschaft von Autoren wie Gobineau, Chamberlain, Grant, Stoddard, Woltmann und sogar Günther wieder.[28]

Eugenische Gesellschaftsordnung – Strategien rassenhygienischer Sozialtechnologie

Ganz gleich, wo die Schwerpunkte der Entartungsdiagnose gesetzt wurden: immer waren es *soziale* Bedingungen, die dafür verantwortlich gemacht wurden, d. h., es ging letztlich um Verhaltensmuster und um die Auslesefunktion sozialer Institutionen, die als Ursache identifiziert wurden. Die Logik der rassenhygienischen Praxis war im Grunde sehr einfach und von mechanistischer Grundstruktur. Ihre Operationalisierung in konkrete

norrhoe oder Syphilis, bei vierjähriger Verweildauer in Berlin und keiner wiederholten Infizierung also alle, wie Schallmayer folgerte.

27 Lenz, *Menschliche Auslese*, 137.

28 Lenz, *Menschliche Auslese*, 220, 226.

Maßnahmen erwies sich hingegen als außerordentlich komplex und das dazu erforderliche Wissen zu einem großen Teil als gar nicht verfügbar. Als »gesellschaftsbiologische« Konzeption lief ihre Umsetzung auf eine umfassende *Gesellschafts*reform nach eugenischen Prinzipien hinaus, wie sie die Eugeniker der ersten Stunde und vor ihnen schon Philosophen und Utopisten in ihren Gesellschaftsentwürfen erdacht hatten. Bei den postdarwinistischen Biologen nahm sie die Gestalt einer Sozialtechnologie an, deren Konstruktion vor dem Hintergrund eines szientistischen und technokratischen Gesellschaftsverständnisses ihrer Konstrukteure verständlich wird und deren Funktionieren nur unter der Voraussetzung eines ebenso gearteten Gesellschaftsverständnisses unter den »Betroffenen« (oder wie sich zeigen sollte: den Opfern) erwartet werden konnte. Andernfalls mußten die weitreichenden Reformvorstellungen auf Widerstand stoßen. Genau darüber waren sich die Eugeniker durchaus im klaren.

Im Zentrum ihres Interesses stand die Manipulation des generativen Verhaltens der Bevölkerung, d. h. des menschlichen Sexuallebens, erst in zweiter Linie die Beeinflussung der Auslesebedingungen, die ihrerseits auf das generative Verhalten bezogen war. »Eugenik ist die Selbststeuerung der Evolution«, hieß das Motto des Dritten Internationalen Eugenikkongresses in New York, und auf dieses selbstbewußte Ziel hin sollten die gesellschaftlichen Veränderungen gerichtet sein.

Die Konkretisierung der angestrebten Reformen bis hin zu realisierbaren Maßnahmen war ein langwieriger Prozeß. Er läßt jedoch klar die Wechselbeziehung zwischen wissenschaftlicher Entwicklung, professionspolitischen Deutungs- und Kontrollansprüchen und politischen Strategien bzw. Einschätzungen politischer »Durchsetzbarkeit« erkennen. Die Entwicklung verlief, verallgemeinert gesagt, von vagen, aber umfassenden Utopien mit aufklärerischer Absicht hin zu spezifischen, eng begrenzten, wissenschaftlich zunehmend besser begründeten Maßnahmen, deren Durchführung fast durchgängig staatliche Sanktionierung voraussetzte.

Ploetz gab noch kaum konkrete Hinweise darauf, wie er sich eine eugenisch organisierte Gesellschaft vorstellte. Er formulierte lediglich abstrakte, aus der Theorie deduzierte Prinzipien, die ihre Entsprechung in der noch ebenso abstrakten Utopie des

»idealen Rassenprocesses« hatten. Sie waren das formale Grundschema, dem die späteren Konkretisierungen folgten. In den fünfzehn Jahren, die zwischen der ersten und der dritten Ausgabe von Schallmayers »Vererbung und Auslese« lagen, entwickelte sich das Design der eugenischen Sozialtechnologie allerdings rapide. 1903 traf Schallmayer die Unterscheidung zwischen quantitativer und qualitativer Bevölkerungspolitik. Hinsichtlich der quantitativen Bevölkerungspolitik vertrat er die Auffassung, daß die Innenpolitik alle Einrichtungen begünstigen müsse, die die Volksvermehrung fördern, alle jene bekämpfen müsse, die ihr entgegenstehen, »beides jedoch mit der nötigen Rücksichtnahme auf die Qualität des Nachwuchses ...«[29] Wollte man das Elend der Überbevölkerung vermeiden und gleichzeitig die generative Tüchtigkeit erhalten oder gar erhöhen, so »muss die natürliche Auslese durch eine bewusste ersetzt werden«. In diesem Gedanken lag der entscheidende Schritt über die Annahmen des Malthusianismus hinaus. Mit ihm war das technokratische Prinzip formuliert, wonach die menschliche Fortpflanzung nicht mehr als gegeben betrachtet, sondern selbst disponibel gesetzt wurde. Die Folgerungen bezüglich der Beeinflussung des Fortpflanzungsverhaltens ergaben sich streng aus der Darwinschen Theorie. Die bewußte Auslese hatte diejenigen Individuen, »welche den für die Auslese jeweilig maßgebenden Anforderungen nicht genügen«, von der Fortpflanzung auszuschließen.[30] Die wenigen konkreten Vorstellungen darüber, mit welchen politischen Mitteln das Fruchtbarkeitsverhalten in der für erforderlich gehaltenen Weise beeinflußt werden könne, enthielten zu diesem Zeitpunkt (1903) Maßnahmen wie Steuerreformen zur Abwendung eines allzu hohen Lebensstandards, der als Ursache für die Einschränkung der Kinderzahl gesehen wurde, ebenso wie erste Hinweise auf die staatlich vorgeschriebenen Gesundheitszeugnisse als Voraussetzung für Heiratsgenehmigungen.

Aus diesen noch rudimentären Ideen zu einer eugenisch angeleiteten Bevölkerungspolitik, die im übrigen nach Schallmayers Verständnis dringend der wissenschaftlichen Untermauerung durch die Erforschung der Vererbungsgesetze bedurfte, entwickelte sich in den folgenden Jahren ein ausführlicher und detail-

29 Schallmayer, *Vererbung* (1903), 332.
30 Schallmayer, *Vererbung* (1903), 337.

lierter Maßnahmenkatalog, wie u.a. die Reform des Erbrechts oder die Förderung der Frühehe, der im übrigen unter Demographen und Hygienikern breit diskutiert wurde.
Einer dieser Vorschläge war die staatliche Elternschafts- oder Nachwuchsversicherung. Die verschiedenen Varianten, die hierzu entwickelt wurden und in der einen oder anderen Form eine Umverteilung von Einkommen zugunsten kinderaufziehender Familien vorsahen, abgestuft nach sozialer Schichtzugehörigkeit (da die Kosten der Kinderaufzucht in den höheren Schichten, die zugleich auch als die eugenisch wertvolleren betrachtet wurden, als höher eingeschätzt wurden), liefen alle auf eine »Verstaatlichung« der Fortpflanzung hinaus. Da die Kinderzeugung als Dienst am Staat bzw. an der Allgemeinheit verstanden wurde, sollte diese auch die damit verbundenen Lasten übernehmen oder doch zumindest so weit mildern, daß die angemessene Volksvermehrung garantiert und vor allem eine »gleichmässige Fruchtbarkeit aller Volksschichten« gesichert war.[31]
Die bislang erwähnten Maßnahmen und andere nicht genannte

31 Schallmayer, *Vererbung* (1903), 342. Eine fast skurrile Besonderheit der deutschen Eugenik war das Interesse, das die Rassenhygieniker an der Beamtenbesoldung und ihrer Reform hatten. Schallmayer erhoffte sich von ihr einen größeren bevölkerungspolitischen und eugenischen Effekt als von jeder anderen einzelnen Maßnahme, »da diese Volksschichten an Rassewert, besonders in Hinsicht auf geistige Begabung und Charakteranlagen ohne Zweifel über dem Volksdurchschnitt stehen«. (344) Von ähnlichen Voraussetzungen gingen die Vorstellungen zur Schaffung von Heimstätten für heimkehrende Krieger aus, die hinsichtlich ihrer Erbqualitäten als Elite oder Auslese galten. (351) Auch zu diesem Vorschlag konnte Schallmayer auf eine während des Ersten Weltkriegs in Deutschland laufende Diskussion verweisen, die eine Reihe von Spielarten der Idee der ländlichen Gemeinschaften zum Gegenstand hatte. Die Verbindung der Heimstätten-Idee mit dem Vorschlag, den heimkehrenden Kriegern die Doppelehe zu gestatten, wurde ebenfalls ernsthaft erörtert und sollte im Zweiten Weltkrieg noch einmal von Himmler aufgegriffen werden. Schallmayer mochte sich der Logik auch nicht ganz entziehen, daß durch diese Regelung der höhere Rassewert der heimgekehrten Krieger dem Volk dienlich sein würde. Seine Zweifel an dem Nutzen bezogen sich darauf, daß der überdurchschnittliche Rassewert der Männer ausgeglichen würde durch den »vermutlich im allgemeinen geringen seelischen Rassewert ihrer Frauen, besonders der zweiten Frauen«. *Vererbung*, 354.

verbanden – im Verständnis Schallmayers – die quantitative mit der qualitativen Bevölkerungspolitik. Als im engeren Sinne eugenische Maßnahmen galten ihm jene, die der mittelbaren und unmittelbaren Beeinflussung der Fortpflanzung dienten, die sich also sehr viel enger auf die Regulierung des Fortpflanzungsverhaltens selbst bezogen. Schallmayer, der ein Gegner des zu seiner Zeit bereits kursierenden nordischen Gedankens und der mit ihm in Verbindung gebrachten Rassezüchtungsvorstellungen war, hielt die Beeinflussung der Fortpflanzungs- und Fruchtbarkeitsverhältnisse in menschlichen Gesellschaften nur in Form der negativen Rassehygiene für möglich. Unter den direkten staatlichen Maßnahmen nahmen zwei eine zentrale Stellung ein: die Versagung der staatlichen Ehebewilligung sowie die Verhütung der Fortpflanzung durch Zwangsasylierung oder Sterilisierung.

Die Grundvoraussetzung der wissenschaftlichen Erfassung und Rationalisierung des Fortpflanzungsverhaltens bestand, wie erwähnt, in der Trennung von Liebe und Fortpflanzung. Der romantischen Hoffnung, daß der Anziehungskraft der Liebe auch im Hinblick auf die Erbqualität der aus ihr hervorgehenden Nachkommen zu trauen sei, mochte die neue Wissenschaft nicht anhängen. Wie in so vielen Zusammenhängen der eugenischen Argumentation diente auch hier die Tierzucht als Beleg dafür, daß »unter Ausschaltung von Liebeswahl wahrhaft glänzende Resultate erzielt worden« seien. Schallmayer antizipierte natürlich die Widerstände, die gerade die staatlichen Eingriffe in die Sphäre der Sexualität und der Wahl des Ehepartners hervorrufen mußten. Mit dem direkten Eingriff in das Fortpflanzungsverhalten mußte die Rassenhygiene sich in Widerspruch zu den Werten der individuellen Selbstbestimmung setzen, die seit der Aufklärung die modernen Gesellschaften geprägt hatten und gegen die die Eugeniker auch frontal zu Felde zogen. Wie andere polemisierte Schallmayer gegen Einwände, daß »staatliche Eingriffe in das Gebiet des Geschlechtslebens, des ›Allerpersönlichsten‹, schlechthin unzulässig seien ... oder gar, daß die Ehe als ›eine Angelegenheit rein privater Natur‹ zu betrachten sei«. »Dieses Gebiet (das Geschlechtsleben; d. V.) muß gegen das individualistische Ausdehnungsstreben gewahrt werden, es muß als ein Heiligtum gelten, das Höherem geweiht ist. Uns ist die Ehe eine Einrichtung zur Schaffung und Pflege des Nachwuchses, kurz zur Erhaltung des Volkskörpers.«[32] Die Abwehr der individuellen Ansprüche, die hierin zum Ausdruck kommt, bildete den Schlüssel zur Etablierung professioneller rassenhygienischer Kontroll- und Steuerungsfunktionen.

Eingriffe so gravierender Art wie Heiratsverbote, Zwangsasylierung oder gar Sterilisation bedurften nach Schallmayers Auffassung sowohl der besseren Absicherung durch wissenschaftliche Erkenntnisse über die Vererbungsaussichten der einzelnen Personen als auch einer Aufklärung der Öffentlichkeit in »volkseugenischer Richtung«.[33] Der Austausch von Gesundheitszeugnissen als Voraussetzung für die Genehmigung der Eheschließung hingegen schien ihm schon realisierbar. Er wurde fortan zu einer der zentralen eugenischen Maßnahmen.

Im Zusammenhang damit erhob Schallmayer die Forderung nach einer Verstaatlichung des Ärztestandes. (Erinnern wir uns der ›unabhängigen Ärztekollegien‹ in den eugenischen Utopien, die die Eheerlaubnis aussprechen und Noten für die erbliche Qualität und die Fortpflanzungserlaubnis erteilen.) »Das einstweilen noch sehr ferne Ideal wäre ein Ärztestand mit ähnlicher Unabhängigkeit gegenüber dem Publikum, wie sie der Priesterstand genießt.«[34] Klarer läßt sich die Verbindung zwischen der Abgrenzung des Handlungs- und Kontrollbereichs der Profession und der Begründung ihrer Autonomie nicht ausdrücken. Die rassenhygienische Intervention der ehelichen Gesundheitszeugnisse konnte Schallmayer zufolge nur erfolgreich sein, wenn die Ärzte, die ja zugleich die Funktion von Richtern hätten, von ihrer Klientel unabhängig und allein auf die wissenschaftliche Rationalität verpflichtet wären. Diese Unabhängigkeit wird gemeinhin über die staatlich sanktionierte Professionalisierung erreicht. In diesem Zusammenhang wurde denn auch die Einrichtung eines staatlich geprüften und vereidigten Eheberaters erörtert, die ein vom Münchener Ärzteverein eingesetzter Ausschuß zur Beratung von Fragen der Erhaltung und Mehrung der deutschen Volkskraft 1917 vorgeschlagen hatte. Hier wurde der Grundstein für die später eingeführte Einrichtung des Erbarztes und schließlich der genetischen Eheberatung unserer Tage gelegt. Außerdem hat die Errichtung der staatlichen Gesundheitsämter durch die Nationalsozialisten hier ihre Wurzel.

32 Schallmayer, *Vererbung* (1903), 407.

33 Schallmayer, *Vererbung* (1903), 393.

34 Schallmayer, a. a. O., 396.

Die zweite direkte staatliche Maßnahme negativer Eugenik, die einen noch radikaleren Eingriff in die individuellen Rechte darstellte, bestand in der Sterilisierung. Schon vor dem Ersten Weltkrieg hatten die deutschen Eugeniker neidvoll über den Atlantik nach Amerika geblickt, wo es bereits eugenisch motivierte Sterilisationsgesetze gab, die auch praktiziert wurden. In Europa, so beklagte Schallmayer, sei man »über das Theoretisieren und Fordern nicht hinausgekommen«.[35] Die Forderungen nach Sterilisierungen bezogen sich zunächst nur auf die Insassen von psychiatrischen Heilanstalten und Gefängnissen, und somit nur auf einen zahlenmäßig geringen Teil der Bevölkerung. Schallmayer stand ihnen aber noch aus einem anderen Grund skeptisch gegenüber: Ohne umfassende Kenntnis der Abstammung der betreffenden Personen könnten selbst weitgehende Sterilisierungsmaßnahmen nur bescheidenen rassenhygienischen Erfolg haben.

Da Schallmayer der Bevölkerungsvermehrung Priorität gab, hielt er Ehegesetze und Sterilisierungen nicht für die zentralen rassenhygienischen Instrumente.[36] Größere Aufmerksamkeit verdiente seiner Auffassung nach die mittelbare Beeinflussung der Fortpflanzungsverhältnisse, die – etwa über Rechtsreformen – die eugenische Funktionsweise der Sexualordnung und der Gattenwahl sichern würden. Bei der Beurteilung fast jeder sozialen Einrichtung und politischen Maßnahme müßten neben den beabsichtigten Wirkungen auch die unbeabsichtigten »sozialbiologischen Nebenwirkungen« beachtet werden. Diese Reklamierung eines neuen wissenschaftlichen Bezugsrahmens für die Politik sollte sich nicht nur auf die bestehenden gesellschaftlichen Institutionen, sondern auch auf alle geplanten Reformen beziehen. Letztlich implizierte eine solche Vorstellung die Organisation der gesamten Gesellschaft nach eugenischen Prinzipien, rückgebunden an die Entwicklung der Vererbungsforschung.

Lenz' Rassenhygiene kann als Höhe- und Endpunkt der Entwürfe eugenischer Sozialtechnologien verstanden werden. In einer gegen Grotjahn gerichteten Polemik, in der er ihm unterstellte, der Neigung, die rassenhygienischen Lehren in »pikanter sexueller Aufmachung vorzutragen«, mit dem Begriff der Fort-

35 Schallmayer, *Vererbung* (1903), 419f.

36 Vgl. Schallmayer, *Vererbung* (1903), 425.

pflanzungshygiene »direkt entgegen«gekommen zu sein, wird die Differenz zu einer medizinisch orientierten Rassenhygiene deutlich. Das, worauf es spezifisch bei der Rassenhygiene ankomme, die Beziehung auf die Beschaffenheit der Erbmasse, käme in dem Worte ›Fortpflanzungshygiene‹ überhaupt nicht zum Ausdruck. Das war eine klare Absage an Vorstellungen, wonach die eugenischen Maßnahmen allzu voreilig in das individuelle Entscheidungsverhalten verlegt werden würden. Lenz sah die Hauptaufgabe praktischer Rassenhygiene deshalb auch nicht in der Bekämpfung erblicher Leiden, wie sie später für die Humangenetik orientierend wurde, »sondern in der Förderung der Fortpflanzung überdurchschnittlich tüchtiger Menschen«.[37] Entsprechend bestand er auf einer sozialen Rassenhygiene, in deren Zentrum die staatlichen Eingriffe in das Fortpflanzungsverhalten und seine institutionellen Regelungen standen. Das auf das »Interesse der einzelnen Individuen« eingestellte Eherecht mußte, wie es ohnehin im Trend der Zeit lag, nach eugenischen Gesichtspunkten geändert, die bereits bestehenden Eheverbote nur mehr ergänzt werden. Individuelle Bedenken gegen Eingriffe in die »Privatsache« Ehe, in das »Allerpersönlichste«, das Geschlechtsleben, mußten hinter der Rücksicht auf das Allgemeinwohl zurückstehen. Unter dem Gesichtspunkt des Gedeihens der Rasse erschien die »Regelung des Geschlechtslebens durch Sitte und Gesetz, insbesondere die Einrichtung der Ehe, von unersetzbarem Wert«.[38] Angesichts der Schwierigkeiten, die sich aus der Einführung des Ehegesundheitszeugnisses ergeben könnten, wenn die aus ihm sich ergebenden Schlußfolgerungen im Belieben der einzelnen Personen blieben, trat Lenz zunächst für die Einführung der ärztlichen Eheberatung ein. Dabei sollten die ärztlichen Eheberatungsstellen nicht nur, wie später nach ihrer Einführung auch üblich, hauptsächlich in Fragen der Empfängnisverhütung tätig sein, sondern ihre Hauptaufgabe in der rassenhygienischen Beratung sehen. Wegen der unbedingt sicherzustellenden Unabhängigkeit der Berater erschien Lenz, wie zuvor schon Schallmayer, deren staatliche Bestallung und Besoldung eine wichtige Bedingung zu sein.

In der Frage der Sterilisation waren, wie bei den Eheberatungs-

37 Lenz, *Menschliche Auslese*, 307.
38 Lenz, *Menschliche Auslese*, 259f.

stellen, bereits erste Ansätze zur Realisierung unternommen. Lenz wollte im Interesse der Gesamtheit das ›untüchtigste Drittel‹ der Bevölkerung von der Fortpflanzung ausschließen.[39] In dieser weitreichenden Forderung traf sich Lenz mit Grotjahn, der den gesamten Anteil der »untüchtigen Elemente« auf rund 20 Millionen der etwa 65 Millionen Einwohner des Deutschen Reichs geschätzt hatte. Dem Einwand, daß das vererbungstheoretische Wissen einen so gravierenden Eingriff wie die Sterilisierung noch nicht rechtfertige, trat Lenz mit dem Hinweis entgegen, daß für Wahrscheinlichkeitsaussagen ausreichende Kenntnisse vorlägen und insbesondere die Abwägung wahrscheinlichen Nutzens wie Schadens durchaus möglich sei.[40]

Die indirekten eugenischen Mechanismen bestanden für Lenz vorrangig in einer bevölkerungspolitischen Steuerreform, die einen Ausgleich der Familienlasten innerhalb der Einkommensgruppen vorsah. Auf diese Weise sollte nur der wirtschaftliche Vorteil beseitigt werden, den die Kinderlosen oder Kinderarmen den Kinderreichen derselben Klasse gegenüber hatten. Lenz setzte sich damit von der Grotjahnschen Elternschaftsversicherung ab, deren Zielsetzung er teilte, die er aber für weniger geeignet hielt als eine Steuerreform. Die Erbschaftssteuer, dies war ein weiteres Ziel der Eugeniker, sollte dahingehend geändert werden, daß Familien mit drei und mehr Kindern von jeder Erbschaftssteuer befreit würden.

Lenz hing auch noch der Vorstellung an, daß die »ländliche Bevölkerung ... immer eine wichtige Quelle der Volkserneuerung sein« müsse, und schlug die Schaffung »bäuerlicher Lehen« vor, mit deren Hilfe die »Vermehrung einer Auslese ländlicher Familien« ermöglicht werden könne.[41] Nach diesem Plan sollte der Staat geeignete Grundstücke erwerben und an ausgesuchte rassetüchtige Familien mit der Bestimmung weitergeben, daß das Gut nur so lange in der Familie bleiben würde, als diese eine ausreichende Kinderzahl habe: bei kleinen Höfen drei, bei größeren vier Kinder. Wenn mit diesem Plan die städtische Bevölkerung

39 Lenz, *Menschliche Auslese*, 277. Lenz' Vorstellungen waren schon auf die Aktivitäten des Zwickauer Amtsarztes Gerhard Boeters bezogen, dessen eigenmächtiges Vorgehen in der Sterilisationspraxis unter den Ärzten breite Zustimmung fand.

40 Lenz, *Menschliche Auslese*, 286.

41 Lenz, *Menschliche Auslese*, 369, 378.

vor der Entartung und dem Aussterben bewahrt werden könne, dann sollte – so Lenz – der dem Plan zugrunde liegende Gedanke den »Kern aller Rassenhygiene« überhaupt bilden, »alles andere wäre mehr oder weniger nebensächlich«. Mit diesem der zeitgemäßen Kritik an der Verstädterung zuzurechnenden Vorschlag konnte Lenz auf die Zustimmung Ploetz', Schallmayers, Grubers, Siemens' und Muckermanns verweisen, und Darré, Hitlers getreuer Bauernführer, übernahm Lenz' Plan und entwickelte ihn zu dem Modell der der rassischen Züchtung dienenden sogenannten »Hegehöfe« weiter.

Wie alle Rassenhygieniker, die die Konzeption einer positiven Eugenik vertraten, spielte auch Lenz mit dem Gedanken an den weitestreichenden Eingriff in menschliches Handeln und menschliche Individualität: an eugenische Züchtung. Eine Menschenzüchtung nach Art der Tierzucht kam für die Rassenhygiene »selbstverständlich nicht in Betracht«. Letztlich waren es aber nur pragmatisch-technische Gründe, die der biologischen Möglichkeit entgegenstanden, die Bevölkerung durch eine derart direkte und wirksame Fortpflanzungsauslese in wenigen Generationen zu lauter »wohlgeratenen Menschen« rassisch zu veredeln. Die sittlichen Gründe sowie der Rahmen der gesetzlichen Ehe, den es unbedingt zu erhalten galt, begrenzten die praktische biologische Förderung »hervorragender Menschen« auf ein geringes Maß. Eine Entwürdigung des Menschen bedeutete Lenz zufolge die rassenhygienische Züchtung hingegen nicht. Vielmehr war es gerade umgekehrt: Züchtung fand fortlaufend statt, nur war es eine »Züchtung im Sinne der Gegenauslese, eine Herabzüchtung, die zur Entartung führt«.[42]

Im biologischen Kalkül konnte es den Zustand der wohlmeinenden Ignoranz nicht länger geben. Selbst wenn die Wissenschaft(ler) gezwungen war(en), die gesellschaftlichen Widerstände noch anzuerkennen, so schien das Wissen doch bereits deren Irrationalität aufzuweisen. Die Züchtung erschien als ›technisch mögliches‹ Ideal, an dem die gesellschaftliche Realität zu messen war. Allein die politisch pragmatischen Gründe waren es letztlich, die Lenz zu der Überzeugung kommen ließen, daß die Hauptaufgabe positiver Rassenhygiene vorläufig noch in »indirekten Maßnahmen zur Förderung der Fortpflanzung über-

42 Lenz, *Menschliche Auslese*, 321.

durchschnittlich veranlagter Familien« liege, daß sie »auf allen Gebieten des öffentlichen Lebens wirtschaftliche und soziale Gesetze erstreben (müsse), welche geeignet sind, bei den begabten und tüchtigen Ehepaaren die Bedenken gegen die Erzeugung von Kindern zu vermindern«.[43]

Sowohl aufgrund seiner eigenen politischen Wertvorstellungen als auch unter dem Eindruck der aktuellen politischen Entwicklung sprach Lenz die ohnehin bestehende »Wesensverwandtschaft« der Rassenhygiene mit der »Staatsidee des Fascismus« explizit an und damit ein konstitutives Merkmal der sozialtechnologisch konzipierten Eugenik. Im Unterschied zur liberalen und zur sozialdemokratischen Staatsauffassung, die auf der individualistischen Weltanschauung beruhten, erkenne der Faschismus keinen Eigenwert des Individuums an. »Sein eigentliches Ziel ist das dauernde Leben, das sich durch die Kette der Generationen zieht, das heißt aber die Rasse.«[44] Ideengeschichtlich gesehen war der faschistische Staat eine logische Konsequenz jenes Zweigs der Eugenik, der dem sozialdarwinistischen Auslesegedanken verhaftet blieb. Vor dem Hintergrund der detaillierten Beurteilung der Auslesewirkung aller in Frage kommenden Institutionen und angesichts der antizipierten Widerstände gegen ihre Veränderung bzw. Reform in eugenischer Richtung mußte die Vorstellung eines starken, autoritären Staates naheliegen, der in der Lage sein würde, die für erforderlich gehaltenen Maßnahmen notfalls auch mit Zwang durchzusetzen. Diesen Staat schaffen zu wollen, versprachen die Nationalsozialisten, und ihr ideologisches Programm enthielt überdies in erheblichem Umfang Elemente des rassenhygienischen Ideensystems.

Angesichts seiner Ablehnung des selektionistischen Paradigmas war Grotjahn gegen die weitreichenden kulturellen und politischen Spekulationen gleichsam durch die ›innere‹, theoretisch gezogene Grenze gesichert. Grotjahns ›Fortpflanzungshygiene‹ war insofern ›präziser‹ und in ihren Deutungsansprüchen eingeengt, nicht unbedingt in allen Punkten politisch weniger radikal. Zweck der Eugenik war für ihn die nach bestimmten Regeln mögliche Beschränkung der natürlichen Fruchtbarkeit. Die Prävention gestattete, »auch in der sexuellen Sphäre den Genuß

43 Lenz, *Menschliche Auslese*, 323.

44 Lenz, *Menschliche Auslese*, 415.

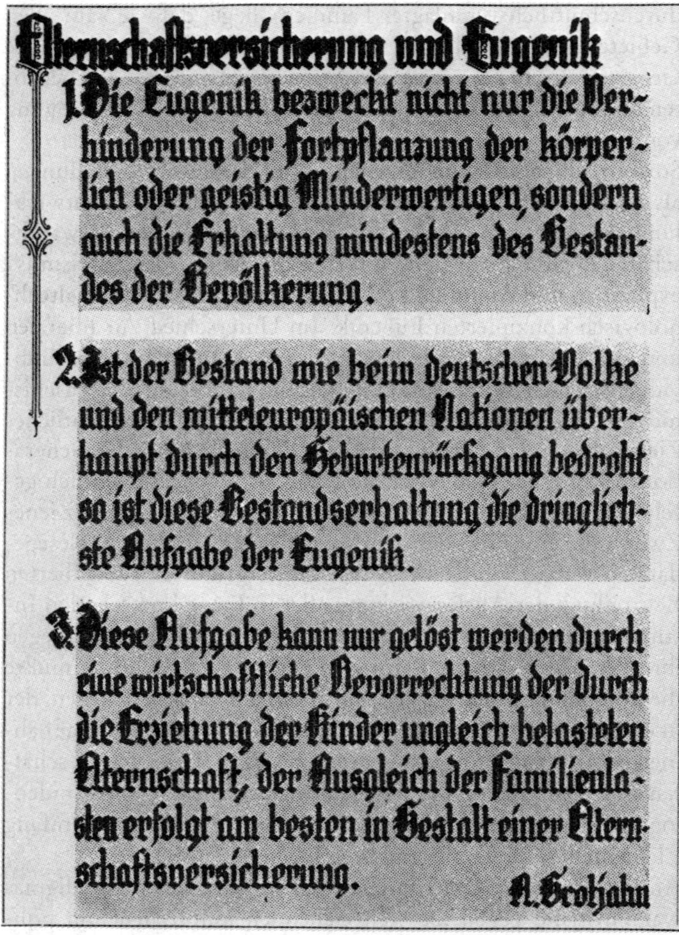

Elternschaftsversicherung und Eugenik

1. Die Eugenik bezweckt nicht nur die Verhinderung der Fortpflanzung der körperlich oder geistig Minderwertigen, sondern auch die Erhaltung mindestens des Bestandes der Bevölkerung.

2. Ist der Bestand wie beim deutschen Volke und den mitteleuropäischen Nationen überhaupt durch den Geburtenrückgang bedroht, so ist diese Bestandserhaltung die dringlichste Aufgabe der Eugenik.

3. Diese Aufgabe kann nur gelöst werden durch eine wirtschaftliche Bevorrechtung der durch die Erziehung der Kinder ungleich belasteten Elternschaft, der Ausgleich der Familienlasten erfolgt am besten in Gestalt einer Elternschaftsversicherung.

A. Grotjahn

Aus: Familie und Volk. Sonderschau des Reichsbundes der Kinderreichen Deutschlands zum Schutze der Familie e. V. auf der Internationalen Hygiene-Ausstellung Dresden 1930. Bearbeitet von Friedrich Burgdörfer. S. 64.

zu verselbständigen und von der für die Erhaltung der Art notwendigen Befruchtung zu trennen«. Mit der Verfügbarkeit von Präventivmitteln zog jedoch die Gefahr auf, daß nun nicht mehr der stärkste Naturtrieb, sondern die Überlegung die Fortpflanzung steuern würde, »in die einzugehen jedes Motiv Zeit und Gelegenheit findet«. Insofern die Fortpflanzung unwiderruflich für menschliche Entscheidungen disponibel wurde, galt es nunmehr, die Entscheidungen in einer Weise zu beeinflussen, daß die Gefahren des Bevölkerungsstillstands oder gar -rückgangs vermieden wurden und statt dessen »eugenisches Verantwortungsgefühl, Züchterinteresse oder gar Rekordeifer sich auch auf diesem Gebiet durchsetzen« konnten.[45] Es ging im umfassenden Sinn um die »Bildung des Willens zum Kind«, und zwar konkret zumindest drei Kindern, die für die Erhaltung des Bestandes notwendig erschienen.

Neben erzieherischen Maßnahmen, mit denen das Gemeinschaftsgefühl und ein eugenisches Verantwortungsbewußtsein zu wecken waren, mußte die »wirtschaftliche Bevorrechtung der Elternschaft« eine wichtige Funktion haben. Hier war es wiederum die Reform des Entlohnungssystems aller festbesoldeten Berufe, d.h. in erster Linie der Beamten. Für die noch viel größere Gruppe der Lohnarbeiter gingen Grotjahns Überlegungen in die Richtung einer Elternschaftsversicherung, zu der er einen ausformulierten Gesetzentwurf vorlegte. Grotjahn legte relativ starkes Gewicht auf die individuelle Fortpflanzungshygiene und damit auf die individuelle Entscheidung, nach Prüfung der erblichen Veranlagung gegebenenfalls auf die Fortpflanzung zu verzichten. Zur Unterstützung konnte es jedoch in Zweifelsfällen der Beratung durch den kundigen Arzt bedürfen. Grotjahn vertrat daher die Hoffnung, daß die vor- und innereheliche eugenische ärztliche Beratung bald zu den Selbstverständlichkeiten gehören würde. Die damit angedeutete Individualisierung und »Medikalisierung« der generativen Entscheidung stand bei ihm noch gleichgewichtig neben den bevölkerungspolitischen Bezügen einer eugenischen Politik unter dem Eindruck der drohenden und bedrohlichen Bevölkerungsabnahme und des qualitativen Verfalls.

In der sozialtechnischen Konzeption, die auch Grotjahn ent-

45 Grotjahn, *Hygiene*, 205,206.

warf, waren die Elemente der zukünftigen, medizinisch orientierten Praxis schon angelegt. An Grotjahns Position in der Frage der Abtreibung und Sterilisation, den für die Eugeniker zentralen, das Strafrecht berührenden Punkten, läßt sich ebenso wie bei Schallmayer zeigen, daß die medizinisch-präventive Orientierung nicht unbedingt zu weniger radikalen Konsequenzen führte. Im Falle der Abtreibung sollte die soziale Indikation nicht gelten, hingegen die medizinische und selbstverständlich die noch einzuführende eugenische Indikation. Die eugenische Indikation einer Abtreibung wollte Grotjahn allerdings, angesichts der noch großen Unsicherheiten in der menschlichen Erbkunde, nur in öffentlichen Krankenhäusern und unter Hinzuziehung eines staatlichen Medizinalbeamten sowie eines Fachmannes der Vererbungslehre genehmigt sehen. Die Prävention sei in jedem Fall vorzuziehen; zahlenmäßige Bedeutung kam der eugenischen Indikation seiner Auffassung nach nicht zu.
Die Sterilisation, vor allem die zwangsweise, hielt Grotjahn grundsätzlich bei Personen für angezeigt, »deren geistige Minderwertigkeit« einer besonnenen und rechtzeitigen Anwendung der (Präventiv-)Mittel entgegenstand, zumal es sich bei ihnen um jene handeln würde, denen die Weitergabe ihrer »Erbübel« an spätere Generationen ohnehin versagt werden sollte.[46]
Die Asylierung sogenannter »schwer Belasteter« war aus ökonomischen Gründen (und fast ausschließlich aus diesen) umstritten, und die Sterilisation wurde als die zuverlässigere und billigere Lösung propagiert. Grotjahn wollte demgegenüber selbst bei einer Anwendung der Sterilisation im großen Maßstab (nach amerikanischem Vorbild) die Asylierung nicht als überflüssig ansehen. Die Sterilisation würde nur das dysgenische Verhalten derjenigen Personen ausschließen, die nicht dauernd in Anstalten festgehalten werden könnten.
In der Forderung nach Einführung eines Gesundheitszeugnisses vor der Eheschließung sah Grotjahn, nicht zuletzt wegen der öffentlichen Diskussion über diese Maßnahme, den »Entwick-

46 Solange die Vererbungsforschung die entsprechenden Diagnosen nicht mit an »Sicherheit grenzender Wahrscheinlichkeit« treffen konnte, sollte Vorsicht gewahrt bleiben. Bei den »Schwachsinnigen und den Epileptikern« konnte Grotjahn zufolge die gesetzliche Zwangsunfruchtbarmachung schon »mit guten Gründen gefordert werden«. Grotjahn, *Fortpflanzungshygiene*, 318, 319.

lungskeim für eine fortpflanzungshygienische Gesetzgebung«. Er schloß sich in dieser Frage auch nur den bereits 1921/22 vom Preußischen Ministerium für Volkswohlfahrt entwickelten Vorstellungen zu einer schrittweisen Einführung der Zeugnisse an, eine Strategie, die dazu dienen sollte, »die Bevölkerung an die Institution (die Gesundheitszeugnisse) zu gewöhnen und auf einschneidendere (die Eheverbote; d. V.) vorzubereiten«. Grotjahn antizipierte die Bedenken, die sich gegen Eheverbote aufgrund negativer Gesundheitszeugnisse erheben würden, und setzte seine Hoffnung deshalb auf eine andere eugenische Maßnahme und die Zeit: die Einführung des Gesundheitspasses, wie ihn Schallmayer schon gefordert hatte.[47]
Die Integration der bereits üblichen Bescheinigungen und Kartothekblätter der Säuglingsfürsorge, Schulärzte und Krankenkassen zu einem einheitlichen Gesundheitspaß, in dem die wichtigsten Daten »über Lebensumstände, körperliche und geistige Eigenschaften und durchgemachte Krankheiten einzutragen wären« und die dem zukünftigen Ehepartner »zur Einsicht vorgelegt werden könnten«, war eine offenbar über die Eugenik hinaus faszinierende Idee. Mit dem Gesundheitspaß würden die Kontrollbedürfnisse von Staat und Profession gleichermaßen befriedigt. Die staatlichen Standesämter sollten ein Duplikat aufbewahren, und durch Fortschreibung der Pässe würden als zufälliges Nebenprodukt »auch der Vererbungsforschung unschätzbare Dienste« geleistet.[48] Der Gesundheitspaß wurde als Vorstellung zu einem zentralen Element eugenischer Konzeption und überdauerte auch deren Transformation zur individualisierten humangenetischen Praxis. Mit diesem Instrument ließ sich die Verknüpfung staatlicher und professioneller Kontrolle auf ideale Weise realisieren; die Interessen an der umfassenden Information für die Zwecke des Staates und die Forschungsinteressen der Profession gingen darin eine Symbiose ein. Der entscheidende Schritt zur individuellen Internalisierung der genetischen Information zur Rationalisierung der Lebensführung mit Hilfe des Genpasses, auf den wir später treffen werden, war zu diesem Zeitpunkt noch nicht getan. Grotjahn dachte noch in den Kategorien der staatlich oktroyierten Sozial- und Fortpflanzungs-

47 Grotjahn, *Fortpflanzungshygiene*, 327.
48 Grotjahn, *Fortpflanzungshygiene*, 327.

hygiene, deren Kontrollansprüche zu akzeptieren die Bürger überzeugt werden mußten, wenn nicht gar auf deren öffentliche Akzeptanz verzichtet werden sollte.

Die sozialtechnologische Konzeption der Eugenik erwies sich, ungeachtet ihrer kurzfristigen politischen Legitimierung, im nachhinein als wissenschaftlich konservativ (vom politischen Konservativismus einmal ganz abgesehen), weil sie sich in ihrer selektionistischen Orientierung auf eine gesellschaftspolitische Strategie festgelegt hatte, der sie weder durch wissenschaftliche Erkenntnisproduktion noch praktisch-politisch gerecht werden konnte. Weder für Grotjahn, der der zukünftigen Entwicklung näherstand, noch für Lenz, dessen Vorstellungen ihr zum Opfer fallen sollten, war absehbar, daß die Eugenik als »soziale Technik« keine Zukunft haben würde, sondern allenfalls als eine naturwissenschaftlich reduktionistische. So liest sich heute aus der Rückschau Lenz' Einschätzung wie eine ironische Fußnote zur Geschichte. Lenz wandte sich gegen die Ploetzsche Utopie einer »direkten Bewirkung guter Keimesanlagen«, die dieser sich bei einer von den Fortschritten der Biologie zu erwartenden Beherrschung der Vererbungsgesetze erhoffte. »Man müßte schon eine Atompinzette haben, mit der man die einzelnen Atome der Erbmasse fassen und auswechseln könnte, um die Erbänderungen wirklich beherrschen zu können. Das aber halte ich für alle Zeiten für ausgeschlossen.« Lenz hatte jener Vision Ploetz' nicht zu folgen vermocht, die sich als die Grundidee des molekularbiologischen »technological fix« der Humangenetik erweisen sollte.[49]

Erbbiographische Erfassung – eugenische Forschungslogik, professionelle Expansion und staatliche Bevölkerungskontrolle

Die immanente Beziehung zwischen der auf die ›externe‹, d.h. staatliche Steuerung des Fortpflanzungsverhaltens angelegten Eugenik und einem autoritären politischen System bestand nicht nur auf der Ebene der Inhalte, der Theorie und der aus ihr abgeleiteten Maßnahmen, sie bestand auch auf der Ebene der Metho-

49 Lenz, *Menschliche Auslese*, 455. Mit ›technological fix‹ werden ›technische‹ Lösungen sozialer Probleme bezeichnet, die eingesetzt werden, solange ›soziale‹ Lösungen nicht zur Verfügung stehen.

den. Es gab etwas wie eine grundsätzliche Konvergenz der eugenischen Forschungslogik, den professionspolitischen Interessen der menschlichen Erblehre und der staatlichen Bevölkerungskontrolle. Ihre Vorgeschichte reicht bis in die eugenischen Utopien zurück. Im NS-Staat sollte diese Konvergenz nur in besonders krasser Form zutage treten. Sie kristallisierte sich um die schon von Schallmayer vorgeschlagene Einführung sogenannter erbbiographischer Personalbögen, als deren konzeptionelle Vorläufer bereits die in den eugenischen Utopien durchgängig enthaltenen Benotungssysteme für die Fortpflanzungsberechtigung gelten können. Der moderne Nachfahre dieser Konzeption ist der ›Genpaß‹, der die genetischen Veranlagungen seines Trägers enthält und ihn zu entsprechender risikovermeidender Lebensführung veranlassen soll. An dem Wechsel der Funktion und, ebenso wichtig, des sozialen Ortes der Kontrolle der Erbinformation läßt sich der konzeptionelle Wandel von der paternalistisch externen zur individualistisch internen Verhaltenssteuerung rekonstruieren, den die angewandte Vererbungsforschung vollzieht. Die Rolle der professionellen Experten bleibt in diesem Prozeß praktisch unverändert.
In einem allgemeinen Sinn entsprach Schallmayers Konzeption der erbbiographischen Personalbögen den methodischen Erfordernissen moderner Naturwissenschaft, der sich auch die Eugenik zurechnete: dem des Messens und der experimentellen Prüfung analytischer Kategorien. Das methodische Ideal war Ende des 19. Jahrhunderts als Forschungsstandard etabliert, aber von den medizinischen Disziplinen noch nicht durchgängig erreicht. Statistische Vorläufer bei Bevölkerungserhebungen und medizinische Bestandsaufnahmen von größeren Bevölkerungsgruppen waren zwar ebenso bekannt, wie praktische (nicht theoretisch begründete!) Züchtungsexperimente an Tieren und Pflanzen seit jeher das Vorbild für deren Übertragung auf menschliche Bevölkerungen abgegeben hatten. Francis Galton, der Gründungsvater der Eugenik in England, war der erste, der exakte Maße und mathematische Berechnungen in das Studium der Entwicklungslehre und der Vererbung einführte und die ›Biometrie‹ als den statistischen Zugang zur Entschlüsselung der Vererbungsgesetze entwickelte.[50]

50 Vgl. Erik Nordenskiöld, *Die Geschichte der Biologie*, Jena 1926, 599.

Die Forderung nach erbbiographischen Personalbögen war die Übertragung des methodischen Ideals des quantitativen Experiments auf die menschliche Erblehre bzw. die Eugenik. Selbst nach der Entdeckung der Mendelschen Gesetze blieb für die weitere Erforschung der Erbgänge verschiedener Merkmale bzw. erblicher Krankheiten die Erfassung von Stammbäumen, d.h. also von Abstammungsverhältnissen, die entscheidende Grundlage jeder Erbforschung am Menschen. Der Grund lag in einer für sie konstitutiven Barriere: den langen Reproduktionsintervallen. Eine Menschengeneration umfaßt etwa 25 Jahre, die anthropologische und vererbungsmedizinische Erfassung bis zur F2-Generation – also der Enkel-Generation – beansprucht schon runde 50 Jahre. Sowohl aus der Sicht einer Forscherbiographie als auch im Hinblick auf die vermeintliche Dringlichkeit der rassenhygienischen Probleme mußte das als ein unbefriedigend langer Zeitraum erscheinen. Durch die entsprechenden langfristigen erbbiographischen Erhebungen sowie zum Teil aus vorhandenem genealogischem Material ließen sich die Vererbungsregeln und -wahrscheinlichkeiten in einer vielfach geringeren Zeit gewinnen, und sie waren ohne Überschreitung oder Verletzung moralischer oder juristischer Grundsätze zu erlangen. Deshalb, so Lenz, müsse man sich »auf statistisch-genealogische Tatsachen in Verbindung mit Analogieschlüssen aus Erfahrungen mit Pflanzen und Tieren« stützen.[51] Je weitreichender die Erfassung der Bevölkerung, desto besser; nach oben waren allenfalls technische Grenzen gesetzt. Die erbbiographische Erfassung war in einem gewissen Sinn konstitutiv für das Forschungsgebiet überhaupt. Der erbbiographische Zugriff auf die Bevölkerung verwandelt die Gesellschaft in das Labor der Erbforscher, deren diagnostische und prognostische Erfolge direkt mit dem Grad der Erfassung korrelieren.

Diese Forschungslogik geht Hand in Hand mit der Etablierung professioneller Kontrolle. Wie die Asylierung von Kranken für die kurative Medizin ist die erbbiographische Erfassung der Bevölkerung das entscheidende Instrument, um den Erfolg eugeni-

Galton war ein fanatischer Verfechter des Messens; er erhob beispielsweise statistisch den Erfolg des Betens und maß – mit Hilfe eines Sextanten, um den gebührenden Abstand halten zu können – den Fettsteiß von Hottentottenfrauen.

51 Fritz Lenz, *Die Erblichkeitslehre beim Menschen*, Leipzig 1923, 7, 8.

scher Maßnahmen im Populationsmaßstab zu gewährleisten. Die Eugenik war eine *angewandte* Wissenschaft, die praktische Umsetzung theoretischen Wissens folglich eine ihr inhärente Zielsetzung, und dazu bedurfte sie der Kontrolle über ihren Gegenstand: der Bevölkerung als Fortpflanzungsgemeinschaft. Schallmayer selbst formulierte diesen Zusammenhang in aller Eindeutigkeit. Bei den zu erhebenden Daten sollte das Hauptaugenmerk zwar auf die gesundheitlichen Erbanlagen gerichtet werden, »andererseits aber auch auf die mannigfachen Talente und die technischen Begabungen, auf das Temperament, auf die Charakteranlagen«. Das in dieser Weise angesammelte Material würde nicht nur »die denkbar reichste und fruchtbarste Grundlage für die Erforschung der speziell menschlichen Vererbung« schaffen; je länger die Einrichtung bestehen würde, desto zuverlässiger könnten die in den einzelnen Personen steckenden Erbanlagen beurteilt werden, sowohl für familiäre wie für staatliche Rassenhygiene. »Auf solchen Aufzeichnungen ließe sich unter den späteren Generationen eine staatliche Rassehygiene aufbauen, mit dem Ergebnis, daß nach und nach die ganze Nation nur aus wohlgeborenen Personen bestehen würde, obschon stets mit Gradunterschieden.«[52]

Strenggenommen sind die Vorstellungen Schallmayers und anderer Rassenhygieniker nie in vollem Umfang realisiert worden, aber es gab eine Vielzahl von verschiedenen Ansätzen der Erfassung, die sich auf einzelne Gruppen der Bevölkerung richteten. Erst als Technik und Datenmaterial dieser Erhebungen von den Nationalsozialisten zur Identifikation ethnischer Minderheiten und deren Vernichtung verwendet wurden, wurde auch der politisch und moralisch ambivalente Charakter erkennbar, der diesem Instrument rassenhygienischer Sozialtechnologie anhaftet. Seither ist die politische Sensibilität gegenüber den Nachfolgeverfahren dementsprechend gestiegen. Die Chronologie der Entwicklung verschiedener ›Erfassungsstrategien‹ läßt aber den engen Zusammenhang zwischen wissenschaftlichen, professionspolitischen und politischen Kontrollbedürfnissen erkennen.

Den Anfang machte in den siebziger Jahren des 19. Jahrhunderts die damalige Deutsche Anthropologische Gesellschaft mit einer

52 Schallmayer, *Vererbung*, 389, 391.

umfassenden statistischen Erhebung über Haut-, Haar- und Augenfarbe deutscher Schulkinder. Um die Jahrhundertwende kam dann ein neuer Gedanke hinzu: der rassenanthropologische Ansatz. Im Jahre 1903 schlug der Straßburger Professor Gustav Schwalbe der Deutschen Gesellschaft für Anthropologie, Ethnologie und Urgeschichte vor, die Bevölkerung des Deutschen Reiches auf ihre physisch-anthropologische Beschaffenheit zu untersuchen. In der Begründung dieses Vorschlages argumentierte Schwalbe, daß die physische Anthropologie bis vor kurzem unter dem Bann der Ethnologie gestanden habe. Völker könne man anhand ihrer Sprache differenzieren; Rassen hingegen gelte es per Blutsverwandtschaft zu identifizieren. Um eine überregionale Vergleichbarkeit zu erlangen, sei eine nationale Erhebung erforderlich.[53]

Die Rassenhygieniker verfolgten von Anfang an dieselbe Strategie. Auf der konstituierenden Sitzung der »Deutschen Gesellschaft für Rassen-Hygiene« im März 1910 wurde eine Satzung verabschiedet, in der auf die Notwendigkeit vererbungsstatistischer Erhebungen in den eigenen Reihen verwiesen wurde. Durch Registrierungen dieser Art hoffte man, an den Mitgliedern »und an dem aus den Ehen hervorgehenden Nachwuchs statistisch zeigen zu können, wieviel günstiger die Vitalstatistik, die Militärtauglichkeit und die geistigen und körperlichen Leistungen der Mitglieder sind als die der Gesamtbevölkerung, aus denen sie stammen ...« Zunächst ging es den Rassenhygienikern nur darum, »einen Grundstock von wissenschaftlichem Material (zu) schaffen, aus dem später Gesetze und Regeln gefolgert und

53 Schwalbe dachte an etwa 1 bis 1,5 Millionen der 20-25jährigen männlichen Bevölkerung, etwa 50 bis 75 % der Männer im wehrfähigen Alter. Gustav Schwalbe, »Über eine umfassende Untersuchung der physisch-anthropologischen Beschaffenheit der jetzigen Bevölkerung des Deutschen Reiches«, *Correspondenzblatt der deutschen Gesellschaft für Anthropologie, Ethnologie und Urgeschichte*, 1903, *34*: 73-83. Zur Organisation einer derartig riesigen Aufgabe war die Einteilung des Reiches in eine große Anzahl von Bezirken notwendig, für deren Leitung jeweils »ein geeigneter Anatom oder Anthropologe« gewonnen werden mußte. Siehe Gustav Schwalbe, »Bericht über die Thätigkeit der Commission für eine physisch-anthropologische Untersuchung des Deutschen Reiches«, *Correspondenzblatt der deutschen Gesellschaft für Anthropologie, Ethnologie und Urgeschichte*, 1904, *35*: 75-78, 77.

praktische Maßnahmen und Empfehlungen abgeleitet werden« konnten. Letztendlich sollte bewiesen werden, um »wieviel tüchtiger infolgedessen die Bevölkerung eines Staates sein muß, der rassenhygienische Prinzipien beachtet«.[54]

Spätestens ab 1910 verbanden sich die ähnlich gelagerten Interessen der Genealogen, die 1904 in Leipzig eine »Zentralstelle für deutsche Personen- und Familiengeschichte« eingerichtet hatten, mit denen der Rassenhygieniker. Zweck dieser Einrichtung war die Anlegung eines nach Familiennamen alphabetisch geordneten Zettelkatalogs.[55] Die Verbindung zur (biologisch-quantifizierenden) Vererbungslehre erschien den Genealogen als ein maßgeblicher Schritt von einer Hilfswissenschaft zu einer eigenständigen Disziplin.[56] In der Folgezeit, in der »Kurse über Familienforschung, Vererbungslehre und Rassenhygiene« zur Institution wurden, wuchs der Zettelkatalog der Genealogen bis 1914 auf 300000 an und bot nun auch »für die Erforschung medizinisch-biologischer und soziologischer Probleme ein unschätzbares Material«.[57]

In den USA präsentierte Harry McLaughlin 1914 vor der »National Conference on Race Betterment« schon Visionen der praktischen Umsetzung der großen Erhebungen. Er rechnete bei einem Gesamtprozentsatz von 10% Minderwertigen aus, daß immer mehr Personen in Anstalten verbracht werden könnten, von 924000 im Jahre 1920 bis zu 4158000 im Jahre 1980. Von diesen Anstaltsinsassen sollte jeweils ein Zehntel sterilisiert

54 »Erläuterungen über die Ziele der Gesellschaft für Rassenhygiene. Der frühen Denkschrift 4. veränderte Ausgabe«, März 1911, 5, in: Stadtarchiv Bremen, Sign. 4, 21-609, 4,5.

55 *Mitteilungen der Zentralstelle für deutsche Personen- und Familiengeschichte*, 1905, *1*: 30.

56 »Genealogisches auf der Internationalen Hygiene-Ausstellung«, *Mitteilungen der Zentralstelle für deutsche Personen- und Familiengeschichte*, 1911, *8*: 88.

57 Hans Breymann, »Rückblick auf die zehnjährige Entwicklung der Zentralstelle für deutsche Personen- und Familiengeschichte«, *Mitteilungen der Zentralstelle für deutsche Personen- und Familiengeschichte* 1914, *12-14*: 291-310, 297. Der Blick der Genealogie war dabei darauf gerichtet, »in das Wesen des Gesellschaftslebens einzudringen und dadurch wiederum der Sozialpolitik zu einer festen Grundlage zu verhelfen«. Armin Tille, »Genealogie als Wissenschaft«, *Mitteilungen der Zentralstelle für deutsche Personen- und Familiengeschichte*, 1906, *2*: 32-40, 35.

werden, also 92400 im Jahre 1920 und 415000 im Jahre 1980.[58] Der rassenhygienisch interessierte überragende Statistiker und Formalgenetiker Wilhelm Weinberg berichtete 1915 für Deutschland, daß in Baden die Anlegung von Katastern für Geisteskranke in die Wege geleitet und in Württemberg an einem Landeskataster der Geisteskranken und Schwachsinnigen gearbeitet werde. In Bayern hatte der Psychiater Ernst Rüdin, der bald zu einem der führenden Köpfe der Rassenhygiene werden sollte, bei seinen Untersuchungen über Vererbung bei Geisteskranken ebenfalls begonnen, Kataster anzulegen.[59]

Während in Großbritannien, wo das Problem der statistischen Beurteilung von Vererbungseigenschaften und -krankheiten differenzierter und vorsichtiger gesehen wurde – der Genetiker R. C. Punnett hatte 1917 errechnet, daß es in den Vereinigten Staaten über 8000 Jahre dauern würde, um den Prozentsatz der Schwachsinnigen an der Gesamtbevölkerung von 3 auf 1 % zu senken –, blieben die in das statistische Material und die erforderlichen großräumigen Erhebungen gesetzten Erwartungen in Deutschland und in den USA jedoch ungebrochen.[60]

Unter dem Banner der Kriminalbiologen organisierten sich eine Reihe erfahrener Forscher und Praktiker, die jeweils vor Ort, d. h. unter den Gefangenen ihrer Anstalten, kriminalbiologische Bestandsaufnahmen begannen. Die Idee, die hinter derartigen Vorhaben steckte, war, »mittels der kriminalbiologischen Untersuchungen eine ganze Bevölkerungsschicht für die rassenhygienische Wissenschaft zu erschliessen und zu durchforschen, jene Schicht, welche durch vorzugsweise Erzeugung von kriminellen Persönlichkeiten sowohl auf die Gestaltung unserer Gesellschafts- und Wirtschaftszustände, wie auf den erblichen Anlagenbesitz der Rasse einen ungünstigen Einfluß ausübt«.[61] Auch

58 Felix Tietze, »Sterilisierung zu eugenischen Zwecken«, *Volksaufartung. Erbkunde. Eheberatung*, 1929, *4*: 169-212, 180.

59 Wilhelm Weinberg, »Zur Technik familienstatistischer Untersuchungen über sozialbiologische Probleme«, *Allgemeines statistisches Archiv*, 1915, 9: 501-528, 525.

60 R. C. Punnett, »Eliminating Feeblemindedness«, *Journal of Heredity*, 1917, *8*: 464-465, 465.

61 Hans Klare, *Das kriminalbiologische Gutachten im Strafprozeß*, Breslau 1930, 10, 11. So wurden in der belgischen Strafanstalt Forest (durch Verwaeck), im Wittlicher Jugendgefängnis (Bleidt), in Riga (Neureiter),

hier sollten durch möglichst umfassende und vollständige Registrierung Daten bestimmter Probandengruppen erhoben werden. Mit der Zielgruppe ›Anstaltsinsassen‹ wurde zudem eine Konstellation begründet, in der ›Datenzugang‹ aus der Perspektive des Forschungsinteresses und aus einer politisch-praktischen Perspektive gleichermaßen Bedeutung errang. Diese Koinzidenz wissenschaftlichen und politischen Interesses sollte fortan die Entwicklung der Bevölkerungs- und Erbwissenschaften tragen und – für einen kurzen historischen Augenblick – in Gestalt der ›Erfassung‹ vermeintlich erbbiologisch ›minderwertiger‹ Gruppen wie z. B. der ›Zigeuner‹ und ihres Schicksals in den Konzentrationslagern des NS-Deutschland einen makabren Höhepunkt erfahren.

Die von Rainer Fetscher mit Unterstützung des Sächsischen Justizministeriums angelegte »Kartei der Minderwertigen« war in der Namengebung symptomatisch. In 10 Jahren umfaßte diese Kartei 12 000 Familien mit insgesamt 140 000 registrierten Personen.[62] Wenn man bedenkt, daß es um »Minderwertige« ging, die per Anstaltsunterbringung oder sterilisatorischen Eingriff »behandelt« werden sollten, wird der sozialpolitische Stellenwert derartiger Aktivitäten erkennbar. Darüber hinaus bemühte sich Fetscher, eine erbbiologische Strafgefangenen-Kartei einzurichten, um bessere Handhaben für vorbeugende Fürsorgemaßnahmen zu bekommen. Ziel seiner Aktivitäten, die das Sächsische Justizministerium befürwortete, sollte die systematische Erfassung aller sächsischen Strafgefangenen und ihrer Familien sein. Die so entstehende Kartei konnte für verschiedene juristische Urteilsfindungen, aber auch zur psychiatrischen Begutachtung und zur »Beurteilung bei Einleitung spezieller ärztlicher Eingriffe (Sterilisierung, Kastration usw.)« verwandt werden.[63] Ähnlich breit sollte das Aufgabengebiet der kriminalbiologischen Sammelstelle sein, die bei der Straubinger Strafanstalt installiert war. Sie gab ihre Materialien zur wissenschaftlichen

in Ludwigsburg (Kretschmer), in Graz und Wien (durch Lenz) sowie in den Hamburgischen Strafanstalten zu Fuhlsbüttel derartige Untersuchungen in Angriff genommen.

62 *Blätter für Volksgesundheitspflege*, 1933, *33*: 94.

63 Rainer Fetscher, »Die Organisation der erbbiologischen Erforschung der Strafgefangenen in Sachsen«, *Blätter für Gefängniskunde*, 1926, *57*: 69-75, 74.

Aufarbeitung an die Deutsche Forschungsanstalt für Psychiatrie weiter, wo sie von Ernst Rüdin und Johannes Lange genealogisch ausgewertet wurden.[64]
Die Einrichtung einer erbbiologischen Kartei wurde um 1930 auch in der *Zeitschrift für Psychische Hygiene* diskutiert; Ziel sollte die »Ermittlung des Erbgutes möglichst aller zeugungsfähiger Menschen im Staate« sein, um durch eine derartige Auflistung Vorarbeit für ein Sterilisierungsgesetz nach dem Vorbilde Dänemarks zu leisten.[65] Das großflächige Erfassen der Bevölkerung und die Entdeckung von ›Mustern‹ mittels hoher Datenaggregation war des weiteren Bestandteil des Forschungsprogramms der in den zwanziger Jahren gerade neu entstandenen Blutgruppenforschung. Die »Deutsche Gesellschaft für Blutgruppenforschung«, zu deren Mitarbeitern Eugeniker und Rassenhygieniker gehörten, strebte die Feststellung des Agglutionsverhaltens der roten Blutkörperchen bei Deutschen, Österreichern, den übrigen Europäern und – soweit möglich – der anderen Erd-

64 *Mitteilungen der Kriminalbiologischen Gesellschaft*, 1931, *3*: 20. Die Sammelstelle arbeitete im Verein mit dem Bayerischen Statistischen Landesamt an einer biologisch unterlegten Verbrecherstatistik, bei der die biologischen Ausgangsberichte auf Individualzählkarten übertragen wurden. *Mitteilungen der Kriminalbiologischen Gesellschaft*, 1931, *3*: 37. Die Aufgabe der Sammelstelle bestand darin, in einem 51-Punkte-Fragebogen die jeweiligen körperlichen, geistigen, wirtschaftlichen und sozialen Daten von Strafgefangenen festzuhalten und statistisch vergleichbar zu machen. Eine Reihe von Ministerialerlassen der Jahre 1924 und 1925 bot hierfür die gesetzliche Grundlage. Vgl. Erlasse 8633, 14690, 16716, 28492 in: *Stufenstrafvollzug und die kriminalbiologische Untersuchung der Gefangenen in den bayerischen Strafanstalten*, München 1926. 1927 stand schon ein detailliertes Material von 3300 anthropologischen Einzelberichten über Verbrecher »und deren Blutkreise« zur Verfügung. *Zeitschrift für Volksaufartung und Erbkunde*, 1927, *2*: 35. Darunter wurde unter anderem die Darstellung von Korrelationen zwischen »Rasse«-Kategorien – nach Hans F. K. Günther! – und Sittlichkeitsverbrechen bzw. Kriminalität verstanden. Vgl. entsprechende Faltblätter, *Bericht der kriminalbiologischen Sammelstelle des bayerischen Staates*, Straubing 1926. Zum Umfang der Erfassungstätigkeit der Straubinger Sammelstelle: *Mitteilungen der Kriminalbiologischen Gesellschaft*, 1931, *3*: 20, 36.

65 zit. n. Thomas Karenovics, *Psychische Hygiene und Eugenik*, Diss. Freiburg/Breisgau 1974, 80.

teile an.[66] Dahinter stand die Erwartung, »endlich einmal einen zuverlässigen Ueberblick über die rassische Zusammensetzung der europäischen – und später auch anderer Völker zu gewinnen«.[67]

Die statistische Erfassung von Erbeigenschaften, Rassenmerkmalen, Blutgruppen und kriminellen Neigungen – und dies möglichst nach Familien und Religionen – diente einer Forschungslogik in der Rassenhygiene und Vererbungswissenschaft, die Ersatzstrategien für den ›Königsweg‹ aller naturwissenschaftlichen Forschung suchen mußte: das Experiment. Experimenten in diesen Wissenschaften stehen moralische und juristische Schranken entgegen. Das Experiment mit und am Menschen ist tabuisiert. Diese moralisch-normativen Schranken, so hoch und fest verankert sie in demokratischen Gesellschaften auch sein mögen, sind jedoch gesellschaftlich gesetzt und erscheinen daher als eine im Prinzip »disponible«, weil letztlich verhandelbare Grenze. Wenn später unter den grundlegend veränderten politischen und moralischen Bedingungen des ›Dritten Reichs‹ diese Grenzen überschritten wurden und in dem Zusammenhang von ›einzigartigen Forschungsmöglichkeiten‹ die Rede war, die für die Wissenschaft genutzt werden müßten, dann kommt darin ebenso jener Konflikt zwischen den Erfordernissen wissenschaftlicher Methodologie und geltender Moral zum Ausdruck wie die Bereitschaft eines Teils der Wissenschaftler, ihn mit staatlicher Sanktionierung zugunsten der ersteren zu lösen.

Die in den zwanziger Jahren in Deutschland beispielsweise von Boeters durchgeführten Sterilisierungen waren viel zu wenige und weit davon entfernt, irgendwelche Schlüsse über ihre Wirksamkeit zu gestatten. Nicht nur wäre es bei einer großangelegten eugenischen Bevölkerungspolitik keineswegs allein um die Selektion »Minderwertiger« gegangen, sondern in erster Linie um die Förderung der »Tüchtigen«, über die man auf diesem Wege keine Erfahrungen sammeln konnte. Selbst mit etwa 25 000 euge-

66 Paul Steffan, »Die Arbeitsweise der Deutschen Gesellschaft für Blutgruppenforschung«, *Zeitschrift für Rassenphysiologie*, 1928, *1*: 8-15, 8.

67 Dazu sollten zunächst Deutschland und Österreich in rund 900 gleich große Bezirke mit je 500 zu untersuchenden Personen unterteilt werden. 1929 waren 291 Gruppen untersucht; 1930 schon 640, deren Blutbeschaffenheit katalogisiert worden war. »Aufruf der deutschen Gesellschaft für Blutgruppenforschung«, *ARGB*, 1926, *18*: 446-449, 447.

nisch indizierten Eingriffen wäre nicht zu belegen gewesen, daß die durchschnittliche ›Tüchtigkeit‹ des deutschen Volkes ansteigt: dazu hätte es nach Schätzung amerikanischer und deutscher Forscher einer das Vielfache umfassenden und über mehrere Generationen angelegten Sterilisationspraxis bedurft. Deren Realisierung war jedoch von der Bedingung abhängig, daß die juristischen und ethischen Schranken für eugenische Eingriffe beseitigt wurden. Auf einen derartigen, das gesamte deutsche Reichsgebiet umfassenden ›Bevölkerungsversuch‹, das »endgültige Experiment« also, mußten die Eugeniker warten.
Selbst als schließlich 1934 die zwangsweise Sterilisation eingeführt wurde, war damit weder die Wünschbarkeit noch die Rationalität der Erstellung von umfassenden Erbkatastern aufgehoben. Im Gegenteil: Zur Durchführung, wissenschaftlichen Begleitung und kontinuierlichen Weiterverfolgung mußte die Datenerhebung institutionalisiert, d.h. auf Dauer angelegt werden. Der Gießener Professor Heinrich Wilhelm Kranz war überzeugt »von der Notwendigkeit einer systematischen, karteimäßigen, nach rassenhygienischen Gesichtspunkten gerichteten, erbbiologischen Erfassung des Volkes« und leitete daher eine Abteilung der hessischen Ärztekammer, die bis 1940 nicht weniger als 18 000 Sippen mit über einer halben Million Personen erbbiologisch untersuchte und registrierte.[68] Der Münchner Statistiker Friedrich Zahn glaubte an »einen allgemeinen Gesundheitskataster, eine volksbiologische Diagnose, ein klares Bild von der Lebensqualität des deutschen Volkes, von den Erbgesunden und den Erbkranken«, womit »wichtige Unterlagen zur Förderung der guten, zur Verhinderung der schlechten Erbmasse, zur erbbiologischen Gesundung des Volkskörpers« geschaffen seien.[69]
Unter den Ausnahmebedingungen des nationalsozialistischen Staates war es von der »Faszination der großen Zahl gegenüber dem zu verachtenden Einzelfall« (Klaus Dörner) zum Genozid nur ein kurzer Schritt. Unter den vielfältigen Belegen für diesen

68 Heinrich W. Kranz, »Die Erbkartei des Gaues Hessen-Nassau«, *Der Erbarzt*, 1934, *1*: 57-58, 57; *Aeskulap und Hakenkreuz. Zur Geschichte der Medizinischen Fakultät Gießen zwischen 1933 und 1945*, Gießen 1982, 137.

69 Zit. n. Götz Aly/Karl Heinz Roth, *Die restlose Erfassung*, Berlin 1984, 15.

Zusammenhang läßt sich eine Darstellung der Arbeit der Rassenhygienischen und Bevölkerungsbiologischen Forschungsstelle des Reichsgesundheitsamts von 1941 heranziehen: »Die Rassenhygienische Forschungsstelle ist schon heute in der Lage, sich über den Menschlingsgrad und den Erbwert jedes einzelnen sogenannten Zigeuners sachverständig zu äussern, sodass der Inangriffnahme rassenhygienischer Maßnahmen nichts mehr im Wege steht... Das, was uns nottut, sind reichseinheitliche und weitsichtige Maßnahmen, die gleichzeitig die Belange der vorbeugenden Verbrechensbekämpfung wie diejenigen der Erb- und Rassenpflege ausreichend berücksichtigen.«[70]

Die Veränderung des historisch-politischen Kontextes zwischen 1891, als Schallmayer in seiner Schrift über *Die drohende physische Entartung der Culturvölker* erstmals den Gedanken der Anlage von Erbkatastern zu wissenschaftlichen und praktischen eugenischen Zwecken forderte, und deren verbrecherischer Anwendung im ›Dritten Reich‹ legt die Ambivalenz auch dieser ›wissenschaftlichen‹ Technik offen, ohne die sie heute nicht mehr vorstellbar und anzuwenden ist.

70 Bundesarchiv Koblenz, Slg. Schumacher 399, 7.

IV. Die Etablierung der Rassenhygiene in Wissenschaft, Sozial- und Gesundheitspolitik bis 1933

1. Von der Bewegung der Gleichgesinnten zur wissenschaftlichen Gesellschaft – Genese und Entwicklung der Rassenhygiene bis zum Ersten Weltkrieg

Wissenschaften sind nicht nur Ideensysteme, sondern vor allem auch soziale Organisationen. Ihre Genese und Entwicklung lassen sich überhaupt nur verstehen und nachvollziehen, wenn ihr sozialorganisatorischer Charakter mitgedacht und dessen Eigendynamik berücksichtigt wird. Ideen ohne soziale Organisation haben keine Verfechter, und Organisationen, die nicht auf ein Ideensystem fixiert sind, haben, sofern sie überhaupt denkbar sind, weder ein Handlungsziel noch eine Identität. Wissenschaften entwickeln sich nach dem Muster von Professionen: Ein Wissensbereich wird ausgegrenzt und unter ständigem Bezug auf sich selbst weiter differenziert und entwickelt. Er verdankt seine Entstehung der gegenüber der Gesellschaft behaupteten doppelten Relevanz, etwa in Gestalt der vermeintlichen Bedrohung der Erbmasse und der Möglichkeit ihrer Abwendung. Der expansive Charakter der Professionen als sozialer Organisation eines wissenschaftlichen Ideensystems besteht in der Offenheit dessen, was mit ›Möglichkeit‹ gemeint ist. Sie begründet und legitimiert Forschung und die Anwendung ihrer Ergebnisse, ebenso wie die Kontrolle darüber, was als Forschung als richtig oder falsch zu gelten hat. Das wissenschaftliche Ideensystem ist gleichsam das Medium, durch das sich die Profession entfalten muß. Ob dies gelingt, hängt von vielen Bedingungen der Umwelt ab, vor allem aber davon, ob sich die Handlungsstrategien der Profession mit den Strategien anderer Organisationen und ihrer Zielsetzungen verknüpfen lassen. Wir werden diesen Prozeß der Entstehung und Entwicklung der Rassenhygiene als einer Wissenschaft im Sinne ihrer sozialen Organisation, ihre Zielsetzungen und deren Veränderungen durch Bündnisse, die sie eingehen muß, bis hin zu ihrer erfolgreichen Institutionalisierung verfolgen.

Alfred Ploetz und sein Freundeskreis

Die zentrale Person der frühen Rassenhygiene war Alfred Ploetz. 1860 in Swinemünde geboren, gehörte er in seiner Jugendzeit einem Freundeskreis an, der sich – auf sein eigenes Betreiben hin – zu einer Art Geheimbund zusammenschloß. Der Gruppe gehörten unter anderem auch Karl und Gerhart Hauptmann an, die Ploetz Jahre später wiederum einem Kreis zuführte, der sich »Pacific« nannte.[1] Ziel dieses Kreises war die Gründung einer Kolonie mit vorwiegend pangermanischer Bevölkerung in Nordamerika. Ploetz ging – im Auftrag seines eigenen Bruders, der Hauptmann-Brüder, Heinrich Lux', Ferdinand Simons und des späteren Physikers Steinmetz – für vier Jahre in die Vereinigten Staaten, um die Realisierungschancen für eine derartige Kolonie nach dem Muster von Étienne Cabets ›Ikaria‹ zu erkunden. Desillusioniert hinsichtlich der Chancen der Kolonie, aber mit einem geschärften Blick für das dafür notwendige »Menschenmaterial« kam Ploetz zurück. Da er die »Qualität der Menschen« für das Scheitern derartiger Kolonisationsvorhaben verantwortlich machte, begann er in der Schweiz ein Medizinstudium, da er mit seinem Realgymnasiums-Zeugnis in Deutschland nicht zugelassen wurde.

In Zürich lernte er in einem Kreis wissenschaftlich interessierter Intellektueller den Philosophen Richard Avenarius, den Physiologen Gustav von Bunge, Rudolf Wlassak und – neben dem späteren Mitbegründer des Alldeutschen Verbands Adolf Fick – auch Agnes Bluhm kennen, die die Studienbedingungen ebenfalls in die Schweiz verschlagen hatten. Besonders beeindruckt war er von August Forel, dem Leiter der Nervenklinik Burghölzli, der ihn Alkohol- und Syphilis-Opfer als »Geisseln der Menschheit« zu betrachten lehrte. Forel hatte auch spürbaren Einfluß auf Gerhart Hauptmann, der ebenfalls in die Schweiz umgesiedelt war, er hielt Verbindung zu August Weismann, dem Theoretiker der Kontinuität des Keimplasmas, und er war mit Magnus Hirschfeld bekannt, einer wichtigen Persönlichkeit in der späteren Berliner Eugenik. Forel beeinflußte auch Ernst Rüdin, der seit der Heirat von Alfred Ploetz mit Pauline Rüdin im

1 Werner Doeleke, *Alfred Ploetz (1860-1940). Sozialdarwinist und Gesellschaftsbiologe*, Diss. Frankfurt/Main 1975, 6.

Alfred Ploetz
Aus: Eugenik. Erblehre, Erbpflege Heft 1/1930. S. 263.

Mai 1890 dessen Schwager war; Rüdin erhielt seine Berufsausbildung in Burghölzli.[2] Wilhelm Bölsche war mit Gerhart Hauptmann und Ernst Haeckel befreundet, dem Verfasser der *Welträtsel*, Protagonist und Propagandist des Darwinismus in Deutschland. Haeckel, der später ebenso wie August Weismann zum Ehrenpräsidenten der »Gesellschaft für Rassenhygiene« ernannt wurde, leistete seinerzeit Entscheidendes für die Entwicklung des Arztes Wilhelm Schallmayer, auf den Alfred Ploetz durch das 1891 von ihm verfaßte Buch *Über den drohenden Untergang des Kulturmenschen* aufmerksam wurde.[3]

1894 ging Ploetz nach Berlin und begann mit den Arbeiten an einem rassenhygienischen Buch. Er trat der Berliner Gesellschaft für Anthropologie und Ethnologie bei und lernte dort Felix von Luschan und sicher auch Richard Thurnwald kennen. Ersterer wurde Ortsgruppen-Vorsitzender, der zweite Gründungsmitglied der späteren »(Berliner) Gesellschaft für Rassenhygiene«.[4] Hier hatte er die Idee einer rassenhygienischen Vereinigung, für die Ploetz auch den Rechtsanwalt Anastasius Nordenholz gewann, der durch die zweite Ehe Ploetz' mit dessen Schwester sein Schwager wurde, sowie den Zoologen Ludwig Plate. Zudem lernte er hier wohl auch Karl Kißkalt kennen, der als Nachfolger Max von Grubers den Vorsitz einer Münchner Ortsgruppe übernehmen sollte.

Im Jahre 1904 brachte Ploetz mit Thurnwald und Rüdin die erste Nummer des *Archivs für Rassen- und Gesellschafts-Biologie* heraus. Einer der ersten Autoren des neuen Journals hieß Ignaz Kaup, den Max von Gruber 1912 nach München auf einen So-

2 Zit. n. Doeleke, *Alfred Ploetz*, 18; vgl. Angelika Degen, *Zum Aufbau und Funktionswandel einer »Sozialen Anthropologie« vor der Jahrhundertwende*, Diss. Heidelberg 1976, 24; Annemarie Wettley, *August Forel. Ein Arztleben im Zwiespalt seiner Zeit*, Salzburg 1953, 88, 174; Hans W. Walser (Hg.), *August Forel. Briefe. Correspondance 1864-1927*, Bern/Stuttgart 1968, 154, FN 16.

3 Wilhelm Bölsche, *Die naturwissenschaftlichen Grundlagen der Poesie*, repr. Tübingen 1976, 93; Daniel Gasman, *The Scientific Origins of National Socialism. Social Darwinism in Ernst Haeckel and the German Monist League*, London/New York 1971, 92; vgl. Hermann Muckermann, »Alfred Ploetz und sein Werk«, *Eugenik. Erblehre. Erbpflege*, 1931, *1*: 262-263, 262.

4 Doeleke, *Alfred Ploetz*, 44, 46.

zialhygiene-Lehrstuhl holte und der im gleichen Jahr mit Alfred Grotjahn das *Handwörterbuch der sozialen Hygiene* herausgab. Alfred Grotjahn, der während seiner Studienzeit Ludwig Woltmann kennengelernt hatte und sich der deutschen Sozialdemokratie zugehörig empfand, hatte Verbindung zu den wichtigsten Personen der »Ärztlichen Gesellschaft für Sexualethik und Eugenik« wie Albert Eulenberg, Iwan Bloch, Magnus Hirschfeld und Max Hirsch und der späteren »Kinderreichen«-Bewegung wie Hans Konrad, Robert Engelsmann und Hans Harmsen.[5] Eine Seitenlinie dieses Beziehungsgeflechts, aus dem sich die Rassenhygiene entwickelte, entstand in Freiburg. Hier hatte der Anatom Eugen Fischer 1905 eine außerordentliche Professur für Anthropologie erhalten. Fischer wurde als Student stark von den Gedanken August Weismanns beeinflußt; zugleich hielt er Verbindung mit dem Gobineau-Popularisierer Ludwig Schemann und mit Alfred Ploetz. Er war überdies ein Studienkollege Erwin Baurs, den er seinerzeit im neugegründeten Freiburger Skiclub kennengelernt hatte.[6] Zu den Schülern Eugen Fischers zählte wiederum Fritz Lenz, der nach seiner Umsiedelung nach München zum Redakteur des »Archivs« avancierte und 1923 auf Betreiben Grubers eine – für Deutschland erstmalige – außerordentliche Professur für Rassenhygiene erhalten sollte.

Die hier – in großen Zügen dargestellten – persönlichen, zum Teil sogar verwandtschaftlichen Beziehungen der Hauptfiguren der Rassenhygiene-Bewegung entstanden in den Jahren um die Jahrhundertwende. Die Rassenhygiene fand folglich in Berlin, München und Freiburg ihre ersten Anhänger. Zentrale Figur war und blieb Alfred Ploetz, der sich in Herrsching am Ammersee ein Gut für mehr als eine halbe Million Reichsmark kaufte und in der Münchner Rassenhygiene aktiv wurde.[7] Die Grundlegung der organisierten deutschen Rassenhygiene kann als sein Werk gelten, auch wenn er sich bald aus der vordersten Reihe ihrer Protagonisten zurückzog: Nur wenige unter den Wissenschaftlern, die sich auf diesem Gebiete hervorgetan haben, waren

5 Alfred Grotjahn, *Erlebtes und Erstrebtes*, Berlin 1932.

6 Vgl. Otmar Freiherr von Verschuer, »Eugen Fischer«, Hans Schwerte/Wilhelm Spengler (Hg.), *Forscher und Wissenschaftler im heutigen Europa*, Oldenburg/Hamburg 1955, 308-316, 310.

7 Martin Machatzke (Hg.), *Gerhart Hauptmann. Diarien 1917 bis 1933*, Frankfurt/Main 1980, 233.

nicht mittelbar oder unmittelbar durch Ploetz für die Rassenhygiene gewonnen worden.[8]

Die Leitbilder der frühen Rassenhygieniker entstammten lebensreformerischen Vorstellungen. Alfred Ploetz' Interesse an ›Ikaria‹ und einer zu gründenden »Freeland-Society«, derentwegen er nach Amerika reiste, verweist auf die siedlungsreformerischen Pläne, die auch für die spätere Rassenhygiene-Gesellschaft richtungsweisend wurden. Wenn auch die ursprüngliche Idee »einer Art Genossenschaft in einem Lande mit vorwiegend germanischer Bevölkerung« Stück für Stück aufgegeben wurde[9], blieb der Siedlungsgedanke an sich weiterhin bestehen: Eine Reihe von Eugenikern engagierte sich bei der Gründung einer Gartenstadt bei Berlin, diskutierte angesichts des Ersten Weltkriegs die Frage nach eigens zu schaffenden Kriegerheimstätten und setzte sich für Konzepte der »Inneren Kolonisation« ein, wie sie insbesondere Fritz Lenz vertrat.[10] Ein weiteres verbindendes Element der frühen Rassenhygiene bestand in der Ablehnung von Rauschmitteln. Alfred Ploetz hatte an August Forels Nervenheilanstalt die Opfer des Alkoholismus mit eigenen Augen gesehen und beschlossen, für die Beseitigung dieser »Geißel der Menschheit« einzutreten. Die notwendige Konsequenz, mit der Bekämpfung des Alkoholismus zunächst bei sich selbst zu beginnen, akzeptierten auch Ploetz' Mitstreiter. In die Statuten der Rassenhygiene-Gesellschaft wurde ein Passus aufgenommen, der die Vereinsangehörigen dazu anhielt, »bei Untüchtigkeit zur Ehe von einer Eheschließung während der Mitgliedschaft abzusehen«, wenngleich auf ein ausdrückliches Heiratsverbot verzichtet wurde.[11] Die körper- und keimschädigende Wirkung des Alkohols wurde zu einem Forschungsthema, dem sich insbesondere Agnes Bluhm widmete.

Die Bandbreite lebensreformerischer Vorstellungen im eugenischen Gedankengut läßt sich anhand der Satzung der »Eugenesia« illustrieren, dem Wiener »Bund für nordische Freikörper-

8 Alfred Ploetz, *Volksaufartung. Erbkunde. Eheberatung*, 1930, *5*: 193-194, 194.

9 Doeleke, *Alfred Ploetz*, 6.

10 »Aufruf zur Gründung einer Gartenstadt bei Berlin«, *ARGB*, 1908, *5*: 865-866, 865/866.

11 Doeleke, *Alfred Ploetz*, 18; Eugen Fischer, »Aus der Geschichte der Deutschen Gesellschaft für Rassenhygiene«, *ARGB*, 1930, *24*: 1-5, 2.

Aus: Kraft und Schönheit. Zeitschrift für vernünftige Leibeszucht. Nr. 11, Januar 1902. Titelblatt.

kultur, Rassenhygiene und Lebensreform«. Neben arischen Grundpositionen sollten seine Mitglieder »durch viel Bewegung in Sonne, Luft und Wasser die Schäden der Zivilisation und des modernen Großstadtlebens auszugleichen oder ganz zu beseitigen« versuchen. Alkohol und Nikotin waren verboten, der Sinn für Ästhetik sollte geschärft werden, eine sinnvolle Kleiderreform sollte mitgetragen werden, der Landflucht sollte Einhalt geboten werden, und erotischen Schmutz und Schund wollte man rigoros bekämpfen und an seine Stelle die Pflege der Freikörperkultur setzen.[12]

Das Ariertum, auf das sich die »Eugenesia« ausrichtete, spielte auch in der deutschen Rassenhygiene eine wesentliche Rolle. Aus strategischen Erwägungen wurden derartige Ansichten nur selten in der Öffentlichkeit vertreten, aber schon in der Frühphase der rassenhygienischen Bewegung unterhielten ihre Anhänger enge Verbindungen zu völkisch-nationalistischen Gruppierungen. Alfred Ploetz z.B. hatte bereits 1907 die Gründung einer Geheimorganisation, den »Ring der Norda«, betrieben. 1910 konstituierte sich unter der Leitung Ploetz' in München ein »Geheimer nordischer Ring«, aus dem später der »Bogenclub München« wurde, eine Vereinigung, »die Erbgesundheit auf sportlicher Basis pflegen wollte«, in die nur »ausgesuchte Menschen aufgenommen wurden und in der Ploetz »einen Keim wirklicher rassenhygienischer Betätigung« und ein »Sich-Wiederbesinnen auf die weit entlegene schwellende Jugendzeit unseres Stammes, auf altgermanische, ja altindogermanische Zeiten« sah.[13] Eugen Fischer stand ›auf dem Rassenstandpunkt‹, wie er Schemann gegenüber erklärte, und Fritz Lenz engagierte sich im

12 Österreichisches Staatsarchiv, Allgemeines Verwaltungsarchiv, Bundeskanzleramt, Sign. 15/16 Wien 545, Zl. 119.566/1932.

13 Doeleke, *Alfred Ploetz*, 18, 46; Brief A. Ploetz an G. Hauptmann vom 24. 12. 1913, Staatsbibliothek Preußischer Kulturbesitz, Nachlaß Gerhart Hauptmann, Blatt 161/162. Die öfters anzutreffende Behauptung, Alfred Ploetz sei Gründer der »Deutschen Erneuerungsgemeinde« und des »Deutschbundes« gewesen, so Michael Billig, *Die rassistische Internationale*, Frankfurt/Main 1981, 57/58, FN 9; ebenfalls Geoffrey G. Field, »Nordic Racism«, *Journal of the History of Ideas*, 1977, *13*: 523-540, 528/FN 13, ist unbelegt. Poliakov, auf den man sich bezieht, schreibt lediglich, Ploetz habe in seinem »Archiv« über diese Gründungen *berichtet*. Leon Poliakov, *Der arische Mythos. Zu den Quellen von*

völkischen Münchner »Bogenschützenclub«. Ernst Haeckel gilt manchen gar als wissenschaftlicher Wegbereiter des Nationalsozialismus.[14]

Die rassenhygienische Organisation hatte auch nichts gegen die Mitgliedschaft Ludwig Schemanns einzuwenden, dem Protagonisten der Gobineau-Vereinigung. In späteren Jahren bestanden auch Beziehungen zu der gerade gegründeten NSDAP. Der Gießener Hygiene-Professor Philalethes Kuhn, Gründer der Ortsgruppe Dresden der »Gesellschaft für Rassenhygiene«, trat 1923 in die Partei ein, der bald nach ihrer Gründung auch der Verleger Julius F. Lehmann angehörte, Schriftleiter der Münchner Rassenhygiene-Gesellschaft, Verleger einer Vielzahl von rassenhygienischen und rassistischen Büchern, aber auch Aktivist des Kapp-Putsches.[15]

Die Geburt einer neuen Wissenschaft

Als Wilhelm Schallmayer 1891 seine erste rassenhygienische Schrift mit dem Titel *Über die drohende körperliche Entartung der Kulturmenschheit und die Verstaatlichung des ärztlichen Standes* publizierte, war die öffentliche Reaktion gering. Das 1886 verfaßte Buch war von verschiedenen Verlegern abgelehnt worden, Freunde sahen die Arbeit als Verirrung an. Die Tagespresse und die medizinische Publizistik besprachen sie zum Teil polemisch; sie fand einige Zustimmung, aber keine besondere

Rassismus und Nationalsozialismus, Wien/ München/Zürich 1971, 347/48.

14 Universitätsbibliothek Freiburg, Nachlaß Ludwig Schemann, Brief Eugen Fischers vom 16. 1. 1910 und Postkarte vom 7. 3. 1922; Gasman, *The Scientific Origins*; vgl. Heinz Brücher, »Ernst Haeckel, ein Wegbereiter biologischen Staatsdenkens«, *Nationalsozialistische Monatshefte*, 1935, *6*: 1088.

15 Hans-Jürgen Lutzhöft, *Der nordische Gedanke in Deutschland 1920-1940*, Stuttgart 1971, 161; vgl. die Nachrufe in: *Deutschlands Erneuerung*, 1935, *19*: bes. 258ff. sowie die entsprechenden Passagen in: Melanie Lehmann, *Verleger J. F. Lehmann. Ein Leben im Kampf um Deutschland*, München 1935; zu Lehmanns Rolle als Verleger vgl.: Gary D. Stark, *Entrepreneurs of Ideology. Neoconservative publishers in Germany*, 1890-1933, Chapel Hill 1981, 19ff., 120ff., 172ff.

Aufmerksamkeit.[16] 1895 unternahm Alfred Ploetz in *Die Tüchtigkeit unsrer Rasse und der Schutz der Schwachen* einen »Versuch über Rassenhygiene und ihr Verhältnis zu den humanen Ideen, besonders zum Socialismus«. In diesem ersten Band der *Grundlinien einer Rassenhygiene* wurde erstmals der Terminus »Rassenhygiene« eingeführt und programmatisch erläutert. Das Buch, das kaum über den theoretischen Erkenntnisstand Charles Darwins hinausging, war im wesentlichen eine sozial-politische Studie mit anthropologischen Deutungen; es war weniger als wissenschaftliches Standardwerk denn als praxisleitende Orientierungshilfe gedacht und infolgedessen – so hieß es im Vorwort – »nicht nur an den Wissenschaftler, sondern hauptsächlich an den socialen Practiker« gerichtet. Weder die einen noch die anderen zeigten offenbar großes Interesse an der Arbeit. Ihr blieb nicht nur eine zweite Auflage versagt, sondern sogar die Edition des angekündigten 2. Bandes.

1904 schrieb Ploetz im Vorwort des *Archivs für Rassen- und Gesellschafts-Biologie*, daß bisher wenige grundlegende Arbeiten zur Rassenhygiene verfaßt seien, die zudem kaum »über das mangelhafte Beherrschen des Stoffs und der wissenschaftlichen Methode hinwegtäuschen können«. Da derartige Schriften »infolge ihres pseudowissenschaftlichen Charakters auch einen großen Einfluß ausüben, erscheint es jetzt an der Zeit, dem gegenüber die strenger wissenschaftlichen ... Arbeiten in einer Zeitschrift ... zu sammeln ... Zur Rassenhygiene gehören zunächst alle Versuche, ihr Ziel wissenschaftlich festzustellen ...«[17] Darin wird ein erster Differenzierungsversuch erkennbar, der die neue Wissenschaft abgrenzen sollte. Neben die im weitesten Sinne sozialwissenschaftlich fundierte Rassenhygiene trat ab diesem Zeitpunkt die naturwissenschaftliche Orientierung, wie die folgenden Hauptwerke der Rassenhygiene, insbesondere jedoch Wilhelm Schallmayers Arbeit, deutlich erkennen lassen.

Schallmayers *Vererbung und Auslese im Lebenslauf der Völker. Eine staatswissenschaftliche Studie auf Grund der neueren Biologie* hatte schon sehr viel mehr Resonanz als Ploetz' Schrift von 1895. Es war zwar lediglich eine stark umgearbeitete Fassung

16 Gunter Mann, »Neue Wissenschaft im Rezeptionsbereich des Darwinismus: Eugenik – Rassenhygiene«, *Berichte zur Wissenschaftsgeschichte*, 1978, *1*: 101-111, 107, 110/FN 22.

17 »Vorwort«, *ARGB*, 1904, *1*: III, IV.

seines Buches von 1891, das er beim Kruppschen Preisausschreiben eingereicht hatte und das, mit dem ersten Preis geehrt, 1903 in erster Auflage erschien. Mit dieser Schrift sollten Grundlagen gelegt werden; noch in der 3. Auflage von 1918 war sie als »Grundriß der Gesellschaftsbiologie und der Lehre vom Rassedienst« ausgewiesen. Über die Hälfte des Buches war den »Wissenschaftlichen Grundlagen des Rassedienstes« gewidmet. Hier wurden in Kürze die biologische Entwicklungslehre dargestellt, der »gegenwärtige Stand der in bewundernswerter Entfaltung begriffenen Vererbungswissenschaft ... unter Wahrung strengster Wissenschaftlichkeit« dargelegt, ein Überblick über die menschlichen Erbanlagen gegeben und abschließend über soziale wie nationale Auslese und das Entartungsproblem referiert. Von Anbeginn aber stand neben dem Versuch der Abgrenzung als Wissenschaft der der Legitimation durch Praxis, die Anspruch auf politische Umsetzung und ein professionelles Deutungsmonopol erhob. Schallmayer betonte, daß die Rassenhygiene »sich kräftig in der Richtung aufs Praktische« bewege, richtete sein Buch an »Bevölkerungspolitiker, Ärzte, ... Soziologen, Erzieher, Kriminalisten, höhere Verwaltungsbeamte und politisch interessierte Gebildeten aller Stände«.[18] Vorworte sind selbstverständlich nicht wörtlich zu nehmen, aber es ist kein Zufall, daß nicht nur der Anteil allgemeinverständlich gehaltener Bücher über die Eugenik auffallend hoch war und über viele Jahre hindurch blieb, sondern daß sogar das zentrale wissenschaftliche Lehrbuch, das über zwanzig Jahre lang für die Forschung verbindlich wurde, der ›Baur-Fischer-Lenz‹, sowohl an die wissenschaftliche Fachwelt und die Praktiker als auch an die breitere Öffentlichkeit adressiert war.[19]

18 Wilhelm Schallmayer, *Vererbung und Auslese*, 3. Aufl., Jena 1918, IX-X und Inhaltsverzeichnis.

19 Erwin Baur/Eugen Fischer/Fritz Lenz, *Grundriß der menschlichen Erblichkeitslehre und Rassenhygiene*, Bd. 1: *Menschliche Erblehre*, 4. Aufl., München 1936, Vf.

Die Gründung des »Archivs für Rassen- und Gesellschafts-Biologie«

Dieselbe ›doppelseitige‹ Orientierung kennzeichnete auch die professionelle Politik der Eugeniker/Rassenhygieniker. Im Jahre 1904 erschien die erste Nummer des *Archivs für Rassen- und Gesellschafts-Biologie einschließlich Rassen- und Gesellschafts-Hygiene.* Im Untertitel nannte es sich eine »Zeitschrift für die Erforschung des Wesens von Rasse und Gesellschaft und ihres gegenseitigen Verhältnisses, für die biologischen Bedingungen ihrer Erhaltung und Entwicklung, sowie für die grundlegenden Probleme der Entwicklungslehre«. Als Herausgeber zeichneten Alfred Ploetz, der Jurist Anastasius Nordenholz und der Zoologie-Professor Ludwig Plate verantwortlich. Das »Wachsen biologischer Einsicht in den letzten Jahrzehnten« war den Gründern Veranlassung, auch die Grundlagen menschlicher Gruppierungen unter biologischen Gesichtspunkten zu untersuchen. Der neuen Wissenschaft »Rassenhygiene« sollte »ein fester Erkenntnisgrund« geschaffen, die zerstreuten Arbeiten zum Thema in einem eigenen Organ zusammengefaßt werden.[20]

Das Feld, das das Archiv für die Rassenhygiene zu erschließen gedachte, war riesig: Untersuchungen allgemein-biologischer, medizinischer, anthropologischer, soziologischer, nationalökonomischer, juristischer und historischer Art fielen in den Einzugsbereich des neuen Gebiets. Gesellschaftslehre, Sozial- und Nationalökonomie, Rechts-, Staats- und Verwaltungswissenschaft, allgemeine politische und Kulturgeschichte sowie die Moralphilosophie galten als Einfluß- und Nachbargebiete.[21] Umfang und Heterogenität des so abgegrenzten Gebiets spiegelten den noch offenen Charakter und geringen Institutionalisierungsgrad der Rassenhygiene als Wissenschaft wider. Es waren durchweg naturwissenschaftlich oder medizinisch ausgebildete Akademiker, die als Autoren auftraten. Das Archiv wollte »den in der Methode wissenschaftlichen Autoren aller Schattierungen offen stehen«. Selbst extreme Beiträge würden veröffentlicht, sofern sie »anregende Hypothesen« oder »reiches Tatsachenma-

20 »Vorwort«, *ARGB*, 1904, *1*, III.
21 »Vorwort«, III-VI.

terial« böten.[22] Letztlich waren es in den ersten Jahren seines Bestehens hauptsächlich Untersuchungen, Referate, Besprechungen und Artikel zu naturwissenschaftlich-medizinischen Themen, die das ›Archiv‹ veröffentlichte.

Der Zeitpunkt der ›Archiv‹-Gründung war keineswegs willkürlich gewählt, sondern aller Wahrscheinlichkeit nach durch zwei Entwicklungen bedingt. Erstens hatte das Kruppsche Preisausschreiben aus dem Jahr 1900 gezeigt, daß für gesellschaftspolitische Fragestellungen auf vererbungswissenschaftlicher Grundlage Interesse bestand. Der erste Preis war an Wilhelm Schallmayer gegangen, dessen Arbeit das erste rassenhygienische Standardwerk neben Ploetz' Arbeit von 1895 wurde. Es muß für die Rassenhygieniker nahegelegen haben, das öffentliche Interesse für ihre Fragestellungen durch eine als Diskussions- wie Sammelforum geplante Zeitschrift zu erhalten und wenn möglich zu fördern. Darüber hinaus war im Oktober 1902 die erste Nummer der von Ludwig Woltmann edierten *Politisch-Anthropologischen Revue* erschienen, die sich der Förderung der »objektiven Erkenntnis« und der »rückhaltlosen Verbreitung« politisch-anthropologischer Wahrheiten verschrieben hatte. Es erscheint plausibel, daß der eher auf Popularisierung ausgerichteten ›Revue‹ ein mehr wissenschaftlich orientiertes ›Archiv‹ entgegen- bzw. zur Seite gestellt werden sollte. Andernfalls würde die Popularisierung des Rassenhygiene-Gedankens seiner wissenschaftlichen Entwicklung vorausgehen, eine fortdauernde Gefahr, wie sich zeigen sollte.

Der Anspruch des Archivs, in erster Linie ein wissenschaftliches Organ zu sein, mußte deshalb bis in die Zeit nach dem Ersten Weltkrieg bekräftigt werden. Der ab 1908 geführte Untertitel »Eine deszendenztheoretische Zeitschrift« wurde aufgegeben und die Zeitschrift ab 1923 als »Wissenschaftliches Organ der Deutschen Gesellschaft für Rassenhygiene« deklariert.[23]

22 *ARGB*, 1905, *2*: o.S.

23 Daniel Gasmans Einschätzung, wonach das Archiv »einen respektablen wissenschaftlichen Rahmen für Nazi-Schreiber« geliefert habe, ist überzogen, auch wenn die Rassenhygieniker zu einem hohen Prozentsatz nationalistisch, völkisch oder schließlich auch nationalsozialistisch waren. Gasman, *Scientific Origins*, 150. Entgegen dieser Auffassung blieb das Archiv bis 1933 von einseitigen politischen Stellungnahmen weitgehend frei.

Die frühe »Gesellschaft für Rassenhygiene« und ihr Umfeld

Der zweite logische Schritt zur Institutionalisierung der Rassenhygiene als wissenschaftliches Fach, der auch der erste hätte sein können, war die Gründung einer Gesellschaft. Ploetz gründete zusammen mit dem Ethnologen Richard Thurnwald am 22. Juni 1905 die »(Berliner) Gesellschaft für Rassenhygiene«. Zu dieser Zeit war sie die erste rassenhygienische Vereinigung überhaupt; nicht einmal in England, dem Mutterland der Eugenik, hatte man bis dahin etwas Derartiges zustande gebracht.[24] Die Gesellschaft sollte Teil einer zur gleichen Zeit gegründeten »Internationalen Gesellschaft für Rassenhygiene« sein. Der genaue Zeitpunkt dieser Gründung ist nicht mehr rekonstruierbar.[25] Als gesichert gilt, daß 1907 die erste, mit dem Vermerk »vertraulich« versehene »Druckschrift über die Gründung der Internationalen Gesellschaft für Rassenhygiene« erschien.

Die Berliner »Gesellschaft« bestand zunächst nur aus 31 Mitgliedern. Das weitere Anwachsen der Bewegung wurde insbesondere in ›intellektuellen‹ Kreisen erwartet und vollzog sich sodann auch, wenngleich langsam, tatsächlich nicht zuletzt aufgrund der Aktivität Ernst Rüdins, der in Skandinavien und Frankreich Anhänger anwarb.[26] Zu den Eugenikern in England, wo sich 1908 unter dem Vorsitz Galtons die »Eugenics Education Society« bildete, sowie Holland, Norwegen und den USA, wo die Gründung rassenhygienischer Vereinigungen bevorstand, wurden feste Verbindungen geschaffen. Im Mai 1907 siedelte Alfred Ploetz nach München über und gründete dort eine weitere Ortsgruppe der Gesellschaft für Rassenhygiene; Vorsitzender wurde der Hygiene-Professor Max von Gruber. Am 21. Juli 1910 wurde unter Leitung von Eugen Fischer und Fritz Lenz in Freiburg

24 Eugen Fischer, »Aus der Geschichte der Deutschen Gesellschaft für Rassenhygiene«, *ARGB*, 1930, *24*: 1-5, 2.

25 Alfred Ploetz, »Gesellschaften mit rassenhygienischen Zwecken«, *ARGB*, 1909, *6*: 277-281, 278; Vgl. Doeleke, *Alfred Ploetz*, 132/FN 62, 133/FN 64; Eugen Fischer, »Aus der Geschichte«, 2; Alfred Ploetz, »Gesellschaften«, 278.

26 Heinrich Reichel, »Alfred Ploetz und die rassenhygienische Bewegung der Gegenwart«, *Wiener klinische Wochenschrift*, 1931, *44*: 284-287, 286; Fischer, »Aus der Geschichte«, 3.

eine Ortsgruppe konstituiert, und noch im gleichen Jahr eine vierte lokale Vereinigung in Stuttgart.[27]

Ein besonderes Kennzeichen der Gesellschaft in ihren ersten Jahren ist, daß sie eher noch die Züge eines Reform- und Bildungsvereins denn einer wissenschaftlichen Fachgesellschaft trägt. Man verstand sich als »Gemeinschaft Gleichstrebender von hervorragender sittlicher, intellektueller und körperlicher Tüchtigkeit, deren Lebensführung selbst die Grundsätze der neuen Wissenschaft zu verwirklichen helfen sollten«. Die »Gesellschaft« sollte kein »bloßer wissenschaftlicher Fachverein« sein, sondern eine einem Orden ähnliche Gemeinschaft.[28] Die Selbstanwendung der Lehre lag nahe, Theorie und Forschung betrafen die Entwicklung des Menschen, die Erkenntnisse sollten handlungsanleitend sein, und eine eindeutige Grenze zur Weltanschauung war nicht gezogen. Die Gesellschaftsmitglieder hofften durch Aufzeichnung der an sich selbst beobachteten »biologisch und rassenhygienisch wichtigen normalen und krankhaften körperlichen und geistigen Eigenschaften einen Grundstock von wissenschaftlichem Material (zu) schaffen, aus dem später Gesetze und Regeln gefolgert und praktische Maßnahmen und Empfehlungen abgeleitet werden können«.[29] Es sollte der Beweis für die Einschätzung erbracht werden, daß die Mitglieder hinsichtlich der Vitalstatistik, Militärtauglichkeit und körperlich-geistiger Leistungen gegenüber der Gesamtbevölkerung überdurchschnittlich waren. Die primäre Funktion der frühen rassenhygienischen Gesellschaft, eine weltanschauliche gegenseitige Selbstbestätigung von Gleichgesinnten zu gewährleisten, erklärt auch die beinahe geheimbündlerische Aktivität, die einen Beobachter zu dem Urteil kommen ließ: »Einen mehr akademischen Betrieb auf fachwissenschaftlicher und soziologischer Grundlage hat die von Dr. Ploetz in München gegründete ›Gesellschaft für Rassenhygiene‹ eröffnet. Über greifbare Resultate ist indessen bisher noch nichts verlautet, da diese Gesell-

27 vgl. Fritz Lenz, »Max von Gruber. Wer er war und wie er war«, *Süddeutsche Monatshefte*, 1927-28, *25*: 116-120, 118, 119; Eugen Fischer, »Aus der Geschichte«, 2.

28 Alfred Ploetz, »Gesellschaften«, 278, 286; vgl. auch Eugen Fischer, »Aus der Geschichte«, 2; Reichel, »Alfred Ploetz«, 286.

29 Zit. n. Doeleke, *Alfred Ploetz*, 47.

schaft unter strengster Diskretion und wohl vorläufig mit Absicht hinter verschlossenen Türen arbeitet.«[30]

Die Art der Verbündeten, die Kontakte, die die Rassenhygieniker zu anderen Gruppierungen suchten, lassen indes erkennen, daß sie sich einer umfassenden sozialreformerischen Bewegung zuordneten. Dazu zählten der »Bund für Mutterschutz«, der einige Jahre für rassenhygienische Ideen eintrat, der »Deutsche Monistenbund«, dessen Tätigkeit Ploetz »für unser öffentliches Leben und speziell für den Einfluß naturwissenschaftlicher Erkenntnisse auf die Ausgestaltung unserer Gesellschaft« positiv einschätzte, und die »Deutsche Gartenstadtgesellschaft«, deren Gründungsaufruf zu einer Berliner Gartenstadt von August Forel, Alfred Grotjahn, Max von Gruber und Alfred Ploetz mitunterzeichnet war.[31] Außerdem engagierten sich einzelne Rassenhygieniker in abolitionistischen Vereinigungen, so besonders August Forel und Alfred Grotjahn, während die Gesellschaft selbst, trotz ihrer Absicht, den Alkohol energisch zu bekämpfen, keine Abstinenzverpflichtung von ihren Mitgliedern verlangte. Neben den sozialreformerischen Zielsetzungen begründeten die wissenschaftlichen, d.h. vererbungstheoretischen und eugenischen, die Allianz mit einer anderen, neu entstandenen Gruppierung, den Genealogen.

Die Gemeinsamkeiten des Erkenntnisinteresses waren unübersehbar, und das Interesse der Genealogen an einer ›Verwissenschaftlichung‹ ihres Tätigkeitsfeldes wies die Richtung. Vorstandsmitglied Armin Tille zog daher in einem Artikel, betitelt *Genealogie als Wissenschaft*, Verbindungslinien zur *Politisch-Anthropologischen Revue* und dem *Archiv für Rassen- und Gesellschafts-Biologie*. Stephan Kekulé von Stradonitz, späteres Mitglied der Rassenhygiene-Gesellschaft, ging im November 1907 noch weiter, als er explizit die neueren medizinisch-biologischen Hilfestellungen für die Genealogie herausstrich.[32] 1909

30 Heinrich Driesmans, »Eugenik und Kulturparlament«, *I. Kongreß für Biologische Hygiene. Vorarbeiten und Verhandlungen Hamburg 1912*, Hamburg 1913, 266-296, 273.

31 Alfred Ploetz, »Deutscher Monistenbund«, *ARGB*, 1906, *3*: 320-321, 321 und »Aufruf zur Gründung einer Gartenstadt«, 865-866.

32 Armin Tille, »Genealogie als Wissenschaft«, *Mitteilungen der Zentralstelle für deutsche Personen- und Familiengeschichte* , 1906, *2*: 32-40, 33/FN; Stephan Kekulé von Stradonitz, »Streifzüge durch die neuere

war die Beziehung zu den Eugenikern perfekt: Die ›Zentralstelle‹ erklärte den Zusammenschluß der naturwissenschaftlichen und genealogischen Arbeit zum Zweck einer exakten Familienforschung, besonders im Hinblick auf die Erscheinung der Vererbung, Degeneration und Regeneration für notwendig. Das *Archiv für Rassen- und Gesellschafts-Biologie* trat 1909 der Zentralstelle als »körperliches«, also körperschaftliches Mitglied bei.[33] Damit hatten die Genealogen frühere Pläne wie die Errichtung eines »Deutschen Institutes für Familienforschung, Vererbungs- und Regenerationslehre« begraben. Durch den so angebahnten Zusammenschluß der historischen Genealogen mit den naturwissenschaftlichen Vererbungsforschern glaubte sich die Genealogie auf dem Weg zur Wissenschaft.[34] Die vererbungstheoretisch orientierte Rassenhygiene hatte sich ihre erste Hilfswissenschaft erobert.

Angesichts ihrer Selbstbezogenheit war die statutarische Verpflichtung der Gesellschaft zur Öffentlichkeitsarbeit durch das »Verbreiten der gewonnenen Erkenntnisse« zunächst kaum befolgt worden.[35] Alfred Ploetz schrieb 1906 in einem Brief an Gerhart Hauptmann, man habe noch nicht agitiert, sondern wolle »erst die Grundzüge aufbauen und darnach weitere Kreise zu gewinnen suchen ... Wir sind auch eifrig an der Konsolidierung und weiteren Vorbereitung der Gesellschaft begriffen, so dass wir im nächsten Frühling wohl mit der breiteren Agitation beginnen können«.[36] Erst 1909 waren Anzeichen einer Öffnung

medizinisch-genealogische Literatur«, *Mitteilungen der Zentralstelle* 1907, *3*: 36-54.

33 *Mitteilungen der Zentralstelle für deutsche Personen- und Familiengeschichte*, 1908, *4*: 106; *Mitteilungen der Zentralstelle für deutsche Personen- und Familiengeschichte*, 1909, *5*: 119.

34 Friedrich von Klocke, *Die Entwicklung der Genealogie vom Ende des 19. bis zur Mitte des 20. Jahrhunderts*, Schellenberg 1950, 24; vgl. Ernst Devrient, »Planmäßige Familienforschung«, *ARGB*, 1909, *6*: 575-577, 576; *ARGB*, 1911, *8*: 690; Hans Breymann, »Rückblick auf die zehnjährige Entwicklung der Zentralstelle für deutsche Personen- und Familiengeschichte«, *Mitteilungen der Zentralstelle für deutsche Personen- und Familiengeschichte*, 1914, *12-14*: 291-310, 298.

35 Statuten § 3, Abs. C, zit. n. Alfred Ploetz, »Gesellschaften«, 278.

36 Brief A. Ploetz' an G. Hauptmann vom 27. 10. 1906, in: Staatsbibliothek Preußischer Kulturbesitz Berlin, Nachlaß Gerhart Hauptmann, Blatt 139/140.

nach außen zu erkennen, als im Archiv ein Artikel über die Ziele der »Gesellschaft für Rassenhygiene« erschien, in dem Ploetz auch einräumte, die Vereinigung sei »bis jetzt wenig an die Öffentlichkeit« getreten.[37] Noch im gleichen Jahr erschien die erste öffentliche Ausgabe der *Erläuterungen über die Ziele der Gesellschaft für Rassen-Hygiene*, deren 2. Auflage nun nicht mehr wie die erste »vertraulich« behandelt wurde.

Hatte die Gesellschaft bis zu diesem Zeitpunkt, ohne öffentliche Werbung, fast 200 Mitglieder »eher zufällig und gelegentlich gewonnen«, stieg die Mitgliederzahl binnen Jahresfrist auf rund 500. Da sich unter ihnen auch viele ausländische Interessenten befanden, wurde eine erneute Konsolidierung der Gesellschaft unumgänglich.[38]

Die Öffnung: eine neue »Deutsche Gesellschaft für Rassenhygiene«

Im März 1910 wurde die Satzung einer neugegründeten »Deutschen Gesellschaft für Rassenhygiene« verabschiedet. Für sie sollten zwar die Beschlüsse der »Internationalen Gesellschaft« verpflichtend bleiben, in erster Linie diente die Gesellschaft jedoch den Rassehygienikern im deutschsprachigen Raum. Als Mitglieder waren Personen zugelassen, die »sämtlich der weissen Rasse angehören«; das Interesse richtete sich aber auf »Personen mit deutscher Muttersprache«.[39] Mit dieser Satzung wurde die Selbstbeschränkung der Rassenhygiene, wenn auch zögernd, durch eine Differenzierung der Mitgliedskriterien aufgegeben. Fortan gab es neben jenen Mitgliedern, die die rassenhygienischen Zielsetzungen durch Selbstanwendung zu fördern suchten und die als ordentliche Gründungs- und Ehrenmitglieder weiterhin den Kern bildeten, nun auch »fördernde Mitglieder«, die die Zwecke der Gesellschaft unterstützen konnten, ohne sich erbbiologisch untersuchen und registrieren zu lassen (§ 6). Das war die Aufgabe der Idee einer eingeschworenen rassenhygienischen Gemeinschaft zugunsten einer Öffnung nach außen; es war der

37 Alfred Ploetz, »Gesellschaften«, 277.

38 Alfred Ploetz, »Gesellschaften«, 279, 278.

39 Satzungen der Deutschen Gesellschaft für Rassen-Hygiene, in: Stadtarchiv Bremen, Sign. 4, 21-609.

Schritt von der Selbstanwendung der Ziele zu ihrer Propagierung und der Werbung von Anhängern. Ignaz Kaup trug der Gesellschaft 1911 auf, sie müsse versuchen, das öffentliche Interesse dadurch zu erwecken, daß sie auch andere Kreise als die Fachbiologen durch praktische eugenische Ziele heranziehe.[40]
Die Rezeptivität der Öffentlichkeit zu dieser Zeit für biologistisch-rassenhygienische Fragestellungen mußte erst noch geweckt werden. Die Internationale Hygiene-Ausstellung, die das Dresdner Hygiene-Institut im Jahre 1911 veranstaltete, bescherte der rassenhygienischen Bewegung erstmals eine größere Breitenwirkung. Die »Gesellschaft für Rassenhygiene« verzichtete zwar aus finanziellen Gründen auf eine offizielle Teilnahme, aber Max von Gruber, Alfred Ploetz und Ernst Rüdin organisierten in Eigeninitiative »die erste Ausstellung der jungen Wissenschaft der Rassenhygiene«. Die Ausstellung selbst wurde von einer »Sondergruppe Rassenhygiene« konzipiert, die ausschließlich aus Naturwissenschaftlern und Ärzten bestand.[41] Da die komplizierten Inhalte der Rassenhygiene nicht so komprimiert dargestellt werden konnten, um sie dem Zuschauer verständlich zu machen, wurde eine besondere Programmschrift gedruckt, deren 3000 Exemplare noch im gleichen Jahr als vergriffen galten.[42] Während Ploetz mit einer Vorstellung der Rassenhygiene auf dem Soziologentag 1910 zumindest teilweise noch heftigen Widerspruch geerntet hatte, konnte er sich mit den Ausführungen ein Jahr darauf vor dem »Deutschen Verein für öffentliche Gesundheitspflege« allgemeiner Zustimmung erfreuen.[43]
In dieser Versammlung, bei der in erster Linie Kommunalpolitiker und Ärzte zugegen waren, deutet sich das wachsende Interesse des ärztlichen Standes für den rassenhygienischen Gedanken an. Ein Zeitgenosse bemerkte, daß die von der »Gesellschaft für Rassenhygiene« vertretenen Ziele »gerade insofern auf das

40 *Politisch-Anthropologische Revue*, 1911-12, *10*: 105.

41 31 Ärzten bzw. Medizin-Professoren, 21 Psychiatern, 12 Biologen sowie mehreren Anthropologen und Statistikern; vgl. Max von Gruber/ Ernst Rüdin, *Fortpflanzung. Vererbung. Rassenhygiene. Illustrierter Führer durch die Gruppe Rassenhygiene der Internationalen Hygiene-Ausstellung 1911 in Dresden*, 2. Aufl., München 1911, 4-6.

42 *ARGB*, 1911, *8*: 398.

43 Vgl. Alfred Ploetz, »Ziele und Aufgaben der Rassenhygiene«, *Deutsche Vierteljahrsschrift für öffentliche Gesundheitspflege*, 1911, *43*: 164-192.

Verständnis und die Unterstützung der Ärztewelt rechnen (dürften), als die Bedeutung der sozialen Medizin in der Gegenwart immer allgemeiner erkannt wird«.[44]

Diese Einschätzung war richtig. Im Jahre 1913 konstituierte sich in Berlin eine »Ärztliche Gesellschaft für Sexualwissenschaft und Eugenik«, die ab April 1914 die *Zeitschrift für Sexualwissenschaften* herausgab, als »internationales Centralblatt für die Biologie, Psychologie, Pathologie und Soziologie des Sexuallebens«.[45] Gegen Ende desselben Jahres versandte der Berliner Mediziner Max Hirsch ein Schreiben an Persönlichkeiten des öffentlichen Lebens und der medizinischen Berufswelt, in dem er Referenten für eine zu gründende Zeitschrift für eugenische und Frauen-Fragen suchte. Die Anzahl der Rückantworten und deren größtenteils positiver Tenor deutet darauf hin, daß die Nachfrage nach einer Zeitschrift zu derartigen Themen vorhanden war.[46] Die Gründung des *Archivs für Frauenkunde und Eugenetik* erfolgte dann auch im nächsten Jahr.

Ohne daß die Resonanz der Rassenhygiene innerhalb der Ärzteschaft genau bestimmt werden kann, läßt es sich als ein Indiz für die Aufnahmebereitschaft ebenso wie für die akademische Anerkennung der neuen Wissenschaft deuten, daß die »Gesellschaft für Rassenhygiene« 1913 Mitglied in der »Gesellschaft Deutscher Naturforscher und Ärzte« wurde, und dies bezeichnenderweise in der medizinischen Hauptgruppe.[47]

Die Mediziner sollten später die wichtige professionelle Basis für die Rassenhygieniker bilden; die ersten Rassenhygieniker in Deutschland waren selbst Ärzte; im ersten Jahrzehnt des Jahrhunderts wurde die Allianz zwischen den Hygienikern der ›Art‹ und den Sozialhygienikern schon angebahnt. Es darf dennoch als

44 Hans Roemer, »Über psychiatrische Erblichkeitsforschung«, *ARGB*, 1912, 9: 292-329, 309.

45 *Berliner klinische Wochenschrift*, 1914, *51*: 532.

46 Vgl. die Namensliste in: Staatsbibliothek Preußischer Kulturbesitz Berlin, Nachlaß Max Hirsch, Sammlung Darmstädter. Ein Beispiel dafür mag der Brief Alfred Grotjahns sein, der erwartete, daß damit eine Frage angesprochen sei, »die sich in den nächsten Jahren sehr ausbreiten wird«. Ibid., Acc. Darmstädter 1920. 237, Mappe 1910, Alfred Grotjahn.

47 *Geschäfts-Bericht des Vorstandes der Gesellschaft Deutscher Naturforscher und Ärzte für das Jahr 1913*, o.O., o.J. (1913), 15.

wahrscheinlich gelten, daß dies allein der rassenhygienischen Bewegung noch nicht zum Erfolg verholfen hätte. Als eine angewandte Wissenschaft, die mehr noch sozialpolitische bzw. genauer erbgesundheitspolitische Bewegung zu sein beanspruchte, mußte sie Anschlußmöglichkeiten in der allgemeinen sozialpolitischen Diskussion suchen. Eine solche Möglichkeit bot sich in der Geburten- bzw. Bevölkerungsfrage, die 1912 zu einer nationalen Frage geworden war. Im Einzugsbereich der öffentlichen Debatte auf dieser Agenda wurde die Rassenhygiene-Gesellschaft dann auch zu einer politisch aktiven Vereinigung.

Expansion ›nach innen‹ und ›nach außen‹

Mit der Formulierung von Ethiken und der Konstruktion von Utopien erhoben die Eugeniker nicht nur ihren Anspruch auf die Deutung des menschlichen Lebens, sondern auch auf dessen Veränderung nach »wissenschaftlichen« Prinzipien. Die zentralen Bezugspunkte dieses Anspruchs waren die menschliche Gattung, die Rasse, die erbliche Qualität und die selektionsbedingte Evolution. Die Rassenhygiene bzw. Eugenik verstand sich als angewandte, als praktische Wissenschaft, die nicht nur die Entwicklungsgesetze und die aus ihnen sich ableitenden Gefahren für die Menschheit zu erkennen in der Lage war, sondern auch befähigt war, die Welt vor ebenjenen Gefahren retten zu können und zu wollen. Die Gefahrendiagnose, d.h. die Erkenntnis drohender Entartungserscheinungen, und Bereitstellung der Mittel zur Lösung der bedrohlichen Situation lagen bei der Rassenhygiene gleichsam »in einer Hand« und konstituierten damit den in sich geschlossenen, auf sich selbst bezogenen Diskurs, der Grundlage jeder modernen Profession ist. Lange bevor sich ein solcher Diskurs nach außen abschließen kann, bedarf er der Anerkennung seiner Grundvoraussetzungen in seiner sozialen und politischen Umwelt, seiner dortigen Eingliederung und der Akzeptanz als Wissenschaft. Es ist daher ein typisches Merkmal einer mit praktischen Ansprüchen und der Emphase der Weltverbesserung auftretenden Wissenschaft wie der Rassenhygiene, daß sie ›nach außen‹ eine Strategie der Popularisierung, ›nach innen‹, d.h. in die Wissenschaft hinein, eine Strategie der ›imperialen‹ Vereinnahmung und der Herstellung von Anschlußmög-

lichkeiten verfolgen wird. Beide Strategien müssen in ihrem Zusammenhang gesehen werden.
Für die Strategie ›nach innen‹ gibt es kaum eine treffendere symbolhafte Darstellung des Zusammenhangs zwischen dem Deutungsanspruch der Eugenik in ihrem Zugriff auf die übrige Wissenschaft als das Bild, das die Ankündigung des 3. Internationalen Kongresses für Eugenik 1932 in New York schmückte: ein Baum, dessen Krone die Eugenik und dessen Wurzeln die Disziplinen und Spezialgebiete bildeten, aus denen die Eugenik »ihr Material« zog und »die sie zu einer harmonischen Einheit organisiert(e)«, anders gesagt: durch die sie ihre wissenschaftliche Genealogie und Kontinuität herstellte. Die Liste der Fachgebiete reichte von der Anatomie, Psychiatrie, Medizin über die Archäologie, Geschichte, Vererbungslehre, Anthropologie bis hin zur Soziologie, Ökonomie, Politik, Bevölkerungswissenschaft und Statistik. Einer derartigen Symbolisierung der Eugenik als integralem Bestandteil des Wissenschaftsgebäudes und zugleich als dessen ›Überbau‹ waren in der Entstehungsphase der Eugenik eine ganze Reihe von Versuchen formaler Klassifikationen und Abgrenzungen zu bestehenden Gebieten vorausgegangen.
Der amerikanische Eugeniker Harry H. Laughlin hatte 1919 versucht, die Beziehungen der Eugenik zu »anderen Wissenschaften« zu systematisieren und zu begründen. In der Eugenik, so Laughlin, sei die Verbindung zwischen ihren wissenschaftlichen Zielen und ihrer praktischen Anwendung besonders eng. Eugenik sei nun ein Zweig der Wissenschaft geworden, der als eine Einheit funktioniere und daher seine eigenen Prinzipien, Probleme, Eigenschaften und Aspirationen habe. Da jede Wissenschaft über einen besonderen Satz von Behauptungen innerhalb des bestehenden Gebäudes organisierten Wissens verfüge, sei es nun für das neue Wissenssystem an der Zeit, sich auch die Möglichkeiten zu vergegenwärtigen, den verschiedenen Bereichen menschlichen Denkens und Handelns zu dienen und von ihnen bedient zu werden. Laughlin schloß daran eine Liste von dreizehn Disziplinen (einschließlich der Religion) an und spezifizierte die Probleme, zu deren Lösung sie aus der Sicht der Eugenik beitragen konnten.[48]

48 Harry H. Laughlin, »The Relation of Eugenics to other Sciences«, *The Eugenics Review*, 1919, *XI*: 55 f.

In der dritten, stark veränderten Auflage seines Buches *Vererbung und Auslese* übernahm Schallmayer Galtons Definition der Eugenik und unterschied von ihr den »Rassedienst«, der Eugenik und quantitative Bevölkerungspolitik verbinden sollte, »denn ›Rassenhygiene‹ bezieht sich, wörtlich genommen, nur auf die Rassequalität, und zwar streng genommen nur auf die Gesunderhaltung der Rasse, also nur auf einen Teil des qualitativen Rassedienstes«. Gemäß der inzwischen von Johannsen eingeführten Unterscheidung zwischen Genotyp und Phänotyp war Rassehygiene nunmehr gleichbedeutend mit der »Hygiene der Erbverfassung (Genotypus), während Personenhygiene die Hygiene des verwirklichten Lebens (Phänotypus)« war. Rassehygiene, so Schallmayer, sei – wie die Hygiene überhaupt – auf Handeln gerichtet, und dieses Handeln müsse sich auf Wissen gründen. »Die dem Rassedienst zugrundeliegende Wissenschaft erforscht die Bedingungen unter denen die leibliche und geistige Rassetüchtigkeit eines Gemeinwesens oder irgendeiner generativen Gruppe sich erhält, sich erhöht oder mindert, und insbesondere ist es ihre Aufgabe, zu untersuchen, ob und wieweit unter unseren kulturellen und sozialen Verhältnissen die Bedingungen für Erhaltung und Hebung der Rassetüchtigkeit unseres Volkskörpers gegeben sind, welche von den gegebenen Verhältnissen etwa rasseverschlechternd wirken, und welche soziale Maßnahmen zur Rassehebung erstrebenswert sind.« Die Liste der »Hilfswissenschaften«, die Schallmayer in diesem Zusammenhang nannte, deren die »Rassedienstlehre« bedurfte, fiel nicht gar so lang aus wie die Laughlins: Entwicklungslehre, Anthropologie, Pathologie, Demographie, Vererbungslehre, aber auch Geschichte, Sozialwissenschaften, Moral-, Rechts- und Wertphilosophie fanden sich in ihr; die Grundlage bildeten jedoch selbstverständlich die biologische Entwicklungs- und die Vererbungslehre.[49]

Diese und ähnliche Definitionen des Gegenstands und der Struktur der Eugenik sowie ihres Verhältnisses zu anderen Disziplinen weisen auf ihren Kern hin: Die Eugenik war als eine umfassende Interventionswissenschaft konzipiert, deren Anspruch, ausgehend von den drei genannten »wissenschaftlichen« Schlüsselkategorien, darauf gerichtet war, die gesellschaftlichen Verhältnisse hinsichtlich der Bedingungen generativen Verhaltens

49 Schallmayer, *Vererbung und Auslese* (1918), 5.

Eugenics Congress Announcement
Number 1. History and Purpose of the Congress.
EUGENICS
EUGENICS IS THE SELF DIRECTION OF HUMAN EVOLUTION.
LIKE A TREE EUGENICS DRAWS ITS MATERIALS FROM MANY SOURCES AND ORGANIZES THEM INTO AN HARMONIOUS ENTITY.
ANATOMY
PSYCHIATRY
SURGERY
MEDICINE
GENETICS
BIOLOGY
PHYSIOLOGY
PSYCHOLOGY
HISTORY
ARCHEOLOGY
GEOLOGY
MENTAL TESTING
TRAIT STUDY
ANTHROPOLOGY
ETHNOLOGY
ANTHROPOMETRY
GEOGRAPHY
DEVELOPMENT STUDY
HEREDITY
ENVIRONMENT
ECONOMICS
LAW
RACE CROSSING
POPULATION STUDY
STATISTICS
MIGRATION
FAMILY STOCK STUDY
FECUNDITY
BIOGRAPHY
GENEALOGY
APPLIED EUGENICS
MATE SELECTION
EDUCATION
RELIGION
EUGENIC FORCES
AH
Third International Eugenics Congress
New York City, August 21-23, 1932.

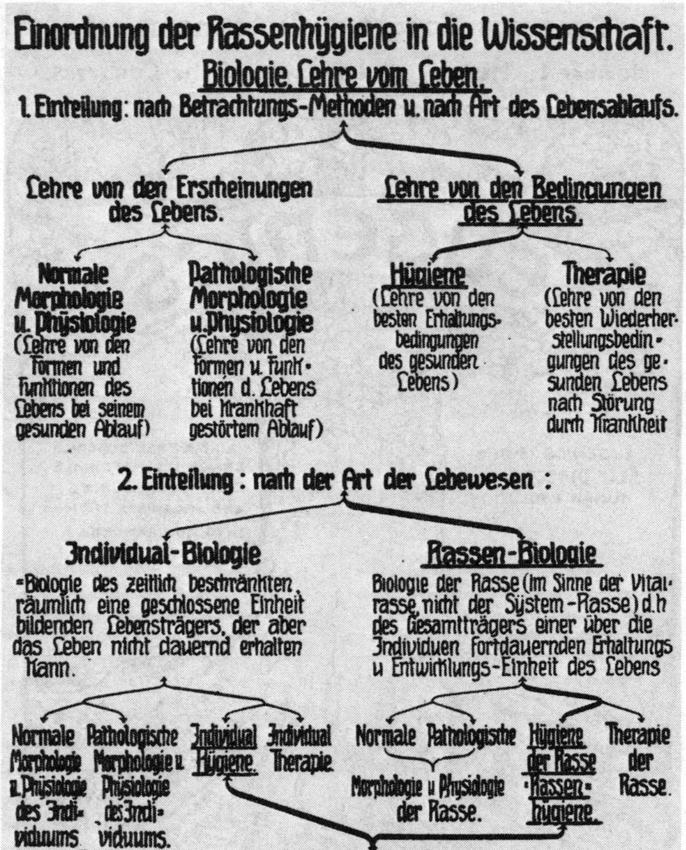

Aus: Max Gruber/Ernst Rüdin (Hrsg.), Fortpflanzung, Vererbung, Rassenhygiene. Katalog der Gruppe Rassenhygiene der Internationalen Hygiene-Ausstellung 1911 in Dresden. München (J.F. Lehmanns Verlag) o.J. S. 121.

Teilgebiete der Rassenhygiene:

I) Quantitative Rassenhygiene, betrifft den besten Umfang der Rasse, d. h. ihre optimale Individuen**zahl**, im einzelnen

A) die **Geburtenhäufigkeit**

1) in der Bevölkerung

2) bei einer Mutter

B) die **Sterbeziffer,**

C) den **Geburten-Überschuss** (Zusammenhang mit dem Kampf ums Dasein der Rasse nach aussen

II) Qualitative Rassenhygiene, betrifft die Beeinflussung der **Beschaffenheit** der Individuen der Rasse und ihrer Keimstoffe, im einzelnen durch

A) die **Auslese** der sich fortpflanzenden Eltern (Auslese- oder Selektions-Hygiene) als Folge der

1) **nonselektorischen Elimination,** d. wahllosen Ausschaltung tüchtiger und untüchtiger Individuen aus dem Leben der Rasse (durch Tod oder Unfruchtbarkeit),

2) **selektorischen Elimination,** Ausmerzung, Ausjätung, der Ausschaltung der Untüchtigen aus dem Leben der Rasse,

3) **Kontraselektorischen Elimination,** der Ausschaltung von Tüchtigen in Folge ihrer Tüchtigkeit (z. B. beim Kriege),

4) **Kontraselektorischen Auslese,** die Auswahl Untüchtiger in Folge ihrer Untüchtigkeit (z. B. beim Ehestiften zwischen Blinden),

B) die **Fortpflanzung** (Fortpflanzungs-Hygiene, Galton's Eugenik im weiteren Sinne)

1) **Zeugung** (Zeugungshygiene, Eugenik im engeren Sinne),

a) **Vererbung** (z. B. Bedingungen des Durchschlagens des tüchtigeren Elters, bzw. der besseren Eigenschaft),

b) **Variabilität** (Degeneration, Keimvergiftung, Regeneration, progressive Variation),

c) **Geschlechts-Bestimmung.**

2) **Schwangerschaft** (Einflüsse der Mutter und der indirekten Umgebung auf die Frucht, Versehen (?) etc.,

C) die **Pflege** des heranwachsenden u. reifen Individuums in Bezug auf die Erhaltung seiner **Fortpflanzungskräfte** (der guten Beschaffenheit seiner Keime)

1) während der **Säuglingszeit** (Stillen u.s.w.)

2) während des **Heranwachsens.**

3) während der **Zeit der Reife,**

D) die **Pflege d. körperlichen u. geistigen Leistungs-Fähigkeit** zur Entfaltung aller in der Rasse gelegenen Kräfte für ihren Kampf ums Dasein nach aussen

(A. Ploetz)

Aus: Max Gruber/Ernst Rüdin (Hrsg.), Fortpflanzung, Vererbung, Rassenhygiene. Katalog der Gruppe Rassenhygiene der Internationalen Hygiene-Ausstellung 1911 in Dresden. München (J. F. Lehmanns Verlag) o. J. S. 122.

im Sinne der Höherentwicklung der Spezies zu erkennen und zu verändern. Mit Blick auf die übrige Wissenschaft – also ›nach innen‹ – wurde so ein umfassend integrativer und nach nahezu allen Seiten Anschlußmöglichkeiten schaffender Zusammenhang konstituiert, der die Eugenik bzw. Rassenhygiene schlagartig zu einer neuen Orientierungsperspektive für die bereits bestehenden Wissenschaften werden ließ. Wie das erwähnte Bild des Eugenik-Baumes symbolisch für ihre integrative Perspektive war, so war es das Motto dieses Kongresses für den reflexiven Charakter der wissenschaftlichen Eugenik: »Eugenik ist die Selbststeuerung der menschlichen Evolution«, heißt es dort. Selbstverständlich handelte es sich dabei zunächst um die »wissenschaftlich« konzeptualisierte Evolution des Menschen, die dann auf der Grundlage und mit Hilfe derselben Wissenschaft gesteuert werden sollte. Es ist wichtig, sich diesen auf sich selbst bezogenen Zusammenhang in seiner Genese zu vergegenwärtigen, bevor man aus dem Auge verliert, daß sich die Erkenntnissuche einer Wissenschaft nach den Entwicklungsmechanismen ihres Gegenstandes zumeist mit der Suche nach möglichen Steuerungsmechanismen verbindet: zu einem zugleich problemschaffenden und -lösenden und damit in sich geschlossenen System. Eine ›darüber‹ angesiedelte Wissenschaft bzw. Erkenntnisweise kann es nicht geben.

Die Rassenhygiene konnte ihre Ziele und die zu deren Erreichen notwendige sexuelle Verhaltensänderung nicht durchsetzen, ohne die Öffentlichkeit zu überzeugen und die Politik zu beeinflussen. Sie mußte sich daher sowohl als Wissenschaft organisieren wie auch als politische Organisation Anerkennung finden, d.h. die Professionalisierung anstreben. Nur auf diese Weise kann eine Wissenschaft ihre Lehre mitsamt den Deutungs- und Implementierungsansprüchen nach außen propagieren und zugleich das Interpretationsmonopol behalten. Professionalisierung und Popularisierung stehen so in einer gegenseitigen Abhängigkeitsbeziehung.

Die Popularisierung ›nach außen‹ wurde von den Rassenhygienikern von dem Augenblick an systematisch betrieben, als sie die Phase einer ›verschworenen Gemeinschaft‹ in den frühen Tagen der Gesellschaft für Rassenhygiene hinter sich ließen. Der eigentümliche Doppelcharakter der Rassenhygiene als Wissenschaft und als sozialpolitische Bewegung wird schon daran sinnfällig, daß es wohl kaum eine andere Wissenschaft gab oder gibt, in der der Anteil allgemeinverständlich gehaltener Bücher so groß war wie in der Rassenhygiene. Die vielerorts auch außerhalb der Universitätsstädte und in der Provinz gegründeten Eugenik- und Rassenhygiene-Gesellschaften, die sich ihrerseits die Aufklärungs- und Popularisierungsarbeit zur Aufgabe machten, sind neben anderen ein Indiz dafür, daß es sich bei der Rassenhygiene nicht um eine Fachwissenschaft im üblichen Sinn handelte. Auch wenn die Mitgliederzahlen sie nie zu einer Massenbewegung werden ließen – im September 1931 waren es in der Gesamtgesellschaft 1085 Mitglieder: vornehmlich Ärzte, Lehrer der verschiedenen Schularten, Seelsorger, Juristen und Sozialbeamte –, war die Rassenhygiene ihrem Selbstverständnis nach eine auf Wissenschaft gegründete sozialreformerische Bewegung.[50] Die Rückbindung an die Wissenschaft war in zweifacher Hinsicht gegeben. Nicht nur handelte es sich um die Verbreitung einer wissenschaftlichen Lehre, sondern die Wissenschaftler selbst betrieben die missionarische Tätigkeit: Immer wieder wurde von der Vortragsaktivität der führenden Rassenhygieniker berichtet; 1929/30 z.B. hielten die drei Direktoren des Berliner Kaiser-Wilhelm-Instituts für Anthropologie, menschliche Erblehre und Eugenik, Fischer, von Verschuer und Muckermann, allein mehr als zweihundert Vorträge.

Ihren Charakter als eine – wenngleich kleine – politische Bewegung verdankte sie dem Interesse jener sozialen Schicht, aus der sie sich hauptsächlich rekrutierte: den Angehörigen der Professionen bzw. Berufe, die primär mit sozialpolitischen Aufgaben, von der Psychiatrie und der Hygiene bis zur Rechtspflege, befaßt waren. Auf sie übten, wahrscheinlich nicht zuletzt aufgrund ihrer tagtäglichen beruflichen Erfahrung, die vererbungs- und entwicklungstheoretischen Perspektiven von Entartung und ›rassischem‹ Niedergang einen besonders nachhaltigen Einfluß aus, und vor dem Hintergrund einer konservativen Universitätsausbildung dürfte unter einer großen Zahl von ihnen die Neigung verbreitet gewesen sein, eine großzügige Sozialfürsorge und Wohlfahrtspflege als widersinnig, wenn nicht gar bedrohlich zu empfinden.

Die ambivalente Identität der Rassenhygiene, sozialreformeri-

50 vgl. *Das Kommende Geschlecht*, 1930, 5, H. 6: 24.

sche Bewegung und Wissenschaft zugleich, trieb gegen Ende der zwanziger Jahre auf eine Differenzierung zu. Gerade Art und Umstände des Mißlingens einer längeren Verbindung bestätigen jedoch den Charakter dieser Identität. Wir werden auf zwei Entwicklungen zurückkommen, die in diesem Zusammenhang gesehen werden müssen: die Gründung des »Deutschen Bundes für Volksaufartung und Erbkunde« 1925, mit der die Rassenhygiene-Gesellschaft Konkurrenz bzw. eine Ergänzung durch eine öffentlichkeitswirksamere und zugleich mit politischem Rückhalt ausgestattete Vereinigung erhielt; sodann die Gründung des Berliner »Kaiser-Wilhelm-Instituts für Anthropologie, menschliche Erblehre und Eugenik« 1927, mit dem menschliche Erblehre und ›Eugenik‹ als Wissenschaft mit dem expliziten Ziel institutionalisiert wurden, die Rassenhygiene aus der Politik herauszuführen und auf eine objektive wissenschaftliche Grundlage zu stellen.

2. *Rassenhygiene und Bevölkerungspolitik*

Der Geburtenrückgang und das Jahr 1912

1911 legte die Preußische Regierung ihrer »Königlich Preußischen Deputation für das Medizinalwesen« die Frage vor, ob Anzeichen dafür vorhanden seien, daß bei der ständigen Abnahme der Geburtenziffer in Preußen und Deutschland die Verminderung der Fortpflanzungsfähigkeit als Ursache wirke, und wenn ja, welche Maßnahmen dagegen zu ergreifen seien. Am 25. Oktober trat die Deputation zusammen und verabschiedete 6 Leitsätze, in denen die Frage verneint, auf die zugrunde liegende »gewollte Beschränkung der Kinderzahl« verwiesen und »wissenschaftliche Klärung« bzw. »laufende amtliche Erhebungen« zur Erforschung der Frage von »Fortpflanzung und Rassenerhaltung« empfohlen wurden. Diese Maßnahmen, die Alfred Grotjahn allerdings aufgrund ihrer dirigistischen Beschränkung »auf das Gebiet der polizeilichen Erschwerung des Handels mit Präventivmitteln« als »Schlag ins Wasser« bezeichnete, erschienen angesichts der Zahlen des Jahres 1911 als dringend notwendig: in diesem Jahr sank der Geburtenüberschuß auf lediglich 739945 oder prozentual 1,13% (gegenüber 1,36% im Vorjahr) an der Gesamtbevölkerung.[51] Die politischen Instanzen reagierten im April 1912, als der Innenminister, nachdem ihm die Wissenschaftliche Deputation ihr Gutachten vorgelegt hatte, zusammen mit Kultus-, Handels- und Landwirtschaftsministerium nachgeordnete Behörden, Provinzial-Medizinalkollegien und Ärztekammern ersuchte, Ermittlungen über Grad und Ursachen des Geburtenschwunds anzustellen. Der Fragenkatalog sollte die Phänomenologie, die soziale Verbreitung und die Gründe für den Geburtenrückgang aufdecken helfen sowie klären, inwieweit »die Propaganda der Ideen des Neomalthusianismus oder die Anpreisung von Antikonzeptionsmitteln in diese Richtung gewirkt« haben. Die Deputation kam zu dem Ergebnis, daß »die um sich greifende materialistische Lebensauffassung und die Rationalisierung des Sexuallebens« wichtige Ursachen seien, ebenso wie die Verbreitung und Anpreisung empfängnisverhütender Mittel. Im daraus entwickelten Maßnahmenkatalog wurden agrarpolitische, wohnungs- und wirtschaftspolitische, volkshygienische und aufklärerische Schritte empfohlen und ein »sanitätspolitisches und strafrechtliches Einschreiten gegen die auf dem Gebiete der Empfängnisverhütung, der Schwangerschaftsbeseitigung u. dgl. bestehenden Mißständen gefordert«.[52]

Die bevölkerungspolitische Frage war damit auf der politischen Agenda. »Hauptsächlich dieser Erlaß der genannten Herren Minister brachte die ganze Frage des Geburtenrückganges in Fluß und bildete den Ausgangspunkt für die seit 1912 festzustellende, eingehende Erörterung dieser Angelegenheit in breitester Öffentlichkeit.«[53] Es ist durchaus denkbar, daß der Impuls für eine breitere öffentliche Diskussion über die Geburtenrückgangspro-

51 Alfred Grotjahn, *Geburten-Rückgang und Geburten-Regelung im Lichte der individuellen und der sozialen Hygiene*, Berlin 1914, 247-249; *Bevölkerung und Wirtschaft 1872-1972*, Stuttgart 1972, 102.

52 *Denkschrift über die Ursachen des Geburtenrückganges und die dagegen vorgeschlagenen Maßnahmen*, bearb. im Ministerium des Innern, Berlin 1915, 11, 36, 52.

53 *Die Erhaltung und Mehrung der deutschen Volkskraft* (Schriften der Zentralstelle für Volkswohlfahrt, N. F. 12), Berlin 1916, 43.

blematik ursprünglich aus der Wissenschaft kam. 1911 hatte das *Archiv* einen Artikel von Max Hirsch über den Geburtenrückgang veröffentlicht.[54] Im Jahr darauf erschien neben einigen anderen Arbeiten Julius Wolfs Werk *Der Geburtenrückgang. Die Rationalisierung des Sexuallebens in unserer Zeit*, das zum meistzitierten Standardwerk in dieser Frage wurde. In der Fülle der nachfolgenden Schriften finden sich u. a. Arbeiten von Karl F. L. von Behr-Pinnow (einem späteren Aktivisten im »Bund für Volksaufartung und Erbkunde«), dem Rassenhygieniker Max von Gruber sowie dem Eugeniker und Sozialhygieniker Alfred Grotjahn. Alle standen in einer mehr oder weniger engen Verbindung zur Medizinalpolitik (Alfred Grotjahn über den Reichsgesundheitsrat, von Behr-Pinnow über die Preußische Medizinalverwaltung und Julius Wolf, der vom außerordentlichen Professor für Nationalökonomie in Breslau zum Bevölkerungsexperten in Berlin aufstieg). Die Bevölkerungsfrage stand 1912 also auch auf der Tagesordnung der Wissenschaft. Keiner der Gelehrten konnte jedoch die Ursachen des Geburtenrückganges eindeutig bestimmen, was angesichts der Neuartigkeit der Fragestellung nicht verwunderlich war. In einer einschlägigen Schrift von 1924 konnte man noch das Resümee lesen, daß Würzburgers Theorie »innerhalb bestimmter Grenzen«, Oldenbergs Erklärungen bei »mittelbaren Ursachen«, Wolfs Rationalisierungsthese und die Brentano-Mombertsche Wohlstandstheorie als »Teilglieder und Sonderfälle« einer sozialen Begründung Gültigkeit hätten, andere Theorien sogar schlicht »unerwiesen« oder »zweifelhaft« seien.[55]

Der Statistiker Emil Rösle wies allerdings schon 1913 darauf hin, daß »mit mehr patriotisch-sentimentalen als durch Sachkenntnis beeinflußten Worten« das Entvölkerungsproblem in der Öffentlichkeit wie in der Wissenschaft angegangen werde. Bornträger warf er falsche Zitierungen, Verwechslung von Prozent- mit Promille-Angaben, falsche Bezugnahmen, fehlende statistische Beweise, einseitige, tendenziöse oder sogar unrichtige Auswertung von Statistiken vor, kurz: dies sei »Demagogie, aber keine Wissenschaft«. Noch härter ging Rösle mit Wolf ins Gericht: Methodische Fehler schon in der Einleitung, Verschleierung von

54 *ARGB*, 1911, *8*: 628-654, 628.

55 Johannes Müller, *Der Geburtenrückgang*, Jena 1924, 135.

Relationen, »totale Unrichtigkeit« von Ziffern, Übersehen von Koinzidenzen, statistischen Unwert, nicht ernstzunehmende Ergebnisse, vage Annahmen etc.[56]

Die Auseinandersetzung mochte auf den niedrigen Entwicklungsstand der Bevölkerungswissenschaft verweisen, vor allem aber signalisierte sie die politische Relevanz der Probleme. 1917, mitten im Ersten Weltkrieg, ging es – so die Denkschrift des Innenministers zur Geburtenrückgangsfrage – um die unbedingt notwendige Sicherung vor weiteren ähnlichen Überfällen Deutschlands durch rachsüchtige Feinde. Eine Abnahme der Bevölkerung erschien selbst bei günstigem Kriegsausgang als der »Anfang vom Ende des deutschen Volkes«.[57] Außerdem wurde aus volkswirtschaftlichen Erwägungen in der Bevölkerungsfrage die wichtigste Weichenstellung für Deutschlands Zukunft gesehen. Otto Krohne, der als Befürworter und politischer Protagonist des eugenischen Gedankens nach 1918 wirken sollte, erinnerte die Mitglieder des Preußischen Abgeordnetenhauses daran, daß die wirtschaftliche Entwicklung in ihrer ganzen Berechnung auf die fortdauernde Vermehrung des Volkes eingestellt sei. Allein schon der Stillstand der Volkszunahme – von einer Abnahme gar nicht zu sprechen – sei gleichbedeutend »mit Erschlaffung und Herabsetzung der Leistungsfähigkeit des Volkes«.[58] Als abschreckendes Beispiel diente stets Frankreich, »das Land des stärksten Geburtenrückgangs und Geburtentiefstandes, das Land, dessen Bevölkerung sich nicht mehr aus eigener Kraft zu erhalten« vermochte. Die »willkürliche Beschränkung der Fruchtbarkeit« war, wie Burgdörfer in der bis dahin wohl fundiertesten statistischen Untersuchung zum (internationalen) Geburtenrückgang konstatierte, der Grund für den bevölkerungsmäßigen Niedergang Frankreichs, dem in Zukunft der Ti-

56 Emil Rösle, »Die Statistik des Geburtenrückgangs in der neueren deutschen Literatur«, *Archiv für soziale Hygiene*, 1913, *8*: 145-179, 145, 152, 149, 159ff, 178.

57 *Denkschrift des Ministers des Innern über die Ergebnisse der Beratungen der Ministerialkommission für die Geburtenrückgangsfrage*, Berlin 1917, 7.

58 *Verhandlungen des Preußischen Abgeordnetenhauses. Stenographische Berichte*, 22. Leg., 15. Stzg. vom 25. 2. 1916, Berlin 1917, 1017.

tel einer Großmacht nur noch honoris causa zugestanden werden könne.[59]
Julius Wolf, für den die Bevölkerungsfrage erst durch die Blutopfer des Krieges – der von 1870/71 erschien ihm demgegenüber als »ein frischer fröhlicher Raid« – zu einer Plattform des Tages geworden war, rechnete mit einer »Einbuße von vier Millionen oder mehr an Gefallenen, sonst der Zeugung Entzogenen und vor allem Nichtgeborenen«.[60] Mit der Drohung einer »slawischen Gefahr« sowie der »russischen Dampfwalze« (d.h. der dortigen Geburtenrate) wurde die innen- wie außenpolitische Brisanz des Problems noch unterstrichen.[61]

Die Bevölkerungsfrage vor dem Reichstag

Der nationale Stellenwert, den die Beschaffenheit des deutschen Volkes mit Kriegseintritt erhielt, brachte die Bevölkerungsfrage auch vor den Reichstag. Am 20. Mai 1916 referierte der Zentrumsabgeordnete Hitze über den Geburtenrückgang und bisherige amtliche und private Initiativen, und er beschwor die Einigkeit darüber, daß es um die Zukunft des deutschen Volkes, um die nationale Existenz, die Erhaltung der Wehrkraft und um die wirtschaftliche Weltstellung gehe. »Die Erhaltung der Volkskraft ist noch wichtiger als die des Kapitals.«[62] Auf seinen Vorschlag hin kam es zur Gründung des »16. (Reichstags-)Ausschusses für Bevölkerungspolitik«, dem eine Reihe einflußreicher Persönlichkeiten aus der Politik angehörten, darunter Dr. Bumm (Präsident des Gesundheitsamtes), Dr. Schultzen (Abteilungschef im Kriegsinnenministerium) sowie mehrere Geheim-, Oberregierungs-, Oberjustiz- und Obermedizinalräte. Der Arbeitsplan des Ausschusses, der in fünf Gruppen eingeteilt war,

59 Fritz Burgdörfer, *Das Bevölkerungsproblem, seine Erfassung durch Familienstatistik und Familienpolitik*, München 1917, 188, 190, 245, VIII.
60 Julius Wolf, »Ziel und Wege der Bevölkerungspolitik«, *Das neue Deutschland*, 1916, 4: 157-163, 157.
61 Die Ängste hinsichtlich der Zukunft des deutschen Volkes bezogen sich nicht nur auf die nach 1900 tendenziell sinkende Bevölkerungszahl, sondern vor allem auf die rapide sinkende Geburtenziffer.
62 *Verhandlungen des Deutschen Reichstages. Stenographische Berichte*, 51. Stzg. vom 20. 5. 1916, Bd. 307: 1170.

umfaßte: 1. die Bekämpfung der Geschlechtskrankheiten im Heere und der gesamten Bevölkerung, 2. den Schutz für Mutter und Kind, 3. die Bekämpfung der öffentlichen Unsittlichkeit, 4. Eheerleichterungen und Unterstützung kinderreicher Familien und 5. die Förderung von Siedlungsbestrebungen in Stadt und Land.[63] 1918 wurden die ersten beiden Berichte des Ausschusses dem Reichstag vorgelegt, betreffend »Die Bekämpfung der Geschlechtskrankheiten im Heer und in der Gesamtbevölkerung« und »Schutz für Mutter und Kind« (Drucksachen Nr. 912 und 1087). Noch im selben Jahr wurden im Reichstag Gesetzesentwürfe zu diesen Fragekomplexen debattiert sowie außerdem der »Entwurf eines Gesetzes gegen die Verhinderung von Geburten« (Drucksache Nr. 1287B) und der Gesetzesentwurf »gegen Unfruchtbarmachung und Schwangerschaftsunterbrechung« (Drucksache Nr. 1717). Letzterer befaßte sich unmittelbar auch mit eugenischen Forderungen.

Der Entwurf ging davon aus, daß in Deutschland die Einsicht abgenommen habe, »alle nicht durch besondere gesundheitliche Rücksichten gebotenen Eingriffe oder Verfahren an sich oder anderen zu vermeiden, die die Zeugungs- und Gebärfähigkeit aufheben oder die Geburt einer lebensfähigen Leibesfrucht verhindern sollen«. Damit sollte einem Gesetz Vorschub geleistet werden, das jegliche Beeinträchtigung der Gebär- bzw. Zeugungsfähigkeit bei Frau und Mann – außer aus medizinischer Indikation – verhindern sollte. Rassenhygienisch-eugenische Gründe wurden als unzureichend für sterilisatorische Eingriffe angesehen.[64] Wenngleich dieser Gesetzesentwurf an den Bevölkerungspolitischen Ausschuß verwiesen wurde, stand die öffentliche Meinung der rassenhygienischen Unfruchtbarmachung unter dem Eindruck der Debatte um den Geburtenrückgang noch ablehnend gegenüber.[65] Die »Königlich Preußische Wissenschaftliche Deputation für das Medizinalwesen« hatte in der

63 *Verhandlungen des Deutschen Reichstages. Stenographische Berichte*, 130. Stzg. vom 20. 2. 1918, Bd. 311: 4045.

64 »Soziale, rassenhygienische, wirtschaftliche und sonstige Gesichtspunkte werden hiernach als erlaubte Gründe nicht anerkannt«. Reichstags-Drucksache 1717, Bd. 325: 2505, 2506.

65 *Verhandlungen des Deutschen Reichstages. Stenographische Berichte*, 186. Stzg. vom 6. 7. 1918, Bd. 313: 5850.

gleichen Weise entschieden, und ähnlich auch der Reichsgesundheitsrat.[66] Das Thema »Sterilisation aus rassenhygienischer Indikation« war damit vorerst im Reichstag abgeblockt.

Der bevölkerungspolitische Kurswechsel der Rassenhygiene

Die bevölkerungspolitische Frage brachte einige Organisationen hervor, die sich, orientiert an politischen Zielvorgaben, gleichwohl selbständig entwickelten. Die erfolg- und folgenreichste war die im Frühjahr 1915 in Berlin unter dem Vorsitz von Julius Wolf gegründete »Deutsche Gesellschaft für Bevölkerungspolitik«. Die Gesellschaft erachtete – in ihrer Satzung – den Menschen als das wertvollste Kapital der Nationen und machte sich »die Bekämpfung der vielen Gefahren, die das deutsche Volk vermöge des Sinkens der Geburtenziffer bedrohen, zum Ziel«.[67] Das in kürzester Zeit sprunghaft angestiegene Interesse an bevölkerungspolitischen Fragen ausnützend, trat die Gesellschaft bald darauf mit einem Propaganda-Aufruf an die Öffentlichkeit, der von vielen der bekanntesten Ärzte, Politiker, Sozialökonomen und Männer des öffentlichen Lebens unterzeichnet worden war und den Leitsätzen der Gesellschaft für Rassenhygiene inhaltlich nahekam. Die Rassenhygieniker befürchteten, daß ihre Konzeptionen »offensichtlich aus dem liberalen Gedankenkreis hereingeschneit« sein könnten.[68]

66 In den »Leitsätzen über Sterilisierung und künstlichen Abort« des ärztlichen Kreisvereins Mainz vom Januar 1918, die in mehreren führenden medizinischen Vereins- und Korrespondenzblättern veröffentlicht wurden, hieß es entsprechend: »Der Arzt ist nicht berechtigt, die Unterbrechung der Schwangerschaft aus sozialen und rassenhygienischen Gründen vorzunehmen. Er würde hierdurch einen Verstoß gegen das Strafgesetzbuch begehen.« Drucksache 1717, Bd. 325: 2508.

67 *Politisch-Anthropologische Monatshefte*, 1915-16, *14*: 551-552; ebenso in: *Krieg und Volksvermehrung* (= *Das neue Deutschland*, Sonderheft 17/22), 1916, *4*: 1, Anhang. Die neugegründete Gesellschaft betrieb, wie Fritz Lenz glaubte, »eine sehr rührige Propaganda für sozialpolitische Maßnahmen zur Sicherung der Volksvermehrung«. Fritz Lenz, »Deutsche Gesellschaft für Bevölkerungspolitik«, *ARGB*, 1914-1915, *11*: 555-557, 555/556.

68 Hermann Werner Siemens, »Bevölkerungspolitik«, *Politisch-Anthropologische Monatshefte*, 1915-16, *14*: 661-665, 661.

Im November 1915 lud die Gesellschaft für Bevölkerungspolitik zu einer Versammlung ins Preußische Abgeordnetenhaus nach Berlin ein. Der Vorsitzende Julius Wolf begrüßte die Anwesenden überschwenglich: »Aus allen Gauen Deutschlands sind Sie herbeigeeilt, Angehörige aller Parteien, Berufe und Gesellschaftsschichten, Arbeiter und Unternehmer, Hand- und Geistesarbeiter, Industrielle und Landwirte, Politiker und Gelehrte, Männer der Rede, der Tat, des Schwertes, der Feder...«[69] In der Rednerliste fanden sich die Namen von Behr-Pinnow, Faßbender und Seeberg, Persönlichkeiten, die in der eugenischen Bewegung noch eine Rolle spielen sollten. Ein Jahr darauf tagte in Darmstadt der erste deutsche Kongreß über Bevölkerungsfragen, veranstaltet vom Reichstagsausschuß für Bevölkerungsfragen, der Gesellschaft für Bevölkerungspolitik und »den großen evangelischen und katholischen Arbeiterorganisationen, den Wohlfahrtsverbänden, sozialen und gemeinnützigen Vereinen«; »die höchsten Behörden von Norden und Süden (waren) vertreten« und bekundeten ihr Interesse und ihre Unterstützungsabsichten.[70]

Die Gesellschaft für Bevölkerungspolitik entwickelte, getragen von der öffentlichen Sorge um die Bevölkerungsentwicklung, zumindest bis in die Jahre nach Kriegsende eine erhebliche politische Wirksamkeit, die in krassem Gegensatz zu der marginalen Rolle stand, die die Rassenhygiene-Bewegung in jenen Jahren spielte. Die Rassenhygieniker, die zwar auch von der politischen Umsetzung ihrer Ideen träumten, sahen die Situation durchaus unter professionsstrategischen Gesichtspunkten. Fritz Lenz gestand ein, daß »die Gesellschaft für Bevölkerungspolitik in der geschickten Benutzung der Gunst des Augenblicks und der Rührigkeit ihrer Propaganda (der Gesellschaft für Rassenhygiene) zweifellos voraus« war. Obwohl – wie Lenz meinte – die Rassenhygieniker sich jahrelang mit Bevölkerungsfragen befaßt hatten und ihre »Leitsätze zur Geburtenfrage« das Produkt einer langen Entwicklung darstellten, gewann die Gesellschaft für Bevölkerungspolitik während der Kriegsjahre eindeutig die Konkurrenz

69 *Bericht über die Versammlung am Montag, den 18. Oktober 1915 im Preußischen Abgeordnetenhause* (Veröffentlichungen der Deutschen Gesellschaft für Bevölkerungspolitik, 1), Berlin 1916, 3.

70 Wilhelm Schallmayer, »Bevölkerungspolitische Kriegsliteratur«, *Zeitschrift für Politik*, 1917, *10*: 441-468, 458.

um die Deutungskompetenz in Bevölkerungsfragen. Die Rassenhygieniker schwenkten deshalb auf eine bis dahin eher vermiedene Kooperation mit den Bevölkerungspolitikern um.[71] Erst mehrere Jahre später kam es zu einer wirklichen Zusammenarbeit, wenn auch noch vor Kriegsende die Gesellschaft für Bevölkerungspolitik und die Berliner Ortsgruppe der Rassenhygiene-Gesellschaft in Unterhandlungen eintraten, um einen Zusammenschluß zu erzielen.[72]

Der Grund für den größeren Widerhall, den die Bevölkerungspolitiker fanden, ist in erster Linie darin zu sehen, daß sie mit einem rein quantitativen bevölkerungspolitischen Konzept den wirtschafts- und außenpolitischen Kalkülen der offiziellen Politik des Deutschen Reiches stärker entgegenkamen.[73] Die Rassenhygieniker bezogen diese Zielsetzungen deshalb auch aus strategischen Erwägungen in ihr Kalkül mit ein. Der erwähnte »Aufruf« aus dem Jahr 1914 sprach sich – streng rassenhygienisch – zwar für die Bewahrung und Mehrung der Erbanlagen als oberster Aufgabe aus, bezeichnete zugleich aber auch »die Sorge um die Vermehrung der Volkszahl« – also quantitative Bevölkerungspolitik – als »eine der wichtigsten Aufgaben der Rassenhygiene«.[74] Indizien dafür, daß es sich um eine politisch motivierte Abkehr von der ›reinen Lehre‹ handelte, liefern Reaktionen wie die Geza von Hoffmanns, der von Einseitigkeit, ja, drohender Verflachung rassenhygienischer Bestrebungen sprach.[75]

Trotz dieses »Anhängens« an den fahrenden Zug der Bevölkerungspolitik verfolgten die Rassenhygieniker dezidiert eigene Interessen. Am 6. und 7. Juni 1914, also noch vor Ausbruch des Weltkrieges, veröffentlichten sie »Leitsätze zur Geburtenfrage«, die die Zukunft des deutschen Volkes für ›schwerstbedroht‹

71 Fritz Lenz, »Deutsche Gesellschaft für Bevölkerungspolitik«, *ARGB*, 1914-15, *11*: 555-557, 555.

72 S. Bundesarchiv Koblenz, R 86/2373.

73 Vgl. Wolf, »Ziel und Wege«, 163.

74 »Aufruf der Deutschen Gesellschaft für Rassenhygiene«, *ARGB*, 1914-15, *11*: 507-707, 705, 706. So sah es auch Fritz Lenz. Fritz Lenz, »Bund zur Erhaltung und Mehrung der deutschen Volkskraft«, *ARGB*, 1914-15, *11*: 554-555, 555.

75 Vgl. Geza von Hoffmann, »Drohende Verflachung und Einseitigkeit rassenhygienischer Bestrebungen in Deutschland«, *ARGB*, 1916-18, *12*: 343-345, 343.

erklärten und Maßnahmen zur Förderung der Fortpflanzung gesunder und tüchtiger Familien forderten; andernfalls sei der kulturelle, wirtschaftliche und politische Rück- und Verfall Deutschlands unabwendbar. Neben der »Förderung der inneren Kolonisation« wurde die wirtschaftliche Förderung kinderreicher Familien sowie die »Erweckung einer opferbereiten nationalen Gesinnung und des Pflichtgefühls gegenüber den kommenden Geschlechtern« propagiert, außerdem eine »gesetzliche Regelung des Vorgehens in solchen Fällen, wo Unterbrechung der Schwangerschaft oder Unfruchtbarmachung ärztlich geboten erscheint«, sowie der »obligatorische Austausch von Gesundheitszeugnissen vor der Eheschließung« gefordert.[76] Die beiden letzteren Forderungen sollten in den Folgejahren noch Bedeutung erhalten.

Zu den Vereinigungen, die sich in der »Begeisterung für überindividuelle Ziele« (Lenz) gebildet hatten, gehörte auch der »Bund zur Erhaltung und Mehrung der deutschen Volkskraft«. Im Februar 1915 in Halle gegründet, hatte er sich die Unterstützung aller Maßnahmen zur Aufgabe gemacht, die die Gesundheit der jetzigen und zukünftigen Bevölkerung verbessern könnten. Der Bund rekrutierte in seiner Anfangszeit an die 1000 Mitglieder, unter denen mehrere Rassenhygieniker waren, so daß Fragen der Erblichkeit und Rassenhygiene nicht unbeachtet blieben.[77] Ein stärkerer Bundesgenosse der Rassenhygieniker war die »Preußische Zentralstelle für Volkswohlfahrt«, die Ende Oktober 1915 im Reichstagsgebäude eine Tagung zum Thema »Erhaltung und Mehrung der deutschen Volkskraft« veranstaltete. Die Veranstaltung sollte die Notwendigkeit einer für die Volkskraft günstigen Siedlungspolitik unterstreichen, die auch »bei Friedensverträgen ihren Einfluß geltend machen muß«. Obgleich in erster Linie Mediziner, Rassenhygieniker und Volkswirtschaftler zu Wort kamen, konnten sich die Rassenhygieniker mit ihren Forderungen nicht durchsetzen. Die Forderung der Sterilisierung schmetterte Max Christian, Abteilungsleiter bei der Zentralstelle für Volkswohlfahrt und der Rassenhygiene sonst positiv gesonnen, eindeutig ab. Ausschluß von der Fortpflanzung dürfe nicht mit Gewaltmaßregeln wie der künstlichen Sterilisierung von

76 »Leitsätze der Deutschen Gesellschaft für Rassenhygiene«, *ARGB*, 1914-15, *11*: 134-136, 135.

77 Lenz, »Bund zur Erhaltung«, 554/555.

körperlich und geistig Minderwertigen, sondern nur auf dem Wege einer rechtlichen Benachteiligung in humaner Form erfolgen. Max von Gruber gestand ebenfalls ein, daß man wissenschaftlich noch zu unerfahren und die Öffentlichkeit zu wenig bereit sei, Sterilisation als zulängliches Mittel zur Verbesserung der Rasse zu akzeptieren.[78] Selbst der Umstand, daß Max von Gruber den Abschlußvortrag über die »Hebung der Rasse« hielt, konnte nicht als ein Durchbruch für die Rassenhygiene gewertet werden. Lenz griff mit seiner Einschätzung wohl etwas zu hoch, es sei das erste Mal gewesen, »daß unter Förderung der preußischen Regierung staatliche Maßnahmen der Rassenhygiene öffentlich erörtert und befürwortet worden sind«.[79]

Im konservativeren München hatten die rassenhygienischen Vorstellungen offenbar bessere Chancen. Die vom Ärztlichen Verein München eingesetzte »Kommission zur Beratung von Fragen der Erhaltung und Mehrung der Volkskraft«, der u.a. Max von Gruber, Josef Trumpp, Fritz Burgdörfer, Alfred Ploetz, Bernhard Spatz, Alfred Döderlein und Emil Kraepelin angehörten, veröffentlichte 1918 *Leitsätze betreffend ärztlichen Ehekonsens und Eheverbote*. In deren Paragraph 1 hieß es: »Das Reich bedarf dringend einer Vermehrung seiner Volkszahl, und zwar einer Vermehrung der *tüchtigen* Volkselemente ... Eine sehr wirksame Förderung der Vollwertigen bildet die Verminderung der rassenuntauglichen Elemente, die einen großen Teil der Volkskraft und des Volksvermögens verbrauchen.« Paragraph 4 forderte gar, zur Unterbindung der Fortpflanzung Kranker und Minderwertiger sollten »von Staats wegen geprüfte und vereidigte Eheberater bestellt werden, von deren Gutachten die Zulässigkeit der Eheschliessung abhängig gemacht werden soll«.[80] Damit war das rassenhygienische Prinzip einer Differenzierung von ›wertvollen‹ und ›wertlosen‹ Menschen und der Zuweisung entsprechender Fortpflanzungsrechte in der bevölkerungspoli-

78 *Die Erhaltung und Mehrung der deutschen Volkskraft*, Berlin 1916, III, 42, 253.

79 Fritz Lenz, »Die Erhaltung und Mehrung der deutschen Volkskraft«, *ARGB*, 1916-18, *12*: 116-124, 117, 124.

80 *Zur Erhaltung und Mehrung der Volkskraft. Arbeiten einer vom Ärztlichen Verein München eingesetzten Kommission*, München 1918, V/VI, 66.

tischen Diskussion nach dem Krieg auf die Tagesordnung gesetzt.

Die Diskussion um Gesundheitszeugnisse und rassenhygienische Eheverbote

Eine andere Frage, auf die sich die Aktivitäten der Rassenhygieniker seit 1916 richteten, war die des »Gesetzlichen Austausches von Gesundheitszeugnissen vor der Eheschließung« sowie »rassenhygienische Eheverbote«. In 1916 formulierten Leitsätzen wurde die »gesetzliche Einführung des Austausches von amtsärztlichen Gesundheitszeugnissen vor Schließung jeder Ehe« vorgeschlagen. Die Atteste sollten lediglich zur gegenseitigen Aufklärung dienen, ohne schon Eheverbote zur Konsequenz zu haben. Es sollte zunächst den Ehebewerbern überlassen bleiben, aus dem Inhalt der Zeugnisse ihre Folgerungen zu ziehen. Am 23. September 1916 war auf einer Sitzung zur Vorbereitung der ersten Tagung zum Thema der Eheverbote versucht worden, Einigung darüber zu erzielen, ob ein zwangsweiser Austausch empfehlenswert sei. Neben Rassenhygienikern waren Vertreter der Landesversicherungsanstalt der Hansestädte, der Gesellschaft zur Bekämpfung der Geschlechtskrankheiten, der Gesellschaft für Bevölkerungspolitik und Max Christian als Abteilungsvorsteher an der Zentralstelle für Volkswohlfahrt anwesend. Paul Träger, Vorsitzender der Berliner Gesellschaft für Rassenhygiene, resümierte vorsichtig, die Meinungen seien ziemlich auseinandergegangen.[81]

Auf der Tagung im Februar 1917, bei der der Vorsitzende des Reichsgesundheitsamtes Geheimrat Bumm zugegen war, diskutierte Max Christian noch einmal den Standpunkt einer zwangsweisen Einführung von Gesundheitszeugnissen. Er behauptete u.a., daß die Medizin in der Lage sei, *zweifelsfrei* und *zuverlässig* die Eheuntauglichkeit – wenigstens in bestimmten Fällen von Körperverbildungen, von Geistes- und Nervenleiden, von schweren Vergiftungen und übertragbaren Krankheiten – festzustellen. Bei ungeheilten Geschlechtskrankheiten seien Übertragung und Vererbung statistisch gesichert; für alle anderen

81 *Zur Erhaltung und Mehrung*, 31.

Krankheiten und -anlagen »reichen selbstverständlich unsere wissenschaftlichen Kenntnisse noch nicht aus und werden vielleicht niemals ausreichen«. Christian bestand aber darauf, daß Zeugnisse der beste Weg seien, »auf dem die gesamte Bevölkerung bis in die entlegensten Kreise so schnell, so gründlich, so sachgemäß und mit so geringen Kosten über die Gefahr der Rassenverschlechterung und über die gesundheitliche Verantwortung der Familiengründung bzw. Kinderzeugung aufgeklärt wird«.[82] Die anwesenden Vertreter von 18 Gesellschaften und Vereinen der öffentlichen Gesundheitsfürsorge befürworteten übereinstimmend die generelle Aufklärung von Ehebewerbern, waren aber ebenso einheitlich gegen Eheverbote. Die Meinungen hinsichtlich des Austauschs von Gesundheitszeugnissen und dessen freiwilliger oder gesetzlich-zwanghafter Durchführung gingen auseinander.[83] Das Ziel, mit dem die Rassenhygieniker die Tagung anberaumt hatten, das öffentliche Bewußtsein darauf zu lenken, »daß in Erörterungen über bevölkerungspolitische Zahlen das rein Zahlenmäßige häufig einseitig betont« und statt dessen die »qualitative Ertüchtigung unseres Volkskörpers« stärker beachtet werden müsse, wurde jedoch noch nicht erreicht.[84] Die kritischen Einwände richteten sich sowohl gegen den »ungerechtfertigten Eingriff in die persönliche Freiheit«, den die angestrebten Maßnahmen implizierten, als auch gegen die Unsicherheit der Resultate und Schwierigkeiten der technischen Durchführbarkeit. Einziges konkretes Ergebnis blieb schließlich eine Eingabe an die gesetzgebenden Körperschaften der deutschen Länder, um die Standesbeamten zu veranlassen, den Ehebewerbern pflichtgemäß ein Merkblatt über die Notwendigkeit ärztlicher Beratung auszuhändigen.[85]

82 Berliner Gesellschaft für Rassenhygiene (Hg.), *Ueber den gesetzlichen Austausch von Gesundheitszeugnissen vor der Eheschließung und über rassenhygienische Eheverbote*, München 1917, 4-5, 16, 21, 19, 31, 13, 14.

83 *Archiv für Soziale Hygiene und Demographie*, 1919-20, *13*: 162-164.

84 Berliner Gesellschaft, *Über den gesetzlichen Austausch*, 4.

85 Max Christian, *Die Rassenhygiene in der Gesittung, Gesetzgebung und Politik*, Berlin 1923, 31.

Die Rassenhygiene und der Erste Weltkrieg

Die Rassenhygieniker sahen im Weltkrieg einerseits – wie wohl allenthalben üblich – die große Bewährungsprobe für das deutsche Volk, andererseits aber auch eine propagandistische Chance.[86] Für Lenz erschien die Zeit für rassenhygienische Reformen außerordentlich günstig: »Eine Gelegenheit ihrer Durchführung, wie sie bei der Neuordnung aller Verhältnisse nach dem Kriege gegeben ist, kehrt vielleicht niemals wieder.«[87] In diesem Zusammenhang stand der »Aufruf« der Gesellschaft für Rassenhygiene, der zeitlich klug gewählt war und an das nationale Empfinden jedes Deutschen appellierte, gleichzeitig aber auch die Rassenhygiene ins Blickfeld rückte: »Jeder deutsche Mann und jede deutsche Frau, welche den Ernst und die Größe der Aufgabe erkannt haben, sollten daher die Arbeit der Gesellschaft für Rassenhygiene unterstützen.«[88] Dieser Aufruf, auch wenn er bei weitem nicht an die Öffentlichkeitswirksamkeit der bevölkerungspolitischen Gruppierungen heranreichte, führte offenbar zu einer Aktivierung der Rassenhygiene-Organisation in den Jahren 1915 und 1916 und zu ihrer Konsolidierung.[89] Sie konnte jetzt nahezu alle bedeutenden Biologen Deutschlands und Skandinaviens zu ihren Mitgliedern zählen und hoffte auf zunehmenden Einfluß »auch außerhalb der Kreise naturwissenschaftlicher Gelehrter«.[90]

Doch dieser Aufschwung war nur von kurzer Dauer, da ab 1917, zu der Zeit, in der die Gesellschaft für Bevölkerungspolitik ständig an Mitgliedern und Einfluß gewann, Resignation einsetzte. Auf dem Gebiet der Ehegesundheitszeugnisse waren die Initiativen folgenlos geblieben. Selbst die freiwillige Sterilisierung hatte keine Befürworter gefunden, und, was wesentlich schwerer wog, das politisch-programmatische Nahziel der Rassenhygieniker, der quantitativen Bevölkerungspolitik, die von Reichstag und maßgeblichen Stellen in der Ministerialbürokratie getragen

86 Lenz betonte, »daß es sehr zweckmäßig sei, das durch den Krieg geweckte Interesse für Bevölkerungspolitik nach Möglichkeit für rassenhygienische Propaganda auszunützen«; *ARGB*, 1914-15, *11*: 561.

87 Lenz, »Bund zur Erhaltung und Mehrung«, 555.

88 »Aufruf der Gesellschaft für Rassenhygiene«, 707.

89 *ARGB*, 1916-18, *12*: 403.

90 *Politisch-Anthropologische Monatsschrift*, 1915-16, *14*: 552.

wurde, eine rassenhygienisch-qualitative Politik zur Seite zu stellen, wurde bis Kriegsende nicht erreicht: Die »Leitsätze zur Geburtenfrage« wurden geschickt von den Bevölkerungspolitikern adaptiert, »Erhaltung und Mehrung der Volkskraft« waren im wesentlichen quantitative Vorgaben, und die »Ehegesundheitsatteste« erwiesen sich aus verschiedenen Gründen als unrealisierbar. An eine Zusammenarbeit mit der Gesellschaft für Bevölkerungspolitik, die die Rassenhygiene-Organisationen hinsichtlich ihrer Mitgliederzahl inzwischen überholt hatte, war aus den erwähnten konzeptionellen Gründen ebenfalls nicht zu denken.

In den ersten Nachkriegsjahren schien die institutionalisierte Rassenhygiene damit publizistisch und organisatorisch zu einem frühzeitigen Ende gekommen zu sein. Allein die Anpassung ihrer Programmatik an die geänderten bevölkerungspolitischen Verhältnisse konnte sie vor dem politischen ›Aus‹ bewahren.

Programmatische Wandlungen der Rassenhygiene

An den »Leitsätzen der Deutschen Gesellschaft für Rassenhygiene« aus dem Jahre 1922 läßt sich, verglichen etwa mit denen von 1914, der politisch-pragmatische Ideenwandel der Rassenhygiene verdeutlichen. Ein prinzipieller Wandel war es nicht. So blieben etwa die Forderungen nach der wohnungsmäßigen Besserstellung kinderreicher Familien, dem zwangsweisen Austausch von Gesundheitszeugnissen vor der Eheschließung, Maßnahmen gegen die Schädigung des Erbgutes durch Alkohol und die Bekämpfung der Geschlechtskrankheiten unverändert erhalten, desgleichen die Ablehnung des Neomalthusianismus. Andere Leitsätze waren – aus den veränderten Bedingungen erklärlich – mehr oder weniger stark verändert worden. Während man beispielsweise 1914 das »ganze Leben des Volkes in rassenhygienischem Sinne zu gestalten trachtete« (§ A1), verwies man acht Jahre später auf die »Verarmung an wertvollen, leistungsfähigen Rassenelementen« (§ 1) durch ungünstige Auslese und Schädigung der Erbmasse, denen durch »Erhaltung der für die Gemeinschaft wertvollen Erbstämme in allen Volksschichten« Einhalt geboten werden sollte (§ 8). Wo 1914 noch die gesetzliche Regelung der Unfruchtbarmachung favorisiert wurde, waren 1922 die

Vorstellungen weitergehend bzw. präziser: Ebenso wie für rassenhygienisch indizierte Eheverbote (§ 26b) hielt man zwar die Zeit für zwangsmäßige Unfruchtbarmachungen für noch nicht gekommen (§ 27), jedoch die Unfruchtbarmachung »krankhaft Veranlagter« sollte sobald als möglich juristisch fixiert werden (§ 28), die Entscheidung zur Sterilisierung sollte speziellen Sachverständigenausschüssen vorbehalten bleiben (§ 32), und zur Verhütung der Fortpflanzung Minderwertiger wurde die »Absonderung in Arbeitskolonien« vorgeschlagen (§ 29). Wahllose Schwangerschaftsabbrüche galten als rassenhygienisch schädlich (§ 30).

Eine völlig neue Forderung war schließlich die nach einer alsbaldigen »Führung von Gesundheitslisten für die gesamte Bevölkerung« mit periodischen Untersuchungen (§ 35). Gegenüber der quantitativen Bevölkerungspolitik wurde nun frontal Stellung genommen und damit die taktische Anpassung der Vorkriegszeit aufgegeben. Wer nur die Zahl der Geburten zu erhöhen strebe, ohne auf die Unterschiede der erblichen Veranlagung Rücksicht zu nehmen, »trägt zur Abnahme der Rassentüchtigkeit bei, da alle solchen Maßnahmen vorzugsweise die Fortpflanzung der minder Leistungsfähigen fördern« (§ 18).

Die noch 1914 als Punkt 1 in den Leitsätzen behandelte Frage des Siedlungsraumes, die Fritz Lenz in die Diskussion gebracht und als »den Kernpunkt der ganzen rassenhygienischen Bevölkerungspolitik« bezeichnet hatte, wurde ein Opfer des Versailler Vertrages. »Die Förderung der ländlichen und halbländlichen Siedlung ist auch rassenhygienisch wichtig« (§ 16), hieß es nur noch lapidar.[91]

Von der großen kathartischen Wirkung des Krieges mochten sogar die Rassenhygieniker jetzt nicht mehr sprechen, denen er zuvor als Chance gegolten hatte, den »Kampf um's Dasein« in aller Schärfe walten zu lassen und zur Verbesserung des Menschenmaterials beizutragen.[92] Das sozialdarwinistische Urteil stand offenbar in direkter Abhängigkeit zum Kriegsverlauf. Noch in der ersten Kriegszeit glaubte man an die »gesundheitsfördernde hygienisch günstige Wirkung des Krieges, seine biologische Be-

91 »Leitsätze der Deutschen Gesellschaft für Rassenhygiene«, *ARGB*, 1922, *14*: 372-375; *Erhaltung und Mehrung der deutschen Volkskraft*, 182; *ARGB*, 1914-15, *11*: 689.

92 Ploetz, *Die Tüchtigkeit*, 147.

deutung im Sinne der positiv-fortschreitenden Ergebnisse im ›Kampf um's Dasein‹«.[93] Mit Fortdauer des Krieges verwandelte sich diese Einschätzung ins Gegenteil. »Fürchterlich sind seine Verwüstungen nicht an ersetzbaren Kulturgütern, sondern an Menschen selbst, unter denen ein erheblicher Teil der Besten, Tapfersten, Gesündesten auf alle Zeiten ausgemerzt wird«, urteilte jetzt Geza von Hoffmann, und auch für Max von Gruber bestand nun kein Zweifel mehr, daß der Krieg im allgemeinen eine furchtbare *kontraselektorische* Auslese bewirke.[94]

Vom ›Kinderreichtum‹ zur ›erbgesunden kinderreichen Familie‹ – Bevölkerungspolitik nach 1918

Der »Bevölkerungspolitische Kongreß«, der vom 17. bis 21. Mai 1921 in Köln stattfand, ließ erkennen, daß bevölkerungspolitisch neue Wege beschritten werden sollten. Neben dem Schutz des »keimenden Lebens« (also der Verhinderung von Abtreibungen), Geschlechtskrankheiten, Prostitution, Jugendwohlfahrt sowie der Wohnraumfrage war die Erbforschung zu einem der Hauptgegenstände der Diskussion geworden. In einem Ausblick auf die künftige bevölkerungspolitische Gesetzgebung legte der Berliner Ministerpräsident Stegerwald Nachdruck auf die Sozialpolitik bzw. -fürsorge, die dem Erhalt und der Stärkung des Arbeitskräftepotentials in Deutschland dienen mußte: »Arbeitskraft allein ist das, was uns noch geblieben ist... Unsere Arbeitskraft kann uns wieder zu einem freien Volke machen. Unsere Arbeitskraft also muß und wird uns retten«.[95] Die Konzeption der Bevölkerungspolitik als »Geburtenüberschußpolitik« war zwar noch nicht vollends aufgegeben, aber sie wurde um eine Reihe neuer Akzentsetzungen erweitert. Die neuen Zielsetzungen bestanden jetzt in sozialpolitischen Maßnahmen zum Schutz und zur Förderung der kinderreichen Familien, insbe-

93 Vgl. W. Schweisheimer, »Bevölkerungspolitische Bilanz des Krieges 1914/19«, *ARGB*, 1918-21, *13*: 176-198, 177.

94 Geza von Hoffmann, *Krieg und Rassenhygiene*, München 1916, 11; *Erhaltung und Mehrung der deutschen Volkskraft*, 282.

95 *Bericht der Verhandlungen des Bevölkerungspolitischen Kongreß der Stadt Köln*, o.O., o.J. (1921), 457.

sondere der Berücksichtigung der Kinderzahl in der Lohn- und Steuerpolitik sowie der Unterstützung der sittlich-religiösen Bestrebungen durch den Staat.[96]

Allerdings konnten diese Forderungen nicht realisiert werden, da die erforderlichen Mittel im Staatsetat nicht vorhanden waren, eine Situation, die sich auch in den Folgejahren nicht ändern sollte. Im Gegenteil: Sie verschärfte sich noch. Als Reaktion organisierte sich bald als Lobby ein Reichsbund der Kinderreichen. Seit Kriegsende hatte es Vorstufen zu dieser Organisation gegeben, aber erst im Juni 1923 erhielt der neue Gesamtbund seinen Namen: »Reichsbund der Kinderreichen Deutschlands zum Schutze der Familie«. Die ›Kinderreichen Deutschlands‹ hätten die schwersten Lasten zu tragen, stellen aber dem Vaterland zugleich die wertvollsten Kräfte. Aufgrund ihrer Bedeutung für die Erhaltung des Volksbestandes erhoben sie jetzt Anspruch auf »volle Sicherung ihrer Lebensnotwendigkeiten«. Neben gesetzgeberischen Maßnahmen forderte der Bund eine familiengerechte Besteuerung, die Zuweisung menschenwürdiger Wohnungen sowie die Vergabe von Siedlungen und Pachtland an Kinderreiche.[97] Der Bevölkerungsstatistiker Friedrich Burgdörfer, ein überzeugter Streiter für die Kinderreichen-Idee, dachte im Zusammenhang mit der Schaffung einer Elternschaftsversicherung daran, daß unter eugenischen Gesichtspunkten Vorkehrungen zu treffen seien, um die Versicherungsleistungen

96 Diese Entwicklung spiegelte sich bereits in dem neuen Regierungsprogramm wider, das die Abgeordnete der Deutschen Demokraten, Frau Dr. Bäumer, im Februar 1919 im Reichstag begrüßte, weil, insoweit es soziale Dinge berühre, »das Wort *Bevölkerungspolitik nicht* enthalten« sei. Anstelle eines »Wettrüstens der Mütter«, das die bevölkerungspolitischen Gesetzentwürfe des verflossenen Reichstages propagiert hätten, setzte sie sich für eine Politik ein, die steuerlich und in der Wohnungsfrage die Situation der *kinderreichen Familien* erleichtert. *Verhandlungen des Deutschen Reichstages. Stenographische Berichte*, 13. Leg., Bd. 326: 274; Manfred Stürzbecher, *Die Bekämpfung des Geburtenrückganges und die Säuglingssterblichkeit im Spiegel der Reichstagsdebatten 1900-1930*, Diss. Berlin 1954, 273.

97 Robert Engelsmann, »Der ›Reichsbund der Kinderreichen Deutschlands zum Schutze der Familie e. V.‹«, *Archiv für Bevölkerungspolitik, Sexualethik und Familienkunde*, 1932, *2*: 107-114, 110.

nur solchen Eheleuten zukommen zu lassen, die »normalerweise einen gesunden Nachwuchs erwarten lassen«.[98]
Anfang September 1922 gehörten dem Verband etwa 42000 Familien mit einer durchschnittlichen Zahl von 6,6 Kindern an, insgesamt etwa 280000 Mitglieder. Um 1930 hatte sich der Reichsbund zu einer weitverzweigten Organisation entwickelt. Die Zahl seiner angeschlossenen Ortsgruppen war auf annähernd 1200 gestiegen, der Reichsbund eine »Organisation von mehreren 100000 Köpfen« geworden.[99]
Das politische Gewicht des Bundes wurde durch die sich verschärfende Finanzkrise ab 1929 offenbar neutralisiert. Auf einer Tagung im Oktober 1930 unter dem Motto »Die kinderreichen Familien in der Not der Zeit« wurde nachdrücklich ein Reichsgesetz zum Ausgleich der Familienlasten gefordert. In dieser Phase, in der die Verbitterung größer und die Forderungen nach gesetzlichen Maßnahmen dringlicher wurden, fand die Annäherung zwischen ›Kinderreichen‹ und Eugenikern statt. Auf der großen Kundgebung des Landesverbandes Bayern der Kinderreichen, die im April 1930 in München abgehalten wurde, sprach der Jesuitenpater und Eugeniker Hermann Muckermann über »Die kinderreiche Familie im Lichte der Eugenik«. Muckermann legte dem Reichsbund nahe, »sich ausschließlich der erbgesunden Familie zu weihen«, und bot die Unterstützung des Berliner Kaiser-Wilhelm-Instituts für Anthropologie, menschliche Erblehre und Eugenik, dem er angehörte, unter eben der Bedingung einer solchen Orientierung auf die rassenhygienische Perspektive an. Muckermanns Junktim stieß beim Bund sogar auf Beifall: »Nun, da die Eugenik ... die Beziehungen zu uns in so offizieller Weise aufgenommen hat, ist es unsere Pflicht, uns mit ihr auseinanderzusetzen«.[100] Die damit dokumentierte An-

98 Fritz Burgdörfer, *Der Geburtenrückgang und seine Bekämpfung.* Die *Lebensfrage des deutschen Volkes*, Berlin 1929, 183.

99 *ARGB*, 1922-23, *14*: 370/FN; *Die kinderreichen Familien in der Not der Zeit! Tagung der Kinderreichen in Dresden 2.-5. Okt. 1930*, o.O., 1930, 25, 95.

100 Landesverband Bayern im Reichsbund der Kinderreichen Deutschlands, *Wie die Familie – so das Volk. Die kinderreiche Familie im Lichte der Eugenik*, München 1930, 33; Fritz Brüggemann, »Gedanken zu Hermann Muckermanns Vortrag in München«, *Bundesblatt für den Reichsbund der Kinderreichen Deutschlands e. V.*, 1930, *10*: 72-73, 72.

Aus: Familie und Volk. Sonderschau des Reichsbundes der Kinderreichen Deutschlands zum Schutze der Familie e. V. auf der Internationalen Hygiene-Ausstellung Dresden 1930. Bearbeitet von Friedrich Burgdörfer. S. 37.

näherung der primär an einer Wohlfahrts- und quantitativen Bevölkerungspolitik orientierten ›Kinderreichen‹ an die Rassenhygiene verstärkte sich in den Folgejahren weiter. Im Juli 1931 fand z.B. eine Kundgebung in Köln statt, die unter dem Thema »Erhaltung und Pflege erbgesunder kinderreicher Familien« stand; auf einer Kundgebung in Allenstein lautete das Thema »Volksaufartung, Erbkunde, Eheberatung und Kinderreiche«.[101] Im September 1932 – unter den ›Kinderreichen‹ hatte die Verbitterung über die Tatenlosigkeit der Regierung aggressive Züge angenommen – veröffentlichte ihr Bundesblatt den *Aufruf der Deutschen Gesellschaft für Rassenhygiene (Eugenik)* sowie einen Auszug aus ihren neuen Leitsätzen.[102] Unter dem Druck der wirtschaftlichen Not bröckelte die Solidarität aller kinderreichen Familien ab, und die Ausgrenzung der ›Untüchtigen‹ begann, gestützt durch die eugenische Legitimation des ›gesunden Erbes‹, schärfere Konturen anzunehmen. Die Reichsbundestagung in Köln gipfelte in der Forderung der Pflege und Erhaltung erbgesunder kinderreicher Familien, deren Lebensraum durch die Sorge für die Untüchtigen eingeengt werde. Um so unbegreiflicher erschien es den ›Kinderreichen‹, daß von seiten des Reichs und seines Parlaments in der Frage der qualitativen Bevölkerungspolitik so gut wie nichts geschehen war.[103] Die eugenische Radikalisierung ließ jetzt selbst ein mögliches Sterilisierungsgesetz akzeptabel erscheinen. Um der gesetzlichen »Bestimmungen zum Schutz der kinderreichen Familie« willen wollten die Kinderreichen nun auch »allen Sicherungen zustimmen, die den Zweck haben, minderwertige Elemente nicht auf Kosten der lebenswichtigen Familien überwuchern zu lassen«.[104]

Ab 1930 war die programmatische Annäherung des Reichsbundes an die Eugenik an der neuen Perspektivensetzung für die »erbgesunde kinderreiche Familie« deutlich abzulesen. Die »Not der Zeit«, d.h. die Weltwirtschaftskrise, war sicher der entscheidende Faktor für diese Entwicklung. Die eugenische Be-

101 Engelsmann, »Der ›Reichsbund‹«, 112.

102 *Bundesblatt für den Reichsbund der Kinderreichen Deutschlands e. V.*, 1932, *12*: 69-70 u. 25.

103 Hans Konrad, »Das höchste Gut eines Volkes – ist das Volk selbst«, *Bundesblatt für den Reichsbund der Kinderreichen Deutschlands e. V.*, 1933, *13*: 1-2, 1.

104 Engelsmann, »Der ›Reichsbund‹«, 114.

wegung hatte im Reichsbund eine mitgliederstarke Vereinigung gefunden, die ähnliche Ziele verfolgte wie sie selbst: Die »positive Eugenik« als die wohlfahrtsstaatliche Förderung der »Tüchtigen« stand im Zentrum der Bemühungen beider Organisationen. Beide Organisationen forderten einen Ausgleich von Familienlasten – insbesondere über Steuerersparnisse oder andere etatistische Erleichterungen – zur Bevorzugung der Erbgesunden.

Obwohl diese Forderungen von maßgeblichen Ministerialbeamten und Politikern als wichtig angesehen wurden, waren der deutsche Staatshaushalt aufgrund der katastrophalen finanziellen Lage und speziell der deutsche Sozialetat überfordert, zusätzliche Kosten, wie sie Steuererleichterungen für Zehntausende von Familien notwendig gemacht hätten, aufzufangen. Alle offiziellen Bitten und Eingaben der Kinderreichen wie der Eugeniker waren deshalb zur Erfolglosigkeit verurteilt. Bereits in den ersten Nachkriegsjahren war im Grunde absehbar, daß die soziale Fürsorge sowohl in freier wie öffentlicher Trägerschaft in finanzielle Bedrängnis geraten würde. Die unmittelbaren Kriegsfolgelasten, verbunden mit einer inflationären Entwicklung um 1923, ließen den Sozialwissenschaftler Franz Eulenburg bereits 1924 fragen, »wie lange wir noch Wohlfahrtspflege treiben können« angesichts der »Riesenzahlen des Haushaltsplanes des Wohlfahrtsamtes für 1923«.[105] Wann man von einer »Krisis der öffentlichen Wohlfahrtspflege« (Wex) würde sprechen können, war nur noch eine Frage der Zeit. Sie war spätestens 1929 angebrochen.

Für die Rassenhygiene eröffnete sich damit eine Perspektive, die über die eugenische Reform der Steuergesetzgebung hinauswies. Die beiden wesentlichsten Ziele, die über lange Jahre hinweg propagiert worden waren, das »Ehegesundheitszeugnis« und die »Sterilisierung aus eugenischer Indikation«, lagen in der Logik der Kontinuität einer Lösung sozialer Probleme mit biologischen Mitteln.

105 Zit. n. Else Wex, *Die Entwicklung der Sozialen Fürsorge in Deutschland (1914 bis 1927)*, Berlin 1929, 304.

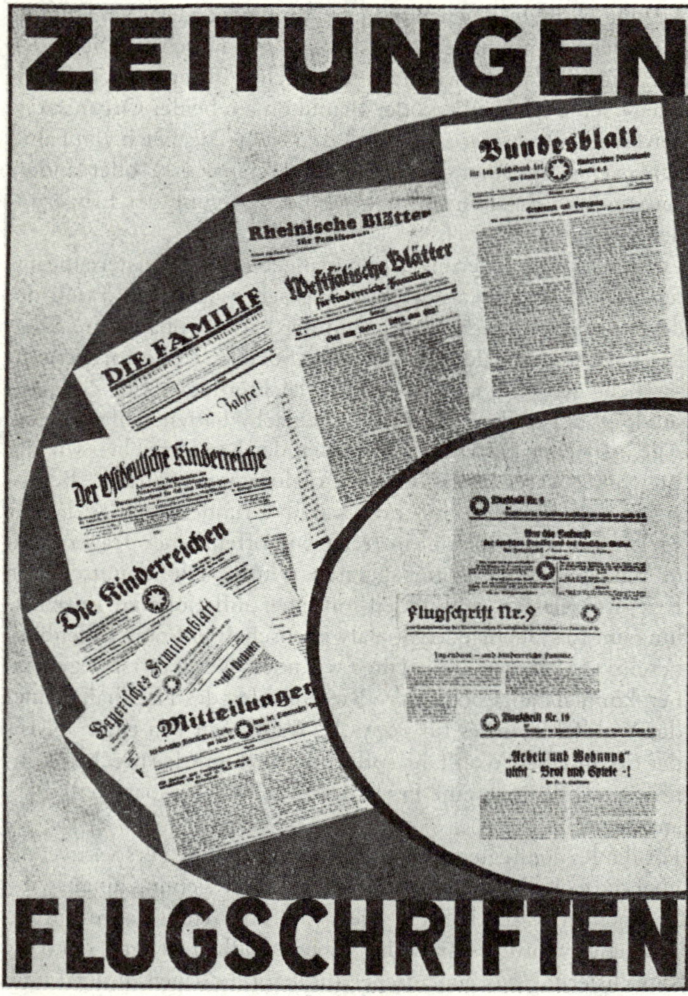

Aus: Familie und Volk. Sonderschau des Reichsbundes der Kinderreichen Deutschlands zum Schutze der Familie e.V. auf der Internationalen Hygiene-Ausstellung Dresden 1930. Bearbeitet von Friedrich Burgdörfer. Reklameseite.

3. Die Wende von der ›Rassenhygiene‹ zur Eugenik

›Ein rein theoretisches Institut‹ – eugenische Forschung in der Kaiser-Wilhelm-Gesellschaft

Neue Wissenschaften konstituieren sich häufig außerhalb der etablierten Institutionen wie vor allem der Universitäten. Die Eugenik oder Rassenhygiene machte da keine Ausnahme. Ganz im Gegensatz zu den weitreichenden Integrationsansprüchen, die die Eugenik gegenüber anderen Disziplinen stellte und mit denen sie sich propagandistisch in die etablierte Wissenschaft hineindefinierte, besaß sie zu Beginn der zwanziger Jahre keinerlei institutionellen Rückhalt an den Universitäten. Schallmayer hatte 1917 auf die schon sehr viel weiter fortgeschrittene Entwicklung in den USA verwiesen, Lenz erwog 1921 erstmals die Einführung von Pflichtvorlesungen über Rassenhygiene an den deutschen Hochschulen, und die DGfRH folgte diesen Forderungen in den beiden Folgejahren.[106] Wie in derartigen Situationen nicht unüblich, wurde die neue Lehre zunächst von ihren Protagonisten unter bestehenden Gebieten betreut: Einige wenige Vorlesungen von Fischer in Freiburg, von Grotjahn in Berlin und von Kaup in München machten den Anfang.

Ab 1920 änderte sich diese Situation jedoch allmählich. Zumindest der Umfang des rassenhygienischen Lehrangebots stieg stark an; an sämtlichen deutschen Universitäten und annähernd allen Technischen Hochschulen standen rassenhygienische Themen auf dem Lehrplan. Der größte Teil der angebotenen Veranstaltungen richtete sich an Mediziner, zu Beginn der Weimarer Jahre ein noch nahezu ebenso großer Teil auch an die Hörer anderer Fakultäten. Zwei Drittel der Vorlesungen wurden von Hygienikern bestritten, gefolgt von den Anatomen

106 Vgl. Wilhelm Schallmayer, »Einführung in die Rassehygiene«, Wolfgang Weichardt (Hg.), *Ergebnisse der Hygiene, Bakteriologie, Immunitätsforschung und experimentellen Therapie*, Bd. 2, Berlin, 1917, 433-532, 523; Erwin Baur/Eugen Fischer/Fritz Lenz, *Grundriß der menschlichen Erblichkeitslehre und Rassenhygiene*, Bd. 2: *Menschliche Auslese und Rassenhygiene*, 1. Aufl., München 1921, 217; »Aus der rassenhygienischen Bewegung«, *ARGB*, 1922, *14*: 375.

und Anthropologen und einem verschwindend geringen Anteil an Psychiatern.[107]

Das konnte jedoch nicht darüber hinwegtäuschen, daß die Rassenhygiene trotz des Einsatzes ihrer Vertreter während der Weimarer Zeit nicht an den Universitäten Fuß fassen konnte. Fritz Lenz erhielt zwar in dem der Rassenhygiene aufgeschlossenen München 1923 ein Extraordinariat, bezeichnenderweise an einem Hygienischen Institut und der Medizinischen Fakultät. Dabei blieb es für längere Zeit, ebenso wie bei einem allgemein geringen Interesse an »rassenhygienischer Unterrichtung auf wissenschaftlicher Ebene«, wie Ernst Lehmann rückblickend erklärte.[108] Hinsichtlich der Institutionalisierung der Eugenik/Rassenhygiene in der Forschung sah es zunächst nicht anders aus. Allerdings sollte es sich zeigen, daß hier der Weg beschritten wurde, der in Deutschland in solchen Fällen fast die Regel ist, in denen sich die Universitäten neuen Gebieten gegenüber verschließen: Der Staat gründete außeruniversitäre Forschungsinstitute, in denen sich die neuen Forschungsbereiche entwickeln konnten, ehe sie den Weg in die Universitäten fanden. 1911 war die Kaiser-Wilhelm-Gesellschaft u.a. speziell für diesen Zweck gegründet worden.

Im August 1922 erhielt der Reichsinnenminister ein Schreiben des Preußischen Landesgesundheitsrates, dem ein Gutachten des dort neu errichteten »Ausschusses für Rassenhygiene und Bevölkerungswesen« beigefügt war. Unter den Mitgliedern des Ausschusses waren so prominente Genetiker wie Erwin Baur, Carl Correns, Richard Goldschmidt und Heinrich Poll. Das Gutachten begründete die Notwendigkeit der Einrichtung einer »Reichsanstalt für menschliche Vererbungslehre und Bevölkerungskunde«, die man für »dringend erforderlich hielt«, denn bislang seien zwar körperliche und geistige Entartung im deutschen Volke als verhängnisvoll erkennbar, aber es fehle »die sichere Grundlage, die bei der Schwierigkeit der Materialbeschaffung nur durch Sammlung und Verarbeitung aller Forschungsergebnisse an einer Zentralstelle gewonnen werden können«.[109]

107 Vgl. Maria Günther, *Die Institutionalisierung der Rassenhygiene an den deutschen Hochschulen vor 1933*, Diss. Mainz 1982, 60-63.

108 Ernst Lehmann, »Vererbungslehre, Rassenkunde und Rassenhygiene«, *Der Biologe*, 1938, 7: 306-310, 309.

109 Bundesarchiv Koblenz, R 86/2371, Fol. 1, Blatt 190/191.

Der Präsident des Reichsgesundheitsamtes, Carl Hamel, dem das Schreiben ebenso wie dem Innenministerium und dem Preußischen Ministerium für Wissenschaft, Kunst und Volksbildung zugegangen war, ließ antworten, er stimme einer Gründung grundsätzlich zu: Die menschliche Vererbungslehre hätte noch nicht die wünschenswerte Pflege erfahren, und man verfüge in Deutschland lediglich über das Institut für Vererbungsforschung an der Landwirtschaftlichen Hochschule Berlin. Hamel erklärte außerdem, daß das kaum mehr als eine Seite lange Gutachten – erarbeitet von Erwin Baur, Richard Goldschmidt, Felix von Luschan und Oberregierungsrat Rösle vom Reichsgesundheitsamt – zu knapp gehalten sei, um Außenstehenden die praktische Bedeutung eines derartigen Instituts (jährliche Kosten geschätzt auf 2 Millionen Reichsmark) zu verdeutlichen. Das RGA assoziierte mit dem Plan vor allem einen bevölkerungspolitischen Ansatz und ging davon aus, daß die Reichsanstalt institutionell wohl dem Muster der Kaiser-Wilhelm-Institute würde folgen müssen. Auch der Preußische Wissenschaftsminister stimmte dem Gedanken einer Institutsgründung prinzipiell zu, schränkte allerdings ein, daß die »Erteilung eines Lehrauftrages für Biologie und Genetik an jeder Universität« schon aus finanziellen Gründen zur Zeit nicht durchführbar wäre.[110] Am 22. Januar 1923 fand im Reichsministerium des Innern eine kommissarische Beratung über die Errichtung einer Reichsanstalt statt, zu der neben dem Reichsfinanzministerium, dem Reichsgesundheitsamt, dem Preußischen Wohlfahrtsministerium, dem Preußischen Wissenschaftsministerium und dem dortigen Finanzministerium die Zentralstelle für Deutsche Personen- und Familiengeschichte sowie die Deutsche Forschungsanstalt für Psychiatrie Vertreter entsandt hatten. Von den beiden letztgenannten Instituten waren Hans Breymann, Stephan Kekulé von Stradonitz und Ernst Rüdin erschienen. Das Berliner Institut für Vererbungslehre hatte Professor Poll delegiert. Vor allem unter dem Eindruck der grandiosen Pläne Rüdins hinsichtlich der ›notwendigen‹ Größe und Kosten eines solchen Instituts erklärten die Vertreter des Preußischen und des Reichsfinanzministeriums, daß eine Realisierung unter den gegebenen wirtschaftlichen Bedingungen un-

110 Brief des Präsidenten des RGA an den RMI vom 8. 11. 1922, Bundesarchiv Koblenz, R 86/2371, Bd. 1, Bl. 196-199, 203.

möglich sei. Ihr Vorschlag war, an ein Institut ähnlich dem KWI für Physik zu denken, das Forschungen in verschiedenen Teilen des Landes koordiniert.[111]

Als Ort für die neue Anstalt wurde Berlin vorgeschlagen, »wegen des nahen Zusammenhanges mit dem Kaiser Wilhelm Institut für Biologie und dem Institut für Vererbungslehre an der Landwirtschaftlichen Hochschule in Berlin und vor allem auch wegen der großen Ersparnisse, die durch ein enges Zusammenarbeiten mit dem Statistischen Reichsamt in Berlin erreicht werden könnten und wegen der zu erwartenden ideellen und materiellen Unterstützung durch die preussischen Provinzialverwaltungen«.[112] Der Senat der Kaiser-Wilhelm-Gesellschaft stimmte dem Vorhaben zu.

Für das Institut waren 600000 Mark an festen Kosten erforderlich. Das Reich stellte 300000 Mark in Aussicht; Preußen schoß die Summe von 100000 Mark zu. Kleinere Beiträge gingen u.a. von den Landesversicherungsanstalten ein.[113] Die restlichen Mittel sollten durch private Stiftungen hereingeholt werden. Der Jesuitenpater Hermann Muckermann erklärte sich bereit, hierfür die Werbetrommel zu rühren. »Ohne Muckermann hätte das Institut schwerlich ins Leben treten können«, stellte Lenz fest, da Muckermann durch packende populäre Schriften und durch zahlreiche Vorträge in katholischen Kreisen für den rassenhygienischen Gedanken geworben und die in gewissen kirchlichen Kreisen bestehenden Vorurteile gegen die Rassenhygiene teilweise habe zerstreuen können.[114]

Als Leiter des neuen Instituts sollte Eugen Fischer aus Freiburg geholt werden. In einem programmatischen Artikel vom August

111 Vermerk über die am 22. 1. 1923 im RMI abgehaltene Besprechung betr. die Errichtung einer Reichsanstalt für menschliche Vererbungslehre und Bevölkerungskunde, Bundesarchiv Koblenz, R 86/2371, Bd. 1, 236-238.

112 Eugen Fischer, Brief vom 21. 3. 1927, in: KWI, Bauakten, 19. 6. 1926-10. 12. 1926, Blatt 140.

113 Auszug aus dem Senatsprotokoll vom 19. 6. 1929, in: ibid., Blatt 1; KWI, Finanzierung des Instituts, Sign. 2411, Blatt 54.

114 Vgl. zu seinen Aktivitäten: Hermann Muckermann, Brief vom 26. 2. 1926, in: KWI, Finanzierung des Instituts, 18. 6. 1926-2. 9. 1927, Blatt 73; Fritz Lenz, »Ein deutsches Forschungsinstitut für Anthropologie, menschliche Erblehre und Eugenik, *ARGB*, 1927, *19*: 457-458, 457.

1926 erläuterte Fischer Ziel und Zweck des neu zu errichtenden Instituts. Die Anthropologie war danach die Wissenschaft, die den komplexeren Zusammenhang zwischen Vererbung und Umwelt untersucht. Die Rassenbiologie galt ihm als allgemeine Biologie vom Menschen, und ein Teil von ihr war das Studium der Rassenmischung. In der Vererbungslehre forderte Fischer umfassende Forschungen über die normalen und pathologischen Vererbungslinien in der Bevölkerung und verwies darauf, wie wenig darüber bekannt und daß die Grenze zwischen beiden nicht eindeutig gezogen sei: »die reine Anthropologie trifft keine Werturteile«. Die ›soziale Anthropologie‹ fragte Fischer zufolge nach dem Einfluß der Zugehörigkeit zu sozialen Verbänden auf Leben und Erblinien des einzelnen, und umgekehrt ließ sich fragen, ob nicht »die ganzen Lebenserscheinungen der einzelnen sozialen Verbände wesentlich auch durch die körperlichen und geistigen erblichen Eigenschaften derjenigen Individuen beeinflußt sind, die den Verband bilden«. Mit dieser Argumentation hatte Fischer vorsichtig die Fragestellung der Eugenik entwickelt und als über die Hygiene hinausweisend auf die der Eugenik refokussiert. Fischer distanzierte sich sogar von den »tendenziösen« und »übertriebenen« Behauptungen der Rassenhygiene, nannte die Bezeichnung »mißverständlich« und betonte, die Bedeutung des Wortes sei die Erkennung der günstigen Erhaltungsbedingungen für »rassig gute Individuen als solche«. »Letzte« und »eigentliche Aufgabe« sei die Erhaltung von Erblinien, ihr Studium und ihre günstige Beeinflussung, sowohl durch Überzeugung als durch soziale und legislative Maßnahmen.[115]

Die Institutionalisierung der Rassenhygiene unter dem Dach der angesehenen Kaiser-Wilhelm-Gesellschaft nährte die Hoffnungen und beruhigte die Ängste derer, die einige der rechtslastigen Erklärungen der Bewegung mit Argwohn erfüllt hatten. Der Abgeordnete der SPD Julius Moses verlieh diesem Gefühl in einer Sitzung des Haushaltsausschusses des Reichstages Ausdruck: »Gerade auf dem Gebiet, um das es sich bei dem Institut für Anthropologie, menschliche Vererbungslehre und Eugenik handele, habe sich der Nationalismus während des Krieges und

115 Eugen Fischer, »Aufgaben der Anthropologie, menschlichen Erblichkeitslehre und Eugenik«, *Die Naturwissenschaften*, 1926, *32*: 749-755.

nach dem Kriege ausgetobt. Deshalb sei es mit besonderer Freude zu begrüßen, daß jetzt ein Institut errichtet werde, das wirklich von einem streng wissenschaftlichen Boden aus, unbekümmert um nationalistische oder nichtnationalistische, anationale oder internationale Ergebnisse seine Forschungen betreibe. Die Sozialdemokratische Partei begrüße die Errichtung dieses Instituts aufs lebhafteste und sehe seinen Arbeiten mit besonderem Vertrauen entgegen.«[116]

Als das Institut wie geplant rechtzeitig zum V. Internationalen Kongreß für Vererbungsforschung im September 1927 eröffnet wurde, dem ersten internationalen wissenschaftlichen Kongreß, der nach dem Kriege in Deutschland abgehalten wurde und der deshalb ein Prestigeunternehmen war, erklärte Fischer, daß das Institut »alle Probleme, die sich in dem bisher problematischen Begriffe ›Rassenkunde‹ zusammenfassen lassen, im allgemeinsten Sinne zu erforschen haben wird, natürlich auf rein naturwissenschaftlicher Grundlage und frei von andersartigen Gedankengängen«. Es würde ein »rein theoretisches Institut zur Erforschung der Natur des Menschen« sein und eine Stätte, »wo die Frage nach den menschlichen Rassen und Rassenunterschieden rein wissenschaftlich, ohne Rücksicht auf politische und andere Strömungen« erforscht werden sollte. Direkt verwertbare Ergebnisse für Technik, Industrie oder Landwirtschaft sollten – im Gegensatz zu anderen Kaiser-Wilhelm-Instituten – nicht angestrebt sein.[117] Für die eugenische Abteilung mußte diese Behauptung insofern verwundern, als Fischer im Vorjahr den Griff in das biologische »Schicksalsrad« als die letzte, allen diesen Forschungen innewohnende Aufgabe bezeichnet hatte.

In drei Abteilungen wurde die Forschungsarbeit begonnen. Die Abteilung für ›Anthropologie‹ (Leiter: Eugen Fischer) befaßte sich mit der »Abstammung des Menschen, mit der Einteilung des Menschengeschlechts in verschiedene Rassen, deren Verbreitung über die Erde sowie ihrer physischen und psychischen Beschreibung«. Die Abteilung für ›menschliche Erblehre‹ (Leiter: Otmar von Verschuer) forschte über die Bedeutung der Erbanlagen für menschliche Eigenschaften, über Rassenkreuzungen,

116 *Verhandlungen des Deutschen Reichstags*, Ausschuß für den Reichshaushalt, 229. Stzg. vom 4. 3. 1927, 2.

117 »Von wissenschaftlichen Instituten«, *Kultur und Leben*, 1927, 4: 315-316, 315.

über Zwillinge und über pathologische Erblichkeit. Die Abteilung ›Eugenik‹ (Leiter: Hermann Muckermann) suchte nach den Ursachen, »die eine Veränderung des erblichen Anlagenbestandes eines Volkes hervorrufen (Erbänderung und Auslese) und ... den Maßnahmen, die auf Grund der Forschungen ergriffen werden müssen, um eine Verbesserung der erblichen Gesundheit und Kraft des Volkes zu erzielen, sowie ... den Wegen ihrer Durchführung«. Die Kaiser-Wilhelm-Gesellschaft erbat für die neue Anstalt Unterstützung aller Forscher auf dem Gesamtgebiet der Lehre vom Menschen, damit diese »in freier Arbeit ganz und voll idealistischer Forschung dienen« können.[118] Die explizite Absetzung von den politischen Eiferern und Dillettanten in der Rassenhygiene-Bewegung und der Versuch, das Gebiet durch ›solide‹ wissenschaftliche Grundlegung zu entpolitisieren, die die Gründung des Anthropologie-Instituts begleiteten, wurden im Zusammenhang mit einem früheren Engagement der KWG in der menschlichen Erblehre nicht thematisiert. Die »Deutsche Forschungsanstalt für Psychiatrie« in München, an der Ernst Rüdin Leiter des »Instituts für Genealogie und Demographie« war (von 1918 bis 1924 als »Abteilung für psychiatrische Erblichkeitsforschung« geführt), wurde 1924 in die KWG übernommen. Die Aufgabenstellung lautete, »exakt naturwissenschaftlich und statistisch die Rolle der Erblichkeit beim Zustandekommen geistiger Störung festzustellen und gegen die Rolle von Außenfaktoren abzuwägen«.[119] Zu den Forschungsgebieten, die in dieser Abteilung betrieben wurden, zählten unter anderem psychiatrische Belastungs- und Erblichkeitsuntersuchungen, Fragen der erblichen Familienveranlagung, empirisch erbprognostische Untersuchungen, die Feststellung der Häufigkeit geistiger Störungen in der Durchschnittsbevölkerung, die

118 »Das Kaiser Wilhelm-Institut für Anthropologie, menschliche Erblehre und Eugenik«, Adolf von Harnack (Hg.), *Handbuch der Kaiser Wilhelm-Gesellschaft zur Förderung der Wissenschaften*, Berlin 1928, 116-121, 119/120, 121. Eugen Fischer wollte »versuchen, für unser ganzes deutsches Volk den wirklichen Rassengedanken & Eugenik fruchtbar zu machen«; Brief Eugen Fischer vom 11. 7. 1926 an Ludwig Schemann, in: Universitätsbibliothek Freiburg, Nachlaß L. Schemann, Eugen Fischer.

119 Zit. n. Max Planck (Hg.), *25 Jahre Kaiser Wilhelm-Gesellschaft zur Förderung der Wissenschaften E. V.*, Bd. 1, Berlin 1936, 136.

Zwillingsforschung und in späteren Jahren die Kriminalbiologie.[120] Rüdins Institut entwickelte sich zu einer der führenden Einrichtungen auf dem Gebiet der genetisch-psychiatrischen Forschung. Der Grund dafür, daß die Übernahme von Rüdins Institut durch die KWG nicht in gleicher Weise diskutiert und begründet wurde wie die Errichtung des Anthropologie-Instituts, mag darin liegen, daß es als Forschungseinrichtung bereits existierte und überdies nur einen Teilbereich rassenhygienischer Forschung abdeckte. Mit beiden Instituten war fortan die ›Eugenik‹, wie es jetzt hieß, mitsamt ihren anthropologischen und humangenetischen Zweigen in der KWG konzentriert und als wissenschaftlicher Forschungsbereich legitimiert. Die damit eingeleitete Entwicklung in Richtung einer wissenschaftlichen Kontrolle der politischen Zielsetzungen der Rassenhygiene fand auch in der Bewegung selbst ihren Niederschlag.

Der »Deutsche Bund für Volksaufartung und Erbkunde« – die Rassenhygiene in der Defensive

1925 brach erneut ein Konflikt innerhalb der Rassenhygiene-Bewegung auf, den Fischer schon vor dem Weltkrieg als den zwischen einer ›moderaten‹ »Berliner« und einer konservativeren, rassenhygienisch orientierten »Münchener« Fraktion charakterisiert hatte. Äußeres Anzeichen war die Gründung eines »Deutschen Bundes für Volksaufartung und Erbkunde«, der »in enger Anlehnung an die Ziele der Deutschen Gesellschaft für Rassenhygiene« seine Arbeit aufnehmen wollte.[121] Der Bund, der eine »Vereinigung zur Verbreitung der menschlichen Erblichkeitslehre und der Forderungen der Eugenik« darstellen sollte, war also in erster Line eine der Popularisierung des eugenischen Gedankens gewidmete Organisation. Der Terminus ›Volksaufartung‹ war mit Bedacht gewählt worden, um die mit dem Begriff ›Rassenhygiene‹ verbundenen Mißverständnisse zu vermeiden, was Lenz zu der Bemerkung veranlaßte, daß das Wort ›Erbkunde‹ noch viel häufiger, und zwar im »eigentlichen Sinne«

120 Ernst Rüdin, »Institut für Genealogie und Demographie«, Max Planck (Hg.), *25 Jahre Kaiser Wilhelm-Gesellschaft zur Förderung der Wissenschaften E. V.*, Bd. 2, Berlin 1936, 413-419, 414-417.

121 Landesarchiv Berlin, Rep. 42/Acc. 1743, Nr. 9018, Blatt 2.

mißverstanden werde, »nämlich als ›Erdkunde‹«.[122] Seitens des Bundes wurde zwar zugegeben, daß die Vererbungswissenschaft erst in Zukunft zur vollen Wahrheit und Ausformulierung geraten würde, aber man wollte darum nicht mit dem zurückhalten, was zu wissen wert und notwendig sei: »Einmal muß der Anfang zur Aufklärung des Volkes gemacht werden…«[123] Die öffentliche Aufklärung wollte der Bund durch Anregungen an private Kreise wie auch an die Gesetzgebungs- und Verwaltungsorgane »bei jeder sich darbietenden Gelegenheit« erreichen.[124] Mitarbeit und Förderung erhoffte man sich von allen, »die durch Beruf und Neigung an dem körperlichen, geistigen und seelischen Wohle des Volkes arbeiten«, namentlich Ärzten, Lehrern, Geistlichen, Verwaltungsbeamten, Richtern, Politikern, den im Gesundheits- und Wohlfahrtsdienst tätigen Personen, den Gesellschaften zur Familienforschung, zur Bekämpfung des Alkoholmißbrauchs und der Geschlechtskrankheiten, den Turn- und Sportorganisationen und nicht zuletzt den Standesbeamten.[125] Hinter dem Bund standen der 7000 Mitglieder zählende »Reichsverband der Standesbeamten Deutschlands e. V.« und an der Zentrumspartei orientierte Beamte des Preußischen Wohlfahrtsministeriums, die mit dem Bund ein Gegengewicht zu den eher national-konservativen Rassenhygienikern in der Deutschen Gesellschaft für Rassenhygiene schaffen wollten.

Wie stark die Verbindung zwischen dem Volksaufartungsbund und dem Standesbeamtenbund sowie dem Preußischen Wohlfahrtsministerium war, läßt sich an der Liste der Gründungsmitglieder ablesen.

- Der Geheime Regierungsrat Otto Stölzel, Autor u.a. von Büchern über Namens- und Familienkunde oder Personenstandsrecht, war hauptamtlich tätig im Referat für Standesamtswesen des Preußischen Innenministeriums;

122 Fritz Lenz, »Ein deutscher Bund für Volksaufartung«, *ARGB*, 1925, *17*: 349-350; »Jahresversammlung des Bundes für Volksaufartung und Erbkunde am 7. Mai«, *Zeitschrift für Volksaufartung und Erbkunde*, 1927, *2*: 57-59, 57.

123 »Was will der Deutsche Bund für Volksaufartung und Erbkunde?«, *Zeitschrift für Volksaufartung und Erbkunde*, 1926, *1*: 1-3, 2.

124 Landesarchiv Berlin, Blatt 8.

125 »Was will der Deutsche Bund«, 2.

- Edwin Krutina war Bundesdirektor des Reichsbunds der Standesbeamten Deutschlands;
- Hans Wander, Herausgeber eines *Formular- und Musterbuches für Standesämter*, war Vorsteher des Standesamtes Berlin 1;
- Max Christian, von 1913 bis 1920 Leiter der Gesundheitsabteilung an der Zentralstelle für Volkswohlfahrt, war ab 1923 Professor an der Technischen Hochschule Berlin und Mitarbeiter des Reichsgesundheitsamts;
- Carl F. L. von Behr-Pinnow, Sozialhygieniker, Vererbungswissenschaftler und Eugeniker, war wissenschaftlich, publizistisch und organisatorisch auf diesen Gebieten tätig;
- Konrad Dürre war Hauptschriftleiter des in den zwanziger Jahren einen vermehrt völkischen Standpunkt einnehmenden *Türmers*, einer ›Monatsschrift für Gemüt und Geist‹, darüber hinaus späterer Herausgeber des *Erbbiologischen und Eugenischen Wegweisers für Jedermann* und Autor des Dreiakters *Erbstrom*;
- Arthur Ostermann war Medizinalrat im Preußischen Ministerium für Volkswohlfahrt in Berlin;
- Alfred Metzner war Verlagsbuchhändler, Inhaber des Verlags für Standesamtswesen und ab 1923 des Verlags des Reichsbundes der Standesbeamten Deutschlands e.V., in dem neben standesamtlichen und eugenischen Werken auch die *Zeitschrift für Volksaufartung und Erbkunde* sowie in Nachfolge die *Eugenik. Erblehre. Erbpflege* erschienen.[126]

Die engen Bindungen zu den staatlichen Behörden erklären auch deren finanzielle Zuwendungen an den Bund. Die Preußischen Ministerien für Volkswohlfahrt, für Wissenschaft, Kunst und Volksbildung sowie das Innenministerium begrüßten die vom Bunde beabsichtigte Aufklärung des Volkes über die »feststehenden Lehren der Erbkunde und die daraus sich ergebenden rassenhygienischen Ziele« im Hinblick auf die Vorbereitung künftiger Maßnahmen und Einrichtungen.[127]

126 Im Vorstand des Volksaufartungsbundes saß neben Professor Schütz und dem Leiter der Berliner Eheberatungsstelle Prenzlauer Berg, F. K. Scheumann, auch Carl Wilhelm von Drigalsky, Hygiene-Professor, Berliner Stadt-Medizinalrat und Mitglied des Reichs- sowie des Preußischen Landesgesundheitsrates. Mitgliederliste vgl. »Jahresversammlung,«58.

127 »Runderlaß des Preußischen Ministeriums für Volkswohlfahrt I M I 36

Das eugenische Interesse der Standesbeamten, die schon 1924 eine Arbeitsgemeinschaft mit den Rassenhygienikern hatten gründen wollen, war primär professionspolitisch motiviert. Bei dem Ziel, einen »Stand der Standesbeamten« zu schaffen, sollte die Professionsbildung über die »einheitliche Durchbildung«, i. e. standardisierte Ausbildung der Urkundspersonen, erreicht werden, in der die Eugenik eine – allerdings kleine – Rolle spielen sollte; von 100 Stunden Hochschulkursen 1 Doppelstunde »Sozialhygiene (Eugenik)« und eine ebensolche Unterrichtseinheit in »Familienforschung«.[128] Die besoldungs- und standesrechtliche Absicherung der Standesbeamten sollte durch eine Vereinheitlichung des Personenstandsgesetzes erreicht werden, das standesamtliche Befugnisse bisher nicht nur den Standesbeamten, sondern u. a. auch Gerichtsschreibern zuwies und außerdem unterschiedliche Ausführungsbestimmungen in den Bundesländern zuließ. Die Standesbeamten sahen sich nun als »geborene Träger der Namen-, Personen- und Rassenkunde« und betrachteten das »Gebiet der Rassenforschung« als ihr Tätigkeitsfeld.[129] 1925 hieß es in der *Zeitschrift für Standesamtswesen* in einer für diesen Berufsstand eigentümlich anmutenden Tonart: »Der Standesbeamte muß aus einem wenn auch hochentwickelten Registrator ein Lehrer, ein Führer, ein Berater, ein Staatsmann werden ! Im vollen Ernste ! In aller Wucht ! In aller Geschlossenheit ! Er muß vor allem Wegbereiter und Wegweiser der Rassenhygiene und Eugenik oder Aufartung werden ! Diese Auffassung gewinnt immer mehr an Anhang. Die wichtigsten Geistesführer der Standesbeamtenverbände vertreten heut diese Forderung

vom 23. Februar 1926«, *Zeitschrift für Standesamtswesen, Personenstandsrecht, Eherecht und Familiengeschichte*, 1926, 6: 82.

128 Vgl. Edwin Krutina, »Die Aufgaben der deutschen Standesbeamten in Gegenwart und Zukunft«, *Zeitschrift für Standesamtswesen, Personenstandsrecht, Eherecht und Familiengeschichte*, 1924, 4: 211-214, 213; »Das Reichsgesetz zur Entlastung der Gerichte und die Zukunft der deutschen Standesbeamtenschaft«, *Zeitschrift für Standesamtswesen, Personenstandsrecht, Eherecht und Familiengeschichte*, 1922, 2: 110-111, 111; »Niederschrift über die Verhandlungen während der Sitzung der vom Bundestag eingesetzten Kommission zur Nachprüfung der Ausbildungsangelegenheit am 27. Okt. 1924«, *Zeitschrift für Standesamtswesen, Personenstandsrecht, Eherecht und Familiengeschichte*, 1924, 4: 269.

129 Krutina, »Die Aufgaben«, 214.

nachdrücklich und zähe !«[130] Etwas weniger emphatisch benutzte Krutina die Formel vom »Dienst an der Vergangenheit, der Gegenwart und der Zukunft«. Er verwies auch darauf, daß die Statistik und die Eugenik auf das vom Urkundsbeamten gesammelte Material angewiesen seien und dies noch sehr viel intensiver für jene »wichtigen Gebiete der Volksgesundung und der Volksstärkung« genutzt werden sollte.[131]

Mit den Standesbeamten hatte die Eugenik folglich einen allerdings eigenwilligen Verbündeten erhalten. Der direkte Anknüpfungspunkt für eine Zusammenarbeit mit der Gesellschaft für Rassenhygiene waren deren Forderungen nach praktischer Eheberatung und vor allem Ehegesundheitszeugnissen, deren Einführung Änderungen im Personenstandsgesetz auf Reichsebene notwendig gemacht hätte. Da es zu dem direkten Zusammenschluß der Standesbeamten mit den Rassenhygienikern nicht kam, gründete der Standesbeamtenbund in Verbindung mit ministeriellen Stellen den Volksaufartungsbund. Im Unterschied zur Gesellschaft für Rassenhygiene, die aus der Sicht des Bundes »mehr wissenschaftlich und theoretisch Pionierarbeit auf unserem Gebiete leistet«, sollte dieser die Eugenik »in ganz populärer, für jedermann verständlichen Form pflegen und verbreiten«.[132] Ein weiterer und bedeutsamerer Unterschied bestand darin, daß die Rassenhygieniker ihre Aktivitäten laut ihrer Statuten von 1916 (§ 2, 1 d) auf die »Rasse« konzentrierten, während der neue Bund eher an ›Volk‹ und ›Familie‹ orientiert war. Die unterschiedlichen Akzentsetzungen von ›Rasse‹ und ›Volk‹ bedeuteten keine fundamentalen Differenzen im eugenischen Denken, sie spiegelten aber die Abgrenzung des Bundes auf dem politischen Spektrum nach rechts wider.

Während der Bund sich nur als ›Ergänzung‹ zur DGfRh ausgab, fiel die Einschätzung der neuen Vereinigung seitens der Rassenhygieniker negativer aus. Zwar galt der Bund als belebendes Element, zumal die Gesellschaft die bisherigen Hoffnungen nur

130 Alfred Seelinger, »Das Standesamt im Dienste der Volksaufartung«, *Zeitschrift für Standesamtswesen, Personenstandsrecht, Eherecht und Familiengeschichte*, 1925, *5*: 172-174, 174.

131 Edwin Krutina, »Eugenik und Standesbeamter«, *Zeitschrift für Volksaufartung und Erbkunde*, 1928, *3*: 307-308, 307.

132 Carl von Behr-Pinnow, »Der Deutsche Bund für Volksaufartung und Erbkunde«, *Kultur und Leben*, 1925, *2*: 410-411, 411.

zum Teil hatte realisieren können, aber es bestand die Befürchtung, Sonderinteressen des ›Bundes‹ könnten mit rassenhygienischen Vorstellungen in Konflikt geraten. Eugen Fischer beklagte die für die »Einheit der Bewegung« schädlichen »Sonderbildungen« und drängte auf eine »Verschmelzung mit der alten Gesellschaft«. Der nationalsozialistisch-völkische Verleger Julius F. Lehmann sah in den Aktivitäten des Bundes gar gezielte subversive Akte der »Berliner Juden«.[133] Eine Ursache für die Skepsis der Rassenhygieniker mag der Erfolg des Bundes gewesen sein. Schon ein Jahr nach seiner Gründung hatte er rund 1500 Mitglieder, außerdem eine größere Zahl von Korporationen wie Regierungen, Stadt- und Kreisverwaltungen oder Verbände. Eine vergleichbar starke Öffentlichkeitswirksamkeit konnte der Bund mit seinem Publikationsorgan erringen. Während das *Archiv für Rassen- und Gesellschafts-Biologie* offenbar nie mehr als 1000 Exemplare absetzte, konnte die *Eugenik. Erblehre. Erbpflege* als Nachfolger der *Zeitschrift für Volksaufartung und Erbkunde* 1932 bereits 5000 überschreiten.[134]

Alles in allem reichten diese Erfolge aus, um die Gesellschaft für Rassenhygiene in die Defensive zu drängen. Unmut und ängstliches Erstaunen über die weitaus größere Publizität der Volksaufartler veranlaßte im Februar 1930 die Mitgliederversammlung der Berliner Rassenhygieniker, einstimmig eine Namensänderung ihrer Ortsgruppe zu verabschieden mit der Begründung, »daß das Wort ›Rassenhygiene‹, wie mannigfache Erfahrungen beweisen, Mißverständnissen begegnet, die den Fortschritt der Sache selbst hemmen«. Zudem sei das Wort ›Rassenhygiene‹

133 Lenz, »Ein deutscher Bund«, 349; Fischer, »Aus der Geschichte«, 4; vgl. Melanie Lehmann (Hg.), *Verleger J. F. Lehmann. Ein Leben im Kampf um Deutschland*, München 1935, 403-404.

134 Zur Verbreitung des ›Bundes‹ »nicht nur innerhalb Deutschlands, sondern auch bei den Auslandsdeutschen« vgl. »Jahresversammlung«, 58; *Zeitschrift für Volksaufartung und Erbkunde*, 1929, *4*: 128; *Zeitschrift für Psychische Hygiene*, 1928, *1*: 159; zur Auflagenstärke vgl. *Sperlings Zeitschriften-Adreßbuch. Hand- und Jahrbuch der deutschen Presse*, 50. Ausgabe Leipzig 1923, S. 200: Auflage »etwa 1000« und: *Sperlings Zeitschriften- und Zeitungs-Adreßbuch. Handbuch der deutschen Presse*, 60. Ausgabe, Leipzig 1937, 129: Auflage »1000«; »Aus der Gesellschaft für Rassenhygiene (Eugenik)«, *ARGB*, 1932, *26*: 99; »An unsere Mitglieder und Leser!«, *Zeitschrift für Volksaufartung und Erbkunde*, 1926, 1: 141.

dem älteren »Eugenik« gleichbedeutend, was eine Umbenennung in »Berliner Gesellschaft für Eugenik« rechtfertige.[135] Die nächstfolgende Hauptversammlung der Gesellschaft für Rassenhygiene im September 1931 stand ebenfalls im Zeichen der Namensgebung. Hier wurde argumentiert, der Bund habe die Verbreitung der Gedanken der Eugenik zu seiner Hauptaufgabe gemacht, die die ältere Gesellschaft für Rassenhygiene zeitweise nicht entsprechend erfüllen konnte. Die Verschmelzung der beiden Gesellschaften wäre in dem Augenblick erwünscht, in dem die Deutsche Gesellschaft wieder ihre ursprüngliche Aufgabe aufgreife. Die Gesellschaft wollte von sich aus diesen Schritt freilich nicht wagen. Der Name wurde jedoch in »Deutsche Gesellschaft für Rassenhygiene (Eugenik)« geändert und eine neue Satzung verabschiedet, die den neuen eugenischen Charakter stärker hervorhob. Jetzt hieß es, die »Gesellschaft« fördere »wissenschaftliche Arbeit auf dem Gebiete der Erblehre und Eugenik«. Aus dem ursprünglichen Ziel der »Hebung der Rasse« war nun die »eugenische Gestaltung von Familie und Volk« geworden.[136]

Die mit der Satzungsänderung vorbereitete Verschmelzung der beiden Gesellschaften wurde auf dieser Grundlage vollzogen, und die vergleichsweise moderate, in Grenzen wissenschaftlichere Tendenz schlug sich auch in den neuen Leitsätzen von 1931 nieder, die sich fast ausschließlich auf Prinzipien der quantitativen positiven Eugenik beschränkten. Es darf allerdings nicht übersehen werden, daß sich inzwischen die politische Atmosphäre im Bereich der Gesundheitsfürsorge, Bevölkerungspolitik und Wohlfahrtspflege aufgrund der Wirtschaftskrise insgesamt radikalisiert hatte. Schon in der unter dem neuen Titel *Eugenik. Erblehre. Erbpflege* ab Oktober 1930 erscheinenden Zeitschrift des Bundes, in der Ostermann als Herausgeber, aber jetzt in Verbindung mit Fischer, Lenz, Muckermann, Rüdin und

135 »Dokumente der eugenischen Bewegung«, 20.

136 »Aus der Gesellschaft« (1932), 95, 101; Eine ganze Reihe von Gesellschaften folgten der Umbenennungsaktion ihrer Muttergesellschaft oder begriffen sich gleich bei ihrer Gründung als eugenische Vereine. Dies traf auf die Gesellschaften in Barmen-Elberfeld, Cloppenburg, Greifswald, Köln, Leverkusen, Solingen, Vechta sowie die »Deutsche Eugenische Gesellschaft Prag« und den dortigen »Deutschen Eugenischen Bund« zu.

v. Verschuer fungierte, zeichnete sich dies ab. Im Geleitwort hieß es u.a.: »Ein erdrückender und ständig wachsender Ballast von untauglichen, lebensunwerten Menschen wird unterhalten und in Anstalten verpflegt – auf Kosten der Gesunden, von denen Hunderttausende ohne eigene Wohnung sind und Millionen ohne Arbeit darben. Mahnt die Not unserer Zeit nicht laut genug, ›Planwirtschaft‹, d.h. Eugenik auch in der Gesundheitspolitik zu treiben?«[137]

Man konnte in dieser Entwicklung einen Sieg der ›gemäßigteren‹ Eugeniker über die ›radikaleren‹ Rassenhygieniker sehen, obgleich sich das politische Spektrum insgesamt bereits nach rechts verschoben hatte. Tatsächlich sollte sich denn auch kurze Zeit später erweisen, daß diese Lösung eines langwährenden Konflikts nicht der Macht besserer Einsicht zu verdanken, sondern offenbar rein politischer Natur war. Von einem Gesinnungswandel der ›unterlegenen Fraktion‹ konnte keine Rede sein. Die politischen Außenbedingungen hatten lediglich das Kräfteverhältnis vorübergehend zugunsten der Eugeniker beeinflußt. Muckermann und Ostermann gehörten beide dem Zentrum an, das mit Brüning den Reichskanzler stellte. An diese Partei richtete Muckermann auch seine im Auftrag der Gesellschaft erstellte Denkschrift zur Erhaltung der erbgesunden Familie. Fritz Lenz hingegen rechnete schon mit der neuen politischen Kraft, die eine grundlegende Änderung der Kräfteverhältnisse herbeizuführen versprach: der NSDAP, die erste politische Partei überhaupt, »welche die Rassenhygiene als eine zentrale Forderung ihres Programms vertritt« und von der er unter gewissen Bedingungen »Großes für die Durchführung einer wirksamen Rassenhygiene« erwartete.[138]

Am 3. Juni 1933 wurde durch die Bestellung Ernst Rüdins zum Vorsitzenden der Deutschen Gesellschaft für Rassenhygiene und der Wiederherstellung ihres ursprünglichen Namens der alte Zustand von den Nationalsozialisten wiederhergestellt.

137 *Eugenik. Erblehre. Erbpflege*, 1930, *1*: 1.
138 Fritz Lenz, »Die Stellung des Nationalsozialismus zur Rassenhygiene«, *ARGB*, 1931, *25*: 300-308, 308.

4. Die ›Ökonomisierung des Menschen‹ und die Finanzkrise des Staates – Erfolgsbedingungen der Rassenhygiene

Die phänomenale politische Wirksamkeit der Rassenhygiene läßt sich weder durch die Professionalisierungsbestrebungen der Rassenhygieniker und Ärzte noch durch die höhere Rationalität der rassenhygienischen Idee oder die bessere Einsicht der Politiker erklären. Eine Reihe von Bedingungen mußten hinzukommen, damit sich die gesellschaftlichen Werte so grundlegend ändern konnten, daß sie es den Rassenhygienikern allererst ermöglichten, mit ihren Vorstellungen politisch Erfolg zu haben. Der Erfolg der Rassenhygiene bedeutete im Hinblick auf die herrschende Werteordnung nicht weniger als deren vollkommene Umkehrung: Sie selbst vertrat offensiv die Abkehr von den Werten der Individualität und Menschenwürde als allen Menschen zukommenden Qualitäten zugunsten einer postulierten biologischen ›Reinheit‹ des Volkskörpers, die Ausgliederung erblich Minderwertiger gebietet. Eine der Ursachen – wahrscheinlich eine der wichtigsten – ist in der brisanten Konstellation zu sehen, die sich im Verlauf der Jahre zwischen 1908 und 1932 in Deutschland entwickelte: des Zusammentreffens technokratisch-ökonomischen Denkens, angewandt auf den Menschen, und der Finanzkrise des Staates, die u. a. gerade deshalb im Bereich der öffentlichen Gesundheitsfürsorge virulent wurde, weil diese auf die Fürsorge für die sozial Schwachen verpflichtet war. Der Entwicklung dieser Konstellation ist hier noch einmal im Detail und über die schon erwähnten Andeutungen hinaus nachzugehen.

Grundzüge der Menschenökonomie – Kalküle des ›lebenden Volksvermögens‹

Die biologische Reduktion des Menschen auf das Erbgut wurde durch eine ökonomistische Reduktion auf seinen volkswirtschaftlichen Wert ergänzt. Die »menschenökonomische« Komponente rassenhygienischen Denkens wurde sinnfällig, als sie in die öffentlich gestellte Frage mündete: »Was kosten die Minderwertigen dem Staat und der Gesellschaft?« Diese Fragestellung wurde bereits ab etwa 1910 wiederholt gestellt, zeitgleich zu der

sogenannten »Menschenökonomie«, die ebenfalls ab 1910 zu einem festen Begriff in der Nationalökonomie wurde. In der Frage der Sterilisierung Minderwertiger konvergierten Rassenhygiene und Nationalökonomie schließlich.
Der Gedanke des wertmäßig-wirtschaftlichen Umgangs mit dem Menschen fand, von Vorläufern im 19. Jahrhundert abgesehen, seine wirksame Formulierung in der Programmschrift, die 1908 der österreichische Soziologe Rudolf Goldscheid unter dem Titel *Entwicklungswerttheorie, Entwicklungsökonomie, Menschenökonomie* veröffentlichte. Diese Arbeit ist deshalb erwähnenswert, weil sie – auf mehreren zeitgenössischen wissenschaftlichen Modellen aufbauend – einen Aspekt hervorhob, der im Umkreis der Rassenhygiene lag. Der »Wert« des Menschen unter wirtschaftlichem Gesichtspunkt war Goldscheid bislang zu wenig in den Blickpunkt wissenschaftlicher Erörterung und noch keineswegs ins allgemeine Bewußtsein gerückt. Vielmehr wurde – mit Berufung auf die Malthussche Lehre und den Darwinschen Selektionismus – nach wie vor eine ungeheure Menschenvergeudung betrieben. Die Richtung, die durch soziale Ausleseprozesse eingeschlagen würde, sei nicht mit Notwendigkeit auch eine Höherentwicklung, sondern eine Vergeudung anorganischer, aber auch organischer und namentlich menschlicher Energien.[139] Eine derartige Vergeudung kam für Goldscheid dadurch zustande, daß der Wert eines Gutes – bestimmt nach der Summe der gesellschaftlich notwendigen Arbeitskraft zur Herstellung des Gutes und der Summe der durch ihn befriedigten Bedürfnisse – in der Ökonomie noch nicht ausreichend deutlich war. Der Tauschwert der Ware Arbeitskraft lag für ihn kontinuierlich unter ihrem realen Ertragswert; die Summe der in ihr selbst enthaltenen und verausgabten Arbeit wurde bei ihrer Taxierung nie veranschlagt. Diese falsche Anschauung der Wertigkeit des Menschen sei zu überwinden, indem die subjektivistische Preistheorie durch eine intersubjektive Werttheorie ersetzt oder, unter anderem Aspekt, die gegenwärtige Kaufkraftökonomie durch eine Entwicklungsökonomie der Zukunft abgelöst würde. Es sei zu zeigen, »daß die der Entwicklungsökonomie zugrunde liegende Wertlehre die Lehre vom ökonomischen

139 Rudolf Goldscheid, *Entwicklungswerttheorie, Entwicklungsökonomie, Menschenökonomie: eine Programmschrift*, Leipzig 1908, XVII.

Wert des Menschen für die Gesellschaft ist, und die Entwicklungsökonomie führt so naturgemäß zur Menschenökonomie, das heißt zum Postulat, mit der unerhörten Verschwendung von Menschenleben, menschlicher Gesundheit und menschlicher Entwicklungskraft, wie sie auch in der gegenwärtigen Wirtschaft noch ganz allgemein ist, energisch zu brechen«. Das Ziel durfte nicht kapitalistischer Mehrwert heißen, sondern mußte »evolutionistischer Mehrwert« lauten.[140]

Bei der Kalkulation zukünftiger, unter diesen Vorzeichen stehender Arbeitspotentiale ging Goldscheid von drei Postulaten aus. Erstens dürfe der Grenznutzen von Arbeitersumme (als der Summe der zu ihrem Unterhalt nötigen Mittel) und Arbeitsertrag nicht überschritten werden. Zweitens müsse bei Steigerung von Geburtenraten berücksichtigt werden, daß die Qualität der Arbeitskräfte sich zumindest nicht verschlechtert. Drittens habe man darauf zu achten, daß die Produktivität einer menschlichen Arbeitskraft höher liegt als die Arbeit, die für die unproduktiven Jahre eines jungen Menschen für Nahrung und Erziehung verausgabt wurden. Erst bei Wahrung dieser Auflagen könne von »rentabler Menschenzucht« die Rede sein. Jede Produktionsmethode, die Mehrwert schaffende Kräfte zu schwächen droht oder ihre potentielle Produktivität nicht voll ausschöpft, handele dem zuwider. Durch ihre Orientierung am biologischen ›Entwicklungsgedanken‹ gab sich Goldscheids ›Menschenökonomie‹ ganz ähnlich antikapitalistisch, wie Ploetz' Rassenhygiene dies war. Der Primat individuellen wie nationalen Privateigentums galt als entwicklungsfeindlich. Gelänge es, mit Hilfe des Entwicklungsgedankens der Ökonomie eine Zielrichtung und Zweckmäßigkeit zu verleihen, würden soziologische und ethische Aspekte in die Diskussion gebracht. Die aberwitzige Annahme Malthus', es gäbe Überfluß an Menschen, in ihrer Verbindung mit dem Postulat der Kargheit bzw. Begrenztheit der Natur und dem durch Weismann verhärteten Dogma von der Unabänderlichkeit des menschlichen Charakters würde an Geltung verlieren und optimistischere und zukunftszugewandtere Argumentationen zulassen.[141]

Goldscheid stellte die Beziehung zwischen seiner ›Menschen-

140 Goldscheid, *Entwicklungswerttheorie*, 18, 46, 99.

141 Goldscheid, *Entwicklungswerttheorie*, 128.

ökonomie‹ und der Eugenik auch explizit her. So stand er der Galtonschen Eugenik »als Einsicht in die Bedeutung organischer und namentlich generativer Technik überhaupt« positiv gegenüber, unter der Prämisse allerdings, daß sie dem Selektionsprinzip abschwor: So einfach sei es nicht, »daß man die Individuen nur gut zu sortieren braucht, um sowohl Genies in größerer Anzahl zu erhalten als bisher, wie um das Niveau des Durchschnitts zu heben«. Goldscheid ging so weit, »Rassetüchtigkeitsämter« zu befürworten, die nach englischem Vorbild in Bezirken mit besonderen Morbiditätsraten die Ursachen zu eruieren hätten. Degenerative Tendenzen könnten dadurch eingedämmt werden. Bis dahin ginge das »rassenbiologische« und damit »soziale Verbrechen am keimenden Leben« weiter.[142]

Goldscheids Vorstellungen einer ›Ökonomisierung‹ des Menschen wurden in ihren technokratischen Gehalten noch kurz vor dem Weltkrieg rezipiert, z.B. von Heinz Potthoff, Mitglied des Reichstages, der 1911 in einem Aphorismus zur Menschenökonomie schrieb: »... Man wird niemals zu einer richtigen Wirtschafts- und Bevölkerungspolitik kommen, wenn man es nicht lernt, auch das Menschenleben mit dem Auge des rechnenden Kaufmannes zu betrachten und sich zu fragen: Was kostet der einzelne Mensch der Gesellschaft? Was bringt er ein? Ist das Volk durch den Einzelnen reicher oder ärmer geworden ?«[143]

Der württembergische Statistiker und Oberfinanzrat Hermann J. Losch erklärte unmittelbar vor Ausbruch des Weltkriegs, daß »auch ohne das Buch von Goldscheid die Tatsache einer ›Menschenökonomie‹ anerkannt« sei. Die vielfältigen Ansätze zur Sozialmedizin, zur Hygiene, zur neueren Anthropologie und zur beginnenden Rassenhygiene hätten dazu beigetragen, eine umfassende Darlegung der Wechselwirkung von ökonomischen und menschlichen Strukturen der deutschen Volkswirtschaft zu ermöglichen. Heute sei es für den Theoretiker undenkbar, nationalökonomische Berechnungen ohne den Menschen als Wirtschaftsfaktor anzustellen. Überschlägig kam Losch auf eine Zahl von reichlich 1000 Milliarden Mark als Kostenwert oder Herstellungswert des lebenden deutschen Personenvolks-

142 Rudolf Goldscheid, *Höherentwicklung und Menschenökonomie. Grundlegung der Sozialbiologie*, Leipzig 1911, 319, 450/51, 443.

143 Heinz Potthoff, *Soziale Rechte und Pflichten. Aphorismen zu brennenden Fragen*, Jena 1911, 23.

vermögens, übrigens gegenüber lediglich 400 Milliarden Mark an sächlichem Nationalvermögen. Durch derartige Berechnungen würde auch – so Losch – die Erkenntnis zunehmen, daß Investitionen in die gesundheitliche Hebung der lebenden und insbesondere erwerbstätigen Bevölkerung eine effektive Vergrößerung des Volksvermögens bedeuten. »Ein Überblick zeigt bald, daß die wenigen lebenden Esel und die vielen lebenden Ochsen, die es im Deutschen Reiche gibt, mit den übrigen Nutztieren einschl. der Bienen, pünktlich zum Nationalvermögen gerechnet und in Geld ausgedrückt zu werden pflegen, nicht aber die Menschen.«[144]

Die Erkenntnis, daß die Gesundheit der Bevölkerung eine sinnvolle und effektive volkswirtschaftliche Investition darstellt, verlor auch nach dem Weltkrieg nicht an Plausibilität. »Menschenökonomie. Die öffentliche Hygiene auf volkswirtschaftlicher Grundlage« nannte der Budapester Dozent Ödön Tuszkai seine Arbeit aus dem Jahre 1924. Auch er fand es unglaublich, daß die Volkswirtschaftslehre den Menschen als ökonomischen Wert noch nicht erkannt hatte. Aus der programmatischen Schrift Potthoffs über den »volkswirtschaftlichen Wert des Menschenlebens« von 1908 seien, trotz der riesigen Menschenverluste durch den Krieg, keinerlei Konsequenzen gezogen worden. Er sei aber nicht davon abzubringen, »daß das wertvollste Gut des Staates das Menschenleben bzw. die Gesundheit, d.i. die Arbeitsfähigkeit, und daraus die Arbeitsleistung der Menschen ist«. Hier, bei Tuszkai, zeigt sich die Wendung, die die Begrifflichkeit erfuhr. Hatte Goldscheid von genereller Höherentwicklung der Menschheit und Losch von der Einbeziehung des volkswirtschaftlichen Werts der Bevölkerung gesprochen, so gerann nun das ökonomische Kalkül zur reinen Kosten-Nutzen-Analyse. Nur die Arbeitsfähigen, die Gesunden galt es unter dem Gesichtspunkt des Mehrertrages zu fördern und zu zeigen, »daß je größer die Kopfzahl, um so größer die Zahl derjenigen (ist), die nicht arbeiten und dem Staate zur Last fallen«. Die Gesundheit des Volkes wurde auf Arbeitstüchtigkeit reduziert, Gesundheitsschädigungen und Erkrankungen waren, da sie die Arbeitsfähigkeit mindern oder lahmlegen, nach Möglichkeit zu

144 Hermann J. Losch, »Lebendes und totes Volksvermögen«, *Allgemeines Statistisches Archiv*, 1914, *8*: 187-193, 187.

verhindern. Bezeichnenderweise bezog sich Tuszkai zur Untermauerung seiner Kalkulationen auf die Preisarbeit von Ludwig Jens, *Was kosten die schlechten Rassenelemente dem Staat und der Gesellschaft?* Eine künftige Bevölkerungspolitik, die unter der Prämisse eines »arbeitstüchtigen Menschenmaterials« stünde, mußte Tuszkai zufolge u.a. eine Harmonie zwischen Zivilisationsfortschritt und öffentlicher Hygiene schaffen, die Menschenverderber: Alkoholismus, Prostitution, Nervenvergiftung ausrotten und die Unkosten des Staates für schlechte Rassenelemente wie Alkoholiker, Verbrecher, Epileptiker, Geisteskranke usw. kalkulieren.[145] Die in dem technokratischen Ansatz der Menschenökonomie angelegte Logik hatte sich gegen die ›Ethik der Höherentwicklung‹ Goldscheids durchgesetzt: Auf die ›Arbeitsfähigkeit‹ verkürzt, wurde das menschenökonomische Kosten-Nutzen-Kalkül zur Legitimationsstrategie der »Aussonderung« Minderwertiger.

›Was kosten die Minderwertigen den Staat?‹

Dieselbe Legitimationsstrategie, wonach die Rassenhygiene einer öffentlichen Kostenersparnis durch die Identifikation und Aussonderung ›Minderwertiger‹ würde dienen können, läßt sich auch schon in der frühen rassenhygienischen Diskussion ausmachen, und sie ist die Bedingung für die später konvergierenden Argumentationsmuster. In den Jahren vor Beginn des Ersten Weltkriegs wurde im Umfeld der Rassenhygiene eine Reihe von Preisausschreiben veröffentlicht. Darunter war das 1911 von der *Umschau*, Wochenschrift für die Fortschritte in Wissenschaft und Technik, mit 1200 Mark dotierte Thema »Was kosten die schlechten Rassenelemente den Staat und die Gesellschaft?« Preisrichter waren der Umschau-Herausgeber Heinrich Bechhold, der Direktor des Hygienischen Instituts der Universität Prag, Ferdinand Hueppe, und Max von Gruber.[146] Die öffentlichen Kosten, die – wie es in Anführungszeichen hieß – durch die »Minusvarianten« verursacht wurden, gingen sowohl auf Milieu-Einflüsse als auch auf angeborene bzw. ererbte Krank-

145 Ödön Tuszkai, »Menschenökonomie«, *Archiv für Soziale Hygiene und Demographie*, 1924, *15*: 1-12, 4, 5, 11.

146 *Politisch-Anthropologische Revue*, 1909-10, *8*: 680.

heiten und Kränklichkeiten zurück. Die Beiträge sollten die Kosten der letzteren evaluieren und quantitativ festlegen. Vier ernsthafte Schriften von wissenschaftlichem Rang gingen ein. Zum Bedauern der Initiatoren zeigte sich aber, daß die Frage nach den Kosten angeborener oder ererbter Minderwertigkeit »wegen Mangel an brauchbaren Unterlagen keiner Beantwortung fähig ist. Die Verfasser haben daher das Problem zu beantworten gesucht: ›Was kosten die Minderwertigen insgesamt den Staat und die Gesellschaft?‹«[147]

Der Preisträger Ludwig Jens, angestellt an der Hamburger Armenanstalt, ließ dementsprechend auch die Frage unberücksichtigt, ob Minderwertigkeit – was immer dies auch sei – durch Geburt oder »sogar vielfach in der gegenwärtigen Gesellschaftsordnung selbst zu suchen« sei. Jens nahm in keinem Satz eine eindeutige Definition von »Minderwertigkeit« oder gar »schlechtem Rassenelement« vor, und der Rezensent der Jensschen Schrift im Archiv stellte völlig zu Recht fest, man habe die »für wirtschaftlich Minderwertige, d.h. nicht voll Erwerbsfähige aufgewandten Geldsummen festzustellen« versucht.[148]

Angesichts dieser Schwierigkeiten, »Minderwertigkeit« auch nur pragmatisch zu operationalisieren, wagte sich erst drei Jahre später wieder ein Rassenhygieniker an die Frage heran. Im Januar 1914 unternahm Ignaz Kaup den Versuch, im Titel mit der Jensschen Schrift identisch, die für die Allgemeinheit entstehenden Kosten von ererbter Minderwertigkeit zu berechnen. Es gab jedoch keine verläßlichen Daten über Personen mit – nachgewiesenermaßen ererbter – Geisteskrankheit, Epilepsie, Idiotie, Schwachsinn, krimineller Neigung, Blindheit, Taubstummheit oder Verkrüppelung, auch nicht für Hilfsschüler oder Fürsorgezöglinge. Die größten Probleme bereitete ihm die Berechnung der »Fortpflanzungsfreudigkeit« der jeweiligen Gruppen, ebenso wie die Quantifizierung des Erblichkeitsgrades der Beeinträchtigungen. Kaup kam zu dem Schluß, die Erkenntnisse über die Gefahr einer »wahllosen Wohlfahrtspflege und der dadurch hervorgerufenen Schädigungen unseres Volkstums« ständen noch ganz am Anfang. »Genaue Berechnungen der Kosten,

147 »Vorbemerkung«, *Archiv für Soziale Hygiene*, 1913, *8*: 214.

148 Ludwig Jens, »Was kosten die schlechten Rassenelemente den Staat und die Gesellschaft?«, *Archiv für Soziale Hygiene*, 1913, *8*: 213-296, 296; *ARGB*, 1912, *9*: 790.

Aus: Volk und Rasse. Illustrierte Zeitschrift für deutsches Volkstum, Rassenkunde/Rassenpflege. Band 8 (1933), Heft 2. S. 156.

die die Minderwertigen Staat und Gesellschaft verursachen, sind von allergrößtem Werte.« Hatte Jens jedoch noch vor Beginn jeglicher Maßnahmen die lückenlose Erforschung vererbter und erworbener Eigenschaften als Voraussetzung angesehen, liebäugelte Kaup bereits mit Sterilisierungen, auch wenn er an deren Realisierung in absehbarer Zukunft noch nicht glauben mochte.[149] Die Entwicklung des Arguments läßt aber deutlich erkennen, wie das Vererbungsdenken mit der Kostenkalkulation im Wohlfahrtssektor verknüpft wurde.

Nach dem Ende des Ersten Weltkriegs geriet das Kostenargument der Rassenhygieniker zusammen mit ihren bevölkerungspolitischen Vorschlägen vorübergehend ins politische Abseits. Obwohl nie ganz verschwunden – die Euthanasiediskussion verdankte sich z. B. primär Ökonomisierungskalkülen –, gab es in der wohlfahrts- und sozialpolitisch orientierten frühen Weimarer Republik keine politische Konjunktur für eine wirtschaftlich motivierte Aussonderungspolitik. Das änderte sich mit der Weltwirtschaftskrise nachhaltig.

Die Finanzkrise des Gesundheitswesens

Die finanzielle Misere des Gesundheitswesens deutete sich sogar schon vor Beginn der Weltwirtschaftskrise an. 1928 erschien bereits in zweiter Auflage *Die Schäden der sozialen Versicherungen und Wege zur Besserung*, verfaßt vom Danziger Mediziner Ernst Liek, einem überzeugten völkischen Arzt. In dieser Schrift wagte es – nach Einschätzung des Verlegers Julius F. Lehmann – zum erstenmal jemand, »auf eine schwärende Wunde am Körper des deutschen Volkes hinzuweisen und das auszusprechen, was wohl jeden Arzt schon lange beunruhigte und quälte: Die Gefährdung der Volksgesundheit durch Lähmung des Gesundungs-, Spar- und Arbeitswillens der Versicherten; die drohende Proletarisierung des Ärztestandes durch das Überhandnehmen des Kassenwesens und der gleichzeitige Rückgang der ärztlichen Leistungen und des ärztlichen Ansehens«.[150] 1929 ließ Erwin Liek *Soziale Versicherungen und Volksgesundheit* folgen, eine

149 Ignaz Kaup, »Was kosten die minderwertigen Elemente dem Staat und der Gesellschaft ?«, *ARGB*, 1913, *10*: 723-748, 746, 748.

150 *50 Jahre J. F. Lehmanns Verlag 1890-1940*, München/Berlin 1940, 34.

Schrift, in der er die Frage aufwarf, ob die betriebene Sozial- und Gesundheitspolitik noch funktional sei. Denn nach seiner, von manch anderem Arzt geteilten Meinung würde die Vorsorgeleistung des medizinalen Versicherungswesens von den Versicherten ausgenützt. Deren Krankheitshäufigkeit und -dauer würden ständig ansteigen, Kassenpatienten verbrauchten gegenüber dem Privatpatienten ein Mehrfaches an Medikamenten, Krankmeldungen stünden in bezeichnender Relation zu den jeweiligen Vorschriften der Arbeitslosenversicherung, kurzum: Jede neue Versicherung und Fürsorgeeinrichtung bewirke anstelle einer Volksgesundung eine neue Krankheitswelle im Volk, und »der deutsche Staat gräbt sich durch seine soziale Gesetzgebung selbst das Grab«. Zentrales Problem sei dabei, daß der Gesundheits- und Sparwille sowie die Arbeitslust durch die bisherige Gesetzgebung erheblich gelitten haben, und »eine Luft, geschwängert mit Rentensucht und Arbeitsunlust... weht leider nicht nur in den Tuberkulose-Heilanstalten, sondern durchzieht das ganze gewaltige Gebäude unserer sozialen Versicherung«. Kultureller Abstieg, Versumpfung, Auflösung seien die Folgen, sofern nicht Einhalt geboten werde. Ein Umdenken bei den Ärzten und im Volk sei nötig, ebenso wie eine Umstellung des Versicherungswesens. Nicht übertriebene und ständig zunehmende Fürsorge, sondern eine Abschaffung des Krankenversicherungswesens zugunsten beispielsweise eines Zwangssparsystems versprach in den Augen Lieks die Rettung.[151]

Derartig radikale Vorstellungen einer »Kostenreduktion im Gesundheitswesen«, wie man es heute nennen würde, waren 1929 sicherlich selten. Andererseits stellte Liek – angesichts steigender Fürsorgelasten und sinkender Finanzkraft der öffentlichen Hand – nur die Spitze eines Eisberges dar. Im Krankenkassenwesen wie in den sozialen Fürsorgeeinrichtungen hatte man seit dem Ersten Weltkrieg eine manifeste Sparpolitik fahren müssen, und generalisierende Überlegungen wie die Lieks brachten nur zum Ausdruck, was vielerorts gedacht wurde oder praktiziert werden mußte. Das Gesundheitswesen mußte in diesen Jahren schwerste Einbußen hinnehmen: Das reale Sozialprodukt sank bis 1932 innerhalb von 4 Jahren auf 75%. Die Arbeitslosenzah-

151 Erwin Liek, *Soziale Versicherungen und Volksgesundheit* (= Friedrich Mann's Pädagogisches Magazin 1278), Langensalza 1929, 20, 32, 38, 63-65.

len stiegen von 1,8 Millionen im Jahre 1929 auf 5,6 Millionen im Jahre 1932 an, wodurch die Steuerleistung pro Kopf der Bevölkerung von 65,4 Reichsmark (1928) auf 27,2 Reichsmark (1930) sank. Aufgrund des Steuersystems traf dieser Einbruch im Steueraufkommen die Kommunen am härtesten, und sie waren die Träger von Gesundheitsfürsorge und Arbeitslosenunterstützung.[152]

Vor diesem Hintergrund nahm die Rezeption einer sich präventiv und damit kostensparend gebenden Rassenhygiene wieder zu. Eheberatungsstellen, wie sie in Form der »familienbiologischen Beratungsstellen« von den Rassenhygienikern propagiert wurden, sollten die Ehepartner über eigene Krankheiten und mögliche Krankheiten ihrer Nachkommenschaft aufklären. Diese Funktion – nämlich langfristige und kostspielige Krankheiten zu verhindern – wurde seitens des Medizinalwesens honoriert: Nicht wenige Ortskrankenkassen (z. B. in Hamburg und Dresden), Gesundheitsämter (z. B. Dortmund, Frankfurt, Halle an der Saale, Leipzig und Wien) oder Landesversicherungsanstalten (z. B. Braunschweig und Hannover) zählten zu den Trägern solcher Beratungsstellen.[153] Die eugenische Beratung versprach in letzter Konsequenz den auf Heller und Pfennig errechenbaren Nutzen, wie ihn der Leiter der Berlin-Prenzlauerschen Einrichtung, der Arzt F. K. Scheumann, ausgerechnet haben wollte: »Er habe bis jetzt 123mal Ehen aus eugenischen Gründen widerraten, bzw. durch Verhütungsmittel oder Sterilisierung Fortpflanzung verhindert und damit der Allgemeinheit bei vorsichtiger Rechnung mindestens 61 000 M. erspart.«[154] Mit

152 Alfons Labisch/Florian Tennstedt, *Der Weg zum »Gesetz über die Vereinheitlichung des Gesundheitswesens« vom 3. Juli 1934. Entwicklungslinien und -momente des staatlichen und kommunalen Gesundheitswesens in Deutschland* (Schriftenreihe der Akademie für Öffentliches Gesundheitswesen in Düsseldorf, 13, 1.2), Düsseldorf 1986, unpaginiert, (190).

153 »Bereits seit Jahren wird auf das besondere Interesse der Versicherungsträger an diesem Fürsorgezweig und auf das Beispiel der Landesversicherungsanstalt Hannover, der Krankenkassen in Linz (Oberösterreich), Dresden und anderen Orts hingewiesen.« *Volksaufartung. Erbkunde. Eheberatung*, 1929, 4: 47.

154 *Volksaufartung. Erbkunde. Eheberatung*, 1930, 5: 211; vgl. in ganz ähnlicher Weise Hermann Muckermann, der für eine Differenzierung der Wohlfahrtspflege eintrat »in dem Sinn, daß die zur Verfügung ste-

der Sterilisierung verhielt es sich ähnlich. Daß die Versicherungsträger vor 1933 von ihr nicht mehr Gebrauch machten, lag an der ungeklärten juristischen Situation und teilweise auch medizinischen Unsicherheit solcher Eingriffe. Lediglich in Sachsen wagte sich eine Krankenkasse vor: Die A.O.K. Dresden übernahm die Kosten für eugenische Sterilisierung im Sinne der Gesundheitsfürsorge.[155]

Das Interesse der staatlichen Medizinalverwaltung an der Rassenhygiene fiel zusammen mit einem »Paradigmenwandel öffentlicher Gesundheitsleistungen« (Labisch-Tennstedt), als dessen Propagandist Arthur Gütt gesehen werden kann. Er trat für eine Umstellung des bisher überwiegend individual- und sozialhygienischen Gesundheitswesens auf einen rassenhygienisch-bevölkerungspolitischen Kurs, mit anderen Worten: von der kommunalen zur staatlichen Aufgabenstellung ein. »Was wir bisher ausgebaut haben, ist eine schon übertriebene Individual- oder Personenhygiene ohne Rücksicht auf Vererbungslehre, Lebensauslese oder die Erkenntnisse der Rassenhygiene... Erst wenn sie als Kern ihrer Aufgaben die Fürsorge für die Erbmasse des deutschen Volkes, die Vorsorge für die noch nicht Geborenen, anerkennt und anstrebt, kann sie zu einer Neubelebung des öffentlichen Gesundheitswesens führen und im Sinne der Vererbungslehre als Rassenhygiene zur Grundlage einer aktiven aufbauenden Bevölkerungspolitik werden. Das erst wäre eine Tat von bleibendem Wert für die kommenden Geschlechter. Was uns also fehlt, ist eine Umstellung des gesamten öffentlichen Gesundheitswesens unter dem Gesichtspunkt der Vererbungslehre, der Rassenhygiene und der Bevölkerungspolitik.«[156] Der Weg

henden Mittel in erster Linie für vorbeugende Fürsorge verwendet werden und erst dann für Menschen, die man nie mehr für Arbeit und Leben zurückgewinnen kann...« Hermann Muckermann, »Illustrationen zu der Frage: Wohlfahrtspflege und Eugenik«, *Eugenik. Erblehre. Erbpflege*, 1932, *2*: 42.

155 Rudolf Wassermann, »Ist die Sterilisierung von Männern durch Kastration als Mittel zur Verhinderung von Sittlichkeitsverbrechen angebracht und zulässig?«, *Archiv für Kriminologie*, 1929-1930, *85-86*: 199-207, 201. Die Kosten-Nutzen-Analysen der eugenischen Eheberatung, die in dieser Zeit entstanden, haben eine bis heute andauernde Entwicklung begründet; vgl. Schlußkapitel.

156 Zit. n. Labisch/Tennstedt, *Der Weg zum Gesetz* (234).

von einer kommunal getragenen Sozialhygiene zu einer staatlich getragenen und bevölkerungspolitisch ausgerichteten Rassenhygiene war damit vorgezeichnet.
Durch einen Initiativantrag zu eugenischen Maßnahmen im Oktober 1931 vor dem Gemeindeausschuß der Preußischen Staatsverwaltung wurden die Kostenargumente schließlich politisch aufgenommen. Der Antrag konstatierte, »daß die Aufwendungen für Menschen mit erbbedingten, körperlichen oder geistigen Schäden schon jetzt eine für unsere gedrückte Wirtschaftslage untragbare Höhe erreicht haben«. Im Januar 1932 wurde der Antrag im Preußischen Staatsrat verhandelt, wo jetzt Einigkeit darüber erzielt wurde, »daß mit möglichster Beschleunigung die von den Gemeinden, Kreisen, Provinzen und dem Staate für die Pflege und Förderung der geistig und körperlich Minderwertigen aufzuwendenden Kosten auf dasjenige Maß herabgesenkt werden, das von einem völlig verarmten Volke noch getragen werden kann«.[157]
Der Vergleich der Jensschen Preisschrift und der Entschließung der Preußischen Regierung läßt die Wandlung erkennen, die das Kostenargument in den dazwischenliegenden beinahe 20 Jahren erfahren hatte. Die ursprüngliche Überlegung, unter strenger Berücksichtigung ethisch-moralischer Werte wirtschaftliche Folgelasten bestimmter Krankheitstypen zu erfassen, war in ihr Gegenteil umgeschlagen. Ab den dreißiger Jahren wurde aus primär wirtschaftlichem Kalkül heraus die Finanzlast für »Minderwertige« aufsummiert; der humanitäre Aspekt war demgegenüber gänzlich ins Hintertreffen geraten.
Als sich 1929 angesichts der (freilich nicht nur deutschen) Finanzmisere des Staates die Situation in der öffentlichen Gesundheitsfürsorge zugespitzt hatte, wurden die Rassenhygiene im allgemeinen und der Sterilisierungsgedanke im besonderen politisch akzeptiert. Maßgeblichen Anteil an dieser Entwicklung hatten insbesondere die preußischen Medizinalverwaltungsstellen. Sie ebneten der Rassenhygiene – anfänglich eher zufällig, später gezielter – die Wege in die Sozialpolitik und die Gesetzgebung.

157 »Verminderung der Kosten für die geistig und körperlich Minderwertigen«, *Archiv für Bevölkerungspolitik, Sexualethik und Familienkunde*, 1933, *3*: 58-65, 58, 62.

Aus: Otto Helmut (Hrsg.), Volk in Gefahr. Der Geburtenrückgang und seine Folgen für Deutschlands Zukunft. München/Berlin (J.F. Lehmanns Verlag) 1939. S. 27.

Rassenhygienische Strategien zur Lösung bevölkerungsökonomischer Probleme, wie die Sterilisierung »Minderwertiger«, wurden in erster Linie von der Gesundheits- und Medizinalverwaltung rezipiert. Deren Politik war von staatlichen Zielen, standespolitischen Interessen der Mediziner und dem Engagement in der Geburtenfrage bestimmt. In diesen Punkten bestanden zumindest die Berührungspunkte zur Rassenhygiene-Bewegung. Allerdings bestanden in der Medizinalverwaltung im Deutschen Reich Differenzen zwischen den gesundheitspolitischen Kalkülen des Reichs und denen der Preußischen Institutionen, die ihren organisatorischen Niederschlag in zwei miteinander in Kontakt stehenden, aber eigene Wege beschreitenden Ministerien fanden: dem Reichsinnenministerium, dem das Reichsgesundheitsamt und der Reichsgesundheitsrat unterstanden; und dem Preußischen Ministerium des Innern, von dessen Volkswohlfahrtsstellen noch die Rede sein wird.
Das Interesse des Reichsinnenministeriums für eugenisch orientierte bevölkerungspolitische Fragestellungen bildete sich zu Beginn der zwanziger Jahre. Bereits während des Ersten Weltkrieges hatte eine Kommission bestanden, die sich »Reichstagsausschuß für Bevölkerungspolitik« nannte, 1926 mit der Gesellschaft für Bevölkerungspolitik zur »Arbeitsgemeinschaft für Volksgesundung« fusionierte und 1933 durch den »Sachverständigenbeirat für Bevölkerungs- und Rassenpolitik« ersetzt werden sollte. Aber der Reichsausschuß wie auch der gleichnamige preußische Landtagsausschuß führten »zwar den eher irreführenden Namen für ›Bevölkerungspolitik‹«, waren aber »tatsächlich Ausschüsse für Gesundheitspolitik«.[158] Ersterer befaßte sich unter anderem noch im Weltkrieg mit den Geschlechtskrankheiten, hatte den Gesetzesentwurf »gegen Unfruchtbarmachung und Schwangerschaftsunterbrechung« zu verabschieden und verhandelte beispielsweise 1920 Anträge zur Überwachung von Prostituierten.
Im Reichsgesundheitsamt bestanden Vorbehalte gegenüber bestimmten Punkten einer rassenhygienischen Politik wie z. B. einer Erweiterung der gesetzlichen Bestimmungen über den Aus-

158 *Sozialhygienische Mitteilungen*, 1927, *11*: 54.

tausch von Ehegesundheitszeugnissen, die 1922 in Preußen geäußert wurden, oder – 1926 – die gesetzliche Regelung der Sterilisation.[159] Die Vorbehalte richteten sich jedoch speziell gegen voreilige gesetzliche Schritte, während der Rassenhygiene gegenüber insgesamt Aufgeschlossenheit bestand.[160]

Gewichtiger als der Ausschuß für Bevölkerungswesen und Rassenhygiene war der »Reichsausschuß für Bevölkerungsfragen«, der 1929/30 auf Initiative des Reichsbundes der Kinderreichen gebildet worden war und am 20. Januar 1930 durch das Reichsinnenministerium einberufen wurde. Ihm gehörten eine Anzahl hochkarätiger Experten an, neben Vertretern aller beteiligten Behörden und Körperschaften Bevölkerungspolitiker, Juristen, Nationalökonomen, praktische Ärzte, Sozialhygieniker, Statistiker, Männer der Wirtschaft usw.[161] Die erste Arbeitssitzung am 8. Mai 1930 zu bevölkerungspolitischen Fragen wurde immerhin vom amtierenden Reichsinnenminister Carl Severing persönlich eröffnet und geleitet; Vorsitz über die drei Arbeitsgruppen hatte neben den Professoren Hugo Sellheim und Fritz Rott auch Alfred Grotjahn. Als Redner waren u.a. Julius Wolf, die Statistiker Friedrich Zahn und Friedrich Burgdörfer sowie der sozial- und rassenhygienisch interessierte Ignaz Kaup vertreten, außerdem Hans Konrad, Präsident des Reichsbunds der Kinderreichen Deutschlands, eines Verbandes, der zunehmend die eugenische Perspektive einnahm.

Weniger auffallend, dafür aber sehr viel eher hatten sich Preußischer Staat und Eugenik-Bewegung einander angenähert. Eine besonders frühe und enge Verbindung läßt sich anhand der Aktivitäten der Preußischen Wohlfahrtsorganisationen dokumentieren. Am 5. Dezember 1906 war die »Preußische Zentralstelle für

159 Vgl. Georg Schreiber, *Deutsches Reich und Deutsche Medizin*, Leipzig 1926, 77; *Das Reichsgesundheitsamt 1876-1926*, Berlin 1926, 134.

160 Georg Schreiber resümierte bereits 1926: »Man wird der Reichsmedizinalverwaltung zubilligen müssen, daß sie die Entwicklung der jungen Wissenschaft der Rassenhygiene seit Jahren mit Aufmerksamkeit verfolgt.« Schreiber, *Deutsches Reich*, 77, vgl. 133. Tatsächlich war einer der 11 Ausschüsse des Reichsgesundheitsamtes für die Belange von »Bevölkerungswesen und Rassenhygiene« zuständig und bestand von 1923 bis 1928; Schreiber, *Deutsches Reich*, 6-7.

161 *Bundesblatt für den Reichsbund der Kinderreichen Deutschlands e. V.*, 1930, *10*: 20.

Volkswohlfahrt« gegründet worden, eine öffentlich-rechtliche Vereinigung, die aus der »Zentralstelle für Arbeiterwohlfahrtseinrichtungen« hervorgegangen war und mit den Fachkommissionen ›Wirtschaftliche Fürsorge‹, ›Sittliche Fürsorge‹, ›Volksbildung und Unterhaltung‹ sowie ›Gesundheitspflege‹ arbeitete. Ignaz Kaup (für die sozialhygienische Abteilung) und Max Christian, der die Gesundheitsabteilung bis 1920 leitete, ebneten in dieser Institution die Wege für eugenisches Denken.[162] Während die Zentralstelle nach Kriegsende bedeutungslos wurde, übernahm jetzt das 1919 gegründete »Preußische Ministerium für Volkswohlfahrt« rassenhygienische Programmatik. So forderte das neue Ministerium Gesundheitszeugnisse (allerdings ohne Konkretisierung eines Heiratsverbots) und war zusammen mit dem Preußischen Innenministerium und dem Preußischen Ministerium für Wissenschaft, Kunst und Volksbildung für den Runderlaß vom 23. Februar 1926 verantwortlich, der die ›Förderung rassenhygienischer Bestrebungen‹ betraf und die vom Bund für Volksaufartung und Erbkunde beabsichtigte Aufklärungsaktion über die feststehenden Lehren der Erbkunde und die sich daraus ergebenden rassenhygienischen Ziele unterstützte.[163] Eine maßgebliche Rolle bei der Formulierung der rassenhygienischen Orientierung des Ministeriums spielte Otto Krohne, nachdem er im April 1926 Direktor der Medizinalabteilung des Wohlfahrtsministeriums geworden war.[164] Krohne starb allerdings schon im Dezember 1928.

In enger Verbindung zum Preußischen Volkswohlfahrtsministerium stand seiner Aufgabenstellung nach der »Preußische Landesausschuß für hygienische Volksbelehrung«, dessen Vorsitz 1928 ebenfalls von Eduard Dietrich auf Otto Krohne übergegangen war und der Mitglied im »Reichsausschuß für hygienische Volksbelehrung« war. Carl Hamel, zugleich Ministerialdirigent im Reichsinnenministerium und ab 1926 Präsident des

162 *Blätter für Volksgesundheitspflege*, 1926, *26*: 1; vgl. Paul Weindling, »The Medical Profession, Social Hygiene and the Birth Rate in Germany, 1914-1918«, unpubl., 33.

163 Alexander Elster, *Sozialbiologie, Bevölkerungswissenschaft und Gesellschaftshygiene*, Berlin/Leipzig 1923, 259-260; abgedruckt in: *Zeitschrift für Volksaufartung und Erbkunde*, 1926, *1*: 33.

164 »Ministerialdirektor Otto Krohne«, *Blätter für Volksgesundheitspflege*, 1928, 28: 85-86, 85.

Reichsgesundheitsamtes, einer Institution also, die bereits vor 1926 Rassenhygiene angesichts eines geschwächten Volkskörpers befürwortet hatte, leitete den Reichsausschuß. Der Ausschuß bestand in Dresden in Personalunion mit dem Hygienemuseum, wo wiederum der Rassenhygieniker Rainer Fetscher aktiv war.[165] Zum andern gehörten dem Reichsausschuß die Deutsche Gesellschaft für Rassenhygiene, dann der Deutsche Bund für Volksaufartung und Erbkunde und schließlich auch der Deutsche Verband für Psychische Hygiene an, d.h. die drei tragenden Vereinigungen der Eugenik.

Während Otto Krohne und Medizinalbeamte wie Eduard Dietrich und Martin Kirchner oder auch Adolf Gottstein (von 1919 bis 1924 Ministerialdirektor der Preußischen Medizinalabteilung) sich in der Sterilisationsfrage verhalten zeigten, wurde der weitere Vormarsch eugenischer Diskussionen im Bereich der staatlichen Verwaltung insbesondere vom »Ausschuß für Rassenhygiene und Bevölkerungswesen« weiter vorangetrieben, der auf Initiative Otto Krohnes 1920 ins Leben gerufen worden und dem Preußischen Landesgesundheitsrat als beratendes Gremium direkt zugeordnet war. Im Februar 1922 wurden hier Beschlüsse zur Förderung rassenhygienischer Forschungsanstalten und rassenhygienischen Unterrichts verabschiedet.[166] 1924 war eine vom Ausschuß bei maßgebenden Vertretern der Heilkunde veranlaßte Umfrage über das eventuelle Anwendungsgebiet eugenischer Schwangerschaftsunterbrechung Gegenstand der Debatte, mit dem Ergebnis, daß zwar erst eine kleine Palette von Krankheiten eine Indikation erlaube, aber dennoch eine »gesetzliche Regelung der ganzen Angelegenheit vorgenommen« werden sollte.[167] Im Zusammenhang mit der Boeters-Affäre empfahl der Präsident des Reichsgesundheitsamtes, Professor Bumm, in einer Stellungnahme vom 15. Oktober 1923 taktische Vorsicht in dieser Frage. Eugenische Eingriffe seien noch zu wenig abgesichert und harrten weiterer wissenschaftlicher Erforschung. Von

165 »Der Landesausschuß für hygienische Volksbelehrung in Preußen e.V.«, *Blätter für Volksgesundheitspflege*, 1928, *28*: 18; *Das Reichsgesundheitsamt 1876-1926*, 133, 190.

166 Labisch/Tennstedt, *Der Weg zum Gesetz* (178); Robert Lennig, *Max Hirsch: Sozialgynäkologie und Frauenkunde*, Berlin 1977, 25; *ARGB*, 1922-23, *14*: 438.

167 Lennig, *Max Hirsch*, 25-26.

einer Gesetzesvorlage sei »in dieser Zeit großer Beunruhigung und außerordentlicher Reizbarkeit des deutschen Volkes« abzusehen.[168] Zwei Monate später verabschiedete der Rassenhygiene-Ausschuß, beraten von Experten wie Karl Bonhoeffer, Max Hirsch, Adolf Gottstein, Richard Goldschmidt, Alfred Grotjahn, Heinrich Poll, Max Westenhöfer und Erwin Baur, trotzdem Leitsätze zur Sterilisierungsfrage. Die Unfruchtbarmachung auf freiwilliger Basis wurde für generell »zulässig und in manchen Punkten erstrebenswert« erklärt, die zwangsweise Unfruchtbarmachung hingegen ebenso wie Boeters Vorschläge abgelehnt. Am 18. Juli 1925 sprach sich dieser Expertenkreis für die Einrichtung von Eheberatungsstellen aus, ein Vorstoß, der Wirkung hatte.[169]

Die Unterstützung der Rassenhygiene durch die Preußische Medizinalverwaltung beschränkte sich nach dem Ersten Weltkrieg jedoch nicht nur auf ideelle Zustimmung oder die Rezeption eugenischen Wissens, sondern bestand auch in finanziellen Zuwendungen. Seit 1922 wurden jährliche Beiträge an die Gesellschaft für Rassenhygiene abgeführt, was wohl der Vermittlung Otto Krohnes zu verdanken war, der zu diesem Zeitpunkt Präsident sowohl der Berliner als auch der Deutschen Gesellschaft für Rassenhygiene war. 1922 wurde sie mit 3000 Mark subventioniert, ein Forschungsvorhaben zur Genealogie der Verbrechen 1924 mit 1000 Mark; 4000 Mark betrugen 1926 die Zuwendungen für einen eugenischen Propagandafilm, und 1927 wurden Mittel für eine Ausstellung überwiesen.[170] Allerdings hielten sich diese Beträge im Rahmen dessen, was auch an wesentlich unbedeuten-

168 Zit. nach Klaus-Dieter Thomann, »Auf dem Weg in den Faschismus. Medizin in Deutschland von der Jahrhundertwende bis 1933«, Barbara Bromberger/Hans Mausbach/Klaus-Dieter Thomann, *Medizin, Faschismus und Widerstand. Drei Beiträge*, Köln 1985, 15-185, 138.

169 »Leitsätze. Verabschiedete Fassung der Sitzung des Ausschusses für Bevölkerungswesen und Rassenhygiene des (preussischen) Landesgesundheitsrates, 1. 12. 1923«, Bundesarchiv Koblenz, R 86-2374; vgl. *Sozialhygienische Mitteilungen*, 1927, *11*: 87; *Zeitschrift für Volksaufartung und Erbkunde*, 1926, *1*: 54; *ARGB*, 1926, *18*: 209.

170 Paul Weindling, »Weimar Eugenics: The Kaiser Wilhelm Institute for Anthropology, Human Heredity and Eugenics in Social Context«, *Annals of Science*, 1985, *42*: 303-318, 306 und ders., »Die Preußische Medizinalverwaltung«, 682-683.

dere Einrichtungen oder Vereinigungen gezahlt wurde, und lassen auf keine gezielte Unterstützung der Rassenhygiene durch die preußische Administration schließen.
Ab 1925 flossen die Mittel für die Rassenhygiene-Bewegung noch spärlicher, da jetzt der Deutsche Bund für Volksaufartung und Erbkunde die größten Zuschüsse erhielt. Im Unterschied zu der ideologisch zuweilen als bedenklich erachteten Rassenhygiene stand er der Verwaltung näher. Von diesem Zeitpunkt an erhielt die rassenhygienisch-eugenische Bewegung massive Unterstützung, soweit es die Haushaltslage der Ministerien zuließ. Aufgrund des nach 1929 beherrschend gewordenen Kostendämpfungs-Arguments übernahm die Administration jetzt zunehmend die Initiative in der Rassenhygiene. Auf der Sitzung des Preußischen Landesgesundheitsrates am 2. Juli 1932 zum Thema »Die Eugenik im Dienste der Volkswohlfahrt« schließlich ging der Vorsitzende, der Präsident des Landesgesundheitsrats Dr. Schopohl, davon aus, daß es keine Gesundheitspolitik, keine Wohlfahrtspolitik und keine Bevölkerungspolitik geben könne, »ohne dabei auch eugenisch zu denken, ohne dabei auch das Erbgut unseres Volkes zu berücksichtigen«. Schon seit längerer Zeit hätte man sich mit dem Gedanken getragen, eine eugenische Tagung anzuberaumen; jetzt aber habe die Entwicklung eine Richtung genommen, die bedrohlich sei. »Die zwingende Notwendigkeit, alle öffentlichen Ausgaben auf das äußerste einzuschränken, läßt nun die Frage aufkommen, ob es nicht durch geeignete eugenische Maßnahmen möglich wäre, die ins Unermeßliche gestiegenen und nicht mehr aufzubringenden Wohlfahrtslasten zu verringern.« Die Eugeniker sprachen von einem »bedeutungsvollen Tag in der Geschichte der Eugenik«: Aufgrund der genannten Erwägungen waren nunmehr auch in der politischen Verwaltung die Weichen für eine rassenhygienische Sozial- und Bevölkerungspolitik gestellt.[171]

171 *Die Eugenik im Dienste der Volkswohlfahrt* (Veröffentlichungen aus dem Gebiete der Medizinalverwaltung 38/5), Berlin 1932, 635, 634; *München-Augsburger Abendzeitung*, 1. 1. 1932.

Eugenische Fortpflanzungskontrolle – Zur Geschichte der Ehetauglichkeitszeugnisse

Die Idee des »Gesundheitszeugnisses« als administrativ kontrollierte ›Fortpflanzungsberechtigung‹ ist direkt aus den eugenischen Utopien heraus von Francis Galton in die ›wissenschaftliche‹ Eugenik übernommen worden. In Deutschland griff Wilhelm Schallmayer 1891 die Idee auf, 1903 dann auch Max von Gruber. 1906 schloß sich der Deutsche Mutterschutzbund dieser Tradition an, 1908 und 1909 der Apotheker Arthur Breitfeld, 1908 der Deutsche Monistenbund, 1911 Julius Schwalbe und 1913 wiederum der Monistenbund – alles in allem eine eindrucksvolle Kontinuität einer utopischen Idee, die ständig konkreter werden sollte.

Nach Kriegsbeginn erfuhr der Gedanke des Ehetauglichkeitszeugnisses, vor allem aufgrund der Initiative rassenhygienisch interessierter Kreise, eine erste politische Konjunktur. Der »Bund zur Erhaltung und Mehrung der deutschen Volkskraft« regte an, »daß der Mann ein Zeugnis darüber beibringen solle, daß er frei von Geschlechtskrankheiten sei«.[172] Der »Münchner Ärztliche Verein« verabschiedete 1916 »Leitsätze betreffend ärztlichen Ehekonsens und Eheverbote«, die sich auf Beiträge von Ernst Rüdin und Max von Gruber stützten. In den Leitsätzen forderte der rassenhygienisch interessierte Mediziner Trumpp die Bestellung staatlich geprüfter und vereidigter Eheberater, von deren Gutachten die Zulässigkeit der Eheschließung abhängig gemacht werden sollte, um so die Fortpflanzung Kranker und Minderwertiger zu verhindern. Neben bevölkerungspolitischen Argumenten kamen schon jetzt auch finanzielle hinzu: Die Ersparnisse, die durch die »Verminderung der kleinen, aber außerordentlich kostspieligen Minusvarianten des Volkes« zu erreichen wären, sollten zur Unterstützung der gesunden und tüchtigen Volksmehrheit verwendet werden.[173]

Auch nach dem Weltkrieg kamen die Heiratszeugnisse wieder in

172 Zit. n. Arthur Ostermann, »Das Heiratszeugnis«, *Zeitschrift für Volksaufartung und Erbkunde*, 1926, *1*: 105-107, 106.

173 Berliner Gesellschaft für Rassenhygiene, *Ueber den gesetzlichen Austausch*, 63, 64, 61.

die öffentliche Diskussion. Die Gesellschaft für Rassenhygiene forderte in ihren Leitsätzen von 1921 ›pflichtmäßige Untersuchungen aller Ehebewerber‹, die auch ohne Eheverbote sofort durchführbar waren, während sie Eheverbote aus rassenhygienischen Gründen für noch nicht realisierbar hielt.[174] Die Rassenhygieniker hatten schon vorher zumindest erreicht, daß sich der Reichsgesundheitsrat mit der Frage der Heiratszeugnisse befaßte. Dort einigte man sich auf den »Zwang zur ärztlichen Untersuchung« für beide Ehebewerber, denen auferlegt werden sollte, bei der standesamtlichen Meldung zur Eheschließung je ein in den letzten vier Wochen vorher ausgestelltes ärztliches Zeugnis über den Gesundheitszustand vorzulegen.[175] Der Reichstag verabschiedete daraufhin am 11. 6. 1920 einen Zusatz zum bestehenden Personenstandsgesetz, der nur mehr die Verteilung von Merkblättern durch das Standesamt anordnete, in denen auf die Wichtigkeit ärztlicher Untersuchung und gegenseitiger Aufklärung der Ehepartner über ihren Gesundheitszustand aufmerksam gemacht wurde. Die Gefahr von Tuberkulose, Geschlechts- und Geisteskrankheiten, Trunksucht, Morphium- und Kokainmißbrauch stand nunmehr im Vordergrund.[176] Damit waren die rassenhygienischen Forderungen nach einer Pflicht zum Austausch derartiger Zeugnisse oder gar einem verbundenen Eheverbot zunächst hinreichend verwässert.

Einen größeren Fortschritt schien Ende 1921 eine Intiative des Preußischen Landtags zu bewirken. In dessen »Ausschuß für Rassenhygiene und Bevölkerungspolitik« entspann sich eine Debatte über eine Denkschrift des Ministeriums für Volkswohlfahrt, in der die zwangsweise Untersuchung der Ehekandidaten in Preußen gefordert wurde. Ein Gesetz kam jedoch wieder nicht zustande, da es für das gesamte Deutsche Reich einer Änderung der Personenstandsbeurkundung bedurft hätte.[177]

174 »Leitsätze der Deutschen Gesellschaft für Rassenhygiene« (1922), 374.

175 »Leitsätze des Reichsgesundheitsrates vom 26. Februar 1920«, *Kultur und Leben*, 1926, *3*: 233-234.

176 Ostermann, »Das Heiratszeugnis«, 106; vgl. auch Hermann Muckermann, »Eugenische Eheberatung«, *Das Kommende Geschlecht*, 1931, 6, H. 1/2: 1-72, 8/9.

177 F. K. Scheumann, *Eheberatung als Aufgabe der Kommunen*, Leipzig 1932, 5; vgl. Elster, *Sozialbiologie* 259; vgl. Rainer Fetscher, »Der ge-

Dieser erneute Rückschlag verhinderte in der Folgezeit, die Muckermann zutreffend das »Interim« nannte, weitere Vorstöße offizieller Stellen.[178] Statt dessen wurden jetzt mehrere Privatpersonen initiativ und betrieben rassenhygienische Fortpflanzungskontrolle auf eigene Faust. 1922 richtete der Wiener Julius Tandler, Aktivist in der österreichischen Rassenhygiene, beim dortigen Gesundheitsamt eine Prüfungsstelle für Eheeignung ein. In Dresden führte Philaletes Kuhn, Hygiene-Professor und aktiver Rassenhygieniker, für seine Studenten an der Technischen Hochschule eine Art Ehetauglichkeitsprüfung ein. Erbbiologische Heiratsberatungen erteilte u. a. auch Ernst Rüdin, der in München seine Tätigkeit als »Rassenhygienische Familienberatung« bezeichnete. Seit 1922 verlangte das Frankfurter Jugendamt für seine Mündel vor Genehmigung der Heirat Gesundheitszeugnisse.[179]

Etwa im gleichen Zeitraum war eine Reihe von »Eheberatungsstellen« geschaffen worden, die weniger rabiat lediglich die praktische Umsetzung des Aufklärungsgedankens für Eheschließende zum Ziel hatten. Am 23. Januar 1923 wurde am Anatomischen Institut der Universität München eine »Beratungsstelle für Biologische Familienforschung« eröffnet. Diese Einrichtung, bei der namhafte Münchner Spezialärzte mitwirkten, verfolgte den Zweck, »jedem für seine Person und seine Familie die Möglichkeit zur Erstellung einer vererbungswissenschaftlich brauchbaren biologischen Familiengeschichte zu bieten«.[180] Sie war die erste eines regelrechten ›Gründungsbooms‹. 1925 existierten Eheberatungsstellen in Dortmund, Frankfurt/Main, Breslau und Rostock, die u. a. Rat darüber erteilten, »ob und inwieweit vom Standpunkt der Vererbungslehre oder aus sonstigen Gründen etwa gesundheitliche Bedenken gegen eine Eheschließung bestehen, ob etwa die Vererbung krankhafter Anlagen auf die Nachkommenschaft zu befürchten« sei.[181] Neben diesen Eheberatungsstellen, die vor allem Brautpaare berieten, hatten die »Fa-

genwärtige Stand der Ehe- und Sexualberatung«, *Zeitschrift für induktive Abstammungs- und Vererbungslehre*, 1928, *48*: 325-344, 334.

178 Muckermann, »Eugenische Eheberatung«, 10.

179 Scheumann, *Eheberatung*, 5.

180 *ARGB*, 1922-23, *14*: 438.

181 Rainer Fetscher, *Grundzüge der Rassenhygiene*, Dresden 1925, 79; s. a. Scheumann, *Eheberatung*, 5; *Frankfurter Zeitung* vom 25. 3. 1926.

milienbiologischen Beratungsstellen« die Aufgabe, über genealogische und erbbiologische Fragen Aufschluß zu geben. 1925 bestanden neben der Münchner Beratungsstelle zwei weitere am Anatomischen Institut der Universität Freiburg und an der Medizinischen Poliklinik der Universität Tübingen. Den familienkundlich-wissenschaftlichen Anstalten rechnete man auch das Berliner »Institut für Sexualwissenschaft« zu.[182] Die familienberatenden und -forschenden Einrichtungen waren wissenschaftlich ausgerichtet, und die Akkreditierung der biologischen Familienkunde, auf die sie sich bezogen, war 1926 mit der Einrichtung einer ständigen Abteilung für »Familienforschung« bei der Gesellschaft Deutscher Naturforscher und Ärzte erfolgt.[183]

Die Konjunktur für Ehebeurteilungen und -beratungen auf der Ebene privater Aktivitäten ermöglichte es um 1925 den Behörden, wieder aktiv zu werden. Es fügte sich, daß mit Ministerialdirektor Otto Krohne, dem derzeitigen Vorsitzenden der Gesellschaft für Rassenhygiene, und Ministerialrat Arthur Ostermann, dem Mitbegründer des Bundes für Volksaufartung und Erbkunde, zwei Männer in politischen Schaltstellen saßen, denen rassenhygienische Fragen allgemein am Herzen lagen.[184] Der dem Preußischen Landesgesundheitsrat beigeordnete »Ausschuß für Rassenhygiene und Bevölkerungspolitik« verabschiedete am 18. Juli 1925 eine Entschließung, der gemäß der Minister für Volkswohlfahrt die nachgeordneten Behörden anweisen sollte, Beratungsstellen für Eheschließende einzurichten.[185] Diese Beratungsstellen sollten sich mit der »ärztlichen Prüfung auf Eheeignung befassen«, generellen Rat »über gesundheitliche und erbgesundheitliche Vorteile und Gefahren« erteilen und »Zeugnisse über die gesundheitliche und erbgesundheitliche Eignung zur Ehe« ausstellen.[186] Fallspezifische Beratung, Auskünfte in Sexualfragen oder ein Zwang zum Besuch dieser Institute war nicht vorgesehen. Der sich eng an die Entschließung

182 Fetscher, *Grundzüge*, 79; vgl. *Zeitschrift für kulturgeschichtliche und biologische Familienkunde*, 1924, *1*: 275/76.

183 Hans Breymann, »Der heutige Stand der genealogischen Unterlagenbehandlung«, R. Fetscher/L. R. Grote/J. Hohlfeld (Hg.), *Zwischen Naturwissenschaft und Geschichte*, Leipzig 1928, 5-12, 11.

184 Vgl. Muckermann, »Eugenische Eheberatung«, 10.

185 Scheumann, *Eheberatung*, 6.

186 »Leitsätze des Landesgesundheitsrates«, 234.

anlehnende Ministerialerlaß vom 19. 2. 1926 empfahl die Einrichtung ärztlich geleiteter Eheberatungsstellen sowie die freiwillige Inanspruchnahme ihrer Dienste, begründete aber nur eine vorläufige Regelung, »da ein Reichsgesetz zur Zeit noch auf Schwierigkeiten stoße«.[187]

Für die Frage der Einrichtung von Eheberatungsstellen war der Ministerialerlaß richtungweisend. Allein 1926 wurden – nur in Preußen – 77 Prüfungsstellen eingerichtet, 52 standen in der Vorbereitung. 1928 bestanden allein in Preußen bereits 123 Eheberatungsstellen, 1930 waren es an die 200. Im Juni 1927 schlossen sich die Eheberatungseinrichtungen zu einer Vereinigung zusammen; bereits zu diesem Zeitpunkt konnte man auf kommunaler Ebene »beachtenswerte Erfolge« verbuchen.[188] Zahl und Zielsetzung dieser Institute waren den Rassenhygienikern allerdings ein Dorn im Auge, denn angesichts der verschiedensten Aufgabenstellungen und der Unterschiedlichkeit der Geldgeber wie Gemeinden, Vereinen, Länderregierungen, Versicherungsträgern oder Fürsorgeverbänden stand man – wie es Max Hirsch ausdrückte – vor einem »Chaos«.

Hermann Muckermann charakterisierte die Situtation differenzierter. Er unterschied drei Richtungen. »Die eine ... betrifft die rein eugenische Beratung vor der Ehe; diese Tätigkeit hat noch den geringsten Umfang. Größer sei die Tätigkeit gesundheitlicher Beratung vor und in der Ehe. Es handle sich dabei um Krankheiten, die den anderen Ehepartner oder das Bestehen der Ehe gefährden. In größerem Umfange kämen schließlich Fragen des Sexuallebens zur Beratung: geschlechtliche Störungen aller Art, unnatürliche Veranlagung, Unfruchtbarkeit, Regelung der Fortpflanzung«.[189] Wenngleich die Rassenhygieniker beklagten, daß ihnen die Kontrolle über ihren eigenen Erfolg entglitten war, insoweit die Beratungsstellen nicht mit einer spezifisch rassenhygienischen Orientierung arbeiteten, konnten sie doch die Realisierung einer Forderung für sich verbuchen: die gesundheitli-

187 Zit. n. Muckermann, »Eugenische Eheberatung«, 10.

188 Scheumann, *Eheberatung*, 7; »Verzeichnis der öffentlichen Eheberatungsstellen«, *Volksaufartung. Erbkunde. Eheberatung*, 1928, *3*: 72, 96, 117-118, 139; s. auch Muckermann, »Eugenische Eheberatung«, 127; »Eheberatung und Sozialversicherung«, *Soziale Medizin*, 1931, *4*: 57-58, 58.

189 Muckermann, »Eugenische Eheberatung«, 14.

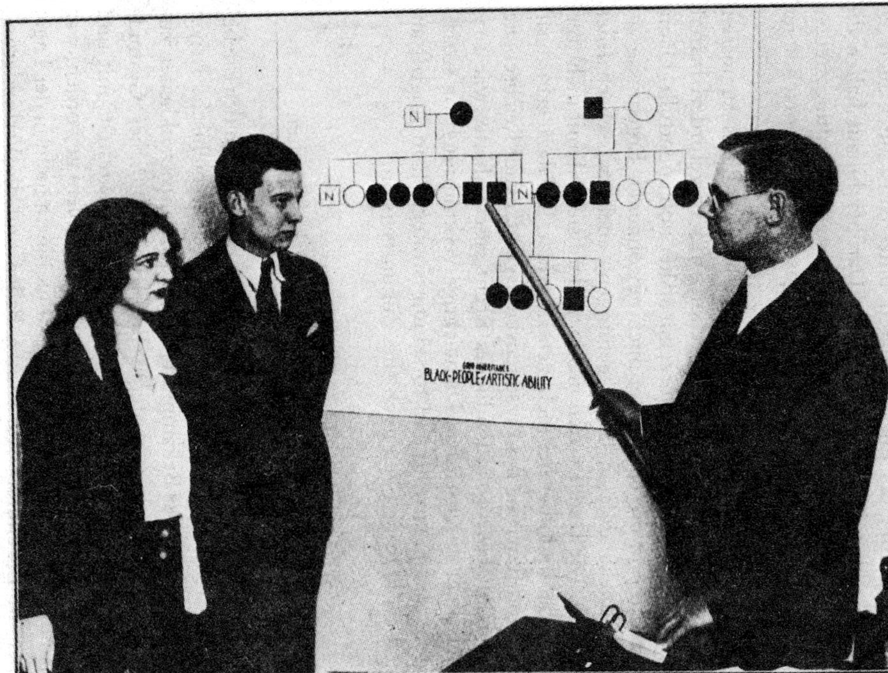

Aus: Eugenik. Erblehre, Erbpflege. Heft 1/1930. S. 184.

che Aufklärung der Ehekandidaten, unter Umständen auch deren gesundheitliche Untersuchung. Darüber hinaus halfen die bereits existierenden »familienbiologischen« Beratungsstellen, genealogische und vererbungswissenschaftliche Forschungen und Registrierungen zu betreiben.

Der *zwangsweise* Austausch von Ehegesundheitszeugnissen, wie ihn die Rassenhygieniker schon 1916/17 gefordert hatten, blieb allerdings auch ein Jahrzehnt später noch unerfüllt. Damit waren die in diesen Institutionen gewonnenen Ergebnisse aus den Ehekandidaten-Untersuchungen auch wissenschaftlich nutzlos: Die Daten waren nicht standardisiert, damit nicht vergleichbar und überdies nicht zentral erfaßt. Die dazu erforderliche Modifizierung des Personenstandsgesetzes auf Reichsebene, die staatliches vor individuelles Recht gesetzt hätte, war 1927 noch nicht durchsetzbar. Die wichtige Verknüpfung von sozialpolitischer Kontrolle und forschungsstrategischem Zugriff auf die Bevölkerung blieb noch eine Zukunftsvision.

Ehegesundheit und Geschlechtskrankheiten

Es liegt nahe zu vermuten, daß der Gründungsboom der Eheberatungsstellen und deren so gar nicht rassenhygienische Arbeit ursächlich mit der Bekämpfung der Geschlechtskrankheiten zusammenhing, einem akuteren Problem öffentlicher Gesundheitsfürsorge als die eugenische Beratung. Spätestens mit und durch den Krieg zu einem vorrangigen Problem geworden, war man bis weit in die Weimarer Republik hinein nicht in der Lage, über die Erkennung von akuten Fällen und die Verhinderung von weiterer Ausbreitung hinaus damit umzugehen. Zwar hatte die »Deutsche Gesellschaft zur Bekämpfung der Geschlechtskrankheiten« mit Unterstützung des Reichsversicherungsamtes im gesamten Reich Beratungsstellen für Geschlechtskranke einrichten lassen. Deren Aufgabenfeld bestand jedoch lediglich darin, sich meldenden Geschlechtskranken eine Behandlung zu vermitteln; außerdem wurden nicht alle von Syphilis, Gonorrhoe oder leichteren Krankheiten befallenen Personen erfaßt. In der deutschen Rechtsprechung gab es einen Gefährdungsparagraphen, der jedoch nur unter Strafe stellte, wenn eine Infektion vom Befallenen erkannt, aber nicht angezeigt wurde, ein kaum nachweisbarer Sachverhalt. »Ohnmacht gegenüber den Geschlechtskrankheiten« war der richtige Ausdruck zur Beschreibung der Nachkriegssituation.[190] Staatliche Stellen begannen, sich im Dezember 1918 mit dem Problem auseinanderzusetzen, und erließen eine Verordnung zur Bekämpfung der Geschlechtskrankheiten. 1919 fand eine Zählung im Reichsgebiet statt, bei der sich herausstellte, daß allein von Mitte November bis Mitte Dezember 136000 Personen mit Geschlechtskrankheiten in ärztlicher Behandlung waren.[191]

Nach mehreren Anläufen wurde am 26. Januar 1927 ein Gesetz angenommen, das im wesentlichen Zuständigkeiten für die behandelnden Ärzte und die Unzulässigkeit von Selbstmedikationen regelte. Weitergehende Ausführungen, die etwa eine reichsweite Prophylaxe oder öffentliche Aufklärung hätten in die Wege leiten können, wurden nicht getroffen.[192] Obgleich die Einrichtung von Eheberatungsstellen darin nicht geregelt wurde, bestand ein Zusammenhang zwischen der Forderung nach Gesundheitszeugnissen und der Geschlechtskrankheitsproblematik. Bereits bei den Verhandlungen der Berliner Rassenhygiene-Gesellschaft 1917 hatte sich der Vorsitzende der Deutschen Gesellschaft zur Bekämpfung der Geschlechtskrankheiten, Professor Blaschko, allgemein für die Förderung eines Verantwortungsgefühls in geschlechtlichen Fragen ausgesprochen. Allerdings hielt er ausgedehntere Untersuchungen vor allem bei Frauen oder gar die Einführung zwangsweiser Gesundheitszeugnisse vor einer Eheschließung für noch nicht vertretbar, da die medizinische Feststellung einer Erkrankung beim gegenwärtigen Stand der Erkenntnis eine schwierige, langwierige und überdies noch unsichere Unternehmung sei. Außerdem sei die voreheliche gegenseitige Aufklärung der Ehekandidaten vernachlässigbar, da höchstens 2 bis 3 Prozent vorehelicher Geschlechtskrankheiten in die Ehe hineinverschleppt würden.[193] Daß die Geschlechtskrankheiten zu den »schwerwiegendsten«

190 Christian, *Die Rassenhygiene*, 23.

191 *Verhandlungen des Deutschen Reichstags*, 400: Drucksache 975, 4.

192 Vgl. »Zusammenstellung eines Gesetzes zur Bekämpfung der Geschlechtskrankheiten«, *Verhandlungen des Deutschen Reichstags*, 413: Drucksache 2926.

193 Berliner Gesellschaft für Rassenhygiene, *Ueber den gesetzlichen Austausch*, 34-35, 40-46, 46.

Gefahren (Hirsch) zu zählen seien, die bei Eheschließung einem Ehepartner vom anderen drohen, war Konsens. Arthur Ostermann, einer der führenden deutschen Eugeniker, schrieb ihnen 1926 »eine besondere Rolle« zu. So ist erklärlich, daß es Rassenhygieniker gab, die, wie z.B. Max Westenhöfer, die Zeit bereits für reif hielten, Eheverbote mit den Geschlechtskrankheiten zu rechtfertigen, zumindest »für die Zeitdauer der Übertragbarkeit«.[194] Die Eheberatungsstellen erwiesen sich mangels entsprechender gesetzlicher Regelungen als die geeigneten Institutionen, um wenigstens die öffentliche Aufklärung über die Volksseuchen zu leisten. Diese Sichtweise wurde von den linken Parteien im deutschen Reich geteilt, während die Parteien der Rechten »eher einer noch schärfer ausgeprägten ›rassenhygienisch‹ begründeten Heiratskontrolle das Wort zu reden« schienen. Die Aufklärung über Geschlechtskrankheiten dürfte für sie eher sekundär gewesen sein.[195] Die Behörden erkannten ebenfalls die Funktionalität der Eheberatungsstellen für die Bekämpfung der Geschlechtskrankheiten. 1929 gab das Reichsgesundheitsamt eine neue Version des Merkblatts für Eheschließende heraus, dessen wesentlichste Neuerung darin bestand, ausdrücklich auf die Strafbestimmungen vom 18. Februar 1927 bezüglich Geschlechtskrankheiten hinzuweisen.[196]

Die Geschlechtskrankheitenfrage war also nicht ursächlich mit dem Gründungsboom von Ehe- und Sexualberatungsstellen verbunden, aber sie war ein Vehikel. Während sie jedoch mit der Gesetzesverabschiedung vom 26. Januar 1927 in der politischen Diskussion weitgehend erledigt war, blieb die Frage der Heiratszeugnisse weiterhin virulent. Nach der Weltwirtschaftskrise wurden die Akzeptanzbedingungen für sie noch besser. Inzwischen war ein neues Begründungsmuster in den Vordergrund getreten, das zudem den spezifisch rassenhygienischen Zielsetzungen näherstand: die »Verminderung der Kosten für die geistig und körperlich Minderwertigen«. Auf einer Tagung des Preußischen Gemeindeausschusses unter diesem Titel wurde im Okto-

194 Ostermann, »Das Heiratszeugnis«, 106; Max Westenhöfer, »Das Heiratszeugnis im Rahmen der Eugenetik«, Max Hirsch (Hg.), *Das ärztliche Heiratszeugnis, seine wissenschaftlichen und praktischen Grundlagen*, Leipzig 1921, 1-11, 8.

195 Scheumann, *Eheberatung*, 13-15.

196 »Das Merkblatt für Eheschließende«, *ARGB*, 1930, *22*: 103-105.

ber 1931 gefordert: »Der Staatsrat wolle die Staatsregierung ersuchen, ... einen Austausch von eugenetischen Gesundheitszeugnissen schon vor der Verlobung einzurichten«.[197]
Wenn dennoch zu Beginn der dreißiger Jahre die Frage der Ehegesundheitszeugnisse nicht mehr oberste Priorität bei den Rassenhygienikern besaß, waren dafür vor allem zwei Gründe verantwortlich. Zum einen war angesichts der Vielzahl und Unterschiedlichkeit der Beratungsstellen das eigentliche Ziel der Atteste, nämlich die Herausbildung eines eugenischen Bewußtseins im deutschen Volke, kurzfristig offenkundig nicht erreichbar. Gerade die individualistische, liberalistische oder gar sozialistische Orientierung der existierenden Beratungsinstitutionen stand den Interessen der Rassenhygiene diametral entgegen. Von den Erwartungen Schallmayers, daß der Austausch von Gesundheitszeugnissen die Einsicht verbreiten helfe, daß die Sexualität ein zu »Höherem geweihtes Heiligtum« sei, oder auch Muckermanns Vision, daß der Austausch »eine selbstverständliche Sitte im ganzen Volke« sein sollte, war man am Ende der Weimarer Republik weit entfernt. Der zweite Grund war, daß die Sterilisierung als die sozialpolitisch weniger komplexe und somit politisch leichter durchsetzbare Zielsetzung gegenüber der Problematik der Ehegesundheitszeugnisse – nicht nur bei den Rassenhygienikern – eine Vorrangstellung eingenommen hatte. Auf der berühmten Ausschußsitzung des Preußischen Landesgesundheitsrates vom Juli 1932, die unter dem Titel »Die Eugenik im Dienste der Volkswohlfahrt« stand, wurde schließlich lediglich der Entwurf eines Sterilisierungsgesetzes erarbeitet. Die Frage der Ehezeugnisse wurde zu der Zeit nicht Gegenstand von Gesetzesvorlagen.

Sterilisation aus rassenhygienischer Indikation – der Sterilisationsgedanke um die Jahrhundertwende

Die zweite Stoßrichtung der Strategie der Rassenhygieniker, die wahrscheinlich wegen ihrer vergleichsweise leichteren politischen Durchsetzbarkeit – sie betraf von der Konzeption her

197 »Verminderung der Kosten für die geistig und körperlich Minderwertigen«, *Archiv für Bevölkerungspolitik, Sexualethik und Familienkunde*, 1933, *3*: 58-65, 58.

primär die Insassen von Heil- und Pflegeanstalten – schließlich zum zentralen Programmpunkt der Bewegung wurde, war die Sterilisation. Die wissenschaftliche Diskussion, die sich um die medizinische Durchführbarkeit und rechtliche Realisierungsmöglichkeit von eugenisch indizierten Sterilisierungen drehte, setzte bereits vor der Institutionalisierung der Rassenhygiene ein: Schon 1889 hatte der Colditzer Medizinalrat und Psychiater Paul Naecke die Unfruchtbarmachung bestimmter »Entarteter« durch den Staat gefordert. 1900 veröffentlichte er im *Archiv für Kriminologie* eine weitere Arbeit über »Die Kastration bei gewissen Klassen von Degenerierten als ein wirksamer socialer Schutz«, in der er sich für die zwangsweise Durchführung von sterilisatorischen Operationen aussprach. Der Titel der Schrift war insofern allerdings irreführend, als der Verfasser die Kastration als schwer durchführbar ansah und für eine Massenoperation die Vasektomie, also die operative Durchtrennung der Samenleiter, favorisierte.[198]

Der erste Rassenhygieniker, der sich öffentlich für Sterilisationen aussprach, war Ernst Rüdin. Auf dem Bremer Alkoholismus-Kongreß im Jahre 1903 trat Rüdin für gesetzliche Eheverbote und Zwangsinternierung bei minderwertigen Alkoholikern, aber auch für operative Eingriffe bei bestimmten Heiratskandidaten ein.[199] Von zwangsweiser Sterilisierung war hier noch nicht die Rede. Dennoch stießen seine Vorstellungen auf scharfen Widerspruch, und seine Vorschläge wurden von den zuständigen Fachgremien wie von der Öffentlichkeit radikal abgelehnt.[200]

Die Folge dieser negativen Reaktionen war, daß die Rassenhy-

198 Paul Naecke, »Die Kastration bei gewissen Klassen von Degenerirten als ein wirksamer socialer Schutz«, *Archiv für Kriminologie*, 1900, *3/4*: 58-84, 84. Zur Erläuterung: Bei der ›Kastration‹ werden die Keimdrüsen, beim Mann die Hoden entfernt; bei der ›Sterilisation‹ werden nur die Samenleiter durchgetrennt und damit auf weniger radikale Weise die Fortpflanzungsfähigkeit unterbunden. Der begriffliche Unterschied blieb auch in der zeitgenössischen Diskussion zuweilen unbeachtet.

199 Ernst Rüdin, »Der Alkohol im Lebensprozeß der Rasse«, Franziskus Hähnel (Hg.), *Bericht über den IX. Internationalen Kongreß gegen den Alkoholismus*, Jena 1904, 95-109, 105.

200 Kurt Nowak, *»Euthanasie« und Sterilisierung im »Dritten Reich«*, Göttingen 1978, 39.

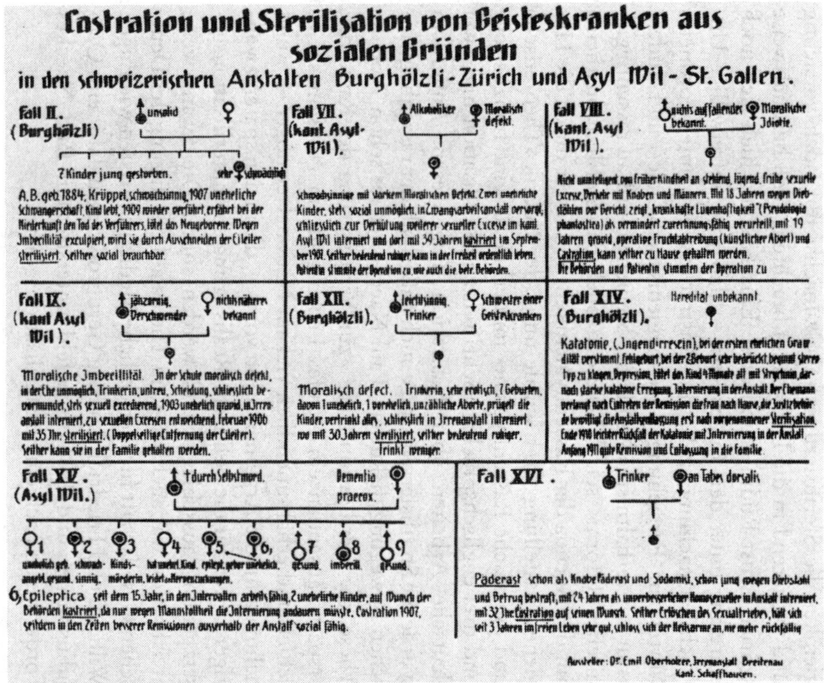

Aus: Max Gruber/Ernst Rüdin (Hrsg.), Fortpflanzung, Vererbung, Rassenhygiene. Katalog der Gruppe Rassenhygiene der Internationalen Hygiene-Ausstellung 1911 in Dresden. München (J.F. Lehmanns Verlag) o.J. S. 88.

gieniker die Sterilisierungsfrage zunächst nur noch vorsichtig und taktierend in die Diskussion brachten. 1908 beispielsweise schrieb Ernst Rüdin – und diese Einschätzung hielt sich noch jahrelang unter den Eugenikern –, daß »die unfreiwillige Unfruchtbarmachung, z.B. die Kastration, ein untergeordnetes Mittel zur Erreichung rassenhygienischer Ziele« und zudem »nur ein verhältnismäßig kleines Steinchen im Bau rassenhygienischer Reform« sei.[201] Dennoch blieb das Sterilisationsthema auf der Agenda der Rassenhygieniker. Im Führer durch die Hygiene-Ausstellung 1911 wurde unter der Rubrik ›Theoretische und praktische Rassenhygiene‹ immerhin auf eine französische und drei englischsprachige Schriften zur Sterilisation und zwei deutsche Arbeiten über Kastration hingewiesen. Außerdem wurde die Sterilisierungsfrage auch außerhalb der rassenhygienischen Bewegung diskutiert. Paul Naecke vertrat schon 1909 die These, die Sterilisation trage »zur Verbesserung der Rasse bei, erspart Tausenden ein elendes Leben und ein grausames Geschick und erhält unendlich viel am Nationalvermögen«[202], und nahm damit die Argumentation vorweg, die in den späten zwanziger Jahren für die politische Realisierung einer Sterilisationsgesetzgebung ausschlaggebend werden sollte. Die zwangsweise Sterilisation war auch 1912 ein Thema auf der Tagung der Deutschen Gesellschaft für Gerichtliche Medizin; Juristen wie Eugen Wilhelm und Friedrich Ludwig Gerngroß traten dafür ein; Otto Juliusburger und L. Loewenfeld unterstützten Paul Naeckes Forderungen nach einem Sterilisationsgesetz.

Rassenhygienisches Vorbild USA

Offenbar bestärkt durch diese Aktivitäten, veröffentlichte Geza von Hoffmann 1913 ein Buch über *Die Rassenhygiene in den Vereinigten Staaten von Nordamerika*. Hoffmann, vordem österreichisch-ungarischer Vizekonsul in den USA und 1913 nach Berlin versetzt, wurde aktives Mitglied der dortigen Orts-

201 Ernst Rüdin, »Rassenhygienische Gesetzgebung in den Vereinigten Staaten von Nordamerika«, *ARGB*, 1908, *5*: 154-156, 154.

202 Paul Naecke, »Die ersten Kastrationen aus sozialen Gründen auf europäischem Boden«, *Neurologisches Centralblatt*, 1909, *28*: 226-234, 234.

gruppe für Rassenhygiene. Bereits in der Einleitung zu seinem Buch entzog er allen möglichen ethisch-moralischen Einwänden gegen »practical eugenics« den Boden, indem er schrieb: »Amerika ist keineswegs radikal. Es ist bloß bis zur Nüchternheit vernünftig...« Die Veröffentlichung legitimierte er damit, daß über die Maßnahmen an sich in Deutschland ausgezeichnete Schriften zugänglich seien, »aber weniger bekannt als die Gesetze oder vielleicht ganz unbekannt ist dem europäischen Leser ihre Durchführung«, die auch dem geschulten Rassenhygieniker neue Erkenntnisse vermitteln dürfte.[203]

Die propagandistische Wirkung des Hoffmannschen Buches war weit größer, als sein Inhalt es erwarten ließ, denn Hoffmann »verhehlte seinen Lesern mehr, als er... ihnen mitteilte«.[204] Tatsächlich fanden 1914 Sterilisierungsgesetze lediglich in Nord-Dakota und Kalifornien Anwendung, in anderen Staaten waren sie durch gerichtliche Verfügung außer Kraft gesetzt. Bis 1933 wurden die bestehenden Gesetze nur in wenigen Fällen angewandt. Die zeitgenössische Reaktion auf Hoffmanns Buch war einhellig negativ. Die nordamerikanischen Gesetze, die den Deutschen seiner Auffassung nach als Beispiel dienen sollten, wurden als Rückfall in die Barbarei, übereilt und plump oder als mit europäischem Rechtsempfinden unvereinbar erklärt.[205] Selbst die Rassenhygieniker waren skeptisch. Ernst Rüdin bemerkte in einer Rezension, »es würde doch auf das lebhafteste interessieren, ob und wie denn nun diese Gesetze in Wirklichkeit zur Anwendung und Befolgung gelangen ... oder ob sie nur... in dieser oder jener Weise umgangen werden«. Fritz Lenz hielt die negative Rassenhygiene, die durch die nordamerikanische Gesetzgebung zur Anwendung kam, für bedenklich; sie täusche leicht über die bittere Notwendigkeit der positiven Rassenhygiene hinweg, welche darin besteht, den Tüchtigen zu einer überdurchschnittlichen Vermehrung zu verhelfen. Selbst die in

203 Geza von Hoffmann, *Die Rassenhygiene in den Vereinigten Staaten von Nordamerika*, München 1913, IX, X.

204 Nowak, *Euthanasie*, 40.

205 Zit. n. Joachim Müller, *Sterilisation und Gesetzgebung bis 1933* (= Abhandlungen zur Geschichte der Medizin und der Naturwissenschaften 49), Husum 1985, 52.

Kraft getretenen Gesetze stünden zumeist nur auf dem Papier.[206]
Hoffmanns Arbeiten – er schrieb im Archiv des Jahres 1914 noch eine Reihe weiterer Abhandlungen zu dem Thema – waren ungeachtet der Kritik symptomatisch für die rassenhygienische Diskussion bis in die NS-Zeit: Die amerikanische rassenhygienische Praxis diente den Deutschen als nachahmenswertes Vorbild. Vor Ausbruch des Ersten Weltkriegs war jedoch eine politische Realisierung der Sterilisation undenkbar. Eine unzureichende wissenschaftliche Begründung sowie juristische Normierungen und ethische Schranken standen ihr entgegen. Ignaz Kaup, der mit der Materie vertraute Sozial- und Rassenhygieniker, beschrieb die Situation 1913: »Nach der Anschauungsweise in deutschen Volkskreisen kann in absehbarer Zeit auf gesetzliche Maßnahmen zur Sterilisation Minderwertiger nicht gehofft werden. Viel aussichtsvoller ist die Unschädlichmachung Minderwertiger durch lebenslängliche Absonderung in der vorgeschlagenen Weise«, d. h. durch Ausgliederung.[207] In ihren »Leitsätzen zur Geburtenfrage« von 1914 forderten die Rassenhygieniker neben dem obligatorischen Austausch von Gesundheitszeugnissen nur die »gesetzliche Regelung des Vorgehens in solchen Fällen, wo Unterbrechung der Schwangerschaft oder Unfruchtbarmachung ärztlich geboten erscheint«.[208]

Die taktische Wende zur ›deutschen positiven‹ Rassenhygiene

Während und nach dem Weltkrieg standen der Sterilisationsidee nicht nur ethische Gründe entgegen; sie war angesichts der kriegsbedingten bevölkerungspolitischen Erfordernisse Deutschlands auch anachronistisch. Was das Deutsche Reich brauchte, war eine möglichst hohe Bevölkerungszahl, um wirtschaftlich und militärisch mit den anderen europäischen Mächten mithalten zu können. Gesetzliche Vorhaben und Maßnahmen dieser Zeit konzentrierten sich dementsprechend eher auf

206 Ernst Rüdin, Buchrezension, *ARGB*, 1911, *8*: 815-824, 817; Fritz Lenz, Buchrezension, *ARGB*, 1913, *10*: 249-252, 252.
207 Kaup, »Was kosten die minderwertigen Elemente«, 746.
208 »Leitsätze der Deutschen Gesellschaft für Rassenhygiene zur Geburtenfrage«, *ARGB*, 1914-15, *11*: 135.

die Verhinderung der Abtreibungen und der Verbreitung empfängnisverhütender Mittel als auf eugenische Probleme. Der Entwurf eines »Gesetzes gegen Unfruchtbarmachung und Schwangerschaftsunterbrechung«, obwohl nicht verabschiedet, war ein Indiz dafür. Ein Zeitgenosse bemerkte daher auch völlig richtig, daß die Frage, »ob man einige Gewohnheitsverbrecher, Imbezille oder pathologische Säufer operativ sterilisiert oder nicht, ... im Sinne der Bevölkerungsbewegung als Massenerscheinung keine Bedeutung« habe.[209]

Die Rassenhygieniker erkannten diese Situation und verlegten sich darauf, für positive rassefördernde Maßnahmen zu plädieren. 1916 erklärte Fritz Lenz gar, daß die sogenannte negative Rassenhygiene mit Sterilisierung als primärer Maßnahme »untergeordnete Bedeutung« habe, wohingegen die positive Rassenhygiene von den namhaftesten deutschen Persönlichkeiten auf diesem Gebiet wiederholt und nachdrücklich als die eigentlich zentrale Strategie bezeichnet worden sei.[210] 1918 betonte Wilhelm Schallmayer, daß rassenhygienische Sterilisierungsgesetze und ebenso rassenhygienische Ehegesetze niemals die wichtigste Angelegenheit der Rassenhygiene bilden würden. Sie müsse in erster Linie eine stärkere Fortpflanzungsrate der überdurchschnittlich Rassetüchtigen anstreben.[211] Selbst in einem Katalog von »Aufgaben der Rassenhygiene im neuen Deutschland«, 1920 von Max Westenhöfer verfaßt, sah dieser die Sterilisationspraxis als unzulänglich an: »Denn die Zahl der genannten Untüchtigen ist so gering, daß ihre Ausmerzung für das gesamte Volk nur wenig Bedeutung hat ... Hätte die Deszendenztheorie keine andere Aufgabe, als diese äußersten krankhaften Auswüchse der Menschheit abzuschneiden, so hätte sie kaum das Recht, die Allgemeinheit mit ihren Bestrebungen zu behelligen.« Die minimalen negativen Maßnahmen müßten durch eine Reihe von positiven ergänzt werden, und noch immer werde die englisch-ameri-

209 Vgl. Müller, *Sterilisation*, 55; Friedrich Martius, »Künstliche Fehlgeburt und künstliche Unfruchtbarkeit vom Standpunkt der inneren Medizin«, Siegfried Placzek (Hg.), *Künstliche Fehlgeburt und künstliche Unfruchtbarkeit, ihre Indikationen, Technik und Rechtslage*, Leipzig 1918, 49-120, 90.

210 Hermann W. Siemens, Buchrezension, *ARGB*, 1916-18, *12*: 380-381, 380.

211 Schallmayer, *Vererbung und Auslese* (1918), 425.

kanische, negative Rassenhygiene viel zu sehr in den Vordergrund der rassenhygienischen Diskussion gerückt. So sei es an der Zeit, »noch viel nachdrücklicher als bisher die Aufmerksamkeit auf die deutsche, positive Rassenhygiene zu lenken«.[212] Noch in den Leitsätzen der Gesellschaft für Rassenhygiene von 1922 spiegelte sich dieser Stand der Diskussion wider. Sie stellten – der vorherrschenden bevölkerungspolitischen Orientierung entsprechend – denn auch eher einen Katalog positiver Rassenhygiene dar. In erster Linie sollten wirtschaftliche und gesellschaftliche Reformen angestrebt werden, die geeignet waren, »bei gesunden und tüchtigen Ehepaaren« der Zurückhaltung bei der Zahl der Kinder entgegenzuwirken.[213]

Die offensive Vertretung des Sterilisierungsgedankens hätte in der liberalen, wohlfahrtsorientierten frühen Weimarer Republik keine Aussichten auf politische Unterstützung gehabt. Die vorherrschende politische Meinung drückte Adolf Gottstein, von 1919 bis 1924 Ministerialdirektor der Preußischen Medizinalabteilung, im Jahr seines Rücktritts aus. Gottstein glaubte, die Wirksamkeit der »Verhinderung der Fortpflanzung geistig und körperlich Minderwertiger« werde überschätzt. »Es läßt sich eben zu schwer bestimmen, bei welchen Krankheiten und Personen er wirklich Nutzen verspricht.«[214]

Eigenartigerweise spielte die populationsgenetische Diskussion um die erforderliche Dauer von Sterilisationsmaßnahmen bei rezessiven Erbkrankheiten, die Anfang der zwanziger Jahre in den USA und England geführt wurde, in Deutschland zu dieser Zeit noch keine Rolle.[215]

212 Max Westenhöfer, *Die Aufgaben der Rassenhygiene (des Nachkommenschutzes) im neuen Deutschland*, Berlin 1920, 25.

213 »Leitsätze der Deutschen Gesellschaft für Rassenhygiene«, 374, 373.

214 Adolf Gottstein, *Das Heilwesen der Gegenwart. Gesundheitslehre und Gesundheitspolitik*, Berlin 1924, 487.

215 Zur Diskussion z.B. zwischen R. C. Punnett und R. A. Fisher s. Abschnitt 7.

Boeters und die »Lex Zwickau«

Die Kritik an den Sterilisationsvorstellungen seitens der Politik und Medizinalverwaltung und die entsprechende Zurückhaltung der Rassenhygieniker änderten sich, als 1923 ein Mann auf den Plan trat, der die Debatte erneut und verstärkt ins Rollen brachte. Am 21. Mai 1923 übersandte der Zwickauer Bezirksarzt Gerhard Boeters der Sächsischen Staatsregierung eine Denkschrift, die eine gesetzliche Regelung zwanghafter Sterilisationen bei bestimmten erblichen Krankheiten vorsah: bei Blindgeborenen, Taubstummgeborenen, Blödsinnigen, Geisteskranken, Sittlichkeitsverbrechern, Vätern zweier oder mehrerer unehelicher Kinder und bei Kindern, die aller Voraussicht nach den normalen Volksschulunterricht nicht erfolgreich abschließen würden.[216] Boeters veröffentlichte diesen Entwurf zudem in der *Sächsischen Staatszeitung* und 1924 auch im *Ärztlichen Vereinsblatt*. Überdies war er auch in anderen nichtmedizinischen Blättern propagandistisch tätig und fachte die Diskussion weiter an. Entgegen aller Widerstände und Ablehnung, die er mit seinen Vorschlägen erfuhr, ließ er nicht locker mit seinem Drängen auf eine gesetzliche Regelung der Sterilisation.

Im Oktober 1925, als zwar das Sächsische Landesgesundheitsamt, das Preußische Volkswohlfahrtsministerium bzw. dessen Ausschuß für Bevölkerungswesen und Rassenhygiene sowie das Thüringische Wirtschaftsministerium mit einer Eingabe an das Reichsgesundheitsamt in seiner Angelegenheit aktiv geworden waren, aber insgesamt nur negative Bescheide erstellten, legte Boeters dem Deutschen Reichstag einen erneuten »Entwurf zu einem Gesetz über die Verhütung unwerten Lebens durch operative Maßnahmen« vor, der unter dem Schlagwort »Lex Zwickau« berühmt-berüchtigt wurde. Fritz Dehnow und erstaunlicherweise auch August Forel hatten an dieser Schrift mitgewirkt, die vom Reichsgesundheitsamt wiederum abschlägig beschieden wurde.[217] Nach einem abermaligen Mißerfolg stellte Boeters Strafantrag gegen den zuständigen Staatsanwalt, der gegen ihn kein Verfahren wegen unrechtmäßiger sterilisatorischer Eingriffe eingeleitet habe, obwohl er – Boeters – »seit länger als

216 Zit. n. Müller, *Sterilisation*, 60-61.
217 Vgl. Müller, *Sterilisation*, 71.

20 Jahren praktisch ... auf dem Gebiete der Rassenhygiene« arbeite und bis 1925 63 operative Eingriffe vorgenommen habe.[218]

Mit diesem Schritt hatte Boeters erreicht, daß die juristisch-politische Diskussion in Gang kam, in der es um die vermeintliche ›Rechtsunsicherheit‹ für die Ärzte ging. Sie verstummte nicht mehr, bis es zur Verabschiedung des Gesetzes kam. Die Diskussion zog weite Kreise; Hygieniker, Psychiater und Juristen beteiligten sich an ihr, ebenso die betreffenden Organisationen wie z. B. die »Forensisch-Psychologische Gesellschaft« oder die »Badische Gesellschaft für Soziale Hygiene«. Selbst im Preußischen Landesgesundheitsrat wurde die Problematik debattiert, wo Alfred Grotjahn für die Unfruchtbarmachung bestimmter erblich Belasteter eintrat. Symptomatisch war die Haltung des renommierten Strafrechtlers Wilhelm Kahl, der sagte: »Die Einschmuggelung des eugenischen Prinzips in das Strafrecht auf diesem Wege könnte ich niemals verantworten. Ich werde also nicht nur mit einem Arm, sondern mit beiden Armen dagegen stimmen.«[219]

Auch diesmal verfehlte Boeters noch sein eigentliches Ziel. Mit den Neuentwürfen zum Deutschen Strafgesetzbuch von 1927, deren §§ 263 und 264 die Frage der Körperverletzung bei ärztlichen Eingriffen regelten, wurde die Sterilisation aus eugenischer Indikation weder eindeutig erlaubt noch eindeutig unterbunden. Dennoch war die Sterilisationsfrage von nun an auf der politischen Agenda und entwickelte ihre eigene Dynamik.

218 Zit. n. Klaus-Dieter Thomann, »Auf dem Weg«, 136; Robert Gaupp, *Die Unfruchtbarmachung geistig und sittlich Kranker und Minderwertiger*, Berlin 1925, 15; vgl. auch Vollmann, »Die ausmerzenden Maßnahmen der Eugenik und ihre rechtliche Beurteilung«, *Ärztliches Vereinsblatt*, 1932, *61*: 419-423, 421.

219 *Der neue Entwurf des allgemeinen Deutschen Strafgesetzbuches vom ärztlichen Standpunkte. Bericht über die Sitzung des verstärkten Ausschusses des Landesgesundheitsrates am 30. und 31. Oktober 1925*, Berlin 1926, 134.

›Sterilisation ist billiger als Asylieren‹

Die 1925 erschienene vielzitierte Schrift Robert Gaupps über *Die Unfruchtbarmachung geistig und sittlich Kranker und Minderwertiger*, in der die Belastung des Deutschen Reiches durch die geistig und sittlich Minderwertigen aller Klassen als »enorm« und angesichts der Verarmung und der schwer ringenden Wirtschaft als »trostlos« dargestellt wurde, stand in der Argumentationslinie, in der die Finanzkrise der staatlichen Gesundheitsfürsorge die entscheidende Begründung für rassenhygienische Maßnahmen, insbesondere die Sterilisation, wurde.[220] Die rassenhygienische Bewegung erkannte rasch, daß die juristisch-politische Debatte um eine Änderung der betreffenden Gesetze eine neue legitimatorische Chance enthielt, und schaltete sich in diese Debatte ein. Die Sterilisation wurde gegen die wesentlich teurere Asylierung der Anstaltsinsassen bilanziert sowie gegen die für das Fürsorgesystem entstehenden Folgekosten. Eduard Kohlrausch argumentierte exemplarisch: »Bedenkt man aber die Ersparnis, die den Kosten gegenübersteht, so würden diese überreich gedeckt sein! In vielen Fällen erübrigt sich nach der Operation eine sonst notwendige kostspielige Internierung. Und in den meisten Fällen würde der Wegfall der fast immer fürsorgebedürftigen Nachkommenschaft, vielfach wohl auch die kriminalpräventive Bedeutung der Maßregel eine so enorme finanzielle Entlastung des Volkes bringen, daß die Kosten ohne Bedenken in den Fürsorgeetat eingestellt werden können.« Für Kohlrausch waren es »geradezu finanzwirtschaftliche Motive, die das Problem der eugenischen Sterilisation heute aktualisiert haben«.[221] Wie sich das Kostenargument in einer durch eugenische Krankheitsdiagnose und Prävention durch Sterilisation plötzlich veränderten Handlungsperspektive mit dem Argument des Freiheitsschutzes verbinden ließ, wurde von Rainer Fetscher demonstriert: »Ausdehnung der Asylierung wäre ein Weg, der aber sehr kostspielig ist und überdies auch der Person gegenüber nur verantwortet werden kann, wenn sie gemeingefährlich oder im Leben völlig hilflos ist. Die *isolierte Ausschaltung der Fortpflanzungsfähigkeit* ist somit der sicherste Weg, der auch weni-

220 Gaupp, *Die Unfruchtbarmachung*, 21.

221 Eduard Kohlrausch, »Sterilisation und Strafrecht«, *Zeitschrift für die gesamte Strafrechtswissenschaft*, 1932, 52: 383-404, 404.

ger Härten in sich schließt als Eheverbot oder gar Asylierung.«[222]
Am 28. Februar 1929 schlug die »Eugenische Arbeitsgemeinschaft« in Elberfeld einen Zusatz zum §238 StGB vor, der die Freigabe der Sterilisation für die Fälle regeln sollte, wenn die Eingriffe »nach pflichtmäßigem und wissenschaftlich begründetem Ermessen staatlicher Medizinalbeamten von approbierten Ärzten vorgenommen werden«. Desgleichen stellte die Berliner Ortsgruppe der Gesellschaft für Rassenhygiene am 31. Juli 1929 einen von Eugen Fischer und Hermann Muckermann unterzeichneten Antrag, der, da die Fürsorgelast »den gesunden arbeitstüchtigen Trägern deutscher Zukunft immer mehr Mittel nimmt«, eine Straffreiheit eugenischer Sterilisation unter Einhaltung der Regeln ärztlicher Kunst forderte. Genau einen Monat später, am 31. August 1929, sandte die Münchner Gesellschaft für Rassenhygiene an den Strafrechtsausschuß des Reichstages ein Schreiben mit demselben Änderungsvorschlag, das Ernst Rüdin und Fritz Lenz unterzeichneten.[223]
Schließlich wurde in den Leitsätzen der Gesellschaft für Rassenhygiene von 1931 die freiwillige Sterilisierung (Unfruchtbarmachung) als ein geeignetes Mittel bezeichnet, um die Fortpflanzung Untüchtiger zu verhüten.[224] Ab 1932 wurde das zwei Jahrzehnte zuvor noch tabuisierte Sterilisationsthema offen diskutiert.

Die Sterilisationsfrage in der politischen Administration – die Weichen werden gestellt

Das Jahr 1932 markiert den Zeitpunkt, zu dem die Sterilisationsfrage schließlich zum Gegenstand administrativer Planungen wurde und damit den Rahmen unverbindlicher Diskussionen verließ. Die zentrale Rolle kam dabei dem »Preußischen Landesgesundheitsrat« zu, für den »Die Eugenik in der Volkswohlfahrt« (so das Motto einer Tagung im Juli 1932) jetzt zum Thema

222 Rainer Fetscher, »Die Sterilisierung aus eugenischen Gründen«, *Zeitschrift für die gesamte Strafrechtswissenschaft*, 1932, *52*: 404-423, 408.

223 »Dokumente aus der eugenischen Bewegung«, *Das kommende Geschlecht*, 1929, *5*, H. 3: 20-31, 20, 21, 23-24.

224 »Leitsätze der Deutschen Gesellschaft für Rassenhygiene«, *ARGB*, 1932, *16*: 234.

wurde. Die inzwischen noch weiter verschärfte wirtschaftliche und soziale Krise ließ die Kategorien und Verheißungen der Rassenhygiene immer überzeugender wirken.[225] Aus der Diskussion ging noch im Juli des gleichen Jahres der von einer dafür eingesetzten Kommission erarbeitete »Entwurf eines Sterilisierungsgesetzes mit Begründung« hervor, der dem Minister für Volkswohlfahrt übermittelt wurde. Der Gesetzesentwurf sah in § 1 die freiwillige Sterilisation vor: »Eine Person, die an erblicher Geisteskrankheit, erblicher Geistesschwäche, erblicher Epilepsie oder an einer sonstigen Erbkrankheit leidet oder Träger krankhafter Erbanlagen ist, kann operativ sterilisiert werden, wenn sie einwilligt und nach den Lehren der ärztlichen Wissenschaft bei ihrer Nachkommenschaft mit großer Wahrscheinlichkeit schwere körperliche oder geistige Erbschäden vorauszusehen sind.«[226]

Wie weit sich das Spektrum der politischen Auffassungen inzwischen in Richtung der Aussonderungs- und Ausmerzungsstrategien einer negativen Eugenik/Rassenhygiene verschoben hatte, läßt sich u. a. an dem Gesinnungswandel eines Hermann Muckermann ablesen, der auf der erwähnten Tagung als Referent auftrat. Noch 1917 hatte Muckermann die Rettung des deutschen Volkes vor der Entartung weniger in der Unfruchtbarmachung »Minderwertiger« als in der Hebung der allgemeinen Zeugungsfähigkeit der Bevölkerung gesehen, und überdies durfte die Rassenhygiene für ihn *nie* im Widerspruch mit dem Naturgesetz und der christlichen Lehre von der Ehe und Familie stehen. Alle Geschöpfe seien »Kinder Gottes, Lieblinge Jesu, Gnadenkinder, Segenskinder, Erben des ewigen Lebens – auch wenn die Rassenhygiene sie als Minderwertige verwerfen sollte!«[227] Nun – 1932 – machte sich Muckermann zum – wenn auch moderaten – Befürworter der Sterilisierung. Da sie aus ethischen Gründen umstritten sei, hielt er nur ihre allgemeine zwangsweise Einführung für undenkbar.

Die ethischen Bedenken waren einem prinzipiellen Konsens über die Einführung der Sterilisation gewichen. Jetzt ging es nur

225 Vgl. die Äußerungen Schopohls auf der genannten Tagung; *Die Eugenik im Dienste der Volkswohlfahrt*, 6.

226 *Die Eugenik im Dienste*, 103, 107.

227 Hermann Muckermann, »Das dringlichste Problem der Bevölkerungsfrage«, *Stimmen der Zeit*, 1917, *93*: 134-154, 153.

mehr um technische Details und taktische politische Kalküle. Das Spektrum reichte von dem noch relativ gemäßigten Muckermann zu den radikalen Nationalsozialisten, die im Landesgesundheitsrat von Dr. Conti repräsentiert wurden. Conti gab »in Übereinstimmung mit unserer Bewegung der Überzeugung Ausdruck«, daß nur eine zwangsweise Sterilisationspraxis zu Erfolgen führen könne. Außerdem hielt er eine erfolgreiche Eugenik für unmöglich, die »systematisch und dauernd an den Begriffen von Rasse und Volkstum vorbeigehen und das ganze Gebiet der Rassenfrage systematisch umgehen kann«.[228]

Noch wichtiger als die Landesgesundheits-Tagung waren die Beschlüsse, die der »Preußische Staatsrat« im Januar 1932 unter dem Vorsitz von Konrad Adenauer verabschiedete. Mit der Begründung, daß die Aufwendungen für Menschen mit erbbedingten, körperlichen oder geistigen Schäden schon jetzt eine für die Wirtschaft untragbare Höhe erreicht hätten, wurde das Staatsministerium aufgefordert, eine verstärkte Aufklärung über eugenische Maßnahmen vorzunehmen und die von den Gemeinden, Kreisen, Provinzen und dem Staate für die Pflege und Förderung der geistig und körperlich Minderwertigen aufzuwendenden Kosten auf das »von einem völlig verarmten Volke« noch tragbare Maß zu senken. Mit Rücksicht auf das sittliche Empfinden der Öffentlichkeit, vor allem aber auch angesichts der Schwierigkeiten einer wissenschaftlich gesicherten Abgrenzung der Krankheiten blieb allerdings auch der Preußische Staatsrat noch auf der Linie einer grundsätzlich freiwilligen Sterilisierungspraxis.[229]

Die Entschließung des Staatsrats wurde in den Reihen der Eugeniker als großer Erfolg gewertet, da sie »aus dem Staatsrate selber kam« und damit »zum erstenmal ein Glied der Staatsverwaltung von sich aus die Notwendigkeit eugenischen Denkens und Handelns anerkannt« hatte, das Signal eines Umschwungs, das die Eugeniker »mit Genugtuung« erfüllte.[230] Tatsächlich sah es wie ein genereller Umschwung im politischen Klima hinsichtlich der Rassenhygiene im allgemeinen und der Sterilisation im besonderen aus. Auch im Volkswohlfahrtsministerium und im Kultus-

228 *Die Eugenik im Dienste*, 84, 59, 60.

229 Arthur Ostermann, »Die Eugenik im Dienste der Volkswohlfahrt«, *Eugenik. Erblehre. Erbpflege*, 1932, 2: 241-253, 252.

230 *Eugenik. Erblehre. Erbpflege*, 1931-32, 2: 109.

ministerium gab es jetzt Anzeichen für die neue rassenhygienische Orientierung.[231]
Der Staatsrat in Berlin hatte letztlich jedoch nur auf eine seit 1929 von zahlreichen Vereinigungen ständig geforderte Behandlung der Sterilisationsfrage reagiert, unter ihnen der »Reichsbund für Geburtenregelung und Sexualhygiene«, die »Ärztliche Gesellschaft für Sexualwissenschaft und Eugenetik«, die sich schon 1925 für staatliche Zwangsmaßnahmen ausgesprochen hatte, der Deutsche Ärztevereinsbund, die Internationale Kriminalistische Vereinigung, der Deutsche Verband für Psychische Hygiene, der Centralausschuß für die Innere Mission, die evangelische Arbeitsgemeinschaft der Mediziner und Theologen und der »Verein akademisch gebildeter Katholiken«, der sich 1933 zwar gegen zwangsweise Sterilisierung wenden sollte, aber Erlaß und Durchführung eines Sterilisierungsgesetzes »keinen Widerstand entgegenbringen« wollte.[232]
Angesichts einer solch breiten Basis der politischen Unterstützung für den wichtigsten Programmpunkt der Rassenhygieniker ist es nicht überraschend, daß die kritischen Stimmen bezüglich der wissenschaftlichen Grundlagen der Indikationsstellung von der Zunft selbst zum Schweigen gebracht wurden. Am 13. Mai 1933 erklärte Eugen Fischer vor der Notgemeinschaft der deutschen Wissenschaft: »Die Fortschritte der letzten 10 Jahre auf dem Gebiet der menschlichen Erblehre sind so groß, daß ich unter voller Verantwortung sagen möchte, wir haben eine vollkommen sichere Grundlage für alle etwaigen bevölkerungspolitischen Maßregeln.«[233] Derart hochfliegende Versprechungen gaben die Rassenhygieniker, um den errungenen Erfolg abzusichern. Jetzt waren sie in politisch-administrative Entscheidungs-

231 »Eugenische Maßnahmen als Aufgabe des Staates«, *Deutsches Ärzteblatt*, 1932, *59*: 119-121, 121. Die unterschiedlichen Wohlfahrtsverbände nahmen ebenfalls zu den Forderungen des Preußischen Staatsrates Stellung: »Stellungnahme zu den Forderungen des Preußischen Staatsrates vom 20. Januar 1932«, *Archiv für Bevölkerungspolitik, Sexualethik und Familienkunde*, 1933, *3*: 65-68.

232 *Zeitschrift für Volksaufartung und Erbkunde*, 1927, *2*: 12; *Augsburger Postzeitung* 107: 10. 5. 1933.

233 Eugen Fischer, »Ist die menschliche Erblehre eine hinreichende Grundlage eugenischer Bevölkerungspolitik?«, *Archiv für Kriminologie*, 1933, *93*: 79-80, 79.

prozesse einbezogen und seitens der Ministerien und Regierungen für die wissenschaftliche Beratung gefragt. Hermann Muckermann wußte schon 1931 zu berichten: »Es geht auch aus Unterredungen, die ein Vorstandsmitglied mit dem Präsidenten des Reichsgesundheitsamtes, mit dem Herrn Minister für Wissenschaft, Kunst und Volksbildung und mit anderen Vertretern der Regierung hatte, hervor, daß die Geneigtheit, eugenische Gedanken aufzunehmen, eine bedeutende Steigerung erfahren hat«.[234] Fritz Lenz wollte allerdings über die Entschließung des Preußischen Staatsrates 1932 nicht recht froh werden. Er monierte, daß erbliche Geisteskrankheit, auf die das Gesetz Anwendung finden sollte, als rezessiv vererbte nicht mit Sicherheit auszumachen sei und sich daraus eher »eine Hemmung der rassenhygienischen Sterilisierung statt der Förderung« ergeben dürfte.[235] Außerdem glaubte er, aufgrund immer noch fehlender biologischer Einsicht der Regierenden und der Öffentlichkeit einer »gesetzliche(n) Einführung der zwangsmäßigen Sterilisierung einstweilen widerraten zu müssen«.[236] Es spricht einiges dafür, daß die führenden Rassenhygieniker sogar von der Entwicklung überrascht wurden. Diese nur *vorläufige* Ablehnung der Zwangssterilisierung war offenbar ein den öffentlichen Widerstand antizipierendes taktisches Manöver (und nicht etwa eine moralische Grundeinstellung, wie Fritz Lenz nach 1945 immer glauben machen wollte). Schon 1928 hatte Lenz nämlich das taktische Argument als solches erläutert: »Durch Eintreten für zwangsmäßige Sterilisierungen schadet man nur der guten Sache.« Ernst Rüdin, der 1933 zu den Kommentatoren des neuen Erbgesundheitsgesetzes gehörte, sprach sich noch 1932 ebenfalls dagegen aus, da er den Zeitpunkt »bei uns für noch lange nicht gekommen« hielt.[237] Der Zeitpunkt war jetzt rascher gekommen, als die Rassenhygieniker selbst zu hoffen gewagt hatten.

234 »Aus der Hauptversammlung der Deutschen Gesellschaft für Rassenhygiene (Eugenik) zu München am 18. September 1931«, *ARGB*, 1932, *26*: 94-107, 100.

235 Fritz Lenz, »Rassenhygiene und Sterilisierung im Preußischen Landesgesundheitsrat«, *ARGB*, 1933, *27*: 180-185, 182/83.

236 Baur/Fischer/Lenz, *Grundriß*, Bd. 2: *Menschliche Auslese und Rassenhygiene (Eugenik)*, 3. Aufl., München 1931, 278.

237 Fritz Lenz, »Soziale Notwendigkeit der Rassenhygiene«, *Süddeutsche Monatshefte*, 1928, 436-443, 439; Ernst Rüdin, »Psychiatrische Indika-

Die Ausbreitung des Sterilisierungsgedankens in der Weimarer Zeit legt den Eindruck nahe, als habe sich diese Entwicklung ohne Gegenstimmen vollzogen. Aus zwei Lagern hätte man im Prinzip Widerstand erwarten können: von seiten der Kirchen und aus der Wissenschaft. Von beiden Seiten gab es auch eine entsprechende ethische bzw. wissenschaftliche Kritik, aber sie blieb letztlich wirkungslos. Aus den Reihen der kirchlichen Organisationen, genauer: nur von der katholischen Kirche kamen erwartungsgemäß *ethische* Einwände. Der katholischen Kirche waren durch die Enzyklika Casti connubii des Papstes Pius XI. vom Dezember 1930 Direktiven auferlegt worden, die die Sterilisation als mit der katholischen Ethik unvereinbar erklärten. Die beiden bekanntesten katholischen Befürworter der Sterilisation – der badische Pfarrer Joseph Mayer und Hermann Muckermann – zogen die Konsequenzen, was die rechtsradikale Zeitschrift *Deutschlands Erneuerung* mit den Worten kommentierte: »Mayer hat erklärt, daß er sich geirrt habe – dafür ist er ja auch katholischer Theologieprofessor, Muckermann aber hat einen gewundenen Rückzug angetreten, der uns und ihm nicht viel Freude macht.«[238] Vieles weist aber darauf hin, daß die deutsche katholische Kirche – als Wohlfahrtsinstitution ebenfalls ökonomischen Zwängen unterliegend – auch weiterhin Sterilisierungspraktiken nicht völlig ausschloß. Auf der erwähnten Tagung des »Vereins akademisch gebildeter Katholiken« im April 1933 wurde zwar ein unmittelbares staatlich-medizinisches Recht auf Eingriff in die biologische und private Sphäre eines Patienten abgelehnt, aber für den Fall des Erlasses und der Durchführung eines Sterilisierungsgesetzes gegenüber »der evangelischen Mehrheit im Volke« Stillhalten angekündigt. Für die katholischen Anstalten würde man allerdings »die gleiche Gewissensfreiheit beanspruchen«.[239]

In der evangelischen Kirche gab es derartige ethische Bedenken

tion zur Sterilisierung«, *Das kommende Geschlecht*, 1929, *5*, H. 3: 1-19, 16.

238 Theodor Gottlieb, »Eugenik, Papst und Muckermann«, *Deutschlands Erneuerung*, 1932, *16*: 165-168, 166; T. Gottlieb war ein Pseudonym für den Rassenhygieniker G. Tirala.

239 *Augsburger Postzeitung* 107: 10. 5. 1933.

offenbar nicht, ganz im Gegenteil. Auf der Fachtagung des »Central-Ausschusses für Innere Mission«, der am 31. Januar 1931 über Gegenwartsfragen der Eugenik verhandelte, wurde erklärt, es bestünde »nicht nur ein Recht, sondern sogar eine sittliche Pflicht zur Sterilisierung aus Nächstenliebe und der Verantwortung, die uns nicht nur für die gewordenen, sondern auch für die kommenden Geschlechter auferlegt ist«. Die Konferenz beschloß daher, »daß in gewissen Fällen die Forderung zur künstlichen Unfruchtbarmachung religiös-sittlich als gerechtfertigt anzusehen« sei. Eine ohne Einspruch des Betroffenen vorgenommene Sterilisierung – sofern eugenisch indiziert und professionell-ärztlich durchgeführt – sollte nicht als Körperverletzung gelten und daher straffrei bleiben.[240]
Im Mai 1932 gingen evangelische Ärzte und Theologen mit einer ›Eugenetischen Entschließung‹ in Frontstellung zur katholischen Kirche. Da die katholische Kirche dem Arzt jedes eugenetische Handeln unmöglich machen wolle und angesichts der Beratungen des Strafrechtsausschusses hielten sie es für dringend erforderlich, daß die evangelisch-theologischen Fakultäten, die Kirchenbehörden und theologisch-wissenschaftlichen Organisationen sich mit den Forderungen der Eugenik und praktischen Bevölkerungspolitik beschäftigten.[241]

Sterilisation und ›Stand des Wissens‹

Die gesamte Sterilisationsdiskussion war von der Frage begleitet, inwieweit vererbungstheoretisch überhaupt schon als geklärt gelten konnte, welche Krankheiten vererbbar waren und welchem Erbgang sie folgten, so daß Prognosen möglich und damit erst sterilisatorische Eingriffe im Einzelfall gerechtfertigt waren. Es ist dies zugleich die Diskussion um die Frage, ob es nach dem wissenschaftlichen Kenntnisstand verantwortlich war, einen so tiefgreifenden Eingriff in die körperliche Unversehrtheit des einzelnen vorzunehmen, und dies zudem noch bei einer großen

240 »Gegenwartsfragen der Eugenik«, *Archiv für Bevölkerungspolitik, Sexualethik und Familienkunde*, 1931, *1*: 114-117, 116.

241 »Eugenetische Entschließung der Ärzte und Theologen in Hannover im Mai 1932«, *Archiv für Bevölkerungspolitik, Sexualethik und Familienkunde*, 1933, *3*: 68.

Zahl von Menschen mit der Begründung, die gesamte Bevölkerung von ›minderwertigem Erbgut‹ zu ›reinigen‹. Letztlich stellt sich hier die Frage, ob die ›wissenschaftliche Kontrolle‹ ein der ethischen Verantwortung äquivalentes und sie ersetzendes Regulativ sein kann und faktisch auch war.
Der Psychiater Ernst Rüdin warf 1912 die Frage auf, »ob wir auf dem Gebiete der Psychiatrie über Erfahrungen verfügen, die das Bestehen der Mendelschen Vererbung nahelegen würden«, da es weder exakte Untersuchungen hierzu noch Einigkeit in der Frage an sich gäbe. Er könne lediglich sagen, daß sich bei Dementia praecox – dem sogenannten Jugendirresein – »wahrscheinlich gewisse Formen« dieser Krankheit rezessiv vererbten, manisch-depressive Störungen manchmal dominant, manchmal rezessiv aufträten.[242] Der Amerikaner G. Clarke veröffentlichte im gleichen Jahr im *Journal of Mental Science* einen Artikel, in dem er feststellte, »daß Geisteskrankheit nicht als einheitliches Merkmal angesehen werden dürfe wie etwa das Gewicht der Erbsen, und daß es ebenso richtig wäre, ›Brustleiden‹ als einheitlich zu betrachten«; infolgedessen seien Vorschläge zur Sterilisation verfrüht und könnten höchstens individualhygienisch legitimiert werden.[243] Der bereits erwähnte Freiburger Frauenarzt August Hegar wandte sich gegen die Sterilisation geisteskranker Rechtsbrecher, da die Kriminalität als Anzeige für die rassenhygienische Sterilisation nicht zu verwerten sei.[244] Geza von Hoffmann, der als intimer Kenner der Sterilisierungsdebatte in politisch-sozialer, juristischer und wissenschaftlicher Hinsicht stets vor voreiligen Schritten gewarnt hatte, sprach 1912 davon, daß zwar gewisse Erkrankungen in ihren Erscheinungsbildern medizinisch feststellbar seien; »ob aber jemand auf Grund seiner körperlichen und geistigen Eigenschaften und der ererbten Anlagen tüchtig ist oder nicht, das kann wohl beim Durchschnittsmenschen die heutige Wissenschaft nicht feststellen«.[245] Angesichts des damaligen Wissensstandes blieb er einer Sterilisationsgesetzgebung in Deutschland gegenüber skeptisch, da ein überzeugen-

242 Zit. n. *ARGB*, 1912, *9*: 657.
243 Zit. n. *ARGB*, 1912, *9*: 792-793.
244 Zit. n. *ARGB*, 1913, *10*: 248.
245 Geza von Hoffmann, »Die Regelung der Ehe im rassenhygienischen Sinne in den Vereinigten Staaten von Nordamerika«, *ARGB*, 1912, *9*: 730-761, 753.

der Beweis für die Vererbbarkeit der minderwertigen Anlagen bis auf weiteres bei Hunderttausenden nicht erbracht werden könne.[246]

Weniger skrupulöse Genetiker ließen sich durch die Vererbungstheorien zu wilden Spekulationen verleiten, wie z.B. 1915 der Amerikaner Charles Davenport, der in einem Artikel über »mangelnde Selbstbeherrschung« zu dem Ergebnis kam, diese Abweichung mache »den Eindruck eines dominierenden Mendelschen Merkmals«, das keinerlei Beziehungen zu anderen psychischen Minderwertigkeiten zu haben scheine.[247] Ernst Rüdins 1916 veröffentlichte *Studien über Vererbung und Entstehung geistiger Störungen*, in deren erstem Teil er Dementia praecox untersuchte, war ein für seine Zeit hervorragendes und seriöses Werk. Sein Rezensent schrieb im Archiv, dieses Krankheitsbild sei im Gegensatz zu vielen anderen erkennbar und abgrenzbar, obgleich es manche psychotische Zustandsbilder gebe, deren Abgrenzung unter einem Krankheitsbegriff schwankend und recht schwierig sei. Rüdin gestand selbst die Unsicherheit des Forschungsstandes ein, wenn er schrieb, »daß als wahrscheinlichste Annahme die Auffassung sowohl der Dementia praecox als auch der anderen Psychosen als Produkte komplizierter Vererbungsvorgänge erscheint«.[248]

Symptomatisch für die Einstellung der Rassenhygieniker, schon zu diesem Zeitpunkt trotz selbst eingestandener unzureichender wissenschaftlicher Erkenntnisse weitreichende praktische Maßnahmen zu fordern, ist Ignaz Kaups bekannter Artikel über die staatlichen Kosten von Minderwertigen aus dem Jahre 1913. Den Umfang der »Minderwertigkeit« im deutschen Volk wußte er nur zu »schätzen«. Zur Frage, inwieweit Eltern kranke Keimstoffe besitzen, lag seiner Meinung nach »nur sehr wenig Mate-

246 Geza von Hoffmann, »Das Sterilisierungsprogramm in den Vereinigten Staaten von Nordamerika«, *ARGB*, 1914-15, *11*: 184-192, 187. Gegen Ende des Krieges erklärte er im gleichen Sinn, daß »das Wesen der Entartung und die Gesetze der Vererbung ... uns noch nicht mit solcher Genauigkeit bekannt (sind), daß wir die Indikation zur Sterilisierung aus sozialpolitischen und eugenetischen Gründen zweifelsfrei angeben können«. *ARGB*, 1916-18, *12*: 400.

247 Zit. n. *ARGB*, 1916-18, *12*: 94. Hier wurde ›dominant‹ mit ›dominierend‹ falsch übersetzt.

248 Buchbesprechung, *ARGB*, 1916-18, *12*: 371-376, 372, 375-376.

Uebersicht

über die wichtigsten vererblichen Missbildungen, krankhaften Anlagen und Krankheiten der Menschen.

Hasenscharte
Wolfsrachen
Monodaktylie[1])
Polydaktylie[2])
Brachydaktylie[3])
Spalthand
Spaltfuss
Hypospadie[4]) und andere Entwicklungsstörungen der Genitalien
Aplasie der Brustdrüse[5])
Zwergwuchs
Riesenwuchs
Angeborener Katarakt[6])
Praeseniler[7]) „
Angeb. Kolobom[8])
Hydrophthalmus[9])
Ptosis congenita[10])
Myopie
Farbenblindheit
Nachtblindheit
Retinitis pigmentosa[11])
Taubstummheit
Progressive Schwerhörigkeit
Situs viscerum perversus[12])
Alopekie[13])
Ungenügende Fruchtwasserbildung

Vererbl. Elefantiasis (Trophoedem)[14])
Ichthyosis[14])
Prurigo[14])
Dermatitis bullosa congenita[14])
Psoriasis[14])
Pigmentmäler
Neurome[15])
Neurofibrome[15])
Exostosen[16])
Mikrokephalie[17])
Progressive Muskelatrophie[18])
Hämophilie[19])
Kurzlebigkeit
Cystinurie[20])
Diabetes insipidus[21])
Disposition zu Geistes- und Nervenkrankheiten (Debilität und Vulnerabilität des Nervensystems [22])
Gicht
Fettsucht
Diabetes mellitus[23])
Morbus Basedowi
Arteriosklerose[24])
Lungenemphysem
Zahnkaries
Krebs(?) Tuberkulose(?)

1) Monodaktylie = Einfingrigkeit;
2) Polydaktylie = Mehrfingrigkeit;
3) Brachydaktylie = Kurzfingrigkeit (infolge Fehlens eines Fingergliedes);
4) Hypospadie = fehlerhafte Oeffnung der Harnröhre;
5) Aplasie = Verkümmerung;
6) Katarakt = Augen-Staar;
7) praesenil = vor dem Greisenalter auftretend;
8) Kolobom = Spaltbildungen im Auge;
9) Wasseransammlung im Auge;
10) Ptosis congenita = angeborenes Herabhängen des oberen Augenlides;
11) Retinitis pigmentosa = eine Netzhautentzündung;
12) Situs viscerum perversus = Vertauschung von rechts und links bei der Lage der Brust- und Baucheingeweide;
13) Alopekie = Fuchsräude (Haarausfall);
14) Verschiedene Hautkrankheiten;
15) Nervengeschwülste;
16) Exostose = Knochenauswuchs;
17) Mikrokephalie = Verkümmerung des Schädels;
18) Progressive Muskelatrophie = Fortschreitender Muskelschwund;
19) Hämophilie = Bluterkrankheit. Die geringsten Verletzungen können zu tötlichen Blutungen führen, da das aus den Gefässen austretende Blut nicht gerinnt;
20) Cystinurie = eine Stoffwechselkrankheit;
21) Diabetes insipidus = massenhafte Harnabsonderung;
22) Debilität und Vulnerabilität = Schwäche und leichte Störbarkeit der Nerventätigkeit;
23) Diabetes mellitus = Zuckerkrankheit;
24) Arteriosklerosis = Verhärtung der Schlag adern.

Aus: Max Gruber/Ernst Rüdin (Hrsg.), Fortpflanzung, Vererbung, Rassenhygiene. Katalog der Gruppe Rassenhygiene der Internationalen Hygiene-Ausstellung 1911 in Dresden. München (J.F. Lehmanns Verlag) o.J. S. 78.

rial vor«, »wenige Hinweise«, die »keinen sicheren Schluß zu (-lassen)«. Dieses ausgesprochen dürftige Material, lediglich durch einige Berechnungen vorgeblicher erblicher Belastung bei Fürsorgezöglingen erweitert, hielt Kaup nicht davon ab, ein 10-Punkte-Programm zur umfassenden Behandlung »minderwertiger Kinder« aufzustellen, in dem diese von der Fortpflanzung zurückzuhalten seien und die amerikanische »Methode« der Sterilisationshandhabe zumindest teilweise anzuwenden wäre.[249]
An dieser Situation hatte sich auch zehn Jahre später, um 1927, nichts wesentlich geändert. Der deutsche Psychiater Johannes Lange erkannte, daß im Erbgang der Schizophrenie ein rezessiver Faktor mit wirksam sei, »wenn wir bislang auch wenig mehr wissen«. Er mußte jedoch zugestehen, man sei beim klaren statistischen Nachweis von Krankheiten und deren Erbgängen noch »längst nicht so weit, vor allem nicht auf jenem großen Gebiete, das die psychopathischen Störungen umfaßt«. Zudem sei es zumindest schwierig, wenn nicht unmöglich, bei endogenen Formenkreisen von mentalen Abweichungen Aussagen zu treffen. »Die Korrelation der manisch-depressiven Geistesstörungen mit sozial höchstwertigen Eigenschaften« sei zu groß.[250]
In seiner Arbeit zur *Hygiene der menschlichen Fortpflanzung* räumte Alfred Grotjahn ein, daß einen bei Merkmalen wie Epilepsie, Imbezillität, Psychopathie, Schizophrenie u.a. die Mendelschen Vererbungsregeln im Stich ließen und statt dessen »ungenaue statistische und unbestimmte klinische Erfahrungen über komplexe Erscheinungsformen der körperlichen oder geistigen Minderwertigkeit« die Wissenslücken füllen müßten.[251] Rainer Fetscher, einer der führenden Rassenhygieniker, gab zwar zu, daß zu eugenischen Indikationen »leider teilweise noch die wissenschaftlichen Unterlagen fehlen«, behauptete jedoch bereits 1926, der Erbgang der Schizophrenie sei »weitgehend erforscht« und man könne »es verantworten, in jedem einwandfreien Fall von Schizophrenie zu sterilisieren«. Er empfahl die Sterilisierung bei jedem ausgesprochenen Fall von manisch-depressivem Irresein, freilich ohne dafür wissenschaftliche Belege anführen zu

249 Kaup, »Was kosten die minderwertigen Elemente«, 727, 728/29, 748.

250 Johannes Lange, »Die Frage der geistigen Entartung in ihrer Beziehung zur Irrenfürsorge«, *ARGB*, 1928, *20*: 129-155, 149, 151, 153.

251 Alfred Grotjahn, *Die Hygiene der menschlichen Fortpflanzung*, Berlin/Wien 1926, 181.

können. Er mußte fehlende Untersuchungen über die Erblichkeit der Epilepsie feststellen, die aufgrund der Uneinheitlichkeit des Erbgangs nicht einfach seien. In ähnlicher Weise – so Fetscher – bestünden »gewisse Schwierigkeiten« bei Intelligenzdefekten. Schließlich mußte er zugeben, daß die Analyse von Verbrecherstammbäumen »keinen allgemein gültigen Rückschluß gestattet«, was ihn wiederum nicht hinderte, Kriminalität als in vielen Fällen auf dem Boden angeborener Minderwertigkeit angesiedelt zu sehen und die Forderung zu stellen, »Asoziale zu sterilisieren, wenn ihre abnorme Erbanlage feststeht«. Allerdings räumte Fetscher ein, daß eine einheitliche Verfahrensweise nicht anzuraten ist, sondern daß im Einzelfall und unter Heranziehung der jeweiligen familiären Belastungen entschieden werden müsse, »da sich die Indikationen niemals dauernd gleich bleiben können und es überdies schwer fällt, allgemeingültige Indikationen genügend scharf zu umreißen«.[252]

Ungeachtet der eher spärlichen Ergebnisse der die Psychiatrie betreffenden Erblichkeitsforschung waren die Rassenhygieniker aber keineswegs ernüchtert. Ernst Rüdin beispielsweise war sich vielmehr absolut sicher, daß die exakte Vorhersagbarkeit von geistigen Krankheiten bzw. Begabung und Talent innerhalb der Grenzen des Wahrscheinlichkeitsgesetzes in Zukunft möglich sein würde.[253]

Die Einschätzungen, daß der Wissensstand in der menschlichen Erblehre noch sehr unsicher sei, wichen nicht grundsätzlich voneinander ab und veränderten sich im Zeitraum zwischen dem Ersten Weltkrieg und 1930 kaum. Erstaunlich ist nur, daß es auch einen weitreichenden Konsens hinsichtlich der daraus zu ziehenden Schlußfolgerungen gab. Sicherheit darüber, daß die wissenschaftlich exakte Erbprognose in naher Zukunft erreicht

252 Rainer Fetscher, »Der Stand der Frage der Sterilisierung und Schwangerschaftsunterbrechung aus eugenischen Gründen beim Menschen«, *ZIAV*, 1926, *41*: 375-393, 376, 382, 382-385; weitere Darstellungen des Wissensstandes mit gleichem Tenor finden sich u.a. bei Rüdin, »Psychiatrische Indikation«, 1-19, sowie bei Hans Luxenburger, »Zur Frage der Schwangerschaftsunterbrechung und Sterilisierung aus psychiatrisch-eugenischer Indikation«, *Zeitschrift für die gesamte Strafrechtswissenschaft*, 1932, *52*: 432-439.

253 Ernst Rüdin, »Ueber die Vorhersage von Geistesstörung in der Nachkommenschaft«, *ARGB*, 1928, *20*: 394-407, 395.

werde, am einen Ende, die Bereitschaft, trotz wissenschaftlicher Unsicherheit zu handeln, am anderen Ende des Spektrums: eine fundamentale Kritik an der Konsequenz der rassenhygienischen Strategie, ganze Bevölkerungsgruppen kategorial auszusondern, an der Eheschließung und Fortpflanzung zu hindern oder gar zu sterilisieren, gab es in diesem Spektrum nicht mehr, sieht man von ganz vereinzelten Stimmen wie die des Mediziners Albert Moll ab. Moll charakterisierte 1929 die Situation, daß in der Eugenik »neben ernsten Männern der Wissenschaft« auch allerlei »Volksbeglücker und Menschen, die ›stets dabei sein müssen‹«, mitliefen. Weder seien die Vererbungsregeln relativ einfacher Merkmale bestimmt – wieviel weniger dann erst die komplizierter psychischer Eigenschaften. Außerdem sei das heutige Material »gänzlich unzureichend«, das Wissen vom Manifestwerden einer Erbkrankheit »gleich Null«, und Indikationen seien keineswegs »wissenschaftlich irgendwie begründet«.[254]
So treffend diese Kritik war, so wenig vermochte sie als vereinzelte Polemik wissenschaftlich oder politisch noch etwas zu bewirken. Mit dem Entwurf des Preußischen Landesgesundheitsrates für ein Sterilisierungsgesetz von 1932 war der Weg für das »Gesetz zur Verhütung erbkranken Nachwuchses« geebnet, das im Juli 1933 verabschiedet werden sollte. Als »erbkrank« sollte dann gelten, wer an 1. angeborenem Schwachsinn, 2. Schizophrenie, 3. manisch-depressivem Irresein, 4. erblicher Epilepsie, 5. erblichem Veitstanz, 6. erblicher Blindheit, 7. erblicher Taubheit, 8. schwerer erblicher körperlicher Mißbildung und 9. schwerem Alkoholismus litt. Wissenschaftlicher und professioneller Eifer siegten über das Gebot, praktisches Handeln nur auf der Grundlage ›gesicherten‹ Wissens vorzunehmen. Entgegen späterer Rechtfertigungen war dies den Rassenhygienikern selbst bewußt. Daß sich diese ›Verantwortungslosigkeit‹ entfalten konnte, hatte seinen Grund darin, daß der politische Kontext es ermöglichte und daß die Kräfte, die eine ethische Kontrolle hätten ausüben können, entweder zu schwach waren oder sich selbst in den wissenschaftlichen Argumentationskontext gestellt hatten und in ihm gefangen waren.

254 Albert Moll, »Sterilisierung und Verbrechen«, *Kriminalistische Monatshefte*, 1929, *3*: 121-126, 126, 122.

6. Vom ethischen Widerstand zur wissenschaftlichen Kritik – der rassenhygienische Diskurs schließt sich

Die ›Erfolgsgeschichte‹ der beiden zentralen rassenhygienischen Strategien, der Gesundheitskontrolle als Vorbedingung der Eheschließung und mehr noch der Sterilisation, war zugleich die Geschichte einer zunehmenden politischen Radikalisierung im Hinblick auf die ›wissenschaftlich‹ begründete Einschränkung individueller Rechte und die Aussonderung von ganzen Bevölkerungsgruppen. Die Frage bleibt, welches Schicksal ihren Gegenpositionen widerfuhr. Mit dieser Frage wird die Aufmerksamkeit auf die historische Wendemarke gelenkt, nach deren Passieren der rassenhygienische Diskurs ausdifferenziert und in sich ›geschlossen‹ war: Nach diesem Punkt war eine mit Aussicht auf Erfolg artikulierbare Kritik nur mehr auf der Basis derjenigen wissenschaftlichen Grundannahmen möglich, auf denen die Rassenhygiene beruhte.

Zwei Quellen der Kritik an den und des Widerstandes gegen die eugenischen Rationalisierungsstrategien gilt es zu unterscheiden: jene, die ethischen Erwägungen zuzurechnen waren und außerhalb der institutionalisierten Wissenschaft und damit des Bezugsrahmens von Biologie und Vererbungstheorie angesiedelt waren, und jene, die innerhalb der Wissenschaft entstanden. Die wissenschaftsinterne Kritik an der Rassenhygiene bzw. Eugenik betraf die Frage der Angemessenheit der postulierten Maßnahmen (auf dem Hintergrund des vorhandenen Wissensstandes) und allgemeiner die Frage, inwieweit die eugenischen Programme an die Forschung, vor allem in der Genetik, noch rückgebunden waren oder sich im politischen Raum verselbständigt hatten. Die innerwissenschaftliche Kritik war gleichsam der Testfall für die Politisierung der Rassenhygiene, die außerwissenschaftliche Kritik der für die Verwissenschaftlichung der Ethik. Es gilt, sich noch einmal daran zu erinnern, daß die frühen Rassenhygieniker die ethischen Einwände gegen die von ihnen propagierten Maßnahmen noch selbst thematisierten und sie diese sowohl durch Gegen-Ethiken auf biologischer Grundlage zu relativieren suchten wie durch die Formulierung von Utopien einer nach eugenischen Prinzipien organisierten Gesellschaft. Diese kurze Phase wurde abgelöst durch pragmatischere Programmpunkte und Leitsätze, und die Streitschriften für eine wissenschaftlich fundierte Ethik, in denen sich das Bewußtsein von den Wertkonflikten zwischen wissenschaftlicher Lehre und herrschender Ethik noch deutlich niederschlug, wichen affirmativen Forderungen nach Anerkennung wissenschaftlich bewiesener Notwendigkeiten. Damit in Verbindung stand die Überzeugung – die Geschichte der Gründung des Anthropologie-Instituts in Berlin belegt es –, daß die Wissenschaft selbst, sofern die strengen Regeln der Forschung nur eingehalten werden, die beste Kontrolle für ein (ethisch?) verantwortungsvolles Handeln bietet. Das aus dieser Entwicklung hervorgehende Muster ist – auf einen Nenner gebracht – als ›Entmoralisierung‹ durch Verwissenschaftlichung und Professionalisierung zu kennzeichnen. Im folgenden ist ein Ausschnitt dieses Prozesses zu betrachten, und zwar die teils ethische, politische und weltanschaulich motivierte, teils wissenschaftliche Kritik an der Rassenhygiene in der Zeit bis 1933. Im nächsten Kapitel soll darüber hinaus speziell der Frage nachgegangen werden, in welchem Verhältnis Eugenik/Rassenhygiene und Genetik zueinander standen, denn an ihr läßt sich entscheiden, ob die rassenhygienische Programmatik sich politisch verselbständigte oder noch an die Forschung rückgebunden war.

In einem Artikel mit dem satirischen Titel *Stimmen aus dem Teutschen Urwalde* richtete sich der Marxist Max Levien 1928 gegen Vertreter des Rassenhasses, zu denen er auch die bekanntesten Rassenhygieniker rechnete. »Rührige Reaktionäre« nannte er Ludwig Plate, Alfred Ploetz, Max von Gruber und Ernst Rüdin. Politisch schien ihm »die pangermanistische ›Rassenhygiene‹ bis 1918 vor allem ein Instrument zur Rechtfertigung und Förderung imperialistischer Macht- und Raubgelüste nach außen« zu sein. Seine wissenschaftliche Kritik an der Rassenhygiene richtete sich gegen »törichtes Jonglieren mit der Statistik«. Gleichwohl lehnte er diese Forschungsrichtung nicht grundsätzlich ab, sondern versuchte, ihren positiven Kern für eine sozialistische Gesellschaft zu retten.[255] Ähnlich zwiespältig und für die fortschritts- und wissenschaftsgläubige politische Linke nicht atypisch hatte sich der SPD-Abgeordnete Julius Moses – selbst Mediziner – im Zusammenhang mit der Gründung

255 Max Levien, »Stimmen aus dem teutschen Urwalde«, *Unter dem Banner des Marxismus*, 1928, *11*: 150-196, 153, 150, 191, 162.

des Berliner Kaiser-Wilhelm-Instituts für Anthropologie 1927 geäußert.

Die Wissenschaftsgläubigkeit der politischen Linken, vielleicht aber auch die mit der Eugenik geteilte Neigung, die Interessen des Individuums gegenüber denen der ›Menschheit‹, des Volkes oder der Klasse zurückzustellen, ließ sie, nicht nur in Deutschland, lange an die Verheißungen der Eugenik glauben, solange sie nur nicht rassistisch war. Gerade weil hier die Wertprämissen der Eugenik geteilt wurden, konnte sich gerade dort, wo es am ehesten hätte erfolgen können, eine grundsätzlich normativ begründete Kritik an ihr nicht artikulieren.[256]

Demgegenüber waren für politisch rechte, reaktionäre, insbesondere nationalistisch-rassistische bzw. völkische Kreise die wissenschaftlichen Inhalte und Methoden der Rassenhygiene praktisch irrelevant. Schon 1915 hatte Friedrich Hertz sehr treffend von einer Wissenschaftsfeindlichkeit der Rassentheoretiker gesprochen.[257] Rassenhygiene galt ihnen als Mittel zum Zweck einer Hebung der »Rasse«, als Legitimation für eine spätere Rassenpolitik. Eine völkische Programmschrift wie die des Mittgart-Bundes »Vom aufsteigenden Leben. Ziele der Rassenhygiene« nahm die rassenhygienisch-vererbungsbiologischen Ergebnisse gar nicht zur Kenntnis. Der Deutschbund forderte immerhin noch die Erforschung rassenbiologischer und -hygienischer Gesetze, »damit sowohl die Ursachen der Rassenverschlechterung aufgedeckt sowie die Mittel zur Abhilfe aufgefunden werden«.[258] Aber auch hier wurde die Wissenschaft für die rassenpolitischen Ziele instrumentalisiert.

Einer der Hauptangriffspunkte vor allem der frühen, sozialdarwinistisch begründeten Rassenhygiene mußte deren Biologisierung sozialer Tatbestände sein. Tatsächlich standen die Sozialwissenschaften, die sich eben etablierten, mit der Rassenhygiene in Verbindung. In England gehörte Galton ebenso zu den Gründungsmitgliedern der dortigen soziologischen Gesellschaft wie

256 Vgl. Diane Paul, »Eugenics and the Left«, *Journal for the History of Ideas*, 1984, *45*: 567-590, die die Kritik der ›linken‹ angelsächsischen Genetiker nachzeichnet. Zur sozialistischen Rezeption der Eugenik/Rassenhygiene vgl. Kapitel II.

257 Vgl. Friedrich Hertz, *Rasse und Kultur*, Leipzig 1915, bes. 402ff.

258 Zit. n. Alfred Ploetz, »Gesellschaften mit rassenhygienischen Zwecken«, *ARGB*, 1913, *10*: 403-407, 404.

Ploetz zu denen der deutschen. Hier mußten die konkurrierenden Deutungsansprüche von Soziologie und Gesellschaftsbiologie aufeinandertreffen. Die Debatte, die sich im Anschluß an Alfred Ploetz' Vortrag über »Die Begriffe Rasse und Gesellschaft und einige damit zusammenhängende Probleme« auf dem Ersten Deutschen Soziologentag 1910 in Frankfurt/Main entspann, ist dafür exemplarisch, aber auch einzigartig. Rudolf Goldscheid, Theoretiker der »Menschenökonomie« und der österreichischen Rassenhygiene-Bewegung nahestehend, plädierte für eine exaktere Fassung der Darwinschen Theoreme. Heinz Potthoff, Mitglied des Reichstags, wies die Biologen darauf hin, daß viele sozial Schwachen nicht biologisch, sondern lediglich wirtschaftlich schwach gestellt seien, eine Meinung, der sich auch Ferdinand Tönnies anschließen mußte. Am heftigsten ging jedoch Max Weber mit Alfred Ploetz ins Gericht. Die Gleichsetzung gesellschaftlicher mit rassischer Blüte schmetterte er als »eine ganz unbewiesene Behauptung« ab, die nach dem Stand der Forschung durch nichts belegt sei. Er insistierte auf dem genuin *sozialen* Charakter sozialer Phänomene und damit auf der Eigenständigkeit des Gegenstandsbereichs der Soziologie: »... daß es heutzutage auch nur eine einzige Tatsache gibt, die für die Soziologie relevant wäre, auch nur eine exakte konkrete Tatsache, die eine bestimmte Gattung von soziologischen Vorgängen wirklich einleuchtend und endgültig, exakt und einwandfrei zurückführte auf angeborene und vererbliche Qualitäten, welche eine Rasse besitzt und eine andere definitiv – wohlgemerkt: definitiv! – nicht, das bestreite ich mit aller Bestimmtheit und werde ich solange bestreiten, bis mir diese eine Tatsache genau bezeichnet ist.« Dennoch wollte auch er der Rassenhygiene nicht grundsätzlich die Fähigkeit absprechen, exakte Aussagen zu diesen Zusammenhängen machen zu können. Werner Sombart als Vorsitzender erklärte zum Schluß, es gäbe eine Interessengemeinschaft der Soziologen mit der Rassenhygiene und die Soziologen seien selbst an vererbungswissenschaftlicher Forschung interessiert; er bemängelte nur das unzureichende Wissen über genetische Vorgänge und rassische Beschaffenheiten.[259]

Damit war die Anfälligkeit selbst der Soziologen für den rassen-

259 *Verhandlungen des Ersten Deutschen Soziologentages vom 13.-22. Oktober 1910 in Frankfurt am Main*, Tübingen 1911, 141, 148, 149, 152, 154, 156, 138.

hygienischen bzw. -theoretischen Biologismus besser gekennzeichnet als durch Webers singulären soziologischen Scharfsinn für die Verteidigung der Reviergrenzen seines Faches.[260]
Diese Anfälligkeit sollte rund 20 Jahre später offenbar werden, als sich die Rassenhygiene konsolidiert hatte und überdies politisch als eine biologistische Lösung sozialer Probleme favorisiert wurde. Der Soziologe Theodor Geiger stellte jetzt »Soziologische Betrachtungen« zur Eugenik und zur »Erbpflege und Sozialpolitik« an und trat dem weitverbreiteten Vorurteil entgegen, daß Sozialpolitik der Auslese entgegenarbeite. Geiger sah gar allen Anlaß gegeben, das gesamte System der Sozialpolitik unter eugenischen Gesichtspunkten kritisch abzutasten.[261] Die Eugenik/Rassenhygiene war damit sogar von den Gesellschaftswissenschaftlern als ein für die Lösung sozialer Probleme gleichberechtigter Ansatz akzeptiert.
Der erste Kritiker an der vererbungswissenschaftlichen Fundierung der Rassenhygiene war Friedrich Martius, der uns bereits als Opponent gegen den Rassen-Begriff begegnet ist. Die Vererbungswissenschaft galt ihm – noch 1918 – als ›terra incognita‹, die zumindest Veranlassung zu großer Vorsicht geben müsse. Die Regeln des exakten Experiments mit reinen Linien seien auf den Menschen nicht anwendbar, und am allerwenigsten sei die Annahme gestattet, daß es je gelingen werde, mit Hilfe dieser Regeln »im einzelnen Falle eine sichere Erbvoraussage beim Menschen zu machen«.[262] Martius glaubte, daß die Prognostizierung eines einzelnen Falles für »immer utopisch bleiben« werde, und hielt Sterilisation jeglicher Art für zweifelhaft und im Hinblick auf die Größe der Bevölkerung für unmaßgeblich.[263]
Die Arbeiten von Martius blieben ebenso wie die anderer Kritiker wie z.B. Hans Fehlinger, Ernst Tomor oder Fritz Dehnow

260 Eine systematische Analyse des Verhältnisses der Soziologie zu den Rassenlehren und zum Darwinismus steht noch aus und wäre vor dem hier angesprochenen Hintergrund lohnend. Die Ahnenreihe umfaßt u.a. Spencer, Ratzenhofer, Tönnies, Freyer, Mühlmann, Ipsen, K. V. Müller, Leopold von Wiese.

261 Theodor Geiger, »Erbpflege und Sozialpolitik«, *Archiv für Soziale Hygiene und Demographie*, 1933, 7: 223-229, 228.

262 Friedrich Martius, *Konstitution und Vererbung in ihren Beziehungen zur Pathologie*, Berlin 1914, 188.

263 Martius, »Künstliche Fehlgeburt«, 95, 90.

weitgehend unbekannt und wurden auch von der organisierten Rassenhygiene nicht weiter beachtet.[264] Nur drei Kritiker, Oscar Hertwig, Ignaz Kaup und Alexander Elster, konnten für ihre Schriften, die zwischen 1921 und 1923 veröffentlicht wurden, größere Publizität erreichen. Trotz unterschiedlicher Ausgangspunkte war ihnen gemeinsam, daß sie den darwinistischen Selektionsgedanken angriffen und damit eine der Grundannahmen des rassenhygienischen Gedankengebäudes.

Eine besondere Stellung in der rassenhygienischen Gegnerschaft der frühen zwanziger Jahre nahm der bekannte Zellforscher und Antidarwinianer Oscar Hertwig mit seiner Schrift *Zur Abwehr des ethischen, des sozialen, des politischen Darwinismus* ein. Hertwig versuchte, die Selektionstheorie als sozial-ethischen und politischen Bezugsrahmen zu erschüttern. Charles Darwins Ideen hätten eine »dichterische Lizenz« in die Naturwissenschaften hineingetragen und seine »metaphorische Ausdrucksweise« erschwere die Beurteilung seiner Grundargumentation. Dadurch schlichen sich in den Beispielen sehr häufig Werturteile ein, »für die sich ein objektiv wissenschaftlicher Maßstab nicht aufstellen läßt«. Der Darwinismus sei – im Gegensatz zum Lamarckismus – auch nicht in der Lage, das Variieren der Organismen nach Entwicklungsgesetzen zu erklären. Hertwigs Kritik richtete sich gegen die ethisch-moralische Grundlegung der Rassenhygiene und des Sozialdarwinismus durch die Selektionstheorie, der gegenüber er die Kräfte wiederbelebt sehen wollte, die allgemein den Altruismus stärken würden, also Familiensinn, Vaterlandsliebe, humane Gesinnung etc. »Hier liegt der Scheideweg, an welchem sich zwei Weltanschauungen trennen, die kaltherzige, auf eingebildeter Naturwissenschaft beruhende Anschauung der Manchesterleute und der Sozialdarwinianer und die in Jahrtausenden schon gepflegte, in allen Wechselfällen der Geschichte sich wieder neu belebende, christlich humane, soziale Weltanschauung.«[265]

264 Vgl. Hans Fehlinger, »Gesellschaftliche Fortpflanzungspflege«, *Geschlecht und Gesellschaft*, 1915, *10*: 430-441; Ernst Tomor, *Die Grundirrtümer der heutigen Rassenhygiene*, Leipzig 1920; Fritz Dehnow, »Die neuere Entwicklung der Eugenik«, *Zeitschrift für Politik*, 1925, *14*: 334-364.

265 Oscar Hertwig, *Zur Abwehr des ethischen, des sozialen, des politischen Darwinismus*, Jena 1918, 21, 23, 98/99.

Die zweite kritische Auseinandersetzung in diesem Zusammenhang stammte von dem Münchner Sozialhygiene-Professor Ignaz Kaup mit dem Titel *Volkshygiene oder selektive Rassenhygiene* (1922). Kaup wollte sowohl den Rassenbegriff als auch den Selektionismus streichen und dafür den Begriff der »Volkshygiene« einführen. Kaup wandte sich gegen ein Präventivverhalten, das infolge falscher Voraussetzungen »viel schlimmer sei als die mit seiner Hilfe zu verhütenden Übel«, und gegen die insbesondere von Lenz propagierte Methode, bestimmte Bevölkerungsgruppen zu bevorzugen. Die Voraussetzungen selektiver Hygiene griff er scharf an und konnte unter Bezug auf Alfred Grotjahn darauf verweisen, daß selbst in der Botanik und Zoologie das selektive oder Zuchtwahl-Prinzip noch kontrovers behandelt würde und weder zur Klärung noch gar zur Richtlinie generativen Verhaltens gemacht werden könne. Kraft seiner eigenen »theoretischen Überlegungen« lehnte Kaup die entwicklungstheoretischen Konzeptionen von Darwin, Weismann und Lamarck ab und formulierte in Anlehnung an Oscar Naegeli einen eigenen evolutionstheoretischen Ansatz, dem zufolge der Evolutionsprozeß nicht zu selektiver Anpassung führte, sondern vielmehr zu Mannigfaltigkeit, Differenziertheit, kurz: Entfaltung der Organismen. Kaup unterzog insbesondere die Ansichten Lenz', der am gleichen Institut wie er selber lehrte, einer harten Kritik. Entgegen Lenz behauptete er, »daß sich alle wirklichen Degenerationserscheinungen, die wir feststellen können, auf äußere, auf soziale Ursachen zurückführen lassen«, und er glaubte, belegen zu können, daß der von Lenz mitvertretene Standpunkt eines extremen Mendelismus theoretisch unhaltbar sei. Kaup plädierte daher für eine »Volkshygiene«, die weitaus stärker als die Rassenhygiene ethische Implikate haben sollte. Volkspolitik auf hygienischer Grundlage, nicht selektive Standes- oder Klassenhygiene sei vonnöten und könne – so Kaup – erbbiologisch-wissenschaftlich gestützt werden.[266]
Ein Jahr später, 1923, versuchte auch der Berliner Jurist Alexander Elster in seinem Buch *Sozialbiologie, Bevölkerungswissenschaft und Gesellschaftshygiene* eine kritische Einschätzung der Eugenik. Er sah es als ein »erhebliches Verdienst der sog. Euge-

266 Ignaz Kaup, *Volkshygiene oder selektive Rassenhygiene*, Leipzig 1922, 15, 19, 27/28, 37, 95, 135, 121.

niker und Rassenhygieniker« an, den Wunsch nach qualitativer Bevölkerungspolitik in engste Verbindung mit den Problemen von Vererbung und Auslese gebracht zu haben, aber es müsse ein Weg gefunden werden, der »die völkische Gemeinschaft zu einem Kulturvolk und nicht, wie manche Rassebiologen es zu wollen scheinen, zu einer Zuchtherde werden lassen will«. Elster, der aus der Feder von Rassenhygienikern selbst stammende, ausgezeichnete Darstellungen kannte, die – wie zum Beispiel Max von Gruber – dem extremen Selektionsdenken widersprachen, kritisierte die starre Kategorisierung in ›Gesunde und Kranke‹, der gegenüber es eine »lange Übergangsreihe von Degenerierten bis zum Vollkraftmenschen« gäbe. Elsters Vorstellungen gingen dahin, daß es neben der Milieutheorie und dem Selektionsgedanken ein Drittes gäbe – das »Seelisch-Geistige« bzw. die Kultur, die unter anderem auch wesentlicher Faktor bei der Geburtenfrage sei.[267]

Lenz hatte leichtes Spiel mit dem Dilettanten Elster, dessen Buch zu begrüßen sei, »– wenn es nur in biologischer Hinsicht solider wäre«. Er wies dem Nichtbiologen wissenschaftliche Unzulänglichkeiten, unbegründete Annahmen, Widersprüche, Unrichtigkeiten und das Vertreten eines »Psycholamarckismus« nach.[268]

Die grundsätzlicheren Kritiken an der Rassenhygiene und ihren biologischen Voraussetzungen, die die Naturwissenschaftler Hertwig und Kaup vorgebracht hatten, mußten hingegen ernster genommen werden. Hertwigs Schrift, die 1921 in zweiter Auflage erschien, fand eine ausführliche Besprechung von Heinrich Ziegler im Archiv und forderte auch Fritz Lenz zu einer längeren Stellungnahme heraus. Ziegler warf Hertwig vor, daß er von einem veralteten lamarckistischen Standpunkt aus urteile, an der unwahren Behauptung einer Gleichheit der Menschen festhalte und schließlich die schädliche »Illusion des Völkerbundes und der Völkerversöhnung« propagiert habe.[269]

Lenz wandte sich vor allem gegen die ethisch-philosophischen Positionen, die Hertwig zur Ablehnung des Selektionismus veranlaßt hätten. Hertwigs Ausführungen erschienen ihm »philosophisch unzulänglich«, »extrem subjektiv«, »transzendent teleologisch«, ödem Fatalismus, sinnlosem Zufall und unfruchtbarem

267 Elster, *Sozialbiologie*, 128, 92, 131.

268 *ARGB*, 1925, *17*: 115-128.

269 *ARGB*, 1922, *14*: 212-218.

Optimismus das Wort redend, »demokratischen Individualismus« und Gleichheitsgedanken unterstützend, was zwar als Wertung gültig, naturwissenschaftlich jedoch unbegründet sei, denn: »Schon heute können die Grundmauern des gewaltigen Baues, den Weismann in kühnem Gedankenfluge entworfen hatte, als gesichert gelten.« Hertwig, so höhnte Lenz, habe zwar von der Rassenhygiene eine unzeitgemäße Karikatur gezeichnet; andererseits sei es immer gut zu wissen, »wie eine Bestrebung, die man vertritt, sich in gewissen Köpfen spiegelt«.[270]

Gegen Ignaz Kaups Kritik ging nicht der angegriffene Fritz Lenz, sondern Erwin Baur in den Ring. Baur sprach Kaup die Ernsthaftigkeit der Fragestellung ›Volkshygiene oder selektive Rassenhygiene‹ ab. Er griff Kaup auch aus der Position der Darwinschen Selektionstheorie an und bemühte dabei die uralte Tierzüchteranalogie, die bei ihm allerdings vom edlen Pferd auf das Schwein abgeglitten war. »Wenn heute ein Schweinezüchter sich auf den Kaupschen Standpunkt stellen würde, und von vornherein sein Heil darin suchte, daß er alle seine Tiere denkbar gut pflegen und füttern, aber ängstlich jede Selektion als unsozial oder undemokratisch meiden würde, dann würde er nach wenigen Generationen mit seiner Zucht am Ende sein«.[271]

Es ist auffallend, daß ebenso wie in der Kritik auch in der Verteidigung die ›naturwissenschaftlichen‹ Argumente mit den weltanschaulichen verbunden bzw. die letzteren mit den ersteren begründet wurden. Da auf seiten der Antidarwinianer ein mehr oder weniger prononcierter Lamarckismus die naturwissenschaftliche Basis ihrer Positionen bildete, konnten die Rassenhygieniker jetzt mit zunehmender Sicherheit der Darwinschen Theorie zugleich auch die politischen und weltanschaulichen Positionen der ›Antidarwinianer‹ destruieren. So erwies sich die hauptsächliche Schwäche der ›naturwissenschaftlichen‹ Kritiken der Rassenhygiene darin, daß sie ebenso wie die Rassenhygiene selbst und ihr sozialdarwinistischer Unterbau auf einer szientistischen Überzeugung beruhten. Anders als die Soziologen, die die Eigenständigkeit des ›Sozialen‹ behaupten konnten, gerieten die ›Lamarckisten‹ in den Verfallsprozeß der Entwicklungstheorie, mit der sie ihre egalitären und demokratisch-liberalen Werte

270 Fritz Lenz, »Oscar Hertwigs Angriff gegen den ›Darwinismus‹ und die Rassenhygiene«, *ARGB*, 1921, *13*: 194-203, 203.

271 *ARGB*, 1922, *14*: 434-436, 435.

begründen zu müssen glaubten. In genau diesem Zusammenhang muß eine der zentralen Bedingungen dafür gesehen werden, daß ab etwa 1923, als die wissenschaftlichen Voraussetzungen der Rassenhygiene nicht mehr in Frage gestellt wurden, gleichzeitig auch nicht mehr die Legitimationskraft der aus ihnen ›abgeleiteten‹ Werte zur Disposition stand. Die Rückbindung ethischer und weltanschaulicher Werte an wissenschaftliche Theorie unterwarf sie der Entwicklungsdynamik der Wissenschaft. In der Mitte der zwanziger Jahre war damit das Schicksal der lamarckistischen ›Nachhut‹ besiegelt.

Die Arbeiten von Hertwig, Elster und Kaup blieben die letzten Kritiken, die sich von einer gegensätzlichen wissenschaftlichen Position aus gegen die Rassenhygiene richteten. Nach 1923 endete zumindest diese massive Form der Kritik schlagartig. Die Konsolidierung der Rassenhygiene und die inhaltliche wie organisatorische Allianz mit der Vererbungswissenschaft, dokumentiert in der Veröffentlichung des Buches *Menschliche Erblichkeitslehre und Rassenhygiene*, waren die ausschlaggebenden Gründe. Mit diesem Band, dem sogenannten Baur-Fischer-Lenz, schuf sich die Rassenhygiene ihre Vererbungs-›Charta‹, die den national wie international anerkannten neuesten Forschungsstand repräsentierte und infolgedessen gegen die Form der Kritik immun war, wie sie Hertwig und Kaup geführt hatten. Das bedeutete zugleich, daß die Kritik tendenziell zu einer rein ›technischen‹ (im Hinblick auf die Durchführbarkeit bestimmter rassenhygienischer Maßnahmen) und zu einer ›fachwissenschaftlichen‹ hinsichtlich der Beurteilung des ›gesicherten Standes der Forschung‹ wurde. Die ›technische‹ Kritik wurde eine Angelegenheit der Expertenkommissionen in der staatlichen Verwaltung: Sie debattierten die praktische Umsetzung z. B. der Ehegesundheitszeugnisse und der Sterilisation, wobei über den Zeitraum der Verhandlungen hinweg (etwa von 1916 bis 1932) ein allmählicher Übergang von ethischen Überlegungen zu Fragen der ›technischen‹ Durchführbarkeit zu beobachten ist. Die ›fachwissenschaftliche‹ Kritik, die in Deutschland nur vereinzelt und unwirksam geäußert wurde und vor allem aus den USA und aus England kam, ging in eine spezifische Richtung: der Frage der vererbungswissenschaftlichen, d.h. genetischen Begründung eugenisch-rassenhygienischer Behauptungen.

Auf dem V. Internationalen Kongreß für Vererbungswissen-

schaft in Berlin, der von den Genetikern beherrscht wurde und auf dem die Eugeniker nur eine untergeordnete Rolle spielten, wurde ein Aufsatz des amerikanischen Bevölkerungswissenschaftlers und Eugenikers Raymond Pearl für das Verhandlungsprotokoll eingereicht (Pearl selbst war verhindert), der mit der Eugenik hart ins Gericht ging. Der Artikel, der auch in den USA veröffentlicht worden war, spiegelte bereits die in den angelsächsischen Ländern sich abzeichnende Absetzungsbewegung der Genetiker von der Eugenik wider. Die Literatur der Eugenik sei ein »vermischtes Durcheinander von schlechtbegründeter und unkritischer Soziologie, Ökonomie, Anthropologie und Politik geworden, voll von emotionalen Appellen an Klassen- und Rassenvorurteile, weihevoll als Wissenschaft vorgetragen und unglücklicherweise als solche von der allgemeinen Öffentlichkeit akzeptiert«. Auf diese Diagnose gründete er die Verpflichtung der Gemeinschaft der Genetiker, die eugenische Propaganda einer fairen, aber kritischen Untersuchung zu unterziehen.[272] Herman J. Muller, der amerikanische Genetiker und Eugeniker, erklärte 1931 anläßlich der amerikanischen Ausgabe der Übersetzung des Baur-Fischer-Lenz, das Buch sei »die beste Arbeit zum Gegenstand der menschlichen Vererbung«, sah in Baur den »führenden Genetiker Europas« und hielt Lenz' Beitrag zur Methodologie für »exzellent«. Gleichwohl urteilte er über den von Fischer und Lenz verantworteten zweiten Teil des Buches: »Indem sie sich weiter und weiter von den Gebieten entfernen, in denen strenge genetische Untersuchungen durchgeführt worden sind, ... werden Fischer und Lenz immer weniger wissenschaftlich, und bald finden wir sie als Sprachrohre der krassesten Form populärer Vorurteile.«[273]
Im gleichen Tenor wie Muller urteilte gar noch nach der ›Machtergreifung‹ der damalige Privatdozent am Anatomischen Institut der Universität Göttingen, Karl Saller, über Lenz' Kapitel im Baur-Fischer-Lenz von 1931. Saller machte deutlich, daß Ärzte den Lenzschen Ausführungen verständnislos gegenüberständen,

272 Raymond Pearl, »Eugenics«, *ZIAV*, 1928, Suppl. 1, (Verhandlungen des V. Internationalen Kongresses für Vererbungswissenschaft): 261-282.

273 Herman J. Muller, Rezension »Human Heredity«, ders., *Studies in Genetics. The Selected Papers of H. J. Muller*, Bloomington 1962, 541-543, 541.

und bezeichnete einige von dessen Äußerungen als »Auswüchse« der Erblichkeits- und Bevölkerungslehre, die »keine sachliche Wissenschaft mehr« seien. Entgegen Lenz' Mutmaßungen sei weder über die Vererbung der an sich nur sehr subjektiv beurteilbaren Häßlichkeit oder Schönheit, des ›Mutes‹, der ›Dummheit‹, des ›Familienzanks‹ und der ›unglücklichen Ehe‹ Zuverlässiges bekannt noch gar, durch welch kompliziertes Zusammenspiel von Erbanlagen *und Umwelt* etwa körperliche Schwächlichkeit und Kränklichkeit und die anderen Eigentümlichkeiten zustande kommen. Derartige Ausführungen waren in Sallers Augen als unverantwortliche Spekulationen vollends unverständlich. Sallers Einschätzung von Verschuers Arbeit zu »Erbbiologischen Grundlagen« von 1931 fiel ähnlich aus. Er hielt ihm vor, daß er als ein seit Jahren der Praxis entfernter Theoretiker »auf Grund völlig unzureichender Unterlagen über die Zukunft und die Familie tausender Kranker bestimmen zu können glaubt«. Die »praktischen Winke für den eheberatenden Arzt«, die Verschuer anböte, seien stellenweise so wenig eindeutig und abgesichert, daß sie für die Praxis von geringem bis überhaupt keinem Nutzen seien. Die rein theoretische Grundlegung der Eugenik, deren »Beherrschung ein Spezialistentum erfordert«, erschienen dem Mediziner Saller als unzureichend. Neben der »nötigen Selbstkritik« hielt er die »Zusammenarbeit der verschiedenen medizinischen Fächer mit der Eugenik« für unerläßlich und sah in ihrem Fehlen den Hauptgrund für die Unzulänglichkeit der Eugenik. »Sie wird dabei in ihrer Arbeit nur dann zu brauchbaren Ergebnissen kommen, wenn sie ihre Untersuchungen in engster Zusammenarbeit mit den verschiedenen klinischen Disziplinen anstellen kann und anstellt.«[274]
In Sallers Kritik klang, neben der Frage der vererbungswissenschaftlichen Begründung rassenhygienischer Sozialdiagnosen, ein zweiter Aspekt der zukünftigen Entwicklung an: die engere Anbindung der Eugenik an die Medizin. Zu dem Zeitpunkt, als Saller seine Kritik vorbrachte, kam sie den rassenhygienischen Größen ungelegen. Ohne sichtbare Unterstützung seitens der Mediziner und ohne gesicherte Position wurde Saller, der sich überdies noch an der rassenanthropologischen Front mit der

274 Karl Saller, »Stand und Aufgaben der Eugenik«, *Klinische Wochenschrift*, 1933, *12*: 1041-1044, 1043, 1044.

Zunft anlegte, beruflich Opfer der neuen Machthaber. Ungeachtet dessen entsprach Sallers Vorstellung einer Kontrolle eugenischer Theorie durch medizinische Praxis dem zukünftigen Arrangement von Humangenetik und Medizin.

Die dargestellten Positionen der Kritik an der Rassenhygiene/Eugenik in den Jahren zwischen 1910 und 1933 lassen sich schwer in eine Systematik bringen. Das allein zeigt schon, daß eine organisierte oder auch nur einhellige Kritik nicht existierte, sondern aus ganz unterschiedlichen Lagern heraus geäußert wurde. Es mag Ablehnung gegeben haben, die aber nicht öffentlich artikuliert und somit zum Gegenstand des rassenhygienischen und gesundheitspolitischen Diskurses wurde. Außerdem muß daran erinnert werden, daß die Entwicklung der kritischen Positionen in diesem Zeitraum nicht allein auf deren eigene Logik zurückgeführt werden kann, sondern mit Sicherheit bedingt wurde von den zuvor beschriebenen Veränderungen im politischen Umfeld: der Finanzkrise des Staates und dem damit entstandenen Radikalisierungsdruck auf das Gesundheits- und Wohlfahrtssystem. Innerhalb dieses Bezugsrahmens vollzog sich jedoch der Prozeß, der als Verwissenschaftlichung ethischer Positionen gedeutet werden kann.

Die Verwissenschaftlichung der ethischen Positionen ist darin zu sehen, daß die Kontroll- und Orientierungsfunktion ethischer Normen, die sich in der Gegnerschaft zu rassenhygienischen Zuchtwahl- und Auslesevorstellungen sowie in den implizierten Beschneidungen von Persönlichkeitsrechten artikulierten, an die Entwicklung wissenschaftlichen Wissens überging. Die Auslegung und Re-Interpretation der ethischen Normen ging damit tendenziell an die Sachwalter dieses Wissens über, die sich als (wissenschaftliche) Profession organisierten und als solche handelten. Dieser Zusammenhang, der für moderne, auf Wissenschaft und Technik begründete Gesellschaften charakteristisch ist, barg erhebliche Sprengkraft. Er bedeutete nämlich, daß die Kontrolle nicht nur über die Art der zu erzeugenden Erkenntnis, sondern auch über deren Anwendung an die wissenschaftliche bzw. die medizinische Profession überging, und dies, obwohl sie implizite Wertungen enthielt und explizite Ziele verfolgte. Indem es der Wissenschaft gelang, ihre Sicht der Welt allgemeinverbindlich zu machen, den Staat dafür zu gewinnen, die sich aus dieser Sicht ergebenden Maßnahmen zu sanktionieren oder gar selbst durchzuführen, wurde die ethische Kontrolle über wissenschaftliche Erkenntnis und ihre Anwendung in dieses System hereingenommen. Die ›Ethik‹ wurde so auf doppelte Weise internalisiert. Kognitiv war sie auf den wissenschaftlichen Bezugsrahmen festgelegt und in die Norm wissenschaftlicher Solidität übersetzt, institutionell wurde sie von nun an als die »Eigenverantwortlichkeit« der Wissenschaft interpretiert. Am Ende des Prozesses, an dem die rassenhygienischen Thesen nur noch unter Bezug auf deren vererbungstheoretische Grundlagen und/oder die medizinische Praxis kritisiert wurden, konnte der eugenische Diskurs als wissenschaftlich selbstreferentieller, d.h. auf sich selbst bezogener, und somit als »geschlossener« Diskurs gelten. Die Frage lautete nicht mehr, ob rassenhygienische Maßnahmen mit den Werten der Menschenwürde vereinbar waren, sondern ob sie wissenschaftlich auf dem ›letzten Stand‹ und mithin durch Wissen zu begründen waren.

7. Das Verhältnis der Rassenhygiene zur Genetik – ein deutscher ›Sonderweg‹?

Im Zusammenhang mit der Gründung des Berliner Anthropologie-Instituts wurden an die wissenschaftliche Grundlegung der Rassenhygiene und die ›Kontrolle‹ des rassenhygienischen Dilettantismus durch solide und exakte Forschung Erwartungen geknüpft, die nach den erb- und rassepolitischen Exzessen im ›Dritten Reich‹ in eine Verurteilung der Rassenhygiene als ›Pseudowissenschaft‹ umschlugen. Dies geschah jeweils unter Bezug auf die Genetik als der wissenschaftlichen Basis der Rassenhygiene. Die ersten grundsätzlichen wissenschaftlichen Kritiken an der Rassenhygiene kamen u.a. auch von Genetikern und wurden in unterschiedlicher Weise in den Ländern formuliert, in denen die Eugenik etabliert war: in Deutschland, den USA und England. Das Verhältnis der Rassenhygiene zur Genetik ist deshalb von besonderer Bedeutung, weil es – als Verhältnis der ›angewandten‹ Wissenschaft zur Grundlagenforschung – Beurteilungsmaßstäbe dafür liefert, ob die auf Wissenschaft sich berufende Praxis, die diese selbst nicht mehr in Zweifel zieht, wenigstens der Ethik der ›Wissenschaftlichkeit‹ genügt, d.h. dem Stand des (genetischen) Wissens entspricht. Der Vergleich mit der Entwicklung in den USA und England erlaubt darüber hinaus eine Einschätzung, welche relative Bedeutung gegenüber den politischen und kulturellen Bedingungen die Grundlagenwissenschaft an der Entwicklung der rassenhygienischen Forschung und ihrer gesellschaftlichen Anwendung hatte. Zugespitzt lautet die Frage, ob sich die besondere Entwicklung der Rassenhygiene und der rassenhygienischen Politik in Deutschland auf einen deutschen ›Sonderweg‹ in der Genetik zurückführen läßt oder ob sie bei weitgehender Ähnlichkeit der internationalen Entwicklung der Genetik eher den besonderen politischen und kulturellen Bedingungen in Deutschland zuzurechnen ist.

Weismann und Mendel

August Weismann, Zoologie-Professor und Direktor des Zoologischen Instituts der Universität Freiburg, veröffentlichte im Jahre 1882 seine Schriften zum »Keimplasma« und 1883 »Über die Vererbung«. In diesen Arbeiten legte er dar, daß die Erscheinung eines Organismus zwar auch durch Umweltfaktoren bestimmt, im wesentlichen aber Ausdruck unveränderlicher genetischer Voraussetzungen sei. Das Erbmaterial – so Weismann – sei im Keimplasma angelegt, welches Träger sämtlicher in der späteren Entwicklung des Organismus zur Ausprägung kommenden Eigenschaften ist. Er sah die Vererbungssubstanz auf das Idioplasma der Keimzelle beschränkt und bezeichnete es als Keimplasma. Die Annahme der Unveränderbarkeit des Erbmaterials implizierte, daß nicht mehr der einzelne Phänotyp, sondern seine genotypische Veranlagung zum Arterhalt wichtig sei. Eigenschaften, die nicht schon im Keimplasma angelegt seien, könnten zwar auch als Reaktion auf Umwelteinflüsse entstehen, aber es war eine Konsequenz sowohl der Keimplasma-Theorie als ihrer Weiterführung und Ausarbeitung zur Determinantenlehre, daß somatogene Abänderungen nicht vererbt werden können.[275]

Weismanns Theorie brachte gegenüber bisherigen Abstam-

275 Zit. n. Alfred Barthelmess, *Vererbungswissenschaft*, Freiburg/München 1952, 175, 188.

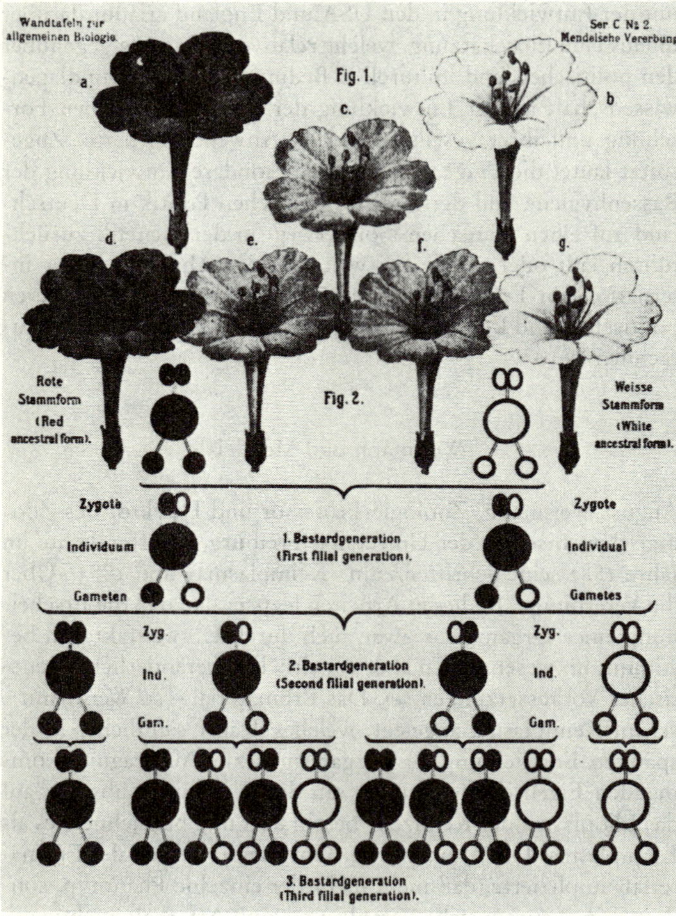

Aus: Max Gruber/Ernst Rüdin (Hrsg.), Fortpflanzung, Vererbung, Rassenhygiene. Katalog der Gruppe Rassenhygiene der Internationalen Hygiene-Ausstellung 1911 in Dresden. München (J.F. Lehmanns Verlag) o.J. S. 53.

mungslehren wesentliche Modifikationen. Anstelle Jean Baptiste de Monet Chevalier de Lamarcks Ansichten von der Vererbbarkeit erworbener Eigenschaften, die noch Darwin überzeugt hatten und bis weit ins 20. Jahrhundert Anhänger fanden, war jetzt ein neues Paradigma geschaffen, das der ›Kontinuität des Keimplasmas‹, das die Ära der sogenannten »harten Vererbungstheorien« eröffnete. Weismanns Arbeiten blieben allerdings methodisch umstritten, da Weismann wegen einer Augenkrankheit an induktiv-praktischer Forschung verhindert war und seine Veröffentlichungen den ab 1900 an genetisch-zytologische Methodologie gestellten Ansprüchen nicht genügten. Zudem fehlte ihnen jegliche mathematisch-quantitative oder nur statistische Bestätigung. Erst die Mendelschen Regeln lieferten die Grundlage für seine Annahmen: Weismann sah sie durch die »Mendelschen Errungenschaften auf das stärkste gestützt und gefestigt... Die Mendelsche Lehre ist eine Bestätigung der Grundlagen der Keimplasmatheorie«.[276] Wenngleich durch die Weismannsche Keimplasma-Theorie eine erste Brücke zwischen Vererbungs- und Entwicklungstheorien einerseits und der Cytologie, der Zellforschung, andererseits geschlagen war, datiert der eigentliche Beginn der modernen Genetik (für die der Engländer William Bateson sechs Jahre später die Bezeichnung schuf) aus dem Jahr 1900.

Am 14. März 1900 legte der Holländer Hugo de Vries der Deutschen Botanischen Gesellschaft seine Arbeit über »Das Spaltungsgesetz der Bastarde« vor; Carl Correns veröffentlichte »innerhalb eines Tages nach Erhalt eines ›reprints‹ des Artikels von De Vries« am 24. April zu »Gregor Mendels Regel über das Verhalten der Nachkommenschaft der Rassenbastarde«; am 2. Juni schließlich ließ der österreichische Botaniker Erich von Tschermak seinen Artikel »Über künstliche Kreuzung bei Pisum sativum« folgen. Auch wenn, wie der Zoologe Curt Stern schreibt, diese Arbeiten hinter diejenigen zurückfielen, für die der Augustinerabt Johann Gregor Mendel 1865 als *Versuche über Pflanzenhybriden* vergeblich öffentliche Aufmerksamkeit zu finden versucht hatte: Sie markieren die Wiederentdeckung der von

276 August Weismann, *Vorträge über Deszendenztheorie*, 2 Bde., Bd. 2, 3. Aufl., Jena 1913, 33.

Mendel aufgespürten Gesetzmäßigkeiten und den »endgültigen Durchbruch zum Experiment«.[277]
Die auffallende Regelmäßigkeit, die Mendel bei Kreuzungsversuchen an Zierpflanzen entdeckt hatte, führte ihn zu weiteren Experimenten und zu einer epochalen Leistung, der »Entdekkung der Gesetzmäßigkeiten der Vererbung einzelner Merkmale«.[278]

Lamarckismus und Mendelismus

Weismanns wie Mendels bahnbrechende Erkenntnisse dürfen nicht darüber hinwegtäuschen, daß die Cytologie und damit die ›materialen‹ Grundannahmen der Vererbungswissenschaft um die Jahrhundertwende nur rudimentär entwickelt waren. Von einem ausformulierten Forschungsprogramm oder einem zellphysiologischen Paradigma konnte nicht die Rede sein. Aufgrund der Arbeiten von im wesentlichen Hertwig, Bütschli, Flemming, van Beneden, Boveri, Roux, Waldeyer, Naegeli und schließlich Weismann gab es zwar erste Vorstellungen über das Verhalten der Chromosomen bei der Zellteilung und der Bildung der Keimzellen; um die Jahrhundertwende waren Cytologie und Chromosomentheorie jedoch noch neue und ungesicherte Problemfelder. Zu diesem Zeitpunkt fehlten noch Kenntnisse über die Prozesse der Zellteilung, des ›Crossing-over‹ oder der ›multifaktoriellen Vererbung‹, und es sollte bis in die dreißiger Jahre dauern, bis Cytologie und Genetik in eine wissenschaftlich fruchtbare Verbindung zueinander gebracht wurden. Einer der führenden deutschen Vererbungswissenschaftler jener Zeit, Richard Goldschmidt, bemerkte rückblickend, »daß das erste Jahrzehnt im Zeichen des Mendelismus die Vererbungslehre abseits von der Zellenlehre trieb«.[279]
Dieses Fehlen einer »gesicherten«, cytologischen Grundlegung

277 Curt Stern, »The Continuity of Genetics«, *Daedalus*, 1970, 99: 882-907, 884; Barthelmess, *Vererbungswissenschaft*, 224.

278 Hans Stubbe, *Kurze Geschichte der Genetik bis zur Wiederentdeckung der Vererbungsregeln Gregor Mendels*, Jena 1973, 171, 109.

279 Richard Goldschmidt, »Aus der Geschichte der Vererbungswissenschaft«, *Genetik. Wissenschaft der Entscheidung*, Stuttgart 1957, 7-22, 12.

bewirkte noch über Jahre hinweg, daß dem Lamarckismus der Boden nicht völlig entzogen wurde, trotz der ab der Jahrhundertwende mit Macht einsetzenden Mendelforschung und des in relativ kurzer Zeit enorm anwachsenden Wissens. Solange die Vererbungsabläufe nicht im Detail als erkannt gelten konnten, war auch nicht mit letzter Sicherheit auszuschließen, daß erworbene Eigenschaften oder andere Umweltfaktoren ausschlaggebend für das Erbmaterial sein könnten. So erklärt es sich, daß die Diskussion Mendelismus versus Lamarckismus zunächst noch offenblieb.[280]

Auch in der ohnehin noch ganz am Anfang stehenden menschlichen Vererbungslehre gab es Auffassungen, wonach die Vererbung erworbener Merkmale zumindest nicht für unmöglich gehalten wurde. »Erst in der Neuzeit wurden ernste Zweifel an der Möglichkeit der Vererbung der erworbenen Eigenschaften wach, und jetzt sehen wir die Biologen in zwei Lager gespalten, zwischen denen eine Verständigung zunächst noch nicht möglich erscheint«, schrieb Richard Goldschmidt noch 1920. Erst etwa 1925 verschob sich dieses Gleichgewicht zugunsten der Mendelianer. Paul Kammerer, ein eugenisch interessierter österreichischer Vererbungsforscher, für den der Lamarckismus noch galt, beklagte, »daß sogar die wenigen Anhänger, die der Vererbung erworbener Eigenschaften unter den zeitgenössischen Lebensforschern blieben, ihre bejahende Ansicht kaum noch in den von ihnen verfaßten ›Vererbungslehren‹ aussprechen, wo man sie sucht und vermißt, sondern daß sie jene Stellungnahme besonderen Werken vorbehielten«. Seiner Ansicht nach durfte es bislang keineswegs als sicher gelten, welcher Bestandteil der Zelle für Erbvorgänge entscheidend sei: »Wir bezeichnen bis auf weiteres die ganze Keimzelle (Kern und Leib) als Vererbungsträger... denn wirklich erscheint die reinliche Scheidung zwischen Vererbungs- und bloßen Hilfsstoffen und die Bestimmung der Aufgaben, welche sie im einzelen erfüllen, vorläufig als ein aus-

280 Unter den »Neolamarckisten« fanden sich Namen wie der des Haeckel-Schülers Richard Semon, des Zoologen Theodor Eimer, des Arztes Max Kassowitz, außerdem die bekannten Botaniker Carl Naegeli und Fritz von Wettstein. Vgl. Heinrich Ernst Ziegler, *Die Vererbungslehre in der Biologie und in der Soziologie. Ein Lehrbuch der naturwissenschaftlichen Vererbungslehre und ihrer Anwendungen auf den Gebieten der Medizin, der Genealogie und der Politik*, Jena 1918, bes. 162ff.

sichtsarmes Beginnen ... Ständig gibt der Kern Stoffe an seine Umgebung – den Zellenleib – ab, nimmt aber auch Stoffe aus ihr auf. Wer will da entscheiden, was primär, was sekundär; was erste Ursache und was bereits Folge ist.«[281] Wenn die Entwicklung der Genetik als Siegeszug des Mendelismus über den Lamarckismus erscheint, darf nicht die lange Übergangszeit übersehen werden, in der beide Lehren um die Anerkennung konkurrierten.[282]

Der Ausbau des Mendelismus

1901/1903 erschien Hugo de Vries' zweibändiges Werk *Die Mutationstheorie*. De Vries vertrat die Ansicht, daß bei der Entstehung neuer Arten nicht alles im Fluß sei, sondern sich lediglich einige wenige Punkte diskontinuierlich veränderten und die ganze wahrnehmbare Umprägung bedingten. Er hatte in mehrjährigen Versuchen herausgefunden, daß sich einige Pflanzen plötzlich veränderten und die neuen Eigenschaften vererbten, und er schloß daraus, daß der Fortschritt in der Natur durch diskontinuierliche »Mutationen« erfolge, deren jede »zu dem Komplex der bereits vorhandenen erblichen Eigenschaften eine neue hinzu(füge)«.[283] 1903 gelang es dem amerikanischen Stipendiaten William B. Sutton und dem Würzburger Zoologen Theodor Boveri unabhängig voneinander, die Zahlenverhältnisse bei der Aufspaltung von Erbmerkmalen bei Bastarden der 2. Generation aus dem Verhalten der Chromosomen bei diesem Vorgang zu erklären. Boveri gelang dieser Nachweis sogar für kompliziertere Bastardverhältnisse und für scheinbar nichtmendelnde Vorgänge. Wenn auch die statistisch-vergleichende Methode, mit der diese Ergebnisse gewonnen worden waren, vielfach noch angezweifelt wurde, war damit ein erster Schritt in Richtung auf

281 Paul Kammerer, *Das Rätsel der Vererbung. Grundlagen der allgemeinen Vererbungslehre*, Berlin o. J. (1925), 49.

282 Der Lyssenkoismus konnte in Rußland noch zu einer Zeit entstehen, als in Deutschland kaum jemand mehr Position für lamarckistische Vorstellungen bezog; vgl. Loren R. Graham, »Science and Values: The Eugenics Movement in Germany and Russia in the 1920s«, *American Historical Review*, 1977, *82*: 1133-1164.

283 Barthelmess, *Vererbungswissenschaft*, 307.

eine verläßliche Theorie der Chromosomen getan. Im gleichen Jahr gelang dem Dänen Wilhelm Johannsen der Nachweis, daß bei der Auslese von Varianten aus bestimmten Rassen keine neuen Typen, sondern lediglich erbliche Unterrassen herauskommen, sogenannte »reine Linien«. Damit wurde die Erkennung von echten erblichen Variablen und nichterblichen Modifikationen durch Umwelteinflüsse theoretisch eröffnet. 1907 konnte Carl Correns seine Ergebnisse zur *Bestimmung und Vererbung des Geschlechtes, nach Versuchen an höheren Pflanzen* vorlegen. In Versuchen mit Zuckerrüben hatte er erkannt, daß sich die Geschlechtsvererbung im Verhältnis 1 : 1 ebenso einfach wie hinreichend beschreiben und erklären ließ.[284] 1908 berichtete Erwin Baur von seiner *Untersuchung über die Erblichkeitsverhältnisse einer nur in Bastardform lebensfähigen Sippe von Antirrhinum majus*. Mit diesen Experimenten belegte er, was der Franzose Lucien Cuénot bereits 1905 vermutet hatte, daß bei Bastardisierungen anstelle 1 : 2 : 1, also den bekannten Spaltungsverhältnissen, auch Teilungen 2 : 1 vorkommen können. Er demonstrierte damit zugleich die Existenz von Letalfaktoren.[285]

Aus der Aufzählung dieser wenigen, aber wohl wichtigsten Entdeckungen bis 1910 wird erkennbar, daß es in diesem ersten Jahrzehnt nach der Wiederentdeckung der Mendel-Regeln um deren experimentelle Verifizierung, nicht zuletzt aber auch um Fragen der Chromosomentheorie ging. Die mendelistische Forschung breitete sich in dieser Zeit rasch aus und war mit Namen wie Erich von Tschermak in Österreich, Anton Lang in der Schweiz, Lucien Cuénot in Frankreich, Hans Nilsson-Ehle in Schweden, William Bateson, R. C. Punnett und E. R. Saunders in England und W. E. Castle, C. A. Shull, R. A. Emerson, William McDougall und Charles Davenport in den USA verbunden, um nur die bekanntesten zu nennen.[286] Trotz der internationalen Beziehungen der Genetiker, die durch wissenschaftliche Kongresse und durch wenige Publikationsorgane bestanden, gab es

284 Max Hartmann, »Die Erforschung des Lebendigen im XX. Jahrhundert«, Hans Schwerte/Wilhelm Spengler (Hg.), *Forscher und Wissenschaftler im heutigen Europa*, Oldenburg/Hamburg 1955, 158-182, 162.

285 Alfred Henry Sturtevant, *A History of Genetics*, New York/Evanston/London 1965, 54.

286 Barthelmess, *Vererbungswissenschaft*, 241.

doch einige markante nationale Unterschiede in der Entwicklung der jungen Wissenschaft. In England stand insbesondere William Bateson als Mendelianer der von dem Galton-Schüler Carl Pearson angeführten, mächtigen Biometrikerschule gegenüber. Angesichts der züchterischen Tradition und der wissenschaftlichen Erfolge Darwins und Galtons war die Gegnerschaft gegen den Mendelismus überraschend. In Amerika zweifelten vor allem Edwin G. Conklin und der frühe Thomas H. Morgan an den Mendelschen Gesetzmäßigkeiten, begründet durch die Gleichheit des Geschlechtsverhältnisses.[287]

Aufgrund der hier raschen allgemeinen Rezeption der Mendel-Regeln war Deutschland zunächst unter den führenden Nationen in der Vererbungsforschung. Schon 1908 gründeten Erwin Baur, Carl Correns und Valentin Haecker die erste genetische Zeitschrift, die *Zeitschrift für induktive Abstammungs- und Vererbungslehre*. »Im Frühjahr 1911 erschienen nicht weniger als 3 deutsche Lehrbücher der Genetik, die in den folgenden Jahren wiederholt Neuauflagen erlebten und auch im Ausland große Verbreitung fanden.[288] 1914 wurde als eine der ersten Einrichtungen der neugegründeten Kaiser-Wilhelm-Gesellschaft das Institut für Biologie in Berlin-Dahlem eröffnet, an dem Carl Correns, Richard Goldschmidt und Max Hartmann forschten.[289]

Die Forschungsarbeit Morgans

Die bis dahin glänzende Bilanz der deutschen Vererbungswissenschaft wurde durch den Weltkrieg unterbrochen. Die Zahl der Forschungslabors ging zurück, Forschungsprogramme wurden abgebrochen und die Veröffentlichung von Büchern und

287 Vgl. Daniel J. Kevles, »Genetics in the United States and Great Britain, 1890-1930: A review with speculations«, *Isis*, 1980, *71*: 441-455, 441 ff., 442.

288 Erwin Baur, *Einführung in die experimentelle Vererbungslehre*; Richard Goldschmidt, *Einführung in die Vererbungswissenschaft*; Valentin Haecker, *Allgemeine Vererbungslehre*.

289 Hans Nachtsheim, »Die Genetik in Deutschland«, Boris Rajewsky/Georg Schreiber (Hg.), *Aus der deutschen Forschung der letzten Dezennien*, Stuttgart 1956, 199-207, 200.

Zeitschriften eingeschränkt.[290] Wenngleich auch die Forschungsarbeiten während des Krieges weitergingen bzw. nach Kriegsende wiederaufgenommen wurden, hatte Deutschland seine Position in der Vererbungswissenschaft unwiderruflich zugunsten der Vereinigten Staaten verloren.

In diesem Zusammenhang wird immer wieder der Name Thomas Hunt Morgan genannt, der der genetischen Forschung entscheidende Impulse verlieh und dafür 1933 den Nobelpreis erhielt. Auf seine Arbeiten vor allem wird der Führungswechsel an die amerikanische Genetik zurückgeführt. Zwei Dinge brachten Morgan Weltruhm und wurden grundlegend für die heutige Forschung. Zum einen führte Morgan seine Arbeit an einem »neuen« Untersuchungsobjekt durch und brachte die vererbungswissenschaftliche Forschung damit einen gewaltigen Schritt voran. Der Untersuchungsgegenstand, die Taufliege Drosophila melanogaster, hatte gegenüber den Löwenmäulchen-Kulturen Erwin Baurs die Vorteile des geringeren Raumbedarfs, billigerer Haltung, reicher Merkmalsbildung und einer extrem kurzen Generationsdauer. Außerdem hat sie – was sich für die Cytologie als wertvoll herausstellte – nur vier leicht unterscheidbare Chromosomen und als Besonderheit Riesenchromosomen in der Speicheldrüse. Durch »die Gunst seines Objekts« mußte Morgan, der mit Hilfe der Taufliege zunächst neue mendelistische Gesetzmäßigkeiten gesucht hatte, zwangsläufig auf neue Zusammenhänge stoßen.[291]

Die deutschen Genetiker wurden von den Drosophila-Forschungen überrascht, wahrscheinlich weil die führenden Männer Botaniker waren. 1921 gab Carl Correns zu, die Zoologie habe durch ihre ungleich günstigeren Objekte einen Vorsprung gewonnen, »den die Botanik nicht einholen kann«. Bald darauf experimentierten auch deutsche Forscher mit der Taufliege. 1926 machte u.a. Curt Stern als junger Mitarbeiter am Berliner KWI

290 Garland E. Allen, *Thomas Hunt Morgan. The Man and his Science*, Princeton/N. J. 1978, 223; Hartmann, *Die Erforschung des Lebendigen*, 167.

291 Barthelmess, *Vererbungswissenschaft*, 248. Vor Morgan hatten übrigens schon andere Forscher mit Drosophila experimentiert, so u.a. W. J. Moenkhaus, F. E. Lutz, Nettie M. Stevens und W. E. Castle, durch dessen Arbeiten Morgan auf die Taufliege aufmerksam wurde; vgl. Allen, *Thomas Hunt Morgan*, 146/147.

für Biologie, dessen Direktor derzeit Carl Correns war, erste Beobachtungen an Drosophila, und als 1934 Heitz bestimmte chromosomale Strukturen in den Speicheldrüsenzellen der Fliege nachwies, näherte sich die deutsche Forschung wieder dem internationalen Standard. Da in Deutschland andererseits »auch die botanische Genetik durch die Gunst besonderer Objekte sehr wichtige Beiträge auf diesem Gebiete liefern konnte«, kann die Andersartigkeit der deutschen Vererbungswissenschaft nicht allein mit dem Untersuchungsobjekt erklärt werden.[292]

Die zweite Besonderheit der Morganschen Forschungen war inhaltlich-theoretischer Art. Dazu muß ein kurzer Rückblick auf Morgans wissenschaftliche Biographie geworfen werden. Zu Beginn des Jahrhunderts stand Morgan den Mendelschen Annahmen reserviert gegenüber. Er hielt sie als mathematische Aussagen für wissenschaftlich brauchbar, nicht aber als Methode. Sie seien daher nicht gewinnbringender als die theoretischen Konstrukte, wie sie Weismann oder Naegeli vorgelegt hätten.[293] Nach seiner anfänglichen Skepsis änderte Morgan 1909 jedoch seine Ansicht. Die Taufliege eröffnete ihm die Möglichkeit, die Mendelschen Annahmen experimentell und unter spezifisch zytologischem Blickwinkel zu prüfen, wobei er die chromosomalen Vorgänge besonders beachtete. In diesem Jahr führten ihn seine Forschungen »zu der Entdeckung, daß verschiedene Merkmale, die häufig zusammen vererbt wurden, mit bestimmten, ebenfalls nebeneinander liegenden Teilen eines Chromosoms in Beziehung gebracht werden konnten«.[294] Die Frage, wie diese Beziehungen im einzelnen beschaffen seien, war vorläufig allerdings noch ein weites Forschungsfeld. 1915 konnte Morgan aber in *The Mechanism of Mendelian Heredity* bereits erste Ergebnisse vorlegen und 1919 in *The Physical Basis of Heredity* seine Vorstellungen vom Gen als Erbträger formulieren: Das einzelne Gen hat mehrfache Wirkungen für die Ausprägung von Merk-

292 Hans Kappert, *Vier Jahrzehnte miterlebte Genetik*, Berlin 1978, 50, 84, 94, 50.

293 Garland E. Allen, »The Rise and Spread of the Classical School of Heredity, 1910-1930; Development and Influence of the Mendelian Chromosome Theory«, Nathan Reingold (ed.), *The Sciences in American Context: A New Perspective*, Washington 1979, 209-228, 213.

294 John Desmond Bernal, *Wissenschaft. Science in History*, 4 Bde., Bd. 3 (Die Naturwissenschaften der Gegenwart), Reinbek 1970, 879/880.

malen. Dabei ist die Variabilität von Merkmalen nicht immer und oft nicht allein auf eine entsprechende Variabilität der Gene zurückführbar. Äußerlich nicht unterscheidbare Merkmale können das Produkt mehrerer verschiedener Gene sein, wobei jedes Merkmal seinerseits Produkt zahlreicher Gene ist.

Darüber hinaus gelang es Morgan und seinen Mitarbeitern Alfred Henry Sturtevant, Hermann Joseph Muller und Calvin Blackman Bridges, Zusammenhänge zwischen genetischer Information und chromosomalen Beschaffenheiten zu definieren. Sie gingen davon aus, daß das Gen ein spezifisches organisches Molekül oder ein ähnlich gearteter Atomverband sei, dessen Funktion von seiner Lage im Chromosom unabhängig ist. Die Gesamtheit der Gene, d.h. das gesamte Erbgut – so ihre Annahme – sei im Zellkern angeordnet, ein Dogma, das keineswegs überall Zustimmung fand.[295] Aufgrund dieser Forschungsergebnisse wurde Morgan zum Verfechter einer »Chromosomentheorie der Mendelschen Vererbung«. Es gelang ihm und seinen Mitarbeitern, die Mendelschen Prinzipien auf die zytologischen Gegebenheiten der Chromosomenstruktur und des Chromosomenverhaltens anzuwenden.[296] Seine Untersuchungen führten letztlich zu der für die nächsten Jahrzehnte richtungweisenden Verknüpfung von Cytologie und Genetik. Die bis dahin eher spekulativ-hypothetischen Mendelschen Regeln und die Chromosomentheorie hatten durch Morgan eine solide quantitative und experimentelle Fundierung erhalten. Morgan schrieb 1915 selbst hoffnungsvoll, daß er mit seiner Interpretation einen großen Schritt über die Weismannsche Keimplasma-Theorie hinaus getan habe.[297]

Morgans Arbeiten in der Chromosomentheorie waren nicht ohne Vorläufer. 1904 hatte Theodor Boveri seine »Ergebnisse über die Konstitution der chromatischen Substanz des Zellkerns« veröffentlicht und damit einen für die kommende Erbanalyse bedeutenden Forschungspfad gewiesen. Boveri als einer der Väter der »Cytogenetik« konnte 1907 durch eigene Experimente mit Seeigel-Eiern morphologische Unterschiede der Chromosomen feststellen. Er warnte jedoch ausdrücklich da-

295 Barthelmess, *Vererbungswissenschaft*, 251/252, 255.

296 Allen, *The Rise and Spread*, 210.

297 Thomas H. Morgan, »The Constitution of the Hereditary Material«, *Proceedings of the American Philosophical Society*, 1915, *14*: 152.

vor, Cytologie und Genetik zu vermengen oder zu verschmelzen.[298] Gerade in der ›Verschmelzung‹ dieser beiden Bereiche lag jedoch die wissenschaftliche Neuerung der Morganschen Arbeiten. Die deutschen Forscher blieben ihr gegenüber, entsprechend der Warnung Boveris, abwartend.

Die beiden genannten Besonderheiten der Morganschen Forschungen in der Genetik können dennoch keine hinreichende Erklärung für die unterschiedliche Forschungsentwicklung in Deutschland und den USA liefern.Der Leistungsstand, den die deutsche Vererbungswissenschaft auf theoretischem Gebiet hatte, war auch in den zwanziger Jahren noch mit dem der USA vergleichbar. Morgans Arbeiten waren zu jener Zeit relativ gut von den deutschen Genetikern rezipiert.[299] Die Unterschiede in der wissenschaftlichen Entwicklung zwischen der deutschen und der amerikanischen Genetik waren in erster Linie in einer anderen Fokussierung der theoretischen Interessen der deutschen Vererbungswissenschaftler begründet. Richard Goldschmidt, Carl Correns, Alfred Kühn oder Fritz von Wettstein bestritten nicht die Gültigkeit von Morgans Ergebnissen, aber Morgans Dogmatik, die nur die im Zellkern vorhandenen Träger des gesamten Erbgutes berücksichtigte, war ihnen zu dürftig. Die deutschen Forscher interessierte eine breite Erklärung der Entwicklungszusammenhänge zwischen Genen und Phänotyp. Dazu waren Morgans Arbeiten zwar grundlegend, aber nicht hinreichend, denn Morgan vertrat lediglich die »Kernmonopol«-Theorie, akzeptierte aber nicht, »daß andere zytoplasmatische Konfigurationen oder Strukturen außer den Plastiden einen zu dem der chromosomalen Gene komplementären, bestimmenden Einfluß auf den gesamten Bereich der Phänotypen in allen Organismen ausüben«.[300] Die Aufgabe des Cytoplasmas als »Substrat« (Wettstein) für den Entwicklungsablauf der chromosomalen Gene war eine Frage, die die deutsche Forschung – allen voran Carl Correns, aber auch Fritz von Wettstein oder Hans

298 Barthelmess, *Vererbungswissenschaft*, 227, 233, 234.

299 Morgans Buch ›The Physical Basis of Heredity‹ war 1921 in der deutschen Übersetzung von Hans Nachtsheim erschienen: Thomas H. Morgan, *Die stoffliche Grundlage der Vererbung*, Berlin 1921.

300 Jonathan Harwood, »The Reception of Morgan's Chromosome Theory in Germany: Inter-War Debate over Cytoplasmatic Inheritance«, *Medizinhistorisches Journal*, 1984, *19*: 3-32, 7, 10.

Winkler – beschäftigte. Das Bedürfnis dieser Forscher, eine umfassende Erklärung für biologische Entwicklungsabläufe zu finden, ließ sie über eine Theorie unzufrieden sein, die nur auf einen bestimmten Aspekt abzielte, genauer gesagt: bestimmten methodologischen Vorgaben unterlag. Fragen bezüglich der Natur der Gene oder ihrer physiologischen Natur betrachteten Morgan und seine Mitarbeiter als zu schwer zu beantworten. Infolgedessen beschränkten sie ihre Arbeit auf Gebiete, in denen Experimente und Beobachtungen möglich waren.[301]

Der wesentliche Unterschied zwischen Morgan und den deutschen Genetikern lag demzufolge in der wissenschaftsphilosophischen Orientierung. Dem eher experimentellen Pragmatismus der amerikanischen Genetiker stand bei den deutschen Forschern, so interpretiert es der Embryologe Victor Hamburger, ein »unterbewußtes Bedürfnis« gegenüber, ihr »wissenschaftliches Denken mit einer metaphysischen Weltanschauung zu verbinden. Ihre Metaphysik ... stammte aus der Naturphilosophie des frühen 19. Jahrhunderts – Goethe, Carus – und Kant ...«[302] Ein Beispiel für diese Deutung gab Richard Goldschmidt ab, der die »atomistische« Sichtweise der Morgan-Schule nicht teilte. Ihm schienen die morphologischen Befunde der Drosophila-Forscher nicht auszureichen, um die funktionalen Gegebenheiten bei der Entwicklung von Organismen zu beschreiben und zu erklären. Er versuchte infolgedessen, den ›vereinfachenden‹ Tendenzen in der modernen Genetik entgegenzuwirken, die auf der ›klassischen Schule‹ aufbaute.[303] Ähnlich wie Goldschmidt sah Carl Correns, der bereits 1901 auf die Bedeutung des Plasmas außerhalb des Kerns hingewiesen hatte, seine Aufgabe darin, eine Gesamtsicht der Natur zu bewahren. Das Geschehen der Vererbung wurde ihm so, »wo andere beim Rechenschieber oder beim formalen Chromosomenmechanismus steckenbleiben,

301 Allen, *The Rise and Spread*, 215.

302 Viktor Hamburger, »Evolutionary Theory in Germany: A Comment«, Ernst Mayr/William B. Provine (ed.), *The Evolutionary Synthesis*, Cambridge/London 1980, 303-308, 303.

303 Garland E. Allen, »The Historical Development of ›Time Law of Intersexuality‹ and Its Philosophical Implications«, Leonie K. Piternick (ed.), *Controversial Geneticists and Creative Biologist. A Critical Review of His Contributions with an Introduction by Karl von Frisch*, Basel/Boston/Stuttgart 1980, 41-48, 43.

zum feinen Spiel der Kräfte der Verteilung..., bis dann der lebende Organismus selbst mit all den Möglichkeiten seines ganzen Lebensschicksals als Enderfolg dieser Verteilung und dieser Wirkungsweise gegeben ist«.[304]
Die führenden deutschen Genetiker unterschieden sich von den amerikanischen Forschern also durch eine stärker auf den Gesamtzusammenhang von Vererbungsabläufen abhebende Fragestellung. Selbst wenn man berücksichtigt, daß die deutsche Genetiker-Gemeinde selbst auch keine homogene Gruppierung mit einer einheitlichen Fragestellung war und die Positionen von Erwin Baur, Hans Nachtsheim, Curt Stern, Karl Belar oder Julius Schwemmle sich nicht ganz mit denen von Goldschmidt und Correns deckten, war ihnen doch gemeinsam, daß sie der »mikroskopischen« Vorgehensweise der Morgan-Schule, die später der biochemischen und molekularen Forschung den Weg ebnete, eine umfassendere, auf die Erkenntnis des gesamten Vererbungsvorganges abzielende Programmatik entgegensetzten. Paula Hertwig brachte diese ›deutsche Perspektive‹ in der Genetik noch 1934 zum Ausdruck: »Diese Ablehnung ist meistens ohne experimentelle Begründung, sie beruht mehr auf dem Bedürfnis, ein Ganzheitsprinzip in der organischen Entwicklung zu finden. Es ist die Abneigung, die Organismen als Aggregate von Anlagen ansehen zu müssen..., deren vollständige Selbständigkeit nicht die Einheit garantieren könne.«[305] Diese Haltung teilten die Genetiker im übrigen mit Biologen und sogar mit Medizinern. Einer der in den dreißiger Jahren führenden Zoologen, Alfred Kühn, »vertrat eine anti-empiristische Theorie des Wissens, in der isolierte Fakten ihren Sinn durch eine vereinheitlichende Theorie gewannen«.[306] In gleicher Weise wollte der Mediziner Alfred Greil »die Erforschung der Gesamtentwicklung« gesichert sehen, denn der Organismus dürfe nicht »als ein Aggregat einzelner, willkürlich nach ihrer Wertigkeit beurteilter Einzeleigenschaften betrachtet werden«, sondern müsse durch

304 Fritz von Wettstein, »Gedächtnisrede auf Carl E. Correns«, *Die Naturwissenschaften*, 1934, *22*: 2-6, 6.

305 Paula Hertwig, »Probleme der heutigen Vererbungslehre«, *Die Naturwissenschaften*, 1934, *22*: 425-430, 427.

306 Jonathan Harwood, »The Reaction against Specialisation in 20th Century Biology: A Study of Alfred Kühn«, *Freiburger Universitätsblätter*, 1985, *87/88*: 193-203, 201.

alle Entwicklungsstadien hindurch als »Wirkungsganzes auf die Entstehung vielzelligen Zusammenwirkens untersucht werden«.[307]

Obgleich also das theoretische (ebenso wie das methodische) Niveau der deutschen Vererbungswissenschaft – selbst angesichts der epochemachenden Arbeiten Thomas H. Morgans und seiner Mitarbeiter – mit der amerikanischen Genetik vergleichbar war, waren die inhaltlichen Schwerpunkte anders gelagert. Das verhinderte jedoch nicht, daß die deutsche Vererbungswissenschaft in den Vereinigten Staaten und in England positiv bewertet wurde. Die in Deutschland sich vollziehende wissenschaftliche Sonderentwicklung erklärt sich zwar weitgehend aus den Unterschieden in der ›wissenschaftsphilosophischen‹ Perspektive, aber ein weiterer Faktor kommt noch hinzu: Die deutsche Vererbungswissenschaft war institutionell erheblich schlechter gestellt als die amerikanische. Das hatte nachhaltige Folgen für ihre Entwicklung.

Institutionelle Entwicklungen der Genetik in Deutschland

Bereits vor dem Ersten Weltkrieg wurde das Berliner Kaiser-Wilhelm-Institut für Biologie eröffnet; Mitte der zwanziger Jahre kam eine genetische Abteilung beim Kaiser-Wilhelm-Institut für Hirnforschung in Berlin-Buch hinzu, und in der angewandten Genetik wurden um die gleiche Zeit die Kaiser-Wilhelm-Institute für Anthropologie, menschliche Erblehre und Eugenik (Berlin), für Züchtungsforschung (Müncheberg/Mark) und Tierzuchtforschung (Dummerstorf bei Rostock) gegründet. Während die genetische Forschung damit hervorragend ausgestattet war, blieb die Ausbildung an den Universitäten unbeachtet. Das einzige an einer Hochschule installierte Institut, das bis 1945 für den akademischen Nachwuchs sorgte, war das auf Betreiben von Erwin Baur gegründete Institut für Vererbungsforschung an der Landwirtschaftlichen Hochschule Berlin. Noch 1956 beklagte Nachtsheim, daß es an den deutschen Universitäten zwar einzelne Biologen, Botaniker und Zoologen gäbe, die in

307 Alfred Greil, »Irrwege und Richtlinien der erbbiologischen Konstitutionsforschung«, *Zeitschrift für Konstitutionslehre*, 1925, *11*: 178-279, 229.

der Genetik Ausgezeichnetes leisteten und ihre genetischen Kenntnisse ihren Schülern zu vermitteln suchten. Aber sie seien Vertreter anderer Disziplinen und könnten infolgedessen nicht die Genetik als Fachgebiet insgesamt vertreten. Die Vermittlung der neuesten Fortschritte in der Genetik sei deshalb von den personellen Verhältnissen an der einzelnen Universität abhängig und damit weitgehend dem Zufall überlassen.[308]

Die Schaffung von Lehrstühlen und Instituten wurde von den deutschen Forschern spätestens ab dem Ersten Weltkrieg »unter Hinweis auf die Entwicklung der Genetik im Auslande« eingeklagt. Mit dem besorgten Blick insbesondere auf die USA fürchtete die deutsche Genetik, die bis dahin zu den führenden in der Welt gezählt hatte, ins Hintertreffen zu geraten. Die Sorge war angesichts der internationalen Entwicklung begründet: Allein in den USA sah man sich rund 40 Instituten gegenüber, die auf dem Gebiet der Genetik forschten, u. a. in Cold Spring Harbor, Harvard und Columbia, und in England an der Cambridge University und der John Innes Horticultural Institution am Merton College/Oxford.[309]

Die Gründung der »Deutschen Gesellschaft für Vererbungswissenschaft« im August 1921 hatte u. a. das Ziel, durch eine besondere Vereinigung die wissenschaftspolitische Schlagkraft der Vererbungswissenschaft nach innen wie nach außen zu erhöhen. In ihrem Gründungsaufruf wurde die Verselbständigung der Vererbungslehre von ihren Ausgangsdisziplinen konstatiert. In der Begrüßungsansprache zur ersten Jahresversammlung im August 1921 nannte Erwin Baur außerdem ein Motiv für den organisatorischen Zusammenschluß der Genetiker: »Die Gründung unserer Gesellschaft ist zum Teil veranlaßt durch das kindische Vorhaben der Entente-Länder, die deutsche Wissenschaft zu boykottieren und uns von den internationalen Kongressen auszuschließen. Ich weiß freilich, daß die führenden Genetiker in England und Amerika über diesen Unsinn erhaben sind, aber trotzdem ist es gut, wenn wir zeigen, daß wir auch unsere eige-

308 Nachtsheim, »Die Genetik in Deutschland«, 201. Erwin Baur hatte bereits auf dem Berliner Vererbungskongreß 1927 diese Situation beklagt. Hans Nachtsheim, »Der V. Internationale Kongreß für Vererbungswissenschaft«, *Die Naturwissenschaften*, 1927, *15*: 989-995, 994/995.

309 Nachtsheim, »Die Genetik in Deutschland«, 202; Kevles, »Genetics in the United States«, 448.

nen Wege gehen können und Manns genug sind, um selber eine Tagung abhalten zu können.«[310]

Der Boykott der deutschen Wissenschaft durch die Länder der Entente, der für die Genetiker spätestens 1927 beendet war, mag im Zusammenhang mit den übrigen Kriegsfolgen den Verlust der internationalen Vormachtstellung beschleunigt haben. Die zukünftige Weltmachtrolle der USA kündigte sich aber unabhängig davon auf allen wissenschaftlichen Gebieten an. Die relativ gute Ausstattung der deutschen genetischen Forschung ab Mitte der zwanziger Jahre spricht jedoch gegen nachhaltige Auswirkungen der kurzfristigen Isolation. Der Umstand aber, daß eine entsprechende Institutionalisierung der Genetik an den Universitäten nicht erfolgte, hatte die Konsequenz, daß die Nachwuchsbasis vergleichsweise schmal blieb und, so läßt sich spekulieren, daß der ›normale‹ Entwicklungsprozeß stärker kontingenten Bedingungen unterlegen war, als dies bei einer breiten Etablierung des Faches an den Universitäten der Fall gewesen wäre.

Die englische Genetik

In anderer Weise war auch die Entwicklung der genetischen Wissenschaften in England von besonderen Umständen geprägt. Sie war durch die Institutionalisierung einer eigenständigen Forschungsrichtung bestimmt: der Biometrie. Die Biometrie basierte auf einer statistischen Methodik zur Erforschung, Beschreibung und Prognose von Evolutionsprozessen. Sie erfaßte in quantitativ-meßbarer Form die Vererbungsfaktoren von natürlichen und künstlichen Selektionsprozessen innerhalb biologischer Populationen und stellte deren Auswirkungen auf nachfolgende Generationen fest. Anstelle idealtypischer Arten definierten die Biologen diese anhand einer Reihe statistischer Parameter und konnten sowohl den Durchschnittstyp als auch Umfang und Art der Abweichung von diesem Typ bestimmen.[311]

310 »Deutsche Gesellschaft für Vererbungswissenschaft«, *ZIAV*, 1921-22, *27*: 229-280, 230, 229/230, 232; vgl. auch Kappert, *Vier Jahrzehnte*, 80.

311 Donald MacKenzie, *Statistics in Britain. 1865-1930*, Edinburgh 1981, 136; Lyndsay Andrew Farrall, *The Origins and Growth of the English Eugenics Movement 1865-1925*, Diss. Indiana 1970, 65, 67.

Die Biometrie unterschied sich von der Genetik dadurch, daß sie das Vererbungsproblem nicht über die materielle Aufklärung des Vererbungsmechanismus (in der Zelle z. B.), sondern anhand statistischer Analysen der Verteilung von Merkmalen in der Generationenabfolge zu lösen suchte. Ausgehend von Galton, dem Begründer der Biometrie, verfolgte dieser Forschungsansatz ein evolutionstheoretisches und eugenisches Erkenntnisinteresse. Es ging um die Bestimmung der Richtung und der Geschwindigkeit der Veränderungen von Arten (vor allem des Menschen), die als Grundlage von Spekulationen über die evolutionäre Vergangenheit und Zukunft dienen sollte. Die Entwicklung des biometrischen Paradigmas und seine Institutionalisierung waren von zwei Positionen aus umstritten: der Diskussion um das Hardy-Weinberg-Gesetz und dem Streit mit den Mendelianern.

Die Diskussion um das Hardy-Weinberg-Gesetz

Im Jahre 1908 veröffentlichten die bereits erwähnten Engländer G. H. Hardy und der Deutsche Wilhelm Weinberg unabhängig voneinander Artikel, in denen die Häufigkeit von Genotypen in der Generationenfolge aufgrund bestimmter Annahmen berechnet war. Es gelang Hardy u. a. zu belegen, daß eine einzige dominante Anlage zur Brachydaktylie unter 10000 Anlagen dazu führt, daß von 5000 Personen eine diese Erbkrankheit hat, da jede Person von jeder Anlage zwei hat. Wenn eine einzige rezessive abnorme Anlage unter 10000 vorhanden ist, so kommt dagegen erst auf 100000000 Personen eine, welche die Anlage doppelt (homozygot) hat. Diese Verhältnisse ändern sich so lange nicht, wie die Fortpflanzung von Personen mit oder ohne Brachydaktylie gleich ist, solange demnach eine zufällige Durchmischung, also keine Inzucht, stattfindet und solange die Auslese die Anlage weder bevorzugt noch benachteiligt. Aus diesem Ergebnis zog Hardy den Schluß, daß es nicht den geringsten Anlaß zu der Befürchtung gäbe, daß sich ein dominantes Merkmal über eine ganze Population ausbreiten oder ein rezessives aussterben würde.[312] Dieser Hinweis Hardys war auf den englischen Stati-

312 G. H. Hardy, »Mendelian Proportions in a Mixed Population«, *Science*, 1908, *28*: 49-50, 49.

stiker G. Udny Yule gemünzt. Yule schrieb kurz nach der Veröffentlichung des Hardyschen Kommentars: »Absolutely correct & solves the whole difficulty! I am kicking myself for never having seen it. The fact is that... I took the population as starting from a single DxR cross, which gives the 1:2:1 ratio as stable amongst the descendants, and it never occured to me that any other ratio could be stable.«[313] Yule war jedoch einer der wenigen, die in den nächsten zehn Jahren zu Hardy Stellung nahmen. Hardys Annahmen wurden zunächst nicht überall akzeptiert. Gleichwohl diente seine Erkenntnis als »Basis für die weitere Entwicklung der Populationsgenetik und bildete schließlich auch die Grundlage für eine der wissenschaftlichen Widerlegungen der Weltsicht der Eugeniker«.[314]

Wilhelm Weinberg kam, ebenfalls 1908, in Deutschland zu den gleichen Ergebnissen wie Hardy und veröffentlichte zwischen 1909 und 1910 drei weitere Arbeiten über die mathematischen Implikationen der Mendelschen Vererbungsregeln. Aufgrund von Sprachschwierigkeiten, soweit es die ausländische Rezeption betraf, vielleicht aufgrund einer nichtmathematischen Orientierung oder weil es sich um eine ›platte Selbstverständlichkeit‹ handelte: Was immer die Ursachen gewesen sein mögen, die meisten Genetiker sowohl in Deutschland als auch in den angelsächsischen Ländern nahmen diese Artikel nicht zur Kenntnis.[315] Der Anti-Mendelianer Pearson reagierte, indem er Weinberg der biometrischen Ignoranz bezichtigte.

Demgegenüber hatten die Forschungen von H. S. Jennings und Raymond Pearl, die sich zwischen 1912 und 1916 mit quantitativen Analysen von Inzucht-Phänomenen bei Mendelschen Vererbungsvorgängen auseinandersetzten, größeren publizistischen Erfolg, da sie andere Wissenschaftler wie Wentworth, Remick oder Robbins und später Sewall Wright zu weiteren methodologischen Überlegungen anregten.[316] Den wesentlichsten Anstoß zur mathematisch-statistischen Analyse von Selektionsvorgängen lieferten jedoch der Genetiker R. C. Punnett und der Mathe-

313 Kevles, »Genetics in the United States«, 443, note 8.

314 Kenneth M. Ludmerer, *Genetics and American Society: A historical appraisal*, 2nd printing, Baltimore 1974, 76.

315 Letztere Auffassung vertritt Widukind Lenz.

316 Vgl. William B. Provine, *The Origins of Theoretical Population Genetics*, Chicago 1971, 135, 135/136.

matiker H. T. J. Norton, beide vom Trinity-College Cambridge, durch ihr Buch *Mimicry in Butterflies* (1915), in dem sie der Frage nachgingen, wie schnell sich ein Erbfaktor innerhalb einer bestimmten Population durch Auslese ausbreitet oder zum Verschwinden gebracht werden könne.

1917 berechnete Punnett unter Bezug auf Hardy außerdem, wie lange es dauern würde, einen bestimmten Prozentsatz mentaler Defekte in der amerikanischen Bevölkerung durch Sterilisation zu beseitigen. Er kam zu dem Resultat, daß es bei einem Vorkommen des Schwachsinns in 3 von 1000 mehr als 250 Generationen oder ungefähr 8000 Jahre dauern würde, bis die Inzidenz auf 1 in 100000 reduziert sein würde, 684 Generationen, bis sie auf 1 in 1 Million herabgesenkt wäre.[317] Punnett diskreditierte damit die Strategie der Eugeniker, schädliche rezessive Merkmale durch Sterilisation aus menschlichen Populationen eliminieren zu wollen. Punnetts Kritik richtete sich allerdings nicht gegen die Eugenik selbst, sondern nur darauf, daß andere, auf die Eliminierung der Heterozygoten abzielende Methoden gefunden werden müßten.

Punnetts Berechnungen blieben nicht unwidersprochen. 1922 meldete sich R. A. Fisher in einem Artikel in der *Eugenics Review* zu Wort. Fisher argumentierte auf zwei Ebenen. Selbst unter den von Punnett genannten Bedingungen würde durch Selektion die Belastung an Schwachsinnigen bereits in einer Generation um mehr als 17% reduziert, in der zweiten um weitere 13%, in der dritten um nochmals 17%. Die sozialen Vorteile der Sterilisation, so Fisher, seien doch größer, als dies aus den Berechnungen Punnetts hervorgehe. Abgesehen von diesem auf die Einschätzung der Effizienz von Sterilisationen zielenden Argument kritisierte Fisher aber außerdem Punnetts Annahmen wie den rezessiven Charakter des Schwachsinns und die zufällige Vermischung in der Bevölkerung. Fishers Fazit: Mit Sterilisation ließen sich erhebliche unmittelbare Erfolge bei der Eliminierung des Defekts erreichen.[318] Diese Diskussion wurde mit einer wei-

317 R. C. Punnett, »Eliminating Feeblemindedness«, *Journal of Heredity*, 1917, *8*: 464-465, 465. Diese Berechnung galt unter den für Hardy/Weinberg üblichen Annahmen wie der, daß es sich bei Schwachsinn um ein rezessives Merkmal handelt.

318 R. A. Fisher, »The Elimination of Mental Defect«, repr. *Journal of Heredity*, 1927, *18*: 529-531, 530, 529-531.

teren Antwort Punnetts 1924 in der gleichen Zeitschrift und mit einem Wiederabdruck des Artikels von Fisher im amerikanischen *Journal of Heredity* fortgesetzt, den Leonard Darwin, Präsident der englischen Eugenics Education Society, 1927 veranlaßte.[319] Sie war ein Indiz dafür, wie wichtig und wie umstritten die Klärung der biometrischen Fragen zu diesem Zeitpunkt für die eugenische Diskussion war.

In diesem Kontext muß auch die an anderer Stelle schon erwähnte Kritik Raymond Pearls auf dem Berliner Vererbungskongreß 1927 gesehen werden. Seine Untersuchungen anhand der Encyclopedia Britannica hatten ergeben, daß 95 % der von ihm ausgewählten großen Persönlichkeiten von phänotypisch mittelmäßigen oder minderen Eltern abstammen. Das eugenische Argument, die wenigen Prozent außergewöhnlicher Personen würden den Bevölkerungsdurchschnitt heben, könne nicht gelten, da erstens bislang nicht statistisch erwiesen sei, ob die hervorragenden Kinder tatsächlich von hervorragenden Eltern abstammten, das ganze Argument demnach auch wirklich ein biologisches sei, und zweitens eugenische Praxis dadurch fraglich würde, daß unter einem eugenischen Regime rund 95 % der größten Philosophen, Wissenschaftler und Poeten nicht geboren worden wären, da deren Eltern unter einem solchen Regime keine Erlaubnis zur Reproduktion gehabt hätten. Für Pearl war klar, daß die moderne Genetik für die Vorhersage der körperlichen Merkmale der Nachkommen einzig aufgrund des Wissens über die somatischen Merkmale der Eltern keine Anhaltspunkte geben könne. Eine orthodoxe Eugenik, die vom »like produces like« ausginge, stünde daher den am besten etablierten Fakten der genetischen Wissenschaft entgegen.[320]

Biometrie versus Mendelismus

Der Streit zwischen Biometrikern und Mendelanhängern blokkierte über einige Jahre hinweg die Entwicklung einer Wissenschaft, die eine Synthese aus beiden Ansätzen dargestellt hätte. Beide Lager standen in einer derart erbitterten Gegnerschaft, daß

319 Vgl. *Journal of Heredity*, 1927, *18*: 529.
320 Raymond Pearl, »Eugenics«, 282.

lange Zeit die eigentlichen Übereinstimmungen nicht gesehen wurden. Galtons Gesetz und der Mendelismus verhielten sich tatsächlich komplementär zueinander.[321] Der Statistiker Yule hatte 1906 noch weitgehend erkannt, daß nicht nur Mendelismus und Biometrie kompatibel sind, sondern zudem auch der Mendelismus und Darwins Vorstellung einer kontinuierlichen Evolution zur Deckung zu bringen waren.[322] Diese Erkenntnis kam jedoch zu früh; die paradigmatische und institutionelle Debatte war bereits in vollem Gange und nicht mehr zu bremsen.

Der ehemalige Embryologe William Bateson, der auf dem Gebiet der Variation und Vererbung arbeitete und – trotz gewisser Zweifel – zu einem Anhänger der Chromosomentheorie der Vererbung wurde, führte die Mendelschen Ideen in die englischsprechende Wissenschaft ein, wies als erster Mendelsche Phänomene im Tier- und im Pflanzenreich nach, gab der »Genetik« ihren Namen und gründete 1910 das *Journal of Genetics*, nach der *Induktiven* die zweite genetische Fachzeitschrift überhaupt.

Die einleuchtendste Erklärung für die Härte des Streites, die gegenüber dem Verhältnis von Genetik und Biometrie in den Vereinigten Staaten eine völlig andere Qualität erreichte, ergibt sich aus der unterschiedlichen institutionellen Entwicklung. Die englische Genetik war im Gegensatz zur amerikanischen institutionell sehr viel schlechter gestellt. Bis 1906 waren weder Bateson noch Weldon oder Pearson mit Forschungsmitteln adäquat ausgestattet. Ihr Streit war daher nicht zuletzt ein Zwist um zufriedenstellende Ressourcen, um das ›professionelle Überleben‹ in einem als extrem beschränkt wahrgenommenen neuen Handlungsrahmen.[323] Außerdem kann man die unterschiedlichen politischen Standpunkte der beiden Hauptkontrahenten – hier Pearson als Fabianer, dort Bateson als gestandener Konservativer – als Grund des Konflikts sehen. Die differierenden metho-

321 Kevles, »Genetics in the United States«, 443; vgl. auch Farrall, *The origins*, 96-98; A. G. Cock, »William Bateson, Mendelism and Biometry«, *Journal for the History of Biology*, 1973, 6: 1-36, 10, zur Übereinstimmung bzw. Nähe der Kontrahenten in der Frage kontinuierlicher *und* diskontinuierlicher Variation.

322 Provine, *The Origins*, 85.

323 Vgl. Kevles, »Genetics in the United States«, 446ff., 448, 452; ebenso Provine, *The Origins*, 89.

dologischen Ansätze beider Richtungen waren jedoch real genug, um den Konflikt als einen intellektuellen Streit zu rechtfertigen. Der amerikanische Mendel-Anhänger W.E. Castle und Bateson selbst waren mathematische Laien, während Pearson, Weldon und Galton zu den international führenden Statistikern zählten.

Noch stärker wogen die paradigmatischen Differenzen, die die Fehde vorantrieben. Die Biometriker sahen sich als Anhänger des Darwinschen Evolutionismus: Sie vertraten den Gedanken der kontinuierlichen Entwicklung, die durch natürliche Auslese von kleinen Variationen bestimmt sei. Die Mendelianer hingegen, durch die Arbeiten de Vries' in ihren Ansichten bestätigt, vertraten die Theorie der diskontinuierlichen Evolution. Darin stimmten sie kurioserweise mit Galton überein, der seinerseits nicht nur der Begründer der Biometrie war, sondern auch – entgegen seinen Absichten – den Streit der Mendelianer und Biometriker initiiert hatte.[324]

Die Streitfreudigkeit von Bateson und Pearson ließ um 1910 spürbar nach, zu einem Zeitpunkt, als beide die Ressourcen erhielten, denen der Zwist seit Jahren gegolten hatte. Bateson kam 1908 auf einen neuen 5-Jahres-Lehrstuhl für Genetik in Cambridge und wurde 1910 Direktor der John Innes Horticultural Institution. Pearson gelang es nach dem Tode Francis Galtons 1911, die ihm unterstehenden ›Galton Laboratory of National Eugenics‹ und ›Biometric Laboratory‹ in einem neuen »Department of Applied Statistics and Eugenics« zu reorganisieren. Das Verbindungsglied der beiden bisher getrennten Institute bestand neben der personellen Aufsicht durch Pearson selbst vor allem in der Forschungsmethodik, nämlich große Populationen bzw. Meßreihen statistisch zu analysieren.

Mit der Schlichtung der institutionell bedingten Querelen beruhigten sich die Wogen des Streits um Biometrie und Mendelismus auch inhaltlich. Ende des Ersten Weltkrieges konnte der Konflikt durch Ronald Aylmer Fisher beigelegt werden, der die Vereinbarkeit der beiden Ansätze bewies. Fisher, der in der mendelianischen ›Hochburg‹ Cambridge studiert hatte und nach seinem Studium seine Interessen auf mathematische Statistik und Evolutionstheorien konzentrierte, legte 1918 eine Arbeit über

324 Vgl. Provine, *The Origins*, 24ff., 55.

The Correlation between Relatives on the Supposition of Mendelian Inheritance vor, die Pearson und die Londoner Royal Society abgelehnt hatten. In diesem Aufsatz machte er deutlich, daß eine Mendelschen Regeln unterliegende Bevölkerung biometrisch erfaßbare Wahrscheinlichkeiten aufweist, und belegte so über die Ausweitung des Hardy-Weinberg-Gesetzes, daß die genetischen Eigenschaften ›quantitativer‹ Merkmale in Mendelschen Kategorien erklärt werden konnten.[325] Getragen von den positiven Reaktionen auf seine Arbeit, ging er der quantitativen Klärung der evolutionären Konsequenzen Mendelscher Vererbungsvorgänge nach und konnte schließlich zeigen, »daß sich die Evolution vor allem in großen Populationen vollzog, in denen die Variabilität aufgrund der Speicherung von Genen groß ist«. Fishers folgende Arbeiten galten dem Kontinuitäts-/Diskontinuitäts-Problem in der Evolutionstheorie. Durch die Widerlegung der Punnettschen Argumente für diskontinuierliche Entwicklungsabläufe bewirkte er den Niedergang der letzten Position derjenigen Mendelianer, die die diskontinuierliche antidarwinische Evolutionstheorie vertraten.[326]

Fishers Arbeiten und die Forschungen von Lancelot Hogben, Lyonell Penrose und Fraser Roberts sowie vor allem auch die von J. B. S. Haldane markierten den Beginn einer neuen Wissenschaft: Der Populationsgenetik.

Dieser kursorische Überblick über die Entwicklung der Genetik bis in die dreißiger Jahre bildet den Hintergrund für das Verständnis ihrer Beziehung zur Eugenik, deren Entwicklung erwartungsgemäß ebenfalls nationale Unterschiede aufweist. Sowohl der langwährende Prozeß der Rezeption der Mendelschen Genetik als auch der Konflikt um die Demarkation der Populationsgenetik geben Anlaß zu der These, daß die Genetik bis zu diesem Zeitpunkt kaum in einer »einfachen« und allgemein akzeptierten Weise den ›wissenschaftlichen‹ Bezugsrahmen für die Kritik einer ›pseudowissenschaftlichen‹ Eugenik abgeben konnte. Die Frage ist also, wie eng die Beziehung zwischen beiden Gebieten war und aufgrund welcher Bedingungen die Differenzierung einsetzte bzw. unterblieb.

325 Ludmerer, *Genetics*, 77.
326 Provine, *The Origins*, 149, 151.

Genetik und Eugenik in den USA

In den Vereinigten Staaten entwickelte sich ab etwa 1905 die genetische Wissenschaft zum Teil in Personalunion mit der eugenischen Bewegung. Charles B. Davenport, führender amerikanischer Eugeniker und Direktor des Eugenics Record Office, war ebenso einer der bekanntesten Biologen und Verfasser von Schriften über Embryologie, Evolution und Genetik. Harry H. Laughlin, Superintendent des ›Eugenics Record Office‹ und die rechte Hand Davenports, war Herausgeber der *Eugenical News*. Paul Popenoe, Autor einer der meistgelesenen eugenischen Standardschriften, war zeitweiliger Herausgeber des *Journal of Heredity*.[327] Die Eugeniker interessierten sich für biologische Erkenntnisse, wie auch viele Genetiker für eugenische Ideen eintraten und in der eugenischen Bewegung aktiv waren. W.E. Castle beispielsweise verfaßte 1916 eine Arbeit über *Genetics and Eugenics*, E.G. Conklin hielt 1914 eine eugenische Vorlesungsreihe an der Northwestern University ab, und selbst Thomas H. Morgan, dessen Biograph Allen ihm ansonsten eine eher distanzierte Position zur Eugenik bescheinigt, war als Herausgeber des *Journal of Heredity* an der Verbreitung des führenden, wissenschaftlich gestützten Organs der Eugenik beteiligt.[328]

Die Eugenik wurde in wissenschaftlichen Kreisen eine »Mode« (Allen), der schätzungsweise annähernd die Hälfte der amerikanischen Genetiker verfallen war. Hier wie anderswo war es die Bedrohung durch den vorgeblichen Niedergang der Erbqualitäten des amerikanischen Volkes, der das eugenische Engagement der Genetiker begründete. Die Genetiker verstanden sich als Sachwalter des Wissens, das die wissenschaftliche Handhabe für die steuernden Eingriffe in die menschliche Evolution bot, für die die eugenische Bewegung mit ihrer öffentlichkeitswirksamen Arbeit der geeignete Partner erschien.

Etwa mit Beginn des Ersten Weltkriegs setzte jedoch bei den Genetikern eine Phase der »Desillusionierung« (Ludmerer) ein.

327 Kenneth M. Ludmerer, »American Geneticists and the Eugenics Movement: 1905-1935«, *Journal of the History of Biology*, 1969, *2*: 337-362, 339/note 2.

328 Garland E. Allen, »Genetics, Eugenics and Class Struggle«, *Genetics*, 1975, *79*, *Suppl.*: 29-46, 31.

Den größten Anteil an dieser Wende hatten neue wissenschaftliche Erkenntnisse.

- Das Hardy-Weinbergsche Gesetz brachte zum Ausdruck, daß die Eliminierung eines bestimmten rezessiven Erbstranges aus einer Gesamtpopulation ein außerordentlich langer und komplexer Prozeß sei, eugenische Erfolge also nicht von heute auf morgen zu erzielen waren.
- Der dänische Botaniker W. L. Johannsen, der durch seine Versuche auf die »reinen Linien« aufmerksam geworden war, stieß bei seinen Untersuchungen auch auf das Phänomen, daß identische Genotypen phänotypische Variationen aufwiesen. Er schloß daraus, daß zwischen Genen und ihren Entwicklungsbedingungen eine sensible Beziehung bestünde, keineswegs aber die genetischen Vorgaben allein die späteren Phänotypen bilden könnten. Die Umweltfaktoren wurden jedoch von den Eugenikern nicht beachtet.
- Durch die Studien von Thomas H. Morgan, aber auch die Arbeiten von Edward M. East sowie Rollins A. Emerson wurde bekannt, daß nur wenige Erbmerkmale durch einzelne Gene bestimmt sind, die meisten hingegen durch eine Interaktion multipler Gengruppen. Praktische eugenische Maßnahmen konnten und durften angesichts dessen aus den bisherigen dürftigen Erkenntnissen nicht abgeleitet werden.

Diese wissenschaftlichen Gründe, die auch den deutschen Forschern nicht unbekannt waren, reichten für sich genommen aber noch nicht hin, um die Ablehnung der Eugenik zu begründen. Sie behielt als System von Folgerungen aus genetischen Regeln und Techniken zumindestens prinzipiell ihre Gültigkeit. Dementsprechend gab es in der Zeit bis nach dem Ersten Weltkrieg nur selten scharfe Kritik an ihr aus Kreisen der Genetiker.[329] Erst dann entstanden die ersten Risse in der Verbindung von Genetikern und eugenischer Bewegung.

Den Anlaß lieferte die amerikanische Einwanderungspolitik. Gegen Ende des Ersten Weltkriegs erlebten die USA eine Einwanderungswelle, die zu Fremdenfurcht und schließlich einer – nicht zuletzt auch antisemitischen – Ausländerfeindlichkeit eskalierte. Die einheimischen Eugeniker trugen zu den wachsenden Aversionen durch die wissenschaftlich »begründete« Kate-

329 vgl. Ludmerer, »American Geneticists«, 345, 346, 347/348, 349.

gorisierung bestimmter Einwanderergruppen als »minderwertig« bei. Das von Davenport geleitete Eugenics Record Office erhielt den Auftrag, für das ›House Committee on Immigration and Naturalization‹ eine Studie über die biologischen Aspekte der Einwanderungswelle zu verfassen. Der Autor des 1922 vorgelegten Reports, Harry H. Laughlin, schloß seinen Bericht mit der Einschätzung, daß die derzeitigen Einwanderer alles in allem einen höheren Prozentsatz an »angeborenen, sozial inadäquaten Qualitäten« aufwiesen als die früheren. Der offensichtliche Rassismus, der in der Bewegung von Jahr zu Jahr stärker wurde, beruhte unübersehbar auf einer verzerrten Vorstellung der Genetik.[330] Von diesem Zeitpunkt an verweigerten die Genetiker derartiger Propaganda immer häufiger ihre Zustimmung. Die meisten Genetiker standen den Sterilisationsgesetzen skeptisch gegenüber und vertraten die Auffassung, daß die Wissensbasis in der menschlichen Erblehre verbreitert werden müsse, bevor sie eine entsprechende Gesetzgebung begründen könne.

Dennoch blieb Kritik dieser Art verhalten. Laughlins Aktivitäten fanden zu Anfang der zwanziger Jahre seitens der Genetiker und Biologen zunächst keinerlei Widerspruch. Selbst als W. E. Castle mehrfach gegen die Theoretiker der Disharmonie bei Rassenkreuzungen zu Felde zog, erhielt er auf Jahre hinaus nur minimale Unterstützung seitens seiner genetischen Fachkollegen. Kritische Stimmen wurden nur laut, wo allzu offensichtlich gegen humanistische Werte, das Mitleidsgefühl für die Betroffenen oder die Prinzipien der kritischen und objektiven Bewertung wissenschaftlicher Erkenntnisse verstoßen wurde.[331]

Im Unterschied zu den rassistischen Neigungen ihrer deutschen Fachkollegen beteiligten sich die amerikanischen Anthropologen nicht an der Diskriminierungspolitik gegen die Immigranten. Bereits 1915 bemerkte Davenport, daß er es traurig finde, daß sich trotz der Ausformulierung von Vererbung, ›Spezies‹ oder ›Rassen‹ seit 1900 kein halbes Dutzend Anthropologen die neue Lehre zunutze gemacht hätten. Die Genetiker selbst gingen ihren Forschungen bei niederen Organismen nach und vermie-

330 Allen, »Genetics and Class Struggle«, 35; Ludmerer, »American Geneticists«, 354.

331 Kenneth M. Ludmerer, *Genetics*, 93, 102, 125; William B. Provine, »Geneticists and the Biology of Race Crossing«, *Science*, 1973, *182*: 790-796, 792/793.

den Generalisierungen in bezug auf den Menschen.[332] Folgerungen der Erblehre für die Rassenkunde wurden in Amerika kaum gezogen. Die Anthropologie blieb dort deshalb nahezu durchgängig eine beschreibend-vergleichende Wissenschaft, in der Rassenkunde von der Völkerkunde nicht scharf getrennt wurde.[333] Die angelsächsischen und französischen Anthropologen blieben weitgehend dem nominalistischen Rassenbegriff verhaftet; Rassen waren für sie Populationen von mehr oder weniger eindeutiger physischer Bestimmtheit, ihre Einteilung und Abgrenzung war im wesentlichen konventionell.[334] Mitte der zwanziger Jahre wehrten sich der Anthropologe Franz Boas und andere seiner Fachkollegen sogar vehement gegen die wertmäßige Be- und Verurteilung anderer Völker und Rassen, wie sie insbesondere von M. Grant, L. Stoddard und D. Osborn vertreten wurde. Boas wurde zum Hauptgegner des amerikanischen Rassismus, dem verschiedene akademische Disziplinen mit einer scharfen Abwendung von Rasseninterpretation entweder von Individuen oder Kulturen folgten. Aus diesen Reihen rekrutierte sich der spätere harsche Protest gegen die Rassentheorien, wie sie im Nazi-Deutschland kursierten.[335]

Erst in den dreißiger Jahren schlug auch die Zurückhaltung der Genetiker schließlich in offene Gegnerschaft um, da nun die führenden amerikanischen Eugeniker, unfreiwillig oder nicht, zu Fürsprechern der deutschen Rassenhygiene und ihrem Credo arischer Rassenreinheit und Überlegenheit wurden. Eine der ersten und meistgelesenen Attacken gegen die deutsche Rassenhygiene-Bewegung stammte aus der Feder des Morgan-Schülers Alexander Weinstein, einem jüdischen Genetiker, und legt die Vermutung nahe, daß selbst jetzt noch politische Gründe den Ausschlag für eine offene Kritik an der Eugenik gaben.

332 Ludmerer, »American Geneticists«, 353; Provine, »Geneticists«, 792.

333 Eugen Fischer, »Die Wissenschaft vom Menschen«, Hans Schwerte/Wilhelm Spengler (Hg), *Forscher und Wissenschaftler im heutigen Europa*, Oldenburg/Hamburg 1955, 272-287, 274.

334 Wilhelm E. Mühlmann, *Geschichte der Anthropologie*, 3. Aufl., Wiesbaden 1984, 185.

335 Thomas F. Gossett, *Race. The History of an Idea in America*, Dallas 1963, 424; Ludmerer, *Genetics*, 126.

Biometrie und Eugenik in England

In England war die Beziehung zwischen Biometrie und Eugenik so eng wie die zwischen Genetik und Eugenik in den Vereinigten Staaten.[336] Hier bestand in Francis Galton zunächst eine Personalunion des Begründers der Eugenik und der Wissenschaft der Biometrie, die in Karl Pearson, dem ersten Inhaber eines eugenischen Lehrstuhls überhaupt, ihre Fortsetzung fand. Pearson betrieb eine »Mathematisierung des Darwinismus« (MacKenzie) mit dem Ziel der wissenschaftlichen Untermauerung eugenischer Maßnahmen und noch konkreter: eines sozialistischen Staates mit eugenisch geplanter Reproduktion. Selbst die beiden Forscher, die später die Biometrie in die Populationsgenetik überführten – Fisher und Haldane – waren noch überzeugte Eugeniker: Eugenische Probleme hatten Fisher zu seinen statistischen und populationsgenetischen Forschungen veranlaßt, und er war zeitweilig für die Eugenics Education Society aktiv. Ebenso blieb auch Haldane stets Eugeniker, ungeachtet dessen, daß er die E. E. S. 1920 verließ und vielfach ihre Aktivitäten kritisierte.

Tendenziell trieb diese Verbindung von Statistik und Eugenik jedoch auf einen Bruch zu. Hatte sich noch 1914 eine mögliche institutionelle Verbindung von Eugenik und Statistik abgezeichnet, so beendete der Erste Weltkrieg diese Hoffnungen. Ähnlich wie in Deutschland gingen nach dem Krieg die Aktivitäten der ›Eugenics Society‹ zurück und ebenso die eugenischen Forschungen der biometrischen Schule. Selbst Pearsons persönlicher Einsatz, dem Trend 1925 durch die Gründung der *Annals of Eugenics* entgegenzuarbeiten, die ausschließlich der ›wissenschaftlichen Behandlung der rassischen Probleme des Menschen‹ gewidmet war, konnte den Zerfall einer eugenisch orientierten Statistik nicht mehr bremsen. 1933, nach Pearsons Emeritierung, wurde das Department of Applied Statistics in einen Lehrstuhl für Eugenik (R. A. Fisher), einen für Statistik (Egon Pearson) und einen neugegründeten für Biometrie (J. B. S. Haldane) aufgespalten. Damit war die Einheit von Statistik, Eugenik und Biometrie, Pearsons Programm, zerfallen.[337] Allerdings hatte sich gerade mit der Eugenik ein Spektrum von Forschungsgegenständen und

336 Farrall, *The Origins*, 180.

337 MacKenzie, *Statistics*, 91, 186/87, 198, 117, 118.

Francis Galton
(Aus der Biographie Karl Pearsons)
Aus: Eugenik. Erblehre, Erbpflege. Heft 1/1930. S. 2.

-fragen entwickelt, aus dem sich die biometrische bzw. später die populationsgenetische Forschung ausdifferenzieren konnte. Im Gegensatz zu Deutschland, wo sich Vererbungswissenschaft und Eugenik vereinigten, um sich institutionell behaupten zu können, trennten sie sich in England.
Die Ausformulierung der Populationsgenetik durch Fisher und Haldane ist ein Beleg für die relativ selbständige und politisch unbeeinflußte Entwicklung einer neuen Wissenschaft. Folgt man Ludmerer, so arbeiteten die englischen Forscher deshalb zielstrebig auf die Humangenetik hin, weil sie die genetischen Fragen statistisch angingen, weil die Eugenik die Genetik des Menschen in England weniger behinderte als in Amerika und weil ihre Ablehnung einer biologischen Soziologie es ihnen ermöglichte, die Vorstellung von der Humangenetik als einer unabhängigen Wissenschaft zu verfolgen.[338]
Die Entwicklung der Beziehung zwischen der Genetik und der Eugenik in den USA läßt sich zusammenfassend dahingehend charakterisieren, daß sich die Genetik etwa Anfang der zwanziger Jahre von der eugenischen Bewegung zu distanzieren begann, aber erst nach 1933 in offene Gegnerschaft zur Eugenik trat. Politische Motive spielten dabei eine große Rolle. Im Falle Englands bildete sich neben einer organisierten sozialpolitischen Eugenik eine starke eugenische Wissenschaft heraus. Nach dem Ersten Weltkrieg wurden durch das Zusammengehen der Biometrie und der Mendelschen Genetik, aber auch aufgrund der Ausdifferenzierung von Eugenik und Statistik, die Grundlagen für eine neue Wissenschaft – die Populationsgenetik – geschaffen, die schließlich die Basis für eine ›Verwissenschaftlichung‹ der Eugenik bildete. – Was war die vergleichbare Entwicklung in Deutschland?

Die deutsche Vererbungswissenschaft nach 1918

Zunächst kann es so erscheinen, als sei auch in Deutschland die Verbindung von Eugenik und Genetik ähnlich eng gewesen wie in den USA. Bei der Gründung der ›Gesellschaft für Vererbungswissenschaft‹ z.B. hatten mehrere Rassenhygieniker mit-

338 Ludmerer, *Genetics*, 163.

gewirkt, so Baur, Fischer, Gruber, Lenz, Martius, Rüdin und Sommer. Philalethes Kuhn, Jon Alfred Mjöen, Hermann Mukkermann, Alfred Ploetz, Hermann Werner Siemens und Wilhelm Weitz, um nur einige der bekanntesten Eugeniker zu nennen, wurden Mitglieder der Gesellschaft.[339] Die Arbeit dieser Gesellschaft wie das zeitgenössische Selbstverständnis der Genetiker waren daran orientiert, eine Brücke zwischen theoretischer Grundlagenarbeit und praktischer Anwendung zu schlagen. Unabhängig von politischen Überzeugungen begannen sich die Genetiker daher auch für humangenetische Fragen zu interessieren.[340]

Aus dieser Nähe von Vererbungswissenschaft und Rassenhygiene läßt sich allerdings keine Koalition der Genetik mit der *Rassenhygiene* ableiten. Die disziplinäre Ausdifferenzierung der Genetik war der wesentlichere Trend: 1908 die Gründung einer eigenen Zeitschrift, 1921 die Institutionalisierung einer separaten »Gesellschaft für Vererbungswissenschaft«, 1928 getrennte Fachausschüsse bei der »Deutschen Notgemeinschaft« - das waren die markanten Stationen einer Entwicklung, die die Genetik organisatorisch von der Rassenhygiene trennte. Während die Genetik sich überwiegend als Grundlagenforschung etablierte und nur in Einzelfällen auf Praxisfelder hin orientiert war, galt den Rassenhygienikern wissenschaftlicher Fortschritt als bloßes Mittel zum Zweck einer späteren Sozialpolitik. Die »Menschliche Erblehre« blieb zwar als genetische Unterdisziplin bestehen, war aber kein zentraler genetischer Teilbereich. Beispielsweise wurden im Organ der Vererbungswissenschaftler, der *Zeitschrift für induktive Abstammungs- und Vererbungslehre*, außer den wenigen rassenhygienisch-erbbiologischen Vorträgen in den jährlichen Versammlungsberichten der Gesellschaft kaum rassenhygienische Themen behandelt. Die wichtigste genetische Fachzeitschrift blieb über die Jahre hinweg ein ausschließlich ›vererbungstheoretisches‹ Organ.

Das anfängliche Desinteresse der deutschen Genetik gegenüber der *Populationsgenetik* begründete noch keine derartige Sonderstellung der Diszipin in der internationalen Forschungslandschaft, als daß sich daraus die andersartige Entwicklung der Ras-

339 »Deutsche Gesellschaft für Vererbungswissenschaft«, 230, 234ff.

340 Korrespondenz mit E. W. Caspari und E. Mayr.

senhygiene erklären ließe. Zunächst gab es in Deutschland tatsächlich niemanden, der sich mit der englischen Biometrie, ja auch nur mit dem Hardy-Weinbergschen Theorem auseinandersetzte. Während man in England und den USA offenbar für statistische Kritik zugänglich war, stießen in Deutschland die Gedanken Wilhelm Weinbergs und die aus ihnen ableitbare Kritik an der Eugenik gleichsam ins Leere. Dies wäre noch dadurch zu erklären, daß Hardy in der renommierten *Science* veröffentlichte, Weinberg hingegen Druckzeilen in den *Jahresheften des Vereins für Vaterländische Naturkunde in Württemberg* eingeräumt bekam. Aber auch als er im ersten Jahrgang der *Induktiven* zum Thema *Vererbungsgesetze beim Menschen* und im Jahre 1909 im *Archiv* über *Die Anlage zur Mehrlingsgeburt beim Menschen und ihre Vererbung* schrieb, blieben Reaktionen aus. Aus den Reihen der Rassenhygieniker reagierte nur Fritz Lenz, der 1923 *Bemerkungen zur Variationsstatistik und Korrelationsrechnung*, ein Jahr darauf zur *Asymmetrie von Variabilitätskurven* publizierte und endlich 1926 im *Archiv* eine Polemik mit Weinberg begann: eine Rezeption biometrischer bzw. populationsstatistischer Forschung war dies jedoch nicht. Sie fanden auch in maßgebliche rassenhygienische Werke wie den Baur-Fischer-Lenz keinerlei Eingang.
Trotzdem gab es bereits einige Zeit vor 1933 Ansätze zu einer deutschen Populationsgenetik. Die Wissenschaftler, die hierfür die Impulse lieferten, kamen aus der Sowjetunion. Dort sorgten, während in England und den USA Fisher, Haldane, Huxley und Wright auf vererbungsmathematischer Grundlage die Ausbreitungshäufigkeit von rezessiven und dominanten Mutationen zu berechnen versuchten, sowjetische Forscher um Sergei S. Chetverikov mit ihren Drosophila-Experimenten für internationale wissenschaftliche Aufmerksamkeit. Ihm und seinen Mitarbeitern Theodosius Dobzhansky, N. P. Dubinin und Nikolaj V. Timofeeff-Ressovsky gelang es mit Hilfe der experimentellen Genetik, erstmals genauere Angaben über Erbgesetzmäßigkeiten von Mutanten zu erhalten und damit die systematisierenden Erklärungsansätze der klassischen Gentheorie vergessen zu machen. Zudem kamen die Wissenschaftler nun zu genaueren Aussagen über die Wechselwirkungen von Gen und genotypischem Milieu sowie von Gen und Merkmal bzw. Erscheinungsbild seiner Mutante.

Elena Alexandrowna und Nikolaj Vladimirowitsch Timofeeff-Ressovsky, die 1925 mit Oskar Vogt aus Moskau nach Berlin gekommen waren, übernahmen Anfang 1926 die neue Genetische Abteilung des von Vogt geleiteten Berliner Instituts für Hirnforschung. Der Schwerpunkt ihrer Arbeiten galt Züchtungsversuchen mit der Fruchtfliege Drosophila. Die Ergebnisse unterstützten die bisherigen Annahmen, daß dominante und rezessive Mutantenarten bestimmte Selektionsquoten aufweisen, mit anderen Worten: daß in einer bestimmten Population ein ständiges Gleichgewicht zwischen Mutations- und Selektionsrate vorhanden sei. Vor allem durch die Arbeiten Timofeeff-Ressovskys erlangte »die seit den heroischen Zeiten von Correns und Weismann provinziell verkümmerte deutsche Genforschung wieder internationales Ansehen«.[341]
Diese Entwicklung läßt vergessen, daß auch deutsche Forscher in den zwanziger Jahren an der Grundlegung einer Populationsstatistik arbeiteten. Der Anthropologe Walter Scheidt z.B. betrachtete zwar in seiner *Einführung in die naturwissenschaftliche Familienkunde (Familienanthropologie)* 1923 die »Aufstellung mutmaßlicher Erbformeln«, zumal in größerem Stil bis hin zu Korrelationen von rassischen Erbeigenschaften bzw. -unterschieden, noch kritisch. Er berief sich – als einer der ganz wenigen deutschen Wissenschaftler – auf Weinbergs Schrift von 1908 *Über den Nachweis der Vererbung beim Menschen*.[342] Keine 10 Jahre später veröffentlichte er mit seiner Untersuchung über die bevölkerungsbiologischen Verhältnisse der Elbinsel Finkenwerder ein populationsgenetisches Werk, das über Jahre hinweg als vorbildliche Studie auf diesem Gebiet galt.
Grundlegende Arbeiten in der reinen Vererbungsmathematik wurden jedoch erst während des ›Dritten Reiches‹ verfaßt, als Friedrich Ringleb, Erna Weber und Bruno Schulz sich nach 1933

341 Karl Heinz Roth, »Schöner neuer Mensch. Der Paradigmenwechsel der klassischen Genetik und seine Auswirkungen auf die Bevölkerungsbiologie des ›Dritten Reichs‹«, Heidrun Kaupen-Haas (Hg.), *Der Griff nach der Bevölkerung. Aktualität und Kontinuität nazistischer Bevölkerungspolitik* (Schriften der Hamburger Stiftung für Sozialgeschichte des 20. Jahrhunderts, Bd. 1), Nördlingen 1986, 11-63, 21, 22, 30.

342 Walter Scheidt, *Einführung in die naturwissenschaftliche Familienkunde (Familienanthropologie)*, München 1923, bes. 160ff. und Schriftenverzeichnis.

der Thematik annahmen. Als 1938 das Buch *Die Erbmathematik* erschien, wurde damit deutlich, daß auch die deutsche Wissenschaft ernstzunehmende Ansätze zu einer Populationsgenetik zu liefern imstande war. Der Mathematiker Harald Geppert und der Statistiker Siegfried Koller verfaßten eine – wie es im Untertitel hieß – »Theorie der Vererbung in Bevölkerung und Sippe«. Sie verbanden mathematische Vorgehensweise mit dem Ziel der Lösung von biologischen, insbesondere rassenhygienischen Fragen. So wurde das Erbgefüge einer völlig durchmischten Bevölkerung sowie das einer beständigen Bevölkerung formelhaft erfaßt, wesentliche natürliche und künstliche Auslesevorgänge rechnerisch verfolgt und schließlich eine mathematische Grundlage zur »Erbbegutachtung«, d.h. einem verläßlichen Vaterschaftsgutachten, geschaffen.[343]

Aus der Entwicklung der Genetik in Deutschland bis 1933 läßt sich demzufolge keine ursächliche Beziehung ausmachen, aus der sich die Karriere der Rassenhygiene erklären ließe. Ebensowenig trug freilich die Genetik dazu bei, fragwürdige Theoreme der Rassenhygiene zu kritisieren: Eine klare Grenzziehung zwischen einer ›wissenschaftlichen‹ Genetik und einer ›pseudowissenschaftlichen‹ Rassenhygiene läßt sich zumindest im Selbstverständnis der zeitgenössischen Forscher nicht ausfindig machen. Alles in allem existierten beide Gebiete in bemerkenswerter Unabhängigkeit voneinander. Eine Schlüsselstellung kam demgegenüber offenbar einer anderen Disziplin zu: der Anthropologie.

Der Sonderweg der deutschen Anthropologie

Eugen Fischer rechnete es sich als sein Verdienst zu, die Erblehre und damit biologische Aspekte in die bis dahin beschreibend-vergleichende Anthropologie eingeführt und damit die Entwicklung einer »Anthropobiologie« begründet zu haben.[344] Die Anthropologie war bislang eine Wissenschaft des Sammelns und Katalogisierens gewesen; nun folgten die Schulen von Rudolf Martin, Theodor Mollison und Egon von Eickstedt dem rassen-

343 Vgl. Harald Geppert/Siegfried Koller, *Erbmathematik. Theorie der Vererbung in Bevölkerung und Sippe*, Leipzig 1938, III, 3.

344 Vgl. Fischer, »Die Wissenschaft vom Menschen«, 277.

biologisch-»naturwissenschaftlichen« Ansatz Eugen Fischers.[345] Die Annäherung der deutschen Anthropologie an den vererbungstheoretischen Diskurs läßt sich aus vielen Indizien ableiten. Nachdem infolge der Inflation das *Zentralblatt für Anthropologie* und Gustav Schwalbes *Anthropologische Jahresberichte* eingegangen waren, erschien 1924 als neues Organ der *Anthropologische Anzeiger*, der Beiträge zur Beziehung der Anthropologie »zur pathologischen Anatomie, zur Konstitutionsforschung, Kinderheilkunde, Hygiene und Psychiatrie, ferner zur Erblichkeitsforschung, Pädagogik und Sportwissenschaft« liefern wollte. Ab 1924 wurde der *Anthropologische Anzeiger* von Rudolf Martin als *Bericht über die physisch-anthropologische Literatur* herausgegeben, in dessen Titel sich bereits eine bio-anthropologische Orientierung andeutete. Der neue Kurs kam auch in den Artikeln selbst zum Ausdruck, z. B. über die Wertbestimmung von Blutgruppen, Untersuchungen anthropogenetischer Auslese, die Fallbeschreibung eines »Erblichen Fehlens der Kniescheibe« oder Studien »Über die Weichteile der Augengegend bei erbgleichen Zwillingen«. Trotz des vererbungsbiologischen Interesses gingen die Originalberichte der Zeitschrift jedoch kaum über morphologisch-anatomische Studien hinaus. Selbst nach 1933 konzentrierte sich der *Anthropologische Anzeiger* auf konstitutionell-anatomische Rassenforschung und nur am Rande auf menschliche Erblichkeitsforschung.

Ähnlich verhielt es sich mit der *Zeitschrift für Morphologie und Anthropologie*, deren Herausgabe Eugen Fischer ab 1917 betreute. Als ein Organ, das hauptsächlich Fragen der Anatomie, Morphologie und der Anthropometrie behandelte, brachte es in seinen Artikeln die mögliche Verbindung zur Rassenanthropologie und der grundlegenden Vererbungslehre nur latent zum Ausdruck.

Eugen Fischer dokumentierte den – nicht nur in dieser Zeitschrift vollzogenen – Wandel mit den Worten: »Die Anthropologie hat neben (und z. Zt. ›über‹) die Craniologie, systematische Anthropologie, Paläoanthropologie die Anthropo*biologie* gestellt. Erblehre des Menschen, Biologie der menschlichen Rassen, Bastardstudien stehen im Vordergrund des Interesses«.[346]

345 Mühlmann, *Geschichte der Anthropologie*, 100, 129.

346 Eugen Fischer, »Das Kaiser-Wilhelm-Institut für Anthropologie, menschliche Erblehre und Eugenik«, *ZMA*, 1930, *27*: 147-152, 147.

Im speziellen Fall der Morphologie-Zeitschrift hieß dies, daß ab diesem Zeitpunkt – neben einigen Artikeln, die Blutgruppenfrage betreffend – auch der Rassengedanke bioanthropologisch angegangen wurde. Die Aufsätze, die zur Rassenfrage veröffentlicht wurden, spiegelten in ihren Titeln den neuen Anspruch der Zeitschrift wider.[347] Dennoch überwogen auch hier morphologisch-anatomische Themenstellungen wie die systematische Untersuchung von Fingerleistenmustern oder kasuistische Studien über Profil und Antlitz. Ein vererbungsbiologisches Fachorgan war die *Zeitschrift für Morphologie und Anthropologie* ebensowenig wie der *Anthropologische Anzeiger*.

Die deutsche Anthropologie hatte jedoch einen anderen Weg beschritten, auf dem sie die Verbindung zur Erbbiologie des Menschen herstellte: die Blutgruppenforschung, das Gebiet, in dem sich wie in keiner anderen Disziplin »die enge Beziehung zwischen moderner Anthropologie und (Normal-)Humangenetik« verkörperte.[348]

Im Juli 1926 warb der Gründungsausschuß der »Deutschen Gesellschaft für Blutgruppenforschung« mit einem Beitritts-Aufruf, in dem die Erforschung der geographischen Verbreitung von Blutgruppen in Deutschland, Österreich, deren Nachbarstaaten und schließlich ganz Europa als Aufgabe bezeichnet wurde; darüber hinaus sollte durch die Feststellung anderer wichtiger Rassenmerkmale die Möglichkeit geschaffen werden, »endlich einmal einen zuverlässigen Ueberblick über die rassische Zusammensetzung der europäischen – und später auch anderer – Völker zu gewinnen!« Der Aufruf stieß auf starke – auch internationale – Resonanz.[349]

347 Vgl. z. B. Konrad Kühnes mehr als 200seitigen Artikel über »Die Vererbung der Variationen der menschlichen Wirbelsäule«, Wolfgang Abels Untersuchung über »Die Vererbung von Antlitz und Kopfform des Menschen« oder Robert Routils vererbungskundliche Arbeit »Von der Richtung der Augenlidspalte«.

348 Ilse Schwidetzky, »Die Anthropologie und ihre Nachbarwissenschaften«, Ina Spiegel-Rösing/Ilse Schwidetzky, *Maus und Schlange. Untersuchungen zur Lage der deutschen Anthropologie*, München/Wien 1982, 157-199, 173.

349 »Aufruf der deutschen Gesellschaft für Blutgruppenforschung«, *ARGB*, 1926, *18*: 446-450, 447; Otto Reche, »Zum Geleit«, *Zeitschrift für Rassenphysiologie*, 1929, *1*: 5.

Die Blutgruppenforschung sollte der Königsweg der erbbiologischen Rassenanthropologie sein. Die Grundannahme der Blutgruppenforschung bestand darin, daß Blutgruppen Rassenmerkmale seien und als solche dazu geeignet, Rassendifferenzen auszuweisen. Der Vermutung nach bestanden serologische Unterschiede zwischen nordischer, alpiner und mediterraner Rasse, ohne daß verschiedenen Rassen bestimmte Bluteigenschaften zugeschrieben werden konnten. 1929 bestand noch eine »große Unsicherheit« hinsichtlich der Blutgruppen, und es hieß, »die serologischen Ergebnisse (müßten) noch mit größter Vorsicht verwertet und ... Entscheidungen über die rassenmäßige Einreihung der verschiedenen Völkerschaften (könnten) noch nicht endgültig getroffen werden«.[350]

In der Frage der Blutbestimmung der Rassen ging es nur langsam voran, und schließlich wurden die Erwartungen in eine Bestätigung der ideologischen Rassentheorien, d.h. den Nachweis einer arischen Rasse, enttäuscht. 1931 hieß es in der Verbandszeitschrift, die Deutschen seien anthropologisch wie serologisch im großen Durchschnitt Mischlinge; rassenmäßige Unterschiede gelangten nur in den verschiedenen Mischungsverhältnissen der vier großen europäischen Rassen und den ungleichen Mengen fremder Einschläge zum Ausdruck, wobei – und hier lief den Blutgruppenforschern wieder ihr ideologisches Wunschbild außer Kontrolle – »der nordischen Rasse, unstreitig der herrlichsten Vereinigung menschlicher Erbanlagen, zumeist die Vorherrschaft im Bluterbe des deutschen Volkes zukommt«.[351] Auch sechs weitere Jahre später war man nicht wesentlich weitergekommen. Offensichtlich hatte man sich in der Blutgruppenfrage zu stark an anthropobiologische Vorgaben gehalten, hatte allzu schnell Verbindungen beider Forschungsrichtungen postuliert und sich zudem von der internationalen Diskussion abgekoppelt. Obwohl die deutsche Blutgruppenforschung bis in die dreißiger Jahre hinein mit an der Spitze der internationalen Entwicklung rangierte, blieb ihr aufgrund ihrer rassistischen Tendenzen die wissenschaftliche Anerkennung versagt.[352]

350 Siegmund Wellisch, »›Blutsverwandtschaft‹ der Völker und Rassen«, *Zeitschrift für Rassenphysiologie*, 1929, *1*: 21-34, 34.

351 Siegmund Wellisch, »Die zahlenmäßigen Rassenanteile der Deutschen«, *Zeitschrift für Rassenphysiologie*, 1930-31, *3*: 117-120, 120.

352 Die Blutgruppenforschung erhielt – insbesondere durch K. Landstei-

Zwei Besonderheiten kennzeichneten also die deutsche Anthropologie: einerseits die Orientierung an vererbungstheoretischen Erkenntnissen, andererseits die starke rassentheoretische Ausrichtung. Der Bezug zum Wissensstand der genetischen (Grundlagen-)Forschung bildete das »fortschrittliche« Element. Der Rassenbegriff erwies sich hingegen als unmodern und antifortschrittlich. »Rasse« wurde in der deutschen Anthropologie als theoretische *Grundannahme* und zugleich als zu operationalisierendes *Erkenntnisziel* gebraucht. Mit anderen Worten: Der Begriff »Rasse« wurde *deduktiv* oder *induktiv* benutzt. Daraus ergaben sich spezifische Probleme bei der Interpretation und Zuschreibung von rassisch relevanten Merkmalsgruppen und damit Rassen.

Deduzierte man z. B. von der durch Hans F. K. Günther getroffenen Rasseneinteilung auf eine bestimmte Bevölkerungsgruppe, so erhielt man als Resultat den Grad der Durchmischung dieser Rassen in der Population. Das war aber nicht das Ziel der anthropologischen Untersuchung, die vielmehr die Feststellung abgrenzbarer Merkmale und die Erkenntnis »reiner« Rassentypen verfolgte. Andererseits ergab sich bei der induktiven Interpretation von Rassen die Schwierigkeit, so unterschiedliche Merkmalsgruppen wie Schädelform, Hautpigmentierung, Physiognomie oder geistige Veranlagung als eindeutig rassisch relevant auszumachen, diese in Merkmalscluster einzuordnen und so zu einer empirisch fundierten Rasseneinteilung zu kommen, die dann ausgesprochen »instabil« – weil empirisch falsifizierbar – war. Als deduktive Kategorie war der Rassenbegriff empirisch unbrauchbar, als induktive nur schwer verifizierbar.

Hinzu kam, daß die gebräuchlichen wissenschaftlichen Verfahrensweisen kaum auf den Untersuchungsgegenstand »Rasse« an-

ners und P. Levines Arbeit über »Further observations on individual differences of human blood« aus dem Jahre 1927 – wissenschaftliche Akzeptanz. »The discovery of the human blood groups by Landsteiner and the remarkable extensions of the original discovery by Levine, Wiener, Hirszfeld, Bernstein, Race and others opened the way to an entirely new approach to human genetics: the population approach«, schrieb rückblickend Laurence H. Snyder über die Entwicklung der Blutgruppenforschung. Laurence H. Snyder, »Old and new pathways in human genetics«, Leslie C. Dunn (ed.), *Genetics in the 20th century*, New York 1951, 369-391, 371.

wendbar waren. Die Biometrie war es nicht, weil die quantitative Größe der ›arischen‹ oder der ›dinarischen‹ Rasse im Gegensatz zu einer bestimmten Bevölkerung empirisch noch gar nicht feststand und rechnerisch nicht erfaßt werden konnte. Die in Amerika betriebene Zell- und Molekularbiologie war noch detaillierter, komplizierter und weiter vom Rassenbegriff entfernt als die Methoden, die man in Deutschland zum Erfassen von Merkmalsgruppen einsetzte. Die Rassendiagnose stand demnach in Deutschland vor definitorischen und methodologischen Problemen und konnte folglich nur in einem begrenzten Bereich zur Geltung kommen.

Wenn die Anthropologie die Aufgabe haben sollte, die menschlichen Erbfaktoren, ihre Kombinationen, Koppelungen, Reaktionsweisen und dergleichen festzustellen, dann war sie auf das Experiment verwiesen. Das Experiment am Menschen ist aber ausgeschlossen. An »seine Stelle muß die Familienforschung treten«.[353] Sie wurde bezeichnenderweise die zentrale Methodik der deutschen Anthropologie. Walter Scheidt, der die »Familienanthropologie« begründet, angewandt und in die Anthropologie eingeführt hatte, wurde einer der führenden deutschen Rassenforscher. Nicht mehr die Erhebung einer nationalstaatlichen Bevölkerung im ganzen stand im Vordergrund, sondern die Untersuchung einer nach plausiblen Kriterien abgegrenzten und ausgesuchten anthropologischen Gruppierung.[354]

Die Rolle der Anthropologie für die Entwicklung der deutschen Rassenhygiene ist selbstverständlich nicht mit eindeutig kausaler Zurechnung zu bestimmen. Die Annahme erscheint allerdings plausibel, daß sie der Rassenhygiene zu einer verlängerten Existenz verhalf und deren Ende hinauszuzögern vermochte. Durch ihr frühes Einschwenken auf die Genetik, das durch ihren ras-

353 Gustav Michelsson, »Kritische Betrachtungen über Methoden und Aufgaben der Anthropologie«, *Zeitschrift für Morphologie und Anthropologie*, 1923, *23*: 263-294, 293.

354 »Dies geschieht heute durch die Anthropologie nicht wie früher durch Erhebungen an Schulkindern und Wehrpflichtigen, also an einer Gruppe der Bevölkerung, sondern an der alteingesessenen Bevölkerung ohne Rücksicht auf Alter und Geschlecht. Verfolgt werden Erblinien, günstige und ungünstige.« Otto Aichel, »Das Verhältnis der Anthropologie zu Philosophischer und Medizinischer Fakultät«, *Anthropologischer Anzeiger*, 1929, *6*: 253-258, 256.

Aus: O. Stiehl, Unsere Feinde. Charakterköpfe aus deutschen Kriegsgefangenenlagern. Stuttgart (Verlag J. Hoffmann) 1916. Titel.

Aus: Fischer/Günther, Deutsche Köpfe nordischer Rasse. 50 preisgekrönte Bilder aus einem Wettbewerb. München (J. Lehmanns Verlag) 1930. Titel.

sentheoretischen Fokus motiviert war, vollzog sich in der deutschen Anthropologie die Differenzierung in eine kulturelle und eine physische Anthropologie, und letztere reklamierte für sich den Status einer Naturwissenschaft. (Die Kulturanthropologie, wie sie in den angelsächsischen Ländern geprägt wurde, spielte dagegen in Deutschland keine Rolle.) Durch die enge inhaltliche wie personelle Nähe zu ihr erhielt die Rassenhygiene eine Basis in der Grundlagenforschung, die zumindest zunächst naturwissenschaftlichen Erkenntnisfortschritt und methodisch-klassifikatorische Exaktheit vortäuschte. Gerade diese Merkmale begründeten denn auch den Erfolg des Faches, der durch die politischen Verhältnisse zusätzlich befördert wurde. Durch die Fixierung der Anthropologie auf die Erforschung der »Rassen« konnte sie angesichts der politischen Konjunktur der Rassentheorien in Deutschland eine so wichtige Rolle einnehmen, obwohl sie gegenüber der internationalen Vererbungsforschung immer mehr in die Isolation geriet. Aufgrund dieser besonderen Konstellation wurde die wissenschaftliche Kritik an ihr und damit die Kritik an der Rassenhygiene in Deutschland während der dreißiger Jahre nachhaltig verhindert. Die disziplinäre Weiterentwicklung wurde nicht nur gebremst, sondern die institutionelle Vormachtstellung der Fischerschen Schule, die sich in einem wechselseitigen Legitimierungsverhältnis mit den Rassenideologen und -popularisierern befand, zementierte den erreichten Stand geradezu. Es ist also weniger ihr Verhältnis zur Genetik, auch nicht die Entwicklung der Genetik in Deutschland selbst, als vielmehr die spezifische Ausprägung der Anthropologie und die enge Verbindung, die die Rassenhygiene zu ihr eingeht, die als Spezifikum der deutschen Situation, des ›deutschen Sonderwegs‹ der Rassenhygiene, zu identifizieren ist. Erst mit dem Vordringen der moderneren experimentellen und Populationsgenetik wurde der Zusammenhang von Rassenanthropologie und Rassenhygiene allmählich aufgebrochen, gerieten die durch die herrschende politische Ideologie so lange immunisierten Rassentheorien gegen Ende der dreißiger Jahre langsam ins Abseits. (Auf diesen Entwicklungsabschnitt werden wir noch zu sprechen kommen.) Die zentrale Bedeutung, die die Rassenanthropologie als ›Orientierungswissenschaft‹ bis dahin in Deutschland hatte, verweist auf die Rolle des politischen Kontexts, innerhalb dessen sie florierte und den sie selbst beeinflußte.

Die kritischen Impulse gegen die Eugenik bzw. Rassenhygiene kamen nur zum Teil aus der Wissenschaft, und sie wurden, soweit dies der Fall war, auch nur allmählich wirksam. Die Erklärung dafür liefert das Selektionsraster, das die Rezeption kritischer Erkenntnisse ebenso bestimmte wie die Propagierung unzureichend begründeter eugenischer Deutungsansprüche: die politischen Einstellungen der Wissenschaftler. Die politischen Einstellungen der deutschen, englischen und amerikanischen Forscher sowie die korrespondierenden politischen »Großwetterlagen« in ihren jeweiligen Ländern differierten in wesentlichen Punkten.

Die deutschen Eugeniker waren in der Mehrzahl nationalistisch, wenn nicht gar völkisch, rassistisch oder nationalsozialistisch. Die nationalistischen Vorstellungen der Vererbungswissenschaftler unterschieden sich nicht von denen der Eugeniker, wie z. B. bei der Gründung der Gesellschaft für Vererbungswissenschaft anläßlich der Einweihung des Berliner Anthropologie-Instituts deutlich wurde. Ebenso war ein Elitedenken üblich, das die ›Mandarine‹ an den deutschen Universitäten miteinander verband. In den Vorstellungen über die eugenischen Wertigkeiten verschiedener sozialer Schichten fand es seinen ›wissenschaftlich‹ legitimierten Ausdruck. Selbst dort, wo die ›Eugeniker‹ sich der politischen Linken zurechneten wie z. B. Grotjahn oder Schallmayer, blieben sie in dem zuvor dargestellten Sinn ›biologistisch‹ orientiert. Ihre Wertvorstellungen unterschieden sich in keinem wichtigen Punkt von denen der rechtsgerichteten ›Rassenhygieniker‹, wie die Auseinandersetzungen zwischen 1927 und 1933 zeigten.

In den Vereinigten Staaten war die öffentliche politische Stimmung nach dem Ersten Weltkrieg wohl auch nationalistisch und – wie an der Einwanderungsgesetzgebung ablesbar – ausländerfeindlich. Gepaart mit dem seinerzeit noch längst nicht gebrochenen Rassismus, trugen die vom ›weißen angelsächsischen Protestantismus‹ geprägten sozialen Vorurteile eine Zeitlang die Eugenik in einer zu Deutschland verblüffend ähnlichen Weise. Letztlich ausschlaggebend für den Niedergang der Eugenik in den USA dürfte neben der wachsenden Divergenz von eugenischen Thesen und genetischen Erkenntnissen der Widerspruch des eugenischen Programms zur politischen Kultur des Landes gewesen sein: Die Durchdringung der Bewegung von Rassisten, ihr Anti-Feminismus, ihre Frontstellung gegen Geburtenkontrolle, vor allem aber wohl der etatistische Anti-Individualismus liefen etablierten politischen Strömungen in den USA entgegen.[355] Diese Extreme widersprachen nicht nur den Vorstellungen vieler, die sich sozialpolitisch engagierten; sie gerieten auch zunehmend in Widerspruch zur Mehrzahl der Genetiker, standen sie nun der eugenischen Bewegung (noch) nahe oder nicht.[356]

Die englischen Biometriker waren, wie ihre deutschen Fachkollegen, zwar vielfach organisatorisch in die eugenische Bewegung eingebunden, aber auch – wie einige der amerikanischen Genetiker – dezidierte Vertreter sozialistischer Gedanken. Pearson sind reaktionäre oder doch standespolitische Einstellungen nachweisbar; dennoch vertrat er auch »sozialistische« Anschauungen, die allerdings zwischen englischem Fabianismus und englischem Marxismus kaum unterschieden und Sozialismus mit Nationalismus bzw. Stärkung der Staatsautorität gleichsetzten.[357] J. B. S. Haldane verstand sich als Sozialist und gehörte in seinen späteren Jahren sogar der Britischen Kommunistischen Partei an. Eine exaktere Beurteilung müßte ihn allerdings als ›wissenschaftlichen Sozialisten‹ charakterisieren, denn Haldane war kein politischer Aktivist, zumal seine politischen Vorstellungen stark von seinen wissenschaftlichen Erkenntnissen beeinflußt waren. Seine Überlegungen zu eugenischen Maßnahmen waren von der Überzeugung geprägt, daß erst eine klassenlose Gesellschaft entstehen müsse, bevor der Staat weitreichende eugenische Maßnahmen ohne Ungerechtigkeit durchsetzen könne. Derzeit, glaubte er, seien noch nicht einmal die wissenschaftlichen Grundlagen dafür vorhanden.[358]

Symptomatisch für die Differenz zur Haltung der deutschen Eugeniker mag sein, daß auch diese – zumindest bis 1933 – weitreichende politische Maßnahmen wie die Zwangssterilisation ablehnten, aber in erster Linie deshalb, weil sie die *politischen* Bedingungen für nicht gegeben ansahen: Rechtliche und verwal-

355 Vgl. Daniel J. Kevles, *In the Name of Eugenics*, New York 1985, 106.

356 Diane B. Paul, »Eugenics and the Left«, 582.

357 MacKenzie, *Statistics*, 7.

358 Gary Werskey, *The Visible College*, Worcester/London 1978, 97, 94.

tungsmäßige Voraussetzungen mußten geschaffen werden, und vor allem die ethischen Vorbehalte in der Bevölkerung versprachen, schwer überwindbar zu sein. Die wissenschaftliche Vorsicht, die Forscher wie Haldane oder Pearson kennzeichnete – Pearson verachtete die eugenische Arbeit der ›Eugenics Education Society‹ wegen ihrer wissenschaftlichen Sorglosigkeit und ihrer propagandistischen Züge –, hinderte sie nicht daran, Eugeniker zu sein. Allgemeiner gesagt: Die Verpflichtung auf die genetische Wissenschaft und ihre jeweiligen Standards gaben zu jener Zeit nicht den Ausschlag dafür, ob eugenische Positionen vertreten und als vertretbar erachtet wurden. Entscheidend waren offenbar vielmehr die jeweilige politische Einstellung und das ihr unterliegende Wertsystem der involvierten Wissenschaftler. Sie lieferten die Kriterien dafür, ob vorhandenes Wissen für die Begründung staatlichen Handelns als ausreichend erachtet und vor allem: welche Art eugenischer Maßnahmen für politisch und ethisch zulässig erachtet wurden. Daß die Wissenschaft selbst Basis dieser Urteile hätte sein können, ist die Täuschung der nachfolgenden Legendenbildung: Das Urteil über ›gute‹ und ›schlechte‹ bzw. ›Pseudowissenschaft‹ läßt sich erst im nachhinein fällen, zu einem Zeitpunkt, wenn die wechselseitigen Rezeptionsprozesse als abgeschlossen gelten können. Soweit es das Verhältnis von Genetik, Anthropologie und Eugenik anlangt, waren sie dies zum Ende der zwanziger Jahre noch keineswegs.

Es ist, so lassen sich die Betrachtungen zusammenfassen, mit Sicherheit ein komplexes Geflecht von Bedingungen dafür verantwortlich, daß die Eugenik bzw. Rassenhygiene sich ungeachtet wissenschaftlich begründeter Zweifel und Kritik hat weiterentwickeln und in Deutschland zur politischen Umsetzung kommen können.

Die nationalen Unterschiede in der inhaltlichen Entwicklung der Bezugswissenschaft, der Genetik, sowie ihrer institutionellen Entwicklung haben einen gewissen, aber kaum entscheidenden Anteil. Ganz gewiß hat die Wissenschaft nicht die Grundlage für eine grundsätzliche Infragestellung des eugenischen Programms liefern können, allenfalls für die Kritik bestimmter Maßnahmen und des Zeitpunkts ihrer praktischen Umsetzung. Besonders wichtig ist es, in dem Zusammenhang zu berücksichtigen, daß derart eindeutige Urteile so lange nicht möglich sind, wie die

relevanten wissenschaftlichen Erkenntnisse selbst noch umstritten bzw. noch nicht konsensuell in der Gemeinschaft der Wissenschaftler rezipiert worden sind.
Die Sonderentwicklung und Schlüsselstellung einer Teildisziplin wie der Anthropologie in Deutschland ist nicht nur dafür ein Beispiel. Ihr kommt zugleich eine zentrale Rolle in dem genannten Beziehungsgeflecht zu.
Schließlich haben die politischen Einstellungen der Protagonisten in Verbindung mit der politischen Situation, in der sie handeln, eine zentrale Bedeutung. Sie bilden das Selektionsraster von Wertungen und Überzeugungen, das die wissenschaftlichen Vermutungen, Entwürfe und Thesen, die noch nicht als ›gesichertes Wissen‹ gelten können, entweder ›von außen‹ absichert oder unterdrücken hilft, je nach der inhaltlichen Übereinstimmung oder Divergenz. Dieses Selektionsraster liefert darüber hinaus auch die Kriterien für die Einschätzung, ob das ›Wissen‹ ausreicht, um seine praktische Anwendung zu rechtfertigen oder nicht.
Diese Beziehung zwischen politischen Wertungen und der Wissensentwicklung an deren ›Front‹, wo sie noch nicht verfestigt ist, kann auf alle handlungsbezogenen Wissenschaften übertragen werden. Die Eugenik stellt einen herausragend markanten Fall dar und ihr Schicksal im nationalsozialistischen Deutschland eine wohl einzigartige Phase der Entwicklung dieser Beziehung.

V. Die Realisierung des Utopischen – Rassenhygiene und Erbpflege im nationalsozialistischen Staat

1. Die vorweggenommene Allianz – Rassenhygieniker und NS-Bewegung

Beziehungen im Geist – Rassenideologie, Rassenhygiene und nationalsozialistische Ideologie

Der völkische Staat »hat die Rasse in den Mittelpunkt des allgemeinen Lebens zu setzen. Er hat für ihre Reinerhaltung zu sorgen. Er hat das Kind zum kostbarsten Gut eines Volkes zu erklären. Er muß dafür Sorge tragen, daß nur wer gesund ist, Kinder zeugt; daß es nur eine Schande gibt: bei eigener Krankheit und eigenen Mängeln dennoch Kinder in die Welt zu setzen, doch eine höchste Ehre: darauf zu verzichten. Umgekehrt aber muß es als verwerflich gelten, gesunde Kinder der Nation vorzuenthalten. Der Staat muß dabei als Wahrer einer tausendjährigen Zukunft auftreten, dem gegenüber der Wunsch und die Eigenschaft des Einzelnen als nichts erscheinen und sich zu beugen haben. Er hat die modernsten ärztlichen Hilfsmittel in den Dienst dieser Erkenntnis zu stellen. Er hat, was irgendwie ersichtlich krank und erblich belastet und damit weiter belastend ist, zeugungsunfähig zu erklären und dies auch praktisch durchzusetzen. Er hat umgekehrt dafür zu sorgen, daß die Fruchtbarkeit des gesunden Weibes nicht beschränkt wird durch die finanzielle Luderwirtschaft eines Staatsregiments, das den Kindersegen zu einem Fluch für die Eltern gestaltet. Er hat mit jener faulen, ja verbrecherischen Gleichgültigkeit, mit der man heute die sozialen Voraussetzungen einer kinderreichen Familie behandelt, aufzuräumen und muß sich an die Stelle dessen als oberster Schirmherr dieses köstlichen Segens eines Volkes fühlen. Seine Sorge gehört mehr dem Kinde als dem Erwachsenen. Wer körperlich und geistig nicht gesund und würdig ist, darf sein Leid nicht im Körper seines Kindes verewigen. Der völkische Staat hat hier die ungeheuerste Erziehungsarbeit zu leisten. Sie wird aber dereinst auch als eine

Unser Führer Adolf Hitler

trinkt keinen Alkohol und raucht auch nicht. Ohne andere im geringsten in dieser Richtung zu bevormunden, hält er sich eisern an das selbstauferlegte Lebensgesetz. Seine Arbeitsleistung ist ungeheuer.

(Reichsjugendführer Baldur v. Schirach im Buch: „Hitler, wie ihn keiner kennt.")

Aus: Auf der Wacht. Kampfblatt gegen den Alkoholmißbrauch. Mitteilungsblatt des deutschen Vereins gegen den Alkoholmißbrauch Band 54 (1937), Heft 1/2. S. 119.

größere Tat erscheinen, als es die siegreichsten Kriege unseres heutigen bürgerlichen Zeitalters sind.«[1]
Dieser Abschnitt findet sich in Adolf Hitlers *Mein Kampf*. Er wird in Zusammenhang mit einem anderen gelesen werden müssen, in dem Hitler formulierte: »... es gibt nur ein heiligstes Menschenrecht, und dieses Recht ist zugleich die heiligste Verpflichtung, nämlich: dafür zu sorgen, daß das Blut rein erhalten bleibt, um durch die Bewahrung des besten Menschentums die Möglichkeit einer edleren Entwicklung dieser Wesen zu geben«.[2]
In diesen Formulierungen lassen sich unschwer zwei Hauptstränge rassenhygienischen Denkens identifizieren: in der einen die eugenische Zielsetzung der bewußten, erbbiologisch informierten Fortpflanzung, in der anderen die rassenhygienische, die ihre Wurzel in der anthropologisch begründeten Furcht vor den vermeintlichen Gefahren der Rassenmischung hatte.
Beide Zielsetzungen sollten in der Rassen- und rassenhygienischen Politik im Nationalsozialismus nebeneinander und miteinander verbunden eine maßgebliche Rolle spielen. Daß sie bereits in Hitlers *Mein Kampf* auftauchen und dort das Abbild der rassenhygienischen Diskussion darstellen, deutet darauf hin, daß sie wie alle Bestandteile der nationalsozialistischen Ideologie Anleihen bei Rassenanthropologie und Rassenhygiene sind. Damit stellt sich die Frage nach den geistigen Beziehungen zwischen beiden Ideensystemen. Diese Frage erhält ihre besondere Relevanz, weil zwischen der deutschen Rassenhygiene und der angelsächsischen Eugenik (vor allem der amerikanischen) viele Parallelen und auch direkte Verbindungen bestanden und es deshalb erklärungsbedürftig ist, wieso die erstere politisch derart virulent werden konnte, während die Eugenik in England und den USA trotz aller erheblichen Einflüsse auf die Politik und die öffentliche Diskussion doch nie zu einer derart dominanten Kraft wurde.
Die Entwicklung der Eugenik in Deutschland vollzog sich in einem besonderen geistigen Klima. Nur in Deutschland konnte eine politische Bewegung, die das Rassereinhaltungsideal programmatisch verfocht, zu solch außerordentlicher politischer

1 Adolf Hitler, *Mein Kampf*, 37. Aufl., München 1933, (Original 1925/1926).
2 Hitler, *Mein Kampf*, 444.

Wirksamkeit und schließlich auch zu politischer Macht gelangen. Rassenhygiene als wissenschaftliche Ideologie und Nationalsozialismus als politische Ideologie waren jedoch weder dem Inhalt noch der Form nach vor und nach 1933 deckungsgleich, sondern standen in einem Verhältnis, das sich als intellektuelle und utilitaristische Affinität beschreiben läßt. Intellektuell war sie insofern, als die Nationalsozialisten sich der wissenschaftlichen Inhalte und der politischen Forderungen der Rassenhygieniker bemächtigten, mochten sie sie auch verfälschen, selektiv rezipieren und radikalisieren. Umgekehrt bedienten sich, zumal nach der Machtergreifung, auch viele Rassenhygieniker der radikaleren politischen Sprache. Utilitaristisch war das Verhältnis insofern, als die nach Macht strebende politische Bewegung und die nach Institutionalisierung und Professionalisierung strebenden Wissenschaftler voneinander profitieren zu können glaubten. Gehen wir zunächst einzelnen Facetten der inhaltlichen Beziehung nach.

Als sich in der Folge des Ersten Weltkriegs in Deutschland die extrem nationalistisch-reaktionäre Sammlungsbewegung des Nationalsozialismus konstituierte, deren zentrale ideologische Kategorien die politische Stimmungslage widerspiegelten, griff sie für die Formulierung eines »neuen« Menschen- und Weltbildes auf einen breiten Fundus »biopolitischer« Konzepte zurück. Das Ergebnis war eine »Weltanschauung«, die in einer rassisch ›reinen‹ und auf räumliche Expansion bedachten »Volksgemeinschaft« ihren obersten Wertmaßstab hatte.

Dabei rezipierte und vereinnahmte der Nationalsozialismus geistige Strömungen unterschiedlicher Art, die zum größten Teil bereits im deutschen Kaiserreich eine inhaltliche Form und organisatorischen Ausbau erfahren hatten: Sozialdarwinismus, Pangermanismus, Ariomanie, völkische Ideologie und Rassentheorien.[3] Inzwischen besteht unter den Zeithistorikern weitgehende

3 Die wissenschaftliche Diskussion unter Historikern über die spezifischen Inhalte der nationalsozialistischen »Weltanschauung« und die reale Funktion der in ihrem Namen propagierten politischen Ziele ebenso wie die Frage nach dem Stellenwert des Hitlerschen »Geschichtsbildes« (Jäckel) für sein politisches Handeln ist nach wie vor im Fluß. Über die Rolle Hitlers im NS-Staat herrscht insoweit Einigkeit, als er das letztinstanzliche Deutungsmonopol in allen Weltanschauungsfragen hatte. Der Streit geht insbesondere zwischen sogenannten

Einigkeit darüber, daß Hitler nur zwei wirkliche Ziele hatte, ein außenpolitisches und ein rassenpolitisches. Das Streben nach Welt(vor)herrschaft und die Rassendoktrin waren Kernstücke der NS-Weltanschauung, und alle anderen Elemente hatten danach nur noch funktionalen Charakter zur Erreichung dieser beiden (Fern-)Ziele.[4] Tatsächlich war die Priorität der beiden Hauptelemente »Biologismus und Lebensraum« bzw. »Imperialismus und rassenideologisch motivierter Antisemitismus« (Hillgruber) in der Regimephase des Nationalsozialismus unverkennbar.

Der »eugenische Gedanke« und die »Rassenhygiene« gehörten dazu und wurden zu *einem* Versatzstück der NS-Ideologie neben anderen, innerhalb deren ein auf »biologischen« Rassentheorien begründeter Volksbegriff, ein daraus abgeleiteter Antisemitismus sowie ein imperialistisches Konzept, das auf dem

»Programmologen« und »Revisionisten« um die Problematik einer inhärenten Finalität im Denken Hitlers und damit der Politik im NS-Staat. Vgl. Volker Losemann, »Nationalsozialistische Weltanschauung und Herrschaftspraxis (1933-1935)«, Klaus Malettke (Hg.), *Der Nationalsozialismus an der Macht. Aspekte nationalsozialistischer Politik und Herrschaft*, Göttingen 1984, 9-52. Vgl. dazu auch Gerhard Schreiber, *Hitler. Interpretationen 1923-1983. Ergebnisse, Methoden und Probleme der Forschung*, Darmstadt 1984. Die einen glauben, in der NS-Politik eine sich planvoll aus den ideologischen Grundannahmen entwickelnde, folgerichtige Praxis erkennen zu können, die stets den proklamierten Endzielen verpflichtet war. Andreas Hillgruber, »Imperialismus und Rassendoktrin als Kernstück der NS-Ideologie«, Leo Haupts/Georg Mölich (Hg.), *Strukturelemente des Nationalsozialismus*, Köln 1981, 11-36; und ähnlich Andreas Hillgruber, »Die ›Endlösung‹ und das deutsche Ostimperium als Kernstück des rassenideologischen Programms des Nationalsozialismus«, ders., *Deutsche Großmacht- und Weltpolitik im 19. und 20. Jahrhundert*, Düsseldorf 1977, 252-275. Die anderen sehen in solchen End- oder Fernzielen nur »ideologische Metaphern«, die einem planlosen politischen Aktionismus lediglich Hintergrundlegitimation lieferten. Klaus Hildebrand, *Das Dritte Reich*, München 1979; Martin Broszat, *Der Staat Hitlers. Grundlegung und Entwicklung seiner inneren Verfassung*, München 1969; Hans Mommsen, »Die Realisierung des Utopischen: Die ›Endlösung der Judenfrage‹ im ›Dritten Reich‹, *Geschichte und Gesellschaft*, 983, 9: 381-420.

4 Eberhard Jäckel, *Hitlers Weltanschauung. Entwurf einer Herrschaft*, 2. Aufl., Stuttgart 1981, 93 (Original Tübingen 1969).

»natürlichen« Überlebenskampf rassisch bestimmter Völker untereinander gründete, die zentrale Rolle spielten. Die Passagen aus Hitlers ›Kampf‹-Buch zeigen dabei schon ganz vordergründig, daß die jeweils radikaleren Spielarten von Rassenanthropologie und Rassenhygiene rezipiert und nebeneinandergestellt wurden.

Im Rahmen der Anthropologie war der Diskurs über Rassen spätestens seit den frühen Bastardstudien Fischers und Rodenwaldts etabliert und die Annahme von Rassenmerkmalen als Erbmerkmale akzeptiert. Den Vertretern eines dynamisch konzipierten Rassenbegriffs (Saller, Weidenreich) standen jene gegenüber (Fischer, Lenz), die an typologischen Rassenkonzepten festhielten.

Verfolgt man, ausgehend vom ehernen (d.h. auf Hitlers Geheiß nie veränderten) Programm der NSDAP von 1920, die Genese der »einzigen stabilen Weltanschauungsinhalte«, so ist die ideologische Handschrift des Führers hier noch nicht derart prägend, wie sie es später nach der Veröffentlichung von *Mein Kampf* allenthalben wurde.[5] Die 25 Punkte von 1920 enthielten noch *keine* dezidiert eugenischen Forderungen. Im Gegenteil: In der Zeit des von der Rassenhygiene diagnostizierten »Geburtsausfalls« forderte Punkt 3 »Land und Boden (Kolonien) zur Ernährung unseres Volkes und Ansiedlung unseres Bevölkerungsüberschusses«. Der in Punkt 4 verkündete »biologische« Antisemitismus nahm allerdings die spätere Praxis schon vorweg, war aber noch vergleichsweise moderat formuliert: »Staatsbürger kann nur sein, wer Volksgenosse ist. Volksgenosse kann nur sein, wer deutschen Blutes ist, ohne Rücksichtnahme auf Konfession. Kein Jude kann daher Volksgenosse sein.« Der Verweis auf das »Sittlichkeits- und Moralgefühl der germanischen Rasse« in Punkt 24 unterstreicht die geistige Verankerung des frühen Nationalsozialismus in der Germanenschwärmerei der Jahrhundertwende.

Den für die nationalsozialistische Bewegung handlungsorientierenden Rahmen, das »eigentliche« Programm der Bewegung, entwarf Hitler 1924 während seiner Landsberger Haft mit *Mein Kampf*, in dessen Kapitel 11 »Volk und Rasse« vor allem die hier

5 Broszat, *Der Staat Hitlers*, 399; Gottfried Feder, *Das Programm der N.S.D.A.P.*, München 1932.

relevanten rassenhistorischen und rassenhygienischen Themen behandelt wurden. Der Streit darüber, wer für dieses Elaborat als geistiger Ahnherr gelten kann, wer direkt oder indirekt rezipiert wurde, ist müßig.[6] Hitler selbst war darum bemüht (ähnlich seinen Vor- und Paralleldenkern Houston St. Chamberlain und Alfred Rosenberg), seine zusammengetragenen »Erkenntnisse« als seine originären Entwürfe zu deklarieren, und er vermied daher eine nähere namentliche Bezeichnung seiner Studienliteratur. Dennoch läßt sich die Beziehung von Hitlers Thesen zur »wissenschaftlichen« Rassenhygiene zumindest aus der Sicht eines ihrer vornehmlichen Repräsentanten interpretieren.[7] Fritz Lenz ging nämlich 1931 der Frage nach, inwieweit Hitler in *Mein Kampf* rassenhygienische Vorstellungen rezipiert hatte. »Natürlich sind es nicht neue Ideen, die Hitler hier vertritt«, stellte Lenz über das Buch fest, »Quellen (habe) er nicht angegeben, vermutlich mit bewußter Absicht; denn ein wissenschaftliches Werk mit Quellenbelegen hat nun einmal nicht eine politische Massenwirkung, wie sie ein Schriftsteller erreichen kann, der im Stile eines Propheten schreibt«. Auch wenn Lenz über diverse Passagen von Hitlers ›Kampf‹-Buch, besonders über seine antisemitischen Ausbrüche »manchmal den Kopf schüttelt«, so begrüßte er doch prinzipiell Hitlers Rezeption rassenhygienischer Gedanken. »Von eigentlich rassenhygienischen Büchern hat Hitler, wie ich höre, die zweite Auflage des ›Baur-Fischer-Lenz‹ gelesen, und zwar während seiner Festungshaft in Landsberg. Manche Stellen daraus spiegeln sich in Wendungen Hitlers wider. Jedenfalls hat er die wesentlichen Gedanken der Rassenhygiene und ihre Bedeutung mit großer geistiger Empfänglichkeit und Energie sich zu eigen gemacht ...« Lenz ging mit den eugenischen Forderungen Hitlers also grundsätzlich konform, in einigen, insbesondere die Rassenproblematik betreffenden Fragen nahm er kosmetische Korrekturen vor: »Wie Gobineau und Chamberlain über-

6 Etwa in der Konzeption Daims, der den obskuren Lanz von Liebenfels als »Mann, der Hitler die Ideen gab«, identifiziert haben will. Wilfried Daim, *Der Mann, der Hitler die Ideen gab*, München 1958.

7 Rein pragmatische Erwägungen (Beschneidung des Konjunkturrittertums) veranlaßten Rosenberg später, die Ahnengalerie des Nationalsozialismus auf Richard Wagner, Nietzsche, Lagarde und Chamberlain zu begrenzen. Alfred Rosenberg, *Gestalten der Idee*, 2. Aufl., München 1936, 18.

treibt Hitler die schädlichen Folgen der Rassenkreuzung. Blondes Haar verbürgt nicht edle Rasse und dunkles schließt sie nicht aus.«[8]

Neben der eindeutig eugenischen Zielsetzung, die im ›Dritten Reich‹ dann als »Erbpflege« bezeichnet wurde, findet sich in *Mein Kampf* die eigentlich rassistische Rassenpflege, der es um die Reinhaltung der Rasse, d.h. die Verhinderung von Rassenmischungen ging. Die Vorstellung, wonach Rassenmischungen zu Disharmonien führen, ging auf die in der Anthropologie laufende und bis nach dem Zweiten Weltkrieg noch immer nicht vollends überwundene Diskussion um die vermeintlichen Gefahren der Rassenmischung zurück. Dabei übernahm Hitler die alte Galtonsche These der ›Regression zum Mittelwert‹ (»Niedersenkung des Niveaus der höheren Rasse«) ebenso wie selektionistische Elemente in sozialdarwinistischer Verfälschung: »Immer aber ist der Kampf ein Mittel zur Förderung der Gesundheit und Widerstandskraft der Art und mithin eine Ursache zur Höherentwicklung derselben.« Dazu kamen noch rein spekulative Elemente, die sich auf die Rassenreinheit beziehen, wie z.B. die Behauptung eines »in der Natur allgemein gültigen Triebes zur Rassenreinheit«.[9] Die beiden Stränge, Erbpflege im Sinne der Eugenik und Rassenpflege im Sinne der rassistisch gewendeten Rassenhygiene, finden sich später in der Praxis und zumal ihrer in den Nürnberger Gesetzen geschaffenen gesetzlichen Grundlage wieder.

Außerdem finden sich in Hitlers ›Kampf‹ zwei weitere Ele-

8 Fritz Lenz, »Die Stellung des Nationalsozialismus zur Rassenhygiene«, *ARGB*, 1931, *25*: 300-308, 303. Hitlers »rassische« Erscheinung, für Völkische und Nationalsozialisten von ausschlaggebender Bedeutung, wurde von dem in der völkischen Bewegung engagierten Münchner Rassenhygieniker Max von Gruber übrigens folgendermaßen beurteilt: »Gesicht und Kopf schlechte Rasse, Mischling. Niedrige fliehende Stirn, unschöne Nase, breite Backenknochen, kleine Augen, dunkles Haar. Eine kurze Bürste von Schnurrbart, nur so breit wie die Nase, gibt dem Gesicht etwas besonders Herausforderndes. Der Gesichtsausdruck ist nicht der eines in voller Selbstbeherrschung Gebietenden, sondern der eines wahnwitzig Erregten...« Zit. n. Werner Maser, *Der Sturm auf die Republik: Frühgeschichte der NSDAP*, Frankfurt/ Berlin/ Wien 1981, 300-308, 46, (Original in *Essener Volkswacht* vom 9. 11. 1929).

9 Hitler, *Mein Kampf*, München 1933, 312, 313.

mente. Einmal ist es die explizite Verbindung von imperialistischen Bestrebungen und der Rassentheorie. Die »Blut- und Boden«-Theorie des Nationalsozialismus fand bei ihm eine spezifische Ausprägung, als Fortführung des Schlagwortes vom »Volk ohne Raum« zu einer auf Rassismus und Biologismus beruhenden Theorie des Lebensraums und der politischen Herrschaft. Die rassische Differenzierung der Menschheit, die Absage an alle Weltzivilisation verband Hitler mit der Konzeption des »natürlichen« Herrschaftsanspruchs eines rassisch anderen Nationen überlegenen Volkstums in einem ihm gemäßen Lebensraum, dessen äußere Grenzen den »natürlichen« Bedürfnissen des Herrenvolkes zu entsprechen hätten. »Wir stoppen den ewigen Germanenzug nach dem Süden und Westen Europas und weisen den Blick nach dem Land im Osten.«[10]

Als letztes Element ist schließlich das rassistisch begründete Feindbild des »Weltjudentums« zu nennen. Bereits 1919 hatte Hitler seinen biologischen Antisemitismus eindeutig formuliert: »Zunächst ist das Judentum Rasse und nicht Religionsgemeinschaft... Sein Wirken wird in seinen Folgen zur Rassentuberkulose der Völker.«[11] Als »letztes Ziel« eines »Antisemitismus der Vernunft« sah Hitler »unverrückbar die Entfernung der Juden überhaupt«. Noch in seinem sogenannten politischen Testament vom 29. 4. 1945 verpflichtete er »die Führung der Nation und die Gefolgschaft zur peinlichsten Einhaltung der Rassengesetze und zum unbarmherzigen Widerstand gegen die Weltvergifter aller Völker, das internationale Judentum«. – Auch diese beiden Elemente sollten später in Politik umgesetzt werden: im Krieg gegen Rußland, der Versklavung der rassisch als minderwertig erachteten slawischen Völker sowie in der Massenvernichtung der Juden.

Es kann angesichts dessen kein Zweifel darüber bestehen, daß eine Reihe von zentralen Annahmen, Begriffen und Theoremen der Rassenbiologie und Rassenhygiene, ganz gleich auf welche

10 Hitler, *Mein Kampf*, 742. Diese Orientierung auf eine »Ostkolonisation« weicht von dem 3. Punkt des 1920er Parteiprogramms ab.

11 Brief vom 16. 9. 1919, zit. n. Joachim C. Fest, *Hitler. Eine Biographie*, Frankfurt/Berlin/Wien 1973, 167. Eugen Fischer, »Einleitender Vortrag«, Hans Harmsen/Franz Lohse (Hg.), *Bevölkerungsfragen. Bericht des Internationalen Kongresses für Bevölkerungswissenschaft (Berlin, 26. 8.-1. 9. 1935)*, München 1936, 39-43, 42.

Weise, ihren Weg in die nationalsozialistische »Weltanschauung« gefunden hatten. Aufgrund der diffusen Grenzen dieser Wissenschaften gegenüber politischen Werten und speziell ihrer inhaltlichen Affinität zu rechtsgerichteten Ideologien ist es nicht überraschend, daß sie nun vom Nationalsozialismus funktionalisiert wurden.

Der Deutungs- bzw. Re-Interpretationsprozeß, mittels dessen diese Funktionalisierung vollzogen wird, ist weitaus aufschlußreicher als die Suche nach den wissenschaftlichen Quellen, weil in ihm die Grenze zwischen der Wissenschaft und der Ideologie selbst thematisiert wird. Einen selten klaren Einblick bieten deshalb die Diskussionen über das Verhältnis von Wissenschaft und Weltanschauung, über Rassentheorie und Rassenideologie.

Der Chef des ›Rassenpolitischen Amtes‹ (RPA), Walter Groß, bietet dafür ein instruktives Beispiel. Er hielt das »rassische Denken an sich« für eine »ganz selbständige Parallelerscheinung« neben der Rassenbiologie, die nicht »ausschließlich durch naturwissenschaftliche Einzeltatsachen Wirklichkeitswert erhält«, sondern eine prinzipiell neue Weltsicht darstelle.[12] Es sei die »niemals beweisbare Schau einzelner genialer Männer« gewesen – Geisteswissenschaftler zumal (Gobineau, Chamberlain, Woltmann, Rosenberg) –, die die »Idee«, den »Mythos« der Rasse konzipiert hätten, nicht aber eine »Wissenschaft in dem exaktbegrenzten Sinn, wie etwa die Biologie eine Wissenschaft darstellt und zu sein bemüht ist«. Groß machte diese Überlegungen an der Tatsache fest, daß sich das »rassische Geschichtsbild« bei gleicher Wissenschaftsentwicklung nur in Deutschland etabliert habe.[13]

Ein Beobachter von außen, Paul Ludwig Landsberg, beschrieb die unscharfe Trennlinie zwischen der Rassenwissenschaft und der Rassenideologie in der renommierten, nach Paris emigrierten *Zeitschrift für Sozialforschung*. Für Landsberg war es »von größter Wichtigkeit, prinzipiell zu unterscheiden: Rassenlehre als pure Ideologie und Rassenlehre als Naturwissenschaft«; die Rassenhygiene war für ihn »ein weitgehend richtiger Gedanke«.

12 Walter Groß, *Nationalsozialismus und Wissenschaft*, Berlin 1937; Walter Groß, »Rassenpolitik«, *Informationsdienst Rassenpolitisches Amt der NSDAP*, Sonderdruck vom 20. 10. 1942.

13 Groß, »Rassenpolitik«, 3.

Hans F. K. Günther und Egon von Eickstedt galten ihm als jeweils beispielhafte Vertreter unseriöser und seriöser Forschung: »Auch die Annahme allgemeiner sozialer Gebundenheit jeder wissenschaftlichen Forschung hebt den gewaltigen und unüberbrückbaren Unterschied zwischen Ideologie in wissenschaftlicher Verbrämung und Wissenschaft nicht auf.« So erhoffte sich Landsberg gerade durch die Rassenwissenschaft eine Widerlegung der Rassenideologie und ihres »Epiphänomens«, des »Blutsmythos«, der gerade durch einen »Verzicht auf Wissenschaft und Vernunft« gekennzeichnet sei. Teile der Rassenwissenschaft selbst unterlagen Landsberg zufolge auch dem »naturalistischen Dogma der Rassenideologen«. Er zitierte Fischer mit dem Satz: »Es gibt nicht Menschen schlechthin, es gibt nur Menschen bestimmter Rassen oder Rassenmischungen«, und Lenz war ihm typisch dafür, daß »der Gedanke der Rassenhygiene zu einer Art Religion geworden ist, d.h. zu einer besonderen und sehr intensiven Form des allgemeinen Fortschrittsglaubens«. Über den Baur-Fischer-Lenz urteilte er: »Ein orientierendes Standardwerk, das in reichem Maße wissenschaftliche Tatsachen in ein stark ideologisch und subjektiv gefärbtes Ganzes einarbeitet«.[14] Es sollte nicht überlesen werden, daß Landsberg trotz seiner treffsicheren Einschätzung des Grenzverlaufs sich dennoch die ideologiekritische Leistung von der Rassenwissenschaft erhofft.

Ein Indiz unter vielen anderen dafür, daß die Grenzziehung auch von seiten der Rassenhygieniker nicht eindeutig war, ist die zum Teil ausführliche Rezension der Schriften Günthers, Chamberlains u.ä. Autoren im *Archiv* durch Wissenschaftler wie Lenz und Verschuer. In der Regel konzentrierte sich die Kritik auf die mangelnde wissenschaftliche Methodik oder hob den in bezug auf die Öffentlichkeitswirksamkeit schlechten Dienst an der gemeinsamen Sache hervor; nur in den seltensten Fällen wurde jedoch ein grundsätzlicher Dissens in inhaltlichen Fragen konstatiert.

Die nationalsozialistische Rassenideologie, insbesondere der von Rosenberg in der Folge Chamberlains konzipierte »Blutsmythos«, war zwar zur Sicherung seiner Überzeugungskraft

14 Paul Ludwig Landsberg, »Rassenideologie und Rassenwissenschaft«, *Zeitschrift für Sozialforschung*, 1933, 2 (Paris 1934): 388-406.

nicht unmittelbar von den wissenschaftlichen Anstrengungen um die Klärung rassenanthropologischer Hypothesen abhängig. Andererseits ist unübersehbar, daß zur Legitimation der Rassenideologie ständig auf die Wissenschaft Bezug genommen wurde. Aufgrund des ideologischen Primats hatten die Vorstellungen der ›Hebung der Rasse‹ (d.h. der nordischen Rasse) daher in der Ideologie, nicht in der Praxis, auch Vorrang vor den negativ-rassenhygienischen Konzeptionen, und dementsprechend selektiv wurden Rassenhygiene und Rassenbiologie in der NS-Ideologie auch rezipiert. Noch vor der Machtübernahme wurde dies exemplarisch in einem Beiblatt des *Völkischen Beobachters* vom 1. Mai 1930 deutlich, wo die »Hebung der Rasse« zur »Pflicht jedes Volksgenossen« gemacht wurde. Auffällig an dem Artikel ist der Versuch, die Rassenhygiene zu popularisieren (auch über die Grenzen der NSDAP hinaus), sowie der permanente Verweis auf ihre Wissenschaftlichkeit unter Berufung auf ausländische Wissenschaftler und deren positive Rezeption (z.B. Lundborg/Schweden und Elderton/England): »Die Rassenbiologie und Rassenhygiene ist keine Wissenschaft nur für Gelehrte, sondern sie muß Gemeingut des Volkes werden, wenn es mit Deutschland wieder aufwärts gehen soll. In einem nationalsozialistischen Staate wird nur derjenige ein Recht auf Nachkommenschaft haben, der körperlich und geistig vollständig gesund ist. Unser ›Rassenfanatismus‹, wie unsere Bestrebungen, unsere Rasse rein zu halten, von der Judenpresse immer bezeichnet werden, hat sehr wohl seine *wissenschaftliche Grundlage*. Es ist durchaus erwiesen, daß eine Blutsvermischung zwischen Deutschen und Hebräern oder zwischen Deutschen und Negern für unsere Rasse die größte Gefahr ist. Umgekehrt leitet den Juden sein angeborener Bastardisierungstrieb, wenn er sein begehrliches Auge auf blonde deutsche Mädchen wirft. Vielleicht zugleich auch der Trieb, seine eigene Rasse durch nordisches Blut zu verbessern. Man sollte meinen, daß sich dieser selbstverständlichen Pflicht (Aufklärung über den Zustand der Rasse; d.V.) auch kein Nationaldenkender, auch wenn er nicht in unserem Lager steht, entziehen kann. Fernerhin ist jede Ehe oder lose Geschlechtsverbindung mit einem niederrassigen Individuum – sei es nun Jude oder Neger oder sonst ein Farbiger – mit drakonischen Strafen zu belegen.« Der Artikel nahm eine Reihe der Maßnahmen vorweg (GzVeN, ›Rassenschande‹), die nach 1933 legalisiert wurden.[15]

Umgekehrt traf die nationalsozialistische Rassenideologie zum Teil auch bei den Anthropologen auf gemeinsame Grundannahmen, die dem Nationalsozialismus sonst mit Vorbehalten begegneten. In der Berufung auf die Überlegenheit der »Nordischen Rasse«, die »Lebensgesetzlichkeit«, die »Reinhaltung der Rasse« sowie in der Ablehnung der »Rassenmischung« wußten sich die Nationalsozialisten mit einem Großteil der Anthropologen und menschlichen Erbkundler einig; auf beiden Seiten wurde der typologische Rassenbegriff als gemeinsames, letztlich ideologisches Konstrukt geteilt.

Das ›immanente Politisierungspotential‹ von Eugenik und Rassenhygiene, das die enge Beziehung zur nationalsozialistischen Ideologie und ihre Funktionalität für diese erklärt, muß in dem ›lebensgesetzlichen Paradigma‹ gesehen werden, dem gemäß körperliche und seelische Lebenserscheinungen unter den Gesichtspunkten der Erblichkeit und Auslese zu erfassen und zu erforschen sind. Rassenhygiene und Eugenik gingen, als »angewandte Anthropologie«, von der Konzeption einer überindividuellen Lebenseinheit (der Rasse, des Volkes) aus. Ob Rassen-, Volks- oder Nationalbiologie: Die Komposition der dem Individuum übergeordneten sozialen Aggregate hat eine eigene Natur, die es zu beherrschen gilt. Die Bewertung dieser Hyper-Einheiten führte zu praktischen Handlungsanweisungen an die Politik. Im Rahmen einer auf den typologischen Rassenbegriff festgelegten ›positiven‹ Rassenhygiene waren vor allem die Verhinderung von ›Rassenmischungen‹ sowie Maßnahmen zur rassischen Höherzüchtung nahegelegt. Für eine ›negative‹ Eugenik mußte es um die Ausmerzung von ›Asozialen‹ und ›gemeinschaftsunfähigen Minusvarianten‹ gehen. Der Breslauer Pathologe, Parteigenosse und Rassenhygieniker Martin Staemmler prägte 1932 die einprägsame Formel von der Eugenik als der »Rassenpflege der bastardisierten Völker«. »Reine Eugenik wird nur der treiben, der von der angeblichen Gleichheit der Rassen, von deren gleich-

15 Hans Richard Mertel, »Hebung der Rasse ist Pflicht jedes Volksgenossen«, *Völkischer Beobachter*, Beiblatt zu Nr. 102/1. 5. 1930, Bayernausgabe.

Aus: Volk und Rasse. Heft 9, September 1939. Titelblatt.

mäßigem Wert überzeugt ist. Wer das nicht ist, muß sich folgerichtig zur Rassenpflege bekennen.«[16] Der seit 1932 im Rasseamt der SS tätige spätere Prager Ordinarius für »Rassenbiologie«, Bruno K. Schultz, definierte ähnlich: »Der Begriff Rassenhygiene, der sowohl die rassische Zusammensetzung des betreffenden Volkes, wie die Erbgesundheit (Eugenik) des einzelnen Volksgenossen in Betracht zieht, muß daher als der wesentlich wichtigere angesehen werden und verdient, vom Volksganzen aus betrachtet, die Pflege an erster Stelle.«[17]

Es war der politische Kontext, der darüber entschied, ob die dünne Trennlinie zwischen einer Eugenik, die den politisch motivierten Rassismus ablehnte, und einer Rassenhygiene, die ihm gegenüber offen war, überschritten wurde. Da die wissenschaftlichen Grundlagen, wie z. B. der anthropogenetische Rassenbegriff, zwischen beiden Lagern unstrittig waren, war der Schritt von einer eugenischen zu einer rassenhygienischen Strategie nur mehr eine Frage der politischen Präferenzen. Um sich jedoch einer politischen, rassenhygienischen Radikalisierung entgegenzustellen, war die Eugenik diesen Zielen selbst zu nahe.

Wege zum ›Pakt mit dem Teufel‹

Die zuvor als »utilitaristisch« bezeichnete Affinität von Rassenhygiene und Nationalsozialismus soll das Verhältnis bezeichnen, das sich zwischen wissenschaftlicher Gemeinschaft und politischer Bewegung bereits vor 1933 entwickelte; dessen Grundlage waren zum einen selbstverständlich die inhaltliche und ideologische Affinität, zum anderen aber die jeweiligen Interessen an Einfluß bzw. Macht. Der Aufweis, daß die Beziehungen zwischen dem spezifisch »rassenhygienischen« Flügel wie auch den moderateren Vertretern der Rassenhygiene und den Nationalsozialisten schon geraume Zeit vor der ›Machtergreifung‹ enger wurden, läßt Thesen einer ›Unterdrückung‹ oder ›Verfälschung‹ der Wissenschaft durch die politischen Machthaber, von Einzelfällen abgesehen, vollends zerplatzen. In der Annahme

16 Martin Staemmler, *Rassenpflege im völkischen Staat*, München 1937 (Original 1932), 49.

17 Bruno Kurt Schultz, »Rassenhygiene und Erbgesundheitslehre (Eugenik)«, *Nationalsozialistische Monatshefte*, 1932, *3*: 97-99, 99.

eines dem Individuum übergeordneten Dauerlebens der Rasse und der damit verbundenen Überwindung des »Individualismus als Weltanschauung« sah sich Lenz bereits 1931 dem Nationalsozialismus verbunden. Diese »Wesenverwandtschaft mit der rassenhygienischen Idee« wollte Lenz dazu benutzen, »die nationalsozialistische Bewegung für... rassenhygienische Reformen zu gewinnen«. Seine Auseinandersetzung mit dem Parteiprogramm der NSDAP, in dem der Rassenhygiene neben einer »Aufnordung unseres Volkes im Sinne des nordischen Gedankens« auch eine »antisemitische Nutzanwendung« zugedacht wurde, schloß Lenz mit den Worten: »Daß der Nationalsozialismus ehrlich eine Gesundung der Rasse anstrebt, ist nicht zu bezweifeln. Den einseitigen ›Antisemitismus‹ des Nationalsozialismus wird man natürlich bedauern müssen.«[18]
Im folgenden Jahr rezensierte Lenz im *Archiv* das Buch des späteren Reichsbauernführers R. W. Darré, in dem dieser einen »Neuadel aus Blut und Boden« als Züchtungsziel propagierte. Im Ton zwar kritisch und distanziert, ging Lenz mit vielen Vorschlägen dennoch konform. Lenz hatte schon früher die Einrichtung sogenannter »bäuerlicher Lehen« vorgeschlagen, in denen er, um »die städtischen Familien auf die Dauer vor der Entartung und dem Aussterben zu bewahren«, den Kern aller Rassenhygiene überhaupt sah. Darré entwickelte diesen Vorschlag zur Idee der ›Hegehöfe‹ weiter, was Lenz wiederum als Form der Zustimmung zu seiner Idee explizit begrüßte. Vor diesem Hintergrund ist zu sehen, daß Lenz dem Buch wünschte, »daß es dazu beitragen möge, die nationalsozialistische Bewegung in gesunde Bahnen zu lenken«. Die exponierte politische Stellung Darrés war es, die bei Lenz »nicht nur theoretisches, sondern auch politisches Interesse« weckte.[19]
Obgleich Lenz für die Rassenhygiene beanspruchte, daß sie prinzipiell über den Parteien stehe, versprach er sich vom Nationalsozialismus Unterstützung zu ihrem eigenen Vorteil. Schon

18 Erwin Baur/Eugen Fischer/Fritz Lenz, *Grundriß der menschlichen Erblichkeitslehre und Rassenhygiene*, Bd. 2: *Menschliche Auslese und Rassenhygiene (Eugenik)*, 3. Aufl., München 1931, 550, 415, 418, 417.

19 Richard Walter Darré, *Neuadel aus Blut und Boden*, München 1930, 155; Baur/Fischer/Lenz, *Grundriß* (1931), Bd. 2, 382; Fritz Lenz, Rezension von »R. W. Darré, Neuadel aus Blut und Boden«, *ARGB*, 1932, *26*: 444-447, 444.

in der bereits zitierten Rezension von Hitlers *Mein Kampf* hatte er seine Hoffnungen ausdrücklich damit begründet, daß Hitler »der erste Politiker von wirklich großem Einfluß (sei), der die Rassenhygiene als eine zentrale Aufgabe aller Politik erkannt hat und der sich tatkräftig dafür einsetzen will«.[20] Zwei Jahre später beanspruchte er gar geistige Urheberschaft. Die Neuauflage seiner Schrift »Zur Erneuerung der Ethik« (1917) unter dem Titel »Die Rasse als Wertprinzip« leitete er 1933 mit den Worten ein, daß sie »alle Grundzüge der Weltanschauung des Nationalsozialismus« enthalte und »zur Vorbereitung der nationalsozialistischen Weltanschauung beigetragen haben« dürfte.[21] Dementsprechend konnte Lenz den Himmlerschen Heiratsbefehl für die SS (Heiratsgenehmigungen nach rassischen und erblichen Gesichtspunkten vom 31. 1. 1931) auch »einen sehr dankenswerten Versuch« nennen.[22]

In ähnlichem Tenor schloß Fischer seinen Überblicksartikel über »Eugenik« im Handwörterbuch der Naturwissenschaften – der sehr wahrscheinlich noch vor der Machtergreifung verfaßt wurde – mit der Bemerkung: »Die nationalsozialistische Bewegung hat die meisten Forderungen in ihr Programm aufgenommen.« Diese Einschätzung muß vor allem im Zusammenhang mit den Erfahrungen während der vergangenen Jahre der Weimarer Republik gesehen werden. Fischer konstatierte nämlich, daß die Verwirklichung eugenischer Forderungen trotz vieler Lippenbekenntnisse »noch vollkommen Null« sei.[23]

Es wäre zu einfach, aus diesen und ähnlichen Beurteilungen der Lage zu schließen, daß alle Rassenhygieniker insgesamt gleichsam im eigenen professionspolitischen Interesse auf die Nationalsozialisten setzten und setzen mußten. Die in der Zunft bestehenden politischen Meinungsunterschiede hatten noch 1931 eher in eine andere Richtung gewiesen: Die Umbenennung der Deutschen Gesellschaft für Rassenhygiene war mit Blick auf die regie-

20 Fritz Lenz, »Die Stellung«, 308.

21 Fritz Lenz, »Zur Erneuerung der Ethik«, *Deutschlands Erneuerung*, 1917, *1*: 35-56, Neuauflage als: *Die Rasse als Wertprinzip. Zur Erneuerung der Ethik*, München 1933.

22 Eugen Fischer, »Eugenik«, *Handwörterbuch der Naturwissenschaften*, Bd. 3, 2. Aufl., Jena 1933, 898-901, 900.

23 Fritz Lenz, »Ein Versuch rassenhygienischer Lenkung der Ehewahl«, *ARGB*, 1932, *26*: 460-462.

renden Sozialdemokraten und das Katholische Zentrum erfolgt, ungeachtet des großen Erfolgs der NSDAP bei den Septemberwahlen 1930. Letzterer aber war unerwartet und lieferte den kurzzeitig unterlegenen Rassenhygienikern, darunter Lenz, die Argumente. Er bestätigte sie schließlich, kaum war der Schwenk in Richtung einer besseren Übereinstimmung mit den noch geltenden politischen Bedingungen vollzogen, in ihrem Liebäugeln mit den zur Macht drängenden Nazis doch noch.

So wie ein Teil der Rassenhygieniker ihre professionspolitischen und ideologischen Erwartungen auf die Nationalsozialisten richtete, wandten sich diese zur Legitimationssicherung, aber auch aus sachlichen Gründen an die Wissenschaft. Noch vor dem Machtwechsel, spätestens im Verlauf des Jahres 1932, versuchte sich die Partei die Kooperation bekannter Rassenhygieniker zu sichern. In einem parteioffiziellen Schreiben vom 8. 11. 1932, das allem Anschein nach in identischer Form »unter Berufung auf Herrn Professor Lenz« an einen größeren Kreis bekannter Eugeniker/Rassenhygieniker gesandt wurde, stellte sich die NSDAP in den Dienst der rassenhygienischen Sache: Die Abteilung Volksgesundheit der Hauptabteilung III der Reichsorganisationsleitung der Partei sei als wissenschaftliche Abteilung gedacht. In der ›Unterabteilung Rassenhygiene‹ sollten die Maßnahmen vorbereitet werden, die ergriffen werden müssen, um den »auf's schwerste« gefährdeten Bestand des deutschen Volkes in quantitativer und qualitativer Beziehung für die Zukunft zu sichern. »Durchdrungen von der ungeheuren Verantwortung unserer Aufgabe«, wollte die Parteileitung ihrer Arbeit eine möglichst breite, tragfähige Basis schaffen durch Bildung von »*losen* Arbeitsgemeinschaften« auf den verschiedenen Teilgebieten der Rassenhygiene. »Wir legen größten Wert darauf, für diese Arbeitsgemeinschaften *Fachleute* zu gewinnen. Das Ziel der Volkserhaltung und -Aufartung ist so hoch, dass demgegenüber eventuelle parteipolitische Meinungsverschiedenheiten zurückzutreten haben. Wir stehen darum nicht an, in unseren Arbeitsgemeinschaften auch mit Fachleuten als Mitarbeiter in Verbindung zu treten, die der N.S.D.A.P. an sich ferne stehen.«[24] Der gemäßigte Duktus des Schreibens, der Appell an nationales Verantwortungsbewußtsein, die hervorgehobene parteipoliti-

24 DC Berlin/Akte Boehm.

sche Uneigennützigkeit, das betonte Interesse an rein wissenschaftlichem Sachverstand, all das macht die taktischen Intentionen der Adresse deutlich, die durch die Berufung auf Lenz als dem bekanntesten – parteipolitisch unabhängigen – rassenhygienischen Fachvertreter noch verstärkt wurde.

Die Reaktionen der angeschriebenen Wissenschaftler wie auch die innerhalb der NSDAP, wo die Auswahl der Angeschriebenen keineswegs unumstritten war, sind eine kurze Betrachtung wert. Fischer erklärte z. B., daß er »die Bestrebungen der NSDAP auf dem Gebiete der Eugenik mit der lebhaftesten Anteilnahme und grosser Befriedigung verfolge. Ich habe erst jüngst in einer Sitzung des Preuss. Gesundheitsrates öffentlich erwähnt, dass diese Partei die einzige ist, die ein eugenisches Programm aufgestellt hat, das ich grossenteils unterschreiben könnte (der andere Teil betrifft die Frage der Fremdstämmigen).« Zu einer über den persönlichen Rat hinausgehenden Zusammenarbeit sah sich Fischer jedoch außerstande, nicht zuletzt wegen der parteipolitischen Unabhängigkeit seines Instituts. »Das bedeutet selbstverständlich keinerlei Stellungnahme gegen oder auch nur Werturteil über irgendeine Partei oder das Parteiwesen an sich, sondern ergibt sich völlig aus der Notwendigkeit, frei von allen Bindungen meiner Forschung zu leben und dadurch, wie ich überzeugt bin, unserm deutschen Volke zu dienen.«[25] Fischers Reaktion ist ein Beleg für seine Anpassungsfähigkeit an die jeweilige politische Situation. Besonders bemerkenswert ist sein Verweis auf den bestehenden Dissens zur NSDAP in der »Frage der Fremdstämmigen«, d. h. die Bewertung der Rassenmischung und der daraus folgenden Rassenpolitik. Die Unabhängigkeit seines Instituts opferte er bereits wenige Monate später den Bedürfnissen der neuen Machthaber und forderte in einem öffentlichen Vortrag an der Königsberger Universität: »Die erblich Kranken und rassenmäßig in unser Volk nicht Passenden müssen ausgemerzt werden.«[26]

Die Einladung zur Mitarbeit war auch an Hermann Muckermann, den großen Popularisator der Eugenik in der Weimarer

25 Abschrift des Antwortschreibens Fischers vom 25. 11. 1932; DC Berlin/Akte Boehm.

26 Bundesarchiv Koblenz (BAK), R 73/169; Vortrag für die Notgemeinschaft am 13. oder 14. 5. 1933.

Republik, gegangen, einen Schritt zu weit in das Lager der Eugeniker, die zugleich auch politische Gegner waren. Muckermann war seinerseits »grundsätzlich bereit, ... überall dort mitzuwirken, wo man sich um die Lösung dieser Lebensfrage des deutschen Volkes bemüht«. Zwar konnte auch er nicht mit allen Forderungen der NSDAP konform gehen, betonte aber, daß er, »in der Überwindung der Entartung biologischen Ahnenerbes und in der Erhaltung und Vermehrung der erbgesunden Familien aller Berufsgruppen unseres Volkes ein gemeinsames Ziel sehe«.[27]

In der tatsächlichen Beurteilung des gemeinsamen Zieles mit Muckermann war man sich hingegen in der NSDAP zusehends uneins geworden. Der für das Rundschreiben verantwortliche Leiter der Abteilung Volksgesundheit, Dr. med. Hermann Boehm (NSDAP-Mitgliedsnummer 120, ab 1943 Ordinarius für Rassenhygiene in Gießen), mußte sich bereits kurz nach Eingang des Muckermannschen Schreibens mit dem Standpunkt des Vorsitzenden der USCHLA (Untersuchungs- und Schlichtungsausschüsse) und späteren Obersten Parteirichters Buch auseinandersetzen, »dass wir jede Verbindung mit Prof. Muckermann unbedingt vermeiden sollen«.[28]

Der sich um Muckermann kristallisierende Konflikt war jedoch keineswegs auf die Partei beschränkt, sondern bestand auch unter den Rassenhygienikern. Oder anders gesagt: Die politische Frontlinie verlief quer durch Partei und Wissenschaft. In einem Protestschreiben an Boehm schrieb einer der Mitarbeiter Rüdins, Lang: »Irgendein Herantreten von Seiten irgendeiner Parteistelle an Herrn Muckermann wird ohne weiteres als Provokation aller der Kreise aufgefaßt werden, die innerhalb und außerhalb der Partei seit Jahren einen sehr heftigen und teilweise sehr unerfreulichen Kampf für die Aufrechterhaltung des Gedankens der Systemrassen führen. Herr Muckermann hat in seiner 15jährigen Tätigkeit als Wanderprediger systematisch an der Verwässerung des Rassegedankens gearbeitet. Wenn wir nun nur in einer Teilfrage der gesamten Rassenhygiene in der Sterilisierungsfrage, (und auch hier nur zu einem kleinen Teil), mit ihm einiggehen, so ist dies kein Grund, um sich bei ihm anzubiedern, denn

27 Abschrift des Antwortschreibens Muckermanns vom 30. 11. 1932; DC Berlin/Akte Boehm.

28 Boehm an Buch vom 3. 12. 1932; DC Berlin/Akte Boehm.

als anbiedern wird in den weitesten Kreisen jedes Herantreten an Herrn Muckermann verstanden werden.«[29]
Zehn Tage später wandte sich Lang in einem gemeinsamen Brief mit dem Referenten für Anthropologie im Rasseamt der SS, Bruno K. Schultz, an die übergeordnete Hauptabteilung III: »Muckermann hat sich in seiner bisherigen Tätigkeit ununterbrochen bemüht, den von der NSDAP vertretenen Gedanken der Rassenhygiene und zwar vor allem der Hygiene einer bestimmten Rasse in den Begriff der sogenannten Eugenik umzubiegen, welcher Begriff zu nichts verpflichtet, als dass die allerauffälligsten Minderwertigen an der Fortpflanzung gehindert werden sollen.« Sie machten Boehm besonders verantwortlich und fragten, ob »dessen Vorgehen mit dem Programm der NSDAP, das die Aufrechterhaltung des Systemrassegedankens fordert, vereinbar« sei.[30]
Beide konnten wenig bewegen, und so zog Lang seine eigene Zusage zur Mitarbeit in der Arbeitsgemeinschaft 13 (»Stellung zu den geistig Minderwertigen und Kriminellen«) erbost zurück: »Durch Ihre neue Verbindung mit Herrn Muckermann haben Sie jetzt sicher soviel Unterstützung aus Zentrums- und jüdischen Kreisen, dass Sie ohne Schwierigkeit auf die Mitarbeit eines Nationalsozialisten verzichten können.«[31] In der ausführlichen Stellungnahme des angegriffenen Boehm kamen dann schließlich die taktischen Gründe zutage, die die Kontaktaufnahme zu Muckermann motiviert hatten: »Leitend war dabei der Gedanke, dass Prof. Muckermann durch seine ausgedehnte Vortragstätigkeit als *Propagandist* auf dem Gebiete der Rassenhygiene zweifellos an erster Stelle in Deutschland steht; und weiterhin die Überlegung, dass bei einer Mitarbeit des Prof. Muckermann den zu erwartenden Anfeindungen von Seiten des Zentrums gegenüber unseren späteren rassenhygienischen Maßnahmen bis zu einem gewissen Grade wenigstens die Spitze abgebrochen sei.«[32]

29 Lang an Boehm (Abschrift) vom 5. 12. 1932; DC Berlin/ Akte Boehm.
30 Lang/Schultz an Hauptabteilung III (Abschrift) vom 15. 12. 1932; DC Berlin/Akte Boehm.
31 Lang an Abt. f. Volksgesundheit (Abschrift) vom 20. 12. 1932; DC Berlin/Akte Boehm.
32 Boehm an den Reichs-USCHLA vom 21. 1. 1932; DC Berlin/Akte Boehm.

Die Angriffe Langs und der Druck, das Antwortschreiben Muckermanns wiederum zu beantworten, führten innerhalb der NSDAP zu einem »Fall Muckermann«, der bis in die Parteispitzen seine Kreise zog. Dabei war eigentlich klar, daß man auf die Mitarbeit Muckermanns nun verzichten wollte, jedoch wurde jetzt die Art und Weise der Formulierung der Absage zum (innerparteilichen) Problem. Muckermann erhielt schließlich etwa zwei Monate nach seiner Antwort auf das Rundschreiben eine Absage der NSDAP, in der Boehm es bedauerte, ihm mitteilen zu müssen, »dass meine vorgesetzte Stelle, die ja zweifellos zwischen Ihnen und uns bestehenden, von Ihnen auch in Ihrem Brief angedeuteten Divergenzen in der Stellungnahme zu manchen Fragen doch für zu gross hält, als dass eine erspriessliche Zusammenarbeit auch in losen rassenhygienischen Arbeitsgemeinschaften möglich wäre!«[33]

Boehm blieb allerdings bei seiner Überzeugung, in der Sache Muckermann auch sachlich richtig gehandelt zu haben, da der (ehemalige) Jesuitenpater Muckermann, der durch die gegen jede eugenische Sterilisierung gerichtete päpstliche Encyklika ›casti connubii‹ gebunden war, auch »auf anderen Gebieten der Rassenhygiene (z. B. Familienlastenausgleich, Reform des Schulwesens, Wanderung, Siedlung usw.) wertvolle Mitarbeit leisten könnte; denn Rassenhygiene erstreckt sich ja doch nicht *nur* auf Sterilisierung«.[34] Sogar in der Rassenfrage brach Boehm eine Lanze für Muckermann, der in einem Vortrag in München (November 1932) öffentlich gesagt habe, »dass die Einbürgerung von Negern in Frankreich eine Rassenschande sei; er hat in dem gleichen Vortrag mit aller Entschiedenheit gefordert, dass eine Ehe zwischen einem Deutschen und einem Fremdrassigen verboten werden müsse. Das ist ein Bekenntnis zum Systemrassenbegriff«.[35]

Es ist zu vermuten, daß es zu einer funktionierenden Zusammenarbeit der »losen« Arbeitsgemeinschaften nicht mehr kam, sondern daß dieses Vorhaben nach der Machtübernahme der NSDAP in Form offizieller Sachverständigenbeiräte organisiert

33 Boehm an Muckermann (Abschrift) vom 20. 1. 1933; ibid.

34 Boehm an den Reichs-USCHLA vom 21. 1. 1933; ibid.

35 Boehm; DC Berlin. Das USCHLA-Verfahren billigte Boehm zu, »dass er nur das Beste für die Bewegung anstrebte«. USCHLA an Schultz vom 24. 2. 1933; DC Berlin/Akte Boehm.

wurde. Die Professoren Lenz und Rüdin, die in dem ›Sachverständigenbeirat für Bevölkerungs- und Rassenpolitik‹ beim RMI eine besondere Rolle spielten, waren im übrigen von Boehm schon 1932 »als *letzte* und *oberste Begutachter* der von den Arbeitsgemeinschaften geleisteten und abgeschlossenen Arbeiten ausersehen«.[36] Der ›Fall Muckermann‹ war nicht zuletzt deshalb so aufschlußreich, weil er neben dem Frontenverlauf quer durch die NSDAP und die ›Rassenhygiene‹ auch das gegenüber der Öffentlichkeit und an deren Meinung orientierte, taktische Verhalten der Partei aufzeigt.

Offenbar bestand in der Partei ein klares Bewußtsein von der prinzipiellen Grenze zwischen den eugenischen bzw. rassenhygienischen Maßnahmen, die in der demokratisch verfaßten Weimarer Republik politisch akzeptiert und durchsetzbar waren, und denjenigen, die man selbst umzusetzen gewillt war. Der totalitäre Staat würde mit dem Prinzip wahrmachen, Eigenwert und Unverletzlichkeit des Individuums dem übergeordneten »Dauerleben der Rasse« zu opfern. Die Sensibilität gegenüber dieser fundamentalen Differenz war unter den Rassenhygienikern zu schwach ausgeprägt; die paradigmatische Orientierung ihrer Disziplin und damit auch ihre professionellen Interessen waren geradezu darauf ausgerichtet, als daß sie der Überschreitung dieser Grenze ethisch begründeten, geschweige denn wissenschaftlich motivierten Widerstand entgegengesetzt hätten. Vielleicht mehr als an irgendeinem anderen Punkt der Geschichte der Eugenik und Rassenhygiene zeigte sich am Übergang zum ›Dritten Reich‹, daß wissenschaftliches Paradigma und politische Motive eng verbunden waren. Die Reaktionen der großen Mehrheit der Rassenhygieniker nach der Machtergreifung belegen dies und lassen keine andere Deutung zu.

36 Boehm an den Reichs-USCHLA vom 21. 1. 1933; DC Berlin/ Akte Boehm.

Die erfüllten Hoffnungen – Rassenhygieniker und die Partei nach der ›Machtergreifung‹

Unmittelbar nach der ›Machtergreifung‹ und in den ersten Jahren danach formulierten die führenden Rassenhygieniker (und nicht nur sie) ihre Elogen auf den ›neuen Staat‹ und seine Machthaber. Wohl keiner konnte dabei für sich beanspruchen, dazu gezwungen worden zu sein. Allzu deutlich sind auch die Hinweise darauf, daß sie sich am Ziel ihrer professionspolitischen und karrierestrategischen Träume sahen. Nicht nur war die Macht der Nationalsozialisten zunächst noch gar nicht konsolidiert: die Erb- und Rasseforscher halfen ihnen vielmehr dabei. Die Bedenken hinsichtlich der Differenzen zwischen eugenischen und rassenpolitischen Maßnahmen, zwischen wissenschaftlich noch begründbaren und nur mehr ideologischen Vorstellungen waren inzwischen offenbar auch vergessen.

Der Münchener Anthropologe Theodor Mollison (1874-1952) führte bereits kurz nach der Machtergreifung aus: »Die neue weltanschauliche Einstellung unseres Volkes hat dazu geführt, daß Ergebnisse wissenschaftlicher Forschung genützt werden, die einer früheren Regierung entweder gleichgültig oder ein Ärgernis waren. Die unwahre Behauptung von der Gleichwertigkeit der Menschen, die man uns Jahrhunderte lang vorredete, und an die in Wirklichkeit kein Mensch glaubte, gab den Vorwand dafür ab, das Minderwertige zu stützen und das Hochwertige herabzuziehen.«[37] In der gleichen Weise schrieb Rüdin 1934: »Die Bedeutung der Rassenhygiene ist in Deutschland erst durch das politische Werk Adolf Hitlers allen aufgeweckten Deutschen offenbar geworden, und erst durch ihn wurde endlich unser mehr als dreißigjähriger Traum zur Wirklichkeit, Rassenhygiene in die Tat umsetzen zu können.«[38]

Selbst die Art und Weise, in der nach 1933 der »Rassenhygieniker« Rüdin und der »Eugeniker« von Verschuer Hitler huldigten, unterschieden sich kaum noch. Für Verschuer war »der Führer des Deutschen Reiches« auch »der erste Staatsmann, der

37 Theodor Mollison, »Rassenkunde und Rassenhygiene«, Ernst Rüdin (Hg.), *Erblehre und Rassenhygiene im völkischen Staat*, München 1934, 35-48.

38 Ernst Rüdin, »Aufgaben und Ziele der Deutschen Gesellschaft für Rassenhygiene«, *ARGB*, 1934, *28*: 228.

die Erkenntnisse der Erbbiologie und Rassenhygiene zu einem leitenden Prinzip in der Staatsführung« gemacht hatte.[39] Eugen Fischer schließlich, der trotz seiner anfänglichen Schwierigkeiten mit den Nationalsozialisten bald deren Vertrauen gewann, dankte 1936 dem Führer, »der es durch die Nürnberger Gesetze den Erbforschern ermöglicht habe, ihre Forschungsergebnisse dem Volksganzen praktisch dienstbar zu machen«.[40] In seiner Antrittsrede vor der Preußischen Akademie der Wissenschaften am 1. 7. 1937 konnte er selbstzufrieden von sich sagen: »Es ist ein ganz seltenes Glück, wenn einem Forscher vergönnt ist, seine Lebensarbeit nicht nur wissenschaftlich anerkannt zu sehen, sondern auch noch zu erleben, daß sie für sein ganzes Volk und für seinen Staat von großer, ja geradezu lebenswichtiger Bedeutung wird. Mir war das mit dem ersten Nachweis, daß Rassenmerkmale... Erbeigenschaften sind, beschieden, denn auf ihm baut sich die rassen- und erbmäßige Bevölkerungspolitik und -gesetzgebung des Dritten Reiches auf.«[41]

Nicht nur ging die ›offizielle‹ wissenschaftliche Rassenhygiene mit fliegenden Fahnen zu den neuen Machthabern über. Rassenhygiene wurde geradezu zur populärwissenschaftlichen Mode, zu der sich jedweder Amateurwissenschaftler bekennen konnte. Das Konjunkturschrifttum schwoll zu einer wahren ›Erbbücherflut‹ (von Eickstedt) an, ein Zustand, den der Erbbiologe und Rüdin-Mitarbeiter Luxenburger als »Tragikkomödie des erbbiologisch-rassenhygienischen Schrifttums« bezeichnete. Schließlich sah man sich auch innerhalb der NSDAP dazu veranlaßt, hier systematisierend einzugreifen, und es erschienen in der Folge entsprechende Schrifttumsverzeichnisse, die als »Wegweiser« zu dienen hatten. Unter dem Titel *Der Weg ins Dritte Reich* gab der nationalsozialistische Lehrerbund des Gaues Südhannover-Braunschweig bereits 1933 eine »Einführung in das Schrifttum der völkischen Weltanschauung« heraus, und der Verfasser Rudolf Banze, Ministerialrat im Ministerium für Wissenschaft, Kunst und Volksbildung, schrieb im Vorwort: »Noch vor weni-

39 Otmar von Verschuer, »Aufgaben und Ziele des Instituts für Erbbiologie und Rassenhygiene zu Frankfurt a.M.«, *Der Erbarzt*, 1935, *2*: 97-101.

40 *Allgemeine Zeitung* Nr. 211/6. 5. 1936.

41 *Sitzungsbericht der Preußischen Akademie der Wissenschaften*, Abtlg. 1: Allgemeines, Berlin 1922-1937, Öffentliche Sitzung am 1. 7. 1937.

gen Monaten wäre es leicht gewesen, eine Einführung in das völkische Schrifttum zu geben. Jetzt aber, nach dem Siege des Nationalsozialismus, schwillt das einst schmale Gerinnsel völkischer Bücher von Tag zu Tag und droht, zum unübersehbaren Strom zu werden.«[42]

Das emphatische Engagement der Rassenhygiene im und für den NS-Staat betraf den weitaus größten Teil der Disziplin, keineswegs nur Randgruppen oder im nachhinein als »Pseudowissenschaft« bezeichnete Derivate. Für die Rassenhygiene war die Nachfrage des politischen Systems nach wissenschaftlicher Kompetenz in Fragen der ›Erbgesundheit‹ sehr erwünscht, weil sie eine Voraussetzung für die Realisierung der eigenen Pläne war. Im Wissenschaftssystem gerade als Fragestellung akzeptiert, wurde von der Politik die praktische Anwendung von Ergebnissen auf der Grundlage magerer Wissensbestände verlangt – immer vor dem Hintergrund der apostrophierten Entartungsgefahr. Die Strategie der Rassenhygiene war insofern politisch motiviert, als das Streben nach Institutionalisierung und der Anspruch auf politische Wirksamkeit in ihr zusammenliefen.

Die nach 1945 typisch gewordene »Mißbrauchs«-These verkennt und verschweigt die bei den Rassenhygienikern durchgän-

42 Rudolf Banze, *Der Weg ins Dritte Reich. Einführung in das Schrifttum der völkischen Weltanschauung*, Braunschweig 1933, 3. Ausschlaggebend für die Auswahl und Bewertung der Bücher war dem Verfasser der »nordische Rassegedanke; denn mit ihm steht und fällt alle völkische Erneuerung«. In der nach Sachgebieten gegliederten Auswahl, die einzelne Werke als »für den Unterricht geeignet« herausstellte, wurden Rosenberg, Chamberlain, Lagarde, Günther, Gobineau, Clauß und Schemann als für »Grundfragen« und »Rassenkunde« unverzichtbar präsentiert. Daneben fand sich eine Zusammenstellung von 19 als relevant erachteter Publikationen auf dem Gebiet der »Vererbungslehre und Rassenpflege«; von Baur-Fischer-Lenz zu Günther, Siemens, Fetscher, von Behr-Pinnow, Staemmler u.a. Da es Benze aber anscheinend auf diesem Gebiet wirklich um die Qualität der Veröffentlichungen ging, mußte er hier sein Auswahlkriterium zurückstellen. Für mehr als die Hälfte der ausgewählten Schriften bedauerte er, daß sie explizit die »völkische Rassenpflege zugunsten bestimmter Rassen« unberücksichtigt ließen (18). Offenbar kam man demnach bei der Abwehr unqualifizierter Konjunkturritter in der Frühphase des ›Dritten Reiches‹ um ausgewiesene »Eugeniker« (Siemens, Fetscher, Scheidt, von Hentig, Just u.a.) nicht ganz herum.

gig hohe Erwartungshaltung an das NS-Regime hinsichtlich der erstmalig möglich gewordenen Durchsetzung praktischer rassenhygienischer Maßnahmen ebenso wie die zum Teil begeisterte Mitwirkung an den »erb- und rassenpflegerischen Maßnahmen« auch in der Phase des »Tausendjährigen Reiches«, als die menschenfeindliche Stoßrichtung bereits offen zutage lag. Wenn schon die These vom ›Mißbrauch‹ der Rassenhygiene keine Glaubwürdigkeit beanspruchen kann, liegt es nahe, einen taktischen, vielleicht durch Pressionen motivierten Opportunismus anzunehmen. Doch auch diese Deutung, vor allem in ihrer letzteren Spielart, kann nicht überzeugen. Eugenik und Rassenhygiene konnten und wollten von vornherein nicht beanspruchen, wert- und zweckfreie Wissenschaft zu sein, sondern verstanden sich als angewandte Disziplin. Saller stand für andere, wenn er 1933 schrieb, daß der eugenische Gedanke und seine politische Anwendung »zweifellos... bis zu einem gewissen Grade Sache der Weltanschauung« seien. Scheidt traf infolgedessen den Punkt, wenn er das Verhältnis von Rassenhygiene und Nationalsozialismus dergestalt kennzeichnete, »daß die nationalsozialistische Bewegung als politische Macht auf eine ihrem Geiste wesensgleich wissenschaftliche Entwicklung der Rassenbiologie traf«.[43]

Die Rassenhygiene entstand und entwickelte sich gemeinsam mit und parallel zur Rassenlehre. Beide beeinflußten sich gegenseitig. Das »neue reduktionistische Menschenbild« der Rassenhygiene wurde zu einem zentralen Element des »neuen Weltbildes«, in dem die Rassenzugehörigkeit des Menschen zum wichtigsten Wesensmerkmal wurde. Die Rassenhygiene etablierte und entwickelte sich jedoch als Wissenschaft und war infolgedessen auf Erkenntnisfortschritt – in der menschlichen Erblehre – orientiert. Infolgedessen erschien in ihrem Selbstverständnis die »Rassenlehre« als Vorläufer bzw. ›nichtwissenschaftliche‹

43 Karl Saller, »Stand und Aufgaben der Eugenik«, *Klinische Wochenschrift*, 1933, *12*: 1041-1044, 1042. Lenz formulierte noch 1953: »Die Eugenik als Angewandte Genetik setzt Werte voraus, die nicht durch die Genetik als solche begründet oder begründbar sind, die vielmehr aus einem Glauben entspringen.« Fritz Lenz, »Diesseits von Gut und Böse«, *Deutsche Universitätszeitung*, 1953, *8*: 9-12, 10; Walter Scheidt, »Forschungsbericht: Naturwissenschaften – Rassenbiologie«, *Deutsche Literaturzeitung*, 1935, *6*: 529-538, 705-714.

Prof. Dr. Ernst Rüdin, Leiter der Deutschen Forschungsanstalt f. Psychiatrie, Kaiser-Wilhelm-Institut, München, wurde bei der diesjährigen Tagung der Internationalen Vereinigung eugenischer Gesellschaften in New York zum Präsidenten gewählt.
Aus: Eugenik. Erblehre, Erbpflege Heft 2/1932. S. 267.

Parallelentwicklung. Umgekehrt nahm die ›Rassenlehre‹ unter utilitaristischen, explizit willkürlichen Erwägungen Bezug auf die Rassenhygiene, als Beleg für ihren eigenen Wahrheitsgehalt. Entsprechend wurde sie in der praktischen »Rassenpflege« des Nationalsozialismus instrumentalisiert. Die Rassenhygiene blieb jedoch zumindest prinzipiell auf die Strukturmerkmale der Wissenschaft verpflichtet: das professionelle Deutungsmonopol, den Autonomieanspruch und die universalistische Kommunikation. Damit mußte sie schließlich früher oder später in Konflikt mit der Selbstgewißheit der nationalsozialistischen Rassenideologie geraten.

Dieser Konflikt, der erst sehr viel später zutage trat, wurde zunächst durch die gemeinsamen pragmatischen Handlungsorientierungen verdeckt: Professionspolitisch stellten sich die Rassenhygieniker in den Dienst der Erbgesundheits-, Rassen- und Bevölkerungspolitik, und karrierestrategisch zollten sie den neuen Machthabern Zustimmung, Respekt und Unterstützung. Alles geschah in der auf der Fehleinschätzung ihrer eigenen Möglichkeiten beruhenden Erwartung wissenschaftlicher Freiräume und der staatlichen Sanktionierung ihrer Ansprüche auf den ›eugenischen‹ Zugriff auf die Bevölkerung. Praktische Kollaboration und politische Akklamation waren nicht ›platter‹ Opportunismus, sondern Kennzeichen sowohl der auf praktisches Handeln zielenden professionellen Anmaßung, das Volk vor der zuvor selbst definierten Gefahr zu bewahren, als zugleich eines »Forschergeistes«, der wissenschaftliche Forschungsinteressen über persönliche und moralische Rücksichtnahmen setzt: »Er hätte sich dem Teufel verkauft, um Geld für sein Institut und seine Forschung zu bekommen«, charakterisierte die Tochter Ernst Rüdins (die Psychiaterin Zerbin-Rüdin) dessen Zusammenarbeit mit dem geldgebenden SS-Ahnenerbe.[44] Daß sich die Rassenhygieniker tatsächlich im Namen der Wissenschaft und auf deren Rechnung dem »Teufel« verkauft hatten, wurde spätestens mit der zunehmend menschenverachtenden politischen Praxis nach der Judengesetzgebung 1935 deutlich, der sie zuarbeiteten. Vom Machtwechsel 1933 hatte sich Rüdin – und mit ihm viele seiner Kollegen – hingegen nur »eine gediegene Anwendung« der Forschungsergebnisse erhofft.

44 Zit. n. Benno Müller-Hill, *Tödliche Wissenschaft*, Reinbek 1984, 131.

2. *Die institutionelle Entwicklung der Rassenhygiene im ›Dritten Reich‹*

Der nationalsozialistische Zugriff auf die Wissenschaft

Die Frage nach dem Verhältnis von Wissenschaft und Politik, d.h. genauer: ob die Wissenschaft politisch mißbraucht bzw. unterdrückt worden ist und/oder sich selbst politisch korrumpiert, ist nicht pauschal für alle Disziplinen zu beantworten. Es lassen sich Belege für das eine wie das andere finden. Unabhängig von den ideologischen Beziehungen der Rassenhygiene zum Nationalsozialismus griff dieser politisch-organisatorisch in die bis zur ›Machtergreifung‹ nach dem Prinzip der Selbstverwaltung organisierte Wissenschaft ein. Ziel war die politische ›Gleichschaltung‹ und Kontrolle. Die entsprechenden Maßnahmen rechtfertigen, für sich genommen, die Diagnose der politischen Unterdrückung. Sie lassen jedoch nicht erkennen, wie erfolgreich sie waren, noch wie die etablierte Wissenschaft selbst sich zu ihnen verhielt.

Mit der Errichtung des ›Reichsministeriums für Wissenschaft, Erziehung und Volksbildung‹ durch einen Erlaß Hitlers vom 1. 5. 1934 wurden alle Fragen der Wissenschaft, der Bildung, der Erziehung und des Unterrichts erstmals in der *deutschen* Geschichte in einer Spitze verwaltungsmäßig zusammengefaßt.[45] Durch die am 1. 4. 1935 von Reichswissenschaftsminister Rust erlassenen Richtlinien zur Vereinheitlichung der Hochschulverwaltung wurden die damals 62 Hochschulen (23 Universitäten, 10 Technische Hochschulen, 17 Hochschulen für Lehrerbildung, vormals: Pädagogische Hochschulen u.a.) in Dozentenschaft (gesamter Lehrkörper) und Studentenschaft gegliedert. Sowohl der »Führer der Hochschule«, der Rektor, als auch die Leiter von Dozenten- und Studentenschaft, der Prorektor und die Dekane der Fakultäten, wurden in letzter Instanz von Rust ernannt.

Aufgrund des Hochschullehrergesetzes vom 21. 1. 1935 hatte sich das Rust-Ministerium die alleinige Zuständigkeit für die erstmalige Berufung eines Hochschullehrers in das Beamtenverhältnis (Ernennung durch den Führer und Reichskanzler), das

45 RGB I, 365.

alleinige Berufungs-, Versetzungs- und Entpflichtungsrecht beamteter Hochschullehrer, die ausschließliche Kompetenz zur Erteilung, Beschränkung oder Entziehung von Dozenturen und Lehraufträgen sowie der Ernennung von Honorarprofessoren oder nicht beamteten außerordentlichen Professoren formal gesichert.[46]

Nach dem Gesetz zur Wiederherstellung des Berufsbeamtentums vom 7. 4. 1933 und den ihm folgenden, ausgedehnten Verordnungen, in dessen Folge »Juden«, »Judenmischlinge« und sonstige politisch mißliebige Personen aus den Universitäten entfernt wurden, war es das Ziel der hochschulpolitischen Bemühungen des Nationalsozialismus, den Lehrkörper ideologisch einheitlich auszurichten und zu verjüngen.[47] Dies vollzog sich vorwiegend legalistisch, da es eine offizielle NS-Wissenschaftspolitik nicht gab. Eine wichtige, aber zeitlich begrenzte Rolle spielte dabei die Reichs-Habilitations-Ordnung vom 13. 12. 1934, die die Erteilung einer Dozentur von einer erfolgreichen Lehrprobe, der Absolvierung eines »Gemeinschaftslagers« und einer »Dozentenakademie« (bis 1939) abhängig machte. Wissenschaftliche Qualifikation war also nur *ein* Kriterium neben pädagogischer Kompetenz, Persönlichkeitsausstrahlung und Charakterbild, die sich natürlich streng an der NS-Weltanschauung auszurichten hatten. Diese am politischen Gesamtbedarf orientierte Erteilung der Lehrberechtigung verband eine materielle Sicherstellung (garantiertes Jahreseinkommen) der Dozenten mit deren jeweiliger Versetzbarkeit im ganzen Reichsgebiet nach zentralen Planungs- und Kapazitätsgesichtspunkten. Da Ablehnungsgründe den Bewerbern gegenüber geheimzuhalten waren, hatten diese keine Möglichkeiten, sich gegen vorgebrachte Anschuldigungen zu wehren, und waren in der Folge mit dem Stigma politischer Unzuverlässigkeit behaftet. Die politische Praxis, den Inhalt von Dissertationen und Habilitationen vor den Fakultäten als »geheim« zu deklarieren, setzte den Mechanismus »kompetenter Kritik« und »professioneller Anerkennung« außer Kraft.[48] In diese Richtung zielte auch eine Verord-

46 RGB I, 23-24.

47 RGB I, 175-177, 195, 245-252, 389, 518; RGB I 1934, 845.

48 Herbert Mehrtens/Steffen Richter (Hg.), *Naturwissenschaft, Technik und NS-Ideologie*, Frankfurt 1980, 29; Armin Hermannn, *Wie die Wissenschaft ihre Unschuld verlor*, Frankfurt 1984, 146.

nung vom 20. 4. 1937, nach der Hochschullehrer, die Auslandsreisen beabsichtigen, zuvor ihre Vorlesungen in doppelter Ausfertigung beim Rust-Ministerium abzuliefern hatten.
Diese Ausweitung der Staatsfunktionen hatte eine »ent-institutionalisierende« Wirkung auf das Wissenschaftssystem. Das schloß jedoch nicht aus, daß einzelne Disziplinen dadurch gerade etabliert oder gestärkt wurden. Sie unterlagen so auch einer beinahe gegenläufigen Tendenz, der zufolge wissenschaftliche Problemwahrnehmung in die Politik eingeführt wurde. Psychologie und empirische Soziologie bieten dafür Beispiele. Derartige Tendenzen wurden noch verstärkt, wenn – wie im Falle der Rassenhygiene – die Bereitschaft bestand, »die politische Konjunktur, die Macht, so brutal sie auch sein mag, eben auch für die Wissenschaft zu nutzen«.[49] Die gesetzlichen Maßnahmen zur politischen Gleichschaltung der Wissenschaft lassen nicht erkennen, wie sich das Verhältnis von Wissenschaft und Politik im Detail und ›vor Ort‹ gestaltete, also z. B. auf der Ebene der wissenschaftlichen Gesellschaften, der Errichtung von Instituten und Lehrstühlen an den Universitäten, der Formulierung von Studien- und Prüfungsordnungen in den Universitäten oder im Umgang mit unabhängigen Forschungsinstituten. Bei der Vielfalt der daran beteiligten Organisationen, der verschiedenen Disziplinen und der Persönlichkeiten ist kaum anzunehmen, daß die auf Einheitlichkeit angelegte politische Programmatik tatsächlich auch so realisiert werden konnte. Wie sich zeigt, kam es nicht nur zu sehr unterschiedlichen Ausprägungen des Verhältnisses zwischen dem nationalsozialistischen Staat und der Wissenschaft. Im Hinblick auf die Rassenhygiene und die Rassenforschung veränderte es sich auch im Verlauf der 12 Jahre NS-Herrschaft, ebenso wie sich die Funktion dieser Gebiete für die Politik und die sie stützende Ideologie veränderte.

49 Mehrtens/Richter, *Naturwissenschaft*, 11.

Gleichschaltung und Anpassung – die wissenschaftlichen Gesellschaften für »Rassenhygiene« und »Rassenforschung«

Im Juni 1933 wurde die DGfRH »verstaatlicht«: Der alte Vorstand (Fischer, Muckermann, Verschuer, also das Berliner KWI für Anthropologie, menschliche Erblehre und Eugenik) mußte geschlossen zurücktreten, und der Reichsinnenminister Frick ernannte Rüdin zum »Reichskommissar« der Gesellschaft. Damit war der zwei Jahre zuvor vollzogene Machtwechsel zuungunsten der ›Münchener‹ Richtung der Rassenhygiene wieder rückgängig gemacht worden. Die Hauptgeschäftsstelle der Gesellschaft wurde in das Rüdinsche Institut nach München verlegt. Bohn beschrieb die Funktionalisierung der Gesellschaft durch die neuen Machthaber ohne Umschweife: »Bei Übernahme der Geschäfte bestanden 20 Ortsgruppen mit etwa 1300 Mitgliedern, von deren Vorsitzenden etwa die Hälfte im Verfolg der nun einsetzenden Gleichschaltung in ihrem Amte neu bestätigt werden konnten. In allen übrigen Fällen wurden nach sorgfältigen Erkundigungen bei den in Frage kommenden Parteistellen zuverlässige Nationalsozialisten mit dieser verantwortungsvollen Aufgabe betraut.« Im Gleichschritt mit dem NS-Ärztebund und dem Rassenpolitischen Amt bestand die besondere Aufgabe der DGfRH als einer außerhalb der NSDAP stehenden Organisation darin, wissenschaftliche und politische »Aufklärungsarbeit« miteinander zu kombinieren. Gemäß einem Rundschreiben des RPA vom 17. 5. 1934 war eine Personalunion von Gau- oder Kreisleitern des lokalen RPA und dem jeweiligen Vorsitzenden der Ortsgruppe der DGfRH beabsichtigt. Nach 28jährigem Bestehen, während dessen die Gesellschaft ein »kleiner Kreis von einsichtigen lebenskundlich denkenden Persönlichkeiten« war, trat sie jetzt in ein ›entscheidend neues Stadium‹ ein, nachdem der Staat die rassenhygienischen »Bestrebungen in seine Obhut« genommen hatte. Die 20 Ortsgruppen mit ihren ca. 1300 Mitgliedern bei der Übernahme hatten sich bis 1939 auf 63 Ortsgruppen mit 4500 Personen mehr als verdreifacht.[50] In der Gruppe der Professoren unter den Mitgliedern waren 1935 zu etwa gleichen Teilen die Fächer Anthropologie, Hygiene und

50 Vgl. Wolf Bohn, »Die Deutsche Gesellschaft für Rassenhygiene seit der Machtübernahme«, *Allgemeine Zeitschrift für Psychiatrie und ihre Grenzgebiete*, 1939, *112*: 463-469, 464, 465.

Psychiatrie vertreten, während die Kliniker eine Minderheit darstellten. Für 1938 läßt sich eine Verlagerung des Schwergewichts zur Psychiatrie hin feststellen.
Die quantitative Entwicklung der DGfRH nach 1939 ist nicht mehr rekonstruierbar; die vermeintliche Blüte, die sie zwischen 1933 und 1938 erfuhr, war aber sicher schon zu einem erheblichen Teil durch die politische Propagandafunktion bedingt bzw. dadurch, daß die Grenzen zwischen Politik und Wissenschaft im Bereich der Rassenhygiene vor allem in den Jahren bis 1938 noch stärker verwischt wurden, als dies vorher ohnehin schon der Fall gewesen war. Es steht zu vermuten, daß sie ab 1939 nicht primär kriegsbedingt, sondern im Gefolge der dann zunehmenden Entideologisierung an Bedeutung (gemessen an ihrem Umfang) wieder verlor. Diese Vermutung wird dadurch gestützt, daß ab 1939 auch eine neuerliche Differenzierung der ›Rassenbiologie‹ einsetzte, so daß die eher umfassend angelegte Rassenhygienegesellschaft ihre wissenschaftliche Kommunikationsfunktion an die spezialisierteren Gesellschaften verlor.
Die Entwicklung der zentralen wissenschaftlichen rassenhygienischen Zeitschrift, des *Archivs für Rassen- und Gesellschaftsbiologie* als Organ der DGfRH, spiegelt diese Entwicklung ebenfalls wider. 1933 war das ARGB nicht mehr nur wissenschaftliches Organ der DGfRH, sondern zusätzlich auch des »Reichsausschusses für Volksgesundheitsdienst« beim Reichsinnenministerium. Das langjährige Herausgebergremium, bestehend aus Agnes Blum, Eugen Fischer, Fritz Lenz, Anastasius Nordenholz, Ludwig Plate, Ernst Rüdin und natürlich auch Alfred Ploetz, der auch als Schriftleiter fungierte, wurde durch Theodor Mollison, Ernst Rodenwaldt, Hermann Werner Siemens und Erwin Baur (der jedoch im gleichen Jahr verstarb) ergänzt. Deutlich zeigt die weitere Entwicklung im Herausgebergremium die Stabilisierung des NS-Regimes: 1936 kamen Walter Groß, Arthur Gütt und Falk Ruttke hinzu; Plate starb 1937. 1938 übernahm Rüdin die Schriftleitung, 1939 trat Gerhard Heberer als Mitherausgeber auf, 1940 auch Walther Wüst.
Als die rassenhygienische Bewegung sich in ihre Ursprungsdisziplinen neu zurückzuorientieren begann, mußte das ARGB darunter personell und im Hinblick auf seine inhaltliche Qualität leiden. Die Zeitschrift entfernte sich mehr und mehr von der vordersten Forschungsfront; spezialisierte Fragestellungen wurden

eher in den entsprechenden Fachzeitschriften behandelt. Die Auflagenziffer des Archivs blieb dann bis zur letzten Ausgabe am 20. 1. 1944 unverändert.

Im Vergleich zur »Deutschen Gesellschaft für Rassenhygiene«, die unter der Führung Rüdins ab 1933 »für die Durchdringung unseres Volkes mit rassenhygienischen Ideen« verantwortlich war und infolgedessen mehr noch als früher schon von einer wissenschaftlichen Gesellschaft zu einer Propagandaorganisation degenerierte, war die Fachgesellschaft der Anthropologen, die 1925 gegründete »Deutsche Gesellschaft für physische Anthropologie«, neben Unterschieden in »Aufbau und ... Arbeitsweise« auch »wesentlich kleiner«. Die Gesellschaft hatte 1938 110 Mitglieder und »bewußt nur die in der Forschung oder in der Lehre unmittelbar Tätigen aufgenommen«.[51]

Otto Reche war bis 1937 Vorsitzender der »Deutschen Gesellschaft für Physische Anthropologie« und wurde danach von Wilhelm Gieseler abgelöst. Die Art und Weise der Eröffnung der 1936er Tagung in Dresden ist ein Beleg für den politischen Elan Reches und die eigene Standortbestimmung der Fachgesellschaft, die eine Gleichschaltung und politische Kontrollen kaum erforderlich machten. »Rasseforschung« war nach Reche eine Wissenschaft, der in der Vergangenheit »unter der Herrschaft reaktionärer oder liberalistischer oder gar marxistischer Kreise« wenig Beachtung geschenkt worden war, die aber gerade durch Überwindung des »unglücklichen Begriff(s) ›Menschheit‹« eine »neue Weltanschauung herauf(führte)«, zu der u.a. die Betonung der »Andersrassigkeit des Judentums« gehörte, die von den genannten Kreisen »als besonders lästig empfunden« wurde. In der sich rasch entwickelnden Vererbungswissenschaft habe die »Rassenforschung« allerdings einen wichtigen Bundesgenossen erhalten und sei endlich »eine der wichtigsten Dienerinnen der Volksgemeinschaft« geworden. Dies sei einzig dem »Führer« zu verdanken, der »dem Deutschen Volke den Rassegedanken gegeben« habe.[52] Die Gesellschaft wurde auf der 9. Tagung im Herbst 1937 in Tübingen konsequenterweise in »Deutsche Gesellschaft für Rassenforschung« (DGfRf) umbenannt.

Ihre Tagung in München im Frühjahr 1939 – unter den Teilneh-

51 *Deutsches Biologen-Handbuch*, München 1938, 189.

52 Otto Reche, »Begrüßung«, *Verhandlungen der Deutschen Gesellschaft für Physische Anthropologie*, 1937, *8*: 1-3.

mern waren u.a. das »Ehrenmitglied« der Gesellschaft Alfred Ploetz und der Nachwuchswissenschaftler Josef Mengele – eröffnete Gieseler mit der Versicherung, daß gerade die »Rassenforscher selbstverständlich ... lebendig im Nationalsozialismus« stünden. Der Münchner Anthropologe Theodor Mollison erklärte der Versammlung die Aufgaben der Anthropologie, die nicht nur darin bestünden, »Grundlagen« zu liefern »für die Rassenhygiene, die Pflege des Erbgutes – also ein medizinisches Fach –«, sondern die »Hauptaufgabe der Anthropologie (sei) es, mitzuarbeiten an der Schaffung unseres Weltbildes, unserer Weltanschauung«.[53]

Die außerordentliche Politisierung der Anthropologie, die im Tenor der Tagungen seit der »Machtübernahme« überdeutlich war, stieß beim Rassenpolitischen Amt der NSDAP und bei seinem Leiter, Walter Groß, nicht nur auf reine Freude. »Rassenpolitik« war sein Metier, und so war schon die 1937er Tagung für Groß entsprechender Anlaß, »rassenpolitische Forderungen an die deutsche Wissenschaft« zu stellen. Diese Übung wurde alljährlich – nur in Nuancen abgewandelt – wiederholt und sollte »die Verknüpfung, aber auch die gegenseitigen Grenzen von Politik und Wissenschaft« – so Gieseler 1939 in München – darlegen.[54] Walter Groß war dabei kein »Laie«, sondern hatte 1935 in Berlin für »Rassenkunde« habilitiert und war dort seit Frühjahr 1938 Honorarprofessor. Groß' wissenschaftliche Qualifikation und seine politische Rolle ließen ihn ein besonders geschärftes Bewußtsein für die Gestaltung des Verhältnisses von Wissenschaft und Politik entwickeln.

Im Herbst 1938 war es Groß gelungen, die DGfRf an sein RPA zu binden: »Um in Zukunft die Ergebnisse der wissenschaftlichen Arbeit auf dem Gebiete der gesamten menschlichen Politik noch wirksamer zur Verfügung zu stellen und andererseits die politische Führung instandzusetzen, der wissenschaftlichen Facharbeit in weiterem Maße als bisher Anregungen und Förderung zuteil werden zu lassen«, unterzeichneten Gieseler, Reche und Schultz für die »Rassenforscher« und Groß für das RPA am 29. 11. 1938 ein »Arbeitsabkommen«, in dem vereinbart wurde,

53 *Verhandlungen der Deutschen Gesellschaft für Rassenforschung*, 1940, *10*: V-XX, VII, XV.

54 *Verhandlungen der Deutschen Gesellschaft für Rassenforschung* (1940), VI.

daß »der jeweilige Vorsitzende der Deutschen Gesellschaft für Rassenforschung ... als Fachreferent in die Hauptstelle Wissenschaft des Rassenpolitischen Amtes berufen (wird)«.[55]
Das Rassenpolitische Amt der NSDAP (ab 1939 Hauptamt) war auf dem Gebiet der »Rassenhygiene« mit seiner 3. Abteilung (Hauptstelle) für »Praktische Bevölkerungspolitik« (Kinderreichenbetreuung, Nachwuchspflege, Wohnung und Siedlung, Familienlastenausgleich) tätig. Rassenpolitische Ämter bestanden auch auf der Ebene der Gau- und Kreisleitungen der Partei. Die 8. Hauptstelle »Wissenschaft« in Berlin war eine Art rassenpolitische Zensurbehörde. Das RPA engagierte sich explizit nicht in speziellen »gesundheitspolitischen« und »erbärztlichen« Fragen.[56] Seit November 1933 hatte das damalige »Aufklärungsamt für Bevölkerungspolitik und Rassenpflege« das Genehmigungsmonopol für jegliche Aufklärungs- und Schulungsarbeit in der NSDAP und in der Öffentlichkeit auf dem Gebiet der menschlichen Erblehre, Rassenkunde, Erbgesundheitspflege, Rassenpflege und seiner Grenzgebiete.
Eine solche institutionelle Verflechtung – den »Rassenforschern« durch gezieltere Forschungsförderung und die Aussicht auf die praktische Umsetzung ihrer Ideen schmackhaft gemacht – diente dem Großschen Ziel, den »Rassenforschern« zwar ihren notwendigen wissenschaftlichen Freiheitsspielraum zu garantieren, aber gleichzeitig auch das Deutungsmonopol der politischen Leitung zu stabilisieren.[57] In einem Rundschreiben an seine Dienststellen hatte Groß bereits am 24. 10. 1934 klargemacht, in welchem Verhältnis Naturwissenschaften und Rassenpolitik stünden und künftig auch zu stehen hätten: »Der Nationalsozialismus hat sich in seiner rassenpolitischen Begriffsbildung bewußt auf die Ergebnisse der Naturwissenschaft gestützt (und) wenn auch die Richtigkeit unseres rassischen Denkens an sich für uns ohne weiteres feststeht und keines Gelehrtenbeweises bedarf, so sind diese Beweise doch für das geistige Ringen mit

55 BAK NS 15/292: 11.
56 Neuer Organisationsplan des RPA; BAK R 58/984.
57 Auf Anregung des RPA erteilte REM Rust der DGfRf 1940 den »Auftrag zur Ausarbeitung von Vorschlägen über die Errichtung eines Rassen-Museums« in Berlin unter besonderer Berücksichtigung »der weltanschaulich-politischen Bedeutung des Rassegedankens«. *Der Biologe*, 1940, 9: 385.

den Gegnern der rassischen Denkungsart unentbehrlich.«[58] Diese Stellungnahme war insbesondere vor dem Hintergrund des Streits um die Begrifflichkeit einer »deutschen Rasse« vonnöten, eine Annahme, die für Groß in der weltanschaulichen Auseinandersetzung wissenschaftlich nicht zu legitimieren war. »Den Streit der Wissenschaftler lassen wir unangetastet; er gehört in die Gelehrtenbesprechung. Vor das Forum der Öffentlichkeit aber darf nur die erwiesene Tatsache und nicht die umstrittene Meinung kommen.«[59]

Inzwischen zum Reichshauptamtsleiter avanciert, trug Groß den versammelten »Rassenforschern« 1939 in München seine Auffassungen darüber vor, »was die Wissenschaft der Politik zu geben hat und wie umgekehrt die Politik die Wissenschaft in einzelnen Dingen brauchen kann«.[60] In seltener Klarheit sprach er dabei die wechselseitigen Interessen von Rassenforschern und Staat an: »Der größte Teil von Ihnen wird ja mit Dankbarkeit erlebt haben, wie Ihre Wissenschaft aus einer gewissen Verborgenheit plötzlich in das helle Licht des Tages gerückt wurde, wie nun eine Sache, die vor Jahrzehnten vielleicht noch als Liebhaberei am Rande der großen Disziplinen erschien, plötzlich ganz im Mittelpunkt der wissenschaftlichen und öffentlichen Aufmerksamkeit steht. Das ist sicherlich eine große Freude für den Mann, der auf diesem Gebiete gearbeitet hat.« Allerdings sei in dem Augenblick, »wo jedes Wort einer wissenschaftlichen Disziplin vom ganzen Volk oder gar von der ganzen Welt mitgehört wird, ... die Formulierung dieses Wortes ernst und nicht bloß mehr vom Standpunkt der Wissenschaft verantwortungsvolle, sondern auch eine vom Standpunkt der Politik heikle und verantwortungsbewußte Aufgabe. So tritt also plötzlich in den Kreis der Arbeiten und der Aufgaben des Rassenforschers ein neues Element, das ihm zunächst von Haus aus im einzelnen völlig fernliegen mag. Vielleicht ist er ursprünglich nicht ein politischer Mensch im eigentlichen Sinne des Wortes, aber er wird es werden müssen, denn er kann sich nicht der Tatsache entzie-

58 Zit. n. Leon Poliakov/Josef Wulf, *Das Dritte Reich und seine Denker*, Berlin-Grunewald 1959, 411.

59 Zit. n. Charlotte Köhn-Behrens, *Was ist Rasse? Gespräch mit den größten deutschen Forschern der Gegenwart*, München 1934, 74.

60 *Verhandlungen der Deutschen Gesellschaft für Rassenforschung* (1940), XVI-XX, XVII.

hen, daß auch seine sachlichsten und scheinbar abstraktesten und theoretischsten Ausführungen heute auf einmal bei der Lage der Dinge politisch verstanden oder mißverstanden werden können. Darauf muß der Rücksicht nehmen, der als Repräsentant der deutschen Rassenforschung spricht.«[61]

Groß' Konzeption einer politisch-psychologischen »Rassenforschungsfolgenabschätzung« blieb keine private Empfehlung im vertrauten Kreis, sondern wurde selbst im *Völkischen Beobachter* vom 25. 3. 1939 (Ausgabe München) publiziert. Hier war es Groß darum zu tun, ein gegenseitiges Verhältnis zu konzipieren »unter völliger Wahrung auf der einen Seite der politischen Führung und ihrer Totalitätsansprüche, auf der anderen Seite der völligen Unabhängigkeit und Freiheit der wissenschaftlichen Arbeiten und Forschungen«. Die Auswertung ihrer Ergebnisse sowohl im Rahmen der Gesetzgebung und der praktischen Anwendung als auch im Rahmen der politischen und weltanschaulichen Propaganda und Erziehung gehöre der Politik. »Es kann Konflikte geben, aber nur, wenn der eine oder andere so töricht ist und hier die Grenzen und Aufträge seiner Arbeit verkennt.«[62]

Als 1942 die gängige Praxis der »Umvolkung« und/oder »Eindeutschung« – auch in Kreisen der Fachwissenschaft – auf Vorbehalte stieß, sah sich Groß zu einer weiteren Abgrenzung gezwungen: »Rassenpolitik ist nicht Naturwissenschaft, sondern ist politische Anwendung naturwissenschaftlicher Erkenntnisse«. Inzwischen wollte Groß die »Rassenhygiene« – als »Erb- und Rassenpflege« allmählich eingeführt – aus praktischen Erwägungen am liebsten wieder auf die »Erbpflege«, d.h. »Eugenik«, reduziert sehen. Den gesellschaftsgestaltenden Anspruch der alten »Rassenhygiene« wies er indirekt zurück: »Die politische Durchsetzung (ihrer Ziele; d.V.) wird deshalb in keinem Augenblick die konsequenten und idealen Forderungen der wissenschaftlichen Rassenhygiene voll erfüllen können.[63]

61 *Verhandlungen der Deutschen Gesellschaft für Rassenforschung* (1940), XVI, XVII.

62 *Verhandlungen der Deutschen Gesellschaft für Rassenforschung* (1940), XVIII.

63 Walter Groß, »Rassenpolitik«; »Deutschlands Erneuerung«, 1942, 8, 7, 9. Hitler hatte am 29. 1. 1940 dem erstaunten Rosenberg gegenüber ausgeführt: »Unsere W(elt)-A(nschauung) muß der exakten Forschung

Gerade im Bereich der Rassenhygiene konnte der Eindruck entstehen, daß das politische System bzw. die Partei schon zu einer weniger ideologischen Haltung und einer entsprechenden Abgrenzung gegenüber der vormals ideologisch wichtigen Wissenschaft gefunden hatte, als sich die Rassenhygieniker selbst der Politik noch andienten. Der Gießener Rassenhygieniker H. W. Kranz schrieb 1938 über »Rassenhygiene, eine politische Wissenschaft«: »Wir sehen also, daß das Wissen und die Wissenschaft nichts anderes sein kann als Mittel zum Zweck (im Gegensatz zum Selbstzweck; d. V.), das heißt nichts anderes als eine Dienerin zur Erhaltung und Förderung von Art und Rasse und damit letzten Endes des Volkes, seiner völkischen Aufgaben und seiner Kultur schlechthin«.[64] Erst in der Endphase des »Tausendjährigen Reiches«, 1943, erkannte auch Lenz – und er konnte es sich erlauben, das offen zu formulieren: »Die rassenhygienischen Maßnahmen des nationalsozialistischen Staates haben den rassischen Niedergang gewiß verlangsamt; sie haben ihn aber bisher nicht in Aufstieg zu wandeln vermocht.«[65] In der Tat waren die »erbpflegerischen« Forderungen der Rassenhygieniker, wie sie etwa im Sachverständigenbeirat beim RMI artikuliert worden waren, oftmals radikaler und weitreichender als die tatsächlich realisierten Maßnahmen der »NS-Erbgesundheitspolitik«.[66] Das »rassenhygienische Maximalprogramm«, das Rüdin, Fischer und Lenz seit Jahrzehnten vertreten hatten, wurde im NS-Staat nur ansatzweise und selektiv realisiert.

nicht vorschreiben, sondern aus ihrer Arbeit die abstrakten Gesetze folgern.« Zit. n. Reinhard Bollmus, »Zum Projekt einer nationalsozialistischen Alternativ-Universität: Alfred Rosenbergs ›Hohe Schule‹«, Manfred Heinemann (Hg.), *Erziehung und Schulung im Dritten Reich*, Bd. 2, Stuttgart 1980, 125-152, 136, der diese Äußerung dem Tagebuch Rosenbergs entnommen hat.

64 Heinrich W. Kranz, »Rassenhygiene, eine politische Wissenschaft«, *Ziel und Weg*, 1938, *8*: 234-240, 234ff.

65 Fritz Lenz, »Gedanken zur Rassenhygiene (Eugenik)« *ARGB*, 1943, *37*: 83-109, 109.

66 Vgl. BAK R18, R22, R43 II.

Vom »rein theoretischen Institut« zum »systematischen Dienst für das Reich« – das Fischer-Institut im Übergang

Die auf die Machtergreifung folgende Gleichschaltung der wissenschaftlichen Gesellschaften Ende Mai 1933 schien Fischers Institut in Berlin in besonderer Weise zu treffen. Fischer und Muckermann mußten beide (zusammen mit Ostermann) den Vorsitz der Gesellschaft für Rassenhygiene (Eugenik) aufgeben. Fischer verlor darüber hinaus auch die Kontrolle über das *Archiv für Rassen- und Gesellschaftsbiologie*. Von Verschuer mußte seinerseits seine Stellung in der ›Berliner Gesellschaft für Rassenhygiene‹ räumen. Mit diesen Maßnahmen stabilisierten die Nationalsozialisten die radikalere Fraktion der Rassenhygieniker wieder in ihrer vormaligen Position innerhalb der Bewegung und neutralisierten den Einfluß des Fischerschen Instituts.

Obgleich dies als ein unfreundlicher Akt ebenjener Regierung erscheinen konnte, die kurz zuvor noch als Verbündeter gepriesen worden war, hießen die Rassenhygieniker sie dennoch willkommen. Es ist nämlich nicht erkennbar, daß die Wissenschaftler gezwungen waren, derartige Lobpreisungen auf den Führer zu halten, wie Rüdin dies weder isoliert noch in atypischer Weise 1934 tat: »Die Bedeutung der Rassenhygiene ist in Deutschland erst durch das politische Werk *Adolf Hitlers* allen aufgeweckten Deutschen offenbar geworden, und erst durch ihn wurde endlich unser mehr als dreißigjähriger Traum zur Wirklichkeit, Rassenhygiene in die Tat umsetzen zu können.«[67] Staatliche Lizensierung und die Ausweitung professioneller Kontrolle und Macht gehen Hand in Hand, und dies galt für die Rassenhygiene in derselben Weise wie für die klassischen Professionen.

Eine Funktion, die ihr zuallererst von außen zugeschrieben wurde, war die der Legitimierung der Politik. Im Mai 1933 wurde der »Sachverständigenbeirat für Bevölkerungs- und Rassenpolitik beim Reichsinnenminister« gebildet und aufgefordert, den Entwurf des Sterilisationsgesetzes, der bereits von der vorherigen Regierung vorgelegt worden war, innerhalb eines Tages fertigzustellen. Im Zusammenhang mit der Durchführung des Gesetzes erging wiederum die Aufforderung an Fischer,

67 Ernst Rüdin, »Aufgaben und Ziele der Deutschen Gesellschaft für Rassenhygiene«, *ARGB*, 1934, *28*: 228-231.

Lenz und Verschuer, ihren Sachverstand zur Verfügung zu stellen. Mit diesem ersten rassenhygienischen Gesetz, das von den Nationalsozialisten verabschiedet worden war, sollte sich die Art der Aktivitäten des Kaiser-Wilhelm-Instituts für Anthropologie grundlegend ändern. Die neue Regierung entsprach tatsächlich, zumindest für eine gewisse Zeit, den Erwartungen der Rassenhygieniker, aber die Verheißungen der Professionalisierung hatten einen Preis: die Abhängigkeit von politischer Kontrolle. Angesichts der ideologischen Affinitäten zwischen den neuen Machthabern und den Rassenhygienikern schien dieser Preis jedoch offenbar nicht zu hoch.

Vom Juli 1933 an stellten sich Fischers Institut in Berlin (und Rüdins in München) »systematisch in den Dienst des Reichs«. Diese Erklärung folgte einem ›Vorschlag‹ Dr. Gütts aus dem Reichsinnenministerium, der als Gast in der Kuratoriumssitzung des KWI am 5. Juli erschienen war. Gütt bat darum, »daß das Institut auch in Zukunft sich für die Arbeit der Reichsregierung zur Verfügung stelle«. Vor allem bat er »um Mithilfe bei der Durchführung des Gesetzes bezüglich der Sterilisierung, wie auch des in Aussicht genommenen Reichsangehörigen-Gesetzes«.[68] Max Planck, der Präsident der Kaiser-Wilhelm-Gesellschaft, folgte diesem Vorschlag offenbar und schrieb am 14. Juli 1933 an den Innenminister Frick: »Dem Herrn Reichsminister des Innern beehre ich mich ergebenst mitzuteilen, daß die Kaiser-Wilhelm-Gesellschaft zur Förderung der Wissenschaften gewillt ist, sich systematisch in den Dienst des Reiches hinsichtlich der rassenhygienischen Forschung zu stellen.« Planck teilte weiterhin mit, die KWG habe zu diesem Zweck eine Kommission ernannt, die aus Erwin Baur, Eugen Fischer und Ernst Rüdin bestand.[69]

Die offenbar bereitwillige Anpassung der Kaiser-Wilhelm-Ge-

68 Protokoll der Kuratoriumssitzung vom 5. Juli 1933, Archiv der MPG, Berlin KWG-Generalversammlung, KWI-Anthropologie, Sign. 2404,11.

69 Abschrift des Briefes Planck an Reichsminister des Innern, 14. 7. 1933. Archiv der MPG, Berlin, KWG-Generalversammlung, KWI-Anthropologie, Kommission für rassenhygienische Forschung, Sign. 2401. Das Archiv enthält nur die Kopie eines Entwurfs, unterzeichnet von Glumm, dem Generalsekretär der KGW. Briefe an Baur, Fischer und Rüdin tragen dasselbe Datum. Baur antwortete am 21. Juli positiv.

sellschaft und insbesondere des Anthropologie-Instituts an die Anforderungen des RMI erfolgte auch auf der Ebene der Kuratorien. Die »Reorganisation der Zusammensetzung der Kuratorien der Kaiser-Wilhelm-Gesellschaft« trat offenbar im Juli 1933 in Kraft. Nachdem August-Wilhelm Prinz von Preußen den Vorsitz des Kuratoriums des Fischer-Instituts abgelehnt hatte, schlug das Reichsernährungsministerium H. F. K. Günther vor. Dieser Vorschlag wurde jedoch nicht realisiert. Im März 1934 trat der bekannte Genetiker Goldschmidt vom Kuratorium zurück, da, wie er an Planck schrieb, »ich im Augenblick nicht das Gefühl habe, daß ich in diesen Ämtern nützliche Arbeit leisten kann«. Gütt vom RMI war der erste Vertreter der neuen Regierung, dessen Name der Liste der Kuratoriums-Mitglieder hinzugefügt wurde.[70] Im Mai 1935 schlug Fischer der Kaiser-Wilhelm-Gesellschaft vor, Walter Gross, den Leiter des Rassenpolitischen Amtes der NSDAP, in das Kuratorium des Instituts zu wählen. »Bei den unlösbaren Verbindungen zwischen der wissenschaftlichen Erforschung in Erb- und Rassefragen und der praktischen Bevölkerungspolitik lege ich größten Wert auf seine Mitarbeit.« Die Kaiser-Wilhelm-Gesellschaft entsprach dieser Bitte.[71] Ihnen folgte Leonardo Conti. Als er zum Berliner Stadt-Medizinalrat gewählt wurde, rückte er damit automatisch in das Kuratorium des Anthropologie-Instituts ein.[72]

Obgleich die Kuratorien keine unmittelbare Kontrolle über die Institute ausübten, müssen sie doch als Ehrenausschüsse gesehen werden, in die gewählt zu werden Kooperation, wechselseitige Kontakte und die Versicherung der Gemeinsamkeit der Ziele signalisierte. Daß dabei auch politische Kalküle eine Rolle spielten, ist davon nicht zu trennen. In einem Brief an Telschow in der Zentralverwaltung der Kaiser-Wilhelm-Gesellschaft, in dem

70 Briefwechsel Prinz von Preußen und Planck sowie Brief von Goldschmidt an Planck vom 12. 3. 1934. Archiv der MPG, Berlin, KWG-Generalversammlung, KWI-Anthropologie, Kuratorium, Sign. A1-2403.

71 Tätigkeitsbericht des KWI-Anthropologie, 13. 5. 1935, Archiv der MPG, Berlin, KWG-Generalversammlung, KWI-Anthropologie, Sign. A1-2399, 57.

72 Brief von Planck an Conti vom 1. 12. 1936. Archiv der MPG, Berlin, KWG-Generalversammlung, KWI-Anthropologie, Kuratorium Sign. A1-2403, 97.

er die Möglichkeit der Wahl Contis zum neuen Vorsitzenden des Kuratoriums diskutierte, schrieb Fischer 1940: »Ich halte diesen, Ihren Vorschlag (Conti zu wählen; d. V.), für ganz besonders gut. Ich hätte selbstverständlich auch gegen Herrn Dr. Gross nicht nur nichts einzuwenden, sondern würde mich freuen. Gross steht als verantwortlicher Rassenpolitiker den Zielen meines Institutes beruflich nicht so nahe wie Conti, als der Leiter der ärztlichen und rassenhygienischen Abteilung des Reichsinnenministeriums. Die Verbindung zu ihm wäre wohl für das Institut wichtiger, die zu Herrn Gross habe ich sowieso schon.«[73]
Inzwischen machten sich die Wissenschaftler an die Arbeit für die neue Aufgabe. Eine ihrer ersten Anstrengungen galt der Vermittlung des bestehenden Wissens in der Erblehre und Rassenforschung. Praktizierende Ärzte und Medizinstudenten sollten in der neuen Wissenschaft unterrichtet werden; bereits bestehende Unterrichtskurse mußten intensiviert werden, nachdem das ›Gesetz zur Verhütung erbkranken Nachwuches‹, also das Sterilisationsgesetz, in Kraft getreten war. Für die Übernahme dieser Aufgabe erhielt das Institut in Berlin vier neue Assistentenstellen, und die Stadt Berlin stellte 365 Betten- und Verpflegungstage im Virchow-Krankenhaus zur Verfügung. 1935 berichtete Fischer, daß sich sein Institut »unbedingt und rückhaltslos« in den Dienst der öffentlichen Aufgabe gestellt habe und »vor allem Rassegutachten für die Reichsstelle für Sippenforschung des RMI, Gutachten über den akademischen Ausbau ›unserer‹ Fächer und den akademischen Nachwuchs von verschiedenen staatlichen Stellen, Gutachten auf dem Gebiet der Erbgesundheitsgesetzgebung« geliefert habe.[74] In scharfem Gegensatz zu seiner Rechtfertigung der Aufgabe des Instituts von 1926 erklärte Fischer nun in einer Kuratoriums-Sitzung: »Gehen doch gerade bei den Arbeiten dieses Instituts wissenschaftliche Ergebnisse und unmittelbare Brauchbarkeit und Notwendigkeit für die nationalsozialistische Rassen- und Bevölkerungspolitik ganz unmittelbar Hand in Hand.«[75]
Die Ausbildungsfunktion wurde jetzt neben der Verwaltungsar-

73 Brief Fischer an Telschow vom 18. 3. 1940, Archiv der MPG, Berlin, KWG-Generalversammlung, KWI-Anthropologie, Kuratorium, Sign. A1-2403.

74 *Die Naturwissenschaften*, 1935, *23*: 345.

75 *Die Naturwissenschaften*, 1935, *23*: 421.

beit für verschiedene Behörden des öffentlichen Gesundheitswesens zur wichtigsten Aufgabe des Instituts.[76] Im November 1934 wurden 20 ausgesuchte junge Ärzte zu einer einjährigen rassenhygienischen Ausbildung an das Institut abkommandiert, die im Rahmen der von dem SS-Rassenhygieniker Falk Ruttke durchgeführten politischen Erziehung erfolgte. Schon 1935 konnte Fischer berichten, daß 1.100 Studenten Kurse durchlaufen hätten, und wenn dadurch auch »manche wissenschaftliche Arbeit etwas eingeschränkt oder eine andere unterlassen werden mußte«, so diene das doch nur dem »Neuaufbau unseres völkischen Staates«. Die Ausbildung von Ärzten für den Dienst in den neuerrichteten Gesundheitsämtern, die das gerade verabschiedete ›Gesetz zur Vereinheitlichung des Gesundheitswesens‹ vorsah, wurde durch einmonatige Kurse für SS-Ärzte ergänzt.[77]

Das Jahr 1935 brachte auch einige strukturelle Veränderungen im Institut. Von Verschuer verließ das Institut, um nach Frankfurt zu gehen. Er wurde auf Vorschlag Fischers zum externen Mitglied ernannt. Verschuers ›Abteilung für Menschliche Erblehre‹ wurde aufgelöst, wobei ein Teil von Fischer übernommen wurde, der andere von Lenz, der als Nachfolger von Verschuer in das Institut einzog. Der Grund für diese Maßnahme war, folgt man Fischer, ein zweifacher: »Da einerseits ein erfahrener Erbforscher als sein Nachfolger augenblicklich kaum gefunden werden dürfte, besonders aber, da inzwischen durch den Ausbau der menschlichen Erblehre diese nach Inhalt und Forschungsmethoden noch viel stärker sowohl mit der Anthropologie wie mit der Rassenhygiene (Eugenik) verschmolzen ist...« Zum 1. April 1935 wurde auch eine neue ›Abteilung der Erbpsychologie‹ unter dem Privatdozenten Kurt Gottschaldt eröffnet, die sich die Erforschung der Vererbung normaler geistiger Anla-

76 Kuratoriums-Sitzung vom 10. 5. 1935; BAK R36/1366, 6.

77 Fischer auf der Kuratoriums-Sitzung vom 10. 5. 1935, BAK R36/1366 1F. »Auch die sonstige Unterrichtstätigkeit war sehr groß. Noch grösser die Beteiligung an Sitzungen und Beratungen in Ministerien, in Ausschüssen, im Erbgesundheitsamt und an Erbgesundheitsgerichten. Für dieselben Stellen wurden sehr zahlreiche Gutachten angefertigt.« Fischer, Auszug aus dem Tätigkeitsbericht, MPG-Archiv Berlin, KWG-Generalversammlung, KWI-Anthropologie Hauptakten, Sign. A1 2399, 32.

gen zum Ziele gesetzt hatte.[78] Man ging von der »Tatsache der Vererbung geistiger Anlagen« aus; die Abteilung sollte lediglich die Beweise dafür liefern. Diese Sicherheit resultierte wahrscheinlich aus Verschuers Forschung an über 100 Zwillingspaaren, unter denen er für eineiige Zwillinge eine signifikant größere Korrelation der Intelligenz gefunden hatte als bei zweieiigen Zwillingen. Gottschaldts spezielle Forschungsmethode bestand in den sogenannten »Zwillingslagern« während der Sommermonate, zur Beobachtung psychologischer Einzelheiten und der Gesamtpersönlichkeit. Ein Jahr darauf begann die Zusammenarbeit mit der psychologischen Abteilung des Reichskriegsministeriums, wo bei Eignungsprüfungen der Militärbehörde Zwillingsuntersuchungen vorgenommen wurden.[79]

1936 wiederholte Fischer in seinem Tätigkeitsbericht die Versicherung, daß sich die Mitglieder des Instituts nicht nur den Forschungsaufgaben, sondern auch »bei dessen besonderer Eigenart zahlreichen allgemeinen Aufgaben restlos zur Verfügung« stellten, die der neue Staat für seine biologische Bevölkerungspolitik erforderte.[80] Die Gutachtertätigkeit – »Die Zahl an verlangten Gutachten stieg dauernd« – hatte noch weiter zugenommen: 60 Gutachten über Rassereinheit für die Reichsstelle für Sippenforschung, 28 Vaterschaftsgutachten für Kammergerichte und etwa 20 Gutachten für Erbgesundheitsgerichte und Obergerichte waren von Fischer, Abel, Bühler und Lenz erstattet worden. Im September 1935 wurden die Nürnberger Gesetze verkündet, und unter Bezug auf diese dankte Fischer, der seine anfänglichen Schwierigkeiten mit der Partei überwunden hatte, dem Führer dafür, daß er es den Erbwissenschaftlern ermöglicht habe, ihre Forschungsergebnisse in den praktischen Dienst des Volksganzen zu stellen.[81]

78 *Die Naturwissenschaften*, 1936, *24*: 27.

79 *Die Naturwissenschaften*, 1937, *25*: 379; vgl. auch Otmar von Verschuer, »Das ehemalige Kaiser-Wilhelm-Institut für Anthropologie, Menschliche Erblehre und Eugenik – Bericht über die wissenschaftliche Forschung 1927-1945«, *Zeitschrift für Morphologie und Anthropologie*, 1964, *55*: 127-174.

80 S. Tätigkeitsbericht vom 1. 4. 1935 bis 31. 3. 1936, vom 22. 6. 1936, MPG-Archiv, Berlin, KWI-Anthropologie, Hauptakten, Generalversammlung Sign. A1 2399.

81 Eugen Fischer zit. n. *Allgemeine Zeitung*, Nr. 211/6. 5. 1936.

Es ist offenkundig, daß die theoretische Orientierung des Instituts, sofern sie jemals mehr als bloße Deklamation gewesen war, aufgrund der Anforderungen der Erbgesundheitspraxis und der Ausbildungsaufgaben für den öffentlichen Gesundheitsdienst mehr und mehr in den Hintergrund trat. Es läßt sich selbstverständlich nicht mehr rekonstruieren, wie stark die Pressionen der Nationalsozialisten die Bereitschaft der Wissenschaftler beeinflußt hatten, mit der neuen Regierung zu kooperieren. Im Gegensatz zu den meisten anderen Kaiser-Wilhelm-Instituten war das Fischers jedoch in einer besonderen Situation. Die enge Verbindung zwischen der Ideologie der Partei und deren politischen Zielen sowie der disziplinären Ausrichtung des Instituts und den wissenschaftlichen und professionellen Interessen der Rassenhygieniker läßt diese Frage müßig erscheinen. Rassenhygiene war so sehr eine angewandte Wissenschaft, wie sie Politik und Ideologie war. Dienst am Staat war so sehr eine nationalsozialistische Pflicht, wie er den Selbstinteressen der Wissenschaftler diente. Politische Einschränkungen der wissenschaftlichen Autonomie wurden in diesem Kontext kaum als Bedrohung gesehen. Als Muckermann gezwungen wurde, das Institut zu verlassen, an dessen Aufbau er ganz wesentlich beteiligt war, ließ Fischer den Widerstand vermissen, den zu leisten er unter anderen politischen Bedingungen noch ein Jahr zuvor geschworen hatte.[82]

Glanz und Niedergang des Fischer-Instituts

Hatte das Sterilisationsgesetz von 1933, das 1934 in Kraft trat, den Rassenhygienikern einen ersten Schub quasi-professioneller Anerkennung und die Ausdehnung ihrer staatlich lizenzierten Aktivitäten beschert, gerieten sie nunmehr zusehends in den Aufwind weiterer rassenhygienischer Gesetzgebung und Maßnahmen. In den Jahren zwischen 1933 und 1935 wurden einige der während der Weimarer Republik diskutierten eugenischen bzw. rassenhygienischen Vorstellungen umgesetzt: so noch 1933 das »Erbhof- und Siedlungsgesetz«, das an die Ideen der

82 Vgl. Otmar von Verschuer, »Die Eugenik und Hermann Muckermann«, *Deutschlands Erneuerung*, 1932, *16*: 463-466, 465 f.

landwirtschaftlichen Gemeinschaften anknüpfte und ungeachtet zusätzlicher Motive den rassenhygienischen Vorstellungen entsprach, wonach das ›gute Blut‹ vom Lande kam. Dem entsprach auch, daß die Anforderungen an die ›Reinheit des Blutes‹ für das Gesetz galten (§ 13 Reichserbhofgesetz). Des weiteren die »Vereinheitlichung des Gesundheitswesens« 1934, und schließlich im September 1935 die Nürnberger Gesetze. Vor allem die letztgenannten, also das »Gesetz zum Schutz der Erbgesundheit des deutschen Volkes« und das »Gesetz zum Schutz des deutschen Blutes und der deutschen Ehre«, verliehen, wie auch die zuvor genannten weniger zentralen Gesetzeswerke, den Rassenhygienikern quasi-professionellen Status und trugen zu einem erstaunlichen Wachstum des Gebietes bei, das von Eugenikern im Ausland mit Neid betrachtet wurde.[83] Zu einem gewissen Grad wurden durch diese politisch induzierte »Professionalisierung« Strukturen geschaffen, die einige Merkmale mit der anderen großen Profession gemeinsam hatten, der die Rassenhygiene nahestand: der Medizin. Ein Kanon systematisierten Wissens wurde in Lehrbüchern fixiert, Rekrutierungsprozesse und entsprechende Ausbildungscurricula wurden zumindest zum Teil formalisiert, und, vielleicht am wichtigsten: die praktische Anwendung dieses Wissens wurde monopolisiert, wie etwa bei den Sippen- und Vaterschaftsgutachten sowie den Gutachten für die Erbgerichte. Fischers Institut sollte von dieser Entwicklung profitieren. Bereits 1934 hatte Fischer 207000 Reichsmark für die Erweiterung des Instituts gefordert, und diese Summe wurde ihm auch bewilligt. 1937 war das Institut um ein volles Drittel gewachsen. Es war die angesehenste Einrichtung ihrer Art und konnte mit Stolz auf Besucher aus Norwegen, Holland, der Schweiz, Italien, Ungarn, Indien, Japan, China, Brasilien und vielen anderen Ländern bis in die Kriegsjahre hinein verweisen, ebenso wie auf die Teilnahme seiner Mitglieder an den großen wissenschaftlichen Fachkongressen des Gebietes in Paris, Kopenhagen, London und Edinburgh.[84] Damit kann der Eindruck eines wachsenden Dogmatismus des Instituts in Verbindung gebracht werden, der auf dem Genetik-Kongreß 1939 in Edinburgh offenbar geworden sein soll, als Fischer sehr emotional auf

83 Vgl. *Eugenical News*, 1934, *19*: 140.

84 Tätigkeitsbericht 1935/36, 22. 6. 1936, MPG-Archiv, Berlin, KWI-Anthropologie, Hauptakten, Generalversammlung, Sign. A1-2399.

Kritik reagiert habe. Eine derartige Reaktion mag durch ein Überlegenheitsgefühl auf seiten Fischers und seiner Institutsmitglieder erklärt werden, das sich auf die herausragende Stellung und den großen Einfluß des Instituts in Deutschland gründete. Es läßt sich nur darüber spekulieren, zu welchem Ausmaß dies Ursache oder Wirkung einer wachsenden Isolation war.

Die Expansion des Instituts setzte sich zunächst noch ungebrochen fort, selbst als der Krieg begann. 1938 wurde Karl Diehl zum Leiter einer Außenabteilung für erbliche Tuberkuloseforschung in Sommerfeld ernannt. Wolfgang Abel, einer von Fischers Assistenten, wurde Leiter einer Abteilung für Rassenkunde. Aufgabe dieser Abteilung war es, das Wissen über Rassenmerkmale zu erweitern; in verschiedenen Teilen Deutschlands wurden Forschungen (»auch an Juden«) von Dornfeldt, an Zigeunern in Rumänien und Schottland von Abel durchgeführt. ›Rassenkunde‹ war die Fortsetzung der ›Erblehre‹ als Wissenschaft. In Fischers Worten ging es um den »Ausbau der Erblehre in ihrer Eigenart als die eigentliche und einzige Unterlage der Rassenkunde«, da »alle Rassenkunde und dann natürlich alle Rassenpolitik ... auf dem Nachweis der Erblichkeit der Rassenmerkmale« beruhe. Die Methode bestand in der Erforschung der Rassenkreuzung, und die wurde in der Heimat an den ›Rheinland-Bastarden‹ von Abel sowie im Ausland an anderen Bastarden von Fischer untersucht. »Sie (die Forschungen; d. V.) dienen der Rassenpolitik unmittelbar.« Dies implizierte, daß u.a. das Institut die Zwangssterilisierung der ›Rheinland-Bastarde‹ (so wurden die Abkömmlinge deutscher Frauen und afrikanischer Soldaten, die mit der französischen Armee ins Rheinland gekommen waren, genannt) unterstützte, wenn es vielleicht auch nicht direkt daran teilhatte.[85] In Verbindung mit dieser Unternehmung fanden auch die ersten illegalen Sterilisierungen an Juden statt.

Zu Beginn der vierziger Jahre wurde die allmähliche Auseinanderentwicklung von Rassenhygiene auf der einen und der späteren Humangenetik auf der anderen Seite auch im Institut erkennbar. In seinem Bericht an das Kuratorium vom Januar 1941 präsentierte Fischer Pläne für die weitere Zukunft. »Das

85 Tätigkeitsbericht 1936/1940, Archiv der MPG, Berlin, KWG-Generalversammlung, KWI-Anthropologie, Sign. 2404.

kommende siegreiche Kriegsende und der gewaltige Ausbau des Großdeutschen Reiches stellen auch unsere Forschungsanstalten vor große neue Aufgaben.« Fischer formulierte zwei grundlegende Zielsetzungen für die Forschung: »Einmal muß sie in Zeiten wie heute *unmittelbar* in den Dienst des Volkes, des Krieges, der Politik gestellt werden..., aber zweitens muß die Forschung, soweit sie kann, auch heute *neben* der Gegenwart der Zukunft dienen.« Zum Beleg führte er an, daß niemand habe ahnen können, daß die Studien Gregor Mendels einmal die Grundlage zu einer Erbgesundheits-Gesetzgebung bilden würden oder daß seine eigenen Bastard-Studien »einmal die Rassengesetzgebung unterbauen könnten«.[86] Diese Einleitung zu seinen Plänen signalisierte bereits eine sehr vorsichtige Verschiebung der politischen Rechtfertigung dessen, was Fischer als die weitere Entwicklung seines Instituts im besonderen und der Rassenhygiene im allgemeinen betrachtete. Die von ihm verfolgte Strategie entwickelte sich auf zwei Ebenen; zumindest legt dies eine spekulative Interpretation nahe. Fischer muß sich der wachsenden Kluft zwischen einer immer radikaleren Rassenpolitik der Nationalsozialisten und der Entwicklungsrichtung seiner Wissenschaft bewußt gewesen sein. Ganz unabhängig von seiner eigenen Beteiligung an antisemitischer Propaganda wird er wahrscheinlich die zunehmenden Schwierigkeiten antizipiert haben, die Art von Forschung zu legitimieren, die eine logische Fortentwicklung des Forschungsprogramms darstellte. Außerdem hatte er offenbar Probleme mit Lenz, denn bereits im November 1938 gab er der Generalverwaltung der Kaiser-Wilhelm-Gesellschaft Hinweise, daß er Verschuer als seinen Nachfolger zu sehen wünsche. Während er sich zu jener Zeit Lenz noch als seinen Stellvertretenden Direktor vorstellen konnte, machte er 1940 offen deutlich, daß er Lenz überhaupt daran hindern wollte, diese Position zu erhalten. Statt dessen schlug er vor, Lenz zum Leiter eines unabhängigen »Instituts für Rassenhygiene« innerhalb des KW-Instituts für Anthropologie zu ernennen und ihm den Titel »Direktor« zu verleihen.[87]

86 Tätigkeitsbericht des KWI-Anthropologie 1936-1940, Anlage 3, Archiv der MPG, Berlin, KWG-Generalversammlung, KWI-Anthropologie, Sign. 2404.

87 Aktennotiz von Telschow vom 21. 11. 1938 über eine Unterhaltung mit Fischer am 18. November und Aktennotiz von Telschow über eine Un-

In seinem Tätigkeitsbericht gab Fischer eine lange Darstellung von Lenz' Arbeit, in der er ihn »als Vertreter der Rassenhygiene... (als) Forscher von eigenartiger, ja in seinem Fach einzigartiger Prägung« charakterisierte. Für die Organisation des Instituts kam »die besondere Art seiner Forschung als rassenhygienischer Denker« jedoch nicht in Betracht. Lenz ›brauchte und erhielt‹ von Fischer rückhaltlose Entlastung von administrativer und sonstiger Institutstätigkeit im Interesse »seiner theoretischen Arbeit«. Die »Eugenische Abteilung« von Lenz sei im übrigen bei dessen Ernennung stillschweigend in »Rassenhygienische« umbenannt worden.[88] Die Umbenennung ging offensichtlich auf einen Wunsch von Lenz selbst zurück. Fischer war damit einverstanden, wollte aber nicht die Bezeichnung des Instituts insgesamt geändert wissen – ein später Nachtrag zur Auseinandersetzung um die Begriffswahl ›Eugenik‹ oder ›Rassenhygiene‹.[89] Es ist nicht mehr aufklärbar, ob Fischers Abkehr von Lenz in erster Linie persönliche oder instituts- und forschungspolitische Gründe hatte. Zumindest kamen solche der letzteren Art im Zusammenhang mit Ausbauplänen des Instituts für Rassenhygiene an der Berliner Universität 1941 zur Sprache. Vom REM um eine Stellungnahme gebeten, gab Fischer eine bemerkenswerte Einschätzung der Situation der Rassenhygiene allgemein und der zukünftigen Orientierung seines Instituts im besonderen. Die Rassenhygiene, so Fischer, habe ihren Anspruch gegenüber dem liberalistischen Staat erst durch Forschung begründen müssen (!); jetzt bedürfe es keiner Propaganda mehr. »Als eigentliches Forschungsfach« könne er »die Rassenhygiene als solche garnicht mehr anerkennen, Forschungsfach sind ihre Unterlagen, in erster Linie die menschliche Erblehre und dann die Bevölkerungslehre«. Da die Rassenhygiene anerkanntes Unterrichtsfach war, hielt Fischer den Ausbau an den Universitäten für selbstverständlich, aber unzureichend. Mit Blick auf die besondere Funktion der Kaiser-Wilhelm-Institute vertrat Fischer

terhaltung mit Fischer vom 18. 10. 1940. Archiv der MPG Berlin, KWG-Generalversammlung, KWI-Anthropologie, Hauptakten, Sign. A1-2399, 130, 141.

88 Tätigkeitsbericht 1936-1940, MPG-Archiv, Berlin, KWI-Anthropogie Hauptakten, Generalversammlung, Anlage 3, 4, 9.

89 Brief Telschow an Lenz, 6. 7. 1942, MPG Archiv, Berlin, KWI-Anthropologie Hauptakten, Generalversammlung, Sign. A1-2400.

die Meinung, es müßte die rassenhygienische Abteilung am Institut »auf Grund der geschichtlichen glücklichen Entwicklung im ›Dritten Reich‹ eher ab- als ausgebaut werden«. Damit wies Fischer im Oktober 1941 wieder in die Richtung einer Rückorientierung des Instituts auf die Grundlagenforschung – jetzt in der menschlichen Erblehre. Das Argument diente ihm zugleich als Begründung, die Wünsche Lenz' nach einem Ausbau seiner Abteilung innerhalb des Instituts zurückzuweisen. Unabhängig von seinen Motiven war die Abkehr von der »angewandten« und politisch eingebundenen Rassenhygiene die Konsequenz.[90] Die »neue Aufgabe« für die Forschung sah Fischer woanders: in der Phänogenetik. Er glaubte, die Erforschung der menschlichen Erblichkeit wäre so weit fortgeschritten, daß die wesentlichen Charakteristika normaler und pathologischer Erbmerkmale beschrieben werden könnten, daß das Erscheinungsbild auf diese Merkmale bezogen werden könne und daß der ungefähre Umfang der Umwelteinwirkungen auf sie bekannt sei. Der dunkle Fleck sei die Frage, wie eine gegebene Erbanlage sich entfalte, wie sie wirke, d.h., wie sie die ihr zukommende äußere Erscheinung gewinne. »Der Weg von der fertigen *Erbanlage* bis zum fertigen ausgestalteten Erb*merkmal* am Individuum ist noch unbekannt.« Das wichtigste Problem in diesem Zusammenhang sah Fischer in der phänogenetischen Untersuchung von Krankheiten und Mißbildungen. Den besten Weg, um Ergebnisse zu erzielen, waren seiner Auffassung nach Tierexperimente. Fischer schlug daher die Bildung einer Abteilung für ›Experimentelle Erbpathologie‹ vor und ernannte Hans Nachtsheim zu deren Leiter.[91]

Von Verschuer, Fischers Nachfolger als Direktor des Instituts im Mai 1942, war Erbpathologe. Hans Nachtsheim, außer Gottschaldt das einzige Mitglied des Instituts, das mit Sicherheit keine Verbindung zur NSDAP hatte, wurde später einer der Gründer der Humangenetik im Nachkriegsdeutschland. Lenz, obgleich er nach dem Krieg einen Lehrstuhl an der Universität Göttingen erhielt, sollte nie wieder eine wichtige Rolle in seinem Gebiet spielen. Dies waren, zumindest zum Teil, die Folgen von Fischers Reorganisation des Instituts im Jahre 1940.

90 Brief Fischer an REM vom 20. 10. 1941, MPG-Archiv, KWG-Generalversammlung, KWI-Anthropologie Hauptakten, Sign. A1-2400.

91 Tätigkeitsbericht 1936-1940, 5-8.

Es hat den Anschein, als hätte Fischer mit diesen Plänen einem wachsenden Trend zur Differenzierung der Rassenbiologie Rechnung getragen, der sich in der Forschung, aber auch in der Institutionalisierung an den Universitäten durchsetzte. Demgegenüber stand eine politisch-ideologisch motivierte Tendenz, das Etikett »Rassenbiologie« als Klammer für die verschiedenen Teildisziplinen zu erhalten. Dieser Widerstreit spiegelte sich zu einem gewissen Maße auch in der internen Politik des Instituts wider. So schlug Fischer 1940 der Generalverwaltung der KWG vor, sein Institut umzubenennen in »KWI für Erb- und Rassenkunde«. Fischer folgte mit diesem Vorschlag der auch an den Universitäten inzwischen üblichen Nomenklatur für rassenhygienische Institute. Im Fall seines Instituts wurde der Plan jedoch nicht verwirklicht, sondern anläßlich seines 70. Geburtstags wurde es vielmehr zu seiner Ehre in »Eugen-Fischer-Institut« umbenannt, womit ein von politischen Konnotationen freier Name gewählt worden war.[92]

Fischers Entscheidung, eine ›Abteilung für experimentelle Erbpathologie‹ zu errichten, war nicht etwa Indiz für eine Abwendung von seiner Vorstellung einer Anthropobiologie. Indem er die zentrale Aufgabe in der ›Phaenogenetik‹ sah, blieb er doch auf der Suche nach den ›Rassegenen‹. So erachtete er die weitere Forschung über die differentielle Verteilung entsprechender Gene in verschiedenen Rassen als vordringlich. Indem er Hans Nachtsheim an das Institut berufen hatte, verließ er sich andererseits bereits auf einen experimentellen Genetiker.[93] Nachtsheim hatte zuvor im KWI für Vererbungs- und Züchtungsforschung gearbeitet. Mit anderen Worten: Obwohl Fischer selbst noch immer die Einheit der Rassenbiologie zu erhalten suchte, die politisch durch die Ideologie der Nationalsozialisten gestützt wurde, war er doch gezwungen, die Differenzierung des Gebiets anzuerkennen, eine Differenzierung, die in die Richtung einer

92 Aktennotiz einer Unterhaltung zwischen Telschow und Fischer vom 18. 10. 1940, Archiv der MPG Berlin, KWG-Generalversammlung, KWI-Anthropologie, Hauptakten, Sign. A1-2399. Aus unbekannten Gründen wiederholte Fischer diesen Vorschlag auf dem Kuratoriumstreffen im Dezember 1940 nicht.

93 Eugen Fischer, »Versuch einer Phaenogenetik der normalen körperlichen Eigenschaften des Menschen«, *Zeitschrift für Induktive Abstammungs- und Vererbungslehre*, 1939, *76*: 47-117, 73.

Entpolitisierung des Gebiets wies. In seiner Begründung für die Errichtung der neuen Abteilung bemerkte er, daß die neue Abteilungsstruktur des Instituts dazu diene, seinem Nachfolger, der nicht – wie er selbst – »in mehr als 40jähriger Forschertätigkeit reiche eigene Erfahrungen auf *allen* in Betracht kommenden Gebieten sammeln konnte, die Gesamtverwaltung (zu) erleichtern«.[94]

Verschuers Aktivitäten als neuer Direktor des Instituts illustrierten diese Entwicklung in anderer Weise: Er repräsentierte die Forschungsrichtung, die zum Kern der Humangenetik nach dem Kriege werden sollte, nämlich die Analyse der genetischen Grundlage von Krankheiten. Mit seinen Vorstellungen einer ›Erbpathologie‹ und des ›Erbarztes‹ hatte er bereits 1934 den Weg zu einer rein medizinischen Orientierung der Rassenhygiene gewiesen. (Es muß erwähnt werden, daß die erste ›Erbklinik‹, deren Funktion die genetische Beratung war, 1940 in den USA eröffnet wurde.) Dies erklärt, warum er zu einem der führenden und durch zahlreiche Ämter geehrten Humangenetiker im Nachkriegsdeutschland werden konnte. Zugleich war Verschuer jedoch ein politischer Opportunist par excellence, wenn man die Beurteilung seiner kritischeren Kollegen wie Nachtsheim übernimmt und zugängliches Material abwägt. Für Nachtsheim brachte Verschuer wie kein anderer Genetiker die Humangenetik in Deutschland und im Ausland wegen seiner Verdienste für den Nationalsozialismus in Verruf.[95] Tatsächlich kam das Institut durch Verschuer in direkte Verbindung mit den mörderischen Menschenexperimenten in Auschwitz. Obgleich diese Verbindung nie in einem Gericht bewiesen worden ist, hat sich im Verlauf der Jahre so viel Evidenz angesammelt, daß kaum ein Zweifel verbleibt.

Verschuer war ein gläubiger Protestant, der vor 1933 als moderater Eugeniker eingestuft werden konnte. Sobald jedoch die neue Regierung die Macht ergriffen hatte, begann er, ihr Tribut zu zollen. Er identifizierte die Eugenik mit der Rassenhygiene, und

94 Tätigkeitsbericht des KWI-Anthropologie 1936-1940, Archiv der MPG, Berlin, KWG-Generalversammlung, KWI-Anthropologie, Sign. 2404, 9.

95 Nachtsheim in einem Brief an die *Welt* am 21. 9. 1960, zit. n. Karl Saller, *Die Rassenlehre des Nationalsozialismus in Wissenschaft und Propaganda*, Darmstadt 1961, 140.

obgleich sein im Grunde modernes Konzept des Erbarztes es gar nicht verlangte, erklärte er, daß es sich der weltanschaulichen Revolution von 1933 und der Einsicht der Nationalsozialisten verdanke, daß der »Individualismus als Grundsatz ärztlichen Handelns ... als Irrweg« erkannt worden sei. 1936 wurde Verschuer Fachmann für Biologie in der »Forschungsabteilung Judenfrage« des »Reichsinstituts für Geschichte des Neuen Deutschlands«, und ab 1938 gehörte er zu dessen Sachverständigenbeirat und erstattete anthropologische Abstammungsgutachten.[96] Spätestens 1941 hatte er sich dem aggressiven Antisemitismus jener Zeit verschrieben, als er die erste Nummer der neu herausgegebenen Zeitschrift »Weltkampf« besprach und ihr »eine bedeutende Rolle in unserem Kampf gegen das Judentum, der wahrlich ein Weltkampf ist«, zuerkannte.[97] Verschuer setzte Fischers Forschungsprogramm zur Phänogenetik fort. 1943 errichtete er eine neue Abteilung für Embryologie, und in den Jahren 1943 und 1944 erhielt er bedeutende Mittel von der Deutschen Forschungsgemeinschaft für Forschungsprojekte zur ›vergleichenden Erbpathologie‹ und ›Tuberkulose-Erbforschung‹.[98]
Im Herbst 1943 erhielt Verschuer durch die DFG vom Reichsforschungsrat neun Forschungsprojekte. An zwei von ihnen (›spezifische Eiweißkörper‹ und ›Augenfarbe‹) war sein ehemaliger Assistent Josef Mengele beteiligt. Mengele hatte seine medizinische Dissertation 1938 unter Verschuer in Frankfurt geschrieben und in dessen Institut bis zu seiner Einberufung 1940 gearbeitet. Er diente in der ›Waffen-SS‹, bis er 1942 verwundet und in das Amt des »Reichsarzt-SS und Polizei« in Berlin abkommandiert wurde, das auch die medizinischen Experimente in den Konzentrationslagern beaufsichtigte.[99]

96 »›Der Erbarzt‹ – zur Einführung«, *Der Erbarzt*. Beilage zum deutschen Ärzteblatt, 1934, *1*: 1.

97 Otmar von Verschuer, »Weltkampf«, *Der Erbarzt*, 1941, *9*: 264. Vgl. auch Helmut Heiber, *Walter Frank und sein Reichsinstitut für Geschichte des neuen Deutschlands*, Stuttgart 1966, 421, 606. *Weltkampf* war ursprünglich 1924 von Alfred Rosenberg gegründet worden und erschien ab 1941 als wissenschaftliche Vierteljahreszeitschrift des Instituts für Erforschung der Judenfrage.

98 Bewilligungsbescheide; BAK R18/3684.

99 Zdenek Zofka, »Der KZ-Arzt Josef Mengele – Zur Typologie eines NS-

Hier kreuzten sich seine Pfade wieder mit denen von Verschuer. Verschuer ließ Mengele offensichtlich im KWI ›nebenbei‹ arbeiten und soll Mengele veranlaßt haben, sich nach Auschwitz versetzen zu lassen, um die »einzigartige Möglichkeit« für rassenbiologische Forschung zu nutzen.[100] Von Mai 1943 an war Mengele in Auschwitz Lagerarzt; seine ›wissenschaftlichen Experimente‹ an Menschen führte er eigenverantwortlich in seiner ›Freizeit‹ durch.[101] Wenn er »seine« Zwillinge getötet hatte, sezierte er sie und sandte das »Material« (Blutproben, Augenpaare usw.), das als ›Eilt! Wichtiges Kriegsmaterial‹ deklariert war, an das KWI in Berlin zu Händen seines Lehrers Verschuer zurück.[102] Wie Dr. Miklos Nyiszli, Mengeles Pathologieassistent und selbst Lagerinsasse, später berichtete, dankten »die Direktoren des Berlin-Dahlem-Instituts ... Dr. Mengele immer für das seltene und wertvolle Material«.[103] Langbein zitiert in seiner Darstellung Verschuer dahingehend, daß Mengele »enorm interessante Präparate von Augenpaaren mit unterschiedlicher Pigmentierung an dies Institut« geschickt habe.[104] Es wurde nie mit Sicherheit aufgeklärt, ob Verschuer den Ursprung der Präparate oder die Bedingungen, unter denen sie gewonnen wurden, kannte, aber die Indizien, daß er es gewußt haben muß, sind erdrückend.[105]

Verbrechers«, *Vierteljahreshefte für Zeitgeschichte*, 1986, *34,2*: 245-267, 254.

100 Verschuer Nachlaß, Universität Münster, zit. n. Müller-Hill, *Tödliche Wissenschaft*, 112.

101 Vgl. Friedrich Karl Kaul, *Ärzte in Auschwitz*, Berlin (Ost) 1968, 90; Zofka, »Der KZ-Arzt«, 254.

102 Einschätzung durch Dr. Wirths; DC Berlin.

103 Hermann Langbein, *Menschen in Auschwitz*, Wien 1972, 383.

104 Miklos Nyiszli, *Auschwitz: A Doctor's Eyewitness Account*, New York 1960, 63.

105 Langbein, *Menschen in Auschwitz*, 384. Langbein berichtet auch von Verschuers Erstaunen, als er ihn fragte, ob ihn der Ursprung des Materials und die Bedingungen bekannt seien, unter denen Mengele es erhalten habe. In einem Bericht an die DFG vom März 1944 bestätigt Verschuer, daß Mengele für ihn am ›Eiweißkörperprojekt‹ in Auschwitz arbeite, wo mit Erlaubnis Himmlers anthropologische Studien an verschiedenen Rassen durchgeführt und Blutproben an sein (Verschuers) Labor geschickt würden. BAK R73-15345, Verschuer an Breuer/DFG, 20. 3. 1944.

Die Analysen von Mengeles Charakter und Motiven häufen sich weiter an, werden aber wohl nie Beweischarakter erlangen können. Abgesehen von legitimen psychologischen Erklärungen, führt es daher sicherlich weiter, Mengele und Verschuer zusammen zu sehen. Lifton zufolge äußerte Mengele, »es sei eine Sünde, ein Verbrechen und vollkommen unverantwortlich gegenüber der Wissenschaft, die Möglichkeiten, die Auschwitz böte, nicht zu nutzen«.[106] Es muß in diesem Zusammenhang daran erinnert werden, daß die engsten Begrenzungen der rassenhygienischen Forschung, und in gewisser Weise auch noch der modernen Humangenetik, sich aus der Unzulässigkeit der Experimente am Menschen ergeben. Wo professioneller Ehrgeiz und Forscherdrang so exzessiv werden, daß moralische Begrenzungen als bloße Hindernisse bei der Suche nach Wahrheit stören, schafft die Aufhebung dieser Beschränkungen und deren ideologische Legitimierung zusammen mit der Zugänglichkeit des ›Menschenmaterials‹ genau den Kontext, in dem die »menschliche Fähigkeit, Heilen in Töten zu überführen« (Lifton), freigesetzt wird.

Fischers Institut in Berlin verkörperte wahrscheinlich mehr als irgendein anderes Forschungsinstitut im Land das scheinbare Paradox, daß das, was als ›reine Forschung‹ begonnen hatte, die ohne Rücksicht auf politische oder andere Ziele als nur die Wahrheit unternommen werden dürfe, zumindest teilweise in der Komplizenschaft mit dem Massenmord endete. Als klar wurde, daß Berlin fallen würde, verließ der vornehmliche wissenschaftliche Protagonist der Rassenhygiene die Hauptstadt und reiste westwärts. Lenz sah seine Hoffnungen von 1931 enttäuscht. 1944 führte er den Begriff »Eugenik« wieder ein und wies auf die Gefahr hin, »daß im Namen der Rassenhygiene Maßnahmen getroffen werden, die in Wahrheit nicht rassenhygienisch sind, ja die u. U. in gegenteiliger Richtung wirken«. Er opponierte gegen die Überbetonung der Erbpathologie und hielt an einer Konzeption fest, wonach die Erforschung der Gegenselektion und differentiellen Reproduktion die zentralen Probleme

106 Lifton liefert den bislang wohl eindringlichsten Bericht und eine psychologische Interpretation von Mengeles Aktivitäten und Motiven neben den Augenzeugenberichten von Langbein und Nyiszli. Robert Jay Lifton, *The Nazi-Doctors*, New York 1986, 367.

der Rassenhygiene zu bleiben hatten.[107] Lenz blieb ein Rassenhygieniker, der unbeirrt an einer sozialdarwinistischen Perspektive festhielt und damit an einer holistischen Konzeption der Rassenhygiene, in der Anthropologie und Erbbiologie die menschliche Reproduktion wie auch die gesellschaftliche Organisation entsprechend den Erfordernissen der Selektion leiten würden. In gewisser Weise repräsentierte er mit dieser Position den Kern der Rassenhygiene, der so offenkundig der Politisierung des Gebietes und der Funktionalisierung durch das rücksichtslose Naziregime Vorschub geleistet hatte. Um so überraschender ist es, daß gerade er es war, der am Ende, wenn auch nicht sehr lautstark, die nationalsozialistische Rassenhygiene-Politik kritisierte. Im Institut für Anthropologie, menschliche Erblehre und Eugenik war die wissenschaftliche Entwicklung in der einen, draußen im Land die politische Entwicklung in einer anderen Richtung über ihn hinweggegangen.

Die Rassenhygiene an den Universitäten – zwischen Medizin und Anthropologie

Schon kurz nach der ›Machtergreifung‹ kam die Diskussion über die Art und Weise einer Institutionalisierung der Rassenhygiene als Ausbildungsfach an den Universitäten in Gang. Dabei sollte sich zeigen, daß die großen Versprechungen des Regimes sich nicht erfüllten. Die Gründe dafür sind nicht nur bei ihm, sondern vor allem in der Wissenschaft selbst zu suchen: in der inneren Verfassung der Rassenhygiene und in ihrem besonderen Verhältnis zum neuen Staat.

Mit der ideologischen Bedeutung von Rassenkunde und Rassenhygiene für die Partei und den hohen Erwartungen der Wissenschaftler an die neue Regierung waren zumindest äußerlich die günstigsten Bedingungen für eine Institutionalisierung der Rassenhygiene an den Universitäten gegeben. Tatsächlich waren aber 1933 schon deutliche Anzeichen einer internen Differenzierung der Rassenhygiene zu erkennen. Die ohnehin im Gebiet angelegte Divergenz zwischen der medizinisch orientierten, zur menschlichen Erblehre sich entwickelnden Rassenhygiene und

107 Fritz Lenz, »Gedanken zur Rassenhygiene«, 106.

der anthropologisch orientierten Rassenkunde nahm um so deutlichere Konturen an, je weiter sich die Forschung entwikkelte. Das Paradoxe der Situation war, daß die Bedrohung des Zerfalls der Rassenhygiene in dem Augenblick virulent wurde, in dem die Chance der Institutionalisierung des Fachs an den Universitäten erstmals greifbar erschien. Die anthropologisch orientierten Rassenhygieniker erkannten offenbar die Gefahr, die ein ›Abdriften‹ der Rassenhygiene in die übermächtige Medizin für sie darstellte. Für sie galt es daher, die Einheit des Faches zu erhalten bzw. allererst zu schaffen.

Sie waren es deshalb vor allem, die unter dem Etikett der ›Rassenbiologie‹ eine Klammer schaffen wollten, die das Auseinanderfallen von Rassenhygiene und Rassenkunde verhindern sollte, und sie konnten sich bei diesem Versuch – zunächst – auf die Unterstützung der Partei verlassen, deren Interesse an einer in sich geschlossenen ›Rassenbiologie‹ primär ideologisch-legitimatorischer Art war. Die unter den Rassenhygienikern selbst noch verbreitete Offenheit gegenüber den weltanschaulichen Forderungen und ideologischen Solidaritätsansprüchen des Staates verzögerte den Differenzierungsprozeß, ohne ihn letztlich aufzuhalten. Das Ergebnis war ein institutioneller und professions-politischer Wirrwarr, der bis weit in die Nachkriegszeit Bestand haben sollte.

Unmittelbar nach der Machtergreifung konnte die Konzeption einer die Rassenhygiene und die Rassenkunde umfassenden ›Rassenbiologie‹ sich noch auf das Selbstverständnis der Wissenschaftler selbst bzw. einer wissenschaftlich konservativen wie ideologisch völkisch-nationalkonservativ orientierten Teilgruppe unter ihnen berufen und zumindest für kurze Zeit institutionell Gewicht erlangen. Die Rassenhygieniker verstanden sich nicht erst jetzt als *Rassenbiologen*. Der Terminus war seit den Anfängen des Gebiets geläufig, wie der Titel ihrer Zeitschrift, des *Archivs*, ausweist. Dieses Selbstverständnis kam u.a. auch darin zum Ausdruck, daß sie sich »durch ihre Mitgliedschaft beim Deutschen Biologen-Verband ausdrücklich als Biologen bekannten«.[108] In der Mitgliederliste dieses 1931 gegründeten Verbandes findet man den Breslauer Pathologen Martin

108 Ernst Lehmann im Vorwort zum ersten *Deutschen Biologenhandbuch*, München 1935.

Staemmler (»Die langschädeligen nordischen Kinder gehen z. B. sehr schwer durch das engere Becken der westischen Frau«), den Münchener Psychiater Rüdin, den Botaniker Ernst Lehmann (Tübingen), den Zoologen Günther Just (Greifswald), den Hygieniker Fritz Lenz (München), neben dem »Sozialanthropologen« Hans F. K. Günther (Jena); dazu die Anthropologen Otto Aichel, Wilhelm Gieseler, Richard Heberer, Eugen Fischer, Andreas Pratje, Hans Weinert und den sich selbst immer als »Rassenbiologen« verstehenden Lothar Loeffler.[109]

Daß dies so war, ging nicht zuletzt auf die Rolle Eugen Fischers zurück, der die Verbindung zwischen menschlicher Erblehre und Anthropologie bzw. zwischen Rassenhygiene und Rassenkunde durch die von ihm eingeleitete Entwicklung zu einer ›Anthropogenetik‹ gestiftet hatte. Selbst ein so prominenter Vertreter der (medizinisch orientierten) Erbpathologie wie Othmar von Verschuer blieb deshalb zumindest deklamatorisch der Fischerschen Anthropogenetik verpflichtet.[110]

In einer Analyse des Zustands der »Rassenbiologie« betonte Gieseler 1939, daß deren »beide Fächer – Rassenkunde und Rassenhygiene – ... praktisch außerhalb der Universitäten groß geworden (seien); sie haben an ihnen nur sehr langsam eigene Wirkungsstätten gefunden«. Gieselers »Ideal«, »an jeder deutschen Universität zwei Lehrstühle zu besitzen, einen für Rassen*kunde* und einen für »Rassen*hygiene*«, ordnete er realitätsbewußt als »Wunschbild« ein, von dem man noch »sehr weit entfernt« sei; es mangele an geeigneten Arbeitskräften und Arbeitsstätten. Wenn an bislang nicht versorgten Universitäten nur ein Institut finanzierbar sei, »dann sollte es für Rassenkunde und Rassenhygiene gemeinsam sein« und entsprechend sorgsam besetzt werden. Gieseler wollte bei Besetzungen in solchen gemeinsamen Instituten das Gleichgewicht von rassenkundlich arbeitenden

109 Zit. n. Köhn-Behrens, *Was ist Rasse?*, 123. Im Gelehrtenkalender (Kürschner) von 1935 und 1941 sind »Vererbungslehre, Eugenik und Rassenhygiene« (1935) und »Erblehre und Rassenhygiene« (1941) unter der Rubrik »Biologie (Allgemeine) und Entwicklungsgeschichte« subsumiert.

110 »Fischers Werk wurde Grundlage und Programm einer neuen Wissenschaft, der Rassenbiologie, aus welcher dann unsere Rassenpolitik herausgewachsen ist.« Otmar von Verschuer, *Leitfaden der Rassenhygiene*, Leipzig 1941, 92.

Wissenschaftlern und Vertretern der Rassenhygiene und Erbpathologie gewahrt sehen, indem je nach der Ausrichtung des Berufenen diesem ein Oberarzt oder Dozent der anderen Fachrichtung zugeordnet würde. Nur so könne vermieden werden, »etwa nur eine Seite der umfangreichen menschlichen Erb- und Rassenforschung zu fördern«.[111] Vorschläge dieser Art kamen von den Anthropologen, deren Sorge es zunehmend war, von den Medizinern vereinnahmt oder vollkommen ausgegrenzt zu werden.

Diese Sorge bestand auch nicht zu Unrecht. Vor allem die Hygieniker, die wohl ihrerseits die Konkurrenz der Rassenhygieniker fürchteten, standen einer Institutionalisierung der Rassenhygiene skeptisch gegenüber, vor allem in Verbindung mit der Rassenkunde. Freilich waren ihre Vorstellungen auch nicht einheitlich. 1933 wollte der Münsteraner Hygieniker Jötten die Rassenhygiene lediglich in Forschungsabteilungen an die hygienischen Institute angegliedert sehen sowie als Prüfungsfach neben Bakteriologie und Impfung.[112] Der Düsseldorfer Hygieniker Friedrich Eberhard Haag empfahl dagegen die Einrichtung der Rassenhygiene als »Pflichtfach für die verschiedensten Studiengänge an den deutschen Hochschulen« und schlug eine Trennung zwischen Rassenhygiene und sozialer Hygiene auf der einen und Bakteriologie auf der anderen Seite vor: »Dadurch verschmilzt das ganze Gebiet der Erb- und Volksgesundheitspflege zu einer Einheit.«[113] Der Hygieniker Fritz Lenz schließlich, der die Rassenhygiene anthropologisch ausgerichtet sehen wollte und bis dahin einziger Lehrstuhlinhaber für das Fach war, schlug 1933 vor, »im Rahmen der aus anderen Gründen notwendigen Erneuerung des Lehrkörpers« bei der Berufung von Klinikern deren erbpathologische Vorbildung zu berücksichtigen. Er konzipierte Rassenhygiene als *»selbständiges Hauptfach«*, das »mit dem Kerngebiet der Hygiene, der Bakteriologie, herzlich wenig

111 *Verhandlungen der Deutschen Gesellschaft für Rassenforschung*, 1939, *10*: VII-XIV, VIII, XIV.

112 Karl Wilhelm Jötten, »Die Rassenkunde und Rassenhygiene im Unterricht an den Deutschen Hochschulen«, *Die medizinische Welt*, 1933, *7*: 1080-1081.

113 Friedrich Eberhard Haag, »Die Rassen- und Erbgesundheitspflege im Unterricht an den deutschen Hochschulen«, *Die medizinische Welt*, 1933, *7*: 1184-85, 1185.

zu tun« habe. »Lehrstühle für Rassenhygiene«, so seine Forderung, »müssen an sämtlichen Universitäten eingerichtet werden«.[114]

Die tatsächliche Institutionalisierung folgte schließlich weitgehend dem detaillierten Lenzschen Vorlesungsplan und seinen personellen Kapazitätsüberlegungen, nach denen nur etwa ein halbes Dutzend geeigneter Fachleute vorhanden waren. 1937 sprach Walter Groß den »Mangel an geeigneten Kräften« und die daraus resultierenden Schwierigkeiten bei der Neubesetzung von Lehrstühlen für Rassenhygiene an. »Im Vergleich zum Notwendigen (sei) noch verhältnismäßig wenig erreicht«, schrieb Groß und trat »grundsätzlich und energisch« besonders der Auffassung entgegen, daß wegen dieser Schwierigkeiten die Rassenhygiene in die Hygiene integriert bleiben sollte. Die Rassenhygiene »erfordert ein Durchdenken unzähliger Teilgebiete unserer Lebensbedingungen auf ihre auslesende oder gegenauslesende Wirkung hin und sie erfordert dementsprechend sachliche Kenntnisse«. Der »Forderung nach einer selbständigen Wissenschaft der Rassenhygiene« solle durch »die zusätzliche Ausbildung einer Anzahl brauchbarer politisch und wissenschaftlich wertvoller Arbeiter«, die dann die Rassenhygiene wenigstens mit Lehrauftrag versehen könnten, Nachdruck verliehen werden.[115] Die Maximalforderung der Rassenbiologen entsprechend Gieselers »Ideal« erschien ohnehin unrealistisch. Allenfalls konnte es zunächst darum gehen, einen ›Rassenbiologen‹ an jeder Universität zu haben. Die Klage über Nachwuchsprobleme zog sich durch die Jahre.[116] In den Abschlußklassen der Schulen

114 Fritz Lenz, »Rassenhygiene als Pflichtfach für Mediziner«, *Münchner medizinische Wochenschrift*, 1933, *80*: 849-51, 850f.

115 Walter Groß, »Um die Rassenhygiene als Lehr- und Forschungsfach«, *Ziel und Weg*, 1937, *7*: 166-67.

116 Der lokale Rassenhygieniker hatte zudem auch die Juristen mitzuversorgen, da Studenten der Rechtswissenschaft verpflichtet waren, ein Kolleg über »Volk und Rasse« zu hören, das von einem qualifizierten Rassenbiologen gelesen werden mußte. An den 23 Hochschulen für Lehrerbildung gab es 1941 32 Dozenten für »Biologie und Rassenkunde«, denn in der Lehramtsprüfung mußten sich die Kandidaten über den »Besuch erbbiologischer und rassenkundlicher Vorlesungen ... ausweisen«. Karl Thums, »Das Institut für Erb- und Rassenhygiene der Deutschen Karls-Universität in Prag«, *Der Erbarzt*, 1942, *10*: 75-83, 77.

war schon per Erlaß vom 15. 9. 1933 der Unterricht in Vererbungslehre, Rassenkunde, Rassenhygiene, Familienkunde und Bevölkerungspolitik verbindlich gemacht worden.
Neben dem Mangel an qualifizierten Wissenschaftlern, der, wie die übereinstimmenden Einschätzungen erkennen lassen, kaum kurzfristig zu überwinden war, führte der Streit von Fakultäten, Fächeregoismus und die Uneinigkeit bzw. Ungewißheit um die Nomenklatur des Fachs zu einer Institutionalisierung der Rassenhygiene an den Universitäten unter unterschiedlichen Bezeichnungen und mit verschiedenen inhaltlichen Ausprägungen. Zudem wurden neue Institute durch die private Initiative staatlicher oder parteilicher Amtsträger, wie in Gießen, Jena und Würzburg, oder auf Antrag von Fakultäten bzw. Universitäten gegründet, wie in Tübingen und Frankfurt. In nicht wenigen Fällen scheiterte ihre Errichtung oder Fortsetzung aber auch an ebendiesen Faktoren, so in Erlangen, München und Königsberg. An den großen Universitäten von Berlin, München und Prag gab es einen rassenhygienischen (erbpathologisch orientierten) Lehrstuhl an der Medizinischen Fakultät und einen anthropologisch-rassenkundlerischen an der Philosophischen oder Naturwissenschaftlichen Fakultät. An anderen Universitäten mußte der eine Fachvertreter die Aufgaben des anderen – so gut es ging und institutionell möglich war – mit versehen, an Hochschulen wie Kiel und Königsberg war der Lehrstuhl für »Rassenbiologie« in beiden Fakultäten verankert und lehr- und prüfungsberechtigt. Infolgedessen gab es bald eine undurchschaubare Vielfalt von Lehrstuhl- und Dozenturbezeichnungen. Institute für »Erb- und Rassenpflege«, für »Vererbungswissenschaft und Rasseforschung«, für »Anthropologie und Rassenkunde« u. a. m. geben Zeugnis von einer Art Goldrauschstimmung in der Erb- und Rassenforschung.
Mit der neuen Bestallungsordnung für Ärzte vom 25. 3. 1936, in deren Studienordnung es hieß: »Der Kandidat hat nachzuweisen, daß er die für einen praktischen Arzt erforderlichen Kenntnisse in der Rassenhygiene besitzt«, war die Rassenhygiene als Prüfungsfach in einem ersten Anlauf an denjenigen Universitäten etabliert, an denen Lehrstühle bzw. Dozenturen für Rassenhygiene bestanden. Vorläufig waren das aber nur fünf: Berlin (Lenz), München (Tirala), Leipzig (Boehm), Königsberg (Loeffler) und Frankfurt (Verschuer). Trotzdem frohlockte Ploetz:

»Damit geht eine der wichtigsten Forderungen der Entwicklung der Rassenhygiene als Wissenschaft einen weiteren Schritt ihrer Erfüllung entgegen. Ohne die Erklärung der Rassenhygiene als Pflichtfach mit Prüfungszwang wird sie immer ein Stiefkind der Studentenschaft bleiben, ein Zustand, der ihrer hohen Bedeutung für die weitere Entwicklung unseres Vaterlandes in keiner Weise entspricht.«[117]

Spätestens 1939 mußten aber die Widersprüchlichkeiten in der Entwicklung der Rassenhygiene offenkundig werden. Sowohl die bestehenden als auch die neu hinzugekommenen Institute wurden nun als »Rassenbiologische Institute« bezeichnet, mit dem umstrittenen Ziel, »Rassenkunde« und »Rassenhygiene« zu integrieren. Während im Jahr zuvor nur an zehn von 25 Universitäten Institute oder Lehraufträge für Rassenhygiene bestanden, sollte eine neue Bestallungsordnung für Ärzte vom 17. 7. 1939, die nunmehr die Rassenhygiene als obligatorisch in den medizinischen Studienplan aufnahm, zu einer festen Verankerung des Faches führen. Tatsächlich stieg daraufhin der Anteil an Dozenturen für »Erbpathologie und Rassenhygiene« und für »Psychiatrie, Neurologie und Rassenhygiene«. Der Trend zur reinen »Erbpathologie« oder zur »psychiatrischen Erbforschung« nahm zu, und die Mediziner forcierten ihn.

So beanspruchte der Marburger Hygieniker Wilhelm Pfannenstiel im Namen der Deutschen Gesellschaft für Hygiene im November 1941 deren Alleinzuständigkeit für die Rassenhygiene in der Medizinerausbildung: »Von dem Arbeitsgebiet der Hygiene dürfen ... keine Felder abgetrennt werden, welche unter den Begriff der Hygiene fallen. So gehören Rassen- und Erbhygiene (oder -pflege), Arbeits- und Wehrhygiene zum Fach Hygiene, auch wenn in grösseren Universitäten besondere Dozenten diese Felder bearbeiten. Der Facharzt für Hygiene und Bakteriologie muß auch aus weltanschaulichen und politischen Gründen die genannten Sondergebiete derart beherrschen, daß er jederzeit dazu in der Lage ist, sie als Forscher und Lehrer zu behandeln, zumal gerade diese Fächer der Hygiene im Medizinstudium wohl die einzige Gelegenheit bieten, um eine weltanschauliche und politische Schulung des werdenden Arztes als eines der besten künftigen Propagandisten für diese Belange durchzuführen.

117 »Notizen«, *ARGB*, 1936, *30*: 89.

Rassenkunde und Erbbiologie sollten dagegen von der Hygiene abgetrennt werden und können bereits in den vorklinischen Semestern von Zoologen oder Botanikern bzw. von Anatomen, Anthropologen und Psychologen gelesen werden.«[118] Pfannenstiel forderte, »daß die Rassenhygiene wünschenswerterweise nicht als selbständiges Fach, sondern im Rahmen der Gesamt-Hygiene an den größeren Universitäten von einem Extra-Ordinarius gelehrt werden soll«, der dann »die erbbiologische Gutachtertätigkeit«, die »eine sehr zeitraubende Sondertätigkeit« sei, »in enger Fühlungnahme mit den Gesundheitsämtern und der rassenpolitischen Partei-Organisation als selbständiger Leiter eines erbbiologischen Instituts« praktisch bearbeite. Auch mit der Erbpathologie, ein Spezialgebiet, »das ständig im Wachsen begriffen ist und einen ausschließlichen Arbeitseinsatz erfordert«, könne ein solcher, im Hygieneinstitut als selbständiger Abteilungsleiter tätiger außerordentlicher Professor betraut werden.

Die interne Differenzierung der Rassenhygiene und die immer stärkere Orientierung der Teilgebiete zu den Ursprungsdisziplinen (Rassenkunde zur Anthropologie, Erbpathologie zur Medizin, Erbpsychiatrie zur Psychiatrie), die der Spezialisierung ebenso entgegenkam wie der Hinwendung zur Medizin, wurde jetzt, 1939, auch in der Literatur erkennbar. Der allein erscheinende Teilband *Erbpathologie* der 5. Auflage des Baur-Fischer-Lenz im Jahre 1940 benötigte aufgrund des expandierten Wissensbestandes statt vormals einen (Lenz) nunmehr vier Autoren zur adäquaten Darstellung des Gebietes. Das von Günther Just herausgegebene umfangreiche »Handbuch der Erbbiologie des Menschen« (1940) läßt die Differenzierung der einzelnen Forschungsgebiete ebenfalls deutlich erkennen. Just wollte mit dem Handbuch dafür sorgen, daß für die »Humangenetik« (hier taucht der moderne Begriff erstmals auf, der sich erst nach dem Krieg in den USA etabliert und von dort wieder nach Deutschland zurückkommt) ein Zusammenhalt der an den »Gesamtforschungsarbeiten beteiligten Sonderdisziplinen... nicht nur nicht verlorengeht, sondern womöglich noch enger gestaltet wird«. Dabei mußte er etwas als selbstverständlich erklären, was

118 Pfannenstiel an den Präsidenten des Reichsgesundheitsamtes, den Hygieniker Reiter vom 25. 11. 1941; DC Berlin/Akte Pfannenstiel.

es anscheinend schon nicht mehr war, daß nämlich in einer Reihe von Kapiteln auch rassenbiologische und rassenhygienische Fragen berührt würden. Die Entwicklung der »Disziplinen der Erbbiologie«, bei denen noch »zu vieles im Fluß« sei, veranlaßte Just, die »theoretischen Gesichtspunkte im Vordergrund stehen« zu lassen, denn »nur von fester theoretischer Basis aus« könne die menschliche Erbforschung »sich voll in die Genetik der Gesamtwissenschaft« einordnen und »der Klinik einerseits, der Rassenhygiene andererseits ihre vollen Dienste leisten« sowie gleichzeitig auch »für solche praktische Anwendung Grundlagen und derzeitige Grenzen aufzeigen«.[119] Die für die ›Rassenbiologie‹ nicht mehr aufzuhaltende Entwicklung wurde durch die kriegsbedingten Einschränkungen vollendet und besiegelte schließlich ihren Untergang.

Bezeichnend dafür, daß die Eigenständigkeit der ›Rassenkategorie‹ als organisierendes Prinzip einer Rassenbiologie zunehmend abhanden kam und der Ausdifferenzierung von Humangenetik und Anthropologie zum Opfer fiel, waren auch die Schwierigkeiten bei der Wiederbesetzung von Loefflers ehemaligem Königsberger Lehrstuhl für Rassenbiologie. Noch im Februar 1944 wies Loeffler in einem Schreiben an den Beauftragten für medizinische Wissenschaft und Forschung im REM, Professor Rostock, auf die Probleme hin: »... leider sind die meisten Herren des Nachwuchses fast ausschließlich klinische Erbbiologen ..., gelegentlich noch mit einer mehr oder weniger ausgesprochenen Neigung zur Rassenhygiene. Ich selbst sehe diese Entwicklung mit einiger Sorge, denn die Rassenfrage ist sowohl in der Forschung als auch in der Lehre mehr als nur Erbklinik oder nur Rassenhygiene. Es gehören sowohl in der Forschung als auch in der Lehre sowohl die Abstammungs- als auch die Frage der Rassenkunde dazu, und in dieser Beziehung ist Dank der bisherigen Nachwuchspolitik die Nachwuchsfrage allerdings äußerst schwierig.«[120]

Der Wiener Anthropologe Eberhardt Geyer kam in seiner Diagnose zur Lage der Rassenbiologie 1943 zu dem Schluß, daß für »eine Wissenschaft, die an und für sich schon keine einheitliche Ausrichtung hat, deren Vertreter aus den verschiedensten Fä-

119 Günther Just, *Handbuch der Erbbiologie des Menschen*, Bd. 1, Berlin 1940, V-VI.

120 Loeffler an Rostock vom 1. 1. 1944; DC Berlin/Akte Loeffler.

chern und Fakultäten herkommen, die keine organisierte und planmäßige Arbeitsteilung kennt«, die einzige praktikable Lösung in der Errichtung je eines Rassenhygienischen Instituts an der Medizinischen Fakultät (Übermittlung eines gesicherten erbpathologischen Wissenkanons) und eines Anthropologischen Instituts an der Philosophischen Fakultät (eher spekulative Grundlagenforschung zum Thema »Rasse« und »Volk«) bestehe.[121]

Gieseler mußte als Vorsitzender der »Deutschen Gesellschaft für Rassenforschung« eingestehen, daß in dieser Wissenschaft keine einheitliche Benennung herrsche, so daß jeder unter seiner Benennung etwas anderes verstehe und an den Universitäten in den einzelnen Vorlesungen inhaltlich nicht immer das gleiche gelehrt werde.[122] Bereits im Mai 1942 beklagte er sich bei de Crinis: »Ich halte es nach wie vor für eine unglückliche Entwicklung, dass Rassenkunde und Rassenhygiene, die unter sich eng verwandt und viele Berührungspunkte haben, von mancher Seite immer stärker in eine erbpathologische Richtung hineinkommen ... Es besteht nämlich die grosse Gefahr, dass sonst die rein klinische Richtung in der weiteren Entwicklung der gesamten Rassenforschung zu sehr in den Vordergrund tritt.«[123] Gieselers Vermutung, »dass viele Kliniker in der Rassenhygiene nur eine Lehre von den Erbkrankheiten sehen und zu der eigentlichen Rassenkunde gar kein inneres Verhältnis haben«, sah er ein Jahr später dadurch bestätigt, daß die durch den Kriegsverlauf notwendig gewordene Verkürzung des Medizinstudiums in besonders hohem Maße das »Gesamtgebiet der Rassenbiologie (Rassenkunde und Rassenhygiene)« betrifft. Noch kurz vor Ende des Krieges kritisierte er insbesondere die Kürzungen seines Fachs von insgesamt 9 auf nur noch 3 Wochenstunden im Vorlesungsbetrieb, eine derartig radikale Beschneidung der Vorlesungen, daß sie »praktisch einer Ausschaltung gleichkommt«, die er als Vorsitzender der Deutschen Gesellschaft für Rassenforschung nicht hinnehmen könne.[124]

Ein 8-Punkte-Katalog der DGfR sollte die Unentbehrlichkeit

121 Eberhardt Geyer, »Wissenschaft am Scheideweg«, *ARGB*, 1943, *37*: 1-6, 2, 6.

122 Gieseler an de Crinis vom 2. 9. 1943; DC Berlin/Akte Gieseler.

123 Gieseler an de Crinis vom 21. 5. 1942; DC Berlin/Akte Gieseler.

124 Gieseler an de Crinis vom 2. 9. 1943; DC Berlin/Akte Gieseler.

der Rassenbiologie auch im Kriege begründen. So müsse die reine Überzeugung, »dass die Rassenerkenntnisse die Grundlagen unserer nationalsozialistischen Weltanschauung bilden (sowie) die Auffassung vom Werden und Vergehen der Völker und von der biologischen Fundierung der Kulturen« bei den Jungmedizinern untermauert (1) und der Wandel »vom Arzt des Individuums hin zum Arzt der Nation« von der Rassenbiologie gesichert werden (2). »Dieser Krieg ist eine rassenpolitische Auseinandersetzung grössten Ausmaßes. Er wird in seinen Ursachen ohne diese Erkenntnis nicht restlos verstanden«, die zu sichern Aufgabe der Rassenbiologie sein müsse (3). Damit waren so konkrete Probleme angesprochen wie »die Frage der unehelichen Kinder deutscher Soldaten mit fremdvölkischen Frauen« (5), die Zunahme der »Anträge von deutschen Soldaten, Ehen mit fremdvölkischen oder gar fremdrassigen Frauen einzugehen« (6) und die Funktion des Arztes in bevölkerungsbiologischer Hinsicht (Hebung der Geburtenrate durch Propaganda) (7). Außerdem sah sich die Rassenforschung durch die im Osten eroberten Gebiete und die damit aufgeworfenen großen rassenbiologischen Fragen »Umsiedlung, Umvolkung und Eindeutschung, Verhalten gegenüber den altansässigen usw.« gefordert. Zu ihrer Bewältigung genügte ihnen keine Vorlesung etwa 1stündiger Art über Erbkrankheiten (8).[125] Dieses ganz auf die Kriegssituation zugeschnittene »Restprogramm« der Rassenbiologie kennzeichnete das Scheitern und das Ende des Versuchs, eine politisch-ideologisch motivierte Disziplinenbildung zu etablieren. Obgleich sie ihre Unterstützung unter den Wissenschaftlern, vornehmlich den Anthropologen selbst, gefunden hatte, vermochte sie sich nicht gegenüber den Differenzierungs- und Spezialisierungszwängen durchzusetzen, die ungeachtet aller (auch freiwilligen) Politisierung durchschlugen.

Zweifellos hatten bei der Etablierung der Rassenhygiene als Lehrfach die Mediziner gesiegt. Da trotz aller standespolitisch begründeten ideologischen Nähe zur Partei die Rassenhygiene sich keineswegs unproblematisch zum Kanon medizinischen Wissens verhielt, bedeutete die Institutionalisierung in der Medizin auch noch nicht deren uneingeschränkte Zustimmung zur

125 Stellungnahme des Vorsitzenden der DGfRassenforschung vom 17. 8. 1944; DC Berlin/Akte Gieseler.

Rassenhygiene. Mit der Verankerung im Studienplan für Mediziner, wie sie mit der Bestallungsordnung von 1939 vorgenommen wurde, war die Rassenhygiene nun obligatorisches Prüfungsfach. Dort hieß es jetzt: »Der Kandidat hat nachzuweisen, daß er erbbiologisch und rassenhygienisch zu denken versteht, daß er die Grundzüge der Lehre von der Erblichkeit, Erbänderung und Auslese beherrscht, daß er die wichtigsten Tatsachen der menschlichen Erb- und Rassenlehre, der Erbpathologie und der Bevölkerungsbewegung nach ihrer quantitativen und qualitativen Seite kennt und daß er über die wichtigsten Maßnahmen und Forderungen praktischer Rassenhygiene, insbesondere über die Verhütung erbkranken Nachwuchses, Eheberatung und rassenhygienische Bevölkerungspolitik unterrichtet ist.«[126] Obwohl eine auf die Kriegssituation abgestellte abermalige Änderung der Studienordnung für Mediziner am 1. 8. 1944 im Wintersemester 1944/45 keine Auswirkungen mehr hatte, ist bezeichnend, daß die Kürzungen zu Lasten der Rassenhygiene gingen. Sie wurde auf jetzt zwei Stunden (Menschliche Erb- und Rassenlehre) im 4. vorklinischen Semester und vier Stunden (Rassenbiologie-Erbpathologie, Rassenhygiene, Bevölkerungspolitik) im letzten klinischen Semester reduziert. Damit war der Anteil der rassenhygienischen Ausbildung am Gesamtumfang der Stundenzahl von 3,3 % (1939) auf 2,2 % (1944) zurückgegangen. Bei annähernd gleichbleibender Gesamtstundenzahl hatten sich – nicht zuletzt infolge der Kriegseinwirkungen – die Priori-

126 Zur Verwirklichung dieses Ausbildungszieles waren folgende Veranstaltungen vorgeschrieben:

Vorklinisches Studium
Vererbungslehre und Rassenkunde
(dreistündig im 2. Semester = Wintersemester)
Bevölkerungspolitik (einstündig im 3. Semester = Sommersemester)

Klinisches Studium
Menschliche Erblehre als Grundlage der Rassenhygiene
Rassenhygiene (dreistündig im 9. Semester = Sommersemester)
(zweistündig im letzten 10. Semester = Wintersemester).

täten wieder zuungunsten der Rassenhygiene verschoben, wenn auch rassenhygienisches Gedankengut noch anderen Teilgebieten des Medizinstudiums (nicht zuletzt in den psychiatrischen Vorlesungen) vermittelt wurde. Je nach Ausstattung der Universitäten mit Rassenhygienikern wurden die vorklinischen Veranstaltungen selbst von »Fachfremden« (Zoologen u. a.) abgehalten, da hier noch keine rein medizinischen Fragestellungen im Vordergrund standen.

Die Stellung der Rassenhygiene innerhalb der NS-Ideologie und der Propagandaaufwand, mit dem das ›Rassenthema‹ in den politischen Alltag getragen wurde, würden kaum vermuten lassen, daß die Vertretung des Gebietes in den Hörsälen der Hochschulen nur von sehr kurzer Dauer war. Bereits im Wintersemster 1933/34 war der Höhepunkt erreicht, und 1937/38 war man gar auf den Stand von 1932/33, also vor dem Machtwechsel, wieder zurückgefallen. 1936 brach die Tendenz zur Durchsetzung einer geschlossenen NS-Ideologie ab, und damit begann auch die »völkische und rassische Welle« generell abzuebben, also schon bevor die Rassenhygiene als Pflichtfach eingeführt wurde. Folgt man Lehmanns Aufstellung von 1938, so zeigt sich überdies, daß entgegen dem äußeren Eindruck die Vererbungslehre bereits etwa ab 1927 eine wesentlich größere Bedeutung erlangte als Rassenkunde und Rassenhygiene.[127]

Die Entwicklung des Verhältnisses zwischen der rassenbiologisch-anthropologischen Fraktion und den medizinisch orientierten Erbpathologen lief faktisch auf zwei voneinander getrennte und zunehmend auseinanderstrebende Forschungsrichtungen hinaus: hier eine eher soziologisch und politisch-praktisch orientierte, die ideologisch von Staat und Partei beeinflußt war und deren Vertreter oft gleichzeitig »Wissenschaftler« und »politische Funktionäre« waren (politische Beamte, SS-Führer, Parteifunktionäre u. ä.); dort eine eher »klinisch« orientierte Forschungsrichtung, die sich als »Erbpathologie« der Medizin zuordnete und, obwohl keineswegs ›ideologiefrei‹, als Naturwissenschaft von der ›geisteswissenschaftlich-spekulativen‹ Rassenbiologie absetzte. Vereinfacht gesagt, fand die Entwicklung

127 Ernst Lehmann, »Verbreitung erbbiologischer Kenntnisse durch Hochschule und Schule, *Deutschlands Erneuerung*, 1938, *22*: 561-567, 642-650.

auf der politischen Ebene auf der wissenschaftlichen Ebene ihre Entsprechung: In der Zeit von 1933 bis 1938, in der sich das Regime durch Ideologisierung zu stabilisieren suchte, hatte auch die Rassenbiologie – zumindest oberflächlich betrachtet – Institutionalisierungserfolge. Die danach einsetzende ›Pragmatisierung‹, die sich der politischen Stabilisierung der Partei und den Kriegsvorbereitungen verdankte, läßt sich auf der Ebene der Wissenschaft als ›Entideologisierung‹ beobachten. Konkret: Die Rassenhygiene entwickelte sich zunehmend in Richtung auf eine medizinisch orientierte ›Humangenetik‹. Sie entledigte sich mehr und mehr der politischen Gehalte und entfernte sich von der rassenbiologisch orientierten Anthropologie, die ihrerseits die wissenschaftliche Legitimation für die radikalisierte Rassenpolitik des Regimes nach Kriegsbeginn lieferte. Sie (und nicht etwa die Rassenhygiene) wurde bzw. blieb, von wenigen Ausnahmen abgesehen, die politisierte Legitimationswissenschaft.

Diese, wie gesagt, vereinfachte Sicht darf nicht darüber hinwegtäuschen, daß die institutionelle Situation wie auch der konkrete politische Zugriff auf die Fächer lokal und regional unterschiedlich ausfiel. Die Schaffung von Lehrstühlen und ihre Besetzung waren das Produkt jeweils wechselnder politischer und wissenschaftlicher Konstellationen. Die Professoren in Danzig (Großmann), Gießen (Kranz), Jena (Astel), Königsberg (Loeffler) und Würzburg (Schmidt-Kehl) waren in Personalunion zugleich Leiter der Gauamtsstellen des Rassenpolitischen Amtes der NSDAP. Dennoch konnte nach dem Abgang eines »politischen« Lehrstuhlinhabers (etwa Schmidt-Kehls Kriegstod) ein Nachfolger berufen werden, der in erster Linie wissenschaftliche Interessen verfocht und – wie etwa Günther Just – ein alter »Eugeniker« und neuer »Humangenetiker« war. Dabei spielte das individuelle Arrangement der Rassenhygieniker/ Eugeniker mit dem NS-Staat eine wichtige Rolle. Die einen identifizierten sich mit dem Regime, engagierten sich politisch oder achteten zumindest den Primat der Politik, andere kultivierten persönlichen Widerstand, der von »innerer Emigration« (Ausblendung aus dem wissenschaftlichen Diskurs) bis zum vereinzelten offenen Widerspruch reichte; wieder andere gaben ein Beispiel für persönliche Verwandlungen, die sie mit verbalem Radikalismus und praktischem Opportunismus vollzogen.

Der in der Rassenhygiene selbst angelegte Konflikt zwischen den anthropologisch-rassenbiologischen und den medizinischen Kräften bildete gleichsam nur die Folie, auf der sich die verschiedenen Konstellationen abbildeten: von Partei und Universität, von Parteimitgliedern und -funktionären, die Wissenschaftler waren bzw. wurden, wie umgekehrt von Wissenschaftlern, die sich der Partei andienten, oder auch nicht. Um die verschiedenen Formen des Arrangements von ›Politik und Wissenschaft‹ im Bereich der Rassenhygiene und Rassenbiologie zu illustrieren, sollen einige Beispiele der Institutionalisierung an Universitäten und ihrer Protagonisten etwas näher betrachtet werden.

Die Rassenhygiene an den medizinischen Fakultäten

Die Etablierung der Rassenhygiene an den medizinischen Fakultäten, um die es hier zunächst nur geht, begann unmittelbar nach der Machtergreifung mit der Errichtung des Instituts für Rassenhygiene in Berlin und endete 1944 mit der Gründung des Instituts für Erbbiologie und Rassenhygiene in Rostock.[128] Insgesamt waren es Institute an 21 deutschen Universitäten, die sich der Medizin zurechnen lassen, allerdings nicht eindeutig von der Anthropologie abgegrenzt waren und sich sowohl in ihren Bezeichnungen als auch in ihren Aufgabenstellungen voneinander unterschieden (s. Tabelle).

Lehrstühle bzw. Institute für das engere Gebiet der Rassenhygiene an den Medizinischen Fakultäten der Hochschulen (in der Reihenfolge ihrer Gründung):

München	(Institut für Rassenhygiene, Fritz Lenz, 1923-1933; Lothar G. Tirala, 1933-1936/Amtsenthebung; Ernst Rüdin, kommissarisch 1936-1944)
Berlin	(Institut für Rassenhygiene, Fritz Lenz, 1933-1945)
Greifswald	(Institut für menschliche Erblehre und Eugenik, Günther Just, 1933-1942; Fritz Steiniger, komm.

128 Lenz zur Situation des Berliner Instituts: »... mit seinen wenigen Räumen und unzulänglichen Hilfsmitteln verdient (es) kaum den Namen eines Instituts«. Lenz in einem Bittbrief an REM Rust vom 26. 6. 1941, zit. n. Renate Rissom, *Fritz Lenz und die Rassenhygiene*, Husum 1983, 24.

1942-1945 / a.d. Philosophischen Fakultät beheimatet)

Düsseldorf (Extraordinariat für Erbgesundheits- und Rassenpflege, Friedrich E. Haag, 1934-1940)

Gießen (Institut für Erb- und Rassenpflege, Heinrich W. Kranz, 1934-1942; Hermann Boehm, 1943-1945)

Jena (Institut für Menschliche Erbforschung und Rassenpolitik, Karl Astel, 1934-1945)

Königsberg (Rassenbiologisches Institut, Lothar Loeffler, 1934-1943; Bernhard Duis, komm. 1943-1945)

Tübingen (Rassenbiologisches Institut, Wilhelm Gieseler, 1934-1945)

Frankfurt (Institut für Erbbiologie und Rassenhygiene, Othmar Freiherr von Verschuer, 1935-1942; Heinrich W. Kranz, 1943-1945)

Würzburg (Rassenbiologisches Institut, Ludwig Schmidt-Kehl, 1937-1941/Kriegstod; Friedrich Keiter, komm. 1941/42; Günther Just, 1942-1945)

Graz (Institut für Erblehre und Rassenhygiene, Rudolf Polland, 1939-1945)

Innsbruck (Erb- und Rassenbiologisches Institut, Friedrich Stumpfl, 1939-1945)

Köln (Institut für Erbbiologie und Rassenhygiene, Ferdinand Claussen, 1939-1945; Vertreter wegen Frontdienst ab 1941 Wolfgang Bauermeister)

Prag (Institut für Erb- und Rassenhygiene, Karl Thums, 1940-1945)

Berlin (Biostatistisches Institut, Siegfried Koller (apl. Professor Ende 1944), 1941-1945)

Danzig (Ordinariat für Erbbiologie und Rassenhygiene, Erich Grossmann, 1941-1945)

Posen (Extraordinariat für Vererbung und Rassenkunde, Ponsold, 1941-1945)

Bonn (Apl. Professor für Psychiatrie, Neurologie und Rassenhygiene, Friedrich Panse, 1942-1945)

In Königsberg wurde 1934 unter Lothar Loeffler (1901-1983) ein Ordinariat für »Erb- und Rassenbiologie« mit »Institut für Rassenbiologie« errichtet, das sowohl der Philosophischen als auch der Medizinischen Fakultät zugerechnet wurde. Loeffler war

von 1927 bis 1929 Assistent Fischers in Berlin gewesen und hatte sich 1931 bei Otto Aichel in Kiel habilitiert, wo er danach als Dozent tätig wurde. Er betrachtete Erbforschung und praktische Erbpflege als Hauptgebiete seiner Tätigkeit und fungierte von daher gleichzeitig als Leiter der regionalen Beratungsstellen für »Erb- und Rassenpflege« und als Vorsitzender der Königsberger Ortsgruppe der »Deutschen Gesellschaft für Rassenhygiene«. Loeffler gehörte außerdem als Mitarbeiter zur besonderen Verwendung dem »Rassenpolitischen Amt« der NSDAP in Berlin an und stand deshalb in engem Kontakt mit Hauptamtsleiter Walter Groß.[129] Loeffler begründete 1936 in einer akademischen Festrede zum dritten Jahrestag der NS-Machtergreifung den »Auslesegedanken als Forderung in der Medizin«: »Wir wissen, unser Leben hier auf Erden ... wurzelt in einer anderen Dimension, ist nur ein kleiner sichtbarer Ausschnitt des größeren Lebens, das durch uns hindurch geht. Wir sind nicht gestern und heute, wir sind tausend Jahre vorher und tausend Jahre nachher! Wir sind nur ein Teil des durch die Generationen fließenden Lebens unserer Ahnen, deren Wollen, Wirken und Fehlen in uns ist ... Dieses Lebens unseres Volkes Hüter sind wir Ärzte ... Wir wissen, daß wir Menschen niemals in der Lage sein werden, das Erbe selbst in einer von uns gewollten und gelenkten Richtung abzuändern (sic!) ... Wir wissen: *Gesunderhaltung des Volkskörpers ist nur möglich durch dauernde Auslese*; Auslese, die bewirkt, daß erblich verschiedene Gruppen von Lebewesen verschieden starken Anteil haben an der Erstellung der nächsten Generation ... Der Auslesegedanke ist aus seiner phylogenetischen Begrenzung, in der ihn die akademische Diskussion nur zu lange gehalten hat, herausgetreten und hat ... das ärztliche Denken herausgehoben über die zweite Dimension der heute lebenden Allgemeinheit in die dritte Dimension, in das Denken auch für die nächsten Generationen.«[130]
Loefflers wissenschaftlicher Anspruch ließ ihn – Müller-Hill zufolge – in Auseinandersetzung mit Julius Streicher geraten und

129 Bis 1965 war Loeffler Vorsitzender der »Arbeitsgemeinschaft für Anthropologisch-Erbbiologische Gutachten in der Deutschen Gesellschaft für Anthropologie«; auf einen Lehrstuhl konnte er wegen seiner politischen Tätigkeit im RPA nach 1945 nicht mehr zurückkehren.

130 Lothar Loeffler, *Der Auslesegedanke als Forderung in der Medizin*, Königsberg 1936, 11 f., 14 (Hervorhebungen im Original).

erfolgreich dessen Irrlehre von der erblichen Vergiftung des Blutes deutscher Frauen durch den Beischlaf mit Juden bekämpfen.[131]

Die Einrichtung eines Lehrstuhls für »Erbbiologie« in Frankfurt war im Mai 1934 von der Medizinischen Fakultät beantragt worden; dazu hatte man ein derart großzügiges »Institut für Erbbiologie und Rassenhygiene« vorgesehen, daß sich an dessen Kosten Stadt und Staat gleichermaßen beteiligen mußten. Als Lehrstuhlinhaber war Lothar Loeffler vorgesehen. Er lehnte den Ruf erstaunlicherweise ab, »da ihm Frankfurt mit seinen vielen Juden als zu konfliktreich erschien«.[132] Verschuer nahm den Ruf an und machte aus dem Institut ein rassenhygienisches Zentrum.

Verschuers Anspruch, auch in der praktischen Erbgesundheitspflege tätig werden zu können, führte zu monatelangen Kompetenzstreitigkeiten in Fragen des erbärztlichen Beratungsmonopols mit dem städtischen Gesundheitsamt. Die Auseinandersetzungen wurden 1936 durch das RMI weise geschlichtet: Der Main sollte die Beratungsbezirke von Verschuers Institut und dem Frankfurter Gesundheitsamt als Grenze voneinander abteilen.[133] Verschuer konnte jedenfalls am 19. 6. 1935 unter Ernennung zum Ordinarius und Institutsdirektor in Frankfurt ein Lehr- und Forschungsinstitut übernehmen, das im Deutschen Reich nicht seinesgleichen hatte und kapazitätsmäßig mit den beiden großen Kaiser-Wilhelm-Instituten in Berlin und München konkurrieren konnte. Seit 1933 in der Planung, hatte das Rust-Ministerium diesem Institut insbesondere Ausbildungsaufgaben für die künftigen »Erbärzte« aufgetragen. Verschuer diente als erbärztlicher Fachberater für die Gesundheitsämter und als Obergutachter für die Erbgesundheitsgerichte und -obergerichte. Das Institut war gleichzeitig staatliche Beratungsstelle für Erb- und Rassenpflege. Man betrieb hier besonders die Zwillings- und Familienforschung sowie die erbbiologische Be-

131 Müller-Hill, *Tödliche Wissenschaft*, 81 f.; vgl. Gutachten Loefflers vom 27. 3. 1935 in: BAK R22-486 zu Streichers Artikel. In dem vom Reichserziehungsminister als Geburtstagsausgabe für Hitler herausgegebenen »Werk« über »Deutsche Wissenschaft« (1939) war Loeffler Verfasser des Artikels über die Rassenhygiene.

132 Stadtarchiv Frankfurt: Akt 6603/18; Müller-Hill, *Tödliche Wissenschaft*, 81.

133 Stadtarchiv Frankfurt: Akt 6603/18.

standsaufnahme ganzer Bevölkerungen und bemühte sich zu zeigen, »in welch hohem Maße Lebensleistungen im Berufe wie auch Einfügung in die soziale Gemeinschaft, im besonderen auch das Befallensein von Krankheiten, von der Erbveranlagung abhängig sind«. Derartige Untersuchungen hatten, nach Verschuer, ihren Wert darin, daß »sie eine Bestätigung für die Richtigkeit unserer heutigen Bevölkerungs- und Rassenpolitik« hergaben.[134]

In Würzburg, wo Ludwig Schmidt-Kehl (1891-1941) als Privatdozent (1934) und außerordentlicher Professor für Hygiene (1936) sowie in seiner Funktion als Gauamtsleiter des RPA Mainfranken für die Rassenhygiene engagiert war, wurde 1937 durch den Gauleiter, der zugleich auch den Vorsitz der örtlichen Gruppe der DGfRH hatte, ein ›Institut für Vererbungswissenschaften und Rasseforschung‹ gegründet und im Mai 1939 eingeweiht. Schmidt-Kehl beschrieb die Aufgaben und Tätigkeiten des Instituts so: »Ein Teil seiner Aufgaben, besonders auch seine anthropologischen, wuchsen ihm zunächst aus der politischen Arbeit zu. Der Aufbauplan des Gauleiters (Dr. Hellmuth-Plan) erforderte den Einsatz eines Erbbiologen, um das Menschenproblem in der Rhön in nationalsozialistischem Sinne angreifen zu können. Die erbbiologische Bestandsaufnahme wurde mit anthropologischen Untersuchungen verbunden. Daraus entwikkelten sich Volkskörperforschungen über den Umbau von Dorfbevölkerungen in rassischer und erbbiologischer Hinsicht ...; es ließ sich nachweisen, daß der nordische Anteil der untersuchten Dörfer der begabtere ist als der nicht-nordische. Darin ist ein

134 Otmar von Verschuer, »Vier Jahre Frankfurter Universitäts-Institut für Erbbiologie und Rassenhygiene«, *Der Erbarzt*, 1939, 6: 57-64, 57f., 61. Wie erfolgreich Verschuer auch in der Nachwuchsförderung agierte, zeigt die Galerie seiner Habilitanden: Ferdinand Claussen, vormals Verschuers Oberarzt und Dozent für Innere Medizin, Erbbiologie und Rassenhygiene ging 1939 als Extraordinarius nach Köln; Heinrich Schade wurde dessen Nachfolger als Dozent für Erbbiologie und Rassenhygiene; Hans Grebe wurde 1943 Dozent für Erbbiologie und Rassenhygiene. Über die Situation des Instituts unter Verschuers Nachfolger, dem ihm aus der gemeinsamen antikommunistischen Kampfzeit in Thüringen bekannten H. W. Kranz (Rektor in Frankfurt, März 45), steht jedoch zu vermuten, daß er seine herausragende wissenschaftliche Stellung einbüßte: Mit Verschuer gingen auch Schade und Grebe nach Berlin.

exakter Beweis der bisherigen Annahme der Rassenpsychologie vom Intellekt der nordischen Rasse zu erblicken.«[135] 1939 kam Friedrich Keiter als stellvertretender Leiter an das Institut und hat dasselbe nach dem Kriegstod Schmidt-Kehls am 14. 10. 1941 verwaltet, bis am 1. 12. 1942 Günther Just (1892-1950) (vorher Greifswald) als planmäßiger außerordentlicher Professor und Direktor des Rassenbiologischen Instituts – wie es seit 1941 hieß – die Nachfolge antrat.

In Bonn wurde 1934 unter dem Psychiater Kurt Pohlisch (1893-1955) das »Rheinische Provinzial-Institut für psychiatrisch-neurologische Erbforschung« gegründet, das »praktisch-eugenischen und wissenschaftlichen Aufgaben dienen« sollte. Das Institut fungierte gleichzeitig als Landeszentrale für die erbbiologische Bestandsaufnahme. Schon 1936 umfaßte die Erbkartei des Instituts »etwa 300000 Personen der Rheinprovinz«, und Pohlisch konzipierte sein Institut als Zentralstelle, »in der jeder anstaltsbehandelte Geisteskranke der letzten hundert Jahre, wenn er überhaupt ermittelt werden kann, verkartet ist«. Sein Ziel war, »nicht nur Psychiatrie des Individuums, sondern auch der Sippe zu betreiben«, und er versuchte, klinische und erbbiologische Psychiatrie in Einklang zu bringen.[136] Pohlischs leitender Arzt war der Dozent für »Psychiatrie, Neurologie und Rassenhygiene« Friedrich Panse (1899-1973), der 1942 außerplanmäßiger Professor wurde. Pohlisch selbst war Ortsgruppenvorsitzender der DGfRH und empfahl später als einer derjenigen, die den Wortlaut des geplanten Euthanasiegesetzes berieten, »Gnadentod für einen Menschen, der an einer unheilbaren, sich (?) oder andere stark belästigenden ... Krankheit leidet«.[137]

An der Universität Tübingen waren Anthropologie und Rassenhygiene in einem Institut vereint. Es entsprach wohl einer ideologisch motivierten Selbstverpflichtung gegenüber der ›Erbforschung‹, daß 1935 der »überzeugte Nationalsozialist« Heinrich Hoffmann auf den Lehrstuhl für Psychiatrie (Nachfolge Gaupp)

135 Ludwig Schmidt-Kehl, »Das Institut für Vererbungswissenschaft und Rasseforschung an der Universität Würzburg«, *Zeitschrift für Rassenkunde*, 1939, *9*: 281.

136 Kurt Pohlisch, »Das Rheinische Provinzial-Institut für psychiatrisch-neurologische Erbforschung in Bonn«, *Der Erbarzt*, 1936, *3*: 1-11, 1, 2.

137 BAK R96 I/2: 1266.

berufen wurde.[138] Hoffmann konnte sich gegen Ernst Kretschmer und Karl Schneider durchsetzen. Für ihn sprach die ›zeitgemäße Forschungsrichtung‹ (so der Pädagoge Kroh), weshalb bei Erbgesundheitsfragen ›Weltanschauung vor Wissenschaft gehen müsse‹ (so Assistenzarzt Bromeis).[139]

1934 wurde Wilhelm Gieseler (1900-1976) Extraordinarius für Rassenkunde, 1938 Ordinarius für Rassenbiologie. Das Extraordinariat war bereits im April 1933 von der naturwissenschaftlichen Fakultät als eines für »Anthropologie und Urgeschichte unter besonderer Berücksichtigung der Rassenkunde« beantragt worden mit der Begründung, daß diesen Fächern eine »immer stärkere Anteilnahme des Volkes« und »besondere staatsbürgerliche Bedeutung« sicher sei, »da auch anderwärts im Reich die Entwicklung nach dieser Richtung drängt«.[140] Die Aufwertung zum Ordinariat mußte im REM in Berlin mit dem Hinweis durchgesetzt werden, die Bedeutung der Rassenpflege in Lehre und Forschung an den deutschen Universitäten und Hochschulen sei so stark gewachsen, daß die Rassenbiologie auch an der Universität Tübingen durch einen ordentlichen Professor gelehrt werden solle.[141] Das zuständige Ministerium genehmigte die Professur; allerdings wurde sie auf Rassenkunde reduziert und der Medizinischen Fakultät zugeschlagen. Gieseler wurde gleichzeitig Vorsteher des Instituts für Anthropologie und Rassenkunde, das noch im Oktober desselben Jahres auf seine eigene Initiative hin in »Rassenkundliches Institut« umbenannt wurde.

Seit Frühjahr 1933 war Gieseler in der NSDAP, und kurz danach trat er der SA bei. Ende 1937 wurde er als SS-Untersturmführer in das Rasse- und Siedlungshauptamt übernommen.[142] Gieseler

138 BAK R961/2:1266. Sowohl Pohlisch als auch Panse waren als Euthanasiegutachter tätig; beide wurden nach 1945 freigesprochen. vgl. Müller-Hill, *Tödliche Wissenschaft*, 185.

139 Uwe Dietrich Adam, »Die Universität Tübingen im Dritten Reich«, *Beiträge zur Geschichte der Universität Tübingen 1477-1977*, Tübingen 1977, 193-248, 243.

140 Zit. n. Adam, »Die Universität Tübingen«, 228.

141 Der Reichsstatthalter in Württemberg an das REM vom 3. 6. 1938; DC Berlin/Akte Gieseler.

142 Politische Beurteilung durch den Gauleiter vom 9. 6. 1938; DC Berlin/Akte Gieseler.

und sein Rassenbiologisches Institut waren in Tübingen wohlgelitten, da durch die sich daraus ergebenden Wechselbeziehungen »das Rassenproblem aus einer Angelegenheit des Faches und der Medizinischen Fakultät immer mehr zu einer zentralen, die Einzelfächer zusammenführenden, wissenschaftlichen Aufgabe der Tübinger Universität« wurde.[143] Bei Gieselers Beförderung leistete Heinrich Hoffmann im REM Schützenhilfe mit der Intervention, Gieseler sei »eine außerordentlich wichtige, wenn nicht gar die wichtigste Stütze der Rassenbiologie in Deutschland... wissenschaftlich sowohl als auch in politischer Beziehung«.[144]
Die Beispiele der erwähnten Universitäten zeigen, wie unterschiedlich die Institutionalisierung der Rassenhygiene auch dort vonstatten ging, wo sie den Medizinischen Fakultäten zugeordnet wurde, wie diffus ihr Verhältnis trotzdem zur Anthropologie und zur Rassenbiologie blieb und wie stark sie der durch die betreffenden Lehrstuhlinhaber und Institutsdirektoren geprägten Politisierung unterlag. Zwei weitere, herausragende Universitäten, Jena und Gießen, zeichneten sich dadurch aus, daß die Rassenhygiene an ihnen umfassender vertreten war, daß ihre Vertreter besonders radikale Nationalsozialisten waren und daß sie infolgedessen eine wichtige Rolle für das Regime spielten. Zuweilen ging der ideologische Eifer der hier tätigen Rassenhygieniker offenbar sogar über die Bedürfnisse der Partei hinaus.

Jena und Gießen: Universitäre Zentren nationalsozialistischer Rassenhygiene

Mit Karl Astel (1898-1945), Parteigenosse seit 1930 und schon 1919 als Freikorpskämpfer politisch aktiv, kam im Juli 1933 ein Mann nach Jena, um das neugegründete Thüringische Landesamt für Rassewesen zu übernehmen, der Thüringen zum »rassenhygienischen Herz Deutschlands« machen wollte und in den Folgejahren der Universität seinen Stempel aufdrücken sollte. Als Rassenhygieniker war er bereits seit 1932 in der Reichsführerschule der SA und im RuSHA der SS tätig und hatte im Wechsel mit Lenz in München an der Ehe- und Vererbungsberatungs-

143 Der Dekan der Medizinischen Fakultät an das REM vom 25. 2. 1941; DC Berlin/Akte Gieseler.

144 Hoffmann an de Crinis vom 23. 5. 1942; DC Berlin/Akte Gieseler.

stelle der DGfRH gewirkt. Er erhielt an der Universität einen Lehrauftrag für »Menschliche Züchtungslehre und Vererbungsforschung« und wurde an der Medizinischen Fakultät am 1.6.1934 Ordinarius für »Menschliche Erbforschung und Rassenpolitik« sowie Direktor der Universitätsanstalt für Züchtungslehre und Vererbungsforschung, der späteren »Lehr- und Forschungsstelle für Menschliche Erbforschung und Rassenpolitik«.

Astels erste Vorlesung als Ordinarius beschäftigte sich im Wintersemester 1934/35 mit »Wesen, Mittel(n) und Wege(n) menschlicher Züchtung«; seine Antrittsvorlesung am 19.1.1935 stand unter dem Titel: »Rassendämmerung und ihre Meisterung durch Geist und Tat als Schicksalsfrage der weißen Völker«.[145] Astel wurde Leiter des staatlichen Gesundheits- und Wohlfahrtswesens im Thüringischen Ministerium des Innern; ihm unterstanden mit den Befugnissen einer Aufsichtsbehörde ab Januar 1936 24 staatliche Gesundheitsämter und drei Landesheilanstalten für psychisch Kranke. 1939 wurde er Rektor der Universität, 1940 thüringischer Staatsrat; 1945 beging Astel Selbstmord.

Das Thüringische Landesamt für Ras*se*wesen (nicht Ras*sen*wesen) in Weimar war eine zentrale Landesbehörde auf den Gebieten der Bevölkerungspolitik und der Erb- und Rassenpflege. Unter der Präsidentschaft Astels war das Amt zugleich Landeszentrale für die erbbiologische Bestandsaufnahme der Bevölkerung. Bereits Ende Dezember 1934 waren über 300000 Personen in seinem erbbiologischen Archiv und von den 1900 Strafgefangenen Thüringens 740 kriminalbiologisch erfaßt. Die Tatsache, daß Astel sein Amt und seine Tätigkeit als Ras*se*amt und ras*se*hygienisch bezeichnete, heißt nicht, daß er im Sinne Schallmayers damit den Begriff der Systemrasse relativieren wollte: Im Gegenteil ging es ihm um die bewußte Züchtung des nordischen Typus. Astels Wissenschaftsbegriff war, wie seine politische Einstellung, ›110%ig‹ nationalsozialistisch: »Vom Leben gezeugt, dem Leben geweiht, das ist Nationalsozialismus. Und ist etwa dieser Nationalsozialismus nicht hundertprozentige Rassenhygiene?«[146] Der *Völkische Beobachter* nannte Astel »den Typ eines

145 Karl Astel, »Rassendämmerung und ihre Meisterung durch Geist und Tat als Schicksalsfrage der Völker«, *Nationalsozialistische Monatshefte*, 1935, 6: 194-215.

146 Aus der Eröffnungsrede Astels zum ersten RH-Kurs für Ärzte in Egen-

kämpferischen Wissenschaftlers«, der »mitten aus dem politischen Kampf in seine Wissenschaft hineingekommen« sei; und tatsächlich war Astel – ähnlich wie auch Kranz in Gießen – ein extrem politischer Rassenhygieniker, was die Bezeichnung seines Lehrstuhls für »Menschliche Erblehre und Rassen*politik* unterstrich. Astel konnte sich guter Beziehungen zum Reichsführer-SS Himmler und bester Beziehungen zu seinem Gauleiter und Reichsstatthalter Sauckel rühmen, mit deren Hilfe er »Thüringen als Fort in vorderster Linie des SS-Kampfes gegen alle überstaatlichen Mächte einschließlich des Christentums und für die Durchdringung des Volkes mit lebensgesetzlichem Denken auszubauen« gedachte: »Die Universität Jena soll SS-Universität werden!«[147]

Astels Radikalität wird u. a. an drei Forschungsvorhaben deutlich, die er seinem Reichsführer mit dem Hinweis, daß sie ganz zweifellos für diesen »Bedeutung« hätten, und der Bitte um Finanzierung vorschlug. Es handelte sich zum einen um eine Untersuchung zur Erbbedingtheit der Homosexualität, wofür Astel Himmler um die »baldige Übermittlung« der »Anschriften von mindestens 100 spezifischen Homosexuellen aus Thüringen« bat, des weiteren um ein Forschungsvorhaben zur Klärung der strittigen »Unehelichen-Frage«, in dessen Rahmen Astel die

dorf, zit. n. Karl Astel (Hg.), *Rassekurs in Egendorf. Ein rassehygienischer Lehrgang des Thüringischen Landesamts für Rassewesen*, München 1935, 9.

147 Astel an Himmler vom 8. 5. 1935; DC Berlin/Akte Astel. Einen Beleg für die eigene Durchdringung mit derartigem »Denken« gibt Astel selbst, als er über seine Empfindungen anläßlich des Besuchs jenes Schlachtfeldes berichtet, auf dem im 8. Jahrhundert der Sachsenherzog Widukind Karl dem Großen unterlag: »Ich war am 14. 8. auf der Blutswiese und auf dem Totenacker bei Verden/Aller, wohin es mich schon seit langem zog; ich ahnte nichts von der Pflege dieser Stätte und war von der würdigen und großartigen Ehrung der Niedersachsen durch die Setzung der 4500 Findlinge durch den Reichsführer begeistert, ja ergriffen. Einen halben Sandsack voll Erde habe ich mir mit heim genommen.« An diesem Orte mochte Astel »von Zeit zu Zeit zu den versammelten Schülern sprechen über die Verwirklichung der Züchtungsidee und die Wiederherstellung der durch Karl den Franken schwerstens erschütterten züchterischen Lebensordnung unserer germanischen Vorfahren«. Astel an SS-Gruppenführer Wolff vom 28. 8. 1937, in: DC Berlin/Akte Astel.

»Beschaffenheit der beiden Erzeuger sämtlicher während des Jahres 1936 oder etwa des Jahres 1937 unehelich Lebendgeborener in Thüringen, das sind gegen 3000 im Jahr«, untersuchen wollte, und schließlich um »eine umfangreiche Arbeit« über die Häufung der Kriminalität in der Sippschaft der Kriminellen, mit der eine »Einbeziehung der Kriminellen« in das »Gesetz zur Verhütung erbkranken Nachwuchses« (»äußerst nötig!«, so Astel) sowie eine Verschärfung der Kastrationsbestimmungen intendiert wurde. Astel ging in der Zielformulierung für das letzte Vorhaben sogar noch weiter: das Projekt sollte einen »Maßstab für die Anwendung der Sicherungsverwahrung und evtl. für die Vernichtung, d.h. Tötung von Verbrechern, auch wenn sie noch nicht selbst einen Menschen getötet haben«, geben. »Dazu hätte ich gegen 4600 in Thüringen inhaftierte und im Archiv des Thüringischen Landesamtes für Rassewesen mit Bildern und wertvollsten Verwandtschaftsaufzeichnungen registrierte Kriminelle zur Verfügung.«[148]

Eine weitere Hauptfigur der Rassenhygiene an der Universität Jena war der Zoologe und Anthropologe Gerhard Heberer (1901-1973). Heberers Herkunft aus der Zoologie wirkte sich in seinen biologisch-vererbungstheoretischen Arbeiten etwa zur Chromosomenforschung aus; als vorgeschichtlicher Rassenkundler arbeitete er im Rahmen des Problemkomplexes der »Evolution der Organismen«.[149] Er verwahrte sich in den *NS-Monatsheften* gegen pseudowissenschaftliche Einwände gegen die »Affentheorie«, die von einem statischen Rassenbegriff ausgingen, und verstand mit Reche »die nordische Rasse (als) ein Züchtungsprodukt der europäischen letzten Eiszeit; wir können ihr Werden beobachten«. Heberer, der es auch für gerechtfertigt hielt, »von verschiedenen Menschenarten zu sprechen«, empfand besondere Verpflichtung, sich für die Deszendenztheorie zu verwenden »zu einer Zeit, in der eine geniale Staatsführung einen Kerngedanken der Abstammungslehre, nämlich die Auslese der Besten und Brauchbaren, also das was wir biologisch

148 Astel an Himmler vom 10. 8. 1937; DC Berlin/Akte Astel.

149 Vgl. etwa Gerhard Heberer, »Neuere Ergebnisse der Chromosomenforschung mit besonderer Berücksichtigung des Menschen«, *Verhandlungen der Deutschen Gesellschaft für Rassenforschung*, 1938, 9: 1-36, sowie Gerhard Heberer, *Evolution der Organismen*, Jena 1943.

Darwinismus nennen, einsetzt zur Rettung unseres Volkes vor dem biologischen Untergang ...«[150]
Heberer hatte bei seinen Karrierebestrebungen die SS und deren »Ahnenerbe« hinter sich bringen können. Der SS war es dabei »von besonderem Wert, wenn Dr. Heberer baldigst zum Ordinarius ernannt werden würde und als solcher bei seinen Arbeiten auftreten und sie durchführen könnte«. Himmler selbst richtete eine Eingabe an das REM, um eine Berufung Heberers »auf dem ihm ganz besonders liegenden Gebiet der Rassenkunde und Erbbiologie« zu erlangen; dabei waren Berufungen nach Tübingen, Erlangen oder Halle im Gespräch.[151] In einem streng vertraulichen Schreiben vom 11. 11. 1936 eröffnete Sievers Heberer zudem, »dass eine Heranziehung Ihrer Person für das Rasseamt sowie Eingliederung in die SS wünschenswert sei«.[152] Die SS versprach sich von Heberer insbesondere Aktivitäten bei »Fragen der frühgeschichtlichen Rassenkunde und der Indogermanen«; die Beurteilung Heberers durch den Chef des RuSHA-SS war auch entsprechend ausgefallen: »Soweit bekannt ist, ist Dr. H. kompromißlos völkisch und seit Jahren Nationalsozialist. Er führt eine saubere Ehe und hat mehrere Kinder. Seine wissenschaftlichen Arbeiten auf dem Gebiet der Rassenkunde, Frühgeschichte und Zoologie sind gründlich, zuverlässig und gedankenreich.«[153] Im April 1937 wurde Heberer dann als SS-Untersturmführer (Führergrad!) in die SS aufgenommen und als »ehrenamtlicher Mitarbeiter« dem Stab des RuSHA-SS zugewiesen.[154] Eine Berufung Heberers als Ordinarius für Zoologie nach Tübingen oder Erlangen scheiterte allerdings im Laufe des Jahres 1937 wie vormals der Versuch, an der Frankfurter Universität zu landen. Im Wintersemester 1938/39 war es Heberer schließlich mit erneuter Unterstützung Himmlers und vehementer Fürsprache vor Ort (Astel) gelungen, für »die SS an der Universität Jena eine weitere Wirkungsstelle« zu erringen: Er wurde als beamte-

150 Gerhard Heberer, »Abstammungslehre und moderne Biologie«, *Nationalsozialistische Monatshefte*, 1936, 7: 884-886.
151 Schreiben vom 5. 11. 1936; DC Berlin/Akte Heberer.
152 DC Berlin/Akte Heberer.
153 Abschrift der Beurteilung im Schreiben Galke an Himmler vom Februar 1937.
154 Sievers an Heberer vom 12. 4. 1937; DC Berlin/Akte Heberer.

ter Extraordinarius auf einen Lehrstuhl für »Allgemeine Biologie und menschliche Abstammungslehre« berufen.[155]

Ein für den wissenschaftlich-ideologisch bedingten moralischen Verfall signifikanter Vorgang ereignete sich im Zusammenhang mit einer Anfrage von Sievers, betreffend die Denkschrift eines Geheimrat Dettweiler. In ihr ging es um die »Frage Neandertaler-Juden«, für deren Untersuchung »das in den Konzentrationslagern vorhandene Menschenmaterial«, so Sievers, »gegebenenfalls ... zur Verfügung stehen« würde.[156] Heberer verwarf zwar den Ansatz als unwissenschaftlich, erwog jedoch die Forschungsmöglichkeiten in den Konzentrationslagern. Heberer zufolge gab die Denkschrift »die Meinung eines sicherlich begeisterten, aber sachlich völlig ununterrichteten Laien« wieder, und »wenn wir uns öffentlich auf solche Phantastereien stützen, dann werden wir kaum Erfolg haben. Wertvoll bleibt natürlich ... die Anregung, die in den Lagern versammelten Auslesegruppen einmal zu erfassen.«[157]

Eine dritte Hauptfigur der nationalsozialistischen Rassenlehre an der »SS-Universität« in Jena war der Jurist Falk Ruttke, seit 1936 als Regierungsrat und im Jahr darauf als Oberregierungsrat im RMI und dort als Geschäftsführender Direktor im »Reichsausschuß für Volksgesundheitsdienst« tätig (1933-1940), den er mit aufgebaut hatte. Seit dem 1. Mai 1932 NSDAP-Mitglied, hatte er sich besonders um die Bindung des Rechts an den »Rassegedanken« gekümmert, die in eine völkische Neuordnung des deutschen Rechts einmünden sollte. Als »Vorkämpfer« für eine Neuausrichtung der Rechtspflege nach lebensgesetzlichen und rassischen Richtlinien wurde er auch entsprechender »Fachbearbeiter« für Fragen auf dem Gebiet der juristischen Beurteilung von Erbgesundheitssachen beim SS-Amt für Bevölkerungspolitik und Erbgesundheitspflege. Besonders bekannt wurde er als der juristische Kommentator des GzVeN (München 1934 und 1936) zusammen mit Gütt und Rüdin. An der Universität in Berlin hielt Ruttke seit 1935 Vorlesungen über »Rasse und Recht« (»Ziel muß sein: Artgemäßes Recht, von artgemäßen Rechtsbewahrern gesprochen!«). Am Fischer-Institut in Dahlem war er

155 Heberer an Sievers vom 26. 11. 1938; DC Berlin/Akte Heberer; zu Heberers Jenaer Tätigkeit vgl. auch Saller, *Die Rassenlehre*, 5.

156 Sievers an Heberer vom 17. 11. 1938; DC Berlin/Akte Heberer.

157 Heberer an Sievers vom 26. 11. 1938; DC Berlin/Akte Heberer

an der Ausbildung der SS- und Amtsärzte beteiligt. Im Februar 1938 erhielt er einen Lehrauftrag in Wien. Als Lehrstuhlinhaber und Institutsdirektor für »Rasse und Kultur« wollte er »eine wichtige Kampfstellung in der Auseinandersetzung zwischen Nationalsozialismus und politischem Kirchentum, Juden und Freimaurern sein (und) den auf den verschiedensten Wissenschaftsgebieten vorgetragenen Gegenangriff vom Rassegedanken her einheitlich« abwehren. Sein Institut sollte »in sich eine Synthese der verschiedensten Forschungsmethoden verwirklichen, (um) vom Rassegedanken her das Spezialistentum, die geistige Zersplitterung der modernen Wissenschaft zu überwinden«. An der Philosophischen Fakultät beheimatet, sollte das geplante Institut »den Rassegedanken des Nationalsozialismus von den verschiedenen wissenschaftlichen Disziplinen her... untermauern«.[158]

Trotz alledem scheinen die von Ruttke in seinem Brief schon diagnostizierten Widerstände »an der für die Berufung entscheidenden Stelle« das Unternehmen in der Folge unmöglich gemacht zu haben, und wiederum war es die Universität Jena, die Ruttke das ersehnte Ordinariat verschaffte: Zum Jahresanfang 1940 erhielt er in Jena einen Lehrauftrag für »Rasse und Recht« an der Rechts- und Wirtschaftswissenschaftlichen Fakultät, und – zum Jahresende 1941 endlich – konnte SS-Sturmbannführer Ruttke seinem Reichsführer-SS die Ernennung zum Ordinarius für »Rasse und Recht« an der Jenaer Universität mitteilen.[159]

Die Begründung der Neuerrichtung eines »Pilot«-Lehrstuhls für »Rasse und Recht« in Kriegszeiten war nicht einfach. In einem Schreiben an den Staatssekretär Reinhardt im Reichsministerium der Finanzen vom Februar 1941 verwandte sich der Ministerialdirektor im RMI H. Linden für seinen ehemaligen Untergebenen Ruttke: »Es ist eine Grundforderung des Nationalsozialismus, daß das gesamte Leben des Volkes nach dem Rassegedanken auszurichten ist. Das gilt auch für das Recht, für dieses sogar in besonderem Maße, da es doch die Ordnung darstellt, nach der das Volk lebt. Diese Ordnung aber muß rassenmäßig ausgerichtet sein. Es erscheint also notwendig, die besonderen Beziehungen zwischen den Ergebnissen der Erb- und Rassenforschung

158 BAK NS8/153: 214-217, Schreiben Ruttkes an die Kanzlei Rosenberg vom 29. 4. 1938.

159 Ruttke an Himmler vom 18. 12. 1941; DC Berlin/Akte Ruttke.

und dem Recht zu untersuchen, um über ihre Beziehungen Klarheit zu gewinnen ... Die Errichtung des Lehrstuhles bereits während des Krieges ist mit Rücksicht darauf notwendig, daß durch die Eingliederung neuer Landesteile und die Einschaltung fremdvölkischer Arbeitskräfte in die deutsche Wirtschaft gerade auf diesem Gebiet sehr schwierige Probleme auftauchen, die einer Lösung entgegengeführt werden müssen. Es ist klar, daß gerade nach dem Kriege der errungene militärische Sieg auch kulturell ausgebaut werden muß und hierfür schon jetzt die Vorbereitungen getroffen werden müssen.«[160]

Unter den in Jena lehrenden Rassenhygienikern und Rassenbiologen ist zuletzt der in der Öffentlichkeit wahrscheinlich bekannteste zu erwähnen: Hans Ferdinand Karl Günther, der sogenannte »Rassengünther« (1891-1968). Obwohl sein Name mit der Universität Jena schon wegen seiner spektakulären Berufung verbunden wird, hat er dort keine Rolle beim Aufbau der ›SS-Universität‹ gespielt, da er schon 1935 nach Berlin wegberufen wurde. 1930 war er vom ersten NS-Landesminister, dem thüringischen Innenminister Frick, gegen das Votum von Rektorat und Senat als Ordinarius in die Mathematisch-Naturwissenschaftliche Fakultät berufen worden.

Seine »Rassenkunde des deutschen Volkes« erlebte zwischen 1922 und 1966 sechzehn Auflagen und hatte 1942 das 124. Tausend erreicht, die »Kleine Rassenkunde des deutschen Volkes«, der »Volksgünther«, im selben Jahr das 295. Tausend.[161] Günther war der Hauptprotagonist der »Nordischen Bewegung« und mit Darré ihr politisch wirkungsvollster Vertreter.[162] Er war als Philologe ein naturwissenschaftlicher Dilettant, und seine Beiträge zur wissenschaftlichen Rassenhygiene waren nur marginal. Die nicht zuletzt von ihm popularisierten, romantisch verklärten Leitbilder der Nordischen Rasse machten ihn aber zu einem Faktor im Konzept der nordisch gesinnten Rassenhygie-

160 Linden an RFM vom Februar 1941; DC Berlin/Akte Ruttke.

161 Vgl. dazu Hans-Jürgen Lutzhöft, *Der Nordische Gedanke in Deutschland 1920-1940* (Kieler Historische Studien, Bd. 14), Stuttgart 1971, 38; *Geschichte der Universität Jena: 1548/58-1958*, 2 Bde., Bd. 1, Jena 1958: 600f.; sowie Hans F. K. Günther, *Mein Eindruck von Adolf Hitler*, Plähn 1969, 19f.

162 Zu Günther und dem ›Nordischen Gedanken‹ s. die detaillierte Studie von Lutzhöft, *Der Nordische Gedanke*.

niker, und schon in den zwanziger Jahren hatte er oft für längere Zeit ein Unterkommen bei den Universitätsanthropologen in Wien (Reche), Dresden (Struck) und Breslau (Mollison). In dem Maße, wie sich der ›Amateurwissenschafter‹ Günther immer mehr der wissenschaftlichen Arbeitsweise annäherte, revidierten die Fachanthropologen ihre früheren kritischen Urteile (Lenz, Scheidt, Eickstedt), und in Fischer hatte Günther schon seit der Zeit einen Fürsprecher, als ihm nach Fischers Auffassung mit seiner ›Rassenkunde‹ »eine glänzende Darstellung« der Rassenverhältnisse Deutschlands gelungen war. Fischer hatte seinerzeit das Ansinnen des Verlegers Lehmann, eine deutsche Rassenkunde zu verfassen, für sich selbst abgelehnt, da er die Rassenanthropologie für ein solches Unternehmen noch nicht reif genug hielt. Lehmann war dann auf Günther verfallen.[163] 1927 schon konstatierte Fischer jedoch Günthers wichtige Rolle als Popularisierer der Rassenforschung in Deutschland: Erst nachdem durch Günthers Buch das Interesse für die Rassenkunde geweckt worden sei, hätten Scheidts Arbeiten zur Familienforschung und ebenso die Erblichkeitslehre von Baur-Fischer-Lenz in weitesten Kreisen verbreitet werden können.[164] Zwischen den Fachwissenschaftlern und dem öffentlichkeitswirksamen Amateur blieb dennoch Distanz: Das ARGB war »die einzige politisch-anthropologische Zeitschrift von Rang, in der Günther auch nach 1930 nicht zu Wort gekommen ist«.[165]
Der heftige Widerstand gegen die Berufung Günthers als Ordinarius für Sozialanthropologie am 14. 5. 1930 nach Jena führte innerhalb und außerhalb der Universität zu einem Machtkampf, in dessen Verlauf der Führer der Nordischen Bewegung, Günther, immer mehr mit dem NS identifiziert wurde, und die Anwesenheit Hitlers und Görings am Tage seiner Antrittsvorlesung haben Günther, der erst 1932 der NSDAP beitrat, nach eigenem Bekunden am meisten überrascht.[166] Die Benennung seines

163 Lutzhöft, *Der Nordische Gedanke*, 30ff. Ploetz und Lenz, denen Lehmann Günther vorstellte, hatten ihn bei dieser Gelegenheit regelrecht examiniert und blieben skeptisch. Hans F. K. Günther, »Erinnerungen an J. F. Lehmann«, *Deutschlands Erneuerung*, 1935, *19*: 277-279, 278.

164 Eugen Fischer, »Das Preisausschreiben für den besten Rassenkopf«, *Volk und Rasse*, 1927, *2*: 1-11, 5.

165 Lutzhöft, *Der nordische Gedanke*, 157.

166 Günther, *Mein Eindruck*, 19f.

Lehrgebiets war eher ein Zufallsprodukt: Ein Lehrstuhl für Philosophie, für Vorgeschichte, für Eugenik, für Anthropologie und für Rassenkunde war im Gespräch. Lenz, der sich über die Berufung im ARGB äußerte, fürchtete zwar um die Freiheit der Wissenschaft, »wenn die Besetzung von Lehrstühlen entgegen den Gutachten der zuständigen Fakultät erfolgt«. Er betonte, die Rassenhygiene habe »stets kritisch zu Günther gestanden«, wie auch eine innerwissenschaftliche Entscheidungsfindung sicherlich dazu geführt hätte, daß »vermutlich einige Fachleute, aber sicher nicht Günther vorgeschlagen worden« wären. Den Lehrstuhl als solchen betrachtete er jedoch entschieden als Gewinn.[167]

Günther, der, wenn auch aus anderen Gründen als die »Eugeniker«, mit der Bezeichnung der Rassenhygiene unzufrieden war und bereits 1925 den Vorschlag gemacht hatte, »statt der unklaren Bezeichnung Rassenhygiene je nachdem Erbgesundheitsforschung oder Erbgesundheitslehre« zu sagen, wollte Erblehre als Naturwissenschaft und nordisches Rassenideal als politische Forderung auseinandergehalten sehen. Mit dem Eintreten für den Nordischen Gedanken, der die Binnendifferenzierung des deutschen Volkes implizierte, fiel Günther nach Beginn des Krieges schließlich bei der Partei in Ungnade. Mitbedingt durch die Kriegssituation, war der Nordische Gedanke durch die »Volksrasse« ersetzt worden. Zum Jahreswechsel 1943/44 hatte Günther eine Schrift über »Die Unehelichen in erbkundlicher Betrachtung« fertiggestellt, in der langen Reihe von Günthers Veröffentlichungen erst die dritte, die sich durchgehend mit einer eugenischen Thematik befaßte.[168] Darin forderte Günther eine durchgreifende staatliche Hemmung der unehelichen Fruchtbarkeit – in der Annahme einer konstitutionellen Minderwertigkeit der Unehelichen ging Günther mit Lenz konform – bei gleichzeitiger Propaganda für die traditionelle Familie. Von Rosenberg und Groß unterstützt, stieß die Arbeit jedoch auf die schroffe Ablehnung des Kreises Hitler-Himmler-Bormann, wo Gedanken an die Mehrehe immer konkreter wurden, um den

167 Fritz Lenz, »Günthers Berufung nach Jena«, *ARGB*, 1931, *23*: 337-339, 339.

168 Neben dem 1933er Aufsatz und der »Gattenwahl« von 1941.

drohenden Frauenüberschuß zu kompensieren.[169] 1944 war es anscheinend nicht mehr opportun, qualitative Aspekte der Rassenhygiene/Eugenik öffentlich zu diskutieren; der »Geburtenkampf« war unter dem Druck der Kriegsverluste in seine entscheidende, nur noch die reine Zahl berücksichtigende Phase getreten.

Das ideologische Gewicht Günthers im Nationalsozialismus war dennoch erheblich – er erhielt 1935 als erster Preisträger den Preis der NSDAP für Wissenschaft und 1941 zu seinem 50. Geburtstag die Goethe-Medaille für Kunst und Wissenschaft, war lange Jahre im Vorstand der Deutschen Philosophischen Gesellschaft und erhielt die Rudolf-Virchow-Plakette der von Fischer geleiteten Berliner ›Gesellschaft für Ethnologie, Anthropologie und Urgeschichte‹. Für viele war er aber dennoch »ein im Laufe des Dritten Reiches immer mehr verblassender Stern«, ein Schicksal, das der »Rassengünther« – obwohl kein expliziter Rassenhygieniker – mit diesem Fach teilte.[170]

Das Bestreben des Gauleiters Sauckel, »die Universität Jena zu einem nationalsozialistischen Stützpunkt erster Ordnung« auszubauen, kann als gelungen betrachtet werden. Der Züchtungsfanatiker Astel, Heberer, der »Rasserechtler« Ruttke sowie die hier nicht näher erwähnten Lothar Stengel von Rutkowsky als ›rassenhygienischer Philosoph‹, der lamarckistische Zoologe Ludwig Plate und der »Rassist« und Historiker Johann von Leers standen dafür, daß die Universität Jena das rassenhygienische und rassenpolitische Zentrum der deutschen Universitätslandschaft wurde.[171]

Ein zweites Zentrum der Rassenhygiene an einer deutschen Universität war Gießen. 1926 kam mit Philalethes Kuhn (1870-1937) ein Hygieniker nach Gießen, der sich primär als Rassenhygieniker verstand. Kuhn (vorher in Straßburg, Tübingen und Dresden) gehörte dem Vorstand der DGfRH an und hatte bereits

169 Zu dem Publikationsverbot vgl. ausführlicher Lutzhöft, *Der Nordische Gedanke*, 390ff.

170 Günther publizierte noch nach dem Krieg unter verschiedenen Pseudonymen weiter. Vgl. BAK Nachlaß Darré I/19: Briefe Günthers an Darré vom 29. 12. 1952, 1. 1. 1951. Die »American Society of Human Genetics« wählte ihn 1953 sogar zu ihrem korrespondierenden Mitglied. Lutzhöft, *Der Nordische Gedanke*, 46.

171 DC Berlin/Akte Heberer und »Geschichte der Universität Jena«.

1907 eine Aktion geleitet, bei der 2251 nach rassenhygienischen Gesichtspunkten ausgewählte Frauen und Mädchen in die deutschen Kolonien in Afrika befördert wurden, um Mischehen deutscher Männer mit eingeborenen Frauen zu verhindern. Kuhn, der seit 1931 der NSDAP angehörte, legte 1933 auf Bitte des Landespräsidenten in Darmstadt »Vorschläge für das Gesundheitswesen des Deutschen Reiches« vor (zusammen mit dem Kreisarzt von Büdingen, E. Balser). Unter den 35 vorgeschlagenen Einzelmaßnahmen war u.a. diejenige besonders genial, wonach die Finanzierung von Lehrstühlen für die Rassenhygiene durch Einsparungen an Ausgaben für Minderwertige, wie sie durch das Sterilisationsgesetz erwartet wurden, möglich werden sollten.[172] Kuhn erlitt 1933 einen Schlaganfall und starb 1937. Seine Nachfolger auf dem Lehrstuhl für Hygiene, Adolf Seiser (1939 nach Halle) und Friedrich Eberhard Haag (ab 1940), setzten die Kuhnsche Tradition fort. Auch die örtliche Psychiatrie hatte sich schon früh für die Rassenhygiene engagiert. Mit Robert Sommer (1864-1937) war in Gießen von 1895 bis 1934 ein Psychiater tätig, der als Vorsitzender des Deutschen Verbandes für Psychische Hygiene die Rassenhygiene förderte, und sein Nachfolger Hoffmann (1891-1944) stand in seinen Gießener Jahren bis 1936 der Ortsgruppe der DGfRH vor. Im September 1933 wurde mit Heinrich Wilhelm Kranz (1897-1945) ein Nationalsozialist »Volontärassistent für Rassenhygiene« bei Kuhn, der wie kein zweiter die Politisierung dieser Wissenschaft verkörperte.[173] Kranz, den man nur in Parteiuniform sah, hatte sich 1926 habilitiert und danach als Augenarzt in Gießen praktiziert. Als junger Student in Marburg gehörte er zusammen mit Verschuer dem freiwilligen Studentenkorps Marburg (StuKoMa) an, das im Frühjahr 1920 »an der Niederwerfung des Thüringischen Kommunistenaufstandes maßgebend beteiligt« war und bei dessen Aktion 15 Personen bei 5 (!) aufeinanderfolgenden Fluchtversu-

172 P. Kuhn/E. Balser, »Vorschläge für das Gesundheitswesen des deutschen Reiches«, *Zeitschrift für Medizinalbeamte*, 1933, 46: 287-295, 293.

173 Vgl. dazu und zum folgenden *Aeskulap und Hakenkreuz. Zur Geschichte der Medizinischen Fakultät Gießen zwischen 1933 und 1945*. Dokumentation von H. Jakobi/P. Chroust/M. Hamann, Gießen 1982, 130ff.

chen erschossen wurden.[174] Kranz gelang es, ab 1933 in mehrere Parteiämter und Führungspositionen bei ärztlichen Standesorganisationen zu gelangen; u.a. war er Gauamtsleiter des RPA Hessen-Nassau, Landesobmann für die erbbiologische Bestandsaufnahme, Ortsgruppenvorsitzender der DGfRH und Beisitzer am Erbgesundheitsobergericht in Darmstadt. Im Wintersemester 1934/35 bekam Kranz einen Lehrauftrag für Rassenhygiene und Bevölkerungspolitik an der Medizinischen Fakultät und wurde Leiter der im September 1934 gegründeten Abteilung für Erbgesundheits- und Rassenpflege der hessischen Ärztekammer, die er in der Folge zu einem Universitätsinstitut ausbaute. Hatte er als Volontär bei Kuhn noch mit einem Raum im Hygieneinstitut vorlieb nehmen müssen, verfügte Kranz mit der Gründung des Instituts für Erb- und Rassenpflege 1936, das gleichzeitig als Eheberatungsstelle des Gesundheitsamtes diente, über ein ganzes Haus. Im November 1937 wurde Kranz außerordentlicher Professor, und 1938 wurde sein Institut der Universität Gießen angegliedert. 1939 machte er den Polenfeldzug mit; 1940 wurde er Ordinarius für Rassenhygiene und Rektor der Universität Gießen. 1943 ging Kranz als Nachfolger Verschuers nach Frankfurt. Das Gießener Institut übernahm ab 1. 1. 1943 Hermann Boehm.[175]

1937 verschaffte Kranz seinem Günstling Siegfried Koller (1908 geb.) einen Lehrauftrag, und bereits 1940 war Koller Leiter der erbstatistischen Abteilung des Kranzschen Instituts, bevor er 1941 nach Berlin ging. Koller der die Unterentwicklung der erbstatistischen Methodik erkannte, verstand sich selbst als ›theoretischen Erbstatistiker‹ und wurde zum führenden Vertreter dieser Richtung in Deutschland.

Die »wissenschaftlichen« Erzeugnisse des Gießener Instituts, veröffentlicht als »Schriftenreihe des Instituts für Erb- und Ras-

174 Hans Grebe, »Otmar Freiherr von Verschuer 60 Jahre alt«, *Homo*, 1956, 7: 65-67, 65.

175 Heute hat die Gießener Alma Mater ihre ungeliebten Kinder vergessen: »Der Ausstellungskatalog ›375 Jahre Medizin in Gießen‹ nennt das Universitätsinstitut für Erb- und Rassenpflege in der im Anhang aufgestellten Liste aller medizinischen Universitätsinstitute und -kliniken nicht... Die Rassenhygieniker Kranz und Boehm finden nur in ihrer Funktion als Rektor bzw. Dekan Erwähnung.« *Aeskulap und Hakenkreuz*, 85.

senpflege«, waren politische, d.h. nationalsozialistische Pamphlete. Forschungsobjekte waren die ›Asozialen‹, insbesondere die ›Zigeuner‹. 1939 brachte Kranz sein Forschungsobjekt auf den Begriff: *Die Gemeinschaftsunfähigen – ein Beitrag zur wissenschaftlichen und praktischen Lösung des sog. ›Asozialenproblems‹* erschien als zweiter Band der Schriftenreihe. Kranz' ›Motivation‹ zu dieser Forschung ist durch seine Überzeugung charakterisiert, die Gemeinschaftsunfähigen seien »die biologischen Bolschewisten und Prototypen des anlagemäßig bedingten Untermenschentums«.[176] 1941 wurde die Arbeit durch zwei Folgebände in Zusammenarbeit mit Koller ergänzt. Hier nahmen Kranz und Koller den Kampf gegen die »Unterwelt der Gene« auf; jegliches abweichende Verhalten wurde klassifiziert, mit Erbwertkategorien belegt und entsprechenden Sanktionen wie z.B. Zwangsasylierung und -sterilisierung unterworfen.[177]

176 Heinrich W. Kranz/Siegfried Koller, *Die ›Gemeinschaftsunfähigen‹. Ein Beitrag zur wissenschaftlichen und praktischen Lösung des sogenannten ›Asozialenproblems‹*, Teil I-III, Gießen 1939-41, Teil I, 152.

177 Kranz/Koller, *Die Gemeinschaftsunfähigen*, 130. Es waren besonders die Gauamtsleiter Kranz (Gießen), Knorr (Sachsen) und Lechler (Württemberg), die die Frage der Gemeinschaftsunfähigen »wissenschaftlich«, d.h. erbbiologisch und soziologisch angingen. Sie versuchten damit, die Rüdinsche »empirische Erbprognose« und die Kollersche »theoretische Erbprognose« durch eine »soziale Erbprognose« zu komplettieren. Der Begriff der »psychophysischen Ganzheit« wurde zur »Gesamtpersönlichkeit« konkretisiert, die dann als gemeinschaftsfremd galt, wenn sie sich als unfähig erwies, die Mindestanforderungen der Volksgemeinschaft in persönlicher, sozialer und völkischer Hinsicht zu erfüllen. Es wurde rein statistisch-soziologisch gearbeitet und auf eine persönliche Untersuchung der Probanden völlig verzichtet. In den als Gesetzesvorlagen konzipierten »Studien« genügten die aus sekundären Quellen der Jugend-, Arbeits- und Wohlfahrtsämter aggregierten Daten, um sie zur statistischen Stigmatisierung ganzer Bevölkerungsgruppen zu verwenden. Die Mehrheit der Rassenhygieniker hielt diese Ansichten und Methoden jedoch offenbar nicht für akzeptabel. Jetzt waren sie es selbst, die vor der voreiligen Anwendung »rassenhygienischer Erkenntnisse« warnen mußten. Vgl. die Rezensionen von Schröder und Riedel in: *ARGB*, 1939, *33*: 442, 520-522, und von Stumpfl, *ARGB*, 1941, *35*: 72-75. Am 1. 1. 1944 wurde das Gesetz über die Behandlung Gemeinschaftsfremder verkündet, und in der Begründung sprach man demnach von der »Anwendung der Erkenntnisse der Erblehre und der Kriminalbiologie«. BAK Slg. Schumacher 399.

Die Beispiele für die Institutionalisierung der Rassenhygiene als Teilgebiet der Medizin an den Universitäten zeigen, daß ungeachtet der Differenzierungstendenzen zwischen menschlicher Erblehre und Rassenkunde der Zusammenhalt während des ›Dritten Reichs‹ noch stark genug war, um ein endgültiges Auseinanderfallen zu verhindern. Die ideologisch-politische Stützung des ›Rassenbegriffs‹, die sich im Eifer der Wissenschaftler und Parteifunktionäre an den verschiedenen Universitäten ständig neu und in großer Vielfalt vollzog, behielt bis zum Ende des Regimes genügend Kraft. Dabei mag mit fortschreitender Forschung manche Komponente des rassenbiologischen Wissenskonglomerats auch für dessen Protagonisten und mehr noch für die weniger exponierten Forscher als Ideologie durchschaubar geworden sein. Es gibt sogar Zeugnisse von Skepsis innerhalb der Partei gegenüber allzu weitreichender Forscherphantasie im Bereich der Rassenforschung. Aber das System der Verknüpfung von Ideologie und Wissenschaft oder besser: von ideologisierter Wissenschaft und wissenschaftlicher Ideologie, wie es Rassenhygiene und Nationalsozialismus darstellten, konnte erst zerbrechen, als es seine physischen Machtgrundlagen verlor.

3. Die politische Umsetzung der Rassenhygiene – ›Erb- und Rassenpflege‹ im ›Dritten Reich‹

Die Institutionalisierung der Rassenhygiene oder genauer: der Rassenbiologie an den Universitäten und in den großen Forschungsinstituten von Berlin, München und Frankfurt stand im engen Zusammenhang mit der praktischen Realisierung rassenhygienischer Vorschläge. Die Übernahme rassentheoretischer oder sozialdarwinistisch beeinflußter rassenhygienischer Wissenselemente in die NS-Ideologie und in die Parteiprogrammatik mochte noch einen unverbindlich instrumentellen und rein politisch taktischen Stellenwert haben. Mit der konkreten Implementierung der aus dem rassenhygienischen Wissenskanon sich ergebenden praktischen Maßnahmen eröffnete das Regime jedoch eine neue politische Arena, ein Akt, der es nicht nur – wenn auch zum Teil konflikthaft – in Abhängigkeit zur Wissensproduktion im Bereich der ›Rassenbiologie‹ brachte, sondern auch auf die Folgewirkungen des errichteten ›Erb- und Rassepflege‹-

Apparates verpflichtete. Wie das institutionelle Schicksal der ›Rassenbiologie‹ bereits gezeigt hat, war selbst diese ideologisierte Wissenschaft nicht vollständig für Legitimationszwecke zu instrumentalisieren und von der Dynamik ihrer politisch weniger exponierten Teilgebiete zu isolieren.
Mit der Umsetzung rassentheoretischer und -hygienischer Maßnahmen wurde aber nicht nur eine entsprechende administrative und rechtliche Infrastruktur errichtet, sondern überdies eine neue quasi-professionelle Gruppe aus Rassenforschern, Anthropologen und Erbforschern lizensiert und in einem Aktionsraum zwischen Medizin und öffentlicher Gesundheitsfürsorge etabliert. Man kann in dieser Entwicklung eine (auf die immunologische Kampagne folgende) nochmalige Expansion des Kontrollbereichs der medizinischen Profession und deren abermalige Stärkung sehen: Dafür spricht der überragend hohe Anteil der Mediziner und Psychiater an der rassenhygienischen Politik. Man kann in ihr auch die nicht vollendete Etablierung einer ›Quasi-Profession‹ sehen: Dafür sprechen der Anteil an Anthropologen, das nichtmedizinische Handlungsfeld der Rassenpflege und die Abgrenzung einer überindividuellen »Erbpflege« von der individuell orientierten Medizin. Ganz eindeutig können die Kategorisierungen hier nicht ausfallen, das gerade kennzeichnet diese Konstellation. Sicher ist nur, daß das NS-Regime mit der Realisierung einer ›Rassen- und Erbpflegepolitik‹ den Schritt von der ideologischen Unverbindlichkeit in konkrete Politik vollzog und dabei auf die von vehementen professionspolitischen Interessen gestützten, seit etwa drei Jahrzehnten entwikkelten Vorstellungen der Rassenhygieniker zurückgriff. Grundsätzlich neue Ideen und neue Vorstellungen von rassenhygienischen Maßnahmen wird man in der politischen Umsetzung der Rassenhygiene unter den Nationalsozialisten vergeblich suchen.

Der Sachverständigenbeirat für Bevölkerungs- und Rassenpolitik

Im Juni 1933 hielt der Reichsinnenminister Frick vor dem neu gebildeten ›Sachverständigenbeirat für Bevölkerungs- und Rassenpolitik‹ die Eröffnungsrede. Neben Vertretern aus anderen

gesellschaftlichen Bereichen waren es u.a. Friedrich Burgdörfer – der schon 1930 dem Reichsausschuß für Bevölkerungsfragen angehört hatte –, Lenz, Rüdin, Ploetz, Günther und Ruttke, die Frick am 28. 6. 1933 in Berlin begrüßte. Der Beirat war in drei »Arbeitsgemeinschaften« gegliedert, die sich mit »der staatspolitischen und der biologischen Seite der Rassenhygiene und mit der erzieherischen Aufgabe« zu befassen hatten, die aber thematisch und personell nicht strikt getrennt waren.[178]
Die erste Arbeitsgruppe sollte sich mit allen Fragen der Finanzen, der Steuerpolitik, der Sozialpolitik und der Siedlung befassen und sich u.a. die Überprüfung der bisherigen Finanz- und Steuergesetzgebung in Reich, Ländern und Kommunen vornehmen, insbesondere die Feststellung familienfeindlicher Bestimmungen sowie der neuen Gesetzesentwürfe unter dem Gesichtspunkt der Familien- und Rassenpolitik. Rückführung der berufstätigen Frau in die Familie, Bevorzugung der erbgesunden kinderreichen Familien durch die Reichs- und Staatsverwaltung und in den Kommunen, die Wege zurück zum Agrarstaat waren programmatische Zielsetzungen der Arbeit dieser Gruppe, die die Vorläufer bis zurück zu den Analysen Schallmayers, d.h. also die Agenda der früheren Eugenik, unschwer erkennen läßt. Mitglieder dieser Gruppe waren neben Burgdörfer, Lenz und Ruttke u.a. Reichsführer-SS Himmler, Reichsbauernführer Darré, Ministerialdirektor Gütt und Reichsärzteführer Wagner.
Die zweite Arbeitsgemeinschaft war mit dem engeren Gebiet der Rassenhygiene und Rassenpolitik befaßt. Sie sollte bei der Gesetzgebung und Nachprüfung der Gesetze unter dem Gesichtspunkt der Vererbungslehre und Rassenhygiene mitwirken und Forschungsprojekte an den Hochschulen und bei der Kaiser-Wilhelm-Gesellschaft initiieren, die Mitarbeit geeigneter Hochschullehrer sichern; Vorschläge für die Ausbildung der Studierenden, der Ärzte und Amtsärzte, der Anwärter für Amtsarztstellen und Leiter der Rassenämter erarbeiten, desgleichen für die Durchführung der rassepolitischen Aufgaben für die Rassenkunde und Rassenpflege an den Hochschulen, an den Schulen und im öffentlichen Leben sowie für die Einrichtung von Rasse-

178 Die Aufgabenbeschreibung ist undifferenziert, bisweilen überlappend und ohne klare Systematik. BAK R43 II/ 720a.

ämtern und ihre Aufgaben wie die erbbiologische Bestandsaufnahme, ferner Vorschläge für die Herabsetzung der Kosten für Minderwertige, unheilbar Kranke, Asoziale und Verbrecher sowie die Neuregelung des öffentlichen Gesundheitswesens. Dieser Gruppe gehörten neben anderen Rüdin (als Obmann), Ploetz, Günther, wiederum Wagner, Gütt und Ruttke als Vertreter von Partei und Staat an sowie der »Sachverständige für Rasseforschung beim Reichsministerium des Innern«, Achim Gercke.

In der AG III für »Erziehungs-, Frauen- und Mütterfragen« ging es u. a. um die »seelische Erneuerung der Frau« und die »Veredelung des Fortpflanzungssinnes«. Auch hier gehörten neben weiblichen Funktionären Gütt, Ruttke und Wagner zu den Berufenen; Fachvertreter der Rassenhygiene werden für diese Gruppe nicht erwähnt.[179]

Gemäß seiner Aufgabenstellung gehörten dem Beirat neben den führenden Rassenhygienikern Vertreter der unterschiedlichsten gesellschaftlichen Organisationen und Bereiche aus Staat, Partei, Wirtschaft und Wissenschaft an. Auffällig an der Zusammensetzung war, daß zwar Günther Mitglied war, aber Fischer ebensowenig wie Verschuer, Astel oder Kranz berufen worden waren. Lenz war in der ersten Gruppe von dem »engeren Gebiet der Rassenhygiene« getrennt, das von Rüdin dominiert wurde, nahm aber später auch an Sitzungen der AG II teil. Er betrachtete es als einen Teilerfolg, wie er 1956 mit Genugtuung erwähnte, daß seine Vorstellungen von einem »Ausgleich der Familienlasten« durch die Einführung von drei Steuerklassen mit unterschiedlichem Tarif für Ledige, Ehepaare und Familien mit Kindern verwirklicht worden seien und auch in der Bundesrepublik noch Gültigkeit hätten.[180]

Gleich in der ersten Sitzung erhielt der Beirat »den Auftrag, das ganze Sterilisationsgesetz an einem Tag fertigzustellen«.[181] Das

179 H. Müller, »Der Sachverständigenbeirat für Bevölkerungs- und Rassenpolitik des Reichsministers des Innern«, Karl Astel (Hg.), *Rassekurs in Egendorf*, München 1935, 183-188; s. Heidrun Kaupen-Haas, »Die Bevölkerungsplaner im Sachverständigenbeirat für Bevölkerungs- und Rassenpolitik«, dies. (Hg.), *Der Griff nach der Bevölkerung*, Nördlingen 1986, 103-120, 103.

180 Fritz Lenz, »Über die Grenzen praktischer Eugenik«, *Acta Genetica et Statistica Medica*, 1956, 6: 13-24, 17.

181 Müller, »Der Sachverständigenbeirat«, 187.

war möglich – das Gesetz passierte das Kabinett am 14. 7. 1933 –, weil man in diesem Fall auf den Gesetzesvorlagen und Beratungen der Weimarer Zeit aufbauen konnte. Die Eile mit diesem Gesetz war wahrscheinlich darin begründet, daß mit der schnellen Umsetzung des nur geringfügig (wenngleich folgenschwer) veränderten Entwurfs von 1932 ein schneller politischer Erfolg zu erringen war.

Zum 11. 1. 1935 wurde eine Sitzung der AG II einberufen, die sich mit der Lösung der »Bastardfrage« im Rheinland zu befassen hatte und in der u. a. die Erweiterung der Bestimmungen des GzVeN diskutiert wurde. Der Chef des Rassenpolitischen Amtes der NSDAP, Groß, führte in die »Problematik« ein und schloß mit den Worten: »Es ist bedauerlich, daß Deutschland heute noch nicht über den verschwiegenen und zuverlässigen Apparat verfügt, um in solchen Sonderfällen stillschweigend aus völkischem Verantwortungsbewußtsein unbemerkt Rechtsbrüche zu begehen ...«[182]

Das Auditorium – darunter jetzt auch Lenz – stieg sogleich in die »Sachdiskussion« ein. Lenz schlug eine Kombination von freiwilliger Sterilisation und »Ausbürgerungsversuch« vor, Günther ging davon aus, daß die Mütter, »die sich mit Fremdrassigen eingelassen hätten«, ohnehin nur minderwertig sein könnten, und plädierte für eine großzügige Auslegung des GzVeN. Zwei Jahre später, im Sommer 1937, stand der von Groß apostrophierte »zuverlässige Apparat« offenbar zur Verfügung, und die Sterilisationen wurden durchgeführt. Die hauptsächlichen Energien des Sachverständigenbeirats waren indes vor allem auf den Familienlastenausgleich gerichtet, den Problemkomplex also, in dem sich Bevölkerungspolitik und Rassenhygiene trafen. Dieses umfassende Vorhaben im Rahmen einer Reichsfamilienkasse scheiterte am Geld. In dieser Frage wie auch hinsichtlich aller anderen in seiner Zuständigkeit liegenden Probleme blieb der Beirat ohne Einfluß. Für die politischen Entscheidungen in der »Erb- und Rassenpflege« des NS-Staates spielte er nur eine marginale Rolle.

Im Gegensatz zu den bei seiner Gründung formulierten Gestaltungsansprüchen belegt allein schon die Abfolge der 18 dokumentierten Sitzungen des Gremiums in der Zeit von 1933-1939

182 Zit. n. Rainer Pommerin, *Rheinlandbastarde*, Düsseldorf 1979, 72.

die zunehmende Bedeutungslosigkeit: waren es 1933 noch fünf und 1934 sechs Sitzungen, so tagte der Beirat danach nur noch ein- bis zweimal pro Jahr.[183] Praktische Maßnahmen der »Erb«- und besonders der »Rassenpflege« waren Sache der (partei)politischen Führung. Der Beirat war auf das Einbringen von Vorschlägen beschränkt, so daß weder die »Nürnberger Rassengesetze« vom 15. 9. 1935 noch das »Ehegesundheitsgesetz« vom 18. 10. 1935 vom Beirat »beraten« wurden. Solange »Erb- und Rassenpflege« im politischen Prioritätenkatalog noch einen hohen Stellenwert hatte, mochte er eine beratende und legitimatorische Funktion haben. An der effektiven Gesetzesformulierung und an konkreten rassenpolitischen Maßnahmen war er letztlich nur im Fall des GzVeN und bei der Zwangssterilisierung der »Rheinlandbastarde« beteiligt.[184] Als Gütt aus seinen Funktionen ausschied und das gesamte Gesundheitswesen nach dem Tode Wagners unter der Leitung Contis neu geordnet wurde, hatten sich die Bedingungen so nachhaltig geändert, daß der Beirat seine Funktion verloren hatte und nicht mehr einberufen wurde. Auf der letzten dokumentierten Sitzung am 6. 1. 1939 stellte Lenz fest, daß die »Ziele« seiner »Bewegung« gerade auf dem Gebiet der positiven Rassenhygiene noch lange nicht erreicht seien und es »bisher nicht gelungen ist, den rassischen Niedergang in Aufstieg zu verwandeln.«[185]

Das Gesetz zur Verhütung erbkranken Nachwuchses

Das wohl wichtigste rassenhygienische Gesetzeswerk, das unter dem NS-Regime realisiert wurde, war zugleich das erste wie dasjenige, das bereits vorher weitgehend abgeschlossen war und das infolgedessen bis heute offiziell nicht als ein nationalsozialistisches Unrechtsgesetz gilt: das »Gesetz zur Verhütung erbkranken Nachwuchses« (GzVeN).

Das Thema der Sanierung des »Erbstroms« durch Unfruchtbarmachung (Sterilisation) von Trägern manifester Erbschäden war so alt wie die Rassenhygiene/Eugenik selbst, und die Diskussio-

183 Vgl. die Sitzungsprotokolle im BAK R 43II/410,720a, R 18, R 22.

184 Pommerin, *Rheinlandbastarde*, 72, 75; Wagner; BAK R 43 II/720a.

185 BAK R43/721. 96. Diese Worte wiederholte er vier Jahre später identisch im *ARGB*.

nen darüber waren seit den Anfängen kontrovers, weil mit Weltanschauungsfragen verknüpft. Am Vorabend der ›NS-Machtergreifung‹ hatten sich ökonomische Argumente gegenüber ethischen Bedenken bereits durchgesetzt, und grundsätzliche wissenschaftliche Zweifel wurden auch kaum mehr laut.[186] Mit dem am 26. Juli 1933 bekanntgegebenen und am 1. 1. 1934 in Kraft getretenen Gesetz wurde von dem NS-Regime der wirtschaftlich und finanziell leichter realisierbare Weg der »ausjätend wirkenden Ausmerze« gegenüber »positiven bevölkerungspolitischen Maßnahmen« beschritten.[187]

Der wesentliche Unterschied gegenüber dem Entwurf des Preußischen Landesgesundheitsrates bestand in der Möglichkeit der Zwangssterilisierung (§ 12). Beamtete Ärzte sowie die Leiter von Kranken-, Heil-, Pflege- und Strafanstalten wurden zur Anzeige von Erbkrankheiten und Amtsärzte zur Beantragung der Sterilisation verpflichtet (§ 2, § 3). Die Entscheidung wurde nach den Regeln eines Zivilprozesses vor den neu errichteten Erbgesundheitsgerichten (den Amtsgerichten angegliedert) oder Erbgesundheitsobergerichten (an den Oberlandesgerichten) getroffen. Als weitere entscheidende Änderung wurde nunmehr ein Katalog von »Erbkrankheiten« spezifiziert. Die Sterilisation war danach für »angeborenen Schwachsinn«, »Schizophrenie«, »manisch-depressives Irrsein« (zirkuläres Irrsein), »erbliche Fallsucht« (Epilepsie), »erblichen Veitstanz« (Chorea), »erbliche Blindheit«, »erbliche Taubheit« und »schwere erbliche körperliche Mißbildung« sowie für »schweren Alkoholismus« vorgesehen. Für die »erblichen« Indikationen wurde auf die gesicherten Erkenntnisse der Vererbungswissenschaft verwiesen, die anderen Krankheiten wurden als grundsätzlich erblich aufgefaßt (Schizophrenie) bzw. deren Träger (»angeborener Schwachsinn«) als sozial unerwünscht angesehen.[188] Das Bemühen um die »Wissenschaftlichkeit« des Gesetzes war gegenüber dem 1932er Entwurf unverkennbar. Gerade weil Zwang vorgesehen

186 Alfons Fischer, »Die Entwicklung der Eugenik im Deutschen Reich während des 20. Jahrhunderts, mit besonderer Berücksichtigung der Bestrebungen zur Verhütung erbkranken Nachwuchses«, *Sozialhygienische Mitteilungen*, 1933, *17*: 76-87.

187 Gütt, Referat vom 18. 11. 1937; BAK R61/130.

188 Arthur Gütt/Ernst Rüdin/Falk Ruttke, *Gesetz zur Verhütung erbkranken Nachwuchses*, München 1934, 61-94.

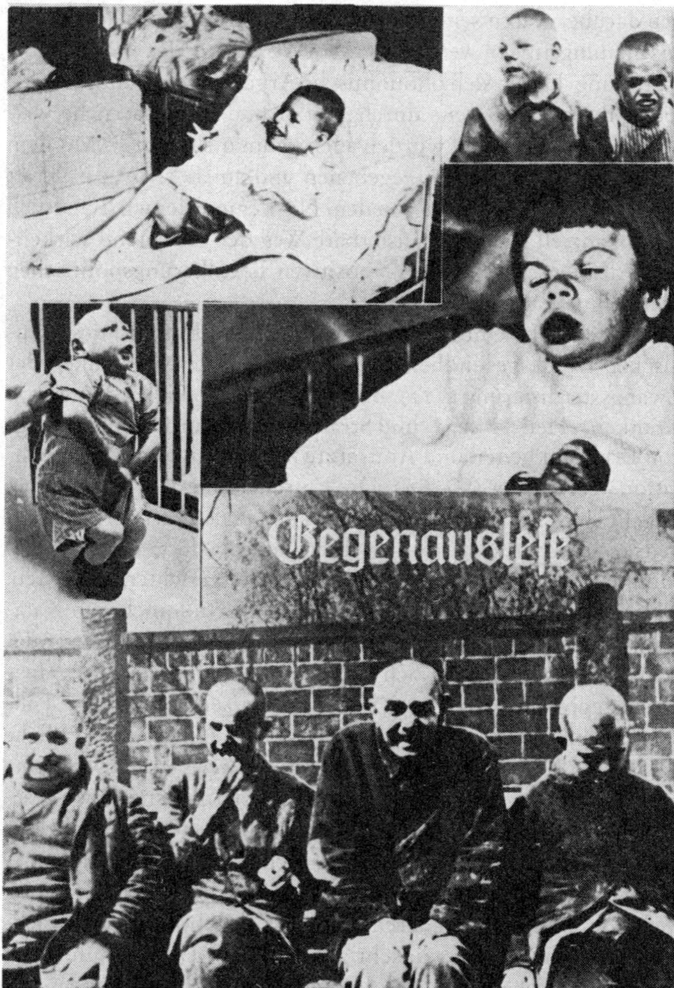

Aus: Leitheft 3. 5. Jahrgang, 15. Juni 1939. Hrsgg. vom Reichsführer-SS, SS-Hauptamt-Schulungsamt. Zwischenblatt 16/17.

war und damit die öffentliche Akzeptanz ein kritischer Punkt bei der Durchführung des Gesetzes sein würde, durfte das GzVeN »auf keinen Fall, wie dies bei einigen ausländischen Gesetzen der Fall gewesen ist, nur eine Arbeit besonderer Vorkämpfer des Sterilisierungsgedankens bleiben«.[189] Deshalb waren an die Stelle der vagen Formulierungen des 32er Entwurfs, der selbst noch die ohnehin gar nicht eindeutig identifizierbaren »Träger krankhafter Erbanlagen« mit einbezogen hatte, die strenger umrissenen Diagnosen getreten. Damit im Zusammenhang stand auch die Rechtmäßigkeit des Verfahrens, des Instanzenwegs über die »Erbgesundheitsgerichte«, sowie das Rechtsmittel der Beschwerde beim »Erbgesundheitsobergericht«, auf die die NS-Juristen besonders stolz waren.

Bis heute wird sowohl aus ethischen als auch aus entschädigungsrechtlichen Erwägungen die Frage diskutiert, ob es sich bei dem GzVeN um ein Nazi-Gesetz handele. Das führt zu der paradoxen Situation, daß die Verfechter dieser Auffassung die Nationalsozialisten zu ihren Kronzeugen machen müssen, die ihrerseits Mühe hatten, das Gesetz für sich zu reklamieren und als nationalsozialistische Errungenschaft zu verbuchen, wie z.B. Hans Frank, der zu belegen suchte, daß das GzVeN »in aller Deutlichkeit die nationalsozialistische Weltanschauung erkennen« lasse.[190] Die »nationalsozialistische Auffassung« war allenfalls in der Zwangsregelung zu sehen, mit der das Einzelinteresse des Erbkranken dem Gesamtinteresse untergeordnet werden konnte. Viel ergiebiger für unseren Zusammenhang ist es zu fragen, wie das Gesetz von den Wissenschaftlern beurteilt und angewandt wurde, ob die mit dem »Zwang« gegebenen Machtmittel durch eine entsprechende wissenschaftliche Vorsicht und Kontrolle eingeschränkt wurden. Da grundsätzliche ethische Bedenken gegen die Zwangsregelung nach 1933 im ärztlichen Schrifttum nicht mehr erhoben wurden, lag die Verantwortung für die Verhinderung von Mißbrauch letztlich in der Wissenschaftlichkeit der Diagnose, also bei den an den Erbgesundheitsgerichten tätigen Rassenhygienikern und bei der menschlichen

189 So der NS-Jurist Hans Frank, der einen Vergleich des Gesetzes mit dem Schubladenentwurf von 1932 vornahm. Hans Frank, *Nationalsozialistisches Handbuch für Recht und Gesetzgebung*, München 1934, 812 ff.

190 Frank, *NS-Handbuch*, 816.

Erblichkeitsforschung überhaupt. Tatsächlich band auch das Gesetz die Diagnose der Erbkrankheiten an die »Erfahrung der ärztlichen Wissenschaft«.
Erwartungsgemäß war bereits die Aufnahme des Gesetzes nicht einhellig. Während einerseits unter denen Genugtuung herrschte, die vor 1933 die Einführung der Zwangssterilisation für nicht durchsetzbar gehalten hatten, hielten andere es nur für den Anfang. Rüdin z.B. hatte schon das Fernziel vor Augen, über die Sterilisation der »manifesten« Erbkranken hinauszugehen und die Erbträger mit zu erfassen. Er knüpfte damit an die Vorstellungen von Lenz und Grotjahn an, denen gegenüber Gütt gerade auf die »weise Beschränkung« des Gesetzgebers hinwies, die Anlageträger, d.h. also die »äußerlich gesunden Träger einer Erbkrankheit« »noch nicht« mit einbezogen zu haben.[191]
Angesichts solch weitgreifender zukünftiger Handlungsperspektiven muß daran erinnert werden, daß es gar keine sicheren Möglichkeiten zur Bestimmung der Anlageträger gab.
Die »weise Beschränkung«, der Instanzenweg und die Rückbindung an die Wissenschaft täuschten Rechtssicherheit bei der Umsetzung gesicherten Wissens vor. In Wirklichkeit war weder das eine noch das andere gegeben, mithin auch nicht die Verbindung beider. Der höchste Anteil an Sterilisationen erfolgte wegen »Schwachsinns« (1934: 52,9 %, 1935: 60 %), gefolgt von der »Schizophrenie« (1934: 24,4 % rückläufig).[192]
Beide Diagnosen waren jedoch umfassende und unscharfe Sammelkategorien, die eine Vielzahl von Erscheinungsformen erfaßten. (Beim »angeborenen Schwachsinn« wurde auf den Erblichkeitsnachweis ohnehin verzichtet.) Im wesentlichen enthielten sie Beschreibungen der »Abweichung vom Normalen« und waren mit sozialen Werturteilen angereichert, deren historische und gesellschaftliche Relativität selbst in der Fachgemeinschaft der Psychiater nicht geleugnet wurde. Indem diese Schlüsselkategorien der Psychiatrie zur Grundlage der Sterilisationspraxis wurden, erhielten sie eine verfahrenstechnische Dimension »zur

191 S. die Literaturhinweise bei Gisela Bock, *Zwangssterilisation im Nationalsozialismus*, Opladen 1986, 93. Bock gibt die detaillierteste Darstellung der Genese und Anwendung des Gesetzes.

192 Zahlen in BAK R 18/5585: 329P. Vgl. auch Bock, *Zwangssterilisation*, 303.

Bestimmung dessen, was juristisch oder sozialpolitisch mit (dem betreffenden Menschen; d. V.) zu tun war«.[193]

In ebendieser Verbindung des mit sozialen Werturteilen durchsetzten psychiatrischen Diagnosekatalogs und seiner Umsetzbarkeit qua politischer Macht trifft man wieder auf den Sachverhalt der politischen Konstituierung der »Wissenschaft«: Folgt man Bonhoeffers nachträglicher Analyse der Sterilisationspraxis von 1949, dann ergaben sich erst im Vollzug des Gesetzes »bei einer verschärften diagnostischen Analyse sehr viel häufiger als früher Zweifel an der Sicherheit des Schizophreniebegriffs«, und »die wachsende Erkenntnis der mannigfachen Unsicherheiten, die auf klinisch-diagnostischem und erbbiologischem Gebiete noch bestehen, führte die Gerichte mehr und mehr dazu, abzulehnen, was irgendwie zu Zweifeln an der Erblichkeit Anlaß gab«.[194] Mit anderen Worten: Erst im Vollzug der Anwendung der unscharfen Kategorien wurden diese präzisiert, erst der politische Großversuch ermöglichte wissenschaftlichen Fortschritt – so es ihn wirklich gab. Im nachhinein wurden politische Kräfte, »besonders eifrige Anhänger der sog. Erbpflege im Gesundheitswesen« für ihren »Übereifer« verantwortlich gemacht, der bald durch den »mäßigende(n) Einfluß der Obergerichte und die allmählich sorgfältigere Besetzung der Gerichte mit Sachverständigen, die eine Gewähr für kritische und dem Stand des Wissens angemessene Beurteilung gaben«, korrigiert wurde.[195]

Tatsächlich durchlief die Sterilisationspraxis eine zeitliche Entwicklung: Beginnend in der zweiten Hälfte 1934, erreichten die durchgeführten Sterilisationen wahrscheinlich schon 1935 einen Höhepunkt von ca. 73 000 und blieben bis Kriegsbeginn auf etwa 60 000. (Bis 1939 wird eine Gesamtzahl von 290 000-300 000 geschätzt.) Für die Zeit von 1939-1945, in der kriegsbedingt die Sterilisationen nur noch auf Fälle »besonders großer Fortpflanzungsgefahr« beschränkt wurden, werden noch einmal 60 000 durchgeführte Operationen angenommen.[196] Mit diesen Zahlen

193 Bock, *Zwangssterilisation*, 304. S. dort auch zur zeitgenössischen Literatur in der Psychiatrie und in der Jurisprudenz.

194 Karl Bonhoeffer, »Ein Rückblick auf die Auswirkung und die Handhabung des nationalsozialistischen Sterilisationsgesetzes«, *Der Nervenarzt*, 1949, *20*: 1-5, 4.

195 Bonhoeffer, »Rückblick«, 3.

196 Vgl. Bock, *Zwangssterilisation*, 232 ff.

übertrafen die Deutschen das Land, dessen Sterilisationsgesetze sie schon vor dem Ersten Weltkrieg als vorbildlich erklärt hatten: die USA. Die amerikanischen Eugeniker blickten nun ihrerseits neidvoll auf ihre deutschen Fachkollegen, und Gütt, Rüdin und Ruttke konnten in ihrem Gesetzeskommentar feststellen, daß die deutsche Praxis den Amerikanern dazu verholfen hätte, daß die bislang nur zögernd angewandten Gesetze nun ihren »tatsächlichen Absichten und Zielsetzungen« gemäß angewandt würden.[197]

Neben der offenkundigen zeitlichen Entwicklung der Sterilisationsaktivität waren auch regionale Unterschiede zu beobachten, in denen sich am ehesten Differenzen zwischen den Behörden erkennen lassen. In Thüringen, wo man sofort nach der ›Machtergreifung‹ mit Sterilisationen begonnen hatte, rühmte sich Astel, daß bis zum Jahresende 1936 in seinem Bereich 1 % der damals 17-24jährigen »durchsterilisiert worden« sei.[198] Hamburg und Bremen lagen mit über zwei Anträgen pro tausend Einwohner und Baden gar mit drei an der Spitze, Braunschweig mit 0,9 ganz am unteren Ende. Die Ursachen für die Unterschiede waren jedoch offenbar nicht nur in dem Verhalten der Behörden, sondern auch in der Eilfertigkeit der antragsberechtigten Ärzte, in der Struktur der Bevölkerung und ihrer Reaktion zu suchen.[199]

Bonhoeffers Einschätzung aber war ebenso fragwürdig wie etwa die Nachtsheims, dem zufolge die Sterilisationspraxis im Prinzip dem Stand der Wissenschaft entsprach und allenfalls von politisch begründetem Mißbrauch verzerrt wurde. Dies wird ausgerechnet von einem vehementen nationalsozialistischen Verfech-

197 Gütt/Rüdin/Ruttke, *Gesetz*, 67. In den amerikanischen *Eugenical News* hieß es Ende 1934: »Whether or not the critic agrees with current German ideals, real or reputed, the student of eugenics agrees that as practical statesmanship for effecting the announced ideals, Germany is the first of the great nations of the world to make direct practical use of eugenics.« *Eugenical News*, 19. 6. 1934, 140. Ruttke berichtete im Oktober 1937 von 22 000 Sterilisationen in den USA seit 1906. Ruttke im Ausschuß für Rechtsfragen der Bevölkerungspolitik, 28. 10. 1937; BAK R 61/129.

198 Astel auf der Sitzung der Mitteldeutschen Arbeitsgemeinschaft für Wohlfahrtspflege, 6./7. 10. 1937; BAK R 36/ 1369.

199 Vgl. Bock, *Zwangssterilisation*, 247f.

ter der Sterilisation belegt: vom Reichsärzteführer Gerhard Wagner. Wagner hatte auf der Grundlage des Studiums von Sterilisanden-Akten eine Denkschrift verfaßt, deren politisches Motiv nicht die Fürsorge für die Betroffenen, sondern der Versuch war, der ihm unterstellten Ärzteorganisation der NSDAP und den NSDAP-Ämtern für Volksgesundheit die Führung im Gesundheitswesen zu erringen. Das macht seine Analyse aber eher noch wichtiger: Sie war ein Angriff aus der ›Partei‹ gegen »den Totalitätsanspruch des Reichsministeriums des Innern« in der Gesundheitspolitik und damit insbesondere gegen Gütt.
In seiner »politischen« Denkschrift, die er am 29. 5. 1937 Hitler überreichte, kritisierte er den Gesetzeskommentar von Gütt, Rüdin und Ruttke von 1936, der »das Gesetz in unverantwortlicher Weise« ausweiten würde: »Der Kommentar faßt den Begriff ›angeboren‹ außerordentlich weit ... Er läßt eine äußere Ursache für das Entstehen des Schwachsinns nur dort gelten, wo diese äußere Ursache mit Sicherheit erwiesen ist ... Auch heute noch wird die Diagnose Schwachsinn in erster Linie auf den Ausfall der Intelligenzprüfung (nach dem Intelligenzprüfbogen), gestellt, dem der Kommentar ebenso wie den anderen groteskschematischen Prüfungsmethoden besonderen Wert beimißt ... Folge: Die Unfruchtbarmachung ganzer Familien, denen die Vorsehung die entsprechende Schulbildung, welche der Intelligenzprüfbogen erfordert, versagt hat.«[200]
Den »gelehrten, eilig arbeitenden Erbgesundheitsrichter(n)« warf er vor, ihre Beschlüsse schon im voraus gefaßt zu haben und Zeugen »in einem Tempo, welches eine ordnungsgemäße Prüfung überhaupt nicht zuläßt«, abzufertigen. Eine »zeitweise geradezu psychotische Furcht« davor, »in das Getriebe des Gesetzes ... zu geraten«, habe sich im Volk verbreitet. Es gehe auch nicht an, »gewissermaßen dem als ›erbkrank‹ Angeschuldigten die Beweislast dafür, daß die Ursache in Umweltfaktoren und nicht in der Erbanlage zu suchen ist, zuzuschieben«.[201] Schließlich machte Wagner deutlich, welche Funktion die Wissenschaft seiner Auffassung nach zu erfüllen habe. »Die Prinzipien der Rassenpflege dürfen nicht Dogma werden, an das sich eine zwangsläufige bürokratisierende Verwaltungsmaschine der Ein-

200 BAK R 18/5585: 391 ff.
201 BAK R 18/5585: 453,459.

fachheit halber klammert, sondern sie müssen subjektives Werten bleiben. Sie müssen ferner aufbauen auf den Ergebnissen, nicht auf Vermutungen und Wahrscheinlichkeiten wissenschaftlicher Forschung. Das Grundsätzliche unseres Glaubensbekenntnisses auf biologischem und insbesondere rassenpflegerischem Gebiet darf nicht von verwaltungsmedizinischen Schwärmern und kurzsichtigen Erbgesundheitsfanatikern zum Tummelplatz unpolitischer und damit wirklichkeits- und letztlich volksfremder Wissenschaft, die weltanschaulich noch im Vergangenen steckt, werden, sondern die Wissenschaft muß Dienerin unseres politischen Glaubens und Willens bleiben.«[202]

Wagner hatte mit seinem Angriff die Erb- und Rassenpflege einschließlich der Eheberatung den 745 staatlichen Gesundheitsämtern mit ihren 1523 beamteten Ärzten (Stand 1. 4. 1935) entziehen und sie für sein Amt für Volksgesundheit der NSDAP gewinnen wollen, innerhalb dessen rund 22 000 Ärzte zusammengeschlossen waren. Dieser Versuch mißlang. Gütt wehrte sich heftig gegen die vorgebrachten Vorwürfe bei dem Stellvertreter des Führers, Hess, der die Wagnerschen Einwände zurückwies und nur für Grenzfälle gelten ließ; Hitler hielt schließlich zum staatlichen Gesundheitswesen. Dennoch wurde als Folge seiner Kontroverse mit Gütt dem zuständigen Gauleiter eine Einspruchsmöglichkeit in Sterilisierungssachen bei Parteigenossen zugestanden und weiterhin der NSDAP ein Vorschlagsrecht bei der Bestimmung der Beisitzer an Erbgesundheitsgerichten und -obergerichten gewährt. Der zuvor konstatierte Rückgang der Sterilisationen ging nicht etwa auf das umsichtigere und geläuterte Vorgehen der ärztlichen Richter an den Erbgesundheitsgerichten zurück, sondern auf die von Wagner für seine eigenen Ziele eingesetzten Proteste von Sterilisanden und schließlich auf die Verordnung kurz vor Kriegsbeginn, die die Sterilisationen bis auf die »dringlichen Fälle« auf die Zeit nach Kriegsende verschob. Außerdem hatte der Reichsinnenminister schon 1937 unter Bezug auf Wagners Denkschrift einen Erlaß verkündet, wonach in den Sterilisationsverfahren das Prinzip des »in dubio pro reo« zu gelten habe.[203]

Wagners Kritik, die ausgerechnet von einem »Nationalsozia-

202 BAK R 18/5585: 505.
203 BAK, R 18/5586: 125 f.

listen und fanatischen Sterilisationspolitiker« kam, offenbart, daß das Sterilisationsgesetz vom Nationalsozialismus nicht »mißbraucht« wurde, sondern daß die von ihm kritisierten Mißstände nur das Ergebnis der »konsequente(n) Realisierung des hygienischen Rassismus« waren und daß »viele Rassenhygieniker, ob innerhalb oder außerhalb der Partei, nicht weniger fanatische Sterilisationseiferer als die führenden Nationalsozialisten« waren. So war es etwa Rüdin, der in einem Schreiben an den Euthanasie-Psychiater Nitsche vom 6. 2. 1941 – also zur Zeit der bereits eingeschränkten Anwendung des GzVeN – »auf eine grundsätzliche Sanierung der sterilisatorischen Begutachterei und Rechtsprechung« drängte. Er wandte sich insbesondere gegen die »Bedenkenmeiereien ... andere(r) liebe(r) Kollegen, vor deren Schlußfolgerungen die Richter zu warnen bzw. vorsichtig zu machen wären«.[204] Rüdin dürfte diesbezüglich eine Art schwarzer Liste vorgeschwebt haben, die die Erbgesundheitsrichter dazu anhalten sollte, bei gegensätzlichen psychiatrischen Gutachten dasjenige zu verwerfen, welches von einem Psychiater aus der Liste erstellt worden war. Das bezog sich besonders auf solche Fälle, wo der Gegengutachter ebenfalls ein angesehener Ordinarius war (Kretschmer, Kleist, Creutzfeldt) und die Erbgesundheitsgerichte zu dem Schluß kommen mußten: »Erbkrankheit steht nicht mit genügender Sicherheit fest, Unfruchtbarmachung abgelehnt, und das ist eben meiner Ansicht nach grundfalsch und könnte sehr wohl geändert werden.«[205]

Die von Wagner kritisierte Unschärfe der Diagnosen, die er u. a. für den »Wahnsinn« der Sterilisationspraxis verantwortlich machte, eröffnete den Weg sowohl zu einer Präzisierung als auch zu einer Radikalisierung bei der Anwendung des Gesetzes, eine Ambivalenz, die uns schon in ähnlicher Form bei Grotjahns medizinisch ›präziseren‹ Entartungskriterien begegnet ist. Die Besorgnis, die sich an eine allzu umfassende Sterilisationspraxis knüpfte, war, daß damit statt der beabsichtigten ›Aufartung‹ eine quantitativ relevante Dezimierung stattfinden würde. Die Diskussionen um eine neue Grenzziehung zwischen ›erbkrank‹ und gesund bzw. ›minderwertig‹ und ›wertvoll‹ liefen schließlich in zwei Richtungen, in denen sich die enge Verbindung zwischen

204 Bock, *Zwangssterilisation*, 343, 342; BAK R 96 I/11: 124825.
205 BAK R 96 I/11: 124825.

dem hygienischen und dem biologischen Rassismus, zwischen den vererbungstheoretischen und den anthropologischen Grundlagen der Rassenhygiene manifestierten oder, anders gesagt, der soziale Charakter der vermeintlich biologischen Kategorien.

Zum einen wurde insbesondere ab 1935 die Ausgrenzung ›fremder Rassen‹ verstärkt, an erster Stelle der Juden und der Schwarzen. Die Juden wurden aufgrund eines Erlasses des RMI vom 1. Oktober 1936 aus dem Kreis der »Wertvollen« ausgeschlossen, so daß Sterilisationsanträge für Juden nur von jüdischen Ärzten und Anstaltsleitern gestellt werden durften.[206] Der Logik dieses Vorgehens entsprechend, waren sie damit den »Minderwertigen« gleichgestellt, da sie von den Segnungen der »positiven Rassenhygiene« ausgeschlossen waren.[207] Der zweite Strang dieser rassistischen Anwendung des Sterilisationsgesetzes betraf die erwähnten »Rheinlandbastarde«. Allerdings erwies es sich als unmöglich, deren Sterilisation im Rahmen der im GzVeN gegebenen Diagnosen vorzunehmen, so daß schließlich ein vom »Führer und Reichskanzler erteilter Sonderauftrag auf dem Gebiet der praktischen Erb- und Rassenpflege« die Grundlage für die ausnahmslos gegen den Willen der Betroffenen durchgeführten Sterilisationen abgeben mußte.[208] Eine weitere Gruppe, auf die das Sterilisationsgesetz angewandt wurde und die, wie die Juden, gleichsam in den Überschneidungsbereich von anthropologischer und erbwissenschaftlicher Rassenhygiene fielen, waren die Zigeuner. Für sie wurde vorwiegend ›Schwachsinn‹ oder ›Asozialität‹ als Diagnose gestellt. Die nach 1939 geplante Erweiterung des Sterilisationsgesetzes, mit der die Zigeuner speziell erfaßt werden sollten, wurde nicht realisiert und schließlich von der Vernichtungspolitik überholt.

Neben der Identifikation und Ausgrenzung der »Fremdrassigen« bildete die der »Asozialen« die zweite Richtung, in der die neue Grenzziehung vorgenommen wurde. Diese Radikalisierung der negativen Rassenhygiene wird in einer Äußerung Astels aus dem Jahr 1938 deutlich: »Die Verminderung des Nachwuchses der erblich Kranken und Untüchtigen hängt, da diese sich

206 BAK, R 18/5514.

207 Vgl. G. Bock, *Zwangssterilisation*, 355.

208 Zit. n. Bock, *Zwangssterilisation*, 354; zur Sterilisation der »Rheinlandbastarde« s. Pommerin, *Sterilisierung der Rheinlandbastarde*.

nicht von selbst der Fortpflanzung enthalten, von einer Erhöhung der Ausmerzquote, d.h. von einer wesentlichen Erweiterung der Möglichkeiten der gesetzlichen Unfruchtbarmachung ab. Die bisherigen Möglichkeiten der Unfruchtbarmachung, darin stimmen alle Sachverständigen überein, reichen nicht aus, namentlich im Hinblick auf Kriminelle, Arbeitsscheue, Anti- und Asoziale, aber auch im Hinblick auf andere erbliche Krankheiten, die wesentliche Beeinträchtigung der Lebenstüchtigkeit und damit Belastung des Volkes bedingen.«[209]

Die Ausweitung der Sterilisations-Indikation von genetisch bedingten Einzelmerkmalen auf die Gesamtpersönlichkeit der Probanden erfolgte jedoch nicht über eine »Reform« des GzVeN von 1934, sondern sollte in Form des »Gemeinschaftsfremdengesetzes« Anfang der 1940er Jahre realisiert werden. Wenn es noch irgendeines Beweises für den sozialen Charakter vorgeblich biologischer Kategorien bzw. die »Biologisierung« sozialer Werturteile bedarf, ist er nirgendwo eindeutiger zu führen als am Beispiel der langen Geschichte des Begriffs der ›Asozialen‹ in der Rassenhygiene. Die Nationalsozialisten konnten sich u.a. auf den Baur-Fischer-Lenz berufen, als es um die Definition der ›Gemeinschaftsfremden‹ ging, für deren als notwendig erachtete Sterilisation das GzVeN keine ausreichende Handhabe bot. Die juristischen Definitionen von ›Asozialität‹, an denen sich die Autoren der zahlreichen Entwürfe für das Gesetz versuchten, waren derart unverhüllt alltagssprachlich gefaßt – sie reichten von ›Nichtsnutzern‹ und ›Taugenichtsen‹ über ›Stänkerer‹ und ›Querulanten‹ bis zu ›Räubern‹, ›Kinderschändern‹, ›Notzüchtern‹ und ›Homosexuellen‹ –, daß die Erblichkeitsfrage selbst von beteiligten Beamten offenbar skeptisch betrachtet wurde.

Eine aufschlußreiche Begründung der Motive für die Abfassung des Gesetzes findet sich in einer Antwort des Beamten im Reichsjustizministerium, Meinhof, an den Chef des Wehrmachtssanitätswesens. Meinhof schrieb: Das Gesetz zur Verhütung erbkranken Nachwuchses beschränkt »seine Anwendbarkeit auf ärztlich bekannte Dinge und hebt deshalb die Erfahrungen der ärztlichen Wissenschaft hervor... Das Gesetz genügte

209 Karl Astel, »Die Praxis der Rassenhygiene in Deutschland«, 4. Beiheft zum Reichsgesundheitsblatt Nr. 52, Berlin 1938, 65-70 (Vortrag vom 3. 10. 1938 auf der Gründungsversammlung der »Deutschen Gesellschaft für Hygiene«, 3.-6. 10. 1938 in Berlin). Wagner; BAK R 18/5585.

für die Erfassung der Gemeinschaftsfremden jedenfalls nicht. Man muß hier weitergehen, also bewußt den Kreis der ärztlichen Wissenschaft verlassen. Es ist übrigens durchaus denkbar, die Unfruchtbarmachung als moralische und nicht nur als erbbiologische Maßnahme zu fassen, indem man allen Personen das Recht Kinder zu zeugen abspricht, die es nicht wert sind Kinder zu haben, weil sie Lumpen sind ... Die Erfahrungen, die hier anzuwenden sind, entstammen großenteils der Rechtswissenschaft und der Soziologie. Auch diese Wissenschaften müßten deshalb neben der Medizin, Kriminalbiologie und Erbbiologie aufgezählt werden ... Die künstliche Unfruchtbarmachung soll lediglich das natürliche Ausleseprinzip wiederherstellen, indem sie Fehler ausgleicht, die menschliche soziale Nieten erst hervorrufen ... Dieses Prinzip hat den Vorteil, von den Schwankungen wissenschaftlicher Ansichten unabhängig zu sein, die sich beim Gesetz zur Verhütung erbkranken Nachwuchses bereits unangenehm zeigen ...«[210]

Mit dem Sterilisationsgesetz war ein erster Professionalisierungsschub für die Rassenhygiene verbunden, der sich zunächst jedoch vor allem für die ohnehin schon etablierten Ärzte auszahlte. Den Ärzten, die zu einem höheren Prozentsatz als irgendeine andere Berufsgruppe der NSDAP (45 %) und/oder der SA und SS angehörten, war u.a. auf Betreiben Verschuers die neue Rolle des ›Erbarztes‹ zugedacht, der über die traditionelle Funktion des Individualarztes hinaus die Sorge für die Erbgesundheit des gesamten Volkskörpers tragen sollte. Die rassenhygienische Aufgabenstellung, »Erhaltung und Hebung der Gesundheit des Erbgutes und der Rasse des deutschen Volkes«, wurde im November 1937 offizieller Bestandteil der Berufsordnung für Ärzte.[211]

Im Rahmen dieses rassenhygienisch angereicherten Verständnisses ärztlicher Tätigkeit eröffnete das GzVeN neue staatlich sanktionierte Funktionen: die Antragstellung auf Sterilisation, die allen öffentlich angestellten Ärzten oblag, Seite an Seite mit den jeweiligen Richtern für die Urteilsfindung sowie die weitere Begutachtung in Appellationsfällen. Aufgrund des geringen Ausbildungsstandes in menschlicher Erblehre und Rassenkunde

210 Meinhof am 12. 5. 1944; BAK R 22/949, 31, zit. n. Bock, *Zwangssterilisation*, 367.

211 *Deutsches Ärzteblatt*, 1937, 67: 1031ff.

Der Segen des am 1. Januar in Kraft getretenen Gesetzes zur Verhütung erbkranken Nachwuchses wird sich erst dann ganz erweisen, wenn unsere Idioten-Anstalten ihre Pforten schließen müssen, weil es erbkranken Nachwuchs nicht mehr gibt. Gesunde, glückliche Kinder im neuen Deutschland! Nur so soll es einmal sein

Aus: Neues Volk. Heft 2 (1934). S. 38.

Deutſchlands Nachwuchs — ſo?

oder — ſo!

Aus: L. Trinkwalter, Einführung in die Vererbungslehre, Familienpolitik, Rassenkunde und Bevölkerungspolitik. Eine Ergänzung zur 80. Auflage von Schmeil »Der Mensch« und zu allen anderen menschenkundlichen Teilen des Unterrichtswerkes. Leipzig 1934.

bestand als Folge des Gesetzes die Notwendigkeit von Schulungen in diesen Gebieten, die die Rassenhygieniker übernehmen mußten – wir erinnern uns der Tätigkeitsberichte Eugen Fischers für das KWI-Anthropologie in Berlin, das zusammen mit den anderen großen rassenhygienischen Instituten in Frankfurt und Gießen die Hauptlast trug – und sie auf diese Weise direkt involvierte, wo sie nicht schon an die Erbgesundheitsgerichte berufen worden waren. Weit bedeutsamer als das institutionelle Gewicht der etwa 200 Erbgesundheitsgerichte mußte die mit dem Gesetz erlangte erb- und rassenhygienische Definitionsmacht wiegen, die Ärzten, Psychiatern und Rassenhygienikern verliehen worden war. Sie wird nicht nur durch die halbe Million Menschen sinnfällig, die ihr unterworfen wurden, wenn die Entscheidung zur Sterilisation getroffen wurde. Sie reichte weit darüber hinaus, geebnet durch weitere Gesetzeswerke wie das Gesetz zur »Vereinheitlichung des Gesundheitswesens« und die sogenannten »Nürnberger Gesetze«.

Die Verstaatlichung des Gesundheitswesens

Die wahrscheinlich entscheidende Voraussetzung für die Institutionalisierung der Erb- und Rassenpflege im Nationalsozialismus wurde durch ein Gesetz geschaffen, bei dem man diese Funktion gar nicht vermutet hätte, zumal es zusammen mit dem Sterilisationsgesetz das ›Dritte Reich‹ überlebte: das »Gesetz über die Vereinheitlichung des Gesundheitswesens« vom 3. Juli 1934.[212] Wie das Sterilisationsgesetz war auch das GVG schon vor der Machtübernahme der Nationalsozialisten diskutiert und vorbereitet worden, wenngleich seine Realisierung ebensowenig

212 Vgl. zur Geschichte des Gesetzes die Studie von Alfons Labisch/Florian Tennstedt, *Der Weg zum »Gesetz über die Vereinheitlichung des Gesundheitswesens« vom 3. Juli 1934. Entwicklungslinien und -momente des staatlichen und kommunalen Gesundheitswesens in Deutschland* (Schriftenreihe der Akademie für Öffentliches Gesundheitswesen in Düsseldorf, Bd. 13, 1.2), Düsseldorf 1986. Die folgende Darstellung stützt sich auf die hier relevanten Teile der Studie. Zitiert wird aus einem unpaginierten, von den Verfassern freundlicherweise zur Verfügung gestellten Reprint. Die Paginierung wurde von uns vorgenommen und stimmt nicht unbedingt mit der der veröffentlichten Version überein.

eine geradlinige Übernahme der Vorstellungen von vor 1933 war. Auch bei der Genese dieses Gesetzes bleibt die Vorläuferrolle eines frühen Eugenikers unerwähnt: Wilhelm Schallmayer hatte schon vor der Jahrhundertwende auf die Notwendigkeit der Verstaatlichung des ärztlichen Standes hingewiesen, wenn ihm eugenische Aufgaben zugewiesen werden würden.[213]
Die finanzielle Notlage des Gesundheitswesens, die durch die Weltwirtschaftskrise und ihre Folgen für die deutsche Wirtschaft und das Steueraufkommen 1932 ihren Höhepunkt erreicht hatte, arbeitete den Rassenhygienikern insofern in die Hände, als deren ökonomische Begründungen für die Überlegenheit rassenhygienischer gegenüber sozialhygienischen Strategien an Überzeugungskraft gewannen. Die Prävention mußte sich gemäß dem biologistischen Grundprinzip ihrer Strategie auf die erbliche Gesunderhaltung der Familien richten, um dadurch die sozialen Kosten der Gesundheitsfürsorge zu senken. In dieser Perspektive erschienen die Aufwendungen für das Gesundheitswesen als für die ›Minderwertigen‹ verausgabt, ›auf Kosten‹ der erbgesunden Familien, und infolgedessen falsch plaziert. Die Aufgabe, dieses neue Denken umzusetzen, konnte nach Auffassung Arthur Gütts, der zur Schlüsselfigur in der Genese des GVG wurde, durch einen staatlich organisierten Medizinalbeamtenapparat erreicht werden, in dem Kreisärzte, Kommunalärzte, Vertrauensärzte, Polizeiräte usw. »unter staatlicher Leitung einheitlich und unparteiisch ihren Dienst versehen müßten«. Dazu mußten sie gesetzlich und verwaltungsmäßig den erforderlichen Einfluß erhalten, und zudem mit den ›erfreulichen wissenschaftlichen Fortschritten auf dem Gebiet der Vererbungslehre und Eugenik‹ bekannt gemacht werden.[214] Gütt, der sich bei seinen Vorschlägen auf Autoren wie Helene Wessel und Friedrich Burgdörfer sowie partiell auch auf Grotjahn berief, vertrat mit seinem Vorschlag eine gegenüber der herkömmlichen Sozialhygiene neuartige Konzeption einer umfassenden Bevölkerungspolitik, in der die Rassenhygiene als integraler Bestandteil eingeschlossen war. Damit war der Idee nach der alte Gegensatz zwi-

213 Labisch und Tennstedt verweisen allerdings auf Schallmayers Rolle im Zusammenhang mit der Erstellung von Erbkatastern als einer durch das Gesetz ermöglichten Aufgabe. Vgl. Labisch/Tennstedt, *Der Weg*, 354.

214 A. Gütt in der *Zeitschrift für Medizinalbeamte*, 1932, 45, zit. n. Labisch/Tennstedt, *Der Weg*, 213.

schen quantitativer und qualitativer Bevölkerungspolitik aufgehoben. Die Praxis sollte dem bald folgen.

Arthur Gütt wurde 1934 zum Ministerialdirektor und Leiter der Abteilung Volksgesundheit im Reichsinnnenministerium ernannt, wurde im Verlauf seiner Tätigkeit ein Vertrauter des Innenministers Frick und avancierte vom Landarzt zum einflußreichsten Medizinalbeamten des NS-Staates, übertroffen nur noch von Leonardo Conti, der nach Gütts Rücktritt 1939 als ›Reichsgesundheitsführer‹ die höchsten medizinischen Ämter von Staat und Partei verband. Er war dem Nationalsozialismus früh verbunden, obwohl er erst im September 1932 der Partei beitrat. Bereits 1924 hatte er in einer Denkschrift *Rassepolitische Richtlinien für die nationalsozialistische Freiheitsbewegung* die zentralen Punkte der späteren NS-Erb- und Rassenpflege formuliert, darunter die Reorganisation des öffentlichen Gesundheitswesens und die Anlage einer erbbiologischen Kartei. Im April 1933 in das RMI berufen, war er zusammen mit Rüdin Architekt und Kommentator des neuen Sterilisationsgesetzes und fungierte schließlich auch als einer der Väter des Ehegesundheitsgesetzes vom Oktober 1935. Im November 1933 wurde Gütt zudem auch als Obersturmführer im Stab Reichsführer-SS in die SS aufgenommen. Gütt verfolgte im RMI konsequent seine Ideen einer Vereinheitlichung und Verstaatlichung des Gesundheitswesens und wurde über seine Mitwirkung an den wichtigsten Gesetzeswerken zum Motor der NS-Erb- und Rassenpflegepolitik.[215]

In Fricks Rede vor dem Sachverständigenbeirat für Bevölkerungs- und Rassenpolitik am 28. Juni 1933, die von Gütt verfaßt worden war, ging dieser auf die Vorstellungen zur Vereinheitlichung des Gesundheitswesens ein, die er mit den neuen Aufgaben von Rassenhygiene und Rassenpolitik begründete. Den Gesundheitsämtern, die vervollkommnet und ausgebaut werden sollten, sollten Abteilungen für Erbgesundheitspflege angegliedert werden, »die später in der Lage sind, die erbbiologischen Aufgaben zu erfüllen und gegebenenfalls den später einzurichtenden Sippen- und Familienämtern für eine erbbiologische Bestandsaufnahme und Begutachtung zur Verfügung zu stehen«.[216]

215 Zur Person und Karriere Gütts vgl. Labisch/Tennstedt, *Der Weg*, Kap. IV/3.

216 Protokoll der Sitzung in BAK Rep 43 II/720.

Ein erster Gesetzentwurf, der im Oktober 1933 im RMI erarbeitet wurde, sah in § 1 die einheitliche Verwaltung sämtlicher Zweige des öffentlichen Gesundheitswesens, »insbesondere der Gesundheits- und Krankenfürsorge, der Erbgesundheits- und Rassenpflege« vor, und die Überwachung des erbgesundheitlichen Zustands der Bevölkerung trat neben die des gesundheitlichen als Aufgabe des öffentlichen Gesundheitswesens.[217] In den folgenden Auseinandersetzungen um die endgültige Fassung des Gesetzes ging es um die Frage der Zentralisierung des Gesundheitswesens, nicht jedoch um dessen Funktion im Bereich der Erb- und Rassenpflege. Im Gegenteil: Im Dezember 1933 richtete Innenminister Frick in seinem Ministerium eine selbständige »Abteilung für Volksgesundheit« ein, die erste derartige Einrichtung auf Reichsebene, zu deren Leiter Frick den nun zum Ministerialdirektor ernannten Arthur Gütt machte. Damit war ein entscheidender Schritt zur Professionalisierung der Medizin erfolgt, der ausgerechnet mit den Aufgaben der Rassenhygiene und Bevölkerungspolitik begründet wurde, mit denselben Argumenten also wie die angestrebte Vereinheitlichung des Gesundheitswesens. Gütt sah diesen Vorgang und seine eigene Rolle dabei in einer Kontinuität mit der Seuchenbekämpfung, die dem Staat das Recht zum Eingriff in das Leben einzelner gegeben habe, so wie es jetzt die Folgerungen aus den Lehren der Vererbung und Auslese, der Rassenhygiene nahelegten.[218]
Nach einer Reihe von Zwischenentwürfen wurde schließlich am 3. Juli 1934 im Reichskabinett das endgültige Gesetz verabschiedet, mit dem die Gesundheitsämter als eigenständige Ämter der unteren Verwaltungsebene und die Medizinalbeamten als Laufbahnbeamte geschaffen wurden. »Neben den bisherigen Aufgaben«, so erklärte Gütt in einer Pressekonferenz am folgenden Tage, »gilt es, Erb- und Rassenpflege in den Gesundheitsämtern zu treiben.«[219]
Das GVG war aufgrund der zu seiner Durchsetzung erforderlichen Kompromisse zu einem Rahmengesetz reduziert worden, so daß sich seine eigentliche Wirkung erst über die Gesetze entfalten sollte, mit denen dem öffentlichen Gesundheitsdienst seine inhaltlichen Aufgaben zugewiesen wurden. Dabei spielte

217 Zit. n. Labisch/Tennstedt, *Der Weg*, 299.
218 Labisch/Tennstedt, *Der Weg*, 311.
219 Labisch/Tennstedt, *Der Weg*, 342.

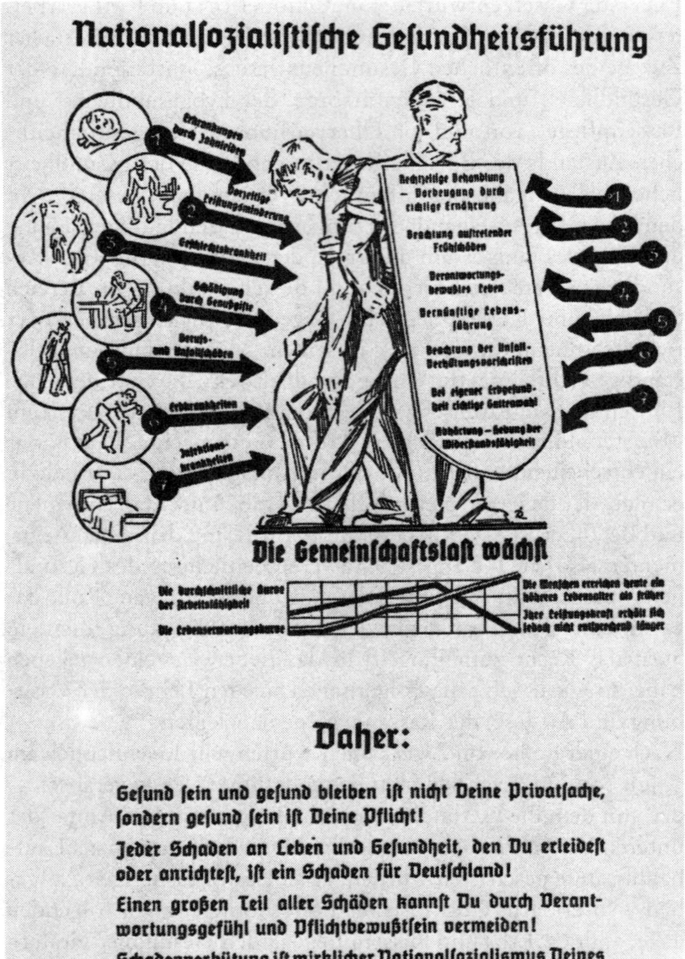

Aus: Auf der Wacht. Kampfblatt gegen den Alkoholmißbrauch. Mitteilungsblatt des deutschen Vereins gegen den Alkoholmißbrauch. Band 55 (1938). S. 85.

die Erb- und Rassenpflege eine maßgebliche Rolle, die bereits in der ursprünglichen Legitimierung des Gesetzes die entscheidende Begründung abgegeben hatte. Konkret ging es also um die Gesetze im Rahmen der Erb- und Rassenpflege, deren Durchführung in den Kompetenzbereich des Gesundheitsdienstes fielen: das Sterilisationsgesetz, das »Gesetz zum Schutze des deutschen Blutes und der deutschen Ehre« (das sogenannte »Blutschutzgesetz«), durch das den Amtsärzten die Begutachtung der Ehetauglichkeit unter erbbiologischen und rassischen Gesichtspunkten übertragen und so eine Mitwirkung aufgetragen war, und das »Gesetz zum Schutze der Erbgesundheit des deutschen Volkes« (das sogenannte »Ehegesundheitsgesetz«), durch das den Amtsärzten über die obligatorische Eheberatung und ärztliche Untersuchung sowie den durch die Gesundheitsämter zu erstellenden Ehetauglichkeitszeugnissen eine zentrale Funktion zukam. Außerdem kamen noch eine Reihe weiterer rassenhygienisch motivierter Gesetze und Verordnungen hinzu, die eine ärztliche Begutachtung erforderlich machten, wie z.B. das Reichserbhofgesetz vom 29. 9. 1933 und die Verordnung über die weitere Förderung der Kleinsiedler vom 19. 2. 1935. Zu einer der wichtigsten Voraussetzungen für die durch diese Gesetze notwendig gewordene Begutachtungs- und Beratungstätigkeit aber wurde die Erstellung von Erbkarteien. »Endziel war eine totale erbbiologische Bestandsaufnahme der deutschen Bevölkerung im Sinne eines beliebig verfüg- und benutzbaren Erbkatasters.« Diese Vision, die Schallmayer als erster Eugeniker formuliert hatte, wurde nun im Rahmen der nationalsozialistischen Erb- und Rassenpflege in die Realität umgesetzt.[220]

Erbbiologische Bestandsaufnahme – die Gesellschaft als Großlabor der menschlichen Erbforschung

Schon Schallmayer hatte die doppelte Funktion der Erbkataster klar beschrieben: einerseits allererst die Grundlage für die Wissenschaft, d.h. die menschliche Vererbungslehre, zu bereiten, andererseits Voraussetzung für deren praktische Umsetzung zu sein. Für die Rassenhygieniker sollten die Erbkataster dazu die-

220 Labisch/Tennstedt, *Der Weg*, 354.

nen, die erbprognostischen Hypothesen zu bestätigen. Mit den Erbkatastern forderte und erhielt die Rassenhygiene ihr »Labor« im Bevölkerungsmaßstab; die Gesellschaft wurde gleichsam zum Experimentierfeld; mit ihnen wurde die Definitionsmacht der Rassenhygieniker über den Erbwert der bei den »Beratungsstellen für Erb- und Rassenpflege« in den Gesundheitsämtern freiwillig oder zwangsweise um Rat Suchenden etabliert und in sich abgeschlossen. Nur durch die Erbkataster konnte sich die Rassenhygiene letztlich als Wissenschaft konstituieren. Wenige Fälle zeigen in der gleichen Eindeutigkeit die Selbstreferentialität im Entstehungsprozeß einer Wissenschaft.

Die Erfassung des »deutschen Erbstroms«, von der man sich die wissenschaftliche Aufklärung des »Mysteriums deutscher Erbmasse« versprach, krankte daran, daß die Vererbbarkeit der wichtigsten Massenkrankheiten einschließlich der psychischen Erkrankungen aufgrund der Komplexität der Erscheinungsbilder und angesichts des unzureichenden Standes der Genetik nicht eindeutig und d.h. reproduzierbar nachzuweisen war.[221]

Das Problem war durch das Sterilisationsgesetz aufgeworfen worden. Die ›reine Erbprognose‹ (auch theoretische bzw. mendelistische) galt den Erbforschern als die ›ideale‹ Vorgehensweise, da sie gesicherte Voraussagen des Auftretens einer Krankheit aufgrund der Mendelschen Erbgesetzmäßigkeit erlaubt. Sie ist jedoch nur bei den Krankheiten möglich, deren Erbgang in allen Einzelheiten durch Experiment oder Familienforschung feststeht. Das war jedoch nur für wenige Krankheiten, d.h. unter sehr eingeschränkten Bedingungen möglich, u.a. der klinischen Erkennbarkeit der Heterozygoten, »für die meisten rezessiv gehenden Krankheiten ein ungelöstes Problem«, wie Rüdin 1934 gestand. Weitere Schwierigkeiten ergaben sich aus unbekannten Manifestationswahrscheinlichkeiten sowie unbekannten Mutationen, beides Probleme, die als solche inzwischen bewußt waren. Das Bedürfnis einer empirischen Feststellung des Erbrisikos, die zwar auch keine »Erkenntnis von Gesetzmäßigkeit«, aber doch »Anhaltspunkte des

221 Zit. n. Bock, *Zwangssterilisation*, 189, 190f.; vgl. die dort genannte Literatur.

praktischen Handelns verschaffen« sollte, bestand Rüdin zufolge deshalb in der empirischen Erbprognose, und zwar insbesondere für die ›häufigsten und schwersten Geistesstörungen‹.[222] Gerade diese Krankheiten, Schizophrenie, manisch-depressives Irresein, Epilepsie, gehörten zu jenen im GzVeN aufgeführten, für die Luxenburger feststellte, daß es nicht angehe, aus den »noch recht verschwommen bekannten Erbgängen eine reine Erbprognose zu stellen«. Die Erkrankungsaussichten mußten dementsprechend ›empirisch‹, d.h. bei einer möglichst großen Auswahl von Kranken und ihren Familien, festgestellt werden, so daß für die Nachkommen die ›empirische Erbprognose‹ gestellt werden konnte. Die Verfeinerung dieser Methode, nachdem Untersuchungen zur kollektiven Erbprognose als erster Schritt durchgeführt waren, bestand in der Differenzierung nach geographischen und zeitlichen Kriterien sowie nach sozialer Schichtung und Altersaufbau. Im Rahmen dieser empirischen Strategie gebot die wissenschaftliche Methodik also eine möglichst umfassende Erhebung der für relevant erachteten Daten.[223]

Dieser ›Rückzug‹ auf die Statistik verdankte sich einer brisanten Kombination von Einstellungen und Überzeugungen seitens der Erbforscher: dem Glauben an die Gültigkeit der Mendelschen Gesetze (d.h. also der Vererbbarkeit) für Krankheiten und Merkmale, deren Definition zum nicht geringen Teil auf soziale Vorurteile zurückging und die sozial bedingt sind; und der ebenso aus sozialen und politischen Überzeugungen sich herleitende Anspruch, medizinisch bzw. rassenhygienisch intervenieren zu müssen, ohne auf reproduzierbare Beweise durch die Genetik warten zu können. Der springende Punkt war (und ist) im Grunde, welche Schlußfolgerungen aus den ›empirischen Erbprognosen‹ tatsächlich gezogen werden. Während Luxenburger warnte, daß die derzeit vorliegenden Ziffern es noch nicht erlaubten, auf sie »praktische Maßnahmen zu gründen«, glaubte Rüdin, daß es – »nachdem die erbbiologische Forschung nunmehr freie Bahn hat« – nur mehr eine Frage der Zeit sei, bis die

222 Ernst Rüdin, »Empirische Erbprognose«, ders. (Hg.), *Erblehre und Rassenhygiene im völkischen Staat*, München 1934, 136-142, 136, 137, 138.

223 Vgl. Hans Luxenburger, »Spezielle empirische Erbprognose in der Psychiatrie«, Rüdin, *Erblehre und Rassenhygiene*, 143-149, 144.

Wo erhält man amtliche Abſtammungs=Gutachte

Einwandfrei hat die biologiſche Forſchung zu der Erkenntnis geführt, daß Blutreinheit für den Fortbeſtand eines Volkes eine unerläßliche Vorbedingung iſt, daß Blutmiſchung mit artfremden und artfeindlichen Raſſenangehörigen Niedergang und ſchließlich Untergang des Volkes herbeiführen muß. Zur tatſächlichen Nachprüfung der Abſtammung eines Menſchen gehört daher die Kenntnis der Perſonen ſeiner Eltern und Voreltern mindeſtens bis ins vierte und fünfte Glied zurück. Für dieſe Kenntnis von längſtvergangenen und verſtorbenen Geſchlechtern ſteht uns heute vorerſt nur der Urkundenbeweis zur Verfügung. Aus den Aufzeichnungen, die von altersher gewohnheitsmäßig, wenn auch mit recht verſchiedener Sorgfalt und

Briefverkehr mit den Pfarrä

Ausführlichkeit gemacht
ſind, muß man ein Bild de
ſenperſönlichkeit zu gewinne
ſuchen. Vielfach und verſc
artig und namentlich überal
ſchieden ausgiebig ſind die Q
die zur Zeit überhaupt dieſ
gaben liefern können. In n
Zeit, nach 1874, kommen
erſter Linie die Standesamtsr
in Betracht. Aber ſie bedürfe
mancher Ergänzung. Sie ſi
jetzt lediglich im Hinblick a
einwandfreie Feſtſtellung der
ſönlichkeiten, auf die Verm

Schriftlich erledigt ſich's ſchneller

Aus: Neues Volk. Band 3 (1935), Heft 7. S. 14 und 15.

Zahllose Registerkarten sind sorgfältig in Karteien eingeord

Arbeitsraum der Abteilung Ahnenstamm-Kartei

empirischen Ziffern den reinen Erbziffern maximal angenähert seien, und daß die empirische Erbprognose-Forschung bei ausreichendem Ausbau die Entscheidung über Familiengründungen und Fortpflanzung begründen werde.[224]

1927 hatte Eugen Fischer zusammen mit führenden Anthropologen wie Mollison, Reche und Scheidt sowie mit den Genetikern Baur, Correns und Goldschmidt gegenüber der Notgemeinschaft der deutschen Wissenschaft eine Zusammenfassung der Rassenforschung, Blutgruppenforschung und anthroplogischer Untersuchungen zur Festlegung des ›Erbbestandes‹ des deutschen Volkes gefordert. »Deutschland sei mit einem Beobachtungsnetz zu überziehen, das immer enger werden müsse«; die Krankheitsverbreitung sei miteinzubeziehen.[225] Anfang Februar 1928 hatte Fischer den Plan einer »großzügigen Erhebung der rassenkundlichen und erbbiologischen Merkmale unserer Bevölkerung« vorgelegt. Dieses ›nicht aufzuschiebende, dringendste Erfordernis‹ sollte sich sowohl auf die Erhebung der üblichen anthropologischen Merkmale einschließlich pathologischer Erbmerkmale und psychologischer Eigenschaften als auch auf die ›Einflüsse der sozialen Verhältnisse‹ richten.[226] In Süddeutschland führte Ernst Rüdin umfangreiche Erhebungen durch, um einen »Belastungskanon« für sämtliche häufigen psychischen Erkrankungen zu erarbeiten, der für künftige »rassenhygienisch-prophylaktische Maßnahmen« von Bedeutung sein würde. Rüdins Untersuchungen standen im wissenschaftlichen Kontext der »empirischen Erbprognoseforschung«: mit dem un-

224 Luxenburger, »Spezielle Erbprognose«, 149; Rüdin, »Empirische Erbprognose«, 141, 142. Zum Vergleich der Handhabung der empirischen Erbprognose in der heutigen Genetischen Familienberatung vgl. Walter Fuhrmann/Friedrich Vogel, *Genetische Familienberatung*, 3. Aufl., Berlin et al. 1982, 5, 6, 9.

225 Bericht über Besprechung in der Notgemeinschaft vom 17. 12. 1927; BAK R 73/169.

226 »Für alle eugenischen Erörterungen oder gar Maßnahmen wäre es von ungeheurer Wichtigkeit, wenn wir einmal wirkliche Unterlagen hätten für die Frage nach der Zahl und Verbreitung wenigstens einiger wichtiger pathologischer Erblinien in unserem Volke.« ›Anthropologische Erforschung der deutschen Bevölkerung‹. Der Plan Fischers an die Notgemeinschaft vom 2. 2. 1928; BAK R 73/169. An der Finanzierung dieser Forschungen beteiligte sich gar die Rockefeller Foundation mit je 100000 RM für fünf Jahre.

mittelbaren Ziel des demographischen Beweises der Erbgänge psychischer Krankheiten und ihres ›zwangsläufigen Durchbruchs‹, zugleich aber mit dem Fernziel eines ›bevölkerungsbiologischen Gesamtkatasters‹, mit dem sich die Bevölkerung in ›Minderwertige‹, ›Durchschnittsmenschen‹ und ›hochwertige Bevölkerung‹ würde klassifizieren lassen.[227]
Die Interessen der Wissenschaftler allein, und noch weniger die der Rassenhygieniker, hätten kaum die kostspielige Maschinerie der erbbiologischen Erfassung in Gang setzen können ohne die Mitwirkung des Staates, insbesondere des öffentlichen Gesundheitswesens. Fischer hatte mit seinem Plan erfolgreich die Interessen auf seiten der Wissenschaft zu einer »Gemeinschaftsarbeit« zusammengefaßt: Rassenanthropologen, Erbpathologen und Psychiater.[228] Das Interesse der Gesundheitsbehörden an den gigantomanischen Erfassungsplänen gründete sich auf dem bereits genannten Wunsch zur Legitimation, Einschränkung und Konzentration ihrer schrumpfenden Finanzmittel auf einen kleineren Kreis von Hilfsbedürftigen. Zu dieser Interessenkoalition kamen schließlich noch die sozialdarwinistisch orientierten Bevölkerungswissenschaftler hinzu, denen es um die Identifikation der vermeintlich erblichen ›Asozialen‹ ging. Nach 1933 wurde diese Verbindung noch deutlicher, als schließlich die Bevölkerungswissenschaftler bzw. -politiker, die ihrerseits längst auf die Verbindung mit der qualitativen Bevölkerungspolitik rassenhygienischer Prägung eingeschwenkt und in die Erb- und Rassenpflege integriert waren, den wissenschaftlichen und praktischen Wert der Erbkarteien auch für sich entdeckten. Friedrich Zahn machte gleichzeitig auch die professionspolitischen Interessen der Bevölkerungsstatistiker deutlich, als er sich für eine Bevölkerungspolitik nach »den Grundsätzen der Rassenhygiene« aussprach. Volksbiologische Diagnose hieß für ihn »Förderung der wertvollen Erbwerte« einerseits, »Ausmerze erbbiologisch unerwünschter Volksteile andererseits«. Und: »Sobald die Erhebungsarbeiten genügend vorgeschritten sind und eine laufende Beobachtung der erfaßten Personen einsetzen kann, wird die

227 Ernst Rüdin, »Praktische Ergebnisse der psychiatrischen Erblichkeitsforschung«, *ARGB*, 1930, *24*: 228-237.

228 Fischers Plan wurde zu einem Großprojekt: »Rassenkundliche und erbpathologische Erhebungen am Deutschen Volk: Eine Gemeinschaftsarbeit«, 19. 1. 1930; BAK R 73/ 169.

Mitwirkung und Einschaltung der statistischen Zentralstellen bei Aufbereitung des erbbiologischen Materials und Mitverwertung der sonstigen bevölkerungsstatistischen Nachweise zu klären sein.«[229]

Ende der zwanziger Jahre hatten sich als Ausdruck dieser Bewegung eine Reihe von halbstaatlichen Vereinigungen gebildet, die mit unterschiedlichen Schwerpunkten dasselbe Ziel, die möglichst einheitliche, großräumige Erfassung der Bevölkerung nach den genannten Kriterien anstrebten und diverse Aktivitäten in dieser Richtung entfalteten: so die ›Kriminalbiologische Gesellschaft‹ und der ›Deutsche Verband für Psychische Hygiene‹. »›Kriminalbiologie‹, Anthropologie und ›psychische Hygiene‹ waren fusioniert ... die große Synthese des ›erbbiologischen‹ Erfassungsangriffs (war) konzeptionell längst gelaufen ..., bevor die Nazis ihn zur praktizierten Staatsräson erklärten und ausweiteten.«[230]

Im Februar 1933 wurde im Preußischen Innenministerium das »Amt für Sippenforschung« unter A. Gercke eingerichtet, der in den Folgemonaten die Vielzahl von vordem aus der völkischen Bewegung hervorgegangenen Vereine für Sippenforschung zum »Reichsverein für Sippenforschung« zusammenschloß und gleichschaltete. Die von Gercke organisierten und zentral koordinierten Aktivitäten sollten zu einer umfassenden ›Reichssippenkartei‹ führen, gleichsam der genealogischen Ergänzung der Erbkataster. Mit dieser Schiene der Erfassungsstrategie schuf Gercke die Grundlage für die Durchführung der Rassengesetze, in denen der Nachweis ›arischer‹ (gemäß dem Arierparagraphen des Gesetzes zur Wiederherstellung des deutschen Berufsbeamtentums) bzw. ›deutschblütiger Abstammung‹ (gemäß Reichsbürgergesetz) erforderlich war. Das Amt für Sippenforschung war lange vor der Verabschiedung der Nürnberger Gesetze für die Erteilung der Abstammungsnachweise zuständig.[231]

Mit der Verabschiedung des GVG, mit dem in den Gesundheitsämtern die ›Beratungsstellen für Erb- und Rassenpflege‹ einge-

229 Friedrich Zahn, »Fortbildung der deutschen Bevölkerungsstatistik durch erbbiologische Bestandsaufnahmen«, *Allgemeines Statistisches Archiv*, 1937-38, *27*: 181, 192f., zit. n. Götz Aly/Karl Heinz Roth, *Die restlose Erfassung*, Berlin 1984, 101.

230 Aly/Roth, *Restlose Erfassung*, 62.

231 Vgl. Aly/Roth, *Restlose Erfassung*, 63f.

richtet wurden, die entgegen ihrer Bezeichnung ausschließlich Erfassungsaufgaben hatten, wurde die erbbiologische Bestandsaufnahme vereinheitlicht und bei den Gesundheitsämtern konzentriert. Auf standardisierten Formularen wurden zugleich die genealogischen und erbstatistischen Erfassungsstrategien zusammengefaßt, so daß mit der Verabschiedung der ›Ehegesundheits‹- und ›Blutschutzgesetze‹ die Verknüpfung von ›Erbschutz‹ und ›Blutschutz‹ gewährleistet war.[232]
Die zentralisierte erbbiologische Erfassung scheiterte nicht zuletzt aufgrund der sich verändernden innenpolitischen Prioritäten, aber auch aufgrund der involvierten technischen Probleme. Die Erfassungsaktion benötigte einen ungeheuren Verwaltungsaufwand. Obgleich von Gütt als »wissenschaftliche Forschung« bezeichnet, war in einer Sitzung der Arbeitsgemeinschaft der Landesobmänner im September 1937 die Rede von einer »Flucht tüchtiger Anstaltsärzte«, die die Verflachung der ärztlichen Tätigkeit widerspiegele, welche mit einem Übermaß an bürokratischen Auflagen einhergehe.[233] In einer »Stellungnahme zu den Richtlinien und zu der Dienstanweisung für den Landesobmann und den beauftragten Arzt der erbbiologischen Bestandsaufnahme« von 1938/39 errechnete der Landesobmann von Hamburg, Rittershaus, für den beauftragten Arzt eine tägliche Arbeitszeit von 50-60 Stunden und eine Gesamtdauer der Arbeit von mehreren Jahrhunderten, wenn tatsächlich allen Details Genüge getan werden sollte. Er plädierte deshalb für eine Konzentration »auf wenige interessante Fälle«.[234] Das war sicher auch der Grund dafür, daß die ursprüngliche Absicht, auch die Träger ›positiver‹ Merkmale zu identifizieren, zugunsten der ›negativen Auslese‹ fallengelassen wurde, eine für die gesamte Rassenhygiene im Nationalsozialismus zu beobachtende Konsequenz. Trotz dieser technisch-praktischen Widrigkeiten konnte Innenminister Frick schon 1937 vor den Ärzten des öffentlichen Gesundheitsdienstes melden, daß die 745 Gesundheitsämter allein in der Erb- und Rassenpflege, unter Ausschluß der Untersu-

232 In einem Erhebungsbogen »Monatsbericht über die Durchführung des GzVeN, des Ehegesundheitsgesetzes und des §6 der 1. VO zum Blutschutzgesetz«, abgedruckt in Aly/Roth, *Restlose Erfassung*, 77.

233 Schreiben Gütts an die Landesobmänner vom 8. 1. 1936; BAK R 36/1373. 2. Tagung der Landesobmänner am 23. 9. 1937; BAK R 36/1380.

234 BAK R 36/1381.

chungen gemäß dem Sterilisationsgesetz, bereits im ersten Jahr ihres Bestehens über eine halbe Million Untersuchungen durchgeführt hätten.[235] Im März 1942 meldete Conti Himmler, daß »dessen Wunsch nahezu erfüllt sei, nämlich ›alle ärztlichen Untersuchungsergebnisse, die im Laufe eines Lebens an deutschen Menschen gewonnen werden, festzulegen und dadurch eine lükkenlose Beurteilung des Gesundheitsablaufes und Erbwertes zu ermöglichen‹«. Rund 10 Millionen Karteikarten seien fertiggestellt.[236]

Trotz ihres letztlichen Scheiterns war die Entwicklung der erbbiologischen Erfassung im ›Dritten Reich‹ so weit vorangetrieben, daß sie exemplarisch für die Institutionalisierung der Verbindung wissenschaftlicher und staatlicher Kontrollstrategien geworden ist. Das gilt um so mehr, als offenkundige Beziehungen, personell und materiell, zwischen der ›Klassifizierungs‹-, ›Aussonderungs‹- und ›Ausmerzelogik‹ der erbbiologischen Erfassung einerseits und den Tötungsaktionen im Rahmen des Euthanasieprogramms bis hin schließlich zur Massenvernichtung der Juden und Zigeuner bestehen. Selbstverständlich muß nicht unterstellt werden, daß die Urheber der Erfassungskonzeptionen die physische Vernichtung von Millionen beabsichtigten, ebensowenig wie man annehmen kann, daß es einen geradlinigen, zwangsläufigen politischen Entscheidungsprozeß von der ›erbbiologischen Erfassung‹ bis zur Selektion an der Rampe in Auschwitz gibt. Wichtiger als die von Apologeten geforderten und nicht zu erbringenden ›Beweise‹ für eine solche Verschwörungstheorie ist der Aufweis im Vorfeld, daß das wissenschaftliche Kategoriensystem und die Forschungsmethode einen Deutungs- und Handlungsrahmen lieferten, in dem ethische Schranken durch wissenschaftliche, vermeintlich ›objektive‹ ›Sachgesetzlichkeiten‹ außer Kraft gesetzt wurden.

Die Verknüpfung von »Erbschutz« und »Blutschutz«

Die beiden letzten Programmpunkte der rassenhygienischen Bewegung, die unter der Herrschaft der Nationalsozialisten ver-

235 Labisch/Tennstedt, *Der Weg*, 358.
236 BAK NS 19/2397. Zit. n. Bock, *Zwangssterilisation*, 193.

wirklicht wurden, betrafen den Eingriff in das Recht der freien Eheschließung und in den Bereich des Geschlechtslebens. Die Radikalität, mit der dies geschah, ergab sich aus der Verbindung erbmedizinischer und anthropologischer Rassenhygienestrategien, die zwar vor 1933 keinen Konsens gefunden hatte, aber von den völkisch orientierten Rassenhygienikern immer vertreten worden und bereits lange vor der »Machtergreifung« auch Bestandteil der Programmatik der Nationalsozialisten war.[237] Dazu sei an die in den Anfängen der eugenischen Bewegung vorgebrachten Argumente erinnert, Ehetauglichkeitszeugnisse als Voraussetzung einer erblich einwandfreien und wertvollen Nachkommenschaft einzuführen. Diese ›Verstaatlichung der Fortpflanzung‹ unter eugenischen Gesichtspunkten wurde um rassenhygienische Kriterien dadurch erweitert bzw. ergänzt, daß die Anthropologie die ›Rassenmischung‹ als eine Gefahr für die ›Höherentwicklung‹ oder auch nur für die Harmonie der jeweils als ›rein‹ und ›statisch‹ konzipierten Rassentypen postulierte.

Unter dem Einfluß der Mendelschen Genetik war das Problem der Folgen von Rassekreuzungen beim Menschen im Zusammenhang mit dem Rassenkonzept zum Gegenstand der wissenschaftlichen Diskussion geworden. Während Charles B. Davenport in den USA 1911 in seinem Buch *Heredity in Relation to Eugenics* erstmals die Gültigkeit der Mendelschen Gesetze für die Vererbung einzelner Merkmale – nämlich den Wandertrieb und die Kriminalität – beim Menschen nachgewiesen zu haben glaubte (1913 erschien seine besser fundierte Studie über die Vererbbarkeit der Augenfarbe, Haarfarbe und Hautpigmentierung), war für Deutschland Eugen Fischers Studie über *Die Rehobother Bastards* von 1913 maßgebend. Fischer behauptete, die These vom Dominieren einer der Kulturrassen mit entsprechenden Degenerationserscheinungen widerlegt zu haben, und erachtete dennoch die Rassenkreuzung zwischen Europäern und Farbigen für schädlich. Ähnlich im Widerspruch zu den eigenen

237 Es ist u.E. fragwürdig, von einer Radikalisierung des anthropologischen durch den hygienischen Rassismus zu sprechen, wie Bock dies tut, da jeweils beide für sich genommen in ihrer Konsequenz zu je spezifischen Radikalisierungen führten bzw. diese implizierten. Die Brisanz ergibt sich aus ihrer Verknüpfung. Vgl. Bock, *Zwangssterilisation*, 102.

Forschungsergebnissen wie Fischer sprachen sich auch Davenport, Jennings und East gegen die Rassenmischung aus. Allerdings geriet die These von den resultierenden physischen Disharmonien, die nachzuweisen nicht gelungen war, in den USA und England unter immer stärkere Kritik, so vor allem durch Castle, während eine vergleichbare Entwicklung in Deutschland nicht stattfand. In den USA wurde das Problem der physischen Disharmonien 1931 ohne neue experimentelle Ergebnisse in der einen oder anderen Richtung beigelegt, während genau das in Deutschland nicht geschah. Es waren sicher nicht die politischen Verhältnisse allein, sondern auch die unterschiedliche Wissenschaftstradition, die dabei eine Rolle spielten.

Sowohl angelsächsische als auch deutsche Genetiker und Anthropologen hatten vor dem Hintergrund der Mendelschen Genetik mit dem Rassenbegriff die Vorstellung einer durch Selektion über viele Generationen herausgebildeten harmonischen Genkombination verbunden. Diese Vorstellung einer harmonischen Einheit von genetisch bedingten Merkmalen erstreckte sich auch auf die seelischen Merkmale. Die Definition der seelischen Rassenmerkmale war jedoch noch umstrittener als die der körperlichen, und während Boas und Luschan deren Existenz schon früh (1914 bzw.1922) bestritten, vertrat etwa Lenz noch 1936 die Auffassung, daß »wenn es nur körperliche Rassenunterschiede gäbe,... die ganze Rassenfrage ohne Bedeutung« wäre. Für ihn hatte die Anthropologie in ihrem Kern gar Rassenpsychologie zu sein und nicht »somatische Anthroplogie«. Lenz sah die Schwierigkeiten einer Rassenpsychologie in der »Abgrenzung der Rassen und in der Zuordnung der Individuen zu einer Rasse«, hielt die Einteilung für bis zu einem »gewissen Grad willkürlich« und einen gewissen Sinn für das Typische bzw. einen ›künstlerischen Blick‹ für unentbehrlich. In dieser an der Einheit von Geist und Natur orientierten, ganzheitlichen und spekulativen Wissenschaftsauffassung (Lenz spricht sich explizit gegen die »Zerreißung der Wissenschaften in Geisteswissenschaften und Naturwissenschaften« aus) liegt wohl der entscheidende Unterschied zur angelsächsischen Wissenschaftstradition, der die Voraussetzung dafür war, daß die »Rassenseelenforschung« in Deutschland fortleben konnte.

Daß sie zumindest in den ersten Jahren der NS-Zeit florierte, verdankte sie ihrer durch keinerlei wissenschaftliche Kritik getrübten, spekulativen und politisch genehmen Phantasterei.[238] Noch weniger wissenschaftlich begründet als die ohnehin schon nur rassistisch motivierten ›Rassenmischungsthesen‹ war die Integration des Antisemitismus in diese Argumentation, die von Ploetz und Schallmayer mit wenn auch unterschiedlicher Vehemenz kritisiert und zurückgewiesen worden war, in den Folgejahren mit dem Erstarken des Antisemitismus in Deutschland von einzelnen Rassenhygienikern einschließlich Fischer jedoch zunehmend betrieben wurde. Die Rassenmischungstheoreme wurden nämlich dort politisch relevant, wo sich die wissenschaftliche Argumentation bruchlos in die politische Ideologie integrieren ließ. In Deutschland, dessen Bevölkerung auch nach der Überzeugung der ›ernsten‹ Rassenforscher ein Rassengemisch darstellte, konnte das Problem der körperlichen Disharmonien bestenfalls von sekundärer Bedeutung sein. Das politische Problem waren die Juden, und vom Standpunkt der Rassenlehre (bzw. zumindest nach Auffassung Lenz') waren sie, wenngleich »in den allermeisten Fällen schon an ... (ihrer) körperlichen Erscheinung« erkennbar, in erster Linie »eine seelische Rasse«, denn ihre »seelische Eigenart« erschien »noch ausgesprochener als die körperliche«. Diesem Zusammenhang verdankt sich die ›Forschungsfrage‹, ob die Juden eine ›Rasse‹ seien, eine Frage, die unter den politischen Bedingungen des

238 Charles B. Davenport, *Heredity in Relation to Eugenics*, New York 1911; Eugen Fischer, *Die Rehobother Bastards und das Bastardisierungsproblem beim Menschen*, Jena 1913. Die Darstellung der Rassekreuzungsdiskussion im angelsächsischen Bereich, auf die sich dieser Abschnitt zum Teil auch stützt, findet sich bei William B. Provine, »Geneticists and the Biology of Race Crossing« *Science*, 1973, *182*: 790-796. Eine kurze Darstellung der deutschen Diskussion gibt Ulrich Kattmann, »Biologische Unterwanderung? – Genetik als Rechtfertigung völkischer Ideologie«, Horst Seidler/Alois Soritsch (Hg.), *Rassen und Minderheiten*, Wien 1983, 21-34. Fischer bekräftigte seine Schlußfolgerung in Baur/Fischer/Lenz, *Grundriß* (1936), Bd. I., 318. S. dort die zitierten Stellen von Lenz 713, 714. Einen kurzen Überblick über das Rassenmischungsproblem aus moderner Sicht gibt Friedrich Vogel, »Sind Rassenmischungen biologisch schädlich?«, Hans Rössner (Hg.), *Der ganze Mensch*, München 1986, 92-109. Vgl. auch dort die angegebene Literatur.

Nationalsozialismus zu einer ernstgenommenen wissenschaftlichen Fragestellung avancieren konnte, wo sie nicht gar schon als beantwortet galt.[239]

Erst vor diesem wissenschaftshistorischen Hintergrund wird voll verständlich, daß die Konzipierung des »Gesetzes zum Schutze des deutschen Blutes und der deutschen Ehre« sowie des »Gesetzes zum Schutze der Erbgesundheit des deutschen Volkes« (also des »Blutschutz«- und des »Ehegesundheitsgesetzes«), was immer die unmittelbaren Umstände ihrer Formulierung und die Anlässe ihrer Verkündung gewesen sein mögen, nicht nur in der Konsequenz der nationalsozialistischen Erb- und Rassenpflegepolitik lagen, sondern auch das Sterilisationsgesetz und das GVG Programmpunkte der Rassenhygienebewegung realisierten, die in ähnlicher Form seit zwanzig Jahren in der politischen Diskussion waren. Ungeachtet der unmittelbaren politischen Kalküle der an der Gesetzgebung beteiligten Kräfte, die zum Teil über die ursprünglichen rassenhygienischen Motive hinausgehen mochten, ist doch entscheidend, daß die rassenhygienischen Denkmuster den Rahmen und die Richtung für die Umsetzung dieser Kalküle im Gesamtkontext der Erb- und Rassenpflegepolitik abgaben. Anders ist gar nicht zu erklären, daß mit diesen Gesetzen zugleich die beiden Strategien der Rassenhygiene, die eugenische und die anthropologisch-rassenhygienische, eingeschlagen wurden. Deren Gewichtung zugunsten der ersteren kurz vor Ende der Weimarer Republik hatten die Nationalsozialisten gerade wieder zugunsten der letzteren rückgängig gemacht.

Das historische Interesse hat sich vorrangig auf die Funktion des »Blutschutzgesetzes« im Rahmen der Judenpolitik für die Erklärung des Holocaust konzentriert und, gestützt auf die Aufzeichnungen des Rassereferenten im RMI, Bernhard Lösener, den Adhoc-Charakter des Gesetzes (wie auch der anderen ›Nürnberger Gesetze‹) hervorgehoben. Der wissenschaftshistorische und -systematische Kontext der Rassenhygiene blieb dabei unbeachtet: Möglicherweise war er den Autoren gar nicht gegenwärtig. Die Konsequenz ist eine doppelte: Der Rassenpolitik des NS-

239 Vgl. u.a. von Verschuer, *Leitfaden*, 125: »Das Judentum besitzt somit rassische, d.h. erbliche Eigenschaften, durch welche es sich von allen Völkern, im besonderen allen Völkern Europas unterscheidet.« Baur/Fischer/Lenz, *Grundriß* (1936), Bd. I, 747, 714.

Staates wird die Systematik abgesprochen, die sie bei allem polykratischen Aktionismus aus ihrer Legitimations- und Bezugswissenschaft, der Rassenanthropologie, dennoch bezog, und die Wissenschaft, d.h. die Rassenhygiene bzw. Rassenbiologie, wird von dem Verdikt der Begründung und Beteiligung an dieser Politik freigesprochen. Erst durch neuere Arbeiten erweist sich dieser Ansatz offenbar auch aus historischer Sicht als unhaltbar.[240]

Die Vorlaufentwicklungen vor allem zum »Blutschutzgesetz« sind hinreichend bekannt: von der beabsichtigten Ausgrenzung der Juden im Parteiprogramm der NSDAP von 1920 über Rosenbergs Forderungen nach einer Judengesetzgebung in seinem »Mythus« bis zu den verschiedenen von der Partei im Reichstag eingebrachten Gesetzentwürfen 1924 und 1930. In dem Entwurf der nationalsozialistischen Fraktion unter Frick von 1930 sollte »Rassenverrat« bestraft werden, der in der »Vermischung mit Angehörigen der jüdischen Blutsgemeinschaft oder farbiger Rassen zur rassischen Verschlechterung und Zersetzung des deutschen Volkes ...« zu sehen war. In einer Denkschrift *Nationalsozialistisches Strafrecht* des preußischen Justizministers Hanns Kerrl und seines Staatssekretärs Roland Freisler vom September 1933 wurde die zentrale Bestimmung des »Blutschutzgesetzes« schon vorweggenommen: »Rasseverrat« hieß nun Eheschließung und außerehelicher Geschlechtsverkehr zwischen Deutschblütigen und »Angehörigen fremder Blutsgemeinschaften«.[241] Gütt hatte in seinen *Rassepolitischen Richtlinien* schon

240 Vgl. Lothar Gruchmann, »›Blutschutzgesetz‹ und Justiz«, *Vierteljahreshefte für Zeitgeschichte*, 1983, *31*: 418-442; Otto Dov Kulka, »Die Nürnberger Rassengesetze und die deutsche Bevölkerung im Lichte geheimer NS-Lage- und Stimmungsberichte«, *Vierteljahreshefte für Zeitgeschichte*, 1984, *32*: 582-624. Kulka spricht die Fragwürdigkeit der Darstellungen Löseners wie auch ihre kritiklose Rezeption explizit an: 616, FN 116. Bernhard Lösener, »Als Rassereferent im Reichsministerium des Innern«, *Vierteljahreshefte für Zeitgeschichte*, 1961, *9*: 264-313; vgl. auch Hans Mommsen, »Die Realisierung des Utopischen: Die ›Endlösung der Judenfrage‹ im ›Dritten Reich‹«, *Geschichte und Gesellschaft*, 1983, *9*: 381-420, bes. 387, FN 20; auf den wissenschaftshistorisch begründeten Zusammenhang zwischen beiden Gesetzen und die vorausgegangene Planung verweist allein Bock, *Zwangssterilisation*, 100ff.

241 Zit. n. Gruchmann, »Blutschutzgesetz«, 419.

1924 Mischehen »mit allen staatlichen Machtmitteln« verhindert wissen wollen, und die »Glaubensbewegung deutscher Christen« forderte 1932 ebenfalls, »die Eheschließung zwischen Deutschen und Juden zu verbieten«.[242] Wer wußte, wo die Nationalsozialisten in der rassenhygienischen Diskussion standen, der konnte auch wissen, daß sie einen Eingriff in die Privatsphäre unter eugenischen und rassenbiologischen Gesichtspunkten anstreben würden, sobald sie die Macht dazu hätten.

Noch bevor sie sie im Staat errangen, setzten sie die Kontrolle über Eheschließungen in dem Bereich durch, über den sie bestimmten und der sich für eine quasi-experimentelle Realisierung rassenhygienischer Aufartungsmaßnahmen besonders anbot: im Orden der SS. Im Dezember 1931 erließ Himmler den SS-Befehl A Nr. 65 über die »Pflichten des SS-Mannes bei Verlobung und Heirat«, in dem der Zusammenhang der Strategien deutlich zum Ausdruck kommt: Der Befehl führte die Heiratsgenehmigung für alle SS-Angehörigen ein »in der Erkenntnis, daß die Zukunft unseres Volkes in der Auslese und Erhaltung des *rassisch und erbgesundheitlich* guten Blutes beruht ...« Die SS fühlte sich damit in einer rassenhygienischen Pionierrolle. Sie sei sich darüber klar, mit dem Befehl einen Schritt von großer Bedeutung getan zu haben. »Spott, Hohn und Mißverstehen berühren uns nicht, die Zukunft gehört uns.«[243]

Anläßlich des Nürnberger Parteitages wurde am 15. September 1935 das »Gesetz zum Schutze des deutschen Blutes und der Deutschen Ehre« in Verbindung mit dem Reichsbürgergesetz von dem dorthin einberufenen Reichstag verabschiedet, das nun mit dem staatlichen Verbot der Rassenmischung ernst machte. Fortan waren die Eheschließung und sogar der außereheliche Geschlechtsverkehr zwischen »Juden und Staatsangehörigen deutschen oder artverwandten Blutes« verboten. Lediglich die vor dem Inkrafttreten des Gesetzes am 17. 9. geschlossenen Ehen blieben davon unberührt.

Der systematische Zusammenhang zwischen erbmedizinischer

242 Gütt zit. n. Manfred Stürzbecher, »Die gesundheitspolitische Konzeption Arthur Gütts im Jahre 1924«, *Berliner Ärzteblatt*, 1971, *84*: 1076; Glaubensbewegung zit. n. Karl Saller, »Der Rassenmord und Heldenwahn des Nationalsozialismus«, Internationales Auschwitz Komitee (Hg.), *Unmenschliche Medizin*, Bd. 1, Warschau 1969, 74-193, 92.

243 *Die Ordensgesetze der SS*. SS Oberabschnitt West, Düsseldorf 1938.

Aus: E.H. Schulz/R. Frercks, Warum Arierparagraph? Ein Beitrag zur Judenfrage. 6. erweiterte Auflage (76.–80. Tausend) Berlin (Rassenpolitisches Amt der NSDAP) 1937. S. 57.

und rassenanthropologischer Strategie, der in den beiden eigenständigen Gesetzen (»Blutschutz«- und »Ehegesundheitsgesetz«) zum Ausdruck kommt, läßt deren getrennte Formulierung und Verabschiedung als den erklärungswürdigen Umstand erscheinen, für den die vielfältig zitierten besonderen Umstände des Nürnberger Parteitags angeführt werden mögen. Für Fachleute, sofern sie nationalsozialistisch gesonnene Rassenhygieniker waren, war dieser Zusammenhang selbstverständliches Programm.[244] Es ist deshalb nicht überraschend, daß Gütt Ende September 1935 anläßlich der Beratungen zur Vorbereitung des Ehegesundheitsgesetzes und nach Erlaß des »Blutschutzgesetzes« berichtete, daß es ursprünglich geplant gewesen sei, den ›Blutschutz‹ als Verbot von Ehen mit Angehörigen ethnisch unerwünschter Gruppen und den ›Erbschutz‹ als Verbot von Ehen mit Angehörigen eugenisch unerwünschter Gruppen in einem einzigen Gesetz »gegen volksschädliche Ehe« zu regeln.[245] Dieselbe Logik des Zusammenhangs wird auch dadurch offensichtlich, daß beide Gesetze in gemeinsamen Gesetzeskommentaren dargestellt und erläutert wurden, und schließlich unterlag die Ausführung der Gesetze denselben Behörden, nämlich den Gesundheits- und Standesämtern.[246] Bei Stuckart und Schiedermair hieß es 1939 in einer Definition, die ganz eindeutig auf die lange Diskussion innerhalb der Rassenhygiene zurückging: »Erbgesundheit und Rassenreinheit lassen sich *nicht voneinander trennen*... Während die rassenpolitischen Maßnahmen die Geschlossenheit und die Wesensechtheit der deutschen Persönlichkeit und dadurch die Harmonie des Volkskörpers gewährleisten sollen, sollen die rassenhygienischen und erbpflegerischen Maßnahmen die körperliche, geistige und seelische Gesundung und

244 Vgl. dazu den bereits zitierten Martin Staemmler, *Rassenpflege im völkischen Staat*, München/Berlin 1933, 49.

245 Niederschrift über die kommissarische Beratung am 25. 9. 1935 betr. Entwurf eines Gesetzes zum Schutze der Erbgesundheit des deutschen Volkes; BAK R 2/12042. Zit. n. Bock, *Zwangssterilisation*, 101.

246 Vgl. Wilhelm Stuckart/Hans Globke, *Reichsbürgergesetz, Gesetz zum Schutz des deutschen Blutes und der deutschen Ehre, Gesetz zum Schutze der Erbgesundheit des deutschen Volkes (Ehegesundheitsgesetz).* (Kommentar zur deutschen Rassegesetzgebung, Bd. I), München/Berlin 1936; Arthur Gütt/Herbert Linden/Franz Maßfeller, *Blutschutz- und Ehegesundheitsgesetz*, München 1936.

Gesundheit der lebenden und kommenden Geschlechter verbürgen. In ihrem Zusammenwirken sichern sie den biologischen Bestand des Volkes.«[247]

Unabhängig von der wissenschaftssystematisch begründeten Verbindung zwischen Erb- und ›Blutschutz‹ verdankte sich das ›Blutschutzgesetz‹ (zusammen mit den anderen Nürnberger Gesetzen) zusätzlichen politischen Motiven und dem Kontext im Vorfeld des Parteitags. Die unkontrollierten Ausschreitungen von Anhängern der nationalsozialistischen Bewegung gegen jüdische Mitbürger im Verlauf des Jahres 1934 und im ersten Halbjahr 1935 zeigten, daß nunmehr die Saat des ursprünglich anthropologisch begründeten Rassismus auf dem Feld politischer Vereinfachungen, Vorurteile und Radikalisierungen aufgegangen war. Der überstürzte Formulierungs- und Verkündungsprozeß der Gesetze kann als Reaktion auf diese das Regime zunehmend beunruhigenden, wilden Einzelaktionen gegen die Juden erklärt werden.[248] Die antijüdische Hetze richtete sich zunehmend auf einen Aspekt, der selbst in einer gegen die Rassenmischung gerichteten rassenhygienischen Strategie keinen Stellenwert hatte: die »Rassenschande«, d.h. den bloßen Geschlechtsverkehr mit ›Fremdrassigen‹. Der Topos der ›Schändung‹ deutscher Mädchen durch Juden, der für die Hetzkampagnen kennzeichnend wurde, gipfelte in der absurd pseudowissenschaftlichen Begründung des *Stürmer*-Herausgebers Julius Streicher von der ›Imprägnierung‹ der Scheide arischer Frauen durch den Samen eines Juden, die das Gebären ›reinblütiger Arier‹ ein für allemal unmöglich machen sollte.[249] Das »Blutschutzgesetz« enthielt daher auch neben der rassenhygienischen Intention eine rassenpolitische. Der Ministerialdirektor im Reichsjustizministerium, Otto Crohne, erklärte die Absicht des Gesetzgebers: »Ob eine Rassengefährdung besteht, also ein

247 Wilhelm Stuckart/Rolf Schiedermair, *Rassen- und Erbpflege in der Gesetzgebung des Dritten Reiches*, Leipzig 1939, 86 (unsere Hervorhebungen).

248 Von historischer Seite wird außerdem betont, daß die Gesetzgebung darauf abzielte, weitergehende Forderungen der NSDAP insbesondere hinsichtlich der Arisierung durch Beschwichtigung abzuwehren. Korrespondenz mit Hans Mommsen.

249 Vgl. Lösener, »Pressereferent«, 277f. Diese These war Gegenstand des Konflikts zwischen Streicher und Loeffler.

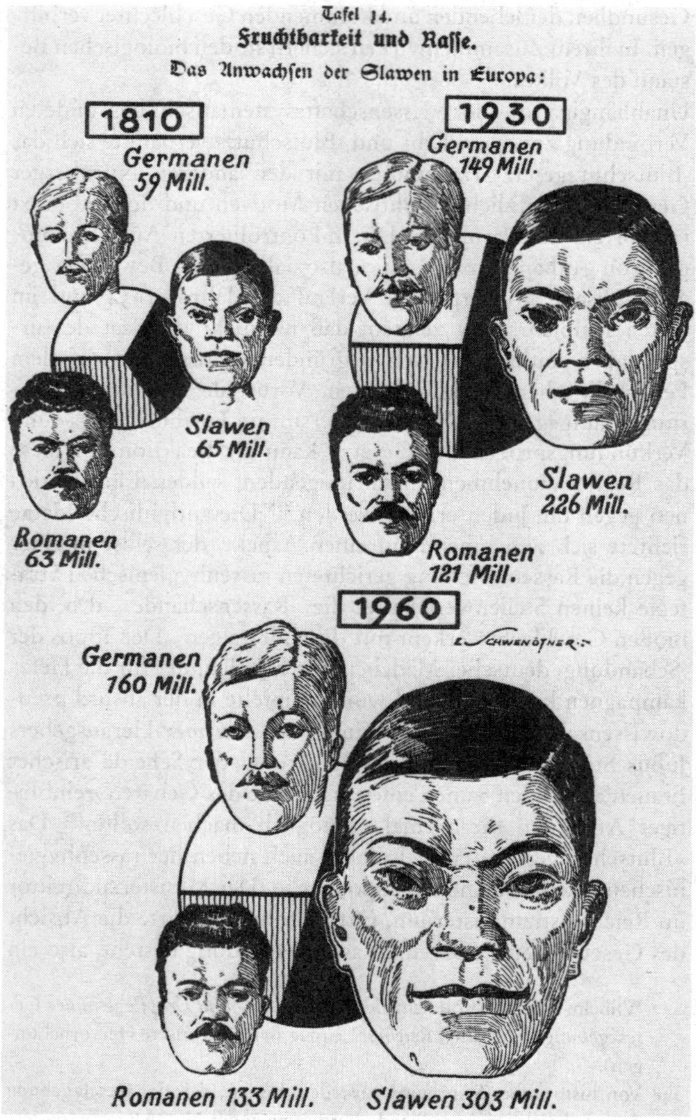

Aus: Otto Helmut (Hrsg.), Volk in Gefahr. Der Geburtenrückgang und seine Folgen für Deutschlands Zukunft. München/Berlin (J.F. Lehmanns Verlag) 1939. S. 33.

Bastard erzeugt werden kann, ist gleichgültig. Auch der Geschlechtsverkehr mit einer Unfruchtbargemachten oder mit einer Dirne ist strafbar, da das Gesetz nicht nur das deutsche Blut, sondern auch die deutsche Ehre schützen will.«[250]
Der ›politische Überschuß‹ des Gesetzes zeigte sich aber auch noch an einer anderen Frage: der Bestimmung der Fremdrassigkeit und der Behandlung der Mischlingsfrage im Vorfeld der Beratungen über die Rassengesetzgebung. Bei den Beratungen über die Strafrechtsreform mußte Lösener auf die Frage nach eindeutigen Kriterien der Bestimmung dessen, welche Rassen als fremd zu gelten hätten, eingestehen, daß »darüber auch im Reichsinnenministerium die Meinungen auseinandergingen und der Begriff der Rasse völlig unbestimmt sei«.[251] Da weder das »Blutschutzgesetz« noch das »Reichsbürgergesetz« eine Definition des »Juden« bzw. des »Mischlings« gaben (sie wurde erst mit der ersten Verordnung zum Gesetz vom 14. 11. 1935 geliefert), setzte zwischen Partei und Verwaltung nun der Kampf darüber ein, wie diese Begriffe zu bestimmen seien. In dieser Auseinandersetzung, in der es um die Präzisierung des Gesetzestexts und um die Anwendung des Gesetzes ging, verflochten sich politisch pragmatische Kalküle mit wissenschaftlich legitimatorischen Begründungen.

Die ›Mischlingsfrage‹ zwischen wissenschaftlicher Legitimation und politischer Pragmatik

Schon bei den Beratungen über die Strafrechtsreform hatte das Justizministerium offenbar außenpolitische Gründe bemühen müssen, um die Argumente der radikalen Verfechter der Rassengesetzgebung wie Freisler zu neutralisieren, die die »Fremdrassigkeit« und damit die negative Bewertung gleichermaßen auf Juden und Farbige angewandt sehen wollten. Die gleichen Rücksichtnahmen mögen es gewesen sein, die der Betonung des Prinzips der »Andersartigkeit« gegenüber dem der »Anderswertigkeit« als »Grundlage der Rassenschutzgesetzgebung« zugrunde lagen. Werturteile über Angehörige anderer Rassen und Völker

250 Otto Crohne, »Das Rasseschutzstrafrecht«, *Deutsche Justiz*, 1938, *100*: 1640-1641.

251 Zit. n. Gruchmann, »Blutschutzgesetz«, 423.

sollten nicht gefällt werden, zumal sich unter den artfremden Völkern sehr hochstehende befänden, erklärten Stuckart und Schiedermair, sich selbst im gleichen Satz widersprechend und entlarvend.[252]

Für die Juden galten derartige Erwägungen hingegen nicht. Sie stellten ein »Rassengemisch«, eine »sekundäre« und »durch und durch minderwertige Rasse« dar, die Vorschriften unterworfen werden könne, die »ihre Rechtfertigung daher nicht nur in der Andersartigkeit, sondern auch in der Anderswertigkeit des Judentums« fänden.[253] So wenig diese Argumentation durch eine noch so abenteuerliche rassenbiologische Argumentation zu stützen war, so wenig waren es auch die Überlegungen zur Frage der ›Mischlinge‹, auch wenn ihnen der rassenkundliche Anschein verliehen wurde. Bereits im Vorfeld der Verabschiedung des »Blutschutzgesetzes« war die Frage der Anwendung nur auf ›Volljuden‹ oder auch auf Mischlinge einer der Gründe für die Verzögerung des angekündigten Gesetzes gewesen. Nachdem Hitler die Beschränkung der Vorschriften auf die ›Volljuden‹ aus dem Entwurf gestrichen hatte, wurde die genaue Abgrenzung des betroffenen Personenkreises notwendig.

Hinter den Kulissen wurde die Frage diskutiert, wie neben den geschätzten »60000 Volljuden« mit den etwa 300000 jüdischen ›Mischlingen‹ zu verfahren sei: ebenfalls »Ausschluß aus der Fortpflanzungsgemeinschaft« oder »Aufsaugung in den deutschen Volkskörper«? Für den Leiter der Abteilung Volksgesundheit im RMI, Gütt, waren die »Mendelschen Gesetze« ein wichtiger Teil der Argumentationsgrundlage in der Diskussion um die Stoßrichtung der »Nürnberger Gesetze«. Aus ihnen war ableitbar, daß sich durch »Aufsaugung« der jüdischen Mischlinge »ein völliges Verschwinden der jüdischen Merkmale nicht erreichen (läßt). Es können also durch immer weitere Vermischung weder mit Halbjuden, noch mit Vierteljuden reine deutschblütige Menschen entstehen.« Allerdings sei von Generation zu Generation mit einer fortschreitenden »Verdünnung« jüdischer Erbeigenschaften zu rechnen, »vorausgesetzt, daß nicht wieder eine Rückkreuzung mit Juden oder Mischlingen eintritt. Nach vielen Generationen wird also der reine Arier-Typ

252 Stuckart/Schiedermair, *Rassen- und Erbpflege*, 10.

253 Stuckart/Schiedermair, *Rassen- und Erbpflege*, 12.

wenigstens annähernd erreicht werden. Sicher wird aber der jüdische Einschlag in diesem oder jenem Merkmal trotzdem nachweisbar bleiben. Will man, so Gütt, »eine neue jüdische deutsche Mischlingsrasse nicht verewigen«, wird man »den Vierteljuden... die Heirat mit deutschblütigen Personen ohne Einschränkung gestatten müssen, die Ehe mit Volljuden oder jüdischen Mischlingen aber zu verbieten haben«. Für die Gruppe der ›Halbjuden‹ sollte nach Gütt die Ehe mit »deutschblütigen Personen« nur nach einer Auslese auf Grund einer besonderen Genehmigung gestattet werden. Bei alledem »gibt es eine biologisch völlig befriedigende Lösung überhaupt nicht«.[254]

Auch für den Ministerialrat im RMI, Lösener, der mit Datum vom 11. 10. 1935 »Material zur Lösung der Halbjudenfrage« vorlegte, war die Vererbungslehre im Prinzip als Argumentationsrahmen verbindlich.[255] Für Lösener standen »drei Lösungen zur Erörterung«: 1. »Sortierung« der Betroffenen durch behördliche Einzelentscheidungen, 2. Gleichstellung mit den »Volljuden« und 3. automatische »Sortierung« aufgrund allgemeiner Kriterien. Einzelentscheidungen erachtete Lösener als unpraktikabel. »Wenn jeder Halbjude genau zu 50% germanisches und zu 50% jüdisches Blut nebst den damit verbundenen Eigenschaften hat, so ist eine Sortierung nach dem Gesichtspunkte, welche der beiden Erbmassen im einzelnen Halbjuden überwiegt, nicht möglich. Die Sortierung kann daher nur nach dem äußeren Erscheinungsbild oder nach familiengeschichtlichen, wirtschaftlichen oder gesamtpolitischen Gesichtspunkten geschehen, nicht aber nach rassenbiologischen. Jeder Halbjude hat mehrere tausend jüdische und deutsche Eigenschaften, die getrennt voneinander mendeln. Am wichtigsten sind die inneren Eigenschaften, und gerade diese entziehen sich weitgehend der behördlichen Feststellung.« Da man zudem nicht sagen kann, »wie die Nachkommen mendeln werden, da der lebende Halbjude nicht nur dominante, sondern auch verdeckte Erbmasse weitervererbt«, könne eine »behördliche Sortierung... daher zu zahllosen rassebiologischen Fehlentscheidungen führen. Sie hält vor einer objektiven Kritik der einschlägigen Rasse- und Bevölkerungswissenschaft nicht stand, da im letzten Grunde eine Sortierung nur

254 Vorlage Gütts vom 25. 9. 1935; BAK R 18/5513.
255 BAK R18/5513.

auf gesamtpolitischen Erwägungen beruhen kann. Einer gegen den deutschen Rassegedanken gerichteten Propaganda des Auslandes aus diesen wissenschaftlichen Gesichtspunkten könnte schwerlich entgegengetreten werden.«[256] Lösener sprach sich auch gegen eine prinzipielle Gleichstellung von »Voll- und Halbjuden« aus: »Der Halbjude ist als Feind grundsätzlich ernster zu nehmen als der Volljude, da er neben jüdischen Eigenschaften ebenso viele germanische hat, die dem Volljuden fehlen. Das deutsche Judentum ... würde um rund 200000 Halbjuden verstärkt, also um ein volles Drittel seines bisherigen Bestandes. Neben der zahlenmäßigen Stärkung des Feindes würde ihm eine germanische Erbmasse zugeführt, die der Hälfte der Anzahl der Juden gleichkäme, also 100000 Germanen in Form verteilter Erbmasse.«[257] Solcherart virulente »rassepolitische Gefahren« drängten Lösener zur Propagierung der 3. Lösung, innerhalb deren die Zugehörigkeit zur jüdischen Religionsgemeinschaft zum ausschlaggebenden Kriterium würde: »Die Berücksichtigung dieser der Stimme des Blutes folgenden Selbstentscheidung des Halbjuden (oder der Entscheidung seiner Eltern) hält jeder objektiven Kritik, auch vom Ausland her, stand.« Allerdings könnten dann »dem deutschen Blut die jüdische Hälfte der Erbmasse jedes künftig deutsch heiratenden Halbjuden zugeführt« werden, ein bedenkenswerter Tatbestand, den Lösener allerdings durch folgende Rechnung relativiert sieht. Da er die für eine Ehe mit »Deutschblütigen« überhaupt dann noch in Frage kommenden »Halbjuden« auf etwa 80000 Personen schätzte und »da diese 80000 aber nur zur Hälfte jüdische Erbmasse haben, so ergibt sich – auf Erbmasse umgerechnet – die Übernahme von rund 40000 Juden in das deutsche Blut. Diese geringe Menge verteilt sich unter 67 Millionen Reichsdeutsche. Rechnerisch beträgt die Zufuhr 0,05 vom Hundert oder 1/2 vom Tausend.« In ähnlicher Weise fortfahrend, erklärte Lösener: »200000 Halbjuden werden zu Anhängern anstatt zu Feinden des neuen Staates (also 200000 plus anstatt 200000 minus, somit Differenz 400000!)«. Für ihn könnten »die rassebiologischen Bedenken, die an sich schon gering sind, ... den Vorteilen der Lösung gegenüber kaum ins Gewicht fallen«.[258]

256 BAK R18/5513, 14f.
257 BAK R18/5513, 6.
258 BAK R18/5513, 12, 13, 15.

Es muß hier hinzugefügt werden, daß die Ausführungen Löseners im Zusammenhang mit der Formulierung der Ausführungsverordnungen zum »Reichsbürgergesetz« und zum »Blutschutzgesetz« standen. Aus einer Gegenüberstellung der Fassung des RMI mit einer Fassung Wagners wird ersichtlich, welche Funktion rassenbiologischen Argumenten zukam. Wagners Fassung wurde zugestanden, »überwiegend rassebiologische Gesichtspunkte« zu berücksichtigen und »den Vorzug« zu haben, »daß ein größerer Kreis von Halbjuden zum Judentum geschlagen wird, als nach der Fassung MdJ. Da die Fassung Dr. Wagner aber fast alle anderen Momente unberücksichtigt läßt, ergeben sich daraus Nachteile und Gefahren für das deutsche Volk, die der Entwurf MdJ vermeidet«. Mit den ›anderen Momenten‹ waren wirtschaftliche, wehrpolitische und innenpolitische ›Bedenken‹ gemeint.[259]

Verfolgte man auf seiten der Ministerialbürokratie eine unter Praktikabilitätserwägungen stehende vergleichsweise pragmatische Lösung vorsichtiger »Aufsaugung« der »artfremden Erbmasse«, so gingen die Vorschläge des Jenaer Rassenhygienikers und -politikers Karl Astel in eine ganz andere Richtung. In einem Schreiben an Himmler vom 8. 10. 1935 warnte Astel davor, »die Judenmischlinge aller Grade zu resorbieren, d.h. ihre Erbanlagen in rein deutsche Sippen hineinzupumpen, um sie auf diese Weise zu eliminieren«. Die Annahme, daß eine ausgegrenzte jüdische Mischlingspopulation sich in besonderer Weise vermehren würde und von daher besser »absorbiert« werden solle, erachtete Astel als grundlegend falsch. In dieser Frage sei »der Führer... unerhört falsch beraten worden. Genau das Gegenteil von dem was behauptet wird, ist nämlich Tatsache.« Astel zufolge »vermehren sich die (300000) Judenmischlinge, auf sich selbst angewiesen und gegen die Fortpflanzungsgemeinschaft der judenfreien Deutschen abgegrenzt, nicht auf 3 Millionen in 6 Generationen, sondern sie vermindern sich unter Zugrundelegung ihrer wirklich vorhandenen Fortpflanzungsziffer in 4 Generationen auf 300 Exemplare, das ist völlig sicher«.[260] In den beigelegten und als »vertraulich« und »geheim« deklarierten »Wichtige(n) Gesichtspunkte(n) zu den Ausführungsbestim-

259 Gegenüberstellung der Fassung Dr. Wagner und der Fassung MdJ, 2. 11. 1935; BAK R18/5514.

260 DC Berlin/Akte Astel.

Der Lehrer erklärt seinen Schülern an der Rassentafel die Hauptmerkmale des nordischen Menschen, wobei ein nordischer Knabentyp zum Vergleich Modell steht

Aus: Neues Volk. Heft 7/1934. S. 9.

mungen der Nürnberger Gesetze« präzisierte Astel seine Darlegung über das »spontane Aussterben« sowohl der »Volljuden« wie der »Judenmischlinge« in wenigen Generationen – unter Zugrundelegung der geringen Fortpflanzungsziffern und bei erfolgter Isolation.
Als Ordinarius für »Menschliche Erbforschung und Rassenpolitik« nahm Astel auch Stellung zur Problematik des »Aufsaugens« der Mischlinge im deutschen »Volkskörper«, unter Bezug auf die Vererbungsgesetze: »Durch Aufkreuzen mit deutschen Erbströmen im Laufe der Zeit die jüdischen Erbanteile zu ›eliminieren‹ ist überhaupt unmöglich. Das jüdische Wesen beruht ja nicht auf einer einzigen den Vererbungsgesetzen unterworfenen Anlage, sondern ist in einer großen Anzahl von Erbanlagen verankert, die sich nach den Vererbungsgesetzen unabhängig voneinander vererben und die, einmal im deutschen Volke verteilt, immer wieder durch die Ehen von mit solchen Anlagen belasteten deutschen Volksgenossen von neuem zusammengeführt werden. So entstünden immer wieder Menschen jüdischen Gepräges, Charakters und Denkens im deutschen Volk, die sich aufgrund ihrer Anlagen und bei der Möglichkeit, die vollen Rechte des Reichsbürgers zu erwerben, in seiner Führung, Wissenschaft und Kultur ständig bemerkbar machen würden, um eines schönen Tages die nationalsozialistische Idee zu zersetzen und zu beseitigen.«[261]
Astels Vorstellungen wurden in dieser Schärfe in den ersten Jahren nach Verabschiedung des »Blutschutzgesetzes« nicht umgesetzt. Im staatlichen Bereich wurde im Gegensatz zur Organisation der Partei und deren Gliederung nur zwischen Mischlingen 1. Grades (»Halbjuden«; nach der Volkszählung 1939 etwa 7200 Personen) und 2. Grades (»Vierteljuden«, etwa 39000 Personen) unterschieden. Mischlinge 3. oder minderen Grades konnten allerdings weder Erbhofbauern noch Parteigenossen werden, da hier an die »Reinheit des Blutes« besondere Ansprüche gestellt wurden. Zur Vermeidung individueller Härten konnten Mischlinge den »Deutschblütigen« persönlich gleichgestellt werden; sie erhielten dann einen vom Reichssippenamt auf »deutschblütig« ausgestellten Abstammungsbescheid. »Dieser Abstammungsbescheid ist zwar durch seine hellblaue Farbe gekenn-

261 DC Berlin/Akte Astel, 2f.

zeichnet, doch tritt diese Kennzeichnung für den Uneingeweihten nicht erkennbar in Erscheinung.«[262]

Aus diesem kleinen Ausschnitt der Diskussionen um die Verordnungen und die Durchführung des »Blutschutz-« und »Reichsbürgergesetzes« zwischen Ministerialbürokratie und Partei – bis zum Juli 1943 sollten die Rassengesetze 13 Nachfolgeverordnungen erleben – ergibt sich scheinbar eine Bestätigung der These, wonach die Rassenpolitik der Nationalsozialisten durch die Ideologie nicht hinreichend erklärt ist. Das ist jedoch nicht das eigentlich Überraschende. Erstaunlicher erscheint vielmehr, daß die Wissenschaft, konkret die Vererbungstheorie, zu einem verbindlichen Bezugsrahmen der Argumentationen geworden war. Radikale Zielsetzungen und pragmatischere Kalküle waren gleichermaßen an diesen Bezugsrahmen gebunden und mußten sich über ihn rechtfertigen, sei es durch radikalisierende und zum Teil unsinnige Ausdeutungen, sei es durch pragmatische Abwägungen. Insofern gilt Broszats These, daß die »Phraseologie ... sich schließlich selbst ›beim Wort nehmen‹« mußte, nicht nur für die Ideologie der Partei, sondern auch und wahrscheinlich in stringenterer Weise für deren wissenschaftliche Teilstücke.[263] Stringenter deshalb, weil die wissenschaftliche Grundlage der Rassengesetzgebung, die vererbungstheoretisch fundierten Rassenlehren, beileibe nicht in derselben Weise beliebig verfügbar waren wie die ideologischen Versatzstücke der Rassenpolitik. Als Beispiel sei hier eine Episode aus dem Jahr 1943 erwähnt: In der ›Frage weit zurückreichenden fremden (jüdischen) Rasseneinschlags‹ kam Schultz in einem den Stand der Chromosomenforschung berücksichtigenden Gutachten zu dem Schluß, daß von der 3. Generation an »nicht mehr mit dem Vorhandensein auch nur eines vom Juden stammenden Chromosoms gerechnet werden« könne. Himmler reagierte mit dem Vorwurf, das Gutachten Schultz' sei »wissenschaftlich in meinen Augen überhaupt nicht haltbar«. Als Schultz daraufhin seine wissenschaftlichen Kollegen wie Astel, Heberer, Lenz und andere um ihre Stellung-

262 Ausarbeitung über die »Bearbeitung von Mischlingsfragen« in der Reichskanzlei aus dem Jahre 1944; BAK/ Sammlung Schumacher 240/1, 1-42, 7.

263 Vgl. Martin Broszat, »Soziale Motivation und Führer-Bindung des Nationalsozialismus«, *Vierteljahreshefte für Zeitgeschichte*, 1970, *18*: 392-409, 408; sowie Mommsen, »Realisierung des Utopischen«, 399.

nahme bat, mußte selbst der radikale Astel, dessen Reaktion allein erhalten ist, zugestehen, daß sich seine Stellungnahme bezüglich des Chromosomenmechanismus »natürlich nicht von der der anderen Gutachter« unterscheide. Seine weiteren Schlußfolgerungen waren damit politischer Natur.[264] Das ist nicht mit dem Umstand zu verwechseln, daß die politische Operationalisierung der menschlichen Vererbungstheorien in Anwendung auf die Rassenpolitik eine Fülle von zum Teil auch absurd erscheinenden Ausdeutungen zuließ. Die Vererbungstheorien waren gerade deshalb ideologisch funktionalisierbar, weil den Ansprüchen der Anwendbarkeit keine entsprechende theoretische Sicherheit entsprach.

›Ehetauglichkeit‹

»Die Familie ist nach nationalsozialistischer Anschauung die Keimzelle des Volkes (und) nur die ehegesunde Familie kann die Garantin der Erbgesundheit des Volkes sein.« Das Ehegesundheitsgesetz vom 18. 10. 1935 sollte diesem Grundsatz gemäß die »Schließung erbungesunder Ehen« verhindern und dem Volk »zu einer natürlichen Auffassung vom Wesen der Ehe« verhelfen.[265] Zu einem kategorischen Verbot der Ehe führten: die im GzVeN von 1933 aufgestellten acht Erbkrankheiten (inklusive der Unmöglichkeit einer ehelichen Verbindung eines/r unfruchtbaren bzw. sterilisierten erbkranken Verlobten mit einer/m erbgesunden Verlobten wegen eines »Ausfall(s) erbgesunden Nachwuchses«); ansteckende Krankheiten der Probanden im Hinblick auf deren Nachkommenschaft (das Gesetz zur Bekämpfung der Geschlechtskrankheiten vom 18. 2. 1927 hatte bereits das Verschweigen einer Geschlechtskrankheit dem Verlobten gegenüber zum Straftatbestand gemacht) bei gleichzeitiger Möglichkeit der Aufhebung des Verbotes bei Heilung; eine bestehende Entmündigung (Annahme, »daß ein Entmündigter regelmäßig Träger minderwertiger Erbanlagen« sei und zudem »unfähig, ... ein geordnetes Familienleben zu führen«); sowie eine diagnostizierte »Geistesstörung« (Psychosen, Psycho-

264 S. BAK/Sammlung Schumacher 240 II, Bd. 2: Gutachten Schultz vom 12. 11. 1943, Reaktion Himmlers; Brief Astels vom 12. 2. 1944.

265 Stuckart/Schiedermair, *Rassen- und Erbpflege*, 106, 107.

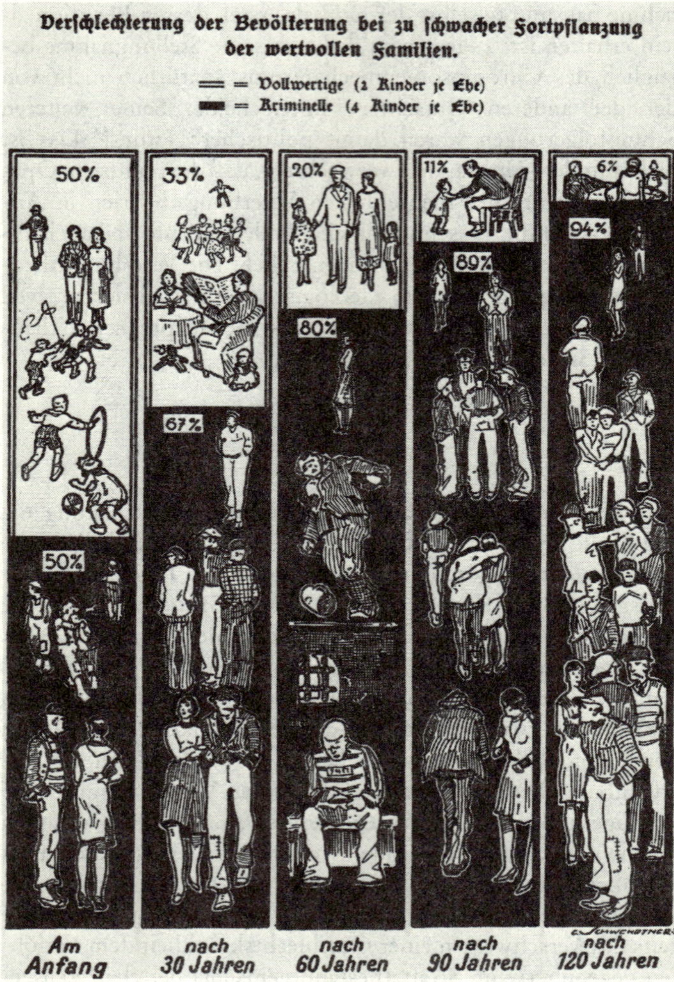

Aus: Otto Helmut (Hrsg.), Volk in Gefahr. Der Geburtenrückgang und seine Folgen für Deutschlands Zukunft. München/Berlin (J.F. Lehmanns Verlag) 1939. S. 31.

pathien), die die »Unerwünschtheit der Ehe für die Volksgemeinschaft« nahelegt.[266]

Neben diesen vier Verbotsregeln für die »schweren Fälle« wurde eine ärztliche Eheberatung der Verlobten bei den örtlichen Gesundheitsämtern in der Form obligatorisch gemacht, daß bei jeder Eheschließung die Vorlage eines (amts)ärztlichen »Ehetauglichkeitszeugnisses« gefordert war. Dieses Zeugnis hatte eine Gültigkeit von sechs Monaten und bescheinigte der Ehe – neben der Erbgesundheit des Paares – zudem, »daß das Ehehindernis des artfremden Bluteinschlags nicht gegeben ist«; für beide Verlobte wurde *ein* Zeugnis ausgestellt.[267] Im Falle eines negativen Bescheids war die Anrufung des örtlichen Erbgesundheitsgerichts möglich. Eine ärztliche Untersuchung durch dieses Gremium konnte nicht erzwungen werden, führte aber bei Weigerung der Verlobten zum Versagen des Zeugnisses; als letzte Instanz fungierte das Erbgesundheitsobergericht (wie im GzVeN).

Dies waren die Intentionen des Gesetzes, das auf dem Hintergrund der Systematik der Erb- und Rassenpflege die notwendige Ergänzung des Sterilisations- und des »Blutschutzgesetzes« darstellte. Wie das »Blutschutzgesetz« ging das »Ehegesundheitsgesetz« über das Sterilisationsgesetz hinaus, insofern es nicht nur die relativ kleine Gruppe der Erbkranken erfaßte und von der Fortpflanzung ausschloß, sondern sich im Prinzip auf die Gesamtbevölkerung erstreckte und die Fortpflanzungsauslese zumindest für den institutionellen Rahmen der Ehe bewirken sollte.

Die Praxis fiel allerdings dahinter zurück. Bezüglich der »Ehetauglichkeitszeugnisse« galt noch 1939 eine sogenannte »Übergangsregelung«, der zufolge ein Ehetauglichkeitszeugnis vor der Eheschließung »nur dann beizubringen (sei), wenn der Standesbeamte begründete Zweifel hat, ob ein Ehehindernis nach § 1 EhegesG. vorliegt«. Die Untersuchung sämtlicher Heiratswilligen auf Ehetauglichkeit würde den erst seit kurzer Zeit eingerichteten Gesundheitsämtern eine Mehrarbeit bringen, der sie mit den zur Zeit vorhandenen Arbeitskräften nicht gewachsen wären. »Deshalb tritt die Vorschrift, daß in jedem Falle vor der

266 Stuckart/Schiedermair, *Rassen- und Erbpflege*, 109-111.
267 Stuckart/Schiedermair, *Rassen- und Erbpflege*, 113.

Eheschließung ein Ehetauglichkeitszeugnis beizubringen ist, erst zu einem späteren Zeitpunkt in Kraft, den der Reichsminister des Innern bestimmt.« (§ 8,2 EhegesG.) Solange hatte der Standesbeamte, kein Mediziner also, »die Verlobten vor der Eheschließung auch darüber zu befragen, ob ihnen Ehehindernisse nach dem Ehegesundheitsgesetz bekannt sind«, bei Strafbarkeit wissentlich falscher Aussagen: Die Erklärung der Verlobten, daß ihnen Ehehindernisse nach dem Gesetz nicht bekannt seien, hatte der Standesbeamte ohne besondere Nachprüfung als zutreffend anzusehen und auf Anforderung eines Ehetauglichkeitszeugnisses zu verzichten. Konnten die Verlobten die Erklärung nicht abgeben oder waren dem Standesbeamten Tatsachen bekannt, die die Erklärung als unrichtig erscheinen ließen, so hatte der Standesbeamte die Eheschließung von der Vorlegung eines Ehetauglichkeitszeugnisses abhängig zu machen.[268]

Die 10000 Personen, die im Verlauf der Jahre 1934-1937 von einer Berliner Eheberatungsstelle untersucht und sogleich in Erbkarteien erfaßt wurden, täuschen darüber hinweg, daß das Ehegesundheitsgesetz nie durchgesetzt wurde. Auch die erhebliche personelle Verstärkung der Gesundheitsämter reichte nicht aus, um der arbeitstechnischen Schwierigkeiten Herr zu werden, die die Erstellung der Ehetauglichkeitszeugnisse mit sich brachte. So mußte Gütt 1938 Himmler gegenüber eingestehen, daß die Ressourcen des RGA nicht ausreichten, um alle Heiratswilligen mit Gesundheitszeugnissen auszustatten. Die umfassenden Untersuchungen würden nur dann angeordnet, wenn die Ehetauglichkeit fraglich wäre, auf diese Weise würde das »gröbste Unheil« verhindert, ohne den gesamten Prozeß der Heiraten zum Halten zu bringen.[269] Im Sippenamt des RuSHA, wo seit dem SS-Heiratsbefehl vom 13. 12. 1931 über die ›Heiratsgenehmigungen‹ für SS-Männer entschieden wurde, hatte man übrigens schon einschlägige Erfahrungen gesammelt. Brieflich monierte Himmler am 18. 5. 1937 bei dem damaligen RuSHA-Chef Darré, daß zu seinem »Schrecken und Erstaunen« über 20000 Heiratsgesuche von SS-Angehörigen unbearbeitet beim RuSHA anhängig seien, und selbst der Führer hätte gefragt, ob die Insti-

268 Zit. n. Stuckart/Schiedermair, *Rassen- und Erbpflege*, 115, 116.
269 Brief Gütts an Himmler vom 7. 2. 1938; BAK NS 19/ 3434

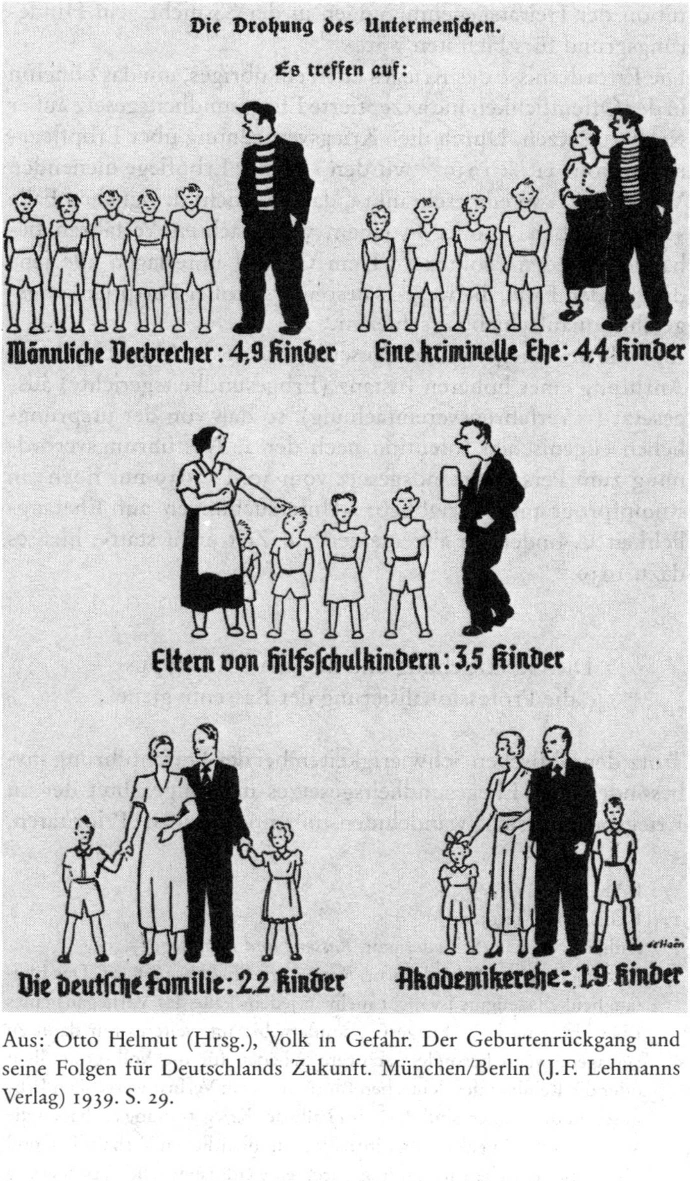

Aus: Otto Helmut (Hrsg.), Volk in Gefahr. Der Geburtenrückgang und seine Folgen für Deutschlands Zukunft. München/Berlin (J. F. Lehmanns Verlag) 1939. S. 29.

tution der Heiratsgenehmigungen in der SS nicht »ein Hinderungsgrund fürs Heiraten wäre«.[270]

Die Erfordernisse des Krieges taten ein übriges, um das ohnehin in der Öffentlichkeit nie akzeptierte Ehegesundheitsgesetz außer Kraft zu setzen. Durch die »Kriegsverordnung über Erbpflegerecht« vom 31. 8. 1939[271] wurden »die der Erbpflege dienenden Verfahren ... so eingeschränkt«, daß alle nicht dringlichen Fälle »aufgeschoben ... oder in einem vereinfachten Verfahren behandelt werden« sollten.[272] Dem GzVeN unterlagen alle jene dringenden Fälle, die wegen »besonders großer Fortpflanzungsgefahr« unaufschiebbar schienen.

Im Falle des Ehegesundheitsgesetzes wurde die Möglichkeit der Anrufung einer höheren Instanz (Erbgesundheitsgerichte) ausgesetzt (=Verfahrensvereinfachung), so daß von der ursprünglichen eugenischen Intention nach der 2. Ausführungsverordnung zum Personenstandsgesetz vom 30. 8. 1939 nur noch ein Rumpfprogramm übrigblieb; »Untersuchungen auf Ehetauglichkeit ... finden im allgemeinen zur Zeit nicht statt«, hieß es dazu 1939.[273]

Die Gesetzgebung und der ›neue Arzttypus‹ – die Professionalisierung der Rassenhygiene

Trotz der faktischen Schwierigkeiten bei der Durchführung insbesondere des Ehegesundheitsgesetzes und ungeachtet der zu Kriegsbeginn sich wandelnden innenpolitischen Prioritäten,

270 BAK NS 2/41.
271 RGBl. 1939, I: 1560.
272 Anhang Stuckart/Schiedermair, *Rassen- und Erbpflege*, 7.
273 Anhang Stuckart/Schiedermair, *Rassen- und Erbpflege*, 8: »1. Das Ehetauglichkeitszeugnis ist nicht mehr in jedem Falle des Vorliegens eines Eheverbots nach §1 EhegesG., sondern bis auf weiteres nur dann zu versagen, wenn besonders schwere Schäden für die Volksgesundheit oder die Reinheit des deutschen Blutes oder ein Verlust wertvollen Erbgutes zu befürchten sind. §62. Im Falle der Kriegstrauung ... haben die Verlobten die Angaben über ihre erbgesundheitlichen Verhältnisse und über ihre rassische Einordnung durch eine eidesstattliche Versicherung zu bekräftigen. Die Beibringung eines Ehetauglichkeitszeugnisses darf nicht verlangt werden.«

führte die Verwirklichung der rassenhygienischen Utopien in Form der Erb- und Rassenpflegegesetzgebung zu der ›Quasi-Professionalisierung‹, die sich die Rassenhygieniker vom nationalsozialistischen Staat erhofft hatten. Der Verschuer-Schüler Ferdinand Claussen brachte die Entwicklung anläßlich der 13. Jahresversammlung der Deutschen Gesellschaft für Vererbungswissenschaft 1938 in Würzburg auf den Punkt, als er sagte: »Eine kleine Schar hat früh die Erbforschung am Menschen begründet, mit der ihr eigentümlichen genealogisch-statistischen und der Zwillingsmethode, hat die Erbbiologie des Menschen in die grundlegende Genetik, in die Anthropologie und die Heilkunde eingefügt und zur Rassenhygiene erweitert. Und nun kommt aus der Möglichkeit rassenhygienischer Auswertung und aus ihrer Dringlichkeit der Impuls zurück. Die Praxis stellt nun Aufgaben, in großer Breite und dahin zugespitzt, den Einzelnen bewerten zu können.«[274] Durch die Gesetzgebung war der ›neue Arzttypus‹ (Verschuer), der Erbarzt etabliert, in dem sich »der Dienst am Patienten und der Dienst am Volke in harmonischem Einklang verwirklichen« sollten. Sie garantierte die ›Nachfrage‹ nach dessen Wissen und Diensten, wie von Verschuer dokumentierte: »Heute hat jeder Mensch in Deutschland das größte Interesse an der einwandfreien Feststellung seiner blutmäßigen Abstammung. Seine Stellung als Reichsbürger, seine Fähigkeit, Beamter, Offizier, Erbhofbauer, Parteimitglied zu werden und andere Rechte können davon abhängig sein.«[275] Aus der Konzeption des ›Erbarztes‹ und seiner Funktionen wird ebenso wie aus dem Kontext der Vererbungsforschung einmal mehr der systematische Zusammenhang der Erb- und Rassenpflegegesetzgebung erkennbar. Die Verbindung zwischen Forschung und erbärztlicher Praxis stellte sich in der Beratungsfunktion her, die mit den Gesetzen gefordert war. Die Begutachtung für die Sterilisation war die einfachste, insofern sie auf der Erbdiagnose beim einzelnen Menschen beruhte. Die Ehetauglichkeitsuntersuchung galt ebenfalls noch als relativ einfach (zumal die Indikationen mit denen der Sterilisation weitgehend identisch waren). Die Eheberatung hingegen galt als »schwierigste erbärztliche Tätig-

274 Ferdinand Claussen, »Phänogenetik des Menschen. Referat auf Grund der pathologischen Erscheinungen«, *Zeitschrift für Induktive Abstammungs- und Vererbungslehre*, 1939, 76: 14-46.

275 Otmar von Verschuer, *Leitfaden*, 236, 230.

keit«, da man sich dabei auf ›das weite Feld aller nur denkbaren Kombinationsmöglichkeiten‹ begab.[276] Konkret ging es dabei um Erbprognose und um die wenig geklärten Fragen der Rassenmischehen. Der mit diesen Funktionen abgedeckte Kanon rassenhygienischer Beratungsfunktionen, der genau in der genannten Hierarchie der Forschungskomplexität zugleich das Spektrum rassenhygienischer Gesetze widerspiegelte, war den Ärzten vorbehalten.[277]

Die Vaterschaftsbestimmung, deren traditionelle Funktion die rechtliche Klärung von Unterhaltsansprüchen war, wurde 1934, aufgrund des gesetzlich abgesicherten Interesses eines jeden Menschen in Deutschland an seiner ›rassischen‹ Abstammung, durch den erbbiologischen Abstammungsnachweis ergänzt bzw. abgelöst. Die Methode war eine Domäne der Anthropologen. Reche hatte sie erstmals 1926 in einem Gerichtsverfahren in Wien eingeführt.[278] Das zweite, ebenfalls auf Anregung Reches von der Reichsstelle für Sippenforschung eingeführte Verfahren diente der Klärung »fremdrassigen Einschlags«, wie er durch die diversen Gesetze erforderlich geworden war. Ab 1938 war es gesetzlich verankert und damit vor Gericht als konkurrierendes Beweismittel zugelassen.[279]

Das Gutachterwesen entwickelte sich zu einem Spezialgebiet der Rassenbiologie und nahm, wie die Tätigkeitsberichte Fischers über die Arbeit des Anthropologie-Instituts widerspiegeln, einen Großteil der Energie in Anspruch. Auf einer Gutachtertagung im März 1939 wurde deshalb konsequenterweise der Beschluß gefaßt, »anzustreben, daß solche Gutachter sich als Sachverständige bzw. Fachärzte für Erbbiologie bezeichnen dürfen«, nachdem sie eine dreijährige Spezialausbildung absolviert haben.[280] 1942 gab es im Reich 26 Stellen zur erbbiologischen Begutach-

276 Verschuer, *Leitfaden*, 223.

277 Verschuer, *Leitfaden*, 222.

278 Otto Reche, »Zur Entstehungsgeschichte der ersten exakt wissenschaftlichen erbbiologisch-anthropologischen Abstammungsgutachten«, *Zeitschrift für Morphologie und Anthropologie*, 1964, 55: 283-293.

279 Vgl. Horst Seidler/Andreas Rett, *Das Reichssippenamt entscheidet*, Wien 1982, 175. Seidler/Rett behandeln die Geschichte des erbbiologischen Abstammungsnachweises detailliert, ebenso wie die damit implizierte Verstrickung der rassen-biologischen Institute.

280 Zit. n. Seidler/Rett, *Das Reichssippenamt*, 176.

tung und damit offenbar auch 26 verschiedene Verfahren. In Gießen z. B. wurden 37 absolute Maße, 43 relative Maße und 16 Wertungsstufen hinsichtlich der Wahrscheinlichkeit angewandt, an anderen Instituten schwankte die Zahl der Maße zwischen 20 und 35, die der Wertungsstufen zwischen 4 und 11.[281] Die (gerechtfertigte) Skepsis der Juristen gegenüber der Verläßlichkeit der Gutachten wurde durch ein Urteil des Reichsgerichts vom 30. 5. 1942 zumindest insoweit neutralisiert, als der Richter in seiner Entscheidung zwar nicht an die Expertenmeinung gebunden sein sollte; allerdings »dürfe er mangels genügender Sachkunde doch nicht ohne weiteres die Erkenntnisse des Gutachtens durch eigene entgegengesetzte ersetzen«.[282] Schon 1941 hatte Verschuer berichtet, daß von den bislang 448 Gutachten, die an seinem Frankfurter Institut erstellt wurden – abgesehen von denen, wo nur ein »Lichtbild« (!) vorlag –, »in fast 90% der Fälle ... das Gericht unserem Gutachten« gefolgt war.[283]

Es besteht kein Zweifel, daß die erbbiologischen Abstammungsgutachten, zusammen mit den Erbdiagnosen im Rahmen der Erbgesundheitsgerichtsverfahren, die entscheidende Grundlage für die Professionalisierung der Rassenhygiene darstellten. Freilich war es keine vollendete Professionalisierung, wie sie für die Mediziner und die Juristen charakteristisch ist. Die Erb- und Rassenpfleger blieben auf den angestammten Bereich der Medizin verwiesen, deren traditionelle Handlungsfelder sie allerdings um das der ›Erbpflege‹ erweiterten. Immerhin lag die Auswahl und Bestellung der Gutachter offenbar vollständig in der Hand der Fachwissenschaft: bei einem von der ›Deutschen Gesellschaft für Rassenforschung‹, der Fachorganisation der Anthropologie und der Erbbiologie, eingesetzten und vom Reichsinnenministerium autorisierten Ausschuß.

Der offenkundige Professionalisierungserfolg war allerdings getrübt durch die enorme Bürokratisierung, die Überlastung der Forschungsinstitutionen mit Routinetätigkeiten und den sich daraus letztlich ergebenden Verlust an Autonomie. Nach dem

281 *Aeskulap & Hakenkreuz*, 144.

282 »Das Reichsgericht zur Bedeutung des erbbiologischen Gutachtens«, *Der Biologe*, 1940, *12*: 40.

283 Otmar von Verschuer, »Die Vaterschaftsgutachten des Frankfurter Universitätsinstituts für Erbbiologie und Rassenhygiene«, *Der Erbarzt*, 1941, *9*: 25-31, 28.

Prager Rassenhygieniker Karl Thums waren »die wenigen vom Reichsminister des Innern und vom Reichsminister der Justiz bestellten erb- und rassenbiologischen Sachverständigen in Vaterschafts- und Abstammungsprozessen sowie in Verfahren des Reichssippenamtes Berlin ... mit derartigen Sachverständigengutachten in geradezu unerhörter Weise überlastet«. Thums und der ›Rassenbiologe‹ Schultz waren in Prag die einzigen Gutachter im Bereich des böhmisch-mährischen Raumes und des Sudetengaues. Die nächsten Sachverständigen saßen erst wieder in Wien, Breslau, Berlin und Würzburg. Die »nach den Erfahrungen der letzten Jahre mit etwa 250-300 pro Jahr anzunehmen(den)« Gutachten allein für Prag führten Thums zufolge zu einer »kaum mehr tragbaren Überlastung« der wenigen Sachverständigen und schadeten damit einer »verantwortungsvollen Ausarbeitung derartiger Sachverständigengutachten«.[284]

Die Besonderheit der Professionalisierung der Rassenhygiene im Nationalsozialismus lag in der ihr durch die Erb- und Rassenpflegegesetze verliehenen Definitionsmacht, die sie auf eine Stufe mit den Richtern und Ärzten stellte. Die zentrale Rolle der Gutachten und ihrer Konsequenzen für die Betroffenen war Ausdruck dieser Definitionsmacht: Zunächst entschied sie über die Sterilisation, dann über die staatsbürgerlichen Rechte, schließlich über das Recht einer Wahl des Ehepartners und zuallerletzt über Leben und Tod. Spätestens dies, daß nämlich Ärzte und Anthropologen auf der Grundlage sogenannter ›wissenschaftlicher‹ Erkenntnisse das Urteil über Leben und Tod sprechen konnten, selbst wenn dies nur die faktische Konsequenz eines Gutachtens war und nicht ihre explizite Absicht – diese fatale Verbindung von ›wissenschaftlichem‹ Urteil und politischer Macht hätte jeden ernsten, der Vorläufigkeit seines Wissens bewußten Wissenschaftler erschrecken müssen. Die ethischen Barrieren, die schon viel früher hätten bremsen müssen, hatten der Versuchung, die mit der politischen Sanktionierung ›wissenschaftlicher‹ Deutungs- und Handlungsmacht gegeben war, ohnehin nicht widerstanden.

284 Thums an den Dekan der naturwissenschaftlichen Fakultät vom 15. 1. 1944; DC Berlin/Akte Schultz.

Die Massenmordaktionen der Euthanasie und der Judenvernichtung haben in der Geschichtsschreibung die größte Aufmerksamkeit auf sich gezogen. An dieser Stelle soll es aber weder um die Darstellung des Bekannten noch um die Versicherung der moralischen Empörung gehen; beides ist vorausgesetzt. Hier ist die Frage zu stellen, ob, was und wie die Rassenhygiene als ›Wissenschaft‹ und als Erbpflegepraxis zu den Verbrechen beigetragen hat. Um die Antwort vorwegzunehmen: Die Verbindung ist nicht geradlinig; die Hauptakteure in der Euthanasieaktion waren die Psychiater, die des Holocaust die SS und ihre Ärzte. Die Zahl der involvierten Rassenhygieniker war klein. Der äußere Anschein scheint den Apologeten der Rassenhygiene darin Recht zu geben, daß sie nicht an den Verbrechen beteiligt waren. Es kann aber nicht darum gehen, einzelnen Rassenhygienikern, noch über die Psychiater und Ärzte hinaus, eine direkte Beteiligung nachzuweisen; vielmehr ist zu zeigen, daß sie daran teilhatten, den Bedingungsrahmen zu schaffen, innerhalb dessen die »Vernichtung lebensunwerten Lebens« möglich werden konnte.[285]

Von der Sterilisation bis zum Eheverbot aufgrund erbgesundheitlicher oder ›rassepflegerischer‹ Erwägungen wurden unter der Herrschaft des Nationalsozialismus Prinzipien verwirklicht, die sich bis zu den eugenischen Utopien zurückverfolgen lassen und aus der menschlichen Erblehre und der Rassenanthropologie ›begründbar‹ waren. Das heißt, sie ließen sich aus einem Wissenssystem ableiten, das als wissenschaftliches institutionalisiert war und nach den Regeln der etablierten Wissenschaft weiterentwickelt wurde. Für die Euthanasie Geisteskranker und Erbgeschädigter und für die Vernichtung von Juden, Zigeunern und

285 Die direkte Beteiligung der Psychiater an der Euthanasieaktion sowie die Rolle der Ärzte bei den Menschenexperimenten in den Konzentrationslagern ist vielfältig belegt und braucht hier nicht weiterverfolgt zu werden. Vgl. u.a. Alexander Mitscherlich/Fred Mielke, *Medizin ohne Menschlichkeit*, Frankfurt 1978, zuerst Heidelberg 1947 unter dem Titel: *Das Diktat der Menschenverachtung*; Ernst Klee, *»Euthanasie« im NS-Staat. Die »Vernichtung lebensunwerten Lebens«*, Frankfurt 1983; Klaus Dörner et al. (Hg.), *Der Krieg gegen die psychisch Kranken*, Rehburg-Loccum 1980.

»Fremdrassigen« galt weder das eine noch das andere: Sie gehörten weder zu den historischen Vorläufern der Eugenik (sieht man von den eher nebensächlichen Hinweisen wie z. B. bei Ploetz einmal ab), noch ließen sie sich durch die ›wissenschaftliche‹ Rassenhygiene begründen. Sie hatten in ihr schlicht keinen systematischen Ort, denn weder aus einer noch so fehlgedeuteten Perspektive der Auslese noch unter dem Gesichtspunkt einer Entartungsgefahr läßt sich die Tötung von Menschen als erforderlich herleiten. Dem eugenischen oder rassenhygienischen Gebot des ›Erbschutzes‹ und des ›Rasseschutzes‹, erkennt man diese einmal an, wäre durch Sterilisation und Eheverbote Genüge getan.

Als 1920 das Buch von Binding und Hoche über die *Freigabe der Vernichtung lebensunwerten Lebens* erschien – die Autoren waren ein Jurist und ein Arzt – und damit die Diskussion über die Euthanasie in Deutschland begann, fand diese Diskussion außerhalb der Rassenhygienebewegung statt, und die zentralen Argumentationslinien waren auch nicht rassenhygienischer Art, sondern ökonomischer Natur. Das wird auch an der Kritik deutlich, die die Rassenhygieniker an den Euthansiebestrebungen übten. Der renommierte rassenhygienisch orientierte Kliniker Karl H. Bauer z. B. wandte sich gegen die »Eiferer« in der »Euthanasiefrage« mit dem Argument, »daß es sich bei der Auslese ja nie um den Tod der Individuen als Prinzip – denn sterben müssen wir ja alle – sondern nur um Zahl und Erbwert der Nachkommen handelt«.[286] Hans Luxenburger, enger Mitarbeiter Rüdins, publizierte 1931 eine scharfe Ablehnung etwaiger »Euthanasiemaßnahmen« unter Verweis auf »den unbedingten Respekt vor dem Leben des menschlichen Individuums«.[287] Lothar Loeffler argumentierte gegen Euthanasie und ›eugenisch‹ indizierten Schwangerschaftsabbruch nicht zuletzt aus der ärztlichen Standesethik heraus: »Euthanasie und Vernichtung lebensunwerten Lebens lehnen wir mit Recht ab.«[288]

Bemerkenswert ist allerdings die Verwendung des Begriffs »le-

286 Karl H. Bauer, *Rassenhygiene. Ihre biologischen Grundlagen*, Leipzig 1926, 207.

287 Hans Luxenburger, »Möglichkeiten und Notwendigkeiten für die psychiatrisch-eugenische Praxis«, *Münchener Medizinische Wochenschrift*, 1931, *78*: 753-758, 753.

288 Lothar Loeffler, »Ist die gesetzliche Freigabe der eugenischen Indika-

Aus: Neues Volk. Band 2 (1934), Heft 1. S. 16.

bensunwert« auch dort, wo gegen die Euthanasie argumentiert wird. Ernst Rüdin, der seit 1935 auch Vorsitzender der im Zuge der Gleichschaltung neugegründeten ›Gesellschaft Deutscher Neurologen und Psychiater‹ war, forderte noch 1939 in der ›Deutschen Medizinischen Wochenschrift‹ beste Pflege und mehr Ärzte für die Geisteskranken. Als Rassenhygieniker und bekannter Psychiater, der zu den radikaleren Vertretern der Zunft zählte und nicht zuletzt deshalb eine wichtige Legitimationsfunktion für die Nationalsozialisten hatte, war er dennoch zu den Beratungen über ein Euthanasiegesetz nicht hinzugezogen worden.

Der einzige prominente Rassenhygieniker, der – soweit erkennbar – in die Euthanasieaktion verwickelt war, war Fritz Lenz. Lenz vertrat die sich als ›human‹ verstehende Euthanasie schwer mißgebildeter oder idiotischer Kinder »bald nach der Geburt«. Gleichwohl war sie seiner Meinung nach für die Rassenhygiene ohne »große Bedeutung, weil die dafür in Betracht kommenden Individuen ohnehin kaum zur Fortpflanzung« gelangen. Getreu seiner selektionistischen Grundauffassung führte er als Argument für die Euthanasie an, »daß die Eltern an Stelle eines derartigen unglücklichen Kindes ein besser geratenes aufziehen könnten«.[289] Die Verwicklung Lenz' in die Euthanasie bestand in seiner Teilnahme an den Beratungen zu einem Euthanasiegesetz im Sommer 1940, das schließlich doch nicht in Kraft trat, da Hitler es für politisch inopportun hielt. Lenz' Rolle bei diesen Beratungen war eher moderat. Man könnte auf seine grundsätzliche, wenngleich differenzierte Übereinstimmung mit dem Ziel schließen; es mag sich aber auch so verhalten, daß er trotz seiner Ablehnung der Euthanasie als staatlicher gesundheitspolitischer Maßnahme vor der politischen Entscheidung für sie resigniert hatte.[290] Entsprechend seiner zuvor charakterisierten Position einer ›humanen‹ Euthanasie wollte er z.B. in der Bezeichnung des Gesetzes den Begriff der ›Lebensunfähigkeit‹ gestrichen se-

tion zur Schwangerschaftsunterbrechung rassenhygienisch notwendig?«, *Deutsches Ärzteblatt*, 1933, *63*: 368-369, 369.

289 Baur/Fischer/Lenz, *Grundriß* (1931), Bd. 2, 306, 307. »Vorwort« zu Wolfgang Stroothenke, *Erbpflege und Christentum. Fragen der Sterilisation, Aufnordung, Euthanasie, Ehe*, Leipzig 1940, 6.

290 Zur Interpretation von Lenz' Beweggründen Korrespondenz mit Widukind Lenz.

hen und schlug vor, von ›Gesetz über Sterbehilfe bei schwerer Krankheit‹ zu sprechen. In § 1 sollte es seiner Auffassung nach lauten: »Wer an einer unheilbaren ... Krankheit leidet, kann auf ausdrückliches Verlangen mit Genehmigung eines ... ermächtigten Arztes Sterbehilfe durch einen Arzt erhalten.« Diese Auffassung unterschied sich sicher erheblich von der des Reichsdozentenführers und Ministerialdirektors im Bayerischen Innenministerium, Walter Schultze, der in dem Text ›vermißte‹, »daß deutlich zum Ausdruck gebracht wird, daß es sich bei dem ganzen Gesetz nicht um eine Frage des Individuums handelt, sondern darum, ob und inwieweit der Einzelmensch für die Volksgemeinschaft ... von Interesse oder Vorteil ist«. Lenz hatte sich also offenbar mit der Euthanasie als staatlicher Maßnahme abgefunden und suchte nur auf der Grundlage seiner wissenschaftlichen und ethischen Überzeugungen die Form der gesetzlichen Regelung zu beeinflussen.[291]
Für die Euthanasie und mehr noch für die Massenmorde an den Juden und Zigeunern gibt es noch ein weiteres Chrakteristikum, das sie von der Erb- und Rassenpflegepraxis grundsätzlich unterscheidet: Letztere wurde offen propagiert und praktiziert und war Teil einer breit angelegten Legitimationsstrategie des Staates, erstere wurden geheimzuhalten versucht, und es bestand auf seiten der dafür Verantwortlichen ein klares Bewußtsein von der Unrechtmäßigkeit und vom zu erwartenden Widerstand der Bevölkerung und des Auslands. Sowohl die Beratungen über das Euthanasiegesetz als auch die verschiedenen Euthanasieaktionen und schließlich die Massenmorde in den Konzentrationslagern standen unter Geheimhaltung, auch wenn diese letztlich nicht gelingen konnte.[292]
Ungeachtet der mangelnden Funktion der Euthanasie in den ras-

291 Indem er z. B. den Begriff der ›abnormen Anlage‹ ablehnte, weil er ihm zu unpräzise sei. BAK R 96 I/2, 126659-66, 126668.

292 Laut Aussage des ehemaligen Referenten des Amts IIb in der ›Kanzlei des Führers‹, Dr. Hans Hefelmann, soll Hitler den Erlaß eines Euthanasiegesetzes nach dem Krieg abgelehnt haben, weil er dessen Veröffentlichung im Hinblick auf die Feindpropaganda für unzweckmäßig hielt. Aussage Dr. H. Hefelmann vom 15. 9. 1960, Generalstaatsanwalt beim OLG Frankfurt, abgedruckt in: Karl Heinz Roth/Götz Aly, »Das ›Gesetz über die Sterbehilfe bei unheilbar Kranken‹«, Karl Heinz Roth (Hg.), *Erfassung zur Vernichtung*, Berlin 1984, 101-179, 139.

senhygenischen Konzeptionen und der bestenfalls vereinzelten Mitwirkung maßgeblicher Vertreter der Rassenhygiene (im Unterschied zu der erheblich breiteren Unterstützung durch die Psychiater), lassen sich dennoch eine Reihe von Verbindungslinien zwischen Euthanasiediskussion und Rassenhygiene ausmachen: Für Euthanasiebefürworter wie für Rassenhygieniker ging es um die Geisteskranken und Insassen psychiatrischer Anstalten; die Ausführenden der Erbpflegemaßnahmen und der Euthanasie waren deshalb vielfach identisch: nämlich die Psychiater in den Heil- und Pflegeanstalten. Bei den Morden an Juden und Zigeunern ging es, wie zuvor bei den ›Blutschutzmaßnahmen‹, um ›Fremdrassige‹ und Asoziale; beide, Rassenhygiene und Euthanasie, stellten sich als Lösungen für die ökonomische Misere der Gesundheitsfürsorge, d.h. unter dem Gesichtspunkt möglicher Einsparungen im öffentlichen Gesundheitssektor dar. Eine dritte Verbindung ist instrumenteller Natur: Erbbiologische Bestandsaufnahme und Abstammungsnachweise, die Methoden und Instrumentarien, die für die Gesetzeswerke der Erb- und Rassenpflege eingesetzt wurden und die Aussonderung von Erbkranken, Juden, jüdischen Mischlingen, Asozialen und Zigeunern im Bevölkerungsmaßstab ermöglichten, stellten zugleich die Datenbasis für die späteren Vernichtungsaktionen dar. In diesem Instrumentarium vereinigten sich verwaltungstechnische und forschungsstrategische Funktionen.

Gerade dieser Zusammenhang verweist schließlich auf ein letztes und wahrscheinlich das wichtigste Verbindungsglied: die Biologisierung des Sozialen, nämlich die Reduktion ethnischer, religiöser und kultureller Unterschiede oder auch sozialer Verhaltensmuster, von bloßer Devianz bis hin zur Kriminalität, auf das Erbgut; die Verabsolutierung derartiger Differenzen zu biologisch gesetzmäßigen, die darauf sich stützende Delegitimierung sozialer Werte wie des Gleichheitsgrundsatzes, die Abstraktion vom Individuum mitsamt seinen unveräußerlichen Rechten zum ›Volkskörper‹, den es ›rassisch rein‹ und ›erblich gesund‹ zu erhalten gilt; und schließlich die dadurch ermöglichte Kategorisierung von »lebensunwertem Leben«, von »leeren Menschenhülsen«, »Ballastexistenzen«, »Defektmenschen« und »völlig wertlosen Toten« – dieses utilitaristische Kalkül hatte von Anbeginn eine enge Affinität zur negativen Eugenik gehabt.[293] Dieselbe menschenverachtende Begrifflichkeit fand sich seit Beginn der zwanziger Jahre mit zunehmender Wirkung im medizinischen, gesundheitspolitischen und rassenhygienischen Diskurs. Selbst Vertreter einer eher moderaten Eugenik übernahmen die Terminologie und die sie tragenden Argumentationsfiguren.[294]

Diese der Auslese- und ›Ausmerzelogik‹ des Sozialdarwinismus sich verdankende negative Rassenhygiene gewann unter dem Nationalsozialismus die Überhand gegenüber allen Beteuerungen der positiven Erbpflege. Sie war ohnehin eine Konsequenz des ›wissenschaftlichen‹ Begründungszusammenhangs, insofern sich die Kriterien positiver Erbpflege, die die Rassenhygiene unweigerlich in die Nähe der Züchtung rückt, einer präzisen Bestimmung entziehen und noch viel weniger auf Konsens rechnen können als klarer abgrenzbare Krankheitsbilder oder vermeintlich ›rassische‹ Merkmale und soziale Eigenschaften, die Gegenstand verbreiteter gesellschaftlicher Vorurteile sind. Im Bezugsrahmen des nach den Regeln der Wissenschaft geführten Diskurses wurden die moralisch-sittlichen Barrieren zum Töten kontinuierlich untergraben und schließlich ganz beseitigt. Die ›Wissenschaft‹ mußte dazu als Legitimationsrahmen bestehenbleiben. Der »Reichsausschuß zur wissenschaftlichen Erfassung von erb- und anlagebedingten schweren Leiden« (der ursprünglich als oberste Instanz in Erbgesundheitsfragen konzipiert war, sich aber dann zur faktischen Begutachtungs- und Entscheidungsinstanz in der Bevölkerungs- und Rassenpolitik entwickelte, in dem unter Beteiligung von Wissenschaftlern über weitergehende Konzepte nachgedacht wurde) soll sich »als verschworenes wissenschaftliches Pendant zur kurzfristig-administrativen Seite der Ver-

293 Alle Begriffe bei Hoche: Karl Binding/Alfred Hoche, *Die Freigabe der Vernichtung lebensunwerten Lebens*, Leipzig 1920, 54ff.

294 Der moderate Eugeniker Ostermann z.B. schrieb im Geleitwort zur Zeitschrift *Eugenik. Erblehre. Erbpflege* 1930: »Ein erdrückender und ständig wachsender Ballast von untauglichen lebensunwerten Menschen wird unterhalten und in Anstalten verpflegt – auf Kosten der Gesunden...« und setzte Eugenik mit »Planwirtschaft« in der Gesundheitspolitik gleich. Arthur Ostermann, »Geleitwort«, *Eugenik. Erblehre. Erbpflege*, 1930, *1*: 1.

Aus: Neues Volk. Band 1 (1933), Heft 5. S. 6 und 7.

Ein prachtvolles Landhaus von Wiesen umgeben und von schattigen Bäumen umstellt. Vier Säulen tragen die luftige Vorhalle. Wer mag darin wohnen? Und wer möchte nicht gern darin wohnen? Weitab vom Großstadtlärm liegt es in friedlicher Einsamkeit.

Ungefährliche geistesschwache Frauen haben hier ihr Heim gefunden und müssen vom Staat versorgt werden, während erbgesunde Arbeiterfamilien sich mit armseligen Hinterhofzimmern zufrieden geben müssen, glücklich, wenn sie in der Lage sind, den Mietpreis regelmäßig aufzubringen und den Unterhalt für ihre Familien verdienen. Der Obhut und Fürsorge des erbgesunden deutschen Menschen wird in Zukunft die Hauptaufgabe des Staates gelten.

nichtungsaktionen bei der ›Kanzlei des Führers‹« verstanden haben.[295]

Von seiten der Ärzte und Psychiater wurde auf Wissenschaftlichkeit gegen die ›wilden‹ Euthanasieaktionen Wert gelegt. In dem ›Übergangsstadium‹ der Euthanasie waren die staatlich sanktionierten Tötungen nur im Namen der ›Wissenschaft‹ und ausgeführt durch ›Wissenschaftler‹ bzw. Ärzte denkbar, denn nur in ihrem Geltungsbereich ließen sich die ethischen Normen außer Kraft setzen. Der Umstand, daß an einem Euthanasiegesetz gearbeitet, dieses dann aber nicht mehr verkündet, sondern statt dessen der Weg in die Geheimhaltung und Illegalität gewählt wurde, markiert zugleich die Grenze, bei deren Überschreitung dieser Legitimationsrahmen nicht mehr ausreichte. Der dünne Mantel der ›Wissenschaftlichkeit‹, der noch über die Euthanasieaktionen gedeckt wurde, erschien der nun zuständigen SS bei den Massenmorden in den Konzentrationslagern offensichtlich verzichtbar.[296]

4. Politisierung der Wissenschaft oder wissenschaftliche Radikalisierung der Politik?

Als mit dem Untergang Nazi-Deutschlands auch die politische Sanktionierung der Erb- und Rassenpflege mitsamt ihrer Terminologie zusammengebrochen war, bekannte sich keiner der Rassenhygieniker mehr zu den kurz zuvor noch als ›fortschrittlich‹ vertretenen Maßnahmen des Staates und noch weniger zu deren

295 Roth/Aly, »Das ›Gesetz über Sterbehilfe‹«, 107.

296 Auf den Nutzen für die Forschung wollten die Wissenschaftler freilich selbst dann noch nicht verzichten, als der verbrecherische Charakter der Vernichtungsaktionen auch dem verblendetsten Fanatiker bewußt gewesen sein muß: Die aufgrund ihrer besonderen Krankheitsbefunde entnommenen Gehirne der im Rahmen der Euthanasie Getöteten – Julius Hallervorden vom Kaiser-Wilhelm-Institut für Hirnforschung bestätigte am 9. 3. 1944 den Empfang von 697 Gehirnen – fanden Eingang in Lehrbücher, die in den fünfziger Jahren veröffentlicht wurden. BAK 96 I/2, 127898, - vgl. Roth/Aly, »Das ›Gesetz über Sterbehilfe‹«, 117, 120, FN 60. Das Schicksal von Mengeles ›Forschungsergebnissen‹ aus Auschwitz ist uns nicht bekannt.

Begründung durch ihre Wissenschaft.[297] Die damit einhergehende Schuldzuweisung an die faschistischen Machthaber und die ebenso übliche Abgrenzung gegenüber der Rassenlehre und der Rassenhygiene als ›Pseudowissenschaft‹ impliziert nicht nur die Behauptung, die NS-Machthaber hätten die ›wahre‹ Wissenschaft unterdrückt bzw. sie ideologisch verfälscht. Sie legt viel weitergehender auch noch nahe, daß ›wahre‹ Wissenschaft zugleich auch ›ethisch gute‹ Wissenschaft sei. Anders gesagt: Nur aufgrund der ideologisch motivierten Absicherung pseudowissenschaftlicher Erkenntnisse auf Kosten der wissenschaftlichen ›Wahrheit‹ konnte es zu den Verbrechen im Namen der Wissenschaft kommen. 1955, zehn Jahre nach Kriegsende, schrieb Eugen Fischer: »Es ist sicher nicht Schuld der Eugenik, wenn im Nationalsozialismus heilloser und verbrecherischer Mißbrauch unter gänzlicher Verkennung der wirklichen erbbiologischen Tatsachen und Mißachtung jeder Menschenwürde betrieben worden ist... Die Eugenik wird ihre für die Kulturvölker einfach unentbehrliche Lehre und die ihr folgende Bevölkerungspolitik unbedingt wieder aufnehmen und weiterführen.«[298]

Es ist kennzeichnend für die Rationalisierung durch Verwissenschaftlichung, daß die religiös oder naturrechtlich begründeten Ethiken aufgelöst und durch wissenschaftliche ›Theorien‹ ersetzt wurden. Wir erinnern uns der frühen Rassenhygieniker wie Ploetz und Schallmayer, die selbst noch die ethischen Einwände gegen die von ihnen propagierten Grundannahmen und Maßnahmen thematisierten und durch ›evolutionäre‹ (Gegen-)Ethiken auszuräumen suchten. Nicht kontinuierlich, sondern nur von Zeit zu Zeit tritt das Bewußtsein von den Wertkonflikten zwischen wissenschaftlicher Lehre und herrschender Ethik noch zutage und äußert sich in derart programmatisch vorgetragenen, ›wissenschaftlich fundierten‹ Ethiken, ehe es dann wieder hinter affirmativen Forderungen der Anerkennung wissenschaftlich entdeckter ›Naturgesetze‹ zurücktritt. Insgesamt läßt sich die

297 vgl. eingehender dazu den letzten Abschnitt.

298 Eugen Fischer, »Die Wissenschaft vom Menschen. Anthropologie im XX. Jahrhundert«, Hans Schwerte/Wilhelm Spengler (Hg.), *Forscher und Wissenschaftler im heutigen Europa*, Oldenburg 1955, 272-287, 280. Verallgemeinert für die gesamte Wissenschaft, findet sich dieses Argumentationsmuster selbstverständlich bei Karl Popper, *Die offene Gesellschaft und ihre Feinde*, 2 Bde., 2. Aufl., Bern 1970.

Entwicklung als die Entmoralisierung durch Professionalisierung charakterisieren: Die ethischen Grenzen werden unter Verweis auf den ›Stand der Wissenschaft‹ bzw. der ›ärztlichen Lehre‹ und die ›sorgfältige Prüfung‹ durch Sachverständige und Expertenkommissionen außer Kraft gesetzt. Die Kontrollfunktionen ethischer Normen gehen an Professionen und das von ihnen verwaltete Wissen über.
Obgleich gerade die nationalsozialistische Erfahrung die szientistische Illusion der Wesensgleichheit von Moralität und Wahrheit zerstört hat, hat sie ihre Funktion für eine selbstimmunisierende Apologie der Wissenschaft noch behalten können. Dennoch lohnt es, abschließend zur Betrachtung der ›Realisierung der eugenischen Utopien‹ durch den Nationalsozialismus der Frage nachzugehen, ob es Widerstand und Kritik an den rassenhygienischen Begründungen von Maßnahmen im Bereich der Erb- und Rassenpflege gab, die innerhalb der Wissenschaft formuliert wurden und sich gegebenenfalls nur aufgrund der politischen Machtlage nicht durchsetzen konnten. Durch eine Antwort auf diese Frage läßt sich die Diagnose präzisieren, ob es sich bei dem Erfolg der Rassenhygiene im NS-Staat um eine die Wahrheit verfälschende ›Politisierung der Wissenschaft‹ durch die politischen Machthaber gehandelt hat oder ob es sich nicht vielmehr um eine die Politik radikalisierende Entwicklung der Wissenschaft und/oder die Verfolgung forschungs- und professionspolitischer Ziele handelte. Die außerwissenschaftliche Kritik, die, wo es sie gibt, im Prinzip ein Beleg dafür ist, daß die Verwissenschaftlichung ethischer Werte und Normen nicht erfolgreich verläuft, läßt sich hier nicht im einzelnen darstellen. Die Antizipation öffentlicher Proteste und Widerstände gegen die Euthanasie und die Judenvernichtung seitens der NS-Machthaber und die Versuche der Geheimhaltung mögen als hinreichende Anzeichen dafür gelten, daß zumindest diese Maßnahmen nicht von einer Mehrheit der Bevölkerung akzeptiert wurden, wie immer dies auch im Detail zu qualifizieren ist. Die innerwissenschaftliche Kritik, sofern es diese gibt, kann hingegen Aufschluß darüber geben, ob sich unter für sie günstigen politischen Bedingungen ›Pseudowissenschaftler‹ haben durchsetzen können oder ob wir es nicht doch mit der etablierten Wissenschaft zu tun haben, zu der auch der Streit der Lehrmeinungen gehört, und es nur zu entscheiden gilt, welche zentral und welche marginal sind.

Diese Unterscheidung deckt sich nicht unbedingt mit einer weiteren, die für die Antwort wichtig ist: Mit welchen Begründungen wird Kritik geübt? Beziehen sich die Kritiker auf moralische Werte oder handelt es sich um eine wissenschaftsimmanente Kritik? Ist der wissenschaftliche Diskurs (hier: der Rassenhygiene) erst einmal etabliert, werden dessen Grundannahmen – so ist zu erwarten – von denen geteilt, die an ihm teilhaben, und eine andere als in diesem Bezugsrahmen artikulierbare Kritik ist per definitionem ausgeschlossen. Wer sie dennoch äußert, definiert sich aus diesem Diskurs hinaus.
Das Grunddilemma ist deutlich: Im totalitären Staat kann sich fundamentale Kritik an der herrschenden Ideologie nicht artikulieren, und die Rassenhygiene war Teil dieser Ideologie. Infolgedessen ist nicht zu erwarten, daß die kritischen Stimmen in einem repräsentativen Umfang zu identifizieren sein werden. Ein anderes Argument läßt sich näher prüfen, das vor allem nach Kriegsende eine erhebliche Rolle bei der moralischen Bewältigung der Kontinuität von der Rassenhygiene zur Humangenetik gespielt hat: daß die Rassenhygiene den Anschluß an die relevante Forschungsentwicklung in der Genetik verloren hatte und deshalb als Pseudowissenschaft zu charakterisieren ist. Hinter dieser, u.a. etwa von Nachtsheim in Deutschland und H. J. Muller in den USA vertretenen These steht die Auffassung, daß eine Orientierung an der Genetik aufgrund deren höherer ›Wissenschaftlichkeit‹ die Ideologisierung und die Exzesse der Rassenhygiene verhindert hätte.

Die Ohnmacht der Kritik der Rassenhygiene

Wenn auch dem genannten Dilemma prinzipiell nicht zu entgehen ist, birgt die Betrachtung der Kritik an der Rassenhygiene dennoch Überraschungen: Auch dort, wo die Kritik ohne politisches Risiko geäußert werden konnte, nämlich außerhalb Deutschlands, richtete sie sich nicht grundsätzlich gegen die eugenischen Forderungen, sondern vor allem gegen die rhetorischen und praktisch-politischen Exzesse der Rassenpolitik. Innerhalb Deutschlands wurde auch von den Kritikern ebensowenig am eugenischen Grundkonsens gerührt. Muckermann und Fetscher wurden nicht aufgrund ihrer Kritik an der eugenischen

Lehre aus ihren Positionen entlassen, sondern wegen ihrer weltanschaulichen Differenzen zum Nationalsozialismus. Andere, die beruflich Opfer von Repressionen wurden, waren vergleichsweise marginal im Bereich der Rassenhygiene, wie Tirala und Clauß, und die Gründe für ihre Ausschaltung waren zudem vielfältiger, zum Teil privater Natur, oder sie hatten sich mit einflußreicheren Vertretern des Faches überworfen, wie Saller. Für alle drei galt im übrigen, daß ihrem Fall in die Ungnade Versuche vorangegangen waren, sich den politischen Machthabern anzudienen. Angesehene Ordinarien wie Scheidt, die sich bereits um die Forschung verdient gemacht hatten, konnten demgegenüber offenbar kritischere Positionen einnehmen bzw. sich in die »innere Emigration« begeben, ohne persönliche oder berufliche Nachteile zu erleiden.

Die Kritiker in Deutschland kamen überwiegend aus den Reihen der Anthropologen. Der Hamburger Ordinarius für Rassenbiologie Walter Scheidt war lange vor 1933 in der Rassenhygiene engagiert. Schon seit den frühen zwanziger Jahren hatte er sich auf dem Gebiet der Rassenbiologie profiliert; er war engagierter Mitarbeiter des Archivs und erster Herausgeber der Zeitschrift *Volk und Rasse*. Bereits in der Weimarer Zeit hatte er sich einen Namen mit rassenkundlichen Regionaluntersuchungen gemacht, deren Besonderheit neben der ausgefeilten Methodik die Darstellung von Rassenbildung und -umbildung als dynamischer Vorgänge war, d.h. als Auslesevorgänge der jüngeren Geschichte, womit er die Annahme einer Kontinuität der Rassen aus vorgeschichtlicher Zeit faktisch widerlegte. Etwa ab 1933 konzentrierte er sich auf die »Probleme der erbseelischen Lebenserscheinungen im deutschen Volk«, eine Forschungsrichtung, die er im Rahmen einer Psychologie der Sprache und später einer neurologischen Psychologie weiter ausbaute.[299]

Im November 1933 gehörte er zu den Unterzeichnern des Bekenntnisses der Professoren an den deutschen Hochschulen zu Adolf Hitler und dem nationalsozialistischen Staat. Dennoch war die NSDAP offenbar skeptisch. Sie urteilte über Scheidt: »Parteigenosse ist Prof. Scheidt nicht, vielleicht aus dem richtigen Gefühl heraus, dass der Nationalsozialismus eine ihm

299 Vgl. Friedrich Keiter, »Das Rassenbiologische Institut der Hanseatischen Universität Hamburg«, *Zeitschrift für Rassenkunde*, 1939, 9: 274-275.

fremde Welt ist, – besonders bedauerlich bei einem Rassenkundler.« Scheidt verweigerte seine Mitarbeit bei Abstammungs- und erbgesundheitsgerichtlichen Gutachten und kritisierte »die Mangelhaftigkeit ihrer wissenschaftlichen Grundlagen«. Selbst »die Durchführung des amtlich verordneten ›rassenkundlichen‹ Unterrichts der Medizinstudenten« lehnte er ab. Wenn ihm auch die Studenten davonliefen und die finanziellen Forschungsmittel versagt blieben, so sei er doch »nicht daran gehindert worden zu arbeiten« und seine Ergebnisse »sogar (zu) veröffentlichen«. Seine Zivilcourage ging sogar so weit, daß er in einem Gutachten zur Neubesetzung des Würzburger Rassenbiologie-Lehrstuhls von einem »völligen Kreditverlust der Rassenbiologie in weitesten Kreisen der öffentlichen Meinung« sprach, verursacht durch »zahllose ›unberufene‹ Lehrer«, mangelnde wissenschaftliche Reife (besonders bei den Rassegutachtern) und persönlichen Opportunismus der älteren Fachvertreter, die ihre »wissenschaftliche Forschungstätigkeit unterbrochen« hätten.[300]

Friedrich Keiter ging nach seiner Habilitation 1933 in Graz als Assistent zu Scheidt nach Hamburg. Hier profilierte er sich auf dem Gebiet der »Kulturbiologie«, bevor er im April 1939 als Assistent und Dozent für Rassenbiologie nach Würzburg ging, wo er 1941 zum außerplanmäßigen Professor ernannt wurde. In Würzburg baute er eine kulturbiologische Abteilung innerhalb des Instituts für Vererbungswissenschaft und Rassenkunde auf und veröffentlichte ein *Kurzes Lehrbuch der Rassenbiologie und Rassenhygiene für Mediziner* (1941) und *Rassenpsychologie. Einführung in die werdende Wissenschaft* (1942).[301] In einer Rechtfertigung aus dem Jahre 1965 erklärte Keiter: »Sich unter Hitler wissenschaftlich entfalten zu müssen, war ein komplexes Schicksal... Ich war damals wirklich für Bevölkerungspolitik, denn alle Verantwortlichen, auch die Katholische Kirche mußten tief besorgt sein, technische Hochzivilisation und einfache Volkserhaltung seien unvereinbar... Ich wußte als Fachmann damals

300 Scheidt an die Medizinische Fakultät der Universität Würzburg vom 5. 12. 1941, abgedruckt in: Horst Seidler, »Rassismus. Überlegungen eines Anthropologen«, Horst Seidler/Alois Soritsch (Hg.), *Rassen und Minderheiten*, Wien 1983, 53-70, 63.

301 Ludwig Schmidt-Kehl, »Das Institut für Vererbungswissenschaft und Rasseforschung an der Universität Würzburg«, *Zeitschrift für Rassenkunde*, 1939, 9: 281.

aber auch schon, daß es Rassen im Sinne von in Individuen erkennbaren und auftrennbaren Typen im Sinne von Günthers usw. gar nicht gibt, sondern nur populationsgenetische Frequenzunterschiede der an sich allgemeinmenschlichen Gene, wie man das heute ausdrückt.«[302] Offene Opposition schien Keiter jedoch nicht opportun. Offenen Protest hätte man von ihm nicht erwarten dürfen. Er beschrieb sein Schicksal – von sich in der dritten Person redend – selbst: »Daß er das erste Mal 1939 von einer deutschen Universität politisch entlassen worden war, erst 1941 NSDAP-Anwärter wurde, daß er 1942-1945, auch wenn er nicht gerade als Truppenarzt in Rußland oder Frankreich stand, keine Vorlesungen ankündigen durfte, daß er... unter Hitler auf seinem so begehrten Fachgebiet niemals ein Amt angeboten bekam oder erhielt... Daß bald nach 1945 die leitenden Kollegen in Berlin unter Hitler (Lenz, Verschuer und auch Just; d. V.) in Westdeutschland nicht nur ihre Professur erhielten, sondern eigene neue Institute bekamen, während Keiter inmitten aller Restauration um ihn herum bis 1958 akademisch völlig entrechtet blieb...«[303]

Rainer Fetscher (1895-1945), der sich bei dem eingeschworenen Rassenhygieniker Philalethes Kuhn in Dresden für Hygiene habilitierte, empfahl während der »Systemzeit« die eugenische Sterilisierung von Alkoholikern, Schwachsinnigen und anderen Erbkranken und ließ als Extraordinarius an der TH Dresden eine erbbiologische Kartei für Alkoholiker und Sexualverbrecher anlegen, »deren Krankheitsursache er als in der antisozialen Umwelt begründet suchte«. Er pflegte in der Weimarer Zeit Kontakte zum Sozialistischen Studentenbund und dem »Verein sozialistischer Ärzte«. Fetscher publizierte »wahrscheinlich im Bewußtsein der Gefährdung seiner beruflichen und materiellen Existenz... im September 1933 einen Artikel, in dem er dem neuen Staat entgegenzukommen versuchte«, ein Versuch, der jedoch fehlging.[304] Die nachfolgende Entlassung aus dem Hochschuldienst war Kudlien zufolge »das erste ihn wirklich zum Wi-

302 Friedrich Keiter, »Rechtfertigung«, Rolf Seeliger (Hg.), *Braune Universität*, Heft 3, München 1965, 70-72.

303 Keiter, »Rechtfertigung«, 71 f. Keiter erhielt 1958 eine außerplanmäßige Professur für Anthropologie und Erbbiologie in Würzburg.

304 Kurt Kühn, *Deutsche Ärzte an der Seite der deutschen Arbeiterbewegung im Kampf gegen den Hitlerfaschismus, Berlin 1966, zit. n. Karl-*

derstand motivierende Erlebnis« und schuf die Voraussetzung für seine sich intensivierenden Kontakte zum Widerstand.[305] Dennoch blieb er während der NS-Zeit unverfolgt und konnte aufgrund des bestehenden Ärztemangels an der »Heimatfront« 1943 sogar noch eine Anstellung als Arzt im Polizeipräsidium in Dresden erreichen. Am 8. 5. 1945 fiel Fetscher durch SS-Kugeln, als er mit der heranrückenden Roten Armee Kontakt aufzunehmen suchte.

Eine besonders schillernde Figur in der deutschen Rassenhygiene war Karl Saller (1902-1969), ehemaliger Assistent Rudolf Martins, der sich 1926 über »Die Entstehung der ›nordischen Rasse‹« bei Aichel in Kiel habilitiert hatte. Schon hier bezog Saller eine kritische Position vor allem gegenüber Lenz, »der in seinem Vertrauen zu dem ... ›nordischen Typus‹ der populären Literatur so weit geht, daß er bei ›Baur-Fischer-Lenz‹ einem eigenen Kapitel die Überschrift gibt ›Was kann der Staat für die nordische Rasse tun ?‹ und diese Frage ernstlich erörtert«.[306] Saller war ein streitbarer Charakter, der sich in der Folge fast mit jedem namhaften deutschen Rassenbiologen polemische Auseinandersetzungen lieferte, u.a. 1932 mit Aichel in der Zeitschrift *Eugenik. Erblehre. Erbpflege* und 1930 mit Scheidt im *Archiv*; Scheidt hatte ihm unter dem Titel »Der ›Erbgang‹ neuer Gedanken in der Rassenkunde« insgeheim einen Plagiatsvorwurf gemacht. Ab 1927 war er in Gemeinschaft mit dem Kieler Biologen Merkenschlager einer der schärfsten Kritiker des »Rassengünther« und des nordischen Gedankens. In einem Überblick über den Stand der anthropologischen Forschung 1931 wandte sich Saller gegen den »unbekümmerten Subjektivismus« bei der Popularisierung der Rassenfrage in Deutschland. Hier vertrat er schon den ›dynamischen‹ Rassenbegriff, wonach Rassen »nie etwas Absolutes, sondern immer nur... Gleichgewichtszustände zwischen der Auswirkung von Erbanlagen und der Umwelt« sind. Die Versuche, in Deutschland bzw. Europa 6 bis 7 Rassen zu identifizieren und die prozentualen Anteile ihrer Mischungsverhältnisse zu bestimmen, wie es die »landläufige Anthropologie« tat, hielt Saller für

Peter Werle, Formen des Widerstands deutscher Ärzte 1933-1945, Diss. Kiel 1974, 55.

305 Fridolf Kudlien, *Ärzte im Nationalsozialismus*, Köln 1985, 240.

306 Karl Saller, »Die Entstehung der ›nordischen Rasse‹«, *Zeitschrift für Anotomie und Entwicklungsgeschichte*, 1927, *83*: 411-590, 584.

»weitgehend aussichtslos«.[307] 1932 konzipierte er seine auf der »Isolation« aufbauenden Begriffe der »geographischen« und »sozialen« Rassen und betonte, daß es sich beim Erbgeschehen nicht um »Reaktionsnormen«, sondern um »Reaktionsmöglichkeiten« handele, an deren Ablauf Erbanlage *und* Umwelt im wechselnden Zusammenspiel beteiligt seien.[308]
Eine derartige, auf soziale Gruppen bezogene Rassendefinition war im NS-Staat natürlich nicht zu tolerieren: Sallers *Der Weg der deutschen Rasse* (Leipzig 1934) und *Die Biologie des deutschen Volkskörpers* (Köln 1934) wurden verboten und ihm selbst am 14. 1. 1935 die Venia legendi entzogen.[309] Seine »letzte Ansprache an die Studenten« am 17. 1. 1935 schloß er mit den Worten: »Es lebe die deutsche Rasse in der Bewegung« – eine doppeldeutige Formulierung, die nicht die nationalsozialistische »Bewegung« bezeichnen sollte (wie mitunter vermutet), sondern Sallers dynamischen Rassebegriff. Dennoch war auch Saller (wie auch sein Mitstreiter Merkenschlager) von durchaus völkischer Gesinnung. Dem Eugeniker Saller war die »Befreiung des Volksganzen von Ballastexistenzen« angesichts »der drohenden Gefahr der Vermassung des deutschen Volkes« ein echtes Anliegen.[310] Sterilisierungen hielt er zwar für ein probates Mittel der Eugenik, nur schienen ihm zu einer exakten Indikationsstellung die Forschungsergebnisse noch nicht stichhaltig genug. »Nicht frei von Ressentiments« präsentierte Saller dann 1961 »die Abrechnung«, als einziger Nachkriegsvertreter einer »nicht nationalsozialistisch belastete(n) Anthropologie«.[311]
Faßt man die innerhalb Deutschlands und aus den Reihen der Rassenhygieniker und Rassenanthropologen artikulierte Kritik zusammen und sieht dabei von den kontingenten biographischen Umständen einmal ab, ergibt sich ein ziemlich eindeutiges Muster: Noch vor 1933 geriet die anthropologische Rassenkunde in

307 Karl Saller, »Die Rassenfrage«, *Erdball*, 1931, *5*: 331-337, 331, 332, 335.
308 Karl Saller, *Einführung in die menschliche Erblichkeitslehre und Eugenik*, Berlin 1932, 221-247.
309 Vgl. dazu Karl Saller, *Die Rassenlehre des Nationalsozialismus in Wissenschaft und Propaganda*, Darmstadt 1961, 43ff.
310 Karl Saller, »Die Bedeutung der Rasse im Leben des Volkes«, *Eugenik. Erblehre. Erbpflege*, 1931, *1*: 1-9, 8.
311 Saller, *Die Rassenlehre*, 5f.

die Schußlinie der genetisch informierten Anthropologen wie Saller und Scheidt, vor allem im Hinblick auf den statisch fixierten Rassenbegriff. Gerade die alte Rassenlehre hatte besondere Popularisierungserfolge zu verzeichnen, nicht zuletzt durch das fatale Werk von H. F. K. Günther, und offenbar machten sich die Anthropologen diesen Erfolg zunutze – oft genug wider besseres Wissen, wie man annehmen muß. Durch dieses ›strategische‹ Verhalten gegenüber den politischen Machthabern und ihrer Ideologie ermöglichten sie das ›wissenschaftliche‹ Überleben und die politische Wirksamkeit einer Rassenlehre, die im Grunde längst überholt war. Das geschah ohne Not. Am Ende waren es nämlich die Nationalsozialisten selbst, die allzu übertriebenen Anpassungsversuchen ein Ende bereiteten, wie eine eingehendere Analyse der Fälle Tirala und Clauß belegen könnte.[312]

Die Kritik an der Rassenhygiene bzw. Eugenik und den durch sie begründeten Erbpflegemaßnahmen war hingegen nicht grundsätzlicher Art, sondern richtete sich immer nur gegen die praktische Umsetzung zu einem Zeitpunkt, da die wissenschaftlichen Ergebnisse nicht für ausreichend gesichert angesehen wurden, um derartige Maßnahmen zu rechtfertigen. Auch diese Kritik konnte kaum Wirkung zeigen, da sie angesichts der politischen Unterstützung der Erbpflege vor dem Hintergrund forschungs- und professionspolitischer Interessen der Rassenhygieniker und oft genug als innerfachlicher Meinungsstreit neutralisiert wurde. Sie blieb marginalisiert, als Warnung einiger weniger Rufer in der Wüste.

Blickt man ins Ausland, so wird dasselbe Muster der Kritik erkennbar, vielleicht mit noch klareren Konturen, was die Vermutung zusätzlich bestätigt, daß die politischen Repressionen kein entscheidender Faktor für die Erklärung des Verhaltens der Rassenhygieniker gewesen sein können.

Ein vehementer Kritiker war der zuvor schon zitierte, 1933 in die UdSSR emigrierte Jenaer Biologe Julius Schaxel, der sich vor allem gegen die nationalsozialistische Rassenlehre wandte, der er jede biologische und anthropologische ›objektive Geltung‹ absprach: Sie werde nur durch »eine eigens zu diesem Zweck verfälschte Wissenschaft nachträglich gestützt«. An der Eugenik

312 Vgl. DC Berlin/Akten Tirala und Clauß.

hielt Schaxel aber fest, nur sei der Forschungsstand noch zu gering, um politisch-praktische Maßnahmen zu rechtfertigen.[313] Eine ähnliche Differenzierung nahm der Wiener Mediziner Julius Bauer 1935 noch vor Verkündung der Nürnberger Gesetze vor. Er warf seinen deutschen Kollegen »gefährliche Schlagworte aus dem Gebiete der Erbbiologie« vor. Mit dem Schlagwort der ›eugenischen Sterilisierung‹ werde eine »an sich gute Sache schwer kompromittiert«, ›Rasse‹, ›Rassenreinheit‹ und ›nordische Rasse‹ seien Schlagworte, »völlig aus der Luft gegriffene und nebulose Hirngespinste«. Unverständlich erschien ihm Fischers Meinung, »wir hätten eine vollkommen sichere Unterlage für alle etwaigen bevölkerungspolitischen Maßnahmen«, und dem ›ernsten Forscher‹ Verschuer hielt er vor, den auf der ›Pseudowissenchaft‹ eines Hans Günther beruhenden Schlagworten verfallen zu sein.[314]

Das in diesen Äußerungen erkennbar werdende Muster, das nach dem Kriege wiederaufgenommen werden sollte, wurde noch eindeutiger von Felix Tietze, ebenfalls einem österreichischen Mediziner, vertreten. Tietze war ein Vertreter der sich als internationalistisch verstehenden Eugenik. Um deren Identität zu wahren, übernahm er die krude Unterscheidung zwischen Eugenik und Rassenhygiene, wie sie die nationalsozialistisch gesonnenen Rassenhygieniker Staemmler und Schultz vertraten. Dabei rechnete er Lenz und Grotjahn ebenso wie Ploetz und Rüdin zu den Eugenikern, und folgerichtig bewertete er auch die Maßnahmen der Erbpflege in Deutschland prinzipiell positiv, wenn sie nur richtig angewendet würden. Vor 1933 wären sich alle Experten darin einig gewesen, daß die wissenschaftlichen Erfahrungen nicht ausreichten, um z. B. die Zwangssterilisation durchzuführen; nur die politische Situation habe sie dazu gebracht, ihre Meinung zu ändern. Lediglich das »Blutschutzgesetz« lehnte Tietze als ›eugenische‹ Maßnahme eindeutig ab.[315]

Die Kritik an der deutschen Rassenhygienepolitik aus dem Aus-

313 Julius Schaxel, »Faschistische Verfälschung der Biologie«, Emil Julius Gumbel (Hg.), *Freie Wissenschaft*, Straßburg 1938, 229-245, 243.

314 Julius Bauer, »Gefährliche Schlagworte aus dem Gebiet der Erbbiologie«, *Schweizerische Medizinische Wochenschrift*, 1935, *65*: 633-635.

315 Felix Tietze, »Eugenic Measures in the Third Reich«, *The Eugenics Review*, 1939, *31*: 105-107.

land war zwiespältig, weil grundsätzlich dem eugenischen Credo verpflichtet, und konnte schon deshalb keine durchschlagende Wirkung haben, weder wissenschaftlich noch moralisch. Das eindrucksvollste und wichtigste Beispiel für ebendiesen Typus von Kritik liefert das *Manifest der Genetiker*. Dieses ›Manifest‹ wurde auf dem 7. Internationalen Kongreß für Genetik in Edinburgh, unmittelbar vor Ausbruch des Krieges im August 1939, auf einer Versammlung am Rande des Kongresses beschlossen. Seine Autoren waren die angesehensten Genetiker der USA und Englands: J. B. S. Haldane, F. A. E. Crew, S. C. Harland, L. T. Hogben, J. S. Huxley, H. J. Muller und J. Needham. Zu den weiteren Unterzeichnern gehörten u. a. G. P. Child, Th. Dobzhansky, W. Landauer und C. H. Waddington. Das von Muller auch als ›Edinburgh Charta‹ der genetischen Menschenrechte bezeichnete Manifest wandte sich u. a. gegen die »unwissenschaftliche Doktrin, daß gute oder schlechte Gene das Monopol bestimmter Völker oder Personen mit gegebenen Eigenschaften« sind. Im übrigen war es aber ein im glühenden Pathos genetischer Menschenverbesserung gehaltenes Programm, dessen visionäre Maßnahmen der negativen und positiven ›Geburtenkontrolle‹, »die in allen Stadien des Reproduktionsprozesses angewandt werden können«, an wissenschaftlicher Modernität und sozialer Radikalität bei weitem alles übertrafen, was unter den Nationalsozialisten realisiert wurde. Die Genetiker hatten sich angeschickt, die eugenischen Utopien in einer wissenschaftlich und politisch zeitgemäßeren Verbindung von szientistischem Sendungsbewußtsein und antifaschistisch-humanitärem Gesellschaftsbild in die neue Humangenetik zu überführen.[316]

Die vergessene Genetik – Wahrheit oder Legende?

Eines der unbekanntesten Kapitel in der Geschichte der Rassenhygiene ist die Beziehung zwischen Rassenhygiene und Genetik in der Zeit des ›Dritten Reichs‹. Die wenigen Aussagen von Zeitzeugen widersprechen sich oder sind nicht frei vom Verdacht, jener Legende dienlich zu sein, wonach die Rassenhygiene auf-

316 »The Geneticists' Manifesto«, abgedruckt in: Herman J. Muller, *The Selected Papers of H. J. Muller*, Bloomington 1962, 545-548, 545, 546.

grund ihrer Trennung von der Genetik pervertiert, die Genetik hingegen von den Nationalsozialisten unterdrückt worden sei. Wäre sie der Genetik verpflichtet geblieben, hätte es nicht zu den rassenpolitischen Verirrungen kommen können. Dieses Urteil, das Friesen und Schaxel schon vor dem Krieg formulierten, haben Nachtsheim und andere nach Kriegsende wiederholt.[317]
Die endgültige Klärung, wie das Verhältnis tatsächlich aussah und ob der Faschismus die Genetik ebenso gefürchtet hat wie der sowjetische Kommunismus aus anderen Gründen, ist einer detaillierten Geschichte der Genetik vorbehalten. Die Skepsis gegenüber der These ist jedoch schon jetzt begründet genug, um sie zumindest teilweise als Legende erscheinen zu lassen.[318]
Das Bild der Sicherheit ihrer wissenschaftlichen Erkenntnisse, das die Rassenhygieniker den neuen Machthabern 1933 boten und mit dem sie deren Forderungen nach einer effizienten Bevölkerungspolitik mit ihren eigenen Interessen an der ›politischen Umsetzung‹ ihrer Wissenschaft verbanden, war tatsächlich so fragwürdig, wie es die genannten Kritiker behaupteten. Es be-

317 Friesen schrieb 1935: »Der Faschismus fürchtet die wahre Genetik ... der Triumph der ›Genetik‹ in Deutschland, von dem die Lenz und Cie. sprechen, ist der Triumph einer Pseudowissenschaft, ein Triumph der Prostituierung der Wissenschaft.« Heinrich Friesen, »Genetik und Faschismus«, *Unter dem Banner des Marxismus*, 1935, *9*: 583-595, 594. Vgl. auch Hans Nachtsheim, »Die Genetik in Deutschland«, *Deutsche Universitätszeitung*, 1955, *10*: 9-11. Hier sagt Nachtsheim, sicher in guter Absicht, es sei »Sache der Genetiker und unter ihnen wiederum vor allem der Humangenetiker und Anthropologen gewesen«, gegen die »pseudowissenschaftliche Rassentheorie Hitlers (!) aufzurufen«. Vgl. auch Hans Nachtsheim, »Die Entwicklung der Genetik in Deutschland von der Jahrhundertwende bis zum Atomzeitalter«, *Studium Berolinense*, 1960, 857-867.

318 Eine umfassende Geschichte der Genetik, die den Zeitraum 1933-1945 in Deutschland mit abdeckt, gibt es nicht. Karl Heinz Roth hat unseres Wissens bislang als einziger den Versuch unternommen, den Zusammenhang von ›Bevölkerungsbiologie‹ und Genetik im ›Dritten Reich‹ zu analysieren. Wir folgen ihm an einigen Stellen in der Darstellung, jedoch nicht in allen Interpretationen. Karl Heinz Roth, »Schöner neuer Mensch. Der Paradigmenwechsel der klassischen Genetik und seine Auswirkungen auf die Bevölkerungsbiologie des ›Dritten Reichs‹«, Heidrun Kaupen-Haas (Hg.), *Der Griff nach der Bevölkerung*, Nördlingen 1986, 11-63.

ruhte auf der klassischen Mendelschen Genetik, wonach das Gen die kleinste Einheit des Lebens und in der Funktion als Träger des Erbguts eindeutig festgelegt war. Der Vererbungsprozeß konnte als ein mechanistischer Prozeß interpretiert werden, in dem das in den dominanten bzw. rezessiven Allelen angelegte Erbgut nach kombinatorischen Gesetzmäßigkeiten (über die Teilung der Körperzellen und der Geschlechtszellen) weitergegeben wird. Die unabsehbare Vielfalt von Kombinationen, die durch den Fortpflanzungsprozeß erzeugt werden, unterliegt dem natürlichen Ausleseprozeß, in dem nur die überlebensfähigen übrigbleiben. Dieses sehr vereinfacht dargestellte Bild, dessen Kernannahme die Entsprechung von genetisch lokalisierbarem Erbgut und individuellen Merkmalsausprägungen war, hatte sich schon frühzeitig als zu einfach erwiesen. Die Annahmen des frühen Mendelismus waren in der Genetik schon sehr bald erheblichen Differenzierungen unterworfen. Die Morgan-Schule in den USA hatte Anfang der zwanziger Jahre die multifaktorielle Vererbung (Polygenie) aufgedeckt und damit die generelle Gültigkeit der ›Ein Gen – ein Merkmal‹-Hypothese widerlegt. Auf sie geht auch die ursprüngliche Entdeckung des umgekehrten Sachverhalts, die Beeinflussung verschiedener Merkmale durch ein einziges Gen (Pleiotropie), zurück. Es war offenkundig, daß die bis dahin gültige Vorstellung, wonach jedes Gen eine Funktionseinheit bildet, d.h. ein Merkmal kontrolliert, erheblich differenzierter zu sehen war und präzisiert werden mußte.

Diese Präzisierungen erfolgten etwa ab der Mitte der zwanziger Jahre auf breiter Ebene in zwei unterschiedlichen Bereichen der Genetik. In der experimentellen Genetik wurde vor allem durch die Versuche der Strahlengenetik zur Erzeugung von Mutationen das Konzept des Gens differenziert. Außerdem gaben eine Reihe von englischen Bevölkerungsmathematikern und Genetikern, vor allem R. A. Fisher, S. Wright und J. B. S. Haldane, den Anstoß zur Entwicklung der Populationsgenetik und damit zur ›evolutionären Synthese‹ der bis dahin auseinandergedrifteten Entwicklungen von Darwinismus und Mendelgenetik.[319]

319 Vgl. zu diesem Hintergrund Ernst Mayr/William B. Provine, *The Evolutionary Synthesis*, Cambridge 1980, bes. Ernst Mayr, »Prologue«, 1-50. Zur Vorgeschichte der Populationsgenetik: William B. Provine, *The Origins of Theoretical Population Genetics*, Chicago 1971.

Der sowjetische Genetiker Chetverikow begründete auf diesen Entdeckungen seine Thesen zum ›genotypischen Milieu‹, der Erklärung des Phänomens, daß sich ein Gen in Abhängigkeit von dem Gesamtkomplex der Gene manifestiert, in dem es sich befindet. Dadurch wurde die Beziehung zwischen ›genotypischem‹ und ›phänotypischem Milieu‹ noch zusätzlich kompliziert.[320] Nachdem erkennbar geworden war, daß sich die Natur der Gene nicht durch weitere Kreuzungsexperimente der Drosophilaforschung würde aufklären lassen, entwickelte Muller (ab 1927) als erster die erforderlichen Methoden, um über die experimentelle Erzeugung von Mutationen die Natur und die Struktur der Gene zu entschlüsseln, nämlich die radioaktive Bestrahlung von speziell gezüchteten, genetisch reinen Drosophila-Stämmen. Bevor die Biochemie in der Lage war, die zentralen Fragen der Genetik zu lösen, übernahmen zunächst die Biophysiker die Initiative in der experimentellen Genetik. Gemäß der 1935 von den Physikern K. G. Zimmer und Max Delbrück sowie dem ebenfalls in Deutschland wirkenden russischen Genetiker Timofeeff-Ressovsky formulierten ›Treffertheorie‹ sollte versucht werden, über die Bestrahlung von Pflanzen und Fruchtfliegen und die dadurch erzeugten ›Treffer‹ auf den Genen, die künstliche Mutationen hervorrufen, der Natur der Gene auf die Spur zu kommen. Trotz aller wichtigen Erkenntnisse, die die Bestrahlungstechnik erbrachte, zeigte es sich, daß nicht isolierte Gene bestrahlt worden waren, sondern die Chromosomen, in die die Gene eingebettet sind. Außerdem ließ sich nachweisen, daß die Chromosomen zumindest teilweise zur ›Heilung‹ der entstandenen Schäden in der Lage waren. Die Mutationen konnten weder mit Sicherheit von solchen Reparatureffekten unterschieden werden noch von involvierten Positionseffekten. Im nachhinein erwiesen sich diese Forschungen als ein ›biophysikalischer Umweg‹. Die endgültige Lösung des Geheimnisses des Lebens sollte den bis dahin im Hintergrund gebliebenen Biochemikern und Mikrobiologen gelingen. 1944 gelang es Oswald T. Avery und seiner Arbeitsgruppe, auf der Grundlage lange zurückreichender Forschungen die DNS zu isolieren und nachzuweisen, daß es sich dabei um das genetische Material handelte.[321]

320 Vgl. Ernst Mayr, *The Growth of Biological Thought*, Cambridge/Mass. 1982, 551 ff., 792 f.

321 Vgl. Mayr, *Growth of Biological Thought*, 803-805, 818 f.

Der zweite Strang der Entwicklung, der zu einer nachhaltigen Veränderung des biologischen Denkens führte, war die Populationsgenetik. Neben den mathematischen Populationsgenetikern, deren Populationen rein statistische Größen darstellten, gab es Forscher, die tatsächliche Populationen in der Natur untersuchten. Während erstere zumeist Engländer waren, verbinden sich mit den letzteren vor allem Namen wie die der sowjetischen Genetiker Chetverikow, Timofeeff-Ressovsky und Dobzhansky, aber auch der deutschen Genetiker Baur und Goldschmidt.

Eine der Grundfragen dieser Forschungsrichtung zielte darauf ab, wie die genetische Zusammensetzung von Bevölkerungen unterschiedlicher Größe durch verschiedene Mutationsraten und unterschiedlichen Selektionsdruck beeinflußt wird. Nachdem ›naturalistische‹ und ›mathematische‹ Populationsgenetiker sowie die experimentellen Genetiker alle relativ isoliert voneinander gearbeitet hatten, näherte man sich über die Frage nach dem Charakter der Evolution in den dreißiger und vierziger Jahren einander an.[322] Die Ergebnisse der Mutationsforschung waren der Anlaß, die Folgen von Mutationen für Populationen zu berechnen. Ihre Bedeutung für die Evolutionstheorie bestand darin, daß die Mutationen »im weiteren Sinne des Wortes das Material für die Anpassungs- und Differenzierungsvorgänge bieten«.[323]

Die Analysen der Populationsgenetiker bestätigten nun die Resultate der experimentellen Genetik. Nach Auffassung der mathematischen Populationsgenetiker fügten die Mutationen dem Genpool ständig neue Erbinformationen zu, die sodann durch die ›natürliche Selektion‹ ausgeschieden würden. Auf diese Weise wird die Anpassung der Arten an die entsprechenden Umweltbedingungen erzwungen. Da die Mehrzahl der Mutationen die ›fitness‹ des entsprechenden Genotyps verringert, d.h. der Beitrag des Trägers der schädlichen rezessiven Gene zu den folgenden Generationen in der Population kontinuierlich geringer wird, entsteht ein Gleichgewicht zwischen Mutationsrate und

322 Vgl. zur ›evolutionären Synthese‹ Mayr, »Prologue«.

323 Nikolaj V. Tomofeeff-Ressovsky, »Die Entstehung neuer Erbanlagen«, Günther Just (Hg.), *Handbuch der Erbbiologie des Menschen*, Bd. I (Die Grundlagen der Erbbiologie des Menschen), Berlin 1940, 193-244, 234.

Selektionsrate. Chetverikow, als der führende naturalistische Populationsgenetiker, publizierte 1926 »eine der wichtigsten Veröffentlichungen in der gesamten Geschichte der Evolutionsbiologie« (Mayr), in der er zeigte, daß es einen unmerklichen Übergang zu immer weniger lebensfähigen Mutanten gibt, daß eine neue Mutante zuerst immer als Heterozygot auftritt und daß sie im Falle der Rezessivität in einer Population lange unerkannt bleiben kann, da nur die Homozygoten durch Selektion aufgedeckt werden. Seine Schlußfolgerung war, daß eine Spezies Mutationen im heterozygoten Zustand aufsaugt wie ein Schwamm, während sie phänotypisch nicht von einer homozygoten Bevölkerung zu unterscheiden ist. Kein Gen hat Chetverikow zufolge einen konstanten ›fitness‹-Wert, da sich dasselbe Gen in Abhängigkeit vom genotypischen Milieu unterschiedlich manifestiert. Damit wandte er sich gegen die früheren Vorstellungen der ›Mosaikstruktur‹ des Organismus, der aus verschiedenen unabhängigen Genen besteht. Jedes Merkmal sei nicht durch irgendein Gen, sondern durch ihr gesamtes Aggregat bestimmt.

Chetverikows Schlußfolgerungen wurden in der Folge unabhängig auch von den mathematischen Populationsgenetikern Fisher, Wright und Haldane bestätigt. Sie wurden in England, Deutschland und den USA bekannt, soweit sie in englischer oder deutscher Sprache erschienen, oder sie wurden durch Timofeeff und Dobzhansky verbreitet, nachdem diese die UdSSR verlassen hatten. Chetverikov und die mathematischen Populationsgenetiker trugen so wesentlich zur Destruktion der genetischen Theorie der Evolution der Mendelianer (Mayr) bei sowie damit zur evolutionären Synthese.[324]

Der hier grob umrissene Entwicklungsprozeß der Genetik von etwa 1920 bis in die Mitte der vierziger Jahre, der die entscheidende Phase der Zusammenführung der experimentellen und der Populationsgenetik, der Zellforschung und der Evolutionstheorie umfaßt, stellt den Hintergrund dar, vor dem die rassenhygienische Diskussion in Deutschland zu beurteilen ist. Im Zusammenhang damit muß auch gefragt werden, inwieweit deutsche Genetiker an der beschriebenen Entwicklung teilhatten, zumal für die Zeit ab 1933 zuweilen deren internationale Isolation behauptet wird.

324 Mayr, *Growth of Biological Thought*, 556-559.

Die sicher richtige Diagnose, daß die von den Nationalsozialisten in konkrete Sozialpolitik umgesetzte Rassenhygiene 1933 ein »Konglomerat aus alter mendelistischer Eugenik und noch älterer Rassentheorie« war, hatte der amerikanische Genetiker Pearl im Prinzip schon auf dem Berliner Genetikkongreß 1927 gebrandmarkt.[325] Seine Kritik, die nicht etwa speziell an die deutschen Eugeniker, sondern an die internationale Eugenik gerichtet war, erhellt nur den Umstand, daß die wissenschaftlichen Grundlagen der eugenischen Diskussion hinter der Entwicklung in der Genetik herhinkten. Für die deutsche Situation wurde dies u. a. auf der Tübinger Konferenz der Paläontologischen und Genetischen Gesellschaften 1929 sinnfällig.[326]

Sieben Jahre nach dem Berliner Kongreß und nachdem die nationalsozialistische Regierung damit begonnen hatte, das ›rassenhygienische Konglomerat‹ in Gesetze zu gießen, konnte der Genetiker Fritz von Wettstein an prominenter Stelle eine ähnliche Kritik formulieren, die auf den inzwischen fortgeschrittenen Forschungsstand in der Genetik Bezug nahm. In allgemeinverständlicher Form vermittelte er die komplizierten Wirkungsverhältnisse der Polygenie und Pleiotropie, des Genmilieus und der Positionseffekte, ohne die Begriffe selbst zu nennen. Wie auch Pearl betonte er, daß die Eigenschaftsbildung an einem Organismus nur das Endergebnis eines komplizierten »Zusammenspiels der Wirkungskräfte des zufallsmäßig kombinierten Anlagenmaterials« sei, das zudem noch im Zusammenhang mit den Außenbedingungen gesehen werden müsse. Für »diejenigen, welche sich mit den erbhygienischen Bestrebungen befassen wollen und müssen«, zog er die Schlußfolgerung, daß sie nicht nur bei den Anfangsgründen stehenbleiben dürften, »sondern bis in die letzten Feinheiten dieses Getriebes der Erbvorgänge einzudringen« hätten.[327] Wenn von Wettsteins Ermahnung die Kritik des Genetikers an der Rassenhygiene war, so erschien sie doch immerhin

325 Roth, »Schöner neuer Mensch«, 36. Vgl. zu Pearl den vorigen Abschnitt.

326 Vgl. Bernhard Rensch, »Historical Development of the Present Synthetic Neo-Darwinism in Germany«, Mayr/Provine, *The Evolutionary Synthesis*, 290ff.

327 Fritz von Wettstein, »Die erbbiologischen Grundlagen der Rassenhygiene«, Ernst Rüdin (Hg.), *Erblehre und Rassenhygiene im völkischen Staat*, 22-33, 29, 31.

in einer Festschrift für Rüdin, die zugleich die Sammlung einer Vortragsreihe war, die der Deutsche Verband für psychische Hygiene und Rassenhygiene mit Unterstützung des RMI in Vorbereitung der Unterstützung des Sterilisationsgesetzes für Psychiater der Heil- und Pflegeanstalten initiierte. Kurz: Es handelte sich um quasi-offizielles ›Schulungsmaterial‹.

Der Anschluß der Eugenik an die ›moderne‹ Entwicklung in dem oben beschriebenen Sinn erfolgte allerdings über eine zunächst notwendige ›Modernisierung‹ der deutschen Genetik, die sich jedoch nicht an den Universitäten, sondern an den Berliner Kaiser-Wilhelm-Instituten vollzog. Hier war die »Hochburg der deutschen Genetik«.[328] Hier wirkten an unterschiedlichen Instituten der Biochemiker Adolf Butenandt, der ab 1936 Direktor des KWI für Biochemie war, der Botaniker Fritz von Wettstein, ab 1937 der Zoologe Alfred Kühn. Seit 1920 bis zu seiner Emigration 1935 war der Zoologe Richard Goldschmidt einer der Direktoren des Instituts für Biologie, und hier wirkten Curt Stern, sein Mitarbeiter, der mit ihm in die USA ging, der Botaniker Carl Correns, der 1934 starb, ferner Hans Stubbe, Georg Melchers, Georg Gottschewski, Hans Bauer und Agnes Bluhm. Am KWI für Physik arbeitete bis zu seiner Emigration 1937 Max Delbrück im Bereich der biophysikalischen Genetik.[329]

Die Forschungen mit der größten Tragweite für die rassenhygienische Diskussion wurden jedoch am KWI für Hirnforschung in Berlin-Buch durchgeführt. An diesem Institut bestand eine Abteilung für menschliche Erblehre und Konstitutionsforschung, die von Bernhard Patzig geleitet wurde, und eine Experimentell-Genetische Abteilung, die Timofeeff-Ressovsky unter sich hatte. Timofeeff-Ressovsky, seit 1926 in Berlin, unternahm in Kooperation mit Hans Stubbe am Dahlemer KWI für Biologie Bestrahlungsexperimente und rückte mit diesen bald zu einem der führenden Strahlengenetiker neben Muller und Stadler auf, offenbar so erfolgreich, daß Muller noch nach der ›Machtergreifung‹ sein Institut in Buch besuchte. Sein zusammen mit den Physikern Delbrück und K. G. Zimmer 1935 publizierter Auf-

328 Hans Nachtsheim, »Ein halbes Jahrhundert Genetik«, Veröffentlichung der Freien Universität Berlin, Berlin 1951, 3-17, 16.

329 Vgl. Hans Friedrich-Freksa, »Genetik und biochemische Genetik in den Instituten der Kaiser-Wilhelm-Gesellschaft und der Max-Planck-Gesellschaft«, *Die Naturwissenschaften*, 1961, *48*: 10-22, 11.

satz »Über die Natur der Genmutation und der Genstruktur« fand international Beachtung und dokumentierte neben anderen Forschungen, daß die deutsche Genetik den seit Correns verlorenen Anschluß an die internationale Entwicklung wiedergewonnen hatte.[330]

Die an Fruchtfliegen und Pflanzen durchgeführten Bestrahlungsexperimente, die die Kenntisse über die Folgen von Mutationen im Rahmen populationsgenetischer Kalküle erweitern sollten, wurden von Timofeeff selbst auf menschliche Populationen übertragen. Ebenfalls 1935 berichtete er im *Erbarzt*, Verschuers erbbiologischem Journal also, über seine Studien zu den vitalitätsverschlechternden Mutationen. Von den Fruchtfliegen und Junikäfern schlug er sodann den Bogen zu menschlichen Populationen und unterstellte, daß die erbliche Belastung von freilebenden Populationen wesentlich geringer ausfalle als beim Menschen. Den Grund sah er dort, wo ihn die Darwinisten schon immer gesehen hatten, in der Einschränkung der natürlichen Auslese durch die Zivilisation. Für Timofeeff erklärte es sich so, daß die menschliche Population durch eine Reihe von dominanten Erbleiden belastet sei.[331] Für Fruchtfliegen sowie einige Stichproben bei Käfern und Mäusen hatte er gefunden, daß im Schnitt 25 % als »heterozygote Erbträger rezessiver Erbeigenschaften« belastet seien. Für menschliche Populationen mußte die Zahl infolgedessen höher sein.

In demselben Aufsatz konnte Timofeeff-Ressovsky, angesichts der nunmehr mutations- und populationsgenetisch postulierten Analyse der Erbbelastung der Bevölkerung, die Rationale des Zusammenspiels humangenetischer Forschung und rassenhygienischer Praxis neu begründen: »Sowohl für die menschliche Erblehre als auch für die Rassenhygiene wäre es von besonderer Bedeutung, nicht nur die Feststellung des Prozentsatzes der Erbkranken, sondern auch eine allmähliche Analyse der geographischen Verbreitung und Konzentration der heterozygoten Erbträger durchzuführen. Das würde nicht nur die rassenhygieni-

330 Max Delbrück/Nikolaj V. Timofeeff-Ressovsky/Karl Günther Zimmer, »Über die Natur der Genmutation und der Genstruktur«, *Nachrichten der Gesellschaft der Wissenschaften Göttingen, N. F. 1, 1935, 13*: 189.

331 Nikolaj V. Timofeeff-Ressovsky, »Experimentelle Untersuchungen der erblichen Belastung von Populationen«, *Der Erbarzt*, 1935, *8*: 117-118.

sche Kontrolle fördern, sondern auch die Klärung mancher schwieriger Fragen der ätiologischen und genetischen Klassifikation gewisser Erbkrankheiten erleichtern. Bekanntlich können sowohl verschiedene Mutationen ähnliche Phänotypen erzeugen (heterogene Gruppen), als auch die gleichen Gene unter Einfluß und in Kombination mit verschiedenen anderen Modifikationsgenen recht beträchtliche Unterschiede.«[332] Damit war die wissenschaftliche Begründung der Erbkataster auf den neuesten Stand der Genetik gebracht. Das Prinzip der Koinzidenz von sozialpolitischer Kontrolle und forschungsstrategischem Zugriff auf die Bevölkerung blieb unverändert erhalten, wurde lediglich präzisiert und umschloß nun auch die Träger von Erbkrankheiten.

Timofeeff-Ressovsky nahm damit dennoch eine in der gleichen Weise kritische Position gegenüber der herkömmlichen, nach dem klassischen Mendelismus verfahrenden Eugenik bzw. Rassenhygiene ein wie von Wettstein und legte ihren Vertretern nahe, sich auf die kompliziertere Logik der Populationsgenetik einzulassen. Nach dem Stand der wissenschaftlichen Diskussion mußten die Erbforscher jetzt auf das bei jedem Mutationsvorgang beteiligte genotypische Milieu achten, sie mußten die möglichen polygenen oder pleiotropen Beziehungen zwischen Genen und bestimmten Merkmalsveränderungen berücksichtigen und schließlich auch die Manifestationsverhältnisse (Penetranz, Expressivität, Spezifität) prüfen. Unverändert stand die Erblehre vor der Hürde, von der Betrachtung der Merkmalsveränderungen auf die genetischen Veränderungen schließen zu müssen, ohne daß deren materielles Substrat schon zugänglich war. Gerade bei statistischen Bearbeitungen phänotypisch ähnlicher Merkmale bzw. »Erbkrankheiten aus verschiedenen nicht verwandten Familien« war jedoch – Timofeeff zufolge – »größte Vorsicht geboten«, die er nur durch die Kombination von eingehenden Familienuntersuchungen mit einer ›sippenmäßig‹ und geographisch gegliederten Populationsstatistik erfüllt sah.[333]

Hinsichtlich der Rezeption der neuen Forschungen unter den führenden Rassenhygienikern, ihrer Geschwindigkeit und ihres

332 Timofeeff-Ressovsky, »Experimentelle Untersuchungen«, 118.

333 Vgl. Nikolaj V. Timofeeff-Ressovsky, »Allgemeine Erscheinungen der Genmanifestation«, Günther Just (Hg.), *Handbuch der Erbbiologie des Menschen*, Bd. 1, Berlin 1940, 32-72, 69f.

Verbreitungsgrades, wird man mehrere Faktoren zu berücksichtigen haben. Die Forschungen wurden von einer jungen Generation von Genetikern vorangetrieben, die ihrem Alter nach (wenn auch nicht de facto) die ›Schülergeneration‹ der Fischer, Rüdin und Lenz darstellten. (Die ersten beiden waren 1874, letzterer 1887 geboren; Timofeeff war Jahrgang 1900, Stubbe, Butenandt, Delbrück, Melchers, Koller und Zimmer alle zwischen 1902 und 1911 geboren.) Der Altersunterschied indiziert zwar einerseits die relative Nähe zur Forschungsfront, zugleich aber auch den Statusunterschied, der in diesem Fall um so schwerer wog, als die etablierte Spitze der Rassenhygiene zugleich auch politisch gestützt wurde. Als ein weiterer Umstand, der geeignet scheint, die Rezeption genetischer Erkenntnisfortschritte in der Rassenhygiene zu behindern, muß die mangelnde Kommunikation zwischen Genetikern und Rassenhygienikern gelten, d.h. den Pflanzengenetikern und experimentellen Drosophila-Forschern auf der einen und den menschlichen Erbbiologen auf der anderen Seite. Sprechen all diese Bedingungen für die These, daß sich die Rassenhygiene während des ›Dritten Reichs‹ unabhängig von der Genetik entwickelte und deshalb politisch pervertiert werden konnte, so sind die tatsächlichen Verhältnisse doch verwikkelter.

Die neuen Entwicklungen in der Genetik gingen nämlich keineswegs spurlos an der Rassenhygiene vorüber. Verschuer, der ebenfalls zur ›jüngeren‹ Generation zu rechnen war, gestand auf dem Edinburgher Genetikkongreß 1939 ein, daß Timofeeff-Ressovskys Begriffsbildung zur Klärung der Manifestationsverhältnisse beigetragen hätte und man in der kausalen Deutung beim Menschen in der Vergangenheit zu voreilig gewesen sei. Die sich daraus ergebende Konsequenz war für ihn, ähnlich wie für Timofeeff, eine weitere Verfeinerung der Abstimmung von Familien- und Zwillingsforschung sowie der Untersuchung von Bevölkerungsgruppen.[334] Die neuen Erkenntnisse fanden zwei Jahre später Eingang in Verschuers *Leitfaden der Rassenhygiene*. Sie verhinderten aber offensichtlich nicht, daß Verschuer die These von ›Rassengenen‹ und von disharmonischen Kombinationen vertrat, die die Grundlage für die Rassengesetzgebung

334 Otmar von Verschuer, »Bemerkungen zur Genanalyse beim Menschen«. Vortrag auf dem 7. Internationalen Kongreß für Vererbungswissenschaft, *Der Erbarzt*, 1939, 7: 65-69, 69.

darstellte, und (selbstverständlich, muß man sagen) gehörte dazu auch die Rede von der Gefahr des fremdrassigen Einschlags durch die Juden.[335]

Siegfried Koller, der 1934 in der englischen Zeitschrift *Annals of Eugenics* noch die Wirksamkeit des Sterilisationsgesetzes verteidigt hatte, übernahm die neuen Erkenntnisse aus der Populationsgenetik in seine erbstatistischen Untersuchungen. Das hinderte ihn aber nicht daran, sich zusammen mit seinem Gießener Kollegen H. W. Kranz intensiv um die erbliche Begründung der Asozialität zu kümmern. In Ermangelung eines präzisen Begriffs von Asozialität und damit einer Vorstellung ihrer genetischen Grundlage zogen sich Koller und Kranz auf die Annahme zurück, »daß es sich bei den Erbfaktoren der Gemeinschaftsunfähigen gewissermaßen um die Beteiligung der gesamten ›Unterwelt der Gene‹ handelt und daß die meist untereinander heiratenden Gemeinschaftsunfähigen im sozial-biologischen Sinne eine echte völkische Unterschicht bilden«.[336]

Hans Luxenburger, der die klassisch-mendelistische Rassenhygiene ab 1937 unter Bezug auf die Manifestationsproblematik zu kritisieren begann und sich über die Tragikomödie der Flut von Erbbüchern lustig machte, mag durch seine in die ›Erbpsychiatrie‹ getragenen Manifestationsuntersuchungen mit dazu beigetragen haben, daß die »Erbbiologische Bestandsaufnahme in den Heil- und Pflegeanstalten« auf die Familienangehörigen als die rezessiv-heterozygoten Merkmalsträger ausgeweitet wurde.[337]

Die 13. Jahresversammlung der Deutschen Gesellschaft für Vererbungswissenschaft, 1938, eignet sich ebenfalls als Indikator für die Rezeption der neuen Erkenntnisse in der Genetik. Hier erklärte Fritz von Wettstein, daß die Genetik als »exakte Naturwissenschaft« sich das Verdienst zurechnen dürfe, »mit vielen veralteten Ansichten über Vererbung und Auslese, Blutmischung, Vererbung erworbener Eigenschaften, konstant vererbende Bastarde, Telegonie und anderem aufgeräumt« zu haben.

335 Verschuer, *Leitfaden*, 92, 94, 99.

336 Kranz/Koller, *Die ›Gemeinschaftsunfähigen‹*, Teil II, 130.

337 S. Roth, »Schöner neuer Mensch«, 39. Roth verweist auf Heinrich Schade, »Erbbiologische Bestandsaufnahme«, *Fortschritte der Erbpathologie, Rassenhygiene und ihrer Grenzgebiete*, 1937/38, *1*: 37ff. Leider wird der Zusammenhang nicht enger nachgewiesen.

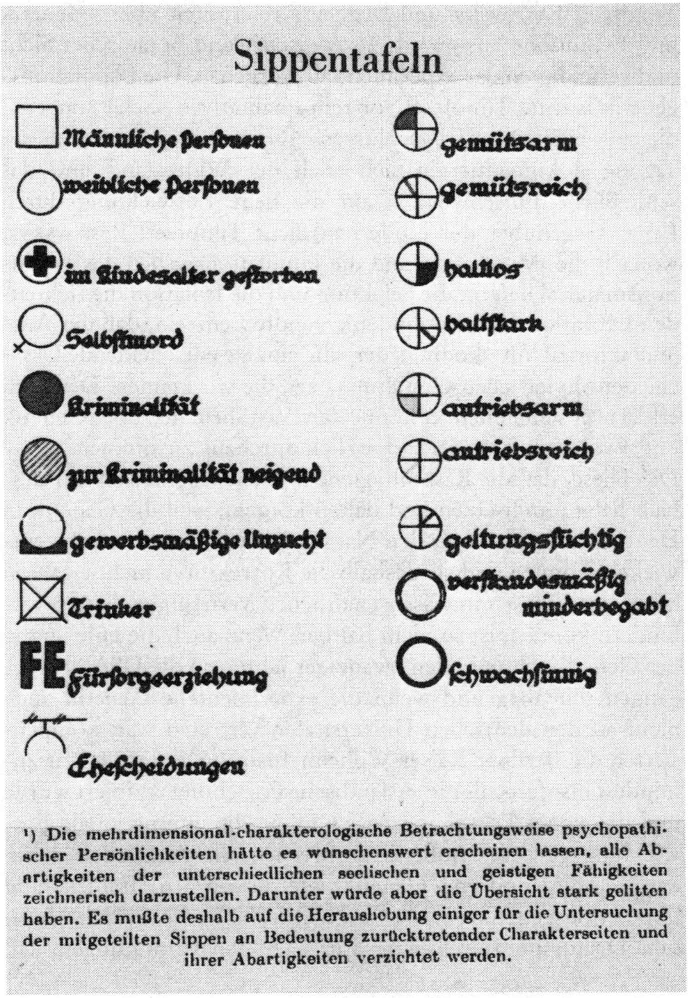

Sippentafeln

Männliche Personen

weibliche Personen

im Kindesalter gestorben

Selbstmord

Kriminalität

zur Kriminalität neigend

gewerbsmäßige Unzucht

Trinker

FE Fürsorgeerziehung

Ehescheidungen

gemütsarm

gemütsreich

haltlos

haltstark

antriebsarm

antriebsreich

geltungssüchtig

verstandesmäßig minderbegabt

schwachsinnig

[1]) Die mehrdimensional-charakterologische Betrachtungsweise psychopathischer Persönlichkeiten hätte es wünschenswert erscheinen lassen, alle Abartigkeiten der unterschiedlichen seelischen und geistigen Fähigkeiten zeichnerisch darzustellen. Darunter würde aber die Übersicht stark gelitten haben. Es mußte deshalb auf die Heraushebung einiger für die Untersuchung der mitgeteilten Sippen an Bedeutung zurücktretender Charakterseiten und ihrer Abartigkeiten verzichtet werden.

Aus: Arthur Gütt (Hrsg.), Handbuch der Erbkrankheiten. Band 4. Zirkuläres Irresein. Psychopathische Persönlichkeiten. Bearbeitet von Hans Heinze, Johannes Lange, Hans Luxemburger und Kurt Pohlisch. Leipzig (Georg Thieme Verlag) 1942. S. 261.

Timofeeff-Ressovsky und Melchers referierten über »Genetik und Evolution« aus jeweils zoologischer und botanischer Sicht und verteidigten das experimentelle Vorgehen. Die Populationsgenetik warnte Timofeeff vor rein qualitativen »Schätzungen«, die zu »bizarrsten Trugschlüssen« führen könnten. Bei dieser Tagung dokumentierten sich auch der Widerstand und das schließliche Einschwenken auf die neue Entwicklung durch Lenz. Gegenüber der modernen Sicht Timofeeff-Ressovskys, wonach die ›Mutabilität und die Populationswellen das Evolutionsmaterial liefern, die Selektion und die Isolation die richtenden Evolutionsfaktoren bilden‹, wandte Lenz ein, daß der Auslesefaktor zu kurz komme, der »die einzige entscheidende Ursache der phyletischen Gestaltung« sei, die wir kennen. Dennoch erklärte er schließlich, er könne den Ausführungen über Genetik und Evolution jetzt »grundsätzlich durchaus zustimmen«.[338]

Die These, daß die Rassenhygiene in Deutschland sich nur deshalb habe durchsetzen und halten können, weil die Genetik in Deutschland sich unter den Nationalsozialisten nicht habe entwickeln können und sie deshalb die Korrekturen nicht erfahren habe, die die pseudowissenschaftlichen Verirrungen hätten verhindern können, ist so nicht haltbar. Wenn auch die Führung in der Genetik schon in den zwanziger Jahren an die USA übergegangen sein mag und wenn die experimentelle Genetik auch nicht an den deutschen Universitäten vertreten war, kompensierten die Berliner Kaiser-Wilhelm-Institute dieses Defizit zumindest insofern, als die ausländische Forschung rezipiert wurde und die eigene Forschung Anschluß an die internationale Entwicklung gewann. Außerdem sprechen alle Anzeichen dafür, daß sich die ›moderne‹ Genetik, wie sie von den Strahlen- und Populationsgenetikern vertreten wurde, bis in die rassenhygienische Diskussion durchsetzte. Entgegen den Vermutungen, daß

338 Fritz von Wettstein, »Carl Correns zum Gedächtnis«, *Zeitschrift für Induktive Abstammungs- und Vererbungslehre*, 1939, *76*: 1-10; Nikolaj V. Timofeeff-Ressovsky, »Genetik und Evolution (Bericht eines Zoologen)«, *Zeitschrift für Induktive Abstammungs- und Vererbungslehre*, 1939, *76*: 158-219, 206, 207; Georg Melchers, »Genetik und Evolution (Bericht eines Botanikers)«, *Zeitschrift für Induktive Abstammungs- und Vererbungslehre*, 1939, *76*: 229-259; Fritz Lenz, »Diskussionsbeitrag zu Timofeeff-Ressovsky«, *Zeitschrift für Induktive Abstammungs- und Vererbungslehre*, 1939, *76*: 218.

unüberwindliche Kommunikationsbarrieren bestanden, läßt sich der Austausch zwischen Genetik und Rassenhygiene belegen. Von Wettstein konnte seine Kritik inmitten ›rassenhygienisch-völkischer‹ Schriften verbreiten, Timofeeff veröffentlichte seine Erkenntnisse im *Erbarzt* und nahm auch wiederholt Stellung zu Fragen der Übertragbarkeit auf den Menschen. Alfred Kühn, Zoologe und Direktor des Kaiser-Wilhelm-Instituts für Biologie in Berlin, sah in den Experimenten und Ergebnissen der vererbungswissenschaftlichen Grundlagenforschung »Modellversuche« gerade auch »für die Aufklärung der Vererbung, Rassenbildung und Rassenerhaltung beim Menschen« und hatte keinen Zweifel an der Übertragbarkeit der Normalgenetik der Zoologie auf praktische Fragen der Rassenpflege.[339] Georg Gottschewski, der von Berlin an die Experimentell-Genetische Abteilung des Rassenbiologischen Instituts in Wien ging, referierte 1943 den »Stand der Vererbungswissenschaft«, d.h. der Genetik, und erklärte, daß sie die »Gesetzmäßigkeiten« des steten Wandels – des Entstehens neuer Formen und der Natur und Wirkung der Erbfaktoren – auch in den »übergeordneten Ganzheiten, in die das Individuum gestellt ist (Familie, Population, Rasse, Art)«, zu unterscheiden habe. In demselben Zusammenhang wies er die Einwände gegen die reduktionistische Forschungsstrategie der experimentellen Genetik zusammen mit philosophischen Spekulationen zurück. Der Vererbungsforscher müsse »da haltmachen, wo der tragfähige Boden der Tatsachen aufhört«.[340]

Am deutlichsten wird die Rezeption des Neuen aber in der Veröffentlichung des Justschen *Handbuchs der Erbbiologie des Menschen* von 1940. Dieses Buch, das nicht die bloße Zusammenfassung des feststehenden Wissensbestandes, »sondern ein Werkzeug lebendiger Forschungsarbeit« sein sollte, repräsentierte die Entwicklung in der experimentellen Genetik in voller Breite. Die Absicht war, sie für die menschliche Erbbiologie

339 Alfred Kühn, *Grundriß der Vererbungslehre*, Heidelberg 1939, 11. Kühn verfaßte 1934 zusammen mit Martin Staemmler und Fritz Burgdörfer das zweite ›Drei-Männer-Buch‹, »Erbkunde-Rassenpflege-Bevölkerungspolitik - Schicksalsfragen des deutschen Volkes, Leipzig 1934.

340 Georg Gottschewski, »Stand der Vererbungswissenschaft«, *Der Biologe*, 1943, *12*: 53-64, 53, 54, 64.

nutzbar zu machen, und die Darstellungen gingen weit in die Erbbiologie und Erbpathologie der Säugetiere sowie in die allgemeine Genetik hinein, weil, wie Just begründete, »die betreffenden Fragestellungen und Ergebnisse für die weitere Forschungsarbeit auf humangenetischem (!) Gebiete von Bedeutung zu werden versprechen«.[341]

Justs Verwendung des Begriffs ›Humangenetik‹ für das zuvor als ›Erbbiologie des Menschen‹ bezeichnete Gebiet erhält vor diesem Hintergrund eine herausragende symbolische Relevanz. In einem politischen Kontext, in dem ›Erb- und Rassenbiologie‹ als wissenschaftliche Disziplin eine Entsprechung im politischen Raum in der ›Erb- und Rassenpflege‹ hatten, signalisierte der neue Begriff – ein halbes Jahrzehnt, bevor er in den USA als ›human genetics‹ etabliert wurde – die grundlegende Veränderung der traditionellen Rassenhygiene durch die moderne Genetik und mit ihr den Rückzug auf die wissenschaftlich gebotene Grundlagenforschung. Mit diesem Schritt war im Grunde die Rassenhygiene in ihre neue disziplinäre Gestalt geführt worden.

Diese Entwicklung muß im Zusammenhang mit dem oben beschriebenen institutionellen Zerfall der ›Rassenbiologie‹ gesehen werden, die die Erbbiologie des Menschen und die Rassenanthropologie vereinen sollte. Mit einiger Sicherheit kann unterstellt werden, daß die Dynamik der Ausdifferenzierung, die diese politisch-ideologische Konstruktion nicht lange hat überleben lassen, u.a. auch auf das Vordringen der Genetik in die ›Rassenbiologie‹ zurückzuführen ist. Daß 1940 Justs Handbuch erscheinen konnte, das Nachtsheim nach dem Krieg als einziges Beispiel einer ›sauberen (Human-)Genetik‹ aus dem ›Dritten Reich‹ zitierte, spricht, zusammen mit den anderen Beispielen der ›genetischen Kritik‹ an der Rassenhygiene, zugleich gegen die Behauptung, daß die Nationalsozialisten die wissenschaftliche Genetik zugunsten der Pseudowissenschaft unterdrückt hätten.

Ganz offensichtlich war das Verhältnis von Partei und Staat zur Wissenschaft komplexer, als es diese These unterstellt. Einmal kann man nicht annehmen, daß es eine einheitliche bzw. eine repräsentative Einstellung zur Wissenschaft gab. Die Positionen

341 Günther Just, *Handbuch der Erbbiologie des Menschen*, V.

Himmlers, Rosenbergs und Groß' unterschieden sich hinsichtlich vieler Fragen. Zum anderen waren die jeweiligen Positionen nicht unbedingt in sich konsistent und schließlich auch Veränderungen im Laufe der Jahre unterworfen. Walter Groß als Leiter des Rassenpolitischen Amtes der NSDAP kann aufgrund seiner funktionsbedingten Nähe zur Rassenhygiene und Rassenpolitik und gleichzeitig zur Partei als besonders exponiert, aber auch als besonders differenziert gelten. Ende 1941 nahm er im Informationsdienst des RPA zum ›Streit‹ um die Abstammung des Menschen Stellung. In dieser Frage vertröstete Groß die Erwartungen einer Stellungnahme der Partei auf die Zeit nach dem Krieg und sprach dem nicht genannten ›außerhalb der eigentlichen Fachwelt‹ stehenden ›kleinen Kreis‹ der Kritiker der Darwinschen Entwicklungslehre lediglich das Recht ab, den Streit aus der Wissenschaft in die Öffentlichkeit zu tragen. In der ideologisch zentralen Rassenfrage war das Bekenntnis Groß' zur Fachwissenschaft noch klarer. Einerseits druckte der als Schulungsmaterial dienende Informationsdienst des RPA ›rassentheoretisch‹ einschlägige Passagen von Chamberlain und Woltmann kommentarlos ab. Andererseits nahm Groß selbst zu aktuellen Fragen der Rassenlehre Stellung und lehnte z. B. kategorisch den Begriff der ›deutschen Rasse‹ ab, weil er den biologischen Gegebenheiten nicht entspreche. In einer Abhandlung zur Frage *Was prägt Völker – Rasse oder Geschichte?* schließlich nahm er für die Rassenlehre des Nationalsozialsmus in Anspruch, daß sie sich »mit den Ergebnissen (decke), die die Rassenkunde und die Erbbiologie als Wissenschaft vorlegen«, und korrigierte einfache Determinationsvorstellungen zugunsten einer komplexeren Darstellung des ›Anlage-Umwelt‹-Problems, die offenkundig von den neueren Forschungsergebnissen beeinflußt war.[342] Zumindest für Groß und das RPA gilt, daß sie die Entwicklung in der Rassenkunde und Erblehre offenbar genau beobachtet haben und zugleich Wert darauf legten, daß die nationalsozialistische ›Weltanschauung‹ nicht in Widerspruch zu ihr geriet.
Für die praktische Politik war die vermeintliche oder tatsächliche

342 Walter Groß, »Über die Abstammungslehre des Menschen«, *Informationsdienst RPA*, Nr. 120/20. 12. 1941; ders., »›Deutsche Rasse‹ – ›Europäische Rasse‹«, *Informationsdienst RPA*, Nr. 116/20. 8. 1941; ders., »Was prägt Völker – Rasse oder Geschichte ?«, *Informationsdienst RPA*, Nr. 106/20. 11. 1940.

Rezeption der neuen genetischen Erkenntnisse durch die Parteistellen belanglos. Während der Wissenskanon der Rassenhygiene bzw. der menschlichen Erblehre durch die Genetik verfeinert und präzisiert wurde, erfuhr die Rassenpolitik eine unvorstellbare Radikalisierung, und gleichzeitig wurde die Erbpflegepolitik weitgehend aufgegeben, beides infolge der inzwischen entfesselten Eigendynamik des Krieges.
Für die ›Erbpflege‹ bzw. die rassenhygienische Politik in den letzten Jahren des ›Dritten Reichs‹ gilt, daß die Unterscheidungslinie zwischen negativer und positiver Rassenhygiene immer deutlicher gezogen wurde. Die positive Rassenhygiene erfuhr dabei eine Zuspitzung auf die sogenannte ›Asozialenfrage‹ und die Begabungsauslese, beides Bereiche, in denen die Praxis über große Worte nicht hinauskommen konnte und die deshalb folgenlos im Hinblick auf die Ziele blieb. Als negative Rassenhygiene etablierte sich hingegen eine Praxis der Erbpflege, die auch nach dem Verständnis der Nationalsozialisten zur Medizin zählte. Nur dieser Bereich, mit dem die zukünftige humangenetische Praxis schon begründet wurde, konnte sich weiterentwikkeln und das politische System überleben.[343]
Daß die neue, ›genetische‹ Fundierung der Rassenhygiene zunächst zu keiner offenkundigen Veränderung der Praxis geführt hat – abgesehen von einzelnen Aspekten wie der Ausweitung der erbbiologischen Erfassung auf die heterozygoten Erbmerkmalsträger – , liegt wahrscheinlich auch daran, daß der Einfluß der Genetik und ihre Rezeption in der Rassenhygiene auf der Ebene der politischen (und auch wissenschaftlichen) Institutionen keine Entsprechung hatte. Von den an der Diskussion beteiligten Genetikern war keiner in einer politisch herausragenden Stellung oder in einer der Institutionen der ›Erb- und Rassenpflege‹. Dort saßen vielmehr die Rassenhygieniker, die wissenschaftlich schon marginalisiert waren, als sie für eine kurze Zeit noch ihren politisch sanktionierten Einfluß behielten.
Das macht verständlich, warum die Rassenhygieniker sich weiterhin auf der Linie der rassistischen Erb- und Rassenpflege bewegten: Sie wollten damit die vermeintlichen oder tatsächlich verbundenen politischen Vorteile in Anspruch nehmen. Wenn

343 Vgl. Walter Groß, »Rassenpolitik«, 5; Kurt Pohlisch, *Erbpflege im Dritten Reich*, (Kriegsvorträge der Rheinischen Friedrich-Wilhelms-Universität Bonn a. Rh., H. 19), Bonn 1941.

sie es für hilfreich hielten, benutzten sie aus forschungs- und professionspolitischem Opportunismus die Sprache der herrschenden politischen Ideologie. Wo sie die wissenschaftlichen Argumente für ausreichend hielten, setzten sie sie für die Politik ein, von deren Notwendigkeit sie die politischen Machthaber überzeugt hatten. Die ihnen gebotenen politischen Möglichkeiten waren der Bedingungsrahmen, in dem sie, wie nirgendwo sonst auf der Welt und seither auch noch nicht wieder, ihre Vorstellungen der erblichen und rassischen Säuberung der Bevölkerung umsetzen konnten. Letztlich aber war die Differenzierung von medizinisch orientierter ›negativer‹ und ›positiver‹ Rassenhygiene das Resultat jener Entwicklung in der Wissenschaft.

Die Kontinuität rassenhygienisch/eugenischer Vorstellungen über diese Zeit hinaus zeigt allerdings, daß der Siegeszug der Genetiker, der in Deutschland lange vor dem Zusammenbruch des politischen Regimes die Rassenhygiene erfaßt und verwandelt hat, nicht allein die Gewähr dafür liefern konnte, daß die Wissenschaft sich der Propagierung eugenischer Utopien und Weltverbesserungen enthalten würde.

VI. Kontinuität und Diskontinuität eugenischen Denkens

1. Eine ›Stunde Null‹ hat es nicht gegeben – der Umgang der Profession mit der moralischen Schuld

Etwa 300 000 bis 400 000 Menschen waren aufgrund des Gesetzes von 1934 zwangssterilisiert worden, darunter viele aus rassischen Motiven, wie die sogenannten Rheinlandbastarde, deren Schicksal die Möglichkeiten des Mißbrauchs eindringlich unter Beweis stellte, wenn man das Gesetz sonst als nicht »typisch nationalsozialistisch« einstufen will. Etwa 100 000 Patienten aus den psychiatrischen Kliniken waren im Rahmen der sogenannten T4-Aktion, dem »Euthanasie-Programm«, vergast oder erschossen worden, darunter mehrere tausend Kinder. Nach dem ›offiziellen‹ Ende der Aktion 1942 waren bis Kriegsende (in einigen Fällen sogar darüber hinaus) noch einmal ungefähr 120 000 Patienten verhungert, weil ihnen aufgrund ihrer Einstufung als »lebensunwert« die Nahrung vorenthalten worden war. Ungefähr sechs Millionen Juden und Zigeuner waren in den Vernichtungslagern vergast, erschlagen, erschossen oder durch Schwerarbeit »verschrottet« worden. Dabei sind sicher viele Opfer gar nicht erfaßt, die aus den Abgrenzungen der statistischen Erfassung herausfallen. Besonders zu nennen sind auch jene, die Opfer medizinischer Experimente geworden waren, deren Todesfolge von vornherein feststand. Von den ungefähr 90 000 damals in Deutschland praktizierenden Ärzten waren etwa 350 unmittelbar an diesen Verbrechen beteiligt, eine Zahl, die leicht über die notwendige Mitwirkung eines umfangreichen ›Apparates‹ hinwegtäuschen kann.[1]

Dieses in seiner Ungeheuerlichkeit bis heute in Deutschland und der übrigen Welt unbegriffen und unerklärt gebliebene Verstümmeln und Morden mag zwar nicht im vollen Umfang auf die eugenischen bzw. rassenhygienischen Ideen zurückzuführen sein. Heute kann aber kein Zweifel mehr darüber bestehen, daß das

1 Vgl. Ernst Klee, *»Euthanasie« im NS-Staat*, Frankfurt 1983; Ernst Klee (Hg.), *Dokumente zur »Euthansie«*, Frankfurt 1985; Alexander Mitscherlich/ Fred Mielke (Hg)., *Medizin ohne Menschlichkeit*, Frankfurt 1978.

Denken, das den einzelnen Menschen zum bloßen Träger von Erbmasse degradiert und die Gesundheit des ›Genpools‹ bzw. des Volkskörpers, wie es damals hieß, zum Kriterium staatlicher Gesundheitspolitik macht, eine wesentliche Voraussetzung dafür war, daß auch Kategorisierungen wie die von »lebenswert« und »lebensunwert« Eingang in unseren und zumal den ärztlichen Sprachschatz finden und ihre Wirkungen auf die Wahrnehmung von Recht und Unrecht entfalten konnten. Nur so war es auch möglich, daß volkswirtschaftliche Kosten-Nutzen-Kalküle aufgestellt werden konnten, die die den einzelnen zuteil werdenden staatlichen Fürsorgekosten in Relation zu seinem produktiven Nutzen setzten und die schließlich den Mord an »Lebensunwerten« rechtfertigen halfen. Nur das Denken in den Kategorien von »höheren« und »niederen« Rassen, das die Anthropologie aus dem 19. Jahrhundert in das 20. herübergeholt und mit ständig verfeinerten, aber ebenso sinnlosen Messungen auf die Spitze wissenschaftlicher Scheinobjektivität getrieben hatte – und dies in Verbindung mit dem Wahn einer ›reinen‹ nordischen Rasse und dem Mythos ›reinen Blutes‹ –, machte es möglich, daß ganze Minderheiten ausgesondert, wo geeignet, zum »wissenschaftlichen« Beobachtungs- und Experimentiermaterial erniedrigt oder aber auch ohne diesen Umweg auf bestialische Weise im Industriemaßstab ermordet wurden. Eine vermeintlich wissenschaftlich begründete, aber mit sozialen Vor- und Werturteilen durchsetzte Weltverbesserungsemphase der Vererbungsbiologen und die Expansionslogik professioneller Wissensorganisation, die ihre Dynamik entwickelte, lange bevor es die nationalsozialistische Bewegung überhaupt gab, waren eine verhängnisvolle Mischung eingegangen. Ohne sie hätte der Nationalsozialismus die Rassen- und Erbgesundheitsideologien gar nicht zu seiner Angelegenheit machen können. Die Politik der Nationalsozialisten hat sicher auch die Wissenschaft mißbraucht und verfälscht, aber ohne die aktive Mitwirkung der Wissenschaft wäre sie hilflos gewesen, hätte es sie in dieser Form gar nicht geben können. Wenn ihr etwas zuzurechnen ist, so zuallererst der Umstand, daß sie einer zahlenmäßig verschwindend kleinen Gruppe von Wissenschaftlern dazu verhalf, ihre Vorstellungen in die Tat umzusetzen, und daß sie sie, indem sie ihnen diese Möglichkeit verschaffte, politisch korrumpierte.

Angesichts des von der anthropologischen und rassenhygienischen Wissenschaft zumindest mitzuverantwortenden Grauens mußte sich in der so häufig beschworenen ›Stunde Null‹ des militärischen und politischen Zusammenbruchs Deutschlands, die angeblich die schwarzen Jahre der als schicksalhaft erfahrenen faschistischen Diktatur vom demokratischen Neubeginn trennen soll, die Frage stellen, warum dies hier und nirgendwo anders passierte und welchen Anteil daran die Wissenschaft trug. Man würde erwarten, daß die Wissenschaftler derjenigen Disziplinen, die so viel moralische Schuld auf sich geladen hatten, oder aber diejenigen, die als einzelne schwere Schuld trugen, eine besonders intensive Reflexion über ihre eigene Verstrickung und deren Ursachen begonnen hätten. Die tatsächliche Entwicklung zeigt, daß, von ganz wenigen Ausnahmen abgesehen, nichts von alldem geschah. Die Kontinuität eugenischen Denkens wie auch der professionellen Weltverbesserungsansprüche, getragen von der biographischen Kontinuität der akademischen Karrieren, setzte sich durch: Eine ›Stunde Null‹ hat es auch hier nicht gegeben.

Der Übergang von Ordinarienherrlichkeit zu der als schreiendes Unrecht empfundenen Besatzungszeit vollzog sich im Alltag weniger dramatisch, als es der Rückblick auf die letzten Kampfhandlungen vermuten läßt. Noch im August 1944 brachte der Direktor des KW-Instituts für Anthropologie, Otmar von Verschuer, Sabotagefälle wie das Durchschneiden einer Telefonleitung und das Durchstechen der Reifen eines Dienstrades zur polizeilichen Anzeige, da dadurch die »kriegswichtige Arbeit des Institutes gestört« werde.[2] Als abzusehen war, daß die Reichshauptstadt nicht mehr zu verteidigen sein würde, begannen sich die Hauptfiguren der Rassenhygiene nach Westen abzusetzen, um nicht unter russische Besatzung zu geraten. Fritz Lenz floh zuerst nach Obernfelde in Westfalen, von wo er Ende 1946 nach Göttingen übersiedelte, um dort einen Lehrstuhl für menschliche Erblehre zu übernehmen. Von Verschuer ließ eigenmächtig alles ihm wichtig erscheinende Institutsmaterial auf zwei Lastwagen verladen und in seine Heimatstadt Solz bei Bebra schaffen, wo er es zunächst in einer Schule unterbrachte – in Zuversicht auf bessere Zeiten, die sich für ihn bald nach dem Krieg

2 Brief von Verschuer vom 22. 8. 1944, Archiv der MPG, Hauptakten A1 - 2400.

auch einstellen sollten. Vor dem Transport muß, Zeichen des schlechten Gewissens, ein erheblicher Teil von belastenden Unterlagen zerstört worden sein. Als die sowjetische Armee in Berlin einmarschiert war, wurden die Kaninchen Hans Nachtsheims einer trivialeren Verwendung zugeführt: Russische Soldaten kamen unter Mißachtung verzweifelter Hinweisschilder des Nachts zu den Ställen, um sie zu stehlen und zu verspeisen. Die wenigen Stämme, die Nachtsheim über das Kriegsende retten konnte, bot er englischen Kollegen an, weil er kein Geld für Futter mehr hatte.

Der Nachkriegsalltag begann mit der Verschleierung der gerade zu Ende gegangenen Vergangenheit, der Verdrängung der eigenen Schuld und dem Schmieden von Plänen für die Zukunft. Im Mai 1946 schickte Nachtsheim, offenbar nach Aufforderung, einen Bericht über die Struktur, den Personalbestand (einschließlich Parteizugehörigkeit) und die Arbeiten des Anthropologieinstituts bis Kriegsende an die amerikanische Besatzungsbehörde. Darin machte er auch Vorschläge über die zukünftige Wiederaufnahme der Forschungsarbeiten. »Bei der Bedeutung, die der Anthropologie, der menschlichen Erblehre und der Eugenik zukommt«, sei es dringend zu wünschen, daß die stillgelegten Abteilungen des Instituts wieder arbeitsfähig gemacht würden. Diese Forschungsgebiete hätten unter der Rassenpolitik des Nationalsozialismus unter einem besonders starken Zwang gestanden, aber nachdem nun »die Wissenschaft von ihren Fesseln befreit« sei, müßten sich Anthropologie, menschliche Erblehre und Eugenik wieder entfalten können, um »durch exakte wissenschaftliche Arbeit der sogenannten Rassentheorie des Nationalsozialismus und seinen sonstigen Irrlehren entgegenzutreten«. Als neuen Leiter für die Abteilung Eugenik schlug Nachtsheim vor, den von den Nazis geschaßten Hermann Muckermann wieder einzusetzen. Eine Bedingung, um das Institut wieder arbeitsfähig zu machen, sei aber vor allem die »Rückführung des Institutsgutes nach Dahlem«, dessen größter Teil sich noch »auf dem privaten Gut des ehemaligen Direktors des Instituts, Prof. Dr. Frhr. von Verschuer« befinde. Nachtsheim bat deshalb die amerikanische Besatzungsbehörde, bei der Rückführung des Institutsmaterials behilflich zu sein.[3]

3 Nachtsheim an Omgus, Education and Religious Affairs Branch, 21. 5. 1946, Archiv der MPG, N 18. Dieser Vorgang unterstrich das eigen-

Hans Nachtsheim blieb in Berlin, da er sich in der NS-Zeit nichts hatte zuschulden kommen lassen. Die Alliierten hatten die Stilllegung aller Dahlemer Institute der KWG verfügt, bis auf vier, darunter auch die Anthropologie, deren kommissarischer Direktor Nachtsheim jetzt war. Der zur Verfügung gestellte Etat war so gering, daß an ein experimentelles Arbeiten nicht zu denken war. Die Zentralverwaltung für Volksbildung hatte Nachtsheim allerdings beauftragt, an der Universität ein Institut für Genetik aufzubauen, in dem er sich »vorerst in der Hauptsache mit Drosophila befassen« wollte. Die Vererbungslehre war im Studienplan für Mediziner nicht mehr vorgesehen, aber Nachtsheim hoffte, die Genetikausbildung übertragen zu bekommen.[4]

Lenz war zunächst einmal um seine Entnazifizierung bemüht. Die Selbstrechtfertigung glaubte er auch gegenüber Nachtsheim pflegen zu müssen, der bei den Besatzungsmächten in Berlin offenbar als der einzige politisch unbelastete Abteilungsleiter des ehemaligen Fischer-Instituts angesehen war. Nur auf Drängen Gütts sei er – Lenz – 1937 in die NSDAP eingetreten, und wegen seiner Ablehnung des Antisemitismus und seiner internationalen Beziehungen habe er »stets als unzuverlässig« gegolten. »Ich möchte mich nun entnazifizieren lassen«, schrieb er im August 1946 an Nachtsheim. »Wie ich höre, sind dafür besonders wertvoll politische Führungszeugnisse seitens unbelasteter Persönlichkeiten ... Sie wissen ja aus unserer gemeinsamen Zeit in Dahlem, daß ich alles andere als ein Aktivist oder ein Fanatiker war. Ich habe viele Maßnahmen Hitlers und des nat.soz. Systems aufs tiefste bedauert und war stets kritisch und skeptisch eingestellt.« Selbstverständlich solle Nachtsheim nur soviel bezeugen, wie er es mit voller Überzeugung könne. Aber: »Von einem jüdischen Mitglied der Zehlendorfer Entnazifizierungskommission habe ich übrigens schon ein glänzendes Zeugnis erhalten.«[5] Bei aller zugestandenen Komplexität der Lenzschen Persönlichkeit und einer entsprechend unabhängigen Haltung gegenüber dem Nationalsozialismus war er doch auch der Mann, der 1933 für sich

mächtige Vorgehen von Verschuers bei der Auslagerung des Materials in den Westen ebenso wie seine offenkundige Weigerung, es nach Kriegsende wieder zurückzugeben.

4 Brief Nachtsheim an Lenz vom 21. 7. 1946, Archiv der MPG, N 18.

5 Lenz an Nachtsheim, 11. 8. 1946, Archiv der MPG, N 18.

in Anspruch genommen hatte, »zur Vorbereitung der nationalsozialistischen Weltanschauung beigetragen« zu haben.[6]
In der Folge wurde jenes Muster deutlich, daß die persönliche Kritik an der politischen Haltung von Kollegen hinter dem Korpsgeist, der Loyalität gegenüber der Profession zurückzustehen hatte. Diese Haltung verhinderte bis zum Ausscheiden der belasteten Wissenschaftler aus dem aktiven Berufsleben – aufgrund ihres Alters – sowohl ihre moralische Verurteilung (von der rechtlichen ganz zu schweigen) als auch den so dringend erforderlichen wissenschaftlichen Neubeginn. Es sollte eineinhalb Jahrzehnte dauern, bis sich die Humangenetik zu diesem Neubeginn durchringen würde, länger, als die Herrschaft Hitlers gedauert hatte. Sie machte damit keine Ausnahme, sondern lag im Gegenteil ganz auf der Linie der allgemeinen Entwicklung in der Bundesrepublik nach dem Zweiten Weltkrieg.
Nachtsheim bestätigte Lenz gern, daß dieser, obwohl er durch »sein Arbeits- und Forschungsgebiet von den leitenden Mitarbeitern des Instituts schon zwangsläufig die engste Berührung mit dem Nationalsozialismus« gehabt, sich jedoch in allen Fragen »stets sein selbständiges Urteil bewahrt« und sich dadurch bei den Parteigrößen keine Freunde geschaffen habe. Diese von Nachtsheim schon im November 1945 an die Amerikaner gegebene Beurteilung reichte Lenz jedoch nicht aus, nachdem er Anfang September noch berichtet hatte, daß seine Angelegenheit gut stehe und die britische Militärregierung nichts gegen ihn habe.[7] Drei Wochen später kam er auf Nachtsheims Angebot zurück und gab ihm Formulierungshilfe bei der Abfassung des Gutachtens. Daß er sich auch schon vor 1933 mit rassenpolitischen Fragen befaßt habe, »würde auch wohl mißverstanden werden. Ich habe das Wort ›Rassenpolitik‹ in Bezug auf meine eigene Tätigkeit niemals gebraucht«. Es sei auch eine Unterstellung, daß er ein unversöhnlicher Gegner der kommunistischen Partei sei, wie es in einem Artikel eines Professor Roginski zu lesen gewesen sei. Lenz: »... ich würde mich selbstverständlich

6 Fritz Lenz, *Die Rasse als Wertprinzip. Zur Erneuerung der Ethik*, München 1933, 7.

7 Nachtsheim, Auszug aus einem auf Anweisung der amerikanischen Besatzungsbehörde erstatteten Bericht über die Tätigkeit des Instituts seit dem Jahre 1933, Archiv der MPG, N 18; Lenz an Nachtsheim, 2. 9. 1946, Archiv der MPG, N 18.

aufrichtig freuen, wenn die KPD sich eugenische Zielsetzungen zu eigen machen würde.«[8]

Im Januar 1947 konnte Nachtsheim Lenz zur Berufung auf einen Lehrstuhl in Göttingen gratulieren. Offenbar schätze man »den Wert der Erblehre für den Mediziner im Westen höher ein als hier, wo man das Kind mit dem Bade ausgeschüttet und die Erblehre aus dem Lehrplan des Mediziners kurzerhand ganz gestrichen hat«. Für Nachtsheim war allerdings inzwischen ein Akademie-Institut für vergleichende Erbbiologie und Erbpathologie geschaffen worden. Die Akademie unterstand den sowjetischen Besatzungsbehörden. Von der KWG erhielt er dagegen keine Mittel, da deren Zukunft noch ungewiß war. »Ob ich nun ›östliche‹ oder ›westliche‹ Gelder bekomme«, so Nachtsheim, »die Hauptsache ist mir, daß ich meine Arbeiten (vor allem die über fetale Erythroblastosen) ungestört fortsetzen kann.«[9]

Der Forscherdrang Nachtsheims sollte schon bald in die Paradoxie einer neuerlichen Politisierung im Zeichen des kalten Krieges verstrickt werden, und der professionelle Korpsgeist geriet in die Widersprüche der internationalen Einschätzung der allzu schnell fortgesetzten Karriere des vormals prominentesten Rassenhygienikers, freilich ohne an ihnen schon zu zerbrechen. Grünberg, ein ehemaliger Schüler Nachtsheims, der nach England gegangen war, hatte an Nachtsheim geschrieben, um das Befremden englischer Kollegen über die Entnazifizierung Lenz' und seine Berufung nach Göttingen zum Ausdruck zu bringen. Durch eine Indiskretion, so vermutete Nachtsheim, war seine Antwort in die Hände von Lenz gelangt. Nun bekundete er gezwungenermaßen auch Lenz gegenüber, daß er habe zugeben müssen, »daß es eigentlich ein Unding sei, daß einer, der wegen seiner politischen Belastung seinen Lehrstuhl an einer Universität verloren habe, an einer anderen Universität ohne weiteres wieder einen Lehrstuhl erhalten könne ... Sollte ich Ihnen da nicht zu Ihrem 60. Geburtstag herzlich gratulieren können, auch wenn ich Sie von der Mitschuld am Aufstieg des Nationalsozialismus auf Grund Ihrer eigenen Äußerungen nicht freisprechen kann und wenn ich es auch als unklug empfand, daß Sie sich bei der gegebenen Situation bald nach dem Zusammenbruch um ei-

8 Lenz an Nachtsheim, 24. 9. 1946, Archiv der MPG, N 18.

9 Nachtsheim an Lenz, 13. 1. 1947, Archiv der MPG, N 18.

nen Lehrstuhl in Göttingen bewarben?« Nachtsheim berichtete Lenz sodann über Äußerungen aus Amerika, wonach ihm selbst verübelt worden sei, an die ›übel beleumundete Anthropologie‹ gegangen zu sein; den »führenden Persönlichkeiten dieses Instituts müsse der Prozeß gemacht werden, ihre Schuld sei tausendmal größer als die irgendeines idiotischen SS-Mannes usw. usw.« In Zusammenhang mit der Frage der Teilnahme deutscher Genetiker am nächsten internationalen Vererbungskongreß seien ihm »die Namen der Deutschen genannt (worden), mit denen sich die ausländischen Genetiker nicht an einen Tisch setzen würden, und dabei stand die ›Anthropologie‹ obenan. Die Betroffenen sollten nach meiner Meinung nicht zu sehr sich in den Vordergrund zu spielen versuchen, *es muß erst mit den Jahren Gras über alles wachsen.*«[10] Die Namen selbst ließ Nachtsheim taktvollerweise unerwähnt.

Ein anderer der großen Rassenhygieniker, Ernst Rüdin, hatte weniger Fortune. Obgleich er 1945 schon 71 Jahre alt war und es ihm nicht mehr um die Fortsetzung seiner wissenschaftlichen Karriere gehen konnte, zeigte sein Kampf gegen die ihm gegenüber erhobenen Anschuldigungen unverkennbar ähnliche Muster der Verdrängung und Gedächtnislosigkeit, vor allem aber auch des Insistierens auf der apolitischen Rolle seiner Wissenschaft. Fünf Tage nach der Kapitulation, am 14. 5. 1945, entzog sein Heimatland, die Schweiz, Rüdin die Staatsbürgerschaft. (Seit 1912 war Rüdin auch deutscher Staatsbürger.) Die Ausbürgerung wurde u.a. mit der falschen Anschuldigung begründet, Rüdin sei in der SS gewesen. Tatsächlich war er 1937 nur in die NSDAP eingetreten. Des weiteren hieß es: »Rüdin gehört bestimmt dem geistigen Führerkreis des nationalsozialistischen Regimes an. Er war der die deutsche rassenpolitische Gesetzgebung vorbereitende Fachmann, die Millionen von schuldlosen Menschen in unermeßliches Leid und ins Verderben gestürzt hat. Damit hat er neben der wissenschaftlichen Tätigkeit eine ausgesprochen politische Rolle gespielt. Dieses Lebenswerk Rüdins widerspricht den Geboten der Menschlichkeit ...«[11]

Rüdin und seine Frau – sie war kurzerhand mit ausgebürgert

10 Nachtsheim an Lenz, 23. 12. 1947, Archiv der MPG, N 18. (Unsere Hervorhebung).

11 Kopie des Ausbürgerungsbescheids vom 14. 5. 1945, DC Berlin/Akte Rüdin.

worden – protestierten in getrennten Briefen vom 28. 6. 1945 gegen den Beschluß. Rüdins Frau verteidigte dabei ihren Mann als »Menschenfreund im wahrsten Sinne des Wortes« und als »Typ des wissenschaftlichen Forschers, besessen von seiner Idee und dieser alles unterordnend«. In seiner ehrenamtlichen Funktion am Erbgesundheits-Obergericht, das versicherte sie eidesstattlich, habe er angstvoll gewacht, »daß das Sterilisierungsgesetz auf rechtlicher Grundlage blieb«, und er habe unter den fortwährenden Versuchen gelitten, »das Erbgesundheitsgesetz in nichtmedizinische Bahnen abzubiegen«.[12] Rüdin selbst sah seine Rolle ähnlich. Er mußte natürlich eingestehen, »wohl zum geistigen Führerkreis der eugenischen Anschauungen und Bestrebungen des 3. Reiches« gehört zu haben. »Ich habe dabei nur die medizinischen Gesetzesmaßnahmen beraten, nicht aber die anthropologischen (rassenpolitischen) Maßnahmen gesetzlicher und ungesetzlicher Natur... Ich habe ganz ausschließlich eine gesundheitlich eugenische Rolle gespielt und immer wieder im Sinne einer menschlichen Durchführung der Eugenik gewirkt.« Er sei auch nicht vorbereitender Fachmann der deutschen rassenpolitischen Gesetzgebung gewesen, sondern habe lediglich als Eugeniker »erbgesundheitliche Fragen zu beraten« gehabt. Bei genauerer Betrachtung könne »man geradezu von einer politischen Tätigkeit meinerseits *gegen* die rassenpolitischen, verbrecherischen Maßnahmen im nationalsozialistischen Staat sprechen«. Auch Rüdin bestand darauf: »Ich war nie Politiker, nur Wissenschaftler.«[13]

Daß es im Grunde um letzteres ging, kam offenbar weder ihm noch Lenz, noch irgendeinem anderen der Rassenhygieniker in den Sinn. Dieses apolitische Rollenverständnis war jedoch vergleichsweise jüngeren Datums, erinnert man sich an jenes, das Rüdin mit seinen Kollegen im Jahr 1933 geteilt hatte. Damals hatte er – wie sie – in der Machtergreifung Hitlers auch die Erfüllung des Traums gesehen, »Rassenhygiene in die Tat umsetzen zu können«.[14] In der Beantwortung eines Fragebogens der Militärregierung zu seiner NS-Vergangenheit gab Rüdin eine chro-

12 Beschwerdebrief Frau Rüdins an den Eidgenössischen Bundesrat, Bern, vom 28. 6. 1945, DC Berlin/Akte Rüdin.

13 Beschwerde Rüdins an den Eidgenössischen Bundesrat vom 28. 6. 1945, DC Berlin/Akte Rüdin. Hervorhebung im Original.

14 *ARGB*, 1934, *28*: 228.

nologische Darstellung seines Verhältnisses zum Staat, die in großen Zügen den Tatsachen entsprach: »Die Sache ist... so, daß ich vom neuen Staat anfangs eine gediegene Anwendung meiner psychiatrischen Erbforschungsergebnisse in der Praxis erhoffte, daß umgekehrt der Staat anfangs froh war, sich auf einen schon langjährig tätigen psychiatrischen Erbforscher von meinem Rang berufen zu können, daß aber dann ziemlich früh, in erschreckendem Maße aber etwa von Kriegsbeginn an die klassische Rassenhygiene (Eugenik) durch... Mißbräuche und Verbrechen in fast allen Kreisen völlig diskreditiert zu werden begann, weil man alles zusammen warf und daß man deshalb schließlich von Seiten gewisser Stellen des Staates und der Partei keinen Wert mehr darauf legte, sich auf meinen Namen zu berufen und noch weiterhin in ›rassenhygienischen Dingen‹ heranzuziehen, weil meine oppositionelle Einstellung zu den Mißbräuchen und Terrorakten und Methoden bekannt war.«[15]
In dieser, wenngleich groben Darstellung der Verwicklung der Rassenhygiene mit der nationalsozialistischen Politik sollte nicht unerwähnt bleiben, auf welche Weise der Forscherdrang einen Wissenschaftler in diesem System korrumpierbar gemacht hatte. Bei der DFG und selbstverständlich auch bei der SS war bekannt, daß Rüdin einen unersättlichen Durst nach Forschungsmitteln hatte. In einem Aktenvermerk wird der Präsident der DFG, SS-Oberführer Min.Dir. Professor Dr. Mentzel zitiert: »Rüdin hat in seinem Institut einen ausgewachsenen Etat, mit dem er aber noch nie zufrieden gewesen ist. Er hat sich deshalb immer noch von anderen Stellen, besonders vom Innenministerium Gelder zusammengeholt. Er hat dann auf diese Weise seinen ganzen Betrieb sehr groß und sehr großzügig aufgezogen und braucht nun immer noch mehr Gelder.«[16] Nachdem ihm die DFG auf Anraten Mentzels 1938 den für 1939/40 eingeplanten Etat um 160000 RM gekürzt hatte, wandte sich Rüdin an den Kurator der SS-Forschungsförderungsorganisation »Ahnenerbe«, den späteren Rektor der Münchener Universität, Walter Wüst. Wüst gegenüber pries Rüdin seine Arbeiten mit dem Hinweis an, daß seine »Sache auch Ihre Sache und unser beider Sache auch Sache des

15 Fragebogen Military Government of Germany, Kopie, Beilage zu D, DC Berlin/Akte Rüdin.

16 Aktenvermerk vom 20. 9. 1939, SS-Sturmbannführer... (Unterschrift unleserlich), DC Berlin/Akte Rüdin.

›Dritten Reiches‹, seines Führers und auch eines seiner Hauptmitarbeiter, des Herrn Reichsführers der SS ist«.[17] Obwohl nach Meinung des DFG-Präsidenten Mentzel die von Rüdin »bisher verbrauchten Gelder... in gar keinem Verhältnis zu den erzielten Ergebnissen« standen, setzte sich Wüst »nachdrücklich für die Bereitstellung von Mitteln« ein. Als Gegenleistung verlangte er allerdings, »daß er dann in den Verwaltungsrat des Instituts aufgenommen würde«.[18] Himmler ließ Wüst durch seinen Adjutanten Wolff mitteilen, daß er die Arbeit des Institutes zu erhalten und im Rahmen des ›Ahnenerbes‹ »auszubauen und zu verwerten« gedenke. Rüdin erhielt im November 1939 die ersten 30000 RM, auf Anweisung von SD-Chef Heydrich persönlich, da in bezug auf die Asozialenforschung und die Kriminalbiologie am Rüdin-Institut »vor allen Dingen die Reichskriminalpolizei daran interessiert ist«.[19]

Nach dem Krieg las sich das dann etwas anders. Rüdin: »Seit 1939 mußte ich kämpfen gegen einen meiner der SS angehörigen Assistenten und seine Hintermänner, welche das Institut für Genealogie und Demographie für die SS beschlagnahmen wollten«, und an anderer Stelle: »Was zu erreichen war, setzte ich durch. Es gelang den Gegnern nicht, mich von der Leitung der Forschungsanstalt zu verdrängen und einen SS-Angehörigen an meine Stelle zu setzen, wenn ich auch eine Art SS Nebenregierung in der F.A. (Forschungsanstalt; d.V.) dulden mußte, die mir genug Schwierigkeiten verursacht hat.«[20]

Der Fall Mengele – Verschuer

Am Beispiel der Ereignisse unmittelbar nach Kriegsende um den dritten großen Rassenhygieniker, Freiherr Otmar von Verschuer, wird außer derselben Verdrängung sowie der Unfähigkeit, die politische Verwicklung seiner Forschung und die in seinem Fall besonders schwere moralische Schuld anzuerkennen,

17 Rüdin an Wüst, 24. 6. 1939, DC Berlin/Akte Rüdin.

18 Aktenvermerk vom 3. 10. 1939, SS-Obersturmbannführer... (Unterschrift unleserlich), DC Berlin/Akte Rüdin.

19 Wüst an Mentzel vom 29. 9. 1939, Wolff an Wüst vom 2. 11. 1939; beide DC Berlin/Akte Rüdin.

20 Fragebogen und Beschwerde Rüdins, beide DC Berlin/ Akte Rüdin.

ebenfalls deutlich, daß professioneller Korpsgeist und Rücksichtnahme gegenüber dem akademischen Kollegen höher rangierten als die moralische Verurteilung und die durch sie vielleicht mögliche Selbstreinigung der Zunft. So kam es dann, daß öffentliches und privates Urteil auf seiten derer, die sich ihren kritischen Verstand erhalten hatten, weit auseinanderklaffen konnten. Diese Situation konnte für sich nutzen, wer, wie von Verschuer, auch die Zeit vor 1945 erfolgreich überstanden hatte. In gewissem Sinn hatten sich nach 1945 nur die Vorzeichen dessen geändert, was als politisch akzeptabel galt. Von Verschuer war jemand, der bereits in Anpassung geübt war.

Am 3. Mai 1946 erschien in der *Neuen Zeitung* ein Artikel von Robert Havemann, dem Physiker und für kurze Zeit selbsternannten Verweser der Kaiser-Wilhelm-Gesellschaft, in dem er u.a. schwere Vorwürfe gegen Otmar von Verschuer erhob. Danach hatte von Verschuer von seinem Assistenten, Dr. Dr. Mengele, die »Augenpaare von ganzen Familien, die angeblich ausnahmslos von Zigeunern stammen sollten, die in Auschwitz eines natürlichen Todes gestorben seien«, für wissenschaftliche Untersuchungen an das Berliner Institut geschickt bekommen. »An Hand dieser Sendungen von je 12-15 Augenpaaren studierte Verschuer die Erblichkeit der Nierentuberkulose an der Iris der Augen.« Darüber hinaus soll Mengele etwa 100 Zwillingspaare und etwa ebenso viele Familien von Kleinwüchsigen und Verwachsenen vor ihrem Tod untersucht und vermessen und nach ihrer Sezierung die ›interessant‹ erscheinenden Organe ebenfalls für weitere Untersuchungen nach Berlin geschickt haben. Die Direktoren des Instituts hätten jeweils für die Sendungen gedankt.[21]

Von Verschuer nahm zu den Anschuldigungen des Artikels von Havemann in einem Schreiben an *Die Neue Zeitung* Stellung. Darin bezeichnete er sich als »ein öffentlicher Gegner des nationalsozialistischen Rassenfanatismus«, bestritt, daß Mengele sein Assistent am KWI in Berlin gewesen sei, und ebenso, daß er je-

21 Miklos Nyiszli, *Auschwitz. A Doctor's Eyewitness Account*, New York 1960, 64f. Auf ihn beruft sich Benno Müller-Hill, *Tödliche Wissenschaft*, Reinbek 1984, 71ff. Darstellungen der Tätigkeit Mengeles in Auschwitz, die Nyiszli zum Teil bestätigen, finden sich in Max Weinreich, *Hitler's Professors*, New York 1946, 198, sowie in Hermann Langbein, *Menschen in Auschwitz*, Wien 1972, 382ff.

mals eine Forschung betrieben habe, zu der er Augenmaterial benötigte. Folglich habe er auch »niemals Augen von irgendwoher bezogen«. Freilich habe eine Mitarbeiterin des Instituts, es handelte sich um seine Assistentin Frau Magnussen, »selbständige Forschung über die Entwicklung des Augenpigments durchgeführt. Unter den von ihr untersuchten Personen befand sich eine Zigeunersippe mit Heterochromie«, deren Mitglieder sie persönlich aufgesucht und untersucht habe. In den Jahren 1943/1944 wurden die Zigeuner nach Auschwitz gebracht. »Als nun in Abständen von vielen Monaten einige (etwa 4) Mitglieder dieser... Sippe im Lazarett durch Krankheit (Tuberkulose) verstorben waren, wurden bei der pathologisch-anatomischen Sektion deren Augen konserviert und ihr zwecks Vervollständigung der Befunde zur histologischen Untersuchung zugeschickt.« Von Verschuer selbst wollte nur »Blutproben aus der Lazarett-Tätigkeit jenes Frankfurter Assistenten aus Auschwitz« erhalten haben.[22]

Dem inzwischen in Göttingen ansässigen Präsidenten der KWG, Professor Otto Hahn, hatte von Verschuer seine Entgegnung sowie eine ausführliche Zitatensammlung aus seinen Schriften übersandt, um ihn davon zu überzeugen, daß er durch 20 Jahre hindurch stets in gleicher Weise den Standpunkt seiner Wissenschaft vertreten habe und in diesen grundsätzlichen Fragen »keinem politischen Druck gewichen« sei. Hahn legte ihm aufgrund eines weiteren, am 23. Mai 1946 in der *Täglichen Rundschau* erschienenen Artikels, »der in der Form erheblich schärfer ist, als der Artikel in der ›Neuen Zeit‹«, nahe, ein Verfahren gegen sich selbst zu eröffnen.[23]

Bereits am 9. Mai hatte Nachtsheim aus Anlaß des besagten Artikels in der *Neuen Zeit* eine Unterredung mit Havemann geführt, in der er ihn auf eine Reihe von Fehlern hinwies und dazu bewegen konnte, Prof. Gottschaldt als seinen Gewährsmann preiszugeben. Seine Korrekturen entsprachen im wesentlichen den »Richtigstellungen«, die auch von Verschuer in seiner Entgegnung getroffen hatte. Nachtsheim wies Havemann darauf hin, daß er von Verschuer für »politisch belastet, sogar schwer bela-

22 Stellungnahme von Verschuers an die *Neue Zeitung*, o. Datum, Archiv der MPG, Berlin, Sign. A 2-II 56.

23 Von Verschuer an Hahn, 23. 5. 1946, Hahn an von Verschuer vom 7. 6. 1946. MPG Archiv, Berlin, Sign. A 2-II 56.

stet, betrachte. Er – H. – habe doch die Möglichkeit gehabt, wirkliche Tatsachen zu bringen – Parteizugehörigkeit, Verbeugungen vor Hitler, Zusammenarbeit mit der SS und fanatischen Nationalsozialisten usw. – statt dessen bringe er einen solchen ›Salat‹ falscher Angaben«, »Ungenauigkeiten«, die Havemann seinerseits freilich für »nicht so schlimm« hielt. »V. Verschuer habe seinen Assistenten Mengele mit seiner Assistentin Magnussen zusammengebracht, die Untersuchungen an dem Material aus dem Konzentrationslager seien mit seinem Wissen und seiner Einwilligung vorgenommen worden, und so sei er auch dafür verantwortlich.« Hierauf fragte Nachtsheim ihn nun: »Betrachten Sie denn die Benutzung von Material aus einem Konzentrationslager ohne weiteres für ein Verbrechen?« und verglich den Vorgang mit dem Bezug von Material aus Zuchthäusern, wie es z.B. das Anatomische Institut von Prof. Stieve »sogar in sehr großer Menge« erhalten habe: »Leichen aus politischen Gründen Hingerichteter, und Stieve hat anhand solchen Materials sehr wertvolle Untersuchungen durchgeführt, Untersuchungen, die auf andere Weise überhaupt nicht möglich gewesen wären. Man könne von Verschuer nur dann einen Vorwurf machen, wenn ihm bekannt gewesen wäre, daß die Individuen, von denen die Augen stammten, *nicht* eines natürlichen Todes gestorben oder gar getötet worden seien, um die Augen zu gewinnen. Man dürfe V. den guten Glauben nicht absprechen.«[24]

Nachtsheim begründete seine Differenzierungen damit, daß man sich nach 12 Jahren des »üppig wuchernden Denunziantentums« jetzt um so mehr von »jeder Denunziation fern halten« sollte, eine ebenso politisch verständliche wie formal unangreifbare Haltung, deren Konsequenzen dennoch weittragend und verheerend waren. Die Begründung hatte aber noch einen zweiten Aspekt, der wiederum auf die Amoralität der wissenschaftlichen Profession verweist und auf die inhärente Unfähigkeit, sich selbst ›Grenzen der Forschung‹ aufzuerlegen. Dies illustrieren die Ereignisse um Verschuer ein Jahr nach Kriegsende in aller Deutlichkeit. Wo selbst dem einzig verbliebenen, politisch unbelasteten Erbforscher von Rang keine moralischen Zweifel ob der Herkunft des menschlichen »Forschungsmaterials« und der

24 Nachtsheim, Niederschrift über eine Unterredung mit Prof. Havemann am 9. 5. 1946, Abschrift, MPG Archiv, Berlin, Sign. N 47, Mappe 13. Hervorhebung im Original.

Gründe für dessen so großzügige Bereitstellung durch den Staat kamen, wo »wertvolle Untersuchungen« – der Fortschritt der Wissenschaft – es offenbar rechtfertigten, die eigene Verantwortung erst dort einsetzen zu lassen, wo der Mord als solcher benannt oder eigens zum Zweck der Forschung verübt wurde, war an eine Verurteilung der involvierten Wissenschaftler wie von Verschuer nicht zu denken. Das war, gemessen an dem Langzeitschaden für die Disziplin selbst, freilich noch das geringere Übel. Nachtsheim, dessen Integrität gar nicht in Frage gestellt wird, ist sich wahrscheinlich nicht bewußt gewesen, daß er sich mit dieser Argumentation nur noch durch die Einschätzung der Rechtmäßigkeit des politischen Regimes von jenen unterschied, die mit denselben Gründen ihre Forschungen an KZ-Häftlingen zu rechtfertigen suchten.

Von Verschuer folgte dem Rat Otto Hahns, ein Verfahren gegen sich selbst zu beantragen, nicht. Statt dessen führte ein »Meinungsstreit ... in wissenschaftlichen Kreisen« dazu, daß am 1. 8. 1946 eine Kommission unter der Leitung des Direktors des KWI für Ausländisches öffentliches Recht und Völkerrecht in Berlin, Geheimrat von Lewinski, eingesetzt wurde, der außer Nachtsheim die Professoren Gottschaldt, Havemann, Heubner, Mukkermann, Nitsche, Rompe und Warburg angehören sollten. Nachdem die Kommission am 31. August zum ersten Mal getagt hatte, schickte von Lewinski einen Berichtsentwurf mit der Bitte um Bestätigung an die Mitglieder. Darin hieß es vorweg, daß es nicht darauf angekommen sei, jedes einzelne Detail in dem Aufsatz Havemanns in der *Neuen Zeit* auf seine Stichhaltigkeit zu prüfen, sondern lediglich darauf, »sich auf Grund unbestreitbarer Tatsachen ein Gesamtbild Verschuer's als Wissenschaftler im Lichte des Zeitgeschehens und insbesondere im Hinblick auf seine Einstellung und sein Verhalten zum Nationalsozialismus und dessen Lehre zu verschaffen«. Sodann wurde auf der Basis der von Havemann und von Verschuer beigebrachten Texte des letzteren geprüft, ob Havemanns Charakterisierung Verschuers als »Rassenfanatiker« gerechtfertigt sei. Das Ergebnis sei, daß, wenn von Verschuer das Gegenteil zu belegen suche, »er seine wahre wissenschaftliche Erkenntnis geopfert (habe), um sich den Beifall und die Gunst der damaligen Machthaber zu sichern – ein Vorwurf, der schwerer wiegt als der eines, wenn auch irregeleiteten Fanatismus«.

Im Zusammenhang mit den Materiallieferungen aus Auschwitz stand für die Kommission fest, daß von Verschuer durch Mengele über die Verhältnisse, »namentlich über die dortigen Massenvergasungen unterrichtet gewesen ist«. Ebenso wurde unterstellt, daß er wissen mußte, »daß die von dort bezogenen Juden- und Zigeuner-Blutproben sicherlich nicht von freiwilligen Blutspendern herrührten; er mußte auch zum mindesten Zweifel daran hegen, ob nach Lage der Verhältnisse die Träger der Augenpaare wirklich sämtlich eines natürlichen Todes gestorben waren«. Abschließend hieß es: »Unter diesen Umständen widersprach es nach übereinstimmender Ansicht aller Mitglieder der Kommission den selbstverständlichsten Forderungen menschlicher und wissenschaftlicher Ethik, wenn Verschuer wissentlich Material solchen Ursprungs für Forschungszwecke in seinem Institut verwendete und verwenden ließ.«[25]

Dieser Entwurf des Kommissionsberichts von Lewinskis sollte das einzige Dokument einer eindeutigen Stellungnahme zum Verhalten von Verschuers bleiben. Die in dem Schreiben noch konstatierte Einhelligkeit aller anwesenden Mitglieder der Kommission zerbrach kurz darauf an den erwähnten formalen Einwänden Nachtsheims. Er stieß sich an mehreren Formulierungen, u.a. daran, daß es feststehe, daß Verschuer durch Mengele über die Verhältnisse in Auschwitz informiert gewesen sein müsse, und bestand darauf, daß dies nicht bewiesen sei. Gleichwohl wolle er betonen, daß schon die Zitate und Äußerungen Verschuers ausreichten, »um ein Schuldig über ihn auszusprechen. Ich betrachte es ... als eine Charakterlosigkeit, wenn Verschuer, statt aus der Öffentlichkeit zu verschwinden, nicht nur in der Politik im Rahmen einer antifaschistischen Partei eine Rolle zu spielen versucht, sondern auch sich um seine Entnazifizierung bemüht, um dann in der Wissenschaft ebenfalls wieder einen führenden Posten zu erreichen.« Trotz allem solle nur »mit sauberen Waffen gegen Verschuer und sonstige Nazis« gekämpft werden.[26]

Mehr als zwei Monate vergingen, bis in den November hinein, und Nachtsheim mußte sich den Vorwurf gefallen lassen, daß er

25 Entwurf des Kommissionsberichts von Lewinski an Heubner vom 11. 9. 1946, MPG-Archiv, Berlin, Sign. N 47, M 13.

26 Nachtsheim an von Lewinski vom 17. 9. 1946, Archiv der MPG, Berlin, N 47, M 13.

seine Haltung auf der Kommissionssitzung nicht deutlich zum Ausdruck gebracht habe. Nach so langer Zeit, darin stimmte er mit Lewinski überein, würde die gemeinsame Erklärung »kaum noch irgendwelche Stoßkraft« haben.[27] Lewinski stellte schließlich mit der Übersendung seines dritten Entwurfs resigniert fest, daß es bei Mißlingen dieses letzten Versuchs jedem überlassen bleibe, zu tun, was er für richtig halte. »Ich bin in die ganze Angelegenheit lediglich als sachlich ganz unbeteiligter Jurist hereingekommen; das eigentliche Interesse sollte bei den Herren Naturwissenschaftlern liegen, und ich bedaure nur, daß es so schwierig ist, Männer, die im Grunde einer Meinung sind, was das Ergebnis anbelangt, in der Form auf einen Nenner zu bringen.«[28] Nachdem auch Heubner, dem der Bericht zugegangen sein muß, sich auf die Seite Nachtsheims geschlagen hatte, konnte Lewinski ihn nur noch darauf hinweisen, daß es der Kommission nicht darum gegangen sei, die in den Artikeln erhobenen Beschuldigungen im einzelnen zu belegen, sondern nur darum, »ob man das Verhalten des Herrn von Verschuer vom eigenen sittlichen Standpunkt aus billigt oder nicht«.[29]

Damit war genau der Konflikt bezeichnet, der Nachtsheim und auch Heubner von den übrigen Mitgliedern trennte und der exemplarisch für den Umgang der Wissenschaft mit der NS-Vergangenheit werden sollte. Die Erfahrungen mit den Rechtsbeugungen des NS-Regimes ließen die formal-juristische Beweisbarkeit als unverzichtbar erscheinen, was zur Folge hatte, daß die moralische Verurteilung opportunistischen, wenn schon nicht nachweislich verbrecherischen Verhaltens personalisiert, aus dem öffentlichen Diskurs herausgenommen und damit faktisch unwirksam wurde.

Während die Kommission noch um die Abfassung des Berichts rang, schrieb von Verschuer an den amerikanischen Genetiker Herman J. Muller und gab seinem dringenden Wunsch Ausdruck, »den Schild unserer Wissenschaft von der Trübung, die er

27 Nachtsheim an von Lewinski vom 7. 11. 1946, MPG-Archiv, Berlin, N 47, M 13.

28 Von Lewinski an Nachtsheim vom 25. 11. 1946, MPG-Archiv, Berlin, N 47, M 13.

29 Von Lewinski an Heubner vom 21. 1. 1947 (Eingangsstempel), MPG-Archiv, Berlin, N 47, M 13.

erfahren hat, wieder zu reinigen«. Die Erneuerung der Wissenschaft habe »damit begonnen, daß alle Persönlichkeiten, die keine Wissenschaftler sind, und nur unter dem politischen Druck sich in unsere Reihen eingeschlichen hatten, wieder entfernt worden« seien. Er selbst werde allerdings zur Zeit an jeder weiteren Arbeit dadurch gehindert, daß ein »charakterloser früherer Mitarbeiter... aus rein egoistischen Gründen« über ihn Verleumdungen verbreitet und Einfluß auf die amerikanische Militärregierung gewonnen habe. Von Verschuer bat Muller deshalb, ihm ein Zeugnis auszustellen, das ihn als »ernsten Forscher« ausweise.[30] Von Mullers Bedingung, daß der auch von ihm gewünschte Wiederaufbau der Humangenetik in Deutschland auf »einer vollkommen neu konstruierten Grundlage« erfolgen müsse, fühlte von Verschuer sich selbst nicht betroffen. Er beklagte sich über das ›entbehrungsreiche Leben‹, das er zu führen gezwungen sei.[31]

Nachdem er im Entnazifizierungsverfahren als »Mitläufer« eingestuft worden war, wurde von Verschuer 1949 in die Mainzer Akademie der Wissenschaft und der Literatur aufgenommen. 1951 wurde er auf den Lehrstuhl für Humangenetik in Münster berufen, 1952 zum 1. Vorsitzenden der Deutschen Gesellschaft für Anthropologie gewählt, 1953 ernannte ihn die Italienische Gesellschaft für Genetik zum Ehrenmitglied; im gleichen Jahr trat er die Nachfolge Günther Justs in der Herausgeberschaft der *Zeitschrift für menschliche Vererbungs- und Konstitutionsforschung* an und wurde in den Beirat der Deutschen Gesellschaft für Bevölkerungswissenschaft gewählt. Ein Jahr darauf wurde er Ehrenmitglied der Anthropologischen Gesellschaft in Wien. Als er 1956 seinen 60. Geburtstag feierte, schrieb sein ehemaliger Schüler Hans Grebe in einer Laudatio: »Der führende deutsche Humangenetiker darf an diesem Tag auf ein Leben zurückblikken, das alle Höhen und Tiefen menschlichen und wissenschaftlichen Wirkens und Erlebens durchschritten hat, dem aber nach mancherlei und schweren Anfeindungen schließlich die uneinge-

30 Von Verschuer an H. J. Muller vom 30. 9. 1946, Manuscripts Department, Lilly Library, Indiana University, Bloomington/ Ind., Muller Nachlaß.

31 Von Verschuer an H. J. Muller vom 31. 7. 1947, Muller Nachlaß.

schränkte Anerkennung für sein Lebenswerk und die Lauterkeit seiner Persönlichkeit nicht versagt geblieben ist.«[32]

Als die Leser der *Zeitschrift für menschliche Vererbungs- und Konstitutionslehre* 1964 erfuhren, daß von Verschuer aus Anlaß seiner Emeritierung von der Redaktion zurückgetreten sei und der Verlag sich entschlossen habe, die Zeitschrift unter dem neuen Titel *Humangenetik* weiterzuführen sowie die Redaktion in »die Hände jüngerer Vertreter dieses Faches« zu legen, konnten wohl nur Eingeweihte wissen, daß dieser Wachwechsel in der Disziplin zumindest auf seiten von Verschuers nicht ganz freiwillig vollzogen worden war. Der Springer-Verlag hatte die profiliertesten Humangenetiker bzw. Anthropologen der ersten Nachkriegsgeneration, Friedrich Vogel, Helmut Baitsch, Peter Becker und Gerhard Wendt mit der Neustrukturierung der Zeitschrift beauftragt. Sie alle lehnten jedoch eine Zusammenarbeit mit Verschuer ab. Als Baitsch von Verschuer in seinem Feriendomizil im Schwarzwald aufsuchte und ihm die Erwartung nahelegte, die Herausgeberschaft freiwillig abzugeben, da er als politisch Belasteter ein Hindernis für den Neuanfang darstelle, schien für von Verschuer eine Welt zusammenzubrechen; er reagierte mit vollkommener Verständnislosigkeit.[33] Für die deutsche Humangenetik hatte die Stunde Null erst 19 Jahre nach Kriegsende angebrochen, und auch jetzt vollzog sich der Wandel, ohne daß die Verstrickungen der Rassenhygiene in die Verbrechen des NS-Staates zum Gegenstand der professionellen Diskussion wurden. Nicht zufällig fiel der Neuanfang mit dem biographischen Karriereende der großen Rassenhygieniker zusammen: Es war nur ein ganz normaler, geräuschloser Generationenwechsel.

Der Umgang der einzelnen Wissenschaftler, Anthropologen, Erbforscher, Rassenhygieniker oder Psychiater, mit ihrer individuellen moralischen Verstrickung ist nur ein Aspekt, unter dem das Schicksal der politisierten Wissenschaft nach dem Ende der in jeder Beziehung extremen Zeit des NS-Regimes betrachtet werden muß. Wahrscheinlich ist sie der (aber nur relativ) unwichtigere, wenn man primär an den längerfristig wirkenden Kräften interessiert ist, die das Verhältnis der Wissenschaft zum

32 Hans Grebe, »Otmar Freiherr von Verschuer 60 Jahre alt«, *Homo*, 1956, 7: 65.

33 Gespräch mit H. Baitsch, Korr. mit F. Vogel vom 4. 9. 1987.

politischen und kulturellen Kontext prägen. Bedeutsamer erscheint hingegen ein zweiter Aspekt zu sein: das Selbstverständnis der wissenschaftlichen Disziplinen. Wie haben die wissenschaftlichen Fachgemeinschaften, die »scientific communities«, die politische Katastrophe, deren Opfer sie geworden waren, die sie aber auch mit bewirkt hatten, verarbeitet?
Wie weit würde die politische Umwertung nach Ende des Krieges in die betroffenen Disziplinen hineinwirken und sie der öffentlichen Ächtung ausliefern? Auf welche Forschungsgebiete, Theorien und Deutungsansprüche würde sich die Umwertung erstrecken? Welche Rechtfertigungsstategien würden verfolgt werden, um die Spätschäden der kaum eineinhalb Jahrzehnte zuvor so euphorisch begrüßten Politisierung der Disziplinen begrenzt zu halten? Anthropologie, Erbforschung und Rassenhygiene fanden sich in der wahrscheinlich einmaligen Situation, daß sie von ein und derselben Forschergeneration repräsentiert wurden, deren Biographien den abrupten Wechsel von einer politischen Kultur in eine andere umspannten. (Für manche unter ihnen galt dies in doppeltem Sinn: von Weimar zum Nationalsozialismus und in das Nachkriegsdeutschland). Es sollte bis weit in die sechziger Jahre dauern, bis den betroffenen Disziplinen der biologische Generationenwechsel zu Hilfe kommen würde. Die Frage ist also, ob die politische Wende sich auf der Ebene der wissenschaftlichen Inhalte würde niederschlagen können. Was insbesondere wurde aus den rassenhygienischen bzw. eugenischen Konzeptionen?

2. Die Restauration der ›objektiven Wissenschaft‹

Die Antworten auf diese Fragen finden sich auf verschiedenen Ebenen. Eine ist die der wissenschaftlichen Programmatik, um nicht zu sagen, ihrer Ideologie bzw. ihres proklamierten Selbstverständnisses. Die von den Eugenikern implizit oder explizit vertretene Wertbindung ihrer Wissenschaft, die die Nationalsozialisten noch zusätzlich gestützt hatten, wurde nun wieder zurückgenommen und durch die Bekräftigung des Prinzips der »Wertfreiheit« der Wissenschaft ersetzt. Daß es zuvor explizit aufgegeben worden war, wurde aber nicht etwa als dem Programm der Eugenik inhärent reflektiert, sondern den politischen

Machthabern zugeschrieben. Die Wissenschaft, Eugenik und Rassenlehre zumal, waren von ihnen mißbraucht worden. Man vertraute in die Kurzlebigkeit wissenschaftlicher Schriften, in die Vergeßlichkeit der fachlichen und weiteren Öffentlichkeit (obschon doch sonst das Trachten der Forscher auf Unvergänglichkeit ihr Handeln leitet). Mit der These vom »politischen Mißbrauch« der Wissenschaft salvierten die einstigen Protagonisten der Rassenhygiene nicht nur sich selbst, sondern sie suchten damit auch ihrer Wissenschaft die Kontinuität ›objektiver‹ Forschung zu sichern, ohne sie selbst einer kritischen Analyse unterziehen zu müssen.

Der Anthropologe Egon Freiherr von Eickstedt führte den nationalsozialistischen Rassenwahn auf das »Rassenunwissen« zurück und verlagerte die Schuld auf jene, »die das Wissen um Rasse und Mensch für unwichtig hielten und wilden Spekulationen Tür und Tor öffneten«. Nachtsheim schrieb die Verbreitung der »verhängnisvollen rassenpolitischen Ideen« der Unwissenheit weiter Bevölkerungskreise »in erbbiologischen Dingen« zu. Auf die Propaganda einer Pseudowissenschaft sei man hereingefallen.[34] Eickstedt und Nachtsheim waren nicht einmal zur Apologie in eigener Sache gezwungen und haben sie möglicherweise auch nicht bewußt betrieben. Um so überzeugender, weil struktureller Art, ist das Muster der Verdrängung: Die Träger und Verkünder der Pseudowissenschaft bleiben ungenannt, wenn damit nicht die allmächtigen Politiker gemeint sind. Per Implikation wird der Öffentlichkeit Rationalität zugeschrieben, und nur die gegenwärtige Wissenschaft und ihre Vertreter (in der Mehrzahl doch dieselben!) sind imstande, durch richtige, objektive Information der Wirkung von Irrlehren (Nachtsheim) entgegenzutreten.

Bei diesem Bemühen kam vor allem den Erbforschern, die sich nun dem neuen Geist der Zeit gemäß zunehmend als Humangenetiker zu verstehen begannen, ein Umstand zu Hilfe, den man angesichts des Zwangs zur Vergangenheitsbewältigung als »glücklich« bezeichnen kann: die Lyssenko-Affäre und im weiteren Sinn der kalte Krieg mit seinem Antikommunismus. Bereits im Dezember 1947 schrieb Nachtsheim an Lenz, er habe in

34 Egon Freiherr von Eickstedt, »Vom Wesen der Anthropologie«, *Homo*, 1949/50, *1*: 1-13, 12; Hans Nachtsheim, *Für und Wider die Sterilisierung aus eugenischer Indikation*, Stuttgart 1952, 55.

einem Gutachten zu einem russischen Buch nicht mit seiner Einschätzung hinter dem Berge gehalten, daß »die ›Wissenschaft‹ Lyssenkos nicht weniger Pseudowissenschaft ist als die nationalsozialistische Rassentheorie. Wenn die deutschen Rassenhygieniker diese Theorie seinerzeit entsprechend beurteilt hätten, wären wir vielleicht – vielleicht! – nicht dahin gekommen, wo wir uns heute befinden.« Weniger als ein Jahr darauf begründete er Lenz gegenüber seine publizistische Kritik an Lyssenko – da Nachtsheim im sowjetisch besetzten Teil Berlins arbeitete, war sie zweifellos couragiert –: »Als das ›Dritte Reich‹ zu Ende war, hat man uns Genetikern zum Vorwurf gemacht, daß wir den Mißbrauch, der mit unserer Wissenschaft getrieben wurde, widerspruchslos hingenommen haben. Der Vorwurf trifft uns nicht zu Unrecht. Jedenfalls habe ich damals geschworen, nicht ein zweites Mal zu schweigen, wenn man die Genetik zu politischen Zwecken mißbraucht. Und heute haben wir im Lyssenkoismus die Parallele.« Den kommunistischen Druck hielt Nachtsheim für »weit schlimmer, als der nationalsozialistische war.«[35]

Es ist beinahe als tragisch zu bezeichnen, daß der nahezu einzige Genetiker, der den politischen Sündenfall seiner Wissenschaft, obgleich selbst unbeteiligt, ernstnahm, mit seiner Parallelisierung von nationalsozialistischer Erb- und Rassentheorie und dem Fall Lyssenko der Verdrängungsstrategie der Zunft ungewollt Vorschub leisten sollte. Die Bedeutung dessen ist deshalb nicht gering zu schätzen, weil Nachtsheim in den folgenden Jahren zur zentralen Figur beim Aufbau der Genetik und der Humangenetik in Deutschland wurde und ausgerechnet er es war, der sich der Sache der Eugenik verschrieb, mit der er in den Jahren zuvor doch so wenig zu tun gehabt hatte. Doch dazu später mehr.

Auf der ersten Nachkriegstagung der Anthropologen 1948 in Weinheim wurde eine Entschließung gefaßt, die ebenfalls die Wertfreiheit für die Wissenschaft beanspruchte und sogar Selbstkritisches enthielt. Die versammelten Fachwissenschaftler bekannten sich »zur Freiheit der Forschung und Lehre und erachten sich allein der wissenschaftlichen Wahrheit verpflichtet. Sie

35 Nachtsheim an Lenz, 23. 12. 1947 und 18. 10. 1948, Archiv der MPG, Berlin, Sign. N 18.

verurteilen die Verbindung, in die sich gewisse Kreise der deutschen Wissenschaft zum Nationalsozialismus begeben hatten, und gedenken in Trauer insbesondere der rassischen Opfer dieses Regimes.« Für die Zukunft wollten sie »einen derartigen Mißbrauch anthropologischer Begriffe ... verhindern helfen«.[36] Da eine ganze Reihe derjenigen, die damit gemeint waren, zu den Anwesenden zählten, dachte man bei dieser Entschließung wohl an die jeweils anderen. Darin ist auch ein Zeichen der bewußtseinsmäßigen Verselbständigung des professionellen Selbstverständnisses zu sehen, das die Grundlage für die zukünftige Entwicklung der Disziplin unter den neuen gesellschaftlichen und politischen Rahmenbedingungen darstellte. Zu dem Zeitpunkt, als die Erklärung für die Irrwege der Vergangenheit in die Geschichte des Faches inkorporiert wurde, war der »Bruch« vollends verkittet, die Kontinuität der wissenschaftlichen Entwicklung wiederhergestellt und der Blick in die Zukunft frei.

Es war daher schon eher eine Ausnahme, wenn der Anthropologe und Soziologe Wilhelm E. Mühlmann anläßlich des 2. Anthropologentages 1950 in einem Artikel zur *Verantwortung der Anthropologie* aus der Tendenz aller Wissenschaften, ihre jeweiligen Deutungsperspektiven zu verabsolutieren, die Folgerung nach einer Selbstbegrenzung der Anthropologie ableitete. Freilich sah auch Mühlmann die Gefahren, die in der jüngsten Vergangenheit durch die Übergriffe des totalen Staates auf die Wissenschaft erkennbar geworden waren, in erster Linie in der »pseudoanthropologischen Totaldeutung des Menschen«, wie sie in der »popularisierten Pseudoanthropologie (besonders in der Form der populären ›Rassentheorie‹)« vertreten wurde. Mühlmanns differenziertere Analyse führte ihn zu den im Prinzip gleichen Schlußfolgerungen: Neben der ethischen Forderung, den Menschen nicht als ›Objekt‹ bzw. als ›Material‹ manipulativ zu betrachten, sprach er sich gegen eine reine Zweckforschung, für einen Verzicht auf Populardarstellungen aus Furcht vor der Vergröberung durch die Presse und für äußerste Vorsicht bei der Anlage und Interpretation von sozialanthropologischen Untersuchungen mit Blick auf ihren möglichen Mißbrauch durch behördliche Instanzen aus.[37]

36 Entschließung abgedruckt in: *Homo*, 1949/50, *1*: 78.

37 Wilhelm E. Mühlmann, »Die Verantwortung der Anthropologie«, *Homo*, 1951, *2*: 2-4, 3.

Die Muster der Reaktionen auf die Erfahrungen während der NS-Zeit, wie sie hier zum Ausdruck kommen, entsprachen dekkungsgleich denen der Wissenschaft insgesamt, waren also keineswegs spezifisch für die Anthropologie und Humangenetik als Erben der Rassenhygiene. Vereinfacht gesagt, standen sich zwei Lager gegenüber, die unterschiedliche Lehren aus dieser Zeit gezogen hatten: Die einen, für die der bekannte Physiker Werner Heisenberg an wissenschaftspolitisch prominenter Position stand, glaubten der gerade erlebten Politisierung der Wissenschaft nur durch eine bewußtere Anlehnung an und Einordnung in den (demokratischen) Staat entgegenwirken zu können; die anderen verfolgten die demgegenüber restaurativ erscheinende Strategie der strikten Trennung von Wissenschaft und Politik. Restaurativ war diese Strategie deshalb, weil sie an Vorstellungen anknüpfte, die das Selbstverständnis der Wissenschaft vor 1933 geprägt hatten. Tatsächlich hatte die Trennung jedoch auch da nicht mehr bestanden und war längst zur bloßen Ideologie denaturiert. Die Politisierung der Eugenik bzw. Rassenhygiene vor 1933 war dafür ein eindrucksvolles Exempel. Dennoch, oder gerade deshalb, obsiegte die restaurative Option. Sie lag auf der Linie der professionsinternen Entwicklungslogik. Der Diskurs, der die Differenz zwischen einer Politisierung qua professionspolitischer Opportunität und politischer Verantwortung aufgrund gesellschaftlicher Einbindung thematisiert, bestand in der Wissenschaft noch gar nicht, und es vergingen noch einige Jahre, bis er vor allem in der Humangenetik eröffnet werden würde.

Auf der Suche nach neuen Anwendungsbereichen – alte Eugenik im neuen Gewand?

Die restaurativen Tendenzen innerhalb der Wissenschaft und die personelle Kontinuität lassen bereits erwarten, daß es zumindest in den ersten Jahren nach dem Krieg nicht zu einer radikalen Neuorientierung innerhalb der Humangenetik und Anthropologie kommen würde. Andererseits war die politische Umwertung, die mit dem Übergang vom faschistischen zum demokratischen Staat gesetzt war, tiefgreifend genug, um zumindest auf der ideologischen Ebene die beschriebenen Reaktionen zu bewirken. Wie weit aber schlugen politische Anpassungsreaktionen auf die Ebene der wissenschaftlichen Programmatik durch? Besonderes Augenmerk ist dabei auf die anvisierten Anwendungsmöglichkeiten der Forschungsarbeiten zu lenken, die für die Eugenik als angewandte Wissenschaft konstitutiv sind.

Für das Verständnis vor allem der Nachkriegsentwicklung von Anthropologie und Humangenetik muß auf das besondere Verhältnis dieser beiden Disziplinen in Deutschland hingewiesen werden.[38] In den angelsächsischen Ländern, in denen Ethnologie, Urgeschichte und zum Teil gar die Soziologie mit zur Anthropologie gezählt wurden, war (und ist bis heute) eine starke kulturanthropologische Orientierung ausgeprägt. Im Unterschied dazu war die deutsche Anthropologie durch die Ausgrenzung der Ethnologen und Prähistoriker auf die »physische Anthropologie« reduziert worden. Was zur Krise hätte werden können, wurde, zumindest zunächst, durch den Umstand verdeckt, daß der ›Restanthropologie‹ »knapp darauf nolens volens eine Menge politischer Wind in die Segel geblasen« wurde, nämlich in Gestalt der nicht ganz unwillkommenen ideologischen Vereinnahmung der Rassenanthropologie und Rassenhygiene durch den Nationalsozialismus. Die Entwicklungsdynamik desjenigen Gebietes, für das die Bezeichnung ›Humangenetik‹ vor dem Krieg noch nicht anzutreffen war, d.h. der menschlichen Erblehre, soweit sie in erster Linie an den Variationen der normalen menschlichen Merkmale orientiert war (im Unterschied zur Erbpathologie), entfaltete sich daher im Rahmen der Anthropologie. Die Humangenetik wurde deshalb zumindest in Deutschland nahezu synonym mit der Anthropologie genommen.[39]

Aus dieser Konstellation mußten in dem Augenblick Spannungen entstehen, in dem zum einen das politische ›Stützkorsett‹ entfiel, das der Anthropologie ihren totalen Deutungsanspruch über die Rassenlehre und ihr erbbiologisches Beiwerk gesichert hatte, und zum anderen, nicht zuletzt auch dadurch bedingt, die

38 Eine abschließende Beurteilung wird erst möglich sein, wenn eine Geschichte der Anthropologie geschrieben wird, was hier nicht geschieht. Wichtig, aber merkwürdig unzureichend ist die hauptsächlich bibliometrisch angelegte Untersuchung von Ina Susanne Spiegel-Rösing/Ilse Schwidetzky, *Maus und Schlange*, München/Wien 1982.

39 Friedrich Keiter, »Krise und Zukunft der Anthropologie«, *Studium Generale*, 1953, 6: 492-496, 493.

Humangenetik Ausdifferenzierungstendenzen in Richtung zur ›sichereren‹, weil auf weitreichende Deutungsansprüche verzichtenden, klinischen Genetik entwickelte. Die Verselbständigung der Humangenetik hatte eine eigenständige Basis, nämlich die Fortschritte innerhalb der Genetik selbst, die zunächst ebenfalls in die Richtung der Beschränkung auf die Analyse genetisch bedingter Krankheiten, also auf die Erbpathologie, wiesen, d.h. weg von den ›großen‹ eugenischen Konzeptionen, die im Licht der Entwicklung der Genetik wissenschaftlich nicht abgesichert werden konnten und durch ihre Verbindung mit der Rassenlehre zudem politisch diskreditiert waren. Diese Entwicklung, die unter der Perspektive der institutionellen Rearrangements zwischen den verschiedenen Fachgesellschaften später noch nachgezeichnet werden wird, kam in den ersten Jahren nach dem Krieg aus einem Umstand nicht zum Tragen: Die Erbforschung, als die die Humangenetik im ›Dritten Reich‹ firmiert hatte, erschien politisch noch belasteter als die Anthropologie. So »schlüpfte die Humangenetik zunächst bei der Anthropologie unter«, oder aber: die eher klinisch orientierten Genetiker gingen in die 1948 von Ernst Kretschmer neu gegründete ›Gesellschaft für Konstitutionsforschung‹.[40] Viele waren auch in beiden Gesellschaften. In jedem Fall blieb die Humangenetik bis 1965 ohne eine eigene institutionelle Identität, soweit es eine Fachgesellschaft betraf, obwohl sie eine wesentlich dynamischere Entwicklung als die Anthropologie erfuhr.

Die paradoxe Folge dessen war, daß die politische Wende, die die Differenzierung von Anthropologie und Humangenetik und damit vor allem den Anschluß der letzteren an die internationale Forschungsentwicklung hätte begünstigen können, genau das Gegenteil bewirkte. Die Entlassung der Humangenetik in das reduktionistische, aber zumindest vorläufig eingeschränktere Forschungsprogramm der Genetik sollte noch auf sich warten lassen, während die Programmatik der ganzheitlich orientierten Anthropologie, wie sie von Eickstedt vertrat, mit all ihrer Ambivalenz gegenüber politischen und moralischen Werten zunächst an Boden gewinnen konnte, und zwar ausdrücklich gegen die als potentiell inhuman verurteilte Verengung auf die Erblehre.[41]

40 Spiegel-Rösing/Schwidetzky, *Maus und Schlange*, 180.

41 Bezeichnend für die Standortbestimmung ist von Eickstedts Parallelisierung des ›weiten Zerrinnens im Meer der Philosophie‹ in der Klassik mit

In einer Nachlese zum 9. Internationalen Kongreß für Genetik, 1953, stellte Friedrich Keiter fest, daß gerade die (28) deutschsprachigen Beiträge »nach Problem und Methode gesehen leider öfter Spätlese der Dreißigerjahre als Pionierwerk der Fünfzigerjahre« darstellen. Die zweite Biometriker-Schule der angelsächsischen Länder sei in Deutschland noch ganz ungenügend rezipiert. Neben dem für die Gegenwart kennzeichnenden »Zug zur Populationsgenetik einerseits, zur chemischen Genetik andererseits« konstatierte Keiter das Ende der »Erbpathologie im Sinne des Stammbaumsammelns.«[42]
Die praktischen Aufgaben, denen sich die Wissenschaft überall dort gern stellte, wo sie neue gesellschaftliche Legitimation versprachen, trugen unverkennbar die Züge der Nachkriegszeit. Ilse Schwidetzky sah ein »neues Anwendungsgebiet des Abstammungsnachweises« (ein »altes« war mit dem ›Blutschutz-Gesetz‹ gerade abhanden gekommen) in der Feststellung des Mutter-Kind-Zusammenhangs. Aufgrund der durch die Ereignisse der letzten Kriegstage zerrissenen Familien habe der anthropologische Nachweis dieser Beziehung besondere Bedeutung erhalten.[43] Die Vaterschaftsnachweise wurden in den näch-

der ›starren Verengung auf die eine Säule der Erblehre‹ in der Moderne, zwischen denen die Ganzheitsanthropologie wohl den Mittelweg steuern sollte. Vgl. von Eickstedt, *Vom Wesen der Anthropologie*, 5. Von Eickstedts Schülerin, die Anthropologin Ilse Schwidetzky, konstatierte anläßlich des Fehlens der Genetiker auf der Weinheimer Tagung gar ein Abklingen der ›länger als ein Jahrzehnt völlig beherrschenden Blickrichtung‹ der Genetik in der Anthropologie und eine Orientierung in Richtung auf eine Bevölkerungs- und Kulturbiologie. Ilse Schwidetzky, »Anthropologentag in Weinheim«, *Homo*, 1949/50, *1*: 77-78, 77.

42 Friedrich Keiter, »Besprechung von G. Montalenti und A. Chiarugi, Atti del IX. Congreso Internazionale di Genetica, Firenze 1954«, *Homo*, 1956, *7*: 241. Diese Tendenzen fand er zwei Jahre später durch den X. Genetikkongreß in Montreal noch bestärkt, wo Keiter insbesondere von der amerikanischen Wissenschaft, von den geringen »Hemmungen, auf die ein ›stilrein‹ naturwissenschaftliches Denken in Amerika stößt«, beeindruckt war. Friedrich Keiter, »X. Internationaler Kongreß für Genetik, Montreal. IV. Internationale Konferenz für Biometrie und Symposium über biometrische Genetik, Ottawa«, *Homo*, 1958, 9: 218.

43 Ilse Schwidetzky, »Ein neues Anwendungsgebiet des Abstammungsnachweises«, *Homo*, 1949/50, *1*: 170.

sten Jahren zum Hauptbetätigungsfeld (und zur Haupteinnahmequelle) für die Anthropologen und bestimmten sowohl die wissenschaftliche als auch die professionspolitische Diskussion mit.

Die Bevölkerungswissenschaftler, die sich im Oktober 1952 in der Deutschen Gesellschaft für Bevölkerungswissenschaft wieder organisierten, fanden ebenfalls neue Forschungsmöglichkeiten in Zusammenarbeit mit der Anthropologie. »Die bedeutsamen bevölkerungsgeschichtlichen Ereignisse der letzten Jahrzehnte, wie die Vertreibung der Deutschen aus dem Osten, die Zunahme der Bevölkerung der Großstädte ...« legte die »eindringende Pflege der Bevölkerungswissenschaft« nahe. Die Anthropologie sollte angesichts der »Vermischung zwischen ›Einheimischen‹ und ›Ostvertriebenen‹« so schnell wie möglich die »Sonderart dieser Gruppen« festhalten.[44]

Das konnten jedoch nicht die zukunftsweisenden Probleme einer Wissenschaft sein. Für die Humangenetik stellte sich denn auch ein veritableres Problem praktisch-politischer Natur: Der 1. Internationale Kongreß für Humangenetik 1956 in Kopenhagen stand, ebenso wie eine Tagung der Weltgesundheitsorganisation, bereits ganz im Zeichen des Beginns des Atomzeitalters und der von der radioaktiven Strahlung ausgehenden Gefahr für das menschliche Erbgut. Der Kongreß verabschiedete eine Resolution, in der auf die Gefahren für die Erbanlagen durch ionisierende Strahlen hingewiesen und die verstärkte Erforschung von erbschädigenden Wirkungen auf den Menschen gefordert wurde. Daraus ergaben sich auch weitergehende Forderungen nach einer Förderung der experimentellen Genetik und der Humangenetik. Von Verschuer stellte in seinem Bericht über die Tagungen fest, daß »der gegenwärtige Stand der Humangenetik in Deutschland keineswegs den ... sich ergebenden dringenden Erfordernissen der Zeit entspricht« und daß ein Fortdauern dieses Zustands um einige weitere Jahre zur Folge haben müßte, daß »Deutschland aus dem internationalen Gespräch über ein so wichtiges Problem ... ausscheidet«.[45]

Das Problem der radioaktiven Strahlung als Folge der militäri-

44 Erich Keyser, »Die gegenwärtigen Aufgaben der Bevölkerungswissenschaft in Deutschland«, *Homo*, 1952, *3*: 179.

45 Otmar Freiherr von Verschuer, »Erbschädigung des Menschen durch radioaktive Strahlen«, *Homo*, 1956, *7*: 231-233, 232, 233.

schen Nutzung der Kernenergie (die friedliche Nutzung stand zu jener Zeit noch aus) rückte die Humangenetik plötzlich ins öffentliche Rampenlicht. Die Genetiker, allen voran der Amerikaner H. J. Muller, hatten schon lange Zeit vorher auf die mutagenen Folgen der Strahlungen hingewiesen, mit denen sie selbst experimentierten. Jetzt, unter dem Eindruck der regelmäßig durchgeführten Kernwaffentests und ausgelöst durch die Ergebnisse der Untersuchung an den Opfern der A-Bombenabwürfe in Hiroshima und Nagasaki, bestand ihre Aufgabe darin, die Folgen für menschliches Erbgut abzuschätzen. Der amerikanische Genetiker James V. Neel hatte zusammen mit seinem Mitarbeiter W. J. Schull alle Schwangerschaften der Jahre 1948-1953 in den beiden japanischen Städten untersucht und die Ergebnisse 1956 veröffentlicht. Bereits im Fühjahr desselben Jahres hatte das British Genetics Committee seinen Report *Hazards to Man of Nuclear and Allied Radiations* der Öffentlichkeit übergeben, und im Juni erschien auch der Bericht des »Committee on Genetic Effects of Atomic Radiation« der Amerikanischen Wissenschaftsakademie. Ungeachtet aller Unsicherheiten auf seiten der Genetiker und der Kontroversen zwischen ihnen hinsichtlich des Ausmaßes der zu erwartenden Schädigungen (hier fand die Kontroverse zwischen Muller und Dobzhansky ihren Niederschlag, in der Mullers Sichtweise schließlich obsiegte), waren sie sich im Hinblick auf ihre Warnungen einig: Radioaktive Strahlungen produzieren Mutationen, und diese Mutationen sind in der Regel schädlich. Infolgedessen sollte die Strahlendosis, der die Bevölkerung ausgesetzt wird, so gering wie möglich gehalten werden. (Strahlengenetiker wie Muller und Timofeeff-Ressovsky hatten entsprechende Warnungen mit Blick auf die Röntgenbestrahlung schon Anfang des Krieges ausgesprochen.)
Bereits die Bombenabwürfe in Japan hatten nicht nur das Interesse der Militärs, sondern (in deren Dienst oder unabhängig davon) auch das der Wissenschaftler an der Auswertung der Folgewirkungen auf sich gezogen, was ihnen neben ihrem militärischen auch einen ›human-experimentellen‹ Charakter verlieh.[46]

46 Tatsächlich wurde auch durchaus intentional mit Menschen ›experimentiert‹, als z.B. im Zusammenhang mit dem Bau der ersten A-Bombe 18 Versuchspersonen radioaktives Plutonium eingespritzt wurde oder amerikanische Soldaten und Mitarbeiter der Atomenergiebehörde den Strahlungen bei A-Bombentests ausgesetzt wurden. Vgl. »Ein Gefühl

Was als eine unheilige Allianz von Militär und Genetikern erscheinen könnte, muß dies nicht unbedingt in einem verschwörerischen oder auch nur beabsichtigten Sinn gewesen sein. Der Tenor der erwähnten Berichte läßt vielmehr durchaus die genuine Sorge der Genetiker erkennen, deren Warnungen den Interessen der Militärs und der Atomphysiker entgegenstanden. »Der gegenwärtige Stand des Fortschritts in der Atom- und Nuklearphysik auf der einen und in der Genetik auf der anderen Seite befindet sich in einem ernsten Ungleichgewicht«, hieß es in dem Bericht der amerikanischen Kommission. Die daraus abgeleitete Folgerung rückte die Genetiker und Humangenetiker jedoch ein weiteres Mal in die Nähe einer überdies äußerst sensiblen Militärpolitik.[47]

Die Forderung nach einer verstärkten Unterstützung der Humangenetik hatte sich auch von Verschuer zu eigen gemacht; ihre Begründung durch die Strahlendiskussion in der Bundesrepublik konnte politisch jedoch zumindest nicht als vordringlich gelten, da die militärische Nutzung der Kernenergie hier keine Rolle spielte. Bald stellte sich aber heraus, daß Verschuer weitsichtig und konsequent seine schon vorher eingeschlagene humangenetische Forschungsstrategie verfolgte. Schon in Frankfurt hatte er eine vergleichende genetische Bestandsaufnahme durchgeführt. Für den Regierungsbezirk Münster errichtete er nun eines der derzeit größten genetischen Register für eine Reihe von Erbmerkmalen über den Zeitraum von 1950-1961. Plötzlich, im Zeichen der Strahlendiskussion, erlangten die ›Erbkataster‹ neuerliche Aktualität: Um die mutativen Wirkungen der radioaktiven Strahlung bestimmen zu können, bedurfte es der genauen Kenntnis der sogenannten Spontanrate einer Neuentstehung krankhafter Erbanlagen durch Mutation (d.h. also der ›normalen‹ Mutationsrate). Die amerikanische Kommission for-

der Übelkeit«, *Der Spiegel*, Nr. 18/30. 4. 1979, 227; »Drei Versuchspersonen leben«, *Frankfurter Rundschau*, Nr. 15/23. 2. 1976, 2.

47 »We badly need to know much more about genetics - about all kinds and all levels of genetics, from the most fundamental research on various lowly forms of life to human radiation genetics... and our society should take prompt steps to see to it that the support of research in genetics is substantially expanded and that it is stabilized.« »Report of the Committee on Genetic Effects of Atomic Radiation«, *Human Genetics*, 1956, *8*: 207-228, 228.

derte deshalb ein nationales System der Belastungsaufzeichnung durch Röntgen- und alle anderen Gammastrahlen für jeden Bürger. Die ›Erfassung‹ der Gesamtbevölkerung fand so eine neue Legitimation. Von Verschuers Arbeit in Münster wurde »großzügig und verständnisvoll durch das ehemalige Bundesministerium für Atomenergie in Bonn unterstützt...«[48]

Neben der Problematik der radioaktiven Strahlen trat noch ein anderes Zeitproblem in das Blickfeld der Humangenetiker, dessen Aufmerksamkeitswert sich ebenfalls dem Umstand verdankte, daß insbesondere die ehemaligen Eugeniker gewohnt waren, in großen Bevölkerungszusammenhängen zu denken: Die drohende Übervölkerung der Erde. In einem Beitrag zur Festschrift für den dänischen Humangenetiker Tage Kemp, in dem Fritz Lenz über ›die Grenzen praktischer Eugenik‹ räsonierte und der eine Art von resignativ-bilanzierendem Fazit darstellte, entwickelte er die Argumentationsstruktur und auch den Zusammenhang von Strahlenbedrohung und ›Bevölkerungsexplosion‹, der so selbstverständlich nur den eugenisch gesonnenen Humangenetikern bewußt und problematisch war. Das Argument verlief vereinfacht so: Die zunehmende Strahlenbelastung erzeugt eine höhere Rate ›detrimentaler‹ (d. h. schädlicher) Mutationen. Unter den scharfen Auslesebedingungen ›weniger zivilisierter‹ Länder werden diese noch ausgemerzt, in den ›westlichen Kulturvölkern‹ hingegen geschieht dies nicht. Ihre Entartung ist daher nicht aufzuhalten. Eine scharfe eugenische Auslese ist hier auch gar nicht mehr möglich, da die geringe Kinderzahl in diesen Ländern gar keinen Spielraum mehr läßt. In den Ländern hingegen, in denen die Geburtenrate noch hoch ist und in denen schon jetzt die Ernährung der Bevölkerung zum Problem geworden ist, »drängen sich eugenische Gesichtspunkte geradezu auf... kann also eine Eugenik im Sinne einer umfassenden qualitativen Bevölkerungspolitik noch Aussicht haben«.[49]

Zehn Jahre später hatte sich die Bevölkerungsfrage in den Worten Nachtsheims zum »Weltproblem Nr. 1« entwickelt; inzwischen sprach man von den Ländern, die das Problem in erster

48 Gerhard Koch, »Professor Otmar Freiherr von Verschuer zum Gedächtnis«, *Ärztliche Praxis*, 1969, *21*: 5698. Im nachhinein erwies sich von Verschuers Register trotz des großen Aufwands als wertlos.

49 Fritz Lenz, »Über die Grenzen praktischer Eugenik«, *Acta Genetica et Statistica Medica*, 1956, *VI*:13-24, 19f.

Linie betraf, als den »Entwicklungsländern«, und deren Regierungen wiesen alsbald die Diskussion in den Industrienationen über die bei ihnen durchzuführenden Geburtenkontrollmaßnahmen als Einmischung und politische Zumutung zurück. Das Engagement auffallend vieler Eugeniker im ›World Population Council‹, für die nicht eigentlich das rein quantitative Problem von Interesse war, sondern die ›qualitative‹ Vermehrung, konnte die Vermutung nahelegen, daß die Angst der bürgerlichen Klasse vor dem Bevölkerungszuwachs der proletarischen Klasse von einst nun auf den Weltmaßstab übertragen wurde. Selbst wenn sie nicht beabsichtigt waren, mußten die qualitativen Regelungen, die für die Industrienationen als selbstverständlich propagiert wurden, politische Parallelen nahelegen, die die Sensibilität der ›Entwicklungsländer‹ verständlich werden lassen. Für das Bevölkerungswachstum in der Bundesrepublik fragte z. B. Nachtsheim im selben Kontext: »Wie es aber mit der Qualität innerhalb des Plus an Bevölkerung steht, erfahren wir nicht. Partizipieren an dem Bevölkerungszuwachs mehr die Schwachsinnigen oder die geistig Hochstehenden?«[50]

Nachtsheims Alleingang: die Neuauflage der Sterilisierungsdiskussion

Der eugenische Diskurs setzte sich auch auf der Ebene fort, auf der er zuvor am nachhaltigsten institutionalisiert und zur Praxis geworden war: im Zusammenhang mit der Frage der Fortgeltung des Gesetzes zur Verhütung erbkranken Nachwuchses, d. h. des Sterilisationsgesetzes von 1934. Die Spätfolgen dieser Diskussion, insbesondere der unterlassenen Entscheidungen, sollten noch vierzig Jahre darauf virulent werden. Kontinuität und Institutionalisierungsgrad des eugenischen Diskurses sind sowohl daran zu ermessen als auch an der Tatsache, daß der nach 1945 wohl nachdrücklichste Verfechter einer ›Sterilisierung aus eugenischer Indikation‹ in der Bundesrepublik Hans Nachtsheim wurde, der weder ein Parteigänger des NS-Regimes gewesen noch Humangenetiker war. Sein Eintreten für die Sterilisie-

50 Hans Nachtsheim, »Eugenik im Lichte moderner Genetik«, *Forschung. Praxis. Fortbildung*, 1966, *17*: 3-8, 5.

rung erklärt sich daraus, daß die Sorge um die genetische Zukunft der Menschheit inzwischen an die Genetiker übergegangen war.

Das Sterilisationsgesetz von 1934 war in den Ländern Bayern, Hessen und Baden-Württemberg in seinem eugenischen Teil 1945 entweder aufgehoben oder außer Anwendung gesetzt, in der sowjetischen Besatzungszone 1946 ganz abgeschafft worden. In den übrigen westlichen Besatzungszonen waren dagegen nur die Erbgesundheitsgerichte nicht wiedereröffnet worden, die aber eine entscheidende Voraussetzung für die Durchführung des Gesetzes darstellten. Während die zwangsweise Sterilisation in keinem Land der Bundesrepublik mehr zulässig war, galten hinsichtlich der Zulässigkeit der freiwilligen Sterilisation unterschiedliche Auslegungen. Auf Veranlassung der amerikanischen Militärregierung hatte der Länderrat der amerikanischen Besatzungszone 1947 mit den Vorbereitungen für ein neues Sterilisationsgesetz begonnen, das vor allem die eugenisch indizierte Sterilisation regeln sollte. Dieses Gesetz wurde jedoch offenbar wegen der Auflösung des Länderrats nie verabschiedet.[51] Aufgrund dessen reklamierten die Ärzte (vornehmlich die Psychiater) ›Rechtsunsicherheit‹ und erachteten die »gesetzliche Regelung der Frage der Sterilisation als ein dringendes Anliegen«, was bei den Juristen wiederum eine langandauernde Diskussion über die Rechtslage im allgemeinen und über die Frage des Charakters des Erbgesundheitsgesetzes als »Nazigesetz« im besonderen auslöste.[52]

Überraschend an der gesamten Entwicklung sind zwei Aspekte: Umfang und Intensität der Diskussion verweisen darauf, daß die Sterilisationspraxis trotz rückläufiger Zahlen gut etabliert und Routine ärztlicher Praxis war; und die Grenzlinie zwischen eugenischer Programmatik und politischer Werteordnung wurde wieder dahin verlegt, wo sie 1932 verlief. Der eine entscheidende Punkt, den die Nationalsozialisten bei der Verkündung des Ge-

51 Werner Kienzle, »Schwangerschaftsunterbrechung, Sterilisation und Kastration nach geltendem Recht«, *Goltdammers Archiv für Strafrecht*, 1957, 69-70.

52 Werner Birkenbach, »Insemination, Sterilisation und moderne Methoden der Geburtenkontrolle«, Karl Forster (Hg.), *Offene Fragen zwischen Ärzten und Juristen* (Studien und Berichte der katholischen Akademie in Bayern 20), Würzburg 1963, 85-102, 94.

setzes geändert hatten, die Frage der Freiwilligkeit bzw. des Zwangs bei Sterilisationen, wurde wieder zurückgenommen. Indem mit der Unterstützung der Besatzungsmächte die zwangsweise Sterilisation – unter dem Eindruck des staatlichen Mißbrauchs – nahezu einhellig politisch und ethisch diskreditiert worden war, konnte die Sterilisation als solche aus der Konkursmasse nationalsozialistischer Gesetze und Maßnahmen gerettet und als wissenschaftlich vertretbar sowie medizinisch vernünftig fortgesetzt werden. Allerdings wurde unter den Bedingungen der rekonstitutierten Persönlichkeitsrechte die Hoffnung auf eugenische Effekte einer Sterilisationspraxis weitgehend zunichte gemacht, soweit sie sich entgegen aller wissenschaftlichen Evidenz bis dahin überhaupt hatte aufrechterhalten lassen. Obgleich dies von den Protagonisten entweder nicht so gesehen oder zumindest nicht sofort eingestanden wurde, markiert die Sterilisationsdiskussion in den fünfziger Jahren das Ende einer sozialtechnologisch konzipierten Eugenik und den Beginn der ›Individualisierung‹ und damit der ›Medikalisierung‹ humangenetischer Praxis. Bei aller Kontinuität in Sprache und Substanz mußten die Ansprüche einer eugenisch orientierten Humangenetik zugunsten der neuerlich sanktionierten Wertordnung, wie sie in den Grundrechten der Verfassung festgeschrieben wurde, zurückgenommen werden.

Die Kontinuität der Sterilisationsidee und -praxis vor und unabhängig von nationalsozialistischem Mißbrauch ist im vorangegangenen vielfach belegt worden. Zeugnisse wie die Stellungnahme eines Bielefelder Amtsgerichtsrats, Franz Neukamp, verrieten die geistige Verwandtschaft, die eben die Übernahme der Vorstellungen der Eugeniker vor 1933 durch die Nationalsozialisten so leicht gemacht hatte und die jetzt kurz nach dem Krieg noch nicht verflogen war. Neukamp polemisierte unverblümt gegen die Kritiker einer Neuauflage des Gesetzes mit Hinweisen auf den »verdienten Vorkämpfer für ein deutsches Sterilisationsgesetz Boeters« oder die »eigenartige Rechtschreibung und den sonderbaren Stil« der Eingaben des »sogenannten Verbandes der Sterilisierten und Gegner der Sterilisation«, der sich gegen ein neues Gesetz ausgesprochen hatte und mit seinen Wiedergutmachungsansprüchen bei »vielen Sterilisierten eine Rentenneurose« erweckt habe. (Neukamp war Vorsitzender in Wiederaufnahmeverfahren am Amtsgericht in Bielefeld!) Unter Berufung auf eine

Rede des Tübinger Psychiaters Gaupp aus dem Jahre 1925 (!), der seinerzeit erklärt hatte, daß in Deutschland – im Gegensatz zu den USA – die »Achtung vor der ›Selbstbestimmung des Menschen‹ zu stark ist, um rassenhygienischen Forderungen ein williges Ohr zu leihen«, trat Neukamp für ein neues deutsches Sterilisationsgesetz ein, das auch »Vorschriften über die zwangsweise Unfruchtbarmachung enthalten« sollte.[53]

Derart vergangenheitsverbundenen Äußerungen standen freilich auch gemäßigtere gegenüber, deren Tenor war, daß eugenische Sterilisationen zwar geboten waren, aber Zwangssterilisationen aus politischen und psychologischen Gründen nicht mehr zur Diskussion standen.[54] Der Berliner Oberstaatsanwalt Brühl hielt es aufgrund der ungeklärten Forschungssituation sowie aus rechtspolitischen Gründen für »unvertretbar«, nur sechs Jahre nach Ende der nationalsozialistischen Epoche »Hunderttausende von Menschen bereits jetzt wieder dem Zwang eines von ihnen abgelehnten operativen Eingriffs (zu) unterwerfen, der mit so schweren körperlichen und psychischen Folgen verbunden ist«. Inzwischen hatten die Justizminister der Länder den Erlaß eines neuen Gesetzes für untunlich erklärt und sich darauf geeinigt, die Beurteilung der Unfruchtbarmachung der Rechtsprechung zu überlassen. Die daraus resultierende Verantwortung des einzelnen Arztes hielt Brühl jedoch für zu schwer und sprach sich deshalb für eine gesetzliche Regelung der freiwilligen Sterilisation aus.[55]

53 Franz Neukamp, »Ist das Erbkrankheitsgesetz ein Nazigesetz?«, *Berliner Gesundheitsblatt*, 1951, *2*: 251-252.

54 Vgl. Eberhard Schmidt, »Das Sterilisationsproblem nach dem in der Bundesrepublik geltenden Strafrecht«, *Juristenzeitung*, 1951, *6*: 64-70, 69, 70.

55 Brühl, »Zum Problem der Sterilisation«, *Juristische Rundschau*, 1951, *5*: 495-498, 497. Erwähnenswert ist auch die Stellungnahme des Psychiaters Karl Bonhoeffer, der sich bereits Anfang 1949 mit den Auswirkungen des Sterilisationsgesetzes auseinandersetzte. Er konstatierte zwar für die 11jährige Praxis des Gesetzes eine »zunehmende Einengung der Indikationsstellung zur Unfruchtbarmachung«, d.h. eine gewisse ›Abkühlung‹ des zunächst gegebenen ›Übereifers‹ unter den Ärzten, hielt aber eine Aufrechterhaltung des ohnehin diskreditierten eugenischen Programms angesichts des ›primitiven Niveaus der Lebenshaltung‹ im Deutschland jener Zeit für nicht vorrangig. Karl Bonhoeffer, »Ein Rückblick auf die Auswirkung und die Handhabung des national-

In diese Diskussion, die – das ist noch einmal hervorzuheben – zunächst ausschließlich von Juristen und Ärzten geführt wurde und im Grunde nur die Frage der rechtlichen Regelung einer Fortführung der etablierten Praxis betraf, griff als einziger Genetiker Hans Nachtsheim ein. Nachtsheim wurde jetzt auch in der Öffentlichkeit zum aktiven Verfechter der Eugenik, publizierte eine Vielzahl von Artikeln und hielt ebenso viele Vorträge, in denen er die Notwendigkeit eugenischer Maßnahmen vertrat und sich für deren Einführung in der Bundesrepublik einsetzte. In dieser Offenheit und Intensität folgte ihm kein einziger seiner älteren Fachkollegen, und die jüngeren waren eher kritisch, wenn sie sich überhaupt zu Wort meldeten. In der wichtigsten und umfänglichsten Schrift *Für und Wider die Sterilisierung aus eugenischer Indikation* von 1952, in der Nachtsheim bereits auf die Diskussion zwischen Juristen und Ärzten Bezug nahm, vertrat auch er die Auffassung, daß das Sterilisationsgesetz kein nationalsozialistisches Gesetz gewesen sei, sondern vielmehr in der Tradition des Gesetzes von 1932 und der ihm vorangegangenen Entwicklung der Erbforschung stehe. Lediglich der Zwangscharakter des Gesetzes sei ein nationalsozialistisches Element. Nachtsheim trat deshalb für die freiwillige Sterilisierung ein. Zugleich stellte er jedoch auch fest, daß »der eugenische Erfolg einer freiwilligen Sterilisierung hinter dem einer Zwangssterilisierung zurückbleibt«. Daß politische Opportunität und nicht ein geläutertes ethisches Bewußtsein hier das Wort führte, wird aus den Zwischentönen deutlich erkennbar: Offenbar nur aufgrund der »Lage der Dinge« war Freiwilligkeit geboten, für »geschäftsuntüchtige Patienten«, die der »öffentlichen Fürsorge zur Last fallen«, sollte die Sterilisierung doch staatlich angeordnet werden können, und gerade das Prinzip der Freiwilligkeit beseitigte Nachtsheims »Bedenken gegen eine Ausweitung des Kreises der zu Sterilisierenden in gewissen Fällen«. Im übrigen stimmte er ›als Genetiker‹ den Forderungen der Medizinalbeamten, Juristen und Gynäkologen nach einem »Gesetz, das die freiwillige Sterilisierung aus eugenischer Indikation regelt«, zu.[56]

Weniger bemerkenswert als die immer wieder gleichlautenden und im Vergleich zur Vorkriegszeit fast unveränderten Hinweise

sozialistischen Sterilisationsgesetzes«, *Der Nervenarzt*, 1949, 20: 1-5, 5.

56 Hans Nachtsheim, *Für und Wider*, 48, 50, 51, 53.

auf die ›Kulturvölker‹, die alle Sterilisationsgesetze hätten (und die Nachtsheim zufolge auch besonders von der Entartung bedroht seien), war in seiner Schrift die Diskussion der zu erwartenden eugenischen Erfolge. Nachtsheim ging, was bis dahin selten geschah, auf die populationsgenetisch berechenbaren Erfolgsaussichten bzw. Zeitperspektiven ein, denen die Sterilisierung unterlag. Abgesehen von wenigen, seltenen Ausgangsbedingungen (monomere dominante Vererbung bei 100%iger Penetranz des Merkmals), mußte mit mehreren Generationen der Anwendung gerechnet werden, um die Krankheitshäufigkeit nur auf die Hälfte zu senken. Die Selektion gegen rezessive Defekte wirkte sich nur derart langsam aus, daß sie außerhalb politischer Planungsperspektiven lag, und die involvierten Zahlen ließen ohnehin kaum Panikstimmung aufkommen, die geeignet wäre, weitreichende Forderungen nach Einschränkungen der Persönlichkeitsrechte zu stützen. Nachtsheim mußte deshalb auch eingestehen, daß es nicht um die komplette Eliminierung krankhafter Gene, sondern lediglich darum ging, »die Ausschüttung dieser die Existenz der Kulturvölker bedrohenden abwegigen Erbanlagen zu verhindern«.[57]

Die Antwort auf die Frage, ob es sich bei dem Sterilisationsgesetz von 1933 um ein Nazi-Gesetz handelte, erhielt wenig später dadurch unmittelbar politische Relevanz, daß auf Betreiben der Arbeitsgemeinschaft sozialistischer Ärzte (ASÄ) die SPD im Bundestag 1957 erstmals die Anfrage stellte, ob die Bundesregierung bereit sei, einen Gesetzentwurf vorzulegen, nach dem den gegen ihren Willen Sterilisierten Entschädigung gewährt werden würde. Die Bundesregierung verneinte die Anfrage. Ab Ende 1959 beschäftigte sich sodann der Wiedergutmachungsausschuß mit der Frage, und hier bestand zunächst auch durchaus die Neigung, eine Entschädigungsregelung zu finden.[58] Zur 34. Sitzung am 13. April 1961 hatte der Ausschuß nun Experten geladen, um das Thema eingehender zu erörtern, darunter Hans Nachtsheim, die Psychiater Lauber, Villinger und Lewenstein sowie den

57 Nachtsheim, *Für und Wider*, Kap. 4 und 34. Das war übrigens eine nahezu identische Argumentation, die Koller 1934 gegen Kritiker des GzVeN geführt hatte!

58 In der Folgezeit wurden Anfragen mit ähnlicher Stoßrichtung wiederholt gestellt, so 1967 (durch MdB Mick) und 1969 (durch MdB Dröscher).

Strafrechtler Ehrhardt. Während der ganztägigen Verhandlungen setzte sich Nachtsheim, unterstützt vor allem durch Villinger und Ehrhardt, wiederum für die Anerkennung des Sterilisationsgesetzes als rechtmäßig ein und begründete seine Haltung mit den altbekannten eugenischen Argumenten. Es bestehe eine »sehr starke Kontraselektion«, und man bedenke im Zusammenhang damit die Bevölkerungsexplosion und mit ihr in Verbindung die qualitative Verschlechterung: »Das geht lawinenartig von Generation zu Generation –, wo kommen wir dann überhaupt hin.« Die Skepsis seitens einiger Ausschußmitglieder, ob es tatsächlich zu dem von Nachtsheim prognostizierten dramatischen Anstieg der Erbkrankheiten kommen würde, die Lewenstein und Lauber durch Hinweise auf die relativ konstanten Inzidenzraten von Schwachsinn und Schizophrenie stützen konnten, blieb von den Vertretern der eugenischen Sterilisation unwiderlegt. Statt dessen sprach sich Nachtsheim noch für den Zwang zur Sterilisation analog dem Impfzwang aus, da ein »eugenisches Gesetz ohne jeden Zwang... erbhygienisch ebenso unwirksam (sei) wie ein Impfgesetz ohne jeden Zwang«, zumal es bei der Erbgesundheit nicht um die lebende, sondern um zukünftige Generationen gehe und das »Verständnis für die Notwendigkeit der Maßnahmen einer großen Masse viel schwieriger beizubringen« sei als bei den Infektionskrankheiten.[59]
Am deutlichsten wurde die Gegenposition von dem Düsseldorfer Verwaltungsmediziner Karl formuliert, der die im Gutachten des Bundesfinanzministeriums enthaltene Auffassung, wonach es sich bei dem GzVeN nicht um ein Nazi-Gesetz handele, nicht teilen wollte. Entgegen der unter den Juristen und Psychiatern vorherrschenden (und auch von Nachtsheim vertretenen) Meinung, wonach zwischen Freiwilligkeit und Zwang nur eine Nuance bestehe, insistierte er auf dem prinzipiellen Unterschied zwischen »einer wissenschaftlich diskutierbaren Sterilisation aus individualmedizinischer Indikation und einer nur aus der Ideologie nationalsozialistischen Denkens entspringenden Zwangssterilisation...« Der Zweck des Gesetzes, den von »biologisch minderwertigem Erbgut gereinigten Volkskörper« (so hatte es im Gütt/Rüdin/Ruttke-Kommentar geheißen) zu erhalten, er-

59 Ausschuß des Deutschen Bundestages für Wiedergutmachung, III. Wahlperiode 1961, 34. Sitzung vom 14. 4. 1961, (Statement Hans Nachtsheim) 3-11, (Diskussion) 48ff.

schien Karl heute noch »ebenso sittenwidrig zu sein«, wie dies 1914 im damaligen Gesetzentwurf bezüglich der Sterilisation festgestellt worden sei.[60]

Die Tendenz im Ausschuß ging dahin, die Entschädigung der Sterilisierten pauschal, d.h. ohne Nachprüfung im Einzelfall anzustreben, aber zu einer Einigung kam es nicht. In den späteren Verhandlungen trat die Frage, ob es sich bei dem GzVeN um ein Nazi-Gesetz gehandelt habe, in den Hintergrund, und es wurden vornehmlich pragmatische und finanzielle Gründe dafür angeführt, daß eine Entschädigungsregelung immer wieder abgelehnt wurde.

Daß solcherart politischer Zynismus die Wiedergutmachung an den Zwangssterilisierten verhinderte, soll nicht verdecken, daß im politischen Raum nicht mehr offensiv mit der eugenischen Berechtigung der Sterilisation argumentiert wurde. Selbst der geradezu ubiquitäre Hinweis auf die anderen Kulturnationen, mit denen im konkreten Fall zumeist die USA gemeint waren, die auf diese Weise bald sechs Jahrzehnte für die deutsche Sterilisationsbewegung als rechtfertigendes Vorbild dienten, zerrann den Protagonisten zwischen den Fingern, wenn die tatsächlichen Zahlen und die Durchführungsweisen genannt wurden. Im Gegensatz zu dem forschen Optimismus Ehrhardts in der besagten Sitzung des Wiedergutmachungsausschusses, daß ein neues Sterilisationsgesetz mit Sicherheit kommen werde, oder auch zu den von Nachtsheim bis an sein Lebensende fortgeführten Beschwörungen, daß eine Kulturnation eines solchen Gesetzes bedürfe, lief die Konjunktur für eugenische Sterilisation unwiderruflich aus.

Die ehemaligen Größen der Rassenhygiene folgten Nachtsheims Kampagne für Eugenik und Sterilisation offensichtlich auch nicht mehr. Immerhin: Einer von ihnen, Otmar von Verschuer, veröffentlichte noch 1966 ein Buch unter dem Titel *Eugenik*, in dem er nicht nur die Zwangsregelung des GzVeN für verhängnisvoll erklärte, sondern die Entscheidung für eine Sterilisation nur dann für zulässig hielt, »wenn man die Zeugung als solche unter der Verantwortung vor Gott sieht und aus dieser Verantwortung dann das Opfer des Verzichts auf das Zeugungsrecht

60 Ausschuß des Deutschen Bundestages für Wiedergutmachung, III. Wahlperiode 1961, 34. Sitzung vom 14. 4. 1961, (Statement Karl) 41-48.

bringt oder veranlaßt«. Der einst radikale Rassenhygieniker von Verschuer schlug hier auf einmal theologische Töne an und vertrat die Prinzipien der christlichen Individualethik, so u. a. auch bei der Regelung der Eheberatung und Eheverbote. Hatte er 1934 den Primat der Erbmasse und damit des Kollektivs zukünftiger Generationen postuliert, so war er jetzt auf eine Linie vorsichtiger, die Freiheitsrechte des einzelnen und der Familie voranstellenden Argumentation eingeschwenkt. Dies waren die jetzt gesellschaftlich geltenden, politisch sanktionierten und von den Eugenikern offensichtlich akzeptierten Rahmenbedingungen, unter denen eine sich nunmehr auf die Humangenetik stützende, ›geläuterte‹ Eugenik Hoffnung auf die Zukunft machte. Von der grundsätzlichen eugenischen Zielsetzung war von Verschuer zumindest nicht abgerückt.[61]

Wichtiger als die Anpassung der ›alten‹ Eugeniker an den veränderten Wertekontext war die Haltung der nachrückenden Generation von Humangenetikern. Ihre Position zur Sterilisationsfrage macht die Isolierung Nachtsheims im Hinblick auf die zukünftige Entwicklung der Humangenetik in der Bundesrepublik noch deutlicher. Helmut Baitsch, einer der ersten unter den nachrückenden Forschern, die einen Lehrstuhl besetzten, wandte sich in seinem Habilitationsvortrag 1958 direkt gegen Nachtsheim. Baitsch argumentierte einerseits, die Bedrohung der Gesamtbevölkerung durch die Zunahme der Erbkrankheiten infolge von Mutationen und nachlassendem Selektionsdruck dürfe, ebenso wie die Möglichkeiten der Sterilisation, nicht überschätzt werden. Zum anderen, und das markierte die eigentliche Veränderung in der Argumentation, bezog Baitsch die Frage der ›neuen‹ Wertungen explizit mit ein. Der verantwortungsbewußte Wissenschaftler dürfe bei allen Vorschlägen hinsichtlich der Bekämpfung der Erbkrankheiten »den Boden gesicherten Wissens nicht verlassen«, und: »Die individuelle Einstellung des Arztes und Genetikers zu den personalen Rechten des Menschen, hier des Erbkranken, bestimmt die Wertung der möglichen eugenischen Maßnahmen.« Aus dieser Warte konnte er den »übereifrigen Enthusiasmus vieler Eugeniker« für die Exzesse verantwortlich machen, die im Namen der Eugenik verübt worden waren, und er konnte bestreiten, daß zur Diskussion um

61 Otmar Freiherr von Verschuer, *Eugenik*, Witten 1966, 41, 42, 51.

eugenische Fragen überhaupt »nur naturwissenschaftliche Argumente zugelassen seien« und religiösen und ethischen Einwänden keine gleichrangige Bedeutung zukomme. Die geltende Werteordnung mußte als Bedingungsrahmen für jegliche eugenische Politik gesehen und überdies die Veränderlichkeit der Werte berücksichtigt werden. Die Sterilisierung, ebenso wie gesetzliche Regelungen der Eheschließung nach eugenischen Gesichtspunkten, spielte für Baitsch deshalb »kaum eine bedeutsame Rolle als eugenische Maßnahmen«. Mit der Andeutung, daß in näherer Zukunft die Einrichtung von klinischen Beratungsstellen anzustreben sei, in denen eine genetische Beratung »im Rahmen des Arzt-Patienten-Verhältnisses, also unter Beachtung der ärztlichen Schweigepflicht« durchgeführt würde, entwickelte Baitsch schon die Perspektive humangenetischer Praxis, die allein in den Folgejahren gesellschaftliche und politische Akzeptanz finden konnte.[62]

3. »... die Rassenfrage der Juden sachlich behandeln« – die UNESCO-Deklaration und das politische Ende des Rassenbegriffs

Ebenso wie in der Frage der Sterilisation waren es auch im Bereich der Rassenanthropologie die politischen Bedingungen – und nicht etwa die selbstkritische Einsicht der Wissenschaft –, die die Neuorientierung erzwangen. Ging es im ersten Fall noch primär um die praktische Umsetzung wissenschaftlicher (nicht auch unbestrittener) Erkenntnisse, so war im zweiten Fall eine zentrale wissenschaftliche Kategorie mitsamt ihrem theoretischen Gerüst von der politischen Ächtung betroffen: der Rassenbegriff. Er war seit ihren Anfängen eine zentrale Kategorie der Eugenik und zudem das Einfallstor für gesellschaftliche Vorurteile und politische Ideologien in die Vererbungsforschung. Die Kategorie fungierte als wissenschaftliche Untermauerung des offenkundig Augenscheinlichen, der sichtbaren Unterschiede zwischen weißen, schwarzen, roten und gelben ›Rassen‹, und war damit zugleich auch Ausgangspunkt wesentlich feinerer

62 Helmut Baitsch, »Welche eugenischen Maßnahmen haben heute noch Sinn«, *Die Heilkunst*, 1958, 6: 213-222, 215, 217, 221.

Differenzierungen, die vor allem durch die Anthropologie entwickelt wurden: alpine, osteuropide, orientalide usw. Der Rassenbegriff stand keineswegs spezifisch für die deutsche Eugenik, und ebensowenig waren die mit dem Rassenkonzept einhergehenden Bewertungen eine Domäne der deutschen Eugenik bzw. Anthropologie.[63]

Spezifisch für die deutsche Eugenik war allenfalls, daß der Rassenbegriff hier eine politische Sprengkraft entwickelte, die sich in demokratisch gefestigteren und vor allem ethnisch differenzierten Gesellschaften nicht in gleicher Weise entfalten konnte. (Die weitreichendste Konsequenz der ›rassistischen‹ Diskriminierung in den USA, die sich auf die Vermengung politischer Vorurteile mit der ›wissenschaftlichen‹ Rassenkategorie stützte, war wahrscheinlich die Quotenregelung des Einwanderungsgesetzes.) Nachdem Ploetz die Bezeichnung ›Rassenhygiene‹ anstelle Eugenik eingeführt und dabei, wenngleich vergeblich, auf die Identität des Rassenbegriffs mit dem der Art verwiesen hatte, geriet die Kategorie in der Folgezeit zunehmend in den Sog des Antisemitismus. Im Zuge der politischen Radikalisierung geriet die Rassenkunde immer mehr zur Legitimation der Judenverfolgung.

Die Umsetzung der Rassentheoreme in Politik veranlaßte schließlich auch die angelsächsischen Genetiker und Anthropologen dazu, gegen die nationalsozialistische Rassendoktrin zu kämpfen. Freilich, ihre biologische Perspektive, der sie ebenso verpflichtet waren wie ihre deutschen Kollegen, ließ die Vererbung seelischer bzw. geistiger Eigenschaften und die Gefahren der Rassenmischung weiterhin als »wissenschaftliche Probleme« erscheinen. So traten sie für eine sorgfältige wissenschaftliche Untersuchung der Folgen von Rassenmischungen ein, erklärten diese, wie Huxley, gar zum »wichtigsten unmittelbaren Problem« der Humangenetik und begründeten ihre Kritik an jeglichem Rassendogmatismus mit dem derzeitigen wissenschaftlichen »Unwissen«.[64]

Es waren in erster Linie politische Motive und nicht bessere wis-

63 Zur ›politischen‹ Geschichte des Rassenbegriffs vgl. die prononcierte historisch-kritische Darstellung von Stephen J. Gould, *The Mismeasure of Man*, New York/London 1981.

64 J. B. S. Haldane, *Heredity and Politics*, New York 1938, 185; Julian Huxley in einem Brief an *Eugenical Review*, 1938, *29*: 294, zit. n. Wil-

senschaftliche Erkenntnisse, die die vornehmlich ›linken‹ bis liberalen englischen Genetiker gegen die nationalsozialistische Rassenpolitik auf den Plan gerufen hatten.[65] Trennten die angelsächsischen Genetiker und Eugeniker von ihren deutschen Kollegen in erster Linie die politische Überzeugung und die politische Moral und zu einem wesentlich geringeren Maße die wissenschaftlichen Auffassungen hinsichtlich des Rassenmischungsproblems, so mußte der Krieg mit der Radikalisierung der nationalsozialistischen Rassenpolitik und ihren fürchterlichen Konsequenzen eine tiefe Kluft zwischen ihnen aufreißen, die zumindest tief genug war, um Genetiker und Anthropologen nach dem Krieg dazu zu bewegen, politisch Stellung zu beziehen. Da der Rassenbegriff zum Inbegriff der politischen Verbrechen in Hitlers Deutschland geworden war, mußte er auch zum Kriterium des Verhältnisses der Genetiker und Anthropologen zu diesem Geschehen und zu dem Beitrag werden, den ihre Disziplin dazu geliefert hatte.

1949 beschloß die UNESCO, mit einer Erklärung zum wissenschaftlichen Stand der Rassenforschung das »Rassenvorurteil« zu beseitigen. Wohlgemerkt: Noch unter dem Eindruck der NS-Verbrechen wurde damit aus wohlverstandenen politischen Motiven der Versuch unternommen, mittels wissenschaftlicher Fakten den ethisch verurteilten Rassismus zu beseitigen. Dieses Unternehmen sollte deshalb auch deutlicher als irgendein anderes Ereignis sowohl die den politischen Erfahrungen gegenüber indifferente Kontinuität der Wissenschaft aufzeigen als auch die Unfähigkeit vor allem der deutschen Wissenschaftler, ihre eigene politische Verwicklung zu begreifen. So konnte es kommen, daß wissenschaftliche Behauptungen politisch motiviert waren und zugleich politische Positionen aufgegeben wurden, weil sie der wissenschaftlichen Überzeugung widersprochen hätten, durch die sie gestützt werden sollten.

Es wurden zwei Erklärungen zum Rassenbegriff formuliert und veröffentlicht, ein Vorgang, der der gesamten Diskussion obendrein noch die Dimension eines innerwissenschaftlichen Streits verleiht und aus dieser Perspektive zusätzliches Licht auf die Si-

liam B. Provine, »Geneticists and the Biology of Race Crossing«, *Science*, 1973, *182*: 790-796, 794.

65 Zur These der politischen Motivation der Kritik an den Rassenmischungstheorien s. Provine, »Geneticists«, 794.

tuation von Genetik und Anthropologie wirft. Die erste Erklärung war hauptsächlich von Sozialwissenschaftlern verfaßt, wenngleich auch unter der Kritik von Genetikern wie Muller, Huxley, Dunn und Dobzhansky überarbeitet worden. Sie enthielt jedoch eine Reihe von Formulierungen, die den Widerstand der Genetiker und Anthropologen herausforderten. Dazu zählten etwa die Thesen, daß es besser sei, den Rassenbegriff angesichts seines mißverständlichen alltagssprachlichen Gebrauchs ganz fallenzulassen und durch den der ›ethnischen Gruppen‹ zu ersetzen; daß genetische Differenzen kein wesentlicher Faktor in der Verursachung kultureller Leistungen verschiedener Völker oder Gruppen seien; daß Persönlichkeit und Charakter als ›rassenlos‹ betrachtet werden müßten; und schließlich, daß biologische Forschungen die Ethik der universalen Brüderlichkeit aller Menschen untermauerten.[66]

Da eine Erklärung ›der Wissenschaft‹ gegen den Rassismus eine möglichst breite Zustimmung der namhaften, fachlich involvierten Wissenschaftler haben mußte, wenn sie ihr Papier wert sein sollte, wurde unter dem Druck der kritischen Genetiker und Anthropologen im Juni 1951 auf einer wiederum unter der Leitung des Anthropologen Ashley Montagu einberufenen Konferenz, nunmehr unter maßgeblicher Beteiligung von Genetikern und physischen Anthropologen, ein zweiter Anlauf unternommen. Dessen Ergebnis war das *UNESCO-Statement on the Nature of Race and Race Differences by Physical Anthropologists and Geneticists*. Diese Erklärung wurde jedoch zum Gegenstand einer heißen Diskussion unter den (insgesamt 92 befragten) Fachwissenschaftlern, in der die Reaktion der deutschen Vererbungsforscher besonderes Interesse verdient: Schließlich hatten sie sich in den Dienst des politischen Regimes gestellt, dessen Verbrechen im Namen der Rassenforschung allererst der Anlaß für die Initiative der UNESCO waren.

Der einzige deutsche Genetiker, der an der Formulierung der Erklärung mitgewirkt hatte, war Hans Nachtsheim, der in der Folge auch die Konsultierung der deutschen Genetiker und Anthropologen koordinierte. Er verschickte im Juli 1951 die deutsche Fassung und erhielt schon kurz darauf eine Reihe von Ant-

66 Der Text der beiden Erklärungen mitsamt der Kommentare von Genetikern und Anthropologen ist enthalten in: *The Race Concept. Results of an Inquiry*, Westport/Conn. 1952, repr. 1970.

worten, nämlich von Lenz, Fischer, Saller, Weinert und Scheidt. Sie sollten auch die einzigen bleiben. Nachtsheim stufte sie alle als Anthropologen ein und mußte feststellen, daß sich von den deutschen Genetikern kein einziger geäußert hatte.[67]

Die Schwierigkeiten, die die deutschen Anthropologen mit der Erklärung hatten, spiegeln sowohl ihren wissenschaftlichen Reflexionsstand wider, der vor allem in Relation zu den Einwänden der ausländischen Genetiker gesehen werden muß, als auch ihre politische Befangenheit. Karl Saller, der 1948 in München eine Professur für Anthropologie erhalten hatte, nachdem er 1935 bei den Nationalsozialisten aufgrund seiner kritischen Haltung zur Rassenlehre in Ungnade gefallen war, schätzte die politische Motivation der Erklärung ganz richtig ein, sah aber in der Deklaration doch »eine gewisse Gefahr... wenn sie die psychischen Unterschiede bestimmter Bevölkerungsgruppen völlig umgeht oder negiert... davon..., daß solche psychischen Erbunterschiede bestehen, lebt die ganze Eugenik.« Im Hinblick auf die »eugenischen Bestrebungen« hielt er es für angezeigt, diese Frage doch offener zu lassen, als es in der Deklaration geschehen war.[68] Nachtsheim gab ihm in seiner Antwort zu verstehen, daß er selbst auch nicht jegliche erbliche Grundlage psychischer Eigenschaften leugnen wolle und daß dies in der Erklärung »vielleicht ein wenig schärfer hätte zum Ausdruck gebracht werden können«. Außerdem habe auch er sich für die Beibehaltung des Rassenbegriffs eingesetzt, »wenn auch Anthropologen und Genetiker den Begriff Rasse nicht im gleichen Sinne verwenden«.[69]

Die Antwort des Hamburger Anthropologen Walter Scheidt muß vor dem Hintergrund gesehen werden, daß Scheidt nach sehr kurzem Flirt mit dem Nationalsozialismus einer der wenigen Anthropologen in Deutschland war, der während der NS-Zeit Zivilcourage gezeigt und sowohl die Rassenpolitik des Regimes als auch die eilfertige Mithilfe seiner Zunft kritisiert hatte: ein Verhalten, das ihm nach dem Krieg deren Zorn eintrug.[70]

67 Nachtsheim an Muller, 19. 4. 1952, MPG-Archiv, Berlin, Sign. N 18, M 118.

68 Saller an Nachtsheim vom 24. 7. 1951, MPG-Archiv, Berlin, Sign. N 18, M 118.

69 Nachtsheim an Saller vom 30. 7. 1951, MPG-Archiv, Berlin, Sign. N 18, M 118.

70 Zur Kritik Scheidts an Rassenpolitik und Rassenbiologie s. seine schon

Scheidt schrieb an Nachtsheim u.a.: »Daß ich mit dieser Deklaration... ebensowenig einverstanden bin, wie ich mit dem nationalsozialistischen Rassenrummel und der damals betriebenen ›Anthropologie‹ einverstanden war, ist... natürlich gleichgültig. Wo, wie in Sowjetrußland und jetzt also auch in der UNESCO, wissenschaftliche Fragen durch politische Manifeste ›gelöst‹ werden sollen, habe ich nichts zu suchen... Zunächst habe ich... den Eindruck, daß bei jenem Gremium eine sachliche Diskussion der Fragen gar nicht erwünscht ist. Ich vermute auch, daß man dort überdies nicht bereit wäre, Deutschen den Kredit sachlicher Mitrede einzuräumen. Jede Art von Einwand deutscherseits gegen dieses (der tatsächlichen politischen Haltung fast aller UNESCO-Staaten eindeutig widersprechende) Manifest würde dort wohl als Zeichen ›nazistischer Überbleibsel‹ mißdeutet.« Scheidt glaubte allerdings auch, daß das Manifest, wenn es seinen politischen Zweck erreiche, der ernsthaften Forschung keinen Schaden zufügen werde. »Eine ›Anthropologie‹, die jetzt aus politisch konsternierter und anderer Hilflosigkeit auf die vorgenetische Anthropologie der Jahrhundertwende und auf die sog. Abstammungsprobleme des vorigen Jahrhunderts zurückgreift, wird m.E. weder mit noch ohne manifeste Approbation lebensfähig sein. Ihr ›offizieller‹ Untergang wird sich aber kaum vermeiden lassen. Er ist von den in nationalsozialistischer Zeit maßgeblichen Anthropologen verschuldet.«[71]
Abgesehen von der unübersehbaren Resignation und dem Gefühl, als deutscher Anthropologe ungeachtet seiner kritischen Haltung »mitgefangen« zu sein, spiegelt Scheidts Reaktion ein Argumentationsmuster wider, das er nicht nur mit deutschen Genetikern und Anthropologen teilte: Die Politisierung der Anthropologie durch den Nationalsozialismus wird mit der Lyssenko-Affäre in der UdSSR ebenso gleichgesetzt wie mit der UNESCO-Initiative, und gegen alle wird gleichermaßen die Objektivität und Unabhängigkeit der Wissenschaft reklamiert.

zitierte Lagebeurteilung angesichts der Neubesetzung des Würzburger Lehrstuhls für den gefallenen Ludwig Schmidt, abgedruckt in Horst Seidler, »Rassismus. Überlegungen eines Anthropologen«, Horst Seidler/Alois Soritsch (Hg.), *Rassen und Minderheiten*, Wien 1983, 63ff.

71 Scheidt an Nachtsheim vom 23. 7. 1951, MPG-Archiv, Berlin, Sign. N 18, M 118.

Fischer etwa stimmte der Intention der Deklaration »rückhaltlos und vollständig zu« und begrüßte insbesondere, daß eine politische Organisation wie die UNESCO mit der Autorität so angesehener Männer, wie die Verfasser es waren, die »Diffamierung von Rassen verurteilt« und auf den »ungeheuren Mißbrauch der Rassenlehre in jüngster Vergangenheit hinweist«. Gleichwohl protestierte er dagegen, daß mit der Deklaration wissenschaftliche Ergebnisse bzw. Meinungen »von autoritativer Seite als Thesen festgelegt werden«. Wie Scheidt, dem gegenüber er keineswegs Leidtragender war, berief er sich auf die Erfahrungen mit dem Nationalsozialismus und krisierte die autoritative Durchsetzung der Lyssenkoschen Lehre.[72]

Hans Weinert, ein Schüler Fischers, der das Kieler Institut für Anthropologie nach dem Tod Otto Aichels übernommen und sich 1937 noch das Verdienst zugerechnet hatte, »wissenschaftlicher Mitarbeiter der SS« zu sein, vermochte den Sinn der Deklaration aus den gleichen formalen Gründen nicht zu erkennen, da sie nur selbstverständliche Erklärungen enthalte. »Anlaß zu den Erklärungen gaben aber wohl die Jahre des Nazismus in Deutschland. Selbstverständlich sind alle Menschen als ›Menschen‹ gleich, und keiner hat das Recht, einen anderen wegen Rasse, Religion oder Politik zu verfolgen. Aber solche Verfolgungen sind nicht nur von 1933 bis 1945 und ebenso nicht nur in Deutschland vorgekommen. Sie bestehen wohl, seitdem die Menschheit die genannten Begriffe kennt, und werden vermutlich trotz aller Erklärungen weiter bestehen bleiben.« Der alte Geist schlug noch klarer durch, als er zum Punkt 7 der Deklaration, der jede biologische Rechtfertigung für ein Eheverbot zwischen Angehörigen verschiedener Rasse leugnete, die kaum verhüllt rassistische Standardfrage stellte, »... welcher von den Herren, die die Deklaration unterschrieben haben, geneigt wäre, seine Tochter mit einem Buschmann, einem Australier o.a. zu verheiraten?« Auch die in Punkt 9b vertretene These, daß es keine wissenschaftliche Evidenz für angeborene Unterschiede der intellektuellen und emotionalen Fähigkeiten gäbe, glaubte Weinert mit der Gegenfrage abtun zu können, »warum denn außer von den Angehörigen der weißen Rasse, keine wissenschaft-

72 Fischer an Nachtsheim vom 28. 8. 1951, MPG-Archiv, Berlin, N 18, M 118.

lichen Erkenntnisse bis jetzt hervorgebracht worden sind«. Weinert sah sich zu der Äußerung bemüßigt, wichtiger als Deklarationen sei, »die Kulturnationen dahin zu bringen, alle Unmenschlichkeiten – besonders soweit sie sich in ihrem eigenen Kreis vollziehen – energisch zu verhindern«.[73] Auf diese Bemerkung reagierte Nachtsheim angemessen; er erinnerte Weinert an die 12 Jahre des ›Dritten Reiches‹ und fügte hinzu: »Ich glaube, wir Deutschen, und in erster Linie die Anthropologen unter uns, sollten vorsichtig sein mit solchen Erklärungen.«[74]

Lenz schließlich hielt an der erblichen Bedingtheit von Rassenunterschieden fest, und sie von vornherein auf physische Unterschiede zu beschränken bedeutete für ihn »eine willkürliche, wenn nicht tendenziöse, Einengung des Begriffs«. Er blieb auch seiner Auffassung treu, daß die psychischen Eigenschaften »viel bedeutsamer als die physischen« seien, und vermutete, daß man deshalb nur die physischen gelten lasse. Auch die in der Deklaration bestrittene Beziehung zwischen nationalen, religiösen, geographischen, sprachlichen und kulturellen Gruppen und Rassenmerkmalen wollte Lenz nicht aufgegeben sehen. Rein empirisch gäbe es Korrelationen, und für ihn mußten wieder die Uraustralier und die Buschmänner als Beleg herhalten. Selbst die Juden unterschieden sich, obwohl keine einheitliche Rasse, dennoch »im Durchschnitt auch rassisch, d.h. in Erbmerkmalen von der jeweiligen Bevölkerung, in der sie leben«. Schließlich bestritt er auch, daß die Wissenschaft Grundlage für einen ethischen Gehalt der These von der »Einheit der Menschheit« sein könne. »Ich habe Sympathie auch für die Schimpansen und die Gorillas, und es tut mir sehr leid, daß die dem Aussterben entgegensehen wie so viele andere Tierarten und auch sogenannte Naturvölker. Mir ist auch das Schicksal, das Millionen von Juden betroffen hat, sehr schmerzlich; aber das alles darf uns doch nicht bestimmen, biologische Fragen anders als rein sachlich zu betrachten.«[75]

Der hierin verborgene Topos der Anthropologie sollte nicht

73 Weinert an Nachtsheim vom 27. 7. 1951, MPG-Archiv, Berlin, N 18, M 118.

74 Nachtsheim an Weinert vom 31. 7. 1951, MPG-Archiv, Berlin, N 18, M 118.

75 Lenz an Nachtsheim vom 27. 7. 1951, MPG-Archiv, Berlin, N 18, M 118.

übersehen werden: In der alten, kraniometrisch verfahrenden physischen Anthropologie galten die Neger den Schimpansen näherstehend als den europäischen Weißen. Daß die Juden in die Reihe der vom Aussterben bedrohten Arten aufgenommen wurden, war dagegen wohl eher ein Lapsus, der, wenn nichts anderes, zumindest einen besonderen Mangel an Sensibilität aufdeckt. Nachtsheim entgegnete Lenz, ähnlich wie auch gegenüber Weinert, daß es den deutschen Wissenschaftlern schlecht anstehe, heute auf der Sachlichkeit der Behandlung biologischer Fragen zu bestehen, »nachdem wir uns in den 12 Jahren des Dritten Reiches nicht mit allen Mitteln gegen die unsachliche Behandlung biologischer Fragen gewehrt haben und an dem Tode von Millionen von Menschen – es sind nicht nur die Juden allein – mitschuldig geworden sind«. Lenz bescheinigte er, den Sinn der UNESCO-Erklärung »gänzlich mißverstanden« zu haben.[76] In der endgültigen Fassung seines Briefes (Lenz hatte die erste zurückgezogen) präzisierte Lenz seine Vorstellungen zur rassischen Verschiedenheit der Juden und beschwor die Gefahr der Deklaration, daß sie nämlich »über die gewaltigen Unterschiede der erblichen Veranlagung verschiedener Menschen und damit über die Gegenauslese als die entscheidende Ursache des Niedergangs hinwegtäuscht und somit der eugenischen Erkenntnis entgegenwirkt«.

Nachtsheim hatte aus seiner Enttäuschung über die Reaktionen seiner deutschen Kollegen schon diesen gegenüber kein Hehl gemacht, und so gab er auch der UNESCO zu verstehen, daß er mit vielem von dem, was sie geschrieben hatten, nicht einver-

76 An dieser Stelle erklärte Nachtsheim übrigens, daß er sich die Bekämpfung jeder unsachlichen Behandlung biologischer Fragen zur Aufgabe für die restlichen Jahre seines Lebens gemacht habe. Nachtsheim an Lenz vom 30. 7. 1951, MPG-Archiv, Berlin, N 18, M 118. Wie recht er damit haben sollte, unterstrich Lenz selbst in seiner Antwort. Lenz gab zu, gedacht zu haben, »die UNESCO-Erklärung solle das Rassenproblem rein von der biologischen Seite her beleuchten. Statt dessen finde ich es mit ideologisch-politischen Bekenntnissen durchsetzt. Was hat z. B. der ›hohe ethische Gehalt der Worte Darwins‹ mit Biologie, d. h. mit Naturwissenschaft zu tun? Und warum soll es uns ›schlecht anstehen‹, die Rassenfrage der Juden sachlich zu behandeln? Man sollte allerdings feststellen, daß die Juden zu der europiden Gruppe der Menschheit gehören. Lenz an Nachtsheim vom 4. 8. 1951, MPG-Archiv, Berlin, N 18, M 118.

standen war. Für sich genommen, belegten die Antworten den im Grunde wenig überraschenden Sachverhalt, daß – mit Ausnahme von Scheidt – die deutschen Anthropologen ihre Einstellungen nicht geändert hatten und die wissenschaftlichen ebenso wie die ethischen Denkmuster, die in ihrer Disziplin vorgeherrscht hatten, auch dieselben geblieben waren. Nur die politischen Deklamationen waren den neuen Verhältnissen angepaßt.

Die Absicht der UNESCO und der Initiatoren der Deklaration unter den Genetikern und Anthropologen, die politische Diskreditierung des Rassismus mit wissenschaftlichen Argumenten voranzutreiben, wurde sich selbst zum Verhängnis, vor allem im Hinblick auf den ursprünglichen Anlaß, die verheerenden Folgen des Rassismus zu reflektieren und mit wissenschaftlichen Argumenten der rassistischen Interpretation rassenanthropologischer und genetischer Theorien entgegenzuwirken. Von den 80 Wissenschaftlern, die auf die Deklaration nach Befragen reagierten, stimmten 23 der Erklärung in ihrer veröffentlichten Form zu, 26 stimmten ihr im Grundsatz zu, aber hatten Einwände im Detail. Alle anderen hatten substantielle Kritik.[77] Das war eine nicht eben überwältigende Einmütigkeit, wenn man bedenkt, daß es letztlich nur darum ging, deutlich zu machen, daß die Wissenschaft keine Handhabe zur Verfolgung oder gar Ermordung von Minderheiten liefern konnte oder sollte. (Nur ganz wenige nahmen die Haltung Landauers an, der meinte, die Erklärung ›alle Menschen sind gleich geboren‹ sei eine gute und bleibe es, obgleich und im besten Sinne weil sie in der biologischen Sphäre falsch sei. Er stimmte der Erklärung trotz einiger Vorbehalte zu.) Dabei war es eine Sache, wenn die deutschen Anthropologen nicht imstande waren, sich zu ihrer wie auch immer gearteten Mitwirkung an der rassistischen Politik des NS-Regimes zu bekennen. Eine andere Sache war es, daß das Urteil der englischen und amerikanischen Wissenschaftler seine Wirksamkeit weitgehend verlieren mußte, wo über die gleichen Einzelfragen gestritten wurde, zu denen auch die deutschen Anthropologen ihren Widerspruch angemeldet hatten. Das galt insbesondere für den Komplex der angeborenen intellektuellen Differenzen und die damit in Verbindung gebrachten Gefahren der Rassenmischung.

Zu denen, die ihre Kritik an diesen Punkten äußerten, gehörten

77 Vgl. Provine, »Geneticists«, 796.

neben C. D. Darlington, der jedoch als »harter« Biologist bekannt war, R. A. Fisher, Genna, Coon und vor allem A. H. Sturtevant und H. J. Muller. Sturtevant hielt es für erwiesen, daß »Kreuzungen zwischen recht unterschiedlichen Rassen nicht frei von Gefahren« seien, und beurteilte demzufolge die Passage in der Deklaration skeptisch.[78] Muller, der die politische Intention der Deklaration vorbehaltlos unterstützte, warnte gerade deshalb davor, deren Wirkung von vornherein dadurch zu schwächen, daß unhaltbare wissenschaftliche Behauptungen vertreten würden, wie sie in der These vom mangelnden Beweis für angeborene Unterschiede der intellektuellen und emotionalen Entwicklungsfähigkeit enthalten waren.[79] Im Frühjahr 1952 schien die endgültige Formulierung der Deklaration gar in eine Krise zu geraten. Alfred Metraux, der das Unternehmen auf seiten der UNESCO koordinierte, hatte sich in einem Brief an Nachtsheim kritisch über die Reaktionen der deutschen Anthropologen ausgelassen und ihnen, offenbar ohne Nachtsheim deutlich auszunehmen, »Rassismus« vorgeworfen.

Muller nahm dies zum Anlaß, seine Kritik zu bekräftigen. Für die große Mehrheit der Genetiker sei es absurd anzunehmen, daß »psychologische Charakteristika vollkommen anderen Vererbungs- oder Entwicklungsgesetzen unterworfen (seien) als andere biologische Merkmale«. Aufgrund aller genetischen Erfahrung müsse angenommen werden, daß die psychischen Merkmale eine sehr komplexe genetische Basis hätten, die nur wegen der sie überdeckenden Umwelteinflüsse schwerer oder gar nicht identifizierbar sei. Da es nachweislich individuelle Unterschiede mit Einfluß auf psychische Merkmale gebe, wäre es »extrem merkwürdig«, wenn solche Unterschiede nicht auch in der Häufigkeit der Gene zwischen den großen Hauptrassen bestünden. Muller machte allerdings auch deutlich, daß diese Feststellung keinen Grund für die Rechtfertigung von Rassenvorurteilen ab-

78 Sturtevant an Metraux vom 30. 4. 1952, MPG-Archiv, Berlin, N 18, M 118.

79 Im englischen Original lautet der Text des Punkts 9.2 der Deklaration: »Available scientific knowledge provides no basis for believing that the groups of mankind differ in their innate capacity for intellectual and emotional development.« Mullers erste Reaktion in einem Brief an Bloch und Metraux, Unesco vom 20. 11. 1951, MPG-Archiv, Berlin, N 18, M 118.

geben könne, da die verschiedenen rassischen Gruppen genetisch ausreichend ähnlich und die genetisch bedingten Unterschiede psychischer Merkmale zwischen Individuen innerhalb einer Rasse so wichtig seien, daß alle »befähigt sind, an der modernen Zivilisation teilzuhaben und fruchtbar zu kooperieren«. Für ihn folgte daraus, daß allen Menschen die gleichen Rechte und Chancen sowie das Privileg gegeben werden müßten, ausschließlich als Individuen und ohne Bezug auf ihre rassische Herkunft beurteilt zu werden.[80]

Muller versuchte kurz darauf, eine Reihe von Genetikern für einen Protest gegenüber der UNESCO zu gewinnen, um zu verhindern, daß die inkriminierte Passage in der ansonsten »lobenswerten« Deklaration als »autoritativer Konsens der Welt bester und repräsentativster Köpfe in Genetik, Anthropologie und verwandter Gebiete« an die Öffentlichkeit gelange. Das erstaunlichste an seiner Aktion war jedoch, daß Metraux' Brief an Nachtsheim der Bezug war und Muller sich sowohl mit Nachtsheim als auch – implizit – mit den deutschen Wissenschaftlern solidarisierte. Metraux etikettiere jede andere Auffassung als die in der Deklaration formulierte als Rassismus und unterstelle, daß sie von den meisten anderen Genetikern und Anthropologen außer den deutschen geteilt werde. In einem P.S. fügte er u.a. hinzu: »Nachtsheim, zum Beispiel, ist sicher kein ›Rassist‹ in der gewöhnlichen Bedeutung des Begriffs, es sei denn die meisten objektiven Genetiker sind Rassisten. Er und einige der anderen Deutschen litten und riskierten recht viel unter Hitler. Es ist eher der Versuch, sie mit den Nazis zusammenzuwerfen, der als nationalistischer Chauvinismus betrachtet werden sollte.«[81] Wen

80 Muller an Metraux vom 2. 4. 1952, MPG-Archiv, Berlin, N 18, M 118. Der Brief Metraux' an Nachtsheim vom 8. 3. 1952 ist im Archiv nicht mehr erhalten; sein Inhalt läßt sich nur aus den Briefen Nachtsheims und Mullers sowie Metraux' an Nachtsheim vom 19. 3. 1952 rekonstruieren. In einer handschriftlichen Randbemerkung, die Muller in seiner Kopie für Nachtsheim hinzugesetzt hat, nennt er Metraux' Schreiben an Nachtsheim »skandalös«.

81 Muller in einem Rundschreiben an Huxley, Darlington, Gowan, Cook, Sturtevant, Snyder, Boyd, Sonneborn und Cleland, Kopie an Nachtsheim vom 8. 4. 1952, MPG-Archiv, Berlin, N 18, M 118. Unsere Übersetzung.

Muller zu den einen und wen er zu den anderen rechnete, sagte er freilich nicht.

Sein Protest blieb letztlich erfolglos, die Deklaration wurde mit der entsprechenden Passage veröffentlicht. Da die Veröffentlichung jedoch die vielen Anmerkungen und Kritiken enthielt, konnte sie schwerlich als ein Dokument der Einmütigkeit unter Genetikern und Anthropologen gewertet werden, mit wissenschaftlichen Argumenten dem Rassismus die Grundlage zu entziehen. Vor allem in bezug auf die erste Deklaration von 1950, in der sich vorwiegend Soziologen und sozialwissenschaftlich orientierte Anthropologen für eine viel klarere antibiologistische Sicht und einen völligen Verzicht auf den Rassenbegriff zugunsten dem der »ethnischen Gruppe« ausgesprochen hatten, muß das Unternehmen der Genetiker und physischen Anthropologen als der verzweifelte Versuch gewertet werden, den Rassenbegriff oder zumindest einige seiner Elemente doch noch für die Disziplin zu retten. (Den sozialwissenschaftlichen Thesen hinsichtlich der Gleichheit der Menschen, die weit über das aus biologischer Sicht Vertretbare hinausgingen, sollte die zweite Deklaration ja explizit die biologischen, d. h. genetischen Grenzen entgegensetzen.) Verzweifelt war er, weil er der politischen Zeitströmung entgegenlief, in der mit dem Rassenbegriff und seinen Implikationen die Verbrechen des Nazi-Regimes assoziiert wurden.

Der Mangel an Einmütigkeit unter den Genetikern und Anthropologen spiegelt auch noch einen anderen Umstand wider: nämlich die unterschiedlichen wissenschaftlichen Orientierungen innerhalb der Disziplinen, die mit politischen Überzeugungen korrelieren. Es ist nicht überraschend, daß den eher morphologisch orientierten, physischen Anthropologen der Abschied vom Rassenbegriff schwererfiel als den Genetikern; daß er den »harten« Vererbungstheoretikern, d. h. den biologischen ›Deterministen‹, schwererfiel als den Genetikern, die der Interaktion zwischen Erbanlagen und Umweltbedingungen eine größere Bedeutung zumaßen; und daß er denjenigen Genetikern schwererfiel, die wie H. J. Muller an eine weitgehende Homozygotie von Erbanlagen glaubten, als denen, die der Vorstellung einer überwiegenden Heterozygotie, also der nahezu unendlichen Vielfalt von erblichen Differenzen anhingen, wie sie Dobzhansky vertrat.

Vor allem die letztgenannte Differenz erwies sich als entscheidend für den Fortgang der Debatte. Bereits sechs Jahre vor der Formulierung der UNESCO-Deklaration hatten Leslie C. Dunn und Theodosius Dobzhansky in einem populären Buch *Heredity, Race, and Society* zum Problem des Verhältnisses von Vererbung und Umwelt (dem sogenannten ›nature-nurture‹-Problem, wie es im angelsächsischen Bereich heißt) eine neue Sicht vorgestellt und darin auch dem Rassenbegriff eine neue Definition gegeben. Vor dem Hintergrund der unendlichen und durch eine unbekannte Anzahl von Genen bedingten Vielfalt von Erbanlagen, die (mit Ausnahme von eineiigen Zwillingen) jeden Menschen von jedem anderen unterscheiden, erschien ihnen jede Form der Rassenklassifikation absurd, die auf einem oder wenigen Merkmalen beruht. Den genetischen Gemeinsamkeiten innerhalb einer Gruppe steht die genetische Vielfalt gegenüber. Diese Variation ist bedeutsamer als die ›rassischen‹ Durchschnitte. »Rassen«, so schlossen Dunn und Dobzhansky, können infolgedessen sinnvoll populationsgenetisch nur definiert werden »als Populationen, die sich in der Häufigkeit eines Gens oder einiger Gene unterscheiden«.[82]

Diese Definition, die bis heute Gültigkeit hat, entzog der typologischen Tradition der Rassenforschung den Boden, indem sie den bislang überbetonten Gemeinsamkeiten innerhalb der vorgeblich als Rassen abgrenzbaren Gruppen die genetischen Unterschiede zwischen den Individuen entgegenstellte. Populationsgenetisch betrachtet, erschienen Rassen nunmehr als Fortpflanzungsgemeinschaften (deren Abgrenzung angesichts moderner Mobilitätsbedingungen ohnehin ständig schwerer und bedeutungsloser wurde), innerhalb deren die Unterschiede zwischen den einzelnen Mitgliedern jedoch genauso groß oder größer sein können als zwischen ihnen. Auf diese Weise wurden auch die mit den Typologien geradezu unweigerlich einhergehenden Wertungen neutralisiert bzw. ad absurdum geführt. – Und noch eine weitere Korrektur am Rassendenken nahmen Dunn und Dobzhansky vor: Sie verwiesen darauf, daß es nicht einzelne Merkmale sind, die vererbt werden und sodann fixiert sind, sondern »die Art und Weise, wie ein sich entwickelnder Organismus auf seine Umwelt

82 Leslie C. Dunn/Theodosius Dobzhansky, *Heredity, Race and Society*, New York 1946, 1952, zit. n. der Mentor Ausgabe 1958, 118.

reagiert«. Mit anderen Worten: Die Vererbung bestimmt die Variation eines Merkmals in unterschiedlichen Umwelten. Blutgruppen sind genetisch fixiert und von Umwelteinflüssen unabhängig, die Hautfarbe ist schon flexibler und variiert mit der Menge an Sonnenlicht, dem die Haut ausgesetzt wird. Menschliches Verhalten schließlich ist weitgehend plastisch und wird maßgeblich von der sozialen und kulturellen Umwelt beeinflußt. Fixiertheit und Plastizität von Merkmalen sind dieser Auffassung zufolge Ergebnis evolutionärer Anpassung. Diejenigen Merkmale, die in allen von der Art angetroffenen Umwelten lebenswichtig sind, bleiben fixiert, diejenigen, die für das Überleben in verschiedenen Umwelten vorteilhaft sind, variieren ihnen entsprechend.[83]

Mit der UNESCO-Deklaration wurde der politisch motivierte Abschied vom Rassenbegriff eingeleitet; hingegen war die wissenschaftlich motivierte Abkehr, wie sie in der populationsgenetischen Perspektive von Dunn und Dobzhansky zum Ausdruck kam, noch nicht Konsens. In dieser Perspektive war jedoch die Möglichkeit angelegt, die wissenschaftliche Entwicklung in der Humangenetik wieder an die veränderte politische Lage anzupassen. Die mit wissenschaftlichen Argumenten begründete Gegnerschaft gegenüber den Thesen der Deklaration, insbesondere gegenüber der unterstellten, relativ geringeren Bedeutung genetisch bedingter Unterschiede im Vergleich zu ihrer kulturellen Beeinflußbarkeit, spiegelte zugleich eine politische Position des biologistischen Determinismus wider. Neuartig war an

83 Dunn/Dobzhansky, *Heredity*, 131f. Dunn und Dobzhansky waren beide an der Formulierung der UNESCO-Deklaration beteiligt, und ihr Einfluß ist nachvollziehbar. Während Dobzhansky glaubte, die dort wiedergegebene Meinung spiegele die der Mehrheit prominenter Genetiker wider, sprachen andere vom Einfluß eines »hand-picked committee« (Darlington), einer »vocal minority« (Curt Stern) und ganz eindeutig einer »Minderheit« (Popenoe). Das mag auf die Wahrnehmung eines »Sieges« seiner und Dunns Auffassung hindeuten und ist zugleich ein Hinweis darauf, daß sie bei anderen Genetikern heftig umstritten war. Die Äußerungen finden sich in Antworten auf einem kurzen Fragebogen, den William Provine vor Abfassung des oben genannten Artikels an Genetiker verschickte, u.a. mit der Frage: »Did the UNESCO statement reflect the views of most prominent geneticists in 1951, or only of a relatively small vocal minority?« Die Antwortbriefe wurden durch Richard Lewontin zugänglich gemacht.

der Konstellation, daß die Gegenposition nicht mehr von außen, etwa von Sozialwissenschaftlern, sondern von innen, nämlich von Populationsgenetikern, vertreten wurde. Dunn und Dobzhansky vertraten mit wissenschaftlichen Argumenten zugleich auch eine politische Position: Die menschliche Art habe sich demnach von der genetischen Spezialisierung und Fixiertheit des Verhaltens fort und zur Bildungsfähigkeit (educability) hin bewegt. Die Mannigfaltigkeit, nicht etwa monotone Gleichheit, sei evolutionär betrachtet vorteilhaft. Unterschiede in psychischen Merkmalen seien mit Sicherheit zu einem größeren Ausmaß kulturell bedingt als erblich, und die Frage, welche Leistungen höher und welche geringer zu bewerten seien, müsse als Zeitverschwendung betrachtet werden.[84]
Im Kontext der Diskussionen um die UNESCO-Deklaration richtete sich diese Position gegen jene Anthropologie, die sich gegenüber rassistischen Deutungen als kaum abgrenzbar erwiesen hatte. Der Konflikt war sowohl wissenschaftlicher als auch politischer Natur, eine Trennung beider Ebenen, das zeigt der Fall, ist weder möglich noch sinnvoll. Unter den politischen Bedingungen vor Kriegsende und vor Bekanntwerden des Holocaust hatte die bloße Spekulation über die möglichen Gefahren der Rassenmischung noch ausgereicht, um diese politisch wirksam werden zu lassen. Nunmehr reichte unter den für die Menschenrechte sensibilisierten Bedingungen der Mangel an wissenschaftlicher Evidenz aus, diese vermeintlichen Gefahren als bedeutungslos zu verwerfen. In beiden Fällen war der politische Kontext entscheidend für die Ausdeutung des Bereichs in der Anthropologie, über den die Wissenschaftler nichts wußten.[85]
Die gemäß der reduktionistischen Forschungsstrategie fortschreitende Genetik, auf die ja auch die Anthropologen letztlich verpflichtet waren, mußte über kurz oder lang die phänotypischen Rassenklassifikationen überwinden, und sie mußte das Festhalten an den mit dem Rassenbegriff einhergehenden politischen Wertungen zumindest auf der Ebene der Kategorisierung kruder Rassenmerkmale immer schwerer machen. Mehr noch: Die neue populationsgenetische Sicht löste sogar die Schwierigkeiten der Kategorisierungen auf, die die an phänotypischen

84 Dunn/Dobzhansky, *Heredity*, 133ff.

85 In dieser Weise wäre die These Provines zu ergänzen, der wir im übrigen folgen. Vgl. Provine, »Geneticists«.

Merkmalen orientierten Rasseneinteilungen schon lange vorher geplagt hatten: die der graduellen Übergänge nichtdistinkter Merkmale, der vielfältigen Ausprägungen und Mischtypen der als idealtypisch angenommenen »reinen« Rassentypen. Mußte dann nicht die Überwindung des irrationalen Rassismus letztlich doch aus der Wissenschaft selbst und durch sie erfolgen, wie es die Urheber der UNESCO-Deklaration erhofft hatten? Wenn es zunächst auch den Anschein hat, als sei dies der Fall: er trügt. Die Rationalisierungswirkung der Wissenschaft reichte gerade so weit, daß der vulgäre, an phänotypischen Merkmalen festgemachte ›wissenschaftliche‹ Rassismus und insbesondere seine antisemitischen Ausprägungen aus der Anthropologie nach und nach verschwanden. Auf einer differenzierteren Ebene konnte er sich jedoch rekonstituieren, nämlich genau dort, wo die Diskussion damals von den Genetikern als offen und weiterhin ungelöst bezeichnet worden war: im Bereich der psychischen Rassenunterschiede, genauer gesagt: der menschlichen Intelligenz. Nun stand auch nicht mehr die Anthropologie im Zentrum, sondern die Intelligenzpsychologie übernahm vornehmlich die Führung in dieser Diskussion, die sich von jetzt an fast ganz in die USA und damit auf das Verhältnis von Schwarzen und Weißen verlagerte. Ausgelöst wurde der Reigen durch die 1969 erschienene Publikation von Arthur R. Jensen »How much can we boost IQ and scholastic achievement?« in der *Harvard Educational Review*.[86]

Ein im Hinblick auf die deutsche Entwicklung eindringliches Exempel dafür, daß wissenschaftlich als legitim geltende Fragestellungen dem Deutungskontext nicht entrinnen können, der mit der Rassenmischungsdiskussion in der Vergangenheit konstituiert worden ist, demonstriert eine kaum beachtete For-

86 Die Debatte um Vererbbarkeit und Umweltbedingtheit der Intelligenz ist nahezu unüberschaubar geworden. Sie ist überwiegend auf die USA beschränkt und steht im Kontext der spezifischen amerikanischen Rassenprobleme. Deshalb bleibt sie hier außer acht, obgleich ihre Beziehung zur eugenischen Tradition eindeutig ist. Vgl. Arthur S. Jensen, »How much can we boost IQ and scholastic achievement?«, *Harvard Educational Review*, 1969, *33*: 1-123. Zur gesamten Diskussion vgl. Ned J. Block/Gerald Dworkin, *The IQ Controversy*, New York 1976. Zum Bezug zur Eugenik vgl. Daniel J. Kevles, *In the Name of Eugenics*, New York 1985, chapter XVIII.

schungsarbeit im Bereich der Populationsgenetik: die Untersuchungen über die Ashkenasi-Juden. Die Population der Ashkenasi-Juden gilt unter populationsgenetischen Gesichtspunkten insofern als ein interessantes Objekt, weil sie ein ›expandiertes Isolat‹ ist, d.h. eine relativ abgeschlossene Fortpflanzungsgemeinschaft, die zudem über einen langen historischen Zeitraum unter besonderen Bedingungen lebte, nämlich in vorwiegend urbanen Umgebungen. Dies macht sie unter evolutionstheoretischen Fragestellungen zum bevorzugten Forschungsgegenstand. In einer Untersuchung zu den ›intellektuellen Fähigkeiten der Ashkenasi-Juden‹ gehen Nathaniel Weyl und Marvin Weitz daher auch davon aus, daß viele der heute lebenden 12 Millionen Juden und viele Nichtjuden genetisch und kulturell von den weniger als 10000 Juden abstammen, die zu Beginn des 9. Jahrhunderts in Deutschland und Frankreich lebten. Sie behaupten, daß die Fähigkeiten und Leistungen der Ashkenasi, gemessen an dem geringen Anteil, den sie an der Gesamtpopulation der Menschheit haben, im Durchschnitt höher waren und sind als die der nichtjüdischen Population, in der sie lebten. Die Ursachen für diese Vorteile sind sowohl genetisch als auch umweltbedingt und somit das Resultat eines »historisch einmaligen und außerordentlich erfolgreichen Experiments eugenischer Züchtung auf Intelligenz hin«.

Weyl und Weitz suchen den Nachweis für die intellektuelle Überlegenheit der Juden u.a. über die Zahl der durch Juden errungenen Nobelpreise zu erbringen, wonach deren Anteil siebenmal höher liegt, als statistisch zu erwarten wäre – »kein anderes modernes Volk oder keine Nation kann vergleichbare Leistungen auf der höchsten Ebene kreativer intellektueller Errungenschaften für sich in Anspruch nehmen«. Sie charakterisieren die intellektuellen Leistungen mit dem Ergebnis, daß die Juden höhere Leistungen vor allem in solchen Aktivitäten verzeichnen können, die »primär abstraktes Denken erfordern«, und die Analyse der Zusammensetzung von zwölf Symphonieorchestern belegt ihnen auch die überlegene Musikalität der Juden. Eine ganze Reihe von Untersuchungen über den Intelligenzgrad der Juden auf der Grundlage von IQ-Vergleichen zeige überdies, daß die Juden im Durchschnitt anderen Völkern an Intelligenz und in geistigen Leistungen überlegen sind. Weyl und Weitz, das muß hinzugefügt werden, verwahren sich mit dem Hinweis gegen den Rassismus-Verdacht, daß die intellektuelle Überlegenheit des europäischen Judentums ein Resultat des jahrtausendelangen Experiments eugenischer Reproduktion sei und dies antisemitischen Agitatoren und Propagandisten den Boden unter den Füßen entziehen müßte.[87]

Die Studie von Weyl und Weitz ist sicher nicht repräsentativ für die populationsgenetischen Untersuchungen zu den Ashkenasi, und andere Arbeiten kommen zu wesentlich weniger weitreichenden Folgerungen. Dennoch kann man nicht die Parallele bzw. den Bezug des populationsgenetischen Interesses an den Ashkenasi zu historischen Vorläufern übersehen, anhand dessen die fatale Kontinuität des Rassedenkens offenkundig wird. Diese Kontinuität überbrückt den Paradigmawechsel von den typologischen zu den genetischen Rassenkategorisierungen (wenn man letztere noch als solche bezeichnen kann) und besteht auch und gerade dann, wenn die historischen Vorläufer den Akteuren nicht bewußt sind.

Ein derartiger Vorläufer ist in den (1937 und 1938 durchgeführten) Arbeiten der ›Forschungsabteilung Judenfrage‹ des Reichsinstituts für Geschichte des neuen Deutschlands zu sehen, die es sich zur Aufgabe gemacht hatte, die Besonderheiten der Juden als Rasse zu untersuchen. Otmar von Verschuer war daran als maßgeblicher Vertreter der Rassenhygiene beteiligt. 1937 stand die Frage der Rassenmischung im Vordergrund der Erörterungen, und Verschuer erläuterte dazu u. a. die Beweggründe für die »volksbiologischen« Maßnahmen, wie sie mit dem Blutschutzgesetz umgesetzt worden waren. Es sei zunächst unerheblich, Erwägungen über die »Hoch- oder Minderwertigkeit einer uns fremden Rasse« anzustellen; deshalb würden Mischehen mit Juden genauso abgelehnt wie die mit Negern, Zigeunern, Mongo-

87 Nathaniel Weyl/Marvin Weitz, »The Intellectual Abilities of Ashkenazik Jewry«, unpubl. Ms., o.O., o.J. Es handelt sich bei dieser Studie offenbar um eine extremere Spielart. Zum gleichen Komplex, aber sehr vorsichtig und populationsgenetisch fundierter, vgl. Arno G. Motulsky, »Ashkenazi Jewish Gene Pools: Admixture, Drift and Selection«, A. W. Eriksson (ed.), *Population Structure and Genetic Discoveries*, London 1980, 353-365; ähnlich Arno G. Motulsky, »Possible Selective Effects of Urbanization on Ashkenazi Jews«, Richard M. Goodman/Arno G. Motulsky (ed.), *Genetic Diseases Among Ashkenazi Jews*, New York 1979, 301-312.

len oder Südseeinsulanern. »Die Ergebnisse derartiger Forschungen (über die ›günstigen oder ungünstigen Eigenschaften der Juden‹; d. V.) können wir ruhig abwarten ...« Die ›Haltung in der Rassenfrage‹ wurzelte Verschuer zufolge in der Vererbungswissenschaft, die Haltung »in der biologischen Judenfrage in dem Wissen um die Fremdrassigkeit der Juden«. Die Forschungsfragen richteten sich vor allem darauf, inwieweit die Juden andere Rassenbestandteile ihrer ›Wirtsvölker‹ in sich aufgenommen haben, sowie auf das Problem der »Mischung zwischen Juden und Nichtjuden ... ein Teilproblem der Frage der Rassenkreuzung beim Menschen ganz allgemein«. Von Verschuer glaubte, die deutsche Rassenpolitik gegen den Vorwurf in Schutz nehmen zu sollen, voreilig gewesen zu sein, »weil wir über das Ergebnis der Kreuzung zwischen Juden und Nichtjuden noch zu wenig wissen«; aber nicht nur wegen der zuvor genannten Wertabstinenz schien ihm dies gerechtfertigt, sondern für ihn stand wissenschaftlich unwiderlegbar fest, daß »Einkreuzungen einer fremden Rasse in ein Volk ... zur Veränderung der biologischen Voraussetzungen (führen), die der Eigenart dieses Volkes entsprechen und aus welchen die arteigene Kultur entstanden ist«.[88]

Ein Jahr später wußte von Verschuer schon mehr. Im Zentrum seines Interesses standen die Ashkenasim, die die in Deutschland meistvertretenen Juden waren. Er ging systematisch zunächst die Befunde hinsichtlich der normalen körperlichen Merkmale durch (so die »Judennase« – »nur eine Minderheit unter den Juden ist Träger dieser Nasenform ...«), Bewegung und Gebärden (die Unterscheidung zwischen Juden und Nichtjuden nach Eigenschaften des Blutes war noch nicht gelungen), sodann die pathologischen Rassenanlagen und schließlich die psychischen. Im Hinblick auf letztere war für von Verschuer unbestreitbar, daß sie »ganz ebenso wie die körperlichen, durch Erbanlagen in ihrer Entwicklung wesentlich bedingt sind«. Offenbar war von Verschuer der späteren Forschung zu diesem Komplex weit voraus,

88 Otmar Freiherr von Verschuer, »Was kann der Historiker, der Genealoge und der Statistiker zur Erforschung des biologischen Problems der Judenfrage beitragen?«, *Forschungen zur Judenfrage*, Bd. 2 (Sitzungsberichte der zweiten Arbeitstagung der Forschungsabteilung Judenfrage des Reichsinstituts für Geschichte des neuen Deutschlands vom 12.-14. Mai 1937), Hamburg 1937, 216-222.

denn genauso wie die Arbeiten moderner Populationsgenetiker bald ein Vierteljahrhundert später diagnostizierte auch er die Selektionsbedingungen, die dazu geführt hatten, daß die Ashkenasim »gerade in den geistigen und charakterlichen Eigenschaften eine ziemliche Einheitlichkeit bewahrt und sich zu allen Zeiten von ihren Wirtsvölkern nicht nur abgesondert, sondern auch betont unterschieden« hatten. Auch er konstatierte schon, daß die Juden ihre »Rasse selbst ›gezüchtet‹« hätten, ohne daß ihnen das bewußt gewesen sein müsse. Und wenn er verständlicherweise nicht in die gleichen Elogen hinsichtlich der intellektuellen Überlegenheit der Juden einstimmen konnte, zeichnete auch er ein Bild der Auslese zu einer »rein formal-logischen Geistesbetätigung«.[89]
Die Verurteilung der deutschen Rassenbiologie als einer Pseudowissenschaft, das Entsetzen über den Holocaust, der allerwenigstens ein indirektes Resultat dieser »Wissenschaft« war, haben objektiven Forschergeist, wie gut er auch immer sein mag, nicht daran hindern können, die Frage nach den rassischen (oder modern gesagt: den genetischen) Besonderheiten der Ashkenasi-Juden wiederaufzunehmen: in nahezu identischer Weise wie vor rund vier Jahrzehnten, als sie von ›Forschern‹ behandelt wurde, die als die wissenschaftlichen Wegbereiter ebenjener Politik und ihrer Folgen zu Recht verurteilt werden.

Die (unvollendete) Trennung von der Anthropologie – die Humangenetik auf dem Weg in die Medizin

Ein wichtiger, wenn nicht der wichtigste Grund für die spezifische Ausprägung der Rassenhygiene in Deutschland im Vergleich zu England und den USA war die enge Verbindung zwischen Anthropologie und menschlicher Vererbungslehre. Sie verdankte sich der zunächst modernen Wendung der Anthropologie zur menschlichen Vererbungslehre. Wenn die Humangenetik, wie die menschliche Vererbungslehre sich jetzt nannte, ungeachtet ihrer ›internen‹ Vergangenheitsbewältigung Anschluß an die Entwicklung im Ausland gewinnen wollte, mußte die enge Verbin-

89 Otmar Freiherr von Verschuer, »Rassenbiologie der Juden«, *Forschungen zur Judenfrage*, Bd. 3 (Sitzungsberichte der Dritten Münchner Arbeitstagung des Reichsinstituts für Geschichte des neuen Deutschlands vom 5.-7. Juli 1938), Hamburg 1938, 137-151.

dung mit der Anthropologie im günstigsten Fall ein Anachronismus, im schlimmsten Fall eine Belastung sein.

Erst Ende der fünfziger Jahre gerieten die Dinge wieder in Bewegung, und zwar auf den beiden Ebenen (nimmt man Fachzeitschriften aus), auf denen wissenschaftliche Entwicklungen am ehesten nach außen sichtbar und wirksam organisatorisch verfestigt werden: in den wissenschaftlichen Gesellschaften und in den Universitäten. Hier vor allem, auf der organisatorischen Ebene, hatte die Humangenetik mit der Last der Vergangenheit zu kämpfen. Aus der Rückschau des Genetikers Nachtsheim stellte sich die Situation nun so dar, daß die Nationalsozialisten zwar Lehrstühle für Rassenbiologie, Rassenhygiene, Rassenpsychologie und dergleichen geschaffen hatten, aber kein einziger neuer Lehrstuhl einer sauberen Genetik diente. Die Rassenbiologen und Rassenhygieniker waren es gewesen, die den »deutschen Genetiker allgemein in Verruf« gebracht hatten.[90] Die Genetik war mit der Rassenhygiene politisch ›mitgefangen‹, und insoweit sich die Humangenetik nun der Genetik zurechnete, war die Anthropologie die Erbin der Rassenhygiene.

So oder ähnlich mögen die ›politischen‹ Gründe dafür gewesen sein, daß, wenngleich auch längst nicht einheitlich, die Humangenetiker begannen, sich von den Anthropologen abzusetzen. Daneben gab es auch gute wissenschaftliche Gründe, rein organisationstechnische und schließlich auch solche der politischen Großwetterlage, die die Kalküle der Akteure bestimmten und letztlich zu einem eher paradoxen Ergebnis führten.

Außer der Gesellschaft für Rassenhygiene war auch die ›Deutsche Gesellschaft für Vererbungswissenschaft‹ nicht wieder neu begründet worden, wohl aber die ›Deutsche Gesellschaft für Anthropologie‹ (1948) und die ›Gesellschaft für Konstitutionsforschung‹ (1949). Letztere war ursprünglich 1942 geschaffen worden, als die den ›Ärzten aufgegebenen praktischen Aufgaben die konstitutionsklinische Betrachtung zwingend erforderten‹, d.h. die Betrachtung des ›Menschen mit seinem Erbgut in Reaktion mit seiner Umwelt‹. Die Konstitutionsforschung mit ihrem prominentesten Vertreter Ernst Kretschmer verstand sich als ›einigendes Band‹ für medizinische Spezialfragen, die sich im Natio-

90 Hans Nachtsheim, »Sind die Empfehlungen des Wissenschaftsrates realisierbar?«, *Deutsche Universitätszeitung*, 1961, *16,3*: 3-7, 4.

nalsozialismus eben auch um solch praktische Probleme drehten wie die Klärung der Frage der »Faulheit, Bequemlichkeit, Drükkebergerei als Anlage und Erziehungsprodukt sozialer Maßnahmen« sowie der »Leistungsfähigkeit« und der Volksgesundheitspflege unter dem Gesichtspunkt der individuellen Konstitution.[91] Auf der Grenze zwischen menschlicher Vererbungslehre, Anthropologie und Medizin angesiedelt, gehörten der Gesellschaft demgemäß Anthropologen wie von Eickstedt, Ärzte wie Kretschmer und Humangenetiker wie Just und von Verschuer an. Der Gründung der Gesellschaft war bereits 1935 die Verselbständigung der *Zeitschrift für menschliche Vererbungs- und Konstitutionslehre* vorausgegangen, die aus der *Zeitschrift für die gesamte Anatomie* ausgegliedert worden war. In der Konstitutionslehre war, gegenüber der Anthropologie wie auch der genetisch orientierten menschlichen Vererbungslehre, die ›psychophysische Konstitution‹ des Individuums in den Mittelpunkt gerückt. Der Begriff der Konstitution bezog sich nicht auf das Gefüge der Erbmasse, auf Grund deren das Individuum sich entwickelt, sondern auf dieses Individuum selbst.[92] Somit war bereits zu jener Zeit die medizinische Orientierung der Humangenetik vorbereitet worden, ohne daß es deshalb schon zu einer Differenzierung zwischen Anthropologen und Rassenhygienikern auf der einen und Humangenetikern und Medizinern auf der anderen Seite gekommen ist.

So fanden sich nach der Wiederbegründung der Gesellschaft unter den Mitgliedern neben den überwiegenden Medizinern und Humangenetikern wiederum Anthropologen und einige ehemalige Rassenbiologen. Die Gesellschaft unter der Leitung von Ernst Kretschmer wurde folgerichtig zu einer der ›Auffang‹-Organisationen für die heimatlosen Humangenetiker, die Zeitschrift zu ihrem Hauptorgan.

Die zweite Gesellschaft, die diese Funktion erfüllte, war die ›Gesellschaft für Anthropologie‹, in der Humangenetiker aufgrund des zu jener Zeit noch gültigen Disziplinenverständnisses gera-

91 Carl Coerper, »Aufgaben und Ziele der Deutschen Gesellschaft für Konstitutionsforschung«, *Deutsches Ärzteblatt*, 1943, *73*: 89-90, 89, 90.

92 Günther Just, »Zur gegenwärtigen Lage der menschlichen Vererbungs- und Konstitutionslehre«, *Zeitschrift für menschliche Vererbungs- und Konstitutionslehre*, 1936, *19*: 1-7, 4.

dezu selbstverständlich Mitglieder waren. Diese Selbstverständlichkeit sollte sich jedoch sehr schnell ändern.

Da die Humangenetiker in zwei Gesellschaften Vertretung fanden, verzichteten sie zunächst auf die Gründung einer eigenen. Zur Vorbereitung der internationalen Kongresse wollten sie jedoch eine eigene Arbeitsgemeinschaft innerhalb beider Gesellschaften gründen. Auf ihrer ersten Zusammenkunft anläßlich der 6. Anthropologentagung in Kiel 1958 zogen die Humangenetiker Bilanz ihrer Situation an den Universitäten: In der ganzen Bundesrepublik gab es vier Lehrstühle, in Münster (von Verschuer), Göttingen (Becker), Kiel (Lehmann) und München (Saller: für Anthropologie und Humangenetik), dazu fünf weitere Dozenturen. Die Forderung nach neuen Lehrstühlen und dem Ausbau humangenetischer Institute lag nahe. Auf derselben Tagung verabschiedeten die Anthropologen eine umfangreiche Resolution, in der der »trümmerhafte Zustand der Anthropologie in Deutschland« konstatiert und die Neubesetzung der »Lehrstühle für Anthropologie und Menschliche Erblehre« an den Universitäten in Frankfurt/Main, Würzburg, Köln und Gießen sowie die Neueinrichtung von Lehrstühlen bei »Medizinischen und Naturwissenschaftlichen Fakultäten«, wo eine Fachvertretung bislang nicht bestand, gefordert wurden.[93] Bemerkenswert ist nun, daß die Humangenetiker ihre Forderungen nur auf sich selbst bezogen, die Anthropologen hingegen der alten Sprachregelung treu blieben und die Forderungen für beide Fächer zusammen stellten.

Diese Differenz erhielt in dem Augenblick Sprengkraft, als der neu gegründete Wissenschaftsrat in seiner ersten Denkschrift zum Ausbau der wissenschaftlichen Hochschulen die Weichen zugunsten der Genetik und Humangenetik stellte. Er empfahl den Ausbau der Genetik mit 35 Lehrstühlen, von denen 12 an die Humangenetik gehen sollten. Die Anthropologie blieb dagegen weitgehend unbeachtet. Die latente Bereitschaft unter einigen Humangenetikern, sich von der Anthropologie zu lösen, erhielt auf diese Weise unverhoffte Rückendeckung von außen.

Nachtsheim und von Verschuer hatten in der Arbeitsgemeinschaft nur einen Notbehelf gesehen, der die Zeit bis zur Gründung einer neuen Gesellschaft für Genetik so überbrücken

93 Deutsche Gesellschaft für Anthropologie, »Resolution vom 5. 8. 1958«.

sollte. Der Verzicht auf die Gründung einer eigenen Gesellschaft für Humangenetik entsprach also ebenfalls der Strategie, die Humangenetik zu gegebener Zeit vollkommen von der Anthropologie zu trennen und in die Genetik einzugliedern. Aufgrund des Beschlusses des Internationalen Genetikerkongresses in Montreal, den folgenden XI. Kongreß in Deutschland abzuhalten, unternahm Nachtsheim dann den Versuch, eine Gesellschaft für Genetik zu gründen. Im Frühjahr 1959 erschien in den einschlägigen Fachzeitschriften der Gründungsaufruf für die ›Deutsche Gesellschaft für Genetik‹, die sich als Rechtsnachfolgerin der ehemaligen ›Deutschen Gesellschaft für Vererbungswissenschaft‹ verstand und ausdrücklich eine ›gesamtdeutsche‹ Gesellschaft sein sollte.

Die Beunruhigung, die der Gründungsaufruf unter den Anthropologen gerade wegen der Einbeziehung der Humangenetiker hervorrief, legte sich zumindest kurzfristig noch einmal: Die Genetikgesellschaft, die sich in ihrer Satzung ausdrücklich zu den »Zielen der Menschlichkeit und Ethik, wie sie in der Erklärung der UNESCO zum Rassenproblem im Jahre 1951 ihren Ausdruck gefunden haben«, bekannte und außerdem jeden politischen Mißbrauch der Genetik qua Satzung verurteilt sehen wollte – ausgerechnet ihre Gründung scheiterte nun an einer Politisierung ganz anderer Art.[94] Sie scheiterte an der deutschen Teilung, genauer: an der von den westdeutschen Genetikern im Kontext des inzwischen ausgebrochenen ›kalten Krieges‹ verfolgten Strategie, lieber keine Gesellschaft zu haben, um die deutsche Frage ›offenzuhalten‹, als auf die Forderung der Machthaber in Ostberlin einzugehen, eine ost- und eine westdeutsche Teilgesellschaft unter einem gemeinsamen Dach zu gründen.

Aufgrund dieses Rückschlags, der mit der Sache selbst, nämlich der fachgesellschaftlichen Organisation der Genetik und Humangenetik, überhaupt nichts zu tun hatte, sondern durch die zeitbedingte politische Verbohrtheit ihrer Protagonisten verursacht war, blieb der Konflikt zwischen Anthropologie und Humangenetik zunächst auf die beiden Gesellschaften und die Arbeitsgruppe beschränkt, und dort verschärfte er sich zusehends. Das geschah etwa dadurch, daß der Senat der DFG im März 1959

94 Vgl. Gründungsaufruf der Deutschen Gesellschaft für Genetik vom April 1959.

ein Schwerpunktprogramm ›Anthropologie‹ ablehnte. Vermutlich war Nachtsheim an dieser Entscheidung nicht unbeteiligt, da er zugleich für eine Förderung der Humangenetik eintrat und außerdem eine offene Förderung der Anthropologie aus Gründen der politischen ›Belastetheit‹ für inopportun hielt. Er veranlaßte auch, daß die Anthropologen statt dessen an einer Denkschrift zur Lage der deutschen Anthropologie arbeiteten.[95] An dieser Denkschrift, die nie veröffentlicht wurde, läßt sich die einsetzende Differenzierung von Anthropologie und Humangenetik ebenfalls ablesen.

Im Entwurf dieser Schrift wurden zwar Abgrenzungsfragen insbesondere zwischen Anthropologie und Humangenetik für »wenig fruchtbar« und rein ›akademisch‹ angesehen, zumal die Anthropologie aufgrund des Vordringens der Genetik eine »Neuorientierung und Schwerpunktverlagerung« erfahre, z. B. durch die stärkere Beachtung genetischer Fragestellungen und die Entwicklung und Anwendung neuer Methoden, hauptsächlich zur Bearbeitung biochemischer und physiologischer Fragestellungen. Andererseits wurde die Humangenetik als »Teilbereich der Anthropologie« und zum »klassischen Bestand der Anthropologie« gezählt.[96] So sehr die Anthropologen dieser Argumentationslinie zustimmen konnten, so sehr stieß sie unter den Humangenetikern auf entschiedenen Widerstand. Der Verfasser der Denkschrift, Helmut Baitsch, der sich um die Stellungnahmen von Anthropologen und Humangenetikern bemüht hatte, mußte am Ende feststellen, daß die Humangenetiker die Anthropologie auf die ›nichtgenetischen‹ Forschungsfragen festgelegt sehen wollten und ihr damit keine Entwicklungsmöglichkeit mehr zugestanden. Die beiden Lager standen seiner Einschätzung nach »unversöhnlich einander gegenüber«, und nach Lage der Dinge sei die Anthropologie und nicht die Humangenetik durch diese Entwicklung gefährdet.[97]

Die Spannungen wurden noch erhöht, als Nachtsheim die Vorschläge des Wissenschaftsrats öffentlich auf ihre Realisierbarkeit

95 Vgl. Spiegel-Rösing/Schwidetzky, *Maus und Schlange*, 11.

96 Zit. n. Spiegel-Rösing/Schwidetzky, *Maus und Schlange*, 13.

97 Spiegel-Rösing/Schwidetzky, *Maus und Schlange*, 15. Baitsch hat sich im Fach ›Anthropologie und Humangenetik‹ habilitiert und lehnt bis heute eine Zurechnung zum einen oder anderen Fach für sich ab. Korrespondenz mit H. Baitsch.

hin untersuchte und dabei die Verbindung von humangenetischen Lehrstühlen mit der Anthropologie für »unerwünscht« erklärte.[98] Daraufhin entwickelte sich eine Kontroverse zwischen Nachtsheim und Saller in München. Nachtsheim gestand der Anthropologie Fischerscher Prägung insoweit eine Verbindung zur Genetik zu, als sie sich mit der Genetik der Rassenmerkmale des Menschen sowie mit der genetischen Analyse normaler menschlicher Merkmale befaßte. Diese Untersuchungen stellten jedoch nur einen sehr geringen Anteil an dem dar, was an erbpathologischen Untersuchungen beim Menschen vorliege. Überdies habe die Erbpathologie aufgrund der modernen cytogenetischen und biochemischen Methoden großartige Erfolge erringen können, die Anthropogenetik stehe dagegen noch ganz am Anfang. Mehr als 90% der heutigen Humangenetik, so Nachtsheims Einschätzung, sind klinische Genetik, d.h. Erbpathologie, der Rest ist Anthropogenetik, d.h. Erbbiologie des Menschen. Wenn auch zwischen Pathologie und Biologie keine scharfe Grenze bestehe, falle zumindest die Pathologie aus dem Rahmen der Anthropologie heraus, die damit in die naturwissenschaftlichen Fakultäten gehöre, während die Humangenetik »als klinische Genetik selbstverständlich in die medizinischen Fakultäten« gehöre. Bei den wenigen qualifizierten Humangenetikern, die in Deutschland unter dem wissenschaftlichen Nachwuchs bereitstünden, um Lehrstühle zu übernehmen, sollten diese nicht »mit Fremdarbeit«, d.h. mit anthropologischer Forschung, belastet werden.[99] Saller konnte demgegenüber nur defensiv argumentieren, daß die Humangenetik einen breiten Raum in der Anthropologie einnehme, als Populationsgenetik die Verbreitung gesunder und krankhafter Merkmale und in der Stammbaumforschung den Erbgang von Merkmalen erforsche und alles dies Grundlage für die klinische Genetik sei. Zur Lösung der gestellten Aufgaben könne die mit der Brücke zwischen Anthropologie und Humangenetik geschaffene Basis gar nicht breit genug sein.[100] Saller, der wegen seiner polemischen Kritik an dem nationalsozialistischen Engagement seiner Fachkollegen

98 Hans Nachtsheim, »Sind die Empfehlungen«, 6.

99 Hans Nachtsheim, »Zur Frage Anthropologie und Humangenetik«, *Deutsche Universitätszeitung*, 1961, *16,12*: 17-20, 20.

100 Karl Saller, »Anthropologie und Humangenetik an den Universitäten«, *Deutsche Universitätszeitung*, 1961, *16*: 19-21, 21.

ohnehin nahezu ausgestoßen war, focht ersichtlich für eine verlorene Sache, nämlich für die einer nur noch nomenklatorisch und additiv hergestellten Einheit, innerhalb deren die Differenzierungstendenzen schon Platz gegriffen hatten.
Diesen Tendenzen mußte nach der gescheiterten Gründung einer Genetikergesellschaft innerhalb der gegebenen organisatorischen Rahmenbedingungen Rechnung getragen werden. Für die im April 1961 in Tübingen festgesetzte Tagung der Anthropologengesellschaft hatten Eugen Fischer und von Verschuer angeregt, die Konstitutionsforscher dazu zu bewegen, ihre Tagung in unmittelbarem Anschluß daran abzuhalten. Hinter dieser Initiative standen offenbar schon Überlegungen einer Zusammenlegung beider Gesellschaften. Die Anthropologen wollten zudem über eine Namensänderung ihrer Gesellschaft beraten: Dem Antrag des Saller-Schülers Wilhelm Ziegelmayer zufolge sollte die Gesellschaft sich fortan »Deutsche Gesellschaft für Anthropologie und Humangenetik« nennen, ein offensichtlicher Versuch, die Sezessionsbewegung der Humangenetiker zu stoppen. Ein weniger weitgehender Antrag Loefflers sah dagegen bei Beibehaltung des Namens der Gesellschaft lediglich eine Satzungsänderung vor, in der die neue Bezeichnung aufgeführt werden sollte. Altmeister Fischer meldete sich schriftlich zu Wort und bezeichnete die Zusammenfassung beider Wissenschaften schlicht als »falsch«. Er sah die Lage sachlich weitgehend wie Nachtsheim, fügte aber einen wichtigen pragmatischen Punkt hinzu: Würden bei der begrenzten Zahl von neu zu bildenden Lehrstühlen solche für ›Anthropologie und Humangenetik‹ in den medizinischen Fakultäten angesiedelt, müsse damit gerechnet werden, daß diese reine Humangenetiker berufen würden. »Wir graben der Anthropologie selber ihr Grab, wenn wir sie einfach der Humangenetik angliedern.«[101]
Auf der Tübinger Tagung erhielt lediglich der Satzungsänderungsantrag die erforderliche Mehrheit, nicht die Namensänderung. 1963 und 1965 tagten die beiden Gesellschaften abermals zusammen, und vier Jahre nach dem ersten Anlauf kam es endlich zur Namensänderung, über den Weg einer Fusion der An-

101 Brief Fischers an Gieseler vom 3. 4. 1961 sowie Tagesordnung und Antrag Ziegelmayer, abgedruckt in Gerhard Koch, *Die Gesellschaft für Konstitutionsforschung. Anfang und Ende 1942-1965*, Erlangen 1985, 160-169.

thropologen mit den Konstitutionsforschern. Hatte die Mehrheit der Anthropologen in Tübingen die Namensänderung noch verhindert, unterlagen die Vertreter der »klassischen Anthropologie«, die um die adäquate Repräsentation ihres Faches fürchteten, jetzt der Humangenetik, die um die medizinisch und humangenetisch orientierten Konstitutionsforscher erweitert war.

Der seitdem bestehende Name der Gesellschaft, der ebenso das spezifisch deutsche Erbe der Geschichte des Faches signalisiert, wie er Produkt der besonderen politischen Verhältnisse im Nachkriegsdeutschland ist, verbirgt so bis heute die tatsächliche Ausdifferenzierung der medizinisch orientierten Humangenetik aus der physischen Anthropologie deutscher Prägung mit all ihren Konnotationen zur Vergangenheit. Auf der Ebene der Fachzeitschriften wurde dagegen ein klarerer Schnitt vollzogen, der den Generationswechsel auch innerhalb der Humangenetik widerspiegelte: Im August 1964 stellte die *Zeitschrift für Menschliche Vererbungs- und Konstitutionslehre* ihr Erscheinen ein. Sie wurde fortgesetzt unter dem Titel *Humangenetik*, herausgegeben von der neuen Generation der Inhaber humangenetischer Lehrstühle und versehen mit einem internationalen Beirat, in dem außer Nachtsheim und Hans Werner Siemens kein Name der vor dem Krieg als ›Rassenhygieniker‹ oder ›Eugeniker‹ firmierenden Wissenschaftler mehr vertreten war. Zwanzig Jahre nach Kriegsende hatte die Wissenschaft, deren neue Bezeichnung Günther Just schon drei Jahrzehnte vorher verwandte, schließlich die Differenzierung vollzogen und die Identität erreicht, die es ihr erlaubte, den ›deutschen Sonderweg‹, insoweit es sich um einen solchen gehandelt hatte, zu verlassen und wieder den Anschluß an die internationale Entwicklung zu gewinnen.

VII. Von der Eugenik zur Humangenetik

Die in der Bundesrepublik Mitte der sechziger Jahre einsetzende Diskussion unter der neuen Generation von Humangenetikern, den ›Nachfolgern‹ der Rassenhygieniker, um die ethische Verantwortung ihrer Disziplin ist ein seltenes Ereignis in der Entwicklung der Wissenschaft. Eine derartige »Re-Moralisierung« der Forschung, die Rücknahme der Grenze, bis zu der die ethischen Verbote zugunsten der Funktionalisierung des Objekts – des Menschen – für die Forschung zurückgedrängt waren, steht im Widerspruch zu den säkularen Differenzierungsprozessen in der Gesellschaft und dem mit ihnen verbundenen Funktionsverlust ethischer Normen. Sie muß mit dem Erschrecken über die Erfahrungen in Deutschland erklärt werden, die in einer einzigartigen Konstellation gegeben waren: eine in ihren Deutungs- und Interventionsansprüchen ›grenzenlose‹ Wissenschaft, deren interne Selbstkontrollen schwach waren, und ein politisches System, das die Wissenschaft ideologisch und praktisch funktionalisierte und deshalb ethisch und juristisch gar nicht kontrollieren wollte. Obgleich diese Erfahrung nur in Deutschland konkret wurde, stellte sich das Erschrecken auch anderswo ein, denn schließlich gab es die Eugenik auch in anderen Ländern, vor allem in den USA. Dort hatte die Diskussion auch früher eingesetzt.

Die Re-Moralisierung der Humangenetik war aber keineswegs nur das Ergebnis einer moralischen Läuterung angesichts der Pervertierung der Wissenschaft im Faschismus, denn die dem Forschungshandeln inhärente Dynamik war genausowenig außer Kraft gesetzt wie der professionspolitische Expansionismus der Disziplin. Der entscheidende Grund lag vielmehr in einer grundlegenden Veränderung des humangenetischen Paradigmas und, damit verbunden, der praktischen Interventionsstrategie. Dieser Prozeß läßt sich verstehen als der Wandel von der anfangs charakterisierten eugenischen ›Sozialtechnologie‹, die das menschliche Fortpflanzungsverhalten ›von außen‹, d.h. durch den Staat und seine Interventionen in gesellschaftliche Institutionen steuert, zu einer ›Selbststeuerung‹: Sie beruht darauf, daß die Humangenetik nur mehr die technischen Lösungen und das Deutungswissen zur Verfügung stellt, das Bestandteil des allgemein verfügbaren Wissens einer medizinisch ›vernünftigen‹ Lebensführung ist, auf das die Menschen im Bedarfsfall zurückgreifen und in ihre inviduellen Fortpflanzungsentscheidungen umsetzen.

In dem Maße, in dem sich dieser Wandel durchsetzt, hört die spezifische Entwicklung der deutschen Rassenhygiene und ihrer politischen Umsetzung auf. Die wissenschaftlichen Entwicklungslinien der modernen Humangenetik laufen wieder zusammen und überdecken nationale Besonderheiten. Während in Deutschland noch die Schatten der Vergangenheit über dem Thema Eugenik lagen, wurde der Übergang von der Eugenik zur Humangenetik in den USA offen diskutiert. Diese Diskussion soll deshalb untersucht werden, um an der Konstituierung der Humangenetik zu verfolgen, welche strategischen professionspolitischen Schritte unternommen wurden, um das neue Gebiet von der Belastung der Vergangenheit zu befreien bzw. zu distanzieren, und welches Schicksal eugenische Fragestellungen dabei erfuhren. Wir gehen in der Chronologie noch einmal zurück, zur Gründung der ›American Society for Human Genetics‹ (ASHG) im September 1948 sowie ihrer Zeitschrift, des *American Journal of Human Genetics*, deren erste Nummer im September 1949 erschien: den ›Geburtsdaten‹ der modernen Humangenetik.

Zeit des Übergangs – Zeit der Anpassung? Eugenische Vorstellungen in der amerikanischen Humangenetik nach dem Krieg

Herman J. Muller, der erste Präsident der Gesellschaft, eröffnete die Zeitschrift mit einem programmatischen Vorwort, in dem er ebenjene beiden Aufgaben zu bewältigen versuchte: Einerseits galt es, die Distanz des neuen Gebietes zur traditionellen Eugenik herzustellen, zum anderen, die Forschungsperspektiven aufzuweisen, die der Humangenetik eine Zukunft unabhängig von den politischen Verwicklungen der jüngsten Vergangenheit sichern sollten.

Das Gebiet der Humangenetik war Muller zufolge zum Prellball sowohl der extremen Rechten (der faschistischen Rassisten) als auch der extremen Linken (dem Lyssenkoismus) geworden.

Beide Seiten hatten in einer Scheinkontroverse, der »Anlage-Umwelt«-Debatte, versucht, ihre gesellschaftlichen Vorurteile für verbindlich zu erklären. Dabei waren die Methoden der objektiven Wissenschaft weitgehend in Vergessenheit geraten. Obgleich die Fehler der »Eugenik« solch rassistischer Propagandisten wie Lothrop Stoddard, Madison Grant und Fritz Lenz durch die Exzesse des Hitlerregimes offengelegt worden wären, sei diese Eugenik, so Muller, »noch keinesfalls tot und begraben, sondern stellt eine fortgesetzte Gefahr dar, gegen die alle ernsthaften Gelehrten der Humangenetik wachsam anzukämpfen« hätten. Der Rassismus der Rechten wie die ebenso irrationale Postulierung des absoluten Primats der Umwelt durch die Linken seien die Gefahren, die einem Gebiet wie der Humangenetik anhafteten, das so eng an den Interessen der Menschen und den Szenen politischer, ökonomischer und ideologischer Konflikte liege.[1]

Den wichtigsten Schritt, um sich in Zukunft gegen diese Gefahren zu schützen, sah Muller in der engen Anbindung der Humangenetik an die allgemeine Genetik. Infolgedessen ersetzte er die Ahnenreihe der traditionellen Eugenik durch eine neue, in der die Fortschritte der Genetik einen hervorgehobenen Platz hatten. Sie führte von Weismann über die Zytologen, Mendelianer und ›Mutationisten‹ zu Johannsen, ließ Galtons Biometrie als einen für die Erklärung der im individuellen Organismus ablaufenden Prozesse eingeschlagenen Irrweg erscheinen und führte schließlich zu den Pionierarbeiten Davenports, dessen Konzepte der multiplen genetischen Wirkung und ihrer Wechselwirkung mit der Umwelt von den eugenischen Enthusiasten jedoch nicht angemessen rezipiert worden waren. Aus dieser gegenüber der tatsächlichen Entwicklung der Eugenik so ganz anderen Geschichte des Faches – die die Frage nach den Gründen, warum sie derart wirkungslos gegenüber der Eugenik geblieben war, offenließ – leitete Muller auch andere Forschungsperspektiven und -strategien für die Zukunft her. Durch die biochemischen Methoden zur Identifikation der Gene werde den Medizinern die Realität der Vererbungsprozesse sowie deren Bedeutung für die Probleme der medizinischen Diagnose, Therapie

1 Herman J. Muller, »Progress and Prospects in Human Genetics«, *American Journal for Human Genetics*, 1945, *1*: 1-18, 2.

und Prophylaxe nahegebracht.[2] Im Bereich der quantitativen Vererbungsanalyse bestand eines der vorrangigen Probleme in der Bestimmung relativer Häufigkeiten von genetischen Unterschieden und ihren unterschiedlichen Auswirkungen auf bestimmte Merkmale in einer Population. Hierzu waren die Prinzipien der Mendelschen Vererbung mit den Methoden der Statistik zu verbinden. Könne es den Anschein haben, als würde mit derartigen Forschungen der Bereich der Merkmale von medizinischem Interesse zugunsten jener verlassen, die eher den physischen Anthropologen am Herzen liegen, so müsse daran erinnert werden, daß es zwischen den genetischen Differenzen der extremen, aber in der Regel selteneren Art und den weniger extremen, aber gewöhnlicheren »keine fundamentale Unterscheidung« gibt. Mit dieser Feststellung beschrieb Muller jene offene Grenze der Humangenetik, an der eindeutige Markierungen zwischen positiver und negativer Eugenik nicht zu setzen sind, wo infolgedessen das Eindringen wertbestimmter eugenischer Zielsetzungen auf der Basis »wissenschaftlich objektiver« Kriterien grundsätzlich nicht zu verhindern ist.

Muller stellte sich auch direkt der Frage, welche Haltung die Gesellschaft für Humangenetik gegenüber eugenischen Themen einnehmen würde. Die Forschung sei die oberste Aufgabe, so Muller, aber es sei nicht auszuschließen, daß das angesammelte Wissen letztlich auch angewandt werden würde, eine Perspektive, die auch die Motivation der Humangenetiker zu ihren Studien steigerte. Eine Form der Anwendung sei die bessere Kontrolle über die somatische Konstitution und ihre Reaktionen. Hier käme die Genetik in den Dienst der Organismen, ohne deren genetische Basis zu verändern. Der andere Bereich – und die offene Frage – sei die Lenkung der Reproduktion von den genetisch weniger günstigen auf günstigere Pfade, mit anderen Worten: die Frage der Eugenik. Muller, zeit seines Lebens ein überzeugter Eugeniker, hatte keinen Zweifel daran, daß die »gesellschaftliche Steuerung der menschlichen Evolution« ein wichtiges Gebiet sei, das zu gegebener Zeit ernsthaft und im Geist objektiver Wissenschaft im Verein mit sozialem Gewissen erforscht werden würde. Aber die Mißverständnisse der gegenwärtigen politischen Kontroverse und die in allen bestehenden Gesell-

2 Muller, »Progress and Prospects«, 5, 7, 8.

schaften grassierenden Vorurteile seien ein schlechter Boden für die Entwicklung vernünftiger eugenischer Politik zum derzeitigen Moment.[3]

Mullers programmatisches Eröffnungsvorwort zur neuen Ära der menschlichen Vererbungsforschung enthielt die wichtigen Elemente der wissenschaftlichen und professionspolitischen Wende, ebenso wie auch der zukünftigen »neuen Eugenik«. Die Humangenetik konstituiert sich mit Blick auf die Medizin, der sie ihre Dienste für die Aufklärung der seltenen, aber unter dem geltenden konsensualen Krankheitsbegriff eindeutig bestimmbaren genetischen Defekte anbietet. In den folgenden Jahren sollte sich allerdings die klinische Genetik ausdifferenzieren und die Grenze zur Genetik der normalen menschlichen Merkmale, zumindest zunächst, schärfer gezogen werden, als Muller dies noch sah. Die Sicherung wissenschaftlicher Objektivität und damit der Schutz gegenüber einer neuerlichen Politisierung sollte über die enge Anbindung an die allgemeine Genetik gesichert werden. Die Hoffnung auf eine wahrhaft humane Eugenik hatte zumindest Muller nicht aufgegeben, und es ist bezeichnend für die benevolente politische Naivität, daß er daran mit demselben Hinweis auf die ungeeigneten gesellschaftlichen Verhältnisse festhielt wie seinerzeit die Eugeniker an ihren Vorstellungen zur Zwangssterilisation und der eugenischen Eheverbote.

Für die Abkehr der Humangenetik von den sozialtechnologischen Konzepten der Eugenik und ihre Integration in die Medizin war entscheidend, daß sich ihr Gegenstand von der genetischen Beschaffenheit einer Population, die von den Eugenikern meist unbedenklich mit dem eigenen Volk, in Deutschland mit Rasse gleichgesetzt wurde, zur genetischen Beschaffenheit von Individuen verschob. Damit war die Konzentration auf die selteneren, aber eindeutiger unter dem Krankheitsbegriff faßbaren genetischen Defekte verbunden, zuungunsten der breiter angelegten, aber ungerichteten und wertbelasteten Erforschung der normalen Merkmale. Es war die Fokussierung der Fragestellungen, die in Verbindung mit den neuen biochemischen Methoden den größeren Fortschritt versprach. Der sich ankündigende Sieg der Genetik über die Eugenik führte diese Wende herbei,

3 Muller, »Progress and Prospects«, 17.

unterstützt durch die moralische und politische Diskreditierung der letzteren.[4]

Der »Paradigmenwechsel« hin zur Medikalisierung, aber auch das Fortleben eugenischer Orientierungen läßt sich zunächst an dem Bereich humangenetischer Praxis demonstrieren, der zuerst institutionalisiert wurde. Als Lee R. Dice 1951 zum Präsidenten der American Society of Human Genetics gewählt wurde, warb er für die »Heredity Clinics« und die genetische Beratung. Die erste »Heredity Clinic« in den USA wurde 1940 an der University of Michigan, die zweite, das Dight Institute, 1941 an der University of Minnesota errichtet. (Von Verschuer hatte erstmals 1934 die Einrichtung von Erbkliniken vorgeschlagen.) Dice, der die Klinik in Michigan leitete und eindeutig eugenisch orientiert war, charakterisierte die neue Praxis und deren Differenz zur älteren Eugenik: Danach war das entscheidende Moment die Freiwilligkeit, entweder sich sterilisieren zu lassen oder auf die Reproduktion zu verzichten, wo erbliche Defekte vorlagen. Voraussetzung für diese Entscheidung war freilich die kompetente genetische Beratung. Obwohl diese zu jener Zeit eine noch »sehr unvollkommene Kunst selbst in den Händen der Besten unter uns« (Schuller) und weitgehend auf empirische Risikoabschätzungen beschränkt war, vertrauten die Humangenetiker zumindest vordergründig auf die Rationalität ihrer Klienten. Bei einer sehr hohen Wahrscheinlichkeit der Vererbung ernster Defekte, so ihre Einschätzung, müsse es schon eine abnormale Person sein, die nicht auf Kinder verzichten würde.[5]

Der Übergang von der eugenischen zur medizinischen Praxis war jedoch noch nicht vollendet. Die Sorge um die Qualität des Genpools, die in der ›Natur‹ des humangenetischen Interesses liegt, war noch so ausgeprägt, daß Lee Dice die Tätigkeit der Erbkliniken nicht auf die individuelle Beratung beschränkt sehen mochte, nicht einmal auf den durch die Beratung und die unterstellte ›rationale‹ Entscheidung der ratsuchenden Ehepaare zu erwartenden Effekt der »Eliminierung schädlicher Gene aus den menschlichen Bevölkerungen«. Humangenetiker seien nicht nur

4 Vgl. Muller, »Progress and Prospects«, 2.

5 Lee R. Dice, »Heredity Clinics: Their Value for Public Service and for Research«, *American Journal for Human Genetics*, 1952, *4,1*: 1-13, 2; William Schuller zit. n. Daniel J. Kevles, *In the Name of Eugenics*, New York 1985, 254.

an der Senkung der Anzahl der schädlichen Gene, sondern auch »an der Zunahme erwünschter« interessiert. Jede Klinik sollte daher auch »mit der Vererbung überlegener Gesundheit und geistiger Fähigkeit befaßt sein«.[6] Sheldon Reed, der von 1947-77 das Dight Institute leitete und den Begriff der genetischen Beratung (»genetic counseling«) geprägt hatte, weil ihn »genetische Hygiene« zu sehr an Zahnpasta und Deodorant erinnerte, sah gar überhaupt keine grundsätzliche Differenz zwischen Eugenik und Humangenetik.[7]

Dementsprechend blieb die Debatte um die direktive bzw. die nichtdirektive Praxis der genetischen Beratung ein Dauerbrenner innerhalb der Zunft. Sie wird bis heute je nach der politischen Kultur des betreffenden Landes und den Überzeugungen des jeweiligen Humangenetikers entschieden. Ein auf der Jahrestagung der ASHG organisiertes Panel zur genetischen Beratung mochte diese auch nicht davon entbinden, sich mit der Möglichkeit zu befassen, unerwünschte Gene zu beseitigen bzw. erwünschte zu erhalten und zu vermehren. Eine Beschränkung auf die Familie galt noch als unzureichend, da auch der Frage der Fortsetzung und Expansion schädlicher Vererbung nachzugehen war.[8]

Die Angst um die Qualität des Genpools, die in den fünfziger Jahren die Humangenetiker abermals ergriff, war von H. J. Muller 1949 in seinem vielbeachteten Vortrag als neugewählter Präsident der ASHG geschürt worden. Muller hatte eine steigende Belastung des menschlichen Genpools durch Mutationen diagnostiziert. Das Gleichgewicht zwischen neu hinzukommenden und durch vorreproduktiven Tod eliminierten Mutationen

6 Dice, »Heredity Clinics«, 6.

7 Vgl. Kevles, *In the Name of Eugenics*, 253.

8 »A Panel Discussion: Genetic Counseling. (Chairman: Lee R. Dice)«, *American Journal for Human Genetics*, 1959, *4*: 332-346, 346. Zwanzig Jahre danach ist das Vertrauen der Humangenetik in die Rationalität individueller Entscheidungen noch immer nicht so gefestigt, als daß sie sich nicht doch um die populationsgenetischen Folgen der genetischen Familienberatung und die inzwischen hinzugekommene Technik der vorgeburtlichen Diagnostik Gedanken macht. Vgl. Friedrich Vogel, »Populationsgenetische Folgen der genetischen Familienberatung und vorgeburtlichen Diagnostik«, *Biologisches Zentralblatt*, 1982, *101*: 73-79.

werde durch die Effektivität der modernen Medizin und die zunehmende Umweltstrahlung gestört. Für die Zukunft malte er das düstere Bild, daß die Menschen nur noch mit der Organisation einer vorsichtigen Lebensführung und der Pflege ihrer jeweiligen Schwächen beschäftigt sein würden, da jeder ein Invalide mit entsprechenden familienspezifischen Gebrechen sei.[9]
Damit hatte Muller ein klassisches eugenisches Argument gegen die Folgen der modernen Medizin wiederbelebt, allerdings mit zwei gewichtigen Unterschieden: Die dysgenischen Folgen wurden von allen Rassen- und Klassenkategorien abgelöst, und die »antiseptische« Sprache der Genetik, in der seine Analyse gehalten war, ließ keine unmittelbaren sozialen Wertbezüge erkennen.[10] Die unmittelbare Politisierung blieb gleichwohl nicht aus. Mullers These fand Eingang in die Diskussion um die Gefahren der Atomtests, und seine Auseinandersetzung mit dem Populationsgenetiker und Evolutionsbiologen Theodosius Dobzhansky führte die Genetik ein weiteres Mal in die Niederungen der Politik: Entsprechend dem Kontext des ›kalten Krieges‹ ging es jetzt um Rüstungspolitik und Antikommunismus.
Der Verlauf dieser Debatte interessiert hier nur insoweit, als es in ihr auch um die Verhandlung eugenischer Positionen ging. Wie so oft hatte eine wissenschaftlich begründete These, deren spekulativer Charakter sich erst bei näherem Hinsehen erschloß, einen Freiraum für den Streit zwischen Apokalyptikern und Realisten eröffnet. Wie zuvor riefen erstere nach umfassenden und sofortigen Maßnahmen zur Beeinflussung oder gar Steuerung der Selektion, während die Pragmatiker auf das Ausmaß von Unwissen verwiesen, das derartige Maßnahmen weder rechtfertigen noch auch nur erfolgreich erscheinen lassen könne. Ihre Forderung lief darauf hinaus, Untersuchungen über die Verteilung und Häufigkeit von Genen in der Bevölkerung durchzuführen.[11]

9 Herman J. Muller, »Our Load of Mutations«, *American Journal for Human Genetics*, 1950, *2*: 111-176, 145, 142.

10 Vgl. Kevles, *In the Name of Eugenics*, 260.

11 Vgl. die Diskussion zwischen Cook, David, Dempster, Steinberg, Glass und Herndon in: »Looking to the Future. A discussion session of the Conference on Problems and Methods in Human Genetics, Bethesda, October 8 and 9, 1953«, *American Journal for Human Genetics*, 1954, *6*: 185-188.

Diese pragmatische Einstellung wurde gestützt durch eine Arbeit von Dobzhansky und Wallace, in der sie davor warnten, daß die Humangenetik an einem Punkt angelangt sei, an dem sonst sinnvolle Vereinfachungen das Gebiet auf einen falschen Weg führten. Gene mit phänotypisch diskreten Auswirkungen, auf die sich die Forschung bislang konzentrierte, stellten eine besondere Klasse genetischer Varianten dar, insbesondere hinsichtlich ihrer Bedeutung für die Anpassung in Populationen. Es sei nun aber an der Zeit, auch jene Merkmale zu betrachten, die genetisch komplex, polygenetisch, quantitativ variabel und umweltbedingt leicht modifizierbar seien. Die meisten »normalen« Individuen, so Dobzhansky und Wallace, hätten zwei Chromosomen eines jeden Paares, die, wenn sie homozygot wären, ernste Beeinträchtigungen der »fitness« zur Folge hätten. Die »normale« ›fitness‹ einer Art sei lediglich das Durchschnittsprodukt einer Vielzahl von Genotypen, die alle im homozygoten Zustand schädliche rezessive Gene enthalten. Die Ursache dieser Situation könne durchaus, wie Muller dies behauptete, auf den Mutationsdruck zurückzuführen sein, so daß nahezu jeder Mensch Träger einer Anzahl schädlicher mutierter Gene sei. Tatsächlich würden aber durch die Selektion Gene auf einer bestimmten Häufigkeit gehalten, wenn sie im heterozygoten Zustand einen Erhaltungsvorteil durch bessere Anpassungsfähigkeit (›hybrid vigor‹) bedingen, und zwar auch dann, wenn sie im homozygoten Zustand schädlich oder gar tödlich sind. So könne die natürliche Auslese ein hohes Maß an Heterozygotie beim Individuum, damit aber auch eine große individuelle Vielfalt in der Population bewirken.[12]

Dobzhansky und Wallace bestritten damit nicht Mullers These. Sie unterschieden jedoch zwei Kategorien genetischer Varianten und bezeichneten die von Muller hervorgehobenen schädlichen Mutanten als ephemer – gegenüber der zweiten Kategorie, den Genen, die selbst bei scharfer Auslese gegen den seltenen homozygoten Zustand durch selektive Bevorzugung des weit häufigeren heterozygoten Zustands gleichbleibend häufig gehalten werden und somit einen wichtigen Anpassungsmechanismus darstellen. Damit entzogen sie den Katastrophenängsten, die auf die

12 Theodosius Dobzhansky/Bruce Wallace, »The Problem of Adaptive Differences in Human Populations«, *American Journal for Human Genetics*, 1954, 6: 199-203.

Häufung von Mutationen gegründet waren, den Boden. Dies geschah, so die beiden Autoren, zwar auf der Grundlage eines ›flüchtigen Blicks‹ auf die Genstruktur der Fruchtfliege, und es sei sehr viel mehr Forschung notwendig, bevor Rückschlüsse auf menschliche Populationen möglich waren. Aber das galt ebenso für Mullers Ergebnisse.[13]

Auf dem 2. Internationalen Kongreß für Humangenetik 1961 in Rom trat Muller mit einem Vortrag auf, der die eugenische Debatte noch einmal von neuem anfachen sollte. »Germinal Choice – A New Dimension in Genetic Therapy« stellte aber zugleich auch einen wichtigen Wendepunkt dar, insofern zum ersten Mal die Idee eines »technological fix«, d.h. eine rein technische, soziale Fragen umgehende Lösung der eugenisch wahrgenommenen Probleme, realisierbar schien. Daß Muller diesen Weg weisen würde, lag nahe. Er war überzeugter Demokrat, allen autoritären Vorstellungen abhold, aber zugleich ein rationalistischer Wissenschaftler, der die Genetik von der Idee der Eugenik nicht trennen konnte, wohl weil er tief von der humanitären Aufgabe jeder Wissenschaft überzeugt war. Er teilte den Idealismus der Eugeniker, aber er ließ sich von seinem professionellen Enthusiasmus nicht dazu hinreißen, weitreichende, politischen Zwang implizierende Visionen von Kontrollmaßnahmen und Eingriffen in gesellschaftliche Institutionen zu entwerfen.

Die Idee, die künstliche Befruchtung auch beim Menschen und nach eugenischen Gesichtspunkten einzusetzen, hatte Muller selbst schon 1925 in seinem Buch *Out of the Night* entworfen, soweit es die wissenschaftlich-technischen Aspekte und ihren eugenischen Nutzen betraf.[14] Jetzt, nachdem die Rassisten und ihre Ideologie, die die eugenische Bewegung pervertiert hatten, besiegt waren, schien ihm ein Überdenken des Themas »in einem wesentlich vernünftigeren Geist« möglich, nicht zuletzt auch aufgrund eines ›besseren Verständnisses genetischer und evolutionärer Prinzipien, einer deutlichen Verbesserung der Technologien, liberalisierter Moral und einer entsprechend größeren Freiheit der Diskussion‹.[15]

Die Probleme waren scheinbar die alten geblieben; selbst die Lö-

13 Dobzhansky/Wallace, »The Problem«, 207.

14 Herman J. Muller, *Out of the Night*, London 1936, 11. Zur künstlichen Befruchtung vgl. Kap. VII, bes. 138.

15 Herman J. Muller, »Germinal Choice – A New Dimension in Genetic

sungsvorstellungen waren es, aber die technischen Lösungsmöglichkeiten waren neu. Die Rate der neu auftretenden schädlichen Mutationen war, folgte man Muller, größer als die ihrer Beseitigung, d.h. die Gefahr der Degeneration war, wenngleich neu definiert, so groß wie eh und je, und: Es mußte nicht nur um die Verhinderung des genetischen Niedergangs, sondern auch um die Förderung des genetischen Fortschritts gehen. Die Anwendung der avancierten wissenschaftlichen Erkenntnisse und Techniken mußte unter Bedingungen erfolgen, die in einer demokratischen Gesellschaft akzeptabel waren. Genau diese Bedingung hatten die älteren eugenischen Konzepte zu verändern versucht. Hatten aber Wissenschaft und Technologie den Menschen in die genetische Sackgasse geführt, so sollten und konnten sie ihn nun auch wieder herausführen.

Die künstliche Befruchtung beim Menschen war zu einem eugenisch interessanten Instrument geworden, weil inzwischen die Möglichkeit bestand, männliche Spermatozoen über eine prinzipiell unbegrenzte Zeit ohne Folgen für eine spätere Befruchtung einzufrieren. An diese technische Möglichkeit knüpfte Muller sogleich wieder all die alten Vorstellungen von der Trennung der Sexualität von der Fortpflanzung, von der Wahl des Ehepartners aus Sorge um die Qualität des Erbguts der Nachkommen. Auch die Wahl des genetischen Materials, das zur Fortpflanzung verwendet werden sollte, würde wiederum durch den »hervorragenden Wert« der Spender gesteuert, womit selbstverständlich der ›soziale Wert‹ gemeint war, wenngleich die nun vorgesehene freie Entscheidung der Ehepaare auf die Auswahl von genetischem Material solcher Spender gerichtet wäre, die ihren Idealen am nächsten kämen. Aufgrund der möglichen langen Aufbewahrungszeit des Spermas waren die Wahlmöglichkeiten noch insofern vergrößert, als auf das Material von Spendern zurückgegriffen werden konnte, die längst verstorben waren, deren Persönlichkeitswert sich aber gerade deshalb auch über ihre Lebzeiten erwiesen hatte.[16]

Die darin liegende Logik des »technological fix« brachte Muller direkt auf den Begriff: Bei freiwilliger Akzeptanz sei die Methode einer demokratischen Gesellschaft angemessen, zumal sie

Therapy«, *Proceedings of the 2nd International Congress of Human Genetics, 6.-12.9.1961, Rom*, 1968-1973, 1968.

16 Vgl. Muller, »Germinal Choice«, 1970, 1971.

›die Schwierigkeiten umgeht‹, die die ›traditionellen Methoden konfrontiert‹ hätten. Tatsächlich war man nun nicht mehr auf differentielle Fortpflanzungsraten angewiesen, deren Steuerung notwendig sozialtechnologische Eingriffe erforderte. Die Weigerung der erblich Belasteten, ihre Unzulänglichkeiten einzugestehen und ihre Familiengröße freiwillig einzuschränken, verlöre nun ihre genetische Bedeutung in einer Bevölkerung, die ohnehin renoviert werde.

Das darin enthaltene Rationalisierungsmoment ist ebenfalls unübersehbar. Die neue Technik vermied nicht nur die Schwierigkeiten der Sozialtechnologie. Sie eröffnete überdies bislang nicht vorhandene Wahlmöglichkeiten, eben die Wahl des Erbmaterials, und sie ermöglichte eine Differenzierung von Funktionen, die bislang miteinander in Konflikt standen: die Wahl des Ehepartners unter Gesichtspunkten der Liebe und Kameradschaft, die Bestimmung der Familiengröße, die vor allem auf der Stärke elterlicher Liebe beruhen sollte, und die Bewahrung und Förderung genetischer Qualität. Die Befreiung dieser drei Funktionen voneinander, so Muller, würde nicht nur ihre bessere Erfüllung ermöglichen, sondern auch die augenblicklichen Widersprüche zwischen kulturellem und genetischem Fortschritt aufheben.[17]

Mullers Konzept der »Keimwahl« fiel nicht etwa wegen seiner offenkundigen Nähe zu alten eugenischen Vorstellungen vernichtender Kritik anheim: Unter den Befürwortern fanden sich J. B. S. Haldane und Frederick Osborn ebenso wie Ernst Mayr, James F. Crow und Francis Crick, alles wohlklingende Namen in Evolutionstheorie, Populationsgenetik und Molekularbiologie.[18] Konservative Kreise in den USA bemächtigten sich Mullers Idee und gründeten vier Jahre nach Mullers Tod, 1971, eine Stiftung und Samenbank, die er selbst aufgrund politischer Vorbehalte abgelehnt hatte. Sie gelangte durch ihre anfängliche Kon-

17 Vgl. Muller, »Germinal Choice«, 1973.

18 S. Kevles, *In the Name of Eugenics*, 262f. und die Nachweise in FN 38 und 39. Bei einer Realisierung des Mullerschen Plans durch ein Land, so glaubte Crick, würden aufgrund des Erfolgs andere nachziehen: Wenn nämlich z.B. nach 20, 25 oder 30 Jahren alle Nobelpreise an Finnland gingen. Francis Crick in: Discussion »Eugenics and Genetics«, Gordon Wolstenholme (ed.), *Man and his Future*, Boston/ Toronto 1963, 274-298, 275-276.

zentration auf den Samen von Nobelpreisträgern, insbesondere des Physikers William Shockley, zu zweifelhafter Berühmtheit. Im übrigen entstanden einige wenige kommerzielle Samenbanken, die zudem nicht eugenisch, sondern als Versicherung bei Vasektomie und Unfruchtbarkeit fungieren. Der Aspekt des Mullerschen Konzepts, der von ihnen realisiert wird, ist ebenfalls ein nichteugenischer: die Aufbewahrung von Samen von Männern, die in sterilitäts- bzw. mutationsgefährdenden Berufen tätig sind.[19]

Die Diskussionen um Mullers Vision der »Keimwahl« waren ein Indiz für die in der Zunft noch immer verbreitete eugenische Begeisterung. Sie veranlaßte den Genetiker Leslie C. Dunn zu einer neuerlichen Warnung an die Humangenetiker vor den noch immer wirksamen Gefahren einer politisierten Eugenik und der Lockerung wissenschaftlicher Standards, wie sie in anderen Zweigen der Genetik nicht geduldet werden würde. Seine Kritik richtete sich auch gegen die »wohltätige Utopie« Mullers, an dessen Vorstellungen sich nicht nur die Historizität des idealen Genotyps demonstrieren ließe, der mit den Zuchtvorstellungen verbunden sei, sondern das grundsätzliche Dilemma der Wissenschaftler, einerseits gesichertes Wissen verbreiten und es andererseits wichtigen sozialen Funktionen dienen lassen zu wollen.[20] Dunn glaubte, das letztere Ziel sei am ehesten dann zu erreichen, wenn es nicht explizit sei, wenn die Humangenetik nichts anderes sei als Grundlagenforschung.

Dunns Position war allerdings nicht unumstritten. Franz J. Kallmann widersprach ihm öffentlich auf dem 2. Internationalen Kongreß für Humangenetik 1961 in Rom. Kallmann, der 1936 aus Deutschland in die USA gekommen war und dessen Forschungen seinerzeit auf die Skepsis seiner angelsächsischen Kollegen gestoßen waren, hielt Dunns Diagnose für zu pessimistisch. Keine Wissenschaft sei vor den Mißbräuchen durch Fanatiker und Opportunisten gefeit. Selbst bei einer gewissen Empfänglichkeit gegenüber sentimentalen eugenischen Ideen könne

19 Vgl. Elof A. Carlson, »Eugenics Revisited: The Case for Germinal Choice«, *Stadler Symposium*, 1973, *5*, 13-34, 22. Carlson ist Student Mullers und sein Biograph. In dem Artikel bietet er ein differenziertes Argument für die eugenische Funktion der »Keimwahl«.

20 Vgl. Leslie C. Dunn, »Cross Currents in the History of Human Genetics«, *American Journal for Human Genetics*, 1962, *14*: 1-13, 3, 11.

man darauf vertrauen, daß die große Mehrheit derjenigen, die in genetischen Beratungszentren arbeiteten, sich auf sicherem wissenschaftlichem Boden befänden, solange sie den »professionellen Geist« für sich übernähmen, wie ihn die Medizin seit langem kennt. Hippokratische und eugenische Philosophie reichten sich die Hand zu treuer Einheit. Die Humangenetik könne es sich nicht leisten, eine auf das Labor begrenzte und auf theoretische Deduktionen und zaghafte Extrapolationen beschränkte Wissenschaft zu bleiben. Für Kallmann konnten die Humangenetiker jetzt beanspruchen, »vollgültige Mitglieder« in der Profession der öffentlichen Gesundheit zu sein. Mehr noch: Daß die Humangenetik eine derart breite und fest etablierte Plattform erreicht habe, sei »Beweis ihres Existenzrechts ... und ihres legitimen Insistierens auf einem Platz an der Sonne neben den grundlegenden und angewandten Humanwissenschaften«. Die einzige Verbesserungsmöglichkeit in der Disziplin sah Kallmann in der Herstellung eines »Gefühls der professionellen Solidarität und des Stolzes ...«[21]

Das waren deutliche Worte, sowohl im Hinblick auf den Anspruch der Profession als auch im Hinblick auf ihr neues Profil als eines Zweiges der Medizin. Professionelles Selbstbewußtsein und die Annäherung an die Medizin, wie sie Kallmann zum Ausdruck brachte, kamen nicht von ungefähr. Sie waren Reflex der Aufbruchstimmung in der Humangenetik, die durch eine Reihe von Entdeckungen genährt wurde. Im Frühjahr 1959, drei Jahre nachdem Tijo und Levan erstmals die korrekte Chromosomenzahl beim Menschen bestimmt hatten, waren von mehreren englischen Forschern und von Lejeune in Frankreich die Rolle der Geschlechtschromosomen und die chromosomale Grundlage von drei häufigen Abnormalitäten entschlüsselt worden: der Down-, Klinefelter- und Turner-Syndrome. Damit war die ›klinische Cytogenetik‹ geboren, und, wie McKusick es später ausdrückte, das Gebiet hatte mit dem Chromosom »sein Organ« erhalten.[22] Penrose beurteilte die Ereignisse dieses Jahres als »ei-

21 Franz J. Kallmann, »New Goals and Perspectives in Human Genetics«, *Proceedings of the 2nd International Congress of Human Genetics*, 101-107, 102, 106.

22 Victor A. McKusick, »The Growth and Development of Human Genetics as a Clinical Discipline«, *American Journal for Human Genetics*, 1975, *27*: 261-273, 262. Zur Entwicklung der Chromosomenforschung

nen großen Durchbruch in der Wissenschaft der Humangenetik«.[23] Es war aber offenbar nicht nur ein großer Durchbruch, sondern auch ein fundamentaler Wandel im Charakter der Disziplin, in der der Einfluß des medizinischen Handlungsparadigmas jetzt eine erhebliche Stärkung erfuhr.

In der Rückschau interpretierte McKusick diesen Wandel als Geburt der klinischen Genetik und als Fusion von Humangenetik und medizinischer Genetik. »Die Medizin hat der Humangenetik Fokus, Richtung und Zweck verliehen. Medizinische Genetik und Humangenetik sind jetzt wesentlich ein und dasselbe.«[24] So deutlich der Trend auch war, so wenig waren damit eugenische Utopien schon vollkommen ihrer Faszination beraubt. Die phantastischen Fortschritte der Molekularbiologie, die Entschlüsselung des genetischen Kodes und die noch gar nicht absehbaren Folgen für das Gebiet legten die Humangenetik nicht in der einen oder anderen Richtung fest. Eher im Gegenteil förderten sie zunächst einmal die ›Medikalisierung‹ ebenso, wie sie neue eugenische Utopien eröffneten und nahelegten.

Als 1963 mit F. Clarke Fraser ein »medizinischer Genetiker« zum Präsidenten der ASHG gewählt wurde, verglich er die mit den atemberaubenden Entdeckungen einhergehende »Wildheit« jener Jahre, die ihm in Zeiten des überschwenglichen Wachstums und Fortschritts in einer Disziplin geradezu notwendig erschien, mit der ersten Entwicklungsphase der Humangenetik nach der Wiederentdeckung der Mendelschen Regeln und dem naiven Glauben an die Verbesserung der menschlichen Art, den der Mendelismus der Eugenik beschert hatte. Nun, in der zweiten Wachstumsphase, in der die Genetik vor allem unter den Medizinern einen enormen Prestigegewinn zu verzeichnen habe, ließen sich wieder Beispiele derartiger Wildheit und einer Erosion der Qualität beobachten.[25] Das »wilde Denken« der Genetiker betraf abermals eugenische Utopien. Deren Realisierung schien technisch sehr viel näher gerückt, und die vermeintliche techni-

vgl. auch Kevles, *In the Name of Eugenics*, Kap. XVI, sowie die dort angegebene Literatur. Zur Humangenetik s. auch Friedrich Vogel/Arno Motulsky, *Human Genetics*, Berlin et al. 1982, 18-22.

23 Zit. n. Kevles, *In the Name of Eugenics*, 248 und FN 31.

24 McKusick, *The Growth*, 270, 271.

25 F. Clarke Fraser, »On Being a Medical Geneticist«, *American Journal for Human Genetics*, 1963, *15*: 1-10, 1-2.

sche Machbarkeit, die Grund der Begeisterung und des Selbstbewußtseins der Profession war, ließ das Problem der sozialen Durchführbarkeit in den Hintergrund treten.

»Genetic-Engineering« und neue Eugenik

Anfangs der sechziger Jahre waren es nun die Genetiker, die, nachdem sie eineinhalb Jahrzehnte vorher als Hüter der Wissenschaftlichkeit die politischen Verirrungen gebrandmarkt hatten, sich jetzt im warmen Licht ihrer Erfolge, vor allem der Aufklärung der DNS sonnten. Jetzt konnten sie ihrerseits der Versuchung nicht widerstehen, ihre neuen Erkenntnisse sogleich in eugenische Utopien umzusetzen und Öffentlichkeit und Politik die damit einhergehenden professionellen Kontrollansprüche anzudienen. Politische Naivität und technokratische Arroganz begleiteten abermals einen großen Erkenntnisfortschritt, eilfertige Weggefährten immer dann, wenn durch neues Wissen Handlungsspielräume eröffnet oder maßgeblich verändert werden. Das CIBA-Symposium »Man and His Future«, das 1962 in London stattfand, war eine Gelegenheit, bei der sich das ›wilde Denken‹ der Genetiker artikulierten konnte, und wenn später eine Reihe der dort entwickelten Gedanken als »nicht sehr ernst« relativiert wurden, mag darin auch eine Läuterung zu erkennen sein.[26] Der Verlauf der Diskussion und der Umstand, daß dort nur formuliert wurde, was sich weit über die wissenschaftliche und populäre Presse verbreitet fand, läßt den Schluß kaum zu, es habe sich dabei um eine satirische Veranstaltung gehandelt und nicht um eine der vielen Versammlungen, auf denen über die »Zukunft der Menschheit« nachgedacht wurde. Außerdem war hier die Elite aus Genetik und Evolutionstheorie, Medizin und Biochemie versammelt, darunter allein fünf Nobelpreisträger, Herman J. Muller, Joshua Lederberg, Francis Crick, Peter Medawar und Albert Szent-Györgyi, und schließlich zwei große ›elder statesmen of science‹, Julian Huxley und J. B. S. Haldane. Diese Elite machte sich denn auch selbst zum Wertbezug der eugenischen Utopien, über die sie sinnierte, wie Haldane explizit

26 Vgl. z. B. den Hinweis bei John Maynard Smith, »Eugenics and Utopia«, *Daedalus*, 1965, *94*: 487-505, 504, FN 8.

zum Ausdruck brachte: »Elite« seien, »grob gesagt, Personen wie wir«.[27]

Tatsächlich gibt die Diskussion insofern einen interessanten Einblick in den ›Zeitgeist‹ unter den Biologen, als hier vor dem Hintergrund der neuen Entdeckungen – ihre technischen Realisierungen wie etwa die DNS-Rekombination lagen noch in der Zukunft – altes eugenisches Gedankengut mit neuem sich vermischte und der Übergang von eugenischen Sozialtechnologien zu den neuen ›Gentechniken‹ erkennbar wird. Am frappierendsten ist die Parallelität der neuen technokratischen Ausgangspositionen zu denen der ›alten‹ Eugenik, ebenso wie die der nahezu ohne jedes historische Bewußtsein vorgetragenen Vorschläge zur gesellschaftlichen Realisierung zu den eugenischen Maßnahmen von einst.

Versehen mit den neuen Erkenntnissen, ergriff die Biologen abermals die Faszination, die Evolution des Menschen ›in die eigenen Hände nehmen zu können‹. Huxley sprach von einer neuen Phase der »bewußten Evolution«.[28] Wieder einmal wurde als selbstverständlich unterstellt, daß die menschliche Art entartet, zumindest aber intellektuell nicht mehr den Problemen gewachsen sei, die sich ihr stellten. Auf »Effizienz« sollte gezüchtet werden, wie Huxley meinte, da die »psychosozialen Organisationen immer komplizierter werden und wir immer mehr gute Gehirne an der Spitze brauchen, um sie zu leiten.«[29]

27 J. B. S. Haldane, »Biological Possibilities for the Human Species in the Next Ten Thousand Years«, Wolstenholme, *Man and his Future*, 337-361, 357. An der Konferenz nahm kein ausgesprochener Humangenetiker teil.

28 Julian Huxley, »The Future of Man – Evolutionary Aspects«, Wolstenholme, *Man and his Future*, 1-22, 5. Man erinnere sich an das Motto des 3. Internationalen Kongresses für Eugenik in New York, 1932: »Eugenik ist die Selbststeuerung der menschlichen Evolution.«

29 Julian Huxley in: Discussion »Eugenics and Genetics«, Wolstenholme, *Man and his Future*, 297. Denselben Gedanken hatte Huxley in größerer Ausführlichkeit an anderer Stelle entwickelt, wo er die Anhebung des genetischen Niveaus explorativer Neugierde propagierte, um mehr und bessere Wissenschaftler zu erhalten; entsprechend für Künstler das genetische Niveau disziplinierter, kreativer Phantasie und für bessere Politiker das der Fähigkeit, soziale und politische Situationen als ganze zu sehen … usw. Julian Huxley, »Eugenics in Evolutionary Perspective«, *Perspectives in Biology and Medicine*, 1963, 6: 155-187, 163. Man

Francis Crick nahm es für sich und Joshua Lederberg gar als quasi wissenschaftliche Entdeckung in Anspruch, die Fortpflanzung durch genetisch »ungünstige« Eltern über ein Steuersystem verhindern zu wollen. Sicher hatte er von den endlosen Diskussionen um die äußerst raffinierten eugenischen Steuerreformvorschläge in den zwanziger Jahren nie gehört. Neu war allenfalls der Vorschlag von Pincus, über die Beimischung von Chemikalien in die Grundnahrungsmittel die Bevölkerung unfruchtbar zu machen, um dann durch die Verabreichung einer weiteren Chemikalie die Fruchtbarkeit selektiv wiederherzustellen.[30] Die Voraussetzung für diesen »fix«, daß nämlich das Recht auf Nachwuchs aufgehoben werden sollte, hatten ebenfalls schon die frühen Eugeniker thematisiert.

Die Ausgangsannahmen waren die alten, ebenso wie die sozialen Vorurteile und die politisch-autoritären Grundvorstellungen, die sich wiederum mit professioneller Arroganz paarten. Neu war eine Philosophie des »technological fix«, mit der die politischen und sozialen Widerstände vermeintlich umgangen werden konnten. (Den Grundgedanken hatte, wie erwähnt, Ploetz schon 1895 formuliert.) Ihr repräsentativer Vertreter auf dem Symposium war Lederberg. Er brandmarkte die Technologie der Humangenetik als ›bedauernswert schwerfällig, selbst gemessen an den Standards der praktischen Landwirtschaft‹; statt der somatischen Selektion setzte er auf die in wenigen Jahren zu erwartenden Techniken, mit denen Heterozygote diagnostiziert, Gameten selektioniert, Chromosomen-Ploidie manipuliert werden könnten, »um in einer oder zwei Generationen eugenischer Praxis zu erreichen, was jetzt zehn oder hundert erfordern würde«. Er stellte der klassischen Eugenik die »Euphenik« gegenüber, das ›engineering‹ der menschlichen Entwicklung auf der Grundlage der für die nächsten Jahre (5-20) zu erwartenden Systematisierung der Eiweiß- und Nukleinsäuresynthese. Es wäre unglaublich, so Lederberg, »wenn wir nicht bald die Grundlage für die Technik des ›engineering‹ der Entwicklung hätten, um z.B. die Größe des Gehirns durch vorgeburtliche

muß sich fragen, wie beim Stande der Genetik im Jahre 1963 solche Gedanken überhaupt noch möglich waren, oder anders: ob Huxley bei genetischen Verbesserungen dieser Art jemals an sich selbst gedacht hat.

30 Francis Crick in: Discussion »Eugenics and Genetics«, Wolstenholme, *Man and his Future*, 275.

oder frühe postnatale Intervention zu regulieren«, wobei Gehirngröße und Intelligenz nur als Euphemismen für die als ideal projizierten Persönlichkeitsmerkmale zu verstehen seien. Die üblichen Mechanismen der Reproduktionskontrolle hielt Lederberg demgegenüber auch deshalb für ungeeignet, da sie, um technisch effektiv zu sein, eines extrem gefährlichen und verabscheuungswürdigen Ausmaßes an sozialer Kontrolle bedürften. Freilich: Die Probleme den individuellen Entscheidungen zu überlassen, was vom gesellschaftlichen Standpunkt ideal sei, mochte er auch nicht. Auch die »neue Eugenik« bedurfte seiner Ansicht nach der lenkenden Hand der (Human-)Genetiker.[31]

Die Kritiker auf dieser denkwürdigen Tagung waren, mit der einen Ausnahme Medawars, alle Nichtgenetiker, und einer unter ihnen, der Ökonom C. G. Clark, stellte scharfsinnig fest: »Offenbar beginnen wir einen zweiten Zyklus eugenischer Doktrinen, unterstützt von einigen brillanten und irregeleiteten Wissenschaftlern, und die, wie ich fürchte, ebenfalls ihren Anteil an Schwindlern anziehen werden.«[32]

Als um 1965 der Begriff des »genetic engineering« aufkam, war eine Wende im eugenischen Denken signalisiert, die als Übergang von der selektionistischen Sozialtechnologie zum molekularbiologischen »technological (bzw. genetic) fix« charakterisiert werden kann.[33] Als Utopie war dieser Schritt beinahe so alt wie die Eugenik selbst. Daß er zu einer realistischen Alternative werden würde, hatte sich schon lange angedeutet. Aber erst die molekularbiologische Revolution hatte ihn in greifbare Nähe gebracht. Jetzt stellte sich, wie Salvador Luria es ausdrückte, eine ›neue Frage‹: »Öffnet das neue Wissen über das genetische Material und seine Funktion das Tor für einen direkteren Angriff auf die menschliche Vererbung?«[34]

31 Joshua Lederberg, »Biological Future of Man«, Wolstenholme, *Man and his Future*, 263-273, 265 f.

32 C. G. Clark in: Discussion »Eugenics and Genetics«, Wolstenholme, *Man and his Future*, 294.

33 In Anspielung auf den Begriff des »technological fix«, den Alvin Weinberg für die technologische Lösung sozialer Probleme geprägt hatte, sprach Etzioni von »genetic fix«. Amitai Etzioni, *Genetic Fix*, New York 1973.

34 Salvador E. Luria, »Directed Genetic Change: Perspectives from Molecular Genetics«, Tracy M. Sonneborn (ed.), *The Control of Human*

Mit der Alternative von sozialtechnologischer Eugenik und ›genetic fix‹ war so zugleich eine geradezu paradoxe Entwicklung in ihren Anfängen sichtbar geworden: Statt des erwarteten Vorteils der neuen Techniken, die gesellschaftlichen und ethischen Widerstände gegen jede Form der zwangsmäßigen Regulierung des Reproduktionsverhaltens oder auch nur gegenüber den die ethischen Werte verletzenden Züchtungsanalogien umgehen zu können, begannen sich die Ängste vor den Mißbrauchsmöglichkeiten, aber auch die ethischen Bedenken gegenüber den Gentechniken zu regen. In der Folge sollten die Genetiker und die Humangenetiker der Diskussion um die ethischen und sozialen Implikationen der von ihnen entwickelten Techniken nicht mehr entkommen.

Einer unter denen, die die Alternative ebenso wie die mit ihr einhergehenden Befürchtungen auf den Begriff brachten, was ihn selbst schließlich zu einem Gesinnungswandel veranlaßte, war Robert L. Sinsheimer. 1969 sprach er noch von einer »neuen Eugenik«, die mit dem ›dramatischen Wissenszuwachs der Biochemie der Vererbung‹ erwachsen sei. Die alte Eugenik Galtons habe ein massives Sozialprogramm über viele Generationen hinweg erfordert, das ohne das Einverständnis und die Mitwirkung eines großen Teils der Bevölkerung gar nicht durchzuführen sei. Im Gegensatz dazu könne die neue Eugenik auf einer individuellen Basis, innerhalb einer Generation und ohne jede gesellschaftliche Beschränkung implementiert werden.[35]

Sechs Jahre später – und gewiß unter dem Eindruck der inzwi-

Heredity, New York 1965, 1-19, 2. Sonneborns Band ist das Protokoll eines 1963 veranstalteten Symposiums an der Ohio Wesleyan University, Delaware/Ohio. S. dort auch die Auseinandersetzung zwischen Muller und anderen Genetikern, in der Muller seinen Vorschlag der »Keimwahl« gegenüber den Vertretern der »Genchirurgie« mit dem Hinweis verteidigte, daß es aufgrund der multifaktoriellen Basis der meisten genetisch bedingten Merkmale kaum denkbar sei, mit den Mitteln der Genchirurgie anders als durch rein empirisches Vorgehen zu einer Korrektur von bestimmten Defekten zu gelangen. Herman J. Muller, »Means and Aims in Human Genetic Betterment«, Sonneborn, *Control*, 100-122, 108. Dieser Vorwurf traf allerdings auch das »Keimwahl«-Konzept. Vgl. Sonneborn in Discussion Part III, Sonneborn, *Control*, 126f.

35 Robert L. Sinsheimer, »The Prospect of Designed Genetic Change, Engineering and Science«, 1969 (April), 8-13, abgedruckt in: Adela S.

schen hochpolitisierten Diskussion um die genetische Rekombinationsforschung – stellte Sinsheimer die Fragen: »Wie weit werden wir das ›genetic engineering‹ entwickeln wollen? Wollen wir die Grundverantwortung für das Leben auf diesem Planeten auf uns nehmen ...? Sollen wir unsere eigene zukünftige Evolution in unsere Hand nehmen?« Und er beantwortete sie diesmal negativ, da die für die Übernahme der Verantwortung vorausgesetzte Fähigkeit zur Prognose gesellschaftlicher Folgen im Falle einer plötzlichen Diskontinuität im menschlichen Genpool nicht gegeben sei. »The dawn of genetic engineering is troubled«, umschrieb er die gewandelte Stimmung und, wenngleich unter Bedauern, beugte er sich dem politischen Zeitgeist, unter dessen Einfluß die ›glühende Überzeugung‹, Wissen sei gut ... nun mit Zweifel und Vorsicht überschattet werden muß.«[36]

Um die Paradoxie vollends würdigen zu können, muß man sich daran erinnern, daß die allgemeine Wissenschaftskritik, auf die Sinsheimer anspielte und der er selbst Ausdruck verlieh, zwar nicht ausschließlich, aber zu einem erheblichen Teil durch die »neue Biologie« ausgelöst worden war. Hatte die nukleare Großtechnik die öffentliche Diskussion um die gesellschaftlichen Folgen der Technik initiiert, so verdankte diese Diskussion ihre Ausdehnung auf die Grundlagenforschung der Molekularbiologie mit ihren (allzu häufig selbst propagierten) utopischen Entwürfen von Eingriffen in die menschliche Entwicklung. Denn das kam noch hinzu: Sie deklarierte sich als »reine« Forschung, überschritt aber die Grenze zur Technik mit propagandistischen Nomenklaturen und später auch mit einer aggressiv betriebenen Kommerzialisierung. Zugespitzt: Die modernen Genetiker trugen zu der Politisierung ihrer Disziplin (etwa ab Mitte der sechziger Jahre) aufgrund desselben Fehlers bei, den sie den alten Eugenikern zum Vorwurf gemacht hatten. Wieder einmal versprachen sie mehr, als ihr Wissen ihnen erlaubte, und wieder einmal implizierten diese Versprechen die Übernahme der Verantwortung für die Verbesserung der Menschheit, diesmal durch den direkten Eingriff in den Vererbungsprozeß, letzt-

Baer, *Heredity and Society*, 2. Aufl., New York/London 1977, 436-442.

36 Robert L. Sinsheimer, »Troubled Dawn for Genetic Engineering«, *New Scientist*, (16. 10. 1975), *68*, 148-151, abgedruckt in: Baer, *Heredity*, 457, 458.

lich als die Steuerung der menschlichen Evolution durch rationale Wissenschaft. Stimmen wie die Dobzhanskys waren selten, der auf dem 11. Internationalen Kongreß für Genetik sagte: »... jeder Biologe, der die Menschheit behandelt, als sei sie nichts anderes als eine Tierspezies, diskreditiert nur seine Wissenschaft.« Und an anderer Stelle warnte er: »Ein Biologe sollte die Demut besitzen zu erkennen, daß diese Fragen (der Umsetzung des bestehenden genetischen Wissens in gesellschaftliche Praxis) mehr soziologischer als biologischer Natur sind.«[37]

Die Medikalisierung der Humangenetik

Während sich die Genetiker in das Rampenlicht der öffentlichen Diskussion drängten, wo ihre Utopien der genetischen Steuerung menschlicher Evolution verhandelt wurden, vollzog sich in der Humangenetik die eigentliche Revolution. Sie gründete zum Teil auf ebenjenem neuen genetischen Wissen, aber ihr fehlten der Glanz und die Sensation der Perspektiven eines »genetic engineering«. Anfang der sechziger Jahre begann die Ära des genetischen »screening«, d. h. der routinisierten Analyse zur Entdekkung bestimmter genetischer Defekte. Zuerst waren es die Tests für die sogenannten »angeborenen Fehler des Stoffwechsels« (›inborn errors of metabolism‹), und hier wiederum für drei unter den inzwischen mehreren Hundert bekannten Anomalien: die Phenylketonurie (PKU), eine erbliche Stoffwechselkrankheit, die unbehandelt zu schwerem Schwachsinn führt, die Tay-Sachs-Krankheit, die wie die PKU rezessiv ist und im Kindesalter (circa 2 Jahre) zum Schwachsinn und zum Tode führt, und die Sichelzellenanämie, eine bei homozygotem Auftreten zur Zerstörung der roten Blutkörperchen, Kreislaufstörungen und der Anhäufung sichelförmiger Zellen in der Milz führende Krankheit mit schweren Sekundärwirkungen.

1961 hatte Robert Guthrie in den USA einen einfachen PKU-Test entwickelt, der auf Massenbasis an Neugeborenen ange-

37 Theodosius Dobzhansky, »Evolutionary and Population Genetics«, Sipke Johannes Geerts (ed.), *Genetics Today. Proceedings of the 11th International Congress of Genetics*, The Hague 1963, LXXXII-LXXXIX, LXXXVIII. Ders., »Changing Man«, *Science*, 1967, *155*: 409-415, 413.

wandt werden konnte. Damit konnte den früh einsetzenden, irreversiblen Schädigungen des Gehirns insofern zum ersten Mal wirksam begegnet werden, als seit 1953 die prinzipielle Möglichkeit ihrer Abwendung durch eine phenylalaninarme Diät bestand. Die von dem Heidelberger Arzt Horst Bickel entwickelte Behandlung konnte jetzt kurz nach der Geburt aufgrund der frühzeitigen Entdeckung des Enzymdefekts mit Erfolg angewandt werden. Schon 1963 wurde in Massachusetts das erste Gesetz zur zwangsweisen Einführung des PKU-»screening« bei Neugeborenen erlassen; inzwischen ist es eine Routine, der Millionen von Kindern in aller Welt unterworfen werden. Mittlerweile ist auch das Prinzip der einfachen Blutprobentests auf eine ganze Reihe weiterer Stoffwechselfehler ausgedehnt worden, so u. a. die Sichelzellenanämie, für die der Nutzen der Früherkennung ebenso wie bei einigen anderen Defekten allerdings nicht so eindeutig wie bei der PKU ist. Darüber hinaus hat aber das routinemäßige »screening« Neugeborener eine Fülle von forschungsrelevanten Daten über die genetischen, biochemischen und klinischen Eigenschaften der Metabolismusstörungen geliefert.

Das »screening« für die angeborenen Fehler des Metabolismus, das sich auf den ersten Blick in das Paradigma der Medizin einordnet, bedeutete zugleich auch die Erfüllung zumindest eines Teils jenes alten Traums der Eugeniker, über eine möglichst vollständige Erfassung der Bevölkerung, mittels »Gesundheitskarteien«, der Vererbungswissenschaft den Zugriff für ihre Interventionen zu ermöglichen. Wie dünn die Trennlinie zwischen medizinisch-präventiver und eugenischer Orientierung der Humangenetik ist, sollte sich bald an den durch eine neue Technik heraufbeschworenen Reaktionen zeigen. Schon das »screening« der Neugeborenen hatte in den Fällen, in denen die Heilmöglichkeiten nicht so eindeutig waren wie bei der PKU, ein ethisches Dilemma deutlich werden lassen, vor das die Humangenetik sich fortan in immer stärkerem Maße gestellt sehen würde: daß sie zwar imstande war, über einen Defekt zu informieren, aber nicht, ihn auch zu heilen.

Die Fortschritte der zytogenetischen Methoden ermöglichten Anfang der siebziger Jahre das »screening« im Hinblick auf die Träger von genetisch bedingten Krankheiten. Dabei ging es nicht mehr um die Therapie eines Defekts, sondern darum, die Träger bestimmter Erbkrankheiten zu identifizieren und über den Defekt ihres Erbmaterials mit dem Ziel zu informieren, auf ihr reproduktives Verhalten Einfluß zu nehmen und die Geburt kranker Nachkommen zu verhindern. Die Methode differenzierte infolgedessen nicht zwischen dem medizinisch-präventiven und dem eugenischen Motiv: Dem Elternpaar die ökonomischen und psychischen Belastungen der kranken und zum Teil früh dem Tod geweihten Kinder zu ersparen und/oder über die angestrebte Verhinderung der Fortpflanzung der Träger der betreffenden Erbkrankheiten deren Kontinuierung und Vermehrung im »Genpool« zu unterbinden. Mit dem sogenannten »carrier-screening«, also der Identifikation bestimmter Anlagen bei den heterozygoten Trägern, die selbst gar keine Symptome der Krankheiten zeigen und über ihren Zustand bis dahin allenfalls durch die Geburt eines betroffenen Kindes erfuhren, wurde eine neue Entwicklungsstufe in der präventiven Gesundheitsfürsorge erreicht.

Die beiden ersten großen Programme dieser Art wurden in den USA durchgeführt und richteten sich auf zwei genetische Defekte: die Tay-Sachs-Krankheit und die Sichelzellenanämie. Einen besseren Anschauungsunterricht für die zunehmende politische Sensibilität bei fortgeschrittenen humangenetischen Techniken, ein klareres Exempel für eine emergierende Grauzone zwischen medizinischer und eugenischer Orientierung in der humangenetischen Praxis und einen deutlicheren Beleg für die politische bzw. soziale Naivität selbst wohlmeinender, aber technokratisch denkender Wissenschaftler als die Implementierung dieser beiden Programme hätte es nicht geben können.[38]

Das »screening«-Programm für Tay-Sachs wurde u.a. deshalb ein Erfolg, weil die Krankheit in einer Bevölkerungsgruppe, den

38 Barton Childs et al. haben darauf hingewiesen, daß das Tay-Sachs-»screening« (und damit das »screening« überhaupt) gegenüber der traditionellen therapeutischen »eine neue Form der medizinischen Praxis« darstelle und daß die Initiatoren eines »screening«-Programms deshalb die potentiellen psychologischen und sozialen Folgen abzuwägen hätten. Für den Arzt verweise die Erfahrung mit dem Tay-Sachs-Programm auf die Notwendigkeit, sich über die Beziehung zwischen Genetik und präventiver Medizin klarzuwerden. Vgl. Barton Childs et al., »Tay-Sachs Screening: Motives for Participating and Knowledge of Genetics and Probability«, *American Journal for Human Genetics*, 1976, *28*: 537-549, 537, 549.

Juden, auftritt, die vor allem in den USA mehrheitlich zu den sozioökonomisch bessergestellten Schichten zählen und über ein entsprechendes Ausbildungsniveau verfügen. Die Krankheit führt zu einer progressiven Degeneration mit Todesfolge und ist unheilbar, stellt also eine klare Bedrohung dar. Der Durchführung des Programms ging eine sehr sorgfältige Planung voraus, an der die betroffenen Gruppen intensiv beteiligt waren und sogar einen größeren Anteil an der Motivierung zur freiwilligen Teilnahme hatten als die Ärzte. Ganz anders im Fall der Sichelzellenanämie. Sie tritt in erster Linie unter den sozioökonomisch benachteiligten Schwarzen sowie den Bevölkerungsteilen auf, die aus Gebieten stammen, in denen die Malaria vorkommt, wie z. B. den Anrainerländern des Mittelmeers. Anfang der siebziger Jahre geriet die Sichelzellenanämie als »unbeachtete Krankheit« in die amerikanischen Medien, und Ärzte wie Verbände übten politischen Druck zur Anwendung der neu entwickelten »screening«-Techniken aus. Übereilte gesetzliche Maßnahmen zur zwangsweisen Einführung der Tests bei Neugeborenen, Schulkindern, Heiratswilligen und Strafgefangenen ließen Zweifel hinsichtlich der Zielsetzungen des Programms aufkommen, und die häufig unzureichenden Bestimmungen der Vertraulichkeit führten schnell zu Mißverständnissen und Stigmatisierungen. Oft war nicht einmal der Unterschied zwischen der Sichelzellenanämie als genetischem Merkmal des Trägers, das keine Folgen hat, und als Krankheit, die tödlich verlaufen kann, deutlich. Schließlich bestand im Unterschied zur Tay-Sachs-Krankheit noch keine Möglichkeit der pränatalen Diagnose, so daß für ein Ehepaar, dessen beide Angehörige als Träger identifiziert waren, die einzige Möglichkeit zur Vermeidung des Risikos kranker Nachkommen im völligen Verzicht auf Kinder bestand. Angesichts wachsender Rassenunruhen in den USA geriet die Implikation geradezu unvermeidlich in den politischen Verdacht, daß Schwarze auf Nachwuchs verzichten sollten und so mit der Humangenetik rassistische Politik betrieben werde. Die mangelnde Beteiligung der betroffenen Zielgruppen des Programms an dessen Vorbereitung tat ein übriges, um es zum Scheitern zu bringen.[39]

39 Vgl. President's Commission for the Study of Ethical Problems in Medicine and Biomedical and Behavioral Research, Screening and Counseling for Genetic Conditions, USGPO, Washington 1983, 18ff.

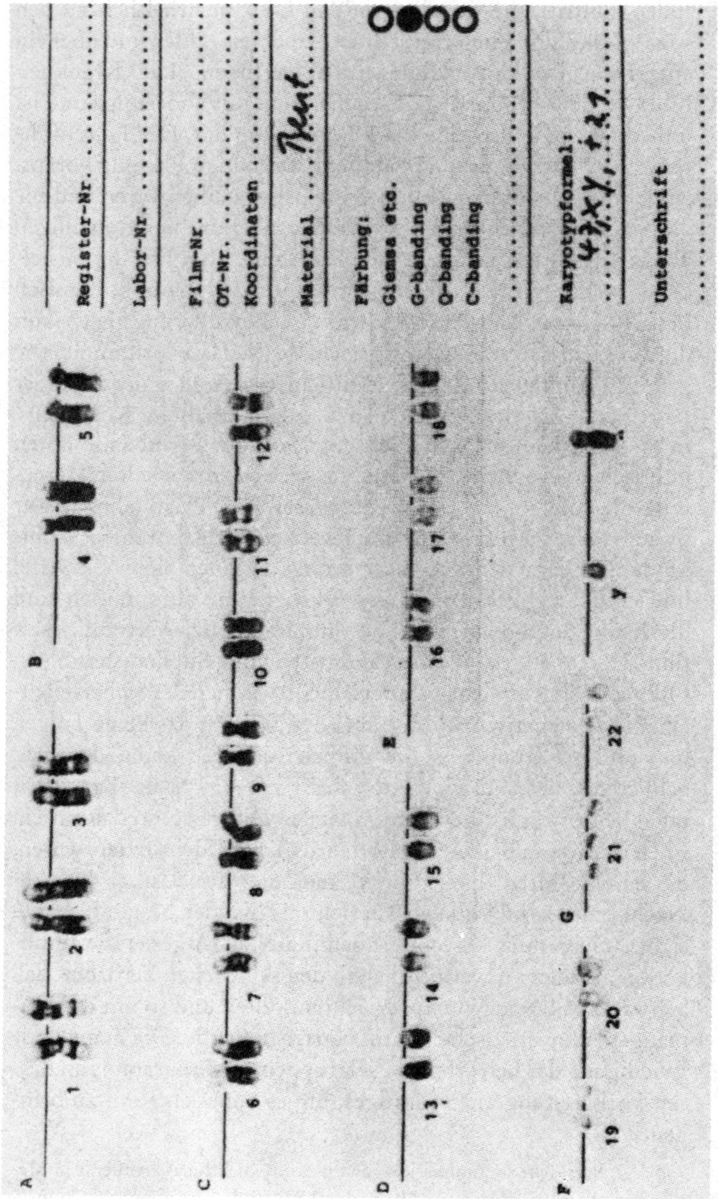

Karyotyp einer freien Trisomie 21.

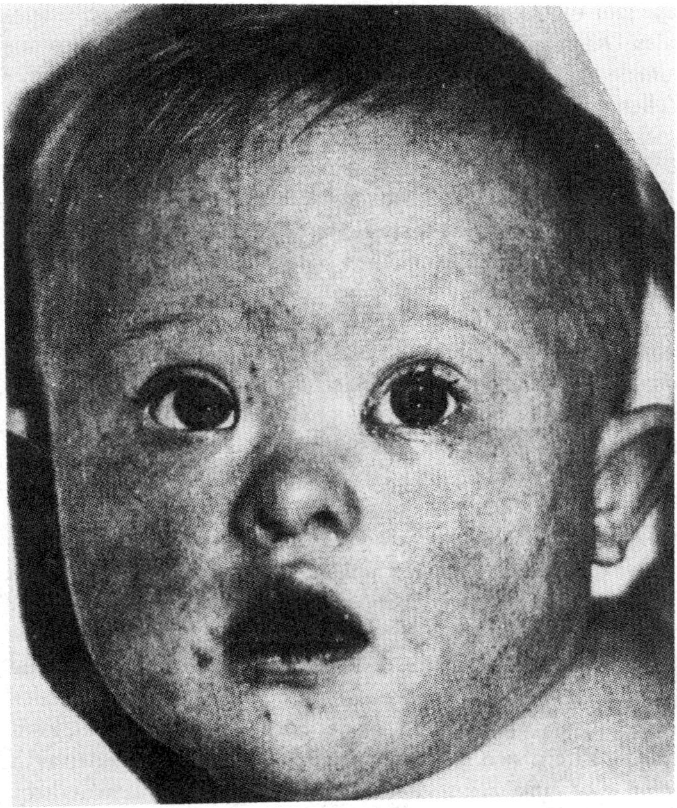

Kind mit einer freien Trisomie 21 (Down Syndrom): aus: SMITH, D.W. (1970).
Aus: Werner Schloot (Hrsg.), Möglichkeiten und Grenzen der Humangenetik. Mit Beiträgen aus Medizin, Biologie, Theologie, Rechtswissenschaft, Politik. Frankfurt/New York (Campus Verlag) 1984. S. 167.

Das Jahr 1966 markiert schließlich den Beginn der Ära der pränatalen Diagnose genetischer Defekte. Erstmals war eine chromosomale Analyse dem Fruchtwasser entnommener kultivierter Zellen durchgeführt worden. Dies war der erste Schritt zur Entwicklung einer weiteren neuen Technik, der Amniozentese. Seither hat sich diese Technik stürmisch entwickelt, und inzwischen können etwa 200 Metabolismusdefekte und angeborene Störungen mit ihr identifiziert werden. Da die Technik gleichwohl schwieriger zu handhaben bleibt als die Tests an Blutproben und sie nach wie vor ein gewisses Risiko für den Fötus beinhaltet, wird die Anwendung auf bestimmte Risikogruppen beschränkt, deren Definition sich entweder routinemäßig ergibt, wie z. B. das fortgeschrittene Alter der Mutter und die sich daraus ergebende erhöhte Gefahr des Down-Syndroms, oder aber durch die Familiengeschichte bestimmen läßt.

Durch diese Entwicklung erhielt die genetische Beratung ein wirkungsvolles Diagnoseinstrument und somit auch einen erheblichen Funktionszuwachs. Zugleich hatte die neue Technik einen völlig neuen Entscheidungsspielraum für die präsumtiven Eltern geschaffen: Zur Vermeidung des Risikos erbkranker Nachkommen ist jetzt nicht mehr der völlige Verzicht auf Kinder erforderlich. Statt dessen kann die Entscheidung während der eingetretenen Schwangerschaft auf Grundlage der pränatalen Diagnose getroffen werden. Ist der Fötus genetisch defekt, können die Eltern sich für die Abtreibung entscheiden (oder auch gegen sie) und selbstverständlich auch für eine neuerliche Schwangerschaft. Die Amniozentese impliziert die selektive Abtreibung als Folgeentscheidung und die damit verbundenen ethischen Probleme; und sie beinhaltet die Kontinuierung von genetischen Defekten in jenen Fällen, in denen die betreffenden Eltern das kalkulierte Risiko einer neuerlichen Schwangerschaft eingehen und der Fötus zwar gesund ist, aber nunmehr als Träger der genetischen Defekte der Eltern das Reproduktionsalter erreicht. Darin liegt eine eugenische Implikation, die das klassische Problem aufwirft: daß die moderne Medizin die »natürlichen« Auslesemechanismen außer Kraft setzt und so zur graduellen Verschlechterung des »Genpools« führt. Dieses Problem sollte die Humangenetik noch beschäftigen.

Die neuen Techniken wiesen allerdings eine Reihe von Merkmalen auf, die die Humangenetik weiter in Richtung der Medizin drängten und die grandiosen eugenischen Vorstellungen etwas in den Hintergrund treten ließen. Sie verschwanden jedoch keineswegs, sondern erschienen in einem neuen Licht. Man könnte sagen, daß die neuen Techniken zu einer Rationalisierung eugenischer Entwürfe zwangen. Die Humangenetik ging auch nicht einfach in der Medizin auf; vielmehr kristallisierte sich ein lange angelegter Konflikt klarer heraus: der zwischen einer kurativen und einer präventiven Strategie. Der weitere Annäherungsschritt ergab sich aus den Anwendungsbereichen der neuen biochemischen Analysemethoden: Ihre Gegenstände waren Metabolismusstörungen und angeborene Defekte, die bislang als nicht oder kaum erfolgreich zu behandelnde Krankheiten definiert waren. Die Vererbungstheorie hatte, soweit sie überhaupt Einblick in die Ursachen dieser Krankheiten erlangte, bis dahin nur »Vermeidungsstrategien« als Therapie anbieten können, d.h. primär soziale Verhaltensänderungen wie den Verzicht auf Nachkommen oder die Wahl eines geeigneten Partners. Die pränatale Diagnose durchbrach erstmals diese Schranke. Mit ihr wurde es möglich, die »Krankheit« gleichsam ›technisch‹ zu unterlaufen, d.h. zu heilen oder ihr Auftreten zu verhindern, ohne tiefgreifende Verhaltensänderungen erforderlich zu machen.

Wenn es auf den ersten Blick so erscheint, als habe sich die Humangenetik mit Hilfe der modernen Gentechnik auf die Behandlung von Krankheiten und damit auf die Ebene des fraglosen Konsenses über den Krankheitsbegriff zurückgezogen, so täuscht das darüber hinweg, daß ebendiese Technik diesen Konsens wieder in Frage stellte und über die fragilen Grenzziehungen des Krankheitsbegriffs hinausdrängte. Mochte dieser Konsens in bezug auf die schweren Defekte und Krankheiten auch bestehen, so erlaubten die neuen Techniken zunehmend die Diagnose weniger bekannter, selten auftretender und weit weniger ernster Defekte. Der Spielraum für eugenische Entwürfe war, kaum daß er durch die Diagnosetechniken eingeengt schien, durch deren Entwicklungsdynamik auch schon wieder neu eröffnet, wenn die Methoden auch deutlichere Vorgaben für ihre Realisierung implizierten. Diese Ambivalenz gegenüber den Zielsetzungen wurde rasch zum Gegenstand des Konflikts innerhalb der Genetik und Humangenetik. Es war der Konflikt um die ethischen Implikationen der neuen Techniken, genauer: um ihre mögliche positiv-eugenische Anwendung.

Dieser Konflikt um die ethische Verantwortung der Wissenschaft, der im Kontext einer allgemeinen Politisierung in den USA und den anderen Industrienationen Ende der sechziger Jahre gesehen werden muß, spaltete auch die Humangenetik in zwei Lager. In beiden fanden sich angesehene Vertreter des Faches. Jon Beckwith, Professor für Mikrobiologie und Molekularbiologie an der Harvard Medical School und Mitglied jenes Forscherteams, dem 1969 erstmals die Isolierung eines Gens gelang, sah in den Gesetzen, die in den USA das »screening« regulierten, die Gefahr, daß sie den »öffnenden Keil für ein eugenisches Programm« darstellten. Neben den Genetikern und Ärzten, die die Anwendung der neuen Techniken auf die Entdeckung, Behandlung und Beseitigung ernster Defekte und Krankheiten begrenzen wollten, identifizierte er auch eine Anzahl prominenter Genetiker, die durchgreifende eugenische Programme vorgeschlagen hätten, um den nationalen Genpool und somit die menschliche Spezies zu reinigen oder zu verbessern. Solche Kritik richtete sich u.a. auf einen konkreten Fall: Die Diskussion um das »Kriminellen-Chromosom«, die XYY-Chromosomenanomalie, die zu einem erhöhten Prozentsatz bei Strafgefangenen festgestellt worden war und zu der These führte, daß das extra Y-Chromosom bei Männern die Ursache ihrer kriminellen Neigungen sei, zeigte, wie schnell sich ungesicherte genetische Befunde zu sozial stigmatisierenden Schlußfolgerungen ummünzen ließen, wie schnell daraus dann auch eugenische Strategien abgeleitet wurden; so etwa der Vorschlag, alle XYY-Kinder bei ihrer Geburt zu registrieren, um sie für den Rest ihres Lebens unter Beobachtung zu halten. »Im Zeitalter des ›technological fix‹«, so Beckwith, steuern die USA »auf die genetische und Verhaltenssteuerung der Gesellschaft zu«.[40] Lionel Penrose erklärte kurz vor seinem Tode, er würde lieber in einer »genetisch imperfekten Gesellschaft leben, die die menschlichen Standards des Lebens erhält, als in einer, in der die techno-

40 Frederick Ausubel/Jon Beckwith/Kaaren Janssen, »The Politics of Genetic Engineering: Who Decides Who's Defective?«, *Psychology Today*, 1974, *8*: 30-43, 34, 36, 43. Vgl. im gleichen Sinn, aber ausführlicher Jon Beckwith, »Social and Political Uses of Genetics in the United States: Past and Present«, *Annals of the New York Academy of Sciences*, 1976, *265*: 46-56; Herman A. Witkin et al., »Criminality in XYY and XXY Men«, *Science*, 1976, *193*: 547-555.

logischen Standards vorherrschen und die Vererbung perfekt ist«. Und Daniel Callahan, in den frühen siebziger Jahren einflußreicher Kritiker der neuen Genetik am ›Institute for Society, Ethics and the Life Sciences‹ in Hastings-on-Hudson, sah die Gesellschaft gar in die Hölle abgestiegen, wenn die genetische Perfektion zur Bedingung des Existenzrechts gemacht werde.[41]

Die Politisierung, die die XYY-Debatte in die Humangenetik hineingetragen hatte, befördert durch die jüngeren Genetiker wie Jon Beckwith, Jonathan King und Richard Lewontin, wurde zum Gegenstand scharfer professionsinterner Auseinandersetzungen.[42] Letztlich ging es um das Problem der ›technischen‹ Dynamik der cytogenetischen Diagnosemethoden und ihre sozialen und ethischen Implikationen, des weiteren um die professionelle Expansion und schließlich um das sich neu gestaltende Verhältnis der Humangenetik zur Medizin. Arno Motulsky sah in der Abwendung von den rein sozialen Problemen der früheren Eugenik und der Konzentration auf die ausschließlich medizinisch orientierten Tätigkeiten der letzten Jahrzehnte den Grund dafür, daß das Gebiet der Humangenetik in den Augen der Öffentlichkeit zu einer respektierten Wissenschaft geworden war. Jetzt entstanden wiederum Bedenken gegenüber den gesellschaftlichen und politischen Aspekten der Humangenetik, eine Entwicklung, die Motulsky auf die Molekularbiologie, die öffentliche Diskussion über das »genetic engineering« und die Versprechungen des maßgeschneiderten genetischen Designs zurückführte. Motulsky: »Die Geschichte wiederholt sich.«[43]

Genetisches »screening« und pränatale Diagnostik hatten zur »Medikalisierung« (Motulsky) der Humangenetik geführt, und doch war das Gebiet weder in der Medizin aufgegangen noch hatte sich deren öffentliche Anerkennung auf sie übertragen. Aller demonstrierten Leistungsfähigkeit, aller Absage an die eugenische Vergangenheit zum Trotz blieb das Verhältnis der Hu-

41 Penrose und Callahan zit. n. Kevles, *In the Name of Eugenics*, 289, 288.

42 Vgl. John L. Hamerton, »Human Population Cytogenetics: Dilemmas and Problems«, *American Journal for Human Genetics*, 1976, *28*: 107-122, 109, 120.

43 Arno G. Motulsky, »Human and Medical Genetics: A Scientific Discipline and An Expanding Horizon«, *American Journal for Human Genetics*, 1971, *23*: 107-123, 109, 112, 119.

mangenetik sowohl gegenüber der Medizin als auch gegenüber der Öffentlichkeit problematisch. Für die Medizin blieb die Humangenetik ein Eindringling, weil sie mit ihrer präventiven Strategie die vorherrschende kurative Praxis in Frage stellte. In der Öffentlichkeit begann sich Mißtrauen zu regen, weil die Humangenetik mit genetischer Manipulation in Verbindung gebracht wurde.

Das »Innenverhältnis« der Humangenetik zur Medizin blieb weitgehend eine professionsinterne Diskussion, die jedoch den mit dem ›genetischen‹ Paradigma einhergehenden Rationalisierungsschub im Detail erkennbar werden läßt. Die ›ethische‹ Diskussion dagegen, die nun sowohl innerhalb der Profession als auch und vor allem zwischen ihr und der Öffentlichkeit begann (und bis heute andauert), das »Außenverhältnis« der Humangenetik zur Öffentlichkeit also, vermittelt einen Einblick in die gewandelten Bedingungen der Umsetzung humangenetischer Strategien. In dieser Diskussion wurde die Grenze der Rationalisierung des reproduktiven Verhaltens mit den modernen Techniken neu gezogen. Die durch die eugenischen Vorläufer bedingte Sensibilisierung der Ethik des Menschenbildes begann, sich sowohl innerhalb als auch außerhalb der humangenetischen Profession auszuwirken.

1976 kann Barton Childs hinsichtlich des Verhältnisses der Humangenetik zur Medizin, ganz ähnlich wie zuvor Motulsky, noch immer zu einer pessimistischen Einschätzung. Nicht nur sei die Einsicht in die Bedeutung der Genetik für ihre eigene Praxis unter den Ärzten nicht sonderlich weit verbreitet, und gerade in der präventiven Medizin (in den Bereichen der öffentlichen Gesundheitsfürsorge), wo sie am ehesten ihren Platz hätte, sei das Interesse am geringsten. Die Ursache dieses für die Humangenetiker ebenso bedauerlichen wie unverständlichen Phänomens sah Childs im traditionellen Krankheitsbegriff und in der institutionellen Struktur der Medizin. Childs beklagte den in der Medizin vorherrschenden »reifizierten« Krankheitsbegriff, wonach Krankheit die aufgrund einer spezifischen Ursache gestörte Gesundheit sei. Danach hat jede Krankheit ihre besondere Identität, Dimensionen und Eigenschaften, sie kann übertragbar oder ansteckend, tödlich oder eingeschränkt sein, und im Hinblick auf ihre Ursachen ist sie entweder erblich oder erworben. Statt dessen optierte er für eine Konzeption, der zufolge Krankheit als Zustand einer individuellen homöostatischen Abnormalität definiert wird. Krankheit in dieser Fassung ist eine Abstraktion, deren Realität in der durch den Genotyp und die besonderen lebenslangen Erfahrungen bedingten Unfähigkeit der Homöostase eines Individuums besteht, das Gleichgewicht aufrechtzuerhalten. Krankheit bezeichnet dann den Umstand, daß ein Organismus nicht anpassungsfähig an eine oder mehrere Umwelten ist. Außerdem würde der Krankheitsbegriff dort angesiedelt, wo er Childs zufolge hingehöre: in einen evolutionären und sozialen Kontext.[44] Dem vorherrschenden Krankheitsbegriff entsprachen Childs zufolge institutionelle Strukturen, die die Rezeption der Genetik in der Medizin behinderten. Das ›besitzergreifende‹ Verhalten der Ärzte gegenüber ihren Patienten verhindere eine Beschäftigung mit dessen Verwandten, die Behandlung bleibe episodisch und lasse für Prävention keine Zeit, die Verantwortung beschränke sich auf die unmittelbare Behandlung des Patienten, die Beschäftigung mit sozialen Problemen bleibe eine Angelegenheit des persönlichen Gewissens.

Childs Analyse unterstrich, bald dreißig Jahre nach der Konstituierung der modernen Humangenetik, daß sich an der Konfliktlinie des Gebietes gegenüber der klassischen Medizin nichts geändert und die Diagnose der »Medikalisierung« nur in einem eingeschränkten Sinn Geltung hatte. Die Kluft zwischen individueller und kollektiver Orientierung, zwischen kurativer und präventiver Strategie war nach wie vor offen.

Die Front gegenüber der Öffentlichkeit blieb ebenfalls unruhig. Zu den Diskussionen um das genetische ›screening‹ und die Genmanipulation kamen neue hinzu: so die beiden Debatten um die Erblichkeit der Intelligenz und die Soziobiologie-Debatte, die vor allem in den USA und in England einen hohen Politisierungseffekt erreichten und die im Grunde die nur am Rande betroffene Humangenetik mit in den Strudel der Auseinandersetzungen zogen. Es ist ein Indiz für die inzwischen entstandene Sensibilität unter den Humangenetikern, daß Motulsky das Gespenst des »schrecklichen Mißbrauchs« der dreißiger und vierziger Jahre beschwor und für eine reduktionistische Forschungs-

44 Barton Childs, »Persistent Echoes of the Nature-Nurture Argument«, *American Journal for Human Genetics*, 1977, *29*: 1-13, 1, 5, 6.

strategie zur Abwehr der spekulativen und politisierten Verhaltensgenetik plädierte. Die weitere Suche nach neuen »biologischen Methoden könnte ... den Graben zwischen Mendelschen und biometrischen Ansätzen in der Analyse von Verhalten und häufigen Krankheiten überbrücken«.[45] Daß selbst diese Strategie die Gefahr einer neuerlichen Politisierung nicht mit Sicherheit würde bannen können, war ihm selbst klar.

Abschied vom ›Genpool‹

Motulskys Rede war ein Versuch zur programmatischen Abgrenzung der Humangenetik als Wissenschaft und der ethischen Grundlegung ihrer praktischen Anwendung. In einer unter dem beziehungsreichen Titel »Brave New World?« abgedruckten Rede auf der 4. International Conference on Birth Defects 1973 in Wien, in der er zu den ethischen Konsequenzen aller derzeit verfügbaren humangenetischen Techniken Stellung nahm, warnte er zuallererst davor, diese voreilig und unter dem Druck der Öffentlichkeit zur Anwendung zu bringen, da das Wissen um die genetische Regulierung menschlichen Verhaltens, die genetische Determinierung normaler Merkmale sowie der gewöhnlichen Krankheiten und Geburtsfehler noch weitgehend unbekannt sei.

Die Voraussetzung, die durch neue Erkenntnisse erzwungenen Entscheidungen auch dann in den Händen des einzelnen zu belassen, wenn dies soziale Kosten und eine Verschlechterung des Genpools zur Folge haben würde, wie sie Motulskys Analyse zugrunde lag, war eine politische bzw. eine ethisch begründete Entscheidung. Sie ist konstitutiv für die ›demokratische Humangenetik‹ im Unterschied zur ›autoritären Eugenik‹. Wenn die ›demokratische‹ Philosophie der Humangenetik in der Profession allgemein akzeptiert wird, kann auch von einer Abwendung von der eugenischen Orientierung gesprochen werden. Diese eindeutig wertbestimmte, ethische und politisch motivierte Entscheidung und nicht etwa wissenschaftliche Erkenntnisse sind denn auch das Kriterium des Wandels, der in der Entwicklung

45 Arno G. Motulsky, »Medical and Human Genetics 1977: Trends and Directions«, *American Journal for Human Genetics*, 1978, *30*: 123-131, 124, 125, 131.

von der Eugenik zur modernen Humangenetik stattgefunden hat.

Motulskys Analyse der ethischen Implikationen kann als eine Art Prinzipienkatalog der ›demokratischen‹ Humangenetik gelesen werden. Bei den chirurgisch und medizinisch behandelbaren Geburtsfehlern schien ihm die Gefahr einer Steigerung der Frequenz von Defekten im Genpool vernachlässigenswert zugunsten der ethischen Vorteile der Behandlung. Die Frage der nur teilweise heilbaren Geburtsfehler mit der ethischen Implikation, daß zu entscheiden ist, wer vor dem sicheren Tod gerettet werden soll, obwohl die Rettung eine erhebliche Einschränkung der Lebensqualität zur Folge hat, müßte unter öffentlich festgelegten Richtlinien gefällt werden. »Screening« sollte auf relativ kleine Populationen beschränkt werden, in denen eine bestimmte Krankheit mit hoher Häufigkeit auftritt, um die rassischen Implikationen zu vermeiden. Genetische Beratung sollte nichtdirektiv sein, gesetzliche Regelungen hinsichtlich der freiwilligen Sterilisation müßten Vorkehrungen enthalten, um jeden Mißbrauch auszuschalten. Gesetze zur zwangsweisen Sterilisation seien rigoros abzulehnen, da das Recht der Ehepartner, auch dann Kinder zu haben, wenn diese Geburtsfehler aufweisen, verteidigt werden müsse. Hier, wie in anderen Punkten, wird die Hoffnung in die Aufklärung gesetzt, die die Betroffenen in die Lage versetzen solle, »rationale Entscheidungen bezüglich der Reproduktion und hinsichtlich der Reduzierung der Zahl der Kinder zu treffen, die mit genetisch determinierten Krankheiten geboren werden«. Die Bestätigung für diese Hoffnung läßt sich am Wandel der öffentlichen Einstellungen gegenüber der Abtreibung ablesen. Ähnliches gilt hinsichtlich der intrauterinen Diagnose (Amniozentese), die mit die schwierigsten Probleme aufwirft, je weiter sie entwickelt wird, insbesondere hinsichtlich der Frage der Normalität oder Abnormalität der Föten. Die Bilanzierung der negativen und positiven Konsequenzen deutet, Motulsky zufolge, in Richtung einer pragmatischen Fortführung der Amniozentese.

Bei den neuen Reproduktionstechniken, die sich zumindest ihrer Implikation nach für positiv-eugenische Maßnahmen eignen könnten, stellen sich die ethischen Probleme zwar im Prinzip noch dringlicher, aber sie werden pragmatisch bis zu dem Augenblick zurückgestellt, an dem sie virulent werden. Die künstliche Befruchtung, deren Anwendungsmöglichkeiten durch die Spermabanken erheblich ausgeweitet wurden, wird erst dann problematisch, wenn, wie Muller dies gefordert hatte, eine Auswahl der Spender im Hinblick auf gewünschte, genetisch bestimmte Qualitäten erfolgt (eine bislang nicht gegebene Möglichkeit). Hier argumentiert Motulsky lediglich gegen eine Auswahl der Spender durch die Regierung statt durch Ärzte und die Rezipienten, d.h. die Eheleute. Die Befruchtung ›in vitro‹, d.h. die Produktion von ›Reagenzglas-Babys‹, die zum Zeitpunkt der Rede noch nicht erprobt war, inzwischen aber zur Routine geworden ist, schien ebenfalls wegen des fehlenden Wissens um die genetische Determinierung normaler menschlicher Merkmale kaum die Gefahr der menschlichen Züchtung heraufzubeschwören. Das Klonieren, d.h. die Schaffung genetisch identischer Menschen, würde zwar erhebliche ethische Probleme aufwerfen; die Diskussion könnte aber wegen der Unmöglichkeit der Realisierung zurückgestellt werden. Das »genetic engineering« schließlich, ebenfalls eine in weiter Ferne liegende Perspektive, werde absehbar in seiner Bedeutung hinter der pränatalen Diagnostik und der selektiven Abtreibung zurückbleiben.[46]

Mit der neuen DNS-Rekombinationstechnik rückte die Möglichkeit der Genmanipulation in noch greifbarere Nähe, aber der schon vorher sich abzeichnende Konsens, daß diese Technik auf die somatische Gentherapie (also eine ›euphenische‹ statt einer ›eugenischen‹ Anwendung) beschränkt bleiben und somit in das medizinische Paradigma integriert werden sollte, verfestigte sich weiter. Dabei war unübersehbar, daß das Gespenst der Eugenik in Gestalt ihrer nationalsozialistischen Umsetzung ständig präsent war und die Ängste vor einem möglichen Mißbrauch durch autoritäre Regierungen begründete. Diese wurden andererseits unter Hinweis auf die Notwendigkeit, die Forschungen fortzusetzen, und auf das Vertrauen in die Rationalität der Profession und der Öffentlichkeit auch heruntergespielt.[47]

Dieser Konsensus konnte sich angesichts eines Arrangements etablieren, dessen wesentliche Grundlage in der trotz aller ver-

46 Arno G. Motulsky, »Brave New World?«, *Science*, 1974, *185*: 653-662.

47 S. Arno G. Motulsky, »Impact of Genetic Manipulation on Society and Medicine«, *Science* 1983, *219*: 135-140, 135f.; W. French Anderson, »Prospects for Human Gene Therapy«, *Science*, 1984, *226*: 401-409, 402.

bleibenden Widersprüche vollzogenen ›Medikalisierung‹ der humangenetischen Diagnose- und Reproduktionstechniken bei gleichzeitiger Delegitimierung eugenischer Perspektiven zu sehen ist. Im Bericht der »President's Commission for the Study of Ethical Problems in Medicine and Biomedical and Behavioral Research« heißt es eindeutig, daß das »Ziel eines ›gesunden Genpools‹ oder der Reduktion der Gesundheitskosten nicht ein zwangsweises genetisches ›screening‹ rechtfertigen kann« und daß das ›screening‹ und die genetische Beratung »medizinische Verfahren« seien, die von »einem Einzelnen gewählt werden können, der Informationen als Hilfe bei persönlichen medizinischen und reproduktiven Entscheidungen zu erhalten wünscht.«[48]

Die damit einstweilen festgeschriebene Medikalisierung und Individualisierung der humangenetischen Techniken, die sich in Übereinstimmung mit den Werten der demokratischen und auf die Menschenrechte verpflichteten westlichen Gesellschaften befindet, wird durch die überwältigende Akzeptanz, die sie erfährt, offenkundig bestätigt. Das in dieser Form institutionalisierte Arrangement, das nun auch für die Situation in der Bundesrepublik Gültigkeit hat, bedeutet jedoch nicht, daß eine für alle Zukunft stabile Harmonie zwischen humangenetischer Wissenschaft und gesellschaftlicher Wertordnung hergestellt ist. Gerade in dem Land, in dem der Wert des Individuums fester in der politischen Kultur verankert ist als irgendwo sonst auf der Welt und in dem deshalb am wenigsten Anlaß bestünde, der Stabilität dieser Kultur zu mißtrauen, bleibt die Ambivalenz dieses Arrangements deutlich erkennbar. Nirgendwo sonst wird nämlich die Diskussion über die ethischen und gesellschaftlichen Implikationen der neuen Gentechniken mit größerer Offenheit und Intensität geführt als dort, wo zugleich auch die Forschung am weitesten fortgeschritten und in die Praxis umgesetzt wird. Dies sind auch die Gründe dafür, daß die skizzierte Entwicklung in den USA gleichsam als Folie für die Betrachtung der Entwicklung in Deutschland dienen kann. Ein auf die gleichen Werte verpflichtetes politisches System und eine in den internationalen Kommunikationszusammenhang integrierte Humangenetik lassen diese Entwicklung zwar erwartungsgemäß auf ein gleich oder ähnlich

48 President's Commission, 6.

gerichtetes Arrangement zustreben. Die Ausgangssituationen sind aber sowohl im Hinblick auf die politische Wertordnung als auch auf die Wissenschaft sehr unterschiedlich. Somit stellt sich die Frage, ob und wie die deutsche Humangenetik von den für sie spezifischen Ausgangsbedingungen betroffen wurde: Ob die Schatten der nationalsozialistischen Vergangenheit in ihrem Rücken auch auf die Zukunftsperspektiven humangenetischer Forschung und Praxis fallen.

VIII. Die Schatten der Vergangenheit – Schreckgespinste einer zukünftigen Eugenik

Die Profession reflektiert die ethischen Grenzen

Einige Jahre nachdem die Bundesrepublik Deutschland den Weg zurück in die politische Normalität der westlichen Industrienationen zurückgefunden hatte, nachdem der Generationenwechsel nicht nur auf der politischen Bühne, sondern auch in der Wissenschaft vollzogen war, begann die Profession der Humangenetik erstmals, den Folgelasten ihrer eigenen historischen Vergangenheit offen ins Auge zu sehen. Was 1969 auf dem ›Forum Philippinum‹ in Marburg unter dem Titel »Genetik und Gesellschaft« geschah, war jedoch mehr als nur die längst überfällige Vergangenheitsbewältigung. Es war zugleich die Etablierung eines dauerhafteren innerfachlichen Diskurses über die ethischen Verpflichtungen und Grenzen der zukünftigen Humangenetik. Es kann unterstellt werden, daß dafür das ›Image‹ des Faches in der Öffentlichkeit und dessen Wahrnehmung seitens der Humangenetiker, also ein wohlverstandenes professionelles Interesse, verantwortlich waren. Die Reflexion der ethischen Grenzen der Humangenetik muß als Reaktion der Profession auf den neuen politischen Kontext gesehen werden, in den sie sich zu integrieren anschickte.

Dieser Kontext war durch den mit der Studentenbewegung erfolgten Modernisierungs- und Demokratisierungsschub gekennzeichnet, durch erhöhte Empfindlichkeiten gegenüber den Residuen des Hitlerreiches, die die restaurative Nachkriegszeit unberührt gelassen hatte, gegenüber realen oder vermeintlichen Quellen zukünftiger autoritärer Machtausübung. In dieser Situation wurden die Fragen nach der Rolle der Disziplin und ihrer (damals zum Teil noch lehrenden) Vertreter im ›Dritten Reich‹ eindringlicher gestellt als zuvor. Zugleich mußten die Visionen und Versprechungen der ›biologischen Revolution‹ die Erinnerung an die Vergangenheit wecken: die Szenarien molekularbiologischer Menschenzüchtung erschienen als die extremste und effizienteste Form einer künftigen Eugenik. Die Humangenetik wollte und mußte sich deshalb zugleich nach zwei Seiten legitimieren, um sich als ›moderne, gesellschaftlich relevante Wissenschaft‹ darzustellen: sie mußte zeigen, daß sie sich »endgültig freigemacht hat von den schweren Belastungen, die ihr in Deutschland aus der Nazizeit überkommen waren«, und sie mußte gleichzeitig demonstrieren, daß sie »ihre Aufgabe für die Gesellschaft nicht in fragwürdigen Plänen zur Verbesserung der menschlichen Art und nicht in utopischen Vorstellungen über die Manipulation menschlicher Erbanlagen« sah.[1] Für das Fach gilt in Deutschland mehr als anderswo, daß die Perspektiven seiner zukünftigen Entwicklung immer im Zusammenhang mit seiner Vergangenheit gesehen werden.

Seit der Marburger Tagung hat sich eine innerfachliche Diskussion um die ethische Verantwortung der Disziplin entwickelt. Dieser reflexive Bezug, der seit den Unruhen 1968 der Wissenschaft insgesamt auferlegt worden ist, traf die Humangenetik in besonderer Weise, da sie den Menschen zum Gegenstand hat und zudem wie die Medizin eine praktische Wissenschaft ist. Trotz der von Humangenetikern ebenso wie von anderen Beobachtern behaupteten Tendenz der Absage an eugenische Orientierungen der Disziplin seit jenem Zeitpunkt sieht sie sich immer noch und immer wieder dem Verdacht ausgesetzt, ebenjene eugenischen Zielsetzungen dennoch zu verfolgen. Soweit der Bezugspunkt für die Begründung dieses Verdachts die rassistische Verstrickung des Faches in der Vergangenheit ist, haben eine Reihe von Ereignissen die Erinnerung daran wachgerufen und dem Verdacht neue Nahrung gegeben.

Neo-Rassismus und Pseudowissenschaft

1980 nahm die bis dahin eher latente öffentliche Diskussion des Geburtenrückgangs und der Einwanderung von ›Gastarbeitern‹ an Intensität zu. Die an das ›Wirtschaftswunder‹ gewöhnte Gesellschaft reagierte empfindlich auf wachsende Arbeitslosigkeit und Inflation. Die ›Ausländerfeindlichkeit‹ wurde zum politischen Thema. In dieser Situation schwappte die Debatte um die Erblichkeit der Intelligenz in die deutschen Massenmedien. Die

1 So der Humangenetiker Gerhard Wendt in seiner Einleitung zu dem Verhandlungsband des Marburger Symposions. Gerhard Wendt (Hg.), *Genetik und Gesellschaft. Marburger Forum Philippinum*, Stuttgart 1970, 1, 2.

rassistischen Konnotationen, die sie in den USA schon seit Jahren begleiteten, wurden in der Bundesrepublik, wo es nicht um die Bildungspolitik gegenüber einer schwarzen Minderheit ging, auf die Ausländer übertragen.[2] In den gleichen politischen Kontext gehört das im Juni 1981 veröffentlichte ›Heidelberger Manifest‹ von 15 deutschen Professoren, die »mit großer Sorge ... die Unterwanderung des deutschen Volkes durch Zuzug ... von Ausländern und ihren Familien, die Überfremdung unserer Sprache, unserer Kultur und unseres Volkstums« beobachteten.[3]

In dieser Diskussion meldete sich eine »Gesellschaft für biologische Anthropologie, Eugenik und Verhaltensforschung« mit einem Rundschreiben an »alle Lehrer und Erzieher im deutschen Sprachraum« zu Wort, mit dem sie sich gegen die ›Masseneinwanderung von Ausländern‹ wandte, die ›unsere biologische Substanz‹ gefährde. Die Gesellschaft gibt seit 1972 eine Zeitschrift unter dem Titel *Neue Anthropologie* heraus, in deren wissenschaftlichen Beirat sich als der einzige international bekannte Wissenschaftler der amerikanische Psychologe Arthur Jensen (auf den die IQ-Debatte zurückgeht) verirrt hat. Bemerkenswert an dieser Zeitschrift und ihren Rundschreiben ist, daß sie die Rezeption unverdächtiger, wenn möglicherweise auch kontroverser wissenschaftlicher Erkenntnisse und Informationen mit der Verbreitung rassistischer und ›rassenhygienischer‹ Thesen verknüpft.[4] Die geschickte ›Verpackung‹ der ideologischen Ziele in wissenschaftliche Information und Diskussion muß die obskure Gesellschaft und ihr Organ in eine von ihr sicher auch gesuchte Nachbarschaft zur »Gesellschaft für Anthropologie und Humangenetik« bringen, die auch prompt durch ihre damaligen Vorsitzenden in einer Stellungnahme gegen die ›Pseudowissen-

2 Zu der IQ-Debatte gesellten sich sogleich biologistische Erklärungen zum Phänomen der Ausländerfeindlichkeit selbst: Die Ethnologen meldeten sich zu Wort und legitimierten die Erscheinung als ein archaisches Verhaltensmuster, das die Menschen mit den Tieren teilten. Vgl. zur Dokumentation Georgios Tsiakalos, »Ablehnung von Fremden und Außenseitern«, *Unterricht Biologie*, 1982, 6: 49-58.

3 Abgedruckt in: *Unterricht Biologie*, 1982, 6: 36.

4 Zu den Autoren gehört Arthur R. Jensen neben dem Alt-Eugeniker Karl Thums; Buchbesprechungen der Arbeiten des Verhaltensforschers Klaus Immelmann finden sich neben denen Hans F. K. Günthers.

schaftlichen Rassentheorien‹ des Rundschreibens an die Lehrer reagierte.[5]

Die bloße Existenz einer derartigen Gesellschaft und ihre Aktivitäten, seien sie auch noch so unbedeutend, stellen schon eine Bedrohung für die Anthropologen und Humangenetiker dar, weil sie die gesamte Disziplin politisch in den Mißkredit des Rassismusverdachts bringen können. Die relevante Frage ist aber, ob sie ernst zu nehmende Tendenzen in der Disziplin selbst repräsentiert und damit die Gefahr einer Wiederbelebung der rassenhygienischen Orientierungen von einst darstellt.

Das erscheint jedoch zweifelhaft. Symptomatisch für die ›neuen Anthropologen‹ und ähnlich orientierte Gruppierungen ist, daß sie sich zur Sicherung ihrer eigenen Akzeptanz in der Öffentlichkeit mit der Legitimation der modernen Wissenschaft versehen müssen, während die von ihnen vertretenen Thesen der Wissenschaft von gestern entstammen. Damit ist der entscheidende Unterschied zur Situation während der Weimarer Republik und des ›Dritten Reichs‹ bezeichnet: Zu jener Zeit ließen sich die rassenhygienischen Maßnahmenkataloge aus der ›modernen‹, d. h. geltenden Wissenschaft ableiten, und selbst wo sie umstritten waren, konnten sie aufrechterhalten werden, solange die entsprechenden wissenschaftlichen Kontroversen nicht endgültig entschieden waren. Die rassistischen und rassenhygienischen Thesen von rechts berufen sich hingegen auf eine überholte Wissenschaft; in der modernen Wissenschaft haben sie keine Basis mehr. Was zur Zeit der Rassenhygiene in den zwanziger Jahren nicht möglich war bzw. sich als Möglichkeit erst allmählich ergab, kann jetzt als unumstritten gelten: Thesen der genannten Art lassen sich heute als pseudowissenschaftlich charakterisieren. Wie andere in die Obskurität abgesunkene Theorien und Wissenssysteme auch, entrinnen sie nicht dem Schicksal der gesellschaftlichen Marginalisierung. Eine Renaissance der Rassenhygiene und Rassenpolitik nach dem Muster der Vorkriegszeit ist deshalb so wenig wahrscheinlich wie die Widerrufung der Quantenmechanik.

Genausowenig wie es allerdings möglich und sinnvoll ist, Beur-

5 Christian Vogel/Friedrich Vogel, »Stellungnahme der Gesellschaft für Anthropologie und Humangenetik«, zuerst in *Rhein-Neckar-Zeitung* vom 20. 12. 1980, abgedruckt in: Horst Seidler/Alois Soritsch (Hg.), *Rassen und Minderheiten*, Wien 1983, 5-6.

teilungsmaßstäbe rückwirkend auf die Situation der Weimarer Zeit zu übertragen und die damalige Rassenhygiene als Pseudowissenschaft zu bezeichnen, um auf diese Weise die ›gute‹ oder auch ›reine‹ Wissenschaft zu retten und von allen ideologischen Verstrickungen freizusprechen – genausowenig kann sich der Verdacht der eugenischen Orientierung der modernen Humangenetik auf wie auch immer geartete Parallelen zur Vergangenheit gründen, die verschwörungstheoretisch in die Gegenwart extrapoliert werden. Die gegenwärtigen Forschungen müssen vielmehr in derselben Weise aus sich selbst heraus auf ihre eugenischen Implikationen hin untersucht werden.

Moderne Humangenetik – die Realisierung eugenischer Utopien?

Der zweite und bedeutsamere Bezugspunkt des Verdachts gegenüber verdeckten oder auch offenen eugenischen Zielsetzungen der modernen Humangenetik liegt deshalb in den eugenischen und somit auch ethischen Implikationen der neuen Gentechnologie und der modernen Reproduktionstechniken. Wie kaum eine andere ist die Disziplin in eine öffentliche Diskussion um ihre »Möglichkeiten und Grenzen« verwickelt, in der es in erster Linie um ebenjene Implikationen ihres Forschungsprogramms und der laufend produzierten Erkenntnisse geht.[6]
Seit der CIBA-Konferenz, die eher als symbolischer Markstein denn als reale Ursache der Diskussion um die genetische Manipulation zu werten ist, hat sich die Humangenetik aufgrund ihrer offenkundigen Nähe zur experimentellen Genetik gezwungenermaßen mit den ethischen Problemen der Genmanipulation auseinandergesetzt. Obwohl auf dieser Konferenz kein einziger Humangenetiker vertreten war, hat das Symposium für die Vorbehalte gegenüber dem Fach eine »verhängnisvolle Rolle« gespielt.[7] Die Diskussion um die ethische Verantwortung hat sich dennoch am nachhaltigsten auf den Bereich konzentriert, wo die humangenetische Praxis am weitesten entwickelt und institutio-

6 Vgl. exemplarisch für die Diskussion Werner Schloot, *Möglichkeit und Grenzen der Humangenetik*, Frankfurt/New York 1984.

7 So Friedrich Vogel, Korrespondenz; vgl. auch Widukind Lenz, »Eingriff in die Vererbung«, *Studium Generale*, Münster 1984/85, 24-35.

nalisiert ist und sich das ethische Dilemma unmittelbar stellt: auf die genetische Beratung.

Die zahlreichen Veröffentlichungen zu diesem Komplex zeigen, daß der Umgang mit der ethischen Reflexion einen eigenständigen Diskurs innerhalb des Faches und darüber hinaus gar die Entwicklung eines den Sozialwissenschaften entlehnten methodischen Instrumentariums begründet hat.[8] Die darin erkennbare Sensibilität für ethische Dilemmata ist auf die De-Legitimierung der (eugenischen) Orientierung am gesellschaftlichen Genpool zurückzuführen, die impliziert, daß bei der Beratung des einzelnen Ratsuchenden dessen Entscheidungsfreiheit und Persönlichkeitsrechte unter Umständen mißachtet werden. Die Alternative stellt sich also als die zwischen einer eugenischen und einer am Individuum orientierten Beratungskonzeption. Zwischen den Extremen liegt eine Vielzahl möglicher Übergangsformen. Eine klare Grenzziehung ›von außen‹ ist vor allem deshalb kaum möglich, weil sie letztlich die Motivation der beratenden Humangenetiker betrifft, die gleichzeitig einen großen Spielraum der Abgrenzung zwischen ›gesund‹ und ›krank‹ haben. Die Diskussion richtet sich darum auch auf die Angehörigen der Disziplin. Sie dient der Selbstvergewisserung der ›richtigen‹ Motive und ist deshalb ein empfindlicher Indikator dafür, ob und wieweit sich die Profession von der ursprünglich eugenischen in Richtung auf die individualisierte und ethisch reflexive Orientierung entwickelt hat.

Im Ergebnis erscheint es, so stellen Reif und Baitsch in einem Überblick über die Fachveröffentlichungen fest, daß sich in der deutschen Humangenetik ein klarer Trend in der Vielzahl von Beratungskonzeptionen dahingehend durchsetzt, »eugenische Zielsetzungen weitgehend (!) zurückzustellen zugunsten individuumzentrierter Vorstellungen...«[9] Ihr Urteil fällt also noch

8 Vgl. u.a. Seymour Kessler, *Genetic Counseling*, New York 1979; Walter Fuhrmann/Friedrich Vogel, *Genetische Familienberatung*, 3. Aufl., Berlin et al. 1982; Maria Reif/Helmut Baitsch, *Genetische Beratung*, Berlin et al. 1986.

9 Reif/Baitsch, *Genetische Beratung*, 14; vgl. ein Beispiel der Diskussion in dem anderen Gesellschaftssystem der DDR mit derselben Vergangenheit: U. Körner/Hannelore Körner, »Die Frage nach Sinn und Wert des Lebens in der medizin-genetischen Beratung«, *Ergebnisse der experimentellen Medizin*, 1985, *45*: 30-35.

immer vorsichtig aus, weil die Absage an eugenische Orientierungen in der Zunft nicht überall mit der gleichen Entschiedenheit erfolgt. Die politischen und sozialen Werthaltungen der einzelnen Humangenetiker spielen dabei eine entscheidende Rolle, aber inhaltliche Probleme des Faches sowie auch der gesundheitspolitische Kontext, in dem die genetische Beratung steht, halten die Frage offen.

Ein Beispiel dafür, wie die inhaltliche Dynamik des Faches die individualistische Orientierung unter Umständen zugunsten einer eugenischen wieder erodieren könnte, läßt sich in der Einführung der pränatalen Diagnostik und der gleichzeitigen Freigabe des Schwangerschaftsabbruchs aufzeigen. Solange sich die Humangenetik bei der Beratung auf die individuelle Entscheidung der Eltern verläßt und diese dahingehend ausfällt, daß defekte Föten abgetrieben, zugleich aber neue Schwangerschaften angestrebt werden, führt die Diagnose bei den rezessiv erblichen Krankheiten unbeabsichtigt zu der unter populationsgenetischen Gesichtspunkten negativen Konsequenz, daß die genetischen Defekte der Eltern weitergegeben werden. Der Effekt ist faktisch gering, aber er wird um so größer, je konsequenter die genetische Beratung sich eugenischer Direktiven enthält und die Technik der pränatalen Diagnostik unter Gesichtspunkten der Vermeidung von Leidensrisiken und erhöhten Ansprüchen an Lebensqualität genutzt wird. Der Druck auf die individualistische Orientierung könnte sich infolgedessen mit dem wachsenden Erfolg humangenetischer Praxis leicht erhöhen.[10]

Die genetische Beratung steht aber auch mitten im Konflikt zwischen der ethischen Grenze individueller Entscheidungsfreiheit und den sich aus dem Kostendruck des öffentlichen Gesundheitssystems ergebenden Zwängen zur Prävention. Kosten-Nutzen-Analysen der genetischen Beratung als Element medizinischer Prävention gewinnen in dem Augenblick an politischer Sogkraft, in dem die Kosten des Gesundheitssystems insgesamt

10 Vgl. Friedrich Vogel, »Populationsgenetische Folgen der genetischen Familienberatung und vorgeburtlichen Diagnostik«, *Biologisches Zentralblatt*, 1982, *101*: 73-79. Der Diskussion der ethischen Implikationen der genetischen Beratung im Zusammenhang mit der pränatalen Diagnostik war u.a. 1981 ein Symposion in Bamberg gewidmet. Siehe Patrick Boland/H. A. Krone/R. A. Pfeiffer, »Kindliche Indikation zum Schwangerschaftsabbruch«, *Wissenschaftliche Information*, 1981, 7,7.

dieses zunehmend unfinanzierbar und damit die ihm zugrundeliegenden Werte solidarischer Fürsorge unhaltbar erscheinen lassen. Die im Zusammenhang mit der Einführung der pränatalen Diagnostik durchgeführten Kosten-Nutzen-Analysen, die den durchschlagenden Erfolg der humangenetischen Beratungspraxis zumindest in Mark und Pfennig errechnet haben, sind prompt mit Preisen belohnt worden, klare Anzeichen der Rezeptivität des politischen Systems für ökonomische Kalküle.[11]
Starke Worte wie die des Humangenetikers Gerhard Wendt, 5-10% der Mittel für die Behindertenpflege sollten der Prävention zugeführt werden, was eine nur kurzfristige Beeinträchtigung der Behindertenbetreuung zur Folge hätte, erinnern in fataler Weise an die ähnliche Konstellation, die in den ausgehenden Jahren der Weimarer Republik zu der menschenverachtenden Radikalisierung rassenhygienischer Programme geführt hat.[12]
Tatsächlich hat sich der politische Schutzraum des vermeintlich wertneutralen weil konsensualen Krankheitsbegriffs, in den sich die Humangenetik im Zuge ihrer Medikalisierung begeben hat, nur als allenfalls kurzfristig wirksam erwiesen. Schon zeigt sich, daß die Dynamik der humangenetischen Forschung über die Grenzen des Krankheitsbegriffs hinaustreibt, daß der Erkenntniszuwachs neue Interpretationen von ›krank‹ und ›gesund‹ erzwingt und wiederum neue Handlungsspielräume eröffnet, die durch wertende Entscheidungen ausgefüllt werden müssen. Je umfassender die Kenntnisse über die Genstruktur des Menschen und ihre Variabilität, je komplexer das Gesamtbild, desto schwieriger wird es, Kriterien für die Entscheidung über ›Nor-

11 Zur Renaissance der Kosten-Nutzen-Analysen s. Hans Heinrich Freiherr von Stackelberg, *Probleme der Erfolgskontrolle präventivmedizinischer Programme - dargestellt am Beispiel einer Effektivitäts- und Effizienzanalyse genetischer Beratung*, Diss. Marburg 1980 (1981 ausgezeichnet mit dem Gesundheitsökonomiepreis des Bundesministeriums für Arbeits- und Sozialordnung), sowie Eberhard Passarge/Hugo W. Rüdiger, *Genetische Pränataldiagnostik als Aufgabe der Präventivmedizin: Ein Erfahrungsbericht mit Kosten-Nutzen-Analyse*, Stuttgart 1979 (1977 ausgezeichnet mit dem Hufelandpreis für Verdienste um die vorbeugende Gesundheitspflege).

12 Zit. n.: Ludger Weß, »Aktuelle Probleme der Humangenetik«, *Mitteilungen der Dokumentationsstelle zur NS-Sozialpolitik*, 1986, *2,11/12*: 5-27, 15.

malität‹ und ›Anormalität‹ zu gewinnen. Wo individuelles Leid nicht mehr ein derartiges Kriterium sein kann oder die Zahl der Betroffenen zu gering ist, drängt die Forschung wieder in den Bereich sozialer, wertbestimmter Ambivalenz. So wird etwa schon die pränatale Diagnostik von dieser Dynamik betroffen, wenn außer den gesuchten schweren Krankheiten auch geringfügige Defekte identifiziert werden und vor diesem Hintergrund die Entscheidung über die ›Normalität‹ des Fötus getroffen werden muß.[13]

Die explosionsartige Expansion der Chromosomenforschung und der biochemischen Genetik seit Anfang der sechziger Jahre und ebenso die Forschungen über die ›genetischen Polymorphismen‹ – Blutgruppen, Serumproteine und Enzympolymorphismen – haben die klinische Genetik wieder näher an die Genetik normaler menschlicher Merkmale herangeführt.[14] Aufgrund der Entwicklung der ›genetic-marker‹-Technologie entwickelt sie sich zu einer ›voraussagenden Medizin‹ (predictive medicine), mit deren Hilfe schon bei der Geburt die Risiken für bestimmte Krankheiten festgestellt werden können. Die entsprechende Information erzwingt von den Betroffenen eine von Wahrscheinlichkeitskalkülen bestimmte, rationale Lebensführung, und selbst wenn sie dieser entsagen wollen, entgehen sie dem Wissen um die Kosten eines solchen Entschlusses nicht. Der Tod bzw. die Lebenserwartung ist in Grenzen durch die Wissenschaft zur Disposition gestellt, um den Preis der ›verwissenschaftlichten‹ Verhaltenssteuerung. Schon taucht die Vision einer Ökogenetik auf, wonach es »in wenigen Jahrzehnten eine gute – oder vielleicht auch eine böse – Fee geben wird, die jedem Neugeborenen eine Liste der bei ihm gefundenen genetischen Polymorphismen in die Wiege legen wird, zusammen mit Warnungen vor bestimmten Umweltschäden, Ratschlägen für eine gesundheitsgemäße Lebensführung gerade dieses Menschen, ja ganz allgemein mit einer Prognose für Lebenschancen und Gefährdungen«.[15] Die Ähnlichkeiten zu den eugenischen Zeugnissen, die Galton

13 Vgl. Arno G. Motulsky, »Brave New World«, *Science*, 1974, *185*: 653-662. Vgl. auch Peter Propping, »Norm und Variabilität – der Krankheitsbegriff in der Genetik«, *Universitas*, 1984, *39*: 1271-1281.

14 Ina Spiegel-Rösing/Ilse Schwidetzky, *Maus und Schlange*, 181.

15 Friedrich Vogel, »Humangenetik - Wissenschaft zwischen Betrachten und Handeln«, *Heidelberger Jahrbücher*, 1980, *24*: 95-106, 96.

und Ploetz den Halbwüchsigen mit Erreichen ihrer Geschlechtsreife übergeben lassen wollten, sind unübersehbar.
Für fast alle neuen humangenetischen oder die menschliche Reproduktion betreffenden Techniken lassen sich in dieser Weise Parallelen in den eugenischen Vorläufern und Utopien finden, und allein schon die Möglichkeit, derartige Verbindungen herzustellen, wirft ein Schlaglicht auf ihre Ambivalenz. Die tatsächlichen Beziehungen und die vermeintlichen Parallelen verführen jedoch dazu, die viel instruktiveren Unterschiede zu übersehen, die grundlegenden Veränderungen im Verlauf der Entwicklung von den eugenischen Utopien bis zur modernen Humangenetik. Das Beispiel illustriert dies. Aus dem eugenischen Zeugnis, das über die Fortpflanzungserlaubnis entscheiden, die Klasse der zulässigen Partner festlegen und das von einer staatlich sanktionierten eugenischen Behörde erteilt werden sollte, wird ein Gen-Paß, der die genetisch bedingten Krankheits- und Lebensrisiken angibt, von einem Arzt ausgestellt wird und nicht mehr des staatlichen Zwangs bedarf. Er unterstellt vielmehr eine ›Feineinstellung‹ der selbstregulativen Verhaltenssteuerung des Individuums und ist selbst an die für moderne demokratische Gesellschaften geltende Wertpriorität der Individualität angepaßt. Die Unterstellung der Selbstregulierung kann davon ausgehen, daß menschliches Handeln auf die Vermeidung von Leid und Krankheit gerichtet ist. Die Vorgaben aber, was als Krankheit zu betrachten ist, werden zunehmend von der Wissenschaft bereitgestellt, und zwar auch und gerade dann, wenn sie der unmittelbaren Erfahrung nicht zugänglich sind, wie im Fall nichtmanifester Erbleiden oder genetisch bedingter Risikofaktoren. Auf diesem Weg finden die wissenschaftlichen Rationalitätsmuster Eingang in die individuellen Verhaltensweisen und führen so zur ›Verwissenschaftlichung‹ der menschlichen Fortpflanzung. Gegenüber dieser Verwissenschaftlichung des individuellen Verhaltens erscheint kollektiv orientiertes staatliches Interventionshandeln als archaisch und wird als Gefahr wahrgenommen.[16]

16 Vgl. Arno G. Motulsky, »Impact of Genetic Manipulation on Society and Medicine«, *Science*, 1983, *219*: 138. Motulsky verweist auf die Gefahr, daß die im Gen-Paß enthaltenen Informationen von einer zentralen Sozial- und Gesundheitsplanung benutzt würden, um den Bürgern soziale Nischen gemäß ihrer genetischen Disposition zuzuweisen. Daß diese Gefahr nicht abwegig ist, zeigen nicht nur die amerikanischen Er-

Damit hat sich die Strategie als langfristig überlegen erwiesen, die seit den Anfängen der Eugenik-Bewegung als eine Möglichkeit der Durchsetzung eugenischer Prinzipien galt: die Aufklärung. Den vorschnellen Dramatisierungen der angeblichen Degenerationsgefahren und – in Deutschland – den dafür zugänglichen politischen Kräften war es zu verdanken, daß die wissenschaftliche Profession den vermeintlich direkteren Weg des staatlichen Zwangs überhaupt beschreiten konnte. Jetzt, nachdem diese Strategie mit einem Debakel gescheitert ist, erscheint die Aufklärung als die geeignetere Strategie, um Verhaltensänderungen zu bewirken. Aufklärung und säkulare Individualisierungstendenz gehen Hand in Hand. Das bedeutet aber, daß die Horrorszenarien von finsteren Mächten, die sich der neuen Techniken bemächtigen und sie zur Zucht von Sklavenwesen pervertieren, wie Huxley es in ›Brave New World‹ gezeichnet hat, ebenso unwahrscheinlich sind wie die Rückkehr zum nationalsozialistischen Rassenwahn. Sie sind unzeitgemäß in dem fundamentalen Sinn einer vergangenen Form gesellschaftlicher und politischer Entwicklung.

Die Konstellation, vor deren Hintergrund zu beurteilen ist, ob von den humangenetischen und reproduktionsmedizinischen Fortschritten Gefahren im Sinne einer das Individuum mißachtenden Eugenik ausgehen, ist vielmehr dadurch gekennzeichnet, daß die humangenetische Profession von der Politik klar differenziert und ihre Autonomie damit bestätigt ist. Sie bezieht sich jetzt direkt auf die Öffentlichkeit, und die Akzeptanz ihres Wissens und ihrer Techniken ebenso wie die Kontrolle und Begrenzung ihrer Definitionsmacht sind Gegenstand des öffentlichen Diskurses.

fahrungen mit den großen ›screening‹-Programmen, sondern auch die ersten Anwendungen derartiger Verfahren durch Industriefirmen bei Einstellungsuntersuchungen, von denen die des Chemiekonzerns Dupont öffentliches Aufsehen in den USA erregt haben. S. auch Wolfgang van den Daele, *Mensch nach Maß*, München 1985, 113ff.

Die Paradoxie der Moderne – Humangenetik zwischen öffentlicher Kontrolle und individueller Nachfrage

Die Analyse der eugenischen und ethischen Implikationen der humangenetischen Forschung ist inzwischen nahezu ein etabliertes ›Forschungsfeld‹. Zusammen mit der modernen Gentechnologie und den medizinischen Reproduktionstechnologien ist sie darüber hinaus zum Gegenstand der öffentlichen Diskussion und des politischen Aushandlungsprozesses geworden.[17] Die ethische Reflexion der Forschung hat nicht nur ihren (vorläufig) festen Platz innerhalb der Humangenetik selbst, sondern auch im politischen Raum. Regierung und Parlament haben Mitte der achtziger Jahre jeweils Kommissionen eingesetzt, deren Funktion es war, die für notwendig erachteten gesetzlichen Vorschriften vorzubereiten, die den ethischen Vorbehalten gegenüber den Forschungen und Techniken Nachdruck verleihen sollen.[18] Mit dieser Entwicklung, die sich ähnlich auch in den anderen Ländern darstellt, in denen die Eugenik einst eine erhebliche Gefolgschaft hatte, ist ein neues Stadium in der Geschichte dieser Wissenschaft erreicht. Die Wissenschaft der Humangenetik ist unter die Kontrolle der Öffentlichkeit geraten und muß sich vor ihr mit ihren Deutungsansprüchen und Anwendungen neuer Techniken legitimieren. Damit ist institutionell dem Umstand Rechnung getragen, daß Fragen des ›guten Erbes‹, der Entscheidung über die Angemessenheit von Sterilisationen, zwischen der Entscheidungsfreiheit des einzelnen hinsichtlich seiner Fortpflanzung und dem Interesse der Gesellschaft an der Prävention von Erbkrankheiten und vor allem darüber, was als Krankheit und was als Kriterium lebenswürdigen Lebens zu gelten hat, weder Fragen einer ›objektiven‹ Wissenschaft sein können noch Fragen einer spezialisierten Profession sein dürfen. Ethische, religiöse und politische Wertungen erhalten damit ei-

17 Zum umfassenden Überblick über die entsprechenden Techniken und ihre ethischen und politischen Implikationen sowie die einschlägige Literatur s. van den Daele, *Mensch nach Maß*.

18 Vgl. Deutscher Bundestag (Hg.), »Chancen und Risiken der Gentechnologie. Bericht der Enquete-Kommission des 10. Deutschen Bundestages ›Chancen und Risiken der Gentechnologie‹«, *Zur Sache*, Bonn 1987, *87,1*.

nen prinzipiell dem wissenschaftlichen Wissen gleichrangigen Status in der politischen Auseinandersetzung. Szientistische Argumentationen werden so, zumindest der Möglichkeit nach, ihrer Suggestivkraft beraubt, professionelle Beurteilungsmonopole werden aufgebrochen oder wenigstens potentiell in Frage gestellt.

Allerdings bedeutet dies keineswegs, daß die wieder in ihr Recht gesetzten ethischen Wertbezüge damit festgeschrieben sind. Im Gegenteil: Durch die Institutionalisierung einer öffentlichen Reflexion der ethischen Grenzen wissenschaftlicher Forschung und ihrer technischen Implementierung werden diese Grenzen kontingent gesetzt. Sie sind zu jeder Zeit neu verhandelbar, mit ständig neuem Ergebnis. Der Begriff der ›Krankheit‹, der derzeit noch im Zentrum dieses Prozesses steht, exemplifiziert ebenso wie die bereits durch die ›heroische‹ Medizin und die Reproduktionstechniken aufgelösten Vorstellungen von der ›Natur‹ des Menschen, daß der Ausgang des Konflikts um die Legitimität von Forschungen und ihrer praktischen Umsetzung wie die ihrer ethischen Begrenzungen ungewiß ist. Die Verknüpfung der außerordentlichen Legitimationskraft, die vom Krankheitsbegriff ausgeht, mit dem Expansionsdrang und der Definitionsmacht der ärztlichen und nunmehr auch humangenetischen Profession läßt es inadäquat erscheinen, auf die Selbstbeschränkung der Forschung und der humangenetischen Praxis zu setzen. Nicht etwa die sinistren Motive einzelner rassistischer oder elitärer Wissenschaftler, sondern die Konstellation einer ausdifferenzierten, professionell organisierten Forschung und der durch deren fortlaufend neu eröffnete Handlungsperspektiven dynamisierten Erwartungshorizonte der Öffentlichkeit bestimmt die Dynamik des Prozesses, den wir eingangs die Rationalisierung des Geschlechtslebens genannt haben.

Die eugenischen Utopien, mit denen die Geschichte der Rationalisierung des generativen Verhaltens begann, sind heute zum großen Teil technisch realisiert bzw. realisierbar; in ihren ursprünglichen Ausformulierungen haben sie sich freilich als konservativ überlebt. Die Paradoxie besteht darin, daß sie nicht oder nicht in ihrer ursprünglichen Form in Realität umgesetzt werden. Die von den Eugenikern angestrebte Trennung der menschlichen Sexualität in die Funktionen der Reproduktion und des Lustgewinns, die sie aus der Unreflektiertheit des Triebhandelns

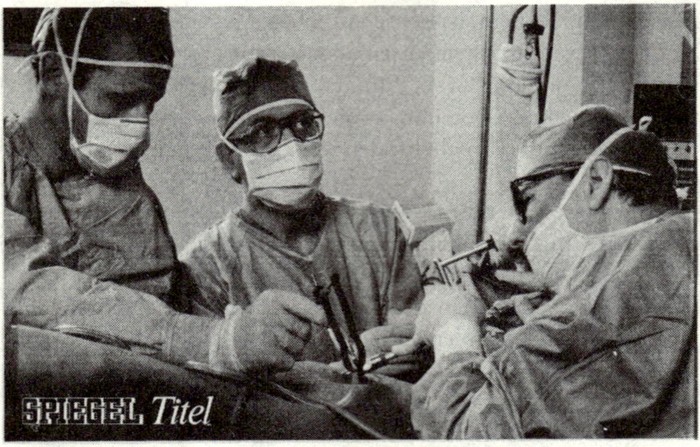

Entnahme reifer Eizellen aus dem Eierstock: Die Hand, die sich an den Urzellen des Lebens zu schaffen macht, darf nicht zittern

„Von Menschenzüchtung triebhaft fasziniert"

Die Befruchtung außerhalb des Mutterleibs, die Lang-zeit-Lagerung von Keimlingen in Tiefkühltruhen, „Embryo-Transfer" in die Gebärmutter – das alles gehört inzwischen zur gynäkologischen Routine: Sind Babymacher und Gentechniker unterwegs in Aldous Huxleys schöne neue Welt der Menschenzüchtung?

Aus: DER SPIEGEL, Heft Nr. 3 vom 13. Januar 1986, 40. Jahrgang.

herausreißen und dem wissenschaftlichen wie dem gesellschaftlich-politischen Zugriff zugänglich machen sollte, hat sich eingestellt. Sie gilt uns weitgehend als selbstverständlich und rational, nimmt man die Kirche und die Familienpolitiker einmal aus. Die künstliche Befruchtung ist zu einer allseits akzeptierten Routine geworden. Ploetz' Hoffnung, die für notwendig erachtete ›schmerzhafte Ausjäte‹ durch Verlagerung vor die Geburt vermeiden zu können, hat sich zumindest im Prinzip mit der pränatalen Diagnostik und gegebenenfalls der Abtreibung defekter Föten erfüllt. Dabei ist die Bestimmung dessen, was als ›minderwertig‹ zu gelten hat, gegenüber den kruden und politisch kontroversen sozialen Indikatoren zu genetisch fixierbaren Merkmalen hin präzisiert. Die Wahl des Ehepartners kann nahezu unbeschwert von den Sorgen um die Zeugungs- und Empfängnisfähigkeit oder erbliche Belastungen eines Partners erfolgen, da die Befruchtung im Labor auch unter Einbeziehung eines anonymen Samenspenders, die Austragung der Frucht gar mit Hilfe einer Leihmutter erfolgen kann. – Alle diese Techniken, denen weitergehende mit Sicherheit folgen werden, sind nicht etwa mit Hilfe staatlicher Zwangsprogramme umgesetzt, sondern sie werden von einer aufnahmebereiten Öffentlichkeit nachgefragt. Frauen verlangen die Freigabe der ›in-vitro‹-Befruchtung mit der Berufung auf das ›Recht auf ein Kind‹ als Element ihrer Selbstverwirklichung; Eltern lassen die Amniozentese auch dann vornehmen, wenn die Besorgnis um Mißbildungen unbegründet ist; die Zahl der freiwilligen Sterilisationen hat in den USA als Mittel der Empfängnisverhütung die Einnahme oraler Kontrazeptiva überflügelt; die Anträge auf Sterilisation geistig behinderter Kinder nehmen rapide zu.

Die in ihren Diagnosefähigkeiten und damit auch ihren Präventionsmöglichkeiten enorm gesteigerte genetische Beratung wird in zunehmendem Umfang mit dem Motiv gesucht, jedes Risiko auszuschließen, und sei es auch noch so gering. Eine von Humangenetikern selbst beschworene Utopie ist, daß sich Ehepartner vor der Zeugung mit molekulargenetischer Technik auf Heterozygotie für eine ganze Serie solcher Gene untersuchen lassen, die in homozygoter Form Krankheiten zur Folge haben. Dafür bieten sich wiederum private Labors an, eine kommerzialisierte Laborindustrie propagiert und vollzieht ein Massenscreening mit der Folge einer allmählichen Wertverschiebung in der

Bevölkerung, so daß immer geringere »Defekte« eine Indikation zur Abtreibung werden.[19]

Somit erweist sich die Gefahr der verschwörerischen Umsetzung der modernen humangenetischen Techniken in Gestalt staatlicher oder expertokratischer Menschenzuchtprogramme, wie sie die historische Erfahrung mit der Eugenik nahelegt, wahrscheinlich als die weniger ernste Bedrohung. Die größere Befürchtung hat dem Eintreten der Konstellation zu gelten, daß die gerade erreichte öffentliche Kontrolle der Forschung und ihrer praktischen Umsetzung wieder ihrer Wirkung beraubt wird, weil uns mit der Nachfrage nach den neuen Techniken die Fähigkeit zur Reflexion auf die Wertbezüge verlorengegangen ist, die es uns erlauben, der Realisierung der eugenischen Utopien durch unser eigenes Verhalten zu widerstehen.

19 Korrespondenz mit P. Propping.

Bibliographie

Ackerknecht, Erwin, *Kurze Geschichte der Psychiatrie*, 3. Aufl., Stuttgart 1985

Adam, Uwe Dietrich, »Die Universität Tübingen im Dritten Reich«, *Beiträge zur Geschichte der Universität Tübingen 1477-1977*, Tübingen 1977, 193-248

Aeskulap und Hakenkreuz. Zur Geschichte der Medizinischen Fakultät Gießen zwischen 1933 und 1945. Dokumentation von Jakobi, H./Chroust, P./Hamann, M., Gießen 1982

Aichel, Otto, »Das Verhältnis der Anthropologie zu Philosophischer und Medizinischer Fakultät«, *Anthropologischer Anzeiger*, 1929, *6*: 253-258

Allen, Garland E., »Genetics, Eugenics and Class Struggle«, *Genetics*, 1975, *79*, *Suppl.*: 29-46

Allen, Garland E., *Thomas Hunt Morgan. The man and his science*, Princeton/N. J. 1978

Allen, Garland E., »The Rise and Spread of the Classical School of Heredity, 1910-1930; Development and Influence of the Mendelian Chromosome Theory«, Reingold, Nathan (ed.), *The Sciences in American Context: A New Perspective*, Washington 1979, 209-228

Allen, Garland E., »The Historical Development of ›Time Law of Intersexuality‹ and Its Philosophical Implications«, Piternick, Leonie K. (ed.), *Controversial Geneticists and Creative Biologist. A Critical Review of His Contributions with an Introduction by Karl von Frisch*, Basel/Boston/Stuttgart 1980, 41-48

Aly, Götz/Roth, Karl Heinz, *Die restlose Erfassung*, Berlin 1984

Ammon, Otto, *Die Gesellschaftordnung und ihre natürlichen Grundlagen*, Jena 1896

»An unsere Mitglieder und Leser!«, *Zeitschrift für Volksaufartung und Erbkunde*, 1926, *1*: 141

Astel, Karl, »Rassendämmerung und ihre Meisterung durch Geist und Tat als Schicksalsfrage der Völker«, *Nationalsozialistische Monatshefte*, 1935, *6*: 194-215

Astel, Karl (Hg.), *Rassekurs in Egendorf. Ein rassehygienischer Lehrgang des Thüringischen Landesamts für Rassewesen*, München 1935

Astel, Karl, »Die Praxis der Rassenhygiene in Deutschland«, 4. Beiheft zum Reichsgesundheitsblatt Nr. 52, Berlin 1938, 65-70 (Vortrag vom 3. 10. 1938 auf der Gründungsversammlung der »Deutschen Gesellschaft für Hygiene«, 3.-6. 10. 1938 in Berlin)

Attali, Jacques, *Die Kannibalische Ordnung. Von der Magie zur Computertechnik*, Frankfurt/New York 1981

»Aufruf der deutschen Gesellschaft für Blutgruppenforschung«, *ARGB*, 1926, *18*: 446-450

»Aufruf der Deutschen Gesellschaft für Rassenhygiene«, *ARGB*, 1914-15, *11*: 705-707

»Aufruf zur Gründung einer Gartenstadt bei Berlin«, *ARGB*, 1908, *5*: 865-866

»Aus der Gesellschaft für Rassenhygiene (Eugenik)«, *ARGB*, 1932, *26*: 99

»Aus der Hauptversammlung der Deutschen Gesellschaft für Rassenhygiene (Eugenik) zu München am 18. September 1931«, *ARGB*, 1932, *26*: 94-107

»Aus der rassenhygienischen Bewegung«, *ARGB*, 1922, *14*: 375

Ausschuß des Deutschen Bundestages für Wiedergutmachung, III. Wahlperiode 1961, 34. Sitzung vom 14. 4. 1961

Ausubel, Frederick/Beckwith, Jon/Janssen, Kaaren, »The Politics of Genetic Engineering: Who Decides Who's Defective?«, *Psychology Today*, 1974, *8*: 30-43

Baitsch, Helmut, »Welche eugenischen Maßnahmen haben heute noch Sinn«, *Die Heilkunst*, 1958, *6*: 213-222

Barthelmess, Alfred, *Vererbungswissenschaft*, Freiburg/ München 1952

Bauer, Julius, »Gefährliche Schlagworte aus dem Gebiet der Erbbiologie«, *Schweizerische Medizinische Wochenschrift*, 1935, *65*: 633-635

Bauer, Karl H., *Rassenhygiene. Ihre biologischen Grundlagen*, Leipzig 1926

Baur, Erwin, »Der Untergang der Kulturvölker im Lichte der Biologie«, *Deutschlands Erneuerung*, 1922, *6*: 1-12

Baur, Erwin/Fischer, Eugen/Lenz, Fritz, *Grundriß der menschlichen Erblichkeitslehre und Rassenhygiene*, Bd. 1: *Menschliche Erblichkeitslehre*, 1. Aufl. München 1921, 2. Aufl. München 1923, 3. Aufl. München 1927; *Menschliche Erblehre*,

4. Aufl. München 1936; Bd. 2: Menschliche Auslese und Rassenhygiene, 1. Aufl. München 1921, 2. Aufl. München 1923, 3. Aufl. München 1931
Bayertz, Kurt, »Darwinismus und Freiheit der Wissenschaft. Politische Aspekte der Darwinismus-Rezeption in Deutschland 1863-1878«, *Scientia*, 1983, *118*: 267-281
Bayertz, Kurt, »Naturwissenschaft und Sozialismus: Tendenzen der Naturwissenschaftsrezeption in der deutschen Arbeiterbewegung des 19. Jahrhunderts«, *Social Studies of Science*, 1983, *13*: 355-394
Beckwith, Jon, »Social and Political Uses of Genetics in the United States: Past and Present«, *Annals of the New York Academy of Sciences*, 1976, *265*: 46-56
Behr-Pinnow, Carl von, »Der Deutsche Bund für Volksaufartung und Erbkunde«, *Kultur und Leben*, 1925, *2*: 410-411
Benze, Rudolf, *Der Weg ins Dritte Reich. Einführung in das Schrifttum der völkischen Weltanschauung*, Braunschweig 1933
Bergmann, Klaus, *Agrarromantik und Großstadtfeindlichkeit*, Meisenheim/Glan 1970
Bericht der kriminalbiologischen Sammelstelle des bayerischen Staates, Straubing 1926
Bericht der Verhandlungen des Bevölkerungspolitischen Kongreß der Stadt Köln, o. O., o. J. (1921)
Bericht über die Versammlung am Montag, den 18. Oktober 1915 im Preußischen Abgeordnetenhause (Veröffentlichungen der Deutschen Gesellschaft für Bevölkerungspolitik, 1), Berlin 1916
Berliner Gesellschaft für Rassenhygiene (Hg.), *Über den gesetzlichen Austausch von Gesundheitszeugnissen vor der Eheschließung und über rassenhygienische Eheverbote*, München 1917
Bernal, John Desmond, *Wissenschaft. Science in History*, 4 Bde., Bd. 3 (Die Naturwissenschaften der Gegenwart), Reinbek 1970
Biddiss, Michael D., *Father of Racist Ideology. The Social and Political Thought of Count Gobineau*, London 1970
Billig, Michael, *Die rassistische Internationale*, Frankfurt/ Main 1981

Binding, Karl/Hoche, Alfred, *Die Freigabe der Vernichtung lebensunwerten Lebens*, Leipzig 1920

Birkenbach, Werner, »Insemination, Sterilisation und moderne Methoden der Geburtenkontrolle«, Forster, Karl (Hg.), *Offene Fragen zwischen Ärzten und Juristen* (Studien und Berichte der katholischen Akademie in Bayern 20), Würzburg 1963, 85-102

Block, Ned J./Dworkin, Gerald, *The IQ Controversy*, New York 1976

Bluhm, Agnes, »Familiärer Alkoholismus und Stillfähigkeit«, *ARGB* 1908, *5*: 635-655

Boberg, Jochen/Fichter, Tilman/Gillen, Eckhart (Hg.), *Exerzierfeld der Moderne. Industriekultur in Berlin im 19. Jahrhundert*, München 1984

Bock, Gisela, *Zwangssterilisation im Nationalsozialismus*, Opladen 1986

Bogdal, Klaus-Michael, *Schaurige Bilder: der Arbeiter im Blick des Bürgers am Beispiel des Naturalismus*, Frankfurt/ Main 1973

Bohn, Wolf, »Die Deutsche Gesellschaft für Rassenhygiene seit der Machtübernahme«, *Allgemeine Zeitschrift für Psychiatrie und ihre Grenzgebiete*, 1939, *112*: 463-469

Boland, Patrick/Krone, H. A./Pfeiffer, R. A., »Kindliche Indikation zum Schwangerschaftsabbruch«, *Wissenschaftliche Information*, 1981, *7*,7

Bollmus, Reinhard, »Zum Projekt einer nationalsozialistischen Alternativ-Universität: Alfred Rosenbergs ›Hohe Schule‹«, Heinemann, Manfred (Hg.), *Erziehung und Schulung im Dritten Reich*, Bd. 2, Stuttgart 1980, 125-152

Bonhoeffer, Karl, »Ein Rückblick auf die Auswirkung und die Handhabung des nationalsozialistischen Sterilisationsgesetzes«, *Der Nervenarzt*, 1949, *20*: 1-5

Breymann, Hans, »Rückblick auf die zehnjährige Entwicklung der Zentralstelle für deutsche Personen- und Familiengeschichte«, *Mitteilungen der Zentralstelle für deutsche Personen- und Familiengeschichte* 1914, *12-14*: 291-310

Breymann, Hans, »Der heutige Stand der genealogischen Unterlagenbehandlung«, Fetscher, Rainer/Grote, Louis R./ Hohlfeld, Johannes (Hg.), *Zwischen Naturwissenschaft und Geschichte*, Leipzig 1928, 5-12

Broszat, Martin, *Der Staat Hitlers. Grundlegung und Entwicklung seiner inneren Verfassung*, München 1969

Broszat, Martin, »Soziale Motivation und Führer-Bindung des Nationalsozialismus«, *Vierteljahreshefte für Zeitgeschichte*, 1970, *18*: 392-409

Brücher, Heinz, »Ernst Haeckel, ein Wegbereiter biologischen Staatsdenkens«, *Nationalsozialistische Monatshefte*, 1935, *6*: 1088

Brüggemann, Fritz, »Gedanken zu Hermann Muckermanns Vortrag in München«, *BfRK*, 1930, *10*: 72-73

Brühl, »Zum Problem der Sterilisation«, *Juristische Rundschau*, 1951, *5*: 495-498

Bunge, Gustav, *Die zunehmende Unfähigkeit der Frauen, ihre Kinder zu stillen. Die Ursachen dieser Unfähigkeit, die Mittel zur Verhütung*, 6. Aufl., München 1909

Burgdörfer, Fritz, *Das Bevölkerungsproblem, seine Erfassung durch Familienstatistik und Familienpolitik*, München 1917

Burgdörfer, Fritz, *Der Geburtenrückgang und seine Bekämpfung*. Die *Lebensfrage des deutschen Volkes*, Berlin 1929

Burgener, Peter, *Die Einflüsse des zeitgenössischen Denkens in Morels Begriff der »dégénérescence«*, Diss. Zürich 1964

Bölsche, Wilhelm, *Die naturwissenschaftlichen Grundlagen der Poesie*, repr. Tübingen 1976

Campanella, Thomas, *Der Sonnenstaat*, Berlin 1955

Carlson, Elof A., »Eugenics Revisited: The Case for Germinal Choice«, *Stadler Symposium*, 1973, *5*, 13-34

Chamberlain, Houston Steward, *Die Grundlagen des neunzehnten Jahrhunderts*. Jubiläums-Ausgabe der 25. Aufl., München 1940

Childs, Barton et al., »Tay-Sachs Screening: Motives for Participating and Knowledge of Genetics and Probability«, *American Journal for Human Genetics*, 1976, *28*: 537-549

Childs, Barton, »Persistent Echoes of the Nature-Nurture Argument«, *American Journal for Human Genetics*, 1977, *29*: 1-13

Christian, Max, *Die Rassenhygiene in der Gesittung, Gesetzgebung und Politik*, Berlin 1923

Claussen, Ferdinand, »Phänogenetik des Menschen. Referat auf Grund der pathologischen Erscheinungen«, *Zeitschrift für*

Induktive Abstammungs- und Vererbungslehre, 1939, *76*: 14-46
Cock, A. G., »William Bateson, Mendelism and Biometry«, *Journal for the History of Biology*, 1973, *6*: 1-36
Coerper, Carl, »Aufgaben und Ziele der Deutschen Gesellschaft für Konstitutionsforschung«, *Deutsches Ärzteblatt*, 1943, *73*: 89-90
Conrad-Martius, Hedwig, *Utopien der Menschenzüchtung*, München 1955
Conti, Christoph, *Abschied vom Bürgertum. Alternative Bewegungen in Deutschland von 1890 bis heute*, Reinbek 1984
Crohne, Otto, »Das Rasseschutzstrafrecht«, *Deutsche Justiz*, 1938, *100*: 1640-1641
Curtius, Ernst Robert, »Entstehung und Wandlungen des Dekadenzproblems in Frankreich«, *Internationale Monatsschrift für Wissenschaft, Kunst und Technik*, 1921, *15*: 147-166
Daele, Wolfgang van den, *Mensch nach Maß*, München 1985
Daim, Wilfried, *Der Mann, der Hitler die Ideen gab*, München 1958
Darré, Richard Walter, *Neuadel aus Blut und Boden*, München 1930
Darwin, Charles, *Die Abstammung des Menschen*, übers. von Heinrich Schmidt, 4. Aufl., Stuttgart 1982
Davenport, Charles B., *Heredity in Relation to Eugenics*, New York 1911
David, Eduard, »Darwinismus und soziale Entwicklung«, Apel, Max (Hg.), *Darwin. Seine Bedeutung im Ringen um Weltanschauung und Lebenswert* (Moderne Philosophie 4), Berlin-Schöneberg 1909, 45-65
Degen, Angelika, *Zum Aufbau und Funktionswandel einer »Sozialen Anthropologie« vor der Jahrhundertwende*, Diss. Heidelberg 1976
Dehnow, Fritz, »Die neuere Entwicklung der Eugenik«, *Zeitschrift für Politik*, 1925, *14*: 334-364
Denkschrift des Ministers des Innern über die Ergebnisse der Beratungen der Ministerialkommission für die Geburtenrückgangsfrage, Berlin 1917
Denkschrift über die Ursachen des Geburtenrückganges und die dagegen vorgeschlagenen Maßnahmen, bearb. im Ministerium des Innern, Berlin 1915

Deutsche Gesellschaft für Anthropologie, »Resolution vom 5. 8. 1958«
»Deutsche Gesellschaft für Vererbungswissenschaft«, *ZIAV*, 1921-22, *27*: 229-280
Deutscher Bundestag (Hg.), »Chancen und Risiken der Gentechnologie. Bericht der Enquete-Kommission des 10. Deutschen Bundestages ›Chancen und Risiken der Gentechnologie‹«, *Zur Sache*, Bonn 1987, *87,1*
Deutsches Biologen-Handbuch, München 1938
Devrient, Ernst, »Planmäßige Familienforschung«, *ARGB*, 1909, *6*: 575-577
Dice, Lee R., »Heredity Clinics: Their Value for Public Service and for Research«, *American Journal for Human Genetics*, 1952, *4,1*: 1-13
Discussion »Eugenics and Genetics«, Wolstenholme, Gordon (ed.), *Man and his Future*, Boston/Toronto 1963, 274-298
Dobzhansky, Theodosius/Wallace, Bruce, »The Problem of Adaptive Differences in Human Populations«, *American Journal for Human Genetics*, 1954, *6*: 199-203
Dobzhansky, Theodosius, »Evolutionary and Population Genetics«, Geerts, Sipke Johannes (ed.), *Genetics Today. Proceedings of the 11th International Congress of Genetics*, The Hague 1963, LXXXII-LXXXIX, LXXXVIII
Dobzhansky, Theodosius, »Changing Man«, *Science*, 1967, *155*: 409-415
Doeleke, Werner, *Alfred Ploetz (1860-1940). Sozialdarwinist und Gesellschaftsbiologe*, Diss. Frankfurt/Main 1975
»Dokumente aus der eugenischen Bewegung«, *Das kommende Geschlecht*, 1929, *5*, H. 3: 20-31
»Drei Versuchspersonen leben«, *Frankfurter Rundschau*, Nr. 15/23. 2. 1976
Driesmans, Heinrich, »Eugenik und Kulturparlament«, *I. Kongreß für Biologische Hygiene. Vorarbeiten und Verhandlungen Hamburg 1912*, Hamburg 1913, 266-296
Drost, Wolfgang, »›Du Progrès et Rebours‹. Fortschrittsglaube und Dekadenzbewußtsein im 19. Jahrhundert: Das Beispiel Frankreich.« Drost, Wolfgang (Hg.), *Fortschrittsglaube und Dekadenzbewußtsein im Europa des 19. Jahrhunderts. Literatur – Kunst – Kunstgeschichte*, Heidelberg 1986, 13-29
Dunn, Leslie C./Dobzhansky, Theodosius, *Heredity, Race and*

Society, New York 1946, 1952, zit. n. der Mentor Ausgabe 1958
Dunn, Leslie C., »Cross Currents in the History of Human Genetics«, *American Journal for Human Genetics*, 1962, *14*: 1-13
Dörner, Klaus et al. (Hg.), *Der Krieg gegen die psychisch Kranken*, Rehburg-Loccum 1980
Eckermann, Johann Peter, *Gespräche mit Goethe in den letzten Lebensjahren*, München 1976
»Eheberatung und Sozialversicherung«, *Soziale Medizin*, 1931, *4*: 57-58
Ehrenfels, Christian von, »Die konstitutive Verderblichkeit der Monogamie«, *ARGB*, 1907, *4*: 615-651, 803-830
Eickstedt, Egon Freiherr von, »Vom Wesen der Anthropologie«, *Homo*, 1949/50, *1*: 1-13
Elster, Alexander, *Sozialbiologie, Bevölkerungswissenschaft und Gesellschaftshygiene*, Berlin/Leipzig 1923
Engelsmann, Robert, »Der ›Reichsbund der Kinderreichen Deutschlands zum Schutze der Familie e. V.‹«, *Archiv für Bevölkerungspolitik, Sexualethik und Familienkunde*, 1932, *2*: 107-114
Der neue Entwurf des allgemeinen Deutschen Strafgesetzbuches vom ärztlichen Standpunkte. Bericht über die Sitzung des verstärkten Ausschusses des Landesgesundheitsrates am 30. und 31. Oktober 1925, Berlin 1926
»›Der Erbarzt‹ – zur Einführung«, *Der Erbarzt*. Beilage zum deutschen Ärzteblatt, 1934, *1*: 1
Die Erhaltung und Mehrung der deutschen Volkskraft, (Schriften der Zentralstelle für Volkswohlfahrt, N. F. 12), Berlin 1916
Zur Erhaltung und Mehrung der Volkskraft. Arbeiten einer vom Ärztlichen Verein München eingesetzten Kommission, München 1918
Etzioni, Amitai, *Genetic Fix*, New York 1973
»Eugenetische Entschließung der Ärzte und Theologen in Hannover im Mai 1932«, *Archiv für Bevölkerungspolitik, Sexualethik und Familienkunde*, 1933, *3*: 68
Die Eugenik im Dienste der Volkswohlfahrt, (Veröffentlichungen aus dem Gebiete der Medizinalverwaltung 38/5), Berlin 1932

»Eugenische Maßnahmen als Aufgabe des Staates«, *Deutsches Ärzteblatt*, 1932, *59*: 119-121
Das umstrittene Experiment: der Mensch. Siebenundzwanzig Wissenschaftler diskutieren die Elemente einer biologischen Revolution, München/Wien/Basel 1969
Die kinderreichen Familien in der Not der Zeit! Tagung der Kinderreichen in Dresden 2.-5. Okt. 1930, o.O., 1930
Farrall, Lyndsay Andrew, *The Origins and Growth of the English Eugenics Movement 1865-1925*, Diss. Indiana 1970
Feder, Gottfried, *Das Programm der N.S.D.A.P.*, München 1932
Fehlinger, Hans, »Gesellschaftliche Fortpflanzungspflege«, *Geschlecht und Gesellschaft*, 1915, *10*: 430-441
Fest, Joachim C., *Hitler. Eine Biographie*, Frankfurt/ Berlin/ Wien 1973
Fetscher, Rainer, *Grundzüge der Rassenhygiene*, Dresden 1925
Fetscher, Rainer, »Der Stand der Frage der Sterilisierung und Schwangerschaftsunterbrechung aus eugenischen Gründen beim Menschen«, *Zeitschrift für induktive Abstammungs- und Vererbungslehre*, 1926, *41*: 375-393
Fetscher, Rainer, »Die Organisation der erbbiologischen Erforschung der Strafgefangenen in Sachsen«, *Blätter für Gefängniskunde*, 1926, *57*: 69-75
Fetscher, Rainer, »Der gegenwärtige Stand der Ehe- und Sexualberatung«, *Zeitschrift für induktive Abstammungs- und Vererbungslehre*, 1928, *48*: 325-344
Fetscher, Rainer, »Die Sterilisierung aus eugenischen Gründen«, *Zeitschrift für die gesamte Strafrechtswissenschaft*, 1932, *52*: 404-423
Fick, H., »Über den Einfluss der Naturwissenschaft auf das Recht«, *Jahrbücher für Nationalökonomie und Statistik*, 1872, *18*: 248-277
Field, Geoffrey G., »Nordic Racism«, *Journal of the History of Ideas*, 1977, *13*: 523-540
Fischer, Alfons, »Die Entwicklung der Eugenik im Deutschen Reich während des 20. Jahrhunderts, mit besonderer Berücksichtigung der Bestrebungen zur Verhütung erbkranken Nachwuchses«, *Sozialhygienische Mitteilungen*, 1933, *17*: 76-87

Fischer, Alfons, »Einfluss der sozialen Gesetzgebung auf Verhütung, Erkennung und Verlauf der Krankheiten«, Mosse, Max/Tugendreich, Gustav (Hg.), *Krankheit und soziale Lage*, München 1913, 787-840

Fischer, Eugen, *Die Rehobother Bastards und das Bastardisierungsproblem beim Menschen. Anthropologische und ethnographische Studien am Rehobother Bastardvolk in Deutsch-Südwestafrika*, Jena 1913, repr. Graz 1961

Fischer, Eugen, »Aufgaben der Anthropologie, menschlichen Erblichkeitslehre und Eugenik«, *Die Naturwissenschaften*, 1926, *32*: 749-755

Fischer, Eugen, »Das Preisausschreiben für den besten Rassenkopf«, *Volk und Rasse*, 1927, *2*: 1-11

Fischer, Eugen, »Aus der Geschichte der Deutschen Gesellschaft für Rassenhygiene«, *ARGB*, 1930, *24*: 1-5

Fischer, Eugen, »Das Kaiser-Wilhelms-Institut für Anthropologie, menschliche Erblehre und Eugenik«, *ZMA*, 1930, *27*: 147-152

Fischer, Eugen, »Eugenik«, *Handwörterbuch der Naturwissenschaften*, Bd. 3, 2. Aufl., Jena 1933, 898-901

Fischer, Eugen, »Ist die menschliche Erblehre eine hinreichende Grundlage eugenischer Bevölkerungspolitik?«, *Archiv für Kriminologie*, 1933, *93*: 79-80

Fischer, Eugen, »Einleitender Vortrag«, Harmsen, Hans/Lohse, Franz (Hg.), *Bevölkerungsfragen. Bericht des Internationalen Kongresses für Bevölkerungswissenschaft (Berlin, 26. 8.-1. 9. 1935)*, München 1936, 39-43

Fischer, Eugen, »Versuch einer Phaenogenetik der normalen körperlichen Eigenschaften des Menschen«, *Zeitschrift für induktive Abstammungs- und Vererbungslehre*, 1939, *76*: 47-117

Fischer, Eugen, »Die Wissenschaft vom Menschen«, Schwerte, Hans/Spengler, Wilhelm (Hg.), *Forscher und Wissenschaftler im heutigen Europa*, Oldenburg/Hamburg 1955, 272-287

Fisher, R. A., »The Elimination of Mental Defect«, repr. *Journal of Heredity*, 1927, *18*: 529-531

Flecken, Margarete, *Arbeiterkinder im 19. Jahrhundert. Eine sozialgeschichtliche Untersuchung ihrer Lebenswelt*, Weinheim/Basel 1981

Forrest, Derek William, *Francis Galton: The Life and Work of a Victorian Genius*, New York 1974
Foucault, Michel, *Sexualität und Wahrheit*, Frankfurt 1977
Frank, Hans, *Nationalsozialistisches Handbuch für Recht und Gesetzgebung*, München 1934
Fraser, F. Clarke, »On Being a Medical Geneticist«, *American Journal for Human Genetics*, 1963, *15*: 1-10
Frecot, Janos/Geist, Johann Friedrich/Kerbs, Diethart, *Fidus 1868-1948. Zur ästhetischen Praxis bürgerlicher Fluchtbewegungen*, München 1972
Frevert, Ute, *Krankheit als politisches Problem 1770-1880. Soziale Unterschichten in Preußen zwischen medizinischer Polizei und staatlicher Sozialversicherung*, Göttingen 1984
Fricke, Dieter, *Die deutsche Arbeiterbewegung 1869 bis 1914. Ein Handbuch über ihre Organisation und Tätigkeit im Klassenkampf*, Berlin 1976
Friedrich-Freksa, Hans, »Genetik und biochemische Genetik in den Instituten der Kaiser-Wilhelm-Gesellschaft und der Max-Planck-Gesellschaft«, *Die Naturwissenschaften*, 1961, *48*: 10-22
Friesen, Heinrich, »Genetik und Faschismus«, *Unter dem Banner des Marxismus*, 1935, *9*: 583-595
Frolov, I. T./Pastusny, S. A., »Die Evolution der russischen Eugenik – Kritik der Neoeugenik«, Dietl, Hans-Martin (Hg.), *Eugenik. Entstehung und gesellschaftspolitische Bedingtheit*, Jena 1984, 59-78
Fuhrmann, Walter/Vogel, Friedrich, *Genetische Familienberatung*, 3. Aufl., Berlin et al. 1982
50 Jahre J. F. Lehmanns Verlag 1890-1940, München/ Berlin 1940
Fürst, Moritz, »Der Einfluss der sozialen Lage auf die Schultauglichkeit«, Mosse, Max/Tugendreich, Gustav (Hg.), *Krankheit und soziale Lage*, München 1913, 308-341
Galton, Francis, »Hereditary Talent and Character«, *Macmillan's Magazine*, 1865, *12*: 157-166 und 318-327
Galton, Francis, *Inquiries into Human Faculty and Its Development*, London 1883
Galton, Francis, »Eugenics, Its Definition, Scope, and Aims«, *Sociological Papers*, 1905, *1*: 45-50
Gasman, Daniel, *The Scientific Origins of National Socialism.*

Social Darwinism in Ernst Haeckel and the German Monist League, London/New York 1971
Gaupp, Robert, *Die Unfruchtbarmachung geistig und sittlich Kranker und Minderwertiger*, Berlin 1925
»Ein Gefühl der Übelkeit«, *Der Spiegel*, Nr. 18/ 30. 4. 1979, 227
»Gegenwartsfragen der Eugenik«, *Archiv für Bevölkerungspolitik, Sexualethik und Familienkunde*, 1931, *1*: 114-117
Geiger, Theodor, »Erbpflege und Sozialpolitik«, *Archiv für Soziale Hygiene und Demographie*, 1933, *7*: 223-229
»Genealogisches auf der Internationalen Hygiene-Ausstellung«, *Mitteilungen der Zentralstelle für deutsche Personen- und Familiengeschichte*, 1911, *8*: 88
Geppert, Harald/Koller, Siegfried, *Erbmathematik. Theorie der Vererbung in Bevölkerung und Sippe*, Leipzig 1938
Geschäfts-Bericht des Vorstandes der Gesellschaft Deutscher Naturforscher und Ärzte für das Jahr 1913, o.O., o.J. (1913)
Geschichte der Universität Jena: 1548/58 - 1958, 2 Bde., Bd. 1, Jena 1958
Geyer, Eberhardt, »Wissenschaft am Scheideweg«, ARGB, 1943, *37*: 1-6
Gobineau, J. A. Comte de, *Essai sur l'inégalité des races humaines*, Paris 1853-55
Goldscheid, Rudolf, *Entwicklungswerttheorie, Entwicklungsökonomie, Menschenökonomie: eine Programmschrift*, Leipzig 1908
Goldscheid, Rudolf, *Höherentwicklung und Menschenökonomie. Grundlegung der Sozialbiologie*, Leipzig 1911
Goldschmidt, Richard, »Aus der Geschichte der Vererbungswissenschaft«, *Genetik. Wissenschaft der Entscheidung*, Stuttgart 1957, 7-22
Gossett, Thomas F., *Race. The History of an Idea in America*, Dallas 1963
Gottlieb, Theodor, »Eugenik, Papst und Muckermann«, *Deutschlands Erneuerung*, 1932, *16*: 165-168
Gottschewski, Georg, »Stand der Vererbungswissenschaft«, *Der Biologe*, 1943, *12*: 53-64
Gottstein, Adolf, *Das Heilwesen der Gegenwart. Gesundheitslehre und Gesundheitspolitik*, Berlin 1924

Gould, Stephen J., *The Mismeasure of Man*, New York/ London 1981
Graham, Loren R., »Science and Values: The Eugenics Movement in Germany and Russia in the 1920s«, *American Historical Review*, 1977, *82*: 1133-1164
Graham, Loren, *Between Science and Values*, New York 1981, 217-256
Grebe, Hans, »Otmar Freiherr von Verschuer 60 Jahre alt«, *Homo*, 1956, *7*: 65-67
Greil, Alfred, »Irrwege und Richtlinien der erbbiologischen Konstitutionsforschung«, *Zeitschrift für Konstitutionslehre*, 1925, *11*: 178-279
Grotjahn, Alfred, *Die Hygiene der menschlichen Fortpflanzung. Versuch einer praktischen Eugenik*, Berlin/Wien 1926
Grotjahn, Alfred, *Erlebtes und Erstrebtes*, Berlin 1932
Grotjahn, Alfred, *Geburten-Rückgang und Geburten-Regelung im Lichte der individuellen und der sozialen Hygiene*, Berlin 1914
Groß, Walter, »Um die Rassenhygiene als Lehr- und Forschungsfach«, *Ziel und Weg*, 1937, *7*: 166-167
Groß, Walter, *Nationalsozialismus und Wissenschaft*, Berlin 1937
Groß, Walter, »Was prägt Völker – Rasse oder Geschichte?«, *Informationsdienst RPA*, Nr. 106/20. 11. 1940
Groß, Walter, »Über die Abstammungslehre des Menschen«, *Informationsdienst RPA*, Nr. 120/20.12.1941
Groß, Walter, »›Deutsche Rasse‹ – ›Europäische Rasse‹«, *Informationsdienst RPA*, Nr. 116/20. 8. 1941
Groß, Walter, »Rassenpolitik«, *Informationsdienst Rassenpolitisches Amt der NSDAP*, Sonderdruck vom 20. 10. 1942
Gruber, Max von/Rüdin, Ernst, *Fortpflanzung. Vererbung. Rassenhygiene. Illustrierter Führer durch die Gruppe Rassenhygiene der Internationalen Hygiene-Ausstellung 1911 in Dresden*, 2. Aufl., München 1911
Gruchmann, Lothar, »›Blutschutzgesetz‹ und Justiz«, *Vierteljahreshefte für Zeitgeschichte*, 1983, *31*: 418-442
Göckenjan, Gerd, *Kurieren und Staat machen. Gesundheit und Medizin in der bürgerlichen Welt*, Frankfurt/Main 1985
Günther, Hans F. K. »Erinnerungen an J. F. Lehmann«, *Deutschlands Erneuerung*, 1935, *19*: 277-279

Günther, Hans F. K., *Mein Eindruck von Adolf Hitler*, Plähn 1969

Günther, Maria, *Die Institutionalisierung der Rassenhygiene an den deutschen Hochschulen vor 1933*, Diss. Mainz 1982

Güse, Hans Georg/Schmacke, Norbert, *Psychiatrie zwischen bürgerlicher Revolution und Faschismus*, 2 Bde., Bd. 2, Frankfurt/Main 1976

Gütt, Arthur/Linden, Herbert/Maßfeller, Franz, *Blutschutz- und Ehegesundheitsgesetz*, München 1936

Gütt, Arthur/Rüdin, Ernst/Ruttke, Falk, *Gesetz zur Verhütung erbkranken Nachwuchses*, München 1934

Haag, Friedrich Eberhard, »Die Rassen- und Erbgesundheitspflege im Unterricht an den deutschen Hochschulen«, *Die medizinische Welt*, 1933, *7*: 1184-1185

Haeckel, Ernst, *Natürliche Schöpfungsgeschichte. Gemeinverständliche wissenschaftliche Vorträge über die Entwicklungs-Lehre*, 2 Bde., 9. Aufl., Berlin 1898

Haeckel, Ernst, »Freie Wissenschaft und freie Lehre«, *Gemeinverständliche Werke*, 5 Bde., Bd. 5, Leipzig/Berlin 1924, 196-290

Haeckel, Ernst, »Über die Entwicklungstheorie Darwins« (Vortrag gehalten am 19. September 1863, 38. Versammlung Deutscher Naturforscher und Ärzte zu Stettin), Schmidt, Heinrich (Hg.), *Gemeinverständliche Werke*, Bd. 5, Berlin 1924, 3-32

Haldane, J. B. S., *Heredity and Politics*, New York 1938

Haldane, J. B. S., »Biological Possibilities for the Human Species in the Next Ten Thousand Years«, Wolstenholme, Gordon (ed.), *Man and his Future*, Boston/Toronto 1963, 337-361

Hamburger, Viktor, »Evolutionary Theory in Germany: A Comment«, Mayr, Ernst/Provine, William B. (eds.), *The Evolutionary Synthesis*, Cambridge/London 1980, 303-308

Hamerton, John L., »Human Population Cytogenetics: Dilemmas and Problems«, *American Journal for Human Genetics*, 1976, *28*: 107-122

Hardy, G. H., »Mendelian Proportions in a Mixed Population«, *Science*, 1908, *28*: 49-50

Hartmann, Max, »Die Erforschung des Lebendigen im XX. Jahrhundert«, Schwerte, Hans/Spengler, Wilhelm (Hg.),

Forscher und Wissenschaftler im heutigen Europa, Oldenburg/Hamburg 1955, 158-182
Harwood, Jonathan, »The Reception of Morgan's Chromosome Theory in Germany: Inter-War Debate over Cytoplasmatic Inheritance«, *Medizinhistorisches Journal*, 1984, *19*: 3-32
Harwood, Jonathan, »The Reaction against Specialisation in 20th Century Biology: A Study of Alfred Kühn«, *Freiburger Universitätsblätter*, 1985, *87/88*: 193-203
Hauptmann, Gerhart, »Das Abenteuer meiner Jugend«. *Sämtliche Werke*, hg. von Hass, Hans-Egon, Bd. 7, Frankfurt/Berlin 1962, 451-1082
Hauptmann, Gerhart, »Vor Sonnenaufgang«, *Sämtliche Werke*, hg. von Hass, Hans-Egon, Bd. 1, Frankfurt/ Main, Berlin 1966, 9-98
Heberer, Gerhard, »Abstammungslehre und moderne Biologie«, *Nationalsozialistische Monatshefte*, 1936, *7*: 884-886
Heberer, Gerhard, »Neuere Ergebnisse der Chromosomenforschung mit besonderer Berücksichtigung des Menschen«, *Verhandlungen der Deutschen Gesellschaft für Rassenforschung*, 1938, *9*: 1-36
Heberer, Gerhard, *Evolution der Organismen*, Jena 1943
Hegar, Alfred, *Der Geschlechtstrieb. Eine social-medicinische Studie*, Stuttgart 1894
Heiber, Helmut, *Walter Frank und sein Reichsinstitut für Geschichte des neuen Deutschlands*, Stuttgart 1966
Hermann, Armin, *Wie die Wissenschaft ihre Unschuld verlor*, Frankfurt 1984
Hertwig, Oscar, *Zur Abwehr des ethischen, des sozialen, des politischen Darwinismus*, Jena 1918
Hertwig, Paula, »Probleme der heutigen Vererbungslehre«, *Die Naturwissenschaften*, 1934, *22*: 425-430
Hertz, Friedrich, *Rasse und Kultur*, Leipzig 1915
Hildebrand, Klaus, *Das Dritte Reich*, München 1979
Hillgruber, Andreas, »Die ›Endlösung‹ und das deutsche Ostimperium als Kernstück des rassenideologischen Programms des Nationalsozialismus«, Hillgruber, Andreas, *Deutsche Großmacht- und Weltpolitik im 19. und 20. Jahrhundert*, Düsseldorf 1977, 252-275
Hillgruber, Andreas, »Imperialismus und Rassendoktrin als Kernstück der NS-Ideologie«, Haupts, Leo/Mölich, Georg

(Hg.), *Strukturelemente des Nationalsozialismus*, Köln 1981, 11-36

Hilts, Viktor, »Enlightenment views on the genetic perfectibility of man«, Mendelsohn, Everett (ed.), *Transformation and Tradition in the Sciences*, Cambridge 1986, 255-271

Hirschfeld, Felix, »Die Ernährung und ihr Einfluss auf Krankheit und Sterblichkeit«, Mosse, Max/Tugendreich, Gustav (Hg.), *Krankheit und soziale Lage*, München 1913, 121-153

Hitler, Adolf, *Mein Kampf*, 37. Aufl., München 1933, (Original 1925/26)

Hoffmann, Geza von, »Die Regelung der Ehe im rassenhygienischen Sinne in den Vereinigten Staaten von Nordamerika«, *ARGB*, 1912, *9*: 730-761

Hoffmann, Geza von, *Die Rassenhygiene in den Vereinigten Staaten von Nordamerika*, München 1913

Hoffmann, Geza von, »Das Sterilisierungsprogramm in den Vereinigten Staaten von Nordamerika«, *ARGB*, 1914-15, *11*: 184-192

Hoffmann, Geza von, *Krieg und Rassenhygiene*, München 1916

Hoffmann, Geza von, »Drohende Verflachung und Einseitigkeit rassenhygienischer Bestrebungen in Deutschland«, *ARGB*, 1916-18, *12*: 343-345

Hohorst, Gerd/Kocka, Jürgen/Ritter, Gerhard A., *Sozialgeschichtliches Arbeitsbuch. Materialien zur Statistik des Kaiserreichs 1870-1914*, München 1975

Horst Seidler/Andreas Rett, *Das Reichssippenamt entscheidet*, Wien 1982

Huxley, Julian, »Eugenics in Evolutionary Perspective«, *Perspectives in Biology and Medicine*, 1963, *6*: 155-187

Huxley, Julian, »The Future of Man – Evolutionary Aspects«, Wolstenholme, Gordon (ed.), *Man and his Future*, Boston/Toronto 1963, 1-22

Huysmans, Joris-Karl, *Gegen den Strich*, Zürich 1981

»Jahresversammlung des Bundes für Volksaufartung und Erbkunde am 7. Mai«, *ZVE*, 1927, *2*: 57-59

Jantz, Curt Paul, *Friedrich Nietzsche. Biographie*, Bd. II, München 1981

Jens, Ludwig, »Was kosten die schlechten Rassenelemente den

Staat und die Gesellschaft?«, *Archiv für Soziale Hygiene*, 1913, *8*: 213-296

Jensen, Arthur S., »How much can we boost IQ and scholastic achievement?«, *Harvard Educational Review*, 1969, *33*: 1-123

Just, Günther, »Zur gegenwärtigen Lage der menschlichen Vererbungs- und Konstitutionslehre«, *Zeitschrift für menschliche Vererbungs- und Konstitutionslehre*, 1936, *19*: 1-7

Just, Günther, *Handbuch der Erbbiologie des Menschen*, Bd. 1, Berlin 1940

Jäckel, Eberhard, *Hitlers Weltanschauung. Entwurf einer Herrschaft*, 2. Aufl., Stuttgart 1981, 93 (Original Tübingen 1969)

Jötten, Karl Wilhelm, »Die Rassenkunde und Rassenhygiene im Unterricht an den Deutschen Hochschulen«, *Die medizinische Welt*, 1933, *7*: 1080-1081

»Das Kaiser Wilhelm-Institut für Anthropologie, menschliche Erblehre und Eugenik«, Adolf von Harnack (Hg.), *Handbuch der Kaiser Wilhelm-Gesellschaft zur Förderung der Wissenschaften*, Berlin 1928, 116-121

Kallmann, Franz J., »New Goals and Perspectives in Human Genetics«, *Proceedings of the 2nd International Congress of Human Genetics*, 101-107

Kammerer, Paul, *Das Rätsel der Vererbung. Grundlagen der allgemeinen Vererbungslehre*, Berlin o. J. (1925)

Kappert, Hans, *Vier Jahrzehnte miterlebte Genetik*, Berlin 1978

Karenovics, Thomas, *Psychische Hygiene und Eugenik*, Diss. Freiburg/Breisgau 1974

Kattmann, Ulrich, »Biologische Unterwanderung? – Genetik als Rechtfertigung völkischer Ideologie«, Seidler, Horst/Soritsch, Alois (Hg.), *Rassen und Minderheiten*, Wien 1983, 21-34

Kaufmann, Walter, *Nietzsche. Philosoph – Psychologe – Antichrist*, Darmstadt 1982

Kaul, Friedrich Karl, *Ärzte in Auschwitz*, Berlin (Ost) 1968

Kaup, Ignaz, *Volkshygiene oder selektive Rassenhygiene*, Leipzig 1922

Kaup, Ignaz, »Was kosten die minderwertigen Elemente dem Staat und der Gesellschaft?«, *ARGB*, 1913, *10*: 723-748

Kaupen-Haas, Heidrun, »Die Bevölkerungsplaner im Sachverständigenbeirat für Bevölkerungs- und Rassenpolitik«, Kaupen-Haas, Heidrun (Hg.), *Der Griff nach der Bevölkerung*, Nördlingen 1986, 103-120

Kautsky, Karl, *Vermehrung und Entwicklung in Natur und Gesellschaft*, Stuttgart 1910

Kautsky, Karl, »Medizinisches«, *Die neue Zeit*, 1892, *10,1*: 644-651

Keiter, Friedrich, »Das Rassenbiologische Institut der Hanseatischen Universität Hamburg«, *Zeitschrift für Rassenkunde*, 1939, *9*: 274-275

Keiter, Friedrich, »Krise und Zukunft der Anthropologie«, *Studium Generale*, 1953, *6*: 492-496

Keiter, Friedrich, »Besprechung von G. Montalenti und A. Chiarugi, Atti del IX. Congreso Internazionale di Genetica, Firenze 1954«, *Homo*, 1956, *7*: 241

Keiter, Friedrich, »X. Internationaler Kongreß für Genetik, Montreal. IV. Internationale Konferenz für Biometrie und Symposium über biometrische Genetik, Ottawa«, *Homo*, 1958, *9*: 218

Keiter, Friedrich, »Rechtfertigung«, Seeliger, Rolf (Hg.), *Braune Universität*, Heft 3, München 1965, 70-72

Kekule von Stradonitz, Stephan, »Streifzüge durch die neuere medizinisch-genealogische Literatur«, *Mitteilungen der Zentralstelle für deutsche Personen- und Familiengeschichte*, 1907, *3*: 36-54

Kelly, Alfred, *The Descent of Darwin. The Popularization of Darwinism in Germany. 1860-1914*, Chapel Hill 1981

Kessler, Seymour, *Genetic Counseling*, New York 1979

Kevles, Daniel J., »Genetics in the United States and Great Britain, 1890-1930: A review with speculations«, *Isis*, 1980, *71*: 441-455

Kevles, Daniel J., *In the Name of Eugenics*, New York 1985

Keyser, Erich, »Die gegenwärtigen Aufgaben der Bevölkerungswissenschaft in Deutschland«, *Homo*, 1952, *3*: 179

Kienzle, Werner, »Schwangerschaftsunterbrechung, Sterilisation und Kastration nach geltendem Recht«, *Goltdammers Archiv für Strafrecht*, 1957, 69-70

Klare, Hans, *Das kriminalbiologische Gutachten im Strafprozeß*, Breslau 1930

Klee, Ernst, *»Euthanasie« im NS-Staat. Die »Vernichtung lebensunwerten Lebens«*, Frankfurt 1983
Klee, Ernst (Hg.), *Dokumente zur »Euthansie«*, Frankfurt 1985
Klocke, Friedrich von, *Die Entwicklung der Genealogie vom Ende des 19. bis zur Mitte des 20. Jahrhunderts*, Schellenberg 1950
Koch, Gerhard, »Professor Otmar Freiherr von Verschuer zum Gedächtnis«, *Ärztliche Praxis*, 1969, *21*: 5698
Koch, Gerhard, *Die Gesellschaft für Konstitutionsforschung. Anfang und Ende 1942-1965*, Erlangen 1985
Kohlrausch, Eduard, »Sterilisation und Strafrecht«, *Zeitschrift für die gesamte Strafrechtswissenschaft*, 1932, *52*: 383-404
Köhn-Behrens, Charlotte, *Was ist Rasse? Gespräch mit den größten deutschen Forschern der Gegenwart*, München 1934
Konrad, Hans, »Das höchste Gut eines Volkes – ist das Volk selbst«, *BfRK*, 1933, *13*: 1-2
Körner, U./Körner, Hannelore, »Die Frage nach Sinn und Wert des Lebens in der medizin-genetischen Beratung«, *Ergebnisse der experimentellen Medizin*, 1985, *45*: 30-35
Krabbe, Wolfgang R., *Gesellschaftsveränderung durch Lebensreform. Strukturmerkmale einer sozialreformerischen Bewegung im Deutschland der Industrialisierungsperiode*, Göttingen 1974
Kranz, Heinrich W., »Die Erbkartei des Gaues Hessen-Nassau«, *Der Erbarzt*, 1934, *1*: 57-58
Kranz, Heinrich W., »Rassenhygiene, eine politische Wissenschaft«, *Ziel und Weg*, 1938, *8*: 234-240
Kranz, Heinrich W./Koller, Siegfried, *Die ›Gemeinschaftsunfähigen‹. Ein Beitrag zur wissenschaftlichen und praktischen Lösung des sogenannten ›Asozialenproblems‹*, Teil I-III, Gießen 1939-1941
Krieg und Volksvermehrung, (= *Das neue Deutschland*, Sonderheft 17/22), 1916
Kruck, Alfred, *Geschichte des Alldeutschen Verbandes 1890-1939*, Wiesbaden 1954
Krutina, Edwin, »Die Aufgaben der deutschen Standesbeamten in Gegenwart und Zukunft«, *Zeitschrift für Standesamtswe-*

sen, Personenstandsrecht, Eherecht und Familiengeschichte, 1924, *4*: 211-214
Krutina, Edwin, »Eugenik und Standesbeamter«, *Zeitschrift für Volksaufartung und Erbkunde*, 1928, *3*: 307-308
Kuczynski, Jürgen, *Geschichte des Alltags des deutschen Volkes*, Bd. 4 (1871-1918), Köln 1982
Kudlien, Fridolf, *Ärzte im Nationalsozialismus*, Köln 1985
Kuhn, P./Balser, E., »Vorschläge für das Gesundheitswesen des deutschen Reiches«, *Zeitschrift für Medizinalbeamte*, 1933, *46*: 287-295
Kulka, Otto Dov, »Die Nürnberger Rassengesetze und die deutsche Bevölkerung im Lichte geheimer NS-Lage- und Stimmungsberichte«, *Vierteljahreshefte für Zeitgeschichte*, 1984, *32*: 582-624
Kühn, Alfred/Staemmler, Martin/Burgdörfer, Fritz, *Erbkunde-Rassenpflege-Bevölkerungspolitik – Schicksalsfragen des deutschen Volkes*, Leipzig 1934
Kühn, Alfred, *Grundriß der Vererbungslehre*, Heidelberg 1939
Kühn, Kurt, *Deutsche Ärzte an der Seite der deutschen Arbeiterbewegung im Kampf gegen den Hitlerfaschismus*, Berlin 1966
Labisch, Alfons/Tennstedt, Florian, *Der Weg zum »Gesetz über die Vereinheitlichung des Gesundheitswesens« vom 3. Juli 1934. Entwicklungslinien und -momente des staatlichen und kommunalen Gesundheitswesens in Deutschland* (Schriftenreihe der Akademie für Öffentliches Gesundheitswesen in Düsseldorf, Bd. 13, 1.2), Düsseldorf 1986
»Der Landesausschuß für hygienische Volksbelehrung in Preußen e. V.«, *Blätter für Volksgesundheitspflege*, 1928, *28*: 18
Landesverband Bayern im Reichsbund der Kinderreichen Deutschlands, *Wie die Familie – so das Volk. Die kinderreiche Familie im Lichte der Eugenik*, München 1930
Landsberg, Paul Ludwig, »Rassenideologie und Rassenwissenschaft«, *Zeitschrift für Sozialforschung*, 1933, *2* (Paris 1934): 388-406
Langbein, Hermann, *Menschen in Auschwitz*, Wien 1972
Lange, Friedrich Albert, *Die Arbeiterfrage. Ihre Bedeutung für Gegenwart und Zukunft*, 6. Aufl., Winterthur 1909

Lange, Johannes, »Die Frage der geistigen Entartung in ihrer Beziehung zur Irrenfürsorge«, *ARGB*, 1928, *20*: 129-155
Laughlin, Harry H., »The Relation of Eugenics to other Sciences«, *The Eugenics Review*, 1919, *XI*: 55 f.
Lederberg, Joshua, »Biological Future of Man«, Wolstenholme, Gordon (ed.), *Man and his Future*, Boston/Toronto 1963, 263-273
Lehmann, Ernst, »Verbreitung erbbiologischer Kenntnisse durch Hochschule und Schule, *Deutschlands Erneuerung*, 1938, *22*: 561-567, 642-650
Lehmann, Ernst, »Vererbungslehre, Rassenkunde und Rassenhygiene«, *Der Biologe*, 1938, *7*: 306-310
Lehmann, Melanie, *Verleger J. F. Lehmann. Ein Leben im Kampf um Deutschland*, München 1935
Leibbrandt, Werner/Wettley, Annemarie, *Der Wahnsinn. Geschichte der abendländischen Psychopathologie*, (Orbis Academicus II/12), Freiburg/München 1961
»Leitsätze der Deutschen Gesellschaft für Rassenhygiene zur Geburtenfrage«, *ARGB*, 1914-15, *11*: 135
»Leitsätze der Deutschen Gesellschaft für Rassenhygiene«, *ARGB*, 1914-15, *11*: 134-136
»Leitsätze der Deutschen Gesellschaft für Rassenhygiene«, *ARGB*, 1922, *14*: 372-375
»Leitsätze der Deutschen Gesellschaft für Rassenhygiene«, *ARGB*, 1932, *16*: 234
»Leitsätze des Reichsgesundheitsrates vom 26. Februar 1920«, *Kultur und Leben*, 1926, *3*: 233-234
Lennig, Robert, *Max Hirsch: Sozialgynäkologie und Frauenkunde*, Berlin 1977
Lenz, Fritz, »Rassen-Hygiene«, *Studentische Monatshefte vom Oberrhein*, 1911, H. 8: 3-8
Lenz, Fritz, »Deutsche Gesellschaft für Bevölkerungspolitik«, *ARGB*, 1914-15, *11*: 555-557
Lenz, Fritz, »Bund zur Erhaltung und Mehrung der deutschen Volkskraft«, *ARGB*, 1914-15, *11*: 554-555
Lenz, Fritz, »Die Erhaltung und Mehrung der deutschen Volkskraft«, *ARGB*, 1916-18, *12*: 116-124
Lenz, Fritz, »Zur Erneuerung der Ethik«, *Deutschlands Erneuerung*, 1917, *1*: 35-56

Lenz, Fritz, »Oscar Hertwigs Angriff gegen den ›Darwinismus‹ und die Rassenhygiene«, *ARGB*, 1921, *13*: 194-203
Lenz, Fritz, *Die Erblichkeitslehre beim Menschen*, Leipzig 1923
Lenz, Fritz, »Ein deutscher Bund für Volksaufartung«, *ARGB*, 1925, *17*: 349-350
Lenz, Fritz, »Ein deutsches Forschungsinstitut für Anthropologie, menschliche Erblehre und Eugenik, *ARGB*, 1927, *19*: 457-458
Lenz, Fritz, »Max von Gruber. Wer er war und wie er war«, *Süddeutsche Monatshefte*, 1927-28, *25*: 116-120
Lenz, Fritz, »Soziale Notwendigkeit der Rassenhygiene«, *Süddeutsche Monatshefte*, 1928, 436-443
Lenz, Fritz, »Die Stellung des Nationalsozialismus zur Rassenhygiene«, *ARGB*, 1931, *25*: 300-308
Lenz, Fritz, »Günthers Berufung nach Jena«, *ARGB*, 1931, *23*: 337-339
Lenz, Fritz, »Ein Versuch rassenhygienischer Lenkung der Ehewahl«, *ARGB*, 1932, *26*: 460-462
Lenz, Fritz, Rezension von »R. W. Darré, Neuadel aus Blut und Boden«, *ARGB*, 1932, *26*: 444-447
Lenz, Fritz, *Die Rasse als Wertprinzip. Zur Erneuerung der Ethik*, München 1933
Lenz, Fritz, »Rassenhygiene als Pflichtfach für Mediziner«, *Münchner medizinische Wochenschrift*, 1933, *80*: 849-851
Lenz, Fritz, »Rassenhygiene und Sterilisierung im Preußischen Landesgesundheitsrat«, *ARGB*, 1933, *27*: 180-185
Lenz, Fritz, »Die Bedeutung der Rassenhygiene für das deutsche Volk«, Jaensch, Walther (Hg.), *Konstitutions- und Erbbiologie in der Praxis der Medizin*, Leipzig 1934, 52-64
Lenz, Fritz, »Diskussionsbeitrag zu Timofeeff-Ressovsky«, *Zeitschrift für Induktive Abstammungs- und Vererbungslehre*, 1939, *76*: 218
Lenz, Fritz, »Gedanken zur Rassenhygiene (Eugenik)«, *ARGB*, 1943, *37*: 83-109
Lenz, Fritz, »Diesseits von Gut und Böse«, *Deutsche Universitätszeitung*, 1953, *8*: 9-12
Lenz, Fritz, »Über die Grenzen praktischer Eugenik«, *Acta Genetica et Statistica Medica*, 1956, *6*: 13-24

Widukind Lenz, »Eingriff in die Vererbung«, *Studium Generale*, Münster 1984/85, 24-35

Levien, Max, »Stimmen aus dem teutschen Urwalde«, *Unter dem Banner des Marxismus*, 1928, *11*: 150-196

Liek, Erwin, *Soziale Versicherungen und Volksgesundheit* (= Friedrich Mann's Pädagogisches Magazin 1278), Langensalza 1929

Lifton, Robert Jay, *The Nazi-Doctors*, New York 1986

Linse, Ulrich, »Arbeiterschaft und Geburtenentwicklung im Kaiserreich von 1871«, *Archiv für Sozialgeschichte*, 1972, *12*: 205-271

Loeffler, Lothar, »Ist die gesetzliche Freigabe der eugenischen Indikation zur Schwangerschaftsunterbrechung rassenhygienisch notwendig?«, *Deutsches Ärzteblatt*, 1933, *63*: 368-369

Loeffler, Lothar, *Der Auslesegedanke als Forderung in der Medizin*, Königsberg 1936

Lohalm, Uwe, *Völkischer Radikalismus. Die Geschichte des Deutschvölkischen Schutz- und Trutz-Bundes 1919-1923*, Hamburg 1970

»Looking to the Future. A discussion session of the Conference on Problems and Methods in Human Genetics, Bethesda, October 8 and 9, 1953«, *American Journal for Human Genetics*, 1954, *6*: 185-188

Losch, Hermann J., »Lebendes und totes Volksvermögen«, *Allgemeines Statistisches Archiv*, 1914, *8*: 187-193

Losemann, Volker, »Nationalsozialistische Weltanschauung und Herrschaftspraxis (1933-1935)«, Malettke, Klaus (Hg.), *Der Nationalsozialismus an der Macht. Aspekte nationalsozialistischer Politik und Herrschaft*, Göttingen 1984, 9-52

Lösener, Bernhard, »Als Rassereferent im Reichsministerium des Innern«, *Vierteljahreshefte für Zeitgeschichte*, 1961, *9*: 264-313

Ludmerer, Kenneth M., »American Geneticists and the Eugenics Movement: 1905-1935«, *Journal of the History of Biology*, 1969, *2*: 337-362

Ludmerer, Kenneth M., *Genetics and American Society: A historical appraisal*, 2nd printing, Baltimore 1974

Luria, Salvador E., »Directed Genetic Change: Perspectives

from Molecular Genetics«, Sonneborn, Tracy M. (ed.), *The Control of Human Heredity*, New York 1965, 1-19

Hans-Jürgen Lutzhöft, *Der Nordische Gedanke in Deutschland 1920-1940* (Kieler Historische Studien, Bd. 14), Stuttgart 1971

Luxenburger, Hans, »Möglichkeiten und Notwendigkeiten für die psychiatrisch-eugenische Praxis«, *Münchener Medizinische Wochenschrift*, 1931, *78*: 753-758

Luxenburger, Hans, »Zur Frage der Schwangerschaftsunterbrechung und Sterilisierung aus psychiatrisch-eugenischer Indikation«, *Zeitschrift für die gesamte Strafrechtswissenschaft*, 1932, *52*: 432-439

Luxenburger, Hans, »Spezielle empirische Erbprognose in der Psychiatrie«, Rüdin, Ernst (Hg.), *Erblehre und Rassenhygiene im völkischen Staat*, München 1934, 143-149

MacKenzie, Donald, *Statistics in Britain 1865-1930*, Edinburgh 1981

MacKeown, Thomas, *Die Bedeutung der Medizin. Traum, Trugbild oder Nemesis*, Frankfurt 1982

Machatzke, Martin (Hg.), *Gerhart Hauptmann. Diarien 1917 bis 1933*, Frankfurt/Main 1980, 233

Mann, Gunther, »Biologie und der ›Neue Mensch‹. Denkstufen und Pläne zur Menschenzucht im Zweiten Kaiserreich«, Mann, Gunther/Winau, Rolf (Hg.), *Medizin, Naturwissenschaften, Technik und das Zweite Kaiserreich* (Vorträge eines Kongresses vom 6. bis 11. September 1973 in Bad Nauheim), Göttingen 1977, 172-188

Mann, Gunter, »Neue Wissenschaft im Rezeptionsbereich des Darwinismus: Eugenik – Rassenhygiene«, *Berichte zur Wissenschaftsgeschichte*, 1978, *1*: 101-111

Mann, Thomas, »Zu einem Kapitel aus ›Buddenbrooks‹«, *Gesammelte Werke*, Bd. XI, Frankfurt/Main 1974, 552-556

Martius, Friedrich, *Konstitution und Vererbung in ihren Beziehungen zur Pathologie*, Berlin 1914

Martius, Friedrich, »Künstliche Fehlgeburt und künstliche Unfruchtbarkeit vom Standpunkt der inneren Medizin«, Placzek, Siegfried (Hg.), *Künstliche Fehlgeburt und künstliche Unfruchtbarkeit, ihre Indikationen, Technik und Rechtslage*, Leipzig 1918, 49-120

Marx, Karl, *Das Kapital. Kritik der politischen Ökonomie*, Bd. 1, Berlin/DDR 1966

Maser, Werner, *Der Sturm auf die Republik: Frühgeschichte der NSDAP*, Frankfurt/Berlin/Wien 1981

Mayr, Ernst/Provine, William B., *The Evolutionary Synthesis*, Cambridge/ Mass. 1980

Mayr, Ernst, *The Growth of Biological Thought*, Cambridge/ Mass. 1982

Mayr, Ernst, *Die Entwicklung der biologischen Gedankenwelt. Vielfalt, Evolution und Vererbung*, Berlin et al. 1984

McKusick, Victor A., »The Growth and Development of Human Genetics as a Clinical Discipline«, *American Journal for Human Genetics*, 1975, *27*: 261-273

Mehrtens, Herbert/Richter, Steffen (Hg.), *Naturwissenschaft, Technik und NS-Ideologie*, Frankfurt 1980

Melchers, Georg, »Genetik und Evolution (Bericht eines Botanikers)«, *Zeitschrift für Induktive Abstammungs- und Vererbungslehre*, 1939, *76*: 229-259

»Das Merkblatt für Eheschließende«, *ARGB*, 1930, *22*: 103-105

Mertel, Hans Richard, »Hebung der Rasse ist Pflicht jedes Volksgenossen«, *Völkischer Beobachter*, Beiblatt zu Nr. 102/ 1. 5. 1930, Bayernausgabe

Michelsson, Gustav, »Kritische Betrachtungen über Methoden und Aufgaben der Anthropologie«, *Zeitschrift für Morphologie und Anthropologie*, 1923, *23*: 263-294

»Ministerialdirektor Otto Krohne«, *Blätter für Volksgesundheitspflege*, 1928, *28*: 85-86

Mitscherlich, Alexander/Mielke, Fred, *Medizin ohne Menschlichkeit*, Frankfurt 1978, zuerst Heidelberg 1947 unter dem Titel: *Das Diktat der Menschenverachtung*

Mittgartbund (Verfasser: Willibald Hentschel), *Mittgart. Ein Weg zur Erneuerung der germanischen Rasse*, 2. Aufl., Dresden 1911, (1. Aufl. 1907)

Moll, Albert, »Sterilisierung und Verbrechen«, *Kriminalistische Monatshefte*, 1929, *3*: 121-126

Mollison, Theodor, »Rassenkunde und Rassenhygiene«, Rüdin, Ernst (Hg.), *Erblehre und Rassenhygiene im völkischen Staat*, München 1934, 35-48

Mommsen, Hans, »Die Realisierung des Utopischen: Die ›End-

lösung der Judenfrage‹ im ›Dritten Reich‹«, *Geschichte und Gesellschaft*, 1983, *9*: 381-420
Morgan, Thomas H., »The Constitution of the Hereditary Material«, *Proceedings of the American Philosophical Society*, 1915, *14*: 152
Morgan, Thomas H., *Die stoffliche Grundlage der Vererbung*, Berlin 1921
Morus, Thomas, *Utopia*, Berlin 1922
Mosse, Max, »Einfluss der sozialen Lage auf die Tuberkulose«, Mosse, Max/Tugendreich, Gustav (Hg.), *Krankheit und soziale Lage*, München 1913, 551-607
Mosse, Max/Tugendreich, Gustav, »Einleitung«, Mosse, Max/Tugendreich, Gustav (Hg.), *Krankheit und soziale Lage*, München 1913, 19f.
Motulsky, Arno G., »Human and Medical Genetics: A Scientific Discipline and An Expanding Horizon«, *American Journal for Human Genetics*, 1971, *23*: 107-123
Motulsky, Arno G., »Brave New World?«, *Science*, 1974, *185*: 653-662
Motulsky, Arno G., »Medical and Human Genetics 1977: Trends and Directions«, *American Journal for Human Genetics*, 1978, *30*: 123-131
Motulsky, Arno G., »Possible Selective Effects of Urbanization on Ashkenazi Jews«, Goodman, Richard M./Motulsky, Arno G. (ed.), *Genetic Diseases Among Ashkenazi Jews*, New York 1979, 301-312
Motulsky, Arno G., »Ashkenazi Jewish Gene Pools: Admixture, Drift and Selection«, Eriksson, A. W., *Population Structure and Genetic Discoveries*, London 1980, 353-365
Motulsky, Arno G., »Impact of Genetic Manipulation on Society and Medicine«, *Science* 1983, *219*: 135-140, 135f.; W. French Anderson, »Prospects for Human Gene Therapy«, *Science*, 1984, *226*: 401-409
Muckermann, Hermann, »Das dringlichste Problem der Bevölkerungsfrage«, *Stimmen der Zeit*, 1917, *93*: 134-154
Muckermann, Hermann, »Alfred Ploetz und sein Werk«, *Eugenik. Erblehre. Erbpflege*, 1931, *1*: 262-263
Muckermann, Hermann, »Eugenische Eheberatung«, *Das Kommende Geschlecht*, 1931, *6*, H. 1/2: 1-72
Muckermann, Hermann, »Illustrationen zu der Frage: Wohl-

fahrtspflege und Eugenik«, *Eugenik. Erblehre. Erbpflege*, 1932, *2*: 42
Muller, Herman J., *Out of the Night*, London 1936
Muller, Herman J., »Progress and Prospects in Human Genetics«, *American Journal for Human Genetics*, 1945, *1*: 1-18
Muller, Herman J., »Our Load of Mutations«, *American Journal for Human Genetics*, 1950, *2*: 111-176
Muller, Herman J., *The Selected Papers of H. J. Muller*, Bloomington 1962
Muller, Herman J., Rezension »Human Heredity«, Herman J. Muller, *Studies in Genetics. The Selected Papers of H. J. Muller*, Bloomington 1962, 541-543
Muller, Herman J., »Means and Aims in Human Genetic Betterment«, Sonneborn, Tracy M. (ed.), *The Control of Human Heredity*, New York 1965, 100-122
Muller, Herman J., »Germinal Choice – A New Dimension in Genetic Therapy«, *Proceedings of the 2nd International Congress of Human Genetics, 6.-12. 9. 1961*, Rom, 1968-1973
Mühlmann, Wilhelm E., »Die Verantwortung der Anthropologie«, *Homo*, 1951, *2*: 2-4
Mühlmann, Wilhelm E., *Geschichte der Anthropologie*, 3. Aufl., Wiesbaden 1984
Müller, H., »Der Sachverständigenbeirat für Bevölkerungs- und Rassenpolitik des Reichsministers des Innern«, Astel, Karl (Hg.), *Rassekurs in Egendorf*, München 1935, 183-188
Müller, Joachim, *Sterilisation und Gesetzgebung bis 1933* (= Abhandlungen zur Geschichte der Medizin und der Naturwissenschaften 49), Husum 1985
Müller, Johannes, *Der Geburtenrückgang*, Jena 1924, 135
Müller-Hill, Benno, *Tödliche Wissenschaft*, Reinbek 1984
Nachtsheim, Hans, »Der V. Internationale Kongreß für Vererbungswissenschaft«, *Die Naturwissenschaften*, 1927, *15*: 989-995
Nachtsheim, Hans, »Ein halbes Jahrhundert Genetik«, Veröffentlichung der Freien Universität Berlin, Berlin 1951, 3-17
Nachtsheim, Hans, *Für und Wider die Sterilisierung aus eugenischer Indikation*, Stuttgart 1952
Nachtsheim, Hans, »Die Genetik in Deutschland«, *Deutsche Universitätszeitung*, 1955, *10*: 9-11

Nachtsheim, Hans, »Die Genetik in Deutschland«, Rajewsky, Boris/Schreiber, Georg (Hg.), *Aus der deutschen Forschung der letzten Dezennien*, Stuttgart 1956, 199-207

Nachtsheim, Hans, »Die Entwicklung der Genetik in Deutschland von der Jahrhundertwende bis zum Atomzeitalter«, *Studium Berolinense*, 1960, 857-867

Nachtsheim, Hans, »Sind die Empfehlungen des Wissenschaftsrates realisierbar?«, *Deutsche Universitätszeitung*, 1961, *16,3*: 3-7

Nachtsheim, Hans, »Zur Frage Anthropologie und Humangenetik«, *Deutsche Universitätszeitung*, 1961, *16,12*: 17-20

Nachtsheim, Hans, »Eugenik im Lichte moderner Genetik«, *Forschung. Praxis. Fortbildung*, 1966, *17*: 3-8

Naecke, Paul, »Die Kastration bei gewissen Klassen von Degenerirten als ein wirksamer socialer Schutz«, *Archiv für Kriminologie*, 1900, *3/4*: 58-84

Naecke, Paul, »Die ersten Kastrationen aus sozialen Gründen auf europäischem Boden«, *Neurologisches Centralblatt*, 1909, *28*: 226-234

Neukamp, Franz, »Ist das Erbrankheitsgesetz ein Nazigesetz?«, *Berliner Gesundheitsblatt*, 1951, *2*: 251-252

»Niederschrift über die Verhandlungen während der Sitzung der vom Bundestag eingesetzten Kommission zur Nachprüfung der Ausbildungsangelegenheit am 27. Okt. 1924«, *Zeitschrift für Standesamtswesen, Personenstandsrecht, Eherecht und Familiengeschichte*, 1924, *4*: 269

Nietzsche, Friedrich, »Genealogie der Moral«, *Sämtliche Werke. Kritische Studienausgabe in 15 Bänden*, hg. von Colli, Giogio/Montinari, Mazzino, Bd. 5, München/Berlin/New York 1980

Nietzsche, Friedrich, »Nachgelassene Fragmente Anfang 1880 bis Sommer 1882 «, *Sämtliche Werke. Kritische Studienausgabe in 15 Bänden*, hg. von Colli, Giogio/Montinari, Mazzino, Bd. 9, München/Berlin/New York 1980

Nietzsche, Friedrich, »Nachgelassene Fragmente. Herbst 1885 bis Anfang Januar 1889«, *Sämtliche Werke. Kritische Studienausgabe in 15 Bänden*, hg. von Colli, Giogio/Montinari, Mazzino, Bd. 13, München/Berlin/New York 1980

Nordau, Max, *Entartung*, 3. Aufl., Berlin 1896

Nordenskiöld, Erik, *Die Geschichte der Biologie*, Jena 1926

Nowak, Kurt, *»Euthanasie« und Sterilisierung im »Dritten Reich«*, Göttingen 1978
Nyiszli, Miklos, *Auschwitz: A Doctor's Eyewitness Account*, New York 1960
Oettinger, Walter, *Die Rassenhygiene und ihre wissenschaftlichen Grundlagen*, Berlin 1914
Olberg, Oda, »Bemerkungen über Rassenhygiene und Sozialismus«, *Die neue Zeit*, 1906, *24,2*: 725-733
Olberg, Oda, »Rassenhygiene und Sozialismus«, *Die Neue Zeit*, 1907, *25,1*: 882-887
Die Ordensgesetze der SS. SS Oberabschnitt West, Düsseldorf 1938
Ostermann, Arthur, »Das Heiratszeugnis«, *Zeitschrift für Volksaufartung und Erbkunde*, 1926, *1*: 105-107
Ostermann, Arthur, »Geleitwort«, *Eugenik. Erblehre. Erbpflege*, 1930, *1*: 1
Ostermann, Arthur, »Die Eugenik im Dienste der Volkswohlfahrt«, *Eugenik. Erblehre. Erbpflege*, 1932, *2*: 241-253
»A Panel Discussion: Genetic Counseling. (Chairman: Lee R. Dice)«, *American Journal for Human Genetics*, 1959, *4*: 332-346
Passarge, Eberhard/Rüdiger, Hugo W., *Genetische Pränataldiagnostik als Aufgabe der Präventivmedizin: Ein Erfahrungsbericht mit Kosten-Nutzen-Analyse*, Stuttgart 1979
Paul, Diane, »Eugenics and the left«, *Journal for the history of ideas*, 1984, *45*: 567-590
Pearl, Raymond, »Eugenics«, *ZIAV*, 1928, Suppl. 1, (Verhandlungen des V. Internationalen Kongresses für Vererbungswissenschaft): 261-282
Pearson, Karl, *The Life, Letters, and Labours of Francis Galton*, vol. III A, Cambridge 1930
Planck, Max (Hg.), *25 Jahre Kaiser Wilhelm-Gesellschaft zur Förderung der Wissenschaften E.V.*, Bd. 1, Berlin 1936
Ploetz, Alfred, *Die Tüchtigkeit unserer Rasse und der Schutz der Schwachen*, Berlin 1895
Ploetz, Alfred, »Ableitung einer Gesellschaftshygiene und ihrer Beziehungen zur Ethik«, *ARGB*, 1906, *3*: 253-259
Ploetz, Alfred, »Deutscher Monistenbund«, *ARGB*, 1906, *3*: 320-321

Ploetz, Alfred, »Gesellschaften mit rassenhygienischen Zwekken«, *ARGB*, 1909, *6*: 277-281
Ploetz, Alfred, »Die Begriffe Rasse und Gesellschaft und einige damit zusammenhängende Probleme«, *Schriften der deutschen Gesellschaft für Soziologie*, Bd. 1, Tübingen 1911, 111-136
Ploetz, Alfred, »Ziele und Aufgaben der Rassenhygiene«, *Deutsche Vierteljahrsschrift für öffentliche Gesundheitspflege*, 1911, *43*: 164-192
Ploetz, Alfred, »Gesellschaften mit rassenhygienischen Zwekken«, *ARGB*, 1913, *10*: 403-407
Ploetz, Alfred, »Neomalthusianismus und Rassenhygiene«, *ARGB*, 1913, *10*: 166-172
Ploetz, Alfred, *Volksaufartung. Erbkunde. Eheberatung*, 1930, *5*: 193-194
Pohlisch, Kurt, »Das Rheinische Provinzial-Institut für psychiatrisch-neurologische Erbforschung in Bonn«, *Der Erbarzt*, 1936, *3*: 1-11
Pohlisch, Kurt, *Erbpflege im Dritten Reich* (Kriegsvorträge der Rheinischen Friedrich-Wilhelms-Universität Bonn a. Rh., H. 19), Bonn 1941
Poliakov, Leon/Wulf, Josef, *Das Dritte Reich und seine Denker*, Berlin-Grunewald 1959
Poliakov, Leon, *Der arische Mythos. Zu den Quellen von Rassismus und Nationalsozialismus*, Wien/München/Zürich 1971
Pommerin, Rainer, *Rheinlandbastarde*, Düsseldorf 1979
Popper, Karl, *Die offene Gesellschaft und ihre Feinde*, 2 Bde., 2. Aufl., Bern 1970
Potthoff, Heinz, *Soziale Rechte und Pflichten. Aphorismen zu brennenden Fragen*, Jena 1911
President's Commission for the Study of Ethical Problems in Medicine and Biomedical and Behavioral Research, Screening and Counseling for Genetic Conditions, USGPO, Washington 1983
Peter Propping, »Norm und Variabilität – der Krankheitsbegriff in der Genetik«, *Universitas*, 1984, *39*: 1271-1281
Provine, William B., *The Origins of Theoretical Population Genetics*, Chicago 1971
Provine, William B., »Geneticists and the Biology of Race Crossing«, *Science*, 1973, *182*: 790-796

Punnett, R. C., »Eliminating Feeblemindedness«, *Journal of Heredity*, 1917, *8*: 464-465
The Race Concept. Results of an Inquiry, Westport/ Conn. 1952, repr. 1970
Reche, Otto, »Zum Geleit«, *Zeitschrift für Rassenphysiologie*, 1929, *1*: 5
Reche, Otto, »Begrüßung«, *Verhandlungen der Deutschen Gesellschaft für Physische Anthropologie*, 1937, *8*: 1-3
Reche, Otto, »Zur Entstehungsgeschichte der ersten exakt wissenschaftlichen erbbiologisch-anthropologischen Abstammungsgutachten«, *Zeitschrift für Morphologie und Anthropologie*, 1964, *55*: 283-293
Reichel, Heinrich, »Alfred Ploetz und die rassenhygienische Bewegung der Gegenwart«, *Wiener klinische Wochenschrift*, 1931, *44*: 284-287
»Das Reichsgericht zur Bedeutung des erbbiologischen Gutachtens«, *Der Biologe*, 1940, *12*: 40
»Das Reichsgesetz zur Entlastung der Gerichte und die Zukunft der deutschen Standesbeamtenschaft«, *Zeitschrift für Standesamtswesen, Personenstandsrecht, Eherecht und Familiengeschichte*, 1922, *2*: 110-111
Reif, Maria/Baitsch, Helmut, *Genetische Beratung*, Berlin et al. 1986
Rensch, Bernhard, »Historical Development of the Present Synthetic Neo-Darwinism in Germany«, Mayr, Ernst/Provine, William B., *The Evolutionary Synthesis*, Cambridge/ Mass. 1980, 284-303
»Report of the Committee on Genetic Effects of Atomic Radiation«, *Human Genetics*, 1956, *8*: 207-228
Ribot, T. H., *Die Erblichkeit. Eine psychologische Untersuchung ihrer Erscheinungen, Gesetze, Ursachen und Folgen*, Leipzig 1876
Rissom, Renate, *Fritz Lenz und die Rassenhygiene*, Husum 1983
Roemer, Hans, »Über psychiatrische Erblichkeitsforschung«, *ARGB*, 1912, *9*: 292-329
Rosenberg, Alfred, *Gestalten der Idee*, 2. Aufl., München 1936
Roth, Alfred, »Verzeichnis deutschvölkischer Vereine, Bünde und Orden«, Fritz, Georg (Hg.), *Deutschvölkisches Jahrbuch 1920*, Weimar 1920, 232-241

Roth, Karl Heinz/Aly, Götz, »Das ›Gesetz über die Sterbehilfe bei unheilbar Kranken‹«, Karl Heinz Roth (Hg.), *Erfassung zur Vernichtung*, Berlin 1984, 101-179

Roth, Karl Heinz, »Schöner neuer Mensch. Der Paradigmenwechsel der klassischen Genetik und seine Auswirkungen auf die Bevölkerungsbiologie des ›Dritten Reichs‹«, Kaupen-Haas, Heidrun (Hg.), *Der Griff nach der Bevölkerung. Aktualität und Kontinuität nazistischer Bevölkerungspolitik*, (Schriften der Hamburger Stiftung für Sozialgeschichte des 20. Jahrhunderts, Bd. 1), Nördlingen 1986, 11-63

Rousseau, Jean-Jacques, *Diskurs über die Ungleichheit. Discours sur l'inégalité*. Kritische Ausgabe, Paderborn et al. 1984

Rösle, Emil, »Die Statistik des Geburtenrückgangs in der neueren deutschen Literatur«, *Archiv für soziale Hygiene*, 1913, *8*: 145-179

Rüdin, Ernst, »Der Alkohol im Lebensprozeß der Rasse«, Hähnel, Franziskus (Hg.), *Bericht über den IX. Internationalen Kongreß gegen den Alkoholismus*, Jena 1904, 95-109

Rüdin, Ernst, »Rassenhygienische Gesetzgebung in den Vereinigten Staaten von Nordamerika«, *ARGB*, 1908, *5*: 154-156

Rüdin, Ernst, »Ueber die Vorhersage von Geistesstörung in der Nachkommenschaft«, *ARGB*, 1928, *20*: 394-407

Rüdin, Ernst, »Psychiatrische Indikation zur Sterilisierung«, *Das kommende Geschlecht*, 1929, *5*, H. 3: 1-19

Rüdin, Ernst, »Praktische Ergebnisse der psychiatrischen Erblichkeitsforschung«, *ARGB*, 1930, *24*: 228-237

Rüdin, Ernst, »Aufgaben und Ziele der Deutschen Gesellschaft für Rassenhygiene«, *ARGB*, 1934, *28*: 228-231

Rüdin, Ernst, »Empirische Erbprognose«, Rüdin, Ernst (Hg.), *Erblehre und Rassenhygiene im völkischen Staat*, München 1934, 136-142

Rüdin, Ernst, »Institut für Genealogie und Demographie«, Planck, Max (Hg.), *25 Jahre Kaiser Wilhelm-Gesellschaft zur Förderung der Wissenschaften E. V.*, Bd. 2, Berlin 1936, 413-419

»Runderlaß des Preußischen Ministeriums für Volkswohlfahrt I M I 36 vom 23. Februar 1926«, *Zeitschrift für Standesamtswesen, Personenstandsrecht, Eherecht und Familiengeschichte*, 1926, *6*: 82

Saller, Karl, »Die Entstehung der ›nordischen Rasse‹«, *Zeitschrift für Anatomie und Entwicklungsgeschichte*, 1927, *83*: 411-590
Saller, Karl, »Die Rassenfrage«, *Erdball*, 1931, *5*: 331-337
Saller, Karl, »Die Bedeutung der Rasse im Leben des Volkes«, *Eugenik. Erblehre. Erbpflege*, 1931, *1*: 1-9
Saller, Karl, *Einführung in die menschliche Erblichkeitslehre und Eugenik*, Berlin 1932
Saller, Karl, »Stand und Aufgaben der Eugenik«, *Klinische Wochenschrift*, 1933, *12*: 1041-1044
Saller, Karl, »Anthropologie und Humangenetik an den Universitäten«, *Deutsche Universitätszeitung*, 1961, *16,8*: 19-21
Saller, Karl, *Die Rassenlehre des Nationalsozialismus in Wissenschaft und Propaganda*, Darmstadt 1961
Saller, Karl, »Der Rassenmord und Heldenwahn des Nationalsozialismus«, Internationales Auschwitz Komitee (Hg.), *Unmenschliche Medizin*, Band 1, Warschau 1969, 74-193
Schallmayer, Wilhelm, *Die drohende physische Entartung der Culturvölker*, Berlin/Neuwied o.J.
Schallmayer, Wilhelm, *Vererbung und Auslese im Lebenslauf der Völker. Eine staatswissenschaftliche Studie auf Grund der neueren Biologie*, Jena 1903
Schallmayer, Wilhelm, »Rassenhygiene und Sozialismus«, *Die Neue Zeit*, 1907, *25,1*: 731-740
Schallmayer, Wilhelm, »Erwiderung auf vorstehende Bemerkungen des Herrn Dr. Rutgers«, *ARGB*, 1909, *6*: 532-536
Schallmayer, Wilhelm, »Generative Ethik«, *ARGB*, 1909, *6*: 199-231
Schallmayer, Wilhelm, »Soziale Maßnahmen zur Besserung der Fortpflanzungsauslese«, Mosse, Max/Tugendreich, Gustav (Hg.), *Krankheit und soziale Lage*, München 1913, 841-859
Schallmayer, Wilhelm, »Bevölkerungspolitische Kriegsliteratur«, *Zeitschrift für Politik*, 1917, *10*: 441-468
Schallmayer, Wilhelm, »Einführung in die Rassehygiene«, Weichardt, Wolfgang (Hg.), *Ergebnisse der Hygiene, Bakteriologie, Immunitätsforschung und experimentellen Therapie*, Bd. 2, Berlin 1917, 433-532
Schallmayer, Wilhelm, *Vererbung und Auslese. Grundriß der*

Gesellschaftsbiologie und der Lehre vom Rassedienst, 3. Aufl., Jena 1918

Schaxel, Julius, »Faschistische Verfälschung der Biologie«, Gumbel, Emil Julius (Hg.), *Freie Wissenschaft*, Straßburg 1938, 229-245

Scheidt, Walter, *Einführung in die naturwissenschaftliche Familienkunde (Familienanthropologie)*, München 1923

Scheidt, Walter, »Forschungsbericht: Naturwissenschaften - Rassenbiologie«, *Deutsche Literaturzeitung*, 1935, 6: 529-538, 705-714

Schemann, Ludwig, *Die Gobineau-Sammlung der Kaiserlichen Universitäts- und Landesbibliothek zu Strassburg*, Straßburg 1907

Schemann, Ludwig, *Fünfundzwanzig Jahre Gobineau-Vereinigung. 1894 - 12. Februar - 1919*, Straßburg/Berlin 1919

Scheumann, F. K., *Eheberatung als Aufgabe der Kommunen*, Leipzig 1932

Schloot, Werner, *Möglichkeit und Grenzen der Humangenetik*, Frankfurt/New York 1984

Schmidt, Eberhard, »Das Sterilisationsproblem nach dem in der Bundesrepublik geltenden Strafrecht«, *Juristenzeitung*, 1951, 6: 64-70

Schmidt-Kehl, Ludwig, »Das Institut für Vererbungswissenschaft und Rasseforschung an der Universität Würzburg«, *Zeitschrift für Rassenkunde*, 1939, 9: 281

Schneck, P., »Die Entwicklung der Eugenik als soziale Bewegung in der Epoche des Imperialismus«, *Eugenik. Entstehung und gesellschaftliche Bedingtheit*, Autorenkollektiv unter der Leitung von Dietl, Hans-Martin, Jena 1984, (Medizin und Gesellschaft 22), 24-58

Schreiber, Georg, *Deutsches Reich und Deutsche Medizin*, Leipzig 1926, 77; *Das Reichsgesundheitsamt 1876-1926*, Berlin 1926

Schreiber, Gerhard, *Hitler. Interpretationen 1923-1983. Ergebnisse, Methoden und Probleme der Forschung*, Darmstadt 1984

Schultz, Bruno Kurt, »Rassenhygiene und Erbgesundheitslehre (Eugenik)«, *Nationalsozialistische Monatshefte*, 1932, 3: 97-99

Schwalbe, Gustav, »Über eine umfassende Untersuchung der

physisch-anthropologischen Beschaffenheit der jetzigen Bevölkerung des Deutschen Reiches«, Correspondenzblatt der deutschen Gesellschaft für Anthropologie, Ethnologie und Urgeschichte, 1903, *34*: 73-83
Schwalbe, Gustav, »Bericht über die Thätigkeit der Commission für eine physisch-anthropologische Untersuchung des Deutschen Reiches«, *Correspondenzblatt der deutschen Gesellschaft für Anthropologie, Ethnologie und Urgeschichte*, 1904, *35*: 75-78
Schweisheimer, W., »Bevölkerungspolitische Bilanz des Krieges 1914/19«, *ARGB*, 1918-1921, *13*: 176-198
Schwidetzky, Ilse, »Anthropologentag in Weinheim«, *Homo*, 1949/50, *1*: 77-78
Schwidetzky, Ilse, »Ein neues Anwendungsgebiet des Abstammungsnachweises«, *Homo*, 1949/50, *1*: 170
Schwidetzky, Ilse, »Die Anthropologie und ihre Nachbarwissenschaften«, Spiegel-Rösing, Ina/Schwidetzky, Ilse, *Maus und Schlange. Untersuchungen zur Lage der deutschen Anthropologie*, München/Wien 1982, 157-199
Schüler, Winfried, *Der Bayreuther Kreis von seiner Entstehung bis zum Ausgang der Wilhelminischen Ära. Wagnerkult und Kulturreform im Geiste völkischer Weltanschauung*, Münster 1971
Searle, Geoffrey Russell, *Eugenics and Politics in Britain 1900-1914*, Leyden 1976
Seelinger, Alfred, »Das Standesamt im Dienste der Volksaufartung«, *Zeitschrift für Standesamtswesen, Personenstandsrecht, Eherecht und Familiengeschichte*, 1925, *5*: 172-174
Seidler, Horst, »Rassismus. Überlegungen eines Anthropologen«, Seidler, Horst/Soritsch, Alois (Hg.), *Rassen und Minderheiten*, Wien 1983, 53-70
Siemens, Hermann Werner, »Bevölkerungspolitik«, *Politisch-Anthropologische Monatshefte*, 1915-16, *14*: 661-665
Sinsheimer, Robert L., »Troubled Dawn for Genetic Engineering«, *New Scientist*, (16. 10. 1975), *68*, 148-151
Sinsheimer, Robert L., »The Prospect of Designed Genetic Change, Engineering and Science«, 1969 (April), 8-13., abgedruckt in: Baer, Adela S., *Heredity and Society*, 2. Aufl., New York/London 1977, 436-442
Sitzungsbericht der Preußischen Akademie der Wissenschaften,

Abtlg. 1: Allgemeines, Berlin 1922-1937, Öffentliche Sitzung am 1. 7. 1937
Smith, Annette, *Gobineau et l'Histoire naturelle*, Genf 1984
Smith, John Maynard, »Eugenics and Utopia«, *Daedalus*, 1965, *94*: 487-505
Snyder, Laurence H., »Old and new pathways in human genetics«, Dunn, Leslie C. (ed.), *Genetics in the 20th century*, New York 1951, 369-391
Sorer, Richard, »Militärtauglichkeit nach Stadt und Land«, *Wiener Arbeiten aus dem Gebiet der sozialen Medizin, 1910, 1*: 149-185
Sperlings Zeitschriften-Adressbuch. Hand- und Jahrbuch der deutschen Presse, 50. Ausgabe, Leipzig 1923
Sperlings Zeitschriften- und Zeitungs-Adreßbuch. Handbuch der deutschen Presse, 60. Ausgabe, Leipzig 1937
Spiegel-Rösing, Ina Susanne/Schwidetzky, Ilse, *Maus und Schlange. Untersuchungen zur Lage der deutschen Anthropologie*, München/Wien 1982
Spree, Reinhard, »Die Entwicklung der differentiellen Säuglingssterblichkeit in Deutschland seit der Mitte des 19. Jahrhunderts. (Ein Versuch zur Mentalitäts-Geschichte)«, Imhof, Arthur E. (Hg.), *Mensch und Gesundheit in der Geschichte«*, (Abhandlungen zur Geschichte der Medizin und der Naturwissenschaften 39), Husum 1980, 251-278
Spree, Reinhard, *Soziale Ungleichheit von Krankheit und Tod*, Göttingen 1981
Stackelberg, Hans Heinrich Freiherr von, *Probleme der Erfolgskontrolle präventivmedizinischer Programme – dargestellt am Beispiel einer Effektivitäts- und Effizienzanalyse genetischer Beratung*, Diss. Marburg 1980
Staemmler, Martin, *Rassenpflege im völkischen Staat*, München/Berlin 1933, München 1937, (Original 1932)
Stark, Gary D., *Entrepreneurs of Ideology. Neoconservative publishers in Germany*, 1890-1933, Chapel Hill 1981
Statistisches Bundesamt Wiesbaden (Hg.), *Bevölkerung und Wirtschaft 1872-1972*, Stuttgart/Mainz 1972
Steffan, Paul, »Die Arbeitsweise der Deutschen Gesellschaft für Blutgruppenforschung«, *Zeitschrift für Rassenphysiologie*, 1928, *1*: 8-15
»Stellungnahme zu den Forderungen des Preußischen Staatsrates

vom 20. Januar 1932«, *Archiv für Bevölkerungspolitik, Sexualethik und Familienkunde*, 1933, *3*: 65-68
Stern, Curt, »The Continuity of Genetics«, *Daedalus*, 1970, *99*: 882-907
Stroothenke, Wolfgang, *Erbpflege und Christentum. Fragen der Sterilisation, Aufnordung, Euthanasie, Ehe*, Leipzig 1940
Stubbe, Hans, *Kurze Geschichte der Genetik bis zur Wiederentdeckung der Vererbungsregeln Gregor Mendels*, Jena 1973
Stuckart, Wilhelm/Globke, Hans, *Reichsbürgergesetz, Gesetz zum Schutz des deutschen Blutes und der deutschen Ehre, Gesetz zum Schutze der Erbgesundheit des deutschen Volkes (Ehegesundheitsgesetz).* (Kommentar zur deutschen Rassegesetzgebung, Bd. I), München/Berlin 1936
Stuckart, Wilhelm/Schiedermair, Rolf, *Rassen- und Erbpflege in der Gesetzgebung des Dritten Reiches*, Leipzig 1939
Stufenstrafvollzug und die kriminalbiologische Untersuchung der Gefangenen in den bayerischen Strafanstalten, München 1926
Sturtevant, Alfred Henry, *A History of Genetics*, New York/Evanston/London 1965
Stürzbecher, Manfred, *Die Bekämpfung des Geburtenrückganges und die Säuglingssterblichkeit im Spiegel der Reichstagsdebatten 1900-1930*, Diss. Berlin 1954
Stürzbecher, Manfred, »Die gesundheitspolitische Konzeption Arthur Gütts im Jahre 1924«, *Berliner Ärzteblatt*, 1971, *84*: 1076
Tandler, Julius, »Gefahren der Minderwertigkeit«. Sonderdruck aus dem *Jahrbuch 1928 des Wiener Jugendhilfewerks*, Wien 1928
Thomann, Klaus-Dieter, »Auf dem Weg in den Faschismus. Medizin in Deutschland von der Jahrhundertwende bis 1933«, Bromberger, Barbara/Mausbach, Hans/Thomann, Klaus-Dieter, *Medizin, Faschismus und Widerstand. Drei Beiträge*, Köln 1985, 15-185
Thums, Karl, »Das Institut für Erb- und Rassenhygiene der Deutschen Karls-Universität in Prag«, *Der Erbarzt*, 1942, *10*: 75-83
Tietze, Felix, »Sterilisierung zu eugenischen Zwecken«, *Volksaufartung. Erbkunde. Eheberatung*, 1929, *4*: 169-212

Tietze, Felix, »Eugenic Measures in the Third Reich«, *The Eugenics Review*, 1939, *31*: 105-107
Tille, Alexander, *Volksdienst. Von einem Sozialaristokraten*, Berlin/Leipzig 1893
Tille, Alexander, *Von Darwin bis Nietzsche. Ein Buch Entwicklungsethik*, Leipzig 1895
Tille, Armin, »Genealogie als Wissenschaft«, *Mitteilungen der Zentralstelle für deutsche Personen- und Familiengeschichte*, 1906, *2*: 32-40
Timofeeff-Ressovsky, Nikolaj V., »Experimentelle Untersuchungen der erblichen Belastung von Populationen«, *Der Erbarzt*, 1935, *8*: 117-118
Timofeeff-Ressovsky, Nikolaj V./Zimmer, Karl Günther/Delbrück, Max, »Über die Natur der Genmutation und der Genstruktur«, *Nachrichten der Gesellschaft der Wissenschaften Göttingen, N. F. 1, 1935, 13*: 189-245
Timofeeff-Ressovsky, Nikolaj V., »Genetik und Evolution (Bericht eines Zoologen)«, *Zeitschrift für Induktive Abstammungs- und Vererbungslehre*, 1939, *76*: 158-219
Timofeeff-Ressovsky, Nikolaj V., »Allgemeine Erscheinungen der Genmanifestation«, Just, Günther (Hg.), *Handbuch der Erbbiologie des Menschen*, Bd. 1, Berlin 1940, 32-72
Timofeeff-Ressovsky, Nikolaj V., »Die Entstehung neuer Erbanlagen«, Just, Günther (Hg.), *Handbuch der Erbbiologie des Menschen*, Bd. I (Die Grundlagen der Erbbiologie des Menschen), Berlin 1940, 193-244
Tomor, Ernst, *Die Grundirrtümer der heutigen Rassenhygiene*, Leipzig 1920
Tsiakalos, Georgios, »Ablehnung von Fremden und Außenseitern«, *Unterricht Biologie*, 1982, *6*: 49-58
Tugendreich, Gustav, »Der Einfluß der sozialen Lage auf Krankheit und Sterblichkeit des Kindes«, Mosse, Max/Tugendreich, Gustav (Hg.), *Krankheit und soziale Lage*, München 1913, 266-307
Tuszkai, Ödön, »Menschenökonomie«, *Archiv für Soziale Hygiene und Demographie*, 1924, *15*: 1-12
Verhandlungen der Deutschen Gesellschaft für Rassenforschung, 1939, *10*: VII-XIV
Verhandlungen der Deutschen Gesellschaft für Rassenforschung, 1940, *10*: V-XX

Verhandlungen des Ersten Deutschen Soziologentages vom 13.-22. Oktober 1910 in Frankfurt am Main, Tübingen 1911

»Verminderung der Kosten für die geistig und körperlich Minderwertigen«, *Archiv für Bevölkerungspolitik, Sexualethik und Familienkunde*, 1933, *3*: 58-65

Verschuer, Otmar Freiherr von, »Die Eugenik und Hermann Muckermann«, *Deutschlands Erneuerung*, 1932, *16*: 463-466

Verschuer, Otmar Freiherr von, »Aufgaben und Ziele des Instituts für Erbbiologie und Rassenhygiene zu Frankfurt a.M.«, *Der Erbarzt*, 1935, *2*: 97-101

Verschuer, Otmar Freiherr von, »Was kann der Historiker, der Genealoge und der Statistiker zur Erforschung des biologischen Problems der Judenfrage beitragen?«, *Forschungen zur Judenfrage*, Bd. 2 (Sitzungsberichte der zweiten Arbeitstagung der Forschungsabteilung Judenfrage des Reichsinstituts für Geschichte des neuen Deutschlands vom 12.-14. Mai 1937), Hamburg 1937, 216-222

Verschuer, Otmar Freiherr von, »Rassenbiologie der Juden«, *Forschungen zur Judenfrage*, Bd. 3 (Sitzungsberichte der Dritten Münchner Arbeitstagung des Reichsinstituts für Geschichte des neuen Deutschlands vom 5.-7. Juli 1938), Hamburg 1938, 137-151

Verschuer, Otmar Freiherr von, »Vier Jahre Frankfurter Universitäts-Institut für Erbbiologie und Rassenhygiene«, *Der Erbarzt*, 1939, *6*: 57-64

Verschuer, Otmar Freiherr von, »Bemerkungen zur Genanalyse beim Menschen«. Vortrag auf dem 7. Internationalen Kongreß für Vererbungswissenschaft, *Der Erbarzt*, 1939, *7*: 65-69

Verschuer, Otmar Freiherr von, *Leitfaden der Rassenhygiene*, Leipzig 1941

Verschuer, Otmar Freiherr von, »Die Vaterschaftsgutachten des Frankfurter Universitätsinstituts für Erbbiologie und Rassenhygiene«, *Der Erbarzt*, 1941, *9*: 25-31

Verschuer, Otmar Freiherr von, »Weltkampf«, *Der Erbarzt*, 1941, *9*: 264

Verschuer, Otmar Freiherr von, »Eugen Fischer«, Schwerte, Hans/Spengler, Wilhelm (Hg.), *Forscher und Wissenschaftler im heutigen Europa*, Oldenburg/Hamburg 1955, 308-316

Verschuer, Otmar Freiherr von, »Erbschädigung des Menschen durch radioaktive Strahlen«, *Homo*, 1956, *7*: 231-233
Verschuer, Otmar Freiherr von, »Das ehemalige Kaiser-Wilhelm-Institut für Anthropologie, Menschliche Erblehre und Eugenik – Bericht über die wissenschaftliche Forschung 1927-1945«, *Zeitschrift für Morphologie und Anthropologie*, 1964, *55*: 127-174
Verschuer, Otmar Freiherr von, *Eugenik*, Witten 1966
»Verzeichnis der öffentlichen Eheberatungsstellen«, *Volksaufartung. Erbkunde. Eheberatung*, 1928, *3*: 72, 96, 117-118, 139
Virchow, Rudolf, »Die Freiheit der Wissenschaft im modernen Staatsleben«, Sudhoff, Karl (Hg.), *Rudolf Virchow und die Deutschen Naturforscherversammlungen*, Leipzig 1922, 183-212
Vogel, Friedrich, »Humangenetik – Wissenschaft zwischen Betrachten und Handeln«, *Heidelberger Jahrbücher*, 1980, *24*: 95-106
Vogel, Christian/Vogel, Friedrich, »Stellungnahme der Gesellschaft für Anthropologie und Humangenetik«, *Rhein-Neckar-Zeitung*, 20. 12. 1980 (abgedruckt in: Seidler, Horst/Soritsch, Alois (Hg.), *Rassen und Minderheiten*, Wien 1983, 5-6)
Vogel, Friedrich/Motulsky, Arno G., *Human Genetics. Problems and Approaches*, 2. Aufl., Berlin/Heidelberg/New York 1982
Vogel, Friedrich, »Populationsgenetische Folgen der genetischen Familienberatung und vorgeburtlichen Diagnostik«, *Biologisches Zentralblatt*, 1982, *101*: 73-79
Vogel, Friedrich, »Sind Rassenmischungen biologisch schädlich?«, Rössner, Hans (Hg.), *Der ganze Mensch*, München 1986, 92-109
Vollmann, »Die ausmerzenden Maßnahmen der Eugenik und ihre rechtliche Beurteilung«, *Ärztliches Vereinsblatt*, 1932, *61*: 419-423
»Von wissenschaftlichen Instituten«, *Kultur und Leben*, 1927, *4*: 315-316
Wallace, Alfred Russel, »Menschheitsfortschritt«, *Die Zukunft*, 1894, *8*: 145-158
Walser, Hans W. (Hg.), *August Forel. Briefe. Correspondance 1864-1927*, Bern/Stuttgart 1968

»Was will der Deutsche Bund für Volksaufartung und Erbkunde?«, *ZVE*, 1926, *1*: 1-3

Wassermann, »Ist die Sterilisierung von Männern durch Kastration als Mittel zur Verhinderung von Sittlichkeitsverbrechen angebracht und zulässig?«, *Archiv für Kriminologie*, 1929-1930, *85-86*: 199-207

Weinberg, Wilhelm, »Zur Technik familienstatistischer Untersuchungen über sozialbiologische Probleme«, *Allgemeines statistisches Archiv*, 1915, *9*: 501-528

Weindling, Paul, »The Medical Profession, Social Hygiene and the Birth Rate in Germany, 1914-1918«, unpubl.

Weindling, Paul, »Weimar Eugenics: The Kaiser Wilhelm Institute for Anthropology, Human Heredity and Eugenics in Social Context«, *Annals of Science*, 1985, *42*: 303-318

Weingart, Peter, »Eugenic Utopias – Blueprints for the Rationalization of Human Evolution«, Mendelsohn, Everett/ Nowotny, Helga (ed.), *Nineteen Eighty-Four: Science Between Utopia and Dystopia*, Sociology of the Sciences Yearbook VIII, Dordrecht 1984, 173-188

Weinreich, Max, *Hitler's Professors*, New York 1946

Weismann, August, *Über den Rückschritt in der Natur*, Freiburg 1886

Weismann, August, *Das Keimplasma. Eine Theorie der Vererbung*, Jena 1892

Weismann, August, *Die Allmacht der Naturzüchtung. Eine Erwiderung an Herbert Spencer*, Jena 1893

Weismann, August, *Vorträge über Deszendenztheorie*, 2 Bde., Bd. 2, 3. Aufl., Jena 1913

Weiss, Sheila Faith, *Race Hygiene and the Rational Management of National Efficiency: Wilhelm Schallmayer and the Origins of German Eugenics. 1890-1920*, Baltimore/Maryland 1983

Wellisch, Siegmund, »›Blutsverwandtschaft‹ der Völker und Rassen«, *Zeitschrift für Rassenphysiologie*, 1929, *1*: 21-34

Wellisch, Siegmund, »Die zahlenmäßigen Rassenanteile der Deutschen«, *Zeitschrift für Rassenphysiologie*, 1930-31, *3*: 117-120

Wendt, Gerhard (Hg.), *Genetik und Gesellschaft. Marburger Forum Philippinum*, Stuttgart 1970

Werle, Karl-Peter, *Formen des Widerstands deutscher Ärzte 1933-1945*, Diss. Kiel 1974
Werskey, Gary, *The Visible College*, Worcester/London 1978
Weß, Ludger, »Aktuelle Probleme der Humangenetik«, *Mitteilungen der Dokumentationsstelle zur NS-Sozialpolitik*, 1986, *2,11/12*: 5-27
Westenhöfer, Max, *Die Aufgaben der Rassenhygiene (des Nachkommenschutzes) im neuen Deutschland*, Berlin 1920
Westenhöfer, Max, »Das Heiratszeugnis im Rahmen der Eugenetik«, Hirsch, Max (Hg.), *Das ärztliche Heiratszeugnis, seine wissenschaftlichen und praktischen Grundlagen*, Leipzig 1921, 1-11
Wettley, Annemarie, *August Forel. Ein Arztleben im Zwiespalt seiner Zeit*, Salzburg 1953
Wettstein, Fritz von, »Die erbbiologischen Grundlagen der Rassenhygiene«, Rüdin, Ernst (Hg.), *Erblehre und Rassenhygiene im völkischen Staat*, München 1934, 22-33
Wettstein, Fritz von, »Gedächtnisrede auf Carl E. Correns«, *Die Naturwissenschaften*, 1934, *22*: 2-6
Wettstein, Fritz, »Carl Correns zum Gedächnis«, *Zeitschrift für Induktive Abstammungs- und Vererbungslehre*, 1939, *76*: 1-10
Wex, Else, *Die Entwicklung der Sozialen Fürsorge in Deutschland (1914 bis 1927)*, Berlin 1929
Weyl, Nathaniel/Weitz, Marvin, »The Intellectual Abilities of Ashkenazik Jewry«, unpubl. Ms., o. O., o. J.
Widmer, Paul, »Niedergangskonzeptionen zwischen Erfahrung und Erwartung«, Koselleck, Reinhard/Widmer, Paul (Hg.), *Niedergang. Studien zu einem geschichtlichen Thema*, Stuttgart 1980, 12-30
Witkin, Herman A. et al., »Criminality in XYY and XXY Men«, *Science*, 1976, *193*: 547-555
Wolf, Julius, *Der Geburtenrückgang. Die Rationalisierung des Sexuallebens in unserer Zeit*, Jena 1912
Wolf, Julius, »Ziel und Wege der Bevölkerungspolitik«, *Das neue Deutschland*, 1916, *4*: 157-163
Würzburger, Eugen, »Der Geburtenrückgang und seine Statistik«, *Schmollers Jahrbuch*, 1914, *38/3*: 147-175
Ziegler, Heinrich Ernst, *Die Vererbungslehre in der Biologie*

und in der Soziologie. Ein Lehrbuch der naturwissenschaftlichen Vererbungslehre und ihrer Anwendungen auf den Gebieten der Medizin, der Genealogie und der Politik, Jena 1918

Zofka, Zdenek, »Der KZ-Arzt Josef Mengele – Zur Typologie eine NS-Verbrechers«, *Vierteljahreshefte für Zeitgeschichte*, 1986, *34,2*: 245-267

Zola, Émile, *Doktor Pascal*, Zürich 1970

Namenregister

Sachregister